中国水力发电工程学会电网调峰与抽水蓄能专业委员会　组编

抽水蓄能电站工程建设文集 2019

CHOUSHUI XUNENG
DIANZHAN GONGCHENG
JIANSHE WENJI 2019

中国电力出版社
CHINA ELECTRIC POWER PRESS

图书在版编目（CIP）数据

抽水蓄能电站工程建设文集. 2019 / 中国水力发电工程学会电网调峰与抽水蓄能专业委员会组编. —北京：中国电力出版社，2019.10

ISBN 978-7-5198-3755-6

Ⅰ. ①抽⋯　Ⅱ. ①中⋯　Ⅲ. ①抽水蓄能水电站–建设–文集　Ⅳ. ①TV743–53

中国版本图书馆 CIP 数据核字（2019）第 207947 号

出版发行：中国电力出版社
地　　址：北京市东城区北京站西街 19 号（邮政编码 100005）
网　　址：http://www.cepp.sgcc.com.cn
责任编辑：安小丹（010–63412367）
责任校对：黄　蓓　朱丽芳　闫秀英
装帧设计：赵姗姗
责任印制：吴　迪

印　　刷：北京天宇星印刷厂
版　　次：2019 年 10 月第一版
印　　次：2019 年 10 月北京第一次印刷
开　　本：880 毫米×1230 毫米　16 开本
印　　张：35.5
字　　数：1116 千字
定　　价：260.00 元

序

随着我国国民经济的快速高质量发展和人民生活水平的不断提高，电力需求持续增加，对电网供电可靠性和电能质量的要求越来越高。受一次能源资源的制约，及资源禀赋的限制，新中国成立以来所形成的以煤电为主的电力结构和西电东送的电力格局没有明显改变。特别是为了应对气候变化，世界各国都在发展水能、风能、太阳能等清洁可再生能源，我国的可再生能源发展更加迅猛（如截至 2018 年，我国风电装机容量已达 1.84 亿 kW，占全部发电装机容量的 9.7%，居世界第一位），使得电网峰谷差不断加大，电网调峰和安全稳定运行的压力持续增加。为此，适度快速有序发展调峰、填谷兼顾调频、调相和事故备用电源是十分必要和迫切的。

抽水蓄能电站具有调峰、填谷、储能、调频、调相、事故备用和黑启动等多种功能，是目前公认的规模大、经济高效和绿色环保的调峰电源，特别是与核电、风电、太阳能等新能源配合运行，可显著提高新能源利用率。电力系统中建设适量的抽水蓄能电站对保障电力系统安全稳定经济运行作用巨大，已经成为现代智能电网发展不可或缺的组成部分。

截至 2018 年，我国已建在运行的抽水蓄能电站共计 31 座，总装机容量 2999 万 kW；在建抽水蓄能电站 33 座，总规模 4301 万 kW。虽然起步较晚，但 21 世纪初以来发展迅速，位居世界第一。特别是广州、十三陵、天荒坪等数十座大型抽水蓄能电站运营以来，在解决电网调峰矛盾、保障电力系统安全稳定运行、优化电源结构、提高电网消纳新能源的能力、促进国民经济和社会可持续发展等方面发挥了重要作用。抽水蓄能电站已经成为我国电力系统中的重要组成部分。

　　随着抽水蓄能电站数量和规模的不断增加，建设、运营体系不完善、电站效益发挥不充分、电价机制政策不落实等问题日益凸显。目前我国电力市场改革尚处于初级阶段，对影响抽水蓄能电站建设运营的投融资体制、调度机制、电价政策、利益机制等诸多问题需要进一步深入研究，争取早日促成国家出台有利于抽水蓄能电站建设运营的政策、体制机制。中国水力发电工程学会电网调峰与抽水蓄能专业委员会，是我国抽水蓄能电站建设方面的全国性学术组织，在行业政策研究、技术进步、交流与合作、推动抽水蓄能健康有序发展等方面将产生积极影响。抽水蓄能年会即将召开，《抽水蓄能电站工程建设文集2019》也将随之出版，对提高抽水蓄能电站建设运营水平和推动技术进步，都将发挥积极作用。

　　期待我国抽水蓄能事业持续健康发展，为早日实现伟大的中国梦做出更大的贡献。

电网调峰与抽水蓄能专业委员会主任委员

编者的话

············

　　本书由中国水利发电工程学会电网调峰与抽水蓄能专业委员会（简称专委会）组稿，是专委会出版的第 24 部抽水蓄能学术年会论文集，共收录论文 113 篇。

　　本文集包括抽水蓄能发展规划与建设管理、抽水蓄能电站工程设计、抽水蓄能电站机组装备试验与制造、抽水蓄能电站工程施工实践、抽水蓄能电站运行及维护等五个专题。内容涵盖了我国抽水蓄能电站建设和管理领域各个专业的研究探索与经验总结，内容广泛，资料翔实，希望对从事抽水蓄能工程规划、设计、科研、施工和运行管理人员具有指导和借鉴意义。

　　本次征文共收到文章近 170 篇，限于篇幅，同时为使内容精炼，在编辑过程中，对一些相同作者、相似内容以及介绍相同工程的文章做了适当合并和删减，特在此向读者说明。

　　我们将推选出一部分优秀论文，并在抽水蓄能年会上对作者进行表彰。秘书处对各委员单位及个人支持论文集征稿工作，积极组稿、投稿表示感谢！

中国水力发电工程学会　　秘书处
电网调峰与抽水蓄能专业委员会

2019 年 9 月北京

目 录

序
编者的话

发展规划与建设管理

大规模储能发展与技术研究* ·················· 王卿然　余贤华　梁廷婷　傅勋利　曹春永　徐三敏（2）

水电工程各阶段工程造价管理要点探讨 ···················· 刘殿海　王　涛　张建龙（6）

我国抽水蓄能电站的现状及发展前景分析* ··············· 靳亚东　唐修波　赵杰君　孙　平（11）

国网新源公司抽水蓄能电站建设期工程设计管理机制 ··············· 韩小鸣　茹松楠　马萧萧（16）

从国外电力市场看我国抽水蓄能电站运营方式 ···················· 万正喜　胡云梅（20）

浅析抽水蓄能项目前期阶段环境敏感因素的管理措施

················· 秦晓宇　余璟诚　傅威宜　石岩峰　周俊杰（24）

抽水蓄能电站水环境治理和水资源综合利用研究 ···················· 金　弈　李倩倩（29）

国网新源控股有限公司抽水蓄能电站建设环保管理机制探索

················· 马萧萧　韩小鸣　渠守尚　葛军强　胡清娟　茹松楠（34）

抽水蓄能电站建设发展探讨 ···················· 刘　欣　杨　威（38）

水电工程 EPC 模式下总承包商对工程造价的管控分析 ··············· 江献玉　张建龙　刘昱霖（41）

抽水蓄能电站合同管理体系探索与实践 ···················· 杜龙祥　徐　喆（45）

抽水蓄能电站运营模式对比分析 ················· 何　峻　黎国斌　胡　苗　张　辽（47）

抽水蓄能工程招标设计概算编制研究 ················· 王志峰　马　赫　周喜军　张建龙（52）

提升抽水蓄能电站基建期建设项目资金监管效能研究 ···················· 杨宇鹏（57）

抽水蓄能电站建设与视觉环境规划的研究与实践 ··············· 秦鸿哲　胡广柱　权　强（62）

业主主导的抽水蓄能电站物资质量监督的探索和实践 ··············· 陈国华　李　振　徐　伟（67）

抽水蓄能电站建设期承包人违约的合同解除问题探析 ···················· 张菊梅　息丽琳（71）

浅谈蟠龙抽水蓄能电站工程投资风险控制 ···················· 汪万成（75）

设　计

埋藏式内加强月牙肋钢岔管计算优化与分析*

················· 茹松楠　张　达　张国良　韩小鸣　马萧萧　李　勋（80）

镇安抽水蓄能电站上水库库盆防渗型式设计与计算分析研究* ····· 李　锋　郭立红　雷　艳　闫　喜（90）

Civil 3D 结合部件编辑器及 Dynamo 在面板堆石坝施工图设计中的应用
……………………………………………… 杨铁增 梁亚东 胡 亮（100）
甘肃省抽水蓄能电站选点规划调整的必要性论证 ………………… 王昭亮（104）
潍坊抽水蓄能电站下水库防洪调度运行方式研究 ………………… 戴 莉（110）
抚宁抽水蓄能电站上下水库建筑物布置研究 ………… 孔彩粉 杨文利 张 续（113）
大型抽水蓄能电站尾水支洞钢衬鼓包原因分析与处理经验浅析
………………………… 王焕河 刘 英 杨绍爱 张成华 熊永俊（117）
大雅河抽水蓄能电站上水库面板堆石坝设计 ………… 胡顺志 赵 亮 张 鹏 郭建业（122）
荒沟抽水蓄能电站引水调压井布置优化 ………… 刘 锋 王 杨 苏弈康 房恩泽（125）
新型勺型挑流鼻坎在泄洪洞中的应用 ……………………………… 刘 锦 程 坤（130）
抽水蓄能电站开发光伏系泊系统设计
………… 王洪博 陈 鑫 程 瑛 夏 鑫 孟庆伟 李新煜 刘小明 孙召辉 董 浩（136）
潍坊抽水蓄能电站上水库工程关键技术问题研究 ………… 孔彩粉 郭芹庆 邓广新（140）
Dynamo For Revit 在盾构隧洞设计中的应用 ………………… 高 强 聂海成（144）
满足电网功能定位需求的抽水蓄能电站上水库水位合理运行范围研究 …… 张 娜 衣传宝（150）

机组装备试验与制造

抽水蓄能机组顶盖法兰刚强度与连接螺栓疲劳寿命研究* ……… 邓 鑫 李浩亮 黄世海 刘 辉（156）
对大型抽水蓄能机组顶盖螺栓预紧力的探讨 ……………… 文树洁 常喜兵 李浩亮 陈泓宇（162）
抽水蓄能机组静止变频器（SFC）关键技术研究
………………………… 严 伟 石祥建 潘仁秋 詹亚曙 徐 峰 刘为群（169）
抽水蓄能机组集电环运行高温问题分析及处理* ………… 彭 爽 朱光宇 吕鹏飞 朱海龙（176）
制动逻辑缺陷致抽水蓄能机组研究高速加闸 ………… 孔令杰 霍献东 贾先锋（182）
潘家口蓄能电厂发电电动机变压器组保护国产化改造及应用 ………… 陈泽升 王 凯（187）
新型避雷器在蒲石河抽水蓄能电站 10kV 高海拔高落差架空线路防雷的应用
………………………… 王丁一 王 洋 郑智勇 高海欧（191）
抽水蓄能电站一起同期合闸故障的原因分析及防范措施
………………………… 朱传宗 张 甜 李国宾 龙福海 黄 嘉（196）
抽水蓄能机组齿盘测速开关校验平台设计与应用
………… 夏 鑫 王洪博 张晓倩 陈 鑫 李新煜 刘小明 孙召辉（201）
抽水蓄能电站水轮机转轮监造质量控制 ……………………… 李 振 陈国华（205）
浅谈十三陵抽水蓄能电站 4 号机球阀改造设计研究 ………… 赵盛巍 郑冬飞 张 彬（209）
大容量发电电动机采用侧向通风转子磁极极间挡风板材料问题 ……… 何 铮 赵宏图（213）
励磁系统均流系数偏低原因分析 ………… 余 睿 张 斌 权 强 李潇洛（218）
黑麋峰抽水蓄能电站变参数工况机组及厂房振动试验分析 ……………… 刘 平（222）
混流式水泵水轮机转轮周围腔体间隙宽度对水力稳定性的影响研究
………………………… 李浩亮 耿 博 刘德民 陈泓宇（227）
抽水蓄能电站励磁系统限制器静态模拟试验 ……… 夏向龙 方军民 杨柳燕 黎 洋 徐 帅（238）
抽水蓄能机组活动导叶止推间隙浅析 …………………………… 张 政 陆 婷（244）
临时钢支撑在抽水蓄能电站底环安装过程中的应用 ………… 葛军强 魏春雷 马萧萧 赵志文（249）
宝泉抽水蓄能电站 SFC 输入变压器顶盖箱沿放电故障分析与处理 ……… 康晓义 陈昌山 李 欣（253）
仙居抽水蓄能电站蠕动检测装置误动作原因分析及改造方案介绍 ………… 房道明 孙 影（258）

基于"大机小网"电网需求的抽水蓄能机组抽水工况启停速度优化研究……………陈　伟（262）

高水头水泵水轮机无叶区压力脉动一倍转频成因初探*

……………………管子武　徐卫中　胡光平　刘德民　赵永智　荀洪运（266）

水轮机剪断销剪断原因分析及处理…………孙　袁　王　伟　蒋君操　王　君　周家政　刘　财（272）

500kV GIS 设备 SF_6 气体微水超标缺陷原因分析及处理……………………………………王　鹏（276）

2 号机组进水阀工作密封止封线偏移缺陷分析及处理………………………………………张光宇（280）

某抽水蓄能电站机组转子接地保护动作原因分析及处理……………梁睿光　赫兰峰　高　恒（284）

一种用于 SFC 隔离开关的切换辅助工具………………………宋泽超　王根超　付映江（288）

大型发电机组定子线棒的电晕处理研究………………………………………韩　钊　温锦红（290）

高水头抽水蓄能机组水泵工况断电导叶延时关闭分析

……………………彭绪意　张玉全　刘　泽　秦　程　胥千鑫（293）

关于励磁设备交流开关控制逻辑优化的思考………………陈　鹏　张晓倩　吕鹏飞　张　斌（299）

静止变频器自然换相阶段过电流故障原因分析及处理………王　熙　陈　丽　阚朝晖　李子龙（305）

某抽水蓄能电站转子磁极线圈压板松动情况分析研究………………………………………王　毅（311）

深圳抽水蓄能发电电动机刚性磁轭转子热加垫工艺总结………………………孙　影　房道明（316）

输电线路同时跨越多个重要障碍物的技术方案研究…………………………………………张振伟（322）

泰山抽水蓄能电站机组因上库水位高误报警导致事故停机的分析与处理

……………………陈　鑫　夏　鑫　王洪博　李新煜　刘小明　孙召辉（326）

天池抽水蓄能电站发电机出口电磁屏蔽仿真计算与设计……………王　坤　靳国云　赵俊杰（329）

仙居抽水蓄能电站发电电动机转子磁极线圈端部压块脱落故障分析与处理

……………………………………肖凌云　郭晓敬　赵宏图（332）

一种抽水蓄能电站发电电动机转子在线检测系统设计…………李立秋　王大坤　张　彤　徐　松（338）

施 工 实 践

瞬态面波法检测技术在丰宁抽水蓄能电站上水库面板堆石坝中的应用*……………潘福营　李　斌（344）

斜井扩挖机械扒渣技术在丰宁抽水蓄能电站的应用*

……………………马雨峰　刘林元　侯晓斌　王　润　韩昊男　关景明（349）

动态控制理论在沂蒙抽水蓄能电站通风兼安全洞开挖施工中的应用…………王轮祥　孙　洁（355）

浅析句容抽水蓄能电站施工供电工程施工管理和典型问题处理…………蒋程晟　殷焯炜　蒋明君（359）

金寨抽水蓄能电站下水库大坝填筑碾压试验分析…………文　臣　付　旋　王　波　叶惠军（363）

抽水蓄能电站地下硐室掘进机开挖解决方案研究……………………………………………吕永航（369）

TR3000 大口径反井钻机在抽水蓄能电站引水斜井中的应用……………马国栋　叶惠军　刘奇达（373）

抽水蓄能电站库底引水管路封堵工艺改进……………………………………赵启超　杨志远（379）

抽水蓄能电站地下洞室有毒有害气体预防措施

……………………陆金琦　李怡婧　李延阳　张峻珲　梁　京　温雅卓（381）

强风化粗粒花岗岩地基基础防渗处理方案研究………………………………………………周鹏涛（384）

岩溶地区地下厂房帷幕灌浆特殊情况的处理…………梁睿斌　徐剑飞　段玉昌　徐　祥　戴　骏（393）

句容抽水蓄能电站上水库堆石坝及库盆基础处理方式介绍

……………………段玉昌　徐剑飞　梁睿斌　徐　祥　黄杨梁（397）

大型地下洞室群施工安全控制措施初步探讨…………………………………………………邢志勇（402）

浅谈抽水蓄能电站长斜井开挖反井钻机施工应用…………………………………………杨　帆（407）

某抽水蓄能电站水库土工膜防渗体系渗漏修复措施探讨……………………………卢　力　贾　林（411）

抽水蓄能电站面板堆石坝加高工程有限元分析 ……… 李 斌 张 伟 陈玉荣 贾 涛 孟宪磊（416）

仙居抽水蓄能电站地下厂房桥式起重机吊装方案分析 ……………………… 叶惠军 朱建国（424）

荒沟抽水蓄能电站地下厂房岩锚梁斜拉锚杆应力超限成因分析

……………………………………… 彭立斌 崔志刚 鲁恩龙 刘锦程（427）

基于室内试验的岩爆倾向性评价指标及其分类 ………………………………… 崔志刚（433）

引水钢管外排水系统制造安装的质量控制 ……………………………………… 张忠和（437）

应用于隧洞工程损伤识别的转角模态小波分析 ……… 董云涛 李宗华 陈雨生（440）

混凝土面板堆石坝止水材料及施工技术简要概述 ……… 张晓波 温占营（445）

清远抽水蓄能电站创建国家水土保持生态文明工程的实践和经验 ……… 史云吏（451）

新疆哈密抽水蓄能电站移民安置前期工作管理 ……………… 陈 忠 仝 帆（456）

某抽水蓄能工程建设施工期间智能化监控系统的应用 ……… 王路遥 胡光平（461）

运 行 及 维 护

水淹厂房和火灾智慧预警系统初探 ……………… 吴小锋 李 刚 刘鹏龙 栗庆龙（466）

基于有限元方法的抽水蓄能电站尾闸门叶 P 型水封密封性能研究* ……… 邹明德 梁 啸 黄志峰（470）

响水涧抽水蓄能电站下水库长围堤坝运行维护实践与启示 ……………… 汪业林（477）

红外热成像测温技术在张河湾蓄能电站的应用研究 ……………… 卢 彬 黄 嘉（481）

倾斜摄影、机载激光雷达测量技术在抽水蓄能电站原始地形测量中的应用

……………………………………… 王亮春 杨志义 郭佑国（490）

十三陵抽水蓄能电站上水库工程抗震安全性分析与评价 ……… 翟 洁 张 毅 尚 鑫（498）

抽水蓄能电站时钟同步装置测试方法简述 ……… 董兴顺 张子龙 张晓倩 谢文祥 蔡少龙（509）

关于黑麋峰抽水蓄能电站油污水处理方案的探讨

……………………… 彭耐梓 蒋君操 庞希斌 王 君 王 伟 孙 袁（513）

抽水蓄能网站服务站点安全管理的研究 ……………………………………… 郝蕾蕾（516）

浅谈溪口抽水蓄能电站运行安全管理培训 ……………… 臧海辉 张永健（520）

绩溪抽水蓄能电站智能管理系统在工程监理工作中的应用 ……………… 苏杰循（522）

非同步导叶接力器端盖螺栓断裂分析及预防措施 ……… 王 伟 王 君 蒋君操 孙 袁 孙圣初（525）

潘家口蓄能电厂主变压器消防喷淋改造 ……………… 孙 永 马锦彪（529）

三维建模在蓄能电厂机械设备检修工作中的应用 ……………… 邹明德（532）

第三方巡查模式在抽水蓄能电站基建安全质量管理中的应用 ……… 潘福营 王 凯 王小军（538）

智慧化建管平台的架构研究 ……………… 郑征凡 沈惠良 吕少蒙（541）

加强抽水蓄能电站基建工程项目档案管理 促进工程建设质量提升

……………………………………… 何颖珊 龚 鸣 万海军 刘 颖（548）

抽水蓄能电站从数字化向智慧化转变进程中的档案工作新思路 ……… 次 鹏 高 燕（552）

注：* 为电网调峰与抽水蓄能专业委员会 2019 年学术交流年会优秀论文。

发展规划与建设管理

大规模储能发展与技术研究

王卿然 [1]　余贤华 [1]　梁廷婷 [1]　傅勋利 [2]　曹春永 [2]　徐三敏 [3]

（1. 国网新源控股有限公司，北京市　100761；

2. 湖南黑麋峰抽水蓄能有限公司，湖南省长沙市　410213；

3. 国网新源控股有限公司技术中心，北京市　100161）

【摘　要】　近年，由于电力电子技术、风电光伏等新能源产业的快速发展，储能技术得到深入研究和快速应用。各类储能技术有着各自的性能特征，应用领域迥异。本文分析各类储能电站功能，重点针对抽水蓄能、电化学储能两类目前应用程度相对较高的储能电源，从技术、经济、安全、环保等多个角度综合分析，对储能技术的未来应用进行展望。

【关键词】　抽水蓄能电站　电化学储能　技术　经济　环保　安全

1　引言

近年，世界能源格局发生重大变化，能源及电力系统正在从传统化石能源为主快速向低碳能源转变，为提升传统电力系统灵活性、经济性和安全性，优化系统调节性能，世界主要国家正在密集开展储能研究工作。我国也积极跟踪储能技术研究和产业发展，2017 年 10 月，国家发展改革委等五部委联合出台《关于促进储能技术与产业发展的指导意见》，明确了促进我国储能技术与产业发展的重点任务和保障措施。2019 年 6 月，国家发展改革委等部委联合出台《贯彻落实〈关于促进储能技术与产业发展的指导意见〉2019—2020 年行动计划》，有效支撑清洁低碳、安全高效能源体系建设和能源高质量发展。目前，各类储能技术研发水平不断提高，部分储能技术日臻完善。

2　储能产业发展状况

目前，从各种储能技术的发展现状和技术情况来看，抽水蓄能技术十分成熟，在世界范围内已得到长期、大规模的应用，压缩空气储能、飞轮储能和电化学储能等技术相对成熟，处于研发、产品开发和逐步商业应用阶段。

2.1　世界储能规模情况

根据有关机构数据，到 2018 年年底，世界已投运储能电站装机规模约 1.81 亿 kW，其中抽水蓄能电站装机规模约 1.71 亿 kW，占储能总规模的 94.3%；锂电池、液流电池等各类型电化学储能电站装机规模合计约 660 万 kW，占储能电站总规模的 3.7%；压缩空气储能、飞轮储能等其他类型储能电站装机规模约 330 万 kW，占储能电站总规模的近 2%。在电化学储能电站中，锂电池装机规模占比最大，超过 85%，其次是铅蓄电池和钠硫电池，从各种储能电池性能比较来看，锂电池、铅蓄电池和钠硫电池产业化基础相对较好，是电化学储能产业的主要参与者。

目前，电化学储能电站占比较小但发展较快，2012～2018 年全球电化学储能电站累计装机规模平均增长率超过 20%，运营国家主要集中在我国和韩国、美国、澳大利亚、德国、日本等少数发达国家，装机规模占世界电化学储能电站总规模的 95% 以上。

2.2　我国储能规模情况

近年，我国储能电站市场保持较快的增长，但因发展较晚且基数较小，市场整体规模不大。到 2018 年，我国累计储能电站规模为 3130 万 kW，与世界储能市场类似，抽水蓄能电站装机规模占比最大，接近 96%；各类电化学储能电站装机规模合计约 107 万 kW，占储能电站总规模的 3.4%；其他类别储能电站装机规模约 40 万 kW，占储能电站总规模近 1%，详见表 1。在各类电化学储能技术中，锂电池和铅蓄电池装机占比最大，分别占电化学储能电站总规模的 71% 和 27%。

表 1   **2018 年世界及中国各类储能占比情况**

	世界各类储能电源装机规模占比	中国各类储能电源装机规模占比
1. 抽水蓄能	94.30%	95.80%
2. 电化学储能	3.70%	3.40%
2.1 锂电池	3.19%	2.40%
2.2 钠硫电池	0.00%	0.00%
2.3 铅蓄电池	0.22%	0.92%
2.4 液流电池	0.04%	0.05%
2.5 电容	0.00%	0.02%
2.6 其他	0.02%	0.00%
3. 压缩空气储能	0.20%	0.10%
4. 飞轮储能	0.30%	0.00%
5. 其他	1.50%	0.70%

3 储能技术功能及适用领域分析

3.1 典型储能电站工作原理

目前，储能电站的主要种类有机械储能、电化学储能和电磁储能等。

3.1.1 典型机械储能

（1）抽水蓄能。电网低谷时段将过剩电能通过水能从下水库存储到上水库，电网高峰时段上水库中的水回流到下水库推动水轮发电机发电，转换效率较高。不足之处是选址困难，对地形地质等条件要求较高，投资周期较长。

（2）压缩空气储能。电网低谷时段将剩余电量通过压缩机，把空气压入储气室，电网高峰时段将压缩空气导入燃气轮机发电。不足之处是效率较低，需要大型储气装置和一定的地质条件，依赖燃烧化石燃料。

（3）飞轮储能。利用高速旋转的飞轮将电网低谷时段的电能以动能的形式保存。电网高峰时段，飞轮减速运动把存储的动能转换出来。不足之处是能量密度低、自放电率较高，若没有外接电源，动能将在短时内消散。

3.1.2 典型电化学储能

（1）锂离子电池。采用锂作为电极材料，充放电周期可达到数小时，响应速度较快。近几年技术不断提升。不足之处是，价格仍相对较高，在过充情况下容易发热燃烧。

（2）铅蓄电池。采用铅及其氧化物构成电极，世界上应用较广，性价比较高。不足之处是能量密度低、寿命短。

（3）钠硫电池。以金属钠和硫为电极，能量密度高，响应时间快。不足之处是运行于高温下，容易燃烧。

（4）液流电池。利用正负极电解液分开，各自循环的一种高性能蓄电池，可以储存长达数小时的能量，容量可达兆瓦级。不足之处是电源体积较大，且对周围环境温度要求较高，价格较贵，系统构成复杂。

3.1.3 电磁储能

超导储能：利用超导体的电阻为 0 的特征发明的电源装置，具体包括低温超导材料、高温超导材料和室温超导材料等。不足之处是储能成本较高，使应用受到很大限制，可靠性和经济性受制约。

3.2 典型储能技术特性分析

储能技术典型技术指标一般包括装机规模、持续相应时间、转换效率、响应速度和使用寿命等（见表 2）。

（1）装机规模和持续响应时间。抽水蓄能电站持续响应时间较长且装机规模较大，是大电网系统中的能量型电站；空气压缩储能持续响应时间较长但装机规模略小，是中型电网和微电网中的能量型电站；电化学储能持续响应时间为数分钟至数小时，可作为微电网能量型和功率型电站；飞轮储能和超导储能持续响应时间仅为数秒至数分钟，为功率型电站。

（2）转换效率。抽水蓄能电站技术较为成熟，转换效率一般约为 75%～80%；电化学储能由于存储介质不同，转换效率 70%～90%；压缩空气储能一般为 50%～70%；飞轮储能一般为 60%～70%；超导储能一般为 70%～80%。

（3）响应速度。抽水蓄能和空气压缩储能一般可以达到秒级–分钟级的响应速度，电化学储能、飞轮储能和超导储能一般可以达到毫秒级的响应速度。

（4）使用寿命。抽水蓄能、空气压缩储能和飞轮储能等机械储能的使用寿命一般可达 30 年以上；电磁类储能的理论使用寿命较长，但由于可靠性和经济性制约目前商业化应用较少；电化学储能，预测使用寿命一般在 10 年左右，且可用容量随使用年限和循环使用次数影响呈逐年下降趋势。

表 2　　　　　　　　　　典型储能电站主要技术指标情况

储能类型	额定装机容量	持续响应时间	转换效率	响应速度
抽水蓄能	60 万～360 万 kW	5～6h	75%～80%	秒级–分钟级
电化学储能	1kW～10 万 kW	1min～5h	70%～90%	毫秒级
压缩空气储能	1kW～5 万 kW	5～10h	50%～70%	秒级–分钟级
飞轮储能	1kW～0.5 万 kW	10s～15min	60%～70%	毫秒级
超导储能	1kW～0.5 万 kW	1s～15min	70%～80%	毫秒级

3.3　典型储能经济特性分析

鉴于目前国内空气压缩储能、飞轮储能和超导储能等类型电站投运和装机规模较小，本文主要针对抽水蓄能与电化学储能电站经济性进行分析。与其他类型电化学储能系统相比，锂电池经济优势明显，是目前世界储能应用中占比最高、增速最快的电化学储能类型。本文以锂电池储能系统为例进行分析，调研典型储能电站投资数据，包括江苏镇江 10 万 kW 储能电站、河南信阳 10 万 kW 储能电站、湖南长沙 6 万 kW 储能电站。

为客观对比分析抽水蓄能与电化学储能经济性对比，本文参考典型抽水蓄能电站（120 万 kW，连续发电 6h，电站经营年限 30 年，总投资约 45 亿～70 亿元）的投资运行参数和经营年限，对电化学储能电站进行折算。假设电化学储能电站可以提供与抽水蓄能电站相同的功能，考虑电化学储能电站在经营的第 10 年、第 20 年将重新更换电池，经营年限延续至 30 年，同等连续放电时间（6h），若要建造同等规模的电化学储能电站，总投资约需 140 亿元，目前是抽水蓄能电站的 2～3 倍。

按照有关研究机构对电化学储能技术特性、市场规模的预测，以及国家层面相关发展规划，预计未来成本有一定的下降趋势。

国内典型电化学储能电站投资成本见表 3。

表 3　　　　　　　　　　国内典型电化学储能电站投资成本

序号	项　目	初始投资	单位千瓦投资	备　注
1	江苏镇江电化学储能电站 10 万 kW/20 万 kWh	7.6 亿元	7600 元/kW	
2	河南信阳电化学储能电站 10 万 kW/10 万 kWh	3.5 亿元	3500 元/kW	经济使用寿命按 10 年考虑
3	湖南长沙电化学储能电站 6 万 kW/12 万 kWh	4.1 亿元	6833 元/kW	

3.4 储能安全特性分析

（1）抽水蓄能。因抽水蓄能从设计、制造、安装、施工、运维等各环节均实现国产，安全性高。

（2）电化学储能。近年电化学储能技术快速发展，各类电池安全性也得到较大改进，但整体安全性还是不及抽水蓄能。锂电池，在过充或内部发生短路时内部快速升温，存在发生燃烧、爆炸等安全事故风险。钠硫电池，工作温度较高，其化学活性决定了其安全性较差，内部发生破裂短路易引发电池燃烧重大安全事故。铅酸电池，电源内添加活性炭后，安全性有所提高。液流电池，采用功率和能量的对立设计，有效解决了电池内部短路而产生火灾或爆炸的问题。

3.5 储能环保特性分析

抽水蓄能清洁环保，不存在环境污染问题；电化学储能中钠硫电池和锂电池在运行过程中会产生少量残留物，对环境有轻微污染，钒液流电池和铅蓄电池电解质存在较强的毒性，对环境污染较大。

其他类型储能电站，由于工程实践较少，其安全性和环保性有待进一步检验。

4 结论及展望

近年来储能技术不断发展，各种储能技术形成各自特点，适用的应用场景也有所差异，部分储能技术在一些领域已展现出一定的经济性。

（1）因抽水蓄能技术已发展数百年，现阶段在装机规模、使用寿命、安全性、环保、单位造价上都有优势，在有合适的站址情况下，应作为当前首选储能技术。尤其是在发电侧能量型需求应用场景下，抽水蓄能因装机容量大、充放电时间长，能够完成大规模的能量时移，优势明显。

（2）因电化学等新型储能电站响应时间是毫秒级，可以灵活地在充放电状态之间转换，动作准确率高，效果好，在功率型需求应用场景中，以及在快速调节电网频率提高电能质量方面相比抽水蓄能占优。尤其是在分布式微电网系统中，经常发生电压、频率及出力波动，配套建设能很好地解决分布式微电网稳定性及电能质量问题。

（3）因新能源项目大量投产，风电、光伏所占电源比率逐年上升，而其频率波动、出力波动从数秒到数小时之间，电能质量相比传统能源要差，在该区域若无适合的抽水蓄能站址，可以适当选择建设部分电化学等新型储能项目，完成能量时移、容量固定、频率调节、出力平滑等任务，提高清洁能源利用率，解决清洁能源消纳问题。

实际应用时，可结合各个类型储能电站的运行适应性，采用多元化的复合方案，多种储能技术之间可以取长补短，促使达到投资与运行成本最优。

参考文献

[1] 中国能源研究会储能专委会，中关村储能产业技术联盟. 储能产业研究白皮书 2019.http：//www.cnesa.org，2019，3.

[2] 国家发展改革委，财政部，科技部，工业和信息化部，能源局. 关于促进储能技术与产业发展的指导意见（发改能源〔2017〕1701 号）. http：//www.ndrc.gov.cn，2017，10.

[3] 国家发展改革委，科技部，工业和信息化部，国家能源局. 贯彻落实《关于促进储能技术与产业发展的指导意见》2019—2020 年行动计划（发改办能源〔2019〕725 号）. http：//www.ndrc.gov.cn，2019，6.

[4] 李琼慧，王彩霞，张静，等. 适用于电网的先进大容量储能技术发展路线图. 储能科学与技术，2017，1.

[5] 林立乾，米增强，贾雨龙，等. 面向电力市场的分布式储能聚合参与电网调峰. 储能科学与技术，2019，3.

[6] 文贤馗，张世海，邓彤天，等. 大容量电力储能调峰调频性能综述. 发电技术，2018，12.

[7] 朱永强，郝嘉诚，赵娜，等. 能源互联网中的储能需求、储能的功能和作用方式. 电工电能新技术，2018，2.

[8] 曾辉，孙峰，邵宝珠，等. 澳大利亚 100MW 储能运行分析及对中国的启示. 电力系统自动化，2019，4.

水电工程各阶段工程造价管理要点探讨

刘殿海[1]　王　涛[2]　张建龙[1]

（1. 国网新源控股有限公司技术中心，北京市　100161；

2. 国网新源控股有限公司，北京市　100761）

【摘　要】　水电工程建设工期长、规模大、造价高、施工技术条件复杂，影响工程造价的因素复杂多变，需要有效地对工程全过程进行造价的控制与管理。但长期以来，大多数建设方把工程造价控制与管理的主要精力放在预结算上，而忽略了工程开工前投资决策阶段和竣工结算阶段对造价的控制，这也造成了各阶段造价控制的严重脱节，造价管理缺乏连贯性。因此造价管理应从项目投资决策就开始，贯穿于规划、预可行性研究、可行性研究、招标、施工详图及竣工结算等各个阶段。

【关键词】　水电工程　全过程　造价　控制与管理

1　引言

传统意义的造价管理主要是指工程建设单位的造价管理部门以办理工程结算为手段的造价管理，这种做法只注重在施工过程中的造价控制管理，而忽略了工程开工前投资决策阶段和竣工结算阶段对造价的控制，这也造成了各阶段造价控制的严重脱节，造价管理缺乏一贯性。投资决策阶段的投资估算是项目投资决策的重要依据，它直接影响到国民经济及财务分析结果的可靠性和准确性；可研设计概算是工程核准、融资及工程建设管理等的主要经济文件，直接决定着项目的投资效益；竣工结算阶段的是工程造价控制的最后阶段，是全面检查和考核合同执行情况，检验工程建设质量和投资效益的重要环节，也是对前期工作的总结和评价。因此造价管理应从项目投资决策开始，贯穿于规划、预可行性研究、可行性研究、招标、施工详图及竣工结算等各个阶段。

2　投资决策阶段

项目决策阶段是工程造价的源头，对工程全过程造价管理具有全局性影响和决定性的作用，全过程造价控制也需从项目的前期入手，对项目工程造价管理实行全过程动态管理。

2.1　规划及预可行性研究阶段

规划及预可行性研究阶段是项目的初始阶段，设计人员应首先对电力市场和原材料供应情况进行预测、调研及询价，确定拟建项目的规模、选址条件等，对所有比选方案的技术可行性和经济合理性进行全面分析评价，并对项目实施过程中可能发生的各种风险进行客观的分析和综合预测。在对投资匡算、投资估算复核调整时要充分考虑建设期物价波动、资金利息、投资方向调节税及汇率变动等情况。通过经济评价和财务评价确定项目的可行性，为投资决策提供依据。

2.2　可行性研究阶段

可行性研究阶段的设计概算能够全面、具体反映整个工程建设费用，是项目主管部门审批可行性研究报告、确定项目融资方式、进行经济评价的主要依据。经审查批准的设计概算是建设单位编制投资计划、列报投资完成、计算年度价差、指导合同管理的重要依据。故可研设计概算审核是可研阶段最重要的造价控制手段之一，在概算审查前，建设单位应聘请有资质的造价咨询机构对设计概算进行复核。主要对设计概算编制依据的合法性和时效性、编制内容深度、建设规模和标准、费用等内容进行复核。

3 设计阶段

相关资料研究表明，在预可行性研究设计阶段，影响工程造价的可能性为 75%～95%；在可行性研究设计阶段，影响工程造价的可能性为 35%～75%；在施工图设计阶段，影响工程造价的可能性为 20%左右，具体见图 1。因此，在项目做出投资决策后，控制工程造价的关键在于设计，设计的合理性和科学性，会直接影响项目的投资效益。

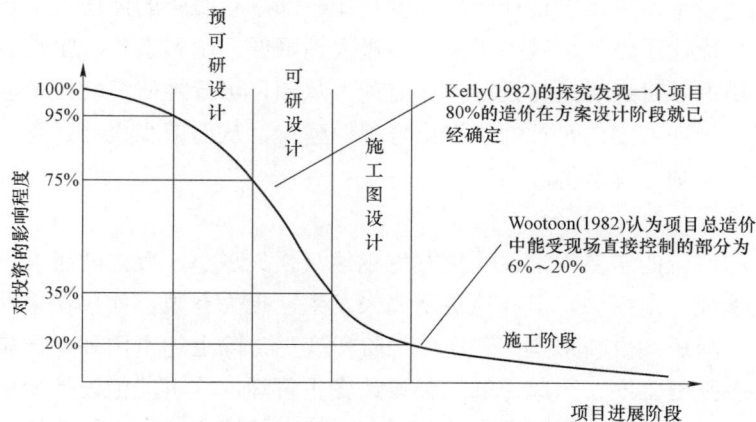

图 1　各阶段对投资影响程度分布图

3.1　推行设计招标制

目前设计单位普遍存在"重设计、轻经济"的观念。设计概预算人员机械地按照设计图纸编制概预算，"用经济来影响设计，优化设计，衡量、评价设计方案的优秀以及投资的使用效果"只能停留在口头。在方案设计上很多单位都能做到两个以上方案进行比较，在经济上是否合理却考虑很少，出现了"多用钢筋，少动脑筋"的现象。特别在竞争激烈的情况下，设计人员为了赶进度，施工图设计深度不够，甚至有些项目出现做法与选型交代不清，使设计预算与实际造价出现严重偏差，设计文件不完整。因此，推行设计招标，引进竞争机制，可迫使竞争者对建设项目的有关规模、工艺流程、功能方案、设备选型、投资控制等作全面周密的分析、比较，树立良好的经济意识，重视建设项目的投资效果，用最经济合理的方案开展设计。

3.2　限额设计

目前国内工程建设中普遍存在投资失控，概算超估算、预算超概算、决算超预算的三超现象，水利水电工程由于工程量大，与地质、水文、气象等自然条件关系密切，技术复杂，工期长等特点，加大了工程造价管理的难度，投资失控更为严重。同时很多建设单位只重视工程投资建设价格的高低，常常只把眼光放在了施工过程上面，这就忽略了设计在项目工程中的作用，导致概算超估算，修正概算超概算的现象的发生。

为了避免上述问题，节约工程投资，建设单位应积极推行限额设计，把激励机制引入到工程设计中，从而提高设计质量，加快工程进度，有效地降低工程造价。限额设计是按照批准的设计任务书和投资估算以及设计合同，在保证要求的前提下按照批准的总概算，控制施工图设计。同时各专业在保证达到使用功能的前提下，按相关的投资额控制设计，严格控制设计中不合理的设计变更，保证工程竣工结算不突破总投资额。限额设计是勘测设计质量、水平、效益的综合体现，要用全面质量管理的观点和方法进行限额设计管理。

3.3　设计方案比选与优化

设计阶段是工程造价控制的关键，设计阶段加强经济比较工作是十分必要的。造价人员应运用掌握的技术经济知识，总结以往的工程技术经济指标，应用价值工程方法，与工程师一起进行技术经济比较，对各种结构形式、设计方案、选用建筑材料等，做出经济合理的结论，为工程设计人员服务，提供好的合理建议，从而达到设计阶段控制工程造价的目的。

设计人员应运用价值工程进行优化设计。价值工程是运用集体智慧和通过有组织的活动，着重对产品进行功能分析，使之以最低的总成本可靠地实现产品的必要功能，从而提高产品价值的一套科学的技术经济分析方法。在设计过程中，掌握"功能提高，造价降低；功能不变，造价降低；辅助功能在允许幅度内降低，造价大幅度降低；适当提高造价，功能大大提高"的原则，才能在限额设计的过程中进行经济效益评价，最终推出最佳设计方案。

3.4　推行设计监理制度

目前，一些水电站建设单位采用了设计监理制度，让一部分有经验的监理人员参与到设计阶段来，并取得了非常显著的效果，优化了设计，减少了变更，极大地降低了工程造价。虽然我国没有强制推行设计监理制度，建设单位应根据项目进展适时推行设计监理，从项目可行性研究阶段就参与进去，以协助建设单位调研、考察、立项，论证方案的可行性并提出合理性建议，从而减少设计过程中可能存在的缺陷与失误，提高设计质量，有效控制工程造价。

3.5　加强设计变更管理

设计变更是影响工程造价的重要因素，变更发生越早，损失越小，反之就越大，如在设计阶段变更，则只需修改图纸，虽然造成一定损失，但其他费用尚未发生，损失有限；如果在采购阶段变更，不仅需要修改图纸，而且设备、材料还须重新采购；若在施工阶段变更，除上述费用外，已施工的工程还须拆除，不仅投资损失，而且还会拖延工期。因此必须加强设计变更管理，尽可能把设计变更控制在设计初期，尤其对影响工程造价的重大设计变更，更要用先算账后变更的办法解决，使工程造价得到有效控制。

4　招投标阶段

招标投标制是工程实施阶段造价控制的重要环节，通过招投标竞争机制可深化设计、优化施工组织，有效地控制工程造价。招标前要做好分标方案及分标概算、招标文件审查等招标前的准备工作；通过公平、公正的招投标过程，使承包方的价格合理可靠，避免出现压价中标，导致施工过程中偷工减料、停工扯皮等现象；招投标结束后，要对投标价格进行分析，以保证合同价格的合法性、合理性，减少合同纠纷，维护和保障合同双方的权益并有效地控制工程造价。

4.1　分标方案及分标概算

分标方案是指设计单位按一定的规划方式，将整个项目任务和工作分解为若干个包（或标段），其目的是便于项目承包。项目的分标方式决定了项目组织结构的基本形式，是项目实施战略问题，对整个项目的实施过程有重大影响。可研报告审查批准后，建设单位应根据项目的实际情况及时开展分标规划工作，必要时可聘请咨询机构编制分标规划专题报告。

分标概算是在批准的设计概算基础上，根据工程施工规划、招标设计及建设单位的管理方案对设计概算项目及投资进行切块调整，有针对性、有目的地对设计概算项目进行重组和调整，并对施工辅助工程和费用项目进行合理的摊销，分标概算包括枢纽建筑物投资概算和水库淹没处理补偿投资概算。分标概算以批准的设计概算为基础进行编制，并遵循"总量控制、合理重组"的原则。

4.2　招标文件审查

招标文件是投标的主要依据和信息源。招标文件是提供给投标人的投标依据，是投标人获取招标人意图和工程招标各方面信息的主要途径，是合同签订的基础。在招标投标过程中，无论是招标人还是投标人，都可能对招标文件提出这样那样的修改和补充意见或建议，但不管怎样修改和补充，其基本的内容和要求通常不会变，也不能变，所以，招标文件的绝大部分内容，实际上都将会变成合同的内容。因此在招标文件正式出售前，对其进行审查是非常必要的。

4.3　拦标价与标底编制

4.3.1　拦标价的编制

拦标价指招标人在招标过程中向投标人公示的工程项目总价格的最高限制标准，是招标人期望的价格，要求投标人投标报价不能超过它，否则为废标。拦标价，依据定额的消耗量、网刊的信息价格和行业规定的取费标准及合理的施工组织设计编制。

招标前建设单位应委托有资质的造价咨询单位根据国家或省级、行业建设主管部门颁发的有关计价依据和办法，按招标文件图纸编制拦标价。

4.3.2 标底编制

根据招标范围及工程的实际环境情况，确定招标项目的招标标底。该项工作是工程招投标中的重要环节，在确定承包商的过程中发挥着"商务标准"的作用，准确、合理的标底是建设单位以合理的价格获得满意的承包商、中标人获取合理利润的基础。只有充分认识其作用，了解编制方法、遵循原则及影响因素，才能编制出与工程实际相吻合的标底，使其起到应有的作用。

5 施工阶段

施工阶段是资金投入的关键阶段，管理不好，直接影响整个工程的造价。加强施工控制，就是加强合同履约行为的管理。该阶段造价控制的主要工作有执行概算的编制、变更管理、索赔处理等。

5.1 执行概算的编制

为了合理控制工程造价，建设单位应组织编制执行概算。执行概算应以可研设计概算为总体控制指标，按照"总量控制，合理调整"的原则进行编制。编制项目执行概算是以投资目标控制为原则，建立单项工程投资包干为基础，对工程项目的建设投资进行有效管理和控制，以保证项目建设顺利实施和提高投资效益。编制项目执行概算，是工程造价管理的基础工作内容。执行概算有利于各层次管理者对日常的结算审核、审批的监控、投资分析、比较和统计，在工程建设期对工程投资控制更直观、更便于分析比较。执行概算以"静态控制，动态管理"为主导思想，以有利于工程建设管理为原则进行编制。

5.2 变更管理

在施工过程中建设单位应加强对设计变更的合理性进行评定，减少不必要的设计变更。出现必须变更的情况，要先算账，后变更，主动控制工程造价，及时进行造价增减分析。一旦发生引起工程造价重大变化的设计变更，进行相应的变更预算，做到掌握控制工程造价的主动权。

当现场发生紧急变更时（指施工现场突然发生的、难以预料的、且需要立即做出决定的变更事项），应在征得建设单位负责人同意的情况下，由监理单位立即主持现场的变更实施，并于开始变更后 7 日之内办理有关变更手续。

5.3 索赔的管理

索赔管理是合同管理的主要内容之一。一些投机承包人往往以低投标价争取中标，而以高索赔来获取企业额外利润，所以索赔管理也是控制工程造价的关键之一。"主动控制减少索赔，出现索赔以合同为依据及时处理"是索赔处理的主要原则，在工程实施过程中为了避免索赔，应从以下几点措施进行控制：

（1）建设单位对工程项目各阶段的实施应安排合理的时间，准备工作要充分，如施工招标应在施工图设计完成后以工程量清单为招标依据，明确建造标准，尽可能避免施工中承包人的索赔；

（2）按合同规定提交符合要求的施工场地、技术资料和图纸；

（3）及时支付工程预付款和进度款；

（4）建设单位督促工程监理完善施工中的所有原始记录；

（5）建设单位和工程监理应按合同要求对隐蔽工程和分项分部工程进行验收，避免影响施工进度；

（6）在施工中出现问题，如设备选型、材料的确定应按合同规定时间及时批复；

（7）及时掌握市场材料、设备的价格波动，分析风险责任，研究分解风险责任的对策措施；

（8）认真严格审核工程签证和工程索赔报告，根据情况及时进行反索赔。

6 竣工结算阶段

竣工结算管理是造价控制过程的最后一环，是全面检查和考核合同执行情况、检验工程建设质量和投资效益的重要环节。该阶段的造价控制工作包括：

（1）结合施工合同、施工图认真审核承包人的工程结算情况，剔除已结算的不合理工程量、不切实际的签证、不合理的变更项目、不合理变更单价、不合理的施工措施等增加的费用。

（2）根据工程建设情况，对各种由建设单位提供的材料进行核销，减小工程建设中因施工方对材料的不合理利用而增加的材料成本。

7　结束语

综上所述，水电工程造价管理与控制贯穿于项目建设的全过程，是一个复杂的系统工程，需要建设单位、监理单位、设计单位、施工单位，材料设备供货单位、咨询机构等单位各负其责，形成一个完整的投资控制体系，在工程开发建设的各个阶段采取多种手段进行控制。在决策阶段，要加强概算的复核，在设计阶段，首先通过限额设计将工程造价设定在一定范围内；在设计过程中再通过方案比较、设计优化等手段降低造价；在工程招标阶段，为了确定合理的合同价格，首先要在开标前向投标单位发布拦标价，评标过程中再通过标底来确定合理的中标价格，在项目实施及竣工阶段，要做好执行概算的编制，同时加强索赔、变更、结算等管理。

参考文献

[1]　蔡伊昌. 浅谈水利工程造价的控制与管理 [J]. 科协论坛（下半月），2008（7）：10-12.
[2]　张珍. 浅议水电站工程投资控制. 水利水电工程造价，2013（3）.
[3]　张建龙，胡诚. 新政策形势下抽水蓄能工程造价管理与控制要点. 水利水电工程造价，2015（4）.

我国抽水蓄能电站的现状及发展前景分析

靳亚东　唐修波　赵杰君　孙　平

（中国电建集团北京勘测设计研究院有限公司，北京市　100024）

【摘　要】　随着抽水蓄能电站的发展，其在电网中逐渐显现其更多的作用和优势，承担着调峰、填谷、调频、调相、事故备用、配合风电储能等工程任务，抽水蓄能电站建设和调度运行，有利于更好地利用新能源，有利于提升电力系统综合效益。在对我国当前抽水蓄能电站现状情况总结的基础上，分析了我国抽水蓄能电站面临的挑战，从投资主体、电价机制、生态环保、调峰手段等角度，分析了我国抽水蓄能电站的发展前景。

【关键词】　抽水蓄能电站　工程任务　现状　挑战　发展前景

抽水蓄能是目前电力系统中应用最为广泛、寿命周期最长、容量最大、技术最成熟的一种储能技术。抽水蓄能的低吸高发功能，实现了电能的有效存储，有效调节了电力系统生产供应、使用，保持了三者之间的动态平衡。储能功能是抽水蓄能电站调峰填谷、调频、调相、事故备用等功能和在电力系统中多种作用发挥的基础。

从世界角度来看，抽水蓄能电站是被广泛接受且认可的综合性电站，1882 年首座抽水蓄能电站诞生在瑞士，经历了从单纯的蓄水配合常规水电运行，到电网内承担调峰填谷、调频调相、事故备用等多项任务的漫长转变，至今已有百余年历史。但直到 20 世纪 60 年代，抽水蓄能电站才开始迅速发展。据统计，抽水蓄能电站装机容量占全国装机容量超 10%的国家有法国、德国和日本。

我国抽水蓄能电站建设起步较晚。20 世纪 60 年代后期才开始研究抽水蓄能电站的开发，而且受计划经济体制的影响，1968 年我国第一台抽水蓄能电站河北岗南才建成投产。20 世纪 90 年代以前受国家政策及经济环境影响仅投产一座北京密云抽水蓄能电站。20 世纪 90 年代以后，随着我国经济体制改革和电力体制改革的深入，经济迅速发展，我国抽水蓄能电站迅速发展。我国大型抽水蓄能电站投入运行已经有近 20 年的时间，2018 年年底在运装机容量 3002.5 万 kW，在电网中逐渐承担了调峰填谷、调频、调相、事故备用、配合风电储能等任务，为电网安全稳定运行起到了重要的作用。虽然我国抽水蓄能电站建设面临一些挑战，但未来一段时期内仍将保持快速发展。

1　国内抽水蓄能电站现状

我国水能资源丰富，但地区分布极不均衡。为解决电网调峰问题，我国从 20 世纪 60 年代开始研究开发抽水蓄能电站。

20 世纪 60 年代，通过学习和引进国外现代抽水蓄能技术，于 1968 年和 1975 年分别建成河北岗南和北京密云两座小型抽水蓄能电站。经过 20 世纪 70 年代的初步探索，80 年代的深入研究论证和规划设计，我国抽水蓄能电站的开发建设逐步进入蓬勃发展期。以火电为主的华北、华东、广东等电网的调峰供需矛盾日益突出，通过兴建抽水蓄能电站解决调峰问题逐步成为共识，90 年代中期建成了第一批大型抽水蓄能电站，先后有 9 座抽水蓄能电站投入运行。2000 年之后，我国抽水蓄能电站开发建设从学习借鉴国外技术过渡到自主发展为主，抽水蓄能电站迎来了第二个建设高潮，先后有 19 座抽水蓄能电站陆续开工建设。国内抽水蓄能电站发展进程见图 1。

我国开展抽水蓄能电站建设已经 50 余年。在这期间，基于大型水电建设所积累的技术和工程经验，加上引进和消化吸收国外先进技术，及一批大型抽水蓄能电站的建设实践，已让我国累积了丰富的建设经验，掌握了较先进的机组制造技术，形成了较为完备的规划、设计、建设、运行管理体系，电站的整体设计、

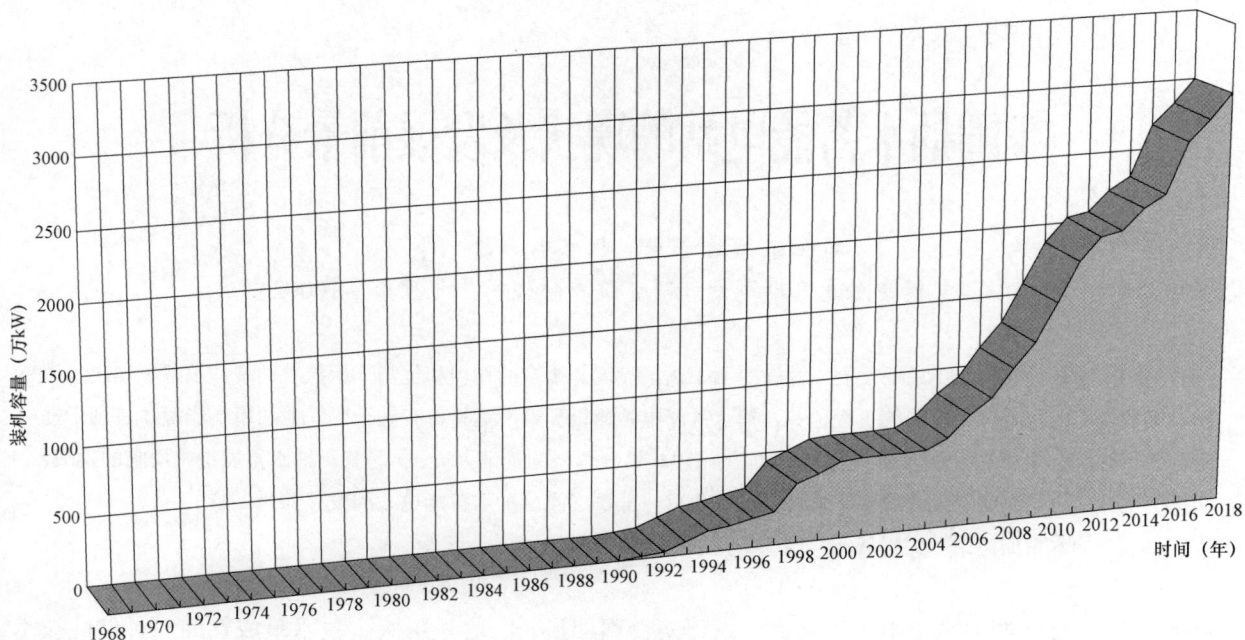

图1 国内抽水蓄能电站发展历程

制造和安装技术更是达到了国际先进水平。例如，已建成的西龙池电站额定水头 640m，为国内已建蓄能电站最高；在建的丰宁电站（360 万 kW）则将是世界上装机规模最大的抽水蓄能电站。据统计，2018 年年底国内抽水蓄能电站在运装机容量规模约 3002.5 万 kW，在建抽水蓄能电站装机容量规模约 4321.0 万 kW，在建和在运装机容量均居世界第一。

2 国内抽水蓄能电站面临的挑战

2.1 开发需求与站址资源间的协调

我国抽水蓄能电站站址资源分布不均，部分地区面临调峰需求大但站址资源少的矛盾。在目前调峰手段多元化的新形势下，抽水蓄能电站选址可进一步研究具有投资小、建设周期短、节省站址资源等优点的混合抽水蓄能电站；此外，可研究废弃露天矿坑、矿洞新型抽水蓄能电站，实现废弃资源利用，达到社会、环境和经济综合效益最大化。

我国各地正在积极开展生态保护红线划定工作，部分地区抽水蓄能电站规划选点及前期工作中所面临的生态保护红线影响更加突出。新形势下，对于蓄能电站还未建成且调峰需求较大的地区，抽水蓄能电站的选址和建设应更加重视对生态保护红线的研究，协调好开发与保护的关系；对于蓄能电站布局受生态保护红线影响较大的区域，应适时调整选址思路及规划站点布局。

2.2 电力改革利益补偿机制的深化

逐步理顺电价形成机制是抽水蓄能发展的核心问题。据了解，抽水蓄能电站年容量电费分配是电网 50%，用户 25%通过销售电价疏导落实，发电企业 25%通过招标解决。在现有电价机制下，抽水蓄能电站的建设成本只能全部进入输配电成本并通过调整销售电价进行疏导，由电网和用户承担，受益电源并未补偿抽水蓄能电站。

抽水蓄能电站的属性导致其不追求直接的经济效益，而其间接经济和社会效益难以计算，需要借助电改将其间接效益量化出来。应实行"优质优价"，鼓励电力系统优化电源结构，将煤电、核电等受益电源的增量效益部分用于对抽水蓄能电站的补偿，体现"谁受益、谁分担"的原则。通过电源侧峰谷电价、辅助服务补偿等方式，合理反映抽水蓄能电站的效益。同时，完善和落实两部制电价政策，扩大峰谷电价差。抽水蓄能电站可以在电力市场高抛低吸，获得效益，有足够生存空间。

2.3　综合利用开发模式的完善

新形势下，抽水蓄能电站选址思路正在不断拓展，以寻求适合我国电网分布及需求的新型抽水蓄能电站建设方式，如混合抽水蓄能、海水抽水蓄能、废弃矿洞抽水蓄能等。目前，我国混合抽水蓄能、海水抽水蓄能、废弃矿洞抽水蓄能等电站建设和研究尚处于起步阶段。仅混合抽水蓄能试点建成白山、潘家口等电站。

从实际运行情况看，混合抽水蓄能电站具有投资小、建设周期短、节省站址资源等优点，可成为常规抽水蓄能电站的有益补充。海水抽水蓄能、废弃矿洞抽水蓄能等新型抽水蓄能电站虽有广阔的发展前景，但在技术方面、效益量化等方面仍需不断完善。

2.4　电力系统调节能力的提升

随着技术创新不断进步，国家出台了相关政策，鼓励火电机组灵活性改造、电化学储能电站建设等提升电力系统调节能力。由于调峰手段的多元化，火电机组灵活性运行、电化学储能等技术发展将对未来抽水蓄能发展产生一定影响。根据华北电网调研数据，截至 2018 年 6 月底，京津唐电网、河北南网煤电装机容量分别达到 50 250、28 490MW，调峰深度每提高 10%，分别可以调高调峰能力 5020、2850MW。

火电灵活性改造由于缺乏配套政策和市场机制，实际改造进度与规划目标仍有较大差距，抽水蓄能电站仍有建设空间；电化学储能由于经济性和安全性的制约，仍无法实现大规模推广，一定时期内无法取代抽水蓄能电站。

3　国内抽水蓄能发展前景分析

3.1　蓄能需求空间较大

虽然我国抽水蓄能电站已建和在建装机容量均居世界第一，但抽水蓄能电站装机在电力装机中占比还不到 2%，与世界发达国家相比仍存在较大差距，美国、意大利、西班牙、德国、法国等国抽水蓄能电站装机容量占电力系统总装机的 5%～10%。随着国家对风电、太阳能、核电等新能源的大力开发，为配合新能源消纳以及核电并网运行，对电网调节能力提出了更高要求。另外，随着我国城镇化水平、工业化水平、电能替代水平的提升，电力系统中调节性电源建设需求仍会增加。因此，具有良好调节性能的抽水蓄能电站仍有很大发展空间。

目前，全国运行、在建和待开发抽水蓄能规模约为 1.3 亿 kW，现有抽水蓄能规划资源基本能够满足项目开发需求。但由于生态红线的影响，新一轮抽水蓄能电站选点规划能够成立站点有限，远期蓄能规划资源储备乏力。

3.2　蓄能作用更加突出

近年来，随着风电和太阳能等随机性间歇可再生能源装机的快速增长、核电开发加快、超高压远距离输电、柔性直流电网等发展，对电力系统的储能调节和安全稳定运行保障能力提出了更高要求。抽水蓄能电站作为技术成熟的大规模储能电源，在保障电网安全、电能质量和提升电网经济运行水平方面发挥着调峰调频和事故备用等重要作用；抽水蓄能电站作为坚强智能电网的重要组成部分，结合不同地区电力系统特点合理确定电站开发任务，电站的功能与作用不断拓展。

抽水蓄能电站在完成传统调峰、调频、事故备用任务的基础上，面对新时代电网发展形势，必须不断提升电站的智能建设和运维水平，实现抽水蓄能电站对坚强智能电网的全面支持；充分利用移动互联、人工智能等现代信息技术和先进通信技术，推动水电行业由传统自动化发展为数字化、智能化，助力国家电网"三型两网"全面建设，主动适应数字革命发展。

3.3　尖端技术有望突破

我国抽水蓄能电站建设规模持续扩大，电站工程设计、工程施工和机电设备安装调试技术日趋成熟并自主创新发展。沥青混凝土防渗面板施工由借鉴国外技术（张河湾、西龙池）发展到全面自主施工（宝泉、呼和浩特）；高强钢压力钢管和钢岔管制作逐渐国产化；长斜井（深竖井）导井反井钻机施工技术的研究应用；以惠州、宝泉、白莲河工程为代表，开始引进国外主机设备的设计与制造技术，逐渐发展为国内厂商自主设计制造（响水涧、仙居、溧阳等）。

我国已打破了国外对高水头、大容量抽水蓄能技术的垄断，完全掌握了抽水蓄能核心技术。近年来抽水蓄能电站在变转速及高转速等高端核心技术方面也有所突破，变速机组在丰宁电站取得应用，600r/min机组在长龙山电站取得应用。

3.4　投资主体多元化

目前我国已建抽水蓄能电站的建设体制有"电网控股、地方参股""电网全资"和"非电网企业投资"三种形式，其中主要以电网投资控股、地方投资公司参股为主。经营模式上主要有电网统一经营和电站独立经营两种，其中电站独立经营核算方式又分为租赁经营、委托电网经营两种。国内较早时期建成的具有代表性的抽水蓄能电站中，潘家口、十三陵抽水蓄能电站是电网统一经营模式；天荒坪、广州、响洪甸等抽水蓄能电站采用的是发电企业独立经营模式，其中，广州抽水蓄能电站采用租赁制经营模式，响洪甸、天荒坪抽水蓄能电站采用委托电网经营模式。

由于抽水蓄能电站主要服务于电网安全稳定运行，由电网企业负责开发，抽水蓄能电站的盈利与整个电网运营利润进行捆绑式计算，其他企业建设抽水蓄能电站的积极性并不高。近年来，在投资主体逐步多元化的新形势下，电网企业在蓄能电站规划和建设时序等方面受到影响。电网企业可以租赁或收购方式统一在电网中运营，利用市场力量去推动蓄能电站的快速发展。此外，可在抽水蓄能电站领域积极开展投资合作，选择资源禀赋优良、外部投资环境较好的项目加大投资放开力度，积极引进社会资本参与合作，深化抽水蓄能领域混合所有制改革，增强抽水蓄能电站的竞争力和创新力，共同推进抽水蓄能项目的有序开发。

3.5　电价机制逐步完善

我国电力改革正经历一个重要攻坚克难的阶段，蓄能电站政策从最初的摸索阶段正在向电力市场化坚强迈进，但这需要经历一个漫长的过程。从最初国家顶层政策设计的角度分析，要求抽水蓄能电站由电网经营企业全资建设，不再核定电价，其成本纳入当地电网运行费用统一核定。这符合最初国家电网功能定位，也符合"谁受益，谁付费"的原则。

目前，我国抽水蓄能电站主要实行三种价格机制，即单一容量电价、单一电量电价、两部制电价。近年来国家有关机构部门正在进行两部制电价细则的研究，这也可从一定程度上降低非电网企业建设运营蓄能电站风险。从抽水蓄能电站长远发展来看，随着蓄能市场体制不断完善，电力市场化逐步实现，蓄能电站生存能力将不断加强。

3.6　生态环保高度重视

"十九大"报告将生态文明作为建设美丽中国的基本目标之一，据此国家和地方层面出台了若干有关生态保护的政策、法规，各地正在进行生态保护红线的划定工作，抽水蓄能规划建设要求高度重视的生态环保要求。但抽水蓄能电站选址通常在高山地区的河流（沟）附近，由于受生态红线影响，随着前几轮大规模抽水蓄能选点以及推荐站点的开工建设，抽水蓄能电站规划站点的选择开始变得困难，特别是华北地区，抽水蓄能电站资源中成立的站点有限，远期蓄能资源储备乏力。

4　结论

从全球范围看，技术较成熟的抽水蓄能电站仍是储能主力。现阶段，我国抽水蓄能电站建设迎来机遇期，在新能源大规模发展、跨省区配置通道和互济能力建设等都对电网调节能力等提出更高要求的情况下，抽水蓄能电站前景广阔。同时，梳理总结当前面临的挑战、科学研判发展形势，对抽蓄电站紧抓未来一段时间的重要机遇期、助力现代能源体系建设有重要意义。

参考文献

[1]　王婷婷，邱彬如，靳亚东. 应积极鼓励支持抽水蓄能电站的发展 [J]. 水力发电学报，2010，29（1）：62－65.
[2]　王婷婷，曹飞. 从电力系统储能技术谈抽水蓄能电站的建设必要性 [C]. 抽水蓄能电站工程建设文集，2014.

［3］　王楠. 我国抽水蓄能电站发展现状与前景分析［J］. 电力技术经济，2008，20（2）：18－20.

［4］　靳亚东，王婷婷. 新形势下抽水蓄能电站的发展契机［C］. 抽水蓄能电站工程建设文集，2009.

［5］　王婷婷，赵杰君，王朝阳. 我国电网对抽水蓄能电站变速机组的需求分析［J］. 水力发电，2016，42（12）：107－110，114.

［6］　王婷婷，曹飞，唐修波，等. 利用矿洞建设抽水蓄能电站的技术可行性分析［J］. 储能科学与技术，2019，8（1）：195－200.

国网新源公司抽水蓄能电站建设期工程设计管理机制

韩小鸣　　茹松楠　　马萧萧

（国网新源控股有限公司，北京市　100761）

【摘　要】 本文系统介绍了国网新源控股有限公司抽水蓄能电站建设期设计管理体系和主要管理措施，分招标设计阶段和施工图设计阶段两部分进行说明，介绍了对设计计划、工程变更、强制性条文执行、工程验收等工程管理工作中对设计管理的要求和规定。

【关键词】 抽水蓄能电站　建设期　招标设计阶段　施工图设计阶段　设计管理

国网新源控股有限公司（简称新源公司）是国家电网有限公司控股管理的全球最大的调峰调频电源专业运营公司，负责开发建设和经营管理国家电网有限公司运营范围内的抽水蓄能电站和常规水电站，承担着保障电网安全、稳定、经济、清洁运行的使命。经过十几年水电工程建设管理实践积累，新源公司提出了立足"设计、施工、设备制造"三个主战场，抓好"安全、质量、进度、造价、技术和综合管理"（5+1 管理）的基建管理理念。

设计管理是项目管理的重要内容，勘察设计质量是工程质量和本质安全的基础。优秀设计成果不但有利于工程建设顺利推进，减少施工安全隐患，也是工程合理经济效益和社会效益的保障。新源公司始终把工程勘察设计作为"三个战场"的龙头来管控，在项目建设过程中不断探索、完善，形成了新源公司本部和项目单位两级协调一致，贯穿工程建设全过程、内容全覆盖的设计管理体系。

在抽蓄项目招标和施工图设计阶段，建立起了以新源公司本部相关部门统筹引领，以项目单位为责任主体，以技术中心和第三方专家为技术支撑，协同运转的抽蓄项目建设期工程设计管理机制。

1　工程建设期设计管理体系总览

在工程建设期设计管理中，新源公司制定《工程建设技术管理纲要》，规范设计技术管理和施工技术管理的内容、要求和管理流程；制定《工程设计承包商管理手册》，对设计单位的供图计划执行、设计质量、现场设代服务明确考评要求；印发《关于基建工程招标采购文件技术审查有关问题的通知》《关于基建项目设计文件评审审查管理工作指导意见》等管理规定，建立设计方案和设计成果分级审查机制，新源公司基建部、技术中心、项目单位根据职责分工，开展招标设计报告和施工图设计文件的审查工作；制定《工程总平面设计管理手册》《工程建设招标设计报告管理手册》等管理制度，对设计管理的职责分工、管理活动的内容和方法、流程进行规范；编制《工程总平面布置设计导则》《交通道路工程设计导则》等技术标准，出版抽水蓄能电站《通用设计、设备、造价》，推进水电工程标准化建设理念，促进提高设计成果质量。

2　招标设计阶段主要设计管理措施

本阶段设计工作主要有：在批准的可行性研究报告基础上，继续进行深化和补充地勘工作，完善工程区域内测量成果，进行工程招标设计，勘测和设计成果应达到招标文件编制深度要求，满足工程建设项目招标采购和工程管理的需要；确定工程总体布置、施工分标方案，开展招标设计阶段施工组织设计，提出移民安置实施规划报告，对可研阶段设计成果进行复核、完善、深化，形成招标设计报告；按新源公司管理要求完成工程总平面布置、10 项专题报告、场内道路初步设计等专题、专项设计报告的编制。

本阶段设计管理工作主要有：新源公司基建部、技术中心、项目单位分级开展各项招标设计专题、专项报告的评审、审查；开展各标段招标文件的编制、审查等工作。

2.1 招标设计阶段设计成果审查管理

按新源公司《工程总平面设计管理手册》《工程建设招标设计报告管理手册》《关于基建项目设计文件评审审查管理工作指导意见》等管理规定，开展专题设计报告和设计成果审查。

（1）早在可研阶段，即由项目单位组织设计单位，按规程规范和新源公司《工程总平面布置设计导则》《交通道路工程设计导则》等技术标准开展工程总平面布置等总体方案设计，对电站生产附属设施、供电及给排水、交通道路等永久和永临结合设施、工程征地红线等进行规划。工程总平面经项目单位内审后报公司基建部审批，为下一步工程设计提供全局规划和设计依据。

（2）项目单位组织设计单位，按新源公司《工程招标设计阶段施工组织设计编制导则》等技术标准，编制工程分标规划、施工组织设计、场内道路初步设计专题报告。经项目单位内审、技术中心评审后报公司基建部审批。

（3）项目单位组织设计单位编制《土石方平衡》等10个专题报告，由项目单位审批。对土石方平衡、表土利用及用水、用电等永临结合设施进行提前规划，确立项目建设重点管控因素的设计规划和管控措施，减少后期变更，节省工程投资，防控工程风险，减少安全隐患。

《招标设计报告》其他部分经项目单位内审、公司基建部组织技术中心评审后，报国家电网有限公司水新部备案。

2.2 招标文件编审管理

新源公司印发了《关于基建工程招标采购文件技术审查有关问题的通知》等管理规定，建立招标文件分级审查机制。项目单位对招标文件进行"四级审核"。主体标（多洞一路、土建工程、机电安装、主机标）由技术中心组织、新源公司基建部和国家电网有限公司水新部参加审查后，报国家电网有限公司物资部审查、实施。

3 施工图设计阶段主要设计管理措施

本阶段设计的主要工作：在可研和招标设计的基础上，进一步完善、优化设计，完成建设项目主体工程（含土建工程、金属结构和机电设备安装等）、设备采购、环保、水保、施工辅助工程、办公生活和文化福利设施、生态环境和景观等工程项目的所有勘察、设计工作和常规科研、试验工作，以及工程建设全过程现场设代服务。

本阶段设计管理工作主要有：开展施工图设计文件审查；开展工程变更审批、备案；设计强制性条文执行情况检查等过程管理工作；组织设计单位参加各级验收、评价工作等。

3.1 施工图设计管理

3.1.1 设计进度计划管理

按新源公司《工程进度计划管理手册》《工程设计承包商管理手册》等管理制度和规定开展工程建设设计总进度计划、年度设计总进度计划和年度供图计划审批及计划执行情况考核、评价。

工程开工前，项目单位按项目里程碑进度计划，组织设计单位编制《工程建设设计总进度计划》，报项目单位审批，作为工程建设期设计进度管理总体依据。

每年11月，设计单位按设计总进度计划，编制下一年度《年度设计总进度计划》报项目单位审批；项目单位组织相关参建单位制定《年度设计文件与施工图纸需求计划》提交设计单位。设计单位于每年12月15日前，依据设计总进度计划和需求计划，编制《年度设计文件与施工图纸供应计划》提交项目单位组织相关参建单位讨论、审核、商定后，项目单位和设计单位签订《工程建设年度供图协议》。

3.1.2 开展施工图设计文件评审

按项目全寿命周期管理要求，为加大设计成果管理广度和深度，新源公司编制《施工图阶段图纸基本目录编制标准》等技术标准和《基建项目设计文件评审审查管理工作指导意见》等管理规定，开展施工图设计阶段设计文件的评审工作。

筹建期及主体工程施工图设计文件由监理单位组织审查，设计单位按审查意见进行修改，经监理单位确认后发放施工。主要设计成果必须经审查后才能用于施工，保证工程本质安全、减少工程变更风险。

3.2　工程变更管理

新源公司《工程变更管理手册》明确了变更申请需提交的文件和监理、项目单位分级审批职责、流程等管理要求，建立了工程变更分级审批机制。

一般工程变更，按变更估算额由项目单位分级审批。工程变更估算额在 10 万元以下的，由项目单位工程部专工批准，10 万（含）～20 万元的由工程部负责人批准，20 万（含）～50 万元的由项目单位分管领导批准，50 万元及以上的由项目单位总经理批准。对于估算额增加超过 100 万元的变更项目，设计单位正式发出修改文件前，尚应通过工作联系单经项目单位书面确认。

重大设计变更，要求设计单位在提交变更申请的同时，提交《重大设计变更专题报告》，经项目单位组织相关参建单位审查后，报新源公司审批。

所有工程变更均需每半年报新源公司基建部审核、备案。

3.3　设计强制性条文管理

工程建设强制性条文包括国家现行工程建设标准强制性条文和新源公司《抽水蓄能电站工程建设补充规定》等。按新源公司《工程建设强制性条文执行管理手册》，开展强制性条文执行情况检查。

招标设计和施工图设计前，勘测设计单位应明确本工程项目设计所涉及的强制性条文，编制工程勘测设计强制性条文执行计划表，报监理审核、项目单位备案。

要求设计单位在施工图纸中详细列出所执行的强制性条文内容，并据实填写工程设计强制性条文执行检查表。在单位工程验收前，由监理单位对工程设计强制性条文执行检查表进行复查，项目单位工程部审核。在单位工程验收时，项目单位工程部组织验收组成员进行确认。

3.4　加强主机设备制造厂家和设计单位的配合

在主机设备设计环节，新源公司高度重视主机设备选型工作，强化机组稳定性、调节保证性能指标要求，对不同机组的压力脉动、吸入高度、调保计算和有关参数进行了规范。由厂方编制机组振动专题报告，设计单位编制厂房振动专题报告，谨防厂房、机组共振风险。印发《关于切实加强主机设备设计联络管理的指导意见》等规定和要求，加强主机设备设计联络管理，对设备的结构设计、强度设计和与土建的接口以及双方责任等进行了规范。

3.5　工程验收阶段设计管理

工程验收包括工程建设过程验收、阶段验收和专项验收。按新源公司《工程专项验收和竣工验收管理手册》《工程建设阶段验收管理手册》等管理制度和规定，开展各级验收和评价的设计管理工作。

设计单位需参加隐蔽工程、重要单元工程、重大项目工序、分部工程、单位工程和合同工程完工验收等各类工程建设中的质量验收工作。

阶段验收工作中，设计单位在项目单位的组织下，配合编写阶段验收大纲，负责编制设计验收报告和设计工作总结（自查）报告等，在验收会议上进行设计工作汇报，落实验收意见。

设计单位需参加全部 8 项竣工专项验收工作，配合各专项验收组的验收工作；按要求编制专项验收设计工作报告，提供有关资料，在验收会议上进行设计工作汇报，落实验收意见。

设计单位还应参加工程最终竣工验收，以及由主管部门组织的其他验收和评价（机组移交验收、安全性评价等），参加工程质量监督巡视检查等活动。在项目单位的组织下，做好相关验收、巡检、评价等工作的设计相关资料准备、配合和意见落实工作。

4　综合设计管理方面

4.1　大力开展"通用设计"，推进标准化建设

新源公司在总结提炼抽水蓄能电站工程建设管理经验和设计成果的基础上，在国内水电行业中首次提出了通用设计的理念，组织编制了《抽水蓄能电站工程通用设计》（简称《通用设计》）。目前已出版地下厂房、开关站、进出水口、细部设计和工艺设计五个分册。

2018 年，新源公司组织完成《水力机械》《电气设备》等 7 个通用设备分册，《地下洞室群通风系统》《抽水蓄能电站物防、技防设施配置》等 5 个通用设计分册和《抽水蓄能电站地下厂房》1 个通用造价分册的编审工作，均已具备出版发行条件。

目前，通用设计成果已广泛应用于新源公司已开工和即将开工的水电工程项目中，提升了工程标准化建设管理水平。各设计单位在编制过程中开展广泛深入的技术交流，互相借鉴优秀设计理念，提升了行业整体水平。通用设计的运用也大幅减轻了设计工作量，提高了设计效率和质量。

4.2　规范技术标准，提供技术支撑

新源公司共组织编制了 48 项抽水蓄能电站建设技术标准，与现行国家和行业规程、规范一同为新源公司水电工程建设提供技术支撑。其中包括《工程总平面布置设计导则》《交通道路工程设计导则》等 14 项工程设计类技术标准，从各建设分期、各专业，全方位对工程设计技术标准进行了规范、明确和统一。

5　结束语

2019 年，新源公司开工建设 4 个抽水蓄能电站项目，在建项目将达 30 个，繁重的建设任务形势要求我们必须不断创新、优化、调整、完善工程设计管控机制和措施。响应国家电网有限公司建设"三型两网"世界一流能源互联网企业的战略目标，新源公司提出到 2021 年建党一百周年，初步建成具有全球竞争力的世界一流抽水蓄能企业的目标，目标的实现需要广大工程勘察设计单位、专家和人员的参与，提供优质的勘察设计成果、坚强的技术支撑服务，共同围绕新源公司"两个引领"战略目标和"两型两化"战略总路径，为我国抽水蓄能行业做出新的更大贡献。

从国外电力市场看我国抽水蓄能电站运营方式

万正喜　　胡云梅

（华东天荒坪抽水蓄能有限责任公司，浙江省安吉县　313302）

【摘　要】　本文简介了国外电力市场情况、我国特高压电网运行新情况、抽水蓄能电站在吸纳清洁能源和促进特高压电网安全稳定运行等方面的重要作用。说明了抽水蓄能电站运营面临的主要问题，重点提出了抽水蓄能电站运营方式（功能划分、"三部制"电价等）的建议。

【关键词】　抽水蓄能电站　运营方式　思考

1　引言

抽水蓄能机组作为电网中大容量的调峰填谷、事故备用设施和当前最有效的清洁能源储能设备，其快速启动、灵活的运行方式，能有效缓解特高压直流故障时电网频率和有功控制问题，极大地提升了特高压电网的安全稳定运行水平，为我国远距离跨区大负荷电能传输提供有效的技术保证，也为我国清洁能源战略、减少弃风弃光弃水做出了实质性支撑。

但是，在我国电力体制改革不断推进的情况下，当前各区域电网中已投产抽水蓄能机组的运行情况相差较大，对抽水蓄能的认识和功能定位还需不断深入，如何科学地安排抽水蓄能机组的运营方式，充分发挥机组的效益，兼顾电力市场的健康发展、特高压电网的需求以及抽水蓄能机组的安全稳定运行限制，需要进行认真探讨。

2　从国外电力市场看抽水蓄能的作用

从传统意义上讲，抽水蓄能电站具有调峰填谷、调频调压、事故备用、储能等功能。在已经实施电力交易的几个国外市场中，能细分电力市场需求，从中可以进一步思考认识抽水蓄能的功能。

2.1　新加坡电力市场

新加坡电力市场 2003 年正式运营，并成立市场监管机构和市场交易组织机构。在批发市场中，机组负荷、调频和备用容量均通过竞价进行分配。发电商以机组为单位，以 0.5h 为间隔向系统提供报价。每台机组可参与"电量、AGC 调频、8s 备用、30s 备用和 10min 备用"五个市场的竞价。

辅助服务费用按"谁受益，谁承担"的原则进行分摊。调频费用由用户和运行机组共同承担，备用费用由该时段运行机组分摊，负荷较高的机组和可靠性较低的机组分摊比例更大。其他辅助服务（如黑启动）由市场交易组织机构通过双边合同进行购买，费用由用户均摊。

2.2　北欧电力市场

北欧电力市场始于 1991 年，后续有挪威、瑞典、芬兰、丹麦等多个国家依次加入。在该市场中，包括发电、电力实时平衡、系统辅助服务、售电等多个电力运行环节采用市场竞争机制。市场交割方式包括物理市场和金融市场。物理市场包括日前市场、日内平衡市场、实时平衡市场、备用容量市场。其中，日前市场与实时平衡市场是物理市场中运行最为活跃、市场地位最为突出的两个市场。参与实时平衡竞争的市场成员主要是那些发电商和能迅速对负荷作出较大调整电力用户。

辅助服务市场包括备用容量市场和调频市场，目的是保障电力系统的安全稳定运行。当电网频率波动较大时，根据市场成员的报价排序在发电方调用机组的备用容量（正备用或负备用），或在购电方增加或减少电网负荷，以保证系统的实时发用电平衡。

2.3 美国加州电力市场

1996 年，加州电力改革进程正式启动。其竞争性电力批发市场包括日前市场、实时市场和金融输电权市场。日前市场和实时市场均包括发电和辅助服务计划，辅助服务价格是分区的。加州为实现高可再生能源目标，还发展了另一种新的实时电力市场——不平衡电力市场。不平衡电力市场是为了协调不同区域间的太阳能和风能，协调互补不同区域不同气象条件、不同峰荷时间，将各区域的发电资源一起经济调度，从而产生巨大的经济效益。

市场中交易的产品分为电量、容量和金融输电权三大类，其中容量包括辅助服务（上调频、下调频、旋转备用以及非旋转备用）、余额容量和灵活在线容量三种。旋转备用与非旋转备用均要求能在收到调度指令的 10min 内爬坡到预留的最大容量。

综上，在新加坡、北欧及美国加州电力市场中，抽水蓄能在实时电力市场及辅助服务市场中作用明显，特别是调频、备用市场（正备用或负备用）中大有可为，在日前电量市场也能积极参与。

3 特高压电网下抽水蓄能电站的新作用及面临的主要问题

3.1 特高压电网面临的新困难

特高压电网在远距离、大范围进行能源配置的同时，必将对原有受电端或者供电端有功和无功进行就地平衡的区域电网产生影响，其影响随着传输容量的加大而加剧。有以下几个主要情况：

一是区域电网峰谷负荷调节难度加大。近年来，随着各电网负荷峰谷差逐年持续增大、跨区水电和其他清洁能源输送规模持续扩大、受核电堆芯安全限制核电机组不宜低功率运行及频繁功率调节等情况影响，区域电网调峰调谷的难度持续加大。

二是送、受端电网无功平衡的难度加大。特高压直流线路换流站运行时需消耗很大的无功，无论是送端电网还是受端电网，无功过剩或者无功不足均会进一步造成交流电压的不稳定，无功"就地平衡"原则执行难度加大。

三是特高压直流有功缺失时电网有功控制难度加大。特高压直流输入的大功率一旦缺失，有功潮流转移将冲击同步电网的多级断面，不仅引发电网通道热稳定问题，甚至可能导致功角稳定问题，从而造成电网事件。

四是大功率缺失情况下的频率稳定问题突出。随着特高压直流输电以及新能源和核电装机的快速发展，电网结构和电源结构均发生了较大变化，电网频率特性呈恶化趋势，大功率缺失情况下电网频率失稳的风险加大。

3.2 抽水蓄能电站作用的进一步发挥

为应对特高压电网带来的新变化，不断提升电网安全稳定运行水平，各区域电网对抽水蓄能电站认识水平不断提升，对其运行方式进行了调整。其作用主要体现在以下方面：

一是加大抽水机组低谷调峰力度，促进清洁能源消纳。通过抽水工况运行，极大地消弥了电力系统负荷的峰谷差，增加电网负备用容量，吸纳通过特高压电网传输至受端电网的清洁能源。

二是将抽水机组作为可切负荷，保障电网频率安全。在当前受端电网难以安排大量可切负荷措施的情况下，将抽水蓄能电站抽水机组作为特高压直流闭锁后损失输入大功率时的可切负荷，迅速将相关断面的潮流控制在限额内，提高电网抵御多重恶劣故障的能力，确保电网频率安全。

三是提供快速备用，快速远方开机，有效进行功率支援，加快系统恢复。利用抽蓄机组优良的快速启动和爬坡特性，调度端远程直接启动抽水蓄能机组，快速提供备用支援，大幅缩短频率越限或偏移的时间。

3.3 抽水蓄能电站运营面临的主要问题

通过对多年运营实际情况的总结，抽水蓄能电站面临以下主要问题：

一是抽水蓄能电站可行性研究和必要性论证方法存在不足。利用"火电替代法"进行抽水蓄能电站可行性研究，本质上是将抽水蓄能机组作为"电量"进行比选，没有对其"容量""辅助服务"等其他功能进行体现。

二是各电网要建设多少抽水蓄能电站才是最科学的，没有现成的算例和理论支撑。各区域电网网源结构和电网负荷特性不一样，要充分发挥抽水蓄能的作用，其在电网中的比例要进行充分研究。

三是抽水蓄能的电价机制还不够完善。目前的电量制、租赁制、两部制均不能充分体现抽水蓄能的作用，要调动其积极性，科学体现其价值，就要建立更加完善的电价机制。另外，抽水蓄能机组消纳清洁能源的重要功用也并没有得到充分的体现。

4 我国抽水蓄能运营方式的建议

针对国外电力市场的经验以及我国电网和抽水蓄能电站面临的实际情况，提出如下解决建议。

4.1 细分抽水蓄能机组的功能定位，根据实际安排电站"年度发电量"

由于电网及电源结构、负荷特性、电力供需状况和电力保障需求的实际情况等存在差异，不同电网中抽水蓄能电站实际发挥功能有所侧重。综合讲，抽水蓄能电站的功能定位主要有以下三类。

4.1.1 调峰填谷为主

适用电网系统特点为：规模较大，峰谷差绝对值较大；系统内火电比重较高，核电、风电等新能源及区外来电比重逐年增加。系统需要运行灵活、反应迅速的调峰电源，以解决火电深度调峰问题，提高电能质量，抽水蓄能电站以承担调峰填谷作用为主。

以调峰填谷为主的抽水蓄能电站的"年度发电量"应以系统中负荷峰谷差、尽可能降低系统中火电机组深度调峰或者频繁停机来进行核定，但其事故备用的功能应放在第二位。

4.1.2 事故备用（调频调相）为主

适用：电网峰谷差相对较小，但火电比重较高，系统内风电逆向调节，系统缺乏运行灵活，反应快速的保安电源，缺少调频调相电源；水电比重相对较大，汛期和枯水期调峰能力较差，且距离负荷中心远，负荷中心缺乏快速反应的调频调相和事故备用电源。该系统内抽水蓄能电站年发电利用小时数相对较少，以承担调频调相、事故备用等动态作用为主。

该电网中，抽水蓄能电站以维护特高压异常情况下电网的安全稳定运行为主，但其"年度发电量"应只是该功能的补充。该电网中，抽水蓄能机组至少应按电网负荷的 5%进行安排，如果利用"低周切泵"功能，应考虑运行的最大单机容量和最大直流双极送电功率来安排抽水机组容量，并在此基础上核算电站的"年度发电量"。

4.1.3 吸纳新能源（储能）为主

对风电、太阳能、水电等清洁能源建设比重较大的"三西"地区，新能源发展迅猛，但经济发展水平相对较低，电网规模较小，区内消纳清洁能源的能力有限，系统存在较大弃风，需要远距离外送至华东、华中、华北的负荷中心进行消纳，为保障大规模远距离外送输电系统的稳定性和经济性，在受端电网中配置一定规模的以吸纳新能源（储能）为主抽水蓄能电站。

对于此类抽水蓄能电站的"年度发电量"，应主要根据吸纳特高压输送清洁能源的多少进行审定，原则上可以根据设计参数并结合实际运行水平进行核算，以尽可能吸纳清洁能源。

4.2 尽快建立和完善抽水蓄能的三个电力市场

我国抽水蓄能电价有电量制、租赁制（容量制）和两部制三种。电量制显然不适应于抽水蓄能电站；租赁制也有其明显不合理的地方，不能激发电站主体的积极性；两部制电价较能体现出抽水蓄能电站的容量效益和电量效益，但并未充分体现抽水蓄能电站的动态效益。要体现抽水蓄能电站的合理价值，就应该建立抽水蓄能的电量市场、容量市场及辅助服务市场，从三个方面体现抽水蓄能机组的价值。在两部制电价的基础上，增加抽水蓄能机组提供辅助服务价值的补偿。

其中，对于抽水蓄能电站吸纳风电、核电和西南水电等能源的功能应该在电量市场中进行体现；对于抽水蓄能机组参与系统调频、调相、事故启机、低周切泵、黑启动、紧急爬坡（负荷增加率远大于火电机组）以及其他特殊运行方式等功能均应在辅助服务市场中进行体现。

在负荷峰谷差大、缺乏有效的调峰资源的地区，系统不同时段发电成本相差较大，抽水蓄能电站能发挥较大的调峰的电量价值；在备用需求较大，缺乏快速调节机组的地区，抽水蓄能电站能发挥较大的容量价值；对能为系统提供充分辅助服务资源的抽水蓄能电站就在辅助服务价值上进行体现。这样，能充分调动抽水蓄能电站建设市场，能有效抑制在负荷峰谷差不大，调频、旋转备用等资源丰富地区无序建设抽水蓄能电站的冲动。

4.3 完善抽水蓄能电站项目可行性研究和必要性论证方法

抽水蓄能电站项目可行性研究和必要性论证是电站的"准生证"，决定了电站的"基因"，是电站在电网中功能定位的关键，也是电站后期采取何种运行方式的决定因素，必须从论证方法上进行改进，从社会发展电力需求和电网需求上论证清楚。

既然抽水蓄能电站的主要功能是调峰填谷、储能和事故备用功能，那么在电站项目可行性研究和必要性论证时就一定要对其主要功能和其他补充功能进行定量计算，研究其财务可行性，科学安排其年度电量计划和运行方式。对由于系统需求，确实需要机组进行"同抽同发"运行方式的电站，也应该在选址和设备设施技术设计上着重考虑，为电站正式投入商业运行后的运行方式提供科学决策依据。

5 总结

至 2017 年年底，我国抽水蓄能装机容量已经超过美国成为世界上抽水蓄能电站第一大国。在不同的电网中，由于电网结构、电源和负荷的特性不一样，抽水蓄能机组的功能定位和作用不一样，其运行方式也不应该一样。分别以调峰填谷、事故备用（调频调相）及消纳清洁能源（储能）为主要功能的抽水蓄能电站的运行方式应该区别对待，不应以电量作为唯一的衡量标准，应实行"三部制"电价机制，适应电力体制改革市场需求，以消纳清洁能源和维护特高压电网安全稳定运行为主要功用，服从服务于我国经济社会发展，并在电站建设前期可行性和必要性研究中予以科学论证。

参考文献

[1] 刘振亚. 全球能源互联网. 北京：中国电力出版社，2015.

[2] 李欣然，姜学皎，钱军，等. 基于用户日负荷曲线的用电行业分类与综合方法. 电力系统自动化，2010（10）.

[3] 卫蜀作，蔡邠. 中国电网高速发展与可再生能源发电的关系.电网技术，2008（5）.

[4] 王凡，许进. 华东电网 2004～2005 年用电结构分析.华东电力，2005（11）.

[5] 吴志强，吴志华，宋晓辉，等. 城市居民负荷特性调查研究分析.电网技术，2006（S2）.

[6] 曾鸣，吕春泉，邱柳青，等. 风电并网时基于需求侧响应的输电规划模型.电网技术，2011（4）.

[7] 艾欣，刘晓. 基于需求响应的风电消纳机会约束模型研究.华北电力大学学报，2011（3）.

浅析抽水蓄能项目前期阶段环境敏感因素的管理措施

秦晓宇[1] 余璟诚[2] 傅威宜[3] 石岩峰[4] 周俊杰[5]

（1. 国网新源控股有限公司，北京市 100761；

2. 湖北白莲河抽水蓄能有限公司，湖北省黄冈市 438600；

3. 国网新源控股有限公司新安江水力发电厂，浙江省建德市 311608；

4. 松花江水力发电有限公司丰满大坝重建工程建设局，吉林省吉林市 132108；

5. 山西浑源抽水蓄能有限公司筹建处，山西省大同市 037008）

【摘 要】 抽水蓄能电站项目选址在地理位置、地形条件、水源条件等方面的特殊要求，使项目开发建设工作容易受到环境敏感因素的制约。本文针对目前抽水蓄能项目前期工作中可能面临的问题进行分析，对重大环境敏感因素的排查和一般性敏感因素的设计优化管理工作提出建议，为进一步完善抽水蓄能项目前期阶段环保管理机制，提升敏感因素排查工作质量提供工作思路。

【关键词】 抽水蓄能 前期阶段 环境 敏感因素

1 引言

"十八大"以来，以习近平同志为核心的党中央将生态文明建设提到战略的高度，作出了一系列顶层设计、制度安排和决策部署，为生态环境保护工作划出更为严格的红线。

通过我国水电行业近三十年的努力，抽水蓄能电站环境保护工作，取得了一定的成绩，不仅理清了抽水蓄能电站项目本身环境影响基本问题，同时提出了相对完善的解决策略。

在新的政策环境下，抽水蓄能开发建设各参与方应切实履行社会责任，进一步提升抽水蓄能项目环保管理理念，完善管理流程，加强技术统筹，确保依法合规、优质高效推进抽水蓄能开发建设工作。

2 抽水蓄能项目前期阶段环境保护工作背景

2.1 抽水蓄能及其环境保护工作概况

抽水蓄能对于保证电力系统安全、稳定、经济运行发挥重要的作用，是电力系统优质的综合服务工具，其重要性已经得到广泛的认可。为保证抽水蓄能行业健康有序发展，2009 年开始，国家能源局组织在全国范围内开展抽水蓄能选点规划工作。到 2013 年年底，国家能源局共批复 22 个省（自治区、直辖市）抽水蓄能电站选点规划，其中 48 个站点被国家《水电发展"十三五"规划》列为"十三五"期间重点开工项目。近年来，我国抽水蓄能以每年核准开工 5～6 个项目的节奏高速发展。目前，全国抽水蓄能运行容量达到 3000 万 kW，在建规模超过 4000 万 kW。

为了高质量推进项目开发建设工作，抽水蓄能项目业主、设计、监理、监测、施工等相关单位在项目开发全过程中加强协同。按照"三同时"原则，在保证资金投入、加强专题论证、优化设计、强化施工管理等方面，采取了大量行之有效的措施，同时，认真履行相关行政审批、验收程序，积极配合政府相关部门的过程监管，促进环保措施实施效果的提升，总体上取得了良好的工程实践效果。

实践表明，只要重视抽水蓄能电站建设环境保护工作，项目建成投产后不仅使工程区域环境更加优美，还能够改善周边地区环境和景观，有效带动地区旅游资源的开发和利用，产生了良好的社会效益。

2.2 国家高度重视生态环境工作

随着全社会生态保护意识的不断增强，抽水蓄能开发建设过程中的环境保护工作被赋予了新的内涵。2014 年，全国人大将"划定生态保护红线、实行严格保护"写入《中华人民共和国环境保护法》。2015

年，中共中央、国务院《关于加快推进生态文明建设的意见》和《生态文明体制改革总体方案》提出设定并严守生态保护红线。

2017 年 2 月，中共中央办公厅、国务院办公厅印发《关于划定并严守生态保护红线的若干意见》（简称《若干意见》），对划定和严守生态保护红线做出全面部署。

2017 年 5 月 27 日，环境保护部和国家发展改革委联合印发《生态保护红线划定技术指南》（环办生态〔2017〕48 号），明确国家级和省级禁止开发区域。

党的十九大提出：必须加大生态系统保护力度，实行最严格的生态环境保护制度。习近平总书记在 2018 年全国生态环境保护大会上指出：用最严格制度最严密法治保护生态环境，加快制度创新，强化制度执行，让制度成为刚性的约束和不可触碰的高压线。

2.3　进一步提升抽水蓄能项目环保管理迫在眉睫

2017 年 3 月，国家能源局印发的《抽水蓄能电站选点规划技术依据》（国能新能〔2017〕60 号）明确：抽水蓄能电站选点规划与调整规划应充分考虑工程建设自然条件和影响电站建设的社会环境因素，避免有重大制约因素的站点纳入规划比选站点。

2017 年 11 月，国家能源局印发《关于在抽水蓄能电站规划建设中落实生态环保有关要求的通知》（国能综发新能〔2017〕3 号）中进一步明确：有关省级能源主管部门和规划编制单位要加强抽水蓄能规划工作与生态保护红线划定及相关规划工作的对接，做好抽水蓄能电站规划建设与全国主体功能区规划、城乡建设规划、土地利用总体规划、生态功能区划、水资源综合规划、环境保护规划等相关专业规划及不同种类、不同层次保护区的衔接与协调，开展规划站点的生态环保等事项排查，确保规划站点不存在生态环保制约因素。

根据有关政策，抽水蓄能项目选址规划是否严格符合生态环保相关规划，已经成为了决定相关站址能够成立的决定性因素之一。但是，即使相关站址已经纳入选点规划，并且列入国家相关发展规划，考虑到项目开发节奏、相关专业规划协调性等诸多因素，项目所在地方政府、项目业主和勘察设计单位，在前期工作启动和开展过程中，依然要谨慎对待环境敏感因素排查和协调问题，做到不碰"红线"，采取有效措施，控制投资风险，保证项目前期工作有序推进。

3　前期阶段重大环境敏感因素管理面临的问题

3.1　重大环境敏感因素调查存在漏排的风险

根据以往工作经验，勘察设计单位主要以自然保护区、风景名胜区、饮用水源保护区、森林公园、地质公园、水产种质资源保护区、世界自然遗产保护地、湿地公园等重大环境敏感因素为主开展工程环境敏感区调查。

生态保护红线的概念提出后，根据《生态保护红线划定技术指南》，除以上几大类被列入禁止开发区域的环境敏感区外，《全国主体功能区规划》《全国生态功能区划》《全国生态脆弱区保护规划纲要》《全国海洋功能区划》等相关规划中的重点生态功能区、生态敏感区/脆弱区，以及其他具有重要生态功能或生态环境敏感、脆弱的区域，包括生态公益林、重要湿地和草原、极小种群物种分布栖息地等，也被划入生态保护红线。勘察设计单位对此类可能同样具有"一票否决"性质的重大环境敏感因素存在漏排的可能性。各省（自治区、直辖市）生态保护红线划定方案正式发布后，勘察设计单位应将生态保护红线作为项目开发建设环境敏感区调查的又一类重要环境敏感因素。

3.2　环境敏感因素调查存在不能前期全过程覆盖的风险

由于前期工作时间跨度大，且部分地方不能充分认识站址资源的宝贵，缺乏站址保护意识，可能造成在业主单位和勘察设计单位不知情的情况下，项目用地范围被重新（全部或部分）划入国家禁止开发区域的情况。同时，根据相关政策调整，项目开发可能涉及的环境敏感因素也存在变化的可能。如果不能在项目前期工作启动前开展详细的环境敏感因素调查和分析，可能造成较大的政策风险和项目实施风险。

3.3 环境敏感因素调查方式、成果质量有待完善和提升

抽水蓄能项目环境敏感因素调查信息来源途径比较广泛，包括网络查询、现场查勘、地方政府和相关部门函询等方式。

从目前的工作经验看，上述工作方式主要存在四个方面的问题：一是网络查询和现场查勘环保标识牌的方式可能出现遗漏；二是需要勘察设计单位谨慎对待地方政府复函结论的有效性问题；三是不同行业主管部门、不同层级管理部门的图纸、数据可能存在不统一的问题；四是部分环境敏感区申报年代久远，存在历史资料、数据不全或精度不够问题，导致无法确切掌握项目用地范围与项目周边重大环境敏感因素的位置关系，无法确切掌握项目用地范围内一般性环境敏感因素的位置分布。

3.4 环境敏感因素调查成果应用不充分问题

勘察设计单位分阶段、分深度完成环境敏感因素调查后，相关调查成果为地方政府提供项目开发建设条件和勘察设计单位开展设计优化工作提供了依据。

从目前的经验看，个别项目在方案设计过程对环境敏感因素调查成果应用还需要进一步提升，主要表现在：一是重视为避让重大环境敏感因素而开展的设计优化工作，但相对忽视项目用地范围内针对一般性环境敏感因素开展的优化设计工作；二是相对忽视项目用地范围内及场外线性工程的优化设计工作。

4 应对措施

为积极响应国家日益严格的生态环保管理政策要求，保证项目开发建设依法合规，积极履行各参与方的社会责任，有效降低投资风险，需要项目前期工作各参与方紧密配合，不断完善抽水蓄能项目前期阶段环境敏感因素管理的工作理念和工作机制，进一步提升工作质量。在这一过程中，行业主管部门和地方政府应发挥好政策支撑和保障作用，业主应发挥好统筹协调作用，勘察设计单位应发挥好专业核心作用。

4.1 加强向政府主管部门和地方政府的沟通汇报工作

国家发展改革委在《关于促进抽水蓄能健康有序发展问题的意见》（发改能源〔2014〕2482 号）中明确：地方政府要认真做好站点资源的保护工作，做好与国土、城乡建设等相关规划的衔接，制定落实规划的各项措施，保障规划实施。

国家能源局综合司《关于在抽水蓄能电站规划建设中落实生态环保有关要求的通知》（国能综发新能〔2017〕3 号）中明确：抽水蓄能规划站点所在地省级能源主管部门和有关地方政府要认真做好规划站点资源的保护工作，对国家批复的抽水蓄能选点规划（含推荐站址和备选站址，下同）、《水电发展"十三五"规划》确定的规划站点资源，制定落实规划的各项措施，保障规划有序实施。

项目业主应高度重视站址资源保护有关信息收集分析工作，组织勘察设计单位持续跟踪项目是否涉及重大环境敏感因素，如发现可能存在问题，应及时做好核实和分析工作，积极向行业主管部门和地方政府沟通汇报，协调相关部门和地方政府为依法合规推进项目开发建设提供必要条件。

4.2 环境敏感因素排查工作全覆盖

建议由勘察设计单位对下列环境敏感因素进行详细排查。

第一类：全面排查国家公园、自然保护区、森林公园、风景名胜区、地质公园、世界文化和自然遗产地、重要湿地（湿地公园）、饮用水水源地保护区、水产种质资源保护区等环境敏感区。进一步调查可能涉及敏感区的功能区划分，对照相关管理办法，明确设计边界条件。

第二类：结合各地实际情况，全面排查可能划为禁止开发区域的敏感因素，包括极小种群物种分布的栖息地、国家一级公益林、国家级水土流失重点预防区等。

第三类：考虑到抽水蓄能电站特殊的选址技术条件，应特别注意对站址范围内及邻近区域的文物古迹（重点包括长城遗迹等）、项目拟占用林地保护等级、区域矿产资源，以及项目是否涉及基本农田、基本草原和军事管制区域等进行核查。

4.3　完善质量保证工作机制

4.3.1　环境敏感因素排查成果确认方式

经初步排查，项目可能涉及环境敏感因素时，勘察设计单位应以划定的项目拟用地范围为基础，向权属单位及其主管部门进行核对，以相关单位（部门）出具的确认意见和政策解释为准，并以此为依据对项目开发的可行性进行分析。在这一过程中，需要充分依靠地方政府发挥支撑保障作用。

4.3.2　环境敏感因素排查"双坐标"机制

在开展敏感性因素调查和分析阶段，勘察设计单位应以项目拟用地范围坐标和可能涉及敏感因素的坐标进行对比。应在依法合规的前提下，取得详细的坐标资料，充分查明两者的位置关系，为方案设计提供清晰的边界条件，并确保设计方案在持续的优化完善过程中，始终符合有关政策要求。

4.3.3　环境敏感因素"双排查"机制

鉴于项目前期工作的阶段性特点，在组织项目勘察设计单位深入开展敏感因素排查的同时，业主单位可借助权威专业咨询机构，对环境敏感因素进行核查，为投资决策提供技术依据，最大程度降低投资风险。

4.3.4　勘察设计合同"两阶段"执行机制

为有效管控项目投资管理风险和环保政策风险，可将勘察设计合同分为两阶段执行，即分为环境敏感因素排查阶段和项目勘察设计阶段，由勘察设计单位在第一阶段对环境敏感因素进行详细排查，取得相关支撑性材料，复核项目用地和环保等相关规划，确认项目开发建设不违反国家、地方有关环保政策后，再启动正式项目勘察设计工作。

4.4　高度重视环保设计优化提升工作

4.4.1　前期阶段确保环保专业全过程参与

勘察设计单位应积极适应环保政策要求，对前期阶段环保专业介入时机、工作深度进行调整和明确，确保环保专业设计人员能够提前介入、全过程参与，加强生态环保、用地、林地使用、用水有关政策的分析，加强设计统筹，为依法合规推进项目开发建设工作提供有效的技术支撑。

4.4.2　加强专业协同

勘察设计单位的环保专业应加强与规划、水工、施工、建筑、移民、概算等专业之间的沟通和协调，并切实落实本专业的技术管理职责。一是明确各类重大环境敏感因素及其外围建设控制边线范围、林地征占用有关管理规定、环水保专项设计最新要求，提供清晰的设计边界条件；二是针对国家、地方、行业有关政策和近期其他项目设计、施工和验收工作经验，明确设计优化方向。

4.4.3　不断做好优化设计工作

勘察设计单位应落实项目全过程管理理念，不断做好设计优化工作。

一是严格落实节约用地、优化用地的总体要求。优化施工组织设计，施工场地、料场、渣场应尽量结合永久工程布置，现场布置紧凑合理。严格开展占用耕地、林地的合理性分析和优化设计，尽量不占或少占。项目总体用地指标应保持在合理水平。二是高度关注场内道路、对外道路、送出线路、施工配电线路等场内、外线性工程的勘察工作和设计工作，确保方案不踩"红线"，准确掌握后续方案调整的空间。三是高度重视建设、运行项目管理经验的总结分析，从确保合规性、提高可操作性方面入手，不断优化前期阶段施工总布置规划和设计方案，以及水保、环保等相关专题的设计方案。

5　结束语

大量项目案例证明抽水蓄能电站是保护绿水青山，建设金山银山的工程实践。面对新的政策环境，为了积极解决项目前期阶段可能出现的新问题，需要包括行业主管部门、地方政府、业主单位、勘察设计单位等各参与方通力合作，各司其职，各尽其能，不断提升环保理念，完善工作机制，改进工作方法，确保工作质量，依法合规推进项目开发建设工作，巩固来之不易的抽水蓄能行业健康可持续发展的良好局面。

参考文献

[1]　张春生，姜忠见. 抽水蓄能电站设计 [M]. 北京：中国电力出版社，2012.

[2]　金弈，魏素卿. 国内抽水蓄能电站环境影响预测主要内容分析 [C] //中国水力发电工程学会电网调峰与抽水蓄能专业委员会，抽水蓄能电站工程建设文集. 北京：中国电力出版社，2009.

[3]　崔吉宏. 水利水电工程设计中关于环境保护的思考 [J]. 低碳世界，2019（4）：89-90.

[4]　单婕，顾洪宾，薛联芳，等. 水电开发环境保护管理机制分析 [J]. 水力发电，2016（9）：1-4.

[5]　陈玉英. 水电工程水土保持方案编制有关问题探讨 [J]. 水利技术监督，2001（6）：42-43.

[6]　郭坚. 抽水蓄能电站环境影响评价文件等审批变化与要求 [C] //中国水力发电工程学会电网调峰与抽水蓄能专业委员会，抽水蓄能电站工程建设文集. 北京：中国电力出版社，2016.

抽水蓄能电站水环境治理和水资源综合利用研究

金 弈[1] 李倩倩[1,2]

（1. 中国电建集团北京勘测设计研究院有限公司，北京市 100024;

2. 中国电建集团建筑规划设计研究院有限公司，北京市 100024）

【摘 要】 抽水蓄能电站建设影响水环境和水资源的利用，需要开展水环境治理和水资源综合利用研究。本文研究认为，抽水蓄能电站在满足自己建设和运行对水资源需求的同时，也要满足周边区域对水资源利用的需求，需在前期设计阶段进行水量平衡研究。通过水环境治理，对废污水处理后进行资源化利用，是抽水蓄能电站水资源综合利用的一个重要内容。

【关键词】 抽水蓄能电站 水环境治理 水资源综合利用 水量平衡

1 综述

抽水蓄能电站利用水资源抽水发电，同时也要满足水资源的综合利用。水资源综合利用，一是要考虑蓄能电站自身的水资源综合利用；水资源是抽水蓄能电站选点、建设和运行的关键的制约因素之一，从施工期用水、初期蓄水和运行期补水，都要进行水资源综合利用的平衡分析，保证有充足的水资源；施工期废污水处理后资源化利用，既是实现废污水"零排放"的有效途径，也是解决水资源匮乏问题的有效手段；水质深度处理技术可以解决抽水蓄能电站各阶段对水资源资源的需求，再生水、海水深度处理利用，能使水电水利工程遇到水资源短缺时问题得到根本解决。二是要满足周边尤其是下游的水资源综合利用需求，要考虑生态流量，一般主要考虑维持坝下河段水生生态系统稳定性、维持坝下河道水环境质量所需的水量以及坝下灌溉、生活用水量。

抽水蓄能电站的水环境治理，主要考虑电站对水环境造成影响而需要的治理，一般不存在水环境对电站产生影响而需要的治理。

2 水环境治理分析

抽水蓄能电站的水环境综合治理，与常规的水环境综合治理相比相对简单。抽水蓄能电站运行期间，电站上下水库水体交换、循环混合加强有利于促进污染物质的降解，增强其自净能力，有利于水库水质的改善。蓄能专用库内的水，一般只在上、下水库之间运行，不会泄放到下游河道中，不会对河道的地表水水质产生影响。电站运行期一般只产生少量生活污水，因此抽水蓄能电站的水环境治理主要考虑施工期生产废水、生活污水的处理。

水电水利工程主要的废污水包括砂石料废水、地下系统废水、基坑开挖废水、汽车保养厂机修废水、机械设备停放场冲洗废水、灌浆废水和生活污水等。这些污水的处理都有成熟的技术和工艺。

地下洞室废水是抽水蓄能电站的主要生产废水之一。1993 年，十三陵抽水蓄能电站针对地下洞室废水中铵梯炸药产生的三硝基甲苯（TNT），采用"絮凝沉淀、过滤和活性炭吸附"工艺进行了有效的处理。2001年，琅琊山抽水蓄能电站采用水胶炸药，地下洞室废水中不含三硝基甲苯（TNT），主要针对悬浮物进行了处理。琅琊山抽水蓄能电站为国内在水源地等水环境敏感地区建设的工程提供了良好的借鉴：采用清洁的水胶炸药和乳化炸药，不能采用铵梯类炸药。

向家坝水电站、糯扎渡水电站的砂石料废水处理采用了 DH 高效（旋流）污水净化器，取得了成功。目前，抽水蓄能砂石料废水处理还需要经受实践验证。

3　再生水资源综合利用分析

3.1　综合利用的必要性

抽水蓄能电站对再生水利用的必要性主要有以下方面：

（1）强制性要求。在地表水水源保护区等《地表水环境质量标准》（GB 3838—2002）Ⅰ类、Ⅱ类标准的水环境敏感区，要求实现生产废水、生活污水的"零排放"，必须对废水、污水进行资源化利用。

（2）在年降雨量较少地区，非汛期地表水缺乏，而利用（废）污水处理后形成的再生水可以用于施工用水，从而大大减少了新鲜水的用量。

3.2　再生水利用方向

施工期生产废水、生活污水处理后的利用方向如下：砂石料加工系统废水、混凝土拌和系统废水、机械修配系统废水经深度处理，水质已可以达到施工用水标准，进行重复利用，不外排；地下系统生产废水处理达标后作为施工用水（土石方开挖、混凝土养护、固结灌浆、帷幕灌浆）；生活污水经处理达标后用于施工用水（土石方开挖、填筑、帷幕灌浆）、道路、场地洒水和水保植物绿化。

需要引起重视的是，北方冬季的生活污水处理后难以用于道路、场地洒水、水保植物绿化，需要在冬季（11 月至次年 3 月）将再生水储存起来在春季后再利用。

3.3　再生水回用水量平衡分析

抽水蓄能电站的废污水资源回用的水量平衡分析，从空间而言，需按不同的施工布置分区进行水量平衡；从时间而言，应分别按施工高峰年全年、冬季、非冬季和施工期进行水量平衡。

3.4　再生水资源回用的贮水工程分析

通过再生水回用水量平衡分析可以发现，受季节影响有些再水不能及时回用，应建设贮水工程措施。因此，贮水工程是废污水资源再生利用全过程中的一个重要环节。

3.5　外部的再生水资源利用

在天然水资源匮乏地区，如果具备条件，可以考虑利用外部的再生水资源解决抽水蓄水蓄能电站的水源问题。以埃及阿塔卡抽水蓄能电站为例，项目所在地没有可利用的天然地表水源，只能利用苏伊士城污水处理厂的出水，经监测污水处理厂出水中 TDS 浓度为 2660mg/L。据《城市污水再生利用　工业用水水质》（GB/T 19923—2005），污水处理厂处理后的再生水作为工业用水时水中 TDS 的浓度上限为 1000mg/L。对阿塔卡抽水蓄能电站用水中的 TDS 指标进行严格控制，浓度上限为 500mg/L。

经超滤－反渗透工艺深度处理后，脱盐率 95%以上，出水中 TDS 可降至 133mg/L。对有机物、氨氮、细菌、重金属离子等均能达到 90%以上，对总磷也有很好地去除效果，可达 80%以上，确保出水水质达到使用要求。

当 TDS 处理率 95%同时考虑每年 5%的换水。经预测，从第 1～40 年，抽水蓄能电站水库水体中的 TDS 逐年增加，至第 40 年起基本保持稳定，稳定浓度达到约为 468.10mg/L，小于控制浓度 500mg/L，符合既定目标要求。

经测算，水质深度处理厂建设的投资指标为 4000 元/（m³/d），运行费为 2.68 元/m³，使电站增加的投资不到 0.5%。因此，利用再生水作为抽水蓄能电站水源从技术上和经济上都是可行的。

4　水资源综合利用需求研究

抽水蓄能电站建设和运行，在满足自身对水资源综合利用需求的同时，也要满足周边或下游对水资源量的需求，这种需求主要以生态流量形式体现出来。根据《关于印发水电水利建设项目水环境与水生生态保护技术政策研讨会会议纪要的函》（环办函〔2006〕11 号）和《水电工程生态流量计算规范》（NB/T 35091—2016），其水量要考虑以下几个方面：① 维持水生生态系统稳定所需要的水量；② 维持河流水环境质量的最小稀释净化水量；③ 调节气候所需的水面蒸散发量；④ 维持地下水位动态平衡所需要的补给水量；⑤ 航运、景观和水上娱乐环境需水量；⑥ 工农业生产及生活需水量。这六个方面需水量互相补充、动态平衡。

相对大中型河流的水电水利工程而言，一般情况下，抽水蓄能电站的生态流量计算方法较为简单。一般都采用 Tennant 法，在干旱、半干旱区域也可采用最小月平均径流法。

5 水资源综合利用需求满足情况研究

在抽水蓄能电站前期设计工作中，应对施工期、初期蓄水及运行期的水资源综合利用满足情况进行研究，研究不利情况下的满足情况，包括工程自身的和工程周边的水资源综合利用满足情况。

5.1 施工期水资源综合利用满足情况

抽水蓄电站的电站施工用水一般取自工程区沟内天然径流，会减少下游河道径流量，但对区域水资源综合利用影响较小。

如辽宁清原抽水蓄能电站施工用水量 934.64 万 m^3。在来水保证率 75%的情况下，高峰年施工用水 178.95 万 m^3，占下水库坝址处河道年均径流量 1010.59 万 m^3 的 17.71%，10 月取水比例占天然来流量的比例最高，为 44.60%，对下游河道径流量将产生一定影响，但可以满足下游水资源综合利用的需求。

5.2 初期蓄水水资源综合利用满足情况

抽水蓄能电站初期蓄水对水资源综合利用影响较大，需要进行水资源量平衡计算。下面以河北尚义抽水蓄能电站为例进行分析。

初期蓄水期的总取水量为 1319.0 万 m^3，其中水库发电蓄水量 990 万 m^3，蒸发渗漏损失水量 329 万 m^3。上、下水库蓄水水源均来自于东洋河地表水，考虑采用连续 4 年 75%来水保证率的典型年径流过程进行逐月水量平衡计算。

电站初期蓄水期间并不是将下水库坝址来水全部蓄至库内，而是优先保证下游生态及灌溉用水、施工用水、蒸发渗漏量的基础上，剩余的水量作为初期蓄水。由于电站坝址上游友谊水库主要任务为蓄洪灌溉，目前仅在春汇和夏浇期间下泄万全县洋河大渠及怀安县大洋河灌区部分灌溉用水量，其余月份未向下游泄放流量。为了避免工程建设对下游灌溉用水造成影响，在下游灌区灌溉用水时段（2～3 月、5～8 月），电站不利用东洋河地表水进行蓄水，坝址来水全部下泄，其余时段取水水源主要为友谊水库～坝址间区间径流量。至第 4 台机组全部发电时，坝址来水量能够满足坝址下游生态用水、施工用水和蒸发渗漏量需求。

分析初期蓄水期间坝址下游河道径流量变化情况，可以看出初期蓄水导致坝下河道径流量呈现一定比例的减少。与无本电站情况相比，在第 6 年 9～10 月下水库开始蓄水时，坝下径流量变幅相对较大，分别为−80%、−72%；第 7 年 9～10 月上水库开始蓄水时，坝下径流量变幅分别为−81%、−72%；随着第二台机组发电，坝下径流量变幅相对较小，最大为变幅−26%；下游灌区灌溉用水时段（2～3 月、5～8 月），电站不进行取水，施工用水和蒸发渗漏量采用库内已蓄水量。初期蓄水期间坝下径流量平均变幅为−23%，满足下游河段生态流量的要求，不会导致河道断流，对河道的水文情势影响有限。

5.3 运行期间水资源综合利用满足情况

抽水蓄能电站运行期间每年都会产生蒸发、渗漏带来的水量损失，需要进行补水，补水需要进行水资源量逐月平衡计算。下面以河北尚义抽水蓄能电站为例进行分析。

电站运行期利用下水库来水补充水量损失，电站工程正常运行后年补水量 284.4 万 m^3，占友谊水库～坝址区间多年平均径流量 6700 万 m^3 的 4.2%。95%保证率来水情况下，考虑坝址上游来水、电站生态用水和坝址下游灌溉用水等进行径流调节计算。

电站正常运行后，9 月～次年 1 月采用友谊水库–坝址间区间径流量，来水优先满足坝下生态流量后，剩余水量补充拦沙库 915m 以下库容及冰冻、水损备用库容，其中 12 月由于上游友谊水库未向坝下河道泄放水量，导致该月坝址来流只有 69.1 万 m^3，小于规定下泄的最小生态流量 72.6 万 m^3，该月坝址来水量全部下泄；2～3 月和 5～6 月电站不利用东洋河地表水补水，采用拦沙库 915m 以上蓄水库容及冰冻、水损备用库容进行补水，其中 5 月与 12 月相似，该月上游来水量小于规定下泄的最小生态流量，来水全部下泄；7～8 月拦沙库排沙运行，电站不进行利用东洋河地表径流补水，采用上、下水库冰冻库容 22.8 万 m^3 及下水库水损备用库容 27 万 m³ 水量进行补充，合计 49.8 万 m³，其中 7 月排沙需泄放拦沙库 915m 高程以下库容，因此该月下泄流量增加 56.3 万 m³。

电站运行期坝址下游径流量在 9～10 月变幅相对较大，分别为−43.1%和−50.5%，但 9～10 月坝址下游径流量都能满足最小生态流量的要求。其余月份坝址下游径流量变幅相对较小。

运行期电站来水能够优先满足坝下生态流量的泄放，95%保证率来水情况下，坝址下泄水量 2692.0 万 m³，占坝址来水量的 90.4%，其中生态泄水总量为 827.8 万 m³，占坝址来水量的 27.8%。在保障坝址生态流量泄放条件下，运行期补水对下水库下游河道的水文情势影响较小。

5.4　敏感用水对象水资源综合利用满足情况

抽水蓄能电站前期设计时都要进行生态流量分析，除此之外，还需要对敏感用水对象进行分析。以易县抽水蓄能电站为例，下水库坝址河道距离约 6.5km 有旺隆水库，主要功能是防洪，兼有供水功能。

5.4.1　水资源需求分析

（1）生活供水。预测远期规划水平年旺隆水库为下游及周边提供生活用水 28.4 万 m³。

（2）灌溉供水。近几年已没有农业灌溉用水，只有少量的林木果树浇灌，用水量很少，可忽略不计。

（3）生态供水。旺隆水库为下游河道提供生态用水，生态供水量按其坝址多年平均流量的 10%计，即每年下泄生态水量 67.6 万 m³。

因此，旺隆水库年用水量包括生活用水（28.4 万 m³）和生态用水（67.6 万 m³），合计 96 万 m³/a。

5.4.2　初期蓄水对下游用水影响

电站初期蓄水取自官座岭水电站发电尾水和下水库坝址上游天然来水。

初期蓄水期间，按连续 2.5 年 75%保证率来水情况下径流过程进行水量计算，下水库坝址处累计来水量 2852.8 万 m³，考虑水库蓄水后，水量盈余 1186 万 m³，远大于下游用水量（113.4 万 m³）。

因此，电站初期蓄水对下游用水不会造成影响。

5.4.3　运行期补水对下游用水影响

根据工程设计，运行期下水库坝址上游来水（官座岭水电站发电尾水及旺隆沟天然来水量），仅在电站补水（汛前 1～4 月和汛后 10～12 月）时直接进入下水库，其余时候，下水库坝址上游来水均全部通过排水涵管排向下水库坝址下游旺隆沟沟道。

运行期，电站补水取水遵循一定的原则，从官座岭水电站发电尾水取用水量的顺序为旺隆水库下游及周边生活用水、旺隆水库下游生态用水、坝址下游生态用水、蓄能电站补水。95%保证率来水情况下，下水库坝址上游来水量共计 251.14 万 m³，确保在满足下游用水量的情况下对电站进行补水。电站补水月份（1～4 月和 10～12 月）下水库坝址上游来水量（235.06 万 m³）可以在满足下游用水量（46.61 万 m³）的前提下对电站进行补水，电站年补水量为 165.8 万 m³，水量盈余 22.65 万 m³。因此，运行期补水对下游用水不会造成影响。

6　结论

通过上述分析研究，主要结论如下：

（1）抽水蓄能电站的水环境治理主要考虑施工期生产废水、生活污水的处理。

（2）抽水蓄能电站施工期生产废水、生活污水处理后，可以作为再生水资源，作为抽水蓄能电站施工期用水。再生水利用是连接抽水蓄能电站水环境治理及水资源综合利用的桥梁和纽带。

（3）在天然水资源匮乏地区，如果具备条件，可以考虑利用深度处理的外部再生水资源解决抽水蓄能电站施工期、初期蓄水和运行期补水的水源问题。

（4）抽水蓄能电站在前期设计阶段应对工程自身和周边的水资源需求、综合利用满足情况进行分析研究，进行水量平衡分析，研究施工期、初期蓄水及运行期不利情况下的满足情况。

（5）抽水蓄能电站在满足自身建设和运行的水资源综合利用外，还应满足周边及下游的水资源综合利用需求，包括环境敏感对象的用水需求。

参考文献

［1］　李倩倩，金弈. 水质深度处理技术在水电水利工程中的应用. 第七届水利水电生态保护研讨会暨中国水力发电工程学会环境保护专业委员会学术论文集，2018（10）.

［2］　金弈，张志广，潘莉. 抽水蓄能电站生态流量相关问题研究. 环境影响评价，2011（11）.

［3］　金弈. 水电水利工程的污水处理研究. 水电站设计，2007（9）.

国网新源控股有限公司抽水蓄能电站建设环保管理机制探索

马萧萧　韩小鸣　渠守尚　葛军强　胡清娟　茹松楠

（国网新源控股有限公司，北京市　100053）

【摘　要】　本文探讨了抽水蓄能建设中业主环保管理工作的要点，按照筹备阶段、招标设计阶段、施工阶段、验收阶段进行分析总结，并指出了存在的问题。

【关键词】　抽水蓄能建设　环保管理　竣工验收

抽水蓄能项目建设环境保护管理工作涉及规划、设计、建设等各个环节，是一项全方位、全过程、综合性的管理工作。项目建设单位承担工程建设环境保护管理主体责任，具体工作包括环境保护策划、工程招标、施工组织、环境监测、环境监理、竣工验收等各环节的组织实施与监督管理。

1　项目前期阶段环保管理主要工作

依据 2018 年实施的《中华人民共和国环境影响评价法》的规定，项目开工前，抽水蓄能项目建设单位委托相应技术单位对项目进行环境影响评价，编制建设项目《环境影响报告书》，并报送环境保护行政主管部门审批。"简政放权"后，政策层面环境影响评价（简称环评）审批不再作为项目核准的前置条件，改为在开工建设前完成。但考虑抽水蓄能项目开工准备时间紧、任务繁重等原因，国网新源控股有限公司（简称新源公司）一般仍安排在可行性研究阶段完成环评工作。

建设项目的《环境影响报告书》经批准后，建设项目的性质、规模、地点、采用的生产工艺或者防治污染、防止生态破坏的措施发生重大变动，或超过 5 年未开工建设的，项目建设单位应向原审批部门重新报批（核）建设项目的《环境影响报告书》。

经环境保护行政主管部门审查批准后的《环境影响报告书》及其批复文件是工程建设环境保护的重要指导性文件，用于指导项目建设环境保护管理工作。

项目建设单位应在建设项目可行性研究阶段贯彻落实国家环境保护相关政策，在可行性研究报告中编制环境保护篇章，落实环境保护投资估算。需要注意的是，建设项目环境保护所需资金，包括环境影响评价、环境保护竣工验收工作等相关费用，应按国家有关规定在工程概算中足额、单独列支，不得以任何理由取消或挪用。

2　招标设计阶段环保管理主要工作

在招标设计阶段，项目建设单位组织设计单位，按照相关法律法规、工程建设强制性标准、新源公司相关管理办法的要求，进行环境保护设施设计，编制《环境保护设计标准与方案设计专题报告》，落实《环境影响报告书》及其批复文件的要求和相关投资概算，做到"三同时"。

环境保护方案设计重点关注施工期污水处理等问题。根据抽水蓄能电站工程建设的特点，重点处理砂石料加工废水、混凝土拌和废水、洞室开挖排水等，选取适宜的处理措施，满足处理水回用要求。

在招标设计阶段，根据《环境影响评价报告》的批复意见，以及当地行政主管部门对环境保护等方面的具体要求，设立环境监理、环境监测。

项目建设单位在设备采购、施工、监理等招标文件中要有明确的环境保护条款，全面落实设计文件中提出的各项环境保护措施，做到招标文件不漏项。

3　工程建设阶段环保管理主要工作

施工期，项目建设单位需要组织、督促施工承包商按合同约定，实施环境保护项目与措施。

工程监理单位或环境监理单位是施工合同中环境保护实施的监督管理单位。监理单位应建立健全环境保护监理管理体系和管理细则，配备相应的专（兼）职环境监理人员。其职责主要如下：

（1）负责监理施工合同中有关环境保护项目，并根据招标文件环境保护条款及相关管理办法，编制相应合同项目的环境保护监理实施细则。

（2）对环境保护和水土保持设施的建设质量、进度和投资等进行有效控制，对环境保护和水土保持设施的运行情况进行定期监督检查。

（3）审核环境保护设施的设计方案；监督环境保护设施的运行状况。

（4）审查施工单位报送的环境保护管理计划、环境保护工作报告。

（5）按规定时间、格式向项目建设单位和有关政府部门报送环境保护报告及相关资料，对工程环境保护工作信息、资料（包括文字和声像等资料）进行归档。

（6）协助环境保护培训工作。

（7）组织、协助合同项目环境保护验收工作。

（8）参与工程竣工环境保护工作。

工程施工单位是工程环境保护项目的实施责任单位，须建立有效的环境保护制度，按设计文件和合同约定实施环境保护措施。

环境监测单位须建立质量保证体系，保证监测取样、点位、样品保存、运输等环节的可靠，保证监测成果、监测报告的完整性、可靠性。

环境监理单位应当协助项目建设单位制定施工期环境污染事件处置应急预案；对可能发生的环境污染事件应有预见性，并制定预防和处理预案，并组织环境应急演练。一旦发生环境污染事件，施工单位应立即启动应急预案，并向监理、项目建设单位通报事故发生的时间、地点、污染现状等情况。

环保设备和设施投入使用后，需做好日常维护。制定维护检修计划，合理安排资金投入，确保其正常投入使用，发挥防护作用。环保设备和设施可以按照水工、电气进行分类，与电站其他同类设备设施一同展开维护和检修，也可以单独维修，同时做好运行、维护等相关台账记录。

4　项目验收阶段环保管理主要工作

环境保护验收包括合同项目完工验收、工程蓄水阶段环境保护验收、竣工环境保护验收。2017 年 11 月《建设项目竣工环境保护验收暂行办法》（国环规环评〔2017〕4 号）出台，要求建设项目竣工后建设单位自主开展环境保护验收，相关法律修改完成前环境保护部门对建设项目噪声或者固体废物污染防治设施进行验收。

4.1　合同项目完工验收

合同项目全部完成后，施工单位应提交环境保护和水土保持的完工验收资料，经监理单位报项目建设单位批准后进行合同项目的完工验收。环境监理单位审查环境保护的完工验收资料，参加合同项目完工验收。

施工单位应提交的验收资料包括验收清单、专项设施竣工图、外购设备和材料的质量证明书、使用说明书或检验报告、环境保护工艺评审报告、质量检查记录、监测报告、专项工程运行台账等。

4.2　工程蓄水阶段环境保护验收

工程蓄水阶段环境保护验收是蓄水验收的前置条件。基本流程是：

（1）项目建设单位根据工程进展，整理项目单位工程初期蓄水及运行环境保护调度方案、库区清理环境保护方案及施工期环境监测报告、环境监理报告，其数据要满足地表水环境质量标准，以及要求的其他材料。

（2）组织环境影响评价单位、设计单位、环境监测、环境监理等单位参加工程蓄水阶段环境保护验收，并形成《××电站工程施工蓄水阶段环境保护验收报告》。

4.3　竣工环境保护验收

（1）项目投产前，具备竣工环境保护验收条件后，项目建设单位按照环境保护验收程序进行验收。基本流程是：

1）项目单位委托技术机构依照国家有关法律法规、建设项目竣工环境保护验收技术规范、环境影响报告书和审批决定等要求，开展验收现场检查，编制竣工环境保护验收调查报告。环境验收调查技术机构不得由环评单位承担。

2）项目建设单位根据环境验收调查报告，针对遗留问题进行整改后，组织召开验收会。验收工作组由项目建设单位、设计单位、施工单位、环境影响报告书编制机构、验收调查报告编制机构等单位代表和专业技术专家组成。

3）验收工作组对验收调查报告等材料进行审评，并根据报告审评和现场检查情况，形成验收意见。

4）项目建设单位须公开验收报告、验收意见。

（2）环保验收现场检查审查重点。

1）工程建设情况。核查工程开发任务、地点、内容、规模、布置形式、开发方式、坝型结构、特征水位及库容等与环评文件及批复的一致性。

2）环境保护措施落实情况。

a. 水环境。生态流量永久泄放措施和下泄生态流量的自动测报、自动传输、储存系统的运行情况，业主营地生活污水处理设施建设及运行情况等。

b. 水生生态。过鱼设施过鱼效果、栖息地、鱼类增殖放流站（若环保方案或批复要求有）人工鱼巢（若环保方案或批复要求有）、等水生保护措施实施情况及效果。

c. 陆生生态。工程施工和移民安置中的取土弃渣、设施建设扰动地表植被的恢复情况。特有珍稀植物、古大树的防护、移栽、引种繁育栽培、建设珍稀植物园及其管理等措施落实情况。

3）移民安置。移民安置区水环境保护、垃圾处理等措施落实及运行情况。

4）环境风险防范。环境风险防范设施、环境应急装备、物资配置情况，突发环境事件应急预案编制、备案和演练情况。

（3）验收合格的一票否决条件。

1）《环境影响报告书》经批准后，项目发生性质、地点、坝型、环境保护措施发生重大变更，未重新报批环境影响报告书的。

2）涉及自然保护区、风景名胜区、世界文化和自然遗产地、饮用水水源保护区、海洋特别保护区等环境敏感区的生态保护措施未落实到位，相关手续不完备的。

3）未按《环境影响报告书》及其审批决定要求建成环境保护设施。

4）临时占地等相关迹地恢复工作未按要求完成的。

5）其他不符合环评报告及其批复文件要求的。

6）环保验收调查报告的基础资料数据明显不实，内容存在重大缺项、遗漏。

7）因违反环保法律法规受到处罚，被责令改正，尚未改正完成的，或存在其他不符合环境保护法律法规等情形的。

5　存在问题与建议

（1）抽水蓄能现有技术规范主要依据水电水利类规范，但抽水蓄能电站建设与常规水电站并不完全相同，如不少抽水蓄能电站上库往往无天然来水，或涉及的水体多为流量较小的溪沟，常规水电站的部分生态保护措施并不适用于抽水蓄能电站，随着抽蓄建设规模的快速增长，建议应根据工程实际，编制抽水蓄能行业环保规范。

（2）新源公司在建抽水蓄能电站分布在 15 个省（直辖市），南北跨度大，自然环境、当地环保政策不尽相同，对新源公司总部层面环保一体化、标准化管理带来一定的影响，建议项目建设单位多与当地环保行政主管部门沟通，制定符合当地实际情况的环保执行细则，做到因地制宜。新源公司总部层面可建立环保交流平台，促进各在建单位的经验交流与分享。

（3）近几年来国家环保管理思路在深化调整中，环保政策也在动态变化中，环境监理设置、环保竣工验收要求、环评资质等近两年都有较大的政策改变，新源公司一些在建项目环评报告及批复都在新政出台前完成，需要及时跟踪并适应新的政策变化，满足新的要求。

6 结束语

"十九大"以来，生态环境保护要求日益严格，抽水蓄能电站工期长、土石方量大、污染源比较分散，给环境保护管理工作带来很大难度。为彰显企业责任、坚持和谐共赢，新源公司努力提高思想认识，总结经验教训，提升管理水平，在抽水蓄能电站的建设过程中，对于日益重要的环保工作，制定了完善的管理制度，加强交流与培训，统筹开展各项工作。项目单位委托工程监理、环境监理开展环境保护工作，开展环境监测为环境保护提供数据依据，有效控制减缓工程建设可能造成的环境污染及生态破坏问题。在工程实践中，深刻体会到只有专业化、规范化管理的模式，才能保证环保管理不缺项、管理标准不降低、措施结果经得起政府和公众监督。

抽水蓄能电站建设发展探讨

刘　欣[1]　杨　威[2]

（1. 国网新源控股有限公司，北京市　100761；2. 中国能源建设股份有限公司，北京市　100022）

【摘　要】 抽水蓄能电站作为现阶段技术最为成熟、可靠经济的大型储能电源，承担着电力系统的调峰、调频、事故备用等任务，在电网中发挥着巨大的作用。本文通过对抽水蓄能电站建设发展状况的分析，探讨了当前建设发展中存在的问题，提出了适应电站发展的措施和建议，以期对抽水蓄能电站建设管理提供一些借鉴。

【关键词】 抽水蓄能　储能　探讨

1　引言

当前，国家大力实施创新驱动发展战略，深化经济结构调整和产业转型升级。在构建坚强智能电网、泛在电力物联网与新能源快速发展的新时期，作为电网调峰填谷、调频调相、事故备用、提高电网安全经济运行的绿色清洁能源，抽水蓄能电站将迎来长足的发展。抽水蓄能电站的开工建设和发展，有力支撑了国家稳增长、调结构、惠民生战略部署，为促进清洁能源消纳、保障电力系统安全稳定运行起到了极大的促进作用。

2　抽水蓄能电站建设发展状况

抽水蓄能电站诞生于 1882 年的瑞士，距今已有百余年的历史。利用电力负荷低谷时的电能抽水至上水库，在电力负荷高峰期再放水至下水库发电的水电站，称为蓄能式水电站。抽水蓄能电站在电网的负荷不是很高的时候的电能转化成在电网高峰时期的电能，此外还可以用于调频、调相，也可以提升系统之中火电站和核电站的效率。

我国抽水蓄能电站发展得比较晚，在 20 世纪中期，改革开放使得社会经济迅速的发展，我国电网规模也随之扩大。目前，我国开始大规模的开发利用新型资源，抽水蓄能电站在我国有了进一步的发展，已经由过去的侧重于电负荷中心的配置转变到用电负荷中心、输出端、落地端、能源基地等多方面。在把特高压电网作为骨干网架，建设在国际上具有一定的领先地位的数字化、智能化、信息化的智能电网的进程中，特高压交流输电系统所产生的无功平衡和电压控制问题比超高压交流输电系统更加的明显，利用大型抽水蓄能电站平衡、快捷的调节特性，来承担特高压电网无功平衡和改善无功的调节特性，这是一种十分安全而且有效的经济措施。

电源结构的优化调整、电网安全的可靠保障以及电力行业效率的持续提升都离不开抽水蓄能电站对"源-网-荷"三侧的有效支撑。2019 年，国家电网有限公司创造性地提出了"三型两网、世界一流"的战略目标。抽水蓄能作为建设坚强智能电网和泛在电力物联网，打造枢纽型、平台型、共享型企业的重要支撑，对电力系统尤其是电网的正常运行意义重大。随着我国电力装机规模不断增长和联网规模不断升级，以及新能源产业的不断高速发展，要保障电力安全稳定的供应面临更大的压力，因此需要建设更多的抽水蓄能电站来缓解供电压力。抽水蓄能电站迎来了更加广阔的发展空间，必将为电网的安全稳定运行发挥更大作用。

3　抽水蓄能电站工程建设问题

抽水蓄能电站建设是一项复杂的系统工程，同时在我国仍处初级发展阶段，从实际运行情况看，抽水蓄能电站建设面临一系列问题。

3.1 全面推进建设进度面临挑战

当前"源-网-荷"协调发展水平有待提升,抽蓄电站的精准规划和合理布局难度增加,对项目规划、投资决策、基本建设等带来挑战。抽水蓄能电站建设周期长,存在核准后长时间无法开工或重新核准的风险,环评批复时间长、条件严格、不可控因素多;征地移民工作量大、程序多;工程投资大,人力物力、生态环保、用水用地等成本上涨等,制约了抽水蓄能电站建设的进度。

3.2 工程建设管理难度大

抽水蓄能土建工程量大,输水系统位于上、下水库间的山体内。由于兼顾抽水和发电需要,机组需要有一定的淹没深度。工程建设前期主体以洞室开挖支护为主。建设周期长,从施工准备、主体工程开工到竣工验收,工期长达数年,施工环境复杂,工程建设的特殊性对电站的工程建设提出了严峻的考验。

3.3 工程安全管理形势严峻

抽水蓄能电站安全管控难度大,存在着施工固有风险高、参建队伍素质不一、施工装备水平较低等问题;基本建设、迎峰度夏、防洪度汛任务繁重,洞室开挖、火工品管理、交通安全、消防管理等安全风险复杂;生产运行安全面临多方面压力,建设管理、质量控制、风险管控以及依法治企带来诸多挑战。

3.4 标准化、智能化程度不高

抽水蓄能作为新兴能源行业,相关国家、行业、企业标准尚不完善,随着科技信息技术的逐步深入,标准化工作的重要性和紧迫性逐渐显露。近年来,随着5G技术的全面布局、"大云物移智"等技术深度应用、万物互联的新时代全面开启、企业管理面临全方位的挑战,抽水蓄能电站建设迎来了管理变革的重大机遇期和窗口期。

4 抽水蓄能电站建设发展建议

我国抽水蓄能电站已进入快速发展的新时期,机遇和挑战并存,抽水蓄能工程建设人员需紧抓机遇、迎接挑战,统筹抓好工程建设中的安全、质量、进度、造价、技术管理控制和建设各方、各环节、各要素以及外部环境等综合协调管理,不断创新工作思路和方法,提升工程建设管理水平,建设优质、精品工程,确保安全稳定局面,加快建设数字化智能型电站、信息化智能型企业,推进抽水蓄能电站建设安全健康发展。

4.1 坚持改革创新,增强高质量发展动力

抽水蓄能作为建设"三型两网"的重要支撑,需坚持高质量发展要求,强化精准投入;开展中长期发展规划研究,综合考虑多方因素,形成规划选址建议;统筹利用多方力量做实项目前期,适时精准开工;推进电价政策研究,争取合理电价,保障电源可持续性发展;加强制度标准建设,充分考虑坚强智能电网对抽水蓄能、新能源建设的要求,将抽蓄电站打造成坚强智能电网的关键枢纽,建设智慧友好型电源。

4.2 加强抽水蓄能工程建设全过程管控

针对抽水蓄能电站工程建设规模大、难度高、周期长等特点,坚持从规划设计、建设施工、设备选型、生产运维方面统筹着力,建设本质安全型电源;深化抽水蓄能通用设计及差异化设计研究,加强前期设计阶段专题研究和技术经济方案比选的管控,严控主要设备质量;推进业主、监理融合管理,进一步厘清管理界面,形成责任明晰、优势互补、密切协同的管控模式;落实总承包商主体责任,健全管理体系,将分包队伍和人员纳入体系管理,坚决杜绝"以包代管";积极实施绿色建造,确保节能、节地、节材、节水和环境保护要求,建立从管理策划、工程设计、组织实施、检查评价到改进提升的全流程管控机制,推进绿色建材和绿色建筑技术应用与创新,加强环水保监测、监理和验收管理,实现工程建设与周边环境和谐共生。

4.3 加强本质性安全生产水平

全面夯实安全管理基础,狠抓安全责任制落实,抓实安全教育培训,深入开展风险预警管控,加强应急救援管理;持续抓好基建本质安全建设,统筹抓好关键技术研究,加强勘测设计深度管理,选优选好施工队伍,推进施工装备升级,强化施工期地质灾害风险预控;从抓好设计质量与工程建设质量提升、抓好

依法合规建设、抓好造价精益化管控、推进数字化智能型电站建设等方面着力持续提升建设质量效益；狠抓重点领域隐患治理，提升安全管理的穿透力、管控力，确保人身安全、设备安全、网络安全。

4.4 促进抽水蓄能电站信息技术创新发展

根据抽水蓄能电站间工程布局类似、技术特点相近、管理要求统一的专业化管理优势，推行抽水蓄能"电站群"管理机制，结合数字化智能型电站建设，建设集项目监控、上传下达、信息反馈和培训交流等功能为一体的互联、共享平台，提高管理效率，拓展管理深度和广度。深化科技成果开发应用，用先进设备替代高风险人工作业，从源头控制安全隐患。推进信息技术与安全生产相融合，积极采用智能安全工器具、视频监控、图像分析等先进技术，提升现场安全技防水平。在基础性、前瞻性关键技术领域，深化"大云物移智"应用，全面开展信息系统优化提升工作，加强顶层设计，推进系统融合，消除专业壁垒，有效促进数字化智能型电站建设。

5 结束语

随着国家积极应对气候变化，加快能源结构调整，核电、风电、太阳能等清洁能源规模快速增长，智能电网建设全面展开，对电力系统的安全稳定经济运行提出了更高要求，抽水蓄能电站建设规模必将保持在一个较高的水平，进入发展高峰期。而与常规水电站、输变电工程相比，抽水蓄能电站在工程规模、建设周期、管理协调难度等方面具有一定的特殊性，只有充分考虑这些特殊性并积极应对，探索行之有效的措施，才能真正有效提升抽水蓄能工程建设管理水平，建成数字化智能型电站，从而保障电网安全稳定运行、大规模消纳清洁能源，为"三型两网"建设安全健康高质量发展提供坚强支撑。

参考文献

[1] 刘振亚. 全球能源互联网. 北京：中国电力出版社，2015.
[2] 刘振亚. 中国电力与能源. 北京：中国电力出版社，2012.
[3] 邱彬如. 世界抽水蓄能电站新发展. 北京：中国电力出版社，2006.

水电工程EPC模式下总承包商对工程造价的管控分析

江献玉　张建龙　刘昱霖

（国网新源控股有限公司技术中心，北京市　100161）

【摘　要】　经过对多个正在执行EPC承包模式的水电工程实施情况的研究，本文对水电工程EPC总承包商的造价风险进行了系统的分析，并提出了EPC总承包商的造价管理和控制的要点，值得在今后的水电工程EPC总承包实施过程中借鉴使用。

【关键词】　水电工程　EPC模式　总承包商　造价　管控

1　引言

近年来，雅砻江杨房沟水电站、新疆阜康抽水蓄能电站、辽宁清原抽水蓄能电站等国内多个特大型水电站开展了EPC总承包，随着国家对工程总承包的不断推进，水电工程EPC总承包将是未来发展的趋势。对于总承包商而言，特别是不具备项目建设管理经验和缺乏专业管理团队的总承包商来说，如何做好造价管控，节约成本，将直接决定着承包活动的成败，因此总承包商对工程造价的管控是一个非常值得探讨的问题。

2　EPC模式下总承包商的职责

水电工程EPC总承包模式下，总承包商将按合同约定负责项目的全部实施工作，包括工程设计、施工管理、设备及物资的采购、项目实施期间外部关系协调等。同时还要对工程项目的安全、质量、工期、造价、风险等负责，并对工作中的任何缺陷进行整改、完善和修补，使其满足合同约定的功能。可见总承包商的责任非常重大，设计、施工及采购的管理是重点，特别是施工过程中的管理，必须将进度、质量、安全、投资等的管理贯穿于整个施工过程中。具体管理的主要内容和作用见表1。

表1　　　　　　　　　　　　总承包商的管理内容和作用

内　容	作　用
设计管理	设计质量和工程投资控制
进度管理	进度控制及偏差的调整，以保证计划进度
质量管理	设备、材料、施工质量检查验收及工程质量控制
安全管理	保证人员、设备等安全
成本管理	控制成本，寻找降低费用的途径
采购管理	设备质量控制
风险管理	风险调查与评估，建立风险预警

3　总承包商的造价控制风险分析

从表1可以看出，成本管理是总承包商最重要的工作内容之一，建设成本的高低不仅决定着项目的进度，最终将决定总承包商此次承包活动的成与败。因此整个项目实施过程中的造价控制尤为重要。经过对多个正在执行EPC承包模式的水电工程的研究发现，在EPC承包模式，总承包商的造价控制风险主要体现在以下几点。

3.1　工程设计

相关资料研究表明，工程设计是影响工程造价的最直接因素。经统计，在预可行性研究设计阶段，影响工程造价的可能性为 75%～95%；在可行性研究设计阶段，影响工程造价的可能性为 35%～75%；在施工图设计阶段，影响工程造价的可能性为 20%～35%，而根据我国目前的设计收费标准及相关要求，设计费一般只相当于建设工程费用的 5% 左右，而这 5% 的费用对工程造价的影响程度却占 75% 以上。因此，在工程项目实施阶段，控制工程造价的关键在设计，设计的合理性和科学性会直接影响项目的投资效益（见图 1）。

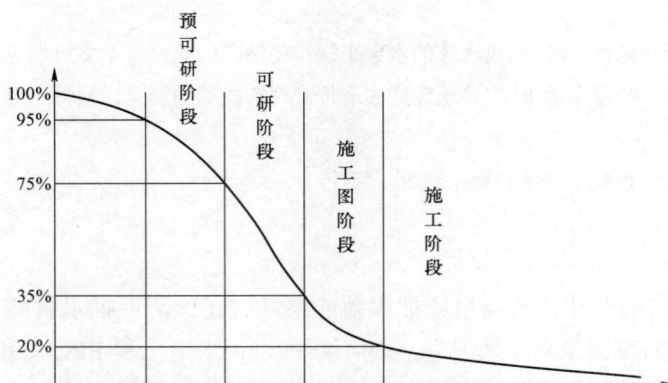

图 1　设计在水电工程各阶段对造价的影响示意

在 EPC 模式下，设计是总承包商负责实施的，设计方案的优劣将直接关系到工程的建设成本；另外，根据工程进展情况进行设计优化也将对工程造价的控制产生重大影响。因此项目成败的关键很大程度上取决于设计风险的控制，因此设计风险的控制应是 EPC 总承包商的管理重点和核心。

3.2　物价上涨风险

水电工程在 EPC 模式下，承包合同一般均为固定价格合同。总承包商将负责全部或一定范围之内的物价上涨风险。而 EPC 总承包项目一般都具有建设周期长、工程规模大的特点，建设周期内物价波动的事情基本都会发生，由此往往会引起设备费、材料费、人工费的大幅增加，而在固定价格合同下，EPC 总承包商很难因此向发包人索赔。因此，物价上涨是水电工程 EPC 总承包商面临的另一个重要的造价控制风险。

3.3　总承包项目的施工组织与管理

水电工程 EPC 项目是个庞大的系统工程，工程复杂而且包括的专业较多，这就需要总承包商精心组织、规范、细化每一步工作流程，否则很容易造成进度或质量问题，从而增加工程建设成本。另外，由于涉及设计、采购、土建工程、安装工程等多个专业类别，承包商一般需要将部分项目，或是专业化程度较高的项目进行分包。如何进行切块分包以及对分包商的管理等均会对建设成本造成一定的影响，这也是总承包商的一个关键的造价控制风险。

4　总承包商的造价控制要点分析

4.1　强化设计管理

在 EPC 模式下，设计是总承包商工作的主导，引导并直接影响采购、施工和试运行及其他环节的运作。设计质量的优劣将直接关系到工程的总体质量和效益，设计的紧凑与否也将直接决定资源的配置情况和利用效率；另外，根据工程进展情况进行设计优化也将对工程质量的提高、进度的缩短以及投资的降低等方面产生重大影响。水电工程 EPC 总承包商应将设计管理作为最重要的造价控制要点。总承包商可以采取的设计管理方法主要有标准设计、限额设计、优化设计及设计变更管理等。

4.1.1　推动标准化设计

标准设计是按共通性条件编制的，按规定程序批准的，能够合理利用能源、资源和材料设备，可供大量重复使用，既经济又优质。因而，标准设计的推广，一般都能使工程造价低于个别设计工程造价。据悉，目前国网新源控股有限公司已就抽水蓄能电站厂房的设计实施了标准化。

另外，水电工程发展至今，国内在这方面的经验已相当丰富，因此要大力推动标准化设计。在工程项目设计过程中，EPC 总承包商应尽量参照同类工程设计资料，总结归纳出标准化的典型设计，以利于在工程实施中，全力推动标准化设计。

4.1.2 限额设计

限额设计是按照批准的设计任务书和投资估算，在保证达到使用功能的前提下，要求各专业按相关的投资额开展施工图设计，同时严格控制设计中不合理的设计变更，保证工程最终的结算金额不突破总投资额。限额设计是勘测设计质量、水平、效益的综合体现，EPC 总承包商要用全面质量管理的观点和方法进行限额设计管理。对于已经具备标准化设计的项目，施工设计和布置较为成熟，工程量变化幅度较小，宜采用限额设计的概算管理思路。总承包商可要求设计人员按照标准化设计的原则，开展详细设计并计算出较为精准的工程量，并计算出工程的投资限额。如需分包，在投资限额的基础上下浮一定系数可作为项目施工预算控制价。

在项目设计过程中，总承包商应严格按分配的投资限额控制设计，严格控制招标设计和施工图设计的不合理变更，从而保证总投资限额不被突破。限额设计是设计阶段投资控制的一项关键性、在某种程度带有一定强制性的措施，也是设计进行经济分析的一项重要措施。

另外，为了保证限额设计的顺利实施，EPC 总承包商在推行限额设计过程中可以把激励机制引入到设计中，在保证工程质量前提下，对开展了限额设计并节约了投资的设计人员进行奖励，这样不但可以提高设计质量，加快工程进度，更能有效地降低工程造价。

例如某水电站在建设期间遭受到 1995 年、1996 年、1998 年特大洪水冲击，基坑被淹没累计 40 天，工期损失达 3 个月之久，造成标外项目增加，尽管如此，由于实行了限额设计，设计人员群策群力，在设计优化上下功夫，凌津滩水电站实际发电工期比国家批准的预期发电工期节约了 10 个月；工程完工为止，实际发生的投资没有突破国家批准的可研设计概算。

4.1.3 联动设计和概预算人员，共同开展优化设计

优化设计是以系统工程理论为基础，应用现代数学方法对工程设计方案、设备选型、参数匹配、效益分析等方面进行最优化的设计方法。优化设计是控制投资的重要措施，在进行优化设计时，必须根据问题的性质，选择不同的优化方法。一般来说，对于一些确定性问题，如投资、资源消耗、时间等，可采用线性规划、非线性规划、动态规划等理论和方法进行优化；对于一些非确定性问题，可以采用排队论、决策论等方法进行优化。

水电工程的设计过程，实际上是工程设计技术人员和概预算人员密切合作的过程，必须做到技术与经济的统一。技术人员在设计时要进行优化设计的同时，概预算人员要及时进行设计造价的估算，通过设计人员和概预算人员的充分联动，迫使设计人员对建设项目的有关规模、工艺流程、功能方案、设备选型等作全面周密的分析、比较，用最经济合理的方案开展设计。只有两者达到密切配合，才能很好地实现控制工程建设投资的目的。

如云南某电站蜗壳外包混凝土工程，设计为双层钢筋混凝土结构，经过造价人员的复核，钢筋含量远远超出了同类工程，且不利于混凝土的施工。经过反复的优化设计，最终将钢筋减少，并调整了混凝土的级配，最终降低工程造价 25%。通过此案例可以明显看出，设计方案优化对降低工程造价的重要性。

4.1.4 加强设计变更管理

设计变更是影响工程造价的一个重要因素，变更发生越早，损失越小，反之就越大，如在设计阶段变更，则只需修改图纸，虽然造成一定损失，但其他费用尚未发生，损失有限；如果在采购阶段变更，不仅需要修改图纸，而且设备、材料还须重新采购；若在施工阶段变更，除上述费用外，已施工的工程还须拆除，不仅投资损失，而且还会拖延工期。因此必须加强设计变更管理，尽可能减少设计变更，如确需变更的，应把设计变更控制在设计初期，尤其对影响工程造价的重大设计变更，更要用先算账后变更的办法解决，使工程造价得到有效控制。

4.2 物资采购

在 EPC 模式下，总承包商负责采购工程所需的一切物资材料。能否把握市场价格走势，进行合理组织采购是控制物价上涨风险的关键。另外供应商的合同履约能力，物资材料与机电设备的运输等也是 EPC 总承包商在项目实施过程中需要注意的问题。

EPC 总承包商在承包合同签订后，必须对物资采购管理给予足够的重视，首先是在组织管理上，必须配备专职的物资管理领导；其次是成立专业物资采购管理部门，并由专业的人员开展采购工作；最后是物资部门应积极开展市场调研，及时掌握市场材料、设备的价格波动情况，作出形势研判和风险分析，并制定出详细的物资采购、储备安排。

4.3 分包的招标及合同管理

招标投标制是工程实施阶段造价控制的重要环节，通过招投标竞争机制可引入优质的合作方。因此总承包商在分包、物资采购过程中应进行公开招投标，引进优质的分包商。招标前要做好分包方案及预算、招标文件审查等招标前的准备工作；通过公平、公正的招投标过程，使分包商的价格合理可靠，避免出现压价中标；招投标结束后，要对投标价格进行分析，以保证合同价格的合法性、合理性，减少合同纠纷，维护和保障合同双方的权益并有效地控制工程造价。

分包合同管理是项目实施过程的另一个管理核心，合同工作范围、质量、进度、费用等应界定清晰，避免分包商的索赔。合同必须体现公平合理的原则，风险的分担也要做到公平合理。合同管理过程中尤其要做好索赔与变更的管理。

5 结束语

水电工程 EPC 模式下，总承包商的造价控制非常重要，直接决定着项目的成败。因此总承包商应首先测算并明确造价控制总目标，并按照工程进展情况，分阶段层层控制成本，形成纵向控制、主动控制的造价控制理念，将造价管理贯穿于各个阶段，而每个阶段中必须贯穿各专业的每一道工序，而每个专业、每道工序中都要把设计作为重点控制部分，明确造价控制目标，实现工序管理。只有各专业造价控制的实现，才能实现总造价的控制，最终实现 EPC 总承包的成功。

参考文献

[1] 蔡绍宽，钟登华，刘东海. 水电工程 EPC 总承包项目管理理论与实践 [M]. 北京：中国水利水电出版社，2011.
[2] 魏传勇. 水电工程 EPC 模式下业主对工程的管控分析. 贵州水力发电，2011，6（25）.
[3] 刘东海，宋洪兰. 水电工程 EPC 项目总承包人风险分析与综合评价. 水科学与工程技术，2010（1）.
[4] 张建龙，江献玉. 抽水蓄能工程 EPC 总承包合同关键商务条款设置研究//中国水力发电工程学会电网调峰与抽水蓄能专业委员会. 抽水蓄能电站工程建设文集 2017. 北京：中国电力出版社，2017.

抽水蓄能电站合同管理体系探索与实践

杜龙祥　徐　喆

（陕西镇安抽水蓄能有限公司，陕西省西安市　710045）

【摘　要】　本文从三个方面研究了抽水蓄能电站合同管理理念，并在流程、方法等方面进行适时的创新，规范企业管理，为抽水蓄能电站工程建设保驾护航。

【关键词】　合同管理　三个一　创新

1　研究的意义

合同管理是否精细化、精益化对企业依法依规、可持续发展而言具有十分重要的作用。在当前国家政策不断调整，企业外部环境时刻发生变化的局势下，如何有效地管理企业合同，并在流程、方法等方面进行适时的创新很有必要。

依据国家电网有限公司和国网新源控股有限公司合同管理标准和制度，利用标准化流程，及时发挥统计学特点，使用"五把斧"（评价、分析、整改、总结、推广）管理机制，形成闭环管理。通过管理创新实践，规范基础管理，优化业务流程，防范履约风险。

2　目前遇到的问题

抽水蓄能电站工程建设期，合同具有范本多、技术要求高、投资大、履约风险无处不在等特点，建设单位提升合同管理水平成为依法经营、服务工程建设的重要基石，而工程建设期合同管理面临以下几个方面问题：

（1）合同起草时间短；招投标资料多而杂，难抓重点；承办人多为刚接触工程建设人员，经验不足，致使合同不能高质量、按期完成起草。

（2）合同会签阶段，审核人无侧重点、职责不明确，审核时间过长，致使合同不能按期完成会签。

（3）合同执行过程中，不能及时跟踪履约，对出现的问题不能及时处理，合同管理不受监督把控，依法治企面临严峻考验。

上述问题直接反映出合同管理的各个环节存在漏洞，制度执行不到位，履约风险难以把控。在众多履约风险面前，公司技经人员深刻剖析、不畏困难、锐意进取、守正创新。创建一张"流程卡"作为合同起草基石，引进一份"流程图"严把审核关，开发一份"简报"发挥合同履约监督作用。深入实践"三个一（一卡一图一报）"管理模式，合同管理水平稳步提升，科学型、系统化合同管理体系日趋成熟。

3　创新点与应对措施

3.1　积极探究采用标准化流程，建立合同起草流程卡

针对抽水蓄能电站工程建设合同范本多，施工技术要求高、工程投资大等特点，以及《中华人民共和国招投标法》第 46 条"自中标通知书发出之日起 30 日内必须签订合同"的要求，要在规定时限内高质量完成合同草拟、谈判、定稿，重点熟读招投标文件及相关资料、合同条款尤为重要。目前，合同承办人多为初涉基建管理人员，合同草拟、谈判时容易漏项，考虑不周，仓促定稿，导致合同不能按期、高质量完成签署。在多次检查、审计中暴露出合同基础管理工作不规范，制度执行不到位等多种问题。

结合抽水蓄能电站建设现状及特点，积极探究，拓展思路，引用国家电网有限公司"两票"管理理念，制定"标准化"承办流程，创建"合同起草流程卡"。该卡形成合同起草流程的"骨骼经络"，涵盖招投标

资料阅读、草拟、谈判、定稿等环节要求与标准。合同承办人快速比对标准，熟悉招投标文件、合同条款，把握承办时限。确保合同承办人迅速熟悉合同约定，关注履约要点及注意事项，为合同按期、高质量定稿奠定基础。

3.2 规范合同审核流程，缩短审核时限、提高审核质量

不同专业、不同层级参与合同审核，可以有效降低合同履约风险。经过问卷调查，在此阶段业务部门审核关注点不明确，审核无时限概念。排查发现审核流程不规范，会签部门设置不合理，导致审核流程过于复杂，浪费时间。以国家电网有限公司一级部署经济法律系统上线运行为契机，制定合同审批流程图，规范合同会签、审核环节流程，明确审核环节审核人关注点及审核时间，使合同高效完成流转。合同通过"洗洗澡、照镜子、正衣冠"严把质量关，各业务部门、不同专业联合会审，有效地降低履约风险。

3.3 创新发挥合同简报功能，形成系统化管理体系

合同执行阶段涉及环节较多，各环节往往是由不同业务部门执行，几个或者多个部门协作完成。若不定期统计，掌握履行情况，梳理履行过程中存在的问题，提出有效解决方案及应对措施；将使合同履行环节失去监督，风险难以把控。厘清管理制度的相互关联性，认真思考，创新管理机制，首创"合同简报"，使合同管理实现闭环管理，形成系统化管理体系。

简报规范业务部门在结算、支付、变更、索赔、归档等环节数据填报，归口管理部门及时统计，掌握合同履约细节。依据规章制度与规范标准对执行情况进行客观评价，按月分析各环节存在问题及难点，及时归纳总结提升，提出可操作的解决方案及可行的应对措施，及早辨识防范风险点和做好预控措施，推广典型经验与做法，衍射四类新的表格文件。经过不断实践，使合同履约各环节像"石榴籽"一样有序地团结在系统化的管理体系中，形成真正意义上的闭环管理。

4 实施效果与结论

4.1 实现合同基础管理工作的全面提升

"三个一"合同管理模式的推行，合同基础管理工作稳步提升，顺利通过审计检验。通过不断实践总结，规范了合同承办、流转、数据填报等环节的流程，使承办人熟悉合同约定，降低了履约风险，提高了管理人员业务水平。使刚参加工作的青年员工和刚接触基建工作的员工能够高质量、短时效进入角色，为公司依法经营，为稳步推进电站工程建设提供坚实的保障。

4.2 拓宽合同管理思路，推广文化的认同感

合同管理创新与探究，拓宽了合同管理思路。下一步公司通过多形式、多手段、全方位、全过程管控；采用传统、"互联网＋"、云数据相结合方式，让不同层次、不同年龄、不同企业合同管理人员能够迅速查看标准，按流程办理合同事务。为国网新源控股有限公司"两型两化"建设贡献科技力量。

通过合同管理创新与探究，提升基建单位现场各级人员合同管理水平，确保工程建设依法合规。推广"国网新源控股有限公司管理思路"，让参建各方了解国网新源控股有限公司企业文化，认同企业文化，为早日实现"两个引领"的企业梦增砖添瓦。

参考文献

［1］ 刘燕，刘开生. 工程招标与合同管理. 北京：人民交通出版社，2015.

抽水蓄能电站运营模式对比分析

何　峻[1]　黎国斌[2]　胡　苗[3]　张　辽[3]

（1.湖南黑麋峰抽水蓄能有限公司，湖南省长沙市　410000;

2. 湖南省通信产业服务有限公司，湖南省长沙市　410000;

3. 湖南大学，湖南省长沙市　410000）

【摘　要】 抽水蓄能机组作为目前最为成熟、应用最广泛的储能技术，因其优良的调控性能和全方位的辅助服务能力，在电力系统中发挥着无可替代的作用。但近年来我国抽蓄电站在运营上的问题不断凸显，主要表现在其利用率及效益层面。为寻求适合我国抽蓄电站的运营模式，通过对国内外相同运营模式下的不同电价机制进行对比分析，得出比较适合我国抽蓄电站的运营模式和电价机制等相关建议：采用租赁制和独立运营模式相互合作的运营模式，加快电力辅助服务市场建设，加强相应补偿制度研究，适时出台相关政策并完善各项制度。

【关键词】 抽蓄电站　电价机制　运营模式

1　引言

抽水蓄能电站是一种启动快速、运行灵活的特殊电源，具有储能、调峰填谷、调频、调相、备用和黑启动等多种功能。随着可再生能源渗透率不断提高，特别是太阳能和风电等波动性可再生能源接入，抽蓄机组在电力系统中发挥的作用日益凸显。合理规模的抽水蓄能电站建设是解决电网调峰问题、保障电网安全稳定运行、促进各类电源经济运行的必要手段和基础支撑。

作为一种特殊的电源形式，各国对抽水蓄能电站在电网中的定位和管理模式并不一致，在具体运作上是根据各自的电源结构和电网状况，以及电力市场的完善程度采取相应的模式。

文献［2］以国外抽水蓄能电站运营管理经验为参考，分析我国抽水蓄能电站利用率较低的问题。文献［4］通过阐述抽水蓄能在电力系统中的重要性，说明发展抽水蓄能电站势在必行。文献［5］重点分析了我国储能应用的瓶颈问题，得出需要量身定做制定适合我国国情的储能支持政策的结论。文献［6］分析了国外抽蓄电站运营模式，得出我国迫切需要建设与国情相适配的抽蓄电站运营模式的结论。文献［7］提出大规模储能技术是解决各类分布式能源发电存在问题的技术经济有效解决方案，政府部门需制定相关政策，加速储能技术产业化。文献［9］提出我国应根据储能产业发展情况，对大规模储能技术具有盈利前景的应用领域及扶持政策进行思考和部署。大规模储能电站并入电网，为电力系统提供辅助服务，跟抽水蓄能一样，需要合理的运营模式，以使它们实现合理的盈利水平。

本文通过对典型国家电力公司经营模式和抽蓄电站的运营模式及电价机制进行对比分析，提出比较适合我国抽水蓄能电站运营的建议。

2　电力体制和电价机制

2.1　国内外抽水蓄能电站的电力体制

近年来，电力体制改革是许多国家的改革重点，国际电力市场日益开放。

20 世纪 90 年代初，日本开始实行电力市场化改革，但并没有打破发输配一体化结构，仅将发电市场和售电市场逐步放开。虽然发电市场正逐步放开，但并没有形成相应的电力交易市场，独立电源公司建设的抽水蓄能电站仍需接受电网公司调度控制，若违背，电站将受到相应的处罚。

1990 年英国开始深化电力改革，推行发电侧私有化、输配电侧公有化，并规定电网公司不允许在其覆盖范围内投资经营电厂。目前，英国已形成发、售电市场全面竞争体制，已建成较为成熟的电力交易市场，因此其抽水蓄能电站无需被动接受调度指令，可自由参与市场交易竞争。

1992 年美国修订"能源政策法"是发电侧市场化的开端。美国的抽水蓄能电站有两种投资建设方式，一种是电网公司全资建设，另一种则是独立企业投资建设。其中电网公司建设的电站直接接受电网统一调度安排，不能自行参与市场竞争，而独立企业建设的则可以通过参与电力市场交易自由竞价上网。

2002 年我国国务院下发的《电力体制改革方案》，被认为是电力改革开端的标志。目前，我国电力系统已进入大电网、大机组、高压输电及高度自动控制的时期，电力体制已基本由传统的垂直一体化垄断模式过渡到发电侧、售电侧开放模式。虽然现有的抽水蓄能电站由电网公司或发电公司管理，但因电力交易市场尚未完善，电站由电网公司直接调控。

2.2　国内外抽水蓄能电站的电价机制

由于各国的电力体制与电力市场完善程度不一样，故对抽水蓄能电站电价核定采用了不同的电价机制。

2.2.1　日本

日本抽水蓄能电站核定的电价机制有租赁制和内部核算制两种。

租赁制主要针对独立电源开发公司建设和经营的抽水蓄能电站（简称独立电站）。目前日本没有独立的抽水蓄能交易市场及电力市场辅助服务机制等，独立电站全部采用租赁模式。电力公司在租赁协议中，明确租赁费用、电站运行时责任、电网调度的具体要求等，费用的支付与考核挂钩。

内部核算制主要针对仅电力公司投资建设的抽水蓄能电站（简称自有电站）。自有电站是电力公司的下属单位，其成本及收益核算均在电力公司内部进行，由电力公司自行平衡。

2.2.2　英国

目前，英国发电侧完全市场化，其抽水蓄能电站市场交易由双边交易和提前 1h 平衡市场组成。另市场专门制定了抽水蓄能机组的电价机制，明确电站收入由年度交易的固定收入和竞价交易中电量销售收入 2 部分组成。

固定收入是基于抽水蓄能电站在系统中提供的 2 种不同服务获得的补偿。一种是提供电网辅助服务（包括快速响应、调频调相、黑启动、备用作用等）的补偿，由辅助服务机制计算得出，按年一次性支付；另一种是机组参与调峰填谷时保障基荷机组平稳运行、提高基荷机组的经济效益所做贡献得到的补偿。

变动收入是抽水蓄能电站参与电力平衡市场交易获得的。这个部分的收入完全依靠市场需求和竞价交易获得。

2.2.3　美国

由于美国各州电力体制不同，抽水蓄能电站在各州的运营上存在差异，但其电价机制主要存在电网统一经营、参与电力市场竞价和租赁制三种。

电网统一经营机制与日本的内部核算制一样，仅针对于自有电站，采用电网统一核算方式。

参与电力市场竞价主要在加州地区应用，因为加州除了有电力市场外，还设立了以竞价为基础的辅助服务市场，抽水蓄能电站则可在两个市场间进行选择，以获得最大效益。

租赁制与日本的租赁制相似，就容量、提供服务内容及调度控制等与电力公司签订协议，租赁费用是通过市场电价差及不同供电质量的费用差收回。

2.2.4　中国

目前，我国抽蓄电站电价机制有单一电量制、单一容量制（租赁制电价）、电网内部结算及两部制电价四种。

单一电量制电价机制多用于早期建设的抽水蓄能电站，是由主管价格的政府部门根据电站项目的经济寿命，采用长期边际成本法计算企业的平均电价，并以该电价为基点，允许发电企业的电价在特定范围内浮动。

单一容量制电价（租赁制电价）机制是使用最普遍的机制，是由国家价格主管部门按照补偿固定成本和合理收益的原则，核定抽水蓄能电站的年租赁费，不再核定电价。

电网内部结算电价机制仅用于电网企业独资的抽水蓄能电站，结算方式与日本的内部核算制一样。

两部制电价机制在 2014 年被提出，其把电价分为基本电价（容量电价）和电量电价（电度电价）两部分。基本电价（容量电价）主要体现抽水蓄能电站提供调峰、调频、调相和黑启动等辅助服务价值，电量电价反映的是企业的变动成本。这一电价模式可以明确抽水蓄能电站在电网中的重要作用，准确计算出抽水蓄能电站在电网中的价值。

3 抽水蓄能电站运营模式

目前国内外抽水蓄能电站普遍采用的运营模式有电网运营模式和租赁制运营模式两种，另外还有一种较为特殊的是独立运营模式。

电网运营模式指的是抽水蓄能电站由电网公司或厂网合一的电力公司全资建设，作为电力系统中的一个环节接受电网调度，不能自发确定发电计划。如我国密云抽水蓄能电站、发输配一体化的法国和日本的原九大地区电力公司所属的抽水蓄能电站等均实行电网运营模式。此种模式对应的电价机制即内部核算制，其成本及收益核算均在电力公司内部进行，由电网公司自行平衡。

租赁运营模式是指拥有抽水蓄能电站产权的企业不直接运营电站，而是租赁给电网运营管理，如美国 summit 抽水蓄能电站、卢森堡维昂登抽水蓄能电站等，该模式下抽水蓄能电站的收益仅来自于运营权的转让带来的收益，即租赁费。

独立运营模式是指在厂、网分开，有竞争式电力市场的国家和地区，非电网企业投资开发的抽水蓄能电站的运营模式，多见于美国加州地区和英国。该模式下抽水蓄能电站主要通过双边交易、平衡市场和辅助服务市场获取收益。而我国也有唯一一座独立运营的抽水蓄能电站——呼和浩特抽水蓄能电站，但由于我国相应的电力交易市场并不完善，因此本文不做分析。

4 我国抽水蓄能电站运营上存在的问题

近十几年来，由于国民经济的迅速发展，我国抽水蓄能电站迎来黄金发展期。我国抽水蓄能电站的建设起步比较晚，但是由于后发效应，起点比较高，近年来建设的几座大型抽水蓄能电站已处于世界领先水平。随着我国抽水蓄能电站的快速发展，抽水蓄能电站运营上的问题不断凸显，主要表现在以下几个方面：

（1）机组利用率不充分。目前我国百万级的抽水蓄能电站大多采用容量制电价机制。由于电站的能耗基本上由电网承担，从经济效益方面考虑，将导致部分区域的抽水蓄能电站利用率不高。

（2）电价机制的不合理导致抽水蓄能电站在电网中的作用无法完全发挥。2014 年，国家发展改革委出台《关于完善抽水蓄能电站价格形成机制有关问题的通知》（发改价格〔2014〕1763 号），明确在电力市场形成前，抽水蓄能电站实施两部制电价。但这一通知并没有对电站费用回收方式进行明确规定，电网经营企业无法让相关受益方合理分摊抽水蓄能电站的运行成本，这在一定程度影响了电网企业调用抽水蓄能电站的积极性，故抽水蓄能电站在电网中的作用将无法完全发挥。

（3）部分采用单一容量电价机制的抽水蓄能电站，容量费回收困难。在国家核定的容量租赁费分摊原则中，电网企业承担 50%，发电企业和用户各承担 25%，目前问题出现在由发电企业承担的 25%租赁费上。原因在于：有调峰能力的电厂自认为不需要抽水蓄能电站协助其调峰，而需要抽水蓄能电站协助调峰的企业则认为其不需要承担如此多的容量分摊费用，最终造成发电企业联合抵制、拒绝支付租赁费的现象。

5 抽水蓄能电站运营机制对比

为了寻求适合我国电力体制的抽水蓄能电站运营模式，我们对国内外相同运营模式下不同电价机制进行对比分析（详见表 1），以得出比较适合我国抽水蓄能电站应用的运营模式和电价机制相关建议。

电网运营模式对应的电价机制是内部核算制和电网统一核算机制，两者核算方式都是电网内部自行核算，无差别。租赁运营模式对应的电价机制则丰富得多，具有代表性的有租赁制、单一容量电价、单一电量电价和我国的两部制电价 4 种。而独立运营模式主要出现在美国加州地区和英国，则其对应的电价机制主要为参与电力市场竞价和英国抽水蓄能电站电价机制。

表1　　　　　　　　　　　　　　　　　不同运营模式的比较

序号	运营模式	电价机制	采用条件	优点	缺点	备注
1	电网运营模式	内部核算制	由电网公司或厂网合一的电力公司全资建设经营	电网自行结算，电网调度调用的积极性高	调用频繁，无法明确抽水蓄能电站的静态效益和动态效益	中国、日本、美国都有使用
		电网统一核算机制				
2	租赁运营模式	租赁制	非电网公司全资建设，没有电力市场交易制度，没有辅助服务市场等	计算方法简单，方便电网统一管理调控	必须接受调度指令，不能自己确定生产计划	日本、美国部分州市使用
		单一容量电价			必须接受调度指令，运营成本随着机组运行时间增加而增加，电站运行缺乏积极性，且租赁费回收经常受阻	我国多数抽水蓄能电站在使用
		单一电量电价			必须接受调度指令，容易多发超发，电网调度调用缺乏积极性	我国早期抽水蓄能电站在使用
		两部制电价	非电网公司全资建设，需有对应的辅助服务交易平台（市场）或准确的电价测算方法	明确抽水蓄能电站在电网中的重要作用，更准确地计算出抽水蓄能电站在电网中的价值	必须接受调度指令，计算方法复杂，需要制定完善的招标竞价方式、电价测算方法，明确工作时间节点和各方职责等	我国极少数抽水蓄能电站开始使用
3	独立运营模式	参与市场竞价	发电侧已实现市场化，已形成以竞价为基础的成熟的辅助服务市场	可以自己制定生产计划，充分调动电站的积极性，使得电站在电网中发挥最大的作用	建立一个完善的市场机制需要较长的时间	美国加州地区使用
		固定收入＋变动收入				英国国内使用

6　结论和建议

虽然国外的电力经营模式、电源结构及电价机制没有统一的模式，但在具体运作上都是根据各自的电源结构、电网状况以及电力市场的完善程度采取了相应措施。对于保留有发输供配电一体化的国家或者电力公司，若抽水蓄能电站是由电网企业独资建设和经营的，其运维成本及收益等一并计入电力公司销售电价中予以回收，如我国和日本的内部核算制、美国的电网统一经营电价机制。对于发、输电实施分离制度的，非电网企业建设的抽水蓄能电站宜交由电网企业租赁经营，由电网企业支付租赁费更为合适，如日本和美国的租赁制电价机制。对于电力市场发展较为成熟的、已经建立了辅助服务市场的国家或地区，抽水蓄能电站可以在电力市场和辅助服务市场通过竞价获得收益，如美国加州地区的参与电力市场竞价和英国的电价机制。

从国外经验来看，抽水蓄能电站在电网中发挥着不可替代的作用，因此各国在制定电价机制时，都尽可能考虑电站的收益问题，使抽水蓄能电站具有良好的运营状态。虽然各国的电价机制不一样，但总体均体现在容量和电量两部分收益上。

基于上述国外抽水蓄能电站运营机制的对比分析，对我国的抽水蓄能电站运营模式提出几点建议：

（1）我国发电侧已开放，建议抽水蓄能电站采用租赁制和独立运营模式相互合作的运营模式。以租赁制为第一层考虑，独立运营模式为第二层考虑，即抽水蓄能电站应首先满足电网调峰等作用的需要，若有多余的容量，便启用第二层运营模式，让其参与到市场交易中。在这种模式下，抽水蓄能电站的功能和价值将获得充分利用，可持续调动各方建设抽水蓄能电站的积极性，对促进电力市场建设、电网发展具有重大意义。

（2）国外抽水蓄能电站的发展是建立在完善的市场竞争体系与合理的电价机制的基础上，我国应加快建设电力辅助服务市场，为最大限度挖掘利用抽水蓄能电站资源和潜力提供平台。

（3）抽水蓄能电站可以提供全方位的辅助服务，而国外一般都有与之相对应的服务价格。而我国目前还缺少完善的辅助服务价格补偿制度，应加强这方面的研究，借鉴国外的成熟经验，适时出台相关政策，完善各项制度。

参考文献

[1] 龙云，王冬容. 抽水蓄能电站运营模式研究 [J]. 水利能源科学，2011，29（5）：148－151.

[2] 肖达强，黎舒婷，舒康安，等. 我国抽水蓄能电站的管理体制和运营模式探讨 [J]. 电器与能效管理技术，2016（14）：79－84.

[3] 朱美芳，姚瑜. 现有抽水蓄能电站电价机制及经营模式的探究 [J]. 华东电力，2007，35（5）：65－66.

[4] 曹明良. 抽水蓄能电站在我国电力工业发展中的重要作用 [J]. 水电能源科学，2009，27（2）：212－214.

[5] 金虹，衣进. 当前储能市场和储能经济性分析 [J]. 储能科学与技术，2012，1（2）：103－111.

[6] 安志国. 国外抽水蓄能电站的运营模式 [J]. 水电站机电技术，2009，32（5）：67－70.

[7] 严晓辉，徐玉杰，纪律，等. 我国大规模储能技术发展预测及分析 [J]. 中国电力，2013，46（8）：22－29.

[8] 王晓辉，张粒子，程世军. 多元电力系统中抽水蓄能的经济性问题研究 [J]. 电力系统保护与控制，2014，42（4）：8－15.

[9] 胡娟，杨水丽，侯朝勇，等. 规模化储能技术典型示范应用的现状分析与启示 [J]. 电网技术，2015，39（4）：879－885.

[10] ANTANS SAUHATS, HASAN H, COBAN, KARLIS BALTPUTNIS, et al. Optimal investment and operational planning of a storage power plant [J]. International Journal of Hydrogen Energy, 2016, 41 (29): 12443－12453.

[11] 张滇生，陈涛，李永兴. 日本抽水蓄能电站考察述评 [J]. 南方电网技术，2009，3（5）：1－5.

[12] 王学良，于继来. 分布式抽水蓄能系统的运营策略及其效益评估 [J]. 电力系统保护与控制，2012，40（7）：129－142.

[13] 罗莎莎，刘云，刘国中，等. 国外抽水蓄能电站发展概况及相关启示 [J]. 中外能源，2013，18（11）：26－29.

[14] 赵增海，张丹庆，韩益民，等. 抽水蓄能电站电价形成机制研究 [J]. 水力发电，2016，42（2）：94－97.

[15] 郭春平，余振. 关于中国抽水蓄能电站经济运行的一些思考 [J]. 水电自动化与大坝监测，2011，35（6）：1－4.

[16] 李光伟. 抽水蓄能电站建设和运营问题的对策和建议 [J]. 抽水蓄能电站工程建设文集，2013：36－39.

[17] 苏学灵，纪昌明，黄小锋，等. 混合式抽水蓄能电站在梯级水电站群中的优化调度 [J]. 电力系统自动化，2010，34（4）：29－33.

[18] 唐海华，黄春雷，丁杰. 混合式抽水蓄能电站优化调度策略 [J]. 电力系统自动化，2011，35（21）：40－45.

[19] 李雪娇，翟海燕. 抽水蓄能项目电价运营模式及标杆容量电价的初步测算 [J]. 研究与探讨，2015，37（12）：41－44.

抽水蓄能工程招标设计概算编制研究

王志峰　马　赫　周喜军　张建龙

（国网新源控股有限公司技术中心，北京市　100161）

【摘　要】　本文首先对抽水蓄能工程招标设计概算编制目的和造价控制条件进行了研究，然后通过挣得理论对抽水蓄能工程招标设计概算的编制思路进行了分析，最后得出了抽水蓄能工程招标设计概算编制建议，提出了概算限额管理理论，值得在今后的抽水蓄能工程招标设计阶段借鉴使用。

【关键词】　抽水蓄能　招标设计　概算　编制　研究

1　引言

现阶段，抽水蓄能工程在建设过程中更多地强调质量和工期，对造价的要求相对较低，但随着国家抽水蓄能电站"标杆电价""投资人承担风险"等方针政策的出台，电价将逐步走向市场化，造价控制也将迈向更加精细化管理的新阶段，招标设计阶段的工程概算作为控制工程造价的重要指标，其编制原则和方法的研究显得尤为重要。

2　招标设计概算编制的目的及控制条件

2.1　招标设计概算编制的目的

招标设计是可研设计的具体化，也是各种技术问题的定案阶段。招标设计所研究和决定的问题，与可研设计大致相同，但需要根据更详细的勘察资料和技术经济计算加以补充修正。招标设计的详细程度应能满足确定设计方案中重大技术问题和有关实验、设备选型等方案的要求，同时能用于编制施工图和提出设备订货明细表。招标设计的着眼点，除体现可研设计的整体意图外，还要考虑施工的方便易行。招标设计阶段既是控制工程造价最有效的阶段，也是最难以控制的阶段，招标设计概算正因此进行编制，招标设计概算编制通常以可研设计概算作为控制目标，并作为招标设计修正概算的控制目标。

2.2　招标设计概算的控制条件

招标设计阶段控制造价比在施工阶段的效果好得多，但它并不是无条件的，招标设计阶段进行造价控制需要一系列的主客观条件，没有条件就根本谈不上控制造价。只有在主客观条件都具备的情况下，招标设计阶段控制造价才能实现，也才能做到真正意义上的造价控制。

招标设计阶段控制造价的主观条件是建设单位要有控制造价的意识，设计单位要有高水平的设计师和精通造价业务的造价师。建设及设计单位应有完善的造价控制体系，每一建设项目都有一套完整的估算、概算、预算。

招标设计阶段控制造价的客观条件是建立必要的竞争机制，推行概算控制投资制度。设计是工程建设的龙头，当一份施工图付诸施工时，就决定了工程本质和工程造价的基础。目前设计部门普遍存在"重设计、轻经济"的观念。设计人员在设计时只负技术责任，不负经济责任。因此，为鼓励和促进设计人员做好方案选择，把竞争机制引入设计部门，这样能激发设计者以最优化的设计、最合理的造价赢得市场，从而有效控制造价。在设计招标过程中，在考虑设计单位设计水平的同时，应充分考虑设计单位造价控制水平，对设计单位概算编制水平的合理性、经济性进行评估和比较，还要建立责任追究制度。

3　招标设计概算编制模型

可研设计概算作为核准投资控制整体工程造价，但可研设计概算为固定值，为保证在招标设计阶段与上个决策阶段和下个执行阶段的概算管理的延续性和可对比性，故招标设计概算应在可研设计概算的基础上做拆分和重新计算，此处引入挣得值模型对招标设计概算编制方法进行说明。

3.1 挣得值理论的思路

在项目管理的理论方面，挣值方法有一套指标和计算公式，计算过程较为简单，这里重点强调挣值管理的思路在招标设计概算编制过程中的运用。

挣值方法最核心的目的就是比较项目实际与计划的差异，关注计划中的各个项目任务在内容、时间、质量、成本等方面与计划的差异情况，然后根据这些差异，对项目中已进行和剩余的任务进行预测和调整。项目管理界引入一个中间指标——挣值（earned value，EV）表示实际完成的工作所对应的预算成本，在计划和实际之间建立了一个桥梁。其核心思想有以下几点：

（1）用成本指标表示每个项目/标段任务的价值，集中反映项目任务的时间、资源、成本、复杂度等多方面因素的影响。

（2）在实际完成同样工作的前提下，比较预算成本（设计概算）和实际成本（招标设计概算）之差，得到投资差异。换个角度来说，不管项目实际花费了多大投资，也只能将投资控制在设计概算范围内，超出的部分被看作是项目中增加的支出，对其分析增加支出的原因。实际中这种算法也可以平衡由于项目范围差异所带来的成本差异。

挣值用于度量在某一范围内作业量的成本价值，但该价值是用实际完成工程量的计划价值计算的，其计算公式为

$$挣值 = 已完成工程量的预算成本 = 项目的总预算成本 \times 已完成工程量的百分数$$

3.2 挣值理论主要参数及指标

（1）计划工程量的预算成本（planned value，PV）＝计划工程量×预算单价，指根据进度计划安排在某一给定时间内所应完成的工程量的计划成本，即工程建设过程中某一时刻按计划目标应完成的工程量的价值。

（2）已完成工程量的预算成本（earned value，EV）＝已完工程量×预算单价，指在某一给定时间内实际完成工程量的计划成本，也就是所谓的挣值。

（3）已完成工程量的实际成本（actual cost，AC），指在某一给定时间内所完成的工程量的实际发生成本。

通过上述可以看出，为了能够使用挣值方法管理项目的成本，需要一定的前提，要有项目计划和对项目实际进展的跟踪。在计划和实际跟踪中，要有明确、具体的项目范围，对每个任务能计算成本，要有每个任务完成时的实际成本。如果没有这些前提条件，挣值方法无法使用。

挣值理论的三个参数分别为 EV、PV 和 AC，其中

$$EV（t）（0 \leqslant t \leqslant T）$$

$$PV（t）（0 \leqslant t \leqslant T）$$

$$AC（t）（0 \leqslant t \leqslant T）$$

这三个参数可以用图形表示（见图 1），它们实际上是三个关于时间的函数。

其中，t 表示项目进展中的监控时点，T 表示项目完成时点。理想状态下，图 1 中三条函数曲线应重合于 PV（t）（$0 < t < T$）。但这只理想情况，实际三条曲线会出现不同的偏差，如 AC（t）在 EV（t）之上时，表示项目成本已超支。

以下两个重要指标（见表 1）可以反映项目实际执行情况：

1）费用偏差（cost variance，CV）

$$CV = EV - AC$$

2）费用绩效指标（cost performance index，CPI）

$$CPI = EV/AC$$

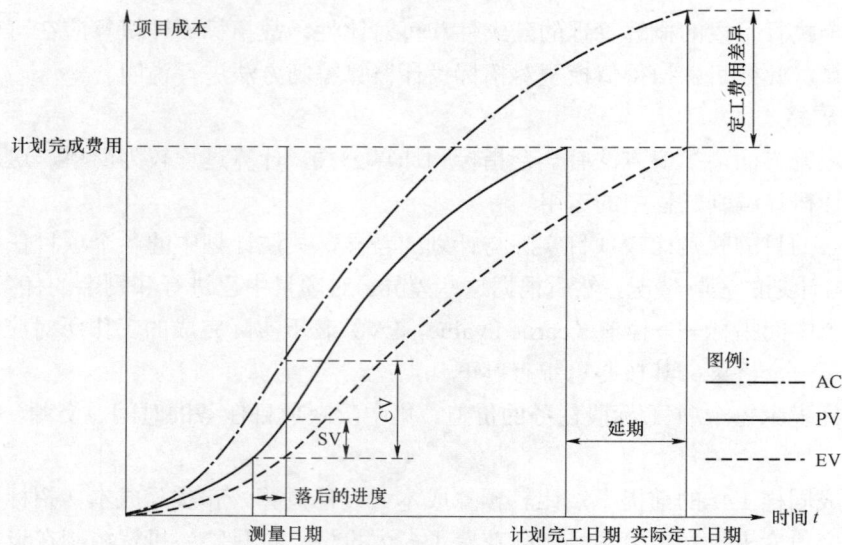

图 1   挣值理论主要参数关系

若 CV>0 或 CPI>1，表示项目成本控制在预算范围之内，即处于节支状态；否则表示项目超支。

表 1   费用偏差和费用指标

序号	费用	节支	超支
1	费用偏差 CV=EV-AC	≥0	<0
2	费用绩效指标 CPI=EV/AC	≥1	<1

3.3   挣值理论在招标设计阶段概算的应用

挣值法可以用项目投资金额反应项目进度情况，也可以假定项目进度一致的情况下的投资情况，涉及的指标有：

（1）项目的计划工程量概算投资＝计划工程量×概算单价，即分标概算。

（2）项目的实际工程量的概算投资＝实际工程量×概算单价，即招标设计概算。

（3）项目的实际工程量的实际投资＝实际工程量×结算单价，即结算投资。

用项目的计划工程量概算投资－实际工程量概算投资可得项目的工程量投资偏差；用项目的实际工程量的实际投资－项目的实际工程量的概算投资可得项目的单价投资偏差。

4   抽水蓄能工程招标设计概算编制的建议

目前抽水蓄能工程地下厂房已经实现标准化设计，其他部分将逐步实现标准化的设计。标准设计是按共通性条件编制的，是按规定程序批准的，可供大量重复使用，既经济又优质。随着标准化设计的推广，招标设计概算的编制也应与时俱进，可采用限额管理的方式进行编制。

4.1   概算限额管理的整体思路

对于已经具备标准化设计的项目，施工设计和布置较为成熟，工程量变化幅度较小，应采用限额设计的概算管理思路，即按照标准化设计要求在可研设计中一部到位的详细设计并计算出较为精准的工程量，按照招标范围将可研概算合理切块形成各项目的招标设计概算，在招标设计概算的基础上下浮一定系数可作为项目预算或招标最高限价，按分配的投资限额控制设计，严格控制招标设计和施工图设计的不合理变更，从而保证总投资限额不被突破。限额设计是设计阶段投资控制的一项关键性、在某种程度上带有一定强制性的措施，也是设计进行经济分析的一项重要措施。

4.2 概算限额管理的实施方案

（1）概算限额管理目标的确定。概算限额管理目标是在招标设计开始前，根据批准的可行性研究报告及其设计概算确定的。限额设计目标值是对整个建设项目进行投资分解后，对各个单项工程、单位工程、分部分项工程的各个技术经济指标根据工程所在地主客观环境提出科学、合理、可行的控制额度。在概算管理过程中一方面要严格按照限额控制目标，选择合理的设计标准进行限额计算；另一方面要不断分析限额的合理性，若设计限额确定不合理，必须重新进行投资分解，修改或调整限额设计目标值。

（2）采用优化设计，确保概算限额目标的实现。投资控制首先是以设计成果为前提，概算限额也是以优化设计为前提，优化设计是控制投资的重要措施，在进行优化设计时，必须根据问题的性质，选择不同的优化方法。一般来说，对于一些确定性问题，如投资、资源消耗、时间等有关条件已确定的，可采用线性规划、非线性规划、动态规划等理论和方法进行优化；对于一些非确定性问题，可以采用排队论、决策论等方法进行优化；对于设计流量的问题，可以采用图与网络理论进行优化。

（3）概算限额管理的纵向深化。概算限额管理贯穿于各个阶段，而每个阶段中必须贯穿各专业的每一道工序。在每个专业、每道工序中都要把限额设计作为重点工作内容，明确限额设计目标，实现工序管理。各专业限额的实现，是实现总限额的保证。

1）可研概算要重视方案选择，按审定的可行性研究阶段的可研概算进一步落实投资可能性。可研概算应该是多方案比较选择的结果，是项目投资估算的进一步具体化。招标设计阶段如发现重大设计方案或某项费用超出批准的可行性研究报告中的投资限额，应及时反馈，并提出解决办法。

2）概算工程量一经审定，即作为招标设计工程量的最高限额，不得突破。但由于可研设计毕竟受到外部条件的限制，如地质条件、材料供应、协作条件等发生变化，因此可能引起已确认的概算价值的变化。这种变化在一定范围内是允许的，但必须经过核算和调整，并说明工程量变化原因，如果变化理由成立，重新进行招标设计概算的计算并批复，投资控制额即以新批准的文件为准。

3）树立"主动控制"与"动态管理"的理念。在概算限额管理中，为了克服被动控制的不足，可将系统论和控制论的成果应用于其中，将"控制"立足于预先分析目标偏离的可能性，并事先主动地拟订和采取各种预防性措施，尽可能减少以至避免目标值与实际值的偏离，确保计划目标得以实现，这是主动的、积极的控制方法，是一种面对未来的前馈式控制和事前控制。实施限额设计的全过程是工程建设在设计阶段的投资额的动态反馈和目标管理过程。根据工程设计阶段进展的情况，及时比对投资限额，并做出相应的调整。整个实施方案见图2。

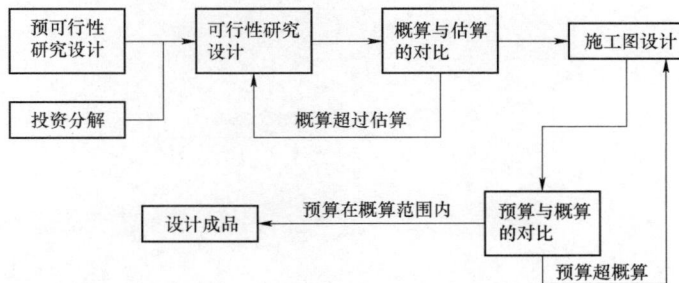

图2　概算限额管理纵向发展线路

4.3 概算限额管理应注意的问题

在积极推行概算限额管理的同时，还必须认识到它的不足，从而在推行过程中加以完善和改进。其不足主要表现在以下几个方面：

（1）概算限额管理的本质是投资控制的主动性，若是由于重大设计方案变化后发现超概算，再进行变更满足设计限额的要求，则会是使投资控制处于被动地位，也会降低设计的合理性。在这一点上限额设计理论及操作技术有待于进一步探索和发展。

（2）概算限额管理中的限额包括分标概算、招标设计概算等，均是指建设项目的一次性投资，而对项目建成后的维护费、项目使用后的报废拆除费用则考虑较少，这样就可能出现限额设计效果好，但项目的全寿命费用不一定经济的现象。

（3）概算限额管理由于突出地强调设计限额的重要性，使价值工程中提高价值的两条途径（造价不高，功能提高；造价提高，功能有更大程度提高）在概算限额管理中不能得以充分运用，往往会使一些新颖别致的设计受概算限额的限制不能得以实现。

5　结束语

招标设计概算是抽水蓄能工程实施阶段造价控制的源头，因此招标设计概算的编制，对整个项目的实施相当重要，建设单位应重视该项工作。可根据项目实际情况确立一个相对准确的投资控制目标，通过概算限额的实施可很好的实现这一目标，因为概算限额管理是个"主动控制"与"动态管理"的过程，需要建设方在项目实施过程中根据项目现场实际情况，不断调整，只有这样才能合理确定投资控制目标，最终确保项目的顺利实施。

参考文献

［1］ 张仁东，吕海艳.《水电工程招标设计概算编制规定》编制背景及要点［M］. 水利水电工程造价，2017.

［2］ 杨冰揭，张忠良. 水利水电工程初步设计概算影响因素浅析［M］. 广东水利水电，2014（8）.

提升抽水蓄能电站基建期建设项目资金监管效能研究

杨宇鹏

（福建厦门抽水蓄能有限公司，福建省厦门市 361000）

【摘 要】 工程资金的监管是工程建设管理的重要组成部分，抽水蓄能电站具有工程体量大，投资金额大，建设周期长的特点，建设项目资金专款专用是保障项目建设顺利完工的必要条件。本文将探讨分析现有资金监管模式的弊病，分析如何通过有效的资金监管，保证工程建设资金专款专用，防止承包人蓄意抽调、挪用工程建设资金，确保工程按期按质完成。

【关键词】 抽水蓄能电站 项目建设 资金监管 专款专用

1 引言

工程资金的监管是工程建设管理的重要组成部分，抽水蓄能电站具有工程体量大，投资金额大，建设周期长的特点，建设项目资金专款专用是保障项目建设顺利完工的必要条件。作为业主单位，如何通过有效的资金监管，保证工程建设资金专款专用，防止承包人蓄意抽调、挪用工程建设资金，确保工程按期按质完成，已成为抽水蓄能建设者都在思索的一大课题。

当前大部分承包人虽都是大型国企、上市公司，但实际履约过程中，中标单位以预付款归还履约保证金、大型设备采购或超比例分摊设备费用、无理由上划资金、转移至其他项目甚至通过以伪造虚假合同、非法套取现金违法违规手段等抽调项目建设资金挪作他用的现象时有发生，特别是项目初期，在实质上形成了挤占项目建设资金的事实，如果承包人采用以上方式抽调资金，将对项目后期资金使用造成较大的压力，对工程建设安全质量、进度产生不同程度的影响，甚至拖欠民工工资、迫使业主额外拨款等问题，严重的可能会导致项目工程建设无法推进，最终将风险留给了业主。

资金如同人体血液，只有不断良性循环才能保障企业正常运转，采取积极的态度，加强对项目资金监管的认识，建立信息传递的快速反应机制，健全对工程资金使用全过程的监管，健全资金日常调度和监控的网络体系，树立"钱流到哪里，管理和监控就延伸到哪里"的观念，做到事先掌握、事中控制、事后检查，使资金监管的重要信息全部纳入管理者的视野范围，提高建设工程中资金使用效率，以保障工程建设的顺利完成。

2 现有资金监管模式弊病分析

本文将以福建厦门抽水蓄能有限公司（简称厦门公司）为例，分析现有资金监管模式下项目建设资金安全风险点。厦门抽水蓄能电站是国家重点基建工程，三个前期标（两洞一路、施工供电、房建工程）及主体合同总价款 22.73 亿元，需开展资金监管工作。

厦门公司对于三个前期标段（合同总额 4.03 亿元）分别与施工单位、开户银行签订资金监管三方协议，资金监管工作启动至今，按照资金监管规定内容按月组织开展资金监管审查工作，发现以下问题。

2.1 监管内容不完整

三个前期标段资金监管内容包括：每月提供本月对账单以及次月资金计划；同一收款方月累计支付 30 万元以上资金支付提供与第三方签订的合同或协议、发票及审批单复印件作为付款依据；向上级单位缴纳投标佣金、履约保函保证金、日常管理费等款项时，需提供上级单位出具的转账通知等有关资料。

在资金使用过程中，因施工单位多为项目部，每月均需向上级单位缴纳合理比例的管理费、职工社保、机械设备及周转材料租赁摊销费等经常性款项，每月提供付款依据工作繁琐、增加双方工作量；施工单位支付个人大额资金的付款依据没有在资金监管协议中明确并纳入资金监管范围，厦门公司在审查月度银行对账单以及纳入资金监管范围的款项支撑性材料时无法及时判断此类款项的合理性，需另向施工单位要求提供支撑性材料（付款审批手续、发票等），增加资金监管监督时长，同时存在工程资金未能专款专用的风险。

确立合理、完整以及严谨的资金监管内容及范围是监管工作的基础，也是完善、细化资金监管内容的第一要义。

2.2　事后问责制监管方式弊端

现有的资金监管工作流程即施工单位提供上月银行对账单、纳入资金监管范围的各类款项支撑性材料（合同、发票、付款审批手续等），厦门公司就月度预算执行情况、各类款项合理性合法性等进行审查，如有疑问及时询问施工单位，并要求施工单位提供材料、限期整改或者退回不符合规定的款项，此工作流程属于事后问责制监管方式，无法跟踪控制工程资金流向。

（1）无理由上划或转移工程款。2017 年 9 月，某施工单位将预付款 354.85 万元无理由上划款项 354.80 万元，2018 年 4 月无理由转移至其他项目款项 50 万元，后续均责令转回。

（2）预算偏差较大。三个标段均存在预算执行偏差较大的现象，每月提供资金计划未能起到控制资金支付的作用，说明施工单位对资金安排存在不合理或拖延工程工期的风险，对项目建设单位核定其工程量以及资金安排判断等工作造成一定影响。

事后问责制监管方式具有较大弊端和风险，如何优化监管流程和机制是下一步完善的重要内容。

2.3　银行的监管责任缺失

厦门公司现有资金监管审查由厦门公司自己完成，银行作为资金监管第三方资金结算平台，仅起到事后增加资金支付限额、资金支付权限或者冻结账户的作用，未参与资金监管事前、事中审查工作，同时，随着厦门抽水蓄能电站进入基建高峰期，项目建设单位工作量日益加大，且建设工期长，工程体量过大，在工程资金合法性、合规性审查工作中，对操作性、完整性以及合理性方面监管工作均存在不到位的地方，实现高质量高效率独立完成资金监管审查工作存在一定程度的难度，资金监管银行应参与到资金监管过程中，发挥银行实时监控资金流向、控制资金支付权限的优势，最终实现"三方"共同完成资金监管工作。

3　资金监管模式转变方式

厦门公司根据资金监管总体要求结合前期标监管经验，以主体土建及金属结构安装工程施工合同的资金监管为契机，提前谋划、完善机制，紧紧围绕"账户确立""流程固化""关键点明确""责任分工"四个重点方面开展工作探索，梳理重点监管事项，固化操作基本流程，竞选一家银行，完善资金监管关键环节，流程双线并行，项目建设单位、施工单位、监管银行"三方"联动，控制事前、事中、事后全过程，力求操作性强、应用性广、安全性高。

3.1　以银企现场竞谈方式确定监管银行

竞选一家银行：施工单位须在工程所在地选择一家银行开立唯一的项目资金使用账户，如何更好地调动银行的积极性将直接影响未来资金监管工作的质量，项目单位可采用银企现场竞谈方式确定监管银行，事前发布"关于基建项目资金监管事项的说明"，详述监管内容及基本需求，项目建设单位、施工单位、银行三方现场背靠背竞谈，各银行应答并承诺所能提供的工作和服务，实现"我让银行做什么"向"银行主动做什么"的定位转变，化银企间的博弈变为银行间的竞争，既借助银行力量达到了最大限度进行监管的目的，又在工作中充分尊重了施工单位作为合同主体的各项权益，为后期的资金监管顺利开展奠定了基础。

3.2　完善资金监管关键环节内容

工程建设资金监管关键点可分为合同款项、对同一收款方资金支付金额过大或频繁、向上级单位定期缴纳管理费、对个人支付金额过大四方面（见表 1），不同工程体量和施工单位情况制定不同金额限制的资金监管协议。

（1）合同款项。可根据工程总合同价款确定纳入资金监管范围的分包或施工合同，如厦门公司"土建及金属结构安装工程施工合同资金监管协议"中规定"超过 30 万元（含 30 万元）的分包或采购合同纳入资金监管范围，施工单位须向银行方提供与第三方签订的合同或协议、发票及付款审批单复印件作为付款依据"。

（2）对公付款。每月累计对同一收款方支付款项超过一定限额，需纳入资金监管范围，并提供发票及付款审批手续作为付款依据。

（3）上缴上级单位管理费。根据施工单位自身情况制定"日常经费上缴明细备案表"，列明款项名称、上缴比例或预计金额、上缴周期等信息，经上级单位审批后提交项目建设单位备案，每月无需提供备案表中款项的付款依据，如上缴履约保函保证金等非经常性款项，仍须向项目建设单位提供上级单位相关转账通知单等，此项备案表即可减少工作量，提高资金监管效率。

（4）对私付款。为防止对个人支付款项过大存在套取工程资金风险，应将一定限额以上金额的对私付款纳入资金监管内容，厦门公司"土建及金属结构安装工程施工合同资金监管协议"中规定"除差旅费外其他对私支付业务单笔最高不超过 5 万元，施工单位应加强现金支付业务管控，超过限额须向项目建设单位提供相关款项说明"。

以上四大类款项基本囊括工程建设合同执行中的资金支付类型，通过设定合理的金额限制，确保工程资金安全，达到转款专用的目的的同时，提高资金监管工作效率。

表 1   **工程建设资金监管关键点**

序号	款项类型	金额限制	付款依据
1	合同款项	根据合同总价确定	合同或协议、发票及付款审批单复印件
2	对公付款	根据合同总价确定	发票及付款审批单复印件
3	上缴管理费		日常经费上缴明细备案表；上级单位相关转账通知单
4	对私付款	根据合同总价确定	发票及付款审批单复印件

3.3 项目建设单位内控监管流程及"施工－银行－业主"外部监管流程双线并行

目前厦门公司既有的资金监管审查工作已无法满足"土建及金属结构安装工程施工合同"资金监管的工作需要，启动项目建设单位（即业主）内控监管流程及"施工－银行－业主"外部监管流程双线并行的资金监管机制尤为必要，全方位保证监管成效，同时可以更好地调动银行的积极性，从"公司让银行做什么"向"银行主动做什么"转变，最终形成内控加外部监管的全过程资金监管工作机制（见图1）。

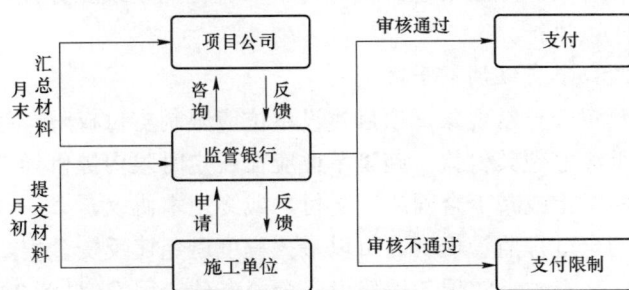

图 1   "施工－银行－业主"外部监管流程

3.4 明确"三方"责任分工

3.4.1 监管银行

（1）成立"资金管理服务小组"，对于达到监管范围的付款业务，具有审核监督权限，对于达到监管范围的付款业务，需及时审核支付款项相关支撑性材料，如有资金异常需及时通知项目建设单位予以确认。

（2）每月收集施工单位经项目建设单位审核批准的月度资金计划，按月度资金计划审核款项支付，并提供月度资金预算调整表。

（3）银行须审核分包或采购合同或协议、发票及付款审批单，检查其支付款项是否符合有关条件，其所购材料、设备是否专用于工程建设，对向分包单位以外的单位支付或用于本标段以外的款项支付，应拒绝办理，并及时告知项目建设单位。

（4）根据施工单位提供的上级单位确认的日常经费备案表，办理施工单位向上级单位缴纳款项的支付，对超出备案表或转账通知等有关资料以外的支付，应拒绝办理，并及时转告项目建设单位。

（5）银行须审核施工单位超范围现金付款业务，对未提供情况说明或原因不合理的支付，应拒绝办理，并及时转告项目建设单位。

（6）对于达到监管范围的付款业务，银行须编制施工单位分包或采购合同相关台账，复核施工单位资金计划相关数据。合同台账每月随资金执行分析情况报告、银行对账单一并报送项目建设单位。

（7）若施工单位因资金挪用、转移等原因被项目建设单位限制支付权限，对于施工单位账户内支付资金超过项目建设单位要求的，凭项目建设单位出具的相关审批手续办理付款，否则应拒绝办理并及时告知项目建设单位。

3.4.2　施工单位

按期提供各项支付款项支撑性材料、资金计划、月度预算调整表、日常经费上缴明细备案表等，并严格按照资金监管规定使用工程资金，如有调整需求，通过工作联系单进行协商。

3.4.3　项目建设单位

按期复核银行提交的各项款项支撑性材料、资金执行分析情况报告以及合同台账及相关台账，判断每笔工程款项支付的合理性与合规性，进行资金监管全过程监督工作。

3.5　资金监管全过程管控机制

资金监管的宗旨在于保障工程资金专款专用，避免施工单位工程款项转移或挪用的风险，只用通过事前审查、事中控制、事后问责的全过程监管机制才可提升项目建设公司、施工单位人员资金安全意识，将资金风险降至最低。

3.5.1　事前审查，推行大额资金全面预算管理

固化资金监管内容，对于每项纳入资金监管的付款事项需经项目建设单位或者银行审查后方可支付，并及时提供相关付款依据；同时加强预算执行管理，根据施工单位提供的资金计划明细表逐一审查款项支付，如存在超出资金计划的款项需要提供"月度资金预算调整表"，控制并强调施工单位预算执行准确性，以便项目建设单位核定其工程量、工程进度以及判断资金安排。

3.5.2　事中控制，建立工作联系单工作机制

工程建设过程中存在较多变数，施工单位可就监管事项进行调整或业务说明，向项目建设单位提交工作联系单，双方协商一致后予以执行。

3.5.3　事后问责，控制收付款权限多级调控手段

如发生资金挪用、转移等资金异常现象，项目建设单位应限制支付权限，超权限的付款，银行需凭项目建设单位出具的相关审批手续办理其付款；施工单位应在一定时限内提供异常款项付款依据或者返还异常资金，否则项目建设单位应中止或减少合同款项支付，或终止本协议。

通过事前、事中、事后的全过程监管机制，可以最大程度避免违反资金安全的事项发生，提升协议三方资金管理人员的安全意识，从根本上实现工程建设资金"专款专用"（见图2）。

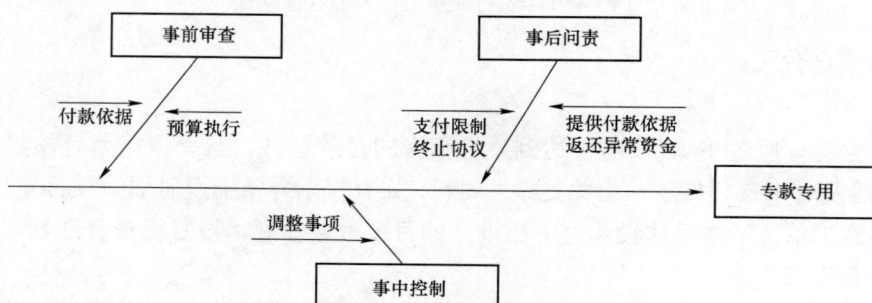

图2　全过程监管机制

4 新型资金监管模式效力体现

厦门公司通过新型资金监管机制的探索和试运行，实现由内控监管到内外部联合监管、由事后问责制到全过程监管工作制的转换。厦门公司已经全面推行全方位全过程资金监管工作机制，并在实际工作中取得了一定的经验及效果。

4.1 银行力量充分发挥

签订具有可操作性的三方资金监管协议，为资金监管提供法律依据。在法律框架下，通过银行的监管，从源头加强工程建设专项资金的管理，防止承包人随意划转资金，有效地控制了承包人的资金使用，防止承包人抽调、挪用专项资金，最终达到维护项目建设单位权益的目的。

4.2 资金监管体系完整、操作性强

全程跟踪施工单位资金流向，明确各方的监管职责和责任，银行指定专人负责，严格按照监管协议条款进行资金监管。承包人编制月度资金使用计划，银行按资金计划表予以办理支付，从源头上加强管理、控制，项目建设单位结合各施工单位的实际进度和施工现场的实际情况，对资金使用的合理性和必要性进行审核。每月上报月度资金使用情况报告和银行对账单，加强沟通，了解掌握施工单位账户资金使用及资金余额情况，及时跟踪工程项目的实施情况，避免出现虚假支付、套取工程资金的现象。

4.3 有效协调三方关系

有效协调三方关系是保证资金监管顺利实施的重要手段，在工作中及时足额支付各项工程款，充分尊重施工单位作为合同主体的合法权益，不干涉其自主经营、自负盈亏，对施工单位的资金监管仅限于专款专用、合法性及合规性的监督和管理，不能代替施工单位直接支付资金或动用施工单位监管账户资金，避免因为资金监管妨碍施工单位正常施工。

4.4 切实加强对农民工工资的监管检查

农民工工资问题是国家各层级非常关心的问题，它涉及社会的和谐和安定，国家电网有限公司就农民工工资支付问题多次下达通知，要求做好农民工工资问题的支付工作。因此，在建设资金监管工作中，厦门公司把农民工工资问题作为单独一个方面进行专项监管检查。

资金监管只是一种手段，而不是目的，通过资金监管来保障工程建设资金的专款专用和有效使用，形成以预防为主的三方联动机制，规范施工单位资金使用行为，确保工程建设资金安全、高效运用，保证工程建设顺利实施，有效维护项目建设单位的权益。

抽水蓄能电站建设与视觉环境规划的研究与实践

秦鸿哲　胡广柱　权　强

（陕西镇安抽水蓄能有限公司，陕西省镇安县　711500）

【摘　要】　本文从抽水蓄能电站视觉环境规划的意义、视觉环境规划的理念和镇安电站视觉环境规划实践三个方面探讨了抽水蓄能电站视觉环境规划，并从建筑外观视觉规划、景观园林概念设计、建筑室内概念设计、室内企业文化布置及陈设概念设计四个方面开展了研究与实践。

【关键词】　抽水蓄能电站　视觉环境规划　镇安电站

1　抽水蓄能电站建设与视觉环境的关系

1.1　抽水蓄能电站工程简介

我国抽水蓄能电站的建设起步较晚，自 20 世纪 80 年代中后期开始，国家有关部门组织开展了较大范围的抽水蓄能电站资源普查和规划选点，抽水蓄能电站的建设步伐得以加快，我国目前抽水蓄能电站在运、在建规模分别达到 1923 万 kW 和 3015 万 kW，"十三五"期间将新开工抽水蓄能容量 6000 万 kW 左右。

抽水蓄能电站枢纽工程主要由上水库、下水库、输水系统、地下厂房及开关站等建筑物组成，附属工程主要包括项目营地、上水库管理用房、下水库管理用房、上下路连接路、进厂交通洞及其他洞口等。由于抽水蓄能电站大多建于生态优美的自然环境中，处于负荷中心的城市周边，其自然生态的保护、资源的综合开发利用越来越被人们所重视，已成为电站建设的发展趋势。

1.2　抽水蓄能电站视觉环境规划的意义

习近平总书记在党的"十九大"报告中指出，人与自然是生命共同体，人类必须尊重自然、顺应自然、保护自然。加快生态文明体制改革，建设美丽中国。故提出建设美丽电站，开展电站视觉环境规划就是要满足人民日益增长的美好生活需要和优美生态环境需要。

抽水蓄能电站建设工程的总体布置、建筑外观和色彩、生产和生活场所、园林绿化等在一个视觉空间中。在抽水蓄能电站招标设计及施工图设计阶段之前开展视觉环境规划，使得建筑搭配协调、整体色彩协调、植被与建筑合理搭配，构成一个整体性强、美丽的、和谐的视觉环境，使人在其中身心愉悦。对外更好地塑造电站整体的视觉形象，甚至将电站打造成为当地具有工业旅游特色的文化展示窗口，对内提高电站员工的凝聚力，增强电站的企业向心力。

2　抽水蓄能电站视觉环境规划的理念

2.1　视觉环境规划的原则

抽水蓄能电站视觉环境规划要从电站整体视觉环境形象出发，以文化调研和色彩调研为依据，以安全文化、企业文化、人因工程学、设计美学、色彩心理学等为基础，系统性地开展抽水蓄能电站视觉环境规划。

（1）尊重地域历史文化。以文化脉络为引导，结合电站地域历史文化元素，融合区域宗教、民族、习俗文化色彩知识，对电站视觉环境规划设计进行文化定位。

（2）贯彻企业文化理念。侧重企业自身愿景，以企业文化为基础，通过视觉感知、审美感应、文化感受达到企业文化的物化。

（3）遵循地域色彩规划。以电站所在地域色彩规划为基础，将电站视觉环境中色彩设计与周边整体色彩规划相协调，充分考虑电站外观视觉色彩与地域、气候、历史文脉及地域发展的关系。

（4）提炼企业性格色彩。以企业性格色彩为主线，将企业文化与色彩结合，以企业性格色彩贯穿整体视觉环境设计过程。

（5）坚持以人为本思想。以人因工程学、设计美学、色彩心理学等学科为基础，以国家及行业规范为依据，以人为本，优化企业生产与管理的工作环境空间，提升企业品格，提高员工工作效率，增强员工的归属感和认同感。

（6）打造"一站一品"品牌。通过视觉环境设计实现各抽水蓄能电站"一站一品"特色文化的塑造。

2.2　视觉环境规划内容

2.2.1　建筑外观视觉规划

（1）电站建筑外观规划。应因地制宜，结合电站平面布置、地形地貌、周边环境、地域文化特点，建筑形体设计要考虑群体空间的组合和功能分区，各建筑之间应有机联系、风格协调，视觉环境设计必须分析建筑地段的环境特点，创造一个与自然有机结合的、完整的、富于感染力和宜人的环境，做到用地布局合理和视觉感受协调。在进行外立面设计时，应从空间各角度多方位考虑，考虑从坝顶、山头、水面等主要交通线上眺望电站的视觉形象。

（2）建筑色彩规划。应遵循艺术审美原则，既符合电站所在地域色彩规划要求，又能体现建筑创作，在自然环境内形成较为一致的色彩背景，即主色调统一，辅色调控制住建筑用色的明度和饱和度。建筑墙面辅色选用可多样，但面积占立面比例应小于20%，明度和饱和度不宜过高，应和主色调相互协调。在历史地段、文物或历史建筑的协调区范围内，电站建筑色彩应与其所在保护区的历史建筑色彩协调。

2.2.2　景观园林概念设计

（1）项目营地视觉环境规划设计应重点考虑文化景观的塑造。重点人流广场设计企业文化互动雕塑，绿地系统内应适当设计员工休闲设施，将企业文化体验装置融入休闲设施中。以企业文化为根本，结合电厂地域文化，通过合理规划设计与科学的植物配置、景观文化造景，提升文化品质，建设环境生态、人文景观电站。

（2）进厂交通洞是进入电站地下厂房的主入口，兼有电站景观形象展示作用。洞脸边坡及周边环境重点进行生态修复和地形地貌保持。洞脸整体视觉形象设计应结合电站整体色彩定位和设计定位要求，以文化塑造为出发点，将洞脸视觉环境打造为企业形象的展示点。其他洞口视觉环境设计以生态修复为主，采用仿生设计手法，减弱人工开挖对整体自然视觉环境的破坏。

（3）上下水库管理用房为电站工作人员值班办公场地，景观以电站安全理念为主导，结合企业文化要求进行局部展示，绿地以植物造景为主，因地制宜、适地适树，考虑主要干道的对景效果和电站主要出入口的景观效果。上下水库大坝视觉环境区域一般包括主坝、副坝及附属建构筑物周边环境，景观设计考虑与周边自然环境的融合，按需塑景，考虑大地景观艺术形式的体现。

2.2.3　建筑室内概念设计

（1）电站厂房室内设计。室内空间的墙面、地面、顶棚形状、色泽和材质及其内部的设备和装修应保持有机的内在联系和外观的统一。机组之间应保持大尺度空间的完整性，地下或封闭式厂房应打破沉闷的压抑感，采用轻巧、通透和明快手法以改善环境气氛。厂房室内设计以主机设备为主要表现对象，利用色彩装修和照明等手段表现出电站厂房的特点，塑造舒适、整洁、美观的生活和工作环境。

避免使用高彩度色彩，墙壁色彩应与设备色彩同在一个明度，顶棚色彩明度较高，可使用白色或发射率80%以上的色彩，地面色彩与工作台色彩明度反差不宜过大，高温环境使用冷色系，低温环境使用暖色系。

（2）项目营地室内设计。办公空间色彩基调要求柔和而明亮，给人以舒适安静的视觉享受。地面色彩与家具桌面色彩协调。反差不宜过大，以免产生强烈的明度对比，造成视觉疲劳。接待室色彩基调宜采用暖色调，可根据地域差异来确定色彩基调的冷暖系数。会议室色彩与空间大小相关，大会议室色彩基调以冷色调为主，减弱参会人疲劳感，小会议室色彩基调采用高明度，增加空间较为宽敞的视觉感官。食堂避免使用过于浓艳或暗沉的色彩作为色彩基调，红色系和橙色系面积不宜过大，可局部点缀，地面色彩要对污染有掩饰作用，避免使用纯度过纯，明度过高的色彩。值班场所色彩基调采用暖色调，营造和谐亲切的环境氛围，通过暖色系或有共性的色彩组合，满足不同使用者的视觉需求。门窗色彩明度和彩度应恰当使用，不宜与墙面形成强烈对比。地面墙面瓷砖统一以浅色为主，可适当点缀深色。

2.2.4　室内企业文化布置及陈设概念设计

（1）企业文化布置。企业标识位置明确，大小比例根据现场要求定制放样，效果应与空间环境融合。文化理念应选自电站企业文化核心内容，布置于空间合适位置以体现企业精神。将电站企业文化元素与地域历史文化、当代艺术结合，创作具有企业特色的艺术饰品，在室内空间进行点缀布置。将与企业相关的宣传图片或物件通过现代装饰手段进行二次创作，在室内空间中点缀。

（2）企业性格色彩。将电站企业性格色彩在室内空间的墙面上体现，宣贯电站企业文化。将不同区域进行色彩规划，对功能分区目视化处理，通过色彩引导参观流线。

（3）室内装饰装修。地面材料花纹选用抽象元素，图案现代，色彩与周边饰面材料呼应。窗帘色彩中性，根据不同空间进行冷暖选择。家具造型简洁，色彩明快，色相、纯度与空间环境和谐统一，局部可选用原木色，增加温馨感。休闲区家具可局部选用鲜艳、跳跃色彩，增加空间的生动感和活泼感。绿植造型应与室内空间环境相呼应，色彩应与环境融合。盆器应采用现代形式，色彩应与企业性格色彩对应，在室内空间中点缀布置。

3　陕西镇安抽水蓄能电站视觉环境规划实践

3.1　镇安电站视觉环境规划背景分析

3.1.1　自然环境分析

镇安电站工程所在的镇安县月河镇地处秦岭腹地，最突出的特征是山地面积广大，山大沟深，山河相间，有"九山半水半分田"之称，月河镇河水清澈，群山逶迤，两岸翠峰交错，沟壑纵横。"月河一百三，九十九道湾，九十九个潭……"是对月河迷人秀丽山姿水色的写照。气候温和湿润，四季分明，冬无严寒、夏无酷暑，有"西北小江南"之称。

3.1.2　地域文化分析

镇安县历史悠久，月河镇为春秋时期漾国所在地，文化积淀深厚。秦始皇统一中国后，全国分为三十六郡，镇安属汉中郡辖地。盛唐以来，沿长安向东，经蓝田越秦岭穿商洛至河南史称"商山道"，走出了一条"诗歌之路"，在这里曾经留下了李白、杜甫、白居易、杜牧等许多诗人的足迹和诗作。

秦巴汉水是一种独特的自然生态环境，雄伟的秦岭将三秦大地一分为二，使秦岭的南北方呈现迥异气候、景观甚至风土人情。陕南秦巴山地貌从大处着眼，可说是由一条江、两座山组成。这一条江就是长江最大的支流汉江，两座山即秦岭山脉和巴山山脉。秦巴汉水独特的自然生态环境、积淀深厚的文化底蕴及内涵丰富的人文景观，蕴藏着一山一水一步景，天地皆在图画中的独特旅游资源，山光水色既有北方的雄浑，又含南方秀美。

3.1.3　建筑外观特点

陕南地区传统民居不像关中居民那样严整传统，也不像陕北窑洞浑厚粗犷，其风格含蓄、质朴而平和，生活味浓郁。民居主要以穿斗式的木构架和夯土墙为主，整个建筑上部轻盈而下部稳重，体现出陕南民居特有的审美情趣。在色彩上，陕南地区建筑外观多采用"粉砖黛瓦"或"黄墙黑瓦"。选择白墙或者黄色的泥土墙，除了当地文化中审美趣味的原因和当地材料的局限外，更重要的是考虑到这类色彩对太阳光反射率的差异。

3.2　镇安电站视觉环境规划

3.2.1　企业性格色彩定位

企业性格色彩以国家电网有限公司企业文化为背景,结合电站文化理念和自然地域文化色彩进行提炼，形成镇安抽水蓄能电站企业性格色彩的定位，对视觉环境色彩进行统一规划。确定了以黑白灰色彩体系为主，辅助色为代表国家电网有限公司 LOGO 的国网绿（作为导视系统的主色）、代表企业宗旨（服务党和国家工作大局、服务电力客户、服务发电企业、服务经济社会发展的中国红)、代表公司使命(奉献清洁能源，建设和谐社会的青山绿)、代表企业愿景(建设世界一流电网，建设国际一流企业的琉璃黄)、代表企业精神(努力超越，追求卓越)的古瓦灰，形成可用于空间视觉设计的辅助配色指导方案。

3.2.2 设计语言定位

将各种企业文化元素进行归类整理分析，确定电站的整体设计风格，从山峦叠嶂、曲水流觞的地域环境中提取设计元素，通过"线性"的设计语言用以方案指导性设计。建筑外观着力表现"秦山巴水"地域文化风格。设计手法上以传统与现代的结合为主要设计手段，能使观者在感受现代气息的同时也能捕捉到传统的精髓。主要材质从陕南传统民居建筑元素提炼而来(青瓦，白粉墙，木构架)。色彩取自企业性格色彩，整体建筑外观简洁明快，白灰为主要基调，青色、黄色、红色局部点缀。

3.2.3 电站视觉环境规划

(1)建筑外观视觉规划。项目营地建筑总体色调为白灰色，青灰色，黄色作为点缀。彰显企业现代科技的氛围，并把地域历史记忆片段融入其中。办公楼大面积外墙为白灰色。屋顶为青灰色金属瓦。入口窗上沿横向木百叶作为点缀，强调入口空间，并与整体竖向线条取得一定的均衡感。食堂及活动中心大面积外墙为白灰色。屋顶为青灰金属瓦。窗台木百叶作为点缀，错落有致。色调及设计元素与主办公楼呼应，形成统一的设计手法。职工宿舍呼应了营房区其他建筑的设计手法。白灰色外墙，青灰色金属屋面及木百叶窗台，不同程度的运用了所提炼的材质和色彩。这样，构建了整个营房区现代氛围又延续了地域文脉。

(2)景观园林概念设计。将镇安电站景观建设分为十大功能区，其中项目营地、上水库区、下水库区、电站入口区四个重点区，形成一河、十区、多节点的生态景观结构，实现"秦岭秀丽明珠，山水和谐镇安"的生态环境愿景。上下水库重点区域绿化进行景观提升，营造适合近景观赏的景观，在植物搭配式追求精致、美观的效果，采用"乔-灌-草-花"多层的搭配模式，注重营造步移景异的植物景观环境。项目营地区景观设计遵循"注重生态安全、以自然山水为基调、注重营地景观亮点打造、营地步道绿廊结合、步道上点缀景观节点，做到景观节点变化丰富"的设计理念，结合生活区和办公区及山体地形设置山地步道、农业种植区、栈道漫步、绿色景观绿化区四个区域，串联七个特色景观节点。

(3)建筑室内概念设计。打造具有工业化、现代化的办公空间，营造地域文化与企业文化和谐共融的氛围，为员工提供清净气定、纯净意向的办公环境。主要色彩取自企业性格色彩，整体装修简洁明快，白色、灰色为主要基调，绿色、黄色、红色局部点缀。通过家具休闲色彩丰富空间，提升环境品质。会议室整体风格简洁现代，局部绿色点缀，体现企业文化。办公室整体色调白色为主，配以浅色系家具，营造温馨环境。墙面采用木饰面，贴近自然，家具体现企业性格色彩，对企业文化进行宣贯。交通洞进入厂房空间采用浅色系材料，顶棚、墙面、地面明度依次增加，墙面布置宣传展板。

(4)室内企业文化布置及陈设概念设计。在核心区域将企业文化上墙，将色彩在装饰品中体现，如国旗、照片、宣传墙等，通过现代材料展示，体现企业文化。在核心区域布置与地域文化企业文化相关的陈设品。会议室布置企业照片，体现企业文化。在公共区域布置彩色宣传展板，为员工提供交流空间。利用当地石材，在表面进行文化理念的布置，通过"金石文化"的方式体现企业文化之路。雕塑"承诺"，将员工代表的指印放大印于石材上，因为指印在传统文化中象征承诺，将该元素与当地石材结合通过艺术的表现形式展现，寓意着员工对企业的承诺，同心同德，共同发展的愿景。将"诚信 责任 创新 奉献"通过金石文化在厂区体现，体现企业文化之路。在护坡上布置企业文化理念和折线元素形成当地的山峦叠嶂，为厂区打造企业文化之路。

4 结论

抽水蓄能电站设计不应只是聚焦于功能性，还应饱含着对生命的洞察和热爱、对历史的传承和保护、对自然的敬畏和崇拜，对社会的理解和服务，在建设物质电站的同时，不遗余力地建设精神电站，强化创新设计引领，把思想和观念转变为视觉形式，积极开展文化对提升抽蓄电站工业软实力的研究，形成完整的抽蓄电站文化理论体系。

未来的竞争，不仅仅是科技和创新能力的竞争，更将是哲学意识和审美能力的竞争，党的十八大提出"美丽中国"建设，抽水蓄能电站的建设者也应是社会文化和工业文化的缔造者，应当有更高层次的追求——精神层面的美学追求，艺术设计的创意思维。加快抽水蓄能电站与文化创意产业无边界渗透、融合，使文化创意在抽蓄电站中增加附加值，培育出有中国特色的抽水蓄能电站文化。

参考文献

［1］　潘定才，叶复萌，黄卫华. 深圳抽水蓄能电站建设与生态环境协调发展研究//中国水力发电工程学会电网调峰与抽水蓄能专委会. 抽水蓄能电站工程建设论文集 2010. 北京：中国电力出版社，2010.

［2］　唐晓岚，贾艳艳，包文渊. 美丽城乡建设中的视觉污染问题及其对策. 南京林业大学学报：人文社会科学版，2018（2）.

［3］　叶云，尹传垠，叶依子. 三峡库区消落带景观规划模式研究——重庆万州北岸沿江消落带景观设计. 装饰，2006（9）.

业主主导的抽水蓄能电站物资质量监督的探索和实践

陈国华　李　振　徐　伟

（国网新源建设有限公司，北京市　100053）

【摘　要】　本文阐述抽水蓄能电站建设单位，依托集团优势，探索建立政府监督、社会监理和建设单位自检的电站工程建设三级物资质量监督体系，以物资技术监督为主线，以物资抽检为抓手，全面主导参建各方开展工程物资质量监督，确保电站建设物资质量可控、能控和在控。

【关键词】　抽水蓄能电站　工程设备材料　质量监督

1　引言

国家"十三五"能源和电力规划明确，"十三五"期间新开工抽水蓄能容量 60 000MW 左右，到 2020 年我国抽水蓄能运行容量将达到 40 000MW，目前以国营企业为建设单位（下称"业主"）的抽水蓄能电站（下称"电站"）建设达到前所未有的规模，本文笔者以国内某抽水蓄能电站建设集团（下称"集团"）为例，探讨建立政府监督、社会监理、业主自检的电站工程建设三级物资质量监督体系，推进业主主导的物资质量监督管理，依靠第三方检测机构通过对工程材料抽样检测，对设备开展监造、抽检全过程技术监督，加强质量问题追溯，明确质量责任，提高质量监督管理的规范性、有效性，借此为电站工程建设，为正式投产运行的电站安全生产提供坚强物资保障。

2　强化电站工程建设三级物资质量监督体系

2.1　集团的特点和优势

2.1.1　特点

该集团同国家电网有限公司各省公司（下称"网省公司"）相比，有如下特点：

（1）体量大。至 2018 年年末，集团拥有的二级企业众多，管辖单位已达 60 家，分布在 20 个省（自治区、直辖市），且发展迅猛，既有抽水蓄能、常规水电单位，也有物资、技术、检修和培训支撑单位。

（2）点多、面广、线长。集团的抽水蓄能电站和常规水电站主要分布在远离城市交通不便的边远山区，至 2018 年年末，已经投运抽水蓄能装机容量 19 070MW，在建抽水蓄能容量 36 150MW，已投运常规水电装机容量 3784MW，在建常规水电 1200MW，开展可研和预可研抽水蓄能项目超过 40 000MW。

（3）集团尚无专业检测支撑单位。不同于拥有电科院的网省公司，可有针对性地完成网省公司的物资，主要是机电设备的检测，该集团至今尚没有取得实验室资质认定（计量认证）合格证书的专业检测机构，没法按证书上所批准列明的项目，在检测、测试证书及报告上使用 CMA 标志。

（4）主要业务范围不同。网省公司目前主要省内电网的运维，而该集团主要是抽水蓄能电站建设，其次才是运营，目前在建的抽水蓄能电站大都为装机容量 1200～1800MW，在建蓄能电站数量再创中国乃至全球新高。

（5）机遇和挑战共存。目前集团处于历史上前所未有的发展阶段，电站建设和发展进入跨越式发展，发展机遇良好，发展速度迅猛，但集团处于项目开工、建设和投产叠加期，工程物资安全风险管控难度进一步加大。

2.1.2　优势

作为全球最大的抽水蓄能专业化建设运营公司，该集团作为以抽水蓄能储能电源业务为核心的专业化央企负责开发建设和经营管理抽水蓄能电站，已有十几年的抽水蓄能专业化建设、运营经验和业绩，具有领先专业技术优势、人才优势和资金优势，目前已呈现出"实力更强、结构更优、贡献更大"等新变化。该集团作为央企，勇于担当质量强国的社会责任，承担质量强网的企业责任，致力于引领我国抽水蓄能产业发展，引领世界抽水蓄能行业发展，目前已显现作为业主全面主导蓄能电站工程物资质量监督的优势，确保集团坚定不移地走高质量健康安全发展之路。

2.2 业主主导物资质量监督的必要性

（1）施工建筑原材料、中间品质量事关大坝安全。电站主体工程建筑材料，是整个工程建筑的基石，事关整个电站工程的质量，轻则影响电站主体建筑的寿命与服务质量，重则甚至导致整个电站建筑功能的瘫痪（如大坝溃坝、坍塌等），出现工程安全性和可靠性等巨大隐患，导致电站工程灾难，直接关系人民的生命和财产安全，关系到社会的发展和经济的进步。

（2）机电设备在国家固定资产投资中占重要地位。以该集团 1 个 4×300MW 的装机容量电站为例，投资总额按 55 亿元左右计算，近 5 年来主机设备采购价格基本保持在 7.5 亿～10 亿元，电站的主机设备是国民经济和社会发展的基础性、战略性物资，具有投资规模大、技术复杂性程度高、制造安装周期长和生产运维期间难以替换等特点，一旦发生质量安全事故，势必造成重大人身伤亡和财产损失。加强工程物资质量监督，落实业主主体责任，是保障重大设备质量安全和投资效益、实施新型工业化战略和提升质量强国的重要举措。因此，业主督促监理单位对第三方检测机构的监督是一项极为重要的管控工作，也是业主对国家和人民极端负责的体现。

（3）监理制度的局限性。目前水电监理集团即便资质合格、业绩优良，但由于市场竞争激烈，低价中标是普遍现象，而水电监理集团目前往往由监理项目部承包费用开展工程现场监理，监理项目部为降低成本，非关键岗位聘用退休和资历浅的技术人员，导致监理的职业道德素质和专业技能素质不佳，履职能力有限，同时，监理集团为获得更高的市场份额，或监理项目部在利益驱动下，违规操作，发生舞弊行为，导致进场材料和中间质检的真实性受到影响，这对整个工程建设是极其不利的。业主充分授权和发挥监理的质量管理作用无疑是必不可少，监理即便作为业主现场物资质量监督管理的核心力量，但极其重要的是业主主导的监督必须到位，业主作为项目的法人代表，对物资质量监督承担主体监督人的责任。

2.3 构建电站工程建设三级物资质量监督体系

政府对电站开展质量监督，社会监理负责质量管理具体措施的执行和落实，业主将质量强网的理念贯穿到蓄能电站建设各专业、各环节、各过程，以绩效考核管理制度的形式明确监理的管理职责和权限，定期对监理工作绩效进行量化考核，以此凸显业主对监理质量和第三方检测机构管理的作用，明确"业主管理监理，让监理管理质量"的管理理念。

2.3.1 政府监督

政府监督是蓄能电站工程质量的可靠保证，贯穿于工程建设的全过程。政府监督侧重于宏观的社会效益，主要保证工程建设行为的规范性，目前国家可再生能源发电工程质量监督站作为政府监督机构，对集团的蓄能电站建设进行统一的监督和管理，中央到地方通过授权或认可制度，建立各级从事审核、鉴定、监督、检测工作的机构，对蓄能电站工程规划、设计、施工使用的材料、设备等进行监督、检查、评定，实施权威性的第三方认证。如江西抽水蓄能电站工程业主通过有效的政府监督，及时整改政府监督过程中发现的质量问题，达标创优，该蓄能电站装机容量高达 1200MW，由于质量监督不到位，2014 年，在政府监督检查的过程中，发现部分主体土建工程质量不合格而停工整顿、返工，但该电站业主以此为契机，发奋图强，通过质量问题的整改落实闭环，达到国家优质工程验收标准，该电站业主突出工程安全建设方面的良好业绩，成功入选中国施工企业管理协会颁发的"2018～2019 年度第一批国家优质工程金质奖"。这是一个政府监督推动业主以质量为导向，提高质量监督水平，增加科学决策能力的范例。

2.3.2 社会监理

社会监督是针对工程项目建设所实施的监督管理活动，行为主体是开展对包括物资质量监督业务在内的监理单位。不同于政府监督，监理单位在工程实施过程中开展的是直接的、连续的和不间断的监理，社会监理紧紧围绕着工程项目建设的各项投资活动和生产活动进行的监督管理。监理单位的权力主要是业主通过咨询管理招标采购，根据国家批准的工程项目建设文件、有关工程建设的法律、法规和工程建设监理合同以及其他工程建设合同所进行的旨在实现项目投资目的的微观监督管理活动。社会监理接受电站业主的委托，应用现场科学技术提高技术监督手段，搞好技术检测、技术规程和标准执行与控制三大方面的工作，将技术监督的成果，作为业主对物资供应商、服务商考核的依据，把技术监督工作真正落实到实处。

2.3.3 业主自检

业主自检是电站建设管理的重点，主要负责工程的质量监督宏观管理，掌控工程建设物资质量监督全局，业主主导电站工程建设三级物资质量监督体系，强化质量监督和保证管理责任，体现物资质量监管的全局性、主导性、超前性、关键性。电站针对该集团的特点，依据集团的优势，致力于构建"政府监督、社会监理、企业自检"的电站工程建设三级物资质量监督体系，确保物资质量监督到位。业主加强监造、抽检集中管控力度，量化评价考核标准，运用第一手资料，作为供应商（如监理单位、第三方检测机构）履职绩效的依据之一，并运用于供应商评价，加强物资供应商和服务商考核力度，加强合同责任追溯，强化物资供应商质量保证的主体责任，推动各参建单位逐步由被动监督防范模式向主动纠查追责模式转变，提高责任意识，保证设备、材料质量，诚信履约服务。

3 多措并举强化物资质量监督

该集团采取集团总部和电站建设单位业主二级物资质量监督机构，建立"横向协同、纵向贯通、全面覆盖、闭环管控"的物资质量监督管理体系，遵循"依靠业主单位、依托专业机构、突出生产厂家"的物资质量监督原则，集团可单独或协同业主，采用巡查、专项监督抽查和重点监督等的方式，在现有监理机制基础上，推行"二次监理"，以数据说话，强化设备监造、物资抽检质量管控。电站业主建立以总经理为主任、设计、监理和施工单位共同组成的工程质量监督委员会，全面指导、协调电站工程的质量监督，督导监理单位监督第三方实验室和施工单位严格按照抽检技术标准、供货合同以及国家有关标准开展对工程建设过程中所需材料、设备等的质量状态与性能指标，通过标准的技术方法进行测量、试验、评价工作。

3.1 技术监督

政府质量技术监督同经济监督、政纪监督一样，是国家行政监督体系的重要组成部分。工程建设三级物资质量监督管理机构将质量技术监督作为重要的管理内容，包括质量、计量、标准化等。业主在电站建设期的技术监督包括物资从规划、设计、设备造型、设备制造、监督、安装调试、试运行阶段，为电站并网发电打下坚实的基础。业主通过巡查、专项抽检等技术监督手段，探索由集团的总部及集团的平等单位组织的物资质量专项监督、交叉监督、突击检查等工作任务，整合其他各类监督力量，形成监督合力，构建具有集团特色的监督制度，充分体现监督的严肃性、权威性和实效性。

3.2 质量监督抽检

物资监督抽查既是政府对电站工程进行相关工程质量监督的一个有效的方式，也是业主电站工程物资质量监督的一项重要的手段。业主以主导参建各方共同参与的形式对设备全过程质量进行监督管控，强化供应商管理，并将物资质量问题整改以及与招标采购联动。电站抽检物资主要分为材料和设备二部分。

抽样检验是工程建设三级物资质量监督机构行使物资质量监督中必不可少的一个环节。目前电站对物资质量监督抽检采取"三个百分百"，分别是履约供应商100%抽检、物资品类100%抽检、每个批次100%抽检。抽检是指业主或检测机构依据国家有关标准、业主抽检技术标准以及供货合同，利用检测设备、仪器，对所采购物资随机抽取，进行有关项目检测开展检验物资质量的活动，抽检作为质量工作的重要组成部分，其检验结果是政府行政处置、惩罚的依据与支撑，是监理和业主对供应商等进行查处、整改、处理、绩效考核的重要依据。

电站建设过程中的抽检主要为常规抽检和专项抽检。常规抽检主要由业主委托的监理单位和第三方检测机构组织实施。抽检方式依据检测地点的不同，分为厂内抽检和厂外抽检（施工现场抽样检测），盲检是专项抽检中一个很有效的方法，因此业主主导的专项抽检是保证工程物资质量的关键所在。关键点见证作为监造和抽查的重要补充，由业主主导并组织实施，也可委托第三方机构（如监造单位）实施，主要是对设备材料生产制造过程关键环节进行抽查、见证，是物资质量监督的手段之一。对不具备监造或抽检条件的设备材料，可通过关键点见证开展物资管理阶段的质量监督。

4 结束语

实践表明，业主主导的物资质量监督，确保物资抽检管理制度化、常态化，有效引导和促进供应商、服务商提高物资和服务质量水平，为工程建设电站安全稳定运行提供坚实的物资保障，为项目质量管理提供决策支撑和数据支持，因此具有较高的现实意义和较为明确的法律依据，既保证了政府的宏观质量政策、有关质量的法规和政府法令等能得以贯彻执行，又很好地推动工程获得最大的投资效益、管理效益和社会效益。

参考文献

［1］ 郑楚英. 水利工程原材料及中间产品质量检测工作中的要点研究. 江西建设，2017（4）.

［2］ 高元杰，艾颖. 以抽检为抓手促进电网物资质量监督管理. 管理观察，2017（8）.

抽水蓄能电站建设期承包人违约的合同解除问题探析

张菊梅　　息丽琳

（国网新源控股有限公司，北京市　100761）

【摘　要】　在梳理与合同解除有关的法律规定的基础上，对承包人违约进行事实分类，把合同解除导致的损失划分为显性损失和隐性损失，并提出将显性损失计算后从结算中扣回，隐性损失通过索赔的方式向承保人争取权益。

【关键词】　合同解除　显性费用　隐性费用　结算处理

1　引言

截至 2019 年 4 月，国网新源控股有限公司（简称新源公司）在建项目 26 个，总装机容量近 4000 万 kW。每个电站建设期合同数量少则 300 多个，多则上千个。客观上，工程建设的复杂性，各种技术、经济因素的影响，项目公司与施工单位之间不可避免会存在矛盾、利益纠缠，可能使合同无法完全履行，最终导致合同解除。主观上投标人借助不平衡报价、低价投标获得中标的行为，容易造成合同后期执行困难从而导致合同解除；此外还有一些不可抗力同样容易引起合同的解除，比如国家政策规定发生变化。起初作为个案的合同解除问题随着抽水蓄能建设高峰期的到来，近些年来有逐渐增多的趋势。本文将对合同解除这一问题进行专门研究。

2　合同解除的法律基础

（1）《中华人民共和国合同法》中第 93 条的规定："当事人协商一致，可以解除合同。当事人可以约定一方解除合同的条件。解除合同的条件成就时，解除权人可以解除合同。"

（2）《中华人民共和国合同法》中第 94 条规定："有下列情形之一的，当事人可以解除合同：（一）因不可抗力致使不能实现合同目的；（二）在履行期限届满之前，当事人一方明确表示或者以自己的行为表明不履行主要债务；（三）当事人一方迟延履行主要债务，经催告后在合理期限内仍未履行；（四）当事人一方迟延履行债务或者有其他违约行为致使不能实现合同目的；（五）法律规定的其他情形。"

（3）《最高人民法院关于审理建设工程施工合同纠纷案件适用法律问题的解释》第 8 条规定："承包人具有下列情形之一，发包人请求解除建设工程施工合同的，应予以支持：一是明确表示或者以行为表明不履行合同主要义务的；二是合同约定的期限内没有完工，且在发包人催告的合理期限内仍未完工的；三是已经完成的建设工程质量不合格，并拒绝修复的；四是将承包的建设工程非法转包、违法分包的。"

（4）《2013 年建设工程工程量清单计价规范》（GB 50500—2013）规定合同解除后的结算价款包括：一是发包人应支付的价款，包括承包人已完成的全部合同价款以及按施工进度计划已运至现场的材料和工程设备货款；二是发包人应扣除的价款，包括按合同约定承包人应支付的违约金以及造成损失的索赔金额。

从相应的法律条文可以梳理出如下信息：一是当条件满足时，合同是可以解除的；二是承包人违约的情形基本可以归结为四种；三是合同解除后要做好结算工作。

3　承包人违约的事实分类

解释里归纳了合同解除承包人违约的四种类型。在合同执行实际中这四种类型有如下表现：

一是承包人明确表明或者以行为表明不履行合同的主要义务。主要表现为擅自停工，而此时发包人是否可以行使合同解除权要根据承包人停工原因及其停工后的行为来判断。如某电站骨料运输道路修复工程，承包人擅自停工并无法取得联系，后经法院了解承包人涉案外逃。

二是承包人在合同约定的期限未完工，在发包人催告的合理期限仍未完工。其中"合同约定的期限"是指竣工日期；"完工"并不是完成全部工程，如果承包人完成主体部分后发包人就可按合同目的使用，此时发包人不能行使合同解除权，而应给予承包人一个合理期限使其将剩余工作尽快完成；"合理期限"是指应在发包、承包双方能接受的基础上，根据工程完成的情况和发包人的利益，确定的一个合理期限。如某电站施工供电承包人无法在合同规定期限内完工，严重影响了其他标段工作的开展。

三是承包人已完工程质量不合格且拒绝修复。此种情形，承包人的行为构成根本违约，发包人有权解除合同。在实践中，对于发包人是否有权解除合同应根据质量问题的严重程度和承包人的态度进行判断。

四是承包人将工程非法转包，违法分包。非法转包和违法分包在实际中又各自可以分四种情形。如某电站500kV变压器及其附属设备供应商将两台变压器违规分包给另一家变压器有限公司。《中华人民共和国建筑法》第二十九条："建筑工程总承包单位可以将承包工程中的部分工程发包给具有相应资质条件的分包单位；但是，除总承包合同中约定的分包外，必须经建设单位认可。施工总承包的，建筑工程主体结构的施工必须由总承包单位自行完成"对此进行了明确的规定。

4 合同解除引起的费用分析

合同解除后，对工程价款的结算要求在《中华人民共和国合同法》和相应的解释中都有相应的规定。但相对于建设工程的复杂性，对于合同中有明确约定的费用可以按照条文执行和处理，对于一些在条文中明确规定的费用在结算时存在困难。对于合同解除引起的费用可以分为显性费用和隐性费用（见表1）。

4.1 显性费用

显性费用在本文定义为由合同解除引起的，并与解除事项直接相关的费用。通过"有无对比"的分析方法，相较于没有解除合同的情况，发包人可能会增加五项费用：工程招标费，修复不合格工程的人、材、机费用；审核修复不合格工程的监理费；大型机械设备进出场及安拆费；人员进退场费；临时设施费。

新承包人进场后修复不合格工程的费用。新承包人进场以后，为划分其与原承包人工程质量的责任，需要请监理对已完工程进行检验。费用包括检验已完工程费用，主要为监理费。修复不合格工程费用，主要为人材机消耗，检验修复工程费用。新承包人进场还要发生为准备后续工作而发生的费用，包括临时设施费和大型机械进出场及安拆费，这两项费用应由原承包人承担，临时设施费包括临时设施的搭设、维修、拆除和摊销费。

4.2 隐性费用

除了和合同解除工程直接相关的费用外还存在一些潜在的损失。如处理合同解除事项造成工期延长，从而导致监理服务期延长而产生费用；延误期间物价上涨损失，延误期间管理费损失，合同解除事项延误电站投产损失（对于抽水蓄能电站主要包括银行贷款利息或逾期罚息，生产或经营利润损失）。

表1   合同解除相关费用表

显 性 费 用	隐 性 费 用
① 工程招标费；	① 工期延长增加的监理服务费；
② 修复不合格工程的人、材、机费用；	② 延误期间物价上涨损失费；
③ 审核修复不合格工程的监理费；	③ 延误期间管理费损失；
④ 大型设备进退场及安拆费；	④ 银行贷款利息增加；
⑤ 人员进退场费；	⑤ 延迟投产的经营损失
⑥ 临时设施费	

5 合同解除的价款结算

抽水蓄能电站建设期的合同具有专业多样性的特点，除了水电工程以外，还包括公路工程、房建工程和园林绿化工程及其他。因此，与承包方相比，发包方在计算合同解除相关费用以及工程索赔中，缺乏索赔经验及理论，在处理工程索赔时处于劣势。

5.1 价款结算的一般步骤

当承包人出现上文提到的违约事实时，在监理人发出整改通知合同约定时间后，承包人仍不纠正违约行为的，发包人可向承包人发出解除合同通知。合同解除后，发包人可派员进驻施工场地，另行组织人员或委托其他承包人施工。监理人确定承包人实际完成工作的价值，以及承包人已提供的材料、施工设备、工程设备和临时工程等价值。发包人暂停对承包人的一切付款，查清各项付款和已扣款金额，包括承包人应支付的违约金并向承包人索赔隐性损失费用。当合同双方确认上述往来款项后，出具最终结清付款证书，结清全部合同款项。在此处理过程中要注意如下三个事项：

一是收集书面资料。内容包括施工合同以及与之相关的图纸、招投标文件、工程量清单、工程报价文件、会议纪要、工程签证、工程索赔资料等书面资料。

二是双方进行实际工程量的确定。可以通过现场测量和根据已经完成的签证资料分析等方式就已完工程状况进行双方确认。

三是分析书面资料文件，按照约定进行工程价款结算；约定不明的，在合法合规情况下，双方协商签订补充协议，按补充协议的约定进行工程价款结算；不能协商一致的，按照行业相关规定和管理来进行工程价款结算。

5.2 价款结算相关问题的处理

采用工程量清单计价的单价合同，结算工程量是承包人正确履行合同义务的工程量，并按合同约定的计量方法进行计量的工程量。此部分按照合同约定条款进行结算。一般项目里的总价承包项目，部分履行的在合同解除时估价。上文提及的显性费用在结算时应分析计算后从结算额度中直接扣除；隐性费用则要通过提起索赔的方式或与承包人协商一致后扣除。

（1）显性费用处理。显性费用处理的总原则是根据书面支持性资料，采取直接结算的方式处理，以下费用应由承包人承担。

1）工程招标费根据招标时发生的实际费用计列，主要为招标代理服务费用。

2）修复不合格工程的费用包括修复过程中发生的人工、材料、工程设备以及监理费用。费用确定可以依据正在执行的监理合同，工人出勤记录，领料退料记录、凭证和报表等。

3）承包人员和施工设备进退场费用；合同解除后，剩余工程承包人进退场发生的费用由原承包人承担，费用确定根据剩余工程需要的人员数量、进场设备机械数量确定，以新签订合同资料确定。

4）临时设施费。新单位进场后发生的临时设施费包括临时设施的搭设、维修、拆除费或摊销费，费用确定考虑周转使用，一次性使用以及其他临时设施，并结合合同剩余工程量和已支付上一承包人费用情况综合确定。

（2）隐性费用处理。隐性费用是在承包人违约导致合同解除后不会被立即发现影响，却会在未来影响发包人利益的损失性费用。

对合同解除事项的处理必然导致工期的延长。一方面发包人寻找新的承包人，履行招标过程需要一定的时间；另一方面新承包人进场后与监理人之间的磨合容易造成工期延长。在具体事件处理中，通过工期分析考虑工期延长对监理服务期的影响，从而合理估算损失。延误期间导致的物价上涨、管理费损失以合同为基础根据实际情况计算。工期分析后延误投产的损失从两方面考虑，一是根据投资计划计算银行贷款利率损失，二是根据电站建设装机规模以及发电规模计算效益损失。

6 结束语

承包人违约致使合同解除是对契约精神的一种破坏，不利于电站顺利建设。因此，在正常处理合同解除事项的同时，应通过经济手段对违约行为进行惩治。文中提到的由于合同解除引起的显性费用和隐性费用都应该由承包人进行赔偿并且根据合同约定执行违约金相关条款。随着抽水蓄能电站建设高峰的来临，承包人违约引起的合同解除事件会逐步增加。本文对合同解除导致的费用进行了总括性的梳理，以供处理合同解除事项实务时参考。

参考文献

[1] 张凯. 施工合同解除的条件及工程价款结算分析 [J]. 建筑监督监测与造价，2008.

[2] 赵欣，杜亚灵，张杨. 2013 版清单规范下承包人违约致使合同解除后应扣除金额确定问题研究 [J]. 项目管理技术，2015（10）：20.

浅谈蟠龙抽水蓄能电站工程投资风险控制

汪万成

（重庆蟠龙抽水蓄能电站有限公司，重庆市　401452）

【摘　要】 抽水蓄能电站工程投资大、工期长，投资的效果易受到内外部环境的影响，工程建设存在诸多不确定因素，导致工程项目存在着投资风险，如何控制项目投资风险是工程建设的基础和前提。本文阐述了抽水蓄能电站工程投资风险控制的必要性，介绍了蟠龙电站工程投资风险控制的一些做法，提出了进一步做好抽水蓄能电站工程投资风险控制的对策措施。

【关键词】 抽水蓄能工程　投资风险　控制

1　重庆蟠龙抽水蓄能电站项目工程概况

重庆蟠龙抽水蓄能电站（简称蟠龙电站）位于重庆市綦江区中峰镇境内，距重庆市直线距离约80km，距綦江区约50km。电站总装机规模为1200MW（4×300MW），工程属一等大（1）型工程。电站建成后接入重庆市主网，主要承担电网调峰、填谷、调频、调相和事故紧急备用等任务。工程枢纽建筑物主要由上水库、下水库、溢洪道、输水系统、地下厂房及开关站等组成。电站额定水头428m，设计年发电量20.04亿kWh。工程总投资715 350万元，总工期为78个月。电站建设征地涉及重庆市綦江区及贵州省习水县，建设征地总面积5363.42亩（1亩=6.666 7×10^{2}m^2），其中枢纽工程建设区面积4412.73亩，占总面积的82.3%。电站工程需生产安置511人，搬迁安置人口642人。主体工程于2018年2月开工建设。电站辅助工程项目分15个标段，主体土建工程项目分2个标段。

蟠龙工程主要参建单位主要有中国电建集团中南勘测设计研究院有限公司（设计单位）、浙江华东工程咨询有限公司（监理单位）、中国水利水电第一工程局有限公司［上水库和引水系统土建及金属结构安装工程（C1标段）］、中国葛洲坝集团股份有限公司［下水库、尾水系统和下水库工程土建及金属结构安装工程（C2标段）］、东方电气集团东方电机有限公司（机组及其附属设备制造）。

2　抽水蓄能电站工程建设风险控制的必要性

2.1　实施风险控制是深化项目管理的需要

风险管理是抽水蓄能电站项目管理重要组成部分，项目公司对风险的态度，决定着投资项目的结果，直接关系到工程项目管理水平和效率的高低。当前，抽水蓄能建设单位一些员工风险意识较低，对风险重要性认识不高，因风险控制不到位带来的投资损失时有发生。随着项目管理的日趋细化，所涉及的因素越来越多，管理过程中管理者的思维、行为、情感、管理艺术，参建单位文化交叉问题，都有可能给工程建设带来风险，而且这些风险有直接的，也有间接的，有较为明显的，也有较为隐蔽的。因此，在工程建设过程中，项目公司要通过风险的识别、风险的度量、风险应对措施制定及应对措施的实施，达到规避风险、化解风险、消除或降低风险造成的损失。当然随着工程的推进，还需要重新识别和界定风险，不断更新风险防控措施，以保证项目的顺利实施。

2.2　实施风险控制是实现工程建设目标必要条件

抽水蓄能电站项目建设具有复杂性和不确定性，工程项目面临的风险日益增加，因此开展全方位、全流程、全员式风险控制，已经成为项目公司面临的重要问题。学习和借鉴成功的风险控制方法，主动控制风险产生的条件，尽可能做到防患于未然，以避免和减少项目损失，已成为项目管理发展首要关注的环节。只有把风险管理与项目管理目标有机结合起来，灵活运用风险管理的方法，才能保证项目目标的实现。三峡工程项目在风险控制方面的方法运用，成效显著，是国内水电工程的典范，值得抽水蓄能电站建设工程借鉴学习。

2.3　实施风险控制是实现抽水蓄能产业快速发展的战略举措

新源公司为培育抽水蓄能专业化公司的核心竞争力，实现服务电网效率提升和可持续发展，近年来制定了"创建世界一流示范企业专项实施方案"，提出守正创新、强基固本，着力提升公司资源再造力、风险控制力、发展支撑力、队伍凝聚力和文化影响力的思路，牢牢把握公司高质量发展的根本要求，加快建设具有全球竞争力的世界一流调峰调频专业运营公司和清洁能源公司。因此，实施好新源公司控股的抽水蓄能电站工程建设风险控制，发挥"专"和"精"的优势，实现工程建设全过程的安全可控、质量优良、进度能控、投资在控，是实现新源公司全面提升发展的重要战略举措。

3　蟠龙电站工程投资风险控制的基本做法

3.1　预可研阶段风险控制

蟠龙项目预可研阶段风险控制实例：① 中南勘测设计研究院最初提出蟠龙电站总装机容量 1200MW，分两期建设，一期、二期装机容量均为 600MW，项目牵头单位从电力系统需求、抽水蓄能电站布局、工程建设条件、经济指标等方面综合分析和投资风险评估，确定装机容量 1200MW，一次建设完成；② 设计院初期提出上水库 995.50、1000m 两个蓄水位方案，牵头单位组织专家现场论证，在考虑上水库地形地质条件、工程布置要求、库容特性、工程安全性和工程投资等风险后，确定选择 995.50m；③ 预可研送审后，牵头单位经风险评估认为，需要结合蟠龙现场实际补充地质勘探资料，防止地下厂房、上下水库连接道路开挖的风险。从蟠龙项目建设实践看，前述三例极为有效控制了工程投资风险。

3.2　实行全面预算控制投资风险

蟠龙项目从开工之日起即贯彻全面预算管理的思路，坚持以人为本、以工程为本的原则，预算编制尽可能多吸收所有部门的一线员工参与，以增强全员全面预算的意识，塑造凡事讲预算的氛围。蟠龙项目实行两级预算，做到工程预算和财务预算有机统一，力求预算的合理性，保证预算的顺利执行。蟠龙预算委员会每季度召开全面预算会议，分析预算执行情况，听取工程建设过程中预算执行的意见和建议。严格落实全面预算对各责任主体的责任，加以数量化和指标化，实行全面预算月度预考核，季度兑现，年度清算。前述措施有效控制了蟠龙工程投资风险。

3.3　防范和控制工程合同风险

蟠龙项目合同谈判准备充分，合同履行严格细致。据不完全统计，蟠龙项目公司人均参与主要合同谈判时间超过 10h：① 严格审查合同条款的法律符合性；② 工期和结算方式的明确而又具体的约定；③ 强调承包人分包约定，分包必审必查；④ 工程量变更、签证、索赔期限具体内容；⑤ 蟠龙项目公司认为索赔和反索赔是一门艺术，要求相应部门明确专人负责；⑥ 建立合同履约合格承包商档案，每年度按 A、B、C 三个等级给承包商评级，报新源公司备案。

3.4　防范和控制施工安全风险

安全是最大的效益，安全风险防范是首要控制目标。蟠龙工程开工后，建立了项目公司和各参建单位一体化的工程安全风险管控体系，明确《中华人民共和国安全生产法》要求，制定并落实安全责任清单，实现了安全管理方式由被动型向主动型转变。突出抓好高边坡施工、洞室开挖和设备制造安装管控，利用视频、门禁等物联设备，实现施工远程监督；同时，跟进评估风险，排查隐患和危险源，重大风险作业全过程监视，购买保险，防范和化解施工安全风险。

3.5　预防和控制施工质量风险

蟠龙电站项目质量风险控制：① 建筑材料、建筑构配件、设备采购，依据《中华人民共和国标准化法》，强制性标准必须严格执行；② 甲供材或甲定乙供材，承包人必须有合格检验检测单；③ 隐蔽工程施工必须有影像资料，条件不具备的需监理人员全程跟踪旁站记录；④ 检查施工人员组成与施工技术要求的匹配性；⑤ 关注实际施工过程中因设计深度不够对工程质量的影响；⑥ 重点监测实施环境保护与水土保持施工方案的落实；⑦ 购买工程保险。

3.6 防范和控制征地移民风险

蟠龙项目征地涉及重庆市綦江区和贵州省习水县，共移民 1153 人（习水县仅征地无移民），概算费用 38 114 万元。移民安置模式遵循国务院、相关部委、重庆市对该项工作的要求。移民安置实施过程中实现两个结合：① 征地移民安置与城镇化相结合；② 征地移民安置与扶贫开发相结合，实现贫困线以下移民户搬迁一次脱贫。同时，为保证征地移民概算投资不突破，争取政府扶贫资金与工程安置资金相结合使用，最大保障移民的合法权益，防范和化解征地移民风险。

3.7 防范政策和法律风险

蟠龙项目从筹建时起，组织全员学习水电工程法规，重点对《中华人民共和国合同法》《中华人民共和国安全生产法》《中华人民共和国环境保护法》的学习、培训，以及关键条款解读。建立健全蟠龙工程建设规章、管理手册及流程、内控制度、风险防范制度等，促进工程建设合法、合规，预防和控制法律风险；加强政策学习与应用，2016 年"营改增"，2018 年增值税税率变化，以及工程融资贷款利率的变动，蟠龙项目公司依据国家政策及时与工程参建单位签订补充合同。同时，加强政策研究，早着手、早准备，积极谋求和争取有利电站运营的电价政策。

4 抽水蓄能电站工程建设投资风险控制对策建议

4.1 理性决策规避风险

工程管理的功能就是为了实现预期目标而对工程进行的决策、计划、组织、指挥、协调和控制活动，工程决策是工程管理的核心。三峡工程、青藏铁路、港珠澳大桥等规模巨大、决策流程复杂、涉及技术种类繁多、历时漫长、参与人数众多的大型工程，无一不是长时间理性决策的结果。抽水蓄能电站工程的决策，因为涉及工程选址、技术应用、施工安全、生态保护等多项复杂因素，必须经过谨慎、细致的论证、验证、决策，从技术、经济、生态、环境等诸多方面进行评价和风险分析。当然，抽水蓄能工程的风险不仅是安全、质量、工期和投资，还要与资金筹措、电价核准，以及工程所在地经济和环境联系起来，以规避工程建设的风险。

4.2 增强参建人员风险意识

建立健全工程建设项目法规与制度，并严格执行，是控制工程风险最有效的手段。目前，抽水蓄能电站工程建设的法规还不全面，有待完善，但制度可以先建立起来，通过严格的制度增强全员风险意识。新源公司作为世界第一调峰调频电源专业公司，应担当起抽水蓄能电站工程建设制度完善的责任，可组织施工一线人员、有多年经验的管理专家、大专院校学者、工程院士，专门做制度建设研究，建立健全抽水蓄能电站工程建设制度，为国家这方面立法打下基础。同时，重视法规和制度、风险防控知识培训，提升员工观察能力和识别能力，鼓励一线岗位人员以其法律和专业知识，对工程建设过程中风险作具体分析，提出具体化解风险的意见和建议。

4.3 提升组织效率抵抗风险

提高组织效率就是协调好工程管理活动中不同利益、不同层级间人们的协作关系。组织的目标就是实现工程由构思向实体转化，组织的效率越高，这一转化过程就越快，工程建设的风险期就越短。抽水蓄能电站工程建设过程中风险客观存在，组织领导者要从防控风险出发，在制定方案、组织实施过程中要周全考虑问题和风险，处处留意风险；尤其是管理者要加强内外部环境的研判，通过建立运行高效的组织体系和高素质队伍，善于运用法律知识、管理知识和技术手段提前发现风险，处理风险，化解风险。

4.4 利用好信息化解风险

项目公司要建立风险评估制度，定期开展工程建设风险评估。从检查合同执行情况入手，利用施工进度数据、结算数据和工程量清单，以及工程与之对应的目标数据，运用相关的计算方法，计算风险发生的概率。如果存在风险，分析该风险的损失量，包括可能发生的工期损失、资源损失，以及引发对工程质量的影响。在风险评估的基础上，收集和分析风险信息，预测可能发生的风险，提前与合同关联方协调沟通，达到早认识、早准备、早控制、早化解的效果。建议新源公司成立风险评估办公室，定期对抽水蓄能项目前期办、筹建处和在建单位进行评估，化解、降低或消除风险带来的损失。同时，建立风险管理时间表、风险评价准则、风险处理措施等。

4.5　严格履行合同防范风险

根据当前抽水蓄能电站工程建设实际，项目公司要明确相关部门，在遵守法律法规和合同约定的前提下，加强合同维权，开展索赔和反索赔工作。负责索赔岗位人员通过日常的分析研判，提前预见合同关联方的违约风险，在发生或即将发生时采取措施，减少损失。例如，因设计单位施工图返工、设备制造商不能按时供货，造成工期延长等。项目公司要注重及时收集索赔相关资料，为索赔和反索赔做准备，提高工程建设效益。

5　结束语

抽水蓄能电站工程是保证电网安全稳定运行的基础性建设项目，工程投资大、复杂程度高、风险度高、建设管理难度大，这就迫切需要提高工程建设管理水平，不断提高工程建设管理者综合素质能力，充分考虑各种风险，采取现代工程管理技术与经济相结合方法，合理运用管理、组织、协调手段，对工程项目建设进行风险分析和控制管理。当然，项目公司不可能认识和预测项目建设所有的风险，但通过努力，可以尽可能多地识别和预测风险。同时，要学习借鉴发达国家工程项目风险控制经验，增强防范风险意识，客观分析市场，有针对性地合理化解风险，不断探索预防、控制、转移风险的有效途径和措施，对合理利用有限的人力、物力和财力，降低工程成本、提高工程效益具有十分重要的理论意义和现实意义。控制风险目的就是确保抽水蓄能电站工程安全、工程质量、工程进度、工程造价和工程环境保护等目标的实现，更好服务于电网高质量发展。

参考文献

［1］　王清明. 建设工程法律风险与防控［M］. 北京：法律出版社，2015.
［2］　中国水电顾问集团中南勘测设计研究院. 重庆蟠龙抽水蓄能电站勘测设计报告，2013.

设　计

埋藏式内加强月牙肋钢岔管计算优化与分析

茹松楠[1]　张　达[2]　张国良[1]　韩小鸣[1]　马萧萧[1]　李　勋[1]

（1. 国网新源控股有限公司，北京市　100761；2. 国网物资有限公司，北京市　100120）

【摘　要】　根据埋藏式内加强月牙肋钢岔管自身特点，考虑钢岔管与围岩联合承载，采用有限元计算方法对电站埋藏式内加强月牙肋钢岔管的设计、计算研究成果进行了详细的论述，综合分析选择受力条件好的岔管结构方案，对指导设计有一定的参考价值。

【关键词】　埋藏式内加强月牙肋钢岔管　联合承载　有限元分析　围岩承载比

1　埋藏式内加强月牙肋钢岔管特点

内加强月牙肋岔管也被称做 E-W 型岔管，由瑞士 Escher wyss 公司开发，特点是结构安全、设计方法明确、水力学条件好、结构受力清晰、制作、运输、安装方便。设计中的重点以及难点，一是如何降低板材厚度以便降低整体岔管重量；二是如何降低制作、运输、安装的难度。降低板材厚度以及降低制作安装难度最有效的办法是优化设计体形，合理考虑岩体的分担内水。

埋藏式内加强月牙肋钢岔管一般是指钢岔管与岩体之间用混凝土填充，内水压力一部分经钢衬及混凝土传至围岩，钢板衬砌可以起到防渗及承受部分内水压力的作用。对于埋藏式钢岔管，现在一般的结构分析计算方法是，如果钢岔管在岩体中具有一定的埋深，可以适当考虑部分围岩分担，将岔管部分按支管考虑，估算出岩体所能承担的内水压力比例，将岩体所分担的内水压力比例扣除后，剩余内水压力作为岔管设计计算值，岔管按照明管设计；假如不考虑围岩分担，岔管完全按明管考虑，结构系数值增加 10% 采用。

而当埋藏式钢岔管完全按明岔管设计时，围岩分担内水压力的作用仅视为一种额外的安全储备。这不仅是由于岔管位置一般距厂房较近，按明岔管设计偏于安全，更主要的原因是没有一种既能体现围岩的弹性约束作用，又能反映存在的初始缝隙的计算方法。本文提出一种新的考虑思路，较好地反映钢衬与围岩的联合作用，而且对于不同的初始缝隙值和围岩条件下围岩与钢衬的荷载分担比率，也能进行定量的分析。

2　计算假定条件

计算利用有限元软件，为了使岔管模型网格不致太复杂，对围岩及回填混凝土进行了合理的简化，采用的基本假定有：

（1）围岩为均质各向同性，且应力状态处于线弹性范围以内。

（2）不考虑围岩的初始应力状态及开挖后的二次应力状态影响，钢衬、混凝土不承受来自围岩的初应力。

（3）在内水压力作用下，混凝土径向均匀开裂，钢衬所承受的内水压力部分通过径向开裂后的混凝土传递到岩石上，混凝土只起传递荷载作用。

（4）将混凝土与钢岔管之间的缝隙及混凝土与围岩之间的缝隙合并为一层缝隙，根据钢管的直径和温度资料确定管壁外法线方向的缝隙值。

（5）围岩与回填混凝土只对钢岔管管壁正的法向位移起弹性约束作用，将这种作用简化为具有法向刚度 K_0 的接触单元，即作用在围岩上的径向力满足 $P = K_0\delta$ 的条件（δ 为围岩的径向位移）。

考虑围岩联合承载计算时，岩体单位弹性抗力系数（本剧本项目地质报告参数）取Ⅲ类围岩下限 40MPa/cm，缝隙假定取为 1.74mm。

由于钢岔管体形复杂，其安装完成后回填混凝土质量往往很难保证，致使钢岔管与回填混凝土之间、回填混凝土与围岩之间存在不均匀的缝隙值。为了确保钢岔管安全，根据钢岔管与围岩联合承载确定的钢岔管体形、管壁厚度和肋板尺寸，采用有限元法进行明管校核，即假定由钢岔管单独承担全部内水压力，要求钢岔管的最大峰值应力不能超过钢材的屈服强度。

3　工程实例

某水电站工程等别为二等，工程规模为大（2）型，输水系统和发电厂房及其附属建筑物等其他主要建筑物级别为 2 级。压力管道采用一管两机的布置型式，在距厂房上游边墙约为 85m 设置岔管，为使流量分配对称、均匀，采用对称 Y 形埋藏式内加强月牙肋钢岔管。岔管前主管管径 5.8m，岔管后支管管径 4.1m。

3.1　原设计方案及参数

电站原岔管设计按照钢岔管单独承载确定在正常运行工况下的岔管管壁厚度和肋板尺寸，体形设计成果具体数值见表 1，体形如图 1 所示，其中各管节的管壁厚度和肋板尺寸按钢岔管单独承担全部设计内水压力设计。

表 1　　　　　　　　　　　　　　　　　　岔管体形尺寸

	名　称	参数		名　称	参数
主锥管 C	主管进口半径（mm）	2900	肋板	肋板总高度 2b（mm）	6975
	主管与过渡管公切球半径（mm）	2900		肋板总宽度 a（mm）	3687
	过渡管与主锥管公切球半径（mm）	3100		肋板厚度 t_w（mm）	110
	最大公切球半径（mm）	3300		肋板中央截面宽度 B_T（mm）	1150
	过渡管节半锥角（°）	6		断面最大宽度/肋板总宽	0.30
	主锥管半锥角（°）	9		断面最大宽度/肋板高	0.170
	主管柱管管壁厚度（mm）	52		肋板厚/管壁厚	2.12
	主管过渡管管壁厚度（mm）	50		分岔角（°）	75
	主锥管管壁厚度（mm）	48		支管 A、B 轴线夹角（°）	75
支锥管 A	支管 A 出口半径（mm）	2050	支锥管 B	支管 B 出口半径（mm）	2050
	支管与过渡管公切球半径（mm）	2050		支管与过渡管公切球半径（mm）	2050
	过渡管与主锥管公切球半径（mm）	2200		过渡管与主锥管公切球半径（mm）	2200
	过渡管节半锥角（°）	8		过渡管节半锥角（°）	8
	主锥管半锥角（°）	18		主锥管半锥角（°）	18
	支管柱管管壁厚度（mm）	44		支管柱管管壁厚度（mm）	44
	支管过渡管管壁厚度（mm）	48		支管过渡管管壁厚度（mm）	48
	主锥管管壁厚度（mm）	52		主锥管管壁厚度（mm）	52

3.2　优化计算方案

优化的设计方案采用前面相同的管壳体形，通过有限元法确定埋藏式钢岔管在正常运行工况下的管壁厚度和肋板尺寸。具体的计算方案（结果）列于表 2。

计算时，先根据钢岔管与围岩联合承载的条件，确定所需要的管壁厚度和肋板尺寸，列于表 2 中的第二行；然后，假定钢岔管承担全部内水压力，进行明管校核，确定钢岔管中最大应力达到屈服强度（乘以焊缝系数 0.95）时管壁厚度和肋板尺寸，列于表 2 中的第三行；如果围岩承载比超过 30%，则需适当调整钢岔管管壳厚度，使围岩承载比满足设计要求。最后，取钢岔管与围岩联合承载、明管校核条件、围岩承载比 30% 限定条件确定的管壁厚度和肋板尺寸的大值作为最终设计值，列于表 2 中的第四行，最后进行水压试验工况计算。

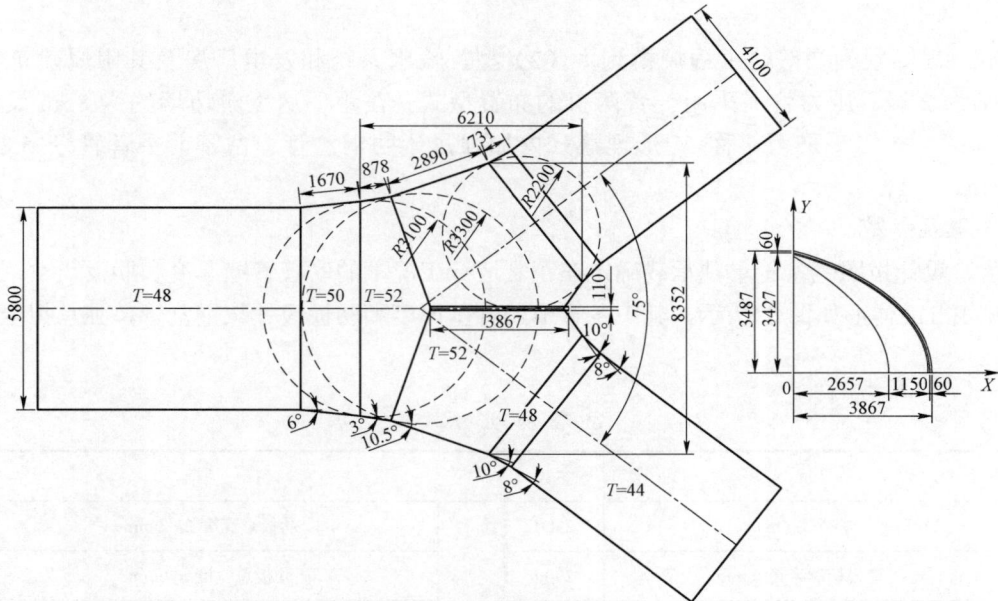

图 1　岔管体形图（mm）

表 2　　　　　　　　　　　　　　　　**埋藏式钢岔管计算方案**

工况	内水压力（MPa）	分岔角	主管 C 管壁厚度（mm）	支管 A 管壁厚度（mm）	支管 B 管壁厚度（mm）	肋板厚度（mm）	肋宽比
埋管	3	75°	40/38/36	40/36/32	40/36/32	100	0.30
明管校核	3	75°	40/38/36	40/36/32	40/36/32	100	0.30
水压试验	2.5	75°	40/38/36	40/36/32	40/36/32	100	0.30

注　1. 管壁厚度依次为主、支管的基本锥、过渡锥及直管段（闷头）壁厚；

　　2. 计算运行工况时，岔管管壁厚度应扣除 2mm 的锈蚀厚度。

　　3. 表中水压试验压力值是指满足钢材允许应力时的内水压力，水压试验时最大内水压力值不宜超过此值。

3.2.1　埋管联合承载计算

根据计算结果，整理了钢岔管管壳内、中、外表面及肋板的 Mises 应力，以及钢岔管的位移等值线图，如图 2～图 7 所示。应力以拉为正，压为负，单位为 MPa；位移单位为 m。

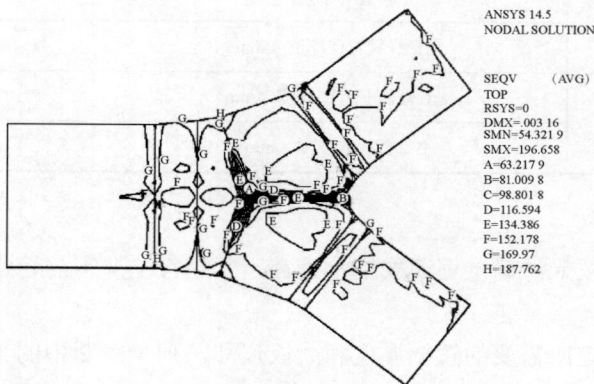

图 2　Mises 应力（管壳内）

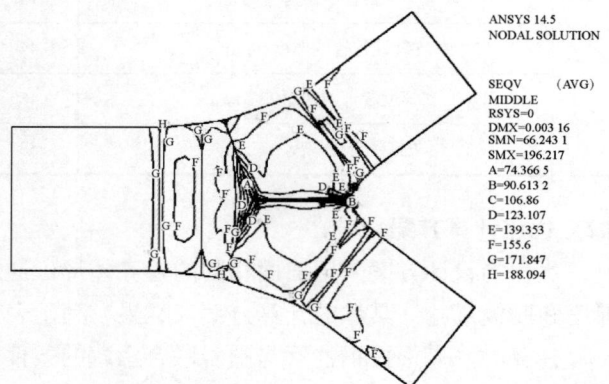

图 3　Mises 应力（管壳中）

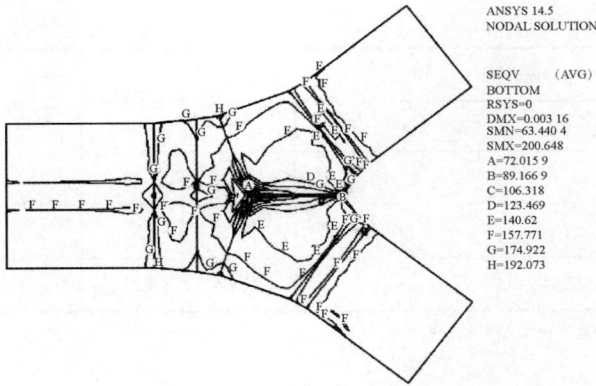

图 4　Mises 应力（管壳外）

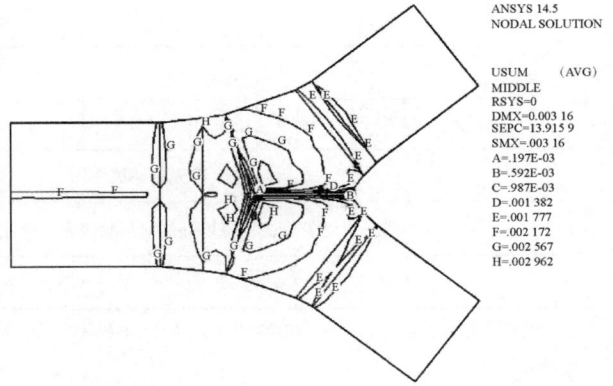

图 5　Mises 应力（肋板）

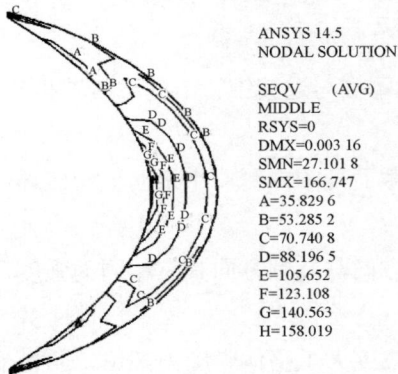

图 6　钢岔管位移等值线（1）

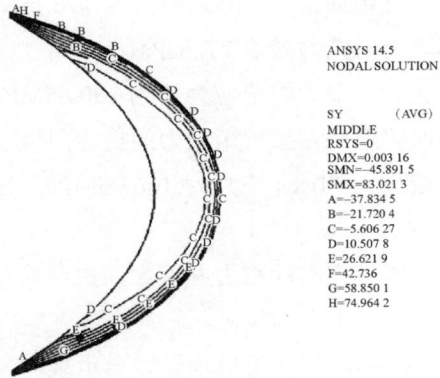

图 7　钢岔管位移等值线（2）

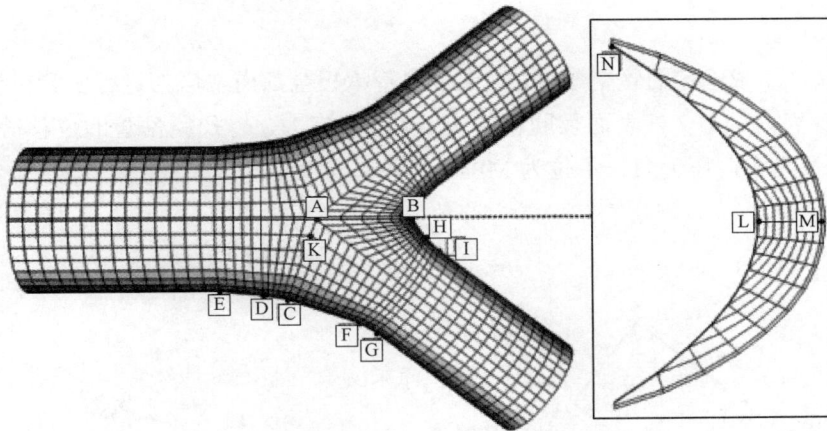

图 8　优化方案钢岔管关键点位置示意

　　将图 8 所示管壳各关键点（腰线转折点及基本锥关键点）及肋板各关键点（最大截面处内外侧及肋板上下缘）的 Mises 应力值列于表 3，并根据应力计算公式进行校核。

表 3　　　　　　　　　　　　钢岔管埋管联合承载工况关键点 Mises 应力　　　　　　　　　　　　MPa

部位		关键点应力									应力种类	抗力限值
		A	B	C	D	E	F	G	H	I		
管壳	内	131.02	78.25	200.65	188.48	192.24	177.68	176.72	186.11	179.55	（3）	320
	外	86.13	54.46	196.66	184.39	189.38	171.14	170.87	180.03	174.90	（3）	320
	中	71.07	66.27	196.15	185.76	189.96	173.74	173.44	180.38	176.28	（2）	272

续表

部位	关键点应力									应力种类	抗力限值
	A	B	C	D	E	F	G	H	I		
管壳整体膜应力									164.26	（1）	220
上述管壳关键点以外的局部膜应力＋弯曲应力区域									196.22	（3）	320
肋板	L		166.75		M		72.44	N	52.07	（2）	272

注 表中应力种类栏中，（1）表示整体膜应力；（2）为局部膜应力；（3）为局部膜应力＋弯曲应力。

从埋管联合承载方案的计算结果来看：

（1）岔管壳中面最大 Mises 应力为 196.15MPa，出现在主、支管基本锥管节的母线转折 C 点，小于钢材的局部膜应力的抗力限值 272MPa。

（2）管壳表面最大峰值应力值为 200.65MPa，出现在主管基本锥与过渡锥管节的母线转折 C 点内表面，小于钢材的局部膜应力加弯矩应力的抗力限值 320MPa。

（3）肋板最大 Mises 应力为 166.75MPa，出现在肋板最大截面处的内侧，小于肋板相应局部膜应力抗力限值 272MPa。

（4）肋板厚度方向的应力并不大，说明只要保证钢板厚度方向与轧制方向具有相同的强度，肋板沿厚度方向理论上不会出现撕裂破坏。

综上所述，钢岔管在考虑埋管联合承载时，局部应力降低幅度大于整体膜应力部位，肋板受力更加合理，在正常运行工况下管壳局部应力区具有更大的安全裕度。钢岔管管壁厚度相比明钢管单独承载明显减薄，应力集中相对减小，受力更为合理。

3.2.2 明管校核工况计算

本节根据埋管联合承载确定的管壁厚度，假定钢岔管承担全部内水压力进行明管校核。根据计算结果，同样整理了钢岔管管壳内、中、外表面及肋板的 Von Mises 应力，以及钢岔管的位移等值线图，如图 9～图 14 所示。应力以拉为正，压为负，单位为 MPa，位移单位为 m。

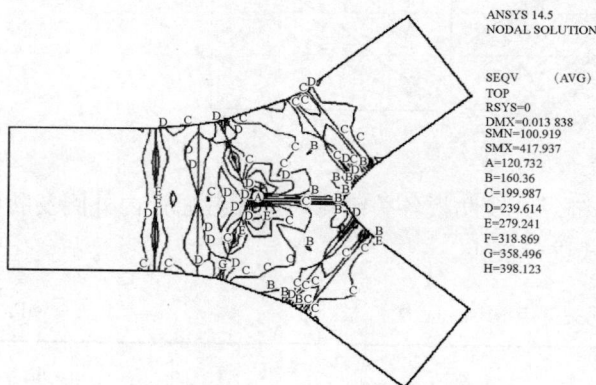

图 9　Von Mises 应力（管壳内）

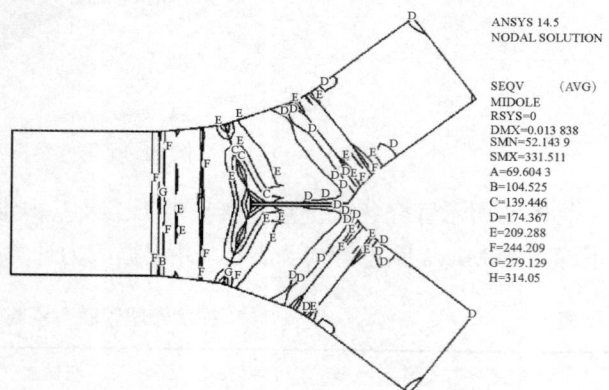

图 10　Von Mises 应力（管壳中）

将图 8 所示管壳各关键点（腰线转折点等）及肋板各关键点（最大截面处内外侧及肋板上下缘）的 Mises 应力值列于表 4，并根据应力计算公式进行校核。

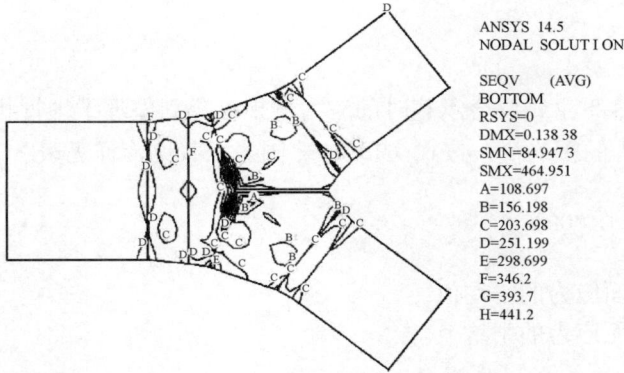

图 11　Von Mises 应力（管壳外）

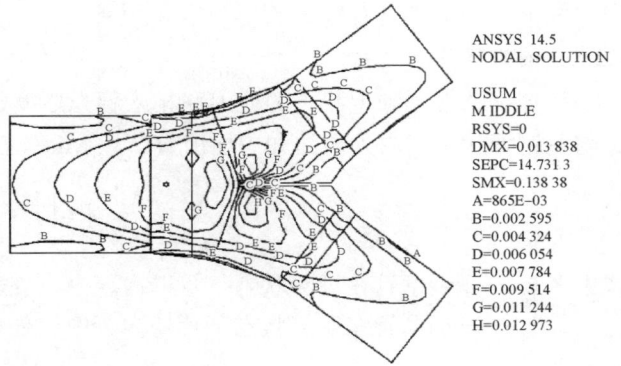

图 12　Von Mises 应力（肋板）

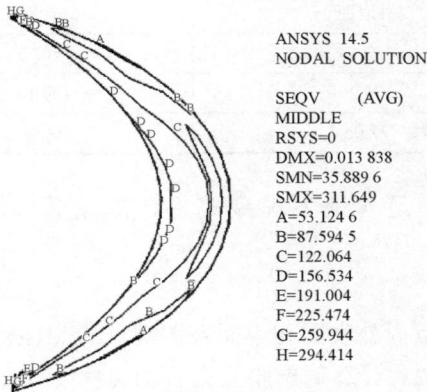

图 13　钢岔管位移等值线（1）

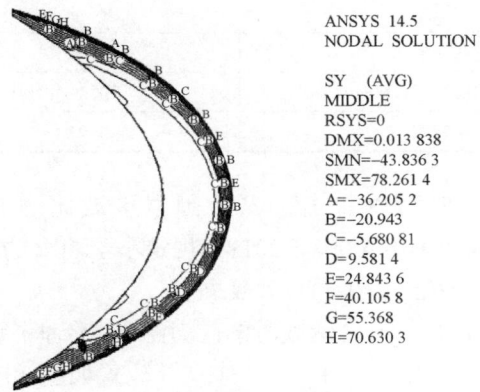

图 14　钢岔管位移等值线（2）

表 4　　　　　　　　　　　　钢岔管明管校核工况关键点 Mises 应力　　　　　　　　　　　MPa

部位		关键点应力									应力种类	抗力限值
		A	B	C	D	E	F	G	H	I		
管壳	内	273.64	142.93	368.56	266.80	302.06	265.23	255.58	253.96	246.55	（3）	465
	外	204.74	135.02	339.69	231.91	279.62	258.41	252.12	279.60	239.80	（3）	465
	中	52.15	138.97	331.50	247.41	286.48	245.37	244.86	240.53	237.43	（2）	465
管壳整体膜应力										233.47	（1）	465
上述管壳关键点以外的局部膜应力＋弯曲应力区域（K 点）										464.95	（3）	465
肋板		L		180.04		M		109.63		N	311.65	（2）	465

从明管校核方案的计算结果来看：

（1）岔管壳中面最大 Mises 应力为 331.50MPa，出现在主管基本锥与过渡锥管节的母线转折 C 点，远小于钢材的屈服强度 465MPa（考虑焊缝系数）。

（2）管壳表面最大峰值应力值为 464.95MPa，出现在管顶肋板两侧位置的内表面（K 点），小于钢材的屈服强度 465MPa（考虑焊缝系数）。

（3）肋板最大 Mises 应力为 311.65MPa，出现在肋板上下缘，肋板与基本锥连接部位，小于钢材的屈服强度 465MPa（考虑焊缝系数）。

（4）肋板厚度方向的应力并不大，说明只要保证钢板厚度方向与轧制方向具有相同的强度，肋板沿厚度方向理论上不会出现撕裂破坏。

综上所述，埋管联合承载计算确定的钢岔管管壁厚度和肋板尺寸均能满足明管校核条件。从有限元角度分析，钢岔管与围岩联合承载时，各关键点应力均有较大的安全裕度，理论上可以进一步减薄钢材，但是此时明管校核条件下钢材强度利用较为充分，因此。因此管壁厚度主要由明管校核条件控制，在正常运行工况下，钢岔管具有较大的安全裕度。

3.2.3　围岩承载比复核

根据钢岔管单独承载下的应力和相应管壳厚度条件下岔管联合承载时的应力结果，分别整理了埋管状态与明钢管状态下内外表面和中面所有节点 Mises 应力的平均值，按式（1）计算围岩承载比，详见表 5

$$\lambda = \left(1 - \frac{\overline{\sigma}}{\overline{\sigma}_0}\right) \times 100\% \tag{1}$$

式中　$\overline{\sigma}$——钢岔管在埋管状态下管壁内、中、外表面应力的平均值；

　　　$\overline{\sigma}_0$——钢岔管在明管状态下管壁内、中、外表面应力的平均值。

表 5　　　　　　　　　　　　　　　围 岩 承 载 比 计 算

项　目	内表面	外表面	中面
埋管联合承载（MPa）	156.33	152.19	150.72
明管校核（MPa）	202.88	195.26	194.10
承载比（%）	22.94	22.06	22.35

从表 5 可以看出，岔管围岩承载比达到 22.94%，满足《地下埋藏式月牙肋岔管设计导则》（Q/HYDROCHINA 008—2011）规定小于 30%的要求。

3.2.4　局部膜应力不均匀程度复核

根据钢岔管联合承载时的应力结果，整理了管壳母线转折点内外表面和中面各关键点的 Mises 应力值，取关键点 C、D、E、F、G、H、I（位置如图 8 所示），按式（2）计算局部膜应力不均匀程度（详见表 6、图 15）

$$\lambda' = \frac{|\sigma_i - \sigma_{MAX}|}{\sigma_{MAX}} \times 100\% \tag{2}$$

式中　σ_i——各关键点管壁内、中、外表面 Mises 应力；

　　　σ_{MAX}——各关键点中管壁内、中、外表面的最大 Mises 应力（内外表面为局部膜应力＋弯曲应力）。

表 6　　　　　　　　　　　　　　局部膜应力不均匀程度计算

部位		关键点应力（σ_i）及局部膜应力不均匀程度（λ'）						
		C	D	E	F	G	H	I
内	σ_i（MPa）	200.65	188.48	192.24	177.68	176.72	186.11	179.55
	λ'（%）	0.00	6.07	4.19	11.45	11.93	7.25	10.52
外	σ_i（MPa）	196.66	184.39	189.38	171.14	170.87	180.03	174.9
	λ'（%）	0.00	6.24	3.70	12.98	13.11	8.46	11.06
中	σ_i（MPa）	196.15	185.76	189.96	173.74	173.44	180.38	176.28
	λ'（%）	0.00	5.30	3.16	11.42	11.58	8.04	10.13

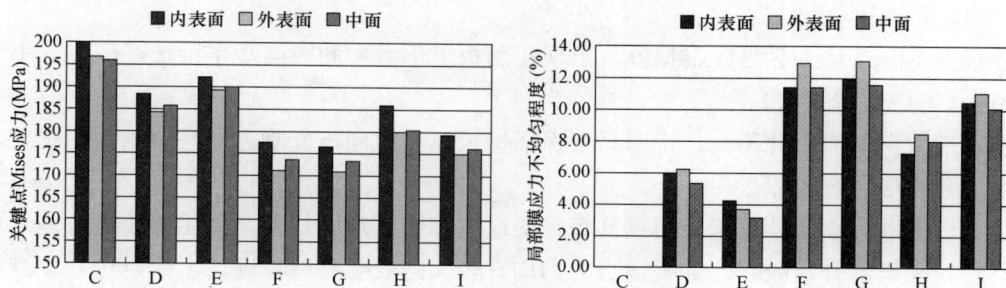

图 15　关键点应力及局部膜应力不均匀程度

可以看出，局部膜应力不均匀程度基本控制在约 12%以内。局部膜应力分布较为均匀，材料利用较为充分。

3.2.5　钢岔管水压试验工况计算

电站的钢岔管取个三基本锥和部分过渡段管壳，在其基础上主管和支管出入口处设置半球形闷头，水压试验工况有限元模型计算网格如图 16 所示。

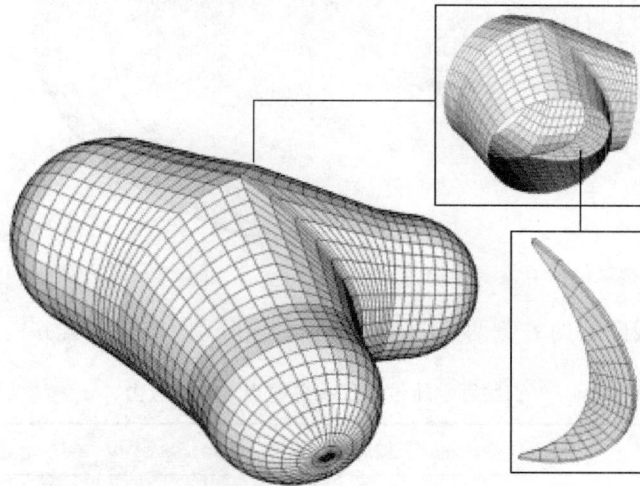

图 16　钢岔管水压试验工况管壳及肋板部分网格

由于上述推荐方案的岔管体形是在联合承载条件下得到的，管壁厚度和肋板尺寸可能不足以承担 1.25 倍的设计内水压力，经过试算，岔管推荐方案在水压试验工况下承担 2.5MPa（约为设计内水压力的 83%）内水压力时，结构强度满足要求。

钢岔管在水压试验工况下管壳内、中、外表面及肋板的 Mises 应力，以及钢岔管的位移等值线图，如图 17～图 22 所示。

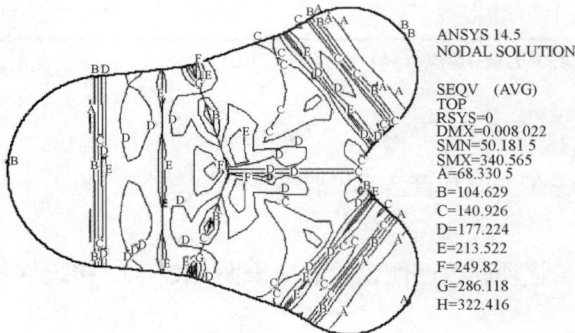

ANSYS 14.5
NODAL SOLUTION

SEQV　(AVG)
TOP
RSYS=0
DMX=0.008 022
SMN=50.181 5
SMX=340.565
A=68.330 5
B=104.629
C=140.926
D=177.224
E=213.522
F=249.82
G=286.118
H=322.416

图 17　Mises 应力（管壳内）

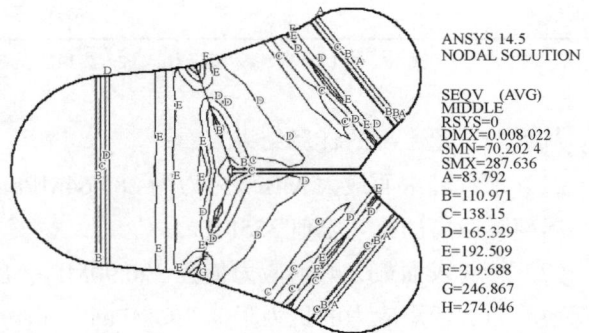

ANSYS 14.5
NODAL SOLUTION

SEQV　(AVG)
MIDDLE
RSYS=0
DMX=0.008 022
SMN=70.202 4
SMX=287.636
A=83.792
B=110.971
C=138.15
D=165.329
E=192.509
F=219.688
G=246.867
H=274.046

图 18　Mises 应力（管壳中）

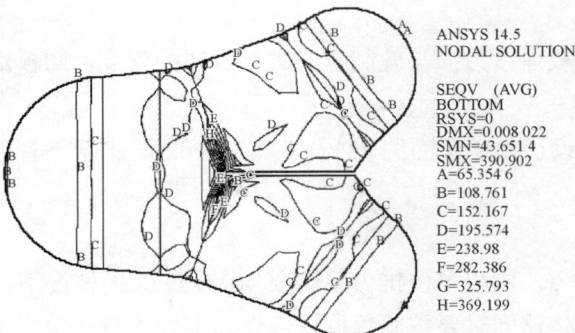

ANSYS 14.5
NODAL SOLUTION

SEQV　(AVG)
BOTTOM
RSYS=0
DMX=0.008 022
SMN=43.651 4
SMX=390.902
A=65.354 6
B=108.761
C=152.167
D=195.574
E=238.98
F=282.386
G=325.793
H=369.199

图 19　Mises 应力（管壳外）

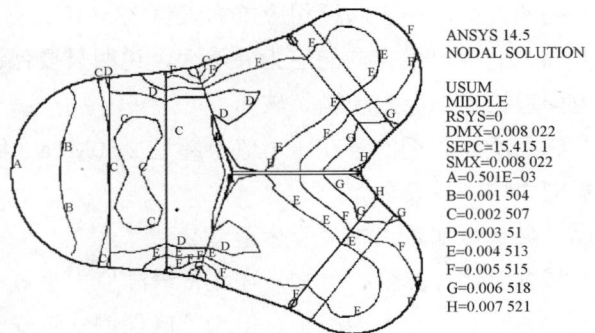

ANSYS 14.5
NODAL SOLUTION

USUM
MIDDLE
RSYS=0
DMX=0.008 022
SEPC=15.415 1
SMX=0.008 022
A=0.501E-03
B=0.001 504
C=0.002 507
D=0.003 51
E=0.004 513
F=0.005 515
G=0.006 518
H=0.007 521

图 20　Mises 应力（肋板）

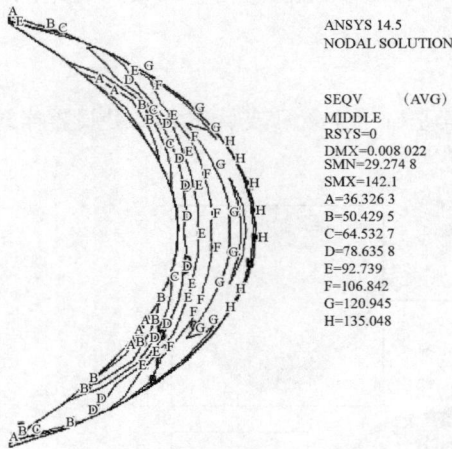

图 21 钢岔管位移等值线（1）

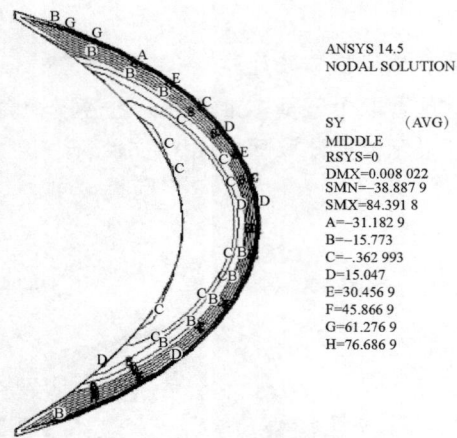

图 22 钢岔管位移等值线（2）

各关键点及肋板最大截面处内外侧两点的 Mises 应力值分别列于表 7，并根据应力计算公式进行校核。

表 7　　　　　　　　　　　　钢岔管水压试验工况关键点 Mises 应力　　　　　　　　　　　　MPa

部位		关键点应力									应力种类	抗力限值
		A	B	C	D	E	F	G	H	I		
管壳	内	283.01	143.81	316.20	204.98	184.48	219.37	146.99	208.22	144.03	（3）	396
	外	169.39	145.61	340.57	216.06	210.87	227.44	168.23	229.12	166.27	（3）	396
	中	70.64	144.69	287.64	207.25	189.66	207.49	147.07	199.07	145.93	（2）	335
管壳整体膜应力										178.46	（1）	273
上述管壳关键点以外的局部膜应力＋弯曲应力区域（K 点）										390.90	（3）	396
肋板		L	69.92		M	142.10		N		105.08	（2）	335

注　表中应力种类栏中，（1）表示整体膜应力；（2）为局部膜应力；（3）为局部膜应力＋弯曲应力。

从水压试验工况的计算结果来看：

（1）岔管壳中面最大 Mises 应力为 287.64MPa，出现在主、支管基本锥管节的母线转折 C 点，小于钢材的局部膜应力的抗力限值 335MPa。

（2）管壳表面最大峰值应力值为 390.90MPa，出现在管顶肋板两侧位置的内表面（K 点），接近钢材的局部膜应力加弯矩应力的抗力限值 396MPa。

（3）肋板最大 Mises 应力为 142.10MPa，由于水压试验不平衡力小于正常运行工况，出现在肋板最大截面处的外侧，小于肋板相应抗力限值 335MPa。

（4）肋板厚度方向的应力并不大，说明只要保证钢板厚度方向与轧制方向具有相同的强度，肋板沿厚度方向理论上不会出现撕裂破坏。

综上所述，钢岔管在压力值不超过 2.50MPa（约为设计内水压力的 83%）时，水压试验工况下管壳和肋板应力均满足要求。

3.2.6　优化后埋藏式钢岔管体形参数

根据上述计算分析可知，在正常缝隙值大小 $6 \times 10^{-4} r$，围岩单位抗力系数取 40MPa/cm 的情况下，管壁厚度和肋板尺寸大为减小，但为了确保钢岔管安全，建议同时要按明管校核条件和围岩承载比限定条件进行校核，据此确定的管壁厚度和肋板尺寸详见表 8。

表 8　　　　　　　　　　　钢岔管最终布置方案体形尺寸（$K_0 = 40\text{MPa/cm}$）

名　称	参数	名　称	参数
主管进口半径（mm）	2900	肋板总高度 $2b$（mm）	6975
主管与过渡管公切球半径（mm）	2900	肋板总宽度 a（mm）	3867
过渡管与主锥管公切球半径（mm）	3100	肋板厚度 t_w（mm）	100
最大公切球半径（mm）	3300	肋板中央截面宽度 B_T（mm）	1150
过渡管节半锥角（°）	6	断面最大宽度/肋板总宽	0.30
主锥管半锥角（°）	9	断面最大宽度/肋板高	0.170
主管柱管壁厚度（mm）	36	肋板厚/管壁厚	2.5
主管过渡管壁厚度（mm）	38	分岔角（°）	75
主锥管管壁厚度（mm）	40	支管 A、B 轴线夹角（°）	75
支管 A 出口半径（mm）	2050	支管 B 出口半径（mm）	2050
支管与过渡管公切球半径（mm）	2050	支管与过渡管公切球半径（mm）	2050
过渡管与主锥管公切球半径（mm）	2200	过渡管与主锥管公切球半径（mm）	2200
过渡管节半锥角（°）	8	过渡管节半锥角（°）	8
主锥管半锥角（°）	18	主锥管半锥角（°）	18
支管柱管壁厚度（mm）	32	支管柱管壁厚度（mm）	32
支管过渡管壁厚度（mm）	36	支管过渡管壁厚度（mm）	36
主锥管管壁厚度（mm）	40	主锥管管壁厚度（mm）	40

（左侧分组：主锥管 C / 支锥管 A；右侧分组：肋板 / 支锥管 B）

4　结束语

联合承载设计的钢岔管管壁厚度和肋板尺寸与明管设计结果相比，尺寸大为减小，不仅可以节省工程量，降低工程造价，而且可以大大简化施工工艺，降低施工难度，加快施工进度，可以在工程中采用。

本文中通过计算确定的岔管体形在联合承载时，围岩承载比满足《地下埋藏式月牙肋岔管设计导则》（CHINA 008—2011）规定小于 30% 的要求。局部膜应力分布较为均匀，不均匀程度基本控制在约 12% 以内，材料利用较为充分。

参考文献

[1]　王志国. 高水头大 PD 值内加强月牙肋岔管布置与设计 [J]. 水力发电，2001（10）.

镇安抽水蓄能电站上水库库盆防渗型式设计与计算分析研究

李　锋　郭立红　雷　艳　闫　喜

（中国电建西北勘测设计研究院有限公司，陕西省西安市　710065）

【摘　要】库盆防渗型式选择是抽水蓄能电站设计中的一个重要环节，根据库盆地形、地质和水文地质条件，确定适合的防渗型式是其关键所在。设计中不仅要考虑防渗结构的可靠性和适应地基不均匀变形的能力，还要考虑技术经济合理、便于施工质量检查与控制、减小后期运行管理维护的难度及成本。本文以镇安抽水蓄能电站为例，简述在上水库库盆防渗型式选择时所考虑的主要问题、库盆防渗结构适应变形的能力以及安全可靠性方面所取得的初步研究成果。并针对所选择的库底沥青混凝土面板与库周混凝土面板之间连接型式的可靠性，通过三维有限元静动力计算进行分析验证，为施工详图阶段设计提供依据，同时可为类似工程设计提供一定的借鉴。

【关键词】镇安电站　库盆　防渗型式　比选　结构安全　可靠性

1　引言

1.1　工程概况

镇安抽水蓄能电站（简称镇安电站）位于陕西商洛市，地处西北电网负荷中心附近区域。工程为日调节抽水蓄能电站，上、下水库正常蓄水位分别为 1392.00m 和 945.00m，相应库容分别为 $896 \times 10^4 m^3$ 和 $1220 \times 10^4 m^3$，装机容量 1400MW。工程等别为一等大（1）型工程。枢纽主要由上水库库盆、混凝土面板堆石坝、电站输水洞进/出水口、下水库混凝土面板堆石坝、库尾堆石混凝土拦砂坝、岸边溢洪道、泄洪排沙洞、电站进/出水口、地下输水隧洞和厂房、地面开关站等组成。

1.2　上库库盆防渗型式比选

上水库利用天然沟谷地形采用开挖、筑坝形成，环库路以上边坡最大开挖高度达 100m，总石方开挖量约 744 万 m^3。挡水建筑物采用混凝土面板堆石坝，最大坝高 125.9m。为减小死水位 1367m 高程以下初期蓄水抽水量和弃渣场征地问题，库底高程 1366m 以下采用深回填处理，最大回填深度约 95m。库盆基岩岩性主要为结晶灰岩，两岸坝肩分布有白云岩，库尾分布有少量闪长花岗岩，其中碳酸盐类基岩在库周分布较广，局部发育溶隙或溶洞等。左右岸坝头以及库盆东面分水岭地下水位均低于正常蓄水位，存在水库向邻谷渗漏问题，加之上水库沟溪自身水源补给量较小，不足以弥补水库蒸发及渗漏量损失，水源供给主要考虑从下水库抽水，水介质非常宝贵，因此上水库库盆必须做好防渗结构设计。

可行性研究阶段，上水库比选了全库盆"钢筋混凝土面板"、全库盆"沥青混凝土面板"单一表面防渗方案，单一"垂直帷幕灌浆防渗方案"，"库周（含大坝）混凝土面板＋土工膜护底"全库盆综合防渗处理方案。经比选，混凝土面板适应基础不均匀变形能力差，沥青混凝土面板要求边坡坡比缓于 1:1.6，开挖量过大而不经济。可研阶段推荐采用"库周混凝土面板＋土工膜护底"全库盆防渗方案。

招标设计阶段，着重研究比选了"库周混凝土面板＋土工膜护底"方案与"库周混凝土面板＋沥青混凝土面板护底"方案的优越性和技术经济指标。土工膜护底防渗方案具有造价低（库盆工程投资 57 072.03 万元）、适应深切河谷复杂地形条件深回填区不均匀沉陷变形能力强的特点；但存在自身接缝较多、焊接质量要求高，尤其是对施工质量管理要求十分严格，且质量检查与维修不便，初期运行检修周期较长，管理维护难度大、费用高等不利因素。沥青混凝土面板护底方案具有较好适应基础不均匀变形的能力，且自身接缝较少，质量缺陷易于发现与维修，防渗效果好，运行管理维护方便等优点；但投资造价相对较高（库盆工程投资 59 473.53 万元，较土工膜护底方案多 2402 万元），施工进度相对较慢（但不影响关键线路工期）（土工膜护底施工工期 6 个月，沥青混凝土面板护底施工工期 8~10 个月）。经计算，两方案渗漏量分别为土工膜护底方案 1808m³/d，沥青混凝土面板护底方案 1350m³/d，根据《抽水蓄能电站设计导则》（DL/T 5208—2005）建议的日渗漏量约占水库库容的（1/2000~1/5000），本工程上水库总库容 936 万 m³，二者日渗漏量分别占总库容的 1/5177 和 1/6933，均能满足要求，但考虑接缝施工质量缺陷的影响，土工膜方案渗流量会有所加大。

综上，从侧重于保障施工质量、提高防渗效果和减小运维管理费用等方面综合考虑，采用"库周混凝土面板＋沥青混凝土面板护底"防渗方案是有利的。库盆布置形式见图 1。

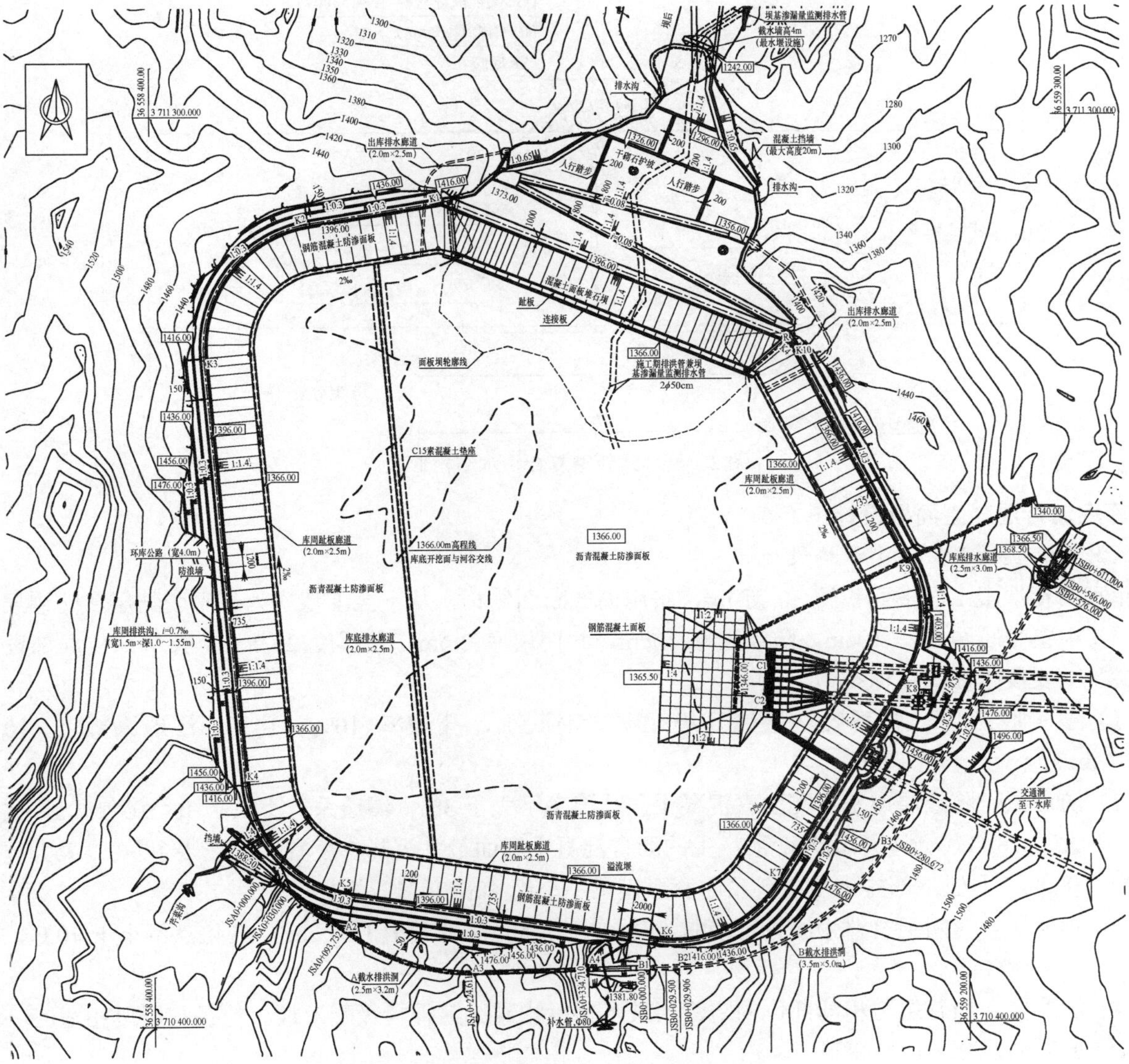

图 1 上水库库盆布置图

2 库盆防渗结构设计

2.1 库周混凝土面板设计

库周混凝土面板面积约 9.5 万 m²，采用等厚 0.4m 面板，面板下部设 0.3m 厚无砂混凝土排水垫层，面板坡脚处与库周趾板廊道（排水）连接。大坝上游混凝土面板约 1.3 万 m²，仍为等厚 0.4m。河谷深回填区趾板宽度为 6m，坐落在坝体垫层料与过渡料之上，河床趾板上游侧采用 2m 宽的连接板与库底沥青混凝土面板相连。两岸趾板宽度均为 4m，坐落在岩基上，其上游与库盆防渗面板连接。针对上库气候条件，极端最冷气温为 −13.7℃，为提高止水的耐久性和抗冰拔破坏能力，采用新型表层止水结构型式，即沉埋式复合止水结构，见图 2。该结构为采用 GB 柔性填料嵌缝和表面手刮聚脲组合形成的覆涂型止水结构。其特点是与混凝土基面黏结性好，避免了常规螺栓钢板压条结构下三元乙丙盖板与混凝土表面形成的缝隙，以及钢压板生锈和冰拔破坏作用，且耐老化、自身抗冻性能好，在低温下具有良好的延展性和抗渗能力，同时可采用机械化施工，提高施工效率和进度。室内面板接缝大变形及三维仿真模型试验表明，沉埋式复合止水结构，当接缝上下错动 80mm、剪切 100mm、张开 40mm，在 1.5MPa 的压力下不漏水，并在云南梨园高面板坝等工程得到成功应用。

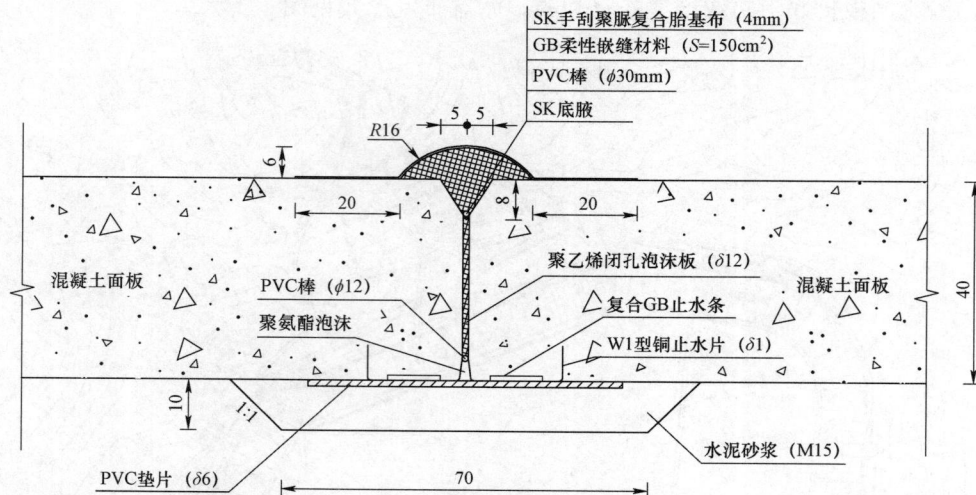

图 2 沉埋式新型复合止水结构形式

2.2 库底沥青混凝土面板设计

2.2.1 沥青混凝土面板防渗结构设计

库底沥青混凝土面板面积约 30 万 m^2，采用简式断面结构，从下至上依次为整平胶结层、防渗层和封闭层。其中整平胶结层厚 10cm，防渗层厚 10cm，封闭层厚 2mm，总厚度 20.2cm，接头部位局部设 5cm 加厚层。主要技术控制指标：

（1）整平胶结层。整平胶结层属开级配沥青混凝土，孔隙率 10%～14%，渗透系数 5×10^{-3}～1×10^{-4}cm/s。

（2）防渗层。防渗层属密级配沥青混凝土，孔隙率不大于 3%，渗透系数不大于 1×10^{-8}cm/s，抗裂冻断温度不大于 −30℃；地基不均匀变形产生的沥青混凝土表面最大沉降梯度宜控制在 1%以内，最大拉伸应变不大于 0.5%；面板下部排水垫层料表面变形模量不小于 40MPa。

（3）封闭层。封闭层材料为沥青玛蹄脂。其技术指标为密度大于 1.7g/cm^3、软化点不小于 70℃、冻裂温度不大于 −30℃。

（4）加厚层。加厚层与相同部位的防渗层技术指标相同。其骨料级配及最大粒径与层厚相适应，同时布设聚酯加筋网，减小拉伸变形。

2.2.2 沥青混凝土面板与周边刚性结构连接形式设计

库底沥青混凝土面板与周边刚性结构的连接形式，包括沥青混凝土面板与库周混凝土趾板廊道、面板坝河床趾板上游侧连接短板、电站进/出水口等刚性建筑物之间的连接。主要研究目的是解决由于地基的不均匀沉陷和相对位移而导致的沥青混凝土面板的开裂或接缝止水失效产生的漏水问题。设计中一方面采取加厚沥青混凝土防渗层，表面铺设聚酯网加筋材料，以提高其抗裂和变形能力；另一方面在接头处在与刚性混凝土接触面铺设新型 BGB 滑垫式接头，根据试验资料，BGB 滑垫式接头可在 100m 水头作用下滑移

350mm 不开裂不漏水；同时考虑提高接触部位回填石渣的压实度，以减小地基不均匀沉降的梯度。沥青混凝土面板与周边刚性结构连接形式见图 3。

2.2.3　库底挖填分界线陡边坡部位沥青混凝土面板结构形式设计

库底深回填区与岸坡地形陡立边坡的接触地段，根据变形计算结果，易出现水平变位增大及不均匀沉降而导致沥青面板开裂问题，该部位面板拉应力或拉应变很可能超标。因此将交界处的陡边坡顶部开挖成缓于 1:2 的斜坡，斜坡水平长度控制在 20m 左右。其结构形式见图 4。

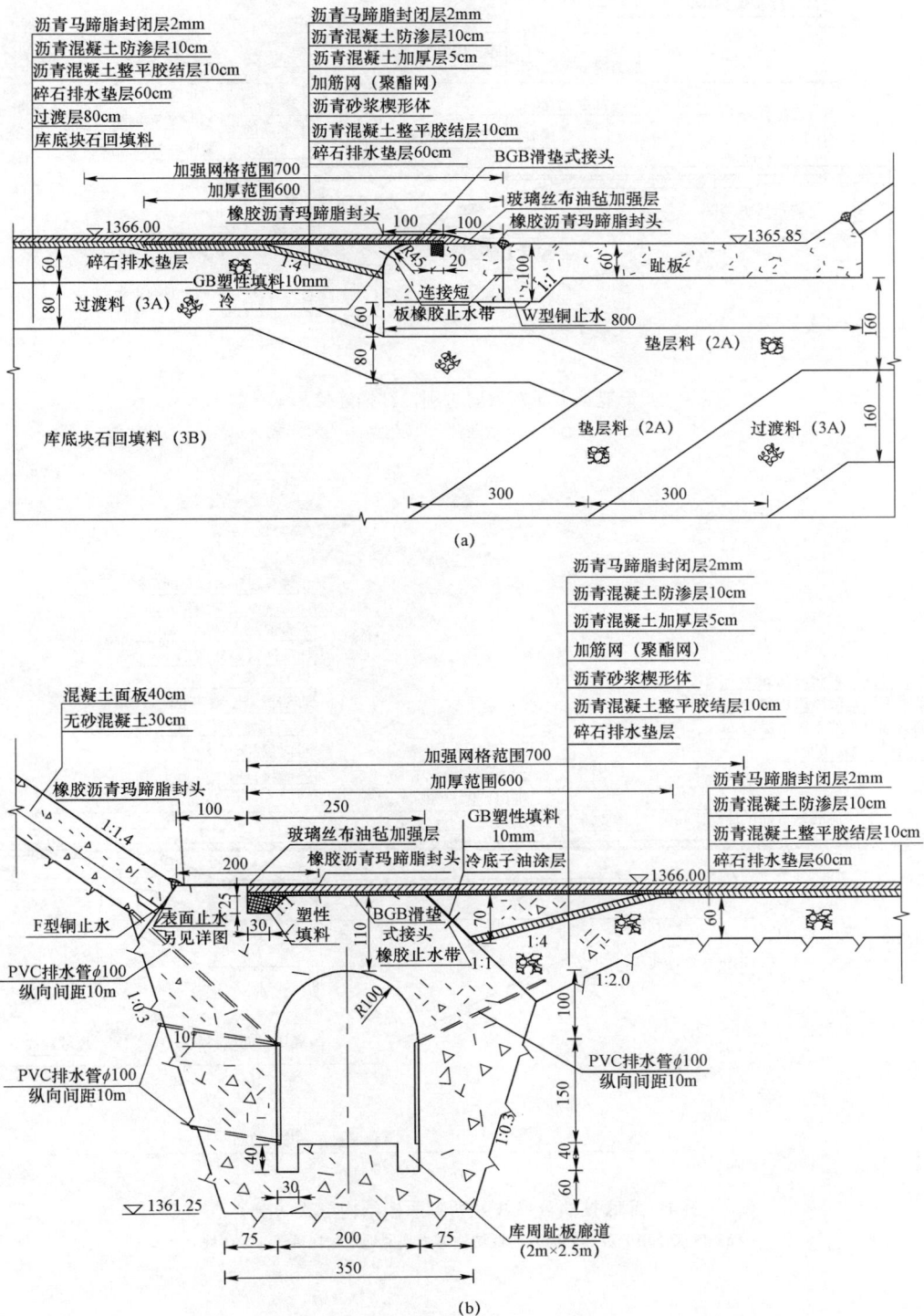

图 3　沥青混凝土面板与周边刚性结构连接形式（一）

（a）沥青面板与主坝趾板连接短板连接形式；（b）沥青面板与库周趾板廊道连接形式

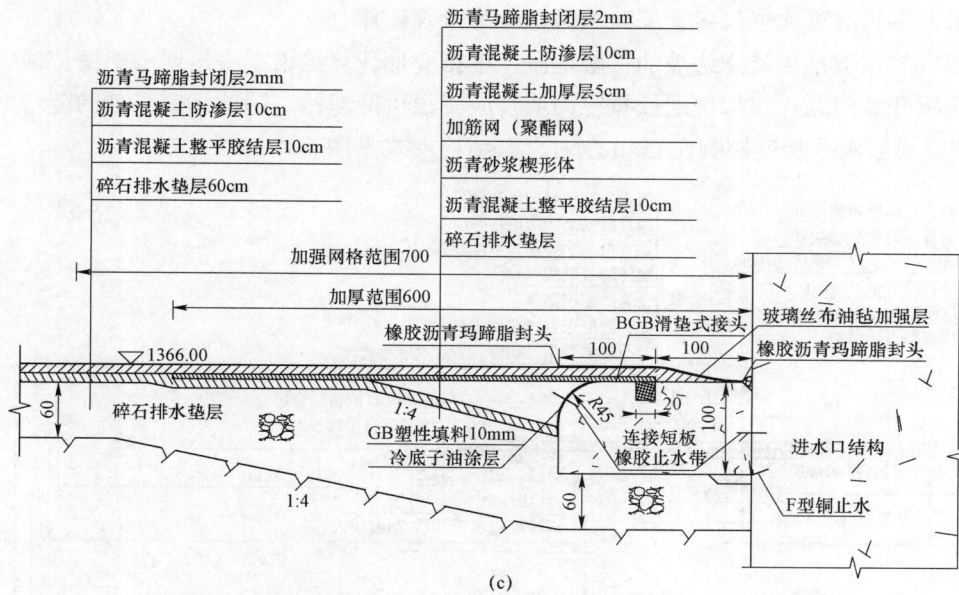

图 3　沥青混凝土面板与周边刚性结构连接形式（二）

（c）沥青面板与电站进出水口刚性结构连接形式

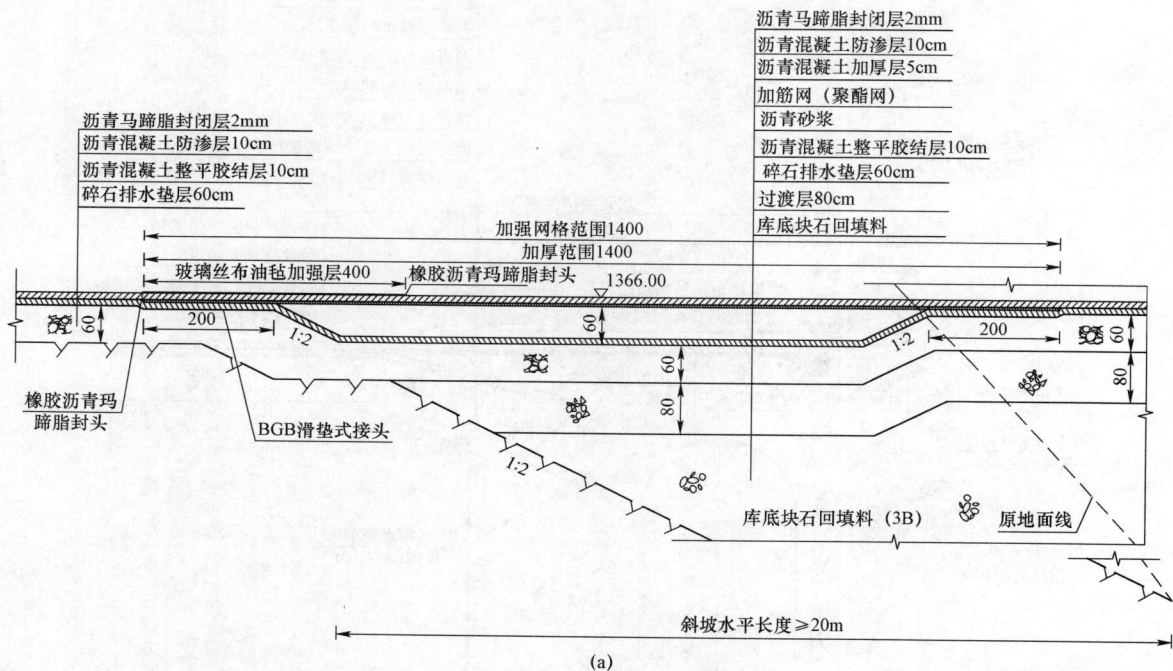

图 4　库底挖填分界线处沥青面板结构形式（一）

（a）库底挖填分界线处沥青面板结构形式（原地形坡比陡于 1:2 边坡）

沥青马蹄脂封闭层2mm
沥青混凝土防渗层10cm
沥青混凝土加厚层5cm
加筋网（聚酯网）
沥青砂浆楔形体
沥青混凝土整平胶结层10cm
碎石排水垫层
过渡层
加强网格范围1000
加厚范围1000

沥青马蹄脂封闭层2mm
沥青混凝土防渗层10cm
沥青混凝土整平胶结层10cm
碎石排水垫层60cm
过渡层80cm
库底块石回填料

沥青马蹄脂封闭层2mm
沥青混凝土防渗层10cm
沥青混凝土整平胶结层10cm
碎石排水垫层60cm

1366.00
200
60
80
库底块石回填料（3B）
60
60
80
1:2
原地面线
橡胶沥青玛蹄脂封头
玻璃丝布油毡加强导400
橡胶沥青玛蹄脂封头
200
60
BGB滑垫式接头

(b)

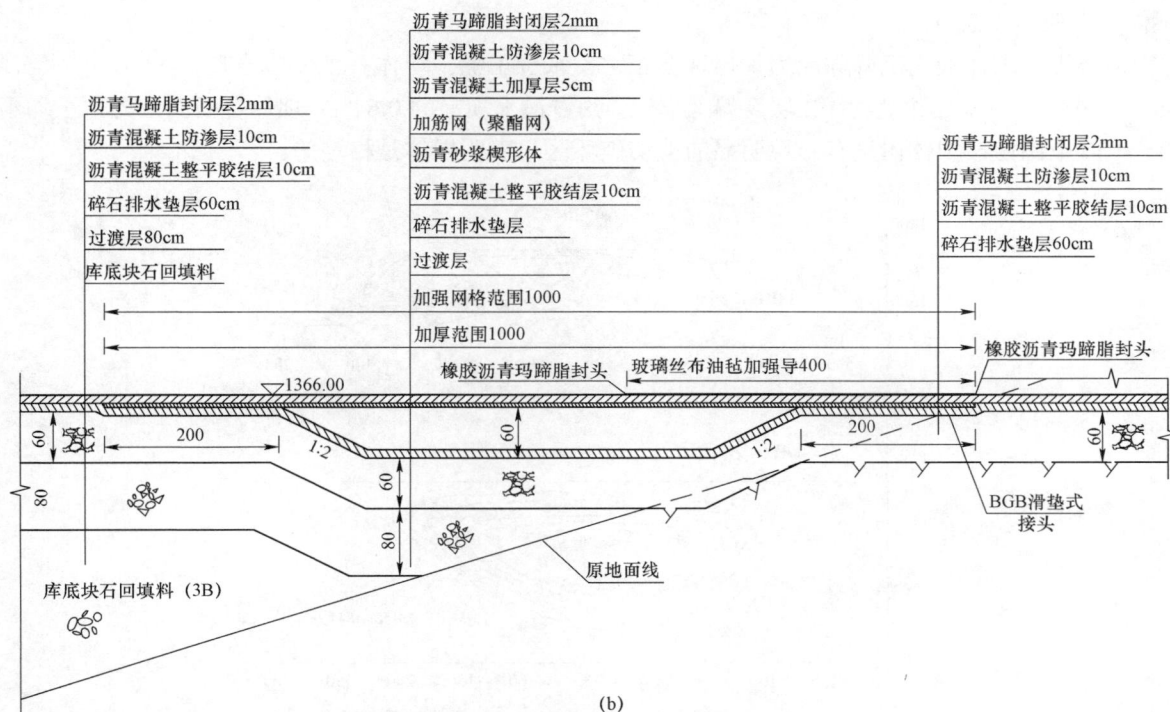

图4　库底挖填分界线处沥青面板结构形式（二）
(b) 库底挖填分界线处沥青面板结构形式（原地形坡比缓于1:2边坡）

2.2.4　面板底部排水垫层及库底排水系统设计

为防止面板底部回填料排水不畅形成的反向渗压对面板稳定产生不利影响，需在面板底部设置排水垫层。

（1）库周混凝土面板。在库周混凝土面板与基岩面之间浇筑 0.3m 厚无砂混凝土排水垫层，将渗水统一引排至库周排水廊道内。无砂混凝土渗透系数控制在 $2 \times 10^{-2} \sim 5 \times 10^{-2}$cm/s。

（2）库底沥青混凝土面板。开挖区在基岩面上铺设 60cm 厚碎石排水垫层料；回填区面板下部依次为60cm 厚排水垫层料、80cm 厚过渡料、块石回填料。排水垫层料渗透系数控制在 $2 \times 10^{-3} \sim 5 \times 10^{-2}$cm/s。

（3）坝体混凝土面板。大坝面板下部依次为水平向 3m 宽排水垫层料和 3m 宽过渡料。

（4）库底排水系统。包括库周排水廊道、库底开挖区（岸坡地下水位高于正常水位区域）排水廊道、沥青混凝土面板下部碎石排水垫层等。为保证排水畅通，在库底排水垫层料底部分区域埋设 PVC 软质排水管网，并分隔形成独立的排水区域，再将独立的排水管网统一引至库周排水廊道内，再通过出库排水廊道排至坝外。另外在库底及坝体底部河槽处埋设 2 根排水钢管（$\phi 500$）将库底渗漏水排至坝后。

2.3　坝体及库底填筑料设计

坝体填筑材料分区从上游至下游依次为排水垫层料、垫层小区料、过渡料、主堆石料、下游堆石料和下游干砌石护坡。库底沥青混凝土面板下部依次为碎石排水垫层料、过渡料、块石回填料。其料源主要以结晶灰岩为主，其中库底回填料与坝体下游堆石料填筑碾压指标一致。各分区设计指标如下：

（1）坝体垫层料和垫层小区料。垫层料要求级配良好，设计孔隙率不大于 18%，干密度 2.25g/cm³，渗透系数 $1 \times 10^{-3} \sim 1 \times 10^{-2}$cm/s；垫层小区料级配与垫层料基本相同。

（2）坝体及库底过渡料。要求级配连续，设计孔隙率不大于 19%，干密度 2.20g/cm³，渗透系数 $1 \times 10^{-3} \sim 5 \times 10^{-2}$cm/s。

（3）坝体主堆石料。主堆石要求级配连续，设计孔隙率不大于 22%，干密度 2.15g/cm³。

（4）坝体下游堆石料和库底回填块石料。设计孔隙率不大于 23%，干密度 2.10g/cm³。

3　三维静动力计算分析成果

招标设计阶段"上水库库盆及面板堆石坝三维有限元静动力计算"由河海大学完成，主要计算成果如下。

3.1 坝体变形应力状态

静力情况下，坝体最大沉降与应力均出现在正常蓄水位工况。坝体垂直位移分布见图 5，最大沉降为 811.56mm，发生在河床最深处约 1/2 坝高偏上部位，约占最大坝高的 0.64%；坝体各断面应力水平均不高，在 0.10～0.80 范围内，坝体内没有出现明显的剪切破坏区，表明坝体是稳定的。

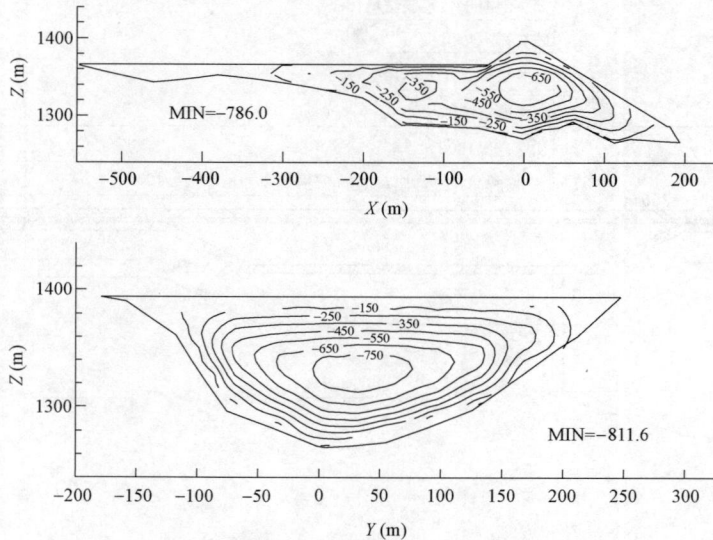

图 5　坝体垂直位移分布（单位：mm）

动力情况，设计地震作用下（100 年 2%基岩峰值加速度 186.4cm/s²），坝体最大永久沉降为 771.5mm，约占最大坝高的 0.61%。地震期间坝体少数单元的安全系数在很短时间内小于 1，但这些单元并没有连成一片，且安全系数小于 1 的持续时间所占比例很小，因此可以认为坝体整体安全是满足要求的。

校核地震作用下（100 年 1%基岩峰值加速度 223.7cm/s²），相比设计地震，坝体单元安全系数有所下降，但是同样只有少数单元的安全系数在短时间内小于 1，且这些单元并没有连成一片。考虑到坝体采取的一些抗震工程措施，可以认为坝体的安全性是满足要求的。

3.2 设置连接短板的必要性

混凝土面板堆石坝河谷深回填区（库底高程以下）混凝土趾板与库底沥青混凝土连接处最大回填深度约 95m，不均匀变形问题较为突出。为适应变形，在混凝土趾板与沥青混凝土面板之间设置了 2m 宽的连接短板。

在正常运行工况下（正常蓄水位）坝体河床部位有无连接短板时，顺河向最大断面趾板−连接短板所在处相应单元结点的垂直位移见图 6。

根据是否设置连接短板两种工况的计算成果对比，顺河向最大断面连接板−趾板同一位置关键结点的位移值分别为 212.9mm 和 213.7mm，变化很小。设置连接短板时，"碎石垫层−连接短板"衔接处沥青混凝土垂直剪切应变为 0.62%；未设置连接短板时，"碎石垫层−趾板"衔接处沥青混凝土垂直剪切应变为 0.59%。两种情况计算结果相近，这主要是由于连接短板下方覆盖层厚度、填土条件相近，地形、材料等均无明显突变。但是从沥青混凝土面板的应力情况考虑，设置连接短板时连接短板上方沥青混凝土面板的最大拉应力为 174.9kPa，小于沥青混凝土抗拉允许值；而未设置连接短板时趾板上侧沥青混凝土面板的最大拉应力为 427.1kPa，较之设置连接短板工况有明显增大，但仍在沥青混凝土抗拉范围之内。

设置连接短板可减小沥青混凝土面板边缘连接处的拉应力，防止面板开裂，结构安全富裕较高。因此本工程设置连接短板是有必要的。

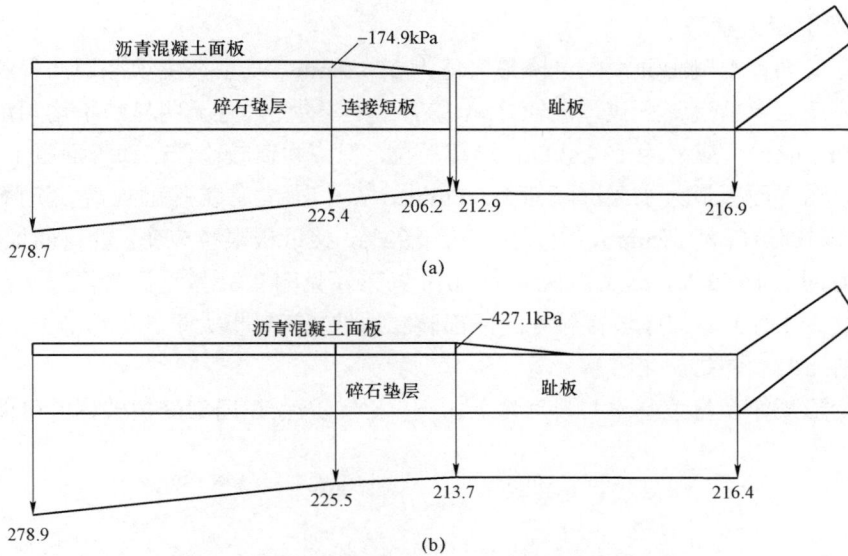

图 6　趾板－连接短板结点垂直位移（单位：mm）
（a）设置连接短板；　（b）未设置连接短板

3.3　大坝面板变形应力状态

运行期正常蓄水位情况下，坝体面板的最大挠度（垂直面板的法向变形）为 251mm（向坝内），发生在河床最深处面板中部附近。面板顺坡向与坝轴线向应力基本为压应力，其中坡向应力最大值发生在靠右岸的河床面板附近，最大值为 357.9kPa，坝轴线向应力最大值为 435.2kPa，发生中部面板附近。

静动力叠加后，面板坡向与坝轴线向均出现拉应力区，其中坡向最大拉应力为 440kPa，坝轴向最大拉应力为 407.5kPa，面板处于安全状态。

静动力叠加后面板缝单元相对位移见图 7，最大变位值，周边缝：剪切 29mm；错动 15mm；张开 21mm；垂直缝：剪切 21mm；错动 15mm；张开 21mm。

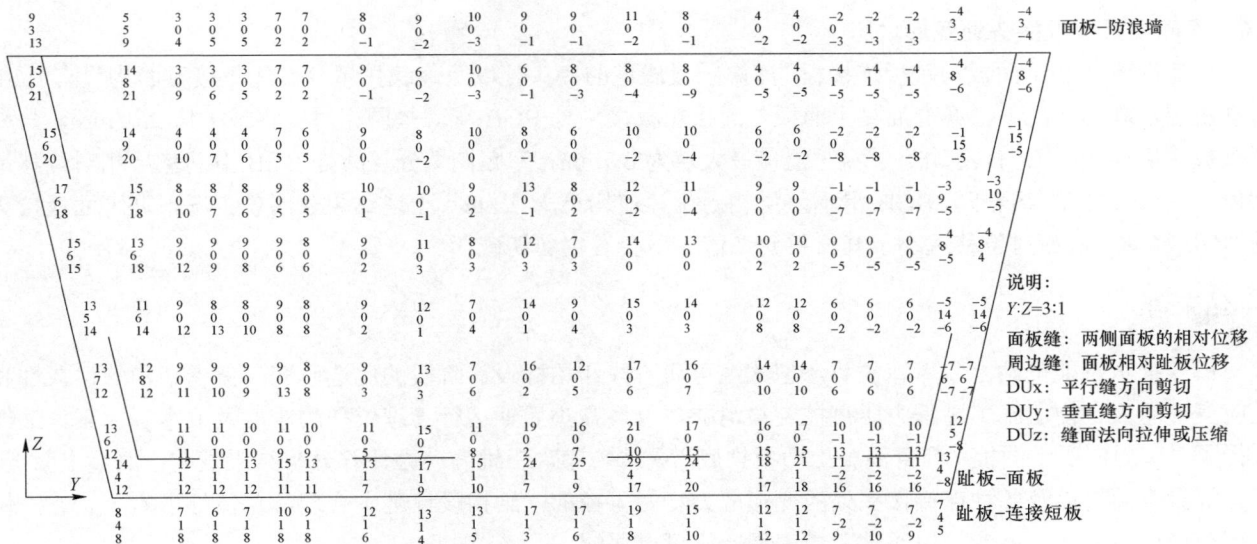

图 7　静动力叠加后大坝面板缝单元相对位移（单位：mm）

3.4　库周混凝土面板变形应力状态

库周混凝土面板基础基本为开挖形成的边坡，面板与基础间设无砂混凝土排水垫层，支承条件优越，应力应变较小。面板应力基本上沿高程分布，顺坡向应力最大值为 326.3kPa，坝轴向应力最大值 48.4kPa。面板变形及缝单元相对位移均较小，其中面板挠度最大值仅 1.95mm，缝单元相对位移普遍在 0～1mm。

3.5 库底沥青面板变形应力状态

静力情况下，库底沥青混凝土面板的沉降最大值为 353.9mm，发生在主坝深切沟谷断面库底回填区靠近坝体部分，其与库底回填料沉降一致，能较好地适应回填料的变形且无明显的不均匀沉降。沥青面板最大压应力为 271.2kPa，最大拉应力为 154.4kPa，局部受拉，但应力值较小，在沥青混凝土容许抗拉范围内。

设计地震工况，沥青面板最大永久沉降为 516.6mm，见图 8。与岸坡接触处最大沉降梯度 1.8%，该区域水平范围约 11m，局部沉降差 195mm，最大拉应变 0.92%，接近极限拉应变，沥青面板可能会局部破坏。沥青面板最大压应力为 1014.2kPa，最大拉应力为 1014.9kPa（见图 9），接近沥青混凝土抗拉强度，存在局部受拉破坏的可能性。针对上述与岸坡接触处的局部陡立边坡（一般指大于 50°边坡），可采取削坡放缓岸坡坡度和提高回填料压实度的措施来缓解。

校核地震下，变形规律及量值基本与设计地震工况一致，仍存在局部受拉破坏的可能性。

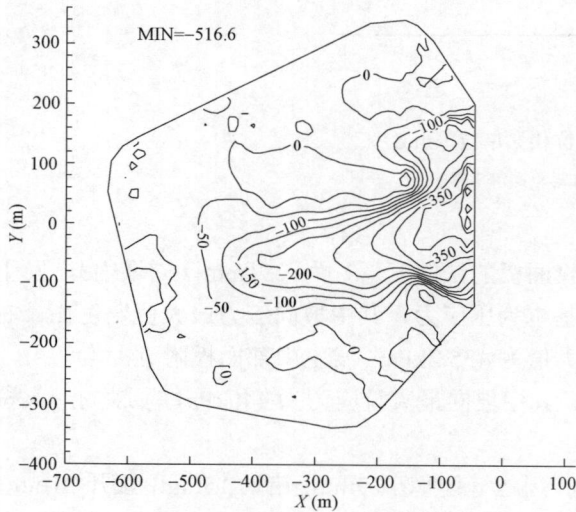

图 8　沥青面板地震永久沉降变形

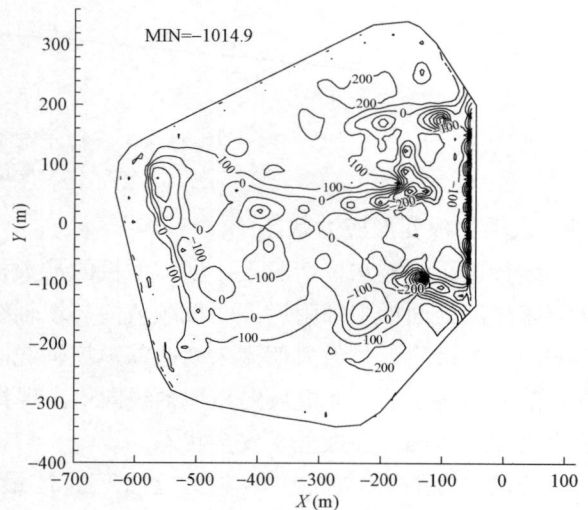

图 9　静动力叠加后沥青面板拉应力分布

3.6 库底沥青面板接头处变形性态

库底沥青混凝土面板与趾板连接板、库周趾板廊道的接头处以及库底挖填分界线处接触面均设有 BGB 滑动垫层。静力情况下，沥青混凝土面板与连接短板接头处 BGB 滑动垫层相对位移最大值 25.5mm，与库周趾板廊道连接处 BGB 滑动垫层相对位移最大值为 6.9mm，库底挖填分界线处 BGB 滑动垫层相对位移最大值 1.8mm。地震情况下，BGB 滑动垫层相对位移值均小于 1mm。上述结果表明各工况下沥青面板接头处 BGB 滑动垫层相对位移远小于其材料允许值，不会发生剪切破坏。

4 结束语

镇安抽水蓄能电站上水库库盆防渗型式经可研阶段和招标设计阶段的比选研究，考虑结构的耐久性和适应变形能力、便于施工过程中质量控制与消缺，以及减小后期运行管理维护的难度及成本等因素，最终选择了"库周混凝土面板+沥青混凝土面板护底"防渗方案。三维静动力计算分析结果表明，混凝土面板、沥青混凝土面板以及各种连接接头处的变形应力均是可控的，结构设计基本合理，总体处于安全状态，仅局部存在拉裂破坏的可能，但通过适当工程措施可以缓解。

参考文献

[1] 张春生，姜忠见. 抽水蓄能电站设计 [M]. 北京：中国电力出版社，2012.

[2] 朱安龙，李郁春，林健. 复杂水文地质条件的库盆防渗方案研究 [J]. 水利水电技术，2017，48（5）：148－154.

[3] 周奕琦，沈振中，王伟，等. 复合土工膜库盆防渗上水库应力变形性态分析 [J]. 南水北调与水利科技，2014，12（2）：160－163.

[4]　韩瑞，夏世法，杨明成. 沥青混凝土面板防渗技术在呼蓄上库的应用 [J]. 西北水电，2015，6：28-31.

[5]　杨秀方，石成名，陈宇. 梨园水电站混凝土面板堆石坝技术优化与质量管控措施 [J]. 水力发电，2015，41（5）：63-66.

[6]　卓战伟，曹文波. 梨园水电站大坝面板表面接缝止水及质量控制 [J]. 人民长江，2016，47（11）：55-57.

[7]　张向前. 张河湾抽水蓄能电站上水库沥青混凝土面板防渗结构 [J]. 水力发电，2011，37（4）：39-42.

[8]　周俊杰，赵毅锋，王亮春，等. 天荒坪抽水蓄能电站上水库沥青混凝土面板防渗层老化试验研究 [J]. 水电与抽水蓄能，2017，3（6）：102-106.

[9]　曹腾腾. 沥青混凝土面板防渗层圆盘试验的应变计算方法 [J]. 中国水能及电气化，2016（8）：52-57.

[10]　杨伟才，郭慧黎，关遇时，等. 宝泉抽水蓄能电站上水库沥青混凝土面板接头施工技术研究 [J]. 水利水电技术，2012，43（7）：59-63.

[11]　沈振中，曾奕滔，封康辉，等. 陕西镇安抽水蓄能电站工程上库库盆及面板坝三维有限元静动力补充计算. 河海大学科学研究报告，河海大学，2017.

Civil 3D 结合部件编辑器及 Dynamo 在面板堆石坝施工图设计中的应用

杨铁增　　梁亚东　　胡　亮

（中国电建集团北京勘测设计研究院有限公司，北京市　100024）

【摘　要】 Civil 3D 结合部件编辑器及 Dynamo 是实现水电工程三维正向设计的一种 BIM 解决方案，此种解决方案可以拓展延伸到土木工程、道路桥梁工程、市政工程等多个行业。本文介绍了 Civil 3D 在面板堆石坝中三维正向设计中的应用探索，包括面板堆石坝坝体布置设计、坝体断面分区及填筑料设计、坝基开挖设计、横断面出图及工程量计算等内容。

【关键词】 Civil 3D　BIM 设计　部件编辑器　Dynamo　面板堆石坝设计

1　引言

AutoCAD Civil 3D 是 Autodesk 公司推出的一款面向基础设施行业的建筑信息模型（BIM）解决方案，它为基础设施行业的各类技术人员提供了强大的设计、分析以及文档编制功能。Civil 3D 广泛应用于勘察测绘、岩土工程、交通运输、水利水电、市政给排水、城市规划和总图设计等众多领域。随着软件的更新，2020 版 Civil 3D 将 Dynamo 作为一款外部插件放置到 Civil 3D 当中，Dynamo 可以直接调用 Civil 3D 当中的对象，并对其进行创建或修改，这将很大程度上弥补 Civil 3D 和部件编辑器在某些功能上的局限性，使得 Civil 3D 在功能上更加的强大也更加适用于各行业的拓展应用。

Civil 3D 在面板堆石坝施工图设计中的应用是通过 Civil 3D 与部件编辑器结合对面板堆石坝进行前期的设计，通过 Dynamo 对面板堆石坝进行细部的设计与修改，从而达到进行施工图设计的目的。通过这种方式来进行施工图设计很大程度上提高了设计人员的工作效率，同时也降低了工作强度。本文是通过对面板堆石坝施工图设计，介绍了 Civil 3D 在水电行业 BIM 正向设计中的应用和探索，积极发掘 BIM 设计的优势，为 BIM 正向设计的发展提供支持。

2　面板堆石坝施工图设计流程

Civil 3D 是一款逻辑性特别强的软件，所有对象的创建必须按照软件特有的逻辑进行，在满足条件后才能进行其他对象的创建与设计，如要创建坝址区三维地形地质曲面则必须要有等高线、测量点等基本的勘测数据，对坝体布置设计及横断面设计时也必须在由坝址区三维地形地质曲面的基础上进行，脱离某一个环节都将无法完整的实现功能设计，笔者结合 Civil 3D 的软件逻辑，总结梳理了通过 Civil 3D 进行面板堆石坝施工图设计的总体流程，如图 1 所示。下面结合面板堆石坝施工图设计的工程实例对各个步骤进行详细介绍。

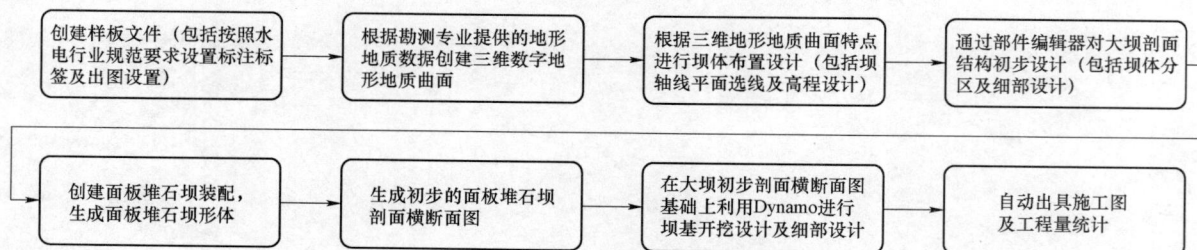

图 1　Civil 3D 中面板堆石坝工作流程

3　工程实际应用

下面是以安徽省某抽水蓄能电站中的下水库混凝土面板堆石坝为例，按照 Civil 3D 结合部件编辑器及 Dynamo 对混凝土面板堆石坝进行施工图设计。

3.1　创建满足设计规范的样板文件

Civil 3D 在原本 Auto CAD 的基础上内置了大量的对象，包括曲面对象、路线对象、道路对象、纵断面对象及横断面对象等。因此相对应也就增加了许多的基础设置，包括标签样式、表格样式、对象样式和对象标准集等。样板文件对于 Civil 3D 的使用特别重要。它为设计人员提供了初始的软件环境。避免了对于同类工作的二次设置，从而提高工作效率。由于软件自带样板的局限性，对于水利行业有很多不符合设计规范要求的内容，所以要应用 Civil 3D 进行水利水电工程行业的应用，首先是修改样板文件调整相应设置。之后才能展开下面工作。

3.2　创建三维地质模型

Civil 3D 中将三维地质模型称为"曲面"，构建曲面对象的基础是地形数据，Civil 3D 支持的地形数据包含多种类型如三维坐标地形点、等高线、包含 Z 值的块与文本、地形特征线以及 DEM 数据等。由于软件支持的数据类型有限，所以对于拿到的地形数据不是上面提及的类型只要可以转换成上面的文件格式同样可以创建曲面对象。对于勘测单位提供的地形图及勘测报告首先应该进行数据整理分析。整理出用于地形、地质曲面创建的数据包括统计出覆盖层顶面、残积面＋强风化岩顶面、中风化岩顶面。数据越多，得到的曲面越精细。对于明显的数据错误采用合理调整数据的方式进行修改。再根据整理后地形等高线，地质控制点（如钻孔等）以及地层结构、地基岩石分布、基岩等值面以及地层排布等数据进行曲面创建。其中的覆盖层顶面是创建大坝部件的曲面逻辑目标，只有保证创建的地形和地质模型准确性的基础上才能进行最优的大坝的设计与布置。图 2 为地形地质曲面创建流程。

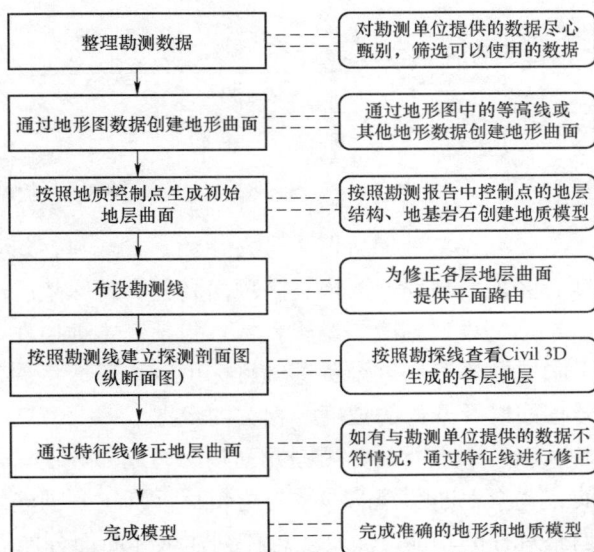

图 2　地形地质曲面创建流程

3.3　坝体布置设计

坝体布置设计包含坝轴线平面设计和坝轴线纵断面设计，坝轴线平面设计应根据坝址区三维地形地质模型按照坝轴线尽可能避开不利水文地质条件、坝趾板应坐落在坚硬的岩石上、坝轴线尽量与河流大致正交等设计原则进行坝轴线的平面设计工作，坝轴线平面设计主要是利用 Civil 3D 的"路线"功能进行的，创建路线的方法比较灵活，可以从多段线对象创建路线，也可以通过"路线布局工具"创建路线。在实际通过 Civil 3D 进行设计时，可以先按照规划路径创建坝轴线大体的走向，之后通过夹点编辑或布景编辑修改功能对坝轴线再进行调整，坝轴线的最终确定应该是在大坝模型创建完成之后。按照相关技术经济方面论证通过后才确定最终的平面路径。坝轴线的纵断面设计主要通过参照计算的设计洪水位、正常蓄水位等参数确定坝轴线坝顶高程，将确定的坝顶高程通过 Civil 3D 中的纵断面及纵断面图把坝顶高程线映射到模型当中。利用 Civil 3D 中的"纵断面创建工具"在纵断面图中创建坝顶标高线，完成坝轴线设计。

3.4　坝体设计

坝体的设计包含面板堆石坝断面分区设计、筑坝材料设计、坝顶结构设计、岸坡设计、面板设计、趾板设计和分缝止水设计等相关设计，其软件上的表达是通过 Civil 3D 自带的部件编辑器来实现的，Civil 3D 自带的 Subassembly Composer 部件编辑器通过可视化的软件界面和图形交互的形式，以绘制流程图的方式创建带有逻辑目标的自定义部件。

3.4.1　坝体断面设计

坝体断面分区设计是通过对坝址区地质条件特性研究，确定坝体断面分区形式与可变参数。通过部件编辑器定义可变参数，从而定义参数化部件。参数化部件可以快速改变坝体分区中设计对象参数，提高设计人员工作效率。部件编辑器主要通过其 Tool Box 中的点、连接、造型、曲线、地面连接线、流程图、逻辑判断和逻辑开关等功能来实现坝体断面分区设计与筑坝材料设计的目的。

（1）根据抽水蓄能电站下水库坝址区地质条件、料源、变形性质及经济技术相关因素，确定了坝体断面分区划分为垫层区、过渡区、上游防渗层（混凝土面板）、主堆石区、次堆石区、特殊垫层料、上游铺盖区、块石护坡。垫层料和过渡料，图 3 为面板堆石坝典型断面及分区。

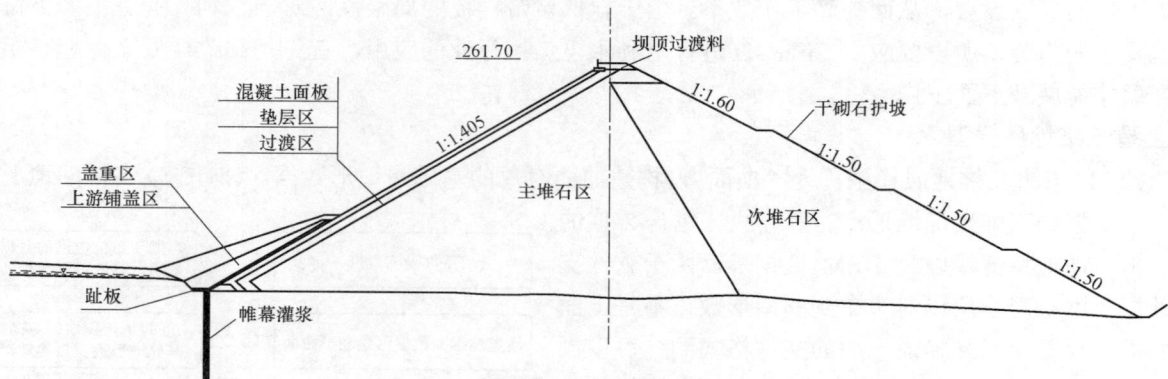

图 3　面板堆石坝典型断面及分区

（2）在部件编辑器中定义参数，参数包括筑坝材料的名称、垫层厚度及坡度、过渡层厚度及坡度、主堆石区顶面高程、次堆石区顶面高程、特殊垫层的尺寸、石块护坡坡度以及马道宽度等参数。

（3）设定相应的逻辑目标，包括基本地质曲面、地形曲面、基岩等值曲面、弱风化上限曲面和弱风化下限曲面等，通过设置逻辑目标可以准确地将创建的部件对象放置到地形或地质曲面上，从而确定坝址区开挖线以及开挖的坡度等相关的数据。

（4）大坝断面分区图元创建，通过部件编辑器自带图元对象完成对大坝分区基本构建并通过绑定参数的方式将上面创建的参数与逻辑目标绑定到创建的图元当中，使其创建的对象图元可以通过相应参数达到调整目标的功能。需要注意在创建坝体断面分区后需要在面板地脚出设置一个 point，用于确定底部开挖的基点，由这个基点再从 Civil 3D 中生成开挖的基准线。

（5）为创建的各对象图元添加代码，部件编辑器代码包括点代码、造型代码和连接代码，代码的含义相当于对象的名称，在 Civil 3D 中软件会自动识别其中的代码，将相同代码进行连接或生成实体，而且在横断面图自动标注中，Civil 3D 识别的也是代码。

3.4.2　根据创建部件生成面板堆石坝形体

利用面板堆石坝部件创建面板堆石坝装配，并结合上面步骤创建的地形地质曲面及坝轴线和纵断面图，通过 Civil 3D 中的道路功能按照逻辑目标为覆盖层曲面，生成面板堆石坝形体，并设置采样线生成横断面图。

3.5　坝基开挖设计

坝基开挖设计包含坝址区地形表面覆盖层的清理设计与趾板基础范围开挖面的设计，由于地形的复杂性决定了不同地质情况可能对应不同的开挖设计方案。

Civil 3D 中的部件编辑器可以创建清基部件，但是对于坝址局部区域基岩裸露的情况，清基部件将无法判断，所以对于覆盖层清理设计不能依靠部件编辑器，还是要以地质模型提供的覆盖层与基岩层界限曲面为基础。创建面板堆石坝，对于趾板基础范围的开挖由于地质的复杂性确定了开挖深度和视坡坡度的多变性，单纯的 Civil 3D 结合部件编辑器无法做到对生成的面板堆石坝中的每一个横断面进行参数上的调整，这就需要结合 Autodesk 公司 Civil 3D 2020 版软件中添加 Dynamo 功能。

Dynamo 以一款插件的方式放置到了 Civil 3D 当中，弥补了原本 Civil 3D 在某些功能上的缺陷或短板。对于通过 Civil 3D 进行面板堆石坝设计当中，Dynamo 可以直接调用生成的大坝形体中的某一桩号处的横断面，单独对其每一个参数进行修改，但不影响其他桩号的参数。这使得在坝基开挖设计当中可以根据每一个桩号处，横断面图中的地质信息，根据设计规范及要求，通过调整部件参数来达到对坝基进行开挖设计。

3.6　趾板布置与帷幕灌浆设计

趾板布置与帷幕灌浆高度的设置与坝基开挖设计思路类似，通过 Dynamo 调取每个桩号处的趾板与帷幕灌浆的部件参数，通过 Dynamo 直接对每个桩号出的参数包括趾板宽度趾板坡度以及帷幕灌浆高度及尺寸进行修改从而达到相应设计工作。具体的操作与坝基开挖设计相似，此处不再赘述。

3.7　施工图及工程量计算

坝基开挖设计后，通过 Civil 3D 生成坝基开挖曲面，将坝基开挖曲面与地质曲面中的覆盖层曲面进行整合，完成开挖后的地形曲面。将先前创建的面板堆石坝形体的逻辑目标设置成开挖后的地质曲面，在 Civil 3D 中重新进行计算，即可生成按照施工图设计后的大坝形体从而完成大坝施工图设计。

Civil 3D 当中标注标签功能特别强大，可以自动批量对横断面图进行样式设置、标注及注释。提高设计人员的出图效率，并通过计算材质功能可以快速准确地计算工程量。图 4 所示为坝轴线 160 处施工图及工程量。

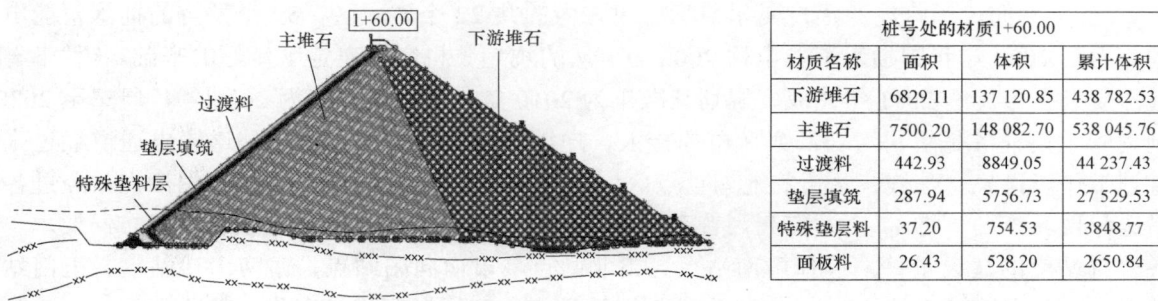

桩号处的材质1+60.00			
材质名称	面积	体积	累计体积
下游堆石	6829.11	137 120.85	438 782.53
主堆石	7500.20	148 082.70	538 045.76
过渡料	442.93	8849.05	44 237.43
垫层填筑	287.94	5756.73	27 529.53
特殊垫层料	37.20	754.53	3848.77
面板料	26.43	528.20	2650.84

图 4　坝 0+160.0 处施工图及工程量

4　结束语

本文利用 Civil 3D 结合部件编辑器及 Dynamo 完成了对面板堆石坝施工图的设计，这种三维设计的方式，能够可视化的观察设计成果，及时发现设计缺陷，并通过参数化控制的方式调整设计参数或方案，更改后的参数和方案，软件将自动更新到施工图当中并计算出变更的工程量，这种方式很大程度上提高了设计效率以及设计质量。

参考文献

[1]　任耀. AutoCAD Civil 3D 2013 应用宝典. 同济大学出版社，2013.

[2]　张成. Civil 3D 在小清河复航工程施工图设计中的应用. 人民长江，2018（12）.

[3]　刘莉，李国杰，乔伟刚. 基于 Civil 3D 的三维地质建模方法及应用. 水运工程，2018（8）.

[4]　程国锋，丁靖琼. Civil 3D 参数化重力坝建模在水利工程中的应用. 黑龙江水利科技，2017（6）.

甘肃省抽水蓄能电站选点规划调整的必要性论证

王昭亮

（中国电建集团西北勘测设计研究院有限公司，陕西省西安市　710065）

【摘　要】　2011 年甘肃省完成抽水蓄能电站选点规划，推荐站点至今前期进展缓慢。本文对目前规划推荐站点前期进展情况及存在问题、规划比选站点情况及开发制约因素等方面进行了详细分析，从满足电力负荷快速增长、配合新能源发展、规划站点储备、推进抽水蓄能电站建设等几个方面论证了甘肃省抽水蓄能电站选点规划调整的必要性和紧迫性。

【关键词】　抽水蓄能　选点规划　调整　必要性

1　2011 年版选点规划及前期工作情况

1.1　2011 年版选点规划情况

"十二五"期间，国家能源局批复了包括甘肃在内的共 22 个省（区）59 个站点的抽水蓄能电站选点规划，为到 2020 年我国抽水蓄能电站 7000 万 kW 的规划装机容量奠定了良好的基础。《甘肃省抽水蓄能选点规划报告》于 2011 年完成，规划基准年为 2010 年，规划水平年为 2020 年，展望至 2030 年。选点规划的主要任务是解决河西酒泉风电的接入、送出问题。同时考虑风电外送输电通道经过张掖，选点规划工作以酒泉、张掖、兰州等地为重点区域进行站点普查。共拟订了 29 个资源点，经过各专业初步筛选和现场查勘，将 17 个站点列为普查站点，根据抽水蓄能电站合理规模和合理布局要求，综合分析各普查站点的建设条件，选择肃南站点、肃北站点、肃南向阳站点、肃南山口站点、玉门站点、张掖站点、玉门东滩站点共 7 个站点作为规划比选站点，开展勘测设计工作。最终从与风电基地开发及外送的协调、工程建设条件、生态环境影响、技术经济等方面综合分析，将玉门、肃南站点作为甘肃省 2020 年水平抽水蓄能电站的推荐站点，初拟装机容量均为 1200MW。选点规划成果已通过水电水利规划设计总院审查，并获得国家能源局批复（批复文件中将玉门、肃南站点分别更名为昌马、大古山站点）。

1.2　前期工作进展情况

选点规划批复后，国网新源控股有限公司（简称新源公司）前后委托开展了大古山、昌马站点的预可研工作。据勘测设计成果揭示，大古山站点工程地质条件复杂，长干沟-石腊板沟断层通过电站上、下水库坝基，虽经复核该断层不构成建坝制约条件，但断层带及影响带范围较宽、工程处理难度大；同时，下水库坝址和库区滑坡体、堆积体发育，坝址河床覆盖层深厚；尾水隧洞需下穿黑河小孤山电站水库，技术难度大；工程建设及运行风险大。考虑到该站点开发建设存在的困难和风险较大，大古山站点前期工作已暂停。

昌马站点预可研报告经过水电水利规划设计总院审查，审查认为建设昌马抽水蓄能电站是非常必要的，同意电站的供电范围和工程开发任务，基本同意电站上、下水库库址方案，认为工程设计方案基本可行、主要设计成果基本合适。2019 年启动昌马抽水蓄能电站可研设计工作。

2　抽水蓄能电站需求规模分析

2.1　边界条件

2.1.1　电力负荷

2011 年版选点规划，规划水平年为 2020 年，采用 2020 年、2030 年最大负荷预测成果分别为 22 030MW、

31 990MW，需电量预测成果分别为 1358 亿 kWh、1950 亿 kWh。2017 年，甘肃电网最大负荷 17 960MW，据测算，到 2030 年最大负荷将达 31 990MW。电力负荷预测成果不变，但目前开展选点规划调整工作，规划水平年选 2030 年较为合适。

2.1.2 新能源发展规模

2011 年版选点规划中，风电规划装机规模 2020 年、2030 年分别采用 31 400MW、47 430MW。其中酒泉风电基地分别为 23 950MW、39 980MW。2020 年光伏规划容量按 1000MW 考虑。

截至 2018 年年底，甘肃累计并网风电容量达 12 821.3MW，光伏容量 8390MW。由于甘肃省列入风电红色预警区域，目前还未明确"十四五""十五五"风电、光电发展规划。考虑目前甘肃省开展前期工作、"十四五""十五五"开发建设可能性较大的大型风电项目（主要是酒泉风电基地二期和三期、金武张千万千瓦级风光互补示范基地），预计到 2030 年，甘肃省风电装机规模约 29 000MW，其中酒泉地区 20 000MW。光伏电站总规模为 14 000MW。

2.2 甘肃网内抽水蓄能电站需求规模

2.2.1 计算基础

（1）考虑已建、在建和已经确定的水电电源，到 2030 年甘肃电网可以投产的水电总装机容量为 11 177MW。扣除无调节水电站空闲容量和机组受阻容量后，最大负荷月（11 月）水电站可利用容量为 6136MW。

（2）选取风电和光伏典型日出力过程。

（3）本次调峰容量平衡计算时，火电综合调峰率采用 40%。

2.2.2 计算结果

考虑甘肃电网消纳风电装机容量 9000MW，光伏装机容量 7900MW，甘肃电网电力平衡结果见表 1，调峰容量平衡结果见表 2。

表 1 甘肃电网 2030 年电力平衡表

序号	项 目	单 位	2030 年
1	系统最大负荷	MW	31 990
2	系统备用容量（18%）	MW	5758
3	系统需要装机容量	MW	37 748
4	规划装机容量	MW	59 516
4.1	水电	MW	11 177
4.2	抽水蓄能	MW	0
4.3	需要火电	MW	31 439
4.4	风电（本网消纳）	MW	9000
4.5	光电（本网消纳）	MW	7900
5	可利用容量	MW	37 748
5.1	水电	MW	6136
5.2	抽水蓄能	MW	0
5.3	火电	MW	31 439
5.4	风电	MW	120
5.5	光电	MW	53
6	系统电力盈（＋）余（－）	MW	0

表 2   甘肃电网 2030 年调峰容量平衡表

序号	项　目	单位	7 月	11 月
1	系统最大负荷	MW	27 799	31 990
2	系统最小负荷	MW	22 212	25 400
3	系统峰谷差	MW	5588	6590
4	叠加风电及光电后最大负荷	MW	27 510	31 817
5	叠加风电及光电后最小负荷	MW	16 857	18 761
6	叠加风电及光电后峰谷差	MW	10 654	13 057
7	旋转备用（最大负荷 8%）	MW	2224	2559
8	需调峰容量	MW	12 878	15 616
9	系统装机容量	MW	59 516	59 516
9.1	水电	MW	11 177	11 177
9.2	抽水蓄能	MW	0	0
9.3	火电	MW	31 439	31 439
9.4	风电（网内消纳）	MW	9000	9000
9.5	光电（网内消纳）	MW	7900	7900
10	系统开机容量	MW	30 023	34 549
10.1	水电	MW	9833	6136
10.2	抽水蓄能	MW	0	0
10.3	火电	MW	20 191	28 413
11	可用调峰容量	MW	11 195	15 152
11.1	水电	MW	3119	3787
11.2	抽水蓄能	MW	0	0
11.3	火电	MW	8076	11 365
	火电调峰率	%	40.0	40.0
12	调峰容量盈（＋）亏（－）	MW	−1682	−463

由以上分析可知，火电综合调峰率按 40%计算，2030 年调峰容量缺口为 1682MW。若要达到调峰容量平衡，2030 年火电综合调峰率需达到 48.3%。从调峰容量缺额来看，甘肃电网发展一定规模的调峰电源是必要和迫切的。

经济规模分析时，抽水蓄能电站单位千瓦投资采用 2011 版甘肃省抽水蓄能选点规划的投资水平，采用总费用现值比较法进行经济比较，经分析计算，甘肃省 2030 年需要配套抽水蓄能电站经济规模为 1200～1600MW。

2.3 外送需要配套抽水蓄能规模

2.3.1 技术需求规模

甘肃电网依靠常规水电增加调峰容量是不现实的。临近的青海电网在配合消纳剩余风电及其他新能源后，没有富余调峰容量。在风电场附近或输电通道上建设抽水蓄能电站是消纳风电、解决电网调峰及安全、稳定、经济运行最合适、可行的方案。根据《甘肃风电消纳方案研究》（国家电力规划研究中心 2013 年）及抽水蓄能电站与风电配合运行研究相关成果，酒泉风电外送适合在酒泉风电基地附近搭建输电平台，采用"风电＋光电＋火电＋抽水蓄能电站"联合运行的模式。

根据抽水蓄能电站与风电配合运行研究成果，考虑甘肃及酒泉地区抽水蓄能电站资源条件，抽水蓄能电站与风电装机的配比为 10%～20%较合适。2030 年，酒泉风电基地规划风电装机容量 20 000MW，按抽水蓄能电站与风电装机的配比 10%～20%考虑，2030 年，酒泉地区需要配套抽水蓄能电站规模约

2000～4000MW。

2.3.2 经济规模

为配合酒泉 10 000MW 风电外送消纳，初步分析±800kV 特高压直流输电工程电源配置组合方案暂按火电装机容量 3000MW、风电装机容量 10 000MW、光电装机容量 2800MW 考虑，拟订抽水蓄能电站的装机规模 0、1000、1200、1400、1600、1800MW 六个组合方案，进行多能联合运行计算。然后采用总费用现值比较法进行经济比较，总费用现值最小的方案为经济方案。各方案经济比较结果见表 3。调峰电源优化配置方案总费用现值见图 1。

表 3　　　　　　　　　　　　　　　　　　抽水蓄能电站装机规模方案比较表

项目	单位	方案 1	方案 2	方案 3	方案 4	方案 5	方案 6
抽水蓄能电站装机容量	MW	0	1000	1200	1400	1600	1800
补充火电装机容量	MW	1800	800	600	400	200	0
增加送出的风（光）电量	亿 kWh	0	5.71	6.47	7.15	7.76	8.45
补充燃煤火电电量	亿 kWh	8.45	2.74	1.98	1.30	0.69	0
补充燃煤火电耗煤量	万 t	27.04	8.78	6.32	4.16	2.19	0
火电年燃料费用	万元	21 632	7023	5060	3330	1754	0
总费用现值	亿元	82.19	82.01	81.96	82.03	82.19	82.34

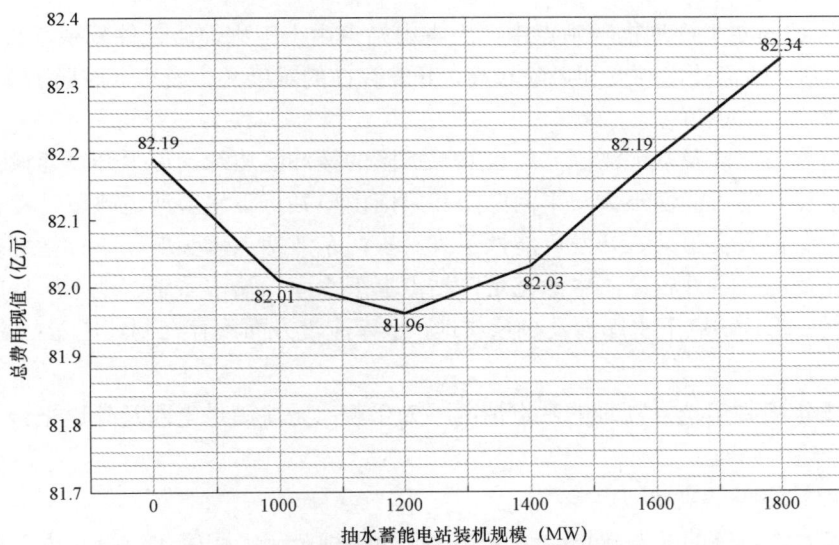

图 1　调峰电源优化配置方案总费用现值图

由以上分析可知，外送平台外送 10 000MW 的风电配套抽水蓄能电站装机规模 1000～1400MW 总费用现值较小，是较经济合理的。因此，外送 20 000MW 风电，需要配套抽水蓄能电站经济规模为 2000～2800MW。

因此，综合网内及外送，2030 年甘肃省需要配置的抽水蓄能规模合计约 3200～4400MW，其中内需抽水蓄能电站规模为 1200～1600MW，外送平台需要抽水蓄能电站规模为 2000～2800MW。由于甘肃及酒泉地区风能、太阳能资源均十分丰富，可开发规模潜力大，风电、光电规模可进一步加大。随着甘肃及酒泉地区风电开发规模的进一步加大，对抽水蓄能电站的需求规模将逐步增加。

3 选点规划调整的必要性和紧迫性

3.1 满足电力负荷快速增长的需要

根据全面建成小康社会的总体要求和《甘肃省国民经济和社会发展第十三个五年规划纲要》，"十三五"

时期甘肃经济将保持中高速增长态势，预计全省生产总值年均增长 7.5%，到 2020 年将突破 1 万亿元。为了满足甘肃省经济社会发展需求，甘肃省电力负荷也将呈现快速增长态势。2017 年，甘肃电网最大负荷 17 960MW，预测 2030 年最大负荷将达 31 990MW，是 2017 年的 1.8 倍。

截至 2017 年年底，甘肃省水电装机容量 8680MW，开发程度较高，已达到 81.7%。同时由于环保压力，火电发展受限。甘肃电力系统未来还需要大规模发展新能源发电，其存在的随机性和不稳定性，会导致电网调峰问题将日益突出，因此特别需要在负荷中心及风电、光电场址附近布局一定规模的抽水蓄能电站，提高电网安全稳定运行保障水平，增强电网调峰能力。

3.2　配合新能源发展的需要

由于自身消纳市场培育不足，系统调峰能力有限、外送通道不畅等因素影响，甘肃省成为全国弃风弃光最为严重的地区之一。

目前甘肃省列入风电红色预警区域，还未明确"十四五""十五五"风电、光电发展规划。考虑已开展前期工作情况，预计 2030 年甘肃省风电装机规模约 29 000MW，其中酒泉地区 20 000MW。

根据甘肃电网调峰容量平衡分析结果，2030 年电网调峰容量缺口约 1682MW，甘肃网内需配置抽水蓄能的经济规模为 1200～1600MW。考虑酒泉风电基地外送消纳，初步分析酒泉地区抽水蓄能电站经济需求规模约 2000～2800MW。

因此，甘肃省需要配置的抽水蓄能电站经济规模约 3200～4400MW。由于甘肃风能、太阳能资源十分丰富，可开发规模潜力大，随着风、光电开发规模的进一步加大，抽水蓄能电站的需求规模也将逐步增加。

3.3　规划站点储备的需要

2011 年版选点规划的 2 个规划推荐站点中，大古山站点由于工程地质条件复杂，长干沟－石腊板沟断层经过上、下水库坝基，站点技术难度和风险较高，开发存在的难度大，该站点前期工作已暂停。昌马（玉门）站点条件相对较好，站点可行。

规划比选站点肃北站点涉及盐池湾国家级自然保护区的缓冲区边缘，不得开发建设；加之，该电站地质条件较差，肃北站点开发可能性不大。肃南向阳和肃南山口站点下水库河道狭窄，存在高边坡的问题，同时站点涉及祁连山保护区实验区，开发可能性不大。玉门东滩站点水头低，投资指标差，不推荐为近期工程。张掖站点交通及施工条件较好，水源充足；站点上下水库、输水系统、地下厂房的地形、地质条件均满足工程枢纽布置要求；站点下水库涉及少量耕地，水库淹没方面不存在制约因素；站点不涉及敏感区；站点投资指标较好。

总体而言，2011 年版甘肃选点规划的站点情况不太乐观，无法满足电网及外送平台需求，亟需调整选点规划，及时补充合适的站点。

3.4　推进抽水蓄能电站建设的需要

目前，我国抽水蓄能电站的开发建设、运营管理已逐步规范化、程序化，没有进入已审批过的省区抽水蓄能电站选点规划的站点将不得开发建设，因此，为满足电力发展对抽水蓄能电站建设的需求，部分省区已组织开展了抽水蓄能电站选点规划调整工作。

根据国内抽水蓄能电站前期工作流程，抽水蓄能电站从选点规划到开工建设要经过预可研、可研等前期工作，完成前期工作约需 3～5 年，抽水蓄能电站建设工期一般为 7～9 年。目前启动甘肃抽水蓄能电站选点规划调整工作，到推荐站点建成投运也将在 2030 年左右。因此，为了满足甘肃电网调峰与新能源消纳需求，推进抽水蓄能电站开发建设，应尽早开展甘肃抽水蓄能电站选点规划调整工作，并加快已批复的昌马站点的前期勘测设计工作。

4　结论

甘肃省"十二五"以来，新能源发展迅速，但由于自身消纳市场培育不足，系统调峰能力有限、外送通道不畅等因素影响，甘肃省已成为全国弃风弃光最为严重的地区之一，"十三五"期间新能源发展严重受限。水电未来开发潜力已非常有限，加之火电限制发展，随着电力需求的增长，甘肃电力系统未来还需要大规模发展新能源发电，因此，未来甘肃电网调峰问题将日益突出，特别需要在负荷中心及风电、光电场址附近布局一定规模的抽水蓄能电站，增强电网调峰能力。2010 年版抽水蓄能电站选点规划推荐站点大古山站点由于地质问题等已暂停前期工作，其他比选站点也因为涉及生态环保、工程地质等方面的问题而加大了开发难度，甘肃省抽水蓄能电站规划站点储备不足。因此，甘肃省需尽快启动甘肃省抽水蓄能电站选点规划调整工作，加快抽水蓄能电站前期工作。

潍坊抽水蓄能电站下水库防洪调度运行方式研究

戴　莉

（中国电建集团北京勘测设计研究院有限公司，北京市　100024）

【摘　要】 潍坊抽水蓄能电站下水库利用已建嵩山水库，嵩山水库原是一座以防洪、灌溉为主，兼有养殖、发电等综合利用的中型水库。本文根据嵩山水库原防洪调度方式，结合抽水蓄能电站建设后的运行要求及洪水调节计算成果，在确保下游地区防洪安全和大坝安全，以及抽水蓄能电站正常运行的前提下，研究制定电站建成后下水库的防洪调度运行方式。

【关键词】 已建水库　洪水调节　防洪调度

1　工程概况

潍坊抽水蓄能电站位于山东省潍坊市临朐县境内，距离潍坊市 80km，距离济南市 120km，处于山东省中部负荷中心。上水库位于嵩山水库东南侧大峪沟沟首，下水库利用已建嵩山水库。潍坊抽水蓄能电站装机容量 1200MW，连续满发小时数 5h，电站建成后在系统中承担系统调峰、填谷、调频、调相和紧急事故备用等任务。上水库正常蓄水位 628m，死水位 598m，下水库正常蓄水位 289m，死水位 266m，为保证抽水蓄能电站正常发电，在下水库内设置抽水蓄能电站保证发电库容，相应保证发电水位 273.5m。

潍坊抽水蓄能电站的下水库采用已建的嵩山水库，并占用其部分调节库容作为抽水蓄能电站专用发电库容。嵩山水库位于潍坊市临朐县西南约 29km 处，弥河支流石河上游。水库主体工程建于 1966 年 10 月，1970 年 1 月竣工蓄水，原是一座以防洪、灌溉为主，兼有养殖、发电等综合利用的中型水库，控制流域面积 154km²。2009 年开展了嵩山水库除险加固工程，并于同年年底完成该除险加固工程。嵩山水库现状正常蓄水位 289m，死水位 266m，汛期限制水位 284.5m，防洪高水位为 290.46m，属于多年调节水库。

2　洪水调节计算分析

2.1　基本资料

（1）工程等别。工程装机容量为 1200MW，根据《防洪标准》（GB 50201—2014）和《水电枢纽工程等级划分及设计安全标准》（DL 5180—2003），初步确定本工程为一等工程、大（1）型规模。

（2）建筑物级别。工程永久性主要建筑物（包括上水库挡水建筑物、下水库挡水及泄水建筑物、输水系统主要建筑物、地下厂房等）为 1 级建筑物，永久性次要建筑物（进厂交通洞、通风兼安全洞等）为 3 级建筑物，临时性建筑物为 4 级建筑物。永久性主要建筑物边坡为 A 类枢纽工程区边坡，边坡级别为 Ⅰ 级；永久性次要建筑物边坡为 A 类枢纽工程区边坡，边坡级别为 Ⅱ 级。

（3）洪水设计标准。潍坊抽水蓄能电站装机容量 1200MW，永久性壅水、泄水建筑物级别为 1 级，而上、下水库库容较小，工程失事后对下游危害不大，根据《防洪标准》（GB 50201—2014）及《水电枢纽工程等级划分及设计安全标准》（DL 5180—2003）的规定，壅水、泄水建筑物的洪水设计标准可根据电站厂房的级别确定。因此确定上水库和下水库壅水建筑物、下水库泄水建筑物、输水系统和厂房系统涉及防洪的主要建筑物，其设计洪水标准为 200 年一遇，校核洪水标准为 1000 年一遇。下游消能防冲建筑物按 100 年一遇洪水设计。

2.2　调洪原则

（1）下水库调洪计算采用坝址天然洪水，采用静态库容，不考虑预报预泄。

（2）考虑下水库（嵩山水库）在283.5m以下没有泄洪设施，来水量只能蓄在下水库，在水位283.5m以上时才可以通过溢洪道下泄水量，起调水位宜高于283.5m。2011年，考虑下游的防洪及其他要求，《关于黑虎山、仁河、嵩山、符山水库2012年汛期控制运用方案的批复》（潍汛旱办字〔2011〕20号文）明确嵩山水库从2012年起调整汛期限制水位为284.5m。目前该水库在汛期均按照这一水位运行。近年来水库下游发生了较大变化，该水位的设置主要是考虑下游防洪要求，且对抽水蓄能电站的专用库容没有影响，潍坊抽水蓄能电站建成后不改变嵩山水库原汛期限制水位284.5m，洪水调节的最低起调水位采用284.5m。当运行发电水量800万m^3全部在下水库，即上水库水位为死水位598m时，下水库水位为287.5m。因此，下水库洪水调节的起调水位为284.5～287.5m的任何可能水位。

（3）根据《山东省潍坊市临朐县嵩山水库除险加固工程初步设计报告》，为保障水库下游五井镇垛庄、南蒋、西峪三村2400余人的生命财产安全，确定当遭遇20年一遇以下洪水时，水库泄量不超过500m^3/s，据此确定嵩山水库防洪高水位为290.46m，当水库水位超过防洪水位290.46m时水库敞泄。

（4）考虑系统调峰运行的要求，潍坊抽水蓄能电站下水库洪水调节时考虑机组发电流量在不同时段与洪水叠加的工况；随着天然洪水进入下水库，应及时开闸泄洪，泄放入库洪水，严格控制下水库水位，保证抽水蓄能电站正常发电，也可避免发电水量超泄及人造洪峰现象。

（5）为避免对下游造成人造洪水，洪水调节过程中，洪峰之前，下泄流量不大于入库洪水流量，洪峰之后，下泄流量不大于洪峰流量。

（6）下水库水位超过设计洪水位时，电站停机。

2.3 下水库洪水调节计算成果

潍坊抽水蓄能电站下水库洪水位通过电站发电与洪水过程叠加分析确定，即考虑天然洪水与发电流量遭遇的情况，其中发电流量考虑5h发电过程。

经洪水调节计算，20年一遇、设计、校核洪水标准下选取不同洪水与发电过程组合后发生的最高库水位为290.0、291.3、292.2m（见表1）。

表1   **下水库洪水调节成果**

设计频率	5%	0.5%（设计）	0.1%（校核）
洪峰流量（m^3/s）	1030	1823	2590
最高洪水位（m）	290.0	291.3	292.2

2.4 对洪水特征水位的影响分析

调洪结果显示，原嵩山水库100年一遇设计洪水位为290.62m，抽水蓄能电站建成后下水库设计标准提高到200年一遇，设计洪水位为291.3m；原嵩山水库1000年一遇校核水位为292.10m，本次计算由于发电流量叠加，水位为292.2m。遇20年一遇洪水时，按现状的调度方式计算的20年一遇洪水位为290.0m，低于除险加固报告中20年一遇洪水位290.46m。

3 电站及水库防洪调度运行方式

3.1 嵩山水库原防洪调度运行方式

嵩山水库汛期限制水位最高不应超过284.5m。

当嵩山水库水位低于或等于20年一遇原洪水位（290.46m）时，控制泄量不大于500m^3/s；当水库水位高于20年一遇原洪水位（290.46m）时，敞开闸门泄洪。在泄洪过程中，应确保不对下游造成人造洪水，即下泄流量不大于洪峰流量。

3.2 抽水蓄能电站建成后的水库防洪调度运行方式

根据嵩山水库原防洪调度方式，结合抽水蓄能电站建设后的运行要求及洪水调节计算成果，在确保下游地区防洪安全和大坝安全，以及抽水蓄能电站正常运行的前提下，制定以下防洪调度运行方式。

3.2.1 汛期

抽水蓄能电站建成后，为保证抽水蓄能电站正常运行和下水库（嵩山水库）工程安全，以及满足下游防洪要求，汛期需按照以下原则进行防洪调度：

（1）上水库水位为死水位 598m 时，即抽水蓄能电站的发电水量全在下水库（嵩山水库）；下水库（嵩山水库）的最高蓄水位不能超过 287.5m。

（2）当上水库水位为正常蓄水位 628m 即抽水蓄能电站发电水量全在上水库；下水库（嵩山水库）的水位不能超过 284.5m，下水库（嵩山水库）水位超过 284.5m 时需局部开启溢洪道闸门泄放多余的水量，且泄放流量不能大于下游河道的安全行洪标准。

（3）当嵩山水库水位低于或等于 20 年一遇防洪高水位 290.46m 时，控制泄量不大于 500m³/s；当水库水位高于 20 年一遇防洪高水位 290.46m 时，敞开闸门泄洪。在泄洪过程中，应确保不对下游造成人造洪水，即下泄流量不大于入库洪峰流量。

（4）当下水库水位超过设计洪水位 291.3m 时，电站应立即停止发电。

3.2.2 非汛期

当上水库水位为正常蓄水位 628m 时，下水库正常蓄水最低蓄水位不能低于 266m；当上水库水位为死水位 598m 时，下水库正常蓄水最低蓄水位不能低于 273.5m，以保证蓄水量能满足潍坊抽水蓄能电站 5h 的发电水量。

当上水库水位为正常蓄水位 628m 时，下水库正常蓄水最高蓄水位不能高于 286.2m；当上水库水位为死水位 598m 时，下水库正常蓄水最高蓄水位不能高于 289m，以保证下水库的工程安全以及抽水蓄能电站发电库容的要求。

4 结论

结合洪水调节计算成果，本文研究制定的抽水蓄能电站建成后的下水库防洪调度运行方式考虑了嵩山水库原防洪调度方式和抽水蓄能电站建设后的运行要求，可确保下游地区防洪安全和大坝安全，以及抽水蓄能电站正常运行。

参考文献

[1] 李琼，常黎. 关于抽水蓄能电站水库优化调度的研究 [J]. 华中电力，2003（3）.

[2] 李茂学，叶建春，蒋曼珠. 沙河抽水蓄能电站下水库运行调度 [J]. 水力发电，2004（5）.

[3] 黄小锋，纪昌明，郑江涛. 白山混合式抽水蓄能电站水库调度效率分析 [J]. 水力发电学报，2010（2）.

抚宁抽水蓄能电站上下水库建筑物布置研究

孔彩粉　杨文利　张　续

（中国电建集团北京勘测设计研究院有限公司，北京市　100024）

【摘　要】　抚宁抽水蓄能电站上、下水库建筑物布置，除了受地形地质条件影响外，还受古长城遗址影响，下水库泄洪建筑物布置受下游村庄影响。结合工程实际情况，通过库址比选、库盆防渗型式选择，下水库泄洪建筑物布置比选等研究，确定了适合工程特点的上、下水库建筑物布置方案。

【关键词】　抚宁抽水蓄能电站　库址　建筑物布置

1　工程概况

抚宁抽水蓄能电站位于河北省秦皇岛市抚宁区，装机容量1200MW，工程建成后将在京津及冀北电网中承担调峰、填谷、调频、调相及紧急事故备用等任务。电站枢纽工程主要由上水库、下水库、输水系统、地下厂房和地面开关站等建筑物组成。工程属一等大（1）型工程，上、下水库挡水及泄水建筑物、输水发电系统等永久性主要建筑物为Ⅰ级，按200年一遇洪水设计，校核洪水标准为1000年一遇。工程场地的地震基本烈度为Ⅶ度，壅水建筑物抗震设防类别为甲类。上、下水库均采用局部防渗，挡水坝均为混凝土面板堆石坝，最大坝高分别为109、66m。输水系统布置于上、下水库之间的山体内，线路总长2.53km，引水和尾水系统均采用一洞两机的供水方式，地下厂房采用尾部开发方式。

2　地形地质条件

电站地处冀东沿海地带中部，属于中低山～丘陵地貌，区域内冲沟沟谷切割较深，沟谷断面多呈V字形。上水库位于芦花井沟沟首，主沟总体发育方向为SW187°，整个库盆由6条支沟组成，呈枫叶形，谷底高出下水库河床约402m，库区总体地势为北高南低，为东、西、北三面环山的库盆，具备天然库盆地形条件。下水库位于东洋河左岸一级支流的东峪沟，库区内沟谷断面形态呈不对称的宽缓V字形，河流流向曲折，总体呈SW228°。两岸山脊高程270～812m，河床底高程167～240m，河床纵向坡降约2.8%。左岸边坡坡度28°～42°，局部65°～70°，右岸坡度31°～50°。

工程区出露地层主要有太古界安子岭片麻岩套、晚太古界混合花岗岩与第四系地层。侵入岩在工程区广泛分布，侵入岩主要有燕山期钾长花岗岩。混合花岗岩与钾长花岗岩呈混溶接触，局部见有辉绿岩脉。工程区的地质构造较为发育，主要表现为断层、节理裂隙与蚀变。工程区大部分基岩出露，地表覆盖层较薄。工程区物理地质现象主要以岩体风化、卸荷及崩塌为主。

地下水含水层类型主要有第四系孔隙潜水与基岩裂隙水，均接受大气降水的补给，以泉水和地表径流的形式排向河谷。

3　库址比选

上水库库址附近存在明代古长城遗址，属于省级保护文物，建设控制地带以保护范围边线为基线向两侧各外扩100m。上水库建筑物布置以避开长城遗址保护范围、不触及建设控制地带为前提。基于此，上水库选择抚宁库址和青龙库址进行比选。抚宁库址位于芦花井沟沟首，青龙库址位于杨树峪沟沟脑处，相应两个方案对应不同的输水系统和地下厂房系统。下水库可选择的库址位于东洋河左岸支流东峪沟内，坝址位于梁家湾村上游河道上。由于库尾上游有明代古长城，坝址下游又分布有村庄，且下游河道逐渐开阔，不利于建筑物布置，所以下水库库址可调整的裕度不大，库址比选采用选定的下水库库址与初选的上水库抚宁库址和青龙库址进行比选。

上水库两库址工程地质条件基本相当，均具备成库条件。青龙库址坝高相对较高，坝轴线长相对较长，工程量相对较大；从工程布置上看抚宁库址较青龙库址总填筑及石方开挖料分别少 $139 \times 10^4 m^3$ 和 $170 \times 10^4 m^3$，额定水头高 6m，输水系统线路抚宁方案较青龙方案短 268.7m；青龙库址方案处于明长城遗址建设控制地带范围内，存在建设限制条件，而抚宁库址则无此问题，抚宁方案施工条件、建设征地及经济指标均较优。综合比较选定抚宁库址为上水库库址。

4　库盆防渗型式选择

4.1　上水库盆防渗型式选择

上水库位于黄牛顶与背牛顶之间的芦花井沟的首部，三面环山一面筑坝成库，库区总体地势为北高南低。库盆内有 6 条支沟，地形切割相对较浅。库周分水岭较雄厚，地面高程为 779.2～897.2m，高出正常蓄水位 107.2～225.2m。库周钻孔压水资料表明，弱～微风化岩体以弱～微透水为主，因此，可能发生库水渗漏的地段为分水岭垭口地段。库周垭口部位地下水位长期观测结果表明，地下水位高程均高于正常蓄水位。其中 2 号垭口地下水位仅高于正常蓄水位 9.41m，库盆开挖后，地下水位可能低于正常蓄水位；同时 2 号垭口发育有 f_1 断层，压水试验结果显示，该部位岩体 3Lu 下限埋深低于正常蓄水位高程 12m。因此，2 号垭口部位存在库水渗漏问题，库周分水岭其余部位不存在库水渗漏问题。库内 f_1 断层胶结良好，压水试验显示，断层破碎带的透水率值较小，属于弱～微透水，库水不会沿 f_1 断层向库底产生渗漏。坝址区岩体透水性以小于 10Lu 的弱～微透水为主，构造较发育，存在坝基渗漏及绕坝渗漏问题，坝址区基础需采取防渗处理。

上述分析可知，从地下水位与岩体渗透两方面进行分析，水库蓄水后，库周分水岭 2 号垭口将产生库水渗漏问题，库周分水岭其余部位不存在库水渗漏问题；坝址区岩体受断层和裂隙切割影响，存在坝基和绕坝渗漏问题。综上，上水库采用局部防渗方案，即对库周分水岭 2 号垭口和坝基、坝肩采用垂直帷幕防渗方案。

4.2　下水库盆防渗型式选择

下水库库区内沟谷断面形态呈不对称的宽缓 V 字形，库区发育的物理地质现象主要表现为风化、卸荷，局部有小型崩塌堆积体，无滑坡、泥石流等其他不良物理地质现象。水库蓄水至正常蓄水位时，回水沿河谷长约 2km。库区山体较雄厚，山坡覆盖层少而薄，基岩裸露，岩性为钾长花岗岩和混合花岗岩，两种岩性呈混溶接触。岩体完整性较好，以弱～微透水层为主。未发现有规模较大的连通库内外的构造发育，地下水位大部分（坝段右岸除外）高于正常蓄水位，库区向邻谷产生渗漏的可能性较小。坝段右岸为单薄山脊，山脊两侧为冲沟，切割较深，地下水位埋深较大，低于正常蓄水位。所以右坝肩存在绕坝渗漏问题。根据库区和坝址区地形地质条件，以及地下水位等情况，下水库采用局部防渗方案，即对坝基及左右岸坝肩采取垂直帷幕防渗。

5　上水库建筑物布置

上水库 200 年一遇洪水 24h 洪量为 24.2 万 m^3，1000 年一遇洪水 24h 洪量为 32.9 万 m^3，洪量较小，集雨面积不大，所以不设专门的泄洪建筑物。上水库建筑物布置的关键是结合地形地质条件、料源及其他建筑物布置，进行大坝布置、电站进出水口布置和库盆开挖。

5.1　挡水坝布置

上水库正常蓄水位为 672.00m，设计洪水位为 673.08m，校核洪水位为 673.47m，死水位为 639.00m 总库容 809 万 m^3，死库容 159 万 m^3，库盆采用局部防渗方案。大坝布置在库盆南侧，充分利用两岸地形进行布置，以最大限度获得库容，满足库盆挖填平衡要求。受地形条件限制，坝址处坝线可选择的范围很小。所以坝轴线布置，结合库盆开挖及两岸坝头与库岸衔接情况，通过调整比较后确定。根据工程实际情况，经多坝型技术经济综合比较，选定混凝土面板堆石坝作为挡水坝坝型。坝顶高程为 676.00m，坝顶宽

10m，坝轴线处最大坝高 109m，坝长 430m，上、下游坝坡分别为 1:1.4 和 1:1.5。堆石坝填筑料分区自上游向下游依次为石渣盖重区、上游防渗铺盖、垫层区、过渡层区、上游堆石区、下游堆石区及下游干砌石护坡区。根据地质勘探结果，为充分利用工程开挖料，减少弃渣量，结合水工建筑物的布置，上水库填筑料全部来自上水库库盆开挖料。岩性主要为混合花岗岩，室内岩石试验成果表明，其饱和抗压强度等力学指标满足规范要求。

　　沿上水库库岸设环库公路，路面高程 676.00m，总长 1735m（不包括坝顶公路）。公路靠水库侧布置防浪墙，墙顶高程 677.2m，与坝顶防浪墙顶高程相同。

5.2　电站进/出水口布置

　　电站进/出水口根据上水库和地下厂房的布置情况，并考虑抽水蓄能电站进出水口的工作特点进行布置。进/出水口布置既要适应双向水流的水力条件，又要适应上、下水库水位变化频繁，变幅较大的特点；选择的体型，应尽可能减小水头损失，提高电站效益。根据上述要求布置的进/出水口，进出水流应顺畅，避免产生较大的环流，同时力求输水线路布置顺畅，线路短、地质条件好。上水库采用局部防渗型式，因而岸边侧式进/出水口相比井式进/出水口能更好地满足布置及排沙要求。因此，本电站上水库进/出水口采用岸边侧式，布置于上水库大坝对岸 4、5 号沟之间的山梁上，基础为微风化岩石，围岩及隧洞进洞条件较好，进/出水口前水面开阔，水力学及排沙条件较好。

5.3　库盆开挖

　　为满足上水库调节库容以及筑坝料需求，根据地形、地质条件，考虑上水库进/出水口布置、库盆开挖对边坡的稳定影响，尽量避免形成高边坡以及远离长城建设控制范围等因素，在库内东南岸、东北岸、西北岸、西岸和库底区域进行库盆开挖。开挖出的弱风化和微新石料用于坝体堆石区填筑。库水位以下弱风化及微新岩体开挖坡比为 1:0.7，高程 676.000m 处开挖宽度为 10m，后期改建为环库公路。公路以上弱风化岩体开挖边坡为 1:0.5，每隔 20m 设置一条马道，库岸山体最高边坡约 100m。

　　为满足电站所需调节库容，库内需开挖有效库容为 160 万 m³，库盆及坝基开挖可利用石料约 355 万 m³，坝体填筑及库内回填所需石料约 323 万 m³，挖填基本平衡。

6　下水库建筑物布置

　　下水库建筑物布置包括挡水坝布置、电站进/出水口布置和泄洪建筑物布置。挡水坝布置的关键是坝型、坝线选择及坝体布置设计；电站进/出水口布置的关键是位置和型式选择；泄洪消能建筑物布置的关键是共用消力池的消能问题，以及结合坝址下游较开阔地形，解决泄洪建筑物下泄水流的归槽问题。

6.1　挡水坝布置

　　下水库正常蓄水位为 223.00m，设计洪水位为 223.23m，校核洪水位为 224.59m。根据坝址地形地质条件，经过对初拟坝线的比较，选定位于梁家湾村上游约 400m 处为推荐坝轴线，该处沟谷呈宽缓的 U 字形，左岸为东峪沟的 I 级阶地，地形平缓，后缘为一陡峭的山坡，边坡坡度在 45°～50°，基岩裸露。右岸为一突出的山脊，地形坡度 16°～40°。通过坝型比选，选择对基础适应能力较强、投资较省的钢筋混凝土面板堆石坝坝型。

　　钢筋混凝土面板堆石坝坝顶高程 226.00m，坝轴线处最大坝高 66m，坝顶长度 372m，坝顶宽度 8.0m。大坝上游坡比为 1:1.4，下游坝坡坡比为 1:1.4。堆石坝填筑料分区自上游向下游依次为石渣盖重区、上游防渗铺盖、垫层区、过渡层区、上游堆石区、下游堆石区及下游干砌石护坡区。结合水工建筑物布置和施工规划，下水库坝体填筑料采用下水库坝址区上游约 400m 处小山梁上的中粗粒钾长花岗岩。根据岩石室内试验成果，其饱和抗压强度等指标满足上坝要求。

6.2　电站进/出水口布置

　　根据下水库和地下厂房的布置，下水库进/出水口位于左坝肩上游约 300m 处后门沟与黑沟之间的山梁上，基础为弱风化～微风化岩石，围岩及隧洞进洞条件较好。进/出水口沿突出山梁布置，进水口前水面开阔，水力学条件较好。侧式进/出水口具有结构布置简单，水流条件好，水头损失小的特点，在我国许多已建、在建抽水蓄能电站中得到广泛应用。下水库具备布置岸边侧式进/出水口的地形地质条件，根据输水系统的布置及下水库特征水位，确定下水库采用岸边侧式进/出水口。

6.3　泄洪建筑物布置

下水库 200 年一遇洪水洪峰流量为 791m³/s，1000 年一遇洪水洪峰流量为 1150m³/s，消能防冲建筑物 100 年一遇洪水洪峰流量为 642m³/s。根据本工程设计校核洪水标准，结合坝址区地形地质条件，并考虑工程运行管理等因素，泄洪建筑物设置有泄洪放空洞和溢洪道。

坝址区河道呈 S 形分布，右岸为凸出山梁，泄水建筑可裁弯取直布置，缩短线路长度，且水流归槽条件较好；右岸坝肩地形较缓，没有发现有较大规模的断层发育，具有布置溢洪道的有利条件；右岸地层岩性为花岗岩，成洞条件好，满足布置泄洪放空洞的要求。所以溢洪道布置在右岸坝肩，泄洪放空洞紧邻溢洪道布置在右岸山体内。为减少下游河道冲刷，溢洪道和泄洪放空洞均采用底流消能。

泄洪建筑物布置，经过分析选择了两套方案进行比较。方案一为侧槽溢洪道，出口部位与泄洪放空洞共用一个消力池；方案二为正槽溢洪道，出口消能与泄洪放空洞分开，即两者各设一个消力池进行分区消能；两方案洞线布置位置接近，均为延长线小角度相交，夹角稍有不同。模型试验验证可知，两方案技术上均可行，方案一运行管理相对灵活简单，工程投资较省，故推荐方案一，即溢洪道采用无闸门控制的侧槽式溢洪道（由溢流堰、调整段、泄槽段、消力池段和护坦段组成）。泄洪放空洞利用导流洞改建而成，采用短有压进口布置型式，由引水渠段、进口闸室段、无压隧洞段以及与溢洪道共用的消力池段和护坦段组成。为解决不同流量、不同流速及不同入池角度水流的消能问题，开展了水力学模型试验研究，通过调整泄槽末端鼻坎及消力池布置，解决池内水流流态，提高消能效率。为解决出池水流的归槽问题，在消力池护坦下游设引渠段，通过试验调整引渠段布置，并将下泄水流引至主河道。推荐布置型式的溢洪道和泄洪放空洞最大下泄流量分别为 211、751m³/s。

7　结束语

抚宁抽水蓄能电站上、下水库建筑物布置，充分利用地形地质条件，通过多方案研究，选择适合工程特点的建筑物布置及型式，做到技术可行、经济合理、保护文物古迹，满足环保要求。

上、下水库防渗型式，经渗流计算分析验证，满足防渗控制标准要求；挡水坝布置，经大坝应力变形及坝坡稳定计算分析验证满足设计要求；下水库泄洪建筑物布置，经水力学模型试验验证满足设计要求。由此说明抚宁上、下水库建筑物布置合理，满足工程开发和运行要求。施工图阶段，需根据开挖揭示的水文地质等情况，对建筑物设计进行优化。

参考文献

[1]　中国电建集团北京勘测设计研究院有限公司. 河北抚宁抽水蓄能电站可行性研究报告 [R]. 2018（8）.
[2]　中国电建集团北京勘测设计研究院有限公司. 河北抚宁抽水蓄能电站可行性研究阶段枢纽布置格局比选专题报告 [R]. 2017（11）.
[3]　吕明治，李冰，等. 张河湾抽水蓄能电站总布置 [C]. 抽水蓄能电站工程建设文集，2008.

大型抽水蓄能电站尾水支洞钢衬鼓包原因分析与处理经验浅析

王焕河　刘　英　杨绍爱　张成华　熊永俊

（湖北白莲河抽水蓄能有限公司，湖北省武汉市　201905）

【摘　要】　抽水蓄能电站尾水建筑物是重要输水系统之一，若发生尾水钢衬鼓包是极为严重的隐患，恶化时可能引起钢衬脱落，损伤转轮及其他输水设备。本文结合白莲河抽水蓄能电站③尾水支洞钢衬鼓包案例，系统阐述了原因分析排查及处理实施过程，其中一些经验可借鉴推广。

【关键词】　大型抽水蓄能电站　尾水支洞钢衬　鼓包　原因分析与处理　引排网络设计

1　工程概况及电站运行情况

湖北白莲河抽水蓄能电站（简称莲蓄电站）位于湖北省黄冈市罗田县白莲河乡境内，总装机容量 $4\times300MW$，额定水头 195m，单机额定流量 $176.1m^3/s$，在电网中承担调峰、填谷、调频、调相及事故备用等任务。电站枢纽工程主要由上水库、下水库、输水系统、地下厂房系统和地面中控楼、开关站等组成，电站投运以来，设备总体运行情况良好。

2　钢衬鼓包基本情况

2.1　③尾水支洞钢衬设计概况

莲蓄电站尾水系统采用 4 机 2 洞布置，③尾水支洞钢衬范围自尾水管末端至尾水闸门室门槽中心下游 20m 地下厂房下游帷幕灌浆处，中心高程 31.500m，总长 74.63m，共 39 节，钢衬标准管节长 2.0m，内径 7.4m，壁厚 22mm，材质为 16MnR，回填 C20 混凝土厚 0.70m。钢衬抗外压稳定采用加劲环，标准管节加劲环间距 1.0m，材质为 16MnR，断面尺寸 30mm×250mm（厚×高）。

2.2　③尾水支洞钢衬鼓包基本情况

③尾水支洞钢衬段鼓包主要出现在 2 号管节两加劲环间以及 2 号管节末端与 3 号两管节环缝之间，鼓包数分别为 16 个和 7 个。从钢管横断面来看，压力钢管腰线以上共有鼓包 7 个，鼓包规模一般较小，尤其是顶拱部位；而腰线以下鼓包数量与规模一般相对较大，共有鼓包 16 个，尤其是靠近底部的 6、7、10、11、18、19 号鼓包较为明显。

3　隐患产生原因分析

针对③尾水支洞钢衬鼓包发生的情况，提出了各种可能原因，在工作中逐一进行排查，情况见图 1。

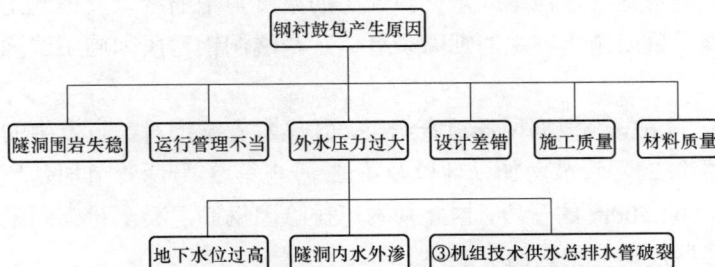

图 1　③尾水支洞钢衬鼓包原因分析图

3.1　隧洞围岩失稳

③尾水支洞部位隧洞埋深 150～180m，围岩岩性为燕山期灰白色二长花岗岩，岩石新鲜坚硬，呈块状结构，岩体完整性好。③尾水支洞的地质素描资料表明，整个支洞无断层发育，节理主要有 300°～330°/SW（少量 NE）∠50°～80°，25°～50°/SE（NW）∠50°～80°的两组，节理面大多闭合无充填，少量充填泥膜。围岩透水性小，施工开挖时，洞壁除局部有少量滴水外，一般较干燥。围岩质量属Ⅰ、Ⅱ类，稳定条件良好。

此外，根据现场检查结果，③尾水支洞钢衬 2 号管节鼓包具有数量多、规模小、分布密集的特点，其特征与通常因围岩失稳造成的压力钢管鼓包具有数量少、规模大、分布零散的特征差异较大。所以，基本可以排除尾水支洞围岩失稳原因。

3.2　运行管理不当

若电站运行管理不当，流道排水速率过大，补气不足，造成管内真空，隧洞外水排水时间过短，造成内外压差过大。依据相关检修记录，③机组尾水支洞自 2015 年 9 月 7 日开始放空，尾水放空时间约 6h，放空水头约 9.5m，平均放空速率约 1.6m/ h，满足设计规定的水位下降速率不得大于 2.0m/h 的要求。事后经检查，③尾水事故闸门自动充排气阀工作正常。

根据以上分析，基本可以排除因运行管理不当造成压力钢管鼓包现象产生的可能性。

3.3　外水压力过大

（1）尾水系统地下水位过高。隧洞放空时，考虑地下洞室群（球阀室、主厂房、母线洞、主变压器洞和尾水闸门室）、厂房排水系统以及尾闸室下游防渗帷幕的作用，折算外水压力 0.7MPa，同时考虑管道放空时因通气设备造成的气压差 0.1MPa，尾水支洞钢衬设计外压为 0.8MPa。

根据现场检查结果，地下厂房球阀室上游侧高程 72.00m 的排水廊道、主厂房与主变压器洞间高程 72.00m 的排水廊道、尾闸室下游高程 116.00m 的排水灌浆廊道与高程 56.80m 的渗控廊道、主厂房高程 45.00m 操作廊道以及母线洞高程 50.90m 两侧排水沟等部位的地下水不发育，除渗控廊道 F_8 断层带内洞顶局部有线状滴水外，其余部位绝大部分洞壁干燥。尤其下层排水廊道包括底层高程 35.50m 排水廊道除局部洞壁偶见潮湿现象外，其排水沟内绝大部分排水孔（向下打的）内无反水现象，少数排水孔甚至出现无水现象，所有地下水测压表读数全部为零，打开排水阀均无排气排水现象。据此，基本可认定③尾水支洞鼓包处下游侧地下水位一般不会高于高程 56.77m，厂房系统东端地下水位一般不会高于高程 35.50m。而③尾水支洞底部设计高程 27.80m，换言之，作用在钢衬上的最大外水水头应不会高于 28.7m，远小于本次钢衬设计复核的外水水头 70m。

此外，白莲河抽水蓄能电站 2015 年第三季度安全监测季报表明，③尾水支洞监测断面外水压力实测最大值为 0.28MPa，发生在③尾水支洞 Pb5-1 测点。从外水压力变化过程线看，前期衬砌施工完毕后，岩体内地下水的渗流场发生了变化，导致外水压力逐渐增加，增加至一定程度后，形成稳定的地下水渗流场，地下水形成的外水压力趋于稳定，目前一直维持在较为稳定的状态。外水压力与流道充水和上水库蓄水没有相关性，外水压力并没有随流道充水的影响而增加或减少。

综合以上分析，基本可以排除因③尾水支洞围岩地下水位过高造成压力钢管鼓包现象产生的可能性。

（2）隧洞内水外渗。隧洞内水外渗的途径主要有三种：一是钢筋混凝土衬砌洞段在较大的内水压力作用下产生开裂或者混凝土浇筑施工过程中因水化热产生的温度与干缩缝以及因施工质量原因产生的冷缝；二是隧洞钢衬段由于焊缝质量问题所产生的细微裂缝；三是隧洞钢衬段因施工遗漏造成灌浆孔未封堵，或封堵不严。

③尾水支洞钢衬总长 74.63m。根据现场检查结果，③尾水支洞钢衬鼓包发生的距离尾水支洞钢衬与混凝土衬砌结合部位较远的第 2 号管节两加劲环以及第 2 号与第 3 号两管节加劲环之间流道桩号为③尾支 0+002.500m～③尾支 0+004.500m 的管段，据此基本可排除因钢筋混凝土衬砌洞段在较大的内水压力作用下产生开裂从而内水外渗导致钢衬鼓包的可能性。

现场检查结果表明，通过对③尾水支洞钢衬鼓包段进行冲洗、干燥后检查，钢管焊缝与灌浆孔无锈蚀与渗水现象。结合第一次现场查勘对焊缝磁粉探伤的结果，也基本可排除因焊缝质量或灌浆孔封堵施工质量产生内水外渗导致钢衬鼓包的可能性。

综上所述，基本可以排除因隧洞内水外渗造成压力钢管鼓包现象产生的可能性。

（3）③机组技术供水排水管局部破损。为满足机组技术供水要求，在③机组尾水支洞正底部开槽埋设有 1 根 DN400 的机组技术供水排水管，其取水口位于尾水事故闸门后流道桩号③尾支 0+064.580m 断面腰线位置处。③机组技术供水排水管围岩开槽尺寸 800mm×700mm（宽×深），机组技术供水排水管安装完后回填 C20 素混凝土。

为进一步查明原因，对③尾水支洞底部 DN400 的技术供水排水管进行了打压试验。试验结果表明，钢衬鼓包钻孔处水流量及压力变化与③机组技术供水排水管内压变化有着直接的水力联系。据此基本可确定造成本次③尾水支洞钢衬鼓包隐患的原因为③机组技术供水排水埋管破损所致。

3.4　设计差错

通过查阅设计报告，莲蓄电站③尾水支洞钢衬设计满足国家及行业有关规程、规范的要求，钢衬设计外水压力取值合理，符合工程地下水位发育水平，且具有一定的安全裕度，③尾水支洞钢衬鼓包的产生非设计原因所致。

3.5　施工质量

影响钢衬鼓包的施工质量主要有：钢管焊缝存在细微裂缝、灌浆孔未封堵或封堵不严、加劲环脱焊、混凝土浇筑不密实、钢衬与混凝土间存有空腔。查阅③尾水支洞钢衬单节制作检验记录表、压力钢管安装验收签证单、焊接申请单、超声波与 X 射线探伤报告、施工质量验收及评定表等工程档案资料，未见施工质量异常现象。根据 3.3 中有关隧洞内水外渗原因分析，已基本排除因焊缝质量或灌浆孔封堵施工质量产生内水外渗导致钢衬鼓包的可能性。现场检查结果表明，③尾水支洞钢衬鼓包仅限制在 2 号管节以及 2 号与 3 号管节环缝之间，锤击鼓包及相邻区域亦无空腔声音，据此基本可排除因加劲环脱焊、混凝土浇筑不密实、钢衬与混凝土间存有空腔导致钢衬鼓包的可能性。

综合以上分析，基本可以排除因运行管理不当造成压力钢管鼓包现象产生的可能性。

3.6　钢板质量

影响钢衬鼓包的钢板质量主要有：板厚加工误差过大、钢材化学成分及物理力学性能指标不满足设计要求。通过查阅工程档案，由武汉科技大学分析测试中心及工程力学测试中心出具的湖北白莲河抽水蓄能电站 C3 标压力钢管钢材化学成分和物理力学性能指标检测报告显示，本批次钢板化学成分与物理力学性能指标满足《压力容器用钢板》（GB 6654—1996）的要求。

综上所述，本次③尾水支洞钢衬鼓包产生的原因为③机组技术供水排水埋管破损所致。

4　工程实施

4.1　鼓包钢衬区域切除

根据现场勘察情况，绘制鼓包钢衬切除区域，按照绘图现场画线，实施切割。

4.2　混凝土凿除

4.2.1　2、3 号管节底部混凝土凿除

2、3 号管节底部混凝土凿除尺寸：径向深度 1.4m，轴向长度 1.7m，底部环向弧长 1.1m。凿除后对裸露技术供水排水管路进行检查处理。

4.2.2　其他区域混凝土凿除

除 2、3 号管节底部混凝土凿除区域外，其他鼓包区域混凝土径向凿除深 30mm，钢板纵缝、横缝以及灌浆孔补强板部位局部深 50mm，环向及轴向超出钢衬末切除端至少 50mm，便于瓦片安装和焊接。

4.3　钢衬精切

待混凝土全部凿除完成后进行精切，精切采用磁力全位置半自动切割机对预留量进行切割。精切后重新精确测量，便于替换瓦片加工制作。精切后，对钢衬坡口进行切割，坡口切割后人工打磨处理，便于瓦

片焊接。

4.4 渗点查找及补漏

2、3 号管节底部瓦片混凝土凿除后，预先在机组技术供水排水管内投入适量红色显像剂，便于查找漏点。对预埋的 DN400 技术供水排水管路进行检查，检查发现该部分管路没有焊缝，管路外壁无渗水迹象，但在 2 号管节轴向凿除的纵切面下方（管路底部管壁与混凝土接触位置）发现渗水现象，渗水颜色为浅红色，且形成水流。经对③机组技术供水排水管进行保压试验，试验结果显示压力下降趋势明显，说明靠近 1 号管节方向存在渗点，随对 1 号管节底部钢衬及混凝土进行凿除。

1 号管节凿除后，发现在技术供水排水管结合缝处有渗漏点。经分析确认，技术供水总排水管破损为固结灌浆施工时制作灌浆孔所致。对渗点进行确认后经修复—探伤—保压—加固—防腐后确认消除缺陷。

4.5 引排网络设计及布置

为防止鼓包区域再次出现存水情况，设计并安装引排泄压网络系统。

4.5.1 钻孔

钻孔点坐标：X，排水沟左侧墙壁（面向下游）向右延伸 300mm；Y，3 号母线洞外墙壁（桩号：厂 0＋021.20）至下游方向 21 620mm。尾水管内孔坐标：X，机组中心线至 2 号管节 10 点钟方向（面向上游）水平距离 3250mm；Y，机组中心线至下游方向 32 420mm；Z，钻孔点垂直向下 16 332mm。

4.5.2 引排网络布置安装

在 2 号管节环向凿除 150mm×150mm 的环向槽，安装 ϕ76 的环向排水总管，且 2 号管节环向均匀分布钻 6 个孔，钻孔深度至基岩结构，用于安装岩壁径向排水管（孔径 56mm，孔深 800mm，管径 50mm）。径向排水管（ϕ50）与环向排水管（ϕ76）连接，竖管（ϕ102）与环向排水管（ϕ76）连接，底部集水槽与环向排水管连接。

4.6 管节基坑混凝土回填

采用商品混凝土（C30）对 1、2、3 号管节基坑进行回填。

4.7 钢衬瓦片拼接

备换钢衬瓦片采用 Q345R，厚度与原钢衬瓦片相同（22mm）。瓦片外侧沿环向每隔约 800mm 设置一个预留孔（带补强板）。备换瓦片弧长可根据现场运输通道允许长度以及施工安装要求进行适当调整，但单块割除弧长不得小于 500mm。

焊接完成后施工方采用 100%TOFD 无损检测，检测结果均符合标准要求，采用 100%超声波无损检测，焊缝质量均合格。

4.8 灌浆

4.8.1 回填与接触灌浆

钢衬瓦片焊接完成后，采用赶浆法从管节底部备换钢衬预留孔进行回填灌浆，以填充钢衬与混凝土之间的空腔，灌浆压力 0.2MPa。回填灌浆采用 M30 低干缩水泥砂浆。钢衬接触灌浆的区域和灌浆位置可根据现场敲击检查情况确定，若每一独立脱空区面积小于 0.5m²，则不需要进行接触灌浆，否则应采用接触灌浆，灌浆压力 0.2MPa。灌浆过程中，严格按照灌浆施工方案和砂浆配合报告要求执行。

4.8.2 灌浆孔封堵

灌浆结束后对灌浆孔进行封堵。

4.9 防腐处理

压力钢管修复部分钢衬、焊缝及坡口、灌浆孔、套管等部位应进行除锈处理后，涂刷防腐漆。钢衬除锈等级 Sa2.5，防腐采用环氧沥青厚浆型防锈底、面漆，其中底、面涂层厚度均为 125μm。

5 经验总结

该案例在原因分析排查及工程实施过程中积累了宝贵的经验，其中钢衬引排泄压网络系统设计及布置安装构思巧妙，作用突出，一方面可以预防钢衬内部再次形成内压，另一方面可以通过观察泄压管水位了解内压情况。工程于 2016 年 6 月完工，经过近 3 年运行，结合流道排水检查情况来看，确认缺陷隐患已完全消除。

　　同时，该案例也警醒我们，电站的隐蔽工程质量把控极为重要，隐蔽工程遗留的问题不易被发现，很可能会扩大、恶化、发病在投产运行时期，这样造成的损失和付出的代价是较大的。只有高标准，高要求把控每一个生产环节，才能实现百年优质工程。

参考文献

［1］　黄宏志. 水电站压力钢管内壁鼓包处理经验浅析. 科协论坛，2009.

［2］　张孟七，李建平，王为标，等. 某大型水电站钢管鼓包原因分析及处理措施. 水电与清洁能源，2007.

大雅河抽水蓄能电站上水库面板堆石坝设计

胡顺志　赵　亮　张　鹏　郭建业

（中水东北勘测设计研究有限责任公司，吉林省长春市　130000）

【摘　要】　本文简要介绍大雅河抽水蓄能电站上水库混凝土面板堆石坝的布置、坝体材料分区、库盆防渗、面板
　　　分缝及止水、坝脚挡墙等设计，重点研究了面板堆石坝下游侧坝基高陡边坡筑坝问题，从而保证了主坝的安全稳
　　　定运行。

【关键词】　抽水蓄能　上水库　面板堆石坝　设计

1　工程概况

大雅河抽水蓄能电站位于辽宁省桓仁县境内，距桓仁县城 40km。电站装机容量 1600MW，工程规模
为大（1）型，永久性主要建筑物级别为 1 级，永久性次要建筑物级别为 3 级。场址 50 年超越概率 10%的
地震动峰值加速度值为 56cm/s²，挡水建筑物在基本烈度基础上提高 1 度作为设计烈度，设计地震烈度采用
Ⅶ度。

上水库设在大雅河左岸的一撮毛北侧鞍部，通过开挖鞍部和在鞍部两侧筑坝形成上水库，库盆呈环形
布置，共有 4 部分组成，分别为东主坝、西主坝、南库岸和北库岸，最大坝高 63.30m。下水库利用在建的
大雅河水库。

上水库总库容 703×10⁴m³，有效库容 665×10⁴m³，正常蓄水位 1066.00m，死水位 1018.60m，设计洪
水位 1066.30m，校核洪水位 1066.40m。由于上水库集水面积及洪水来流量较小，未设置泄洪设施。

2　自然及地质概况

一撮毛山顶高程 1186m，地形较陡，坡度一般 28°～30°，西北侧边坡地形坡度一般 35°～40°。

库区主要为石英砂岩和含砾石英砂岩；第四系地层为分布于山坡上的崩坡积混合土碎石和崩积块石；
侵入岩为燕山期闪长玢岩。石英砂岩紫灰色，中粒结构，层状构造。含砾石英砂岩灰紫色，含砾不等粒结
构，层状构造，成分为砂岩和花岗岩。

第四系混合土碎石灰黄色，松散～稍密，分布于山坡上，厚度 2～10m。混合土块石灰黄色，松散～
稍密，分布于山坡上，厚度 3～10m。块石灰白色，松散～稍密，分布于山坡上，厚度 3～10m，钻孔揭露
最大厚度 23.9m。

库区基岩岩质坚硬，抗风化能力强，地表测绘和勘探钻孔均未发现全、强风化岩，岩体弱风化带厚度
达 110m。弱风化岩体完整占 60%，较完整占 26%，完整性差占 11%，较破碎占 3%；微风化岩体完整占
100%。

3　上水库设计

3.1　主坝布置

上水库库盆呈环形布置，分别为东主坝、西主坝、南库岸和北库岸，环库公路长 1887.65m，主坝坝型
采用面板堆石坝，堆石区石料采用上水库库盆开挖的弱风化石英砂岩，为硬岩类。

东主坝布置在库盆东侧，坝顶高程为 1068.50m，坝顶宽 8m，最大坝高 63.30m，坝顶长 700.59m。上
游坡 1:1.4，下游坡 1:1.3，下游综合坡 1:1.42，下游坡采用块石护坡。坝脚布置衡重式混凝土挡墙。

西主坝布置在库盆西侧，最大坝高 63.30m，坝顶长 652.03m。上游坡 1:1.4，下游坡 1:1.3，下游综合

坡 1:1.41。坝脚布置衡重式混凝土挡墙。

3.2 库盆防渗

上水库库盆基本布置在山顶，库盆地下水位埋藏较深，均远低于正常蓄水位，库岸山体较单薄，库盆整体防渗面积不大，上水库采用钢筋混凝土面板全库盆防渗。钢筋混凝土护面总面积约 22.63 万 m²，全库盆面板采用等厚度 0.4m，单层双向配筋，以防止温度和干缩裂缝。面板混凝土采用 $C_{28}30W10F300$。

库周防渗面板沿坝轴线方向设垂直缝，基本间距 14.00m，坝肩与库岸连接段加密至 7.00～10.00m，库周共布置防渗面板 168 块。库底面板分缝长、宽均为 15.0m。库周面板顶部与防浪墙在高程 1067.00m 处相接，底部与环库廊道相连，库底面板水平与环库廊道相连。

库周面板和库底面板缝内设两道止水，底部 W 形止水铜片，顶部设置 GB 嵌缝填料，外加三元乙丙复合保护盖。周边缝设两道止水，表层设置 GB 嵌缝材料，外加三元乙丙复合板并用角钢固定保护盖，在填料下部设置一道波浪形止水带，其下缝口处设氯丁橡胶棒，底部设 F 型止水铜片。

防浪墙伸缩缝间距为 14m，与面板垂直缝错开布置，设一道 W 形铜片止水，缝间嵌沥青浸渍木板；防浪墙与面板接缝设两道止水，即底部止水铜片，顶部设柔性填料止水。廊道伸缩缝为平接缝，缝间距为 14～16m，与面板分缝错开布置，而且垂直于廊道中心线，缝间设一道铜止水带，并与周边缝止水构成封闭系统。

3.3 坝料分区

坝体分区设计时，考虑坝址区地形条件、坝体受力和变形特性、坝体和坝基渗流特性，并尽量利用开挖料降低工程造价等因素，确定坝体从上游至下游依次为垫层料区、过渡料区、主堆石Ⅰ、Ⅱ区、增模区及坝基排水区，在周边缝下游侧设置特殊垫层区。

（1）垫层区。位于面板的下游侧，水平宽度为 2m，垫层料利用洞挖的弱风化石英砂岩，经人工砂石骨料系统破碎、分级、调整级配后上坝碾压填筑。垫层料应级配连续、低压缩、高抗剪强度及渗透性能良好，要求渗透系数不小于 $1×10^{-2}$cm/s。垫层最大粒径 80～100mm，粒径小于 5mm 的颗粒含量宜为 15%～30%，粒径小于 0.075 mm 的颗粒含量少于 5%，碾压后干容重不小于 22.0kN/m³。

（2）特殊垫层区。为加强对周边缝的渗漏控制，在廊道部位的周边缝下游侧设置特殊垫层区，小区料高 1.5m，顶宽 1.0m，坡比 1:1。采用垫层料剔除粒径大于 40mm 的剩余部分，薄层碾压密实，以尽量减少周边缝的位移，同时起到反滤作用。

（3）过渡区。位于垫层料和主堆石料之间，水平宽度为 4m。过渡料采用上水库库盆开挖的弱风化石英砂岩。过渡料要求级配连续，最大粒径 300mm，碾压后干容重不小于 21.5kN/m³。

（4）主堆石区。位于高程 1018.15m 以上的坝体上、下游部位，该区是主坝的主要受力区，要求采用级配良好、新鲜坚硬的石料填筑，压实后能自由排水。主堆石Ⅰ区采用上水库库盆开挖的弱风化石英砂岩，主堆石Ⅱ区采用上水库库盆开挖的弱风化石英砂岩和部分卸荷带开挖的坚硬岩石。主堆石区最大粒径 600mm，粒径小于 5mm 的颗粒含量不超过 20%，粒径小于 0.075 mm 的颗粒含量不超过 3%，主堆石Ⅰ区碾压后孔隙率不大于 21.5%，干容重不小于 21.0kN/m³；主堆石Ⅱ区碾压后孔隙率不大于 23%，干容重不小于 20.0kN/m³。

（5）增模区。坝体下游基础面偏陡，为减少下游贴坡式坝体的不均匀沉降，参考其他工程经验，在高程 1015.18m 以下设置了增模区。增模区利用上水库库盆开挖的弱风化石英砂岩，薄层铺筑，碾压后孔隙率不大于 19%，相应干容重不小于 22kN/m³。

为加强坝体排水，沿坝下谷底最低处布置一条纵向排水带，宽 10m，排水层料紧贴坝基布置，要求基本同过渡区。

3.4 主坝坝脚挡墙

为解决坝体下游斜坡上堆石体稳定，以及减小坝坡放坡过长、减小堆石施工难度和减少工程占地等问题，在主坝坝脚设置衡重式混凝土挡墙。挡墙布置在东、西主坝坝轴线下游高程 880.00～935.00m 区间。

东主坝坝脚挡墙长 384.50m，最大墙高 39.0m，挡墙顶宽 4.0m，挡墙墙趾至坝顶最大高差达 206.50m，挡墙内布置基础排水兼预应力锚索施工廊道，廊道尺寸3.5m×4.26m，沿挡墙布置两层1200kN预应力锚索，间距3.0m，深度35/45m。对挡墙典型剖面沿建基面进行了抗滑稳定和抗倾覆计算，墙后堆石体产生的主动土压力采用了通用条分法计算主动土压力和库仑主动土压力两种方法，通用条分法成果为抗滑稳定系数为18.8，抗倾覆稳定系数为3.8；库仑主动土法成果为抗滑稳定系数为18.9，抗倾覆稳定系数为3.4。

挡墙内布置PVC排水管，间距3.0m，排水管顶部设反滤层，及时排除主坝坝体渗透水。廊道内布置斜向和竖向排水孔，间距3.0m，排除基础内渗水，降低挡墙扬压力。具体布置详见图1。

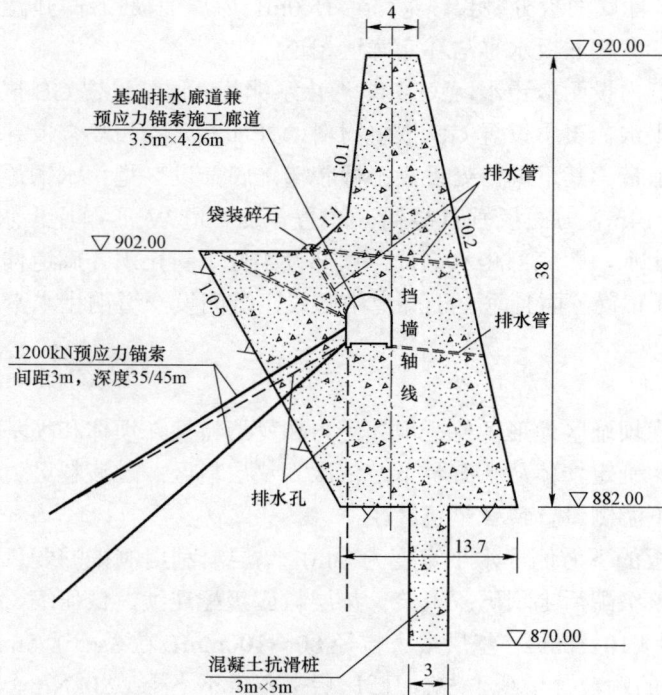

图1　坝脚挡墙典型剖面图

3.5　基础处理设计

下游侧增模区堆石体位于斜坡上，为满足坝体稳定要求和减小坝体沉降量，对斜坡上覆盖层进行全部清除，并且对基岩斜坡开挖成台阶状，台阶宽度不小于4.0m，开挖坡度不陡于1:1。库周底部环库排水廊道基础开挖至弱风化上部。大坝坝脚挡墙基础清除基岩顶部卸荷带，建基于弱风化上部，开挖边坡1:0.5。

为提高坝脚挡墙基础部位岩石的完整性以及基岩承载能力，对挡墙基础进行固结灌浆处理，固结灌浆设3排，灌浆孔深6～8m，孔距3m。

为保证廊道和挡墙基础的整体稳定性，对该基础部位的断层做深挖处理，回填混凝土形成倒梯形混凝土塞。同时对该部位基础岩体进行了固结灌浆处理，以提高其整体性和承载能力。混凝土塞后至坝轴线部位的断层表面铺设0.5m厚的反滤料加以保护，并加强碾压处理。

4　结束语

大雅河抽水蓄能电站上水库东、西主坝混凝土面板堆石坝设计过程中，通过对地形地质条件、严寒地区抽水蓄能电站库水位骤降运行状况等条件进行详细分析后，对面板堆石坝进行了有针对性的布置设计，在坝体材料分区中将垫层料设计成透水碎石料，解决了坝料能迅速排水防止冻胀等问题，周边缝位置设特殊垫层区；在主坝坝脚设置衡重式混凝土挡墙解决坝体下游斜坡上堆石体稳定问题，同时减少了坝坡放坡长度，减小了施工难度以及工程占地等问题。

荒沟抽水蓄能电站引水调压井布置优化

刘　锋　王　杨　苏弈康　房恩泽

（中水东北勘测设计研究有限责任公司，吉林省长春市　130021）

【摘　要】 荒沟抽水蓄能电站引水调压井位于引水隧洞末端桩号引Ⅰ、Ⅱ0＋512.49m处，布置在两条引水隧洞顶部，为升管阻抗式调压井。引水调压井大部分位于微、弱风化白岗花岗岩内，未发现有较大断层及不利地质构造，岩体稳定性较好，属Ⅱ类围岩。优化前调压井布置方案存在以下不利因素：结构布置复杂，施工难度大，质量难以保证；高耸圆筒施工存在很大的安全隐患；施工场地与施工交通布置困难。因此，有必要对引水调压井进行优化设计。

【关键词】 抽水蓄能电站　阻抗式调压井　最高涌浪

1　概述

荒沟抽水蓄能电站位于黑龙江省牡丹江市海林市三道河子镇，下水库利用已建成的莲花水电站水库，上水库为牡丹江支流三道河子右岸的山间洼地。电站枢纽建筑物主要由主坝、副坝、输水系统和地下厂房等组成，装机容量1200MW。输水系统按发电工况分引水系统和尾水系统，均为二洞四机布置。引水系统由上水库进/出水口、引水隧洞（包含上平洞、上斜洞、中平洞、下斜洞、下平洞）、引水调压井、引水洞岔管和引水支洞组成。引水调压井位于桩号引Ⅰ、Ⅱ0＋512.49m处，为阻抗式调压井。

2　优化前调压井布置

优化前调压井升管直径为4.5m，其面积为引水隧洞面积的45%。升管高24.15m，升管衬砌厚度0.6m。调压井大井直径为18.0m，衬砌厚1.2m，大井高53.50m。为保证大井开挖稳定，大井设有系统锚杆，锚杆$\phi22$，深入围岩4m，间排距2.0m。引水调压井大井内层设防渗涂料以防止内水外渗。

1号引水调压井正常蓄水位（652.50m）高出地面14m，最高涌浪水位高出地面23m，调压井顶面高出地面26m。2号引水调压井正常蓄水位略低于地面高程，最高涌浪水位高出地面9m，调压井顶面高出地面12m。

由于1号引水调压井正常蓄水位高出地面14m，为保证在极端低温等外界环境条件下，满足钢筋混凝土结构的防冻、防裂及防渗等要求，需对大井露出地面部分采用钢板衬砌防渗或采用双层钢筋混凝土结构层间设防渗体防渗，并辅之内壁涂刷防渗涂料、外壁设置保温材料等工程措施。特别值得强调的是，直径18m、高度近30m的高耸圆筒施工存在很大的安全隐患，而且两井间距72m、高差近15m，地面坡度达20%，对施工交通布置较为不利。优化前调压井见图1和图2。

3　优化后调压井布置

随着技施设计阶段工作的深入，结合施工现场实际情况，综合考虑结构布置、施工条件以及施工安全隐患管控等因素，有必要对调压井布置进行进一步优化调整，以消除或减轻上述不利因素。

通过对调压井区地形地质条件、隧洞与调压井及上下水库连接公路的布置与相互关系的分析与研究，并经多次现场查勘、量测，提出调压井布置优化调整方案。

优化后调压井布置作如下调整，1号引水调压井位于引水隧洞末端桩号引Ⅰ0＋512.16m处引水隧洞（发电流向）右侧，为升管阻抗式调压井。升管底部通过平洞与主洞连接，连接洞长度为50.20m。升管高30.95m，内径4.5m，采用钢筋混凝土衬砌，衬砌厚度0.6m。调压井大井内径为18.0m，衬砌厚1.2m，大井高53.50m。调压井地面高程与该处上下水库连接公路（桩号约8＋310）高程相同，为653.00m，调压井高出地面12m。

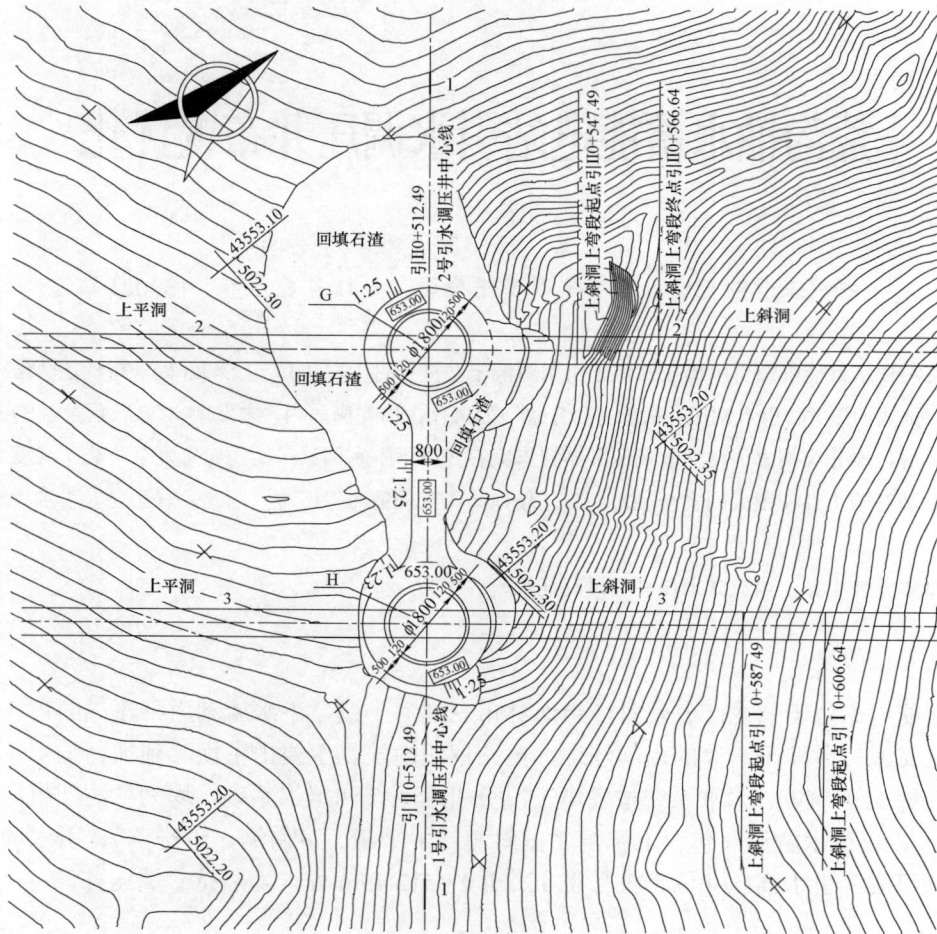

图 1　优化前调压井平面布置

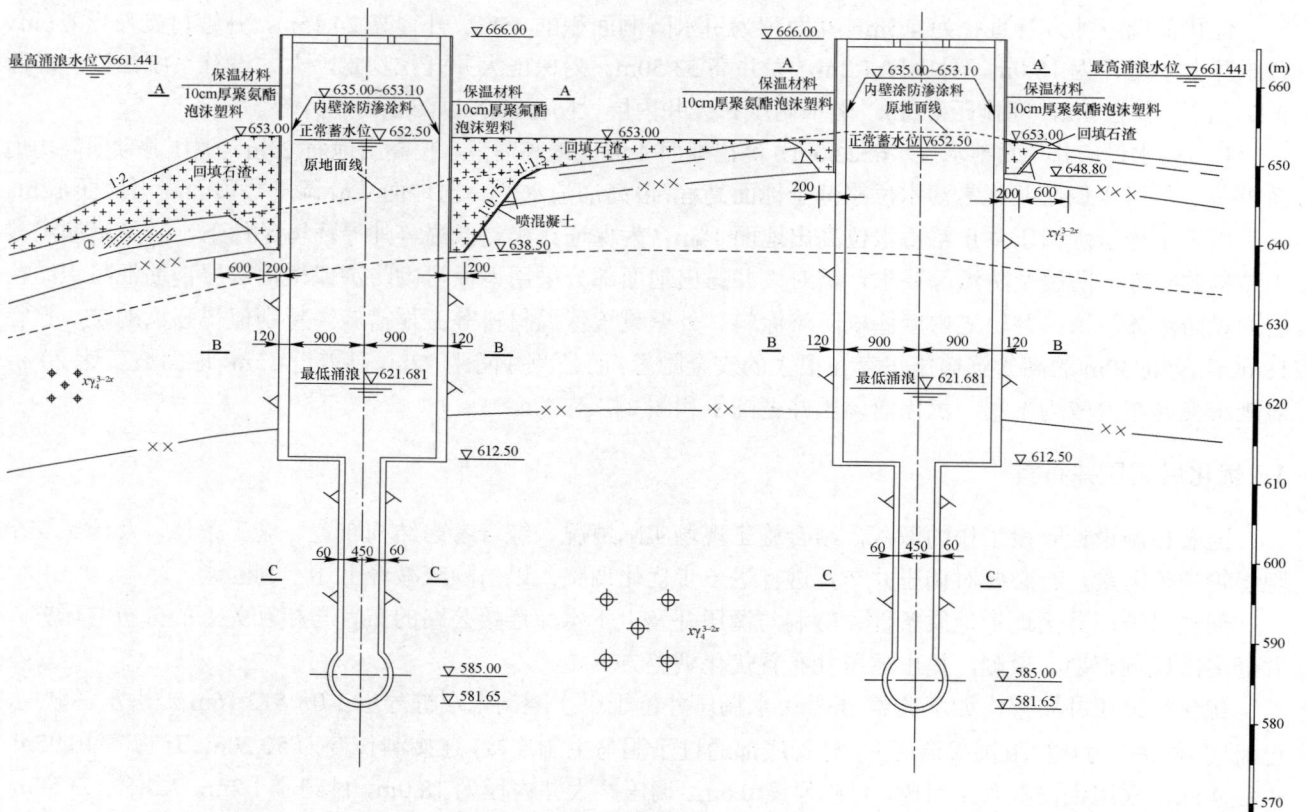

图 2　优化前调压井剖面布置

　　2 号引水调压井位于引水隧洞末端桩号引Ⅱ0+454.17m 处引水隧洞（发电流向）右侧，为升管阻抗式调压井。升管底部通过平洞与主洞连接，连接洞长度为 37.19m。升管高 29.86m，内径 4.5m，采用钢筋混凝土衬砌，衬砌厚度 0.6m。调压井大井内径为 18.0m，衬砌厚 1.2m，大井高 53.50m。调压井地面高程为 660.00m，调压井高出地面 6.0m。

　　为保证大井开挖稳定，大井设有系统锚杆，锚杆ϕ22，深入围岩 4m，间排距 2.0m。引水调压井大井内壁设防渗涂料以防止内水外渗。

　　优化后调压井布置见图 3～图 5。

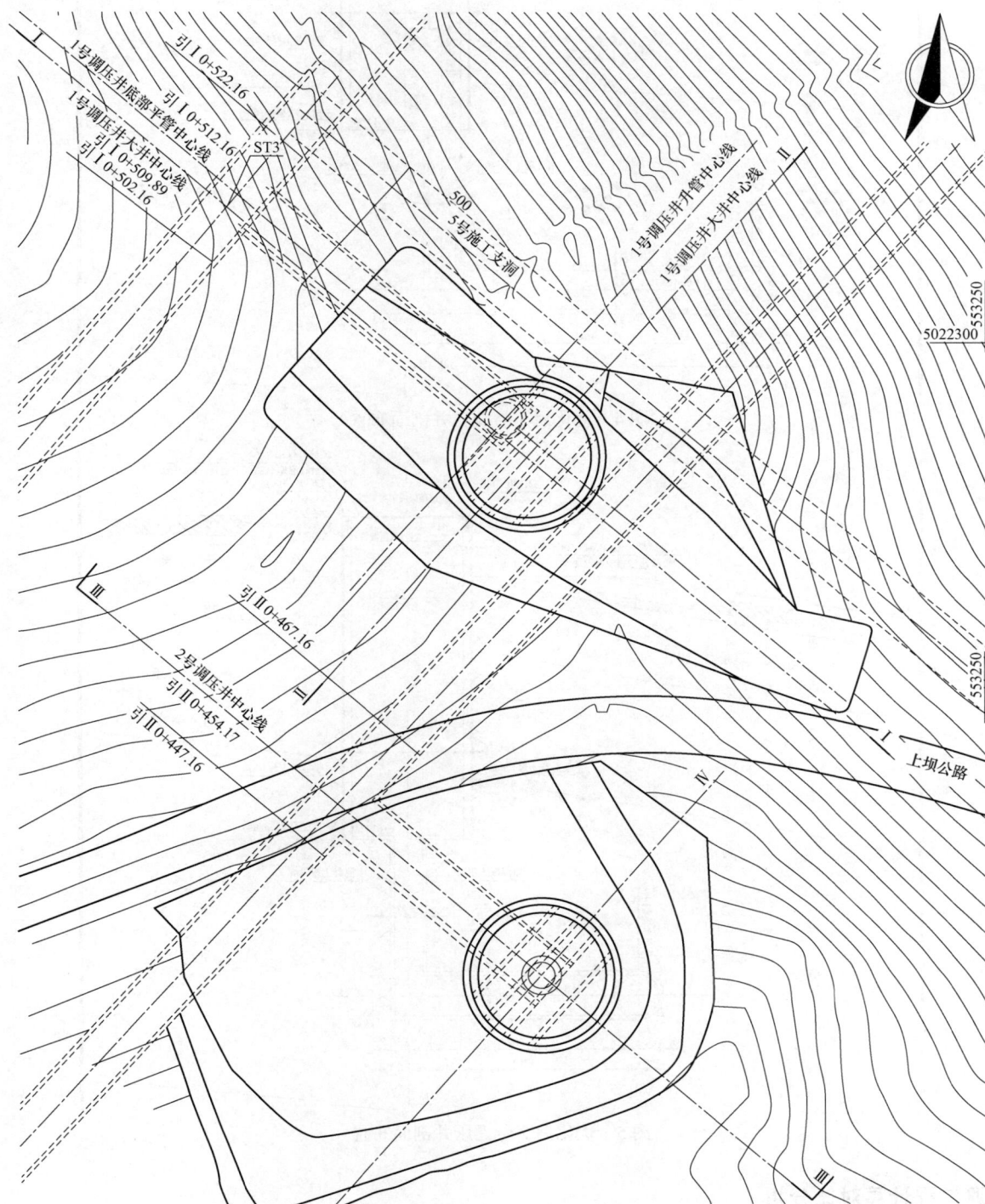

图 3　优化后调压井平面布置

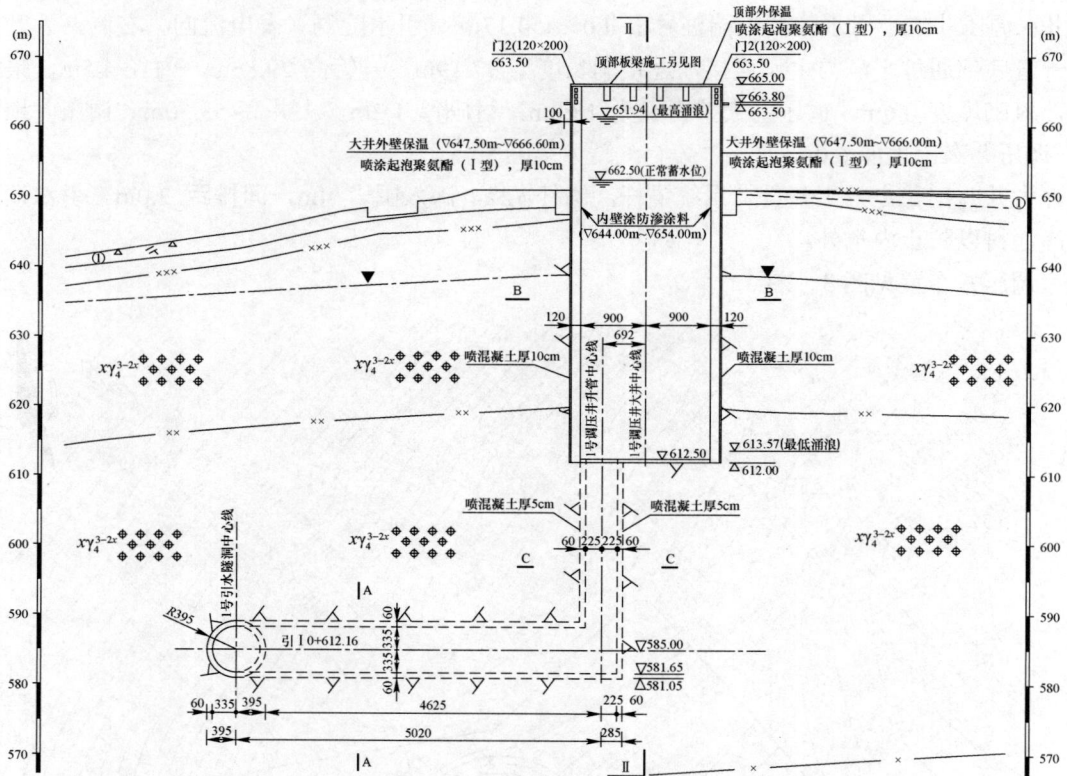

图 4 优化后 1 号调压井剖面布置

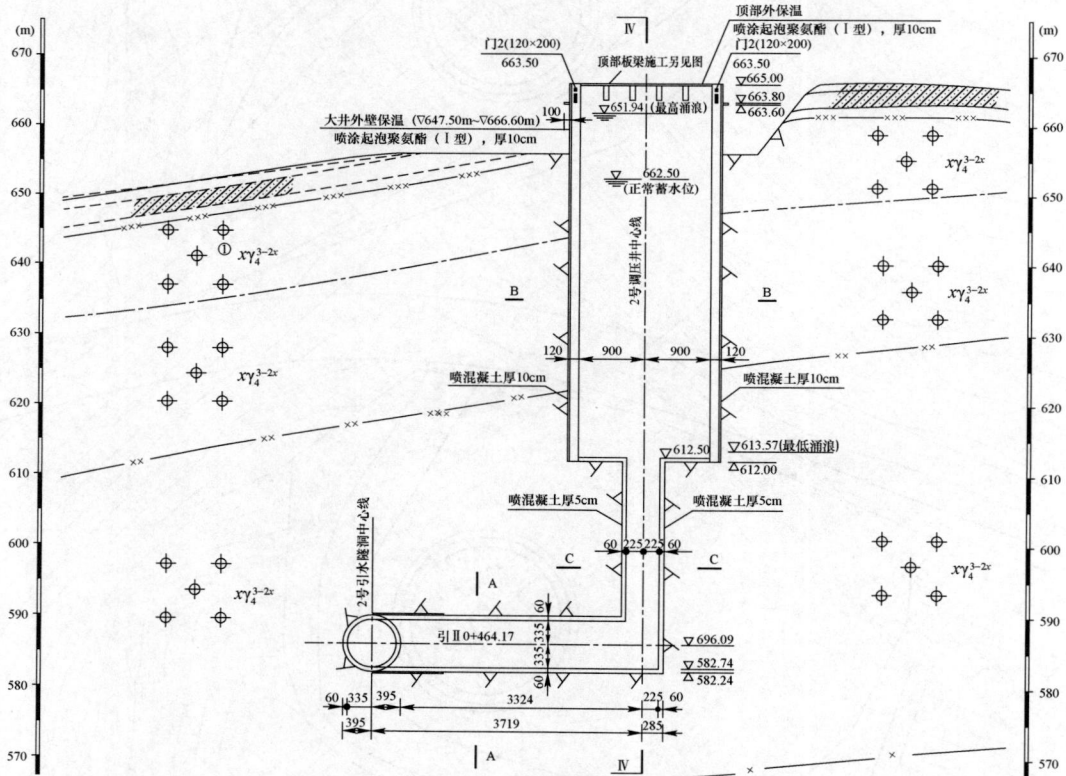

图 5 优化后 2 号调压井剖面布置

4 过渡过程计算对比分析

可研设计阶段，调压井最低涌浪水位 617.475m，最高涌浪水位 663.107m，大井顶高程 666.00m，底高程 612.50m。招标设计阶段，经水力过渡过程计算复核，调压井最低涌浪水位 621.681 m，最高涌浪水位 661.441m。

　　技施设计阶段，经水力过渡过程计算复核，调压井最低涌浪水位 613.570m，最高涌浪水位 661.940m。大井顶高程 666.00m，底高程 612.00m。

　　调压井布置调整后，水力过渡过程计算初步成果表明机组压力增加 1%～2%，调压井涌波基本无影响。

5　结束语

　　（1）调压井布置调整后，水力过渡过程计算初步成果表明机组速率上升基本无影响，机组压力增加 1%～2%，调压井涌波基本无影响。因此调压井位置调整后对过渡过程基本无影响。

　　（2）正常蓄水位位于地面以下，有利于调压井结构设计，从而方便施工，降低造价。

　　（3）公路两侧各设一座调压井，调压井处地面高程与该处公路高程基本一致，极大方便了调压井施工。

　　（4）调压井高出地面 12m，有效降低了施工安全隐患，改善了施工条件。

　　（5）调压井布置于隧洞一侧而非洞顶，利于避免隧洞施工与调压井施工的相互影响。

　　（6）调压井布置优化后工程投资减少了 143.00 万元。

新型勺型挑流鼻坎在泄洪洞中的应用

刘　锦　程　坤

（中国电建集团西北勘测设计研究院有限公司，陕西省西安市　710043）

【摘　要】　通过新疆某抽水蓄能电站整体水工模型试验，研究提出一种类似勺形的挑流鼻坎，鼻坎前半部分通过大半径正向圆弧使泄槽底板高程降低，出口段采用小半径反弧大挑角起挑，出口接近河床高程、反弧段积水体积小，在保留常规大挑角挑流鼻坎优点的同时又能大幅度的降低起挑水位，兼顾了导、泄"二合一"工程施工导流和泄洪两个不同时期、不同水头特点的泄洪消能问题，可作为其他类似工程的借鉴与参考。

【关键词】　泄洪导流洞　挑流鼻坎　冲刷　体型优化

1　引言

泄洪洞是水利水电枢纽工程中一种十分重要的岸边泄水建筑物。为了节约工程投资，导流洞和泄洪洞相结合，利用导流洞改建为具有泄洪、排沙和放空水库等多种用途的永久隧洞，我国已成功修建了一批导、泄"二合一"的工程，这些工程的特点是水头高、流速大，要求出口水流能与下游河道平顺衔接，并与坝坡坡脚及其他建筑物保持一定距离，以防冲刷和影响枢纽的正常运行。泄洪洞出口采用挑流消能工，在我国大中型水库泄洪消能中已被广泛应用，实践证明效果良好。

本文以水工模型试验为主要手段，研究了新疆某抽水蓄能电站泄洪排沙（兼导流）隧洞的出口消能问题，经过多方案的试验比较，在常规大挑角挑流鼻坎基础上改进提出的"勺形"挑流鼻坎，起挑流量小于 2 年一遇常遇洪水，既能满足工程在施工导流期间小流量、低水头的导流要求，又能满足泄洪期间大流量、高水头的消能防冲要求，可兼顾整个洪水变化过程，有效解决了常遇洪水运行、不同时期、不同水头泄洪消能问题，可作为其他类似工程的借鉴与参考。

2　工程概述

新疆某抽水蓄能电站正常蓄水位 1761m，死水位 1732m，水位变幅 29m，正常蓄水位以下库容 $841 \times 10^4 m^3$，调节库容 723 万 m^3，装机容量 1200MW。根据《水电枢纽工程等级划分及设计安全标准》（DL 5180—2003）及《防洪标准》（GB 50201—2014）的有关规定，工程等别为Ⅰ等大（1）型工程，枢纽主要建筑物（挡水建筑物、泄水建筑物及电站厂房等）按 1 级建筑物设计；次要建筑物按 3 级建筑物设计。本工程泄水建筑物正常运用洪水重现期采用 200 年，入库流量 321m³/s，非常运用洪水重现期采用 1000 年，入库流量 488m³/s，下游消能及防护工程按 100 年一遇洪水设计，入库流量 254m³/s，泄洪排沙洞过流量 172m³/s。

下水库坝址主要建筑物包括混凝土面板坝、库尾拦沙坝、连接主坝与库尾拦沙坝的岸边公路、泄洪排沙（兼导流）隧洞及泄洪放空洞等建筑。下水库考虑部分洪水入库，拦沙坝以上径流来水首先由拦沙坝前水库调蓄及泄洪排沙洞排向下游，当拦沙坝上游水位超过拦沙坝溢流顶高程时进入下库，由下库调蓄，多余的水再由泄洪放空洞下泄。低于 50 年一遇洪水不调洪，来多少泄多少。泄洪排沙洞运行特点相当于导流洞，消能标准不局限于某一个洪水定值，应该兼顾整个洪水变化过程，运行以常遇洪水为主。

泄洪排沙（兼导流）隧洞由进口引渠段、进口有压短管段、无压隧洞段 1（包括平面转弯，半径 300m，转角 28.64°）、无压隧洞段 2（陡坡）及出口挑流鼻坎组成。隧洞全长 1456.24m，其中引渠防护段长 30.0m，进水塔有压短管段长 15.0m，无压隧洞长 1396.24m，无压洞出口泄槽接挑流鼻坎，泄槽长度 25m，宽度 3.5m，底板高程为 1684.0m，挑流鼻坎段长度 20m，泄洪排沙（兼导流）隧洞布置见图 1。

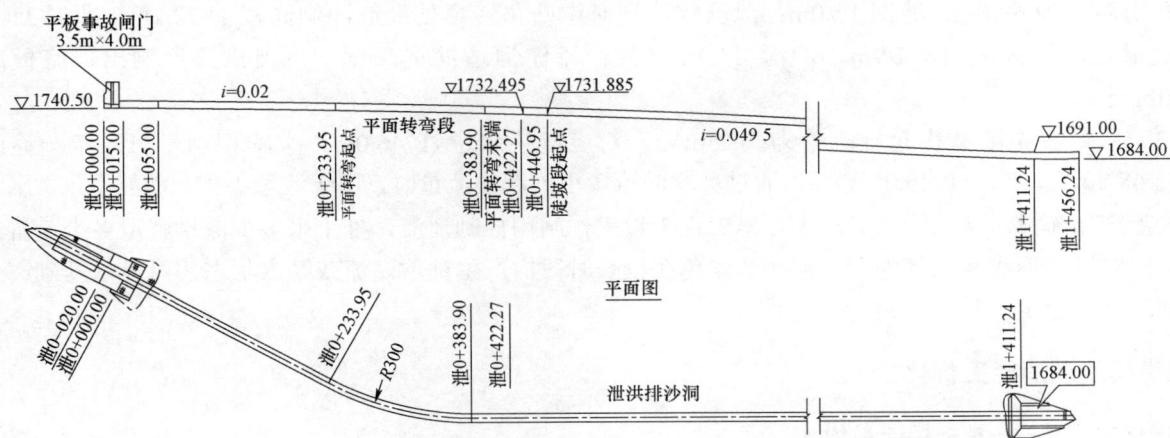

图 1　泄洪排沙（兼导流）隧洞体型（剖面）

3　模型设计

3.1　模型比尺选择

依据《水电水利工程常规水工模型试验规程》（DL/T 5244—2010）和水工模型试验，模型按重力相似、任务书要求及建筑物几何尺寸，并考虑试验精度等条件，拟订模型几何比尺为 $L_r = 50$，则相应的其他水力要素比尺为：

流量比尺：$\lambda_Q = \lambda_L^{2.5} = 17\,677.7$

压力比尺：$\lambda_P = \lambda_L = 50$

时间比尺：$\lambda_t = \lambda_L^{0.5} = 7.07$

流速比尺：$\lambda_v = \lambda_L^{0.5} = 7.07$

3.2　模型沙选择

根据设计提供的地质资料，坝址区基岩抗冲流速 5～6m/s，河床覆盖层抗冲流速 2～3m/s，本工程河床覆盖层厚度 30～65m，覆盖层厚度较深，因此本次试验下游河道填充料均按覆盖层模拟，抗冲流速按 2.5m/s 计算。

模型沙粒径按经验式（1）计算，换算成模型 $d_{50} = 2.6$～5.0mm；试验实际选取粒径为 3.0～5.0mm 的均质白云砂作为消能区冲刷料。

抗冲流速的经验公式

$$v = (5 \sim 7)\sqrt{D} \tag{1}$$

式中　v——抗冲流速，m/s；

　　　D——粒径，m。

4　原设计方案及工存在的问题

（1）泄洪排沙（兼导流）隧洞原方案采用等宽挑流鼻坎，出口高程 1685.19m，挑流半径 20m，挑射角 19.88°。无论是高水位还是低水位，从平面来看挑流水舌顺直而下，入水处水舌横向扩散不大，水流较为集中，下游河道冲坑过深。100 年一遇洪水时，拦沙坝上游水位 1754.4m，泄洪排沙洞泄量为 172m³/s，泄洪排沙洞出口处河床断面下游水位 1684.0m，下游河床最深冲刷高程 1668.4m，冲深 15.6m（注：下游河道冲坑深度均以泄洪排沙洞出口底板高程 1684.0m 计）。

（2）由于下游消能区正好处于河道拐弯处，河道转角接近 90°，当下泄水流顶冲到拐角凸岸时，水流受阻在水舌落点两侧形成范围较大的逆时针和逆时针两股回流，加上本工程下游河道水垫很薄

（约 2m 左右），回流将鼻坎基础、河道对岸凸角和右岸边基础严重淘刷。100 年一遇洪水时，鼻坎基础最低冲刷高程 1669.0m，冲深 15.0m；泄洪排沙洞对岸凸角转弯处最低冲刷高程 1672.2m，冲深 11.8m；右岸边最低冲刷高程 1672.9m，冲深 11.1m（注：下游河道冲坑深度均以泄洪排沙洞出口底板高程 1684.0m 计）。

（3）原方案挑流鼻坎起挑流量为 68.5m³/s，对应起挑水位 1746.0m，大约相当于 10 年一遇洪水（$Q_{10\%}$＝68.8m³/s，$Z_{库}$＝1746.05m）。当通过鼻坎的流量小于起挑流量时，由于流量不大、动能不足，水流在反弧段上产生淹没水跃不能挑射出去。本工程未设工作闸门控制泄流，处于来多少流量就泄多少流量的状况，且平时以常遇洪水运行为主，因此就难免在较长时段内产生鼻坎贴流或跌水状态，对鼻坎基础产生淘刷，威胁鼻坎稳定。

5　泄洪排沙洞消能工优化

5.1　优化方案 1——常规挑流鼻坎

根据工程水力学经验可知，泄洪排沙洞出口水流的佛劳得数较低，纵向扩散条件不够成熟，当下游河道范围较大时，其鼻坎体型应尽量水平扩散，以提高鼻坎段的佛氏数，使出流单宽流量降低，达到削减回流和减轻下游河道冲淤的目的。一般当泄洪洞和导流洞相结合时，出口高程偏低，水舌不易挑起，所选鼻坎应有较大的挑角（见图 1）。

5.1.1　试验结果

依据以上设计原则，试验对不同形式、不同挑角的扩散鼻坎进行比较，提出一种左短右长的舌形挑流鼻坎，左右两侧挑角分别为 20.34° 和 40.67°，左侧边墙采用 R＝35m、α＝32.73° 的圆弧外扩 5.58m，右侧采用 R＝350m、α＝4.1° 的圆弧外扩 0.9m。100 年一遇洪水时，泄洪排沙洞对岸凸角转弯处最低冲刷高程 1676.5m，冲深 7.5m，较原方案抬高 4.3m；下游河床最深冲刷高程 1675.0m，冲深 9.0m，较原方案抬高 6.6m；泄洪排沙洞和泄洪放空洞鼻坎之间坡脚冲刷高程 1674.3m，冲深 9.7m（注：下游河道冲坑深度均以泄洪排沙洞出口底板高程 1684.0m 计）。

试验优化的常规挑流鼻坎体型简单，在下泄 100 年一遇及其以上洪水时，鼻坎挑流水舌在空中呈"灯泡型"扩散，水舌薄而光滑，水舌右缘距离右岸边距离较远，水舌左缘远离鼻坎基础，水流顶冲对岸后在水舌落点左侧形成的逆时针回流最大流速仅 2.6m/s，小于河道覆盖层的抗冲流速，右岸边基本不冲。缺点是泄洪排沙洞鼻坎基础左侧约 45m 的冲刷范围遭到冲刷，起挑水位仍然偏高，10 年一遇及其以下洪水水流均不能形成挑流。

本工程泄洪排沙（兼导流）隧洞出口泄槽底板高程为 1684.0m，在挑流鼻坎优化过程中，为了兼顾降低起挑水位和水舌扩散效果，试验将鼻坎出口高程设计成左低右高，挑射角左小右大，但经过尝试，即使鼻坎出口最低高程降低至 1685.25m（仅高于底板 1.25m），最小挑射角 20.34°，鼻坎起挑水位仍然保持在 1746.0m 附近，和原方案变化不大。

5.1.2　试验分析

单从 100 年一遇洪水的消能防冲标准看，试验提出的常规大挑角挑流鼻坎可以满足设计要求，但是本工程泄洪排沙（兼导流）隧洞运行的特点是：日常来流量以常遇洪水（2 年一遇洪水）为主，既承担工程运行期间的泄洪任务，还兼顾施工导流期间的泄洪任务，所以选用的鼻坎必须保证常遇洪水的安全运行，还要能兼顾整个洪水变化过程。那么很明显，常规大挑角挑流鼻坎不足之处就是，常遇洪水和施工导流期间的小流量出流无法起挑，鼻坎内形成壅水，鼻坎基础会产生淘刷破坏。

5.2　优化方案 2——勺形鼻坎

一般采用常规挑流鼻坎的泄洪洞工程，挑坎出口高程高于部分洞底的高程，开始泄流时流量较小，水股不能将挑流鼻坎反弧段内的积水冲走，而在反弧段内形成旋滚，然后在挑坎末端贴壁而下，当流量逐渐增大，达到起挑流量时，水流才开始挑射。也就是说挑流鼻坎出口高程和反弧段积水量会直接影响到起挑流量的大小。

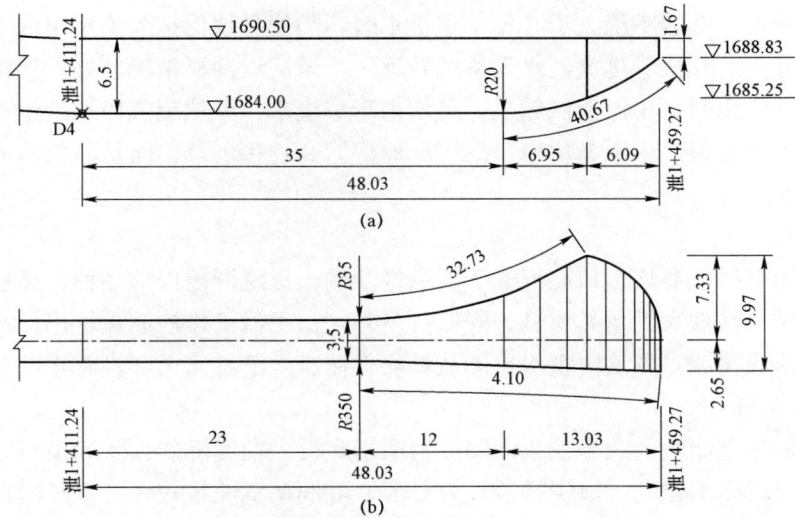

图2　常规大挑角挑流鼻坎

(a) 剖面图；(b) 平面图

5.2.1　试验结果

为了降低鼻坎起挑流量，试验在优化方案1的鼻坎基础上进行针对性改进，提出一种由正、反向两段圆弧组成、纵剖面类似"勺子"形状的挑流鼻坎（见图3），该鼻坎起始段采用 $R=64$m 的大半径正向圆弧将泄槽底板降低3.29m，出口段采用 $R=7$m 的小半径反向圆弧大挑角起挑，挑射角 $\alpha=43.86°$，反弧最低点高程1680.35m，鼻坎出口高程1682.29m；鼻坎右边墙采用直边墙，左边墙采用 $R=50$m 的圆弧外扩，出口宽度7.27m。

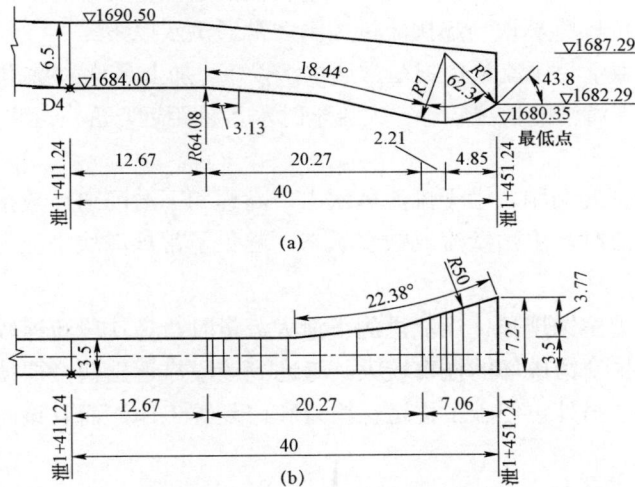

图3　勺形挑流鼻坎

(a) 剖面图；(b) 平面图

100年一遇洪水时，勺形鼻坎右侧水流出流平顺，鼻坎左侧外扩部分水流向左扩散，在边墙的阻挡下雍高、上层水流向右侧翻转，入水落点横向呈"一"字形。鼻坎基础冲刷高程1681.0m，冲深3.0m，较常规挑流鼻坎抬高6.0m；下游河道右岸边最低冲刷高程1677.2m，冲深6.8m；泄洪排沙洞鼻坎基础和左岸边均未遭到淘刷，下游河道冲刷效果较常规挑流鼻坎有了进一步的改善。

由于勺形鼻坎出口高程低于泄洪排沙洞无压隧洞段出口高程1.71m，而且反弧段积水体积较优化方案1减小63%，所以该方案鼻坎的起挑流量显著减小，从之前的68.5m³/s降低至21.0m³/s，对应的起挑水位也降低3～1743.0m，该起挑流量小于2年一遇常遇洪水流量，也就是在常遇洪水运行时该挑流鼻坎就可以形成挑射，避免了鼻坎基础在小流量时形成遭到贴壁淘刷。

当泄洪排沙（兼导流）隧洞下泄大于 2 年一遇洪水时，勺形鼻坎保持大挑角出流，水舌挑距远，扩散程度大，空中消能充分，而且流量越大，水舌挑距较远，下游河道冲刷情况较好；当泄洪排沙（兼导流）隧洞下泄小于 2 年一遇洪水时，出流无法起挑，鼻坎内形成壅水，鼻坎反弧段相当于一个消力池，当水积满以后流出直接进入下游河道，由于鼻坎出口高程和原河床高程接近，出流从鼻坎流入河道没有水面差，所以鼻坎基础没有冲刷。

5.2.2　试验分析

由于试验提出的勺形挑流鼻坎出口高程低于泄洪排沙洞无压隧洞段出口高程，鼻坎段反弧段积水量小很，所以起挑流量相对于常规大挑角鼻坎显著降低；另外，由于泄洪排沙洞鼻坎出口高程与下游河道高程接近，即使鼻坎没有形成挑流，鼻坎内壅水也能从鼻坎直接流入下游河道，没有水面差，不会出现贴壁流或者跌流现象。

勺形鼻坎主要是依靠起始段的大半径正向圆弧将泄槽底板大幅度降低，才为出口的反弧制造出一个较低的起点，在校核工况时库水位高，泄洪排沙（兼导流）隧洞单宽流量较大，水流流速及惯性很大，在正向圆弧段水流具有较大的离心惯性力，流线不能适应边界的急剧变化，所以导致该段压力较小，计算水流空化数小于 0.3，也就是说该段可能发生空蚀破坏的概率较大。考虑到本工程泄洪排沙洞仅在校核工况时鼻坎段流速超过 20m/s，鼻坎小范围空化数小于 0.3，综合溢洪道规范和工程实例结论，可以不设置通气减蚀设施。

6　勺形鼻坎的特点

结合新疆某抽水蓄能电站勺形鼻坎的实际应用，可以总结出该鼻坎具有以下的显著特点：

（1）出口高程低。根据设计方案和地形地质情况等限制条件，在可调节长度和高程范围内，通过大半径正向圆弧降低鼻坎出口高程，一方面保证鼻坎有一个较低的起点；另一方面防止鼻坎设置大挑角时出口高程高于泄洪排沙洞出口，可以将鼻坎的起挑流量控制在常遇洪水以下。

（2）适应水头范围大。由于起挑流量控制在常遇洪水以下，加上鼻坎大挑角起挑，挑流水舌扩散较好，小流量水流携带能量较小，下游消能情况较轻；大流量时水舌挑距远，落点远离鼻坎基础，虽然能量较大，但是下游冲刷效果也不差。

（3）可避免水流起挑前基础淘刷。由于挑流鼻坎出口高程和下游河道比较接近，高差很小，可以避免在起挑水位以下的小流量泄流时产生贴壁流或跌水状态，避免了常规鼻坎水流起挑前水流对鼻坎基础产生淘刷。

（4）正向圆弧段容易出现空蚀现象。当泄洪洞下泄大流量时，鼻坎段流速较大，如果正向圆弧段曲率过大容易产生负压，该段发生空蚀破坏的概率较大。考虑到该段靠近出口，即使在鼻坎段发生空蚀破坏，不至于对全洞构成安全威胁，另外也便于工程运行检查和修复等工作，而且该问题也可以通过合理设计体型予以控制。

7　结束语

挑流消能是大中型水电工程常采用的一种消能方式，本文结合新疆某抽水蓄能电站的实际工程情况，对其泄洪泄能问题进行了研究，提出的勺形挑流鼻坎，利用大半径正向圆弧将泄槽底板降低，再用小半径反向圆弧大挑角挑射出去，鼻坎出口高程接近下游河道高程，水流未起挑时鼻坎段积水体积较小。当大流量挑流时，该鼻坎像常规大挑角挑流鼻坎一样，水舌在空中充分扩散消能，下游冲刷效果很好；当小流量挑流时，挑射水舌很薄，对河床的冲击力量很小，水舌落点范围冲刷深度较浅；当小于起挑流量的洪水泄流时，鼻坎反弧段相当于一个消力池，池内水满流出直接进入下游河道，没有水面差，不会形成跌流。较好地兼顾了不同频率洪水泄洪情况，较好地解决了该导、泄"二合一"工程的泄洪要兼顾高低水头的消能难题，可作为其他类似工程的借鉴与参考。

但是由于该鼻坎自身也具有一定的局限性，比如起挑流量的大小不能直接计算得出，正向圆弧的设计是否合理、大挑角鼻坎扩散程度和消能效果如何都需要通过试验测试验证，这些都是挑坎体型优化的关键，而目前对异型鼻坎的设计缺乏统一、有效的原则与计算方法，具体设计要素、参数等更多地取决于经验，还需通过不断试验进行修正。

参考文献

[1]　郭军，张东，刘之平，等. 大型泄洪洞高速水流的研究进展及风险分析 [J]. 水利学报，2006.10（10）：1193－1198.

[2]　邓建伟，等. 龙抬头式泄洪洞体型设计与泄洪消能问题研究 [J]. 水利与建筑工程学报，2013，11（3）：165－168.

[3]　南晓红. 黑河水库"龙抬头"式泄洪洞出口消能问题的研究 [J]. 防渗技术，2000，6（2）.

[4]　刘冲，张宗孝，陈小威. 红岩河水库泄洪洞挑流鼻坎体型优化试验研究 [J]. 杨凌职业技术学院学报，201716（1）：1－3.

[5]　卫勇. 导流洞出口消能工的合理体型 [J]. 西北水资源与水工程，2001，12（1）：44－48.

[6]　徐华. 水工模型试验 [M]. 2版. 北京：水利电力出版社，1985.

[7]　刘锦. 新疆某抽水蓄能电站工程下水库整体水力学模型试验研究报告 [R]. 西安：西北勘测设计研究院，2018（5）.

[8]　方锋. 惠来县石榴潭水库溢洪道重建工程挑流设计简介 [C]. 中国水利学会首届青年科技论坛论文集，2003：322－324.

[9]　张文悼. 挑流鼻坎贴流量的水力近似计算 [J]. 四川水利，1998，19（4）.

[10]　崔起麟，林德辉. 挑流鼻坎起挑流量的计算 [J]. 河北农业大学学报，1987，10（1）：97－104.

[11]　李松平，等. 河口村水库泄洪洞水工模型试验研究 [J]. 人民黄河，2015，37（1）：119－120.

[12]　花立峰. 导流泄洪洞泄洪消能问题研究 [J]. 水利与建筑工程学报，2011，9（1）：47－50.

[13]　赵润达，等. 某抽水蓄能电站狭窄河道挑流鼻坎优化及下游防冲设计试验研究 [J]. 人民珠江，2017，38（2）：18－22.

抽水蓄能电站开发光伏系泊系统设计

王洪博[1]　陈　鑫[1]　程　瑛[2]　夏　鑫[1]　孟庆伟[3]

李新煜[1]　刘小明[1]　孙召辉[1]　董　浩[3]

[1. 山东泰山抽水蓄能电站有限责任公司,山东省泰安市　271000; 2. 国家电网有限公司,北京市　100761;

3. 中国石油大学（华东）,山东省青岛市　266580]

【摘　要】 利用抽水蓄能电站上水库开发光伏,建造水上光伏电站,传统水上光伏系泊系统只应用在较为平静水面,由于抽水蓄能电站上水库的水面波动范围可达几十米,传统系泊系统已经无法应对,抽水蓄能电站上库开发光伏需要新型系泊系统设计。本文针对上水库光伏组件的工作环境,设计出一种网箱式的新型系泊系统。功能在于固定水上光伏组件浮体,防止水上光伏组件转动、撞击岩壁,并且也能够随着水库水位移动。

【关键词】 抽水蓄能电站　上水库开发水上光伏　网箱式系泊系统设计

1　设计概述

能源一直以来都在国民经济发展和人民日常生活中占有重要地位,过去,化石能源支撑起世界各国的能源体系,但是人们也逐渐意识到化石燃料并不是取之不尽、用之不竭的,所以世界各国开始将新能源的开发与利用纳入国家发展战略的重要内容。目前我国部分地区能源消费的环境承载能力已经接近上限,大气污染形势严峻。《"十三五"能源规划》中明确提出"十三五"期间非化石能源消费比重提高到 15% 以上,在抽水蓄能电站上库开发水上光伏,积极开发利用当地的可再生能源,适当减轻能源对外依靠的压力,对改善当地的电源结构和走能源可持续发展的道路是十分必要的。

利用抽水蓄能电站上水库开发光伏,不仅利用上水库的闲置水面开发能源,并且水上光伏的利用有效避免了阳光对上水库水体的直射,保护水库土工膜,延长土工膜的使用寿命,水上光伏的利用还有利于减少上水库的蒸发量,增加发电量,带来附加的经济效益。

光伏组件漂浮于抽水蓄能电站上水库,为避免光伏组件在风浪载荷下撞击上水库岩壁,损坏光伏组件,必须对光伏组件安装相应的系泊系统,但是由于上水库的水面在抽水与发电过程中水位变化很大,传统的系泊系统已经无法发挥作用,因此本文设计了一种新型的系泊系统,能够应对上水库水位变化很大的水体环境,可随着上水库的水位自由浮动,并且在风浪载荷下可以保护光伏组件。

2　传统系泊系统概述

2.1　传统系泊系统分类

根据目前国内漂浮式水上光伏的建设情况,漂浮式水上光伏将光伏组件固定于浮体之上,固定浮体的系泊系统主要有浮体固定于岸边、浮体固定于桩上和浮体固定于锚块三种。

浮体固定于岸边：使用绳索或者连接杆将浮体固定于岸边,适用于距离岸边较近的浮体。

浮体固定于桩上：浮体固定于桩上,并用绳索固定浮体,适用于距离岸边较远的浮体,并且水深不大的水域。

浮体固定于锚块：浮体通过锚索或者锚索与拉簧固定于水下锚块上,适用于水深较大,并且浮体距离岸边较远的情况。

2.2　传统系泊系统总结

目前国内所应用的水上光伏系泊系统全部应用于较为平静的水面,水面的起伏不大,风浪载荷很小。然而抽水蓄能电站上水库的工作环境较为恶劣,水位变化幅度可以达到几十米;上水库的岩壁多为钢筋混凝土结构，光伏组件撞击岩壁后损坏严重；并且光伏组件只可以随着水位上下移动，不可以水平转动，因为浮体转动后影响光伏组件的朝向，使得光伏组件的发电效率降低。传统系泊系统已经不再使用，需要设计出新型系泊系统。

3　抽水蓄能电站上水库环境

抽水蓄能电站的作用在于削峰填谷，建有上下两个水库，在用电负荷低谷时期利用电能将下水库的水抽至上水库，在用电负荷高峰时期将上水库的水释放到下水库用于发电，所以上水库的水位处于不断变化中。

以山东泰安抽水蓄能电站为例进行分析，位于山东泰安市泰山风景区内。该电站是国家"十五"重点工程，总装机容量 100 万 kW，预计年发电量为 13.382 亿 kWh，主要任务是在山东电网削峰、填谷，并且起到事故备用的作用。

泰安抽水蓄能电站上水库位于泰山南麓横岭北侧的樱桃园沟内，上水库采用 200 年一遇洪水设计，1000 年一遇洪水校核，设计洪水位 411.08m，校核洪水位 411.46m，正常蓄水位 410.0m，死水位 386.0m，水库总库容 1168.1 万 m³。上水库的水位变化范围为 24m，变化范围较大，系泊系统设计时需要考虑工作范围。

另外，抽水蓄能电站上水库为防渗，一般修建有防渗层，泰山抽水蓄能水库为防止上水库发生渗漏，库盆防渗形式采用钢筋混凝土面板与库底土工膜及垂直防渗帷幕相结合。上水库的库底和库壁为钢筋混凝土结构，系泊系统施工时需要考虑固定方式。

4　新型系泊系统设计

4.1　整体设计概要

新型系泊系统应当满足两方面的需求，不仅能够对水上光伏组件起到一定的保护作用，防止其撞击上水库岩壁，并且能够随着上水库的水位自由起伏，为此提出如图 1 所示设计方案。

（1）网箱。作用在于限制水上光伏组件的活动，避免其撞击岩壁。

（2）滑环。作用在于防止水上光伏组件在水面自由转动，影响太阳能电池板的朝向，降低发电效率，并且也能够使水上光伏组件随水位移动。

（3）水上光伏组件。浮体、太阳能电池板等发电组件所在地。

（4）水上固定锚索。作用在于将网箱固定在特定区域。

（5）水下固定锚索。作用在于将网箱固定在特定区域。

（6）下锚索固定点。在水下将锚链固于岩壁。

（7）上锚索固定点。在水上将锚链固于岩壁。

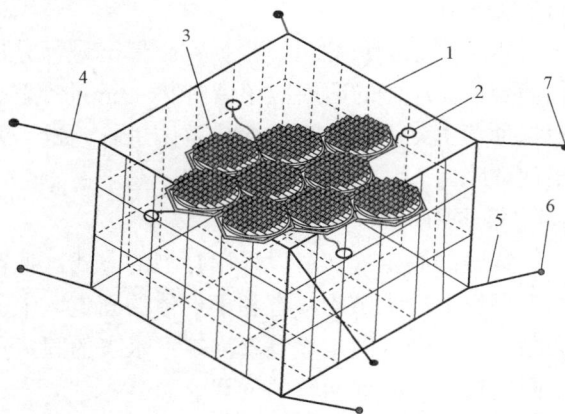

图 1　新型系泊系统
1—网箱；2—滑环；3—水上光伏组件；4—水上固定锚索；5—水下固定锚索；6—下锚索固定点；7—上锚索固定点

4.2　固定锚索

锚索的材料可以分为锚链、钢丝绳和合成纤维索。合成纤维索目前在平台的系泊系统中还尚未得到广泛应用，国际目前对合成纤维制成的锚索目前仍处于研究阶段，所以不建议采用合成纤维材料。而锚链的强度很高，并且成本相对较高，对于水面环境相对稳定的抽水蓄能上库不必用锚链。所以最终可以选用钢丝绳作为锚索，通常采用精炼梨钢（IPS）和高级精炼梨钢（EIPS）、单股钢丝绳芯（IWRC）的 6 股、8 股圆股钢丝绳（见图 2），这些钢丝绳受力时会产生扭矩。为达到防扭的目的，防扭转（螺旋股型和多股型）的钢丝绳得以应用，通过几层钢丝（或几束钢丝）反向缠绕，钢丝绳受力时不会产生很大的扭矩，因此优选防扭转钢丝绳。另外，由于钢丝绳应用水下，为防止钢丝绳发生电化学腐蚀，选用镀锌防扭转钢丝绳。

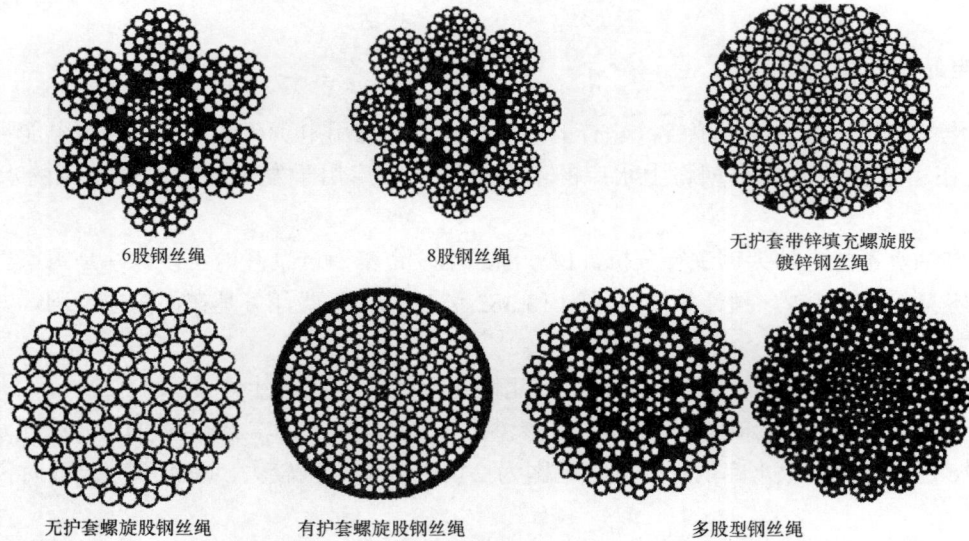

图 2　钢丝绳典型结构形式

4.3　水下网箱

网箱的选材可以考虑高强度合成纤维绳索和钢丝绳，高强度合成纤维绳索的应用领域很广，强力很高、耐磨性能好，但是由于抽水蓄能电站上水库没有遮挡，合成纤维绳索若处在紫外线照射下，其强度会大大降低，所以网箱的选材选用钢丝绳，不仅可以起到固定的作用，而且可以应对滑环和光伏组件的磨损。

水下网箱的尺寸可以根据实际情况进行具体设计，网箱的宽度及长度根据水上光伏组件浮体的尺寸进行确定，在浮体的四周应该留有 2～3m 的空间，然后利用锚索和滑环将浮体固定于网箱。水下网箱的高度根据抽蓄电站上库的水位变化范围进行确定，并在上下延长 1～2m，防止水位的变化超过预期，光伏组件出现故障。

4.4　锚索固定点

锚索的固定方式可以采用打桩的方式，抽蓄电站上水库为达到防渗的目的，常建有防渗层，防渗层表面为钢筋混凝土结构，有利于桩体的固定，水上的固定点可以采用现浇桩的形式，将固定点的钢筋混凝土去除，而后埋入固定桩重新浇筑；水下的固定点可以利用水下打桩机进行钻孔，而后埋入桩体。固定点用于固定锚索，确保网箱的位置。

4.5　滑环

滑环的作用在于防止水上光伏组件的水平转动，避免光伏组件朝向出现变化，使太阳能电池的发电效率降低，同时也能够使得水上光伏组件随着水位沿着网箱的绳索上下起伏。滑环上安装一块小型浮体，保证滑环浮于水面，稳定滑环位置。网箱安装滑环的钢丝绳应该套有保护套，防止滑环的不断移动将钢丝绳表面的镀锌磨掉，水体腐蚀钢丝绳。

5　结论

由于抽水蓄能电站水位变化大，变化频繁，在其水面上开发光伏系统面临着传统水面的系泊方案难以适用问题。本文针对上水库光伏组件的工作环境，设计出一种网箱式的新型系泊系统。该具有方案简洁，成本低，施工方便，能够满足系泊要求的优点，推广应用价值较大。

参考文献

[1]　毛亮. 我国发展太阳能光伏发电的必要性及技术分析 [J]. 科技传播，2011（20）.

[2]　陈东坡. 我国水上光伏电站的新机遇、新发展和新挑战 [J]. 电子产品世界，2017（5）：8－10.

[3]　高赟，赵娜，贺文山，等. 水上光伏电站设计要点和经济性分析 [J]. 太阳能，2017（6）：18－22.

[4]　孙杰. 水上光伏电站应用技术与解决方案 [J]. 太阳能，2017（6）.

[5]　何奔. 泰山抽水蓄能电站上库裂隙岩体渗透及其治理研究 [D]. 2015.

[6]　潘方豪，叶邦全，别顺武，等. 深水半潜式钻井平台锚泊定位系统简述 [J]. 中国海洋平台，2011，26（2）：8－12.

潍坊抽水蓄能电站上水库工程关键技术问题研究

孔彩粉　郭芹庆　邓广新

（中国电建集团北京勘测设计研究院有限公司，北京市　100024）

【摘　要】　潍坊上水库地形地质条件和周边环境均较复杂，工程设计关键技术问题突出，主要为：库线布置受周边景区及寺院限制，既做到挖填平衡，又要避免高边坡；全库防渗形式，需适应大填大挖库盆基础不均匀沉降要求；挡水坝高度大且坝址地形地质条件复杂，坝体沉降和不均匀变形问题突出。通过关键技术问题研究，选定库线坝线，确定库盆防渗型式及大坝变形控制措施。

【关键词】　潍坊抽水蓄能电站　上水库　布置　关键技术

1　工程概况

山东潍坊抽水蓄能电站位于山东省潍坊市临朐县境内，电站装机容量1200MW，工程建成后将在山东电网中承担调峰、填谷、调频、调相及紧急事故备用等任务。工程属一等大（1）型工程，枢纽工程主要由上水库、下水库、输水系统、地下厂房和地面开关站等建筑物组成。上水库采用沥青混凝土面板全库盆防渗，下水库利用已建嵩山水库。上、下水库挡水及泄水建筑物、输水发电系统等主要建筑物按1级建筑物设计，次要建筑物按3级建筑物设计。上、下水库挡水及泄水建筑物、输水发电系统按200年一遇洪水设计、1000年一遇洪水校核。壅水建筑物抗震设防类别为甲类，抗震设计标准采用基准期100年超越概率2%，相应的基岩水平地震动峰值加速度251.9gal。

2　上水库地形地质条件

上水库位于大峪沟沟首处，库区总体地势为西南高，东北低，东、南、北三面环山，具备天然库盆地形条件。库区主要由大峪沟及其4号支沟组成，呈Y字形展布，在Y字形分叉处筑坝成库。库区范围内主沟发育方向为NW318°～336°，沟谷相对开阔，呈宽阔的V字形，沟内无地表径流，沟底高程为482～580m，纵坡降23.4%。

环库分水岭共分布有5个垭口，地表高程642～721m，高出628.0m正常蓄水位14～93m。库区左岸天然分水岭走向为NW286°～308°，山脊高程660～760m，从东到西依次分布嵩山大崮、二崮、三崮三个山包，其山顶高程依次为760、720、694m。山包之间冲沟较发育。边坡地形较陡，坡度40°～55°，局部发育陡崖，坡度大于70°，冲沟间山脊部位局部地形相对较平缓，坡度20°～35°。库区右岸天然分水岭走向为NE30°～NW345°，山脊高程666～758m，冲沟发育规模较小，切割深度较浅，山体完整性好，山体雄厚。边坡坡度多为30°～45°，局部地形较陡，坡度大于60°，形成陡崖，主要分布在大峪沟右侧及4号冲沟沟首。

上水库出露基岩为中生代燕山晚期嵩山单元的侵入岩，第四系地层分布于沟底、分水岭开阔处及山坡上。上水库库区范围内未见规模较大的区域性断裂，共发育 f_{12}、f_{13}、f_{14}、f_{30}、f_{31} 等9条断层，同时发育NNW、NW和NNE向3组陡倾角裂隙。上水库岩性单一，为巨斑状石英二长斑岩，覆盖层及全风化层较薄，构造较发育，受构造影响，岩体裂隙较发育。水库渗漏形式主要为构造带型渗漏和基岩裂隙型渗漏，按渗漏途径可分为库底垂直渗漏和库岸水平渗漏。上水库地形较陡，汇水面积小，植被茂密，多基岩出露，不存在滑坡、泥石流等地质现象，工程边坡整体基本稳定，局部存在小规模不稳定块体。

3　上水库工程设计关键技术问题

受上水库地形地质条件及周边景区限制，上水库工程设计存在如下关键技术问题：

（1）三面环山一面挡水坝围筑而成的上水库容量有限，为满足库容要求，需要进行部分开挖；同时由于库盆位于大峪沟沟首，主沟坡降较陡，沟底高程较低，且支沟冲沟较发育，部分库底需要回填以满足全库防渗设计要求。所以上水库的开挖量和回填量均较大，挖填平衡是上水库设计的关键技术问题之一。

（2）上水库南侧有大崮、二崮、三崮三个地方景点，上水库布置以不影响大崮、尽量减少对二崮和三崮的影响为原则，同时保护该处的人文景观，减少施工对东南侧库外边坡下游龙泉寺的影响。北侧山体较浑厚，东北侧地形较低，库线布置还需兼顾北侧山体开挖形成的高边坡，以及在东北侧较低地形上筑坝形成的长贴坡坝段的稳定问题。西侧为大峪沟，此处筑坝，坝轴线选择需结合左右两侧及下游坝坡地形，同时考虑库区挖填平衡等因素，当坝轴线向下游移动时，由于大峪沟沟底纵坡较陡，坝高增加较多，同时坝轴线长度也显著增加，为减少大坝回填同时也降低坝高、缩短坝轴线长度，大坝坝轴线应尽量布置在上游，且与沟谷走向垂直。综上水库线和坝轴线选择是上水库布置的关键技术问题。

（3）库底范围内，开挖和回填大约各半，从确保全库防渗的可靠性及运行管理等方面考虑，防渗形式的选择是上水库设计的关键技术问题。

（4）大坝沿坝轴线方向基础起伏较大，相对高差约 20～45m。垂直坝轴线方向，部分坝段坝基以 16°～20° 的坡度向下游倾斜，上游坝壳基础向下游倾斜最大值达 37°。坝轴线处坝高与下游坡脚坝高差最大值达 95m。大坝存在不均匀沉降变形，所以大坝变形控制是关键技术问题。同时大坝的设计烈度高，高坝的抗震设计也是上水库需要关注的问题。

4　关键技术问题研究

4.1　库线及坝线选择

库线选择根据地形及水文地质条件，考虑景区、龙泉寺、挖填平衡及降低开挖高边坡等因素，坝轴线布置结合库线方案，考虑地形地质条件、坝高等因素，经过多方案初步比较后，选择两个布置方案进行详细研究，库线布置方案见图1。

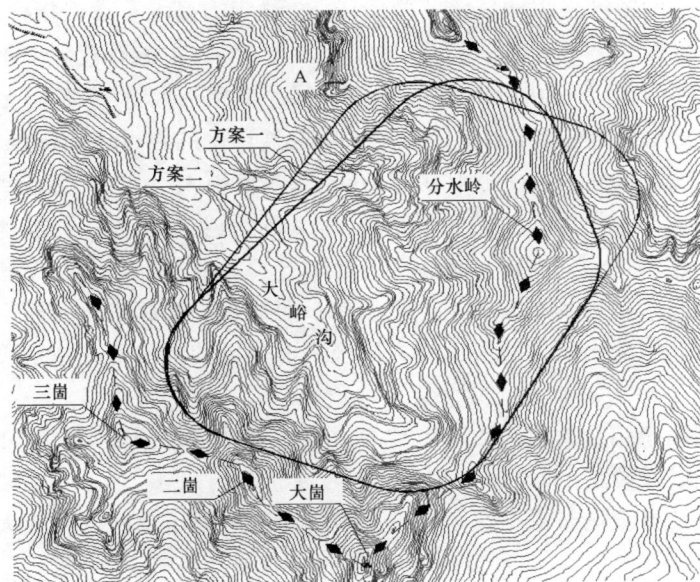

图 1　上水库库线布置

两方案主要区别在于坝轴线位置、北侧开挖边坡高度，以及东北侧是否有副坝。两方案相比，方案一坝轴线与大峪沟两侧山体地形基本垂直，坝高和坝轴线长度略小；东北侧没有副坝，但北侧山体开挖边坡略高。方案二除了布置在大峪沟内的主坝外，在东北侧增加了一座副坝。副坝下游坡脚随地形延伸较远，为贴坡筑坝。方案二的石方开挖和回填量均比方案一大。综合考虑推荐方案一。推荐方案正常蓄水位为 628.00m，死水位为 598.00m，正常蓄水位库容为 874.7 万 m^3，死库容为 72.7 万 m^3，工作水深 30m。沥青混凝土面板堆石坝位于库盆西侧，坝顶高程 630.70m，坝轴线处最大坝高 151.5m，坝轴线长 747.6m，上游坝坡 1:1.75，下游坝坡 1:1.5。环库公路长 2206m，库岸边坡 1:1.75。环库公路上部永久开挖边坡约 60～115m 高，库盆开挖土石方总量约 1550 万 m^3，坝体及库内回填约 1310 万 m^3，基本满足挖填平衡要求。上水库不设置专门的泄水建筑物，设计洪水和校核洪水直接存在库内。

4.2 库盆防渗型式选择

上水库分水岭地下水埋深左岸为 33～128m，右岸为 31～80m，地下水随季节变化明显，水位变幅一般为 1～2m 至十几米。环库天然分水岭低于正常蓄水位段占环库分水岭总长度的 40.5%，且库区构造和岩体裂隙发育，所以上水库采用全库盆防渗方案。

根据国内、外抽水蓄能电站水库工程经验，全库防渗可采用钢筋混凝土面板、沥青混凝土面板、钢筋混凝土或沥青混凝土面板＋土工膜或黏土铺盖联合等防渗形式。本工程进行了五种防渗型式的综合比较，因为挡水坝坝高且地形地质条件复杂，库盆半填半挖，所以大坝和库盆的不均匀变形问题突出。钢筋混凝土面板对地基不均匀变形适应能力差、后期检修维护复杂、维修工期长，投资较高；土工膜库底防渗存在与面板连接及接缝处理工艺复杂，施工质量较难保障等问题；黏土库底防渗方案，黏土用量大，对环境影响大，相似工程实例少；沥青混凝土面板具有适应基础不均匀变形能力强，且防渗性能更好，面板施工无需分缝摊铺方便、损坏后易修补等优点，因此推荐沥青混凝土面板全库防渗方案。

4.3 大坝变形控制措施

上库大坝位于大峪沟首部，中间为直线布置，两端为弧形布置与环库公路连接。大坝坝高 151.5m，且坝址地形地质条件复杂，为控制大坝不均匀变形，采取如下措施：

（1）大坝分区。根据大坝受力特点、功能要求及基础地形，将坝体分为垫层区、过渡层区、主堆石区和次堆石区。考虑到坝轴线处坝高与下游坡脚处坝高最大高差约 95m，且大坝基础存在高低起伏地形，为减少大坝不均匀沉降及加强下游边坡的稳定性，在堆石区高程 520.00m 以下设特别碾压增模区。

（2）坝料设计。筑坝料采用库盆开挖料，岩性主要为巨斑石英二长斑岩，岩石质地坚硬。为控制大坝变形，大坝主堆石区及碾压增模区采用弱风化和微新岩，并适当提高堆石设计指标；堆石最大粒径 800mm，小于 5mm 的含量不超过 20%，小于 0.075 mm 的含量不大于 5%。主堆石孔隙率不大于 20%，干密度大于等于 2.10g/cm^3，渗透系数不小于 1×10^{-1}cm/s。碾压增模区孔隙率不大于 19%，干密度大于等于 2.12g/cm^3。下游次堆石区远离面板，受水荷载影响较小，筑坝料采用库盆开挖的强风化和弱风化岩，最大粒径 800mm，粒径小于 5mm 的含量不超过 20%，粒径小于 0.075 mm 的含量不大于 5%。考虑到上、下游堆石的变形协调，次堆石区坝料压实后应与上游堆石区的变形相适应，设计压实指标为：孔隙率不大于 21%，干密度大于等于 2.07g/cm^3，渗透系数不小于 1×10^{-1}cm/s。

（3）改造地形。对坝基起伏地形采取如下改造措施：对局部小突起进行开挖，对突起山梁进行削坡及平顶处理，以减少坝轴向大坝的不均匀沉降；将大坝横剖面基础的陡坡开挖成台阶状，增加下游坝坡的稳定性。

（4）预留大坝沉降超高。结合大坝应力变形计算成果，大坝坝顶预留不大于 1m 的沉降超过，施工期可根据大坝实际变形情况进行调整。

（5）下游坝脚压重。结合渣场布置，在大坝下游坡脚布置渣场压重区，改善大坝的应力变形性状，提高下游坝坡稳定性。

根据大坝有限元应力变形计算结果表明，正常蓄水位运行时坝体最大沉降 51～73cm，占坝高的 0.34%～0.49%，在堆石坝变形正常范围内，大坝变形没有出现突变，说明采取的控制大坝变形的措施是合适的。

4.4 大坝抗震设计

上水库大坝设计烈度为Ⅷ度，抗震设防类别为甲类，采用动力时程分析法对大坝进行动力计算分析，结合计算结果，并参考同类工程经验对上水库大坝采取了如下抗震措施：

（1）坝顶超高考虑了地震附加沉陷和水库涌浪高度，地震附加沉陷取坝高的 0.9%，为 1.36m；有限元动力计算坝体竖向最大沉陷为 34.4cm，约占坝高的 0.23%，计算表明坝顶高程满足抗震设计要求，且有较大富余。

（2）地震时坝顶的 "鞭梢" 效应明显，因此在坝顶上游设 L 形防浪墙，下游设低 L 形挡墙，并将两者结合，提高坝顶结构抗震安全性。

（3）结合大坝布置和坝料来源对坝体进行合理分区，设置特别碾压区，并适当提高堆石区的设计标准，减小地震时的坝体变形，提高大坝的抗震安全性。

（4）地震时，沥青混凝土面板可能遭受破坏，因此在变形及应力较大的反弧段部位增设 5cm 的加厚层，以提高沥青混凝土面板适应变形的能力。

（5）下游坝坡采用干砌块石防护，并在坝脚处设置弃碴压重体，增强下游坝坡的抗震性能。

5 结束语

潍坊上水库地形地质条件复杂，三面环山一面筑坝成库，采用沥青混凝土面板全库防渗，开挖和回填工程量均较大。上水库工程设计关键技术问题突出，主要表现为库线布置、防渗形式选择和大坝变形控制等方面。库线布置需避开对景区及寺院影响，做到挖填平衡，并尽量避免高边坡；选定的全库防渗形式，应适应大填大挖库盆基础不均匀沉降等要求；高挡水坝设计，应适应地形起伏较大基础，满足坝体不均匀变形及沉降要求。下阶段应根据施工开挖揭示的地质情况，优化坝体分区及坝料设计，优化库区开挖及回填设计，合理控制沉降及不均匀变形，做到即确保工程安全又经济合理。

参考文献

[1] 中国电建集团北京勘测设计研究院有限公司. 山东潍坊抽水蓄能电站可行性研究报告［R］. 2018（10）.

Dynamo For Revit 在盾构隧洞设计中的应用

高　强　聂海成

（中国电建集团北京勘测设计研究院有限公司，北京市　100024）

【摘　要】 本文结合抽水蓄能电站工程的 TBM 隧洞设计工作，基于 Autodesk Dynamo 软件开发应用进行三维设计研究。Dynamo 具有强大的数据计算能力、空间建模能力、准确的空间定位能力及自动化数据分析能力，在设计工作中发挥着支持作用，科学合理地开发使用可在多个设计环节中凸显出强大的优势，提高工作效率，提高设计质量。本文所进行的三维设计，积累了其他工程可借鉴的设计经验。

【关键词】 Dynamo　TBM 隧洞　三维设计

自 20 世纪 90 年代以来，盾构法在我国发展迅速，并广泛应用于抽水蓄能电站工程。但目前国内盾构隧洞三维设计方案较少，多为单直线设计。长距离隧洞输水管线设计复杂，管片的规格尺寸繁多，特别是水工中的盾构式输水隧洞，受内外压差作用，加之要模拟连接螺栓等，给设计及建模带来了很大的困难。本文以实际工程为例，使用 Dynamo 创建隧洞模型来探讨盾构管片设计遇到的一些问题以及 BIM 辅助隧洞三维设计的解决思路和技术方案。

1　工程概况

项目为甘肃省某供水工程，隧洞主体长度 21 572m，特长隧洞工程是控制该项目总工期的关键项目。依据项目可研成果及初设阶段的地质勘察成果，参考近些年国内水电站引水隧洞工程施工的经验，结合工程特点，隧洞首选 TBM 工法。

2　隧洞 TBM 三维设计

本文基于长距离管线设计，其隧洞主体为（TBM）全断面圆形混凝土衬砌，扁平六边形管片错缝安装。根据初设方案，通过计算式设计，优化了连续变截面特征、管片及管片切割面精度，创建出盾构式输水隧洞较为理想的使用模型。

2.1　参数化设计方法

项目盾构管片采用了衬砌形式较为普遍的圆形通用管片。通用管片只需采用一种管片就能适用同一条隧洞直线、左转曲线、右转曲线等工况条件。管片结构设计是隧洞工程质量控制重要环节，这种情况，就要根据模型充分的考虑整体构造，初设完成后需要对模型进行参数调整，所以创建模型的过程中，将六边形管片、管片宽度、隧洞直径、接触面构造、接缝数量、工作孔及灌浆孔的开孔位置和孔径按照特定的逻辑关系全部进行参数化建模。

2.2　Dynamo For Revit

参数化设计是指将设计需要的参数作为某个函数的变量，通过设计函数或者算法将相关变量关联起来，通过输入参数便可自动生成模型的设计方法。Dynamo 是通过调用 Revit API 来实现设计参数化，Dynamo 是 Revit 的参数化插件，区别于传统的插件开发，Dynamo 不需要大量的开发，具备大量的实用节点。Dynamo 与 Revit 的数据交互如图 1 所示。

2.3　创建流程

首先，地形由等高线进行创建，通过 Civil 3D 结合地质模型进行隧洞中心线的横纵设计、确定横断面后将中心线导入 Dynamo 中，划分好管片宽度、切割面，并将横截面轮廓参数化后投影到每一个管片切割

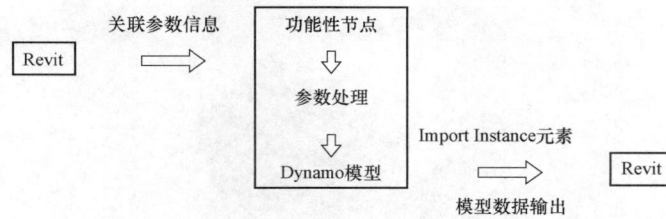

图 1　Dynamo For Revit

面上，完成管片切割。最后对模型进行优化，写入相应规范公式，使用软件进行逻辑判断，如管片环宽与隧洞曲线半径之间呈现的是正比例关系，达到一个安全合理的盾尾与管片的设计方案，最终生成隧洞使用模型。

整个创建过程基于 Revit 及 Dynamo 软件，通过 Dynamo 去驱动 Revit 模型，实现模型的参数化创建。相对于传统的设计流程，参数化设计极大地提高了模型的生成和修改效率，在可变参数的作用下，更加清晰地体现了设计人员的设计意图。根据专业划分，具体创建流程如下。

2.3.1　基础模型

首先在 Civil 3D 中建立各种地质曲面和实体模型，形成地质剖面，地质平切等构造。

2.3.2　隧洞中心线

在 Civil 3D 中完成隧洞中心线的创建后，将中心线导入 Revit，联合 Dynamo 进行细部设计和模型创建。

Civil 3D 创建的隧洞中心线导入 Revit 中有两种形式，Civil 3D 中创建的线是三维曲线，直接导入 Revit 中无法被拾取和使用，Revit 能够直接识别的线型只有样条曲线（Spline Curves），所以需要通过如下两种方法导入中心线。

（1）Civil 3D 导出样条曲线方法。

1）首先从道路中提取道路中心线，将道路部件中心代码点 Crown 提取为自动道路要素线。

2）选择自动道路要素线，使用 Civil 3D 的拆解功能（X）对曲线进行拆分，使曲线属性由自动道路要素线转变为多段线，并对多段线进行拟合处理。

3）将线复制到新的文件中，导出为 Civil 3D 图形，后缀格式为.dwg，导入 Revit 中。

（2）Civil 3D 导出中心线坐标方法。

1）将隧洞中心线提取出，确定线型为三维多段线或样条曲线。

2）点击 Civil 3D–toolspace–Toolbox–Corridor points report，执行创建报告功能。

3）选择道路部件中心代码点 crown，导出测站桩号及中心线固定步距的点的 XYZ 坐标，提取的点和点之间的距离（步距）可通过设置 corridor frequency 的重复频率进行调节，数值越小越精确。

4）将导出的桩号及对应点的 XYZ 坐标整理到 Excel 中，通过 Dynamo 读取桩号及相关顺序，创建曲线中心线。

2.3.3　创建管片横截面

通过上述两种方法将隧洞中心线导入 Revit，通过 Dynamo 进行拾取。因拾取的线非 Revit 图元，仅在 Dynamo 中显示，后续的设计建模工作全部在 Dynamo 中完成。

首先确定管节宽度，使用 Curve.PointsAtChordLengthFromPoint 节点将隧洞中心线按管节宽度等分并生成等分点。隧洞具有转角及直线段等多种情况，所以等分点需具备空间坐标，后续模型创建都需要以空间点为基础。因为管片采取错缝拼装，需将管片分为左右两半分别创建，等分点中间还需要再次创建等分，方便错缝管片创建。

创建等分点后使用 Curve.PlaneAtParameter 节点，返回点的法线与中心线切线对齐的平面，根据生成的平面创建圆弧，也可根据具体截面形式和椭圆度创建不同横截面，方法和上述内容类似。点的等分必须要准确，等分线后多余部分需处理掉或取整，点的确定直接影响管片基准面，基准面的准确性会直接影响到实际施工质量。具体步骤如图 2 所示。

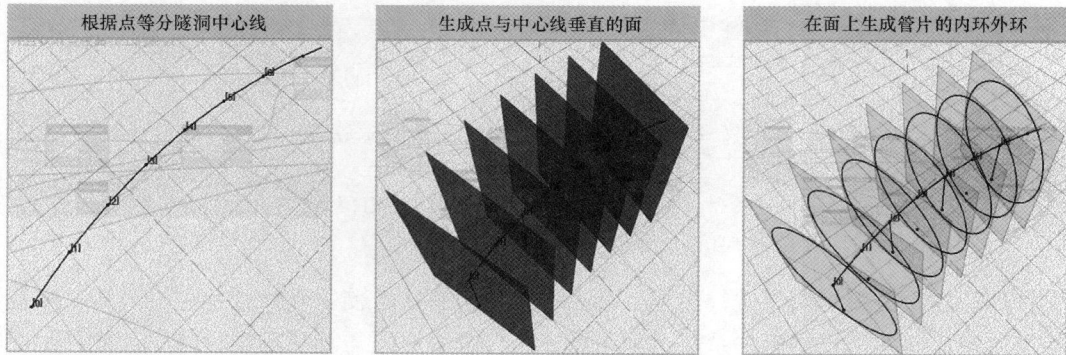

图 2　创建管片内外环

Dynamo 中核心的概念就是 list 列表，项目创建的点、线、面全部存储在列表中，并按顺序排列，后续数据的处理理论上全部是对列表中的数据进行操作。

2.3.4　创建实体

Dynamo 中提供了多种创建实体的方式，包括放样、扫略、抽壳等，本文主要使用 Solid.ByLoft 模块，考虑到实际施工中管片的加工精度达不到弯曲要求，并且考虑模具及制造工艺的经济性，故没有采用通过轮廓沿中心线进行放样融合，只输入封闭的两个横截面轮廓进行实体建模，在可控范围内降低了精度。

由于管片是错缝安装，所以将管片一分为二，分别创建模型。分别建模需要将管片环两两成组，并分为奇偶数列，奇数列用于剪切左侧管片，偶数列用于剪切右侧管片，管环数列处理需用到 Dynamo 的 Python Script 节点，通过编写代码来处理数据。这个节点可以实现两个重要功能：

（1）可以接入外部 Python 库，使用已有的 Python 库资源实现比较高级的函数功能，可以通过调用已有的解析 HTML 的 Python 库或者通过 Python Script 调用来直接处理。

（2）提供链接 Revit API 的桥梁，使用解释方式运行 API 功能。操控 Revit 构件需要特定的方式和功能，而提供这些功能的就是 API。相对于二次开发的编译运行，Dynamo 的 Python Script 提供了一种使用解释方式运行 API 的框架。在这个框架下，可以直接调用 Revit 的 API，不需要编译代码就能直接运行。

运行编写的 Python Script 节点，最终列表从一维升为二维，数据在此基础上被重新排列，输出奇偶数列来完成管片模型的创建。

列表处理的 Python 算法是本文创建 TBM 管片的核心处理节点。对于数据列表升维、编组、输出的操作，以及管片及路基混凝土、轨道、排水沟、防水、衬砌、灌浆孔等模型创建起到关键作用。处理列表完成后，将管片的左右两片通过 Solid.Union 节点合并为完整管片。管片创建如图 3 所示。

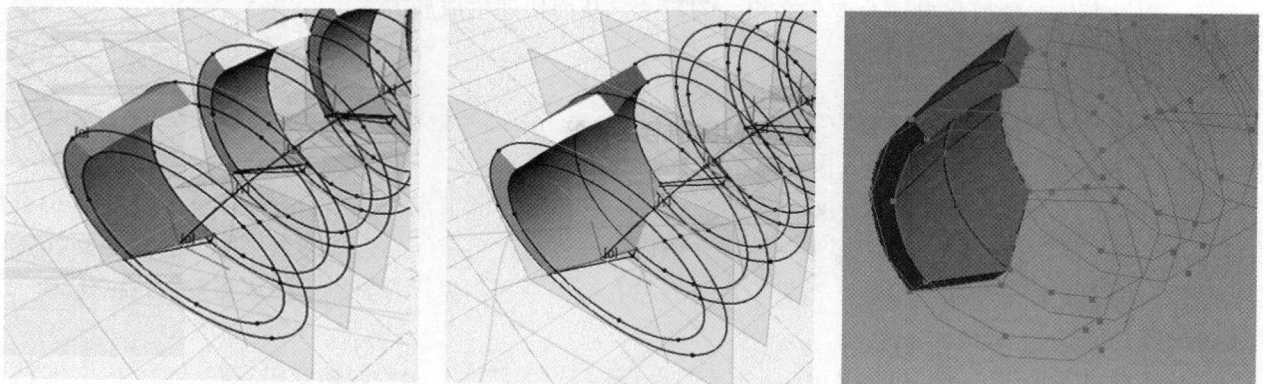

图 3　完整管片创建

管片模型创建需确定切口平面，首先在圆弧上获取定位点，按照管片左右两侧在圆弧上的位置确定切口点位置，在内外环曲线上分别确定切口平面在圆弧上的四个点，再使用 Plane.ByThreePoints 节点将四个点创建为切口平面，最后使用 Geometry.Split 节点将管片与切口平面相切，形成一侧管片，另一侧管片的创建方法与左侧一致。

管片创建方法简单，但核心在于数据列表的处理和分组，至此管片的实体部分已全部创建，生成结果如图4所示。

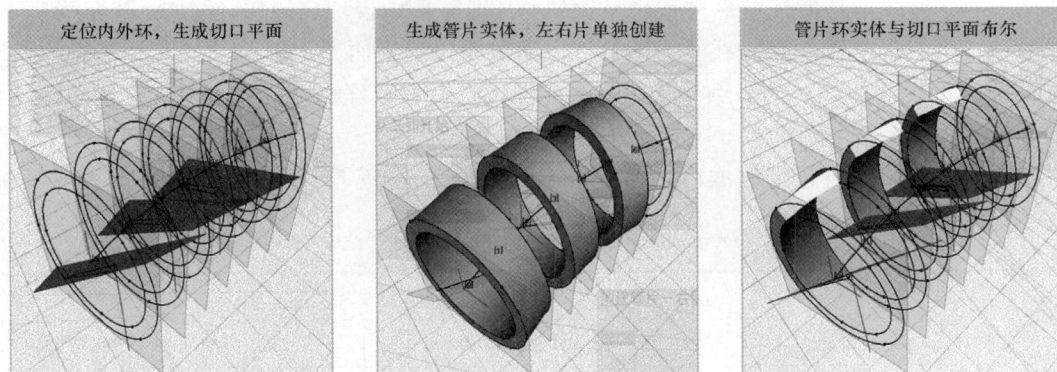

图4　完整管片创建

2.3.5　工作孔及灌浆孔

隧洞的工作孔和灌浆孔全部在管片中线位置，灌浆孔主要用于衬砌，完成衬砌部分后进行封堵，所以直接通过布尔运算将孔及管片进行差集运算，完成孔洞创建。具体结果如图5所示。

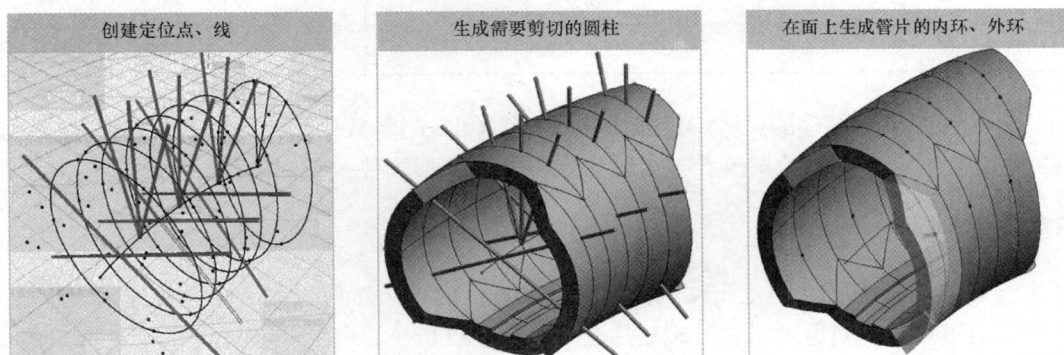

图5　孔创建流程

2.3.6　防水、衬砌、排水沟及附属工程

完成主体模型的创建后，对模型进行优化设计。参数化设计的优点就是尺寸驱动，使用相应的数值进行定义，通过变化参数值将自动改变与之相关的尺寸，从而快速生成新方案。

防水、衬砌的模型创建与主体创建方法一致。由于衬砌模型的横截面会随地质构造等因素进行变化，可按桩号将中心线拆分为多段，每段单独输入横截面进行放样，保证结构合理性，直至满足设计需要。

2.3.7　模型优化

隧洞因多截面、多形式，或工程多标段等原因，需要分段设计时，隧洞中心线就需要根据设定的桩号进行拆分，相关截面也需要重新加载。本文创建的隧洞模型按照一条中心线、一个截面进行创建，如需多段多截面设计，需在 Dynamo 中进行相关处理，方法和上述模型创建方法类似。

中心线多段处理过程：

（1）计算中心线整体长度。将隧洞中心线总长度量化为0～1，计算分段处桩号位置在0～1的占比。

（2）通过输入0～1的占比，获取指定位置的点。

（3）使用 Curve.SplitByPoints 节点，通过输入中心线及分段的点，分割中心线为多段。

多横截面处理过程：

（1）获取分割中心线的多段线起点，以及点于线垂直的面。

（2）在面上分别绘制多截面轮廓。

（3）完成横截面创建后，进行实体建模。

2.3.8 模块优化

模型创建过程中，很多功能性节点会被反复使用，且能够形成模块化应用，例如：获取线－分割线－获取分割线的起点－获取分割线起点与线垂直的面－将横截面投影到面上，这些功能节点的适用性很强，并且易形成系列，可将其合并为一个节点，类似于对文件进行打包处理。合并后不仅优化了节点块数量，且减少了数据运算过程，提高运行效率。

至此，隧洞的模型以全部创建完成，对 Dyanmo 及 Revit 的建模差异性进行总结，见表1。

表1 **Dynamo 于 Revit 的盾构模型创建对比**

模型类别	建模软件	
	Revit 直接建模	Dynamo 参数化建模
地质模型	范围小，精度低	数据灵活导入创建，精度高
隧洞线路	无法创建弧线	数据灵活导入创建，精度高
盾构管片	无法创建弧线	创建灵活，精度高
衬砌	直线创建速度快	弧线创建速度快
竖井	创建速度快	创建速度慢
附属设备	创建速度快	创建灵活，速度慢

通过对比发现，在模型创建的过程中，Dynamo 作为 Revit 的参数化插件，对于常规模型的创建能力反而不如 Revit 便捷，其流程化的数据流转方式优势在于创建异形构件及空间曲面。

3 管片环宽优化

管片环宽与隧洞曲线半径之间呈正比例关系。隧洞设计时如果转弯过大，会导致施工时盾尾处出现被卡住的情况，从而破坏管片。通过研究发现盾尾处间隙处于 2.0～4.0cm 时最为合适，以 2cm 为例，如果间隙为 2cm，那么管片环宽度在设计上应为 1m，而曲线半径应控制在 300m。

传统设计方法下，设计成果完成后需要设计人员和校核人员付出大量的精力去复核检查，不仅费时费力，且人为错误率较高，而使用 Dynamo 读取数据并自动校核的方式，不仅保证设计成果的质量，也极大地提高了设计效率。

计算盾尾间隙首先将盾构模型外轮廓空间线画出，按照设计中心线和管片所在的中心线的点上进行放置。首先计算出理论上的最小间隙，假设在盾构机中轴线与管片中轴线完全一致的情况下得出数值。

最小间隙计算步骤：

（1）绘制盾构外侧简化轮廓线。获取轮廓线 0.25 处点，位于轮廓线最上方点。

（2）获取管片外环轮廓线，获取轮廓线 0.25 处点或任意内外环相同点。

（3）使用 Geometry.DistanceTo 节点获取点到点的距离，计算出间隙。

点对点的计算是数据列表之间的计算，为保证数据精确计算，不发生错误，还需用到上述所说的数据处理节点，将点分别存储成组，完成运算。

如果盾构机中轴线和管片中轴线不完全一致，可分别获得两个点的坐标 Y 值相减，完成后使用 List.Map 节点进行规则过滤，设置规则进行判定，例如：盾尾处间隙在 $2mm<X<5mm$ 的范围内进行过滤，输出不符合标准的值，最后返回到异常点所在的位置，重新调整设计方案。具体计算方式如图6所示。

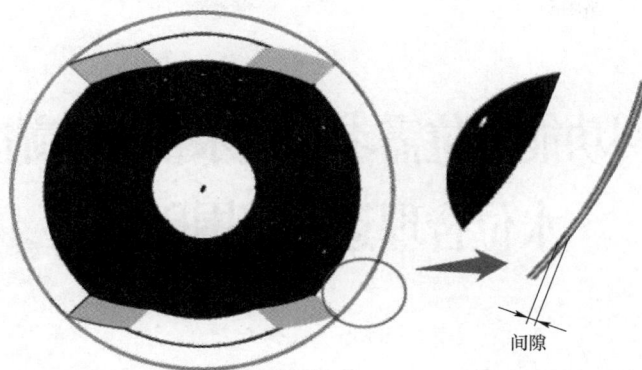

图 6　间隙计算

完成盾尾间隙数值提取后，继续提取管片所在位置的曲线半径。首先输入中心线上点，根据点创建圆弧，然后使用 Arc.Radius 节点测量点所在弧线的半径，假设满足盾尾间隙后曲线半径的值最大不超过 500m，通过 List.FilterByBoolMask 节点将小于等于 500 和大于 500 的数列区分，将不满足要求的数据返回到中心点位置，重新调整设计方案。

4　结束语

在整个盾构模型的创建过程中，数据可视化，成果参数化，在可视参数化的过程调用了大量的 Dynamo 节点。节点连接看似烦琐，但梳理清需求，明确输出结果，就能够形成一个完整的思路和方法，设计出高质量的产品。

Dynamo 不仅是参数化建模利器，数据处理更是它的强项，模型创建完成后，可进一步发挥其应用价值，例如可以开展以下应用等：

（1）Dynamo 创建的模型是计算模型，可应用于有限元分析及结构安全计算。

（2）模型创建完成后可直接输出工程量，配合 Python 编程计算经济指标，并根据模型快速出图。

（3）本文仅列出了盾尾间隙计算的集中数值提取，更多深层次有价值的数据还需要深度挖掘。

（4）设计校审时，针对隧洞设计规范的要求，可以将其作为算法写入到 Dynamo 中，通过软件进行预判，提高设计质量，让建筑物高度参数化并具有自我分析计算的能力。

工业信息化的快速发展是未来的必然趋势和方向，在复杂的设计、施工、运维工作中，Dynamo 等参数化设计软件不仅发挥着极其重要的作用，也让数据更有效、更高效的在整个工程中传递下去。

参考文献

[1]　章青，卓家寿. 盾构式输水隧洞的计算模型及其工程应用 [J]. 水利学报，1999（2）：19-22.

[2]　周文波. 盾构法隧洞施工技术及应用 [M]. 北京：中国建筑工业出版社，2004.

[3]　胡长明，张文萃，梅源，等. 通用环管片点位确定条件下千斤顶行程差范围计算及其对盾构机推进过程的控制 [J]. 中国铁道科学，2015，36（3）：51-57.

[4]　王勤. 盾构法隧洞管片设计与拼装技术 [J]. 西部探矿工程，2006，18（11）：130-132.

[5]　乐贵平，吕卫东. 地铁盾构法隧洞管片设计的几个问题 [J]. 市政技术，2003，21（5）：325-329.

[6]　张常光，赵均海，张庆贺. 盾构通过矿山法隧洞复合支护的管片内力解析解及应用 [J]. 现代隧洞技术，2014，51（2）：95-100.

满足电网功能定位需求的抽水蓄能电站上水库
水位合理运行范围研究

张　娜[1]　衣传宝[2]

（1. 中国电建集团北京勘测设计研究院有限公司，北京市　100024;

2. 国网新源控股有限公司，北京市　100761）

【摘　要】　抽水蓄能电站是具有调峰填谷、调频调相、事故备用、黑启动等多种功能的特殊电源，深入分析抽水蓄能的各项功能对水位运行范围的要求，对确保电网安全、稳定、经济运行具有十分重要的意义。本文以十三陵抽水蓄能电站为例，针对电站的不同功能定位，研究确定了抽水蓄能电站正常运行情况下合理的上库水位运行范围。研究成果对抽水蓄能电站的实际调度运行具有一定的指导意义。

【关键词】　抽水蓄能电站　功能定位　水位运行范围　发电小时

1　引言

抽水蓄能电站是具有调峰填谷、调频调相和事故备用等多种功能的特殊电源，是确保电网安全、稳定、经济运行的重要保障。近年来，随着我国能源产业政策调整，抽水蓄能发展态势一路向好，但是，由于抽水蓄能电站在电网中具备的事故备用、黑启动等特殊功能定位未能被行业内外广泛了解，对抽水蓄能电站的功能认知也仅体现在发电量的多少上。2016 年以来，抽水蓄能电站按照设计发电量进行考核，这种考核制度下，各抽水蓄能电站为完成发电任务，机组启动次数、发电电量、抽水电量虽然都比往年有了很大的提升，但也对机组的稳定性、设备的安全性能都带来了极大的考验；同时，机组发电运行至上水库死水位附近，蓄能机组事故备用和黑启动的能力被削弱，无法体现对电网的安全保障作用。因此，有必要根据蓄能电站不同功能定位，研究合理可行的上、下水库水位运行范围，从而充分发挥抽水蓄能电站在电网中的功能，为电网系统安全稳定服务。

2　已建抽水蓄能电站运行现状

2.1　近年来已建抽水蓄能电站运行情况

我国抽水蓄能电站投入运行已经有近 30 年的时间，截至 2017 年年底，已建抽水蓄能电站 32 座（不含台湾省），建成总装机容量 28 725MW，见表 1。

表 1　　已建抽水蓄能电站运行统计数据

项目	天荒坪	桐柏	宜兴	黑麋峰	白莲河	泰安	张河湾	西龙池	十三陵	蒲石河
所在地	浙江	浙江	江苏	湖南	湖北	山东	河北	山西	北京	辽宁
总运行时间（h）	12 298	7728	8920	1776	1010	979	2348	324	5522	12 979
平均日运行小时 [h/（日·台）]	5.62	5.29	6.11	1.22	0.69	0.67	1.61	0.22	3.78	8.89
年满发小时（h）	916	1047	984	177	48	99	219	25	482	1015
折合日满负荷发电运行小时（h）	2.51	2.87	2.7	0.48	0.13	0.27	0.6	0.07	1.32	2.78

根据对天荒坪、张河湾等 10 座抽水蓄能电站的 2012～2014 年运行资料进行统计分析，已建蓄能电站的运行情况差别较大。年总运行时间（发电、抽水、调相）最低仅 324h，最高达到 12 979h。10 座电站折合日满负荷发电小时为 0.07～2.87h，远低于 4～7h 的设计发电小时。

基于抽水蓄能电站实际发电小时数偏小的情况，2015 年 10 月，国家电网有限公司对已建抽水蓄能电站按照设计发电能力进行考核。按照这一考核制度，各抽水蓄能电厂为完成发电任务，机组启动次数、发电电量、抽水电量相比往年都有了很大的提升，但由于机组发电较长时间运行至上库死水位附近，抽水蓄能机组事故备用和黑启动的能力被削弱，存在安全保障作用无法体现的风险。

2.2　按照设计能力发电可能存在的问题

（1）机组设备存在安全隐患。按照设计能力发电，各抽水蓄能电站全年机组启动次数、发电电量、抽水电量都比往年有了很大的提升。但是由于运行强度的大幅加大，也会使年度设备缺陷发生次数增加。如张河湾蓄能电站，由于运行强度增加，机组励磁系统的励磁变压器温度没有足够的冷却时间，励磁变压器单相最高温度接近 110℃，给励磁变压器的安全稳定运行带来了很大的隐患。且各电气部件温度偏高会使得电气设备的绝缘寿命有所降低，影响机组整体寿命。同时，机组运行频繁，也给检修工作带来了一定的难度。

（2）事故备用等功能被削弱。电厂为完成发电任务指标，机组启停频繁，运行时间逐渐增加，调峰、填谷作用明显加强，但同时，机组发电较长时间运行至上水库死水位附近，如果电网有备用需求时，抽水蓄能电站可能会面临无水可用的局面，这就大大削弱了机组事故备用和黑启动的能力，抽水蓄能电站安全保障的作用将无法体现。

因此，有必要根据抽水蓄能电站不同功能定位，研究满足电网需要的合理可行的抽水蓄能电站水位运行范围，从而更充分发挥抽水蓄能电站在电网中的功能，为电网系统安全稳定服务。

3　抽水蓄能电站功能定位对水位合理运行范围的要求分析

3.1　研究思路

首先，根据抽水蓄能电站设计原则，充分考虑电力系统对事故备用、黑启动等功能需求的前提下，确定上水库平均最低运行水位；接下来，通过电力系统生产模拟，计算分析电力系统电源整体以最优工况运行时，抽水蓄能电站的最佳发电小时；最后，在平均最低运行水位的基础上，叠加最优工况时发电小时对应的发电库容，计算得出对应的上库平均最高运行水位。电站一般在平均最低运行水位和平均最高运行水位之间运行时，即可满足电网对调峰填谷、事故备用等功能的基本要求。

3.2　抽水蓄能电站上库平均最低运行水位分析

3.2.1　事故备用功能需求

目前，我国已建日调节抽水蓄能电站，日发电小时在 4～7h，事故备用小时基本在 1h 左右。从电力系统备用的角度分析，抽水蓄能电站反应迅速，具备一定的备用时间对电力系统有利。当系统某些机组发生故障，抽水蓄能机组能及时投入运行，保障电力系统安全。根据设计要求，抽水蓄能电站事故备用水量仅在紧急情况下经批准后使用，其他时间不能作为发电工况启用。

3.2.2　黑启动功能需求

黑启动（black start）是指整个电网发生垮网事故时，无法依靠其他电网送电恢复系统运行的条件下，通过电网内具有自启动能力的机组给自身及无自启动能力的机组提供厂用电，使机组逐个启动并网，进而逐步扩大电力系统恢复的范围，最终恢复整个电力系统的过程。

水电厂（包括抽水蓄能电厂）机组没有复杂的辅机系统，厂用电少，启动速度快，是方便、理想的黑启动电源。抽水蓄能机组在开机条件满足的情况下，从停机状态到带满负荷仅需 2min 左右，对比火电机组至少 15min 的启动时间无疑有着较大的优势。另外，对于常规水电，由于受丰枯水期影响，可能在某些时候无法启动；而抽水蓄能电站不受来水量的制约，因此，抽水蓄能电站作为黑启动电源，具有较大的优势。根据对华北、华东区域已建抽水蓄能电站调研统计，黑启动功能基本可按照单机满负荷运行 1～2h 确定。

综上，满足系统调峰填谷等功能要求的抽水蓄能电站上水库平均最低运行水位，应综合考虑事故备用和黑启动功能的需求。

3.3 抽水蓄能电站上水库平均最高运行水位分析

3.3.1 计算思路和方法

电力系统一般由不同类型的电源组成，如常规水电、抽水蓄能、燃煤火电、燃气轮机、核电等，这些电源有其各自的运行特点和工作方式。有良好调节性能的水电站、抽水蓄能电站、燃气轮机电站具有很强的适应电力系统复核变化的能力；而径流式水电、常规火电、核电则最适宜承担系统稳定负荷。在电力系统的建设和运行中，需通盘考虑各类电源的布局、规模和发展比例，确定一个经济合理的电源结构，以充分发挥系统各类电源的资源优势，实现电力系统整体电源建设及运行费用最低。

抽水蓄能电站在电力系统中的模拟运行，首先是拟定抽水蓄能电站不同的日发电小时方案，然后针对每个方案逐一进行模拟计算，得到各个方案的电力系统费用现值，最后将费用现值最小的方案作为最优工况，该发电小时即为抽水蓄能电站满足电力系统调峰填谷要求的发电时间。

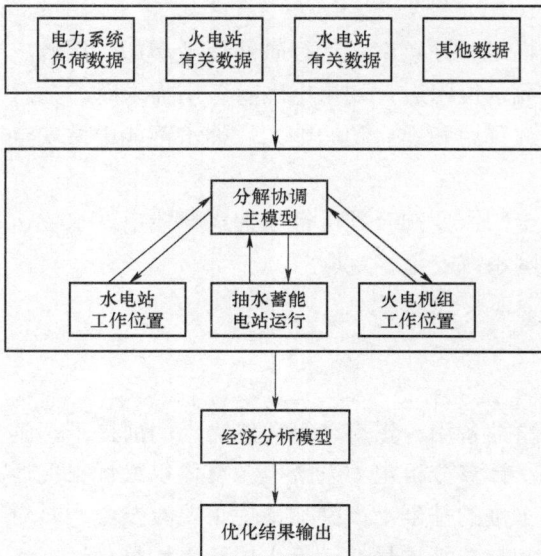

图 1　PSEOM－DCT 模型逻辑结构

3.3.2 电源扩展优化模型

电源扩展优化模型研究的目的在于确定经济上最优的电力系统电源扩展过程，在满足系统负荷发展电力电量平衡的前提下，通盘系统各类电源的布局、规模和发展计划，研究电网经济合理的电源结构，反映电网资源状况和市场特点，分析系统总费用及入选电源费用，分解系统完全成本，并对系统内各待选电源进行经济型排序，以充分发挥系统中各类电源的资源优势，实现电力系统电源整体以最优工况运行，取得建设与运行费用最低的最佳经济效益。电源扩展优化模型（PSEOM－DCT），包括电源扩展模拟模型和经济分析模型两部分（见图1）。前者确定每个电站的生产运行；后者计算系统的技术经济指及电力系统的可靠性。在拟定电源开发方案和输入基础数据（负荷、电力电量需求、水电、火电、燃料等）后，通过对不同方案的运行进行比较，计算系统电源扩展方案的总现值费用，确定出最经济的、技术上可行的方案。

4 实例分析

4.1 研究对象

本次研究以十三陵抽水蓄能电站（简称十三陵电站）为例进行分析，十三陵电站位于北京市昌平区，电站装机容量 80 万 kW，日发电小时 5h。1997 年 6 月电站机组全部投产商业运营。电站服务于京津及冀北电网，主要为北京地区提供可靠的调峰及紧急事故备用电源。

4.2 上水库平均最低运行水位

十三陵电站上水库库容曲线见表2。

表 2 　　　　　　　　　　　　　　十三陵电站上水库库容曲线表

水位（m）	库容（万 m³）	水位（m）	库容（万 m³）
531	23.27	555	284.72
540	107.97	560	354.21
545	161.78	566	444.98
550	220.64		

（1）考虑事故备用功能对平均最低水位的要求。根据设计原则，十三陵电站备用库容 85 万 m^3，以备电网发生事故时调用。此时，对应上水库最低水位为 540m。

（2）考虑黑启动功能对平均最低水位的要求。十三陵电站四台机组均具备机组黑启动功能，电厂机组黑启动功能被喻为"点亮首都的最后一根火柴"。参考华北华东地区其他已建抽水蓄能电站的黑启动功能需求，十三陵电站黑启动暂按单机满发 2h 计算，那么黑启动库容为 42 万 m^3，对应水位 544m。

综上，十三陵电站上水库满足事故备用和黑启动的平均最低水位为 544m。

4.3　上水库平均最高运行水位

4.3.1　电力系统模拟计算成果

计算过程中，燃煤火电机组的单位千瓦投资采用 4100 元/kW（含脱硫）；已建蓄能电站单位千瓦投资采用 2000 元/kW，运行费率采用 2.4%；综合清洁煤单价采用 1000 元/t。依据以上指标，采用电源优化扩展模型，以 0.2h 为间隔，以 2～3.6h 为区间，拟定多个日发电小时数方案，对十三陵电站进行调节模拟运行计算，以系统费用现值最小为目标，寻求调节性能最优方案。计算成果见图 2。

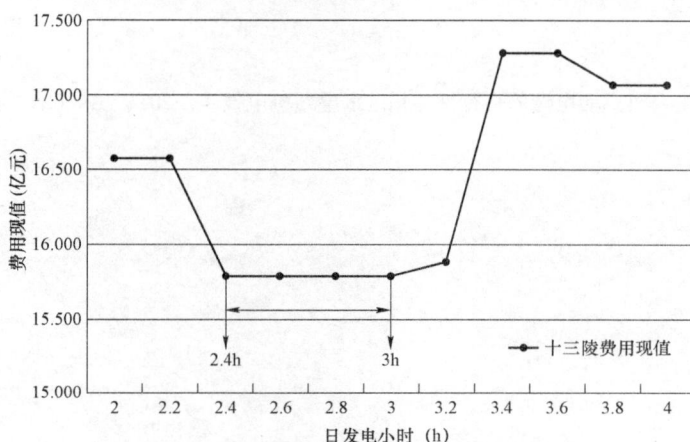

图 2　十三陵电站不同发电小时方案费用现值图

从费用现值的角度考虑，十三陵电站在 2.4～3h 运行时，系统运行最经济。因此，取费用现值高限方案作为十三陵电站的日发电小时，对应发电库容 253 万 m^3。在上水库平均最低运行水位 544m 基础上，叠加 3h 发电库容，得到平均最高运行水位 563m。

4.3.2　电站实际运行资料复核成果

通过对收集到的十三陵电站投产至 2015 年年底的逐日最高水位资料进行整理统计，对电力系统模拟运行的计算成果进行复核，见表 3。

表 3　　　　　　　　　　　　　　　十三陵电站水位分布概率表

水位区间		次数	次数占比	水位区间		次数	次数占比
564.5	565.0	206.0	11.68%	562.5	563.0	75.0	4.25%
559.5	560.0	185.0	10.49%	558.5	559.0	61.0	3.46%
565.0	565.5	162.0	9.19%	558.0	558.5	41.0	2.33%
560.5	561.0	128.0	7.26%	557.5	558.0	32.0	1.82%
560.0	560.5	127.0	7.20%	565.5	566.0	22.0	1.25%
559.0	559.5	117.0	6.64%	557.0	557.5	18.0	1.02%
564.0	564.5	116.0	6.58%	556.5	557.0	7.0	0.40%
561.5	562.0	102.0	5.79%	556.0	556.5	6.0	0.34%
563.5	564.0	86.0	4.88%	555.5	556.0	6.0	0.34%
563.0	563.5	84.0	4.76%	554.0	554.5	6.0	0.34%
561.0	561.5	84.0	4.76%	555.0	555.5	4.0	0.23%
562.0	562.5	79.0	4.48%				

复核成果显示，电站总运行情况下近 80%的水位在 559～565.5m 运行。对该 80%比例的水位区间采用加权平均计算法，得到平均最高运行水位为 563m。与电力系统模拟运行成果基本一致。因此，十三陵电站平均最高运行水位为 563m，根据电网的调度要求，最高水位可达到正常蓄水位 566m。

5　结论

抽水蓄能电站为电力系统服务，根据电力系统的需求，承担调峰填谷、事故备用、调频、调相、黑启动等任务。因此，从电网对蓄能电站的功能定位要求，以及机组的安全稳定运行等方面综合分析，电站的水位运行范围应考虑不同的功能定位需求，而不应仅仅作为常规水电站发电运行。在满足电网系统调峰填谷、备用等功能要求的前提下，抽水蓄能电站平均最低运行水位应在死水位的基础上保留一定的库容余度，以满足紧急事故备用、黑启动功能的需要；平均最高运行水位应以系统运行最经济的工况为依据设定。抽水蓄能电站在该水位区间范围内运行时，不但可满足电网对调峰填谷、事故备用等功能的一般要求，同时有利于规避机组频繁运行带来的安全风险。

参考文献

[1]　梁庆春. 浅析宜兴抽蓄作为黑启动电源的可行性 [J]. 水电站机电技术，2016，39（2）：44－45，76.

机组装备试验与制造

抽水蓄能机组顶盖法兰刚强度与连接螺栓疲劳寿命研究

邓　鑫　李浩亮　黄世海　刘　辉

（东方电气集团东方电机有限公司，四川省德阳市　618000）

【摘　要】　抽水蓄能机组顶盖法兰刚强度和连接螺栓疲劳寿命对机组的安装和安全稳定运行具有重要影响。本文采用有限单元法，对单法兰和双法兰两种形式顶盖法兰的刚强度进行了对比研究。在此基础上，提取不同工况下顶盖连接螺栓的应力幅并耦合为载荷谱，结合相关标准，建立了一套方便可行的顶盖连接螺栓疲劳分析与预测方法。结论表明，单、双法兰形式的顶盖均具有较好的可行性，但关注因素不同，两种法兰形式顶盖表现出的性能参数有所差异。研究结果为抽水蓄能机组顶盖和连接螺栓的设计提供了参考，具有较好的工程应用价值。

【关键词】　抽水蓄能机组　顶盖法兰形式　刚强度　连接螺栓　疲劳寿命

1　设计概况

顶盖是水泵水轮机的关键部件之一，顶盖上所有的外载荷几乎都通过与座环连接的法兰（以下简称"顶盖法兰"）传递给其他部件，因此，法兰形式对顶盖法兰的刚强度有重要影响。目前，顶盖法兰主要有单法兰和双法兰两种形式。近年来，国内抽水蓄能迎来发展的黄金时期，有许多抽水蓄能电站已投运或正在投资建设。在机组的安装过程中，多次发现，顶盖与座环的连接螺栓（简称"顶盖连接螺栓"）预紧后，顶盖过流面发生一定的下沉，这导致顶盖与活动导叶上端面发生干涉，严重影响了机组的安装进度。

此外，顶盖连接螺栓是水泵水轮机最重要的螺栓连接之一。由于顶盖连接螺栓要承受较大的装配预紧力和工作载荷，一般使用强度高、抗疲劳性能好的高强度螺栓。顶盖连接螺栓的失效往往会造成严重的经济损失甚至重大伤亡事故，例如，震惊世界的俄罗斯萨扬–舒申斯克水电站机毁人亡事故，就是由多颗顶盖连接螺栓断裂导致。国内类似的事件也有发生，这引起了大家对顶盖连接螺栓的高度重视，其可靠性是整个抽水蓄能机组长期安全运行的重要保障。大量研究表明，疲劳是顶盖连接螺栓的主要失效形式，工程实践发现，螺栓头和螺杆过渡处、螺栓螺纹尾部、螺栓和螺母接触的前几扣螺牙根部（特别是第一扣螺牙根部）是螺栓经常发生疲劳失效的 3 个部位，比例分别约占 15%、20%、65%。

本文以国内某抽水蓄能机组为基础，通过有限单元法，对顶盖法兰的单法兰、双法兰形式以及顶盖连接螺栓的刚强度进行了分析讨论。在此基础上，结合相关标准规范，建立了一套方便可行的高强度螺栓疲劳分析与预测方法，并对不同法兰形式顶盖连接螺栓的疲劳特性进行了研究。

2　顶盖刚强度研究

2.1　有限元模型

由于模型圆周对称，为减少计算量，取 1/16 模型进行计算。双法兰顶盖连接螺栓预紧长度为 600mm，单法兰顶盖连接螺栓预紧长度为 300mm，预紧段最小截面直径为 120mm。双法兰顶盖有限元模型共 1 778 334 个节点，521 374 个单元（单法兰顶盖共 1 685 097 个节点，497 793 个单元），如图 1 所示。连接螺距为 6mm，螺纹啮合长度为 100mm。螺栓与座环上环板、螺栓与螺母、顶盖和座环上环板的接触均实施为摩擦接触，摩擦系数 $\mu=0.15$。模型两侧实施周向自由度约束，上环板下端面实施全约束。螺栓按材料屈服强度 50% 实施装配预紧，顶盖下端过流面按图 2 施加水压负载，重力加速度取 9.8m/s²。机组各工况施加的载荷见表 1。

(a)　　　　　　　　　　　　　　(b)

图 1　有限元模型
（a）双法兰形式顶盖；（b）单法兰形式顶盖

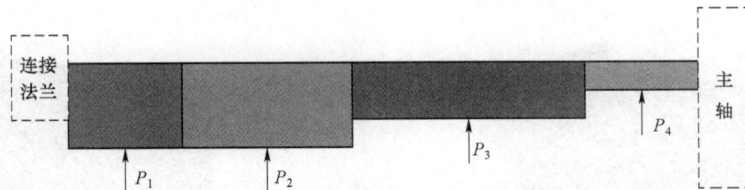

图 2　顶盖下端过流面水压加载示意图

表 1　　　　　　　　　　　　　　　机组各工况边界条件

工况	螺栓预紧力（kN）	P_1（MPa）	P_2（MPa）	P_3（MPa）	P_4（MPa）
仅螺栓预紧	6240	0	0	0	0
正常水轮机工况	6240	8.34	6.844	6.256	0.976
正常水泵工况	6240	8.324	7.214	6.627	0.976
停机工况	6240	8.34	0.921	0.921	0.921

2.2　刚强度分析结果

图 3、图 4 的数据表明，仅螺栓预紧后，顶盖下端过流面发生了不同程度的下沉。在活动导叶轴孔附近区域，双法兰形式顶盖下沉量约为 0.40mm，这与机组现场安装测量值 0.41mm 非常接近，这证明了计算模型的准确性。在相同区域，单法兰形式顶盖的下沉量约为 0.2mm。双法兰形式顶盖的下沉量过大会影响机组的安装调试，并且会增加生产制造过程中的焊接工作。从图 5～图 8 可知，顶盖法兰上的最大应力出现在螺母压紧处，主要由螺栓预紧力造成，顶盖下端面施加水压负载后，主要影响的是顶盖主体以及主体与法兰连接区域的应力分布，对顶盖法兰的影响较小。表 2 数据（顶盖端面相对挠度＝导叶轴孔附近顶盖轴向变形/顶盖主体外端面半径）表明，在相同运行工况下，两种法兰形式顶盖的相对抬升量近似相同，但单法兰形式顶盖法兰上的最大等效应力非常稳定，而双法兰顶盖法兰上的最大等效压力具有一定的波动，工作状态下波动幅值可达 σ_s 4.5%。此外，也不难发现，单法兰形式顶盖法兰的最大等效应力比双法兰形式顶盖法兰低 10% 左右。

表 2　　　　　　　　　　　　各工况下顶盖下沉量与顶盖最大等效压力

法兰形式	顶盖端面相对挠度（×10⁵）				顶盖最大等效应力（MPa）			
	仅预紧	正常水轮机工况	正常水泵工况	停机工况	仅预紧	正常水轮机工况	正常水泵工况	停机工况
单法兰	−7.05	32.02	33.95	3.32	314.48	314.76	314.04	315.04
双法兰	−13.08	24.13	25.99	−5.68	366.01	341.97	341.29	356.31

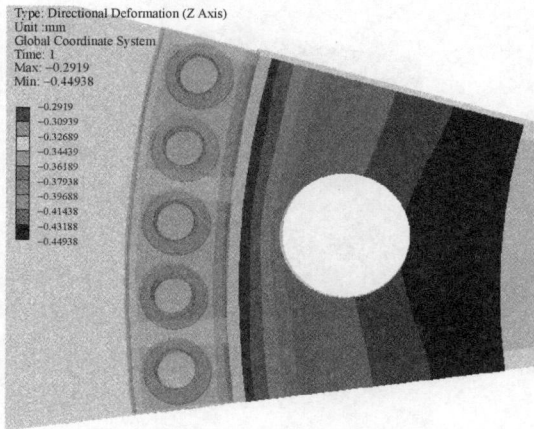

图 3　双法兰顶盖下端面下沉量

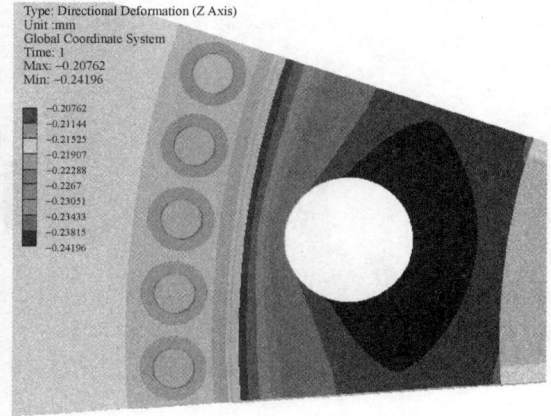

图 4　单法兰顶盖下沉量

图 5　双法兰顶盖应力分布（仅预紧）

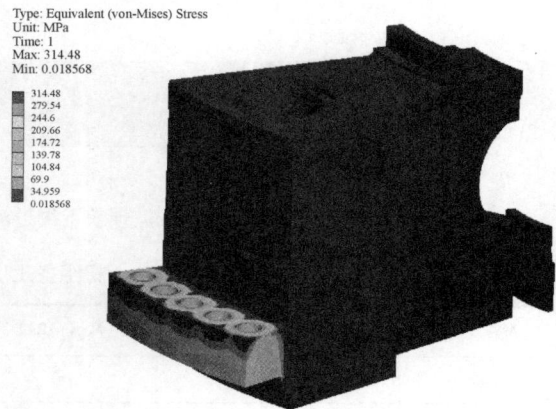

图 6　单法兰顶盖应力分布（仅预紧）

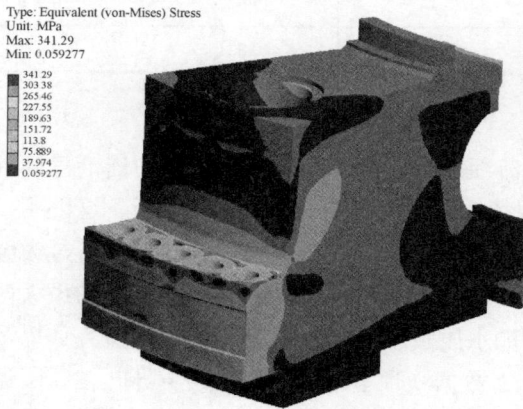

图 7　双法兰顶盖应力分布（正常泵工况）

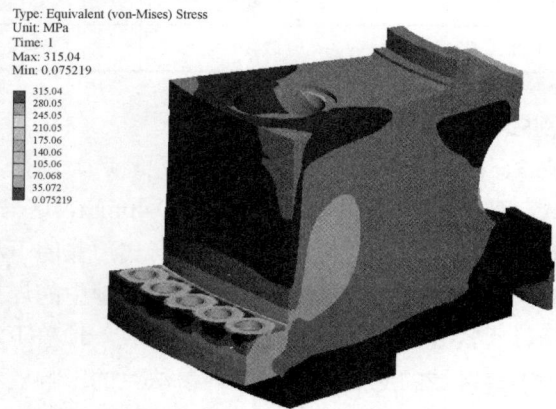

图 8　单法兰顶盖应力分布（正常泵工况）

图 9、图 10 的分析数据表明，螺栓过渡段与前几扣螺牙位置发生较大的应力集中，根据施加的预紧力计算，应力集中系数 $K_t \approx 2$。由表 3 数据（螺栓相对伸长量＝螺栓实际伸长量/螺栓初始长度）可知，顶盖法兰形式对连接螺栓强度影响较小，单法兰形式顶盖连接螺栓长度有所减短，刚度也随之提高。

表 3　　　　　　　　　　　　　各工况下螺栓伸长量与最大等效应力

法兰形式	螺栓相对伸长量（×10³）				螺栓最大等效应力（MPa）			
	仅预紧	正常水轮机工况	正常泵工况	停机工况	仅预紧	正常水轮机工况	正常泵工况	停机工况
单法兰	1.77	1.63	1.62	1.72	914.40	937.66	939.00	920.16
双法兰	2.05	1.90	1.89	1.99	913.54	932.53	933.84	918.17

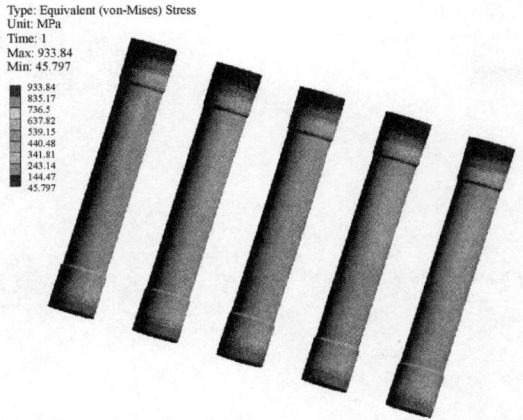

图 9　双法兰顶盖连接螺栓应力分布（正常泵工况）

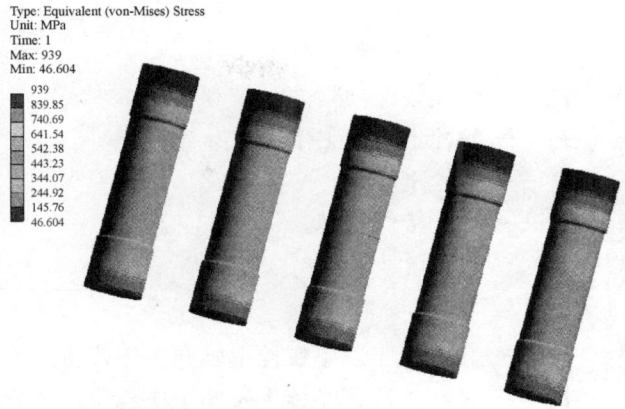

图 10　单法兰顶盖连接螺栓应力分布（正常泵工况）

3　螺栓疲劳寿命研究

3.1　螺栓应力幅

通过编写逻辑矩阵获得不同循环过程顶盖连接螺栓的应力幅，如图 11～图 14 所示。螺栓所受总拉力 F 可由式（1）计算，在不同循环载荷下，螺栓承受的应力幅 S_a 可由式（2）计算。前文研究结果显示，相比双法兰形式顶盖，单法兰形式顶盖法兰和连接螺栓的刚度都有提高。因此，循环载荷相同时，仅根据式（2），很难判断螺栓应力幅的增减。对比图 11、图 13，在正常水轮机工况–停机工况–正常水轮机工况（简称"水机–停机–水机"）循环载荷下，单法兰形式顶盖连接螺栓的应力幅比双法兰高了 58%，正常泵工况–停机工况–正常泵工况（简称"水泵–停机–水泵"）循环载荷下应力幅值提高了 54.3%。这表明，采用单法兰，螺栓刚度相对提高得更多，作用在螺栓上的总拉力也更高，表 3 的数据也吻合这一结论。

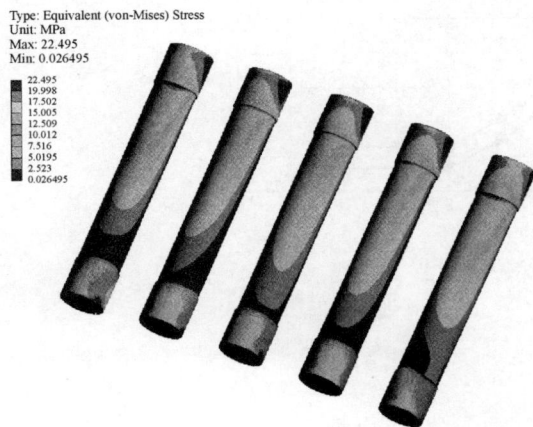

图 11　双法兰应力幅（水机–停机–水机）

图 12　双法兰应力幅（水泵–停机–水泵）

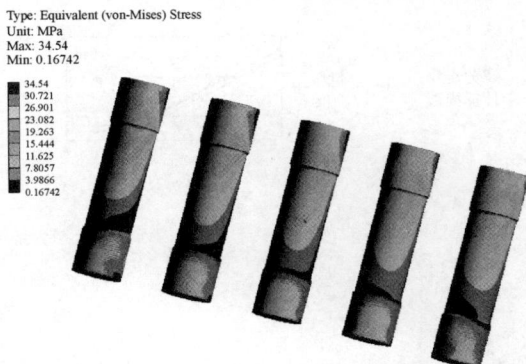

图 13　单法兰应力幅（水机–停机–水机）

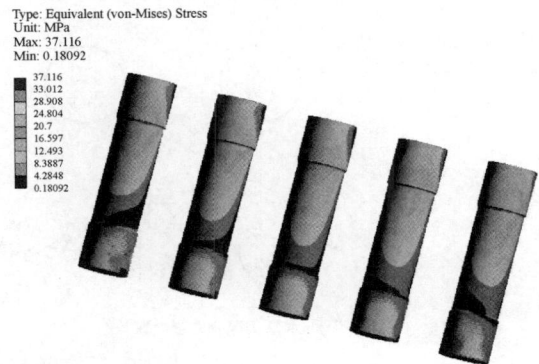

图 14　单法兰应力幅（水泵–停机–水泵）

$$F = F_{\mathrm{M}} + \frac{C_{\mathrm{b}}}{C_{\mathrm{b}} + C_{\mathrm{m}}} F_{\mathrm{A}} \tag{1}$$

式中　F_{M} ——螺栓装配预紧力；

　　　F_{A} ——螺栓上轴向工作载荷；

　　　C_{b} ——螺栓刚度；

　　　C_{m} ——被连接件刚度。

$$s_{\mathrm{a}} = \frac{(F_{\mathrm{At}} - F_{\mathrm{Ac}})}{2A} \cdot \frac{C_{\mathrm{b}}}{C_{\mathrm{b}} + C_{\mathrm{m}}} \tag{2}$$

式中　F_{At} ——水轮机工况下螺栓上轴向工作载荷；

　　　F_{Ac} ——停机工况下螺栓上轴向工作载荷；

　　　A ——螺栓光杆段截面面积。

3.2　疲劳寿命模型

本文以《高强度螺栓连接的系统计算》（VDI 2230）、《Eurocode 3：Design of steel structures—Part 1.9：Fatigue》等相关标准为理论基础。将水机–停机–水机与水泵–停机–水泵过程的应力幅作为顶盖连接螺栓的两个循环工作载荷，分别计算两个循环载荷 50 年的工作频次，并耦合成一个载荷谱周期，再结合标准给定的 $S-N$ 曲线，如图 15 所示（疲劳等级 $DC=71$ 表示螺栓材料经热处理后轧制而成，否则，疲劳等级 $DC=50$），建立顶盖连接螺栓疲劳寿命计算模型。具体实施流程如图 16 所示。

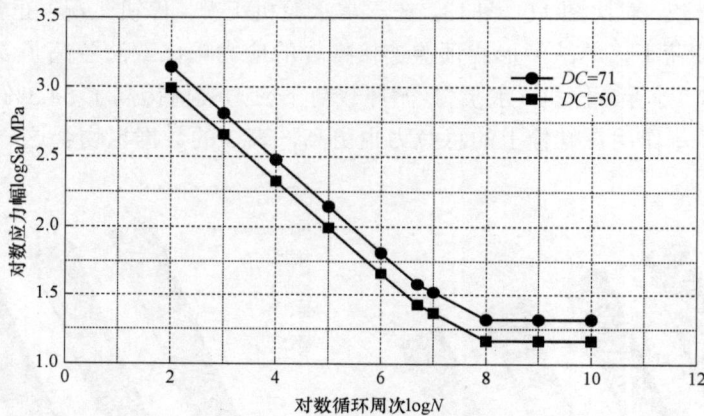

图 15　欧标高强度螺栓疲劳寿命计算 $S-N$ 曲线

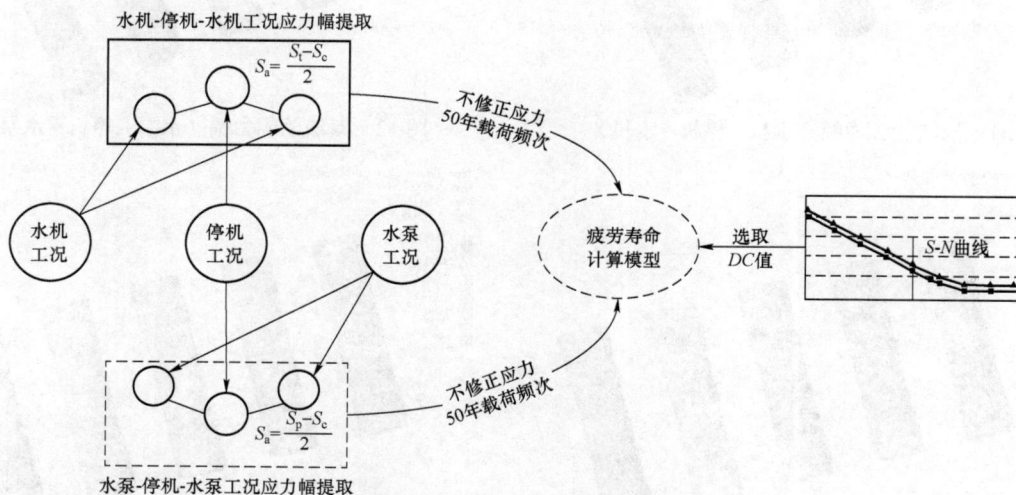

图 16　顶盖连接螺栓疲劳寿命计算流程

3.3 疲劳分析结果

根据前文建立的疲劳寿命分析模型，得到顶盖连接螺栓的疲劳损伤分布，如图 17、图 18 所示。螺栓疲劳损伤云图表明，螺栓的疲劳失效主要发生在螺栓缩颈过渡段与前几扣螺牙位置，这与实际情况相符。单法兰形式顶盖连接螺栓的疲劳累积损伤因子 D 为 0.076 92，而双法兰形式顶盖连接螺栓的疲劳累积损伤因子 D 为 0.013 22，两者虽相差 5.13 倍，但都很好地满足设计要求。图 9、图 10 显示，不同的法兰形式，顶盖连接螺栓的应力分布和应力集中形态几乎相同，但疲劳特性却不一样，这表明顶盖连接螺栓承受的应力幅对疲劳性能影响很大，同时也表明单法兰形式顶盖在顶盖法兰获得较好刚强度的同时，也牺牲了连接螺栓的部分抗疲劳性能。

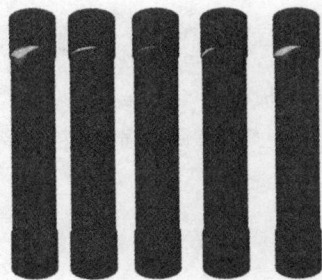

图 17 双法兰顶盖连接螺栓疲劳损伤云图

图 18 单法兰顶盖连接螺栓疲劳损伤云图

4 结论

（1）无论采用单法兰还是双法兰，顶盖、连接螺栓的设计均合理，连接螺栓强度受顶盖法兰形式影响较小。顶盖与活动导叶端面要预留适当间隙，以防安装过程中顶盖下沉发生干涉。

（2）单法兰形式顶盖在连接螺栓安装预紧后，过流面下沉量较小，顶盖法兰在各个工况下受力稳定，但连接螺栓的疲劳寿命相对较低，设计时应重点关注。

（3）双法兰形式顶盖连接螺栓承受的应力幅更低，使其具有更好的疲劳寿命，但顶盖的最大等效应力相对较大，设计时应重点关注顶盖法兰刚强度。

参考文献

[1] 何润少，陈泓宇，杨昭，等. 浅谈对大型抽水蓄能机组顶盖螺栓预紧力认识[J]. 水电与抽水蓄能，2018，4（1）：11 − 14.

[2] 熊欣，李浩亮. 蓄能机组顶盖座环联接螺栓强度分析 [J]. 中国设备工程，2018，3，137 − 139.

[3] 林晓龙. 高强度螺栓的应力分析及结构疲劳强度优化 [D]. 辽宁：东北大学，2012.

[4] 齐延生，胡晓峰，王静，等. 高强度螺栓断裂失效分析 [J]. 理化检验−物理分析，2018，54（5）：359 − 362.

对大型抽水蓄能机组顶盖螺栓预紧力的探讨

文树洁[1]　　常喜兵[1]　　李浩亮[1]　　陈泓宇[2]

（1. 东方电机有限公司，四川省德阳市　618000；2. 南方电网调峰调频发电有限公司，
广东省广州市　510000）

【摘　要】国内标准在水轮机和混流式水泵水轮机领域对高强度螺栓的预应力和螺栓载荷都有相应规定，但规定不够清晰，工程实践中执行偏差较大。近年来行业内也进行过一系列研究和探讨，本文基于理论及工程实践，总结提出一些新看法，抛砖引玉，以便借鉴和指导顶盖连接螺栓设计，从而更好地保障高强度螺栓连接系统的安全可靠性，提高电站机组安全性和可靠性。

【关键词】抽水蓄能机组　高强度螺栓　预紧力　最小夹紧力　系统保障

1　引言

近年来，国内外水电机组均发生过顶盖连接螺栓"失效"安全事故，给电厂造成了重大损失。为保证电厂安全，对球阀、顶盖、进入门等水轮机关键部位的连接螺栓设计和校核明确提出了更高要求。目前抽水蓄能机组对重要部位连接螺栓校核所依据的标准为《水轮机基本技术条件》（GB/T 15468—2006）中 4.2.2.6 和《混流式水泵水轮机基本技术条件》（GB/T 22581—2008）中 4.2.2.6，条款中规定：当要求有预应力时，螺栓、螺杆和连杆等零部件均应进行预应力处理，零部件的预应力不得超过材料屈服强度的 7/8。螺栓的荷载不应小于连接部分设计荷载的 2 倍。

上述标准存在"术语、定义"不够清晰，执行偏差较大等情况。针对这种情况，国内相关专家也对其进行了阐释，本文在之前阐释的基础上，对国标规定的相应要求做进一步探析。受篇幅所限，本文仅以水泵水轮机顶盖与座环把合的连接螺栓为例进行研究分析。

笔者对国标中预应力的要求理解为：螺栓等连接件的预紧应力按照小于材料屈服强度的 7/8 选取；同时，该预紧应力换算到螺栓最弱断面所产生的预紧载荷应大于其承受的连接部分设计工作载荷的 2 倍。这里的设计载荷应该是指水泵水轮机运行期间传递给螺栓的轴向工作载荷。

2　国标中螺栓载荷的规定依据探讨

螺栓和被连接件组成的连接系统在对螺栓施加预紧力 F_M 后再施加轴向工作载荷 F_A，在连接系统综合刚度的作用下，螺栓和被连接件的受力会进行重新分配，如图 1 所示。

$\Delta F = \lambda F_A$，其中 λ 为连接系统的综合刚度系数，取决于螺栓刚度 C_b 与法兰刚度 C_f 的相对值，$\lambda = C_b / (C_f + C_b) < 1$。

$$\Delta F = \lambda F_A = F_A \times C_b / (C_f + C_b) < F_A$$

一般法兰刚度 C_f 远大于螺栓刚度 C_b，因此，$\Delta F \ll F_A$。

如果工作载荷是变幅较大的变载荷，比如 $0 \rightarrow F_A$，则螺栓连接系统通过合适预紧可以起到类似于"变压器"的作用，极大地缩小了作用在螺栓上的工作载荷变幅，比如，$0 \rightarrow \Delta F$。从理论上说，只要预紧力一直存在，即 $F_M \geqslant F_A$，这样的"变压器"效应就一直存在。

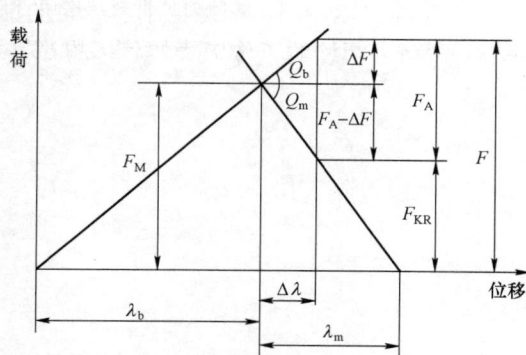

图 1　载荷与变形的关系

F_M —螺栓的装配预紧力（设计预紧力）；

F_A —螺栓需要承担的轴向工作载荷；

ΔF —螺栓在预紧载荷之外增加的轴向载荷；

$F_A - \Delta F$ —被连接件（法兰）减少的轴向载荷；

F_{KR} —法兰剩余夹紧力

螺栓的装配预紧力 $F_{\mathrm{M}} = F_{\mathrm{KR}} + (1-\lambda)F_{\mathrm{A}}$，在《机械设计手册》中对一般设备连接法兰的剩余夹紧力 F_{KR} 和刚度系数 λ 有推荐参考值，参见表 1。

表 1   受轴向载荷时预紧螺栓所需的剩余预紧力和螺栓连接的综合刚度系数

剩余夹紧力	工作情况	一般连接	变载荷	冲击载荷	压力容器或重要连接
	F_{KR}	$(0.2 \sim 0.6) F_{\mathrm{A}}$	$(0.6 \sim 1.0) F_{\mathrm{A}}$	$(1.0 \sim 1.5) F_{\mathrm{A}}$	$(1.5 \sim 1.8) F_{\mathrm{A}}$
综合刚度系数	垫片材料	金属（或无垫片）	皮革	铜皮石棉	橡胶
	λ	$0.2 \sim 0.3$	0.7	0.8	0.9

表 1 中的"垫片"是指夹在法兰之间的密封件；"金属垫片"一般是指铅、铜、铝等可用于密封的软金属做成的垫片。

根据表 1 的推荐值，如果认为水泵水轮机正常运行工况的工作载荷属于不稳定性质（变载荷），其顶盖连接法兰的 F_{KR} 一般可取 $(0.6 \sim 1.0)F_{\mathrm{A}}$。

$$F_{\mathrm{M}} = (0.6 \sim 1.0)F_{\mathrm{A}} + (0.7 \sim 0.8)F_{\mathrm{A}} = (1.3 \sim 1.8)F_{\mathrm{A}}$$

F_{M} 的下限取值约为 $1.5F_{\mathrm{A}}$，也就是说 $F_{\mathrm{M}} \geqslant 1.5F_{\mathrm{A}}$ 即可。

如果认为水泵水轮机运行工况的工作载荷属于"冲击载荷"，则顶盖连接螺栓的 F_{KR} 需按照 $(1.0 \sim 1.5)F_{\mathrm{A}}$ 选取。法兰连接面无垫片，则

$$F_{\mathrm{M}} = (1.0 \sim 1.5)F_{\mathrm{A}} + (0.7 \sim 0.8)F_{\mathrm{A}} = (1.7 \sim 2.3)F_{\mathrm{A}}$$

F_{M} 的下限取值约为 $2.0F_{\mathrm{A}}$，也就是说 $F_{\mathrm{M}} \geqslant 2.0F_{\mathrm{A}}$。

国标中要求"螺栓的荷载不应小于连接部分设计荷载的 2 倍"，也符合上述分析结论。

然而，水泵水轮机正常工作状态的工作载荷性质总体来说应属于稳定载荷范畴，考虑到工况转换等因素，将其归入"变载荷"以增加计算的安全裕量也是可以的，但是水泵水轮机的工作载荷似乎无法归类于"冲击载荷"的范畴之中。

值得一提的是：表 1 中的综合刚度系数 λ 是一般设备法兰连接的推荐值，并不一定适用于水泵水轮机这一特殊机器设备的顶盖法兰。因为在水泵水轮机顶盖设计时，为了保证顶盖整体刚度，与座环把合的顶盖大法兰往往设计得比较厚重，甚至设计成双法兰结构（见图 2），有意增大其刚度；同时更多使用细长杆螺栓，有意减小螺栓的刚度，因此顶盖法兰的刚度远大于把合螺栓的刚度。一般水泵水轮机顶盖螺栓连接的综合刚度系数 λ 为 0.10 左右。

从图 2 可以看出，在螺栓刚度一定的情况下，如果加大法兰的刚度，则可以减小螺栓增加的轴向载荷 ΔF，即减小螺栓的工作应力幅值，提高其抗疲劳能力；然而，对于相同的工作载荷 F_{A} 来说，法兰的刚度增大，剩余夹紧力 F_{KR} 将会随之减小。

由此可见，要想较大幅度地提高法兰剩余夹紧力 F_{KR}，必须大幅减小法兰的刚度，如此对于顶盖整体刚度是不利的，同时必将增大螺栓的工作应力幅值，削弱了螺栓抗疲劳能力。因此，提高法兰剩余夹紧力与提高螺栓抗疲劳能力是相互矛盾的，不可兼得。

剩余夹紧力的作用就是保证法兰紧密贴合、密封不漏水。水泵水轮机顶盖与座环连接的法兰面通常采用具有高弹性的 O 形橡胶圆条密封，密封条安装在密封槽内，法兰面刚性接触，之间没有可压缩的密封垫片。理论上讲，即使顶盖密封面剩余夹紧力 $F_{\mathrm{KR}} = 0$，密封接触面处于若即若离的临界状态，仍然能够保证 O 形橡胶密封圈的密封性能。这与普通带垫片密封的法兰连接有很大区别。

一般法兰连接及密封结构如图 3 所示。

考虑到法兰面受力的不均匀性引起的微小变形，国内外水电设备厂家的经验一般认为，顶盖螺栓连接系统的剩余夹紧力在 $0.5F_{\mathrm{A}}$ 左右即可保证水泵水轮机设备的密封安全性。

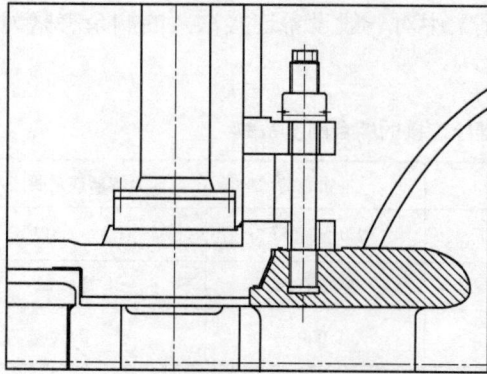

图2　顶盖双法兰及法兰密封结构

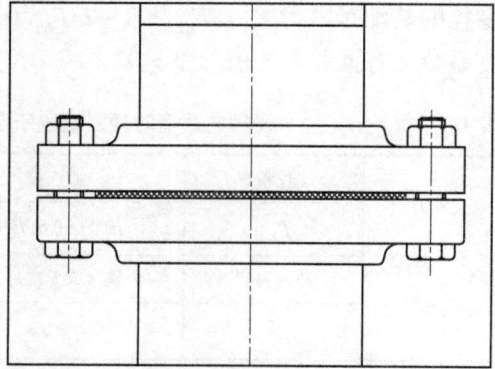

图3　一般法兰连接及密封结构

3　最小夹紧力 F_{KR} 的探讨

3.1　冲击载荷的认识

目前一般将水泵水轮机的运行分为 6 个工况对顶盖进行承压计算，分别是正常停机工况、甩负荷紧急停机升压工况、正常水轮机工况、由转轮引起的升压工况、正常泵工况和零流量泵工况。每个工况下，顶盖所受到的向上水推力不同，该水推力最终转化为顶盖连接螺栓所承受的工作载荷。将 4 个不同水头段和容量的机组顶盖连接螺栓工作载荷做统计，如图4所示，各个工况下工作载荷有所不同。

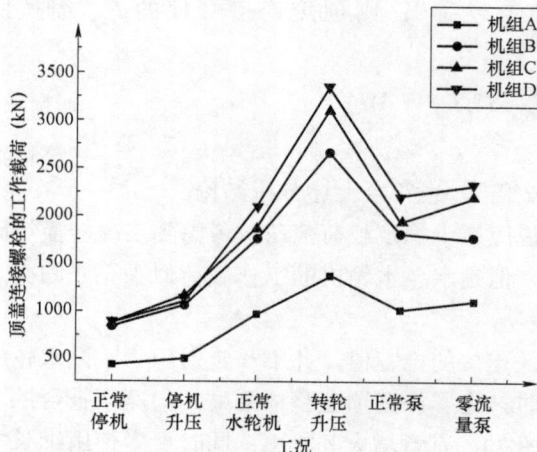

图4　不同机组各个工况下的顶盖连接螺栓工作载荷统计

冲击载荷的定义是：在很短时间内（作用力小于受力结构的基波自由振动周期的一半）以很大的速度作用在构件上的载荷。通过大量的计算统计，水泵水轮机的顶盖的基波自由振动周期通常为毫秒级，而水泵水轮机各个工况最短的持续时间也为几十秒，所以水泵水轮机各个工况都不属于冲击载荷，可归属为变载荷。

所以国标中，最小夹紧力与螺栓轴向工作载荷的倍数关系要求过高。

3.2　最小夹紧力 F_{KR} 的认识和探讨

根据适用于高强度螺栓和高强度螺栓连接的德国规范《高强度螺栓连接的系统计算》（VDI 2230）规定，连接系统所需的最小夹紧力 F_{KR} 需要通过考虑 3 方面的需求而确定。

（1）抵抗螺栓轴向扭矩和横向动载荷的抗滑移能力所需的夹紧力 F_{KQ}。

（2）维持连接系统的密封功能所需的夹紧力 F_{KP}。

（3）防止连接系统法兰面张口所需的夹紧力 F_{KA}。

上述 3 个要求导致了以下关系：

$$F_{KR} \geqslant \max（F_{KQ}；F_{KP} + F_{KA}）$$

顶盖座环连接螺栓基本没有轴向扭矩，所承受的横向载荷主要是受水力不平衡、转动部件不平衡和电磁拉力不平衡作用等因素的影响，通过水导轴承传递给顶盖连接系统的横向载荷，相关数值及比值见表2。

表2　　　　　　　　　　　　各个机组不同工况下 F_{KQ} 及 F_{KQ} 和 F_A 的比值

	F_{KQ}	F_{KQ}/F_A（最大值）
机组 A	58.927	0.067
机组 B	48.502	0.056
机组 C	49.102	0.059
机组 D	43.858	0.100

对顶盖座环连接螺栓而言，维持连接系统所需的密封功能是指法兰间密封条的密封能力，密封区域为宽约 15mm 的密封槽，所需的密封压力为该处的最大工作水压力，维持密封功能所需的夹紧力 F_{KP} 和相应比值见图 5 和表 3。

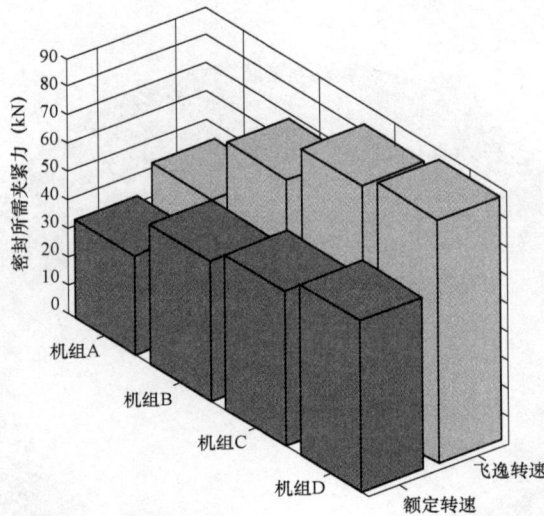

图 5　各个机组不同工况下密封结构所需的夹紧力

表3　　　　　　　　　　　各个机组不同工况下 F_{KP} 与该工况下 F_A 的比值

工况情况	机组 A	机组 B	机组 C	机组 D
正常停机	0.080	0.060	0.064	0.070
停机升压	0.088	0.063	0.071	0.077
正常水轮机	0.036	0.028	0.030	0.029
转轮升压	0.032	0.025	0.027	0.026
正常泵	0.034	0.027	0.029	0.028
零流量泵	0.031	0.028	0.025	0.026

对水泵水轮机而言，螺栓连接面的张口易造成密封失效、结构漏水，降低连接螺栓的使用寿命，影响机组的安全稳定运行，需要重点关注和校核。传统的设计和国标对连接螺栓的考核都忽略了此项。

连接法兰面造成张口风险的载荷主要是连接结构的轴向工作载荷和工作力矩，对水泵水轮机而言主要是连接结构的轴向工作载荷，根据开口危险侧上的工作载荷，以及边缘开口位置距变形固件对称轴线的距离，夹紧面的偏心距离和载荷的偏心距离等，最终确定防止开口的最小夹紧力 F_{KA}，相应比值见表 4。

表4 各个机组不同工况下 F_{KA} 与该工况下 F_A 的比值

工况情况	机组 A	机组 B	机组 C	机组 D
正常停机	0.468	0.471	0.420	0.497
停机升压	0.417	0.414	0.357	0.436
正常水轮机	0.729	0.731	0.695	0.786
转轮升压	0.745	0.802	0.718	0.805
正常泵	0.738	0.749	0.706	0.795
零流量泵	0.768	0.765	0.732	0.800

螺栓连接法兰面的张口也可以通过有限元仿真进行分析，主要分析所关注接触对的接触状态获得，以某机组为例，通过加载装配预紧力和工作载荷，发现关注的内侧法兰面并没有张口，结构安全性较好，如图6所示。

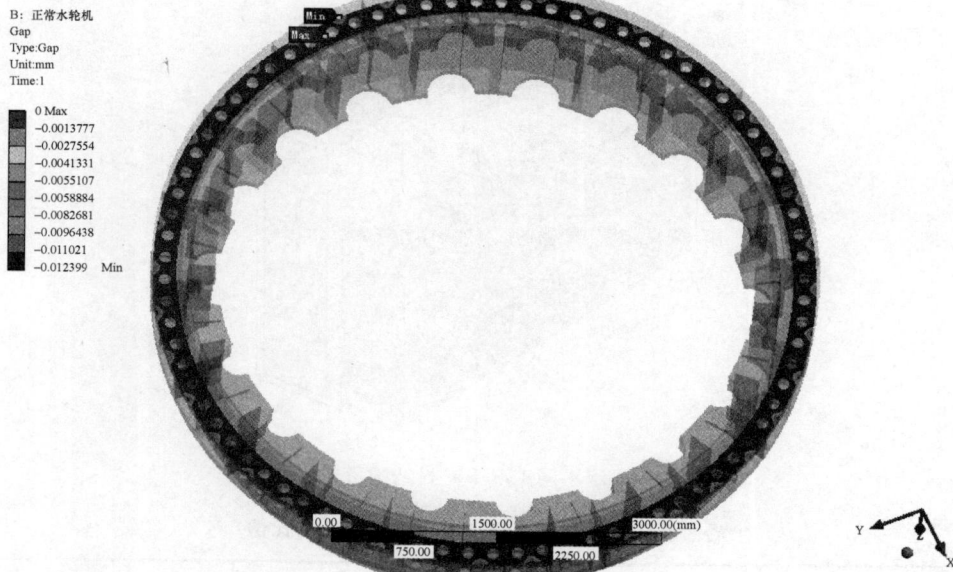

图6 有限元仿真对法兰面张口的分析

经过分析发现，影响最小夹紧力 F_{KR} 的主要因素是防止连接系统法兰面张口和维持其密封功能所需的夹紧力，即 $F_{KR} \geqslant F_{KP} + F_{KA}$，最终得到相应机组各个工况下的最小夹紧力 F_{KR}，F_{KR} 的相应比值见表5。

表5 各个机组不同工况下 F_{KR} 与该工况下 F_A 的比值

工况情况	机组 A	机组 B	机组 C	机组 D
正常停机	0.548	0.531	0.484	0.567
停机升压	0.505	0.477	0.428	0.513
正常水轮机	0.765	0.759	0.725	0.815
转轮升压	0.777	0.827	0.745	0.831
正常泵	0.772	0.776	0.735	0.823
零流量泵	0.799	0.793	0.757	0.826

通过严谨计算，水泵水轮机中受轴向载荷时预紧螺栓所需的最小加紧力 $F_{KR} = （0.4 \sim 0.9）F_A$，水泵水轮机所有运行工况的工作载荷都属于变载荷。$F_M = （0.4 \sim 0.9）F_A + （0.7 \sim 0.8）F_A = （1.1 \sim 1.7）F_A$，则 F_M 的下限取值约为 $1.5F_A$，也就是说 $F_M \geqslant 1.5F_A$，对水泵水轮机而言，螺栓的荷载不应小于连接部分设

计荷载的 1.5 倍。

4 典型蓄能电站的顶盖连接螺栓受力特性

影响高强度螺栓连接系统安全性的主要方面是结构的强度、疲劳、压溃和滑移状态，国标中对此的要求较为粗略，不足以完全反应系统的安全性要求。实际运行过程中，各个电站顶盖连接螺栓的受力特性也不完全相同，有若干蓄能电站顶盖连接螺栓的荷载在工作荷载的 1.5 倍左右，且机组安全稳定运行多年，相关螺栓受力特性参数见表 6。

传统螺栓连接系统相关参数的设计推荐值是在对通用机械结构连接螺栓的统计结果基础上提出的，对水泵水轮机机组的顶盖连接螺栓存在过度设计和不易满足的现象，即不适用，采用数值计算或有限元分析计算，更能反映相应连接系统的受力情况，例如德国设计规范 VDI 2230 对高强度连接螺栓的校核。

表 6 　　　　　　　　　　　典型抽水蓄能电站顶盖连接螺栓受力特性参数

电站名称	白山	响水涧	清远	西龙池	十三陵	溧阳	洪屏
预紧力系数（甩负荷工况）	1.71	1.62	1.49	1.35	1.40	2.21	2.05
预紧应力/屈服强度/%（甩负荷工况）	47.8	66.2	58.5	59.2	61.7	54.3	59.5

5 高强度螺栓可靠性的系统保障

高强度螺栓连接的可靠性保证是一个系统保障，体现在水泵水轮机上就是对防水淹厂房的体系保障。螺栓连接系统的可靠性是由多方面因素决定的，其实质是提高螺栓的抗疲劳能力，而预紧力的选择仅仅是其中一个方面。

首先是对螺栓材质的要求，相应材质要具有高的抗拉强度，以抵抗螺栓拉断、滑扣和磨损；有较高的塑性和韧性，以降低对偏斜、缺口应力集中等表面质量问题的敏感性；在潮湿环境或腐蚀环境下工作的高强度螺栓，还要要求具有足够低的延迟断裂敏感性；对承受交变载荷的螺栓，要求具有较高的抗疲劳性能；对在严寒地区工作的螺栓，还要要求螺栓材料具有低的韧脆转化温度。

生产过程中，要严格细化加工工艺过程，适当增加取样个数，对材料进行冲击功等相应力学性能测试。螺纹加工前对棒材进行无损检测，确保材料内外无有害缺陷。螺纹的加工一般采用冷加工，最好采用滚压工艺加工螺纹，以获得螺纹部分的塑性流线不被切断、精度高、质量均一的产品。此外，生产过程中高强度螺栓其螺纹表面及根圆的粗糙度也应尽量降低，这是提高螺纹抗疲劳能力的有效手段，应进行相应控制和保证。

设计过程中，连接系统的设计要进行抗疲劳设计，被连接件中要求螺栓孔的布置位置准确，减小载荷的偏心率；连接件的相关设计降低工作载荷加载位置相对连接系统的高度；螺栓的轴心也要减小其偏心率；此外还要降低连接系统的刚度系数（螺栓夹紧长度 L 与螺栓直径 D 之比 $L/D \geqslant 3 \sim 5$，螺栓光杆段采用缩颈设计，螺栓光杆段与螺纹段的过渡采用多段弧线过渡等）。

安装过程中，采用更加精准的预紧设备（如液压拉伸器），通过精确测长，确保获得准确的预紧力。如果采用扭矩预紧，通过在螺栓表面涂抹相关物质，稳定其表面摩擦系数，严格依照相关标准的预紧流程等，降低螺栓的拧紧系数，获得稳定均匀的装配预紧力。

总之，笔者认为，预紧螺栓连接的可靠性不仅仅取决于预紧力的大小，尤其对于高水头水泵水轮机顶盖连接螺栓，由于空间尺寸限制，可能无法满足国标中有关预紧力大小的硬性要求，但是只要在设计、制造、安装过程中严格按照抗疲劳理念去做，也一样能够保证连接系统的可靠性。

6 结论及建议

（1）水泵水轮机的所有运行工况大部分时间水力载荷相对稳定；对于起停机以及工况转换之类的过渡

过程最多可视为变载荷进行考虑；对于偶尔出现的甩负荷现象引起的压力大幅波动也不能认为是冲击载荷，应归类为变载荷范畴。螺栓的预紧荷载不小于连接部分设计荷载的 1.5 倍即可保证水泵水轮机顶盖连接螺栓的安全要求。

（2）从国内已投运的若干抽水蓄能机组顶盖与座环连接螺栓性能参数统计结果显示，在甩负荷工况下螺栓承受的工作载荷最大，此时预紧力系数基本在 1.5 倍左右，这些机组已安全运行多年。

（3）实际上，抽水蓄能机组顶盖螺栓受力更加复杂，除轴向力外，还存在弯曲应力（如顶盖轴向变形沿径向方向的不同，导致螺栓受弯曲力）；另外，如接合面摩擦力不足以克服水力矩及导水机构反作用力偶时，则还可能弯曲力。保证高强度连接螺栓系统安全性是一个系统工程，设计、制造、安装每个环节都有相应的要求和措施，单纯规定螺栓的预紧荷载的大小不足以体现其系统性，还可能存在矫枉过正的问题。

参考文献

[1] 梅祖彦. 抽水蓄能技术. 北京：机械工业出版社，2000.

[2] 何少润，陈鸿宇，杨昭，等. 浅谈对大型抽水蓄能机组顶盖螺栓预紧力的认识. 水电与抽水蓄能，2018.

[3] 马超，华宏星. 一种基于新的正则化技术的冲击载荷识别法. 振动与冲击，2015（12）.

[4] 陈柳，于纪幸，罗永耀，等. 仙居抽水蓄能电站顶盖座环连接螺栓的受力特性初步分析研究. "一带一路"与中国水电设备，2018.

抽水蓄能机组静止变频器（SFC）关键技术研究

严　伟　石祥建　潘仁秋　詹亚曙　徐　峰　刘为群

（南京南瑞继保电气有限公司，江苏省南京市　211102）

【摘　要】 本文在介绍静止变频器原理的基础上，结合国产静止变频器多年的研发及工程实施经验，针对转子位置检测、脉冲换相阶段电流控制、变频差动保护、电流变化率保护、功率柜阀组及风道设计等关键技术问题展开深入讨论，并给出行之有效的解决方案，对国产静止变频器的应用推广、技术提升均有重要意义。

【关键词】 转子位置检测　脉冲换向阶段电流控制　变频差动保护　电流变化率保护　阀组　风道设计

1　引言

抽水蓄能机组启停灵活、反应迅速、调节性能强，具有调峰填谷、调频调相、紧急事故备用和黑启动等多种功能，在增强电网稳定性和提高电网的经济性方面发挥着重要作用。当抽水蓄能机组作为水泵运行时，直接并入电网，会对电网和机组造成较大冲击，对电网和机组安全不利，所以需要采用启动设备将机组从静止拖动到并网转速，实现无冲击并网。

静止变频器（static frequency converter，SFC）作为大型抽水蓄能电站的关键电气设备，具有启动迅速、调速性能优异、成功率高、自诊断能力强等优点，被广泛用于大型抽水蓄能机组的启动。目前，4 台及以下抽水蓄能机组以静止变频器为主要启动方式，以背靠背为备用启动方式；安装 6 台抽水蓄能机组的电站，一般配置两台静止变频器，互为备用。

静止变频器涉及多学科、多技术领域，技术复杂、研发门槛高难度大，曾长期为国外厂商垄断。本文在介绍静止变频器原理的基础上，着重对 SFC 控制、保护、阀组及风道结构等关键问题展开讨论，以提升 SFC 设备研发及运维水平，促进国产静止变频器行业的发展。

2　静止变频器原理

静止变频器是根据电机转子位置或机端电压信息，以逐渐升高的频率交替向电机定子某两相通入电流，产生始终超前于转子磁场的定子旋转磁场，通过该磁场与转子磁场的相互作用，实现机组启动，如图 1 所示。

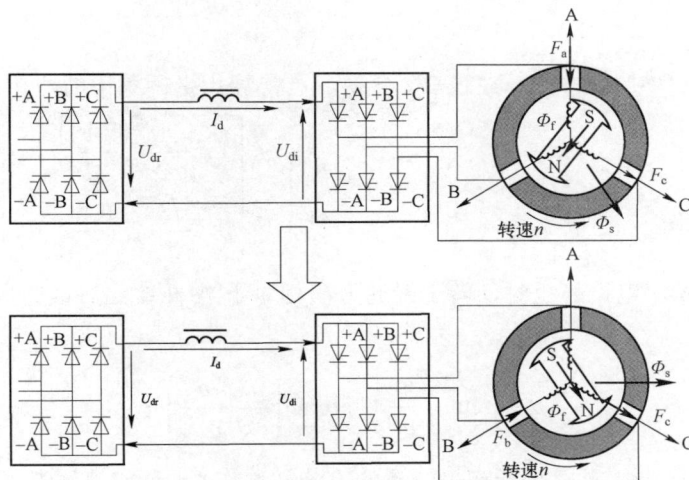

图 1　SFC 基本原理示意图

3   静止变频器控制关键技术

静止变频器主要由控制部分、保护部分及一次主回路组成。控制部分是 SFC 的核心部件，主要由控制器、模拟量及开关量采集、脉冲触发单元组成。控制功能主要包括转子位置检测、脉冲换相阶段控制、负载换向阶段控制、保护监视及逻辑控制等。其中，转子初始位置检测及脉冲换相阶段电流控制是 SFC 控制的难点和关键点。

3.1   转子初始位置检测

准确可靠的电机转子初始位置检测是静止变频器成功拖动机组启动的前提。转子初始位置检测的目的在于准确计算出机组启动前转子所处的位置，以便控制器判断应该首先给电机的哪两相电枢绕组通电流来获得合适的正向转矩，完成机组的正确起转。错误的转子初始位置判别，会导致机组启动失败，甚至反转。因此，准确的转子初始位置检测对于机组成功启动至关重要。转子位置信号检测最直接的方法是在电机上安装位置传感器。但是，装设位置传感器增加了系统的复杂程度和安装调试及维护的工作量，安装偏差会导致传感器输出的测量波形失真，对准确检测转子位置不利，在工作环境条件较恶劣时尤其如此，在早期的抽水蓄能电站静止变频器中有所采用。目前，普遍采用无位置传感器的转子位置检测方式。

无位置传感器的转子初始位置检测的基本原理是：在转子励磁绕组通入一定上升率变化的励磁电流，根据电磁感应原理，电机定子将感应三相电压，定、转子相对位置不同，感应的三相定子电压不同，控制装置根据该感应电压信号，通过计算得到转子初始位置。

电机启动前转速为零，在施加励磁电流的瞬间，电机定子三相绕组中会产生感应磁通 ψ_A、ψ_B、ψ_C，有

$$\begin{cases} \psi_A = M_{sr} i_f \cos\theta \\ \psi_B = M_{sr} i_f \cos(\theta + 120°) \\ \psi_C = M_{sr} i_f \cos(\theta - 120°) \end{cases} \tag{1}$$

式中 M_{sr} ——定子绕组与转子绕组互感系数；

　　　　i_f ——转子电流；

　　　　θ ——转子位置角，是转子磁通方向与定子 A 相绕组轴线的夹角，如图 2 所示。

定子三相绕组中的感应电压 u_A、u_B、u_C 满足

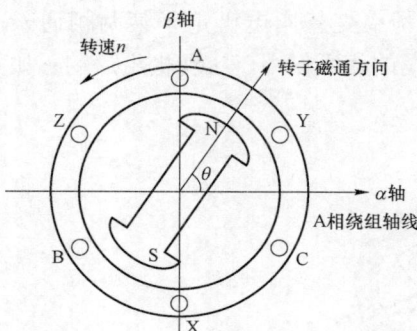

图 2   转子位置角示意图

$$\begin{cases} u_A = \dfrac{d\psi_A}{dt} = \dfrac{dM_{sr} i_f}{dt}\cos\theta \\[2mm] u_B = \dfrac{d\psi_B}{dt} = \dfrac{dM_{sr} i_f}{dt}\cos(\theta + 120°) \\[2mm] u_C = \dfrac{d\psi_C}{dt} = \dfrac{dM_{sr} i_f}{dt}\cos(\theta - 120°) \end{cases} \tag{2}$$

经过 3/2 变换，可得静止坐标系下的两相线电压为

$$\begin{bmatrix} u_\alpha \\ u_\beta \end{bmatrix} = \frac{2}{3}\begin{bmatrix} 1 & -\dfrac{1}{2} & -\dfrac{1}{2} \\[2mm] 0 & \dfrac{\sqrt{3}}{2} & -\dfrac{\sqrt{3}}{2} \end{bmatrix}\begin{bmatrix} u_A \\ u_B \\ u_C \end{bmatrix} \tag{3}$$

由图 2 和式（3）可知，电机静止时，转子磁通方向相对于 A 相绕组轴线方向的夹角（即转子初始位置角）为

$$\theta_0 = \arctan\left(\frac{u_\beta}{u_\alpha}\right) = \arctan\left(\frac{u_B - u_C}{\sqrt{3}u_A}\right) \tag{4}$$

基于以上定子绕组感应电压求取转子初始位置的方法被称作"电压检测法"。电压检测法利用机端三相

感应电压值即可计算出转子初始位置，简洁直观、易于实现。但转子施加励磁突变量后感应的机端电压信号信噪比低，且为单调衰减的信号，对感应电压中有效信息的准确提取直接关系到转子位置计算的准确性，需要采用特殊的采样硬件和滤波算法。

此外，通过对感应电压进行积分得到感应磁通，进而求取转子初始位置角的方法，被称作"磁通检测法"。具体表达式如下

$$\begin{cases} \psi_\alpha = \int_0^t (u_\alpha - R_s i_\alpha)\mathrm{d}t \\ \psi_\beta = \int_0^t (u_\beta - R_s i_\beta)\mathrm{d}t \end{cases} \tag{5}$$

$$\theta_0 = \arctan\left(\frac{\psi_\beta}{\psi_\alpha}\right) \tag{6}$$

式中 R_s ——定子绕组等效电阻；

i_α，i_β ——$\alpha-\beta$ 静止坐标系下等效电流分量。

与电压检测法相比，磁通检测法在一定程度上消除了随机干扰的影响；转子位置计算过程较复杂，需要考虑积分抗饱和以及抑制零漂带来的积分偏置问题。

目前，静止变频器设备厂家采用电压检测法或采用磁通检测法对转子初始位置进行检测，两种方法均经过了工程应用检验，基本满足大型抽水蓄能机组的启动要求，但因转子初始位置检测错误导致机组启动失败的现象仍时有发生。对此，可将这两种方法相结合，采用双重转子位置检测方法，实现对机组转子位置的准确、可靠检测，从而进一步提高机组启动成功率。

3.2 脉冲换相电流控制

在电机启动的低频阶段（如小于 5Hz），定子感应电压较低，不足以使逆变桥的晶闸管在反向电压的作用下自然关断，在换向时刻，需要人为控制整流桥逆变，使回路电流小于可控硅擎住电流，关断机桥可控硅，再控制整流桥恢复整流，触发机桥下一组桥臂，实现脉冲换向。一方面，电机在静止状态下定子回路反向扰动很小，电流急剧增加易产生过电流，随着电机转速上升，定子回路反向扰动增加，回路电流急剧减小，动力转矩减小，要维持电机以一定的转动加速度平稳升速，需要控制回路电流维持于电流参考值附近。另一方面，脉冲换向阶段直流电流 i_d 处于断续状态，如图 3 所示，随着电机转速升高，t_4 逐渐减小，电流控制时间（$t_3 + t_4$）逐渐减小（最短可至 20ms），电流断续及控制过程的短暂性，给每一次脉冲换向后电流恢复控制带来困难，常规的电流 PI 控制难以获得满意的调节效果，会因不能提供足够大的持续电流而影响电机正常启动。

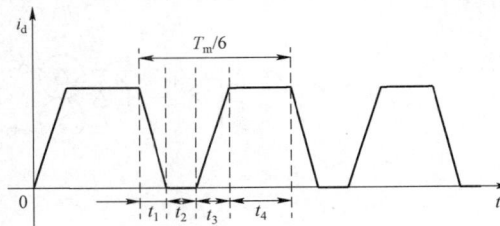

图 3 脉冲换向阶段直流电流波形

针对以上问题，本文采用前馈开环加反馈闭环的控制方法对脉冲换向阶段的电流进行控制，如下

$$\begin{cases} C(t) = C_{fw}(t) + C_{fb}(t) \\ C_{fw}(t) = C_{init} + t \times (K_i \times \Delta i_{upl} / \Delta T) \\ C_{fb}(t) = K_p \times \Delta i(t) \end{cases} \tag{7}$$

式中 $C_{fw}(t)$、$C_{fb}(t)$、$C(t)$ ——t 时刻的前馈控制量、反馈控制量、总控制量；

C_{init} ——初始时刻的控制量；

Δi_{upl} ——电流参考值与电流测量值偏差相关的量；

ΔT ——控制量的计算周期；

$\Delta i(t)$ ——电流参考值与 t 时刻的电流测量值偏差量；

K_p、K_i ——比例系数和积分系数。

其中，前馈控制输出量按照前馈参数所控制的速度，逐渐增大，与电机启动过程中随着电机转速上升

回路反向扰动增加的特性相匹配，维持回路电流在一定水平；反馈控制采用电流偏差比例控制，实现换向后电流快速上升的控制效果。两种控制方式相结合，控制参数具有良好的适应性，脉冲换相的每个阶段电流上升快速且超调小，兼顾了电流恢复时上升的快速性和持续阶段的稳定性。

4　静止变频器保护关键技术

静止变频器作为抽水蓄能电站的关键电气设备，本身包括变压器、变流桥等重要设备，一旦发生故障遭到损坏，直接影响机组快速进入水泵工况运行。鉴于静止变频器设备在电站的重要性，对其应配置完善的保护功能，如差动保护、过电流保护、电压保护等，保证静止变频器设备和机组安全。目前进口静止变频器由控制器集成保护功能，当控制器本身异常时，静止变频器设备将有失去保护的危险。本文所述静止变频器具有更为完善的保护配置，由控制器集成保护和独立保护装置构成，具备针对静止变频器所有设备的快速保护功能。而各重要部件的快速保护中，变流桥的变频差动保护及输出变差动保护是两大难点。

4.1　变流桥差动保护

变流桥差动保护由网桥侧 TA 和机桥侧 TA 构成，为整流桥、直流平波电抗器和逆变桥组成的变流桥回路提供了快速主保护。当 SFC 系统出现桥臂直通（或系统内短路故障）等异常，静止变频器易发生回路过电流，此时差动保护灵敏度高，能先于过电流保护动作。但由于 SFC 网桥/机桥侧电流频率不同（见图 4），常规差动保护算法不再适用。

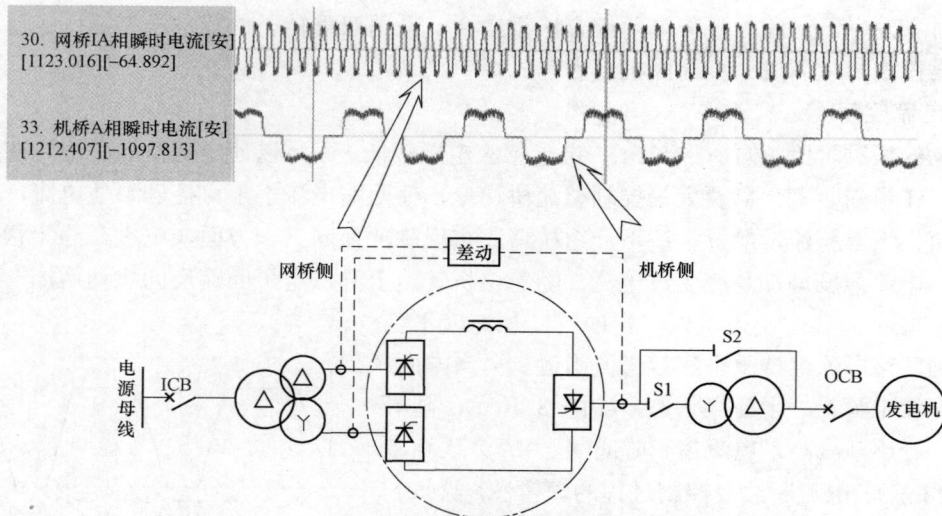

图 4　静止变频器网桥侧和机桥侧电流波形示意图

对此，本文将机桥侧的变频电流经算法处理转换成等效工频电流，再与网桥侧电流构成差动电流和制动电流，采用全周期算法进行计算，为了提高差动保护的可靠性，采用如下比率制动特性

$$\begin{cases} I_\mathrm{d} > \max\left\{ I_\mathrm{cdqd}, K_\mathrm{set} \cdot I_\mathrm{r} \right\} \\ I_\mathrm{d} = \left| I_\mathrm{N} - I_\mathrm{M} \right| \\ I_\mathrm{r} = \left(\left| I_\mathrm{N} \right| + \left| I_\mathrm{M} \right| \right) / 2 \end{cases} \tag{8}$$

式中　I_N——网桥侧电流；

　　　I_M——机桥侧校正电流；

　　　I_d——差动电流；

　　　I_r——制动电流；

　　　I_cdqd——差动启动定值；

　　　K_set——比率制动系数。

采用变斜率比率制动特性，防止区外故障导致的误动，动作速率不受频率变化的影响，动作时间小于

30ms（2 倍定值时）。

图 5 为某抽水蓄能电站 SFC 负载换向阶段由 SFC 变流桥两侧电流构成的差动保护电流及制动电流幅值跟随时间变化的曲线，可见，变频启动过程中，差动电流接近于零，远小于制动电流，保护可以获得较高的灵敏度。

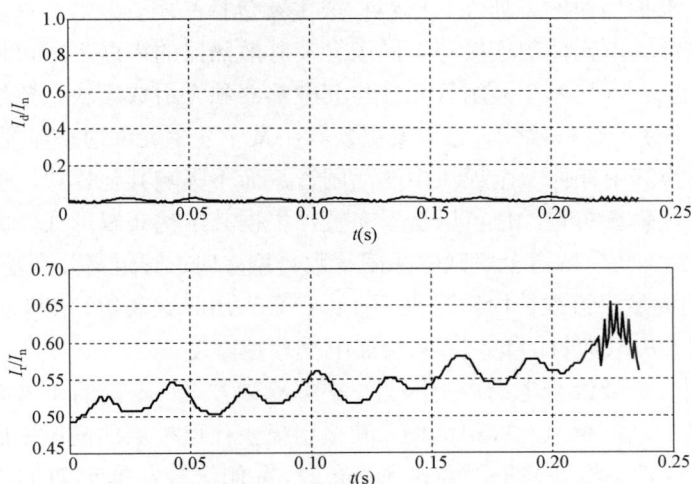

图 5　负载换向阶段的 SFC 差流和制动电流

4.2　输出变差动保护

SFC 输出变压器两侧电流为变频电流（0～52.5Hz），常规差动保护均采用工频算法，无法满足 SFC 启动工况下频率变化的要求。以往进口的静止变频启动装置均未配置输出变差动保护功能，输出变缺少快速主保护。

本文采取与频率无关的算法实现输出变压器差动保护，确保低频情况下也能准确测量，同时采用发电机保护中常用的启停机保护算法，可以实现低频启动过程中的准确测量；采用变斜率比率制动特性，防止区外故障导致的误动。另外，脉冲换向阶段，一般不带输出变压器启动，此时，经旁路开关（见图 4 中的 S2）位置接点将输出变差动保护退出。

4.3　功率电流变化率保护

电流变化率保护具有动作迅速、灵敏度高的特点，短路电流在上升的起始阶段就能动作，而且故障越严重，电流变化率反应越迅速，因此能够对静止变频器网桥、机桥的电力电子器件起到很好的保护作用，对于未配置变流桥差动保护的场合，电流变化率保护实际上充当了静止变频器功率回路快速主保护的角色。但从现场应用情况来看，常规电流变化率保护易受干扰信号影响，容易误动。为了提高电流变化率保护的可靠性，采取以下两个措施：

（1）快速采样基础上，连续判断多次满足动作条件，提高可靠性，同时保证快速性；

（2）增加过电流辅助判据，与电流变化率判据综合，进行出口判断，避免误动。

4.4　提高 SFC 系统保护可靠性的措施

为了提高静止变频器设备保护的可靠性，用于静止变频器保护的电流不应取自测量级 TA，而应该设置独立的保护级 TA。

脉冲换相阶段，机桥侧频率小于 5Hz，电流互感器不能正常传变，变流桥差动保护和输出变压器差动保护均将出现比较大的差流，为防止差动保护误动，应在此过程中闭锁这两种保护。

不带输出变压器拖动的阶段，经旁路开关位置接点（见图 4 中的 S2）将输出变压器高压侧过电流保护、输出变压器高压侧低电压保护退出，当频率超过 5Hz，投入输出变压器后，相应的保护功能自动投入。

5 阀组及风道结构设计

5.1 阀组结构

SFC 功率柜阀组根据冷却方式的不同，可以分为风冷阀组和水冷阀组。阀组结构是否合理直接影响功率柜尺寸、散热性能以及维护操作的方便性。阀组构成主要包括晶闸管及其散热器串联形式、RC 阻容回路布置、触发回路布置以及功率元件的连接等。晶闸管及其散热器的串联形式可以是每只桥臂的晶闸管及其散热器整组压接串联、也可以是单个晶闸管元件与其散热器独立组成模块。整组压接串联的好处是结构紧凑、空间利用率高，但不便于维护检修，当需要更换其中某个功率元件时，需要专门工具且操作较复杂；独立模块则可以方便地更换其中任何一个模块中的晶闸管，而不影响其他模块，但紧凑性有所降低。晶闸管及其散热器从结构上可以垂直布置，也可以水平布置，根据其结构布置形式，大致可以分为立式阀组和卧式阀组。当采用立式阀组，同一桥臂上串联的晶闸管数目增多时，阀组需要在功率柜竖直方向进行扩展，可能增加 SFC 本体屏柜的高度，给维护检修带来不便；当采当用卧式阀组，由于同一桥臂上串联的多个晶闸管按级水平布置，晶闸管串联数目的变化，只会影响功率柜宽度。

在设计 SFC 功率柜时，需要综合考虑以上因素，根据冷却方式、不同的桥臂晶闸管串联数目灵活选择阀组结构形式。以国产 SFC 功率柜风冷阀组为例，其采用模块化可扩展的高压串联阀组技术，将每个晶闸管元件及其散热器独立组成功率组件并采用卧式水平布置，晶闸管触发单元 TCU 及 RC 回路合理布置在一个封闭金属壳体内，形成一种紧凑型晶闸管触发保护单元，既实现了维护检修的方便性，同时也保留了阀组结构的紧凑性和可扩展性。

5.2 风道形式

静止变频器功率柜风道常见的有并联风道、串并联混合风道等。并联风道相比于串联风道，具有风阻小、通风好、风道独立、温度分布均匀等优点，在进口 SFC 产品中比较常见。串并联混合风道则结合了串联风道结构紧凑和并联风道风阻小、通风好、温度分布均匀的优点，冷空气从机柜底部柜门的开孔进风，热空气被机柜顶部的双风机抽出，达到换热的目的，散热效率比较高。

如图 6 所示，对双风机串并联混合风道的大容量功率桥，进行流体场的有限元仿真分析。从仿真结果可以看出，柜内风速场分布合理。

环境温度 20℃的条件下，对功率桥进行了大电流试验测试，输出电流为 2600A，试验时间为 75min 后，模块最高温度为 68.2℃，最大温升为 48.2℃。图 7 为各功率模块温度随时间变化的曲线，可以看到，各模块温升分布均匀，具有较好的散热效果。

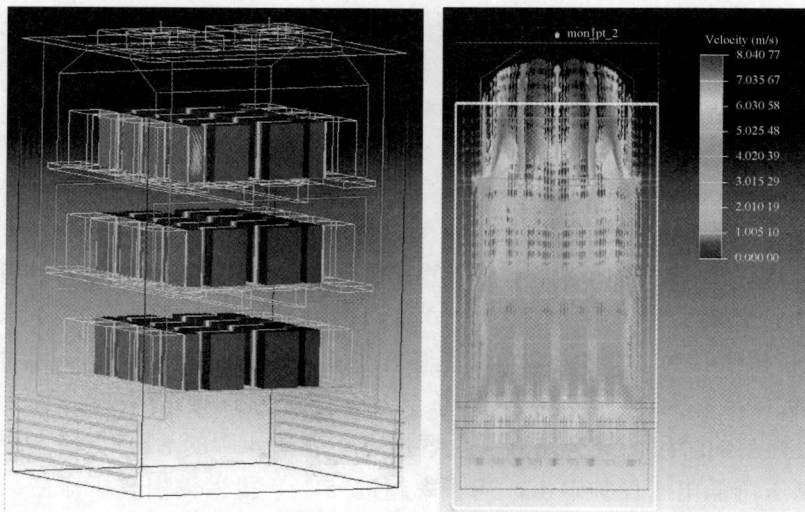

图 6　风速场有限元仿真结果示意图

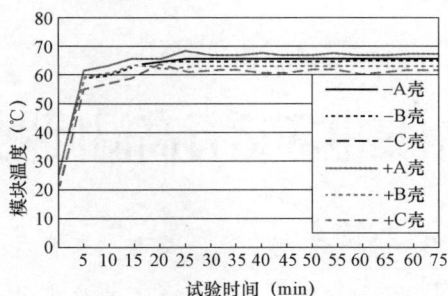

图 7 功率桥大电流温升试验结果

6 结束语

近些年，在国家电网有限公司、南方电网有限公司、南京南瑞继保电气有限公司等单位的共同努力下，静止变频器设备已实现国产化突破，在安徽响水涧抽水蓄能电站首次实现 300MW 级大型抽蓄机组 SFC 设备的国产化应用，并逐渐在安徽绩溪、河北丰宁、广州蓄能水电厂 B 厂等十多座抽水蓄能电站推广使用。在此行业背景下，本文结合南瑞继保国产静止变频器多年的研发及工程实施经验，针对转子位置检测、脉冲换相阶段电流控制、变频差动保护、电流变化率保护、功率柜阀组及风道设计等关键技术问题展开深入讨论，并给出行之有效的解决方案，为今后国内厂商和电站人员在设计、制造、使用大型静止变频器设备时，提供了参考和指导，对国产静止变频器的应用推广、技术提升均有重要意义。

参考文献

[1] 林铭山. 抽水蓄能发展与技术应用综述. 水电与抽水蓄能，2018（4）.

[2] 陈同法，张毅. 抽水蓄能电站本质功能分析. 水电与抽水蓄能，2017（3）.

[3] 闫伟，石祥建，龚翔峰，等. 抽水蓄能电站 SFC 系统研制及应用. 第十八次中国水电设备学术讨论会，2011（11）.

[4] 石祥建，司红建，吴小放，等. 静止变频器系统分数次谐波分析. 电力工程技术，2012（31）.

[5] 周军. 抽水蓄能电站中 SFC 变频启动的若干特点. 电力自动化设备，2004（24）.

[6] 高苏杰，张雷雷，石祥建，等. 国产首套百兆瓦级抽水蓄能机组静止启动变频器（SFC）关键技术及研制意义. 水电与抽水蓄能，2017（3）.

[7] 郭国伟. 抽水蓄能机组静止变频起动控制技术研究. 哈尔滨：哈尔滨工业大学，2013.

[8] 伍文军. 抽水蓄能电站静止变频器（SFC）启动的控制策略及其装置实现. 南京：东南大学，2009.

[9] 王茜茜. 大型同步电机静止变频器软起动控制系统研究. 武汉：华中科技大学，2013.

[10] 陈俊，司红建，周荣斌，等. 抽水蓄能机组 SFC 系统保护关键技术. 电力自动化设备，2013.

[11] 陈俊，王凯，袁江伟，等. 大型抽水蓄能机组控制保护关键技术研究进展. 水电与抽水蓄能，2016（2）.

抽水蓄能机组集电环运行高温问题分析及处理

彭　爽　朱光宇　吕鹏飞　朱海龙

（辽宁蒲石河抽水蓄能有限公司，辽宁省丹东市　118216）

【摘　要】 集电环作为连接静态励磁电流和旋转动态磁极的部件，也是发电机本体薄弱环节之一。集电环运行温度高轻者加速电刷损耗产生碳粉污染造成转子一点接地，重者集电环着火发生安全事故。抽水蓄能电站机组双向旋转、启停频繁对机电环安全稳定运行提出更高要求。本文力图通过调查分析与实践尝试，探索出具有实用性的降低发电电动机集电环运行温度的工程实际方法。

【关键词】 抽水蓄能电站　集电环　电刷　碳粉污染　安全事故

1　引言

通过对抽水蓄能机组集电环运行温度高的现状分析，指出造成此类现状的原因，并从运行、维护的角度出发，针对此类现状的处理方法进行了初步研究、分析，最后总结出有效、可行的降低集电环运行温度的措施，实践效果良好，期望能为抽水蓄能电站所参考。

2　设备基本情况

某抽水蓄能电站发电电动机集电环是锰钢锻件，材料牌号为 Q235，表面有等距离的螺旋槽，集电环直径为 1200mm，每极厚度为 100.0mm，圆周方向布置了 14 个三刷刷盒，共计 42 个电刷，电刷采用天然石墨材料黏结制成，有较低的摩擦系数和一定的自润滑作用。每个电刷带有两根柔性的铜引线（即刷辫），螺旋式恒压弹簧恒定地将压力施加在电刷中心上。电刷采用上海摩根碳制品有限公司生产的 AY（加硬型）电刷，尺寸为 40mm×20mm×100mm，总的摩擦面积（一个集电环）为：40mm×20mm×42＝33 600.0mm² 集电环如图 1 所示。

图 1　集电环

3　集电环运行现状

运维人员在对机组集电环及电刷进行红外测温及分析时发现，集电环和电刷运行温度逐步升高，集电环运行最高温度达 120℃，电刷运行温度最高达 141℃，超温升限值（按照相关设计及标准要求，集电环温升不得超过 80K）。结合巡检和定检共发现 3 次弹簧断裂情况，2 次打火放电情况，9 次电刷过热情况。观察损坏的电刷，发现电刷与集电环接触面有异常波纹状的沟槽，电刷崩角情况严重。由于电刷在刷盒内上下振动，电刷与刷盒接触边缘部分也产生了明显的磨损痕迹，从痕迹判断，电刷上下移动的幅度约 1mm。运行过程中可以看到电刷在径向有明显的抖动，弹簧震颤明显。同时，集电环室内碳粉污染严重，个别电刷存在打火及断裂现象，严重影响了机组的安全稳定运行。以 4 号机组为例，具体情况如图 2 所示。

图 2　集电环表面磨损情况

表 1　　　　　　　　　　　　　　机组集电环及电刷运行温度数据　　　　　　　　　　　　　　℃

时间	2015.10	2015.11	2015.12	2016.1	2016.2	2016.3
1～4 组电刷	140	141	139	136	135	139
5～7 组电刷	134	135	132	130	130	132
8～10 组电刷	139	140	140	135	135	137
11～14 组电刷	136	138	137	133	132	134
电刷平均运行温度	137.25	138.5	137	133.5	133	133
集电环上环运行温度	120	121	119	117	116	118
集电环下环运行温度	114	115	114	113	111	114

问题 1：电刷磨损严重（崩角及波纹状沟槽）如图 3 所示。

图 3　电刷磨损严重（崩角及波纹状沟槽）

问题 2：电刷过热（刷辫脱落及氧化）如图 4 所示。

问题 3：弹簧断裂如图 5 所示。

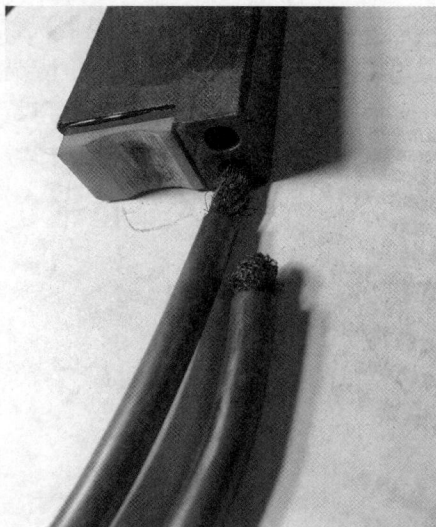

图 4　电刷过热（刷辫脱落及氧化）

图 5　弹簧断裂

4　集电环运行温度高的原因分析

对集电装置运行温度高的情况展开了调查，发现了导致集电装置运行温度高的几点因素：

4.1　物理因素

（1）集电环粗糙度不符合要求。研究发现：集电环表面并非越光滑越好，当集电环表面过于光洁时，它与电刷的两个摩擦表面之间相互接触的趋势加大，它们之间的摩擦力会逐渐增大，此时电刷出现颤动且发热量相当大。对于粗糙度较高的集电环，氧化膜的关键组成成分石墨很难附着在金属表面，而更容易脱离集电环的表面。如果最终表面过于粗糙，集电环工作旋转起来将更像砂轮一样，容易导致电刷过度磨损。因此必须将集电环的表面粗糙度限制在特定的范围之内，如果其表面过于光洁时，应该立即修正措施来增加粗糙度（使用磨石、研磨剂等）。集电环材质为钢，集电环表面粗糙度范围应在 $0.75\sim1.25\mu m$ 范围内，经现场实际测量，四台机组集电环表面粗糙度在 $0.35\sim0.4\mu m$ 间，均高于 $0.75\sim1.25\mu m$。

（2）集电环螺旋槽倒角的加工精度不足。集电环螺旋槽的加工精度是电刷运行温度的一个重要因素。螺旋槽加工完成后，必须进行倒角操作以除去所有对电刷有害的尖锐的毛刺，螺旋槽角度以 45°，深度 $0.3\sim0.4mm$ 为宜。如果集电环的磨损达到了倒角的基线，则必须进行再次倒角。经现场实际调查，四台机组集电环螺旋槽磨损已到达倒角的基线，螺旋槽部分地方出现毛刺，须再次进行倒角。

（3）由于机组运行过程中存在振摆，且集电环的安装位置距离驱动位置较远，故集电环振摆较大，影响电刷与集电环的接触。另外，由于集电环也存在偏心，大轴的轴向位移，刷盒不正，刷架装偏或电刷与刷盒配合间隙不当，造成电刷在刷盒内浮动受阻或卡住，弹簧压力不均，造成电刷与集电环接触不稳定等。

4.2　电气因素

因集电环环和电刷通过相互滑动接触导通励磁电流，且每个集电环上大约分布着数十只电刷，每个电刷与集电环的接触电阻不同，电流分配存在差异，会导致发热不均匀，具体分析有以下几个原因：

（1）电刷与集电环表面接触电阻、电刷与刷辫接触电阻、刷辫与刷架引线接触电阻过大。检查措施：通过测量单个电刷总压降、电刷接触压降、刷体压降、联结压降、刷辫压降进行相互间对比来检查。同时检查回路中各螺栓是否紧固。检查电刷接触面的清洁程度，是否存在油污污染。

（2）电刷压力不均匀或不符合要求，可能有电刷过短、弹簧由于过热变软老化失去弹性等原因。检查措施：使用弹簧秤检查电刷压力。恒压弹簧应完整无机械损伤，压力应符合其产品的规定，同一极上的弹簧压力偏差不宜超过 5%，同一刷架上每个电刷的压力应均匀。

（3）集电环与转子引线接触电阻过大，这种情况应对集电环与转子引线间的紧固螺栓进行加固。

（4）电刷材质不良、导电性能差、使用的型号不符合要求或者不同型号的电刷在混用。同一电机上应使用同一型号、同一制造厂的电刷，对于外观检查有明显差异的电刷应更换。

4.3 氧化膜被破坏的原因

氧化膜具有非常好的润滑性能，电刷与集电环接触表面起润滑作用的润滑层主要是石墨膜，这层石墨膜，将电刷与集电环分开，使摩擦在石墨润滑层间进行，降低了摩擦系数，减少了摩擦热的产生，减少了电刷的磨损。电刷的过热故障，很多情况是由于氧化膜被破坏且无法重新建立导致的。最后由于滑动接触面间的导电微粒分布不均匀，氧化膜厚度不均匀等造成接触电阻大小不同。

4.4 滑动接触面间气体压力的原因

电刷滑动接触面与集电环表面做高速相对滑动时，由于电刷在刷盒内晃动，造成电刷弧面大于集电环弧面，形成了楔形空间。在滑入边，当发电机在高速运转时，黏附于集电环表面上且随之旋转的空气层进入楔形空间，对电刷产生一个向上的作用力；而在电刷滑出边同样也存在一个楔形空间，在发电机高速旋转时，楔形空间里的空气同样会黏附于集电环表面被带走，对电刷的弧面造成气吸现象，使电刷受到一个向下的吸力。

当产生的向上的浮力足以克服滑出边所受到的吸力、弹簧压力和电刷的重量以及电刷与刷盒壁之间的摩擦力的总和时，电刷被集电环带入的空气托起，造成电刷与滑动接触面分离而不导电。当产生的吸力大于产生的浮力，电刷被紧紧地吸附在集电环上，当然电流就从这些电刷经过。滑动接触面间的气体压力会造成电流分配不均匀，进而影响电刷运行温度。

4.5 通风不良的原因

通风不良主要是因为冷却风道堵塞，集电环表面通风沟、通风孔堵塞、循环风扇风量下降等原因，尤其是当运行中集电环表面温度过高时，导致电刷磨损加剧，碳粉集聚增加，堵塞上述集电环表面的散热通道。

5 应对处理措施

根据以上原因分析过程，引起电刷磨损过快和温升过高的主要原因为集电环表面粗糙度问题和倒角精度问题，针对以上两个问题，利用四台机组 C 级检修的机会，将集电环进行表面车磨与螺旋槽精加工处理，主要工序为：集电环固定、圆度测量、轴心定位、车刀平行度调整、车磨处理、偏心度测量、粗糙度测试、直径测量。处理后的集电环表面粗糙度为 1.15μm，螺旋槽角度为 45°，深度为 0.4mm，如图 6、图 7 所示。

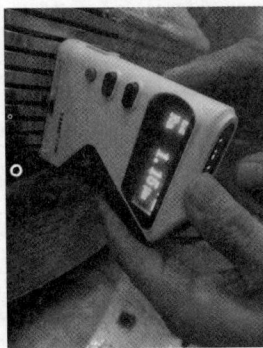

图 6 处理后集电环表面粗糙度（1.15μm）

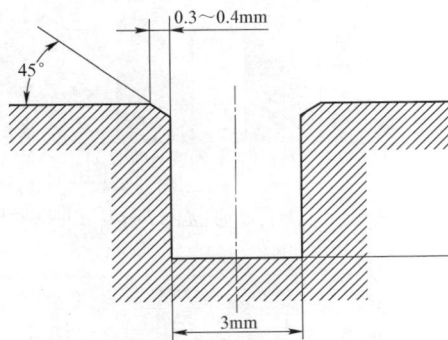

图 7 集电环螺旋槽倒角示意图

6 处理后运行情况

集电环经过倒角及表面粗糙度处理后，运维人员不断对集电装置的运行情况进行了检查和记录，运行 6 个月以来，发现四台机组集电环室内碳粉污染情况得到了长足的改善，集电环及电刷运行温度也不再居高不下，满足了集电环温升不得超过 80K 的要求。

以 4 号机组为例，为了与处理前数据做对比，排除环境温度造成的误差，截取了 2016 年 10 月～2017 年 3 月的记录数据，见表 2。

表 2 集电环下环运行温度处理前后对比

时间	2016.10	2016.11	2016.12	2017.1	2017.2	2017.3
1～4 组电刷	93	94	93	90	88	92
5～7 组电刷	89	90	87	86	86	88
8～10 组电刷	92	93	93	90	87	90
11～14 组电刷	90	92	91	88	88	90
电刷平均运行温度	91	92.25	91	88.5	87.25	90
集电环上环运行温度	67	66	65	62	62	63
集电环下环运行温度	62	60	60	58	57	59

通过图 8～图 10 对比可以看出，集电环经过倒角及表面粗糙度处理后，集电环及电刷运行温度有了明显的下降。

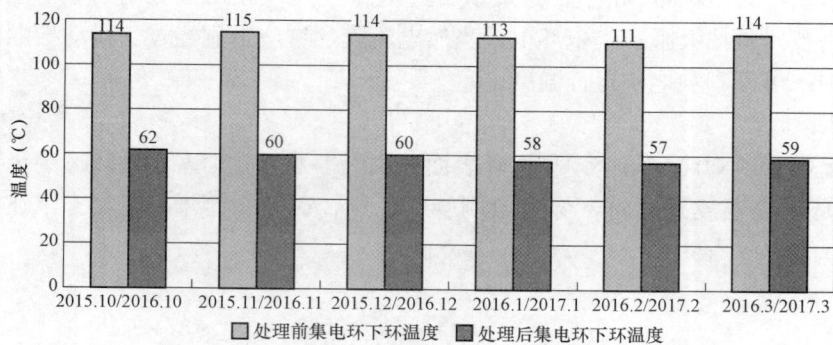

图 8 集电环下环运行温度处理前后对比

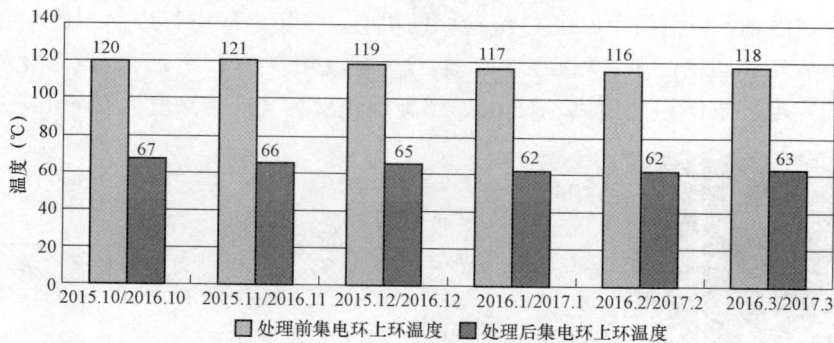

图 9 集电环上环运行温度处理前后对比

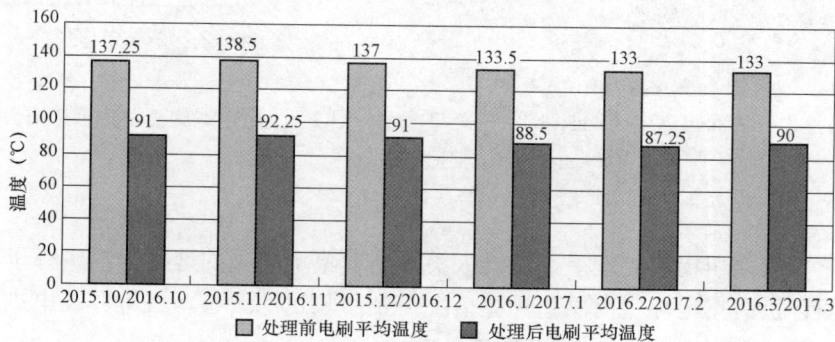

图 10 电刷平均运行温度处理前后对比

7 结论

通过图 11 和图 12 两个阶段的红外测温情况可以直观地反映出集电环经过倒角及表面粗糙度处理后，达到了减少磨损，降低温升的效果。由此说明，集电环的倒角精度以及集电环表面粗糙度是影响集电环和电刷运行温度的直接因素，故在日常的运维工作中：① 要定期对集电环及电刷接触面进行红外测温，尽早发现温升类缺陷；② 要定期对集电环的倒角精度以及表面粗糙度进行测量统计，不满足要求时要第一时间进行处理，才能保证集电装置的安全健康稳定运行。

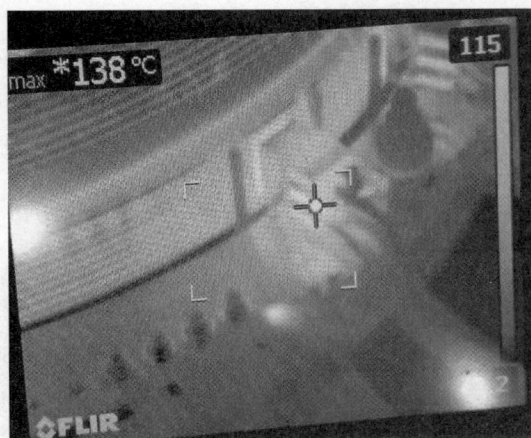

图 11 处理前红外测温

图 12 处理后红外测温

参考文献

[1] 彭远崇. 发电机励磁碳刷事故分析和对策. 电力安全技术，2003，5（7）：35－36.

制动逻辑缺陷致抽水蓄能机组研究高速加闸

孔令杰　霍献东　贾先锋

（河南国网宝泉抽水蓄能有限公司，河南省新乡市　453636）

【摘　要】发电机组制动，能在停机过程中缩短低转速惰行时间，有效防止低转速下推力轴承因油膜破坏而烧损。转速过高时投入机械制动（俗称"高速加闸"）可能导致机组结构损坏。某电站 4 号机组在执行定期小点检后的试车过程中，发生一起转速在 30%额定转速左右时投入风闸的案例，经分析，原因为制动流程设计不完善。

【关键词】高速加闸　机械制动　流程　逻辑缺陷

1　概述

发电机组制动，能在停机过程中缩短低转速惰行时间，有效防止低转速下推力轴承因油膜破坏而烧损。常采用电气制动与机械制动两种类型。电气制动是根据同步发电机电枢反应原理，产生制动力矩，且随转速降低而制动效果更加明显，具有清洁、高效等特点，但整套系统结构较为复杂，常和励磁系统一并设计。机械制动通常使用气压或液压驱动制动块（片），与发电机组转动部件上的制动环相接触，形成摩擦制动，具有结构简单、通用性强等优点，同时伴随产生噪声、摩擦粉尘以及制动块（片）磨损、制动卡涩不自动返回等缺点。

水力发电机组从电网解列后，受风阻、转轮在水中阻力影响，转速下降较快，通常不需要立即投入制动，而是待转速下降到一定范围内再投入制动。机组转速过高投入机械制动（俗称"高速加闸"），对机组安全影响较大，轻则因为振动造成机组相关部件及二次检测元件的损坏，重则直接造成制动块（片）及制动环的报废，同时制动产生的大量金属粉末也将给发电机安全运行带来事故隐患，且修复刹车盘周期较长，导致机组长时间退备。

某抽蓄电站机组停机时，正常流程为电气制动在转速低于 $50\%N_r$（额定转速）后投入，$3\%N_r$ 时退出，机械制动在转速下降至 $5\%N_r$ 时投入，机组停稳后退出。某年春节前，该电站 4 号机组在执行定期小点检后的试车过程中，发生一起转速在 $30\%N_r$ 左右时机械制动误投入的案例，经分析，原因为制动流程设计不完善。

2　故障现象

16:30 左右，该电站 4 号机组在执行定期小点检后，向调度报备前按例行程序开展不并网试转。转速上升过程中，发电机层现场调试人员闻到异味，同时发现发电机集电环罩处逸出轻微烟雾，果断按下机旁盘快速停机按钮，并通知相关人员开展问题排查。

3　故障原因排查

故障原因排查的主要过程为调阅监控报警、监控日志、工业电视记录以及详询现场人员、排查现场设备等。

3.1　监控记录

16:30:43 920 开机令发出。

16:32:42 958 开始开启导叶。

16:32:45－16:32:50 转速 3%、5%、10%、12%信号依次动作。

16:32:55 704 监控报警导叶开启超时。

16:32:55 740 转速大于 25%信号收到。

16:32:55 803 开机流程终止，停机流程激活。

16:32:56 082 快速停机按钮被人为按下。

16:32:57 758 导叶全关信号收到。

16:33:03 276 电气制动投入。

16:33:03 376 电气制动退出。

16:33:03 875 机械制动投入。

16:34:13 667 主进水阀油站关停［该信号用于 3.4（5）分析机械制动退出的时间验证］。

16:34:14～16:35:37 转速 25%、12%、10%信号依次收到。

16:36:03 040 转速小于 5%信号收到（用于正常停机流程投入机械制动）。

16:36:13 941 机械制动退出。

16:38:30 540 转速小于 3%信号收到。

3.2 工业电视记录与详询现场人员

通过调取工业电视记录，发现机旁盘故障灯点亮，与现场调试人员赶赴机旁盘快速停机按钮几乎同时。

3.3 排查现场设备

执行安全措施后，运维人员对机组转动部件、发电机风洞、集电环、制动盘、制动片、制动液压系统进行检查，在拆解制动装置后发现制动片有一定程度磨损，其他部位检查未见异常。查阅了安装期调试记录，确认机组在 30%转速下曾进行过制动试验，试验结果仅制动片一定程度磨损外，其他无异常，以此为基础评估当前制动片磨损程度对机组结构稳定性造成的影响，初步认为无异常。

3.4 故障原因分析

（1）故障发生后的第一时间，由于机械制动系统出现异味等情况，表征现象明显，误导运维人员将主要精力放到机械制动系统上。经排查机械部件及二次回路，均未发现机械制动系统故障。

（2）随后查阅停机顺控流程图（见图 1），梳理机械制动的投入条件时发现，有一种条件为"SP=0% & ADT OK"，其中 SP 即转速，ADT OK 即测速系统运行良好，表义为"转速为零且测速系统运行良好"。在该流程下，将直接跳过电气制动流程，这与监控系统记录中电气制动投入后立即退出的现象相吻合。运维人员对该流程（SQ88S37）进行更深入的挖掘。

（3）调阅监控组态图（见图 2），查阅 SQ88S37 步骤，发现该图最下面一条支路与顺控流程图对应，而其实际意义为："机组无蠕动信号 0×GRE_202SC_DI_DET"且"测速系统运行良好"（均来自电调系统）。

（4）对机组开机流程终止原因的排查。基于上述对"机组无蠕动信号 0×GRE_202SC_DI_DET"的疑问，机组开机流程终止的原因豁然开朗——在机组开机顺控流程中，打开导叶后，经一定延时，未检测到转速，即认为是开机导叶开启超时。而开机流程中"未检测到转速"，用的正是该"机组无蠕动信号 0×GRE_202SC_DI_DET"（见图 3）。

（5）故障时转速与导叶开度。故障时转速与导叶开度（见图 4）显示，开机令发出后，流程执行到打开导叶后，导叶打开（O 点），机组转速上升；由于未检测到蠕动信号，机组开机流程终止，执行停机流程，开始关闭导叶，转速升速（或斜率）减缓（A 点）；导叶关闭过程中机组转速继续上升（B 点），此时机械制动投入；达到最高转速（C 点），受机械制动作用，机组转速逐渐减小，至 16：36：13 机械制动退出（顺控流程中主进水阀油站关停延时 120s，且未检测到蠕动信号，发出机械制动退出指令），然后转速下降到 3%。该过程与前述各时间节点吻合。

（6）故障定位。运维人员随后对"机组无蠕动信号 0×GRE_202SC_DI_DET"进行检测，发现机组在有转速情况下，该信号依然输出，锁定为本次故障原因。经过深入排查，测速系统输出"机组无蠕动信号 0×GRE_202SC_DI_DET"的继电器，存在节点粘连问题，而测速系统本身无异常。

SQ88:NMS->TS
停机流程

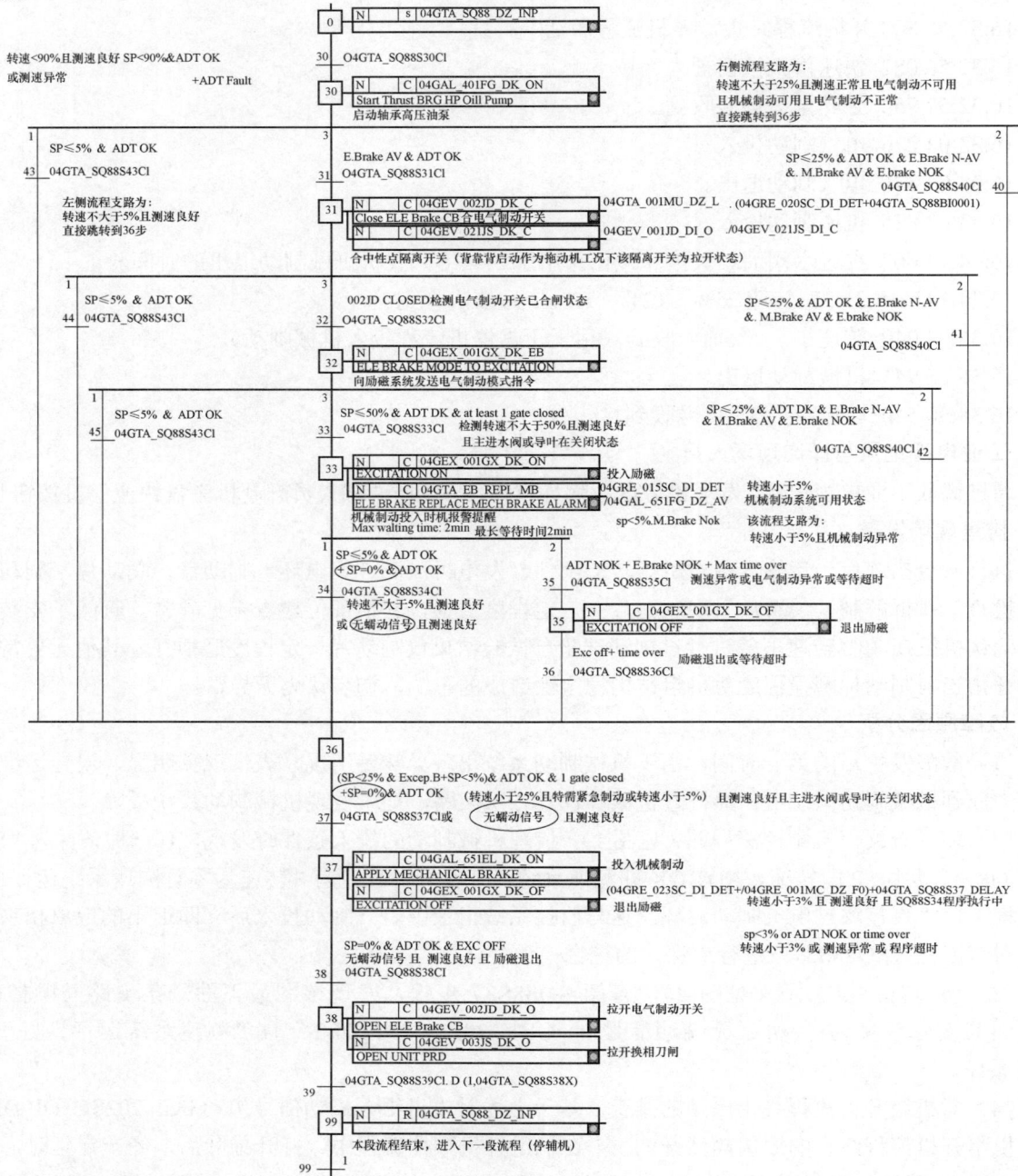

0	N	s	04GTA_SQ88_DZ_INP

转速<90%且测速良好   SP<90%&ADT OK
或测速异常   +ADT Fault

30   O4GTA_SQ88S30Cl

右侧流程支路为：
转速不大于25%且测速正常且电气制动不可用
且机械制动可用且电气制动不正常
直接跳转到36步

| 30 | N | C | 04GAL_401FG_DK_ON |
| Start Thrust BRG HP Oill Pump |
启动轴承高压油泵

1   SP≤5% & ADT OK   3   E.Brake AV & ADT OK   2   SP≤25% & ADT OK & E.Brake N-AV
43   04GTA_SQ88S43Cl   31   04GTA_SQ88S31Cl   &. M.Brake AV & E.brake NOK
                                                          04GTA_SQ88S40Cl   40

左侧流程支路为：
转速不大于5%且测速良好
直接跳转到36步

| 31 | N | C | 04GEV_002JD_DK_C | 04GTA_001MU_DZ_L
| Close ELE Brake CB 合电气制动开关 | .(04GRE_020SC_DI_DET+04GTA_SQ88BI0001)
| N | C | 04GEV_021JS_DK_C | 04GEV_001JD_DI_O   /04GEV_021JS_DI_C

合中性点隔离开关（背靠背启动作为拖动机工况下该隔离开关为拉开状态）

1   SP≤5% & ADT OK   3   002JD CLOSED检测电气制动开关已合闸状态   2   SP≤25% & ADT OK & E.Brake N-AV
44   04GTA_SQ88S43Cl   32   O4GTA_SQ88S32Cl   &. M.Brake AV & E.brake NOK
                                                                          04GTA_SQ88S40Cl   41

| 32 | N | C | 04GEX_001GX_DK_EB |
| ELE BRAKE MODE TO EXCITATION |
向励磁系统发送电气制动模式指令

1   SP≤5% & ADT OK   3   SP≤50% & ADT DK & at least 1 gate closed 检测转速不大于50%且测速良好   2   SP≤25% & ADT DK & E.Brake N-AV
45   04GTA_SQ88S43Cl   33   04GTA_SQ88S33Cl 且主进水阀或导叶在关闭状态   & M.Brake AV & E.brake NOK
                                                                                                            04GTA_SQ88S40Cl   42

| 33 | N | C | 04GEX_001GX_DK_ON |
| EXCITATION ON 投入励磁 |
| N | C | 04GTA_EB_REPL_MB | 04GRE_015SC_DI_DET   转速小于5%
| ELE BRAKE REPLACE MECH BRAKE ALARM | /04GAL_651FG_DZ_AV   电气制动系统可用状态
机械制动投入时机报警提醒   sp<5%.M.Brake Nok   该流程支路为：
Max walting time: 2min 最长等待时间2min   转速小于5%且机械制动异常

1   SP≤5% & ADT OK   2   ADT NOK + E.Brake NOK + Max time over
34   + SP=0% &ADT OK   35   04GTA_SQ88S35Cl   测速异常或电气制动异常或等待超时
     04GTA_SQ88S34Cl

转速不大于5%且测速良好
或 无蠕动信号 且测速良好

| 35 | N | C | 04GEX_001GX_DK_OF |
| EXCITATION OFF | 退出励磁
Exc off+ time over   励磁退出或等待超时
36   04GTA_SQ88S36Cl

36

(SP<25% & Excep.B+SP<5%)& ADT OK & 1 gate closed
+SP=0%& ADT OK   (转速小于25%且特需紧急制动或转速小于5%)   且测速良好且主进水阀或导叶在关闭状态
37   04GTA_SQ88S37Cl或   无蠕动信号   且测速良好

| 37 | N | C | 04GAL_651EL_DK_ON | 投入机械制动
| APPLY MECHANICAL BRAKE |
| N | C | 04GEX_001GX_DK_OF | (04GRE_023SC_DI_DET+/04GRE_001MC_DZ_F0)+04GTA_SQ88S37_DELAY
| EXCITATION OFF | 退出励磁   转速小于3% 且 测速良好 且 SQ88S34序程执行中

sp<3% or ADT NOK or time over
转速小于3% 或 测速异常 或 程序超时

SP=0% & ADT OK & EXC OFF
无蠕动信号 且 测速良好 且 励磁退出
38   04GTA_SQ88S38Cl

| 38 | N | C | 04GEV_002JD_DK_O | 拉开电气制动开关
| OPEN ELE Brake CB |
| N | C | 04GEV_003JS_DK_O | 拉开换相刀闸
| OPEN UNIT PRD |

04GTA_SQ88S39Cl. D (1,04GTA_SQ88S38X)
39

| 99 | N | R | 04GTA_SQ88_DZ_INP |

本段流程结束，进入下一段流程（停辅机）
99   1

图 1 停机顺控流程图

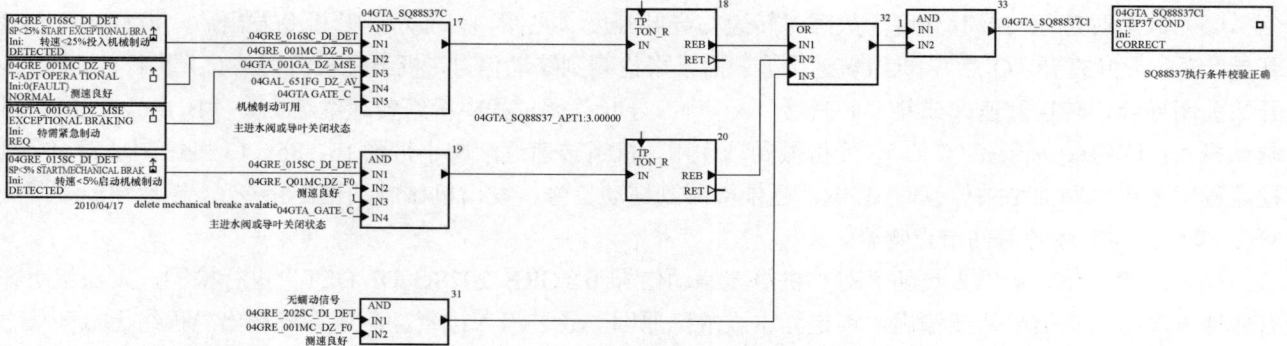

04GRE_016SC_DI_DET   04GTA_SQ88S37C
SP<25% START EXCEPTIONAL BRA   AND
Ini: 转速<25%投入机械制动   .04GRE_016SC_DI_DET   IN1   17
DETECTED   04GRE_001MC_DZ_F0   IN2   TP   18
04GRE_001MC_DZ_F0   04GTA_001GA_DZ_MSE   IN3   TON_R   OR   32   AND   33   04GTA_SQ88S37Cl
T-ADT OPERA TIONAL   04GAL_651FG_DZ_AV   IN4   IN REB   IN1   IN1   STEP37 COND
Ini:0(FAULT)   测速良好   04GTA_GATE_C   IN5   RET   IN2   IN2   Ini:
NORMAL   机械制动可用   CORRECT
04GTA_001GA_DZ_MSE   主进水阀或导叶关闭状态
EXCEPTIONAL BRAKING   SQ88S37执行条件校验正确
Ini: 特需紧急制动
REQ   04GRE_015SC_DI_DET   19
04GRE_015SC_DI_DET   04GRE_Q01MC,DZ_F0   IN1   TP   20
SP<5% STARTMECHANICAL BRAK   测速良好   IN2   TON_R
Ini: 转速<5%启动机械制动   IN3   IN REB
DETECTED   2010/04/17 delete mechanical breake avalatic 04GTA_GATE_C IN4   RET
                                 主进水阀或导叶关闭状态   04GTA_SQ88S37_APT1:3.00000

                                 无蠕动信号   AND
                                 04GRE_202SC_DI_DET IN1   31
                                 04GRE_001MC_DZ_F0   IN2
                                 测速良好

图 2 组态图中停机流程投入机械制动条件

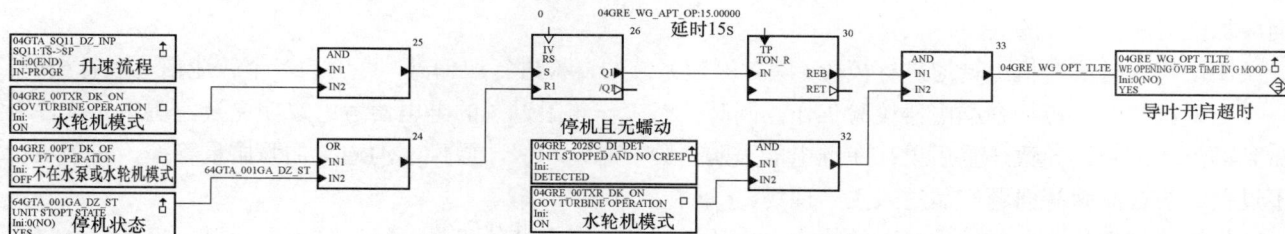

图 3　组态图中发电开机导叶开启超时判别

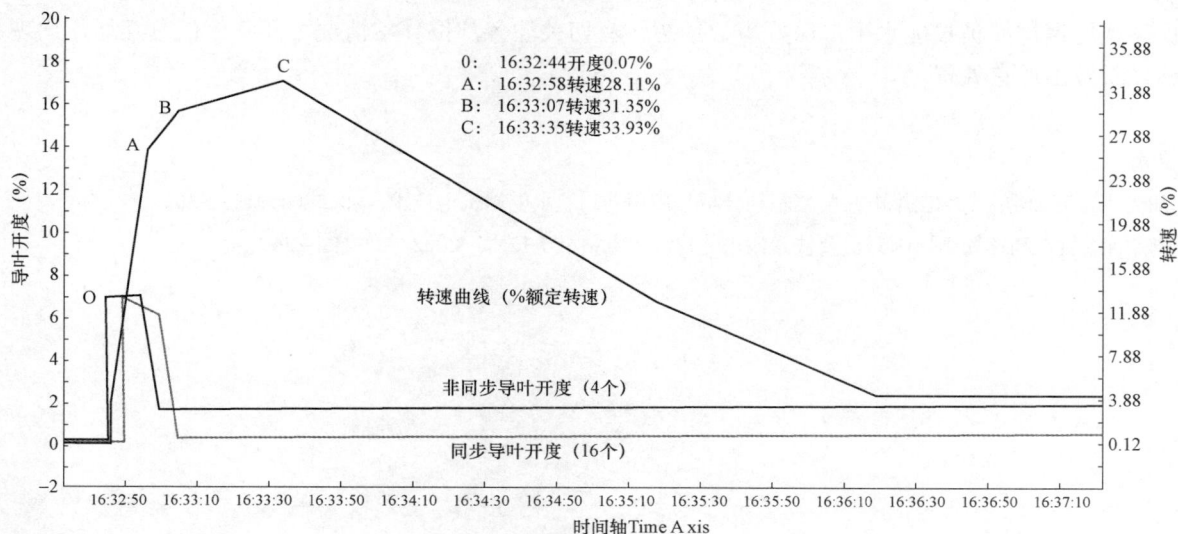

图 4　故障时转速与导叶开度

（7）处理措施。测速系统具有一套自检程序，如自检发现故障，则经由 ADT 输出。监控程序以"ADT OK"为据采信测速系统的速度信号，并作为依据开展监控流程的控制，在理论上是没有问题的。本次故障的原因为：测速系统输出继电器故障，测速系统自检不能发现。由于临近春节，为临时解决问题，临时措施为将输出继电器备件校验后更换。后续，该电站对机械制动投入的顺控流程进行异动，增加了"转速小于 $25\%N_r$"且"非'转速不小于 $25\%N_r$'"两个非同源的信号校验。

出于对机组结构稳定性的考虑，该电站在故障发生后第一时间联系地方电科院，开展了相关部件的无损探伤试验，确认机组结构无异常。

4　深层次原因探讨

4.1　停机（制动）流程

停机（制动）流程中引入测速系统信号作为制动投入的契机，同时引入测速系统自检信号作为采信依据，依然出现故障，一方面说明测速系统自检逻辑的不完善，另一方面说明顺控流程中制动投入逻辑的不完善。测速系统是一套封闭的黑匣子，其内部逻辑不透明，不可改动，也无法将继电器输出接入其内部进行校验。从前述事件记录中可看到，有多个转速的开关量信息，可将这些开关量节点采取"多取 2"的方式来进行逻辑补漏，加入顺控流程中用作制动投入的条件，也可考虑引入模拟量。

4.2　开机流程

本次故障起于开机流程中"导叶开启超时"的判断。如若能在该判断中引入转速 3%、5%、10%等或模拟量的信号，也可避免导致开机失败的可能。而若按此改动，可能导致信号不正常被掩盖，需要仔细斟酌。

5　结束语

机组高转速投入制动的后果比较严重，在监控顺控流程设计时应考虑全面，在备件管理、现场管理方面应加强对相关部件的关注：

制动投入时应对机组转速进行校验，除对测速系统的自检进行取信外，可引入多个转速信号进行校验。

定期维护时，应加强继电器校验工作；同时，对工作年限过久的继电器考虑定期更换，避免元器件寿命到期出现故障，导致严重后果；在继电器采购、验货时，积极与原厂家沟通，加强质量管控，防止质量不过关、仿冒品牌等问题产品进入生产现场。

机组检修后，应加强轴承油泵的检查，确认调试前油泵系统能可靠运行，防止因油泵未投入导致烧瓦的可能。

提高现场调试人员技能水平，做好事故预想，密切关注各部位异常情况，并确保信息互通，出现异常后能够果断做出适宜处置。

参考文献

[1]　胡先洪，万和勇. 三峡左岸电站电气制动分析与应用 [J]. 水电站机电技术，2005（4）：28-30.

[2]　郑小刚. 机组高速加闸原因分析及技术改进 [J]. 水电站机电技术，2002（2）：24-26.

潘家口蓄能电厂发电电动机变压器组保护国产化改造及应用

陈泽升　王　凯

（国网新源控股有限公司潘家口蓄能电厂，河北省唐山市　064309）

【摘　要】　潘家口蓄能电厂安装了三台变极双转速抽水蓄能机组，2006 年保护首次改造时引进了原奥地利 Elin 公司的 DRS 系列发变组保护，该保护运行到期后，实施了国产化改造工作，并于 2018 年初投入运行。本文首先介绍了机组单元主接线方式及运行特点，然后从保护配置方案、差动主保护和主变压器低压侧接地保护等方面对改造前后保护性能优化情况进行分析。该项目的顺利实施，打破了进口产品的技术垄断，推动了我国抽水蓄能机组保护技术的发展。

【关键词】　抽水蓄能　变极双转速　发变组保护　差动主保护　主变压器低压侧接地保护

1　机组主接线及其运行特点

发电电动机采用了变极结构，机组单元电气主接线与常规抽水蓄能机组有所不同。虽然同样采用了发电电动机–变压器组单元接线，但是增加了变极开关等设备，换相开关和水泵启动回路的设计也较为特殊。潘家口蓄能电厂单元机组的主接线如图 1 所示。

2　保护配置方案及优化分析

改造前的机组保护由多台保护装置构成，各装置均提供一部分保护功能。发电电动机和主变压器均配置两套差动保护，除了主变压器复压过电流保护外，其他后备和异常保护均只配置一套。

改造后保护系统采用"主后一体、双重化配置"的设计理念，由两台独立的发电电动机保护装置和主变压器保护装置（含励磁变压器保护功能），实现双套的差动保护、后备保护和双套异常运行保护功能。改造前后发电电动机、主变压器和励磁变压器保护功能配置的对比见表 1 和表 2。

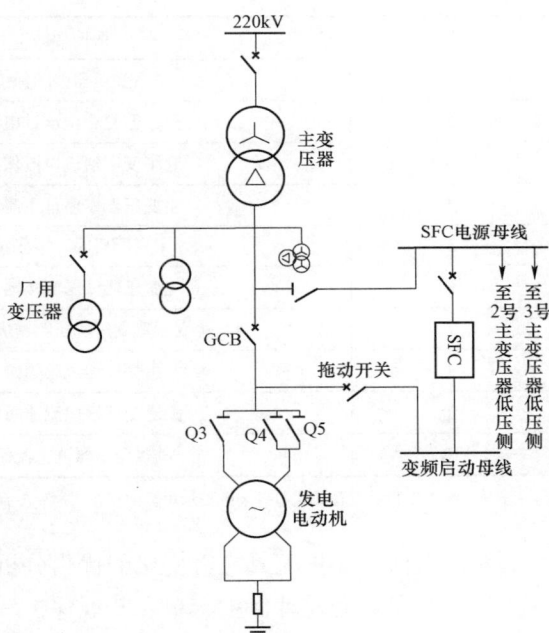

图 1　潘家口蓄能电厂单元机组主接线方式

表 1　　　　　　　　　　　　　　改造前后发电电动机保护功能配置对比

序号	保护功能	改造前	改造后
1	发电电动机差动保护	＊＊	＊＊
2	定子接地保护	＊	＊＊
3	转子接地保护	＊	＊
4	低电压过电流保护	＊	＊＊
5	低频过电流保护	＊	＊＊
6	定子过负荷保护	＊	＊＊
7	负序电流保护	＊	＊＊
8	过励磁保护	＊	＊＊

序号	保护功能	改造前	改造后
9	低功率保护	＊	＊＊
10	逆功率保护	＊	＊＊
11	频率异常保护	＊	＊＊
12	失磁保护	＊	＊＊
13	失步保护	＊	＊＊
14	过电压保护	＊	＊＊
15	机端断路器失灵保护	＊	＊＊
16	相序保护	＊	＊＊
17	轴电流保护	＊	＊＊
18	误上电保护	N	＊＊
19	低频差动保护	N	＊＊
20	低频零序电压保护	N	＊＊

注 "＊＊"表示双套配置，"＊"表示单套配置，"N"表示未配置。

表 2   改造前后主变压器、励磁变压器保护功能配置对比

序号	保护功能	改造前	改造后
1	主变压器差动保护	＊＊	＊＊
2	主变压器复合电压过电流保护	＊＊	＊＊
3	主变压器过电流保护	＊	＊＊
4	主变压器零序过电流保护	＊	＊＊
5	主变压器间隙零序保护	＊	＊＊
6	主变压器低压侧接地保护	＊	＊＊
7	主变压器高压侧断路器失灵保护	＊	＊＊
8	主变压器过励磁保护	N	＊＊
9	励磁变压器电流速断保护	＊	＊＊
10	励磁变压器过电流保护	＊	＊＊

注 "＊＊"表示双套配置，"＊"表示单套配置，"N"表示未配置。

对改造前后保护配置方案变化的优劣分析如下：

（1）由"双套差动保护、单套其他保护"改进为所有电量保护双重化。发电电动机差动保护仅反映定子绕组内部相间短路，而对于其他短路故障和异常运行故障，如定子接地故障、定子过负荷、转子表层负序过负荷、失磁、失步、低频、逆功率、过电压、过励磁、误上电等，改造前这些保护仅配置一套，不满足《继电保护和安全自动装置技术规程》（GB/T 14285—2006）中 4.2.21 "对于 100MW 及以上容量的发电机变压器组装设数字式保护时，除非电量保护外，应双重化配置"的技术要求，安全性难以保证。同样的，原主变压器保护也存在此问题。

（2）增加了主变压器过励磁保护。抽水蓄能机组停机时，主变压器一般仍然与电力系统相连，当因过电压导致其过励磁时，发电机过励磁保护不能反映主变压器的过励磁状态，应配置单独的主变压器过励磁保护。

（3）增加了误上电保护。按照国内相关标准和规程要求，增加了误上电保护功能，反映机组启停过程中机端断路器的误合闸事故。

（4）完善了水泵启动过程保护。抽水蓄能机组启停频繁，一般每天均要启停数次，水泵启动过程在整个运行过程中所占比例较高，因此在启动过程中保证完善的保护性能非常重要。增加了低频差动保护，作

为水泵启动全过程的机组内部相间故障主保护。另外，启动过程初始阶段，发电机端电压低，常规整定的零序电压定子接地保护在此时的灵敏度不足，为此单独增设了低频零序电压保护。

3 差动主保护优化分析

3.1 差动保护配置方案

改造前，差动保护的配置如图 2（a）所示。虽然发电电动机和主变压器的差动保护均配置双套，但是，双套主变压器差动保护使用了相同的电流互感器（TA），且二者所采用的主变压器低压侧 TA 又和其中一套发电电动机差动保护共用。因此在该 TA 异常或停运情况下，同时导致三套差动保护退出运行，87G2 保护按要求动作不跳主变压器出口开关，因此不能快速保护机组出口开关至主变压器低压侧电流互感器间设备。

改造后的差动保护配置如图 2（b）所示。发电电动机和变压器的双套差动均采用了不同的 TA，提高了差动保护可靠性。

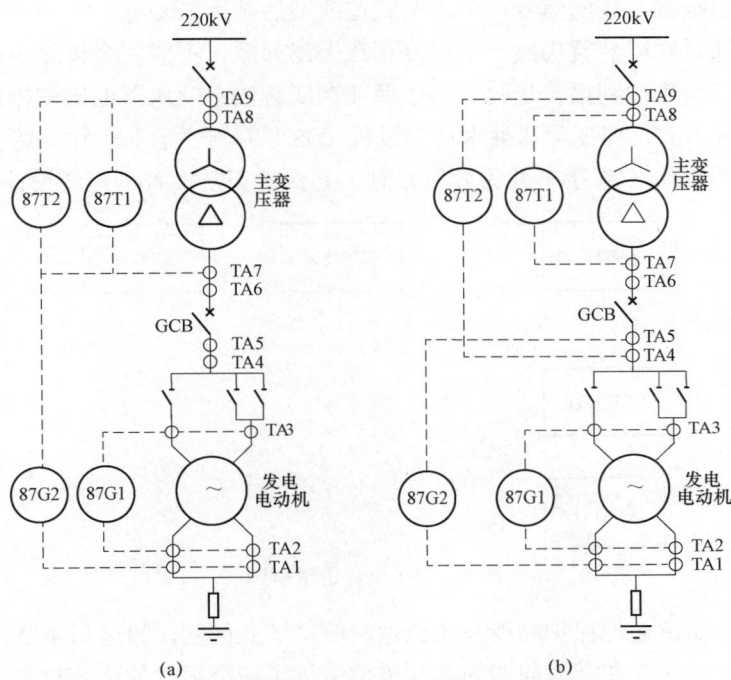

图 2 潘家口蓄能电厂改造前后差动保护配置
（a）改造前差动保护配置图； （b）改造后差动保护配置图

3.2 水泵启动过程的差动保护

机组在水泵启动过程开始时已加励磁，机组电气频率随着转速升高而连续变化。在启动初始阶段，电气频率较低时，尤其是 5Hz 以下，电磁式 TA 可能出现严重的暂态饱和，传变特性差，严重影响差动保护性能，甚至导致保护误动。为防止因 TA 传变特性差导致保护误动，改造前保护在机组频率低于 15Hz（对应于 30%额定转速）时闭锁差动保护。该方法会导致此期间无差动主保护，存在设备安全风险。改进方案是：在水泵启动过程初始阶段（10Hz 以下时），抬高保护定值门槛以防止误动。该方法保证了差动保护在变频启动过程中能够全程投入，提高了机组安全系数。

另外，当采用 60MW 变频器启动机组时，其驱动力矩很大，机组带水起功很快，其启动加速时间（不包括同期时间）分别为 24s（48 极时）和 33s（42 极时），频率变化速度达到 2Hz/s，以往的频率跟踪算法易因超调导致测量误差大，进而影响保护可靠性。改造后保护针对水泵启动过程配置了低频差动保护、低频过电流保护和低频零序电压保护，采用了与频率无关的算法，其性能不受频率快速变化的影响。

4 主变压器低压侧接地保护优化分析

潘家口电厂变频器为高–高接线方式，由于变频器抽水启动过程中产生大量谐波干扰，尤其以三次谐波为主，影响装置内部对主变压器低压侧接地保护功能的逻辑判断。改造前保护作用于报警，变频器抽水启动时会发报警信息，影响工作人员对事故的判断，也会对值守人员的监盘造成误导。为消除三次谐波分量对主变压器低压侧接地保护的影响，重新设计保护逻辑，在此基础上使用改进后的相量算法，在计算过程中，区分出工频分量和其他谐波分量，在改造后 PCS–985GW 装置中，只需考虑工频零序分量的电压值即可，通过装置计算，零序电压不再受三次谐波的干扰。为达到优化的效果，装置中引入全波傅氏算法来进行计算，这种算法的优势在于，计算后能很好地滤除三次谐波，从而消除三次谐波对主变压器低压侧接地保护的影响。

将改造前变频器启动过程中的波形重新录入优化后的保护装置，在整个启动过程中的波形下，主变压器低压侧接地保护未发出报警及跳闸信号，但需要通过改造后试运来验证。

在保护改造后试运通过观察装置仍然一定程度存在上述问题，不能完全排除三次谐波干扰，即零序电压会升高到保护启动值，但未达到报警延时，为了保证彻底解决主变压器低压侧接地保护误发报警信号的情况，同时设计一套闭锁方式，即变频器抽水启动过程（05 手车开关合位）中，将主变压器低压侧接地保护可靠闭锁，而变频器不启动（05 手车开关分位）时，此保护正常投入，程序设计逻辑框图如图 3 所示。

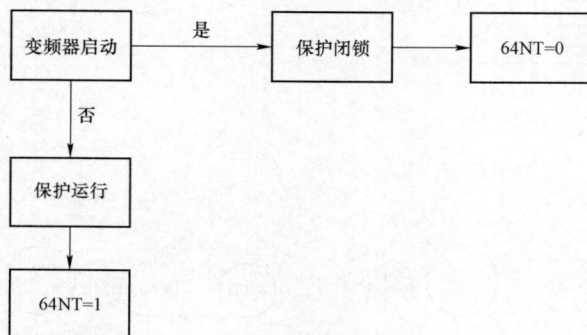

图 3 程序设计逻辑框图

通过优化主变压器低压侧接地保护功能及闭锁逻辑解决了此问题，投运后主变压器低压侧接地保护再无误报警现象发生。此优化对存在类似问题的其他单位提供了一个很好的借鉴材料，同时提高本厂保护装置的动作正确性。

5 总结

综上所述，改造后保护按照国内标准规程的技术要求，配置了双重化电气量保护，保护功能更加齐全，而且对差动主保护、主变压器低压侧零序电压保护等保护的算法、判据等功能配置进行了优化改进，提升了保护整体性能。2018 年年初，保护改造完毕并投入运行，运行至今已约半年时间，装置运行状况良好，未出现异常，且该项目的实施为以后国内同类机组保护的国产化改造奠定了基础。

参考文献

［1］ 杨志申. 潘家口抽水蓄能电站发电电动机及主变压器的保护系统. 水电厂自动化，1992（1）.
［2］ 李之勇. 大型抽水蓄能机组的变速运行. 水电站机电技术，1990（3）.

新型避雷器在蒲石河抽水蓄能电站10kV高海拔高落差架空线路防雷的应用

王丁一[1]　王　洋[1]　郑智勇[2]　高海欧[2]

（1. 辽宁蒲石河抽水蓄能有限公司，辽宁省丹东市　118000;

2. 长沙科智防雷工程有限公司，湖南省长沙市　410000）

【摘　要】　蒲石河抽水蓄能电站的 10kV 厂用电线路负责对上水库供电，其沿线坡陡大、落差高，且土壤电阻率又高，雷击跳闸频繁。本次的防雷改造中采用新型研制避雷器，其残压更低，压比更小，可靠性更高，泄流能力更强，大大提高了线路的耐雷水平。该新型避雷器采用分频分流式脱离器，利用电感和间隙进行分频通流，避免了常规脱离器的动作误区，大大减少了繁重的避雷器维护工作量，具有运行友好性。另外，本次的防雷改造将所有的避雷器接地装置通过挖沟进行全线路连接，降低了线路的接地电阻，也提高了线路的耐雷水平。运行结果表明本次的防雷改造效果明显。

【关键词】　避雷器　分频分流式脱离器　高落差　跳闸

1　引言

作为新能源发展的重要组成部分，抽水蓄能经济、可靠，是电网实现削峰填谷、调频、调相以及紧急事故备用的重要工具。蒲石河抽水蓄能电站位于丹东市宽甸满族自治县长甸镇境内，距丹东市约 60km，总装机容量为 120 万 kW，装机共 4 台，单机容量为 300MW，年发电量为 18.6 亿 kW。该电站下水库位于中朝界河鸭绿江右岸支流，蒲石河干流下游。上水库位于长甸镇东洋河村泉眼沟的山顶。上、下水库坝址处，库底高差约 280m。如此高的上水库用电，是通过山下 10kV 架空线供电。蒲石河电站上、下水库 10kV 架空线路径较长，分布地域属于高海拔、高落差地形较复杂地区，且其线路绝缘水平又低，故遭遇雷击的概率很大，易造成 10kV 线路开关频繁跳闸、设备损坏等事故。据丹东气象资料，丹东市宽甸满族自治县属于强雷暴区域，蒲石河电站 10kV 架空线路每年因雷击造成跳闸和设备损坏情况时有发生。该 10kV 一旦停电，涉及面广，影响较大，轻者会使电站无法生产，重者会导致上水库闸门无法关闭，引起水淹厂房等严重后果。因此，针对蒲石河电站 10kV 架空线路运行现状，进行防雷改造，寻找经济、可靠、安全、运行友好的防雷措施，具有非常重要的意义。

2　10kV 架空线路现况

蒲石河电站 10kV 架空线路不仅连接下水库坝区、上水库坝区、地下厂房、中控楼，还连接小孤山变电站及小孤山水电站等用电区。蒲石河电站 10kV 线路从开关站到上水库段由 15 杆水泥杆塔架空双回裸导线组成，同杆双回供电方式，地域分布较广，且绝缘水平低，雷雨季节运行时曾出现多次跳闸和设备损坏故障。10kV 线路从开关站到上水库段的杆塔分布如图 1 所示。开关站与小孤山变电站之间的 10kV 线路在山下，地势较低，由于山地屏蔽，很少遭雷击。而 10kV 线路从开关站到上水库段，沿山而上，地势高陡，且很多档距超过 60、70m，跨度大。该线路采用 GJ－50×2 导线，共采用 12 基 B1912 水泥杆和 3 基 B2312 水泥杆杆塔，并利用杆内钢筋直接接地。

据调研发现蒲石河电站 10kV 线路走廊所分布的地形主要是山地，表层为砂石，覆盖薄层土壤，深层为岩石，含水量很小。现场发现线路预应力杆多采用自然接地，线路引雷、防雷设备不足。从 2013 年到 2017

年 10 月，该 10kV 线路就在雷雨天气下发生多起跳闸事故，先后造成了绝缘子爆裂、绝缘子闪络起弧痕等线路故障，如图 2 所示。

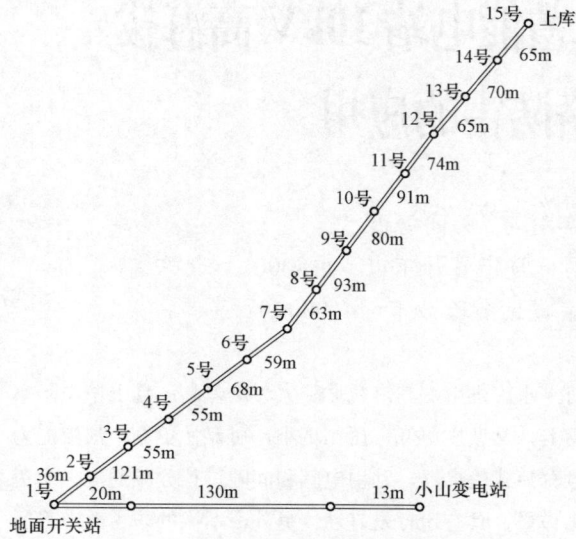

图 1　上水库 10kV 线路杆塔分布图

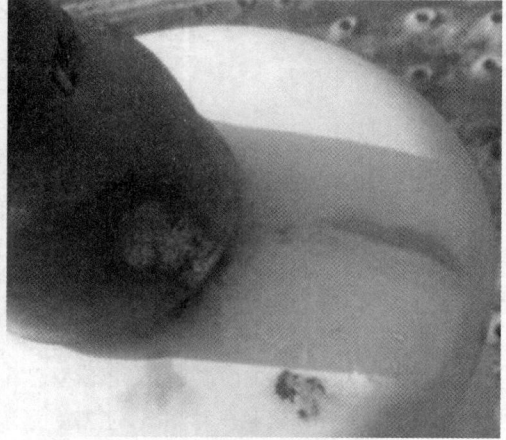

图 2　线路发生雷击闪络的绝缘子

3　10kV 线路防雷的方案设计

3.1　应用新型分频脱离式线路避雷器

本次线路防雷主要的方案和措施，是加装 ABB 公司开发的，带有分频分流式脱离器的新型避雷器。该避雷器有两大特点：一是与普通的氧化锌避雷器相比具有更高的泄流能力，这使线路遭受雷击时，雷电过电压能得到充分的衰减和泄放；二是带有分频分流式脱离器。可以耐受任何雷电流而不误动，而当避雷器异常时，又保证脱离器的可靠动作特性。该避雷器的具体性能叙述如下：

（1）残压低。该避雷器通过对传统氧化锌型压敏电阻进行改进而采用具有新型特性的 ZnO 阀片。该新型阀片在氧化锌粉末里添加了特定比例的氧化镨、Al_3O_2、$C_{o3}O_4$、K_2CO_3、$C_{r2}O_3$ 等金属氧化物，并在稍高于规定温度下烧结。这使得 ZnO 阀片的显微结构扩大了，并增加了通过电流的有效晶界面积，改善了高电流区域内的残压。经测试，该避雷器残压低，为 42.5kV，比通常线路型 MOA 的残压 50kV 要低得多。对一些弱绝缘的特殊保护要求（尤其是旋转电机）来说，能起到可靠保护。

（2）电阻片压比小。该避雷器在制作过程中应用纳米技术与工艺，使得其电阻片压比普通的 ZnO 电阻片更好；该 ZnO 电阻片电位梯度最高达 400V/mm，大幅缩减避雷器体积与质量；并且单位体积能量吸收能力强，大幅提高避雷器的保护裕度。

（3）荷电率不高。该避雷器正常运行时，其荷电率 g 为

$$g = \frac{\sqrt{2} \times 13.6}{\sqrt{3} \times 25} = 44.4\%$$

其中，13.6kV 为该避雷器的持续运行电压，而 25kV 为避雷器的 U_{1ma}。该避雷器荷电率 g 为 44.4%，低于同类产品，因而正常工作电压下，避雷器的老化问题要小得多。

（4）泄流能力强。该避雷器 ZnO 阀片通过掺入一定比例的硼后，使阀片局部晶粒变得更细微，并降低电极边缘的电流密度，改善了阀片中的电流分布，大大提高了它的通流能力和能量吸收能力。同时其短波头冲击电流的耐受能力也大大增强了。使得该避雷器更加适合大档距、高落差条件下的雷电冲击场合。

该避雷器在遭受雷电压时，其释放的能量为

$$W_A = U_m I_m t$$
$$= 42.5 \times 10^3 \times 5 \times 10^3 \times 10 \times 10^{-6}$$
$$= 2125\,(\text{J})$$

式中　　U_m——该避雷器的标称电流下的残压；

　　　　I_m——该避雷器的标称电流；

　　　　t——近似等效 10μs 的矩形波。

而该避雷器所能吸收的能量，用方波计算为

$$W_B = U_B I_B t$$
$$= 57.5 \times 10^3 \times 600 \times 2 \times 10^{-3}$$
$$= 69\,000\,(\text{J})$$

式中　　U_B——流过 I_B 的残压，V；

　　　　I_B——方波电流值，取 600A；

　　　　t——2ms。

由上可知，由于 W_B 远远大于 W_A，故该避雷器吸收雷电流具有足够的裕度。

（5）分频分流式脱离器。线路安装避雷器，有一个很大的问题就是避雷器的维护。由于线路的杆塔数量多，避雷器的数量则更多，故避雷器维护的工作量很大。而脱离器，能在很大程度上可以缩减避雷器的维护工作，具有运行友好性。当避雷器受潮或老化，绝缘下降，工频电流流过避雷器，脱离器会动作，则避雷器从线路上脱离。当巡视人员，发现后，可更换新的避雷器。这样线路在下一次雷击来临之前，其运行的可靠性又得到保证了。常规脱离器类型主要有热爆式脱离器和热熔式脱离器两种。这两种脱离器都能在冲击电流作用下不动作，而在工频电流作用下动作。但是在电流特高区域，这两种脱离器在冲击电流下也会动作，动作比工频电流时更灵敏。其动作性能和耐受特性曲线有一交叉平衡点，使得动作性能和耐受性能相互制约，为保证动作脱离可靠性，会导致误动率升高。

本次线路设计安装的新型避雷器，其脱离器原理如图 3 所示。G 是一个间隙，L 是一个电感。

当雷电流流过该避雷器时，电感 L 上的压降 $U_L = L\dfrac{di}{dt}$。由于 $\dfrac{di}{dt}$ 比较大，故 U_L 大。当 U_L 大于间隙 G 的击穿电压 U_{Gb}，则间隙 G 击穿短路，其原理如图 4 所示。由于间隙 G 短路，故 $i_G \gg i_L$，则绝大部分 i 通过间隙 G 流走了，而流过电感 L 的电流很小，故脱离器 TB 不会动作。

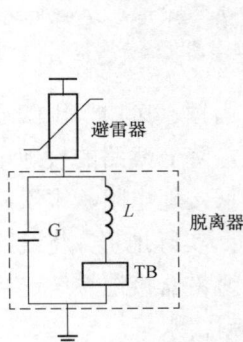

图 3　新型避雷器的脱离器原理

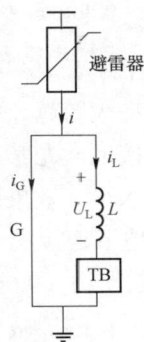

图 4　新型避雷器的脱离器动作

当工频电流流过该避雷器时，由于 $\dfrac{di}{dt}$ 比较小，故电感压降 U_L 小。当 U_L 小于间隙 G 的击穿电压 U_{Gb}，则间隙 G 开路，其原理如图 5 所示。此时 i 全部通过电感支路流走。由于电流大，故脱离器 TB 动作。

国内外常规的脱离器原理如图 6 和图 7 所示。图 6 是热熔式脱离器的结构。图 7 是热爆式脱离器的结构。

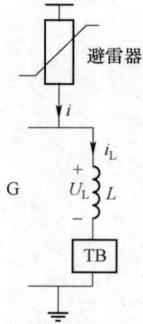

图 5　新型避雷器的脱离器不动作　　图 6　热熔式脱离器结构　　图 7　热爆式脱离器结构

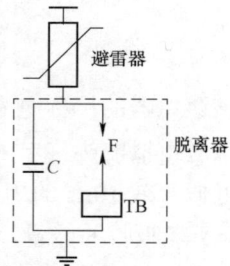

图 6 的脱离器属于常规的热熔式脱离器，采用熔断器进行脱离。图 7 是常规的热爆式脱离器，采用一个电容 C 和一个针间间隙 F。图 6 和图 7 的脱离器，动作特性如图 8 所示。当电流小于电流 P 时，同样的工频电流的动作时间小于雷电流的动作时间，脱离器动作正常。当电流大于电流 P 时，同样的工频电流的时间大于雷电流的动作时间，脱离器会出现误动，即避雷器流过极大的雷电流也会动作，故常规脱离器的动作特性有动作误区。

图 9 是本次采用的新型避雷器的脱离器（原理见图 3）动作特性图。由图 9 可知脱离器工频电流动作特性曲线与冲击电流动作特性曲线没有交点，且工频电流动作时间都远小于冲击电流动作时间，故脱离器不会发生误动。

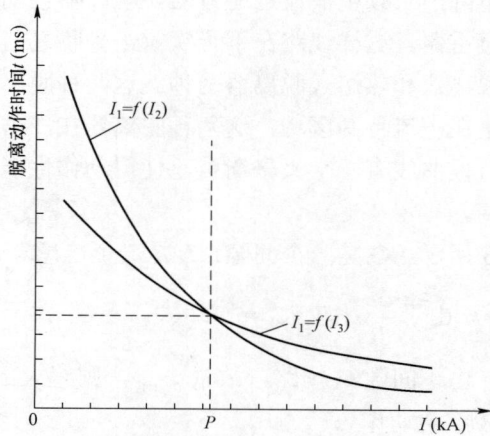

图 8　常规脱离器动作特性　　　　　　图 9　新型避雷器的脱离器动作特性
I_1—动作电流；I_2—雷电电流；I_3—工频电流　　　　I_1—动作电流；I_2—雷电电流；I_3—工频电流

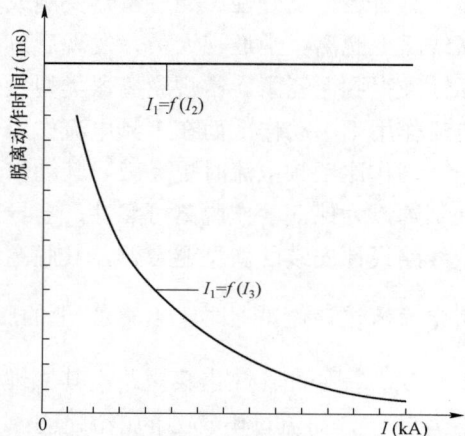

3.2　杆塔接地装置全线连接

本次 10kV 线路主要在大跨越、档距高的杆塔两端，还有山顶、风口、山腰迎风坡等位置的杆塔均加装避雷器，并做好相应的接地。尤其在土壤电阻率较高的地区，降低线路的接地电阻，对于提高避雷器的泄流能力以及线路的耐雷水平，效果比较明显。为了进一步降低接地电阻，本次防雷设计将装有避雷器的杆塔的接地装置，全部在地下连接成一体，如图 10 所示。考虑到实际地形，将线路部分杆塔绘制于平断面图内（见图 10）。这样通过挖沟（0.6m 深）再掩埋，将全线路避雷器接地系统连接，既降低了线路的接地电阻，又增强了大地对感应雷的屏蔽作用，大大提高了线路的耐雷水平。

4　方案实施后的效果分析

蒲石河电站 10kV 厂架空线路自从 2017 年 12 月全线进行防雷改造以来，线路跳闸和雷击断线事故鲜有发生。以 2017 年 11 月为界线：改造前线路跳闸事故 10 次，改造后至 2018 年 9 月线路跳闸事故只有 1 次且重合成功，改造效果明显，如图 11 所示。

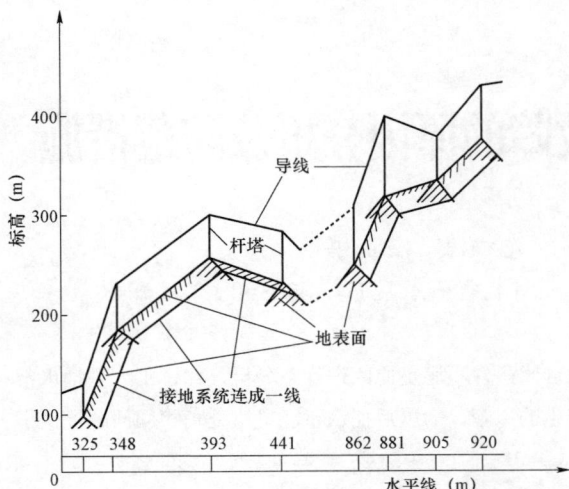

图 10　水平线与标高关系

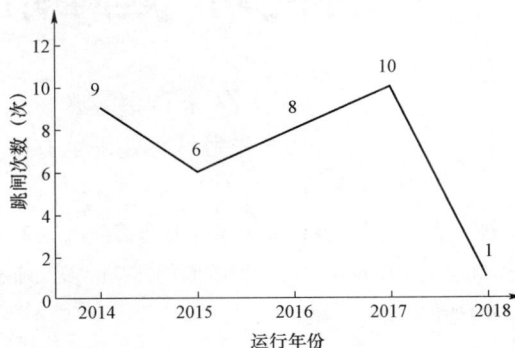

图 11　线路防雷改造前后跳闸率

5　结论

蒲石河抽水蓄能电站的 10kV 线路负责对上水库供电，其沿线海拔高、坡陡大、落差高，且土壤电阻率又高，故雷击跳闸频繁。

本次的防雷改造中采用新型研制的氧化锌避雷器。与常规的氧化锌避雷器比较，残压更低，压比更小，可靠性更高，泄流能力更强，大大提高了线路的耐雷水平，尤其适合高落差、跳闸频繁线路的防雷。

该新型避雷器采用分频分流式脱离器，能减少避雷器的维护工作量，具有运行友好性。该脱离器采用电感和间隙设计分流通路，使得不同频率的电流各行其路，何不干扰。其可以耐受任何雷电流而不误动，同时又保证脱离器在工频电流通过时可靠动作，避免了常规脱离器有误动的动作特性。这样不仅避免了繁重的避雷器维护工作量，而且线路的雷击故障点很容易被发现，避免扩大事故和造成更大损失，保证了线路的安全可靠运行。

由于抽水蓄能电站所处区域，要求地址坚固，故土壤电阻率大多偏高。而本次的防雷改造将装有所有杆塔的避雷器接地装置通过挖沟进行全线路连接。这样大大降低了线路的接地电阻，也提高了线路的耐雷水平。

经过本次防雷技术改造后，蒲石河抽水蓄能电站的 10kV 线路对上水库供电，雷击跳闸的次数大大减少了，运行结果表明本次的防雷改造效果是非常有效的。

参考文献

[1]　周孝信，鲁宗相，刘应梅，等. 中国未来电网的发展模式和关键技术[J]. 中国电机工程学报，2014，34（29）：4999－5008.

[2]　横山茂. 配电线路雷害对策 [M]. 北京：中国电力出版社，2008.

[3]　ZHUANG C J，LIU H B，ZENG R，et al. Adaptive strategies in the leader propagation model for lightning shielding failure evaluation：implementation and applications [J]. IEEE Transactions on Magnetics，2016，52（3）：1－4.

[4]　连晓新. 架空输电线路差异化防雷技术研究 [D]. 北京：华北电力大学，2016.

[5]　李景丽，郭丽莹. 输电线路绕击耐雷性能计算方法综述 [J]. 电瓷避雷器，2016（6）：61－67.

[6]　何金良，曾嵘. 配电线路雷电防护 [M]. 北京：清华大学出版社，2013.

[7]　吴泳聪，陈远东，罗汉武，等. 树木对 10kV 配电线路防雷性能的影响 [J]. 中国电力，2014，47（6）：31－37.

[8]　罗大强，唐军，许志荣，等. 10kV 架空配电线路防雷措施配置方案分析 [J]. 电瓷避雷器，2012（5）：113－118.

[9]　刘健，杨仲江，华荣强. 10kV 配电线路采用避雷器防护研究 [J]. 高压电器，2017，53（9）：181－185.

[10]　葛罗，文习山. 雷电绕击下线路避雷器的仿真计算研究 [J]. 电瓷避雷器，2015（3）：105－109.

[11]　徐乐，杨仲江，柴建，等. 不同脉冲电流作用下氧化锌压敏电阻伏安特性分析 [J]. 电瓷避雷器，2013（4）：78－84.

抽水蓄能电站一起同期合闸故障的原因分析及防范措施

朱传宗　张　甜　李国宾　龙福海　黄　嘉

（河北张河湾蓄能发电有限责任公司，河北省石家庄市　　050300）

【摘　要】　本文针对 2018 年 9 月张河湾电站 2 号机组同期合闸条件不满足原因进行了分析，探讨了大型抽水蓄能机组中发电机出口开关影响同期部分因素，确定了故障产生的原理，为以后抽水蓄能机组处理相同问题提供了一种处理方法。

【关键词】　发电机出口断路器　同期　闭锁合闸　灰尘

1　概述

河北张河湾蓄能发电有限责任公司（简称"张河湾电厂"）位于河北省石家庄市井陉县境内，距离石家庄市直线距离为 53km，公路里程为 77km。张河湾电站设计安装 4 台 25 万 kW 单骑混流可逆式水泵水轮发电机组，总装机容量 100 万 kW，以一回 500kV 线路接入河北南部电网，主要承担系统调峰、填谷、调频、调相等任务，并且在电网故障甚至瓦解时，可以充当电网最佳的紧急事故备用和"黑启动"电源。

张河湾电厂发电机出口断路器采用的是日本 AE POWER 公司生产的 SF_6 断路器，其型号为 FPT－20XM－100，属于箱式封闭结构，即将开关本体、两把检修接地开关、两组电压互感器、两组高压熔断器、两组电阻器、两组电容器统一安装在一个箱体之内。开关采用液压三相联动操作，SF_6 气体灭弧。

2　故障发生的经过

2018 年 9 月在张河湾电厂秋检结束，需要对 2 号机组进行同期并网试验，在经过华北网调和河北省调批准后运行值班员对 2 号机组执行发电开机令，在流程走到 U02_SQ02_S07 同期合闸时，值班员发现流程时间明显比平时发电并网时间长，马上告知维护人员，现场维护人员立即查看 2 号机组同期合闸流程发现 2 号机组同期合闸令已经送出，并现地查看 2 号机组 LCU 现地控制柜合闸继电器已经励磁，由此判断应该是 GCB 控制回路问题。当同期合闸流程将近超时时，运行值班员及时执行机组停机令，2 号机组开始停机。

查看 2 号机组出口断路器 GCB 图纸后，迅速到母线洞查看主变压器低压侧接地开关 57E 盘柜中的继电器 57EIL，发现 57EIL 的 R 线圈未励磁，S 线圈在置位状态，和其他正常机组接地开关此继电器的状态对比发现明显不对，然后查看图纸后发现 57EX 继电器与 57EIL 继电器型号相同，57EX 继电器正好是 R 线圈励磁，S 线圈未置位，然后运维人员把 57EIL 插到 57EX 的底座上，57EIL 的 R 线圈励磁，S 线圈未置位，再装回原底座位置，57EIL 继电器保持此状态未发生变化，57EX 回装，之后测量发电机出口断路器 GCB 闭锁回路导通，后来向调度再次申请发电并网试验，2 号机组发电并网成功。

57EIL 与 57EX 继电器为欧姆龙 DC220V 7.5A　MM4XXP－JKH34 型继电器。

继电器为双线圈自保持继电器，工作原理是一个线圈得电触头组动作即锁定，包括短暂断电还是能保持，不能复位（这就是为什么每次操作完地刀后拉开地刀控制开关，此继电器仍然能够保持原来的状态）。另一个线圈即置位专用线圈，置位后返回触头组常态。结构上的锁定利用机械搭扣卡死，置位即电磁吸力脱口。此种继电器优点可防继电器因工作电压不稳等原因而失控锁死，除非置位线圈得电方可置位。

3　此次故障暂时处理过程说明

（1）首先判断是否是 GCB 控制回路问题，即在监控是否对 GCB 下达合闸令，通过检查 2 号机组现地 LCU 盘柜继电器发现，发电机出口断路器合闸令已经开出到达 GCB 控制柜，如图 1 所示。

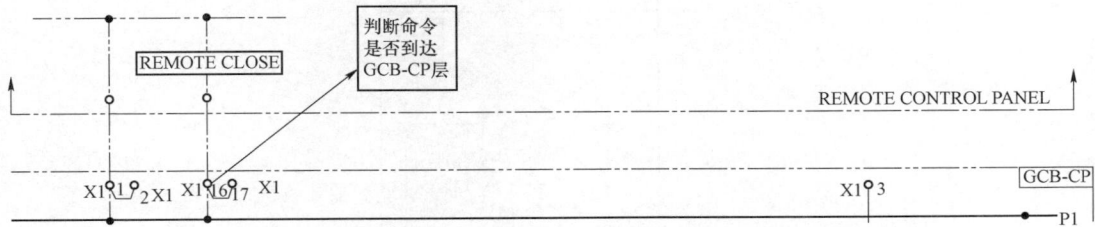

图 1　MM4XXP – JKH34 型继电器示意图

（2）若判断为控制回路问题则对其控制回路进行检查。

拉掉 GCB 控制电源，可以用万用表测量回路中接线端子的导通，重点排查 X1：14/15、X1：10/11，由大范围到小范围的锁定故障，最终用万用表测得 X1：14/15 之间是不导通的。

（3）本次问题出在 GCB 闭锁回路上。查看图纸可以看出大括号中的 57E 的判定条件即为我厂主变压器低压侧接地开关 802－2BD，其中的 57EX 继电器及 57EIL 继电器对 2 号发电机出口开关 802 合闸形成闭锁，如图 2 所示。

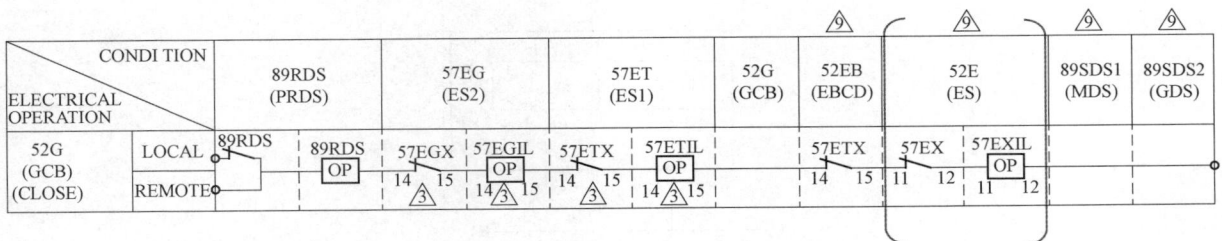

图 2　GCB 闭锁回路图

（4）在 57E（ES）图纸中查看 57EXIL 所在位置并分析，如图 3 所示。

从图纸中可以看出 57EIL 的 S 线圈控制条件是 LTS65、88EX、88EY，经过查看图纸可以看出 88EX 为合闸线圈，当现地操作接地开关合闸按钮时合闸线圈得电，当合闸到位时合闸线圈失电，控制 57EIL 置位线圈 S 的是 88EX 的常开触点 A1 和 A2，由此可以看出只有在合闸过程中 A1 和 A2 才会闭合；88EY 为分闸线圈，当现地操作接地开关分闸按钮时分闸线圈得电，当分闸到位时分闸线圈失电，控制 57EIL 置位线圈 S 的是 88EY 的常开触点 A1 和 A2，由此可以看出只有在分闸过程中 A1 和 A2 才会闭合；LTS65 为接地开关手动操作限位开关，当用接地开关操作摇柄进行操作时，此限位开关闭合，57EIL 置位线圈 S 置位；因此只有当合闸过程、分闸过程或手动操作接地开关时 57EIL 置位线圈 S 会置位；R 线圈在分闸到位后、合闸到位后、不在手动操作三个条件同时满足时是励磁状态，故只要查看现地继电器位置就可判别是否是继电器问题。

（5）为何可以将 57EIL 插入 57EX 底座就可让励磁线圈回复正常，如图 4 所示。

57EX 线圈和 57EIL 时同型号继电器，从图 5 中可以看出 57EX 继电器当接地开关 57E 分开时 S 线圈不置位，R 线圈励磁，此时将 57EIL 插入 57EX 底座，57EIL 的 R 线圈励磁，S 线圈不置位，再拔出 57EIL 后，因为控制回路电源断开所以继电器自保持功能能够保持 57EIL 的 R 线圈励磁，S 线圈不置位的状态，从而 GCB 闭锁回路导通，此种方法虽然可以临时处理该问题，但是下次操作接地开关，控制回路开关合上后问题还是会重复出现，而且此种插拔继电器方式很容易引起设备勿动作引起更大的问题，所以还需要彻底的解决此问题。

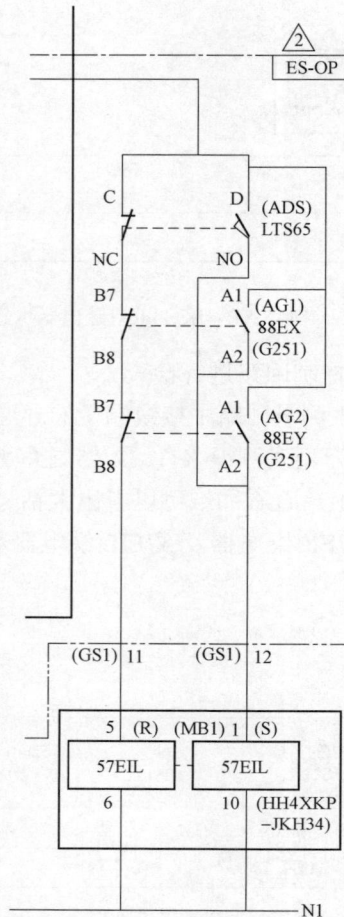

图 3   2 号机组主变压器低压侧接地开关控制回路图

4   原因查找及处理

2019 年 5 月 23 日张河湾电站 2 号主变压器停运，班组设备主人组织对 2 号主变压器低压侧接地开关进行检查彻底解决此问题。

4.1   原因查找

（1）排除继电器 57EIL 本身问题。接地开关分闸后，合上 2 号主变压器低压侧接地开关控制电源，用万用表测试图 5 中 GS1 中的 5 对地电压为 +110V，然后测量 GS1 的 12 为 +110V，测量 GS1 的 11 无电压，由此证明 57EIL 的 S 线圈时有电压的，所以其置位正常，R 线圈无电压所以不励磁，由此说明继电器动作是正常的，排除了继电器 57EIL 故障。

（2）拉开主变压器低压侧接地开关控制电源后，用万用表测量图 5 中的 GS1 的 5 与 12 端子之间是导通的，再用万用表测量图 5 中的 GS1 的 5 端子与 11 端子之间是不导通的，由此判断是 5 与 12 之间有问题，而且还涉及 5 与 11 之间的回路。

（3）将 GS1 的 5 端子与 AG1 接触器的 B7 短接，发现 GS1 的 5 端子与 11 端子之间是导通的，由此说明 AG1 的 B7 与 B8 端子是导通的，AG2 的 B7 与 B8 端子是导通的。

（4）分别将 AG1 的 A1 端子与 AG2 的 A1 端子解线，测量 A1 与 A2 之间是否导通。

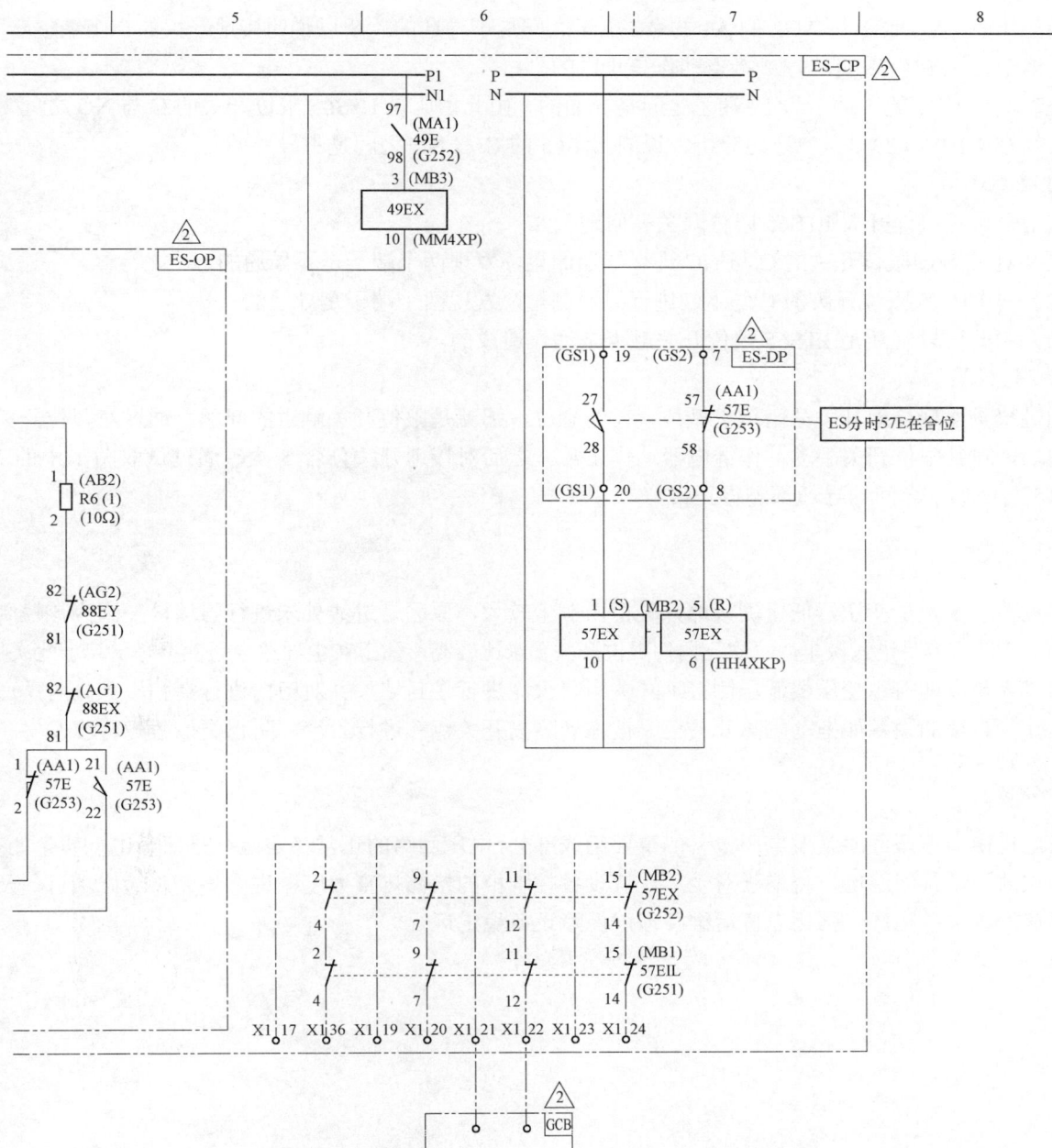

图 4　57EX 线圈节点图

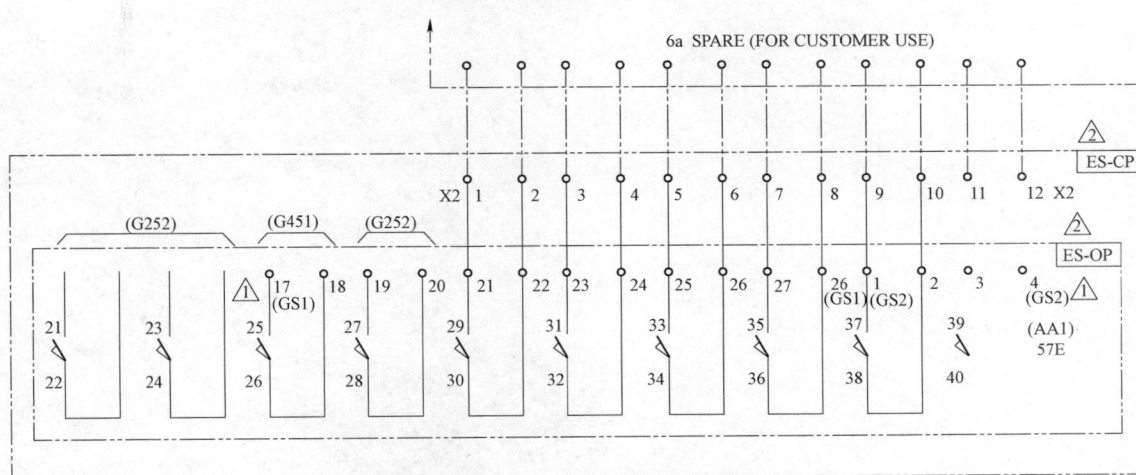

图 5　57E 接地开关辅助节点图

用万用表测量 AG1 与 AG2 的 A1 与 A2 端子之间是不导通的，所以说明接地开关的合闸继电器 88EX 与分闸继电器 88EY 的 A1 与 A2 接点动作是正常的。

此时测量 GS1 的 5 端子与 12 端子之间是导通的，由此说明是 LTS65 限位开关的 C 与 NO 之间是导通的，再结合 4.1 中（2）与（3）的分析，说明 LTS65 的 C 与 NC 之间是不导通的。

4.2　故障点确认

综上分析是接地开关 LTS65 限位开关有问题。

（1）对 LTS65 限位开关的 C 与 NC 进行导通测量，发现两个端子是不导通的。

（2）对 LTS65 限位开关的 C 与 NC 进行导通测量，发现两个端子是导通的。

（3）由此可以判断是 LTS65 限位开关触点未动作造成的。

4.3　处理过程

通过检查发现接地开关分闸后机械位置已经到位，那就是限位开关触点的问题，通过对限位开关触点进行清扫，对其限位开关手动动作继电器动作正常。之后对接地开关分合 5 次，通过量取图 1 中的 X1 的 14 和 15 两个端子之间的导通都测得正常。

5　防范措施

通过检查发现主变压器低压侧接地开关柜内灰尘较大，原因是进线处未进行封堵，又因为该控制柜是悬空的，所以极容易进入灰尘，二次元器件限位开关要求比较高，沾上灰尘导致导通性不好引起了此次故障。

运维人员立即对主变压器低压侧接地开关用防火泥进行了封堵，并对柜内进行清扫，并且对厂房内还未进行孔洞封堵的设备如拖动隔离开关柜、被拖动隔离开关柜等进行封堵，防止类似故障再次发生。

6　结论

发电机出口电压回路是发电厂设备的重要组成部分，电压回路的正常稳定运行是保障电能质量的基础。结合本次故障，张河湾电厂将增强对全厂一次设备控制柜的检修排查力度，进一步完善检修项目，及时地发现存在的缺陷及隐患，强化设备运维管理，保障设备稳定运行。

抽水蓄能机组齿盘测速开关校验平台设计与应用

夏　鑫[1]　王洪博[1]　张晓倩[2]　陈　鑫[1]　李新煜[1]　刘小明[1]　孙召辉[1]

（1. 山东泰山抽水蓄能电站有限责任公司，山东省泰安市　271000；

2. 国网新源控股有限公司检修分公司，北京市　100068）

【摘　要】　本文从抽水蓄能机组技术监督项目测速开关校验问题出发，主要介绍了抽水蓄能机组齿盘测速开关校验平台的设计方法和校验应用过程，同时对此校验平台应用前景和推广价值方面进行分析。

【关键词】　抽水蓄能机组　调速器控制系统　测速开关

1　设计背景

山东泰山抽水蓄能电站位于泰山西南麓，距泰安市 5km，距济南约 70km，电站主要由上水库、下水库、输水系统、地下厂房和地面开关站组成，为日调节纯抽水蓄能电站，主要担负山东电网的调峰、填谷任务，兼有调频、调相及事故备用等功能，总装机容量为 1000MW，以二回 220kV 出线接入山东电网。

根据水电厂重大反事故措施 8.3.2.1："应定期检验测速装置，不得有跳变及突变现象"的要求，为此泰山电站员工利用恒速器，设计制作齿盘及转速传感器支架，配合使用 TURCK MS22-Ri/M29 转速测量传感器和万用表制作了齿盘测速开关装置校验平台。

2　原理说明

根据机组测速齿盘大小，按照一定比例缩小制作测速校验齿盘和支架，支架用于固定转速开关，齿盘尺寸如图 1 所示，现场安装图片如图 2、图 3 所示。

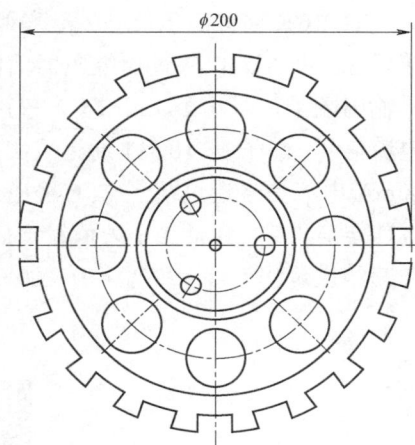

图 1　设计齿盘图样和尺寸

图 2　测速校验齿盘和支架（1）

图 3　测速校验齿盘和支架（2）

TURCK MS22–Ri/M29 转速测量传感器如图 4 所示，端子 1、2 为供电电源端子，采用 24VDC 供电；端子 3、4、5 为电气过速继电器动作接点，其中 3、5 为常开触点，4、5 为常闭触点；端子 7、8 为电流信号输出端子，若端子 13、14 未短接，则输出 0～20mA 电流信号，若端子 13、14 短接，则输出 4～20mA 电流信号；端子 9、10、11 通过采集接收转速开关发来的脉冲信号，将频率脉冲信号转换为 0～20mA 或 4～20mA 电流信号通过端子 7、8 输出。TURCK MS22–Ri/M29 转速测量传感器左侧两个限值设定旋钮为电气过速定值设定，其余 3 个限值设定旋钮为转速测量量程设定，以泰山电站为例，电气过速定值设定为 123%，转速测量量程为 0～200%↔0～600r/min。

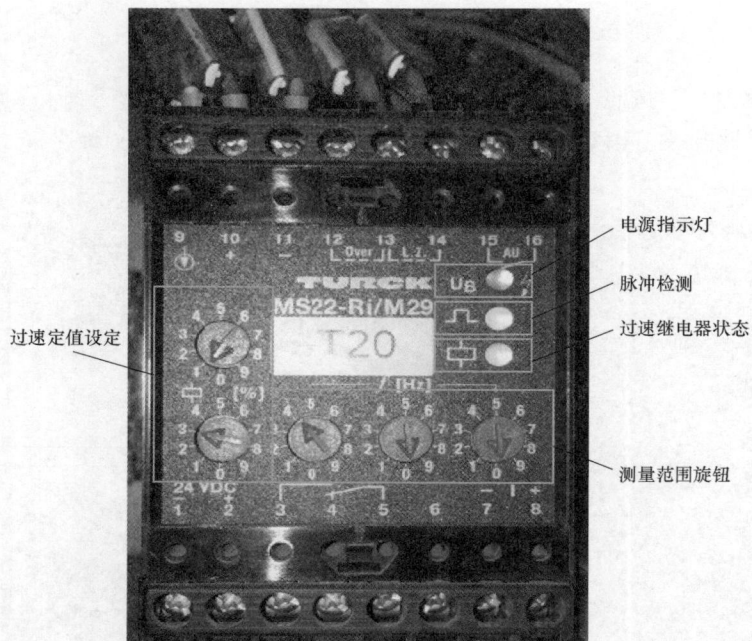

图 4　TURCK MS22–Ri/M29 转速测量传感器

TURCK MS22–Ri/M29 转速测量传感器原理图如图 5 所示，现场接线图如图 6 所示。

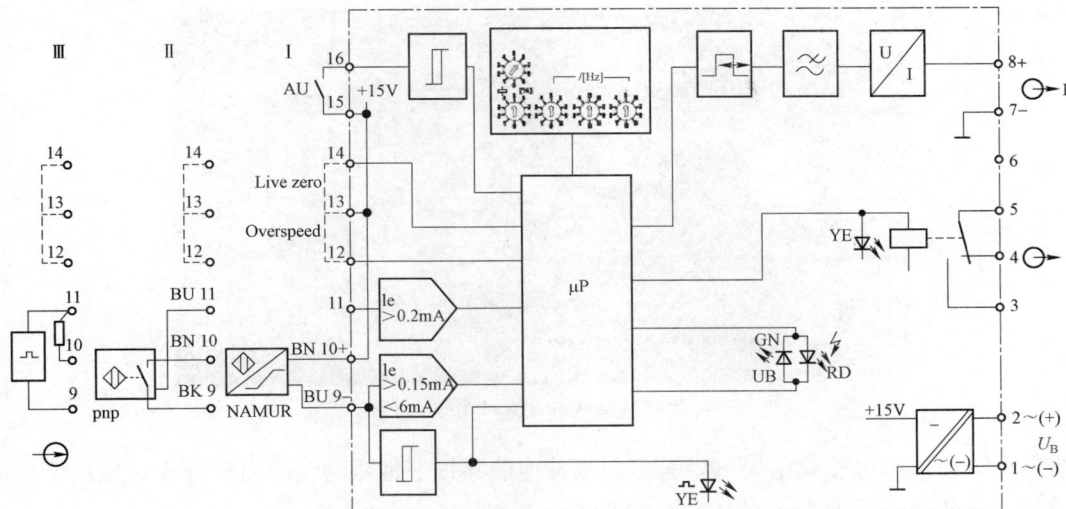

图 5　TURCK MS22－Ri/M29 转速测量传感器原理图

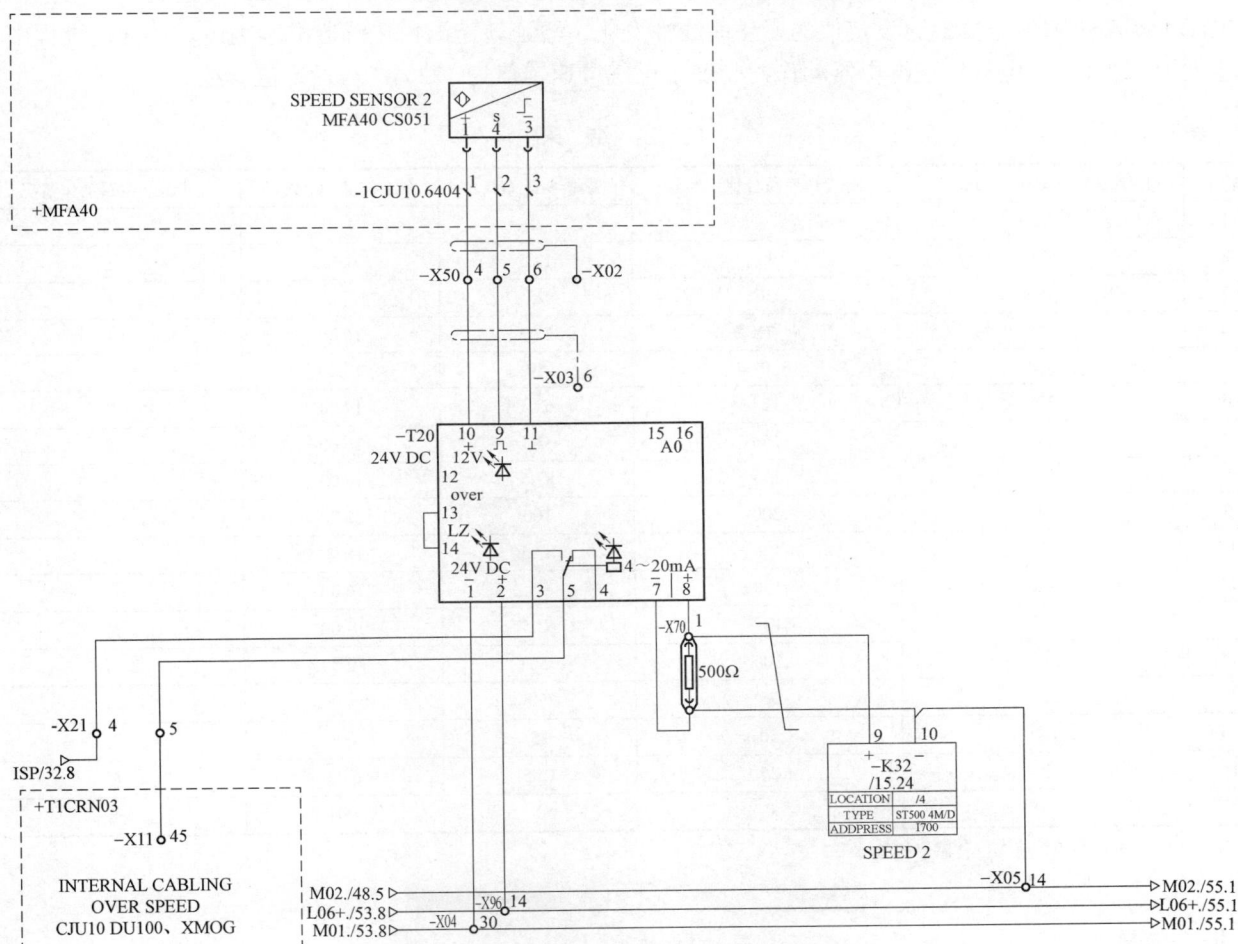

图 6　转速测量传感器和齿盘测速开关现场接线图

3　现场应用

将齿盘测速开关固定在测速校验装置支架上，利用 Phoenix 电源模块为 TURCK MS22－Ri/M29 转速测量传感器供电，端子 13、14 短接，端子 9、10、11 接入电缆，另一端通过航空插头与转速开关连接，万用表测量频率挡位正极接入端子 9，负极接入端子 11，端子 7、8 接入万用表电流挡位，测量输出电流，端子 3、5 接入万用表蜂鸣挡位测量过速后开关动作情况，现场校验情况如图 7 所示。

图 7　转速测量传感器和测速开关现场接线图

　　校验结果见表 1，通过校验结果可以看出实测转速能够很好地跟随恒速器转速设定值的变化而变化，证明测速开关动作准确，无异常。

　　在校验齿盘测速开关的同时，通过校验结果还可以看出 TURCK MS22-Ri/M29 转速测量传感器输出的电流也能够跟随恒速器转速设定值的变化而线性变化，验证转速测量传感器准确输出。在升速过程中，转速大于 123%时，电气过速继电器动作，验证了电气过速定值为 123%，与设定值一致。

表 1　　　　　　　　　　　　　　　　　　校 验 结 果

序号	恒速器转速设定（r/min）	对应转速百分比（%）	实测频率（Hz）	输出电流（mA）	过速继电器动作情况
1	0	0	0	4.00	否
2	75	25	12.5	6.00	否
3	150	50	25	8.00	否
4	225	75	37.5	10.00	否
5	300	100	50	12.00	否
6	375	125	62.5	14.00	是
7	450	150	75	16.00	是
8	525	175	87.5	18.00	是
9	600	200	100	20.00	是
10	525	175	87.5	18.00	是
11	450	150	75	16.00	是
12	375	125	62.5	14.00	是
13	300	100	50	12.00	否
14	225	75	37.5	10.00	否
15	150	50	25	8.00	否
16	75	25	12.5	6.00	否
17	0	0	0	4.00	否

　　注　齿盘测速开关和转速测量传感器校验结果。

4　推广前景

　　齿盘测速开关校验平台已经应用在泰山电站 1～4 号机组调速器控制系统齿盘测速开关实际校验工作中，应用简单，校验准确，减少了工作量，大大节省了资金投入，有效地解决了转速开关长期无法校验的难题。齿盘测速开关校验的同时，也验证了转速测量传感器和电气过速继电器功能准确性，此校验平台具有良好应用前景和推广价值。

参考文献

[1]　周伍，谭滔宇，王涛. 基于在线监测系统的水轮机调速器典型故障分析. 水电与新能源，2017.

抽水蓄能电站水轮机转轮监造质量控制

李 振 陈国华

（国网新源建设有限公司，北京市 100053）

【摘 要】 本文介绍了仙居抽水蓄能电站水轮机转轮原材料、装配、焊接、加工和试验的监造要点及方法，为其他同类型转轮的监造工作提供了参考经验。

【关键词】 转轮 静平衡 监造 质量控制

1 引言

仙居抽水蓄能机组是目前国内单机容量最大的抽水蓄能机组，单机容量 375MW。抽水蓄能机组具有频繁启停、快速工况转换、高水头、高转速的运行特点，转轮作为机组重要的转动及过流部件，其制造质量直接影响机组的出力和运行效率。

转轮生产过程包含原材料检测、装配、焊接、热处理、机械加工、探伤、静平衡试验等一系列工艺控制流程，对设备监理工作（制造阶段）具有代表性的指导作用。

2 转轮的结构特点

仙居抽水蓄能机组转轮型号 HLN1131，采用铸焊结构，上冠、下环、叶片均采用 VOD 精炼的 ZG04Cr13Ni5Mo 不锈钢材料铸造、加工而成。转轮直径 $\phi 4940mm$，高 1520mm，重 51 192kg，允许不平衡力矩 54N·m。为了减少漏水损失，转轮上冠、下环均带有整铸配车的梳齿式止漏环。转轮采用 $10-\phi 165H7$ 销传递扭矩、$10-M100 \times 4$ 螺栓与主轴连接。其中销孔及螺孔采用镗模加工，且各孔与镗模对应孔之间的同轴度为 0.01mm，转轮尺寸精度高、制造难度大。

3 转轮的监造质量控制

3.1 产品铸件质量控制

转轮的基本原材料铸钢件质量直接影响转轮在实际使用过程中抗磨损、耐腐蚀（主要是汽蚀）性能；在工艺上要求铸钢件具有良好的铸造、焊接、加工性能，为了提高转轮的焊接性能，需要严格控制铸钢件的碳含量不大于 0.04%，监造工作中，监造工程师严格按照技术协议对铸钢件的生产进行跟踪。

3.1.1 铸件工艺检查

为了最大程度降低铸造缺陷，监造工程师对照工艺图、铸件图重点关注浇铸位置选择、浇注系统设计、冒口设计并对工艺卡及清理补焊控制记录等关键技术管理文件进行检查。设计成果及工艺执行直接影响金属液体流速和对砂芯的冲击及气体排放，最终影响铸件的气孔缺陷和夹渣缺陷等。转轮上冠铸件加工后露出铸造缺陷如图1所示。

浇铸完成后，砂箱经过保温，直至开箱铸件倒出，对首个铸件进行核验，通过铸件的疏松度、残余应力检测，以验证铸造工艺的合理性，可以有效防止铸件的冷裂、变形，以

图1 转轮上冠铸件加工后露出铸造缺陷

及后续机械加工尺寸的稳定性。

仙居 1 号转轮的下环形如一倒置的喇叭，下环采用整体铸造，浇注工艺冒口设计直接影响下环底部边缘的气体排放。实验证明，1 号转轮下环底部边缘局部存在气孔缺陷，需要补焊。后经过改良的浇注工艺，2～4 号转轮下环铸件质量明显提高。

3.1.2 铸件材质及外观检查

铸件生产完成后，制造厂在监造工程师的监督下对铸件进行取样、编号、留存，用于铸件的化学成分分析及物理机械性能试验。试样检测前，监造工程师对测试仪器的检定情况进行复核，确保该环节质保体系在控。

在试样的冲击功检测过程中，制造厂按照该厂的企业标准进行了 25℃冲击功试验，试验结果满足该厂企业标准。在技术协议中，明确了材料在 0℃的冲击功数值，材料冲击功受温度影响较大，在高温情况下测得的数值满足要求，在低温情况下，由于材料塑性变差，冲击功会明显下降，测得的数值就不一定满足协议的要求。针对此种情况，监造工程师发出监造通知单，要求制造厂在 0℃的重新进行冲击功试验，最终测得的数据仍满足协议要求，但测得的冲击功数值比在 25℃下测得的数值普遍低 10%～12%。

铸件试样冲击试验如图 2 所示。

图 2　铸件试样冲击试验

转轮铸件应留有适当的加工余量，上冠、下环为了保证过流面光滑衔接，转轮与顶盖、底环、泄水椎相邻处都应留有一定加工余量。叶片在割掉冒口后，在保证铸造工艺最小厚度要求的前提下，对叶片型线进行测量，使铸件尺寸满足后续要求。

3.1.3 铸件补焊检查

对于需要补焊的铸件，监造工程师对修补工艺、补焊质量高度关注，修补质量必须进行严格检验：检验焊补前缺陷处是否清理干净、待焊表面是否清洁、焊接倒角是否合理；焊补后的焊缝是否平整，焊补处及周围有无裂纹、夹渣等缺陷。焊补前后应辅以无损探伤（磁粉探伤等），保证焊补质量的可靠性。

3.2 上冠、下环、叶片加工质量控制

随着机械加工技术的进步，上冠、下环、叶片加工精度也随之提高，尤其是过流加工面表面粗糙度达到 0.475μm；仙居转轮梳齿密封采用一体铸造加工而成，故上冠、下环的加工难度也增大，确保各部件的形位公差符合要求。加工尺寸检测之前，需对上冠、下环、叶片进行 100% U_T、PT 探伤检查，根据需要进行 MT 检查。监造工程师为了验证探伤灵敏性，U_T 先用试块校核，并辅以斜探头对部件边缘进行扫查，观察声波的反射情况；MT 用十字试片进行测试，观察十字刻线的变化情况。样板检测转轮叶片型线如图 3 所示。

图 3　样板检测转轮叶片型线

为了保证叶片型线与模型设计相符，叶片进、出口型线与样板间隙为 2mm，单边为 5mm，允许偏差：±1.0mm，实测偏差：0.1～0.2mm。1 号转轮 9 张叶片，5 号叶片重 1343kg，其他叶片均重 1345kg，这良好地反映了铸件质量的一致性及加工质量的精确性。

在 2 号转轮上冠加工的检测中，监造工程师发现用于叶片定位的刻线标刻错误，会同制造厂设计人员进一步检查确认，避免了后序装配失误。

3.3 转轮装配质量控制

目前各抽水蓄能电站普遍采用转轮模型试验验收的方式来确定最终转轮的水力性能等指标，而最终转轮实际的水力性能是否达到模型验收时的性能指标最终是在几何相似上得以保证，几何相似的程度直接影

响转轮出力、空化性能、稳定性及运行效率。

转轮装配是重要的几何相似保证过程，制造厂对上冠及下环过流面、叶片焊接坡口复检合格后开始转轮装配。为了保证转轮的几何相似，上冠、叶片、下环的每一个装配步骤都有严格的控制程序，包括用于吊装、调整、固定等附件的焊接预热程序。上冠作为基础就位于安装平台垫块上，调整其水平度不大于 1mm 确定转轮中心，并安装测量用的中心基准线；为了保证转轮配重均衡，对叶片逐片称重，按照配重结果确定叶片的装配位置并标明序号；考虑焊接收缩余量等因素，控制叶片与上冠的装配间隙为 2mm；叶片装配期间，严格按照设计公差调整叶片的进出水口直径、进出口角、进出水边节距和开口及与上冠的间隙，检查合格后，用搭板搭焊固定。为了保障叶片与上冠、下环焊接及清根的操作空间，保证焊接质量，下环分割为内、外环按序装配，先装配内环，后装配外环，保证其与上冠的同轴度不大于 1mm、平行度不大于 1.5mm，调整高度在设计公差带内，做好标记后拆除外环，待完成叶片与上冠和下环内环的焊接后，再装配外环焊接。装配完成后，对叶片进行标记，便于焊接过程变形监测。转轮叶片与上冠装配检查如图 4 所示。

图 4　转轮叶片与上冠装配检查

监造工程师在 1 号转轮装配验收过程中，发现由于装配误差，流道截面高度偏小 4~5mm，影响转轮的出力及运行效率。监造工程师发出工作通知单及时纠正了这一错误，保证了装配阶段的几何相似。

3.4　转轮焊接质量控制

仙居转轮上冠、下环、叶片采用马氏体不锈钢组焊而成，焊接前，根据转轮材质及应力区的分布，制定焊接工艺方案，以保证转轮的稳定性，即在叶片的高应力区（进、出水口段）采用 ϕ1.2 马氏体焊材 HS13/5L 清根焊透处理；下环内外环分割处因焊接量大、受力大，采用高强度、抗汽蚀、抗撕裂的 ϕ1.2 奥氏体焊材 AWS1R316L 清根焊透处理；叶片中段流道焊缝采用奥氏体焊材 AWS1R316L 铺焊打底、马氏体焊材 HS13/5L 盖面处理，此部分焊缝不做清根焊头处理。焊接过程中，监造工程师对每层焊缝的预热、层间温度、清根处理、无损检测及施焊位置、速度进行巡检，确保转轮焊接工艺得到有效执行，减小焊接变形量，保证了焊接过程的几何相似。监造工程师会根据各地区湿度的不同，会要求制造厂进行消氢处理。焊后转轮退火，消除转轮内部应力。

最初在 1 号转轮焊接过程中，叶片中段流道焊缝采用马氏体焊材焊接，在逐层施焊探伤过程中出现超标焊接缺陷，最后按前述改进焊接工艺，在后续的叶片焊接中在未出现超标缺陷。转轮装配后的焊接及探伤检查图如图 5 所示。

图 5　转轮装配后的焊接及探伤检查图

3.5　转轮加工质量控制

仙居转轮加工存在两方面难点：一是镗模与转轮的同轴度的保证；二是转轮销孔、螺孔与镗模同轴度的保证。这两个同轴精度高，均达到 0.01mm，超出制造厂机床设备精度。加工前，针对此种情况制订了详细的工艺方案，在充分分析镗模与转轮的数据及配合间隙基础上，重复找正转轮中心，确定机床误差及规律。在编程确定转轮中心后，再辅以千分表监控微调镗模，最终实现了高精度同轴度的保证。转轮与主轴连接孔的镗模加工如图 6 所示。

3.6 转轮静平衡试验

转轮因制造误差引起重量不平衡，会导致机组震动，甚至轴线偏移造成事故，制造厂一般都会对加工后的转轮做平衡试验。通常情况下，制造厂会在精加工后完成平衡试验，而仙居转轮因转轮不平衡力矩及平衡灵敏度要求高，故在转轮粗车、粗镗阶段进行了粗平衡试验，在精车、精镗后又进行了精平衡试验。每次平衡试验后，为了验证平衡工具的有效性，监造工程师要求制造厂将平衡工具旋转 90°～180°不等，再次进行平衡测试，平衡工具转动一定角度前后配重物的位置及重量虽有变化，但均在很小的位置范围内变化，说明转轮平衡处理已非常精确。仙居平衡后达到在转轮 ϕ4940 外圆挂 0.815kg 重物时，在转轮下环平面 R1320mm 处，转轮灵敏度 H 值大于 0.55mm。转轮静平衡如图 7 所示。

图 6 转轮与主轴连接孔的镗模加工   图 7 转轮静平衡试验

4 结论

仙居转轮制造过程中，监造工程师在各制造阶段，针对设备容易发生问题的关键点进行控制，同制造厂工艺人员一同分析、改进工作方法，共同确保了转轮各序制造质量，最终达到业主的验收标准。

参考文献

[1] 哈尔滨大电机研究所. 水轮机设计手册. 北京：机械工业出版社，1976.
[2] 杜西灵，杜磊. 铸造实用技术问答. 北京：机械工业出版社，2003.

浅谈十三陵抽水蓄能电站4号机球阀改造设计研究

赵盛巍　郑冬飞　张　彬

（中国电建集团北京勘测设计研究院有限公司，北京市　100024）

【摘　要】 本文介绍了十三陵抽水蓄能电站4号机球阀改造设计过程，并进行论述总结，以期对类似工作提供参考。

【关键词】 十三陵抽水蓄能电站　球阀　改造

1 引言

近30年来，抽水蓄能电站作为优良的电能调节手段，在中国电网中得到了长足发展和应用。北京十三陵抽水蓄能电站作为最早投运的一批高转速、大容量机组，为抽水蓄能电站的建设、运行和维护积累了丰富的经验。由于抽水蓄能机组具有双向运行、启停频繁、工况转换频率等特点，设计难度大，且30年前高转速、大容量抽水蓄能技术还处于研发、制造、应用的初期阶段，长期运行后多种关键技术才能得到检验，现在对部分设备或部件技术改造以确保电站安全可靠运行，进而进行科学的技术分析和经验总结为后续类似项目提供参考和借鉴。

2 电站概况

电站位于北京市昌平县以北的十三陵风景区，距市区40km，是国家"八五"重点工程和"9511"重点工程之一。下水库为已建的十三陵水库，上水库兴建在水库左岸蟒山山岭后的上寺沟。地下厂房和引水系统均建在蟒山内，厂房内装4台200MW的混流可逆式水轮发电机组，机组转速为500r/min。电站建成后将用两回路220kV输电线路接入京津唐电网，担负填谷、调峰和调相任务，为北京地区提供可靠的事故备用电源，在保证电网安全稳定运行中起重要作用。

电站引水系统采用一管两机布置方式，每条引水系统由上水库进出水口、引水隧洞、引水事故闸门、引水调压井、压力钢管和岔管、支管等组成。尾水系统采用两机一洞布置方式，每条由尾水管、尾水支管、尾水事故闸门井、尾水调压井、尾水隧洞和尾水洞进出水口等组成。

水泵水轮机及其附属设备（包括进水球阀），发电电动机及其附属设备和配套设备、监视控制系统 3个项目由VOITH公司总承包供货。

3 球阀原设计简述

十三陵电站进水阀采用卧轴液压操作球阀，内径为1750mm。球阀阀体采用铸钢制造，活门采用钢板焊制。驱动端和非驱动端的耳轴是焊在活门上的，阀体通过轴承支撑活门，而轴与阀体之间为自润滑轴瓦，以保证活门在径向和轴向的受力。其密封采用V形填料，而在轴瓦的内侧安装有橡胶密封环，以防止杂质进入轴瓦内。旁通管直径200mm，连接在球阀的上游和下游延伸段上，旁通管上装有一手动隔离阀和一液压操作阀（旁通阀）。

球阀密封分为上游检修密封和下游工作密封，密封是由动密封环、静密封环组成。检修密封和工作密封是用水压进行操作，从上游引水高压钢管取水，对密封进行投入和解除操作。密封的动密封环为不锈钢材质，在阀体衬套的铝青铜表面上滑动，以保证平稳工作和表面免于腐蚀。

球阀采用液压操作，工作油压为7.0MPa。球阀接力器为双向动作油缸，依靠压力供油系统提供的油压操作。

4 4 号机组球阀改造必要性分析

4.1 运行现状

4 号机组球阀于 1997 年 6 月投产，球阀活门机构运行较稳定。随着运行时间的增加，球阀驱动端及非驱动端耳轴部分有少量渗水，尤其是驱动端侧漏水量逐渐加大，2003 年初驱动端的漏水量加大，并呈喷射状。

2005 年 4 月，在 4 号机组球阀更换驱动端密封过程中，打开密封压盖后，发现驱动端耳轴轴承轴向有断裂，径向 70mm 左右的裂纹，并且在安装密封填料的底端有碎裂掉块，用铅丝沿着裂纹能深入大约 300mm，轴承有沿裂纹脱开的现象。从拔出的驱动耳轴轴承损坏部分整个不规则断面来看，只有大约 40mm 为新断裂面，从其他断面的颜色、锈迹情况判断，断裂已经很长时间。

经过分析，轴承与球阀阀体配合部分为过盈配合，当时的条件不具备拔出整个轴承的条件，只有在球阀全面解体检修时才具备拆出耳轴轴承和更换耳轴轴承的条件，考虑到检修工期、华北地区的用电形势等实际情况，当时不具备球阀全面解体检修的条件，确定拔出轴承损坏的部分，留在里面的部分保留，根据拔出后的尺寸，制作一个高 165mm 的新轴承回装。耳轴轴承安装完成后，全面对球阀进行恢复，并在无水情况下，对球阀进行开启和关闭操作，无异常情况；球阀充水后，检查无渗漏情况，并对球阀进行了多次开启和关闭操作，球阀运行无渗漏和卡涩等现象，运行正常。

2010 年 4 号球阀 B 级检修期间，发现非驱动端轴承左侧有裂纹，在轴承底面长约 70mm 的裂纹（9～11 点处）。

球阀自投产已经运行近 22 年，截至 2018 年底开启次数为 11 148 次。4 号球阀存在活门中心体整体下移、下沉现象，导致球阀两侧耳轴密封处出现渗水和漏水情况，球阀的分瓣组合面密封盘根存在老化情况。

4.2 改造必要性分析

2005 年 4 月在 4 号球阀更换驱动端密封过程中，考虑到检修工期、华北地区的用电形势等实际情况，以及不具备球阀全面解体检修的条件，拔出轴承损坏的部分，制作一个高 165mm 的新轴承回装。通过无水和有水调试后，投入运行今无异常情况，但是存在较大的安全隐患。后来制作一个高 165mm 的新轴承与原来留在阀体内的轴承不是同时加工制造的，其接缝处肯定存在间隙；而且新轴承是球阀组装完整的情况下回装的，其与轴承座的配合会存在误差，与耳轴的间隙存在不均匀的可能，与原来的轴承可能存在错台，这些都给球阀的安全运行留下了重大隐患。

国内某蓄能电站在进行水轮机性能试验时，出现球阀在开启过程中，耳轴的轴承故障导致的球阀至 40% 开度后，无法再打开，该球阀耳轴轴承的自润滑材料是粘到轴承里衬，在球阀的开启动作过程中，出现自润滑材料的脱落（详见图 1）。幸好是在调试阶段，机组转速逐步上升至 100% 额定转速，发现球阀现地控制柜仍显示球阀正在开启状态，立即现场检查判断后，进行人工紧急停机，球阀关闭，避免了事故。这也给十三陵蓄能电厂球阀的安全稳定运行敲响了警钟，4 号机组球阀就存在耳轴轴承里衬有错台、间隙不均匀问题，当时运行无卡阻，但并不表示以后在开启或关闭过程中不会出现故障。

图 1 自润滑材料粘到轴承里衬

球阀作为连通与断开压力钢管与机组之间的第一道阀至关重要，是关系到地下厂房工作人员与机电设备安全的重要设备。当球阀出现更严重问题时可能会造成水淹厂房的恶性事故。综上所述，对4号球阀进行改造是必要的。

5 技术改造方案

结合十三陵电厂4号机组球阀的实际问题与具体情况，需要对4号机组球阀驱动端耳轴和非驱动端枢轴轴承、工作密封、检修密封、合缝螺栓及销钉螺栓等进行检修。

5.1 球阀枢轴轴承检修方案

十三陵电厂进水球阀活门枢轴轴承采用自润滑结构轴承，该轴承和轴承基座之间采用过盈配合，用冷套的方法将轴承压入轴承座。球阀枢轴轴承检修有以下两个方案：

方案一：根据原设计更换受损球阀驱动端和非驱动端轴承。

方案二：更改活门枢轴轴承结构形式，进行计算，重新设计驱动端和非驱动端轴承结构，增加轴承套装置。

原方案的轴承结构如图2所示。

（1）方案一。按原设计更换受损球阀驱动端和非驱动端轴承，没有从根本上解决轴承运行过程中局部部位应力集中、应力相对较高的问题，运行一段时间以后，枢轴轴承出现故障的概率会比较高。而且，轴承一旦出现裂纹、断裂情况，需要对球阀解体才能更换轴承。

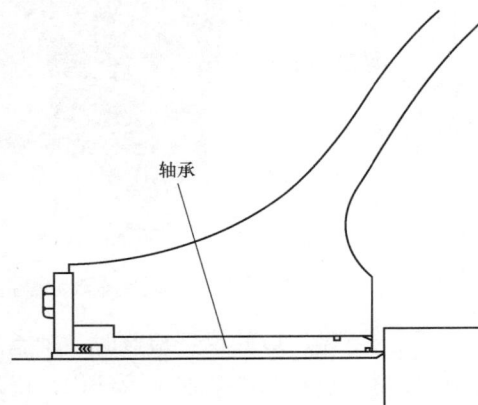

图2 原方案

球阀阀体连接螺栓均为液压拉伸螺栓，球阀解体和安装过程中螺栓需要特殊的液压拉伸工具，如图3所示。

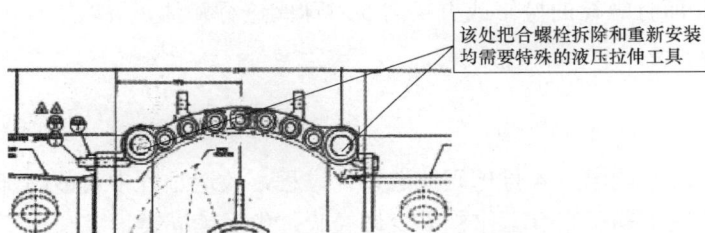

图3 球阀解体和安装中螺栓需特殊液压拉伸工具

根据设计规范，球阀重新组装后需要对球阀进行水压试验，由于球阀延上游伸段已经和引水管道安装，故在引水端和非引水端准备两个试验用带法兰的耐压闷头装置，该闷头需要与球阀阀体把合，同时球阀需要一套水压密封试验以及动作试验设备。

所以，按原设计更换受损球阀驱动端和非驱动端轴承，轴承一旦出现问题，需对球阀进行解体，配备特殊液压拉伸工具、检修工具、耐压试验闷头装置及打压试验工具等，现场不具备解体检修球阀的工作条件。

（2）方案二。带轴承套装置的驱动端和非驱动端轴承（见图4），增加了球阀枢轴轴承套装置，相比于轴承与阀体直接为过盈配合的原先结构，轴承的结构更加紧密合理，改善了轴承受力情况，轴承也得到了相应的保护，断裂的风险将大大减小。驱动端和非驱动端轴承因磨损等原因需要更换时，不需要再对球阀全部解体，在现场采用专业工具将轴承套和损坏轴承一起取出，更换

图4 带轴承套装置的驱动端和非驱动端轴承

轴承后，现场安装到球阀本体，即可以将来在工地拆换备用轴承。

　　十三陵电厂现有球阀耳轴轴承为厚壁轴承，在此基础上改成带轴承套装置的结构形式，初步估计，阀体轴孔单边扩大不超过 10mm，对结构基本没有影响。通过对球阀阀体轴承座处加工前和加工后进行有限元分析，分析结果也表明，轴承座处的加工对整体球阀的应力水平没有影响，如图 5、图 6 所示。

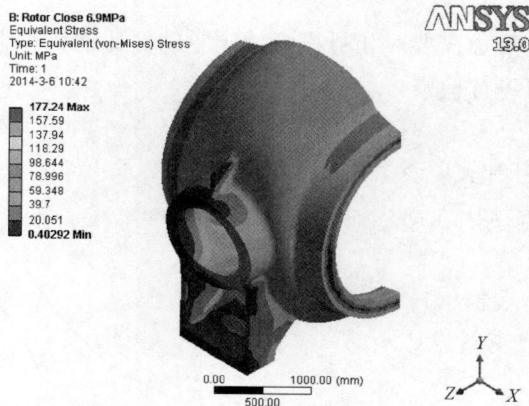

图 5　加工前阀座有限元分析结果　　　　　　　图 6　加工后阀座有限元分析结果

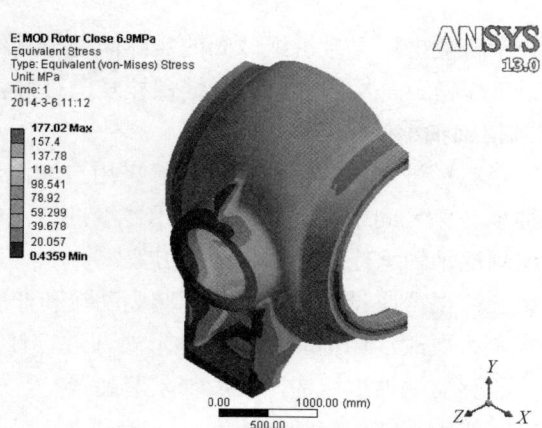

　　综上所述，球阀返厂检修时，轴承的检修采用方案二，即更改活门枢轴轴承结构形式，通过计算，重新设计驱动端和非驱动端轴承结构，增加轴承套装置。

5.2　工作密封、检修密封等部件检修方案

　　工作密封向外渗水，渗水量大于标准控制值，且存在异物压痕，怀疑密封静环此两处曾有异物卡阻，导致密封面间隙过大，检修密封检查情况判定存在漏水量偏大，有必要结合球阀检修进行更换处理。

　　十三陵电厂进水球阀阀体采用左、右分瓣结构形式，这种结构其合缝螺栓及销钉螺栓长期承受剪切应力，已经运行了近 22 年，而且螺栓的检修或更换需要对球阀进行解体，所以结合本次球阀检修更换合缝螺栓及销钉螺栓。

6　结束语

　　本文综合论述了十三陵蓄能电厂 4 号球阀改造设计过程，改造过程中对故障部件的故障分析、改造范围和技术方案的论证及改造工期研究等工作积累少许经验，供后续同类设备改造工程中参考借鉴。

参考文献

［1］　杨梅，任志武，吕志娟，等. 北京十三陵抽水蓄能电站发电电动机定子改造设计研究. 水电与抽水蓄能，2016（6）.
［2］　潘春强. 十三陵蓄能电厂球阀下游工作密封更换. 水力发电，2012（9）.
［3］　孙逊，雷徐，童裕军，等. 桐柏电厂 4 号机球阀工作密封更换. 水电站机电技术，2012（8）.

大容量发电电动机采用侧向通风转子磁极极间挡风板材料问题

何　铮　赵宏图

（浙江仙居抽水蓄能有限公司，浙江省仙居　317300）

【摘　要】 本文对某 400MW 级发电电动机转子磁极采用侧向通风的极间挡风板在通风冷却中的作用，以及挡风板采用氟橡胶材质对绝缘性能的影响，进行了综合分析。对极间挡风板材料在工程实际应用过程中的问题进行思考，以供后续大容量发电电动机通风冷却设计应用参考。

【关键词】 发电电动机　极间挡风板　氟橡胶　绝缘性能　通风冷却

1　引言

某抽水蓄能电站 4 号发电电动机在进行检修后转子整体交流耐压试验时发生击穿现象。经排查发现，击穿点位于 11 号和 12 号磁极之间的下部极间挡风板材料（氟橡胶）处。拆出该极间挡风板材料，用酒精擦拭干净后进行单独摇绝缘试验，绝缘仅为 10MΩ 左右。更换该材料后，转子绝缘恢复正常。本文针对极间挡风板材料在大容量发电电动机侧向通风冷却中的作用和工程实际运用中的经验进行了分析思考。

2　发电电动机的通风设计

随着抽水蓄能机组单机容量及电磁负荷的增长，冷却系统设计成为发电电动机设计的关键技术难题。如何解决发电机通风冷却问题，是机组能否研制成功的关键。目前，400MW 及以上全空冷发电电动机通风冷却难题主要体现在转子磁极绕组的冷却，包括绕组的温升控制、温差控制、通风损耗控制、发电机效率提升。某 400MW 级发电电动机采用密闭双路循环通风冷却结构。冷却空气依次流经电机上、下端部绕组，转子中心体，磁轭，磁极，定子铁芯风沟，带走电机电磁损耗产生的热量后，汇聚到定子机座空冷器完成二次热交换，构成完整的冷却风路。发电电动机风路布置如图 1 所示。

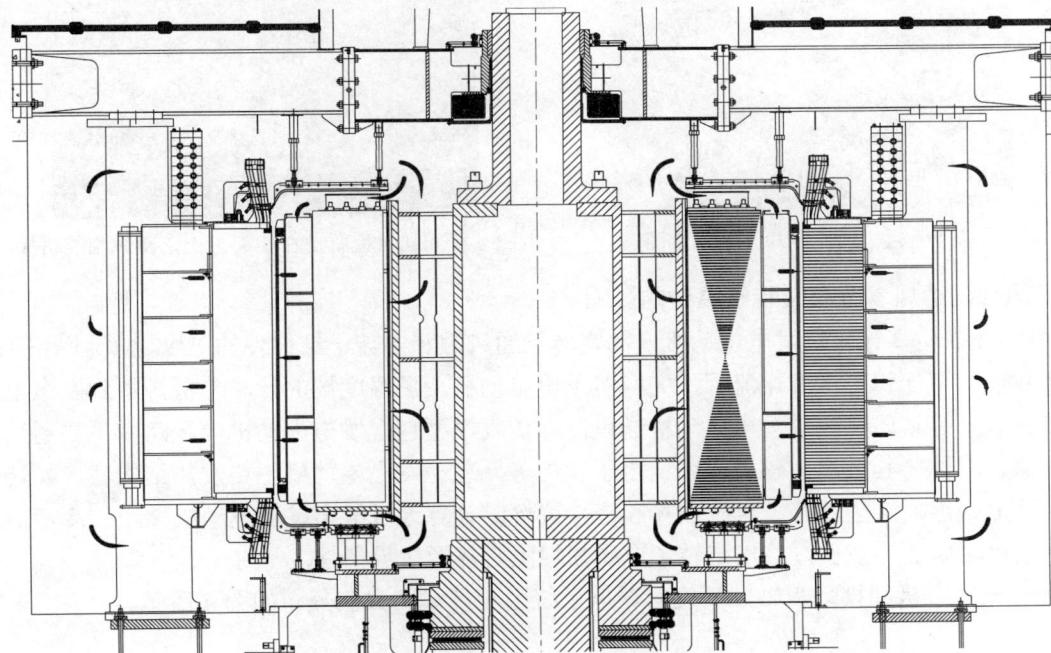

图 1　发电电动机通风布置图

2.1 极间挡风板在通风冷却中的作用

根据厂家对机组额定发电工况运行时的需求风量分析，通风冷却系统需带走约 4000kW 的发电电动机内部损耗产生的热量。依据表 1 所示，发电电动机额定负载工况的最小需求风量为 133m³/s。

表 1　　　　　　　　　　　　　　　　某 400MW 级发电电动机基本参数和需求风量

发电机工况				电动机工况			
额定数据		损耗和需求风量		额定数据		损耗和需求风量	
额定功率（MW）	375	通风系统负荷（kW）	4096	额定功率（MW）	418	通风系统负荷（kW）	4030
额定电压（kV）	18	冷却气体温升（kW）	28	额定电压（kV）	18	冷却气体温升（K）	28
额定电流（kA）	13.37	体积比热容 [kJ/（m³·K）]	1.1	额定电流（kA）	13.75	体积比热容 [kJ/（m³·K）]	1.1
功率因数	0.9	冷风温度（℃）	40	功率因数	0.975	冷风温度（℃）	40
额定转速（r/min）	375	需求风量（m³/s）	133	额定转速（r/min）	375	需求风量（m³/s）	131

根据设计计算，厂家认为此类机组最大的问题是磁极绕组产生的热量。因此，厂家在发电电动机磁极设计中采用了带有铜排内侧风隙的特殊通风冷却结构（见图 2），即侧向通风。为了达到足够的通风量，需要在极间风道的上部和下部分别加装一个挡风板，极间挡风板采用氟橡胶材料搭接在相邻磁极末匝线圈上（见图 3），引导磁轭通风槽中的部分风向磁极内侧风隙流动，达到冷却磁极绕组的目的。

图 2　磁极通风冷却结构示意图

图 3　极间挡风板胶皮在相邻磁极末匝线圈的搭接

2.2 极间挡风板对通风量分布及转子温升的影响

厂家采用 CFD 仿真计算对发电电动机内部定转子通风隙和定转子结构件的三维建模、网格剖分、控制方程离散和数值模型计算等标准化流程，完成对发电电动机流场温度场的计算分析，得到发电电动机通风特性、定转子温升等具体参数。发电电动机通风冷却仿真模型包含发电电动机内风路的主要通风结构，如转子磁轭风隙、端部离心风扇、磁极风路、定子风沟等，包含发电电动机主要发热结构件，如转子磁极、磁极绕组、阻尼绕组、定子铁芯、定子线棒和连接梁等。计算通过给出发电电动机转速、冷却器及外风路风压降限定电机通风边界条件，给出定转子电磁损耗限定热源边界条件。

CFD 计算表明，极间挡风板轴向长度对通风系统影响规律和数值分布如图 4 所示。

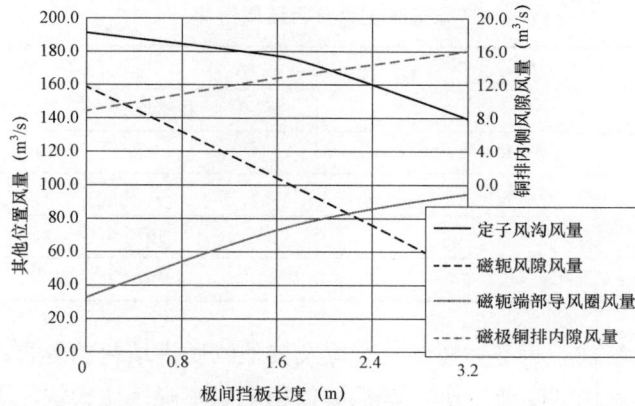

图 4　极间挡风板结构对发电电动机通风量分布的影响曲线

经过 CFD 计算分析表明，极间挡风板长度为 2200mm 左右时转子冷却效果最佳（见图 5），此时电机通风系统对应总风量为 164.5m³/s。

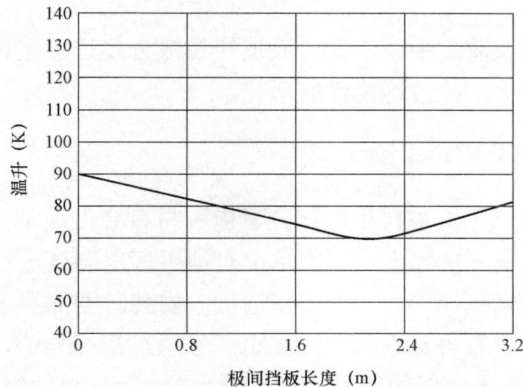

图 5　极间挡风板结构对转子温升的影响曲线

3　极间挡风板胶皮的材质对比分析

极间挡风板采用的氟橡胶材料在工程实际应用过程中，如引言所述，发生过几次氟橡胶材料绝缘降低的情况，这些现象集中发生在 4 号机组最初批次安装的胶皮中，在前 3 台机组和其他同一制造厂研制的电站机组中均未出现过。

通过查阅氟橡胶相关文献资料发现，氟橡胶的型号较多，主要为聚烯烃类氟橡胶，如 23 型、26 型、246型以及亚硝基类氟橡胶；随后又发展了较新品种的四丙氟橡胶、全氟醚橡胶、氟化磷橡胶。这些氟橡胶品种都首先由航空、航天等国防军工配套需要出发，逐步推广应用到民用工业部门，现已应用于现代航空、导弹、火箭、宇宙航行、舰艇、原子能等尖端技术及汽车、造船、化学、石油、电讯、仪器、机械等工业领域。

在近年的相关文献中提到，氟橡胶的电绝缘性能不是太好，只适于低频低压下使用。温度对它的电性能影响很大，从 24℃升到 184℃时，其绝缘电阻下降 35 000 倍；尤其是 26 型氟橡胶的电绝缘性能不是太好，只适于低频，低电压场合应用。温度对其电性能影响很大，即随温度升高，绝缘电阻明显下降，因此，氟橡胶不能作为高温下使用的绝缘材。

笔者了解上述情况后，打算会同厂家对氟橡胶的材质进行组分分析。但进一步了解后得知，由于氟聚合物本身就是耐溶剂，很难溶解；且氟橡胶是交联的，不可能溶解；裂解后再分析，只能了解所含元素，组分分析方法无法实施。根据厂家建议，委托第三方实验室对发生绝缘故障胶皮和对比用的正常胶皮采用《橡胶和橡胶制品　热重分析法测定硫化胶和未硫化胶的成分　第 1 部分：丁二烯橡胶、乙烯-丙烯二元和三元共聚物、异丁烯-异戊二烯橡胶、异戊二烯橡胶、苯乙烯-丁二烯橡胶》（GB/T 14837.1—2014）来定量分析。经过对比分析，发现发生绝缘故障胶皮中的炭黑含量远大于正常胶皮中的含量，见表 2。

表 2　　　　　　　　　　　　　　　　　　　氟橡胶定量分析结果对比

测试项目		测试结果	
		故障胶皮	正常胶皮
定量分析	低分子有机物含量（%）	1	1
	主胶含量（%）	61	50
	炭黑含量（%）	19	5
	无机含量（%）	19	44

查阅相关文献得知，以氟橡胶为基体树脂，炭黑及其他物质为填料的复合高分子材料中，炭黑主要用于橡胶的补强。但当炭黑比例由 3% 到 10%，氟橡胶体积电阻率降低比较快，因此，炭黑也可能使得氟橡胶导电性能提升。

厂家还对两种胶皮在相对湿度为 95%，环境温度 49℃下进行吸湿性对比试验。试验表明，试验时长均为 8h 的情况下，故障胶皮的质量变化率为 0.16%，正常胶皮的质量变化率为 0.12%，故障胶皮的吸湿性高于正常胶皮。

因此，怀疑 4 号机组第一批次胶皮中由于部分胶皮炭黑成分超过一定比例，经过两年左右的热运行，材质中的化学成分分布或性能变化，导致绝缘性能恶化。

4　极间挡风板设置及通风冷却设计的建议

（1）机组检修期间拆装极间挡风板材料后，部分氟橡胶材料会出现不明原因的绝缘下降，厂家往往怀疑地下厂房湿度对胶皮造成的影响。实际上，运维单位对地下厂房湿度进行了严格控制（相对湿度 70% 以下，发电电动机风洞内相对湿度达到 45%），大大超过机电安装时期的湿度控制水平，仍然出现部分氟橡胶材料绝缘下降的现象。由于氟橡胶材料成品均为主机厂家通过招标外购，加工厂多为营业规模较小的厂家。出厂试验以机械拉伸性能和要求较低的绝缘性能检测为主，原材料的组分分析和针对性试验并未考虑，可能会因为原材料型号选择不准确，导致氟橡胶材料成品存在潜在的材质隐患，在运行一段时间受温度、磁场影响后引起材质变化发生缺陷。因此，厂家在原材料进口方面应研究完善相关标准，严格把控材料关。

（2）由于厂家在磁极设计上设置了围带，突出的围带部分使得极间挡风板氟橡胶材料在吊装磁极过程中容易受损（见图 6）。同时，由于磁极间的距离受限和极间挡风板的固定方式，使得必须吊出磁极后才能更换极间挡风板氟橡胶材料。建议厂家对磁极侧向通风的形式进行重新设计，充分考虑转动部件更换的便利性和安全性，可以利用磁轭键槽设计整体拆装式极间挡风板，应在满足侧向通风设计要求的前提下，提高和改善极间挡风板拆装的便利性。

（3）目前由于发电电动机容量越做越大，很多主机厂家开始考虑通过设计大容量发电电动机转子磁极侧向通风结构，或在磁极绕组铜排上开孔，来降低因单个磁极容量、电流密度增大引起的散热问题。从实际运行经验来看，发电电动机风洞内不可能做到完全无尘，机组检修和运行过程中产生的粉尘可能会通过转子通风路径到达并依附在极间挡风板上，或进入磁极绕组背部，金属性粉尘会降低依附部位的绝缘性能，可能引起磁极绕组匝间短路等严重故障。且由于机组投入商业运行后的考核非常严格，运维单位不可能再进行相关通风试验来验证厂家的设计。建议主机厂家在进行发电电动机通风设计尽可能做到 1:1 动态通风模型，在模型中对各种可能的情况予以充分验证。设计上应考虑在确保转动部件安全性和检修拆装便捷性

图 6　通过吊出一个磁极后观察极间挡风板的固定方式

的前提下，来提升通风冷却效果。

5 结论

由于抽水蓄能发电电动机高转速、大容量、散热难、频繁正反向运行等特点，其通风设计和风道材料选择是非常专业也是非常谨慎的工作。本文只是从工程实际应用和运维角度对极间挡风板材料的应用进行粗浅分析，希望能为主机厂家在后续的通风冷却设计中提供一些借鉴，在提高发电电动机转动部件设计可靠性的同时，提升发电电动机的绝缘寿命。笔者并非研究材料的专业人员，有不当之处敬请指正。

参考文献

［1］ 400MW 级大型抽水蓄能机组关键技术研究与应用研究报告. 国网新源控股有限公司重大科技项目，2017.

［2］ 陆刚. 氟橡胶结构特点及其应用和发展探源. 化学工业，2014.

［3］ 李道玉. 氟橡胶复合导电材料性能. 四川化工，2014.

［4］ 王超，廖毅刚，张海波. 大型发电电动机通风冷却系统研究. 东方电气评论，2015.

励磁系统均流系数偏低原因分析

余　睿[1]　张　斌[1]　权　强[2]　李潇洛[3]

（1. 福建仙游抽水蓄能有限公司，福建省仙游市　351267；2. 陕西镇安抽水蓄能有限公司，
陕西省镇安市　711500；3. 国电南瑞科技股份有限公司，江苏省南京市　210000）

【摘　要】 均流系数是励磁系统运行的重要参数，本文从日常运维角度分析了一起励磁系统均流系数偏低的缺陷，提出缺陷处理的相关思路及方法。有效处理了缺陷，确保了设备的安全稳定运行，并对设备的日常运维提出了建议。

【关键词】 励磁系统　均流系数　铜排螺栓

1　引言

仙游抽水蓄能电站是一座总装机容量 1200MW 的周调节纯抽水蓄能电站，安装 4 台单机容量 300MW 主轴单级混流可逆式水泵水轮机–发电电动机组；承担系统内调峰填谷、调频、紧急事故备用、调相、黑启动等任务。抽水蓄能机组运行工况复杂且转换频繁，励磁系统具有较高的可靠性及精确的控制能力。

仙游电站发电电动机励磁系统主要参数如下：发电机工况额定励磁电压为 365V，额定励磁电流为 1620A；电动机工况额定励磁电压为 328V，额定励磁电流为 1456A；空载状态空载励磁电压为 141V，空载励磁电流为 832A。每套励磁系统设 3 台三相可控硅整流桥柜，满足 N–1 设计，即正常运行时，有 1 柜退出运行仍能满足机组 2 倍强励要求。每台整流桥柜由 6 个可控硅（型号 5STP28L4200）、6 个快速熔断器组成，均配置阻容吸收装置。励磁系统柜体布置背视情况如图 1 所示。

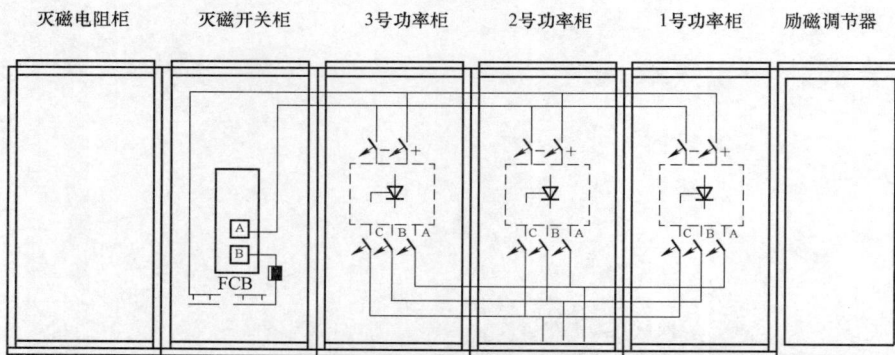

图 1　励磁系统柜体布置背视图

2　问题描述

《同步电机励磁系统大、中型同步发电机励磁系统技术要求》（GB/T 7409.3—2007）中规定功率整流装置的均流系数应不小于 0.85，均流系数指并联运行各支路电流平均值与支路最大电流之比，均流系数计算公式如下所示：

$$K_I = \frac{\sum_{i=1}^{m} I_i}{m I_{max}}$$

式中　$\sum_{i=1}^{m} I_i$ ——m 条并联支路电流的和；

I_{max} ——并联支路中的电流最大值。

仙游电站励磁系统功率柜采用自然均流方式，励磁系统 3 个整流柜并联运行且日常运行时均流系数在 0.9 以上。在某次 2 号机组发电运行的巡检过程中发现 2 号机组励磁系统 1 号功率柜输出电流约为 420A、2 号功率柜输出电流约为 410A，3 号功率柜输出电流约为 210A；输出电流均流系数为 0.82，无法达到 0.85 的标准要求。3 个功率柜已出现均流系数低、电流不平衡的情况，单个功率柜出力降低必须提高其他两个功率柜出力才能保证正常励磁电流需求；功率柜长期异常运行将加速可控硅老化，减少元器件寿命，功率柜损坏概率大幅提高。

3 原因分析及排查

根据电路原理，当整流桥并列运行时，若它们的内阻相等，则各整流器输出电流相同。当各整流桥支路内阻不同时，内阻小的输出电流大。据此即可推出导致晶闸管整流桥均流变差的原因。分析可能存在的原因有：① 表计故障导致电流指示偏差；② 脉冲信号异常导致个别可控硅未能正常导通，即晶闸管触发的一致性差；③ 3 号功率柜直流回路电阻和电感的影响；④ 3 号功率柜个别可控硅通态性能下降，引起交直流阻抗变化。

（1）表计检查。每个功率柜直流输出回路中均串接一个分流计，并接在分流计上的指针电流表以相同变比（3000A/75mV）换算出实际电流；利用万用表测量电流表毫伏电压及实际电流见表 1，表中总输出电流为灭磁开关柜内实际转子电流指示。考虑测量及目测读数误差，各电流表测量值换算后与实际电流读数基本一致，且灭磁开关柜上总电流表指示与 3 个功率柜总和相同，故可排除因电流表损坏导致整流柜电流指示异常的可能。

表 1 功率柜电流表相关数据

项目	1 号功率柜	2 号功率柜	3 号功率柜	总输出
测量值	11mV	10mV	5mV	26mV
实际电流读数	420A	410A	210A	1140A

（2）脉冲触发回路检查。可控硅的触发信号由励磁调节器上的脉冲放大板输出脉冲信号，经脉冲盒送至可控硅 G 极。机组运行时现场检查工控机上无脉冲回读、计数故障，脉冲盒指示灯正常。通过小电流试验进一步检查确认输出电压幅值正常、波形平稳无跳变，输出波形情况如图 2 所示，故可判断脉冲回路正常，可控硅触发一致性良好，可控硅正常导通。

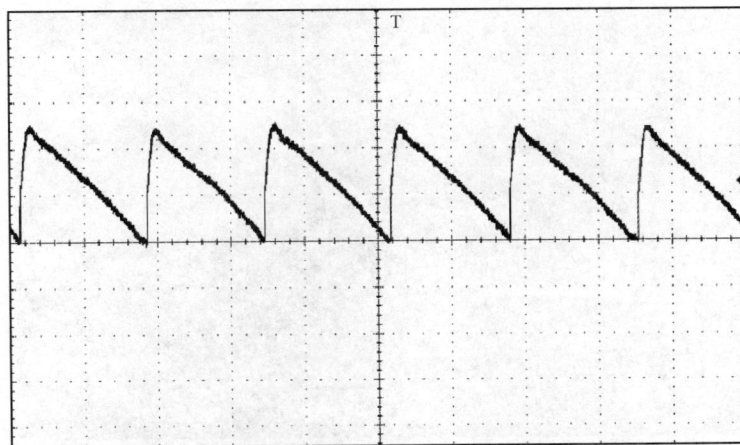

图 2 3 号功率柜小电流试验输出波形情况（触发角 60°）

（3）功率柜交直流回路检查。在机组发电运行时利用红外测温仪测量功率柜内交直流铜排上的温度，测得交流三相铜排温度均衡，最高温度均在 32℃ 左右。直流侧铜排温度如图 3、图 4 所示，由图中可见负极铜排最大温度为 32.8℃，而正极铜排最大温度为 46.2℃；故可判断正极铜排螺栓可能存在松动情况，即直流回路螺栓松动，使铜排接触面积减少导致载流量降低。

图 3　直流正极相铜排温度

图 4　直流负极相铜排温度

图 5　3 号功率柜内的直流正极铜排螺栓

在机组停机并隔离相关回路后，检查发现 3 号整流柜内的直流正极铜排上有 4 颗螺栓松动，导致铜排接触不良引起电流降低。从图 5 可见，螺栓上所画力矩均存在严重偏移情况，紧固螺栓，并对其他略显松动的螺栓也做了紧固处理。经运行观察 3 个功率柜电流指示均衡，励磁系统均流系数升至 0.85 以上。

（4）交流回路电流检查。可控硅平均通态压降、交直流回路阻抗是影响均流系数的重要因素；可控硅平均通态压降会受可控硅结温因素影响，不同电流条件下对应的可控硅斜率电阻也不同，而小电流试验无法排查出正常运行情况下出现的可控硅问题。故在红外测温、小电流试验等手段均无法确认故障点的情况下，可考虑采用罗氏线圈测量三相进线侧电流情况加以判断。即在励磁交流铜排上安装罗氏线圈，将其信号引入示波器，在励磁系统正常运行时观察回路电流，单相对应可控硅正常导通时的交流侧电流波形如图 6 所示；若存在可控硅导通性能或回路阻抗异常情况，则对应波形会有明显迹象。由于本次问题通过紧固螺栓得以解决，排查过程中并未采取该方法。

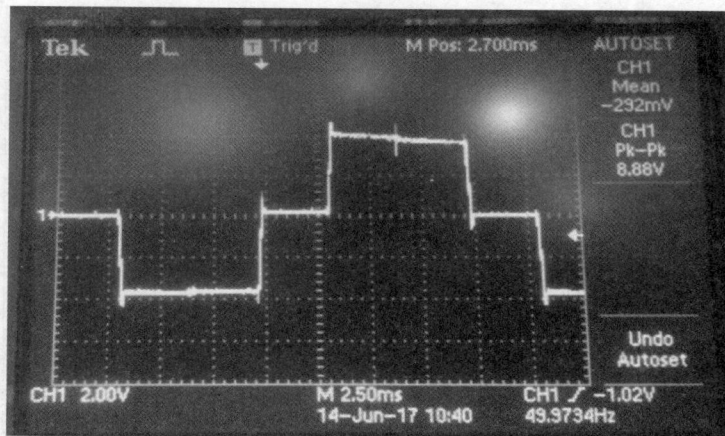

图 6　单相对应可控硅正常导通时的交流侧电流波形

4 结束语

本次问题原因是铜排螺栓松动使其接触面积不足，引起载流量降低，进而导致励磁系统均流系数降低。励磁系统运行过程中铜排接触部分异常发热，温度升高；若未得以及时发现，任其发展恶化可能导致铜排、螺栓烧损，影响励磁系统正常出力，甚至可能导致功率柜损坏。故在日常运维、检修过程中应特别注意。

均流系数是励磁系统的一个重要指标，若均流系数达不到要求，系统又长期处于接近满负荷工作状态，电流大的整流柜可能会先出现故障，如可控硅老化、快熔熔断等。对于采用自然均流的励磁系统，若出现均流系数长期不满足规范要求而无法改善的情况，则应考虑对励磁系统进行改造、优化。

黑糜峰抽水蓄能电站变参数工况机组及厂房振动试验分析

刘　平

（湖南黑糜峰抽水蓄能有限公司，湖南省长沙市　410200）

【摘　要】　机组及厂房振动问题是关系蓄能电站安全稳定运行的关键问题，通过对黑糜峰抽水蓄能电站变参数工况机组及厂房振动现场测试和分析研究，对机组和厂房振动变化规律、影响因素等进行全面剖析，并与类似蓄能电站机组及厂房振动情况进行比较，提出影响机组及厂房振动的主要振源，并为后续蓄能电站机组及厂房减振措施提供参考意见。

【关键词】　水泵水轮机　厂房　振动　非同步导叶　动静干涉

1　前言

抽水蓄能电站在保障大电网安全、提供系统灵活调节和促进新能源发展方面有着十分重要的作用，伴随能源结构转型，我国进入抽水蓄能电站建设高峰期。截至 2017 年年底，我国抽水蓄能运行装机容量为 2869 万 kW、在建容量 3835 万 kW，运行和在建规模均居世界第一。大量抽水蓄能电站建设及投入运行的同时，蓄能机组及厂房振动问题也引起了电站运行及研究人员的广泛关注。

黑糜峰抽水蓄能电站为地下厂房，共装设 4 台单机容量为 300MW 的可逆式水泵水轮机电动发电机组，总装机容量 1200MW，水轮机工况额定水头为 295m，最大静水头 335.0m。机组额定转速为 300r/min，转轮叶片数为 9，活动导叶数为 20。电站投产以来，部分运行工况下厂房局部有明显的振感。本文基于黑糜峰蓄能电站 2、3 号机组变参数工况稳定性试验、厂房振动现场试验数据对黑糜峰机组及厂房振动变化规律、影响因素等进行全面分析，并与类似蓄能电站机组及厂房振动情况进行比较，提出影响机组及厂房振动的主要振源及对策，并为后续蓄能电站机组及厂房减振措施提供参考意见。

2　变参数工况机组稳定性试验及厂房振动测试

变参数工况机组稳定性试验及厂房振动测试在 2 号机和 3 号机进行，测点布置及试验工况如下：

机组稳定性试验测点：① 摆度：下导和水导的 $+X$、$+Y$ 方向，采用电涡流位移传感器；② 振动：上机架、下机架、顶盖的 $+X$、$+Y$、$+XZ$ 方向各布置一个测点，采用低频振动位移传感器；③ 压力脉动：球阀前及球阀后蜗壳进口各 1 个测点；无叶区 2 个测点，齐平安装；尾水锥管进口 2 个测点（与 $+X$ 轴方向夹角分别为 45°、135°），齐平安装。

厂房振动测点：① 发电机层：楼板和墙体各 4 个测点；② 母线层：楼板 4 个测点，墙体 3 个测点，立柱 2 个测点；③ 水轮机层：楼板 2 个测点，立柱 2 个测点；上述测点分别布置力平衡传感器和压电晶体传感器测量振动加速度。

试验工况包括：① 变转速试验：由于部分转速不能保持稳定，仅在 40%、60%、100%额定转速工况进行；② 变励磁试验：对应机端额定电压 0%、25%、50%、75%、100%；③ 水轮机工况变负荷试验：30%、40%、50%、60%、70%、80%、90%、100%额定负荷；④ 水泵工况满负荷试验；⑤ 水轮机甩负荷试验：在 3 号机组 $H=306$m 进行，甩 25%、50%、75%、100%额定负荷。

3　测试结果及分析

3.1　变转速工况试验结果

黑糜峰机组在导叶同步状态水轮机空载区域存在"S"特性问题，根据模型试验结果，设置了 3 对非同步导叶，机组转速达到 70% n_r 时投入非同步导叶，导叶开度达到 28% 时退出非同步导叶；非同步导叶投入的数量还与水头相关，当水头低于 301.7m 时投入 2 对非同步导叶，当水头大于 301.7m 时投入 3 对非同步导叶。图 1 为变转速工况压力脉动峰峰值变化情况，机组摆度以及三导振动测点变化情况与压力脉动变化曲线趋势基本类似，非同步导叶投入后，无叶区压力脉动、水导摆度、顶盖振动均显著上升。图 2 为机组楼板 X 向振动与转速关系曲线，机组厂房结构振动响应与机组转速变化不明显，振动加速度幅值不大，表明机组机械偏心力以及小流量工况水力影响对厂房结构振动响应贡献很小。

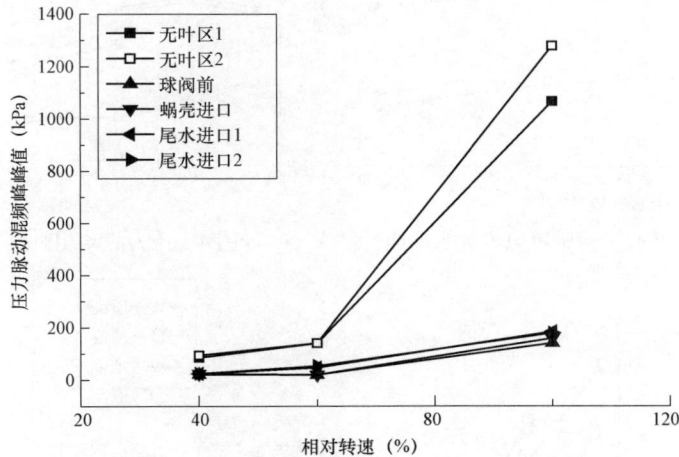

图 1　3 号机组压力脉动混频峰峰值与转速关系曲线

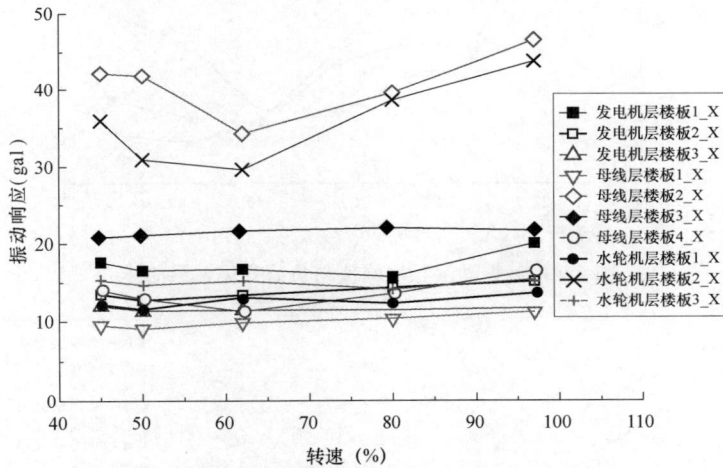

图 2　2 号机组楼板 X 向振动与转速关系曲线

3.2　变励磁工况试验结果

变励磁工况机组压力脉动、上机架、下机架及顶盖振动基本均无变化，下导及水导摆度混频峰峰值随励磁电流增加略有下降（见图 3），厂房结构振动相应基本无变化，整体来看，黑麋峰机组无明显不平衡电磁力，同时，电磁变化对厂房结构振动影响很小。

3.3　水轮机变负荷工况试验结果

变负荷工况上机架、下机架振动整体随负荷升高呈下降趋势，中低负荷区域各测点压力脉动峰峰值及顶盖振动峰峰值随负荷增加呈下降趋势，250～300MW 区域则略有增加，压力脉动相对值随负荷变化趋势如图 4 所示，顶盖振动随负荷变化趋势如图 5 所示。厂房振动测试结果与压力脉动变化规律类似，机组出力从 50MW 变化到 150MW 时，厂房结构振动响应随机组出力增加而降低；机组出力在 150～250MW 之间运行时，厂房结构振动响应幅值随机组出力变化较小；机组出力超过 250MW 时，厂房结构振动响应随机组出力增加而显著增加，立柱与机坑外墙振动响应随负荷变化如图 6 所示。

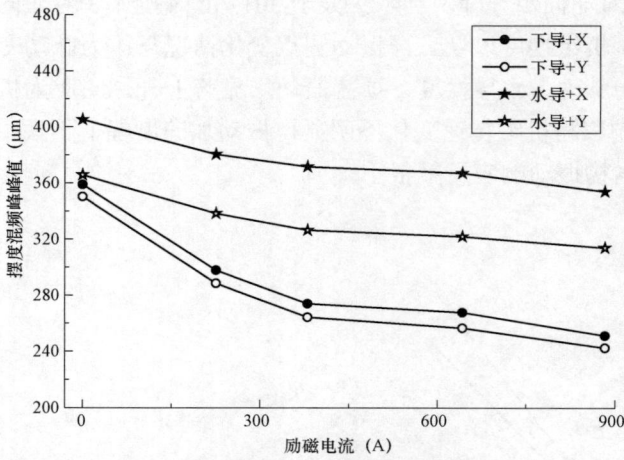

图 3　下导及水导摆度混频峰峰值与励磁电流关系曲线

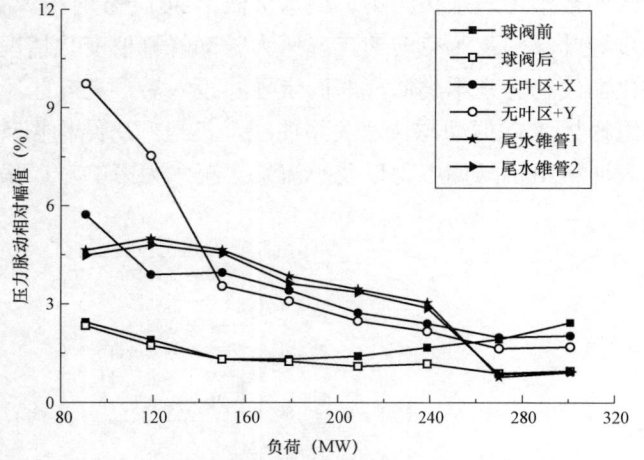

图 4　压力脉动相对值与负荷变化关系曲线

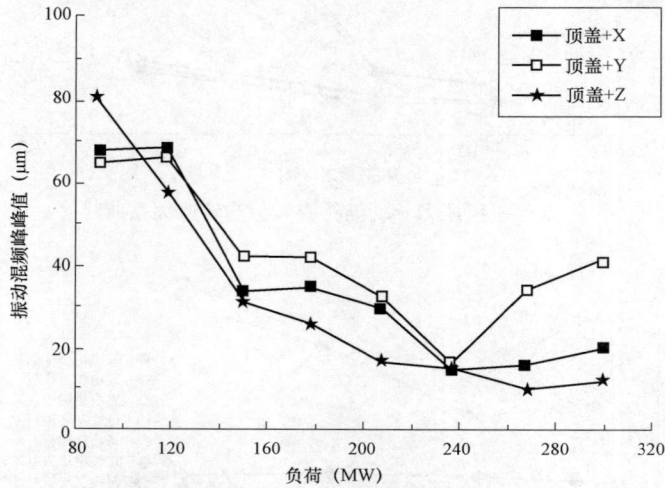

图 5　顶盖振动混频峰峰值与负荷变化关系曲线

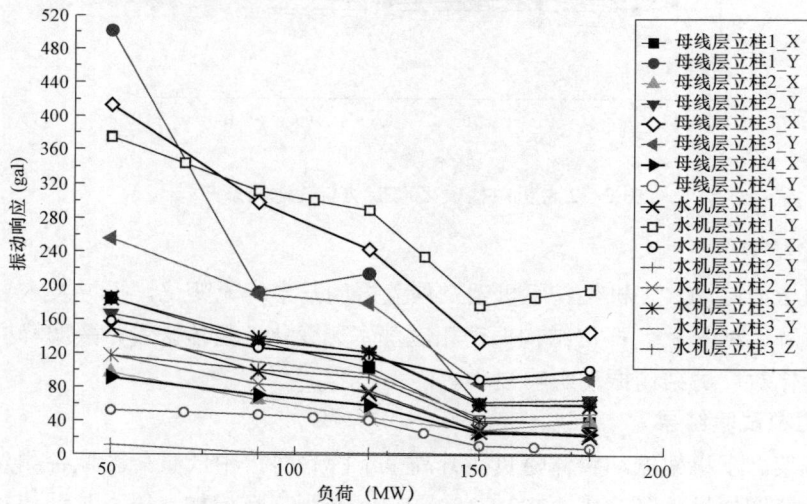

图 6　立柱与机坑外墙振动响应与负荷变化关系曲线

3.4　水泵工况试验结果

水泵工况试验在电站低水头段进行，机组整振动、摆度幅值均比水轮机工况要低，压力脉动幅值以及厂房振动测点同样低于水轮机工况，整体振动情况良好。

3.5 水轮机甩工况试验结果

甩负荷试验结合电站机组检修后试验进行，重点进行了部分压力脉动以及厂房振动响应测试，图 7 为各甩负荷工况下机组主要压力脉动测点幅值超其相应负荷工况正常运行的百分比。从图中可以看出，甩 25%、50%、75% 负荷球阀前后及无叶区压力脉动幅值基本呈线性比例缓慢上升，甩 100% 负荷时压力脉动幅值显著上升。此外，甩负荷时厂房振动幅值较正常运行明显上升，部分测点最大幅值超正常运行工况达 5～10 倍，电站正常运行时应尽可能避免甩负荷工况。

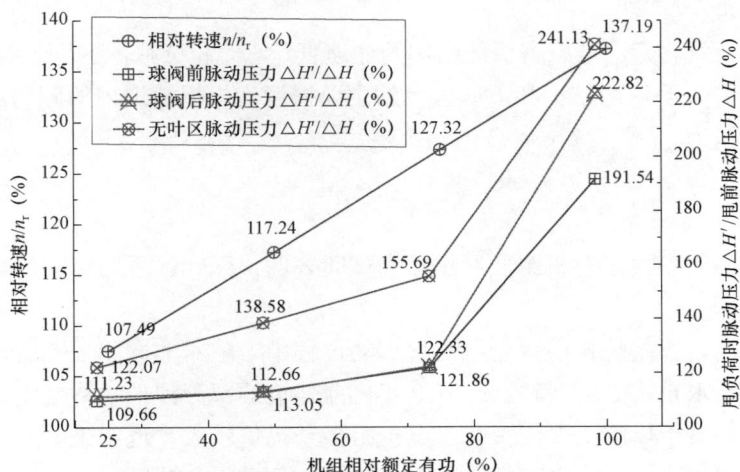

图 7 各甩负荷工况下机组参数超其相应负荷正常运行的百分比

4 振源分析及振动评价

变负荷工况无叶区、球阀后及球阀前的压力脉动测试数据频谱分析表明，上述压力脉动信号中含有明显的叶片过电流频率（45Hz）和 2 倍叶片过电流频率，叶片过电流频率（45Hz）的压力脉动幅值随负荷升高整体呈下降趋势（见图 8），但转轮叶片和活动导叶动静干涉产生的 2 倍叶频（90Hz）幅值在 50～150MW 负荷呈下降趋势，150～250MW 变化不大，250～300MW 呈上升趋势（见图 9），变化规律与机组顶盖振动及厂房振动变负荷工况类似，机组顶盖及厂房振动主频均为 90Hz，表明顶盖振动及厂房振动源为水泵水轮机转轮与活动导叶的动静干涉。此外，机组高压岔管上方民居可测到主频为 90Hz 的振动响应，充分表明活动导叶与转轮间动静干涉的影响向上游进行了传播。

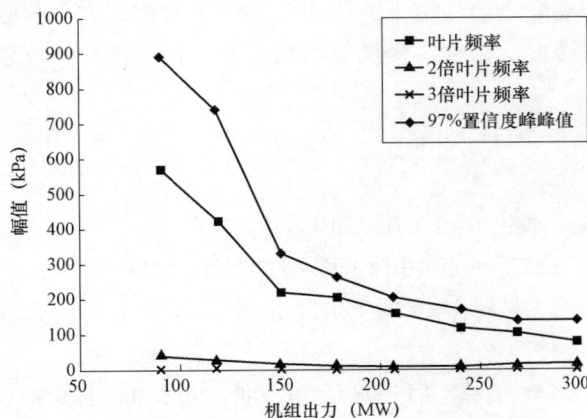

图 8 306.6m 毛水头工况无叶区 Y 测点压力脉动混频及分频幅值随负荷变化情况

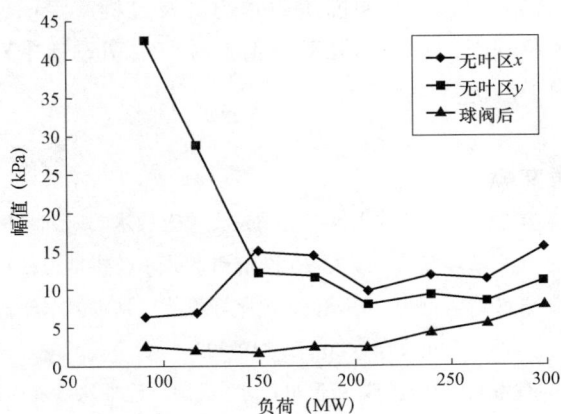

图 9 306.6m 毛水头工况典型测点 2 倍叶片过流频率压力脉动幅值随负荷变化情况

根据试验结果，参照相关标准，对机组稳定性及厂房振动主要评价如下：

（1）机组不存在明显的质量不平衡力和电磁不平衡力。

（2）根据《旋转机械转轴径向振动的测量和评定 第 5 部分：水力发电厂和泵站机组》（GB/T 11348.5—2008，ISO 7919-5：2005）和《在非旋转部件上测量和评价机器的机械振动 第 5 部分：水力发电厂和泵站机组》（GB/T 6075.5—2002，idt ISO 10816-5：2000），机组在 150~300MW 负荷区间运行时，机组状态位于 A、B 两区，可以无限制运行。

（3）抽水工况下，机组状态位于 A、B 两区，可以无限制运行。

（4）相比国内同类 9 转轮叶片配 20 活动导叶的抽水蓄能电站，黑麋峰电站在各负荷发电工况下厂房振动响应总体水平较小。

（5）机组稳定运行工况，无论是厂房局部结构的加速度、速度和位移，还是下水库区域的加速度响应，其主频均为 90.0Hz，充分表明厂房结构和下库区域的主要振源为机组流道内的脉动压力，尤其是 2 倍叶片过电流频率成分的脉动压力。

5 小结及建议

（1）黑麋峰蓄能电站变参数工况机组及厂房振动试验表明，无叶区压力脉动与机组和厂房振动存在密切联系。

（2）变转速试验表明，黑麋峰机组水轮机工况启动过程中，随着非同步导叶的投入，机组无叶区压力脉动幅值显著上升。水泵水轮机"S"特性在 2010 年之前建设的部分混抽水蓄能电站中比较突出，基本均通过非同步导叶或类似方案予以解决，但空载工况机组振动幅值较大，近年来随着技术进步，新投产的电站在水力设计阶段已将"S"特性区避开了电站运行范围，问题基本得到解决，已投产电站在后续更新改造中同样可以解决该问题。

（3）转轮叶片和活动导叶的动静干涉同在水泵水轮机中普遍存在，不同转轮叶片数和活动导叶数组合的动静干涉特性存在差异，目前国内已投产蓄能电站，转轮叶片数 9 和活动导叶数 20 的组合多达 13 个，与黑麋峰电站水头相近的有张河湾、蒲石河等电站。根据已有数据资料，目前同类电站厂房振动主频均为动静干涉产生的 2 倍叶片过电流频率，部分电站原型测试发现，在大负荷区动静干涉频率压力脉动幅值超过了相应叶片通流频率的压力脉动幅值，机组及厂房振动问题突出。黑麋峰机组无叶区压力脉动混频幅值并不低，但动静干涉产生的 2 倍叶片过电流频率压力脉动幅值占比相对较低，黑麋峰模型及原型试验，各工况点 2 倍叶片过流频率压力脉动幅值相对较小，且随负荷增加呈先减后增加趋势，厂房振动响应与无叶区 2 倍叶片过流频率压力脉动幅值高度相关，因此在同类的相近水头段蓄能电站中，黑麋峰厂房振动响应也相对较小。

（4）建议后续蓄能机组水力开发过程重点研究控制动静干涉作用下的压力脉动，尤其控制大负荷区无叶区及蜗壳部位压力脉动幅值，并在厂房设计中对厂房楼板、立柱、楼梯等结构进行共振复核计算以避开动静干涉优势频率。

参考文献

[1] 黄悦照. 大型抽水蓄能电站建设关键技术的研究与应用 [J]. 水电与抽水蓄能，2018，18（2）.

[2] 李启章，张强，于纪幸，等. 混流式水轮机水力稳定性研究 [M]. 北京：中国水利水电出版社，2014.

[3] 任绍成，刘平，郑建兴. 黑麋峰蓄能电站水泵水轮机无叶区压力脉动及其影响分析 [C]. 第二十一次中国水电设备学术讨论会论文集，2017：219-226.

[4] 袁寿其，方玉建，袁建平，等. 我国已建抽水蓄能电站机组振动问题综述 [J]. 水力发电学报，2015，34（11）：63-65.

[5] 郑建兴，张俊芝，曾再祥，等. 黑麋峰蓄能电站水泵水轮机模型验收试验及性能分析 [J]. 水力发电学报，2010，36（7）：63-65.

混流式水泵水轮机转轮周围腔体间隙宽度对水力稳定性的影响研究

李浩亮[1]　耿　博[1]　刘德民[1]　陈泓宇[2]

（1. 东方电机有限公司，四川省德阳市　618000;

2. 南方电网调峰调频发电有限公司，广东省广州市　510000）

【摘　要】　混流式水泵水轮机转轮周围腔体内流场的水力稳定性会对机组运行过程中的机械稳定性产生重要影响，本文中，通过全流道的 $k-\omega$ 模型对这种影响进行 CFD 仿真分析，所有分析模型在同种边界条件下，研究了转轮周围腔体系列径向间隙和轴向间隙对转轮周围腔体内水力稳定性的影响。

【关键词】　腔体间隙　水力稳定性　湍流模型　压力脉动　能量

1　简介

混流式水泵水轮机兼具发电和抽水的功能，机组运行过程中，流道内水体通过转轮叶片间流动，少部分水体会进入转轮和顶盖以及转轮和底环之间的腔体内产生流道支路。转轮周围腔体内的水力稳定性会直接作用在顶盖、底环、主轴和主轴密封上，产生机械振动和噪声。某蓄能电站出现了机组运行过程中振动及噪声异常增大的现象，通过调整转轮与顶盖间腔体的轴向间隙，相关问题得到了解决。

然而，对转轮周围腔体内的水力稳定性，相关领域内研究还较少。Fang Yujian 的文章中指出了转轮周围腔体内的水力稳定性和无叶区内水力稳定性的随动特性。为了进一步揭示这种随动特性，采用 CFD 数值仿真分析，通过建立系列径向间隙宽度和系列轴向间隙宽度的全流道模型，明确转轮周围腔体间隙宽度对水力稳定性的影响，以期对转轮周围腔体内的压力脉动进行有效管控，提高它的水力稳定性。转轮周围结构如图 1 所示。

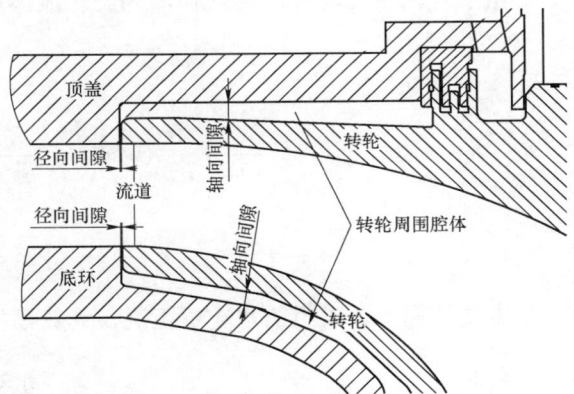

图 1　转轮周围结构

2　几何模型和仿真方法

本次的研究以某蓄能机组为例，该机组的相关参数见表 1。

表 1

机组的相关参数

名称	单位	参数
转轮直径 D	mm	4338
额定转速 n	r/min	500
叶片数 Z_0	—	5+5
活动导叶数 Z_1	—	16
固定导叶数 Z_2	—	16

混流式水泵水轮机流道主要经过蜗壳座环、固定导叶、活动导叶、转轮、锥管和尾水管，本次研究将固定导叶、活动导叶、转轮、锥管组成的流道主路以及转轮周围腔体的流道支路纳入计算模型，计算流体域为不可压缩流体域，如图 2 所示。

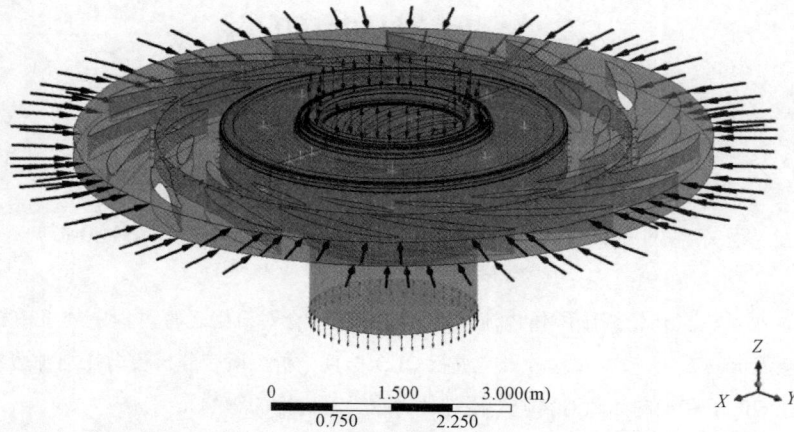

图 2　相关计算的流体域

湍流模型就是一组微分方程，以使控制方程封闭可解，本次研究的湍流数值模拟采用雷诺时均法（RANS），雷诺时均湍流模型是在假设基础上将雷诺时均方程或湍流特征量的输运方程中的高阶未知关联项用低阶关联项或时均量表达，以使雷诺时均方程封闭，可以较快较好地完成复杂流体域的流场数值模拟。转轮周围腔体内水力稳定性采用 $k-\omega$ 模型进行整体数值分析。

由于转轮及转轮周围的流体域为旋转流体域，雷诺时均方程在旋转坐标系下的表示如下

$$\frac{\partial}{\partial x_i}(w_i) = 0 \tag{1}$$

$$\frac{\partial w_i}{\partial t} + \frac{\partial}{\partial x_j}(w_i w_j) = -\frac{\partial p}{\rho \partial x_i} + \frac{\partial}{\partial x_j}\left[\frac{(\mu + \mu_t)}{\rho}\left(\frac{\partial w_i}{\partial x_j} + \frac{\partial w_j}{\partial x_i}\right)\right] + f_i' \tag{2}$$

$$\vec{u} = \vec{w} + \vec{\omega} \times \vec{r} \tag{3}$$

$$\vec{F}' = -2\vec{\omega} \times \vec{w} - \vec{\omega} \times (\vec{\omega} \times \vec{r}) + \vec{f} \tag{4}$$

本文计算了该机组的水轮机工况，计算模型的计算条件见表 2。

表 2　　　　　　　　　　　　　　　　水轮机工况计算条件

分析类型	Transient
流体域进口	Total pressure，6132 321（Pa）
流体域出口	Opening Pres. And Dim，0（Pa）
边界条件	Solid wall with no slip boundary conditions
固定的交接面	General interface
静态和动态交接面	Stage interface
收敛残差	1.0×10^{-5}
重力加速度	9.81m/s^2

考虑到研究模型的计算时效性和收敛性，计算模型的节点数量为 7 800 000，由于转轮周围腔体间隙的影响，该部分间隙需要更多的网格进行密化，所以模型中转轮周围腔体的节点数量为 4 100 000，局部细节如图 3 所示。

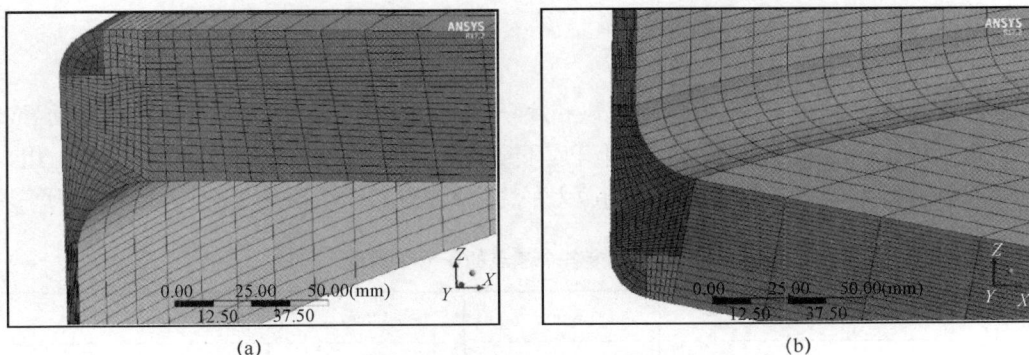

图 3　转轮周围腔体的网格细节

（a）顶盖上冠间隙网格（径向 12 层，轴向 24 层）；（b）底环下环间间隙网格（径向 12 层，轴向 24 层）

　　计算模型在顶盖上冠间、无叶区和底环下环间设置了多个压力脉动测点，用以研究不同部位压力脉动随间隙的变化规律，其中顶盖上冠间周向设置了 8 个测点，8 个测点的均值设为 P_{up}；顶盖上冠间径向设置了 3 个测点，分别设为 P_{up1}、P_{up2}、P_{up3}，几个测点的直径为 $R.P_{up1} > R.P_{up2} = R.P_{up} > R.P_{up3}$；无叶区周向设置了 8 个测点，8 个测点的均值设为 P_{mid}；底环下环周向设置了 8 个测点，8 个测点的均值设为 P_{down2}；底环下环径向方向设置了 3 个测点，分别设为 P_{down1}、P_{down3}、P_{down4}，几个测点的直径为 $R.P_{down1} > R.P_{down2} > R.P_{down3} > R.P_{down4}$；本文为了便于统计规律，采用 P_{mid}、P_{up1}、P_{up2}、P_{up3}、P_{down1}、P_{down2}、P_{down3} 和 P_{down4} 8 组数据进行分析统计，测点位置如图 4 所示。

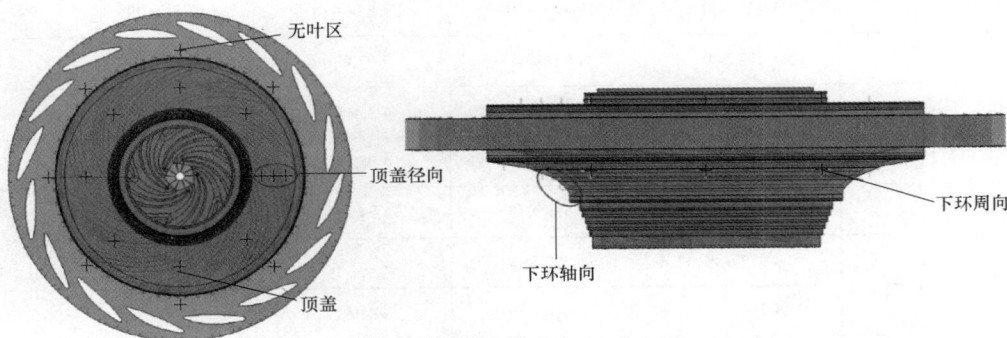

图 4　模型上压力测点分布

不同测点的压力信号都可以认为是有平均值和脉动值两部分组成

$$H = \bar{H} + \Delta H \tag{5}$$

式中　H ——不同测点的压力信号；

　　　$\bar{H}$ ——压力信号的平均值；

　　　ΔH ——压力信号的脉动值。

FFT 是对波动信号进行频域分析的一种常用方法，假设 f 为转轮的转动频率，转轮对静止部件上任意点的激励频率可以表示为

$$f_{s,k} = f \times Z_r \times k \ (k = 1,2,3\cdots) \tag{6}$$

式中　f ——转轮转动频率，值为 8.33Hz；

　　　Z_r ——转轮叶片个数，为 10（5+5）；

　　　k ——相应阶数。

同样的，每一部分（例如，转轮叶片的头部）都会承受导叶产生的周期性压力脉动，该激励频率可以表示为

$$f_{r,m} = f \times Z_s \times m \ (m = 1,2,3\cdots) \tag{7}$$

式中　Z_s ——导叶个数，为 16；

　　　m ——相应阶数。

3　径向间隙宽度的对比分析

径向间隙宽度的对比分析中，保持顶盖上冠和底环下环间平均轴向间隙为 50mm，活动导叶开度分为三组，分别为 11°、16° 和 24°，每组活动导叶开度下顶盖/上冠和底环/下环间径向间隙分为五组，分别为 4、8、12、16mm 和 20mm。导叶各开度各个测点的压力平均值见表 3。导叶各开度各个测点的压力平均值见表 3。

表 3　　　　　　　　　　　　　　　　导叶各开度各个测点的压力平均值　　　　　　　　　　　　　　　　　　Pa

导叶开度	测点	4mm	8mm	12mm	16mm	20mm
11°	P_{up3}	3 723 709	3 762 946	3 779 973	3 786 305	3 787 391
	P_{up2}	3 918 047	3 957 304	3 974 672	3 980 650	3 981 923
	P_{up1}	4 158 314	4 194 782	4 210 686	4 216 991	4 219 347
	P_{mid}	4 938 394	4 936 105	4 933 585	4 933 752	4 932 592
	P_{down1}	4 485 052	4 525 242	4 539 104	4 528 097	4 524 848
	P_{down2}	3 970 580	4 010 137	4 019 054	4 017 797	4 018 777
	P_{down3}	3 746 888	3 786 618	3 796 175	3 794 362	3 795 275
	P_{down4}	3 632 876	3 672 359	3 682 233	3 679 843	3 680 816
16°	P_{up3}	3 820 000	3 861 370	3 878 870	3 886 095	3 890 926
	P_{up2}	4 013 549	4 056 651	4 073 309	4 080 123	4 086 188
	P_{up1}	4 255 492	4 293 879	4 310 027	4 318 247	4 322 456
	P_{mid}	4 983 692	4 983 625	4 983 166	4 982 682	4 983 392
	P_{down1}	4 482 373	4 525 885	4 545 591	4 542 449	4 544 412
	P_{down2}	3 973 939	4 022 393	4 037 731	4 046 648	4 049 733
	P_{down3}	3 750 000	3 800 000	3 819 177	3 826 055	3 830 000
	P_{down4}	3 640 000	3 688 750	3 702 349	3 710 233	3 715 248
24°	P_{up3}	4 020 000	4 064 892	4 081 803	4 091 713	4 100 000
	P_{up2}	4 213 635	4 260 387	4 279 970	4 289 780	4 296 588
	P_{up1}	4 456 151	4 498 351	4 516 315	4 526 118	4 532 512
	P_{mid}	5 169 843	5 169 040	5 168 517	5 168 411	5 168 800
	P_{down1}	4 670 680	4 717 991	4 740 073	4 738 261	4 742 982
	P_{down2}	4 168 237	4 218 540	4 237 827	4 247 824	4 253 286
	P_{down3}	3 940 996	3 996 475	4 016 874	4 026 661	4 030 836
	P_{down4}	3 830 000	3 880 000	3 900 000	3 910 000	3 919 490

根据上述结果可以看出，随着活动导叶开度和机组出力的增加，机组无叶区测点的压力平均值在相应增加；顶盖/上冠间和底环/下环间的压力平均值随测点径向位置半径 R 的减小而减小，径向间隙宽度会影响这种减小的趋势，即径向间隙宽度越小，压力平均值随测点径向位置半径 R 减小的梯度越大。通过改变径向间隙宽度可以改变顶盖/上冠间和底环/下环间的压力分布。

导叶开度 11°、16°、24° 各个测点的压力脉冲幅值如图 5～图 7 所示。

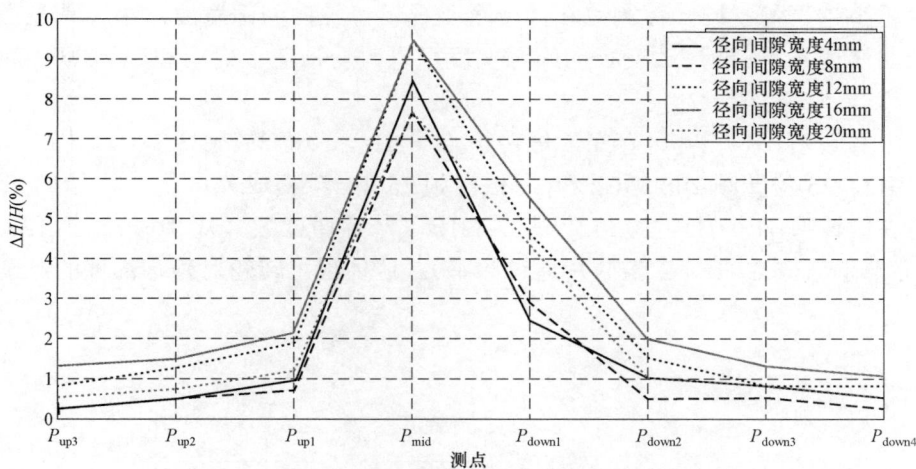

图 5　导叶开度 11° 各个测点的压力脉动幅值

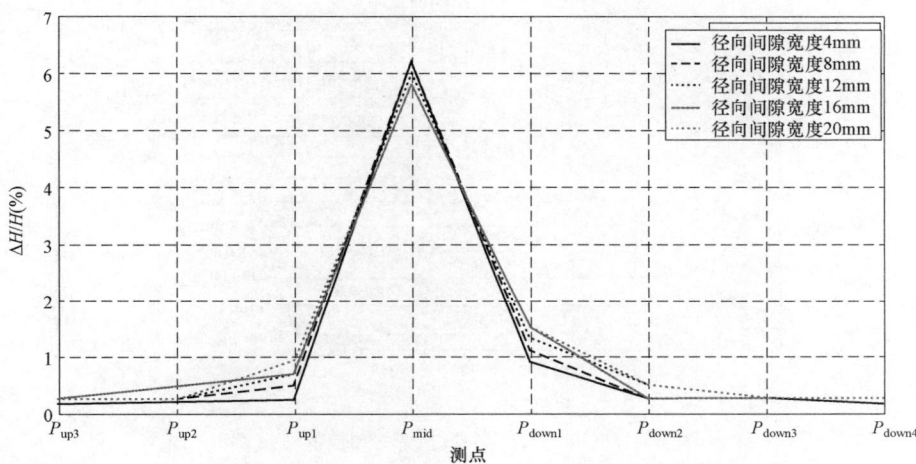

图 6　导叶开度 16° 各个测点的压力脉动幅值

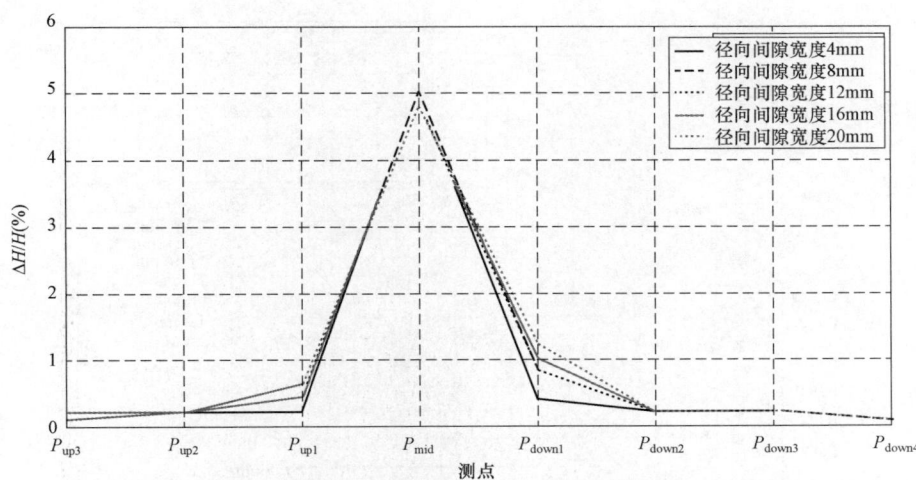

图 7　导叶开度 24° 各个测点的压力脉动幅值

　　根据上述结果可以看出，随着活动导叶开度、机组出力的增加，机组无叶区测点的压力脉动幅值在减小；径向间隙宽度对部分负荷下的压力脉动幅值的影响较大；顶盖/上冠间和底环/下环间的压力脉动幅值对无叶区的压力脉动幅值有较强的跟随性，底环/下环间比顶盖/上冠间的跟随性更明显，这

是由于 P_{down1} 的测点径向位置比 P_{up1} 更靠近无叶区，测点距离无叶区位置越远，这种跟随性越不明显，压力脉动幅值也越小越平稳；同一组测点和同一个工况下，径向间隙宽度越小，顶盖上冠间和底环/下环间的压力脉动幅值越小。通过改变径向间隙宽度可以改变顶盖上冠间和底环/下环间的压力脉动幅值大小。

由图 8～图 10 可以看出，无叶区存在 5 倍转频 41.67Hz、10 倍转频 83.33Hz、16 倍转频 133.33Hz、20 倍转频 166.67Hz、25 倍转频 208.33Hz 和 30 倍转频 250Hz 频率成分。顶盖/上冠间和下环/底环间的频率成分主要是 5 倍转频 41.67Hz，10 倍转频 83.33Hz（叶片通过频率），16 倍转频 133.33Hz（导叶通过频率）和 20 倍转频 166.67Hz（2 倍叶片通过频率）。这体现了转轮对静止部件的激励和活动导叶对转动部件的激励。

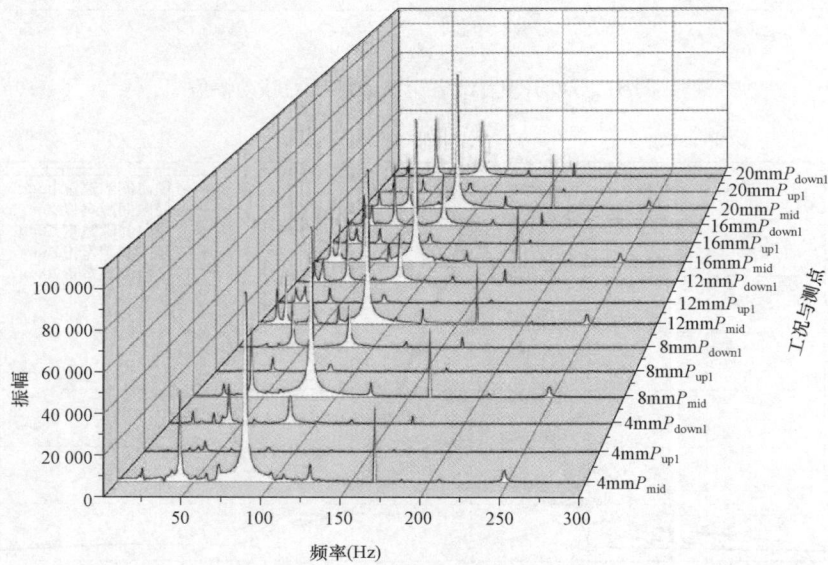

图 8　导叶开度 11°各个工况与测点的频域图

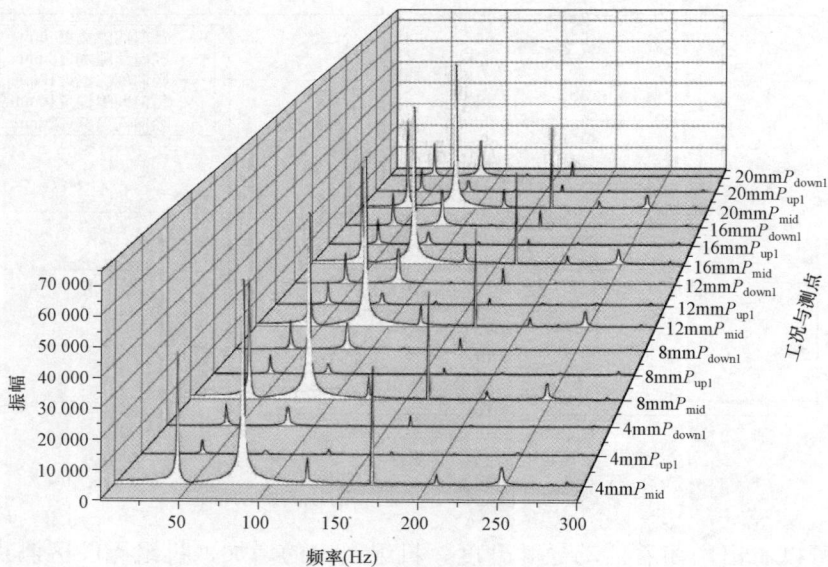

图 9　导叶开度 16°各个工况与测点的频域图

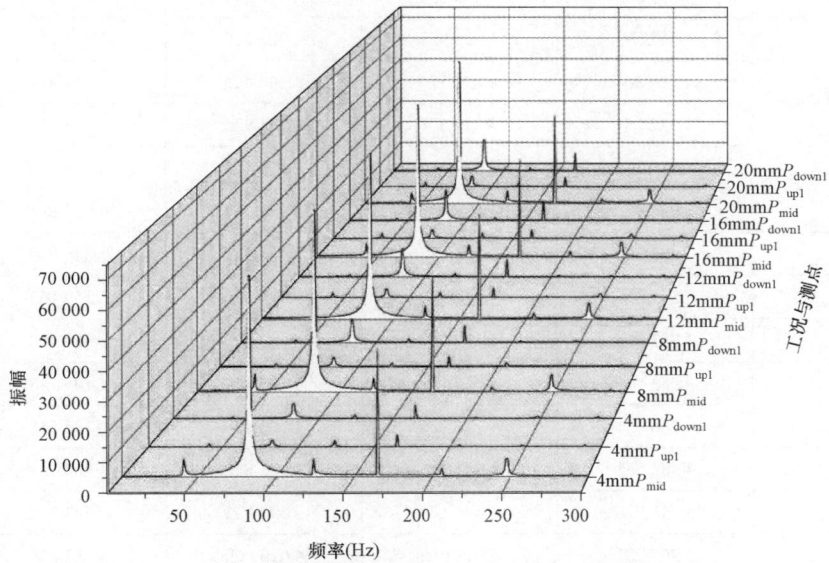

图 10　导叶开度 24° 各个工况与测点的频域图

　　无叶区、顶盖/上冠间和下环/底环间的主频都为 83.33Hz 和 166.67Hz，随着导叶开度的增加，主频能量值在减小；其他频率成分较主频能量值不明显。在机组小开度 11° 时，机组相关流域存在大量的低频成分，机组振动噪声较大，运行不稳定。

　　顶盖/上冠间和下环/底环间的压力脉动在频域内也与无叶区压力脉动有较强的跟随性，随着径向间隙宽度的增加，这种影响在增强。径向间隙宽度的改变对无叶区的压力脉动影响较小。如图 11 所示，展示了水泵水轮机导叶开度 24° 时，不同径向间隙下各个测点主频频率为 83.33Hz 时的能量对比图。

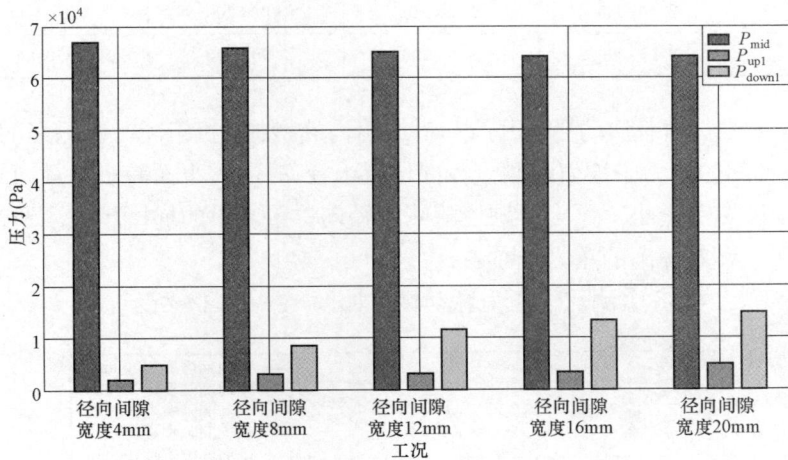

图 11　导叶开度 24° 时主频 83.33Hz 能量图

4　轴向间隙宽度的对比分析

　　轴向间隙宽度的对比分析中，选择第 3 章中较优的径向间隙 8mm，并保持其宽度；活动导叶开度分为三组，分别为 11°、16° 和 24°；每组活动导叶开度下，顶盖/上冠和底环/下环间平均轴向间隙分为五组，分别为 20、40、60、80mm 和 100mm。导叶各开度各个测点的压力平均值见表 4。

表 4   导叶各开度各个测点的压力平均值   Pa

导叶开度	测点	20mm	40mm	60mm	80mm	100mm
11°	P_{up3}	3 659 603	3 730 037	3 778 890	3 820 087	3 860 036
	P_{up2}	3 867 291	3 925 955	4 003 056	4 006 141	4 068 342
	P_{up1}	4 139 304	4 171 526	4 206 425	4 234 449	4 256 452
	P_{mid}	4 937 181	4 935 578	4 935 925	4 935 758	4 935 164
	P_{down1}	4 536 205	4 489 050	4 511 193	4 543 139	4 554 512
	P_{down2}	3 956 864	3 958 111	3 986 000	4 069 843	4 091 192
	P_{down3}	3 687 308	3 752 532	3 823 432	3 860 930	3 916 640
	P_{down4}	3 549 354	3 639 170	3 729 827	3 759 753	3 805 392
16°	P_{up3}	3 753 965	3 829 397	3 880 000	3 920 000	3 960 000
	P_{up2}	3 963 765	4 025 565	4 105 148	4 105 798	4 168 634
	P_{up1}	4 236 751	4 271 226	4 308 970	4 334 558	4 356 455
	P_{mid}	4 983 582	4 983 725	4 985 825	4 984 732	4 984 302
	P_{down1}	4 541 926	4 494 175	4 590 523	4 543 232	4 553 812
	P_{down2}	3 965 785	3 972 056	4 010 000	4 083 436	4 102 542
	P_{down3}	3 694 175	3 767 834	3 867 000	3 879 217	3 930 000
	P_{down4}	3 557 478	3 651 859	3 700 596	3 776 335	3 820 000
24°	P_{up3}	3 958 454	4 030 000	4 081 626	4 121 056	4 160 000
	P_{up2}	4 167 734	4 230 000	4 310 000	4 310 000	4 370 207
	P_{up1}	4 440 766	4 475 488	4 513 419	4 537 904	4 560 553
	P_{mid}	5 169 150	5 169 563	5 171 989	5 168 847	5 169 307
	P_{down1}	4 737 637	4 688 900	4 781 649	4 735 048	4 743 156
	P_{down2}	4 161 386	4 168 774	4 239 030	4 280 000	4 298 630
	P_{down3}	3 890 000	3 960 310	4 020 000	4 070 000	4 121 653
	P_{down4}	3 750 000	3 850 000	3 908 000	3 970 000	4 010 000

根据上述结果可以看出，随着活动导叶开度和机组出力的增加，机组无叶区测点的压力平均值在增大；顶盖/上冠间和下环/底环间的压力平均值随测点径向位置半径 R 的减小而减小，轴向间隙宽度会影响这种减小的趋势，即轴向间隙宽度越小，压力平均值随测点径向位置减小的梯度越大。通过改变轴向间隙宽度可以改变顶盖上冠间和下环底环间的压力分布。

导叶开度 11°、16°、24° 各个测点的压力脉动幅值如图 12～图 14 所示。

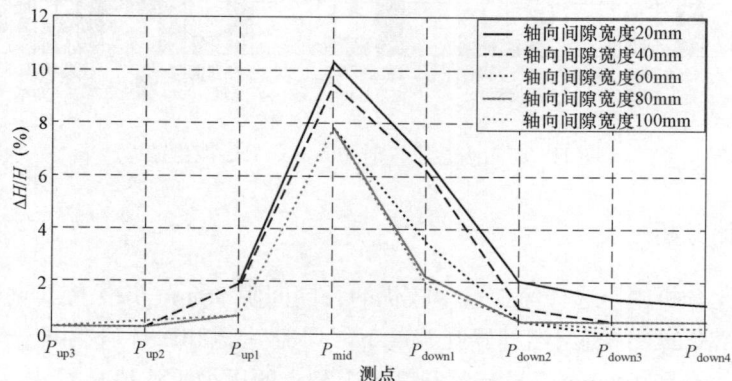

图 12   导叶开度 11° 各个测点的压力脉动幅值

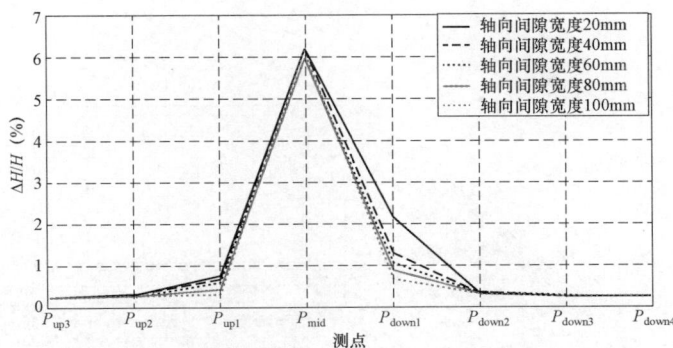

图 13　导叶开度 16° 各个测点的压力脉动幅值

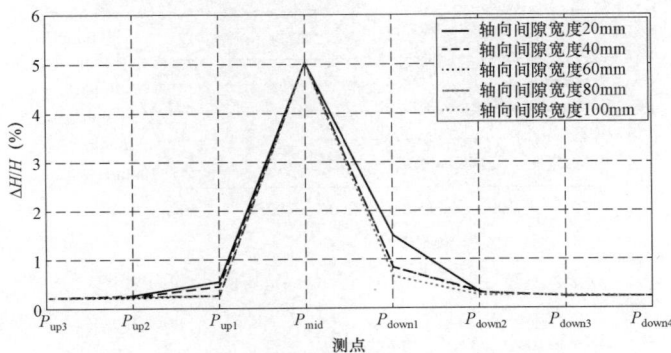

图 14　导叶开度 24° 各个测点的压力脉动幅值

根据上述结果可以看出，随着活动导叶开度和机组出力的增加，机组无叶区测点的压力脉动幅值在减小；轴向间隙宽度对部分负荷下的压力脉动幅值的影响较大；顶盖/上冠间和下环/底环间的压力脉动幅值对无叶区的压力脉动幅值有较强的跟随性，下环/底环间比顶盖上冠间的跟随性更明显，这是由于 P_{down1} 的测点径向位置比 P_{up1} 更靠近无叶区，测点距离无叶区位置越远，这种跟随性越不明显，压力脉动幅值也越小。

同一组测点和同一个工况下，轴向间隙宽度越大，顶盖/上冠间和下环/底环间的压力脉动幅值越小。通过改变轴向间隙宽度可以改变顶盖/上冠间和下环/底环间的压力脉动幅值大小。

由图 15～图 17 可以看出，无叶区存在 5 倍转频 41.67Hz、10 倍转频 83.33Hz、16 倍转频 133.33Hz、20 倍转频 166.67Hz、25 倍转频 208.33Hz 和 30 倍转频 250Hz 的频率成分。顶盖/上冠间和下环/底环间的频率成分主要是 5 倍转频 41.67Hz、10 倍转频 83.33Hz、16 倍转频 133.33Hz 和 20 倍转频 166.67Hz。这体现了转轮对静止部件上的激励与活动导叶对转动部件上的激励。

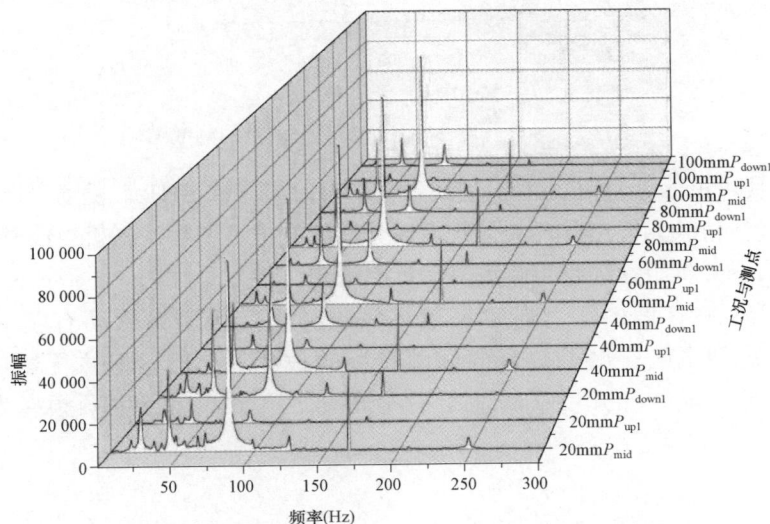

图 15　导叶开度 11° 各个工况与测点的频域图

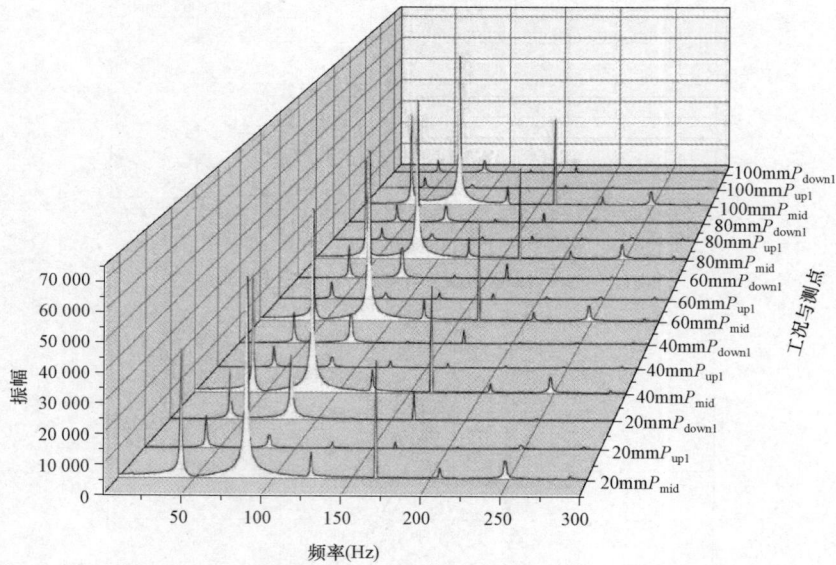

图 16　导叶开度 16° 各个工况与测点的频域图

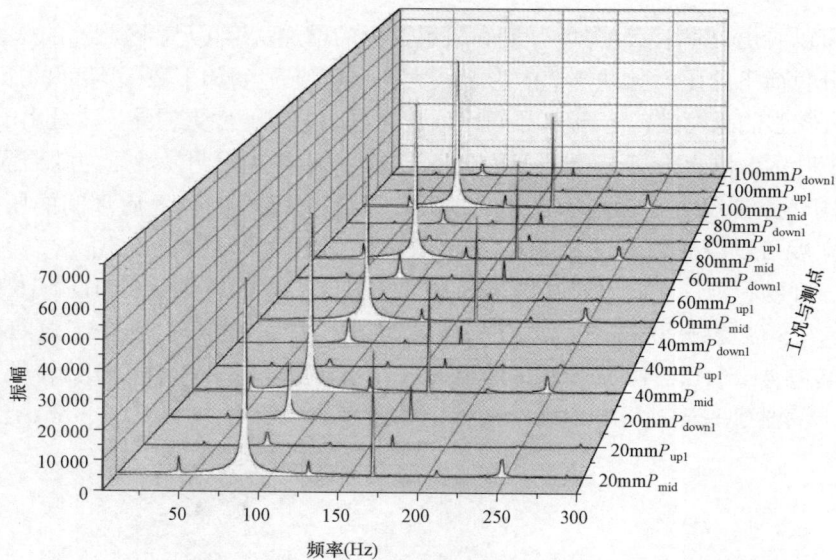

图 17　导叶开度 24° 各个工况与测点的频域图

　　无叶区、顶盖/上冠间和下环/底环间的主频都为 83.33Hz 和 166.67Hz，随着导叶开度的增加，主频能量值在减小。除主频能量值较为突出外，其他频率成分的能量值不明显。在机组小开度 11° 时，机组相关流域存在大量的低频成分，机组振动噪声较大，运行不稳定。

　　顶盖/上冠间和下环/底环间的压力脉动在频域内也与无叶区压力脉动有较强的跟随性，随着轴向间隙宽度的增加，这种影响在减弱。轴向间隙宽度的改变对无叶区基本无影响。如图 18 所示，展示了水泵水轮机常见工况导叶开度 24° 时，不同轴向间隙下各测点主频频率为 83.33Hz 时的能量对比图。

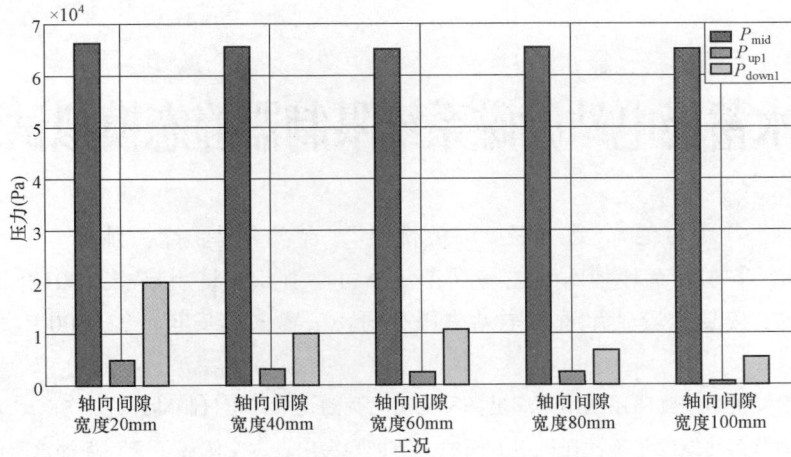

图 18　导叶开度 24° 时主频 83.33Hz 能量图

5　结论

本文中通过数值模拟分析揭示了混流式水泵水轮机转轮周围腔体间隙对水力稳定性的影响，这里可以得到以下几个结论：

（1）转轮周围腔体内的压力、压力脉动对无叶区内压力、压力脉动有较强的跟随性。

（2）转轮周围腔体径向间隙的增大，对无叶区压力和压力脉动影响较小，顶盖/上环间和底环/下环间的压力和压力脉动会随之增大。

（3）转轮周围腔体轴向间隙的增大，对无叶区压力和压力脉动影响较小，顶盖/上环间和底环/下环间的压力和压力脉动会随之减小。

（4）转轮周围腔体较合理的结构是具有较小的径向间隙和较大的轴向间隙，对改善机组的振动和噪声有一定的作用。

参考文献

［1］　Y J FANG，S Q YUAN，J W LI，etc. Evaluation of the Hydraulic Resonance in Turbine Mode of a Medium-head Pump-turbine. Journal of Vibration Engineering & Technologies，Vol.5，No.5，October，2017.

［2］　Q F CHEN，Y Y LUO，S H AHN，etc. Influence of runner clearance on efficiency and cavitation in Kaplan turbine. Asian Working Group-IAHR's Symposium on Hydraulic Machinery and Systems，2018.

［3］　BERND JUNGINGER，STEFAN RIEDELBAUCH. Influence of the Runner Gap on the Flow Field in the Draft Tube of a Low Head Turbine. 28th IAHR symposium on Hydraulic Machinery and Systems，2016.

［4］　宋兵伟. 混流式水轮机转轮上冠间隙流诱发的轴系不稳定性研究. 大连理工大学博士学位论文，2010.

抽水蓄能电站励磁系统限制器静态模拟试验

夏向龙[1] 方军民[1] 杨柳燕[1] 黎 洋[1] 徐 帅[2]

（1. 华东天荒坪抽水蓄能有限责任公司，浙江省杭州市 310012；

2. 安徽金寨抽水蓄能电站有限公司，安徽省六安市 237300）

【摘 要】 在抽水蓄能机组中励磁系统用来满足各种工况的励磁调节，电气制动，并为 SFC、背靠背起动提供励磁电流，因此励磁调节器功能的正确性在机组方面的作用极为突出。本文阐述了天荒坪抽水蓄能电站励磁静态限制器静态模拟试验。

【关键词】 励磁系统 励磁调节 限制器

1 引言

天荒坪抽水蓄能电站励磁系统引进自奥地利 ELIN 公司，为自并励可控硅静态励磁系统。励磁系统的各项功能主要在数字式励磁调节器内通过软件编程来实现。励磁限制器静态模拟试验主要内容有瞬时最大励磁电流限制器试验、反时限最大励磁电流限制器试验、最小励磁电流限制器试验、过励磁（V/F）限制器试验、定子电流限制试验器试验和功角限制器试验等。本文详尽介绍了天荒坪电站励磁系统限制器静态模拟试验的方法和结果，为同类电站励磁系统维护和试验人员提供参考，以下试验均以某台机组励磁调节器通道 1 为例。

2 试验条件与准备

2.1 模拟试验需具备的条件

（1）模拟调节器运行，设置软件变量 $I_{288}=1$；

（2）整流桥数量改为 1，设置 $T_{33}=1$；

（3）模拟制动隔离开关分位和机组开关合位信号，设置 $I_{700}=1$，$V_{727}=1$，$V_{710}=-1$；

（4）解除交流电源故障报警，设置 P47＝1.25；

（5）解除冷却风压报警，解开 X4：547 端子线；

（6）解除励磁变低压侧开关合闸命令，解开 K911：A1；

（7）模拟机端 TV 小空气断路器合位信号，拔出光耦 U0122/U1122。

2.2 模拟试验准备

（1）继保仪三相交流电压注入调节器定子电压测量回路 X1：118、121、124 端子（TV 侧端子线宜解除），注入额定电压 AC57.735V、50Hz（试验过程中需全程保持注入，否则调节器会切到 Manual 模式，导致限制器失效）。

（2）检查励磁启动条件就绪后，在调节器试验通道操作面板 ELTERM 上将调节器切至 Local 状态，并按 ON 按钮启动励磁；检查面板显示调节器已在 ON 状态，并将调节器模式切至 Auto。

（3）打开调节器自带录波软件 WinOper，制作试验要求的录波文件并连线调节器试验通道。

3 试验方法与结果

3.1 反时限最大励磁电流限制器试验

3.1.1 计算公式

反时限最大励磁电流限制器延时单元的传递函数为

$$F(s) = \frac{1}{1 + sT_{\text{VIPB}}}$$

限制器的响应时间 t_{an} 为

$$t_{\text{an}} = -T_{\text{VIPB}} \ln \frac{I_{\text{P2}} - I_{\text{PMAXV}}}{I_{\text{P2}} - I_{\text{P1}}}$$

式中　T_{VIPB}——延时单元设定值；

　　　I_{P1}——过电流前的起始电流；

　　　I_{P2}——过电流时最大电流；

I_{PMAXV}——限制器启动设定值。

3.1.2　试验方法

（1）继保仪交流电流输出通道接入调节器励磁电流测量回路：A 相电流至 X1：107、108 端子，C 相电流至 X1：110、109 端子；

（2）使继保仪电流输出为 0.768A（模拟机组正常运行方式下的励磁电流值，标幺值为 0.8，作为试验起始电流）；

（3）启动录波后，使继保仪电流输出阶跃至 1.920A（模拟 2.0 倍额定励磁电流值），观察限制器动作后停止录波，读取并记录动作时间，同时将继保仪电流输出恢复为起始电流；

（4）重复上述步骤，分别模拟 1.6 倍和 1.3 倍额定励磁电流值；

（5）试验完成后将继保仪电流输出恢复为 0。

注：需要注意的是，励磁电流测量值 V500 在进入限制器前有一个滤波延时环节，故每次模拟电流输出阶跃前，应确认 V500 与中间变量 V16 基本保持一致后方可进行试验。

3.1.3　试验结果

以 2.0 倍额定励磁电流时反时限励磁电流限制器动作情况为例，用调节器自带录波软件 WinOper 录波如图 1 所示。

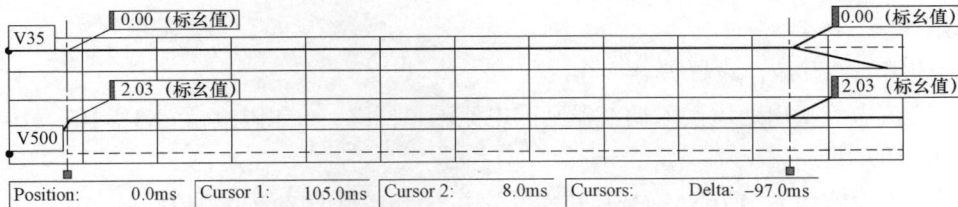

图 1　2.0 倍额定励磁电流时反时限励磁电流限制器动作情况

试验结果见表 1。

表 1　　　　　　　　　　　　　反时限最大励磁电流限制器动作情况表

起始电流	最大电流	动作（$V_{35} < 0$）	限制器设定值	计算延时	动作时间	误差
0.768A［0.8（标幺值）］	1.920A［2.0（标幺值）］	正常	1.05（标幺值）/42s	10s	9.7s	−3%
0.768A［0.8（标幺值）］	1.536A［1.6（标幺值）］	正常	1.05（标幺值）/42s	16s	16.0s	0
0.768A［0.8（标幺值）］	1.248A［1.3（标幺值）］	正常	1.05（标幺值）/42s	29s	29.2s	0.69%

结论：经检验动作误差均小于 5%，满足校验要求。

3.2　瞬时最大励磁电流（强励）限制器试验

3.2.1　计算公式

瞬时最大励磁电流 PI 限制器传递函数为

$$F_{\text{RMaxU}}(s) = K_{\text{Pmaxu}} + \frac{1}{sT_{\text{Imaxu}}}$$

式中　K_{Pmaxu}——比例放大系数；

T_{Imaxu}——积分时间常数。

3.2.2　试验方法

（1）继保仪交流电流输出通道接入调节器励磁电流测量回路：A 相电流至 X1：107、108 端子，C 相电流至 X1：110、109 端子。

（2）使继保仪电流输出为 0.768A（模拟机组正常运行方式下的励磁电流值，标幺值为 0.8，作为试验起始电流）。

（3）逐渐增加继保仪注入电流至 1.9A 左右，观察限制器动作情况，记录动作值。完成后将注入电流恢复为 0A。

3.2.3　试验结果

试验结果见表 2。

表 2　　　　　　　　　　　瞬时最大励磁电流限制器动作情况表

动作（$V_{14}<0$）	限制器设定值 V1821	动作时继保仪输出值	误差
正常	2.0（标幺值）	1.898A［1.977（标幺值）］	−1.2%

结论：经检验动作误差小于 5%，满足校验要求。

3.3　最小励磁电流限制器试验

3.3.1　计算公式

最小励磁电流 PI 限制器传递函数为

$$F_{RMin}(s) = K_{PMin} + \frac{1}{sT_{IMin}}$$

式中　K_{PMinu}——比例放大系数；

T_{IMin}——积分时间常数。

3.3.2　试验方法

（1）I_g 大于闭锁条件开放，设置 $P_{35}=-0.1$；

（2）继保仪交流电流输出通道接入调节器励磁电流测量回路：A 相电流至 X1：107、108 端子，C 相电流至 X1：110、109 端子；

（3）使继保仪电流输出为 0.768A（模拟机组正常运行方式下的励磁电流值，标幺值为 0.8，作为试验起始电流）；

（4）逐渐减小继保仪注入电流至 0.15A 左右，观察限制器动作情况，记录动作值。完成后将注入电流恢复为 0A。

3.3.3　试验结果

试验结果见表 3。

表 3　　　　　　　　　　　最小励磁电流限制器动作情况表

动作指示（$V_{13}>0$）	限制器设定值 V1820	动作时继保仪输出值	误差
正常	0.15（标幺值）	0.168［0.175（标幺值）］	16.7%

注　因调节器 TA 特性曲线存在固有偏差，低值区测量值偏差较大，该限制器动作值误差可能偏大，如属于正偏差（即提前动作）则不影响励磁系统正常运行。

3.4　过激磁（V/F）限制器

3.4.1　计算公式

最大和最小定子过激磁 PI 限制器传递函数为

$$F_{RMin}(s) = F_{RMax}(s) = K_{PF} + \frac{1}{sT_{IF}}$$

式中 $F_{RMax}(s)$——最大定子电压限制器的传递函数;

$\quad\quad F_{RMin}(s)$——最小定子电压限制器的传递函数;

$\quad\quad K_{PF}$——比例放大系数;

$\quad\quad T_{IF}$——积分时间常数。

3.4.2 试验方法

（1）继保仪三相交流电压注入调节器定子电压测量回路：X1：118、121、124 端子，注入额定电压 AC57.735V、频率 50Hz。

（2）逐渐增加继保仪电压输出至 62V 左右，观察限制器动作情况，记录动作值。完成后将注入电压恢复为额定值。

3.4.3 试验结果

试验结果见表 4。

表 4　　　　　　　　　　　　　　　　　　　**过激磁（V/F）限制动作情况表**

动作指示（$V_{34}<0$）	限制器设定值 V1832	动作时继保仪输出值	误差
正常	1.05（标幺值）	60.595［1.049（标幺值）］	−0.1%

结论：经检验动作误差均小于 5%，满足校验要求。

3.5　反时限定子电流限制器试验

3.5.1　计算公式

反时限定子电流限制器延时单元传递函数为

$$F(s) = \frac{1}{1 + sT_{VIGB}}$$

限制器的响应时间 t_{an} 为

$$t_{an} = -T_{VIGB} \ln \frac{I_{G2} - I_{GMAX}}{I_{G2} - I_{G1}}$$

式中 T_{VIGB}——延时单元设定值;

$\quad\quad I_{G1}$——过电流前的起始电流;

$\quad\quad I_{G2}$——过电流时最大电流;

$\quad\quad I_{GMAX}$——限制器启动设定值。

3.5.2　试验方法

（1）继保仪交流电流输出通道接入调节器励磁电流测量回路：A 相电流至 X1：8/7，B 相电流至 X1：12/7，确认发电机出口 TA 无人工作；

（2）定子电流分为容性和感性两个方向，分别进行限制器试验。

1. 容性方向（欠励限制）

（1）改变相角，使得电压相位滞后电流相位 90°。

（2）增加继保仪注入电流至 1.424A（模拟 1.6 倍定子额定电流值），观察限制器动作情况，记录动作时间。完成后将注入电流恢复为 0.8A。

（3）增加继保仪注入电流至 1.157A（模拟 1.3 倍定子额定电流值），观察限制器动作情况，记录动作时间。完成后将注入电流恢复为 0.8A。

（4）增加继保仪注入电流至 0.979A（模拟 1.1 倍定子额定电流值），观察限制器动作情况，记录动作时间。完成后将注入电流恢复为 0A。

（5）定子电流 V503 应与中间变量 V55 基本保持一致方可开始试验。

2．感性方向（过励限制）

（1）改变相角，电压超前电流 90°；

（2）其他步骤同 3.5.2 中 1.。

3.5.3　试验结果

以 1.6 倍额定定子电流时反时限容性定子电流限制器动作情况为例，用调节器自带录波软件 WinOper 录波如图 2 所示。

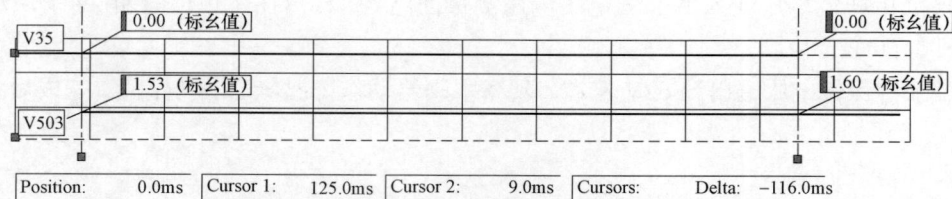

图 2　1.6 倍额定定子电流时反时限容性定子电流限制器动作情况

试验结果见表 5 和表 6。

表 5　　　　　　　　　　　　　　　容性定子电流限制器动作情况表

起始电流	最大电流	动作指示（$V_{35}>0$）	限制器设定值	计算延时	动作时间	误差
0.8A［0.9（标幺值）］	1.424A［1.6（标幺值）］	正常	1.05（标幺值）/50s	12s	11.6s	−3.3%
0.8A［0.9（标幺值）］	1.157A［1.3（标幺值）］	正常	1.05（标幺值）/50s	24s	22.9s	−4.6%
0.8A［0.9（标幺值）］	0.979A［1.1（标幺值）］	正常	1.05（标幺值）/50s	70s	69.3s	−1%

结论：经检验动作误差均小于 5%，满足校验要求。

表 6　　　　　　　　　　　　　　　感性定子电流限制器动作情况表

起始电流	最大电流	动作指示（$V_{35}<0$）	限制器设定值	计算延时	动作时间	误差
0.8A［0.9（标幺值）］	1.424A［1.6（标幺值）］	正常	1.05（标幺值）/50s	12s	11.7s	−2.5%
0.8A［0.9（标幺值）］	1.157A［1.3（标幺值）］	正常	1.05（标幺值）/50s	24s	23.1s	−3.8%
0.8A［0.9（标幺值）］	0.979A［1.1（标幺值）］	正常	1.05（标幺值）/50s	70s	68.3s	−2.4%

结论：经检验动作误差均小于 5%，满足校验要求。

3.6　功角限制器试验

3.6.1　计算公式

功角 PI 限制器传递函数为

$$F_{RPI}(s) = K_{PUEB} + \frac{1}{sT_{IUEB}}$$

式中　K_{PUEB}——比例放大系数；

　　　T_{IUEB}——积分时间常数。

3.6.2　试验方法

（1）继保仪交流电流输出通道接入调节器励磁电流测量回路：A 相电流至 X1：8/7，B 相电流至 X1：12/7，确认发电机出口 TA 无人工作。

（2）使继保仪电流输出为 0.89A（模拟机组正常运行方式下的定子电流值）。

（3）逐渐改变继保仪注入电压与电流之间的相角，使容性电流增加（负无功增加），观察限制器动作情况，记录动作值。完成后将注入电流恢复为 0A。

（4）逐渐改变定子电流，改变电压与电流之间的相角，观察 P/Q 限制器动作情况，记录动作值。完成后将注入电流恢复为 0A。

3.6.3 试验结果

试验结果见表 7 和表 8。

表 7 功角限制器动作情况表

继保仪电压与电流之间的相角	动作指示（$V_{36}>0$）	限制器设定值 V_{1823}	调节器实测功角 V_{38}	误差
0°	未动作	0.7（标幺值）	0.606	—
15.35°	动作	0.7（标幺值）	0.701	0.3%
15.10°	返回	0.7（标幺值）	0.700	—

结论：经检验动作误差小于 5%，满足校验要求。

表 8 P/Q 限制器动作情况表

机组有功	动作指示（$V_{36}>0$）	调节器实测功角 V_{38}	调节器实测有功 V_{90}	定子电流 V_{503}	电压与电流之间的相角	调节器实测无功 V_{65}	机组无功限制值
333MW	正常	70	1.000（标幺值）	0.92	13.0°	−0.22（标幺值）	−73Mvar
300MW	正常	70	0.900（标幺值）	0.85	20.0°	−0.32（标幺值）	−107Mvar
280MW	正常	70	0.841（标幺值）	0.81	23.2°	−0.35（标幺值）	−117Mvar
250MW	正常	70	0.751（标幺值）	0.76	29.0°	−0.41（标幺值）	−137Mvar
200MW	正常	70	0.601（标幺值）	0.70	40.0°	−0.50（标幺值）	−167Mvar

4 结束语

通过对励磁系统限制器静态模拟试验，验证了励磁系统限制器各参数的准确性，为机组安全稳定运行提供依据，也为同类电站励磁系统维护和试验人员提供参考。

参考文献

[1] 张建民. 自动控制原理. 北京：中国电力出版社，2009.

[2] 李基成. 现代同步发电机励磁系统设计及应用. 2 版. 北京：中国电力出版社，2009.

抽水蓄能机组活动导叶止推间隙浅析

张 政 陆 婷

（华东宜兴抽水蓄能有限公司，江苏省宜兴市 214205）

【摘 要】 在中国，抽水蓄能电站的发展很快并已得到广泛认同，本文分析了抽水蓄能电厂机组活动导叶的止推间隙，通过活动导叶端面磨损现象深入浅出地对止推间隙的结构、机理进行了分析，并对保证止推间隙的预控措施、解决方法进行了探讨。

【关键词】 活动导叶 止推间隙 磨损

1 概述

华东宜兴抽水蓄能电站共安装 4 台机组，在电网系统中承担削峰填谷、事故备用、调峰调频等作用，是日调节纯抽水蓄能电站。水泵水轮机由 GE（挪威）公司设计生产，单机容量 250MW，属于单级、立轴、混流可逆式水泵水轮机组，根据设计要求，水泵水轮机运行于发电、发电调相、抽水、抽水调相、停机五种工况，水轮机工况为逆时针方向旋转，水泵工况为顺时针方向旋转（俯视）。

水泵水轮机由转轮、主轴、主轴密封、水导轴承、导水机构、座环与蜗壳、顶盖、底环、尾水管、调相压气系统及单元技术供水系统等设备组成。活动导叶通过调整其止推间隙、端面间隙、立面间隙，保证其安全稳定运行。

2 活动导叶磨损分析

2.1 活动导叶端面磨损情况梳理

自华东宜兴抽水蓄能电站近年 1、2、3、4 号机组 B 修以来，在进行活动导叶拆卸时，连续发现活动导叶与顶盖、底环抗磨板发生摩擦，导致活动导叶端部磨损，顶盖、底环抗磨板磨损。活动导叶端部与底环抗磨板磨损示意图如图 1 所示。

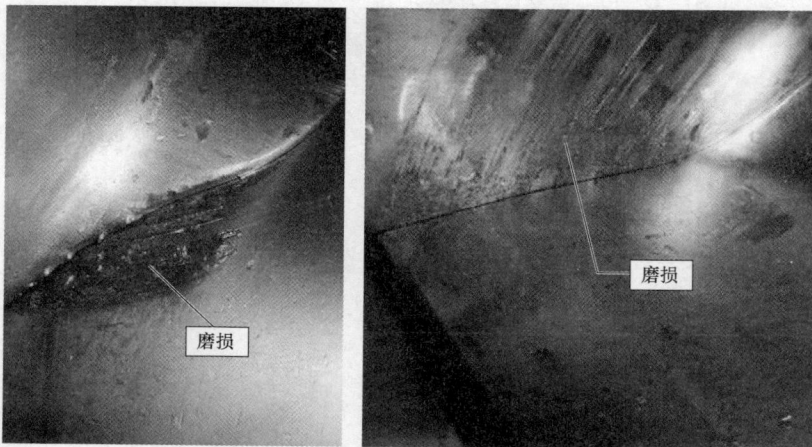

图 1 活动导叶端部与底环抗磨板磨损示意图

2.2 查找原因

（1）异物或泥沙所致。

（2）活动导叶轴套磨损，导致导叶倾斜，发生活动导叶端部磨损，顶盖、底环抗磨板磨损。

（3）活动导叶端面间隙无法保证安全间隙，发生活动导叶端部与顶盖、底环抗磨板碰撞，造成磨损。

（4）活动导叶止推间隙无法保证安全间隙，发生活动导叶端部与顶盖、底环抗磨板碰撞，造成磨损。

由于抽水蓄能电站在系统中担负调峰填谷、调频、调相、旋转备用等多项任务，机组的运行方式由系统的日负荷曲线所决定，负荷曲线峰谷起伏越大，机组工况变换就越频繁，一般每天工况转换都在数次以上，宜兴蓄能电站主机合同规定的机组日平均起停次数为 8 次（开、停一循环为一次）。所以活动导叶的受力更为复杂，活动导叶极其微小的配合失衡，是很可能造成较大后果的。

3　磨损的主因——止推间隙

3.1　针对导叶端面存在异物及泥沙的分析

（1）宜兴电站水库系统包括上水库、下水库、输水系统、下水库泄水底孔、补水系统等，无天然来水，避免了天然河流带来的泥沙。上水库位于铜官山主峰东北侧，利用沟源坳地挖填形成，集雨面积仅 0.21km^2，且无地面补给水源，所以上水库未设置泄洪设施，无自然径流。下水库位于铜官山东北山麓，利用原回坞水库所在冲沟，在原大坝基础上加高改建而成，集雨面积仅 1.87km^2，无自然径流。封闭的上下水库，造成了宜兴公司水质较为纯净，不含泥沙。

（2）今年，该公司利用 500kV 出线场检修期间，合理安排工作，对机组尾水管、尾水隧洞进行现地检查，未见明显异物、水生生物、藻类等，细微异物混入导叶端面间隙磨损端面的可能性极低。

3.2　针对活动导叶轴套磨损的分析

自 2015 年 3 号机 B 修发现导叶端面磨损后，机组 B 修期间已经全部更换原厂新导叶轴套，但是依然在 2016、2017 年的机组检修时发现存在活动导叶端部与顶盖、底环抗磨板磨损，这证明了磨损与活动导叶轴套无关。

3.3　针对活动导叶端面间隙的分析

（1）GE 提供的该型活动导叶端面总间隙（无水状态）在 0.32～0.57mm 之间，宜兴公司活动导叶端面总间隙（无水状态）在 0.50mm 左右。上下端面间隙按照 1:2 进行配置，以平衡正常水压下的顶盖微升。活动导叶端面间隙通过推力头（推力螺栓）进行调节，如图 2 所示。

（2）活动导叶端面间隙作为机组检修的重要参数是机组 C 及以上检修的标准项目，宜兴公司作为 3 级验收 H 点进行管理，修前和修后数据详尽，整体数据是满足验收要求的。

3.4　针对活动导叶止推间隙的分析

（1）导叶端面间隙调整时，为保证推力头的旋转，设置了安装间隙（即止推间隙）0.05～0.2mm，如图 3 所示。

（2）这就导致导叶在向上的水推力情况下，上端面实际间隙＝上端面调整间隙－止推间隙＋顶盖抬升间隙。其中上端面调整间隙为 0.2mm 左右，止推间隙为 0.05～0.2mm，顶盖抬升间隙在 0.2～0.3mm 变化。理论上导叶上端面实际间隙大于 0.3mm。实际上，发现止推间隙远远大于 0.2mm。

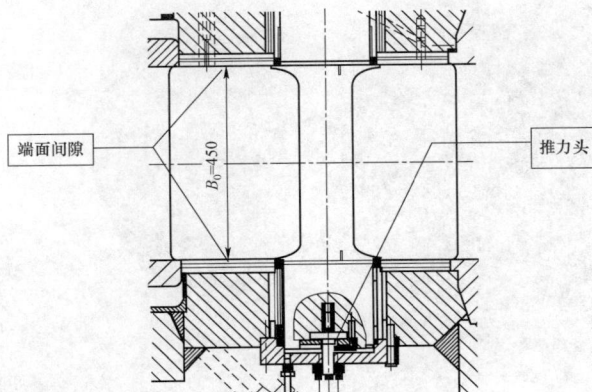

图 2　活动导叶端面间隙示意图

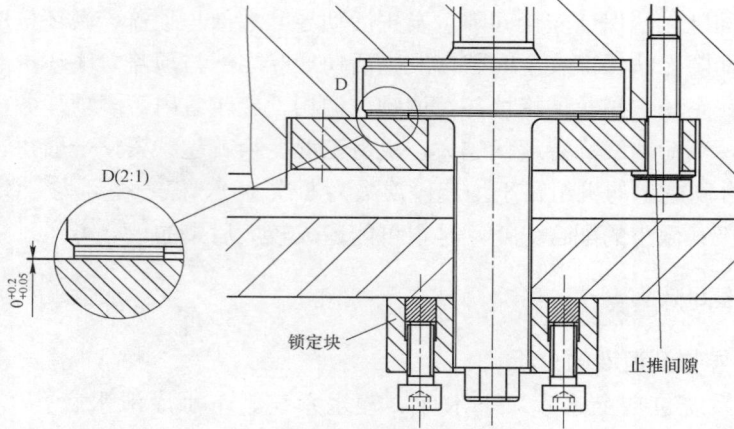

图 3　活动导叶止推间隙示意图

4　止推间隙的结构和机理

4.1　活动导叶止推间隙的构成

（1）止推间隙的构成：止推间隙＝导叶推力头孔深－推力头厚度－2×垫片厚度+固定盘车削深度，如图4所示。

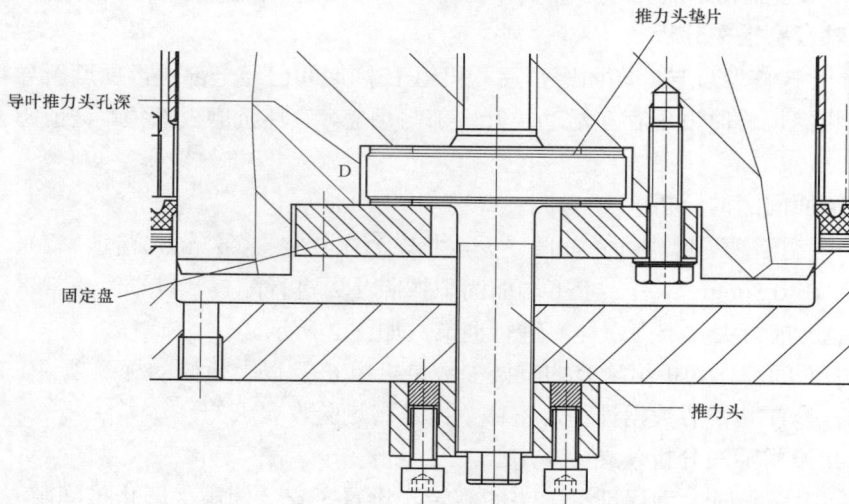

图 4　活动导叶各间隙示意图

（2）导叶推力头孔深标准 19mm，实际测量深浅不一，在 18.9～19.2mm 之间，如图 5 所示。

图 5　活动导叶推力头孔深示意图

（3）垫片分两种，原厂垫片下钢上铜，厚度标准 2mm，实际测量 2.02mm。外加工垫片为全铜材料，实际测量 1.92mm。推力头厚度标准为 14.6～14.9mm，实际测量最小 14.5mm，偏差较小。推力头加垫片后，如果使用外加工垫片，总厚度为－0.30mm 左右。活动导叶推力头垫片示意图如图 6 所示。

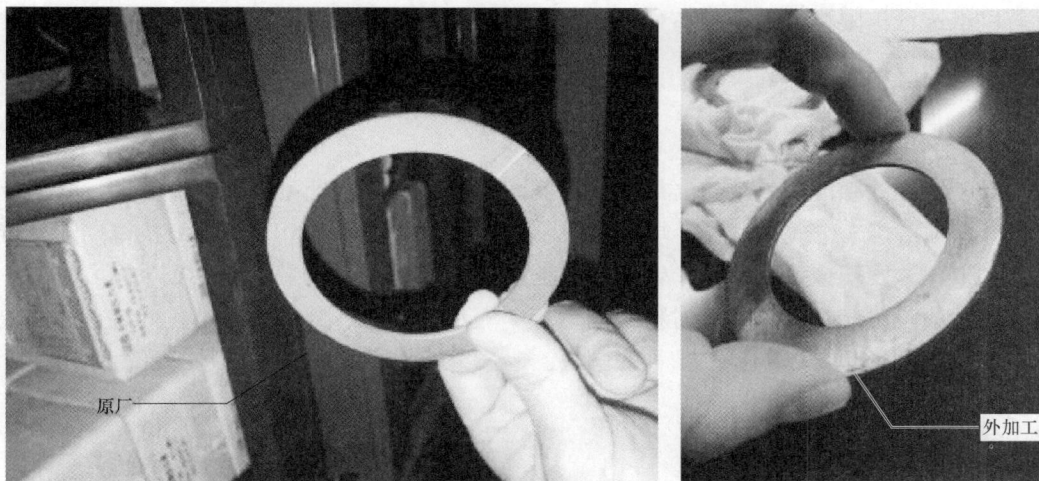

图6　活动导叶推力头垫片示意图

（4）固定盘车削深度不一，实际测量－0.15～0.25mm 之间。固定盘带编号，但是现场检查发现其和配对导叶编号不一致。因机组 C 修不拆卸导叶，而 B 修时就已经发现了磨损，所以很可能在 2009 年导叶修型回装时，存在安装混乱问题。固定盘示意图如图 7 所示。

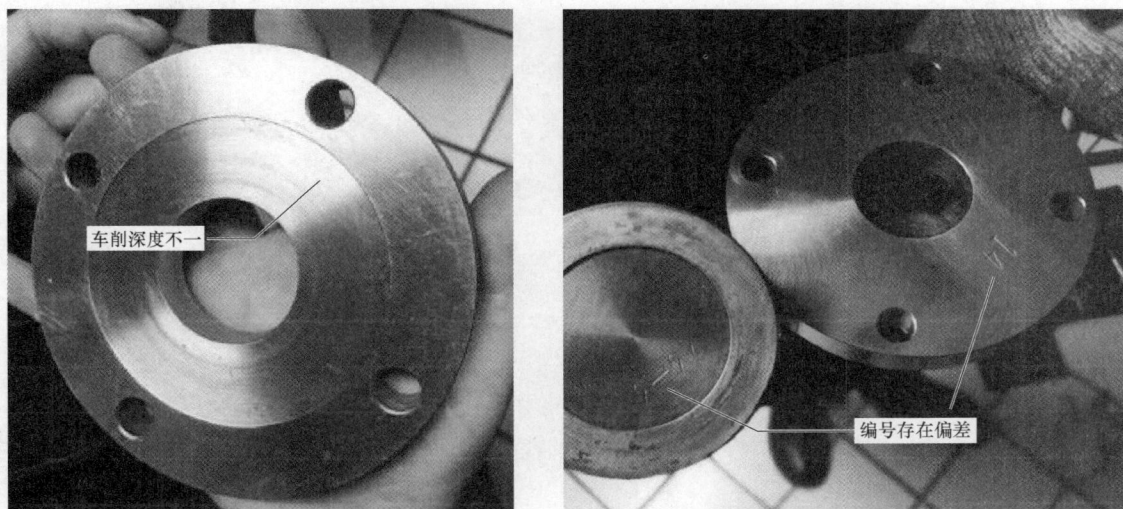

图7　固定盘示意图

4.2　活动导叶止推间隙的机理

综上所述，导叶推力头孔深变大，推力头及垫片变小，固定盘车削深度不匹配，因为如此众多的磨损偏差、备件偏差、匹配偏差等因素，造成止推间隙（止推间隙＝导叶推力头孔深－推力头厚度－2×垫片厚度＋固定盘车削深度）远远大于 0.2mm 的限值，某些可能有大到 0.5～0.7mm，即造成上端面实际间隙（上端面实际间隙＝上端面调整间隙－止推间隙＋顶盖抬升间隙）可能是 0mm 以下，在机组向上的水推力作用下，活动导叶无阻碍撞击顶盖、摩擦顶盖，可造成活动导叶端部磨损、顶盖抗磨板磨损。

5　应对措施

（1）活动导叶止推间隙的影响因素很多，没有合理的调节止推间隙是导叶端面磨损的根本原因。所以机组长运行时间运行后，必须检查导叶止推间隙，保证合理的止推间隙。因此需要在机组检修期间，测量每个导叶推力头孔深，以此对固定盘进行加工，以固定盘修正导叶推力头孔深，保证导叶推力头孔深与固定盘的配合孔深在 19mm。固定盘重新打上编号，避免混乱。推力头加工标准件，以 14.85mm 为标准。垫片全部采用原装垫片。推力头加垫片厚度应在 18.88～18.92mm 左右，止推间隙控制在 0.08～0.12mm。

（2）随着机组运行年限增长，备品备件的采购可能出现原厂家无法供货的问题，通过其他途径采购来的精密备件必须保证与原厂家同样的加工工艺，是维持机组正常运行的必要条件。

6　结束语

机组活动导叶止推间隙的问题解决之后，止推间隙始终运行在合理范围之内，活动导叶运行正常，未再撞击顶盖、摩擦顶盖，未造成活动导叶端部磨损、顶盖抗磨板磨损。2018 年机组检修期间安排检查导叶端部和顶盖抗磨板，未发现撞痕和磨损，证明采取的措施是成功的，效果优良。

抽水蓄能机组的工况转换频繁，同时机组的运行年限都不太长，暴露的问题各具特点，需要电力工作者以严谨的态度去深入了解，以无畏的精神去解决。

参考文献

[1]　程良骏. 水轮机. 北京：机械工业出版社，1981.
[2]　侯才水. 可逆式机组甩负荷水力过渡过程的优化. 南昌水专学报，2004.
[3]　何永泉，林肖南. 已投运大型抽水蓄能电站运行情况概述. 抽水蓄能电站运行论文集，2004.
[4]　于波，肖惠民. 水轮机原理与运行. 北京：中国电力出版社，2008.

临时钢支撑在抽水蓄能电站底环安装过程中的应用

葛军强[1] 魏春雷[1] 马萧萧[1] 赵志文[2]

（1. 国网新源控股有限公司，北京市 100761；

2. 浙江仙居抽水蓄能有限公司，浙江省仙居市 317300）

【摘 要】 本文对水泵水轮机导水机构及底环的安装流程进行了分析，阐述了底环安装过程中，在机坑里衬装设临时钢支撑的必要性及可行性，通过在机坑里衬增设底环临时支撑平台的措施，为水泵水轮机安装节约了工期，为对今后同类型水泵水轮机的安装有很好的借鉴意义。

【关键词】 抽水蓄能 底环 安装 钢支撑

1 引言

仙居抽水蓄能电站设计安装 4 台 375MW 混流可逆式水轮发电机组，总装机容量为 1500MW，在浙江电网承担调峰、填谷、调频、调相和事故备用等任务。机组额定转速为 375r/min，水轮机工况额定水头 447.0m，额定转速为 375.0r/min，主体工程于 2012 年 2 月 1 日开工，2016 年年底四台机全部投入商业运行。

2 设置临时钢支撑的意义

仙居抽水蓄能电站在水泵水轮机安装过程中，采用了在机坑里衬装设临时钢支撑的方法，在定子基础混凝土施工前，把底环整体临时放置在机坑内，保证了定子基础混凝土和底环的完整性，对混凝土结构和底环本体都有较好的意义，有效保证了机组投产发电目标的顺利实现。

3 底环整体吊装的方法

（1）仙居电站底环为整体结构，最大直径大于机坑里衬上段直径，机坑里衬在 EL.112 .85m 高程处，直径由 7700mm 渐变为 5100mm，决定了土建在浇筑到 EL.112 .85m 高程时，要等座环机加工完成，将底环吊入机坑就位后，才能进行 EL.112 .85m 以上高程的混凝土浇筑。按照正常施工顺序，蜗壳座环经混凝土保压浇筑并打磨完成后，利用厂房桥机将底环整体吊入机坑。

（2）蜗壳座环混凝土保压浇筑后，按照土建施工工艺，陆续安装机坑里衬、浇筑定子基础混凝土等后续工序，并在定子机坑锁口位置预留沟槽，待蜗壳座环打磨完成后，利用厂房桥机将底环整体吊入机坑。

（3）蜗壳座环混凝土保压浇筑后，按照土建施工工艺，陆续安装机坑里衬，在机坑里衬预留钢支撑，将底环整体吊装至临时钢支撑位置，继续浇筑机坑混凝土及定子基础混凝土。

4 不同底环整体吊装方案的可行性分析

（1）考虑到仙居电站工期及设备本体实际，水泵水轮机底环与座环进行螺栓把合及焊接，底环吊装前，座环/蜗壳经过现场组圆焊接，混凝土保压浇筑后，需将机坑内的座环各个法兰面、止口进行机加工打磨完成，此工序打磨时间一般为 30~40 天，如果采用蜗壳座环经混凝土保压浇筑并打磨完成后，利用厂房桥机将底环整体吊入机坑的方法，将很大程度上制约后续施工工序的实施，并直接影响到直线工期，所以不建议采用此方法。

（2）在定子机坑锁口位置预留沟槽，对工期没有直接影响，但是预留沟槽时，要切割掉环形受力钢筋，将会对机坑混凝土结构受力产生较大影响，并对后续机组的安全稳定运行留下隐患，所以不建议采用此方法。

（3）采用临时钢支撑的方案，在座环机加工前，可先将底环吊入机坑内临时钢支撑上，此时，机坑里衬上段可以进行安装、浇筑工作，这样既可以保证座环打磨工期，也不影响土建施工进度，为了减少机电设备安装对土建工期的影响，加快机组混凝土工程施工进度，将大大缩短机电安装工期。

5　底环结构与安装

（1）抽水蓄能电站水泵水轮机主要由转轮、底环、顶盖、活动导叶、控制环、导叶操动机构及附件、尾水管、蜗壳/座环等部件组成，其中，顶盖与底环分别固定在座环上、下环上，活动导叶布置在顶盖与底环之间，控制环布置在顶盖上，导叶接力器与控制环连接，分别为机械锁定接力器、液压锁定接力器。顶盖、控制环分两瓣到货，底环整体到货。底环与顶盖等设备形成转轮室，支承水导轴承、主轴密封、上迷宫环、检修密封、导叶、顶盖抗磨板等，为分瓣组合结构。为减少水力损失，在顶盖/底环与转轮上迷宫环相应的位置装设有上下迷宫环。下迷宫环中心就是整个机组安装时的中心。底环作用是与顶盖等设备形成转轮室，支承下迷宫环、泄流环、导叶、底环抗磨板等，作为整体结构浇注在混凝土里。为防止顶盖/底环环面生锈，在其上安装有整体结构的不锈钢抗磨环。

（2）在底环正式吊装前，应首先检查座环上下法兰、上下环平面度，满足厂家技术要求后，底环吊入机坑调整好方位后，吊装下止漏环，测量下止漏环和座环上环板同心度来调整底环中心。之后将转轮吊入机坑，并依次预装导叶、顶盖，导叶预装一半，顶盖与座环把合螺栓 60%预紧力，初步测量导叶端面间隙。将顶盖吊出，导叶正式安装后，正式安装顶盖、控制环、导叶臂、接力器，导水机构全部安装后，测量导叶端面间隙、立面间隙。

1）底环吊装前，对底环与座环接触面进行全面清扫，检查起吊用的钢丝绳和卸扣是否完整。

2）利用底环上的 4 个吊点，使用主吊钩将底环吊入机坑。

3）旋转底环到正确的位置，缓缓放下底环到最终的位置，测量底环水平满足要求后穿上底环与座环把合螺栓。

4）清理底环与下止漏环把合面无毛刺后，用厂房桥机将下止漏环放置在安装位置，然后打入下止漏环与底环定位销钉，最后穿入把合螺栓按照力矩要求预紧所有把合螺栓。

5）测量下止漏环与座环上环板的同心度调整底环中心符合要求后，根据螺栓力矩要求预紧底环与座环所有的把合螺栓。

6）复测底环中心、水平、方位、高程做好验收记录。

6　临时钢支撑的设计受力分析

1. 底环支撑平台受力荷载分析

（1）底环自重总荷载：800kN。

（2）施工人员荷载：5 人，$5 \times 75 \text{kg} \times 10 = 3.75 \text{kN}$。

（3）施工设备荷载：3kN。

（4）动荷载：2kN。

（5）其他荷载：1kN。

荷载组合：

自重：$G_1 = 800 \text{kN}$，包括（1）项。

施工荷载：包括（2）、（3）、（4），考虑到不均匀系数取 1.3，动力荷载系数取 2.0，因此 $G_2 = (3.75 + 3 + 2 + 1) \times 1.3 \times 2 \text{kN} = 25.35 \text{kN}$。

因此，底环工字钢支撑平台总受力为 $G = (800 + 25.35) \text{kN} = 825.35 \text{kN}$。

2. 支撑平台设计参数

考虑到均衡受力，根据实际情况，在底环下部设置 8 根单根长度 3m 的工字钢挑梁（外露 1.0m）支撑平台。

3. 支撑平台方案比较选择及稳定分析

（1）稳定性分析。

1） 受力分析。根据 2.1 底环支撑平台受力荷载分析，底环工字钢支撑平台总受力为 $G=(800+25.35)$ kN = 825.35kN，均分至 8 根 I25b 工字钢（热轧普通工字钢）上得：$q_{av}=103.17$kN。

2） 取单元一根工字钢进行计算。普通 25b 热轧工字钢悬挑梁材性：Q235 单元悬挑梁所受荷载 103.17kN/M。

考虑自重，自重放大系数为 1.2。

通过计算其 1 个单元的（单根工字钢受力）计算结果：

外悬挑长度按 1m 计算得：截面为普工 25b；截面 $I_x=5.28e+007$mm^4；截面 $W_x=422\,400$mm^3；面积矩 $S_x=244\,499$mm^3；腹板总厚 10mm；塑性发展系数 $\gamma_x=1.05$；整体稳定系数 $\phi_b=0.6$。

由最大壁厚 13mm 得：① 截面抗拉抗压抗弯强度设计值 $f=215$MPa；② 截面抗剪强度设计值 $f_v=125$MPa；③ 剪力范围为 $2.304\,69\times10^{-6}\sim103.674$kN；④ 弯矩范围为 $-1.523\,44\times10^{-6}\sim51.837$kN·m；⑤ 最大挠度为 1.191 46mm（挠跨比为 1/839）。

由 $V_{max}\times S_x/(I_x\times T_w)$ 得：计算得最大剪应力为 48.007 9MPa。

由 $M_x/(\gamma_x\times W_x)$ 得：计算得强度应力为 116.876MPa。

由 $M_x/(\phi_b\times W_x)$ 得：计算得稳定应力为 204.534MPa。

通过计算采用 I25b 工字钢满足稳定性要求。

（2）以 I25b 与 I16 工字钢制作支撑平台。

通过综合分析：当无悬挑梁下部斜撑时，当调整为 I25b 工字钢能满足支撑平台稳定要求；考虑到该部位安全性，提高支撑平台的安全系数，需要在该工字钢下部增加斜撑，斜撑采用 I16 普通工字钢，以增加其稳定性。

I16 工字钢主要为 I25b 工字钢提供支撑，I25b 工字钢梁由一端自由端变为铰接端与固结端相互结合的支撑梁，I25b 工字钢自身受力形变要求变小，安全系数提高，根据如下计算得出安全系数提高 4 倍。为了提高安全系数在悬挑工字钢边并加一个同种规格的工字钢，使之成为箱型结构，安全系数可由原来的 4 倍增加到 8 倍。

梁材性：Q235。

全梁受荷载 103.17kN/M。

考虑自重，自重放大系数为 1.2。

通过计算其 1 个单元的（单根工字钢受力）计算结果：

跨度为 1m。

截面为普工 25b。

截面 $I_x=5.28\times10^7$mm^4。

截面 $W_x=422\,400$mm^3。

面积矩 $S_x=244\,499$mm^3。

腹板总厚 10mm。

塑性发展系数 $\gamma_x=1.05$。

整体稳定系数 $\phi_b=0.6$。

由最大壁厚 13mm 得：截面抗拉抗压抗弯强度设计值 $f=215$MPa；截面抗剪强度设计值 $f_v=125$MPa；剪力范围为 $-38.877\,7\sim64.796\,2$kN；弯矩范围为 $-7.199\,58\sim12.959\,2$kN；最大挠度为 0.051 616 8mm（挠跨比为 1/19 373）。

由 $V_{max}\times S_x/(I_x\times T_w)$ 得：计算得最大剪应力为 30.004 9MPa。

由 $M_x/(\gamma_x\times W_x)$ 得：计算得强度应力为 29.219 1MPa。

由 $M_x/(\phi_b\times W_x)$ 得：计算得稳定应力为 51.133 4MPa。

安全系数 $\gamma = 204.534/51.133\ 4 = 4$，安全系数提高 4 倍。

7　临时钢支撑的安装

（1）在机坑里衬上面放出 8 个测量点。

（2）根据测量的结果，在机坑里衬内壁，依据并排 2 根工字钢的尺寸进行开孔，施工过程可根据机坑里衬结构及现场实际情况做适当调整。

（3）将 2 根工字钢并排穿过里衬上面的空洞，安装时要注意 8 个方位工字钢的水平度要一致。安装水平支撑的同时安装钢斜角支撑，安装时焊接要牢靠。

（4）考虑到工字钢上面混凝土的受力情况，在伸到混凝土部分中的工字钢上面再增加铺设一层面层钢筋。

8　结束语

本文通过分析水泵水轮机安装过程、底环的安装程序、钢支撑的受力分析等，阐述了临时钢支撑在底环安装过程中的可行性及必要性。装设临时钢支撑，一定程度上是在机电安装工期紧张的情况下，为了确保合同工期，采取的临时施工措施，水泵水轮机机电设备安装过程中，加强与土建施工的协调，保证合同约定下的人力资源、施工设备的投入，确保合理工期的实施是关键。

参考文献

[1]　何永泉. 对抽水蓄能电站机电安装工程主要质量问题的几点看法. 抽水蓄能电站工程建设文集，2010.

[2]　抽水蓄能电站工程施工工艺示范手册 – 机电安装分册，2011.

[3]　杨志义. 抽水蓄能电站机电设备分标及安装管理分析与思考. 抽水蓄能电站工程建设文集，2016.

[4]　罗涛，袁冰峰. 浅谈抽水蓄能电站机电安装工程标段界面划分. 抽水蓄能电站工程建设文集，2016.

宝泉抽水蓄能电站 SFC 输入变压器顶盖箱沿放电故障分析与处理

康晓义　陈昌山　李　欣

（河南国网宝泉抽水蓄能有限公司，河南省新乡市　453636）

【摘　要】　本文从 SFC 输入变压器故障发现、事故防控、分析处理等方面逐次就 SFC 输入变压器乙炔和总烃含量超标问题展开探究，最终找到了故障点、推导出了故障机理、制定了针对性解决方案。本次故障分析处理增进了对欧标变压器内部结构的了解，提升了变压器涡流和悬浮电位放电产生因素的认识，为蓄能电站开展 SFC 系统变压器隐患排查、故障防范以及类似故障处置有较强的借鉴意义。

【关键词】　蓄能电站　SFC 输入变压器　乙炔及总烃超标　接地方式　漏磁　悬位放电

1　概述

静止变频起动装置（SFC）是大型抽水蓄能电站的关键电气设备，变频起动是抽水蓄能电站的关键技术之一，具备起动平稳、迅速可靠，不存在失步问题，具有优异的调速性能，且成功率高、维护量小、自诊断能力强等特点。宝泉公司静止变频起动装置包括输入单元、变频单元、输出单元、控制单元和辅助单元，电气一次系统图如图 1 所示。

其中，TR1 为 SFC 输入变压器。它可将供电网电压转化为变频单元可承受的电压，降低晶闸管的绝缘等级。低压侧采用星形和三角形的两种接线绕组，可以减少整流器产生的谐波电压对电网的影响，并隔断变频单元直流通路，起到隔离的作用。

宝泉公司 SFC 输入变压器为法国 CELDUC 公司制造，额定电

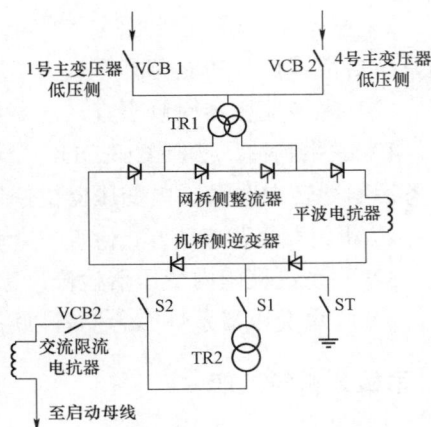

图 1　SFC 电气一次系统图

压 18 000/2×2500V，额定容量 23 500/2×11 750kVA，为顶盖与器身一体结构，冷却方式为强迫油循环水冷。

2　故障发现与前期应对

2.1　故障发现过程

2018 年 10 月 10 日，根据技术监督计划，宝泉公司对 SFC 输入变压器取油样送检进行色谱分析等油化试验，10 月 12 日试验单位通知试验结果显示变压器油中乙炔和总烃含量超过《水电站电气设备预防性试验规程》（Q/GDW 11150—2013）规定的注意值。随后又多次送检进行跟踪观察，试验结果详见表 1。

表 1　　　　　　　　　　　　　　宝泉 SFC 输入变压器绝缘油色谱试验数据汇总

取样日期	2018.10.10	2018.10.15	2018.10.24	2018.11.13
化验日期	2018.10.12	2018.10.15	2018.10.24	2018.11.13
H_2	22.658	23.045	23.187	24.085
CO	44.413	40.644	47.201	48.369
CO_2	738.399	747.711	774.824	851.156
CH_4	62.922	56.616	58.918	59
C_2H_4	212.99	214.222	222.394	224.567

取样日期	2018.10.10	2018.10.15	2018.10.24	2018.11.13
C_2H_6	36.02	38.553	37.185	37.175
C_2H_2	23.719	24.804	26.041	26.063
总烃	335.651	334.195	344.538	346.805

注 C_2H_2 的注意值为 5μL/L，总烃的注意值为 150μL/L。

根据《变压器油中溶解气体分析和判断导则》（GBT 7252—2001）中 10.2 的要求：三比值法进行计算，编码组合，初步判断故障类型为：低能放电兼过热，参考故障实例，引线对电位未固定的部件之间连续火花放电、分接抽头引线和油隙闪络不同电位之间的油中火花放电或悬浮电位之间的火花放电。

2018 年 12 月 20 日在对 SFC 输入变压器开展特巡时发现变压器高压侧顶盖箱沿处有明显放电痕迹，机组拖动方式改为背靠背拖动，暂停 SFC 拖动方式运行。

2.2 故障前期应对措施

（1）加强设备状态监测和风险防控。

1）加密 SFC 输入变压器色谱分析频次，关注油中溶解气体含量的变化趋势；

2）在 SFC 输入变压器运行期间开展红外热像测温特巡，制定火灾预案，加强 SFC 输入变压器消防喷淋系统日常维护与功能检测。

（2）筹备变压器检修事宜。

1）联系制造厂法国 CELDUC 公司，寻求厂家建议并获取变压器内部结构图；在得知厂家不提供检修服务后紧急转向联系国内变压器检修厂家；

2）机组背靠背启动方式检查与启动试验工作，为检修期间机组抽水启动运行打好背靠背启动可靠性基础；

3）联系过程国内变压器检修厂家，咨询磋商变压器检修事宜；

4）联系变压器备件应急储备以应对变压器无法修复情况。

3 吊检分析与处理

3.1 吊检步骤

① 变压器一、二次接线拆除→② 变压器移位→③ 变压器排油→④ 变压器油位计、测温 TV、气体继电器等本体侧二次接线拆除→⑤ 变压器油枕拆除→⑥ 变压器顶盖螺栓拆除→⑦ 变压器吊芯检查处理。

3.2 器身检查

（1）绕组、铁芯及围屏检查。变压器高低压绕组及连接固件、铁芯及夹件、高低压侧引线套管等内部组件未见局部烧蚀等异常情况，绝缘围屏绑扎牢固，铁芯无形变，铁轭与夹件间绝缘良好。铁芯无多点接地。铁芯拉板及铁轭拉带紧固。但变压器绕组外观略有变形如图 2 所示，绕组变形为变压器频繁合闸冲击所致，形变量较小不影响正常运行。

（2）箱沿检查。变压器上箱盖处有多处漏磁放电痕迹，高压侧 3 处，低压侧 3 处。烧蚀点均存在于变压器顶盖与外壳的箱沿结合面上，其中高压侧靠近压力释放阀和循环油泵附近箱沿烧蚀情况最为严重，该处上盖板粘有金属熔化物如图 2 所示的标注 1，对应部位顶盖外侧烧黑如图 2 所示的标注 2，下沿橡胶密封垫烧蚀碳化如图 3 所示的标注 3，对应箱沿限位筋（ϕ6mm 的钢棍）内沿烧熔约 7cm，所产生的金属异物与该处的密封胶条融化在了一起，如图 2 所示的标注 4。其他烧蚀部位现象较轻，无明显损坏。

（3）变压器器身接地情况检查。顶盖接地主要靠布置在变压器壳体左右两侧的两根软接地扁线通过变压器外壳接地如图 4 右所示，而铁芯及夹件接地则是通过接地引线接至顶盖上如图 3 左所示。变压器顶盖及箱体上沿均由防护漆覆盖，包括顶盖与箱体固定螺孔，箱盖和箱沿不能通过连接螺栓实现金属连通。

图 2 输入变压器吊罩后内部情况

图 3 输入变压器高压侧顶盖及箱沿最严重烧蚀部位情况

图 4 输入变压器顶盖、铁芯及夹件接地引接情况

（4）引出线检查。对铁芯及夹件接地引线固定螺栓进行紧固性检查，未发现松动情况；对内部其他螺栓紧固性检查也未发现松动情况。

3.3 故障判断

SFC 输入变压器为顶盖与绕组及铁芯一体结构，在接地配置上 SFC 输入变压器与接地网只有外壳与接地扁铁一处接地点，其铁芯及夹件接地是通过接地引线接至顶盖，顶盖通过软接地扁线接至变压器壳体，从而实现变压器铁芯及夹件的接地。顶盖与壳体连接的软接地扁线共 2 处，分别布置在变压器左右两侧。

SFC 输入变压器运行时尤其是合闸瞬间漏磁较大、磁场强，漏磁在变压器顶盖对应部位产生涡流和悬浮电位，由于顶盖接地只有两根软扁线，导致漏磁产生的局部涡流和悬浮电位不能顺畅对地释放，最终涡流和悬浮电位放电导致金属严重发热乃至烧熔,过程高温使绝缘油分解出了乙炔等特征气体。而 SFC 输入变压器在运行中合闸冲击较为频繁,长期的集聚最终导致了乙炔和可燃气体超标以及故障的恶化。

3.4 故障处理

(1)对烧蚀部位进行打磨处理,去除杂质、毛刺和凸点。

(2)对顶盖螺孔上端面和箱沿螺孔下端面防护漆的打磨清理,如图 5 所示。

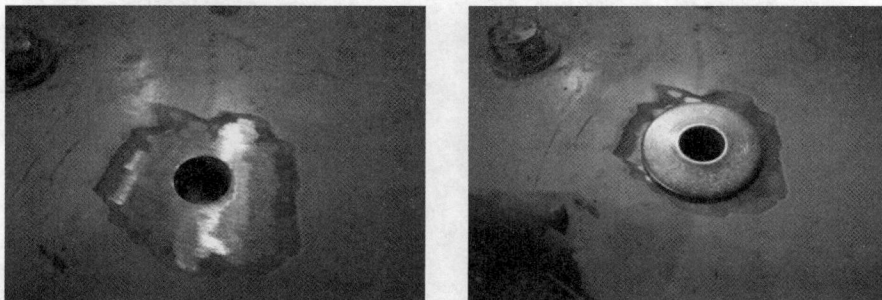

图 5 顶盖及箱沿螺孔面防护漆打磨

(3)在顶盖和箱沿上加装铜制线夹,同时更换螺栓,增加垫片,保证线夹的接触面积,使电流得以均匀分配,效果如图 6 所示。

图 6 线夹装配及最总效果图

(4)变压器箱体内部清理及变压器回装。

(5)投运前新绝缘油过滤及化验,化验合格后充油静置 24h。

(6)变压器复位及电气预防性试验,各项试验数据合格。

(7)SFC 静态调试及拖动试验,变压器运行正常,红外成像测温正常,如图 7 所示。

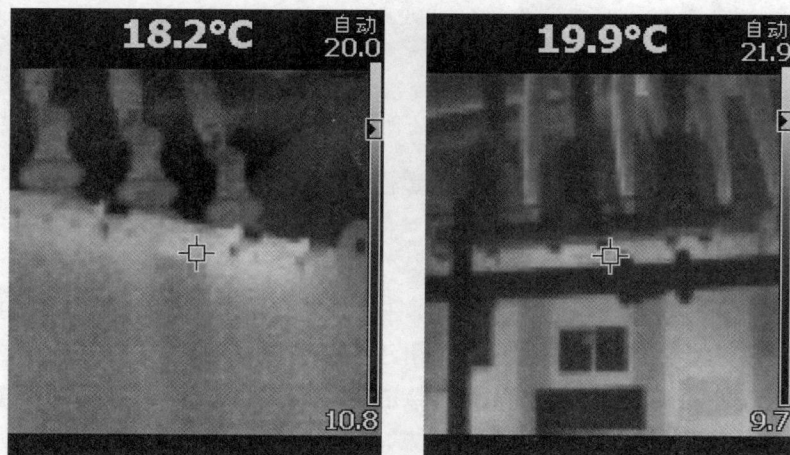

图 7 输入变压器修后拖动过程红外成像

4 修后状态跟踪与评估

4.1 修后油色谱试验

由于受限检修现场条件和工期，本次检修未能开展变压器器身的脱气处理，导致投运后的变压器依然残存较多特征气体，在长达 3 个月时间，绝缘油色谱数据才趋于稳定，详见表 2。

表 2　　　　　　　　　　　　宝泉 SFC 输入变压器修后绝缘油色谱试验数据汇总

化验日期	2018 – 12 – 26	2018 – 12 – 29	2019 – 01 – 04	2019 – 01 – 29	2019 – 02 – 13	2019 – 03 – 15
H_2	0.619	1.24	0	2.086	2.566	0.27
CO	49.373	0	2.9	7.379	18.457	13.848
CO_2	1523.884	132.79	231.53	638.466	1120.229	1100.573
CH_4	2.595	0	0.61	3.452	6.733	5.132
C_2H_4	0	1.05	2.95	8	16.957	13.009
C_2H_6	0	0.24	0.33	1.024	3.575	3.411
C_2H_2	0	0.41	1.17	5.068	6.645	5.581
总烃	2.595	1.7	5.06	17.544	33.91	27.133
备注	修后注油前	注油后	投运后	投运后	投运后	投运后

4.2 红外测温

由于 SFC 拖动每次机组时间较短，SFC 输入变压器红外成像数据没有异常温升，壳体温度同环境温度相当，详见表 3。

表 3　　　　　　　　　　　　宝泉 SFC 输入变压器修后红外成像数据汇总

红外测温日期	2019 – 12 – 30	2018 – 12 – 31	2019 – 01 – 17	2019 – 01 – 30	2019 – 02 – 13	2019 – 03 – 15
最高温度（℃）	19.9	21.2	20.5	22.4	21.6	22.5

5 结束语

宝泉公司通过加紧油样送检频次、多方咨询评估分析故障、制定应急预案、积极推进紧急抢修，有效防治了事故扩大。本次变压器紧急抢修，参照《电气装置安装工程电力变压器、油浸电抗器、互感器施工及验收规范》的要求，对变压器进行了解体吊检、查明故障原因、开展了针对性的防治措施。通过本次检修增进了对欧标变压器内部结构的了解，提升了对涡流和悬浮电位放电产生因素及危害的认识。但本次检修限于现场条件，未能开展变压器器身的脱气处理，导致投运后的变压器依然残存较多特征气体并且需要较长时间才能达到稳定值的情况，对故障处理评估造成了不便。鉴于本次故障产生机理，为避免类似事故发生，建议采用器身与顶盖一体的变压器在设计、制造及运维过程中应采取以下防范措施：

（1）变压器顶盖与箱沿连接应选用导磁性能良好上紧螺栓，螺栓同顶盖和箱沿的接触变应金属接触良好；

（2）该类型变压器各部分接地主要通过变压器外壳接地实现，安装时务必保证外壳接地良好，接地铜排截面积满足设计要求；

（3）变压器在运行中应定期对变压器箱沿开展红外成像测温，发现异常局部温升应及时停电检查。

参考文献

[1] 陈绪滨，陈光伟. 静止变频装置输入变压器总烃和乙炔含量超标故障分析处理. 水电站机电技术，2015（12）.

[2] 胡雪琴. 抽水蓄能电站静止变频起动装置应用情况总结与探索. 水力发电，2007（5）.

仙居抽水蓄能电站蠕动检测装置误动作原因分析及
改造方案介绍

房道明　孙　影

（哈尔滨电机厂有限责任公司，黑龙江省哈尔滨市　150040）

【摘　要】 本文简要地介绍了抽水蓄能机组蠕动检测装置的作用，详细介绍了仙居电站现有蠕动检测装置的工作原理，分析了一次由蠕动检测装置误动作间接引起机械事故停机的原因，并介绍了一种利用非接触式方法检测机组蠕动的改造技术方案。

【关键词】 抽水蓄能　蠕动检测装置　非接触式

1 引言

抽水蓄能电站往往具有水头较高的特点。机组停机静止状态下，即使在进水阀工作密封投入的情况下水轮机活动导叶处仍有较大漏水，此种情况下容易发生蠕动现象，对于采用钨金材质的推力轴承瓦机组来讲机组低速蠕动将导致推力轴承瓦与镜板研磨损伤，工程上俗称"烧瓦"，将严重影响机组的安全正常运行，因此对抽水蓄能机组蠕动进行检测十分必要。

对于蠕动检测装置的灵敏度，《水轮发电机组自动化元件（装置）及其系统基本技术条件》（GB/T 11805—2008）中明确规定，当机组大轴蠕动角度在 1.5°～2.0° 时，蠕动检测装置应能可靠发出报警接点信号。

可靠工作的蠕动检测装置能够及时地发现蠕动现象并将报警信号送至监控系统，监控系统投入机械制动装置或高压油顶起装置以保护推力轴承瓦。

2 仙居电站蠕动检测装置介绍

仙居抽水蓄能电站位于浙江省仙居县境内，共安装 4 台单机容量为 375MW 混流可逆式水轮发电机组，水轮机额定水头 447m，额定转速为 375r/min，4 台机组于 2016 年 10 月 17 日全部投产运行。

电站蠕动检测装置采用气动机械摩擦盘接触式设备，它基于机械－触点的检测方法，对机组转动部件的圆周位移即转动角度进行监测。设备主要由电磁空气控制阀组和蠕动检测执行器组成，电磁空气阀组管路系统图如图 1 所示，蠕动检测执行器安装简图如图 2 所示。基本技术参数为：气源气压为 0.5～0.8MPa，投切器工作行程为 8mm，投入和报警接点各一对，灵敏度不大于 1.5°。

当机组停机后经过一定延时，监控系统发出投入蠕动装置命令，该命令作用于电磁空气阀的投入线圈，低压气源通过电磁空气阀进入蠕动检测执行器的投入腔，退出腔弹簧受力压缩，机械摩擦盘与水轮机主轴表面接触，投入接点同时反馈投入信号至监控系统，装置进入监测状态，如果机组发生蠕动，机械摩擦盘将在水轮机主轴的带动下转动并通过报警接点将蠕动信号送至监控系统。

当机组接到启动命令后，监控系统会发出蠕动退出命令，该命令作用于电磁空气阀的退出线圈，此时蠕动投入腔将通过电磁空气阀与排气管路相连通，气源压力消失、退出腔的弹簧复归，机械摩擦盘与水轮机主轴脱离，退出监测状态。

这种检测方法的优点是检测灵敏度高，其缺点是探测杆和摩擦盘反复投退会造成机械损耗，导致投入或退出灵敏度降低，且如果机组仍在转动时误投入检测就有可能造成探测杆及机械摩擦盘的损坏。

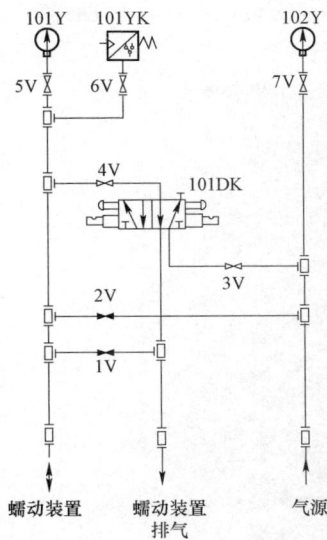

图 1 电磁空气阀组管路系统图

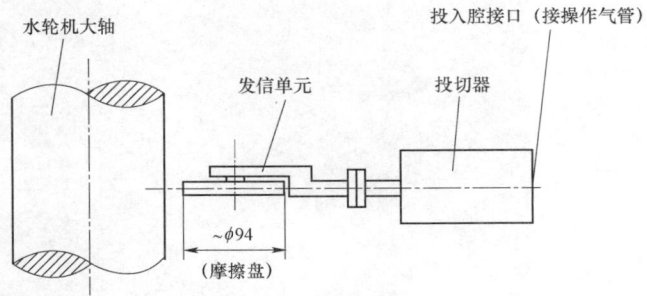

图 2 蠕动检测执行器安装简图

3 事故描述

2019年5月6日中午，仙居电站4号机组抽水态带－380MW运行过程中，机组机械过速保护装置动作，导致机械事故停机。事故后通过查看机械过保护装置处的监控视频，发现其旁边装设的蠕动检测装置误投入，探测杆断裂、摩擦盘飞出后碰撞到机械过速保护装置液压阀换向片致其动作，同时摩擦盘落至机坑里衬外壁位置。

4 事故分析

上述事故发生在4号机组水泵工况运行期间，蠕动装置事故之前均处于退出状态，因此此次事故是由蠕动检测装置误动作引发的。

4.1 蠕动检测装置出现误动作的主要可能因素

（1）操作电磁空气阀的电气信号误动作；

（2）蠕动装置连接的气管路出现问题。

4.2 事故原因确定

（1）经过核查设计图纸和结合监控系统事件记录表排查实际运行情况，操作蠕动装置动作信号和装置反馈信号均正常，无故障现象存在，因此上述故障因素"操作电磁空气阀的电气信号误动作"不成立。

（2）经过进一步排查装置外部供气、排气管路实际布置情况，发现检修密封排气管和主轴蠕动检测装置排气管是通过一个三通接头连接在一起（见图3），最后汇合至全厂排气总管（含调相压水系统排气）。据此分析是排气总管内部气体未及时排出时进入蠕动装置的投入腔，使蠕动装置误动作。在此思路基础上查看全厂的事件记录表，发现在事故同时，电站1号机组正在进行排气回水过程，尾水锥管至转轮室内有大量的气体，导致排气过程中，排气管路存在一定的压力，传导至蠕动检测装置将其投入。

图 3 蠕动装置排气管连接图

蠕动检测装置摩擦盘飞出后撞到机械过速保护装置的液压阀换向片致机组机械事故停机，也反映出设备之间的相对位置布局存在不合理性。机械过速保护装置和蠕动检测装置安装位置如图4所示。

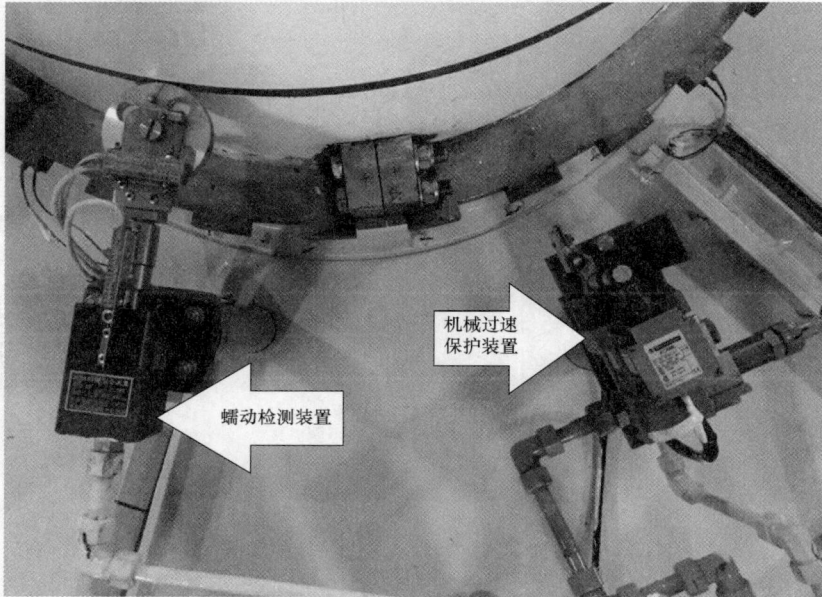

图4　蠕动装置和机械过速保护装置布置图

5　改造方案

针对仙居电站此次事故暴露出的问题，决定拆除原蠕动检测装置，设计一种非接触式的蠕动检测实现方案：利用调速器现有的齿盘测速的电感式接近开关输入信号作为蠕动检测装置的信号源，对此信号进行处理以实现蠕动检测、报警功能，信号采集方式如图5所示。

5.1　原理简介

在机组停机稳定后，调速器的 PLC 内部"激活"蠕动检测程序段，在排除干扰的前提下，当程序检测到输入信号有电平变化的时候，即判定机组发生蠕动现象。

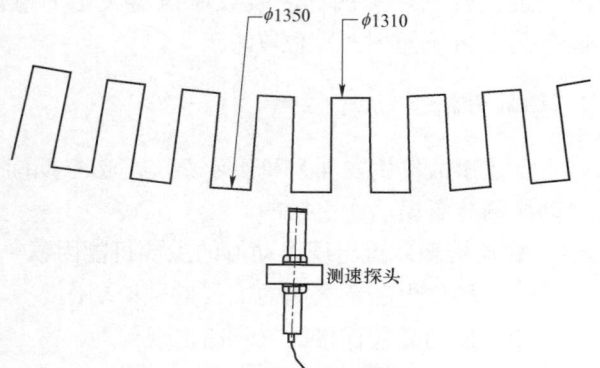

图5　改造方案蠕动信号源采集方式

此种应用能够检测主轴转动的分辨率为小于等于 $360°/$ $(2 \times$ 齿数$)$，而仙居电站现有的齿盘齿数为 32 齿，代入得到分辨率为小于等于 $5.625°$，显然不满足 GB/T 11805—2008 的要求，因此需要更换现有齿盘，以满足测量精度的要求。

5.2　新齿盘齿数确定

新齿盘齿数需同时满足以下两个条件：

（1）$360°/(2 \times$ 齿数$) < 1.5°$。

（2）齿数 $= N \times P$（N 为正整数，P 为发电电动机的极对数，仙居电站 $P = 8$）。

故容易得出新齿盘齿数范围，工程应用中取齿数为 128。

5.3　改造方案评价

（1）该方案采用非接触式的检测方法，规避了原方案存在的缺点。

（2）仅更换了测速齿盘，且新齿盘能够满足外形尺寸与原齿盘保持一致，数据处理和功能实现主要在软件程序中实现，实体设备更改少。

6 结束语

通过此次仙居电站事故分析以及对蠕动检测装置的改造，可以总结出以下经验，供类似机组蠕动检测装置的设计及应用。

（1）气动机械接触式蠕动检测装置的排气管路应单独排气；

（2）避免机械接触式蠕动检测装置与机械过速保护装置就近布置安装；

（3）利用主轴上装设的齿盘，配合接近式感应元件，可以实现非接触式蠕动检测，可以规避机械接触式蠕动检测装置的缺点。

参考文献

[1]　易承勇. 转速信号在机组控制中的作用 [J]. 水电站机电技术，2002（2）.

[2]　王跃. 抽水蓄能机组无接触式蠕动检测装置研究 [J]. 电网与清洁能源，2013（10）.

基于"大机小网"电网需求的抽水蓄能机组抽水工况启停速度优化研究

陈　伟

（海南蓄能发电有限公司，海南省海口市　570100）

【摘　要】"大机小网"特点要求海南电网和发电厂必须考虑电力系统频率特性及应对策略。琼中抽水蓄能 1 号机组在动态调试期间泵工况开停机功率变化较快造成海南电网频率波动。该电站开展抽水工况启停速率优化研究工作，消除开停机过程造成的电网频率冲击，降低了海南电网在联络线检修或故障时的孤网条件下系统频率失稳风险。

【关键词】大机小网　抽水工况　频率特性　调速器

1　引言

目前海南电网与广东电网主网之间仅通过一回海底电缆连接。在联络线检修或故障时的孤网条件更将成为制约海南电网安全稳定运行的关键因素。"大机小网"特点要求海南电网和发电厂必须考虑电力系统频率特性及应对策略。

海南琼中抽水蓄能电站安装 3 台单机容量为 200MW 的可逆式混流式水泵水轮机组。该电站以 220kV 电压等级出线接入海南电网，用于缓解海南由于昌江核电机组投产带来的调峰问题，并承担海南电力系统的调频、调相、紧急事故备用和黑启动等任务，提高系统稳定性。

海南琼中抽水蓄能电站 1 号机组动态调试期间，抽水工况开停机过程功率快速变化造成海南电网频率波动最大值超过±0.10Hz。为避免频率波动加剧造成高频切机第一轮动作，根据海南中调评估的其他电厂 AGC 调节能力，海南电网公司提出要求：不允许琼中抽水蓄能电站两台及以上机组同时抽水工况开停机；机组抽水工况开机升负荷过程中二级溅水功率（−33MW）到满负荷（−205MW）从 25s 调整到 50s 以上；机组抽水工况停机降负荷过程中 1 号机组从满负荷（−205MW）到出口断路器分闸时间从 11s 调整到 40s 以上。

2　抽水工况开停机过程分析

2.1　抽水调相（PC）→抽水（P）开机过程

机组抽水调相工况（PC）有功功率约为−3MW，机组抽水工况（P）有功功率约为−205MW。抽水工况开机流程为（停机）S→抽水调相（PC）→抽水（P），即 P 必须经 PC 流转，PC→P 先后经历启动排气回水、退出进水阀下游密封、打开进水阀，调速器通过控制导叶使机组有功功率调整到满负荷（−205MW）。图 1 是 PC→P 流程框图。

2.2　抽水工况（P）→停机过程

抽水工况停机流程为抽水工况（P）→停机（S），抽水工况通过控制调速器将机组功率降到−10MW 后断开机组出口断路器。

3　1 号机组泵工况开停机有功变化曲线分析

3.1　1 号机组抽水工况开机过程有功功率变化曲线

PC→P 过程中，机组有功功率从−10MW（一级溅水功率）到−33MW（二级溅水功率）历时超过 8s，有功功率变化较慢且幅度较小，对电网频率无影响。图 2 是 1 号机组抽水工况开机过程有功功率变化曲线，

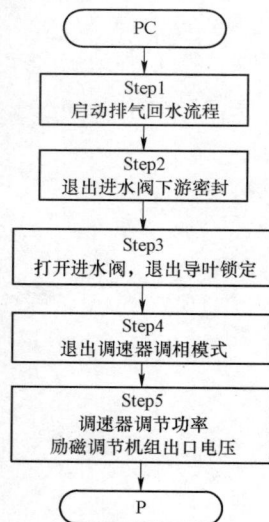

图 1　PC→P 流程

可以看出该开机过程二级溅水功率（−33MW）到满负荷（−205MW）用时 24.091s。该暂态过程造成海南电网频率短时下降超过 0.10Hz。

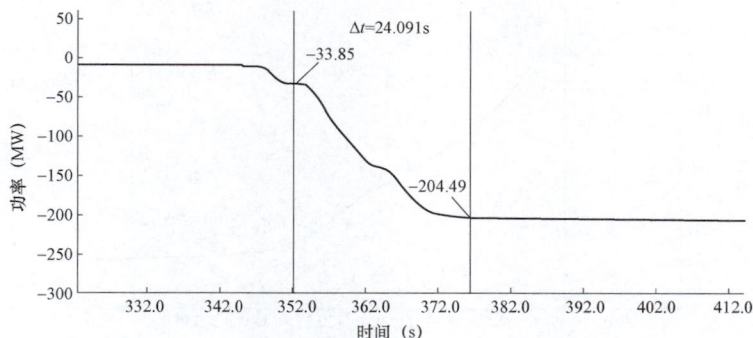

图 2　1 号机组抽水工况开机过程有功功率变化曲线（参数优化前试验数据）

3.2　1 号机组抽水工况停机过程有功功率变化曲线

图 3 是 1 号机组抽水工况停机过程有功功率变化曲线，该停机过程中从满负荷（−205MW）到出口断路器分闸用时 11.398s。该暂态过程造成海南电网频率短时升高超过 0.10Hz。

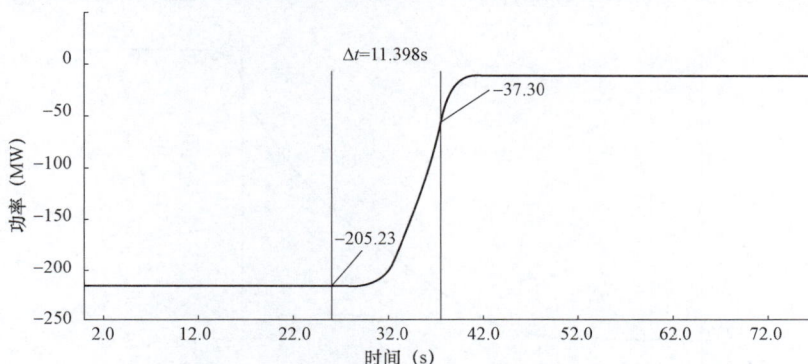

图 3　1 号机组抽水工况停机过程有功功率变化曲线（参数优化前试验数据）

4　机组抽水工况开停机速度的优化

分析图 1 流程得出，只有通过修改调速器参数才能降低机组抽水工况开停机速率，延缓有功功率上升和下降过程。

抽水工况开机过程中，导叶开启速率受参数 PM_RPOV 控制，PM_RPOV 的定义为导叶从 0%开度到 100%开度的动作时间，PM_RPOV 原设置为 30，二级溅水功率 P_2 到满负荷用时 $t_1=24$s。为保证二级溅水功率 P_2 到满负荷 P_{max} 过程延长到 $t_2=60$s，PM_RPOV 新设定为(原参数值$\times t_2)/t_1=(30\times60)/24=75$。

抽水工况停机过程。抽水工况导叶关闭速率由参数 VT_RPAR 控制，定义为导叶从开度 LA_POSA 到 LA_POSF 开度的动作时间。VT_RPAR 原设置为 15，LA_POSA=0.95，LA_POSF=0。

抽水工况停机过程中导叶从 90%到 65%变化过程中，机组功率维持在 −205MW 左右。因此考虑以 65%导叶值作为分段控制折线点（LA_POSA 新设置为 0.65）。

导叶控制第一段快速关闭规律：90%开度到 65%开度过程导叶设定值 PID_CSC 为 0；导叶控制第二段慢速关闭规律，导叶从 LA_POSA（65%）到 LA_POSF（0%），关闭斜率为 VT_RPAR。为保证停机过程中从满负荷（−205MW）到出口断路器分闸从 11.398s 延长到 45s，关闭斜率 VT_RPAR 新设置为(45/11.398)×原参数值=(45/11.398)×15=59.2，取整数 60。

4.1　1 号机组抽水工况开机过程升负荷曲线分析

1 号调速器参数调整后进行抽水工况开停机试验。从图 4 看出，1 号机组抽水工况开机过程中二级溅水功率（−33MW）到满负荷（−205MW）用时 59.672s，比优化前延长 35.5s，该功率变化过程造成海南电网频率短时波动小于 0.03Hz。

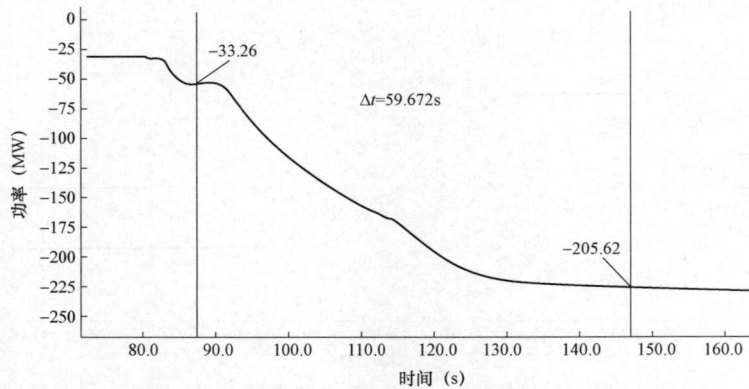

图 4　1 号机组抽水工况开机过程有功功率变化曲线（参数优化后试验数据）

4.2　1 号机组抽水工况开机过程降负荷曲线分析

从图 5 看出，1 号机组从满负荷（−205MW）到机组断路器分闸用时 43.855s，比优化前延长 32.4s。该过程造成海南电网频率短时波动小于 0.03Hz。

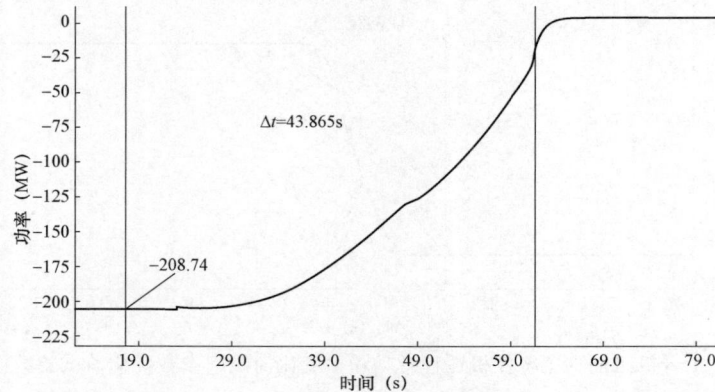

图 5　1 号机组抽水工况停机过程有功功率变化曲线（参数优化后试验数据）

4.3　抽水工况开停机机组各部分振动分析

监测 1 号机组抽水工况开停机试验过程机组各部位振动摆度。与调速器参数优化前开停机过程比较，未发现振动摆度值增大现象。1 号机组 PC 转 P 过程机组各部位振动摆度最大值见表 1。

表 1　　　　　　　　　　　　PC→P 过程 1 号机组各部位振动摆度最大值

上导摆度 +X	180μm	顶盖 +X	1.8mm/s
上导摆度 −Y	195μm	顶盖 −Y	1.4mm/s
下导摆度 +X	60μm	顶盖 Z	1.83mm/s
下导摆度 −Y	66μm	上机架 +X 水平	16μm
水导摆度 +X	39μm	上机架 −Y 水平	16μm
水导摆度 −Y	27μm	上机架 Z 垂直	6μm
上机架 +X 水平	0.40mm/s	下机架 +X 水平	6μm
上机架 −Y 水平	0.38mm/s	下机架 −Y 水平	4μm
上机架 Z 垂直	0.39mm/s	下机架 Z 垂直	3μm
下机架 +X 水平	0.29mm/s	顶盖 +X	9μm
下机架 −Y 水平	0.39mm/s	顶盖 −Y	6μm
下机架 Z 垂直	0.41mm/s	顶盖 Z	8μm

P 停机过程 1 号机组各部位振动摆度最大值见表 2。

表 2   P→GCB 分闸过程 1 号机组各部位振动摆度最大值

上导摆度 +X	182μm	顶盖 +X	2.6mm/s
上导摆度 −Y	197μm	顶盖 −Y	2.3mm/s
下导摆度 +X	58μm	顶盖 Z	3.21mm/s
下导摆度 −Y	62μm	上机架 +X 水平	18μm
水导摆度 +X	35μm	上机架 −Y 水平	17μm
水导摆度 −Y	29μm	上机架 Z 垂直	8μm
上机架 +X 水平	0.42mm/s	下机架 +X 水平	7μm
上机架 −Y 水平	0.37mm/s	下机架 −Y 水平	4μm
上机架 Z 垂直	0.38mm/s	下机架 Z 垂直	3μm
下机架 +X 水平	0.27mm/s	顶盖 +X	8μm
下机架 −Y 水平	0.38mm/s	顶盖 −Y	5μm
下机架 Z 垂直	0.42mm/s	顶盖 Z	8μm

5 试验结论

（1）由于海南电网系统容量相对较小，且网内发电厂 AGC 调节速度较慢，琼中抽水蓄能 1 号机组抽水工况开停机过程功率快速变化造成电网频率波动最大值超过 ±0.10Hz。为避免频率波动加剧造成高频切机第一轮动作，通过调整调速器参数并进行动态试验，机组抽水工况开机升负荷时间（−33MW→−205MW）从 25s 调整到 59s，机组抽水工况停机降负荷时间（−205MW→0MW）从 11s 调整到 44s。试验结果显示该参数优化后，琼中抽水蓄能机组抽水工况开停机过程造成电网频率短时波动小于 ±0.03Hz，满足海南电网系统频率要求。

（2）适当延长机组抽水工况开停机过程负荷升降时间，该过程中机组各部位振动摆度值未明显增加，满足机组安全运行要求。

6 结束语

"大机小网"特点要求海南电网和发电厂必须考虑电力系统频率特性及应对策略。2018 年 1 月，海南电网因第二回海底电缆建设转入孤网运行。琼中抽水蓄能机组提前根据海南电网需求开展抽水工况启停速率优化工作，消除开停机过程造成的电网频率波动，显著降低了海南电网在联络线检修孤网条件下系统频率失稳风险。琼中抽水蓄能机组抽水工况启停速度优化研究获得中国南方电网公司发文通报表扬。该优化项目对其他"大机小网"电网的抽水蓄能机组调速器涉网试验有参考意义。

参考文献

[1] 黄文英."大机小网"电力系统安全稳定运行的措施 [J]. 福建电力与电工，2001，21（4）：19−20＋30＋33.

[2] 毛李帆."大机小网"核电机组涉网调试风险及控制优化策略 [J]. 吉林电力，2017，45（1）：8−12.

[3] 陈伟，符彦青."二选一"容错控制技术在抽水蓄能机组导叶开度反馈中的应用 [J]. 水电与抽水蓄能，2017，（10），3（5）：89−94.

[4] 黄汉昌，张宇，李献，等. 海南"大机小网"孤网运行方式下频率特性研究 [J]. 电力科学与技术学报，2016，31（4）：188−194.

高水头水泵水轮机无叶区压力脉动一倍转频成因初探

管子武[1]　徐卫中[2]　胡光平[2]　刘德民[1]　赵永智[1]　苟洪运[1]

（1. 东方电气集团东方电机有限公司，四川省德阳市　618000;

2. 重庆蟠龙抽水蓄能电站有限公司，重庆市　401420）

【摘　要】　无叶区压力脉动是高水头水泵水轮机极为重要的一项技术指标，是影响机组稳定性的一个重要因素，因此需格外关注。东方电机在对某高水头水泵水轮机模型试验时，发现无叶区存在 1 倍转频的压力脉动，在部分负荷下表现得尤为突出。为探索 1 倍转频压力脉动产生机理，本文进行了数值模拟。初步结果显示，1 倍转频压力脉动的产生可能与尾水管的回流有关。

【关键词】　高水头　水泵水轮机　无叶区压力脉动　1 倍转频道　尾水管回流

1　引言

抽水蓄能电站在保证电网安全运行扮演重要的角色。近年来我国开工建设一批高水头抽水蓄能电站（400～500m 水头段，如蟠龙、丰宁 2 期、阜康、梅州等），和超高水头的抽水蓄能电站（700 水头段，如敦化、长龙山以及阳江等）。对于高水头的抽水蓄能电站，稳定运行无疑是第一要素。水轮机工况部分负荷工况的稳定性，是其中最为重要的一个要素。业主对水泵水轮机在该工况的运行要求极高，考核的技术指标是无叶区的压力脉动水平。因此，抽水蓄能机组设备设计和制造单位，在研发阶段就要将该指标的设计和优化放在首要位置。

无叶区的压力脉动受多种因素影响，但最主要的影响因素是动静干涉效应。动静干涉引起的压力脉动的频率为转轮叶片通过频率及其倍频，这一点，前人从理论分析、模型试验以及数值计算都有所体现。然而在高以及超高水头水泵水轮机的模型试验中，笔者发现无叶区还存在一些特殊的压力脉动，如 1 倍转频的压力脉动频率。该频率的压力脉动在 40%～50% 负荷区间表现得尤为明显，甚至成为第一主频。如何 1 倍转频的产生原因是什么？前人有没有研究呢？

瞿伦富等人通过实验测量了水泵水轮机压力脉动特性，指出，在某些工况下，无叶区的压力脉动是最大的。Hasmatuchi（2011）通过试验研究了水泵水轮机在发电模式下的多个工况的压力脉动，重点对比了最优工况、空载工况和接近零流量的工况，对压力脉动进行了监测，并对压力脉动进行了分析，通过分析可以发现在空载工况无叶区内存在着一低频脉动，频率特征为 0.7 倍转频。Liu（2012）等人研究了水泵水轮机开机过程非同步导叶对压力脉动的影响，通过数值模拟发现，非同步导叶无叶区有大量涡结构存在，压力脉动幅值是同步导叶的两倍（0.63 倍的转动频率）。Zuo（2015）综述了水泵水轮机无叶区压力脉动的研究现状和取得的进展，重点对比了转轮和导叶的几何参数、运行工况点和空化系数对压力脉动的影响，以及根据目前的研究所采取的改善压力脉动的相关措施。

由此可见，目前国内外对水泵水轮机 1 倍转频的研究很少，对其产生的机理也不清楚。因此，对该问题的研究就显得非常有意义。本文首先将介绍模型试验中出现的 1 倍转频现象，其次将针对数值计算结果进行分析，以期探索压力脉动 1 倍转频出现的机理。

2　模型试验

2.1　模型试验简介

模型试验在东方电机 DF-150 试验台上完成，试验台图 1 所示。试验台满足 IEC 规程的要求，表 1 为试验台的一些基本参数。模型试验也完全按 IEC 规程执行。按要求，无叶区压力脉动监测点布置在 1.1 倍直径处，如图 2 所示。压力脉动监测点进行压力脉动测试，测试的时长为 12s。对压力脉动时域图进行快速傅里叶变换，得到压力脉动的分频幅值。

图 1　DF-150 试验台

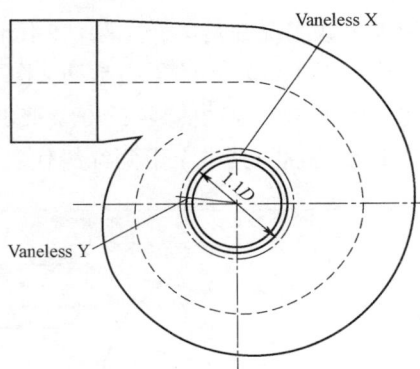

图 2　无叶区压力脉动监测点

表 1 　　　　　　　　　　　　　　　　　 DF-150 试 验 台 参 数

参　数	数　值	参　数	数　值
最大试验水头 H（m）	150	最大试验流量 Q/（$m^3 \cdot s^{-1}$）	1.5
试验的模型转轮直径 D（mm）	250～500	尾水压力 H（m）	-8.5～+25
最高转速 N/（$r \cdot min^{-1}$）	2500	试验台不确定度	±0.25%
测功机最大出力 P（kW）	500		

水泵水轮机模型转轮为长短叶片转轮，包含 5 个长叶片和 5 个短叶片。长短叶片转轮，又称分流式叶片转轮或负叶片转轮，具有很多优点：能改善驼峰特性、减小圆盘摩擦损失、提高空化性能等。在目前已投运的高水头抽水蓄能电站已有应用，如日本的神流川（$H_{max}=728m$）采用的是 5 个长叶片加 5 个短叶片的转轮；东方电机为长龙山超高水头抽水蓄能电站设计的也为 5+5 的长短叶片转轮。图 3 为常规 9 叶片转轮与 5+5 长短叶片示意图。

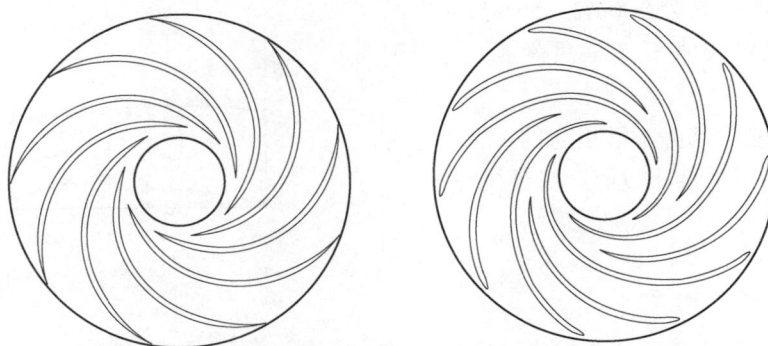

图 3　常规叶片转轮与长短叶片转轮（左：9 叶片，右：5+5 长短叶片）

2.2　试验结果

对于 5+5 长短叶片转轮，其无叶区压力脉动最主要的是频率为 5 倍转频和 10 倍转频及其倍频。图 4 是某高水头水泵水轮机在高单位转速无叶区压力脉动频率和幅值特征。图 4 显示的是某模型转轮在某单位转速下 0～100%负荷范围内无叶区压力脉动混频及主要的 3 个分频幅值特性，其中 A_{max} 为 0～100%负荷范围内无叶区压力脉动幅值的最大值，f_n 为转动频率。由图 4 可以看出，压力脉动幅值（图中黑线）随负荷的减小呈先增后略减的变化趋势，其中在 50%负荷附近，压力脉动幅值出现跳跃式增长，之后，略有所降。由此可见，部分负荷无叶区的压力脉动幅值是最大的，这也是招标文件对该点压力脉动要求最为严格的原因。那么，为什么部分负荷（50%附近）的压力脉动幅值最大？回答该问题，就需要从频率的分频成分寻找原因。

对于 5+5 长短叶片转轮，5 倍转频和 10 倍转频是其中两个非常重要的成分。从图 4 中可以看出，10 倍转频在绝大多数工况都是第一主频，5 倍转频的幅值次之。10 倍转频幅值随负荷减小而缓慢增加，所有的工况点上均出现 1 倍转频的压力脉动（图中红线），而在 40%～50%负荷区间阶跃式的增加，并成为第 1 主频，从而导致了压力脉动曲线在 40%～50%负荷区间出现了跳跃式增长的现象。右图是 50%负荷工况点 1s 内的压力脉动特性，其中上下两红线代表 97%置信度。

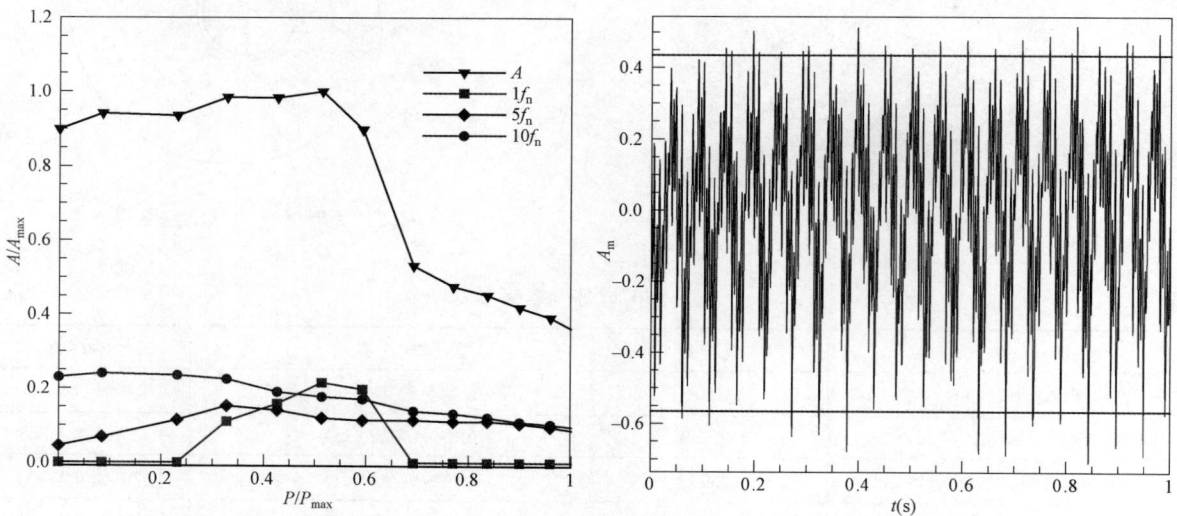

图 4 某模型转轮无叶区压力脉动特性（左：混频特性，右：50%负荷压力脉动时域图）

东方电机针对该高水头抽水蓄能电站开发了数个模型转轮，均出现该现象。图 5 是另一个转轮的无叶区压力脉动混频及主要的 3 个分频幅值特性图。从图中可以看出，第一主频为 10 倍转频，其幅值随负荷减小而缓慢增加。除了 35%～60%负荷，第二主频是 1 倍频外，其余工况为 5 倍转频。1 倍转频在 60%～50%负荷期间有跳跃，相应的压力脉动幅值在 50%负荷附近也出现跳跃式增长的现象。

显然，1 倍转频不是由动静干涉引起的，那么它是由什么原因引起的呢？下文将从数值计算寻找答案。

3 数值计算

3.1 数值计算简介

数值计算模型和数值计算方法与笔者之前的文章一致，限于篇幅，本文只做简单描述。

全流道非定常计算模型包括尾水管、转轮、活动导叶、固定导叶和蜗壳 5 个过电流部件。其中，转轮由 5 个长叶片和 5 个短叶片构成，固定导叶和活动导叶数都为 16。

本文采用 Ansys CFX14.0 进行三维全流道的非定常计算；控制方程为三维不可压缩 N–S 方程；采用二方程模型的 SST 湍流模型；对流项采用迎风离散格式，时

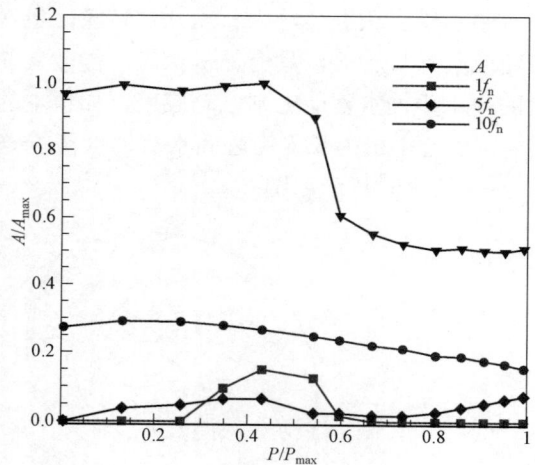

图 5 另一模型转轮无叶区压力脉动特性

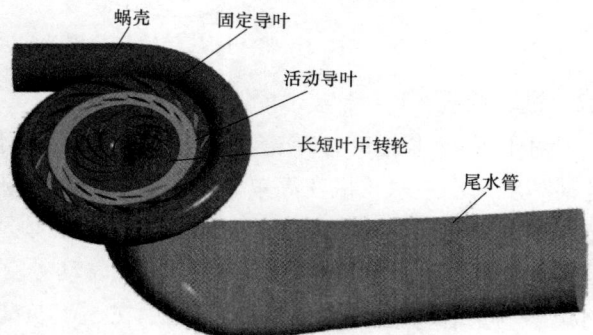

图 6 计算模型

间项采用一阶离散格式，湍流项采用一阶离散格式；内迭代最多 10 步，收敛精度为$1×10^{-5}$，约转轮旋转 1° 计算一步。待压力脉动稳定后，选取最后 5 个旋转周期数据作为分析对象。

固壁采用无滑移边界条件；采用总压进口条件，出口采用 Opening 条件，湍流边界条件采用 CFX 的默认值；动静交接面采用 Transient Rotor Stator 方法。

3.2 数值计算结果

计算工况点为图 4 的 50%负荷点。图 7 左图显示的是无叶区压力脉动时域特性的计算结果。其中，幅值已归一化。右图是频域图，从中可以看出，数值模拟能够预测出主要频率，如 1 倍转频、5 倍转频和 10 倍转频。

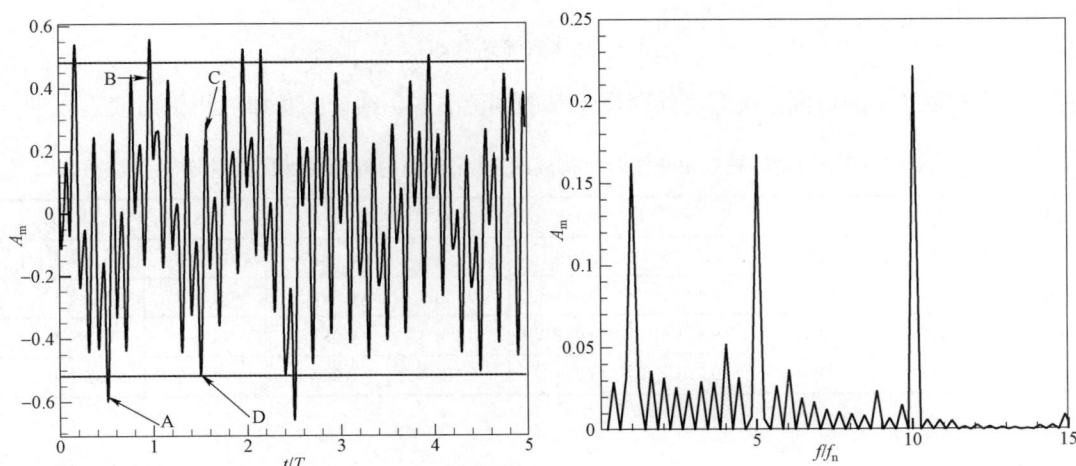

图7　数值计算结果

3.3 流场分析

很显然，1 倍转频不是由动静干涉产生的。其产生原因，就需从流场结构入手。

图 8 显示的是导叶和转轮内部 A～D 四个时刻（见图 7 左图所示）$S_{pan}=0.5$ 导叶和转轮内的流线图。由图可以看出，导叶和转轮内部并未出现明显的脱流或二次流。这说明，脱流或二次流并不是 1 倍转频产生的原因。图中，v_b 为无量纲化速度，$v_b = v/\sqrt{2gh}$，h 为水头。

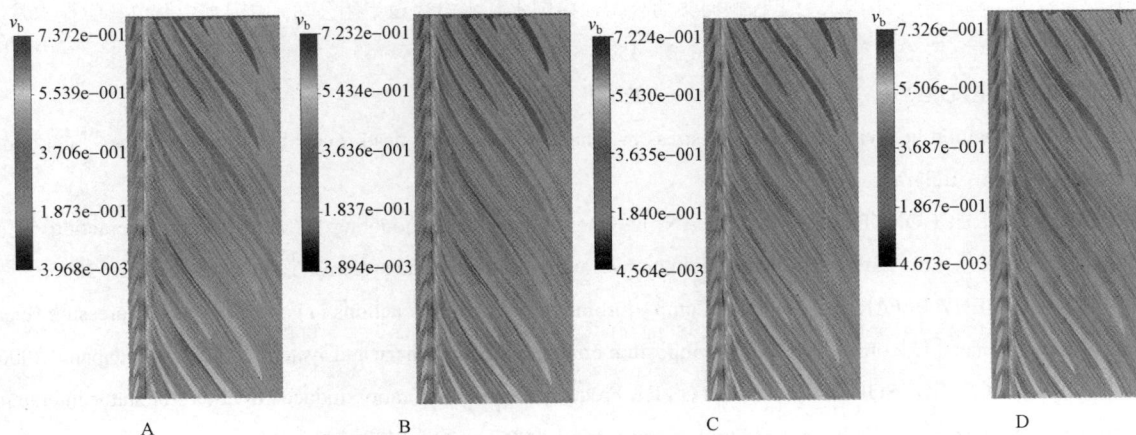

图8　流速分布图（v_b 为无量纲化的速度）

图 9 显示的是尾水管的无量纲流速分布图，$W_{ba} = -W/\sqrt{2gh}$，其中，W 为 Z 方向的速度，向上为正。从中可以看出，A～D 四个时刻，W_{ba} 有负值，即尾水管存在回流。尾水管回流将影响转轮内流道的流量（流速）。表 2 是转轮内由长短叶片构成的 10 个流道内的流量（以该工况下的流量为无量纲化参数）。很明显，流道内的流量是不均匀的。

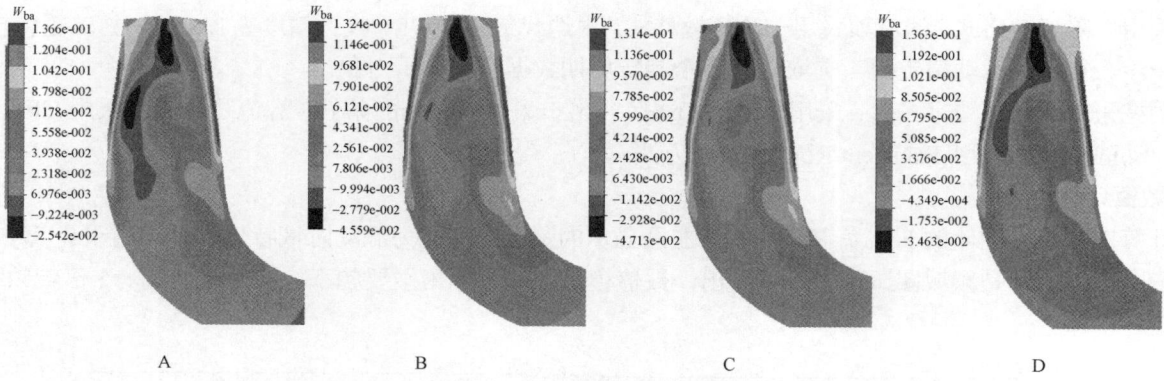

图 9　尾水管流速分布

综上所述，1 倍频产生的原因，极有可能跟尾水管的回流有关。结论的鲁棒性将由后续工作进一步确认。

表 2　　　　　　　　A～D 四个时刻转轮内由长短叶片构成的 10 个流道内的无量纲化流量分布

	Q1	Q2	Q3	Q4	Q5	Q6	Q7	Q8	Q9	Q10
A	0.087 6	0.115 3	0.081 9	0.110 6	0.084 1	0.109 6	0.088 8	0.113 8	0.092 3	0.116
B	0.082 8	0.109 8	0.085 4	0.109 7	0.089 8	0.114 1	0.092 1	0.114 8	0.087 7	0.113 6
C	0.086 9	0.110 2	0.091	0.114 8	0.091 2	0.114 3	0.087 6	0.111 8	0.083 2	0.109 1
D	0.091 9	0.113 9	0.091	0.110 9	0.086 7	0.108 7	0.084 3	0.110 3	0.087 9	0.114 5

4　结论

无叶区压力脉动是衡量高水头水泵水轮机稳定性的一大重要指标，因此需格外关注。东方电机有限公司在进行高水头水泵水轮机水力开发发现，无叶区压力脉动存在 1 倍转频的特征。1 倍转频压力脉动一般出现在 35%～60%负荷区间，在 45%～50%负荷左右将会激增，从而引起无叶区压力脉动激增。本文通过数值模拟，发现 1 倍转频压力脉动的产生原因极有可能与尾水管的回流有关。后续将进一步验证该结论。

参考文献

[1]　中国水力发电工程学会，中国水力工程顾问集团公司，中国水利水电建设集团公司. 中国水力发电科学技术发展报告
（2012 版）[R]. 北京：中国电力出版社，2012，457－522.

[2]　国家能源局. 水电发展"十三五"规划（2016～2020 年）[R]. 2016.

[3]　TANAKA H. Vibration behavior and dynamic stress of runners of very high head reversible pump－turbines [C]. In：15th
IAHR symposium, Belgrade, 1990.

[4]　NICOLET C., RUCHONNET N., AVELLAN F. One－dimensional modeling of rotor stator interaction in francis
pump－turbine [C]. In：23th IAHR symposium on hydraulic machinery and systems. Yokohama, Japan, 2006.

[5]　ZOBEIRI A., KUENY J., FARHAT M., et al. Pump－turbine rotor-stator interactions in generating mode: pressure fluctuation
in distributor channel [C]. In：23rd IAHR symposium on hydraulic machinery and system. Yokohama, Japan, 2006.

[6]　RODRIGUEZ C.G., EGUSQUIZA E., SANTOS F.I. Frequencies in the vibration induced by the rotor stator interaction in a
centrifugal pump turbine [J]. Journal of Fluids Engineering, 2007, 129：1428-1435.

[7]　BERTEN S., DUPONT P., FARHAT M., et al. Rotor－stator interaction induced pressure fluctuations: CFD and hydroacoustic
simulations in the stationary components of a multistage centrifugal pump[C]. In：5th Joint ASME/JSME Fluids Engineering
Conference. San Diego, USA, 2007.

[8]　SUN Y.K., ZUO Z.G., LIU S.H., et al. Numerical study of pressure fluctuations transfer law in different flow rate of turbine
mode in a prototype pump turbine [C]. In：6th International Conference on Pumps and Fans with Compressors and Wind

Turbines，2013.

［9］ YAN J.，KOUTNIK J.，SEIDEL U. Compressible simulation of rotor－stator interaction in pump－turbines［C］. In：25th IAHR Symposium on Hydraulic Machinery and Systems，Romania，2010.

［10］ RODRIGUEZ C.G.，MATEOS－PRIETO B.，EGUSQUIZA E. Monitoring of rotor-stator interaction in pump－turbine using vibrations measured with on－board sensors rotating with shaft［J］. Shock and Vibration，2014. Article ID 276796.

［11］ 瞿伦富，王琳. 混流可逆式水泵一水轮机全工况压力脉动的研究［J］. 动力工程，1996，16（6）：58－62，41.

［12］ HASMATUCHI V，FARHAT M，ROTH S，et al. Experimental Evidence of Rotating Stall in a Pump－Turbine at Off－Design Conditions in Generating Mode［J］. Journal of Fluids Engineering，2011，133（5）：623－635.

［13］ LIU J T，LIU S H，SUN Y K，et al. Numerical simulation of pressure fluctuation of a pump－turbine with MGV at no－load condition. IOP Conf Series：Earth Environ Sci，2012，15：062036.

［14］ ZUO Z，LIU S，SUN Y，et al. Pressure fluctuations in the vane－less space of High－head pump－turbines—A review ［J］. Renewable & Sustainable Energy Reviews，2015，41：965－974.

［15］ 王焕茂，覃大清，魏显著，等. 哈电混流式水泵水轮机长短叶片转轮水力研发及进展［C］. 抽水蓄能电站工程建设文集，2015，310－315.

［16］ 管子武，刘德民，赵永智. 部分负荷下超高水头水泵水轮机无叶区压力脉动特性分析［C］. 第二十一次中国水电设备学术讨论会，2017，253－263.

水轮机剪断销剪断原因分析及处理

孙　袁　王　伟　蒋君操　王　君　周家政　刘　财

（湖南黑麋峰抽水蓄能有限公司，湖南省长沙市　410213）

【摘　要】 导叶剪断销作为水轮机导水机构的保护装置，其发生剪断将导致该导叶不受控制，使机组不满足开机条件，直接影响机组正常运行。黑麋峰公司 1 号机在停机过程中，3 号导叶剪断销曾发生过非正常剪断故障，本文详细分析剪断销剪断原因，介绍了剪断销的更换方法，提出相应的预控措施，对水泵水轮机导叶的相应故障的处理，具有一定的参考意义。

【关键词】 剪断销　导水机构　保护装置　开机条件

1　引言

导叶剪断销被广泛应用于水电设备中对导水机构起到保护作用，它是由剪断销及信号传感器组成。其中，剪断销用于连接导叶传动机构的连杆与导叶臂，而连杆在控制环带动下转动，对剪断销产生剪切力，在导叶正常动作的过程中，剪断销有足够强度带动导叶转动；当有异物造成导叶卡涩，导叶轴和导叶臂不能正常动作时，使得剪切力增大，当该力大于正常操作应力的 1.5 倍时，剪断销发生剪断，使该导叶脱离控制环控制，其他导叶仍可正常关闭，避免事故扩大；信号传感器则用来监视传递剪断销信号的。

2018 年 5 月 12 日，黑麋峰公司 1 号机在停机备用时，3 号导叶剪断销发生非正常剪断故障，使机组不满足开机条件，直接影响机组正常运行。

2　原因分析

导叶剪断销剪断的原因较多，在导水机构的各个环节均可能导致剪断销剪断故障，结合黑麋峰电厂的生产实际，研究分析了其中的原因，主要如下。

2.1　二次回路误报警

当二次回路异常，可能会造成剪断销误报警。在控制柜上复归剪断销报警信号，报警信号不消失，在水车室逐个导叶检查，发现 3 号导叶的剪断销位置传感器的触头与端盖上的凹槽存在错位，如图 1 所示，进一步检查发现剪断销虽未脱落，但从下部敲击，确认剪断销确已剪断，排除二次回路误报警。

图 1　剪断销剪断信号开关已错位

2.2　异物卡塞

如有异物卡塞导叶，致使导叶在关闭过程中剪切力过大，将会造成剪断销剪断。对比上位机 1 号停机时的振动信号，无明显的异常，初步判定不是异物卡塞导叶，致使导叶在关闭过程中剪切力过大，造成剪断销剪断，在剪断销更换后，工作密封未退出的情况下，开关导叶剪断销未发生剪断现象，说明没有异物卡塞。

2.3 剪断销加工不合格

为降低应力集中，切实保证剪断销在合理受力范围内剪断，在剪断销最小断面处加工有一圆角 R_1，该值在加工时不能忽略简单加工成一尖角。否则，由于应力集中，剪断销容易出现频繁非正常剪断。现场检查该剪断销确有弧度为 45°。剪断销示意图如图 2 所示。

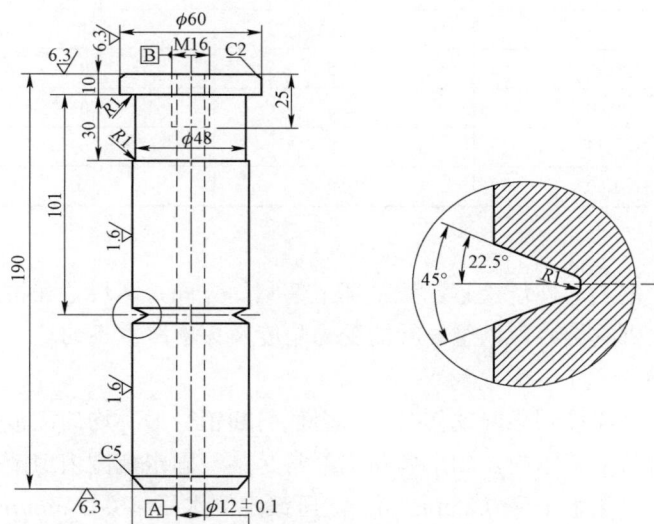

图 2 剪断销示意图

2.4 导叶端面间隙不合理

当端面间隙过小时，导叶容易与顶盖、底环过流面产生摩擦，致使导叶动作出现卡阻，使剪断销所受的剪切力增大，导致剪断销剪断。导叶端面间隙变小主要是以下几个方面：

（1）导叶调整螺栓松动，致使导叶下沉，导叶与底环间隙变小，现场检查调整螺栓标记并未发生偏移；

（2）导叶臂与抗磨垫之间存在间隙，在动作时导叶就会发生下沉，下端面间隙变小；如果存在高点，将改变导叶端面间隙的分配，结合机组检修检查未发现异常；

（3）导叶止推装置能够有效地控制导叶的窜动，在检修过程中发现导叶止推环上端面间隙为 0.25mm，远大于设计值 0.10mm；

（4）导叶倾斜的影响：如果导叶的 3 个轴套与导叶轴颈间存在超标的间隙，导叶受力后会发生倾斜，致使导叶大头下端与底环的间隙变小，结合机组检修测量未发现导叶倾斜。

D 级检修时测量 1 号机 3 号导叶端面间隙见表 1。

表 1   1 号机 3 号导叶端面间隙   mm

序号	上端左	上端右	下端左	下端右
3 号	0.55	0.75	0.15	0.10

注   导叶端面设计间隙：上部（C1）0.40mm，公差：0/＋0.05mm；下部（C2）0.30mm，公差：0/＋0.05mm。

由表 1 可知，3 号导叶发生了一定的沉降，上端面间隙变大，下端面间隙变小，均超过了设计值，导叶有一定的形变，使得机组运行中导叶摩阻增大，从而加大剪断销所受的剪切力。

2.5 抗磨板磨损

水平底抗磨块把合在控制环上，当配合面间隙偏差出现超标时或侧抗磨块与配合滑动副间隙超标时，控制环动作的过程中会发生水平窜动，导致剪断销受力不均，发生剪断。检修时测量的控制环抗磨板间隙，见表 2。

表 2   **1 号机侧抗磨块与配合滑动副间隙测量值**

测量点	测量值（导叶开）		测量值（导叶关）	
	左	右	左	右
1	0.80	1.00	1.00	1.55
2	0.55	0	1.90	1.00
3	0	0	1.15	0.10
4	0	0	0.20	0
5	0.35	0.55	0	0
6	0.90	0.95	0	0
7	1.15	1.45	0	0
8	1.50	1.50	0.45	0.85

注　设计值 0.7～0.8nm。

由表 2 知控制环已发生偏心，现场检查，控制环上游圆周方向上两块尼龙抗磨块脱落，致使接力器动作时控制环偏心，整个导水机构偏心，以至导叶的受力角度及大小严重不匀均。

2.6　接力器、控制环不水平

接力器、控制环不水平，在控制导叶动作时，将会使剪断销受力不均匀而被剪断。这种情况通常集中发生在控制环的某一固定的角度范围内，如果剪断销经常是某一固定范围内剪断应考虑这种情况，现场用水平仪校核，控制环机械锁定侧水平度 0.25mm/m，液压锁定侧水平度 0.26mm/m，控制环水平。

2.7　控制环轴套与销子配合间隙过大

接力器通过传动销将力传递到各导叶，传动销处设置有轴套。由于磨损或加工不合理，导致轴套与销子的配合间隙超标，在调节导叶开度时，控制环传递的力矩产生非水平分力，导致导叶动作不灵活，受力不均匀，使剪断销发生剪断。现场检查轴套未有磨损，开关导叶时推栏杆未发生异常摆动。

2.8　压紧行程超标

当导叶压紧行程过大时机组在停机状态下剪断销一直受力，长期如此剪断销因疲劳破坏寿命减短而断裂。导叶关闭时，在来自蜗壳的压力水和导叶内弹性密封的作用下，以及连臂变形及各销轴间存在间隙等，导叶有向开侧运行的趋势，为避免由此引起的漏水现象，当接力器关闭导叶之后，还要继续关闭一段行程，使导叶关闭后有几毫米的压紧量，即是导叶压紧行程。压紧行程太小导叶漏水将加大，造成机组蠕动；但若太大，导水机构各部件压得过紧势必受力可能导致设备变形、破损、移位等，剪断销因长期受力而频繁剪断。转轮直径在 3000～6000mm 之间时，压紧行程一般调至 5～7mm 比较合适。

表 3   **调速器接力器压紧行程**

参　数	机械锁锭侧	液压锁锭侧
标准值	5～7mm	5～7mm
测量值	13.1mm	13.6mm

通过上述测量值可以看出，其误差大大超过国家标准。

2.9　运行工况影响

运行工况将直接影响机组的振动和摆度，特别是低水头大开度，甩负荷时剪断销最易剪断，这时候剪断销的受力时间长，冲击大。查阅近一年的运行数据，1 号机并未发生过甩负荷，也未在低水头工况下长时间运行。

2.10　金属疲劳损伤

根据断口形态（见图 3），剪断销系金属疲劳被剪断。

图 3　剪断销断口形态

3　确定故障点

根据以上分析剪断销剪断，应是在导叶端面间隙超标、抗磨板磨损、压紧行程超标几个因素共同作用下导致剪断销金属疲劳损伤，最终剪断销断裂。

4　故障处理

对不合理的导叶间隙，需要通过调整螺栓进行调整；对于接力器压紧行程过大，要对接力器的基础板加垫片进行处理；抗磨板严重磨损，利用大修及时进行更换。由于要解决这该问题工程量较大，故采取先更换剪断销，加强监护，分批处理的方法进行处理。

4.1　剪断销的更换

（1）布置防止转动措施。

（2）对 1 号机组其他剪断销进行全面检查，无异常。

（3）拆除剪断销上部的压盖，用拔销专用工具（主要是 M12 的全牙螺杆）将连板内的半截剪断销取出。

（4）用液压拉伸器（M52×4）松开导叶摩擦装置的夹紧螺栓。

（5）由于连板与导叶臂已发生相对位移，上下两个剪断销孔不同心，通过缓慢开启导叶的方式调整连板的位置，导叶开度开至 9% 时，两个销孔同心，回装新剪断销及其盖板，保持导叶不动作。

（6）用液压拉伸器拉紧导叶摩擦装置的夹紧螺栓（拉伸器表压 90MPa）。

（7）现场清理完毕、检修人员撤离后，对 1 号机组导水机构进行静水动作试验 2 次，无异常。

4.2　后续处理

结合 2018 年 10 月，结合机组检修通过调整螺栓对 3 号导叶间隙进行调整，对接力器的基础板加垫片进行处理，使压紧形成恢复合理范围；剪断销进行 100%PT 和 UT，发现异常情况及时更换；对于低水头工况和甩负荷的情况要对剪断销进行逐个检查。运行半年多无剪断销剪断现象发生。

5　结束语

本文详细分析剪断销剪断原因，介绍了剪断销的更换方法，提出相应的预控措施，对水泵水轮机导叶的设计、运行和检修具有一定的参考意义。对于抗磨板严重磨损，还需利用大修及时进行更换处理。

参考文献

[1]　刘大恺. 水轮机. 3 版. 北京：中国水利水电出版社，1992.

[2]　冯滨，戴然. 水轮机剪断销剪断研究. 机电电工程技术，2015，44（9）：138－140.

[3]　邓凤舞，朱焕林，韩敏，等. 导水机构剪断销频繁剪断原因分析及对策. 东方电气评论，2011，3（25）：32－34.

[4]　邓成洪，刘东东. 黄龙滩电厂 4 号水轮机剪断销频繁剪断原因分析与处理. 运行与维护，2013（3）：74－75.

[5]　郭光海，张勇，宋林梅，等. 水轮机剪断销剪断研究. 机电工程技术 2015，2011，9（44）：138－140.

500kV GIS 设备 SF$_6$ 气体微水超标缺陷原因分析及处理

王　鹏

（调峰调频发电有限公司检修试验分公司，广东省广州市　511400）

【摘　要】 简要介绍了某厂 500kV GIS 设备 SF$_6$ 气体微水超标缺陷，分析其发生原因，阐述缺陷处理方法，并提出预防 GIS 设备 SF$_6$ 气体微水超标缺陷的措施。

【关键词】 GIS　SF$_6$　微水超标　缺陷处理

1　引言

SF$_6$ 气体作为一种重要的绝缘介质，因其良好的绝缘性能和灭弧性能得到了人们的认可，并被广泛应用于高压开关气体绝缘。在 SF$_6$ 高压电气设备中，对 SF$_6$ 气体的微水含量要求比较严格。常温常压下 SF$_6$ 是一种无色、无味、无毒、不可燃的惰性气体，当 SF$_6$ 气体中的含水量达到一定程度时，在较低温度下将会出现凝露，导致绝缘水平降低，沿面闪络电压将大为降低。在电弧或电晕作用下，SF$_6$ 气体分解物会经水解反应产生毒性，对设备产生化学腐蚀，继而严重影响设备的正常运行，并危及工作人员的人身安全。

水分严重超标将危害绝缘，影响灭弧，并产生有毒物质，原因如下：

（1）含水量较高时，很容易在绝缘材料表面结露，造成绝缘下降，严重时发生闪络击穿。含水量较高的气体在电弧作用下被分解，SF$_6$ 气体与水分产生多种水解反应，产生 WO$_3$、CuF$_2$ 等粉末状绝缘物，其中 CuF$_2$ 有强烈的吸湿性，附在绝缘表面，使沿面闪络电压下降，HF、H$_2$SO$_3$ 等具有强腐蚀性，对固体有机材料和金属有腐蚀作用，缩短了设备寿命。

（2）含水量较高的气体，在电弧作用下产生很多化合物，影响 SF$_6$ 气体的纯度，减少 SF$_6$ 气体介质复原数量，还有一些物质阻碍分解物还原，灭弧能力将会受影响。

（3）含水量较高的气体在电弧作用下分解成化合物 SOF$_4$、SO$_2$F$_2$、SOF$_2$、SO$_2$ 等，这些化合物均为有毒、有害物质，而 SOF$_2$、SO$_2$ 的含量会随水分增加而增加，直接威胁人身健康，因此对 SF$_6$ 气体的含水量必须严格监督和控制，这对保证设备的安全稳定运行具有重要的作用。

2　设备及缺陷情况

某抽水蓄能电厂 500kV GIS 设备采用厦门 ABB 高压开关有限公司生产的 ELK−3 型 GIS 设备。分为洞外开关站 GIS 设备和洞内 GIS 设备，分别于 2015 年 1 月和 2015 年 7 月投产。2016 年 6 月工作人员进行设备定检时发现洞内 GIS 设备有多个气室有微水超标缺陷，该缺陷发现及时，经检查未造成其他不良影响。超标气室微水值见表 1。

表 1　　　　　　　　　　　　　　　　　**GIS 微水超标气室微水值**

气室位置	编号	相别	压力（MPa）	微水（μL/L）
1 号主变压器高压套管侧	B5.B6	A	0.455	960
		B	0.455	593
		C	0.45	920
2 号主变压器高压套管侧	B5.B8	A	0.46	931
		B	0.46	903
		C	0.455	917

续表

气室位置	编号	相别	压力（MPa）	微水（μL/L）
3 号主变压器高压套管侧	B6.B8	A	0.46	952
		B	0.45	1068
		C	0.45	1364
4 号主变压器高压套管侧	B6.B6	A	0.45	525
		B	0.448	601
		C	0.45	562
1 号电缆下终端	B5.B1	A	0.45	754
		B	0.455	496
1 号电缆上终端	B2.B6	A	0.46	608
		C	0.46	724
2 号电缆下终端	B6.B1	A	0.46	963
2 号电缆上终端	B4.B6	A	0.46	479
		B	0.46	616
		C	0.46	656

按中国南方电网《电力设备预防性试验规程》（Q/CSG 114002—2011）的要求，除断路器外的其他气室运行时微水值不能超过 500μL/L。从表 1 可以看出，以上 GIS 气室的气体微水均已超过或接近规程要求限值。

3 缺陷原因分析

对运行中的 GIS，无论如何严格地控制，也难以杜绝设备内气体中水分的存在。试验表明，当环境温度达到 20℃，SF_6 气体相对湿度达到 30%时，固体绝缘闪络电压开始下降，附着在绝缘表面的水分将使沿面放电电压降至无水时的 60%～80%。通常情况下，GIS 设备气室内 SF_6 气体水分有以下 6 个来源：

（1）安装时或投运后补充的 SF_6 气体中携带的水分；

（2）进行检修、抽真空时由于工作人员不按有关规程和检修工艺操作要求进行操作，造成水分进入；

（3）充气过程中由于管道、接头等附着的水分在充气时被带入设备内部；

（4）由于设备密封不严，存在微小漏点，大气中的水蒸气向设备内渗透而进入的水分；

（5）设备内部绝缘材料及各零部件和设备外壳内壁等由于组装时未充分干燥或环境湿度较大导致表面吸附水分子，在长时间运行后水分逐步释放；

（6）设备内部吸附剂安装前未充分干燥或吸附剂本身已饱和，无法吸收内部释放的水分，造成气体含水量逐渐增高。

该电厂 GIS 设备投运只有一年之久，投运时的微水值均远低于规程要求，且气压一直保持在额定气压，中间没有进行过气体处理，因此排除了泄漏和人为操作不当的原因。

仔细分析微水超标的气室，发现这些气室都是与主变压器套管或电缆终端套管对接的气室，再考虑到安装时环境湿度较大，因此最有可能的原因就是在设备安装阶段套管因长时间暴露在空气中，导致套管设备内部有水分进入，虽然在投运之前进行了有针对性的处理，但处理不够完全，在运行一年后套管内部的水分不断释放到气室中，导致多个与套管连接的气室出现微水超标现象。

4 缺陷处理

经分析，此次 GIS 气室 SF_6 气体微水超标主要是由安装投运阶段套管内水分处理不彻底造成。因此处理时不仅要将气体中的水分处理掉，还要将套管内残余的水分尽可能地处理出来。处理流程如下：

（1）检查 SF_6 气体处理小车，对小车本体连同储气罐及连接软管抽真空，真空度达到 0.5mbar

（1bar＝0.1MPa）以下，保持 3min 后复测不超过 1mbar。

（2）将相关二次报警回路退出，对相邻气室进行降半压处理，对微水超标气室进行抽真空操作，真空度达 0.5mbar 以下方可停止。

（3）更换气室的干燥剂，同时将干燥剂法兰面处的密封圈更换。

（4）对气室进行抽真空处理。总共进行 3 次抽真空，每次抽真空的真空度达 0.5mbar 后仍需继续抽 2h，前两次抽真空后都要进行 12h 的保压，保压后真空度不能超过 1mbar，第三次抽真空处理后即可开始充气操作。

（5）对气室充入试验合格的 SF_6 新气，充气后压力要达到额定压力，再对相邻气室压力补充到额定压力。

（6）气室静置 24h 后，测量各气室微水值，数据见表 2。

表 2　　　　　　　　　　　　　　　处理后 GIS 微水超标气室微水值

气室位置	编号	相别	压力（MPa）	微水（μL/L）
1 号主变压器高压套管侧	B5.B6	A	0.46	87
		B	0.46	72
		C	0.46	83
2 号主变压器高压套管侧	B5.B8	A	0.46	216
		B	0.46	181
		C	0.46	186
3 号主变压器高压套管侧	B6.B8	A	0.46	244
		B	0.46	241
		C	0.46	246
4 号主变压器高压套管侧	B6.B6	A	0.46	180
		B	0.46	186
		C	0.46	196
1 号电缆下终端	B5.B1	A	0.46	183
		B	0.46	189
1 号电缆上终端	B2.B6	A	0.46	122
		C	0.46	110
2 号电缆下终端	B6.B1	A	0.46	231
2 号电缆上终端	B4.B6	A	0.46	85
		B	0.46	95
		C	0.46	97

从表 2 可以看出，经过处理后的气室微水值远远低于标准要求的 500μL/L，符合规程要求。

5　防范措施

总结此次 GIS 设备 SF_6 气体微水超标缺陷的发生原因，提出以下几点防范措施，以避免以后类似事件再次发生。

（1）设备到货期间，做好设备的储存工作，避免套管等重要设备部件受损或受潮；

（2）在设备安装期间，严格控制好安装现场的施工条件，环境湿度不能超过 80%，温度在 −5～40℃ 之间，避免因为环境湿度过大导致绝缘部件受潮，如果环境湿度无法控制到要求值以下，一定要做好裸露在外的绝缘件的防潮、防护工作；

（3）在安装干燥剂的时候需仔细检查干燥剂的保存状况，须用真空袋包装，不能出现破漏等现象，干燥剂暴露在空气中的时间不能超过 30min，安装完干燥剂后需尽快对相应气室抽真空处理；

（4）在对气室充气前的抽真空时间必须根据气室的大小满足方案的要求，对怀疑有受潮的气室应增加抽真空处理的次数和时间。

6　结论

此次 GIS 设备 SF_6 气体微水超标缺陷是由内部套管受潮导致，经过反复的抽真空处理后将受潮部件的水分抽出，充入合格气体并静置一定时间后测量结果合格。虽然此次处理已非常彻底，但检修后仍需缩短监测周期，继续加强巡视观察，定期对 SF_6 微水含量进行对比分析，确保 GIS 设备安全稳定运行。

参考文献

[1]　袁静江. 110kV 八达站 GIS 设备 SF_6 气体微水超标原因分析及其临时处理方法 [J]. 电器开关，2014（1）：89 - 91.

[2]　王永强. 关于气体绝缘组合电器中微水含量问题的研究 [J]. 电力情报，2001（2）：40 - 43.

2号机组进水阀工作密封止封线偏移缺陷分析及处理

张光宇

（国网新源控股北京十三陵蓄能电站，北京市　102200）

【摘　要】　国网新源控股北京十三陵蓄能电站由于工作水头高，要求水力损失小、漏水量少，因此进水阀采用球形阀。球阀在抽水蓄能电厂中有着重要的作用，其安全可靠的控制不仅决定着电厂机组运行的安全性和经济性，而且决定着整个蓄能机组地下厂房的安全性。2号机组主进水阀为球形阀，在 2012 年检修时发现进水阀工作密封存在密封线出现偏移现象，本文对此进行了分析，并采取了处理方案，消除了进水阀隐患。

【关键词】　2号机组　进水阀　偏移

1　概述

进水阀作为高水头抽水蓄能电站机组的前级阀门，安装在引水高压钢管的下游侧，具有关闭严密、水力损失小、漏水量小的特点。十三陵抽水蓄能电站进水阀系统是美国 VOITH 公司提供的进口设备。在最大静水头为 481m 时能够正常开启和关闭，因此进水阀在抽水蓄能电厂中有着重要的作用，其一：进水阀是电厂的重要组成部件之一，它能否正常动作，直接影响机组的启动成功率。其二：当机组和调速系统发生故障后，可以在动水中紧急关闭进水阀，截断水流，防止机组飞逸时间超过允许值，避免事故扩大。其安全可靠的动作不仅决定着电厂机组运行的经济性和安全性，而且决定着整个抽水蓄能机组地下厂房的安全性。

球阀每次开启、关闭时都要克服高水头的水压力，因此造成了球阀枢轴轴承磨损。由于其磨损量的不断增加，从而导致球阀活门位置发生相应的变化。静环安装在球阀活门上，滑动环安装在球阀阀体上，因此滑动环上止封线的位置就会发生变化。

2　缺陷描述

2012 年 5 月 9 日，在 2 号机组进水阀检修过程中测量进水阀活门位置时发现，进水阀工作密封上下偏差 3mm，数值过大。为此对 2 号机组进水阀工作密封进行拆除检查。2 号机组进水阀工作密封拆除后发现滑动环密封面上的止封线出现向上偏移现象。对进水阀滑动环整体进行细致检查，发现进水阀工作密封滑动环止封线由上至下存在 10～1mm 的偏移。具体缺陷如图 1 和图 2 所示（绿色区域为滑动环密封面）。

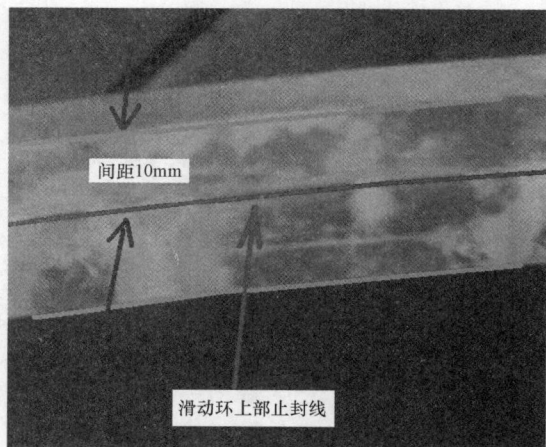

图 1　2 号机组进水阀滑动环上部止封线偏移缺陷现象

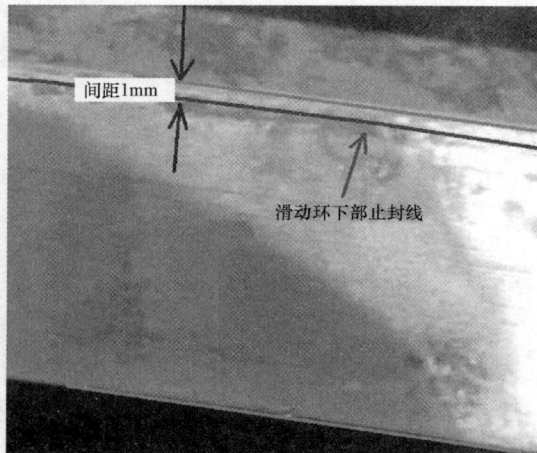

图 2　2 号机组进水阀滑动环下部止封线偏移缺陷现象

通过两图对比得出结论：2号机组进水阀工作密封止封线偏移明显，需要处理。

3 缺陷分析

3.1 进水阀关闭动作原理

进水阀关闭动作顺序如下：首先进水阀控制柜接到关闭命令后，活门动作，通过进水阀活门活动位置节点信号通知进水阀控制柜投入工作密封，关闭进水阀旁通阀。

3.2 进水阀滑动环止封线的形成

进水阀滑动环上的止封线是由于滑动环与进水阀活门静环接触后形成的，在正常情况下，止封线应在滑动环密封面的中部位置，上下左右测点基本无偏差（考虑0.5mm的人为测量误差），若出现止封线偏离中间位置说明进水阀活门关闭位置异常。

3.3 数据测量

2号机组进水阀检修过程中测量进水阀活门位置，其数据见表1。

表1 　　　　　　　　　　　2号机组进水阀检修过程中测量进水阀活门位置

位　置	数据（mm）	结　果
转子0点位置	210	转子上下偏差为9mm
转子6点位置	219	
转子3点位置	212	转子左右偏差为0mm
转子9点位置	212	

进水阀侧视图和主视图如图3和图4所示。

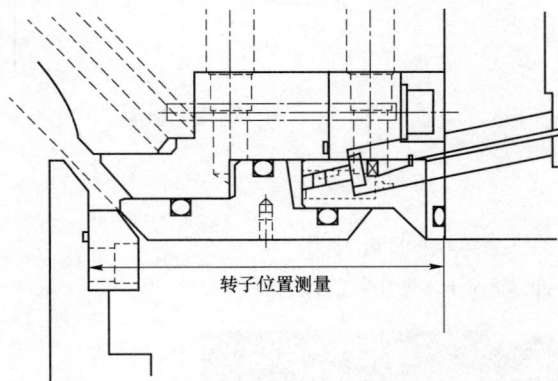

图3　进水阀侧视图　　　　　　　　　　图4　进水阀主视图

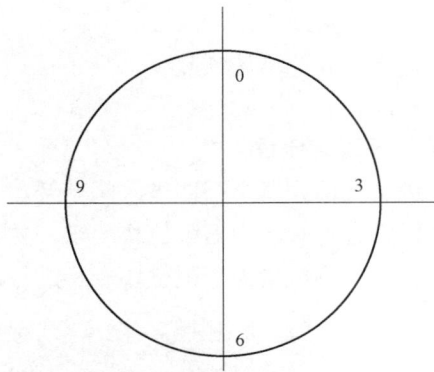

进水阀活门位置测量数据为进水阀活门静环基础面到进水阀法兰固定面之间的数据。通过上述测量数据说明，进水阀活门关闭位置异常。如果不进行及时处理，会导致止封线进一步偏移，使机组存在以下潜在危害：

（1）进水阀工作密封止封线不起密封作用，导致进水阀工作密封不严，直接导致进水阀漏水，严重时造成机组出现蠕动现象。

（2）止封线偏移严重，直接导致静环严重损坏，使修理费用增加，检修周期缩短，检修工期延长。

（3）静环损坏后，使进水阀工作密封不严，直接导致进水阀漏水，严重时造成机组出现蠕动现象。

（4）由于进水阀漏水，导致水流脉动，当水流脉动频率与进水阀本体固有频率接近时会造成进水阀振动。

（5）进水阀漏水会造成机组水力损失，影响机组经济效率。

3.4 数据分析

（1）进水阀动作方向。进水阀活门开启方向是从球体通道垂直方向向进水阀下游侧转动，直到进水阀球体通道与伸缩节水平，形成过流通道。关闭时与之相反。

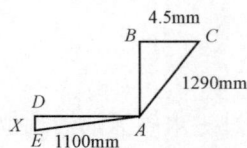

图 5　示意图

（2）分析计算。根据相似三角形原理，进水阀活门偏差 9mm，进水阀上部及下部均分，均分长度为 4.5mm；进水阀活门直径为 2580mm，半径为 1290mm，直角边和斜边已知，则 X（限位块刮削量）通过计算可知。如图 5 所示，斜边 AC 为转子直径 1290mm，直角边 BC 为 4.5mm，拐臂直径 AE 为 1100mm，则 $X/AE = BC/AC$，如图 5 所示。

在不改变进水阀全行程的情况下需对进水阀接力器限位块进行处理。加工量 X 根据公式：$2580/9 = 1100/X$，转子偏差与接力器限位块加工量具体对应关系见表 2。

表 2　　　　　　　　　　转子偏差与接力器限位块加工量具体对应关系

球阀直径（mm）	接力器拐臂直径（mm）	转子偏差（mm）	限位块加工值（mm）
2580	1100	9	3.837 209 302

（3）加工方法。根据图 6 所示，得出结论：在保持接力器行程不变的前提下，进水阀活门要关闭到位，则接力器需整体往下移动 3.8mm，即对限位块进行加工，去掉 3.8mm。

4　缺陷处理

4.1　缺陷处理前设备状态

（1）机组冲水完成。

（2）进水阀本体充水完成。

（3）上游密封退出。

（4）进水阀其他措施恢复。

（5）风闸投入。

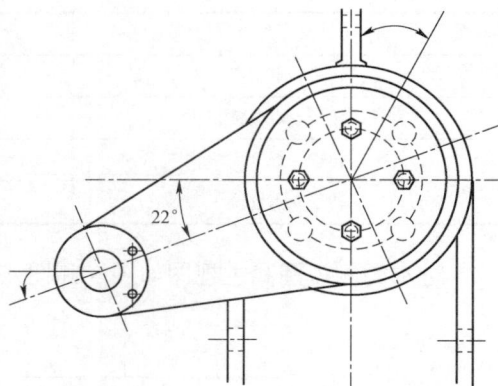

图 6　拐臂主视图

4.2　缺陷处理工艺流程

（1）进水阀接力器全开即进水阀全开。

（2）拆除进水阀接力器限位块一半，并将进水阀接力器关闭即进水阀关闭。

（3）联系外协对接力器限位块一半进行加工处理，去掉 3.8mm，如图 7 所示。

图 7　限位块

（4）回装进水阀接力器处理后限位块一半，并将限位块另一半进行处理。

（5）进水阀关闭后对机组进行排水，开启蜗壳入孔门，测量转子位置。

（6）根据测量数据，以验证处理效果。

（7）机组充水，设备恢复。

4.3 缺陷处理注意事项

（1）在进水阀活门位置调整工作完成前，应尽可能减少进水阀密封动作次数，将动、静环密封线损伤程度降至最低。

（2）接力器限位块进行处理时，做好防止进水阀误动。

5 结论

通过处理方案的具体实施，对 2 号机组进水阀的转子位置进行复测，数据见表 3。

表 3　　　　　　　　　　　　　　　2 号机组进水阀的转子位置进行复测

序号	检修内容		修前（mm）	修后（mm）	检查结果	备注
1	接力器限位块尺寸		123	119.2	√	
2	转子固定密封环与外衬套间距	转子 0 点位置	210	213	√	
3		转子 3 点位置	212	212.5	√	
4		转子 6 点位置	219	214	√	
5		转子 9 点位置	212	212.5	√	
说明：						

通过测量数据比较，两侧数据无明显变化，0、6 两点数据偏差 1mm，较处理之前 4.5mm 的偏差量，减少了 3.5mm，考虑人为测量误差因素，0、6 两点数据可以认为无偏差，因此修正效果明显，进水阀工作密封止封线回到正常位置，满足工作要求，工作密封投退正常。

某抽水蓄能电站机组转子接地保护动作原因分析及处理

梁睿光　赫兰峰　高　恒

（辽宁蒲石河抽水蓄能有限公司，辽宁省丹东市　118216）

【摘　要】 本文从一起转子磁极连接片绝缘破损导致机组抽水停机过程中转子接地保护动作事件详细分析了缺陷发生的原因及对策，提出了影响转子连接片绝缘安全的设备制造、安装工艺和日常维护的注意事项。

【关键词】 转子接地　磁极连片　绝缘

1　引言

某抽水蓄能电站安装 4 台 300MW 半伞式发电电动机，由 Alstom 和哈尔滨电机厂设计制造，主要服务于电网调峰填谷、调频和事故备用。机组安装 9 对磁极，磁极间通过硬质 U 型铜连接，采用 1～3Hz 低频方波电压注入式转子接地故障保护，实时监测转子对地绝缘，当 R_e＜10kΩ 时延时 10s 发出报警信号，当 R_e＜5kΩ 时延时 1s 发出跳闸信号。

2　故障经过

2016 年 2 月 17 日 04:28:55，3 号机组停机操作流程启动；04:28:57，3 号机组出口开关分闸位置动作；04:29:00 监控系统报：3 号机组发电机 B 组保护动作；3 号机组执行电气事故停机流程。经检查，现地保护盘报"3 号机转子一点接地保护动作"。

3　缺陷分析及处理

3.1　缺陷分析

造成转子接地故障的可能原因有：

（1）励磁引线至集电环处电缆破损造成接地；

（2）集电环支架上及集电环室碳粉堆积与大地之间构成回路造成接地；

（3）转子接地保护装置测量不准确造成误动作；

（4）磁极引线及磁极裸露部分与接地体搭接造成接地；

（5）磁极线圈等绝缘破损，通过灰尘等脏污与大轴形成接地回路。

现场对转子绝缘进行测量，对磁极、引线、励磁回路、集电环进行检查，检查是否是因为碳粉过多导致转子绝缘降低；对转子接地保护装置及二次回路进行检查，检查是否是保护误动作。

3.2　原因排查

机组停稳后，对 3 号机转子进行绝缘测量为 90MΩ，现场对集电环支架及集电环室内、上端轴内进行碳粉检查，碳粉污物较轻，无放电痕迹，故可以排除集电环支架上及集电环室碳粉堆积与大地之间构成回路造成转子接地。

现场运维人员对转子接地保护装置及二次回路进行的检查，对保护装置进行校验，动作正常，故可以排除保护误动的原因。

现场对励磁引线至集电环处电缆进行检查，未发现电缆破损现象，故可以排除励磁引线至集电环处电缆破损造成转子接地。

现场对磁极引线及磁极裸露部分进行检查，未发现有与接地体和金属物件搭接的现象，故可以排除磁极引线及磁极裸露部分与接地体搭接造成转子接地。

现场使用内窥镜对磁极表面及磁极线圈进行检查，未发现磁极表面和磁极线圈表面有大量灰尘、碳粉和污物，没有发现异物。打开下挡风板，检查无异物，基本可以排除由于异物造成的转子接地。

对励磁柜内部励磁回路进行检查，没有发现放电痕迹及短路迹象，可以排除励磁柜内部发生接地的情况。

对集电环进行清扫后测量转子绝缘值为293MΩ，符合运行条件，开机旋转备用（未投入励磁）进行试验。试验过程中，在转速上升的同时对转子绝缘进行测量，在70%转速以下时绝缘值为230MΩ，当转速升至75%左右时，转子绝缘瞬间降为0，机组转入停机流程，机组停稳后，测量3号机转子绝缘值为280MΩ。

将转子本体侧与集电环（励磁电缆侧）断开（断开点如图1所示），再次进行开机旋转备用（未投入励磁）进行试验。试验过程中，在转速上升的同时对集电环及励磁回路进行测量，绝缘值为303MΩ，可以排除旋转后集电环及引线引起的接地。

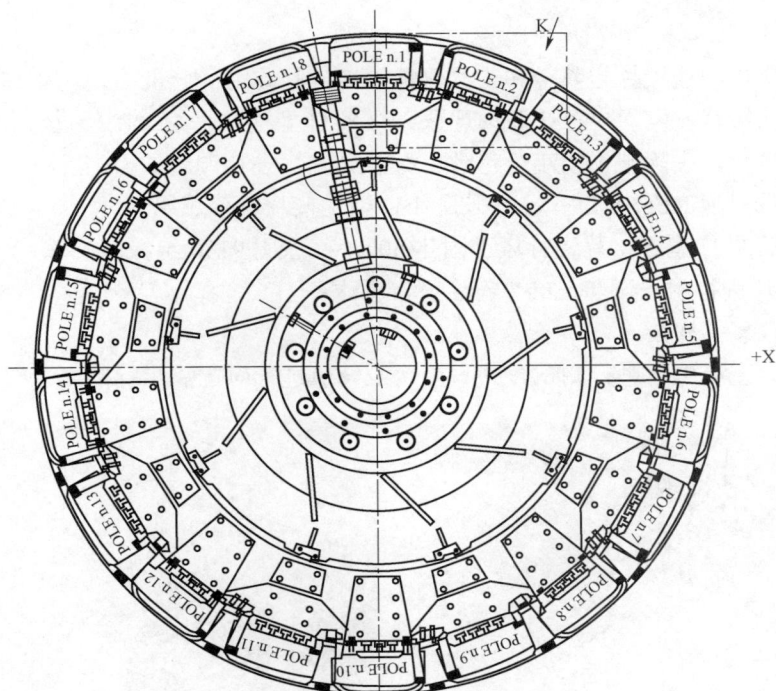

图1　转子结构俯视图

机组停稳后，测量3号机转子磁极绝缘值为0，故可以确定接地点在转子磁极某处。

用排除法对转子磁极进行接地点查找。首先将9号磁极和10号磁极间连接片断开，分别对1～9号磁极整体和10～18号磁极整体进行绝缘测量，发现1～9号磁极整体绝缘值为0，故可以确定接地点在1～9号磁极整体中；然后将4号和5号磁极间连接片断开，分别对1～4号磁极整体和5～9号磁极整体进行绝缘测量，发现5～9号磁极整体绝缘值为0，故可以确定接地点在5～9号磁极整体中；接下来将7号磁极和8号磁极间连接片断开，分别对5～7号磁极整体和8～9号磁极整体进行绝缘测量，发现5～7号磁极整体绝缘值为0，故可以确定接地点在5～7号磁极整体中。将5号磁极和6号磁极间连接片螺栓拆除、6号磁极和7号磁极间连接片螺栓拆除，分别对5、6、7号磁极及之间连接片进行绝缘测量，最后发现6号磁极和7号磁极间连接片绝缘值为0MΩ，故可以确定接地点在6号磁极和7号磁极间连接片处。拆除6号磁极和7号磁极间连接片进行详细检查，发现连接片的绝缘破损，接触到旁边的固定螺栓，从而造成了转子的金属接地。

综上所述，确定转子接地保护动作原因为磁极连接片绝缘破损导致转子金属接地。磁极U型连接片如图2所示。

图 2 磁极 U 型连接片

3.3 处理过程

由于 5 号和 6 号磁极间连接片与 6 号和 7 号磁极间连接片均为同一批次现场制作，因此将 5 号和 6 号磁极间连接片同时拆除检查，发现也存在磨损现象。磁极 U 型连接片绝缘制作过程如图 3 所示。

（1）拆除磁极连接片，去除破损的绝缘包敷，打磨抛光，去除铜屑；

（2）使用玻璃丝带浸泡 HE56102 室温涂刷胶对 U 型连接片进行缠绕；

（3）将绝缘处理后的 U 型连接片进行风干固化 30h，并涂刷 9130 绝缘漆；

（4）对 U 型连接片进行耐压试验，结果符合标准要求；

（5）使用黄蜡管包裹并安装；

（6）对转子绝缘、直流电阻进行测试，并与上次检修值进行对比满足标准要求。

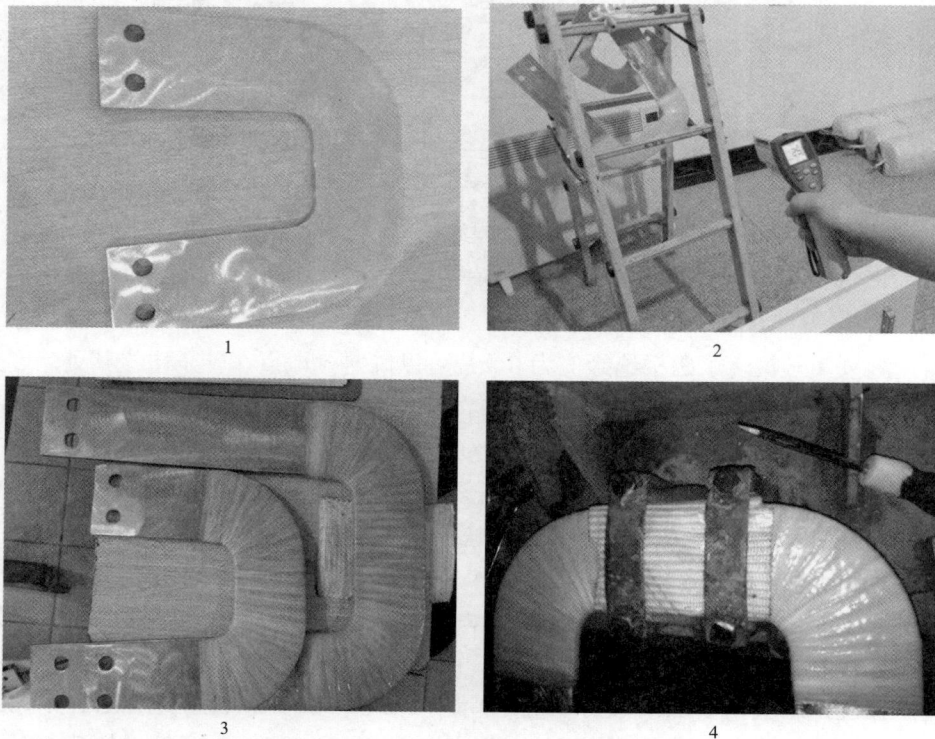

图 3 磁极 U 型连接片绝缘制作过程

4 暴露的问题及防范措施

4.1 暴露的问题

（1）设备方面。磁极连接片卡槽宽度较窄；磁极连接片绝缘制作工艺不良；机组运行时的振动，卡槽边缘与磁极连接片长时间磨损，使得连接片的绝缘破损，接触到旁边的固定螺栓。磁极间连接片卡槽如图4所示。

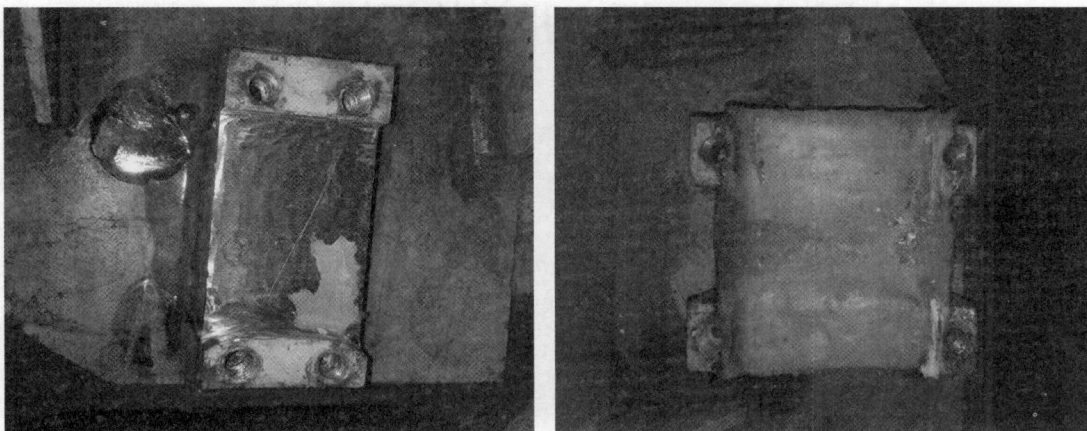

图4　磁极间U型连接片固定卡槽

（2）检修维护。检修及维护人员对隐蔽部位的检查不到位，检修时未严格按照作业指导书的要求进行作业。检修后设备技术监督试验项目不全面，不能提前发现设备隐患。

4.2　防范措施

（1）加强对检修作业的过程控制，严格三级验收管理，确保每一项检修内容都按照检修工艺完成，尤其对于现场加工的工器件要严格按照图纸要求，保证制作工艺、安装工艺满足现场安装规范。

（2）完善技术监督试验项目，根据设备健康状态合理安排试验周期。

（3）联系厂家重新设计磁极U型连接片固定卡槽结构，建议在接触面加装绝缘垫片。

5　结束语

转子接地点的排查应根据转子回路的结构设计分析进行，首先分析机组静态、动态转子回路的绝缘情况或者趋势，初步判断转子回路接地点的发生规律和位置；然后使用整体法和局部法逐渐检测分析转子的绝缘薄弱点，进一步缩小排查范围，同时根据转子局部设计结构的情况判断分析接地点。

抽水蓄能电站发电电动机抽水和发电2个方向运行对转子紧固件提出了更高的要求，机组高转速的运行加剧了磁极U型连接片与固定卡槽间的摩擦，这类结构设计更易发生绝缘破损，导致转子接地。因此在检修过程应注意对转子进行详细检查，做好试验数据的趋势分析，发现异常及时处理；对于存在设计缺陷的情况，应联系生产厂家计算论证，必要时进行改造。

参考文献

[1]　刘侠. 水轮发电机转子一点接地故障分析及处理. 大电机技术，2017.

[2]　赵勇军. 一例发电机转子动态接地故障的分析与处理. 大电机技术，2017.

一种用于 SFC 隔离开关的切换辅助工具

宋泽超　　王根超　　付映江

（山西西龙池抽水蓄能电站有限责任公司，山西省忻州市　035503）

【摘　要】 通过分析影响 SFC 拖动成功率的因素，以及历次拖动不成功的案例，发挥创造性思维对 SFC 相关设备进行改进，提高 SFC 拖动机组成功率。

【关键词】 抽水蓄能电站　SFC 拖动机组　静止变频器（SFC）

1　引言

在抽水蓄能电站当中，SFC 静止变频器是电站核心设备之一，且该设备的拖动成功率直接影响了抽蓄机组泵工况及调相工况的启动成功率。着眼于提高 SFC 的拖动成功率，通过分析汇总影响拖动成功的因素，发现 SFC 旁路隔离开关切换对 SFC 拖动成功影响较大，且设备设计存在缺陷，有极大的改进空间。于是提出对 SFC 旁路隔离开关触头进行改造，有效提高拖动成功率。

2　改进背景

目前很多设备中均涉及不同状态的切换使用，因此通常需要使用隔离开关实现不同状态的切换，SFC 旁路隔离开关安装于逆变桥与 SFC 输出变之间，可合于旁路侧和输出变侧；在 SFC 低速运行过程中，旁路隔离开关合于旁路侧，即旁路隔离开关直接将 SFC 输出变跨接，起到快速启动作用；在 SFC 高速运行过程中，旁路隔离开关合于 SFC 输出变侧，以保持启动回路电压的稳定。在此过程中，SFC 旁路隔离开关动作，会使得其上的动触头下落到静触头上，这样动静触头互相完全咬合，SFC 旁路隔离开关合于旁路侧或者输出变侧转换成功。

西龙池公司 SFC 旁路隔离开关于 2008 年投入使用，由瑞士 ABB 公司提供，用于 SFC 启动时低速与高速运行阶段的切换。每周定期对 SFC 旁路隔离开关进行定期检查及维护，该隔离开关每天动作 14 次，每年动作 5000 次左右。SFC 旁路隔离开关随机组启停动作较为频繁，每天动作 14 次，每年动作 5000 次左右。隔离开关操动机构寿命接近使用寿命 10 000 次。

现有的 SFC 旁路隔离开关上的动静触头在咬合过程中由于牵引机构受各种因素影响可能导致动触头下落到静触头过程中发生偏移，使得动静触头接触面积很小，不能完全咬合，这样会由于 SFC 旁路隔离开关转换故障导致启机失败。

3　提出方案

有鉴于此，通过案例汇总讨论，集思广益提出在 SFC 隔离开关触头加装辅助工具，能够快速有效实现隔离开关的准确切换，提高隔离开关切换的效率、准确性以及稳定性。

加装的辅助工具主要包括：引导滑轮和绝缘导轨；所述引导滑轮设置于 SFC 隔离开关中动触头的端部，所述绝缘导轨设置于 SFC 隔离开关中静触头与动触头配合连接的位置，并且所述引导滑轮和绝缘导轨的位置和尺寸相适配，用于使得 SFC 隔离开关切换过程中，动触头能够通过引导滑轮与绝缘导轨的配合连接与静触头实现准确定位连接。

从图 1～图 3 可以看出，改进后的 SFC 旁路隔离开关通过分别在动触头的位置设置一个引导滑轮，然后在静触头上相应设置于所述引导滑轮配合的绝缘导轨，这样使得当隔离开关进行切换时，动触头能够基于引导滑轮与绝缘导轨的引导配合，使得动触头与静触头实现更加稳定准确的连接。不仅能够避免动触头由于加工、安装或者外力导致的偏移，而且对于静触头起到防碰撞冲击的保护作用。因此，本文所述用于

SFC 隔离开关的切换辅助工具能够快速有效实现隔离开关的准确切换，提高隔离开关切换的效率、准确性以及稳定性。

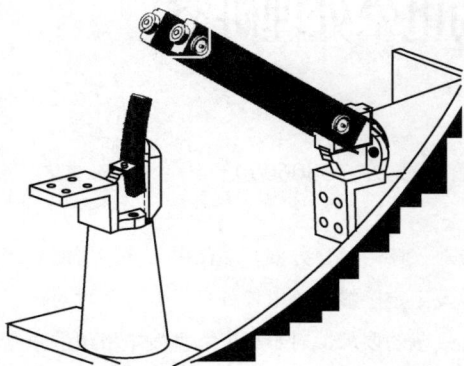

图 1　结构示意图

图 2　为动触头安装引导滑轮前后对比示意图

4　具体实施

SFC 旁路隔离开关随机组启停动作较为频繁，隔离开关操动机构寿命接近使用寿命 10 000 次，依据国网新源公司生产技术改造原则，对该隔离开关进行改造。确定改造项目后，积极寻找厂家进行联系，确认改造方案是否可行，并且同厂家沟通进行进一步完善，确定最终方案和实施步骤，并且进行改造。

项目启动后由北京 ABB 电气传动系统有限公司（简称受托方）针对 SFC 传动系统进行改造。

改造过程：

（1）拆除 SFC 旁路隔离开关。

（2）对新的 SFC 旁路隔离开关安装调试。

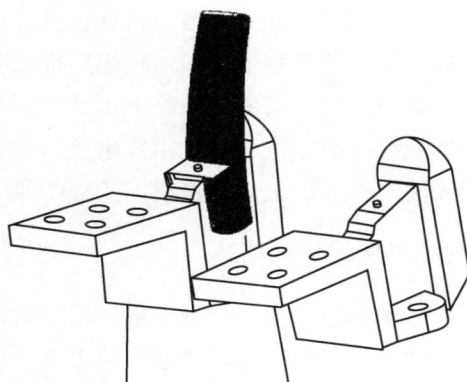

图 3　静触头安装绝缘导轨前后对比示意图

改造后的隔离开关：

（1）新隔离开关动触头增加滚动轴承，增加触头运行灵敏性。

（2）新隔离开关旁路及变压器侧静触头分别增加绝缘导轨，使隔离开关在运行过程中切换更加顺畅。

（3）新隔离开关设计寿命由原来 5000 次增加至 25 000，切实满足目前机组频繁启动要求。

（4）旧隔离开关触头搭接面为 70%，通过对新隔离开关调试，确保动静触头接触面达到 100%。

改造后对 SFC 旁路隔离开关进行调试，转换过程符合预期，动静触头咬合度高，多次试验未发生隔离开关切换过程中由动触头摆动造成触头咬合失败的老问题。

此次改造后，对 SFC 使用情况进行了统计，截至今年 2 月底，SFC 拖动机组启动 610 次，拖动成功率 100%，观察启动过程中旁路隔离开关转换触头咬合情况良好。

5　结束语

通过改造工作，完成了对 SFC 旁路隔离开关的技术改造，解决了我厂旁路隔离开关切换不成功导致拖动失败的老问题，改进了 SFC 设备设计缺陷，有效地提高了机组启动成功率。

参考文献

[1]　王鹏宇，汪卫平. 换相隔离开关合闸引发厂用电断路器误动作原因分析及处理 [J]. 水电与抽水蓄能，2016（3）.

[2]　王熙，刘聪，冯刚声. 静止变频器（SFC）启动机组泵工况过程分析 [J]. 水电站机电技术，2015（7）.

[3]　陈俊，司红建，周荣斌，等. 抽水蓄能机组 SFC 系统保护关键技术 [J]. 电力自动化设备，2013（8）.

大型发电机组定子线棒的电晕处理研究

韩　钊　温锦红

（江西洪屏抽水蓄能有限公司，江西省靖安县　330600）

【摘　要】　本文通过对大型发电机组定子线棒电晕产生的原因以及对线棒内部、外部、端部以及搭接区的防晕保护及修复方法进行了分析探讨，并在此基础上提出了相应大型发电及组定子线棒的电晕处理策略。经过对定子线棒整体进行三相一起加压试验后，其相关实验数据均符合相关标准规范的要求，对于保证大型发电机组的正常运行有着非常积极的意义。

【关键词】　定子线棒　大型发电机组　电晕处理　研究

一般来说，在大型发电机运行过程中，其定子线棒绝缘表面的某些部位的电场分布并不是特别均匀，这样一来，就极易使得发电机组局部场强过强，进而导致该区域附近的空气中出现电离，电晕产生。尽管电晕本身所产生的放电强度并不是特别高，但是如果其长期存在，就会在较大程度上降低发电机组定子线棒的绝缘性能，进而给大型发电机组的正常运行带来诸多不利的影响。因此，如何做好大型发电机组定子线棒的电晕处理工作，也成为了现阶段大型发电机组运行过程中亟待解决的一项重要问题。

1　定子线棒绝缘概述

对于现阶段我国大型发电机组而言，其主要是采用 VPI 制造工艺对定子线棒进行主绝缘。VPI 制造工艺又被成为真空压力浸渍法，其主要应用于以少胶云母带为主绝缘的定子线棒，它的技术性质为绝缘固化成形，特点为生产效率高、绝缘整体性能好、层间无间隙以及内部气体游离放电、电晕和发热较小等。在实际的定子线棒绝缘过程中，首先是使用少胶云母带对定子线棒进行连续包胶，然后将其置于专用的容器当中进行抽真空操作，旨在将定子线棒绝缘层中的空气进行抽离；最后，在高温条件下，将无溶剂浸渍树脂注入至绝缘层中，待注入完成后，在将其置于模具中进行高温固化，以此来保证绝缘成为一个整体。

2　定子线棒防电晕概述

由于大型发电机组的定子线棒绝缘表面由于受诸多因素的影响，极易产生电晕，给大型发电机组的安全运行产生诸多不利的影响。基于这一情形，在现阶段定子线棒生产过程中，很多生产单位都会采取相应的措施，对定子线棒进行防晕。当前定子线棒的防晕结构和分类主要有两种：一种为线棒内部防晕，另一种为线棒外部防晕。

2.1　线棒内部防晕概述

所谓的线棒内部防晕，又被成为 ICP，指的就是在线棒生产过程中，待铜股线完成编织后，在其外层叠绕一层厚度为 0.25mm 的半导体带，然后进行主绝缘的包绕。对于线棒内部防晕保护系统而言，其具有着极好的均压功能，可以保证线棒在实际的运行过程中，其表面沿截面周长方向的电压分布保持一致，这样一来，就可以有效地防止线棒内部局部放电事件的发生，特别是在防止股线之间、主绝缘体内侧局部放电有着非常积极的作用。

2.2　线棒外部防晕概述

对于线棒外部防电晕保护而言，其常被成为 OCP，其主要的防晕策略就是在线棒主绝缘表面进行低阻防晕漆导电层覆盖，其主要的作用就在于用来防止由于线棒与铁芯槽之间的接触间隙不同，进而产生的槽电位电晕放电。需要注意的是，在进行线棒外部防晕保护工作时，应在真空浸渍低阻防晕漆之前，应首先做好防晕层的包扎工作，包扎方式为应用 1/2 搭接叠绕包扎，这样做的目的主要是保证线棒具有较好的机械性能。

2.3　线棒端部的防晕保护

线棒端部防晕保护也是定子线棒防电晕的一项重要措施。线棒端部防晕保护简称 ECP，指的就是在对处于定子绕组槽外部的线棒部门进行防晕保护。其主要方法为使用半导体高阻碳硅材料，采用 2/3 叠绕结构法，对从出槽拐点开始的线棒进行覆盖，进而实现对于线棒的防晕保护。

3　电晕发生情况统计及处理措施

对于定子线棒而言，根据其发生电晕的位置，可以将其分为 4 类，即 1 类电晕、2 类电晕、3 类电晕、4 类电晕。其中，1 类电晕的位置为槽出口到防护带边缘的 OCP 区，2 类电晕的位置为槽出口处槽衬纸边缘的 OCP 区，3 类电晕的位置为防护带边缘及高阻带以下的 OCP 区，4 类电晕主要为 OCP/ECP 搭接区和 ECP 区。简单来说，定子线棒电晕发生主要分布为：1、2、3 类电晕分布在 OCP 区，4 类电晕分布在搭接区和 ECP 区。因此，在进行电晕修复过程中，也应根据电晕的位置及类型采取相应的措施进行修复。

3.1　OCP 区的电晕处理措施分析

对于 OCP 区的电晕修复及处理工作而言，其所对应的就是 1、2、3 类电晕。一般来说，如果电晕发生的区域位于槽部低阻漆区，并未对搭接区产生影响，对于这种情况，只需要重新对槽口处电晕进行低阻防晕漆涂刷即可。在实际的处理过程中，工作人员应首先对线棒的表面进行打磨和清理，以此来保证线棒表面的清洁性及平整性；其次，在进行低阻防晕漆涂刷过程中，需要对采取相应的措施对相邻的线棒及压指进行必要的保护，防止误涂现象的发生；最后，待低阻防晕漆涂刷完成后，应严格按照厂家的要求对其进行室温固化 6h，以此来保证防晕的整体质量。除此之外，在进行粉红色绝缘漆时，其干燥固化时间为 72h。在进行 3 类电晕修复和处理时，在进行表面清洁的过程中，则需要对其防护带进行必要的处理。

3.2　OCP/ECP 搭接区电晕处理措施分析

在对 OCP/ECP 搭接区电晕进行修复和处理时，如果电晕发生在搭接区，则需要首先将 ECP 带及防护带进行拆除，然后对线棒表面进行打磨以及相邻线防护；其次，在低阻防晕漆涂刷完成后，应进行 6h 的室温干燥；最后，通过绕包玻璃丝带以及涂刷粉红色绝缘漆的方式进行搭接区的修复处理。在进行 OCP/ECP 搭接区电晕处理过程中，需要注意的是，涂刷高阻防晕漆应采用两道涂刷工艺，待第一道涂刷完成后，室温固化 3h 后，进行第二道涂刷，待第二道高阻防晕漆涂刷完成后，在其上部涂刷室温挥发溶剂。除此之外，在对线棒端部进行高阻防晕漆涂刷时，应使用红外干燥灯对其进行加热固化，且固化时间不宜低于 24h。

4　试验及验证结果概述

待完成大型发电机组定子线棒电晕保护处理后，为了保证其处理的整体效果，还需要对定子线棒进行相应的试验。主要试验项目为绝缘电阻测量和交直流耐压试验，通过对定子直流耐压绝缘电阻、定子绕组直流耐压、定子交流耐压绝缘电阻以及定子绕组交流耐压进行试验及测量，试验结果表明，在规定的试验电压下，各相泄漏电流差别并未大于最小值的 100%，且最大泄漏电流在 20μA 以下时，相间差值也并未发生较大的变化，这样可以判定，相关试验数据符合规范要求。也就从侧面证明，相关修复及处理措施对于有效地防止大洗净发电机组定子线棒电晕有着非常积极的效果。

综上所述，在大型发电机组运行过程中，由于受外界因素的影响，定子线棒极易出现电晕现象，进而给大型发电机组的正常运行带来尤为严重的影响。只有加强对其的日常巡视，及时地发现定子线棒运行过程出现的电晕，并采取相应的措施，才能真正意义上实现对于大型发电机组定子线棒的电晕处理，并在此基础上保证大型发电机组的安全正常运行。

参考文献

[1]　齐巨涛，梁朝弼，崔光云. 小湾水电厂发电机定子线棒电晕现象分析与处理[J]. 云南水力发电，2018，34（2）：172 - 175.

［2］ 胡庆雄，屈文锋，马军，等. 大型水轮发电机定子线棒端部电晕现场处理方法研究［J］. 水电站机电技术，2017，40（6）：23－25.

［3］ 王文亮. 大型发电机组定子线棒的电晕处理［J］. 水电与新能源，2017（2）：31－33＋40.

［4］ 王俊娇. 基于发电机定子电晕放电现象的探讨［J］. 水电与新能源，2017（1）：46－49.

［5］ 郭钰静，赵鲲，张昆. 发电机定子绕组端部表面电晕分析及处理［J］. 水电与新能源，2016（8）：44－48.

［6］ 黄程伟. 高压水轮发电机定子绕组端部电晕产生原因分析和电场计算［J］. 科技创新与应用，2016（19）：57.

高水头抽水蓄能机组水泵工况断电导叶延时关闭分析

彭绪意[1] 张玉全[2] 刘 泽[1] 秦 程[1] 胥千鑫[1]

（1. 江西洪屏抽水蓄能有限公司，江西省宜春市 330600;

2. 河海大学能源与电气学院，江苏省南京市 210098）

【摘 要】 对于高水头抽水蓄能电站，机组水泵工况断电时会增大机组内部各水力单元的最大水压力和转速上升率。为了限制最大水击压力和转速上升率的升高，合理选择导叶关闭规律是一个经济有效的措施。本文基于多目标遗传算法 NSGA－Ⅱ 对国内某高水头抽水蓄能电站的"一管双机"机组进行智能化模型优化计算。在对机组导叶关闭规律过渡过程计算时，本文研究了在不同水头下，导叶三段延时关闭的过渡过程计算，得到导叶延时关闭方式下最大水击压力和转速上升率的结果，并对比分析了导叶延时关闭对于机组动态特性的影响，为抽水蓄能电站最佳的导叶关闭方式整定提供了依据。

【关键词】 抽水蓄能机组 水泵工况断电 延时关闭 多目标遗传算法

1 引言

当抽水蓄能电站在机组甩负荷或者水泵断电工况下，机组转速会大幅度上升，转速变化又会引起流量变化，从而造成水击压力也随之增大。此时，若不采取措施，将会影响到机组的稳定安全运行。目前国内外对抽水蓄能电站的导叶关闭规律优化的研究有很多。如文献［1-3］中，研究了不同水头下抽水蓄能电站的导叶关闭规律。文献［4］中，于桂亮等学者在研究了延时直线关闭规律中，发现当延时时间一定时，蜗壳进口处的最大水击压力会随有效时间的增大而先减小，然后增大到某一值后维持不变，尾水管进水口的最小水击压力则会先增大后减小。对于水头在 500m 之上的抽水蓄能机组鲜有关于延时导叶关闭的相关分析。

为此，本文是对国内某额定水头 540m 的机组建立一管-双机的过渡过程计算模型。通过基于导叶三段延时关闭与多目标遗传算法 NSGA－Ⅱ 的计算结果优化处理并进行对比分析，验证了不同水头下多目标遗传算法与导叶延时关闭对机组水泵工况断电动态过程优化的实效性。

2 抽水蓄能机组数学模型

2.1 特征线法与发电电动机模型

抽水蓄能机组过渡过程模型采用特征线法求解时,有压管道非恒定流基本运动方程与连续方程如式（1）与（2）所示。

运动方程为
$$\frac{\partial V}{\partial t} + V\frac{\partial V}{\partial x} + g\frac{\partial H}{\partial x} + \frac{f}{2D}V|V| = 0 \tag{1}$$

连续方程为
$$\frac{a^2}{g}\frac{\partial V}{\partial x} + V\left(\frac{\partial H}{\partial x} + \sin\alpha\right) + \frac{\partial H}{\partial t} = 0 \tag{2}$$

式中 V——流速;

H——测压管水头;

f——摩阻系数;

D——管道直径;

α——管道各断面形心的连线与水平面所成的夹角。

应用特征线法，求解上述方程组，将其变换为在特征线 $\frac{\mathrm{d}x}{\mathrm{d}t}=\pm a$ 上成立的简化方程组，如式（3）与（4）所示。

$$\begin{cases} \dfrac{\mathrm{d}H}{\mathrm{d}t}+\dfrac{a}{gA}\dfrac{\mathrm{d}Q}{\mathrm{d}t}+\dfrac{af}{2gDA^2}Q\,|\,Q\,|=0 \\[2mm] \dfrac{\mathrm{d}x}{\mathrm{d}t}=a \end{cases} \tag{3}$$

$$\begin{cases} \dfrac{\mathrm{d}H}{\mathrm{d}t}-\dfrac{a}{gA}\dfrac{\mathrm{d}Q}{\mathrm{d}t}-\dfrac{af}{2gDA^2}Q\,|\,Q\,|=0 \\[2mm] \dfrac{\mathrm{d}x}{\mathrm{d}t}=-a \end{cases} \tag{4}$$

式中　　A ——断面截面积；

　　　　　Q ——管道断面过流量。

将调压室、球阀、分岔管等作为边界条件处理，发电电动机模型采用一阶惯性模型。

2.2　电站与机组参数

抽水蓄能机组过渡过程计算模型的机组全特性曲线数据以及引水管道的相关参数，采用我国某抽水蓄能电站的实际参数，见表 1；TPV32－LJ－385 型水泵水轮机的全特性数据如图 1 所示。

表 1　　　　　　　　　　　　　　　抽水蓄能电站实际物理参数

转轮直径（m）	额定转速（r/min）	额定流量（m³/s）	额定水头/扬程（m）	额定功率（MW）
3.85	500	62.09	540	306

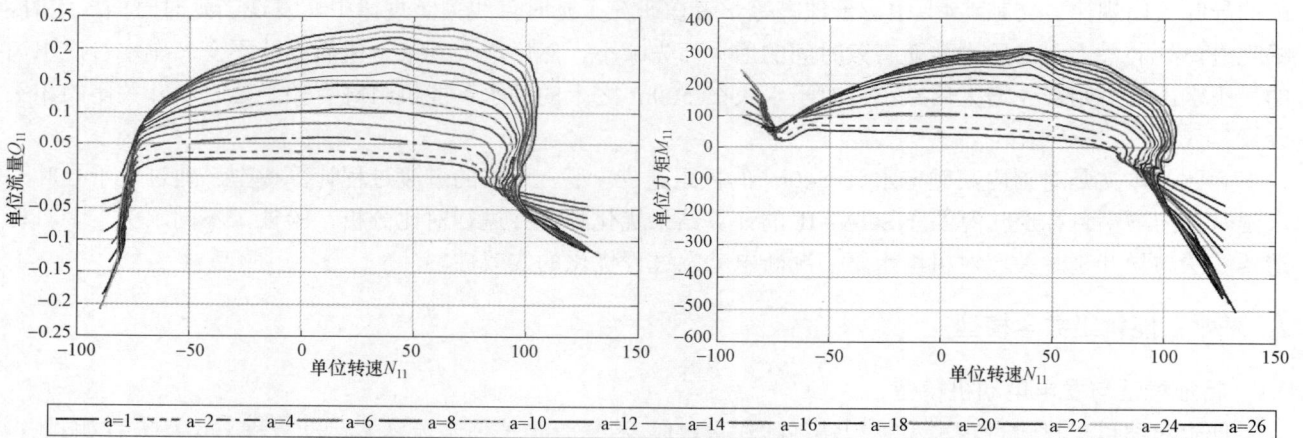

图 1　TPV32－LJ－385 型水泵水轮机全特性数据

3　多目标遗传算法与导叶关闭规律优化模型

3.1　多目标遗传算法

相较于 NSGA 算法，NSGA－II 算法引入了快速非支配排序方法，很大程度地降低了计算复杂度，而且 NSGA－II 算法还采用了拥挤度计算，不再像 NSGA 算法那样，还需要人为地设定共享参数，而且 NSGA－II 算法是将整个种群作为比较标准，能够有效地保持种群的多样性。并且 NSGA－II 算法还将父代种群和其产生的子代种群结合起来成为一个新的种群，再去演化出新的子代种群。这种算法不仅扩大采样的种群空间，而且能够保证留下最优秀的个体，提高了算法优化结果的准确性。

（1）种群分层。在最小化目标函数 $y(x)=[f_1(x),f_2(x),\cdots,f_n(x)]$ 中，假设种群规模为 m。

1）首先，令 $i=1$，$j=1$，2，3，…，m 且 $j \neq i$。

2）P_o 为种群中支配 o 的个体数，将解 x_i 和 x_j 进行支配关系比较，当 x_i 支配 x_j 时，将 x_j 放于集合 S_i 中，集合 S_i 与 x_i 之间存在着索引关系；当 x_i 被 x_j 所支配时，令 $Pxi=1$。然后，令 $i=2$，重复上述步骤，直到将种群中的所有解都进行了支配关系比较，得到每个解支配其他解的解集和被其他解所支配的个体数。

3）将种群中所有 $P_o=0$ 的解找出来，放置在集合 F_1 中，则集合 F_1 中的所有个体的层级数为 1。

4）以 F_1 为当前集合，在集合 F_1 中的每个个体 h，其支配的个体集合为 Sh，将集合 Sh 中的每个个体 c，执行 $Pc=Pc-1$，将支配 c 的个体减一，若 $Pc=0$，则将个体 c 放入集合 F_2 中，集合 F_2 中的所有个体层级数就为 2。然后再以 F_2 为当前集合，重复上述步骤。

5）以此类推，直到将整个种群进行分层。

（2）拥挤度计算。在同一级层中，为了更好地得到最优解，保证种群的多样性，需要引用拥挤度。首先以每个单元目标函数为基础对种群进行排序，对于边界个体，第一个个体和最后一个个体的拥挤度设为无穷。其余个体拥挤度计算公式为

$$m_d = f_n(i+1) - f_n(i-1) \tag{5}$$

式中　$f_n(x)$ ——多元目标函数中的某个单元目标函数。

当满足 rank［i］＜rank［j］或者 rank［i］≤rank［j］且 $i_{md} > j_{md}$，则称个体 i 优于个体 j。

（3）子代演化。将遗传和突变的衍生子代种群和父代种群结合为一个新的种群，在新的种群中寻找最优解。

3.2　导叶关闭规律优化目标函数

抽水蓄能机组发生水泵工况断电时，转速上升率和各水力单元水击压力是衡量机组安全稳定运行的关键指标。为此，本文以转速上升率和水击压力作为导叶关闭规律优化的目标函数。

（1）转速上升率目标。在抽水蓄能机组水泵工况断电时，受水流影响，水泵方向先减速再到水轮机方向增速，在极端情况下还会达到飞逸状态。在机组出现飞逸转速时，易造成连接部件发生松动、断裂和塑变，甚至造成振动时很可能会导致机构严重损坏，降低机组的使用寿命。因此，在进行导叶关闭规律优化时，需要将其考虑进去，如式（6）所示

$$\text{Min}\ \ m = \sum_{i=1}^{N} \left[\max(n_i) - n_{ri} \right] / n_{ri} \tag{6}$$
$$m \leqslant \text{const}_m$$

式中　N——水力单元内的机组台数；

　　　n_i——第 i 台机组过渡过程中的转速；

　　　n_{ri}——第 i 台机组稳定工况时的机组额定转速；

　　const_m——转速上升率的约束限制常数。

（2）水击压力目标。抽水蓄能电站机组水泵断电工况是一个复杂的工况，在导叶关闭的过渡过程计算时应将蜗壳的水击压力约束、尾水管压力约束、调压室涌浪水位约束综合考虑进去，得到各水力单元压力的最小值，如式（7）所示

$$\text{Min}\ \ n = u_a \sum_{i=1}^{N} (f_{volei} + f_{drasi}) + u_b \left(L_{sur\_up} + L_{sur\_down} \right) \tag{7}$$

式中　f_{volei}——第 i 台机组蜗壳末端压力的最大值；

　　　f_{drasi}——第 i 台机组尾水管进口压力的最大值；

　　L_{sur_up}——上游调压室涌浪水位的最大值；

　L_{sur_down}——下游调压室涌水位的最大值；

u_a、 u_b ——水击压力和调压室水位的特征系数。

在高水头抽水蓄能机组水泵断电工况下导叶关闭规律的智能化算法模型中,导叶关闭规律的优化式(6)转速上升率 m 和式(7)目标函数 n 的值将成为导叶关闭规律的两个优化目标,从而得到优化结果。

4 三段延时关闭规律优化实例

4.1 延时导叶关闭规律

导叶三段延时关闭是在导叶二段式折线关闭的基础上增加一段延时关闭而产生出来的。对于导叶三段延时关闭,针对的问题和条件不同会导致延时关闭的时间段的改变。导叶三段延时关闭规律如图 2 所示。

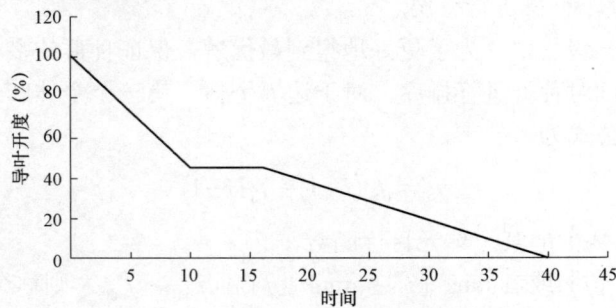

图 2 导叶三段延时关闭规律

对于导叶三段延时关闭来说,优化空间很大。第一段导叶关闭的速率和第二段导叶关闭速率以及延时段所关闭的时间都可以进行优化处理,因此导叶三段延时关闭能够适用于大多数抽水蓄能电站,本文以转速达到某一阈值为判断标准,延时时间为 3~7s。但是,这种关闭方式受到反馈机构和执行机构的影响,比起常规的导叶关闭规律技术要求相对较高,而且会额外增加成本。

4.2 实例分析

基于多元目标遗传算法 NSGA-II 对导叶关闭规律的过渡过程计算,仿真实验选定参数如下所示:种群大小 $n_{Pop}=80$,交叉比率 $p_c=0.7$,突变的比例 $p_M=0.4$,突变率 $m_u=0.02$,变异步长 $sig=0.1$,最大迭代次数 $MI=200$,仿真时间步长为 100s,时间间隔为 0.04s。

本文研究的是高水头抽水蓄能电站机组水泵断电工况的导叶关闭规律优化模型,因此,对于"一管双机"机组来说,本文单从机组断电工况在不同水头下的导叶关闭规律展开研究。水头参数和断电工况的设置条件见表 2。

表 2 水头参数和断电工况的设置条件

水头	上库水位(m)	下库水位(m)	负荷变化	水位组合说明及导叶关闭方式
水头 1	735.45	163.00	100%→0	上水库为校核洪水位,下水库为死水位,导叶正常情况关闭
水头 2	735.45	181.00	100%→0	上水库水位为校核洪水位,下水库水位为正常蓄水位,导叶正常关闭
水头 3	733.00	163.00	100%→0	上水库水位为正常蓄水位,下水库水位为死水位,导叶正常关闭
水头 4	733.00	181.00	100%→0	上水库水位为正常蓄水位,下水库水位为正常蓄水位,导叶正常关闭

在导叶关闭规律优化计算模型中,在 4 个水头参数下,用导叶三段延时关闭规律得到以水击压力为横坐标,转速上升率为纵坐标的帕累托非劣解前沿图,如图 3 所示。

在图 3 中,在转速上升率大致相同的情况下,水头 3 的水击压力比水头 2、水头 1 和水头 4 的水击压力要小,而水头 1、水头 2 和水头 4 的转速上升率和水击压力则比较相近。因此,导叶三段延时关闭规律更适合水头 3 的工况。4 个水头下导叶三段延时关闭方案详细数据见表 3 和表 4。

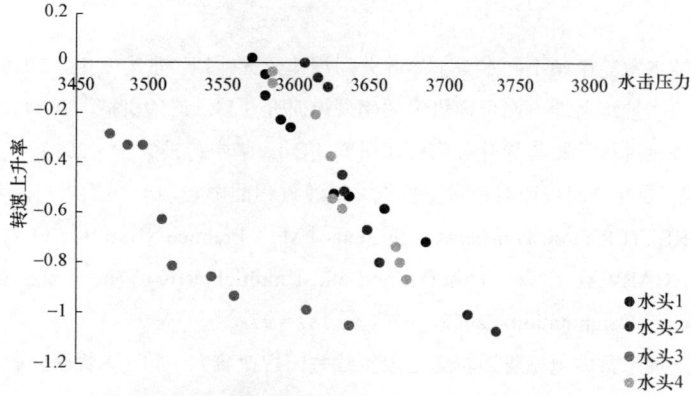

图3   4个水头下导叶三段延时关闭结果图

表3   **4个水头下导叶三段延时关闭方案详细数据 Ⅰ**

方案	水头 1		水头 2	
	水击压力	转速上升率	水击压力	转速上升率
1	3570.130 496	0.019 267 839	3606.092 592	−0.009 228 76
2	3578.714 668	−0.050 151 158	3610.565 964	−0.065 703 97
3	3579.728 668	−0.134 501 22	3620.405 236	−0.092 378 065
4	3590.412 1	−0.226 807 886	3631.675 58	−0.449 843 204
5	3596.455 516	−0.256 993 833	3632.765 876	−0.517 953 474
6	3625.316 984	−0.530 836 728	3648.935 272	−0.667 674 048
7	3636.339 872	−0.533 883 958	3656.466 796	−0.801 319 373
8	3660.507 72	−0.586 627 213	3717.389 712	−1.009 104 615
9	3689.171 132	−0.727 642 864	3736.901 256	−1.076 706 325

表4   **4个水头下导叶三段延时关闭方案详细数据 Ⅱ**

方案	水头 3		水头 4	
	水击压力	转速上升率	水击压力	转速上升率
1	3474.097 324	−0.290 182 372	3582.274 828	−0.036 611 612
2	3485.295 704	−0.329 890 65	3583.144 984	−0.083 433 213
3	3495.516 312	−0.333 438 034	3613.656 02	−0.213 683 059
4	3508.700 968	−0.629 115 97	3623.115 724	−0.374 562 816
5	3516.138 728	−0.819 304 021	3624.259 148	−0.539 565 937
6	3543.106 424	−0.863 782 332	3632.221 988	−0.586 214 978
7	3558.158 456	−0.940 336 545	3668.051 816	−0.744 094 392
8	3606.174 244	−0.997 884 213	3670.290 908	−0.807 804 913
9	3635.016 488	−1.047 717 622	3675.479 968	−0.865 562 001

5 结束语

本文采用多目标遗传算法，在4种典型水头下不同导叶关闭规律的过渡过程计算建立一个以机组水击压力和转速上升率为目标的智能算法优化模型，通过实例分析，发现智能算法模型对于限制高水头抽水蓄能电站机组水泵断电工况的最大水击压力和转速上升率的效果十分显著，说明了基于多元目标遗传算法NSGA-Ⅱ建立的导叶关闭规律优化模型是可行的、高效的。进一步，导叶三段延时关闭规律对于机组最大水击压力和转速上升率的限制效果明显，适用于多种水头且优化空间大。但是，在实际工程应用中导叶三段延时关闭对于反馈信号和执行系统要求比较高，在调速器软件和硬件改进中还需进一步的研究分析。

参考文献

[1] 芦月，屈波，何中伟. 抽水蓄能电站不同水头下导叶关闭规律研究 [J]. 水力发电，2016，42（12）：85-89.

[2] 张健，房玉厅，刘徽，等. 抽水蓄能电站可逆机组关闭规律研究 [J]. 流体机械，2004（12）：14-18.

[3] 张东升. 抽水蓄能电站过渡过程计算与导叶关闭规律研究 [D]. 华中科技大学，2013.

[4] 于桂亮，蔡付林，周建旭. 导叶关闭规律对抽水蓄能电站过渡过程的影响[J]. 中国农村水利水电，2016（05）：189-192.

[5] WYLIE，E.B.，V.L.STREETER.Fluid Transients in Systems [M]. Prentice-Hall Inc.（UK），1993.

[6] DEB K，PRATAP A，AGARWAL S，et al. A fast and elitist multiobjective genetic algorithm: NSGA-II [J]. IEEE Transactions on Evolutionary Computation，2002，6（2）：182-97.

[7] 卢伟华，陆健辉，沈波. 抽水蓄能电站可逆机组三段折线关闭规律研究 [J]. 人民长江，2009（19）：86-9.

关于励磁设备交流开关控制逻辑优化的思考

陈　鹏[1]　张晓倩[2]　吕鹏飞[1]　张　斌[1]

（1. 辽宁蒲石河抽水蓄能有限公司，辽宁省丹东市　118216;

2. 国网新源公司检修分公司，北京市　100068）

【摘　要】　本文介绍了辽宁蒲石河抽水蓄能电站励磁交流开关动作过多，时长出现由于机械结构卡涩导致无法正常操作的问题，研究励磁交流开关控制逻辑由随机组起停动作改为常合状态，在故障情况下跳开的运行方式，提升了励磁交流开关运行寿命，为后续抽水蓄能电站励磁交流开关控制方式优化有一定的指导作用。

【关键词】　抽水蓄能　励磁系统　交流开关　直流开关　动作次数　可靠性提升

1　概述

蒲石河抽水蓄能公司地处辽宁丹东宽甸满族自治县境内，距丹东市约 60km。电站装有四台单机容量 30 万 kW 可逆式机组，总装机容量 120 万 kW，出线电压等级为 500kV。电站采用扩大单元接线方式，每台机组配置一台主变压器，在主变压器低压侧引出经励磁变压器降压提供机组所需励磁电源。每台机组配置机组励磁系统由法国 ALSTOM 公司提供，励磁交流开关为 ABB 公司提供的 E3 PR121 型号产品，采用自并励可控硅静态励磁方式，功率元件为可控硅整流器，可控硅整流器由三个晶闸管整流桥并联构成。励磁系统的运行模式包括发电模式、抽水模式、SFC 模式、BTB 模式、电制动模式、线路充电模式。

励磁系统在整流桥的交直流两侧分别设置交流开关和直流开关，用于开断正常运行时及故障情况下励磁电流。以抽水蓄能机组发电工况为例，每次启动过程中，当励磁控制器收到监控发出的 95% 转速信号时合上励磁交流开关，延时再通过励磁交流开关的位置节点来自动地合上直流开关，开放可控硅导通角后，将系统侧励磁交流电按照既定参数向发电机注入直流电源。同理在其他机组运行工况和机组电气制动工况都将以此方式向机组提供直流电源。如果机组在各工况运行一个周期，励磁交流开关将分合两次。

2　励磁交流开关出现的故障及分析

2.1　辅助触点导致励磁交流开关合闸失败

2014 年 3 号机发电启动过程中，机组运行满足合励磁交流开关条件，发出合闸令，但因励磁交流开关合闸失败，导致监控系统流程超时退出，机组转事故停机。经查事故原因为励磁交流开关本体在收到合闸令后正常动作合闸，但其辅助触点未能正确动作，励磁交流开关合闸 28.428ms 后跳开，导致直流开关合闸线圈未能正常励磁，直流开关合闸失败，导致机组启动失败。励磁交流开关的频繁动作导致位置节点信号可靠性降低。

2.2　励磁交流开关电压电流测量传感器误差故障

2013 年，4 号机抽水稳态运行时，励磁系统报三相脉冲故障，通道切换故障、二级励磁故障，机组出口开关、直流开关跳闸，机组转电气事故停机。经查在故障时刻电气一次回路采样均正常，保护装置正常。故障源自励磁交流开关本体脱扣器。通过专用软件检查励磁交流开关本体保护脱扣器跳闸信息显示：故障时刻 A 相电流为 1132A，B 相电流为 2089A，C 相电流为 1132A，B 相电流越限启动过载保护反时限跳闸，即该开关 B 相电子传感器误判断正常工作电流为故障电流，启动开关本体反时限过电流保护导致开关跳闸。

录波器故障显示波形图显示：励磁变压器高压侧 A、B、C 相电流均为 0.137A，三相平衡，折算至励磁交流开关处的一次电流应为 $0.137 \times 300 \times 18\,000/640 = 1155A$，即故障录波装置中未检测到任何异常电流，由此说明励磁交流开关 B 相故障电流为电压电流测量传感器误测量电流。

以上两次故障均源自励磁交流开关，励磁交流开关在机组一次运行周期中动作两次，每日机组按照两发两抽的运行频次计算，励磁交流开关将分合 8 次，除去每年每台机组 34 天检修时长，励磁交流开关每年台均动作约 2648 次，表 1 为实采 1～4 号机组励磁交流开关 2 年内运行次数。在机组高频次的运行强度下，非常考验励磁交流开关的运行稳定性。在地下厂房运行环境下，厂房振动传导至励磁盘柜，励磁交流开关的机械寿命和电气寿命都收到一定的影响。故考虑对机组励磁交流开关控制方式进行改造，以达到降低励磁交流开关动作次数的目的。提高励磁交流开关持续运行能力。

表 1 励磁交流开关动作次数统计表

机组号	1 号交流开关	2 号交流开关	3 号交流开关	4 号交流开关
累计动作次数	5012	5574	5566	6052

3 励磁系统交流开关控制逻辑说明

3.1 合闸逻辑

详细控制逻辑为，励磁系统通过 AVR 控制器模件－A6.22 开出起励脉冲令后，合闸继电器－K5 励磁，－K1 延时 2s 励磁（见图 1），－K5 继电器常闭辅助触点串联在励磁交流开关分闸回路内，使两个分闸线圈控制回路失电，经过 2s 延时后，合闸延时继电器－K1 动作励磁后，励磁交流开关－Q05 合闸控制回路接通，合闸线圈 E 励磁，励磁交流开关－Q05 合闸（见图 2），励磁交流开关各辅助触点相应动作变位，故串接在直流开关－Q01 合闸控制回路中的－Q05 常开触点（13、14）动作闭合，使合闸回路接通上电，合闸线圈 C 励磁，直流开关随即合闸，这种以励磁交流开关合闸辅助触点驱动直流开关合闸的控制方式广泛应用于进口励磁设备控制回路。这种控制方式的优点是可通过硬线回路实现交直流开关合闸的先后配合，通过统一的合闸令脉冲减少对励磁直流开关和励磁交流开关的分相控制可靠性较好，缺点是该控制方式每次动作都需分合励磁交流开关一次，对励磁交流开关的机械寿命有一定影响。

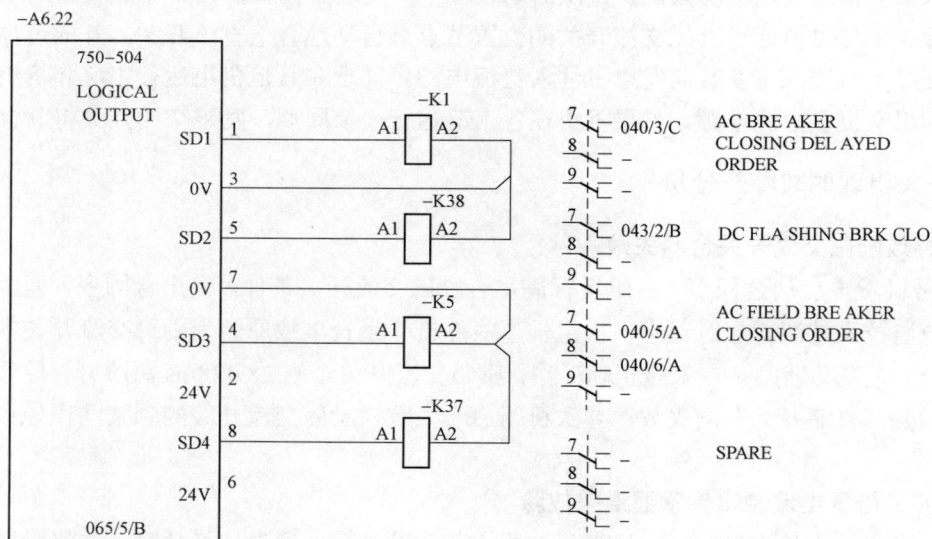

图 1 AVR 控制卡件励磁交流开关合闸令

3.2 分闸回路

在每一次机组正常停机、事故停机或电气制动结束后需要断开机组的励磁回路。此时来自于机组监控系统的停止励磁的命令发至励磁系统，AVR 控制器首先关断晶闸管的脉冲出发，通过开出量控制跳闸继电器－K2 动作，接通励磁直流开关的分闸回路，直流开关分闸线圈上电吸合，励磁直流开关随机跳开。励磁直流开关的辅助触点再通过直流开关的位置节点来自动地分开交流开关，即 AVR 接受到正常停机令或事故

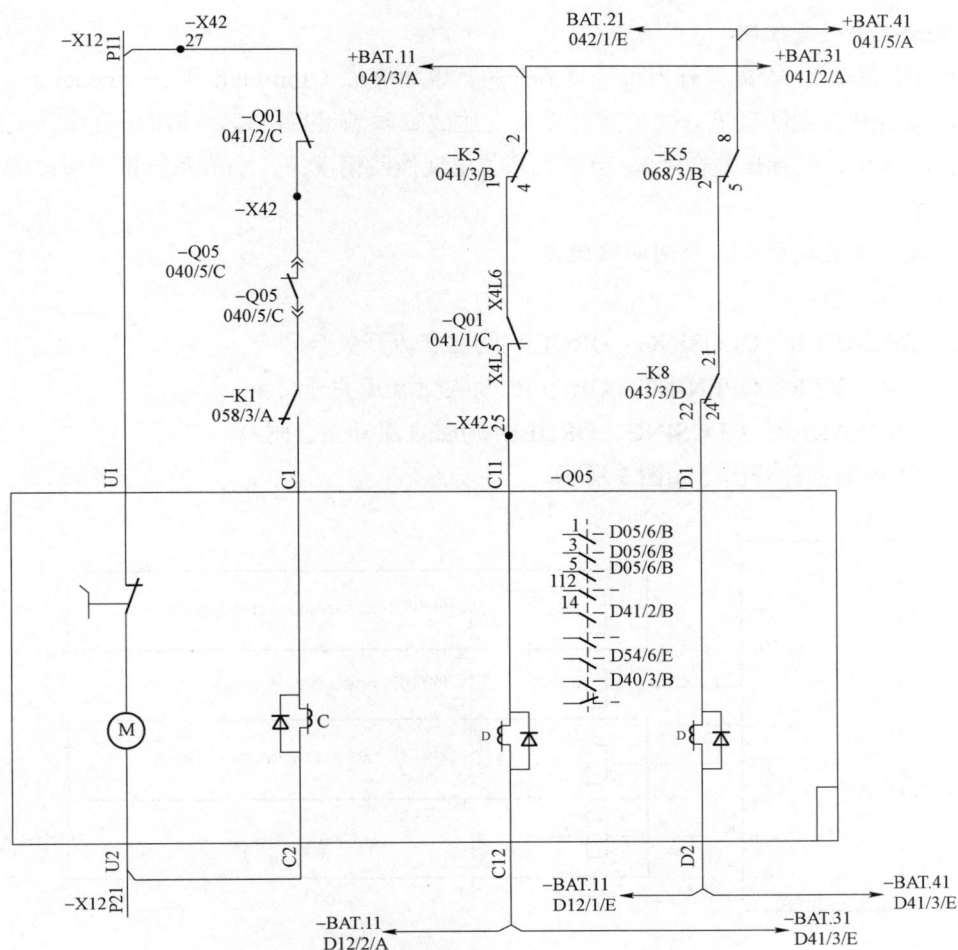

图 2   交流开关控制合、分闸

停机、紧急停机令使直流开关 -Q01 分闸控制回路接通，分闸线圈 D1、D2 励磁，直流开关分闸，此时，直流开关位置辅助继电器 -K8 动作，交流开关 -Q05 分闸回路接通，分闸线圈动作于交流开关分闸（见图 3）。

4   优化改造方案

4.1   改造思路

改变原励磁交流开关随机组起停动作合分闸的控制方式，进而改变励磁直流开关通过交流开关位置节点合闸的控制方式。改变励磁交流开关由励磁直流开关位置节点控制分闸的控制方式。保证励磁交流开关在正常运行时及机组停机稳态过程中始终处于合闸位置。励磁系统与发电机转子唯一断开点由原励磁交流开关前移至励磁直流开关。因为在停机时和停机过程中，励磁系统晶闸管处于关断状态。能够可靠保证机组的安全。另外，在事故停机的情况下，因为无法判断故障点是在励磁交流开关前还是后，所以需要同时将励磁交、直流开关全部断开以保证可靠切断故障源。

4.2   详细的改造方案

为了保证励磁系统的可靠性，制定以下解决方案：

4.2.1   励磁交流开关的现地控制

考虑到在事故停机后，恢复机组正常备用的过程中能够在现场手动合上励磁交流开关，需要在现地控制屏 LCP 上增加现地合、分交流开关功能，并增加励磁交流开关监视功能，即停机工况时，交流开关分闸位置时，LCP 报交流开关位置报警；通过 LCP 合闸后，报警复归。

4.2.2　励磁交流开关的逻辑控制

执行正常停机流程时，AVR 只开出跳开直流开关；事故停机（unit fault 和 emergency stop），AVR 开出跳开直流开关，交流开关判断直流开关位置分以及上述故障源满足后出口，作用于交流开关跳闸；励磁系统处于正常工作时（交、直流开关合闸），当交流开关出现偷跳情况下，励磁系统报二级故障，同时送至监控系统和继电保护。

4.2.3　励磁交、直流开关控制合、分闸回路优化

重新定义以下继电器：

–K1：AC　BREAKER　CLOSING　ORDER 励磁交流开关合闸令。

–K5：AC　BREAKER　OPENING　ORDER 励磁交流开关分闸令。

–K37：DC　BREAKER　CLOSING　ORDER 励磁直流开关合闸令。

优化后的 AVR 控制卡件开出令如图 3 所示。

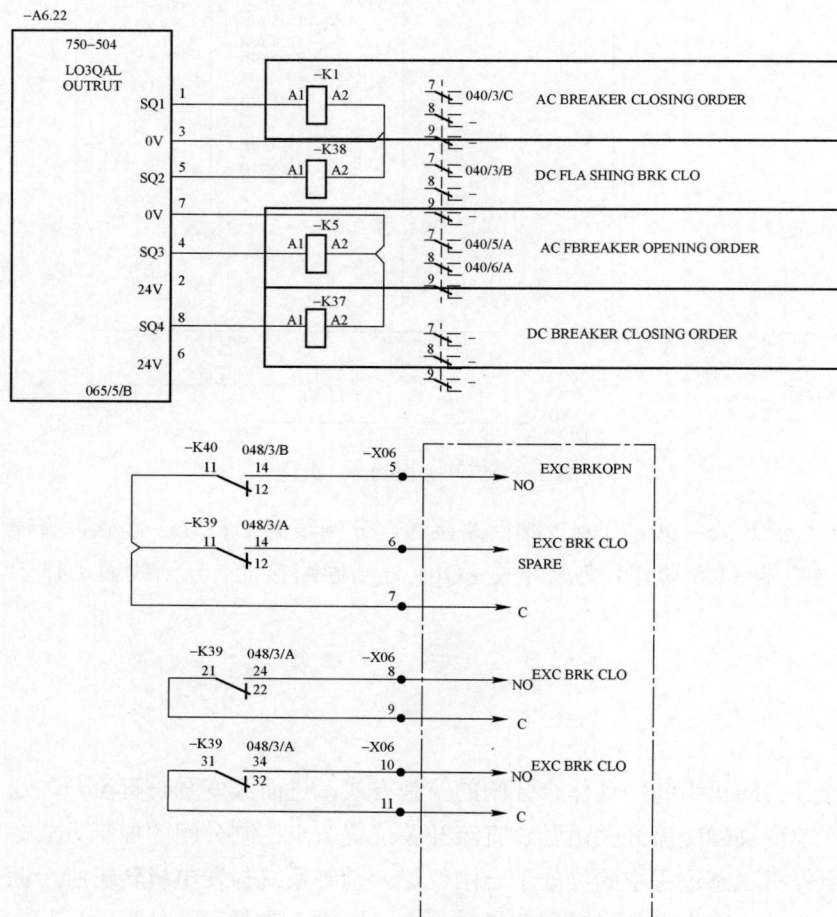

图 3　优化后的 AVR 控制卡件开出令

将交流开关控制分闸回路 1 原–K5 常闭点改为常开点：既节点–K5（1、7）改接为–K5（4、7）；将交流开关控制分闸回路 2 原–K5 常闭点改为常开点：既节点–K5（2、8）改接为–K5（5、8）；–K1 保持常开节点不变。

交流开关控制合、分闸回路改动示意图如图 4 所示。

将–K2 的 1 接至–K37 的 7，将–K37 的 4 接至–X42 的 6，即将–K37 的常开接点（4、7）接入直流开关控制合闸回路中。

直流开关控制合、分闸回路改动示意图如图 5 所示。

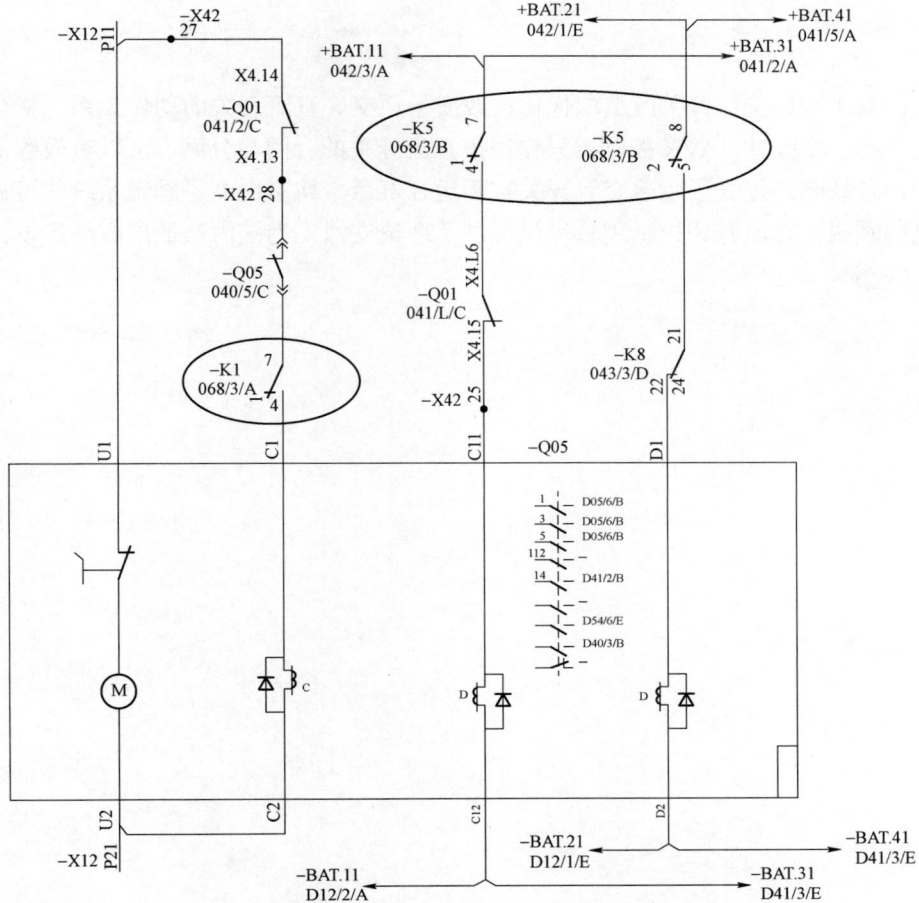

图 4 优化后的励磁交流开关控制图

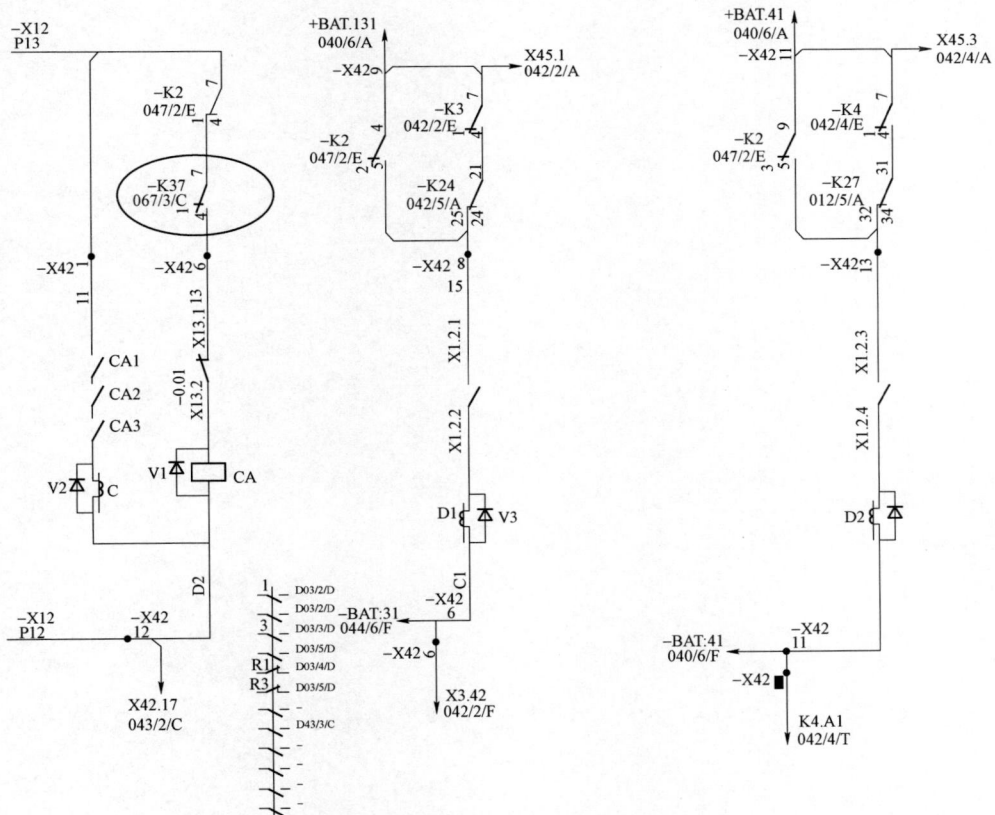

图 5 优化后的励磁直流开关控制图

5　结论

　　本文所讨论的对于励磁交流开关改造的优化，改变了原交、直流开关的动作关系，将交流开关一直置于合闸位置，正常起、停机时，AVR 控制器只作用于直流开关的合闸与分闸，可以有效解决因交流开关频繁动作而导致的设备缺陷，提升了励磁交流开关实际运行寿命，切实提高了励磁系统的可靠性。对于国内其他抽水蓄能电站励磁交直流开关控制逻辑优化提供了理论支撑，为国内其他厂商励磁设计制造提供了优化方案。

静止变频器自然换相阶段过电流故障原因分析及处理

王　熙[1]　陈　丽[2]　阚朝晖[1]　李子龙[1]

（1. 湖北白莲河抽水蓄能有限公司，湖北省罗田县　438600;

2. 安徽金寨抽水蓄能有限公司，安徽省金寨县　237333）

【摘　要】 本文从过电流故障的电气现象、静止变频器调节控制、晶闸管换相的原理、不同控制角的作用等方面分析了换相失败的本质，阐述了高转速时容易发生逆变桥换相失败导致的短路故障的原因。通过结合电站实例，分析了换相失败的过程和原因，对直流侧电流、拖动力矩、启动时间和换相裕量角之间的相互影响关系进行了分析。提出了一种通过增大同步加速阶段启动时间，间接增大换相裕量角，避免换相失败的有效方法。

【关键词】 晶闸管换相　换相失败　换相余量角　同步加速阶段启动时间

　　换相失败是静止变频器异常工作状态常见的故障之一，整流桥或逆变桥的晶闸管一旦换相失败，将会造成桥臂直通，引发晶闸管输入、输出电流增大，输出直流电压降低等问题，严重时可造成晶闸管的损坏、输入输出变压器的损坏、静止变频器内部元器件的损坏等故障。2016～2017 年期间，某抽水蓄能电站 SFC 拖动机组至约 99% 额定转速时，出现 2 次由过电流导致的机组启动失败，严重影响机组泵工况的启动成功率。掌握静止变频器中晶闸管换相失败的原因及解决方法，有利于提升设备的健康水平，保证设备健康运行。

1　静止变频器过电流故障

1.1　过电流故障统计

　　某抽水蓄能电站静止变频器 SFC 型号为法国 CONVERTEAM SD7000，于 2010 年投运。采用 12 脉冲高压 – 低压 – 高压结构，系统电源经交流 – 直流 – 交流变换启动机组。启动过程中主要为机组转速低于 5% 的低速强迫换相阶段和机组转速大于 5% 的高速自然换相阶段。在自然换相阶段，SFC 整流桥负责电流、电压的幅值控制，逆变桥负责频率控制。2016 年 9 月以来，莲蓄电站 SFC 在自然换相阶段出现 2 次过电流故障，故障时机组转速为 99% 额定转速。

1.2　过电流故障现象

　　该电站 SFC 系统陆续发生 2 起 SFC 拖动机组转速到达 99%，因过电流故障导致机组电气跳闸故障。通过 SFC 控制器自带录波程序（见图 1），发现故障时现象一致，均在机组转速达到 99% 时，出现网桥 1 侧电流 $I_{\beta 1}$ 突增、网桥 2 侧电流 $I_{\beta 2}$ 突增、机桥侧电流 $I_{\beta 3}$ 下降。

　　静止变频器调节控制采用矢量变换控制。将交流电动机在空间对称的三相静止绕组变换成空间正交的两相静止绕组，这种变换侧称为三相/二相变换，其计算公式如下

$$\begin{bmatrix} I_{\alpha} \\ I_{\beta} \end{bmatrix} = \frac{2}{3} \begin{bmatrix} 1 & -\dfrac{1}{2} & -\dfrac{1}{2} \\ 0 & \dfrac{\sqrt{3}}{2} & -\dfrac{\sqrt{3}}{2} \end{bmatrix} \begin{bmatrix} I_{A} \\ I_{B} \\ I_{C} \end{bmatrix} \tag{1}$$

　　以网桥电流为例，若机组转速为 99% 转速，则网桥 1 TA A、C 两相的二次侧电流为 1A，$\dot{I}_A = 1 \angle 0° A$ $\dot{I}_C = 1 \angle 120° A$

　　因此
$$\dot{I}_B = -(\dot{I}_A + \dot{I}_C) = 1 \angle -120° A \tag{2}$$

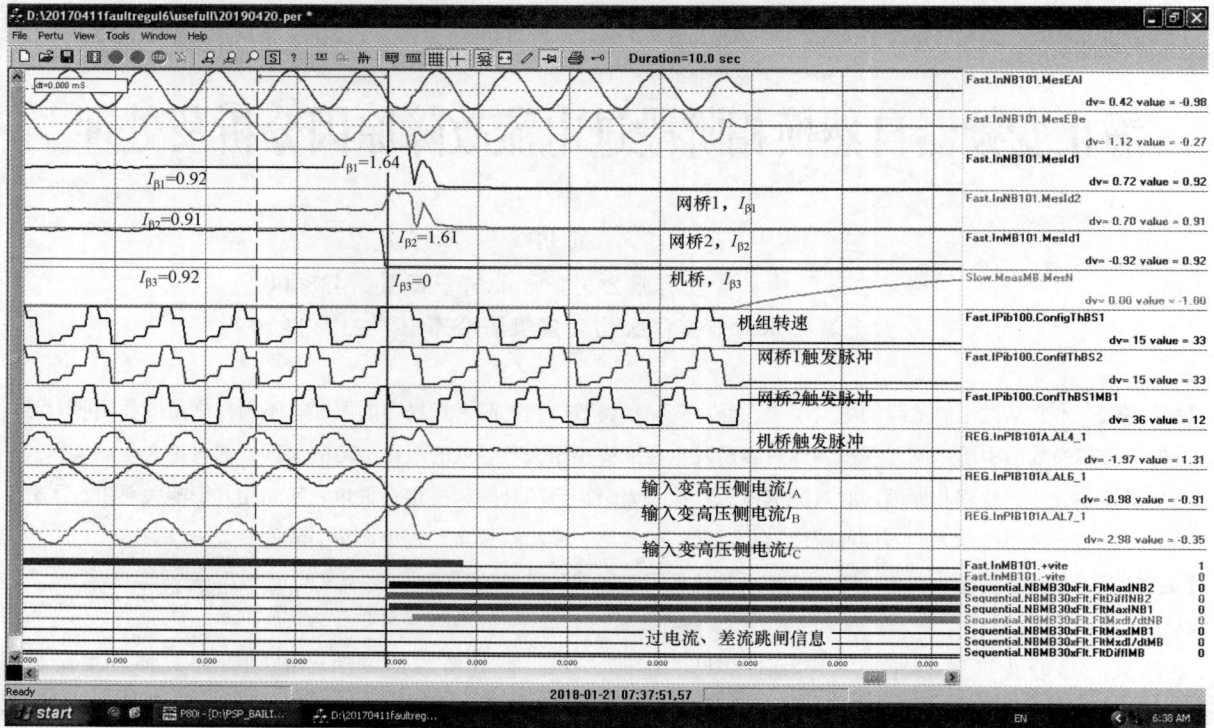

图 1　SFC 故障波形

$$\begin{bmatrix} I_\alpha \\ I_\beta \end{bmatrix} = \frac{2}{3} \begin{bmatrix} 1 & -\dfrac{1}{2} & -\dfrac{1}{2} \\ 0 & \dfrac{\sqrt{3}}{2} & -\dfrac{\sqrt{3}}{2} \end{bmatrix} \begin{bmatrix} 1\angle 0° \\ 1\angle -120° \\ 1\angle 120° \end{bmatrix}$$

故障前　　　　　$\dot{I}_\beta = \dfrac{2}{3}\left(\dfrac{\sqrt{3}}{2}\times 1\angle -120° - \dfrac{\sqrt{3}}{2}\times 1\angle 120°\right) = \dfrac{\sqrt{3}}{3}\angle -90°$　　　　　（3）

网桥 TA 的变比为 4000/1A，静止变频器控制程序中采用的电流基准值为 2500A，因此，程序中电流值应为

$$I_\beta = \frac{\sqrt{3}}{3}\times \frac{4000}{2500} = 0.92 \ （A）　　　　　（4）$$

该值与故障录波中故障前数值一致。

2　过电流故障分析

2.1　晶闸管保护逻辑分析

SFC 控制部分配置有网桥（NB1、NB2）过电流保护、机桥（MB1、MB2）过电流保护、网桥与机桥差流保护、网桥电流突变率保护、机桥电流突变率保护，当功率回路故障时通过闭锁晶闸管脉冲、跳开输入、输出开关，用以避免晶闸管长时间承受过电流电流，损坏晶闸管。过电流保护、差流保护逻辑如图 2 所示。

网桥 1 过电流保护动作逻辑为当 $I_{\beta 1} > 1.40$ 时，延时 0.001s，过电流保护动作；网桥 1 与机桥差流保护动作逻辑为 $I_{\beta 1}$、$I_{\beta 3}$ 大于 0.30 时，延时 0.001 5s，差流保护动作。

由故障录波波形可知，故障时 $I_{\beta 1} = 1.64 > 1.40$，$I_{\beta 1} - I_{\beta 2} = 1.64 > 0.30$，因此保护正常动作。

2.2　晶闸管换相失败的典型现象

由故障录波可知，故障时网桥侧电流突然增大，机桥侧电流降为 0，此为机桥侧换相失败、桥臂直通的典型现象。

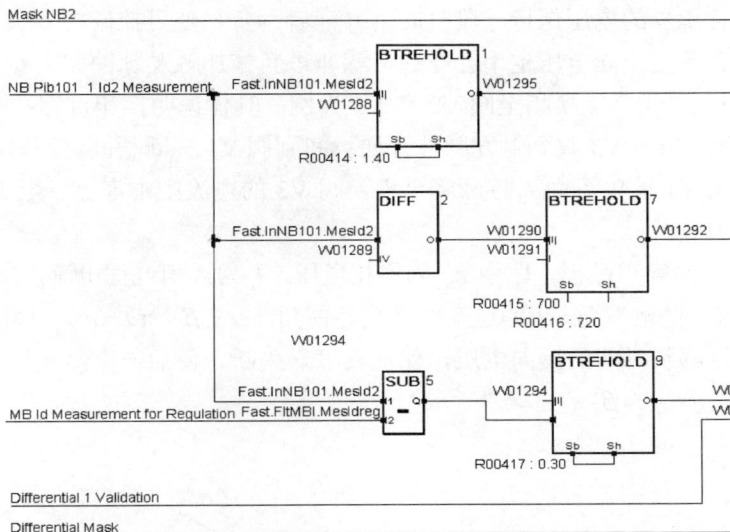

图 2　保护动作逻辑

2.3　换相失败机理分析

2.3.1　晶闸管触发序列

由故障录波波形（见图 1）中脉冲触发数值可知，静止变频器系统触发脉冲以十进制作为编译，按照二进制进行触发分配。以自然换相阶段为例。

表 1　　　　　　　　　　　　　　脉冲分配逻辑（1 表示导通、0 表示关断）

转子角度所在区间	程序中脉冲数值	二进制	对应的晶闸管序号					
			V1	V2	V3	V4	V5	V6
0°～60°	24	011000	0	1	1	0	0	0
60°～120°	12	001100	0	0	1	1	0	0
120°～180°	6	000110	0	0	0	1	1	0
180°～240°	3	000011	0	0	0	0	1	1
240°～300°	33	100001	1	0	0	0	0	1
300°～360°	48	110000	1	1	0	0	0	0

该过电流故障发生在机桥侧晶闸管桥臂换相阶段，从图 2 和图 3 可知当阀 V6 和阀 V1 向阀 V2 和阀 V1 换相时阀 V6 未能关断，当下次阀 V2 和阀 V1 换相至阀 V2 和阀 V3 时，阀 V6 和阀 V3 发生直通，即出现换相失败。

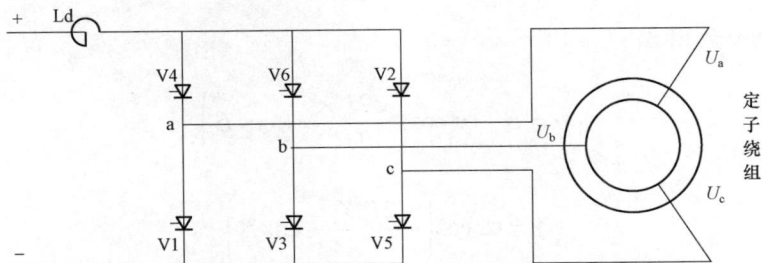

图 3　逆变侧 6 脉动接线原理图

2.3.2　换相原理

可控硅是半控型功率器件，阀从关断到导通应具备以下两个条件：① 承受正向电压（阳极电位高于阴极电位）；② 门极存在触发脉冲。阀一旦导通可不依赖与触发脉冲而保持通路，只有当流过晶闸管的电流小于擎住电流，且晶闸管承受的电压保持一段时间为 0 或者为负，使可控硅内多余载流子消失，阀才能关断。关断后的阀即使重新承受正向电压也不会导通，除非重新施加触发脉冲。

以自然换相阶段，阀 V1 和 V2 换相至阀 V2 和 V3 为例，具体说明换相过程：开始时刻阀 V1 和阀 V2 导通，其余各阀处于关闭。当阀 V3 收到触发脉冲开通瞬间到阀 V1 关断瞬间这段时间内，直流电流 I_d 从阀 V1 逐渐转移到阀 V3，阀 V1 的电流由 I_d 逐渐降至零，阀 V3 的电流则由零上升至 I_d，V1、V1 和 V3 共同导通，此现象成为换相失败。

图 4 给出了逆变器自然换相过程，图中 e_{ba} 为换相电压，I_s 为换相过程电流，i_1 和 i_3 分别为阀 1、阀 3 中流过的电流，α 为整流桥的触发角，β 为逆变的换流超前角（$\alpha + \beta = \pi$），u 为换相重叠角，γ 为换相裕量角，即使前一个阀承受足够长时间的反向电压，保证其可靠关断，使后一个晶闸管承受足够长时间的正向电压，保证其可靠开启（$u + \gamma = \beta$）。

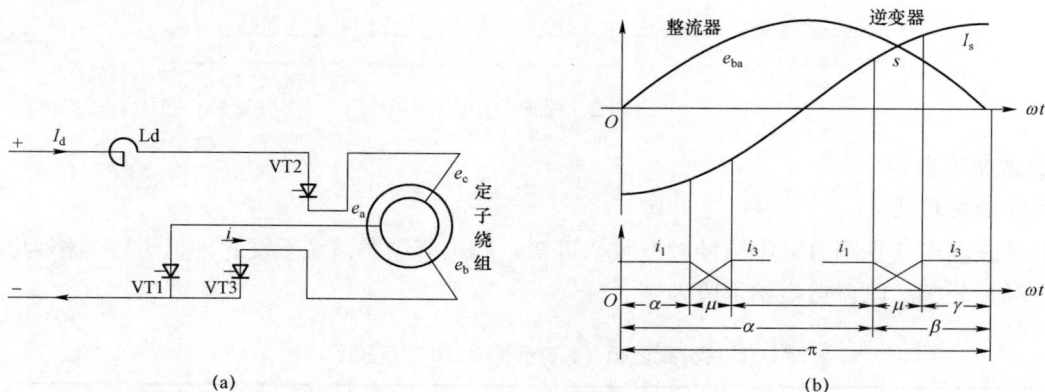

图 4　逆变器自然换相过程示意图
（a）逆变桥换相过程电流路径；（b）换相过程中的换相超前角

设换流前是 VT2、VT1 导通，电流回路是 VT2→C 相绕组→A 相→VT1。当电流由 VT1 转移到 VT3 时，只要电机绕组的反电动势 $U_b > U_a$，即换流的时刻应比 A、B 二相绕组反电动势电压波形的交点适当提前一个换流超前角 β，如图 4（b）中的 s 点。在该点有 $U_{ba} > 0$，若此时由转子位置检测器所产生的触发信号使 VT3 导通，则在 VT3、VT3 和电动机的 A、B 二相绕组间出现短路电流 i，其方向如图4（a）中虚线所示。当 i 达到原来通过 VT1 的负载电流 I_d 时，VT1 就会因流过的实际电流下降到零而关断，负载电流由 VT1 全部转移到 VT3，完成了 A、B 二相之间的换流过程。

若 γ 相对较小（小于固换相裕量角 γ_{min}），则 V1 没有足够的时间恢复到正向阻断能力，又重新承受正向电压，则 V1 在不施加脉冲的情况下重新恢复导通，则 V1、V2、V3 均导通，出现换相失败。当下一时刻，VT4 获得触发脉冲导通时，V2 和 V4 进行换相，此时 VT1 和 VT4 桥臂直通，机桥相间短路，网桥侧电流突增。

2.3.3　影响换相裕量角 γ 的因素

$$\mu = \beta - \mathrm{arc}\cos\left(\frac{\sqrt{2}I_d X_r}{U_v} + \cos\beta\right) \tag{5}$$

$$\gamma = \mathrm{arc}\cos\left(\frac{\sqrt{2}I_d X_r}{U_v} + \cos\beta\right) \tag{6}$$

式中　I_d ——直流电流；

　　　X_r ——换相电抗；

　　　U_v ——换流变压器交流侧电压折算到阀侧的电压。

因此，从控制角度看，要保证安全换相，除了晶闸管触发电路正常、转子位置信号要正确外，还要保证晶闸管的换相裕量角 γ 要足够大。若 I_d 直流电流减小，换相裕量角 γ 增大，换相可靠性增大。

3 原因分析及解决方案

3.1 原因分析

下图为逆变桥中直流电流 i_d 的理论形式和实际形式，如图 5 所示。

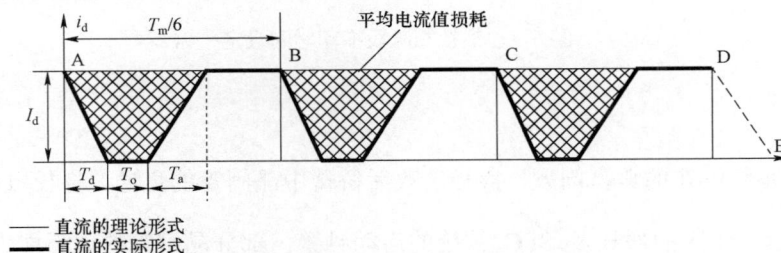

图 5 逆变桥直流电流 i_d

以阀 V1 和阀 V3 为例，T_d 表示流过阀 V1 的电流降为 0 所需时间（$T_d = \frac{\mu}{2}$）、T_0 为阀 V1 可靠关断的时间（必须大于阀自身的可靠关断时间）、T_a 为阀 V3 恢复开通时间。这三个时间与机端频率无关，只与电流 I_d 和晶闸管固有特性（T_d 与 T_a 为晶闸管的固有属性）有关。

当电流恒定时，计算式为

$$T_d + T_o + T_a < \frac{T_m}{6}$$

式中 T_m——机组当前频率。

机组频率接近并网频率时，晶闸管换相的时间 $\frac{T_m}{6}$ 则越短，在晶闸管性能优良的情况下，可以可靠地进行换相，当晶闸管的关断性能下降时，当前的晶闸管从通态电流降到维持电流以下所需要的时间已经超过了允许晶闸管的换相时间，所以高转速时容易发生逆变桥换相失败导致的短路故障。

因此当无法通过修改程序直接增大换相裕量角 γ 时，可以通过降低拖动电流 i_d，减小换相重叠角 u，增大换相裕量角 γ，从而提高晶闸管换相的可靠性。

3.2 通过间接减小 i_d、增大 γ

SFC 系统拖动机组转矩为

$$F_m = C \times i_d \times \cos\beta \times \psi$$

式中 C——电机转矩常量；

F_m——转动力矩；

i_d——回路直流电流；

β——机桥换流超前角；

ψ——转子磁通。

自然换相阶段励磁电流为空载额定电流，$u + \gamma = \beta$ 为固定值，SFC 控制器对 i_d 进行闭环调节，确保 F_m 转动力矩恒定，机组以固定加速斜率加速运行。由图 6 程序可知，自然换相阶段拖动时间为 250s（最大时间不超过 400s），升速斜率为 0.004。

通过延长拖动时间，降低 SFC 系统拖动机组转矩 F_m 间接降低 i_d 进而到达增大换相裕量角 γ 的目的。

3.3 效果验证

该电站 SFC 系统自然换相阶段原启动时间为 230s，后延长至 250s，缺陷得到了较好的控制。从 2018 年 1 月 1 日至 2019 年 4 月 23 日，机组抽水启动 1042 次，启动成功率 100%。

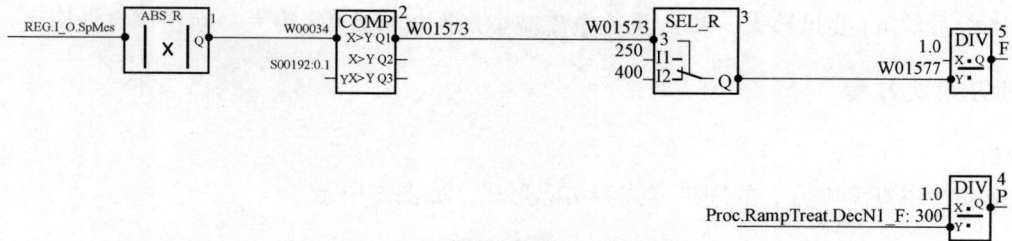

图 6　自然换相阶段拖动时间设定

4　经验推广

换相失败是 SFC 系统存在的典型问题，换相失败后桥臂中晶闸管的直通，将导致相间短路，具备较大危害性。随着晶闸管运行年限的增长及 SFC 系统的启动频繁，部分晶闸管的通断能力（$\frac{\mathrm{d}i}{\mathrm{d}t}$）会有下降，换相失败的概率会有增大趋势，针对部分 SFC 控制器程序中无法直接修改换相裕量角 γ 的兄弟单位，可通过适当延长自然换相启动时间的方法，间接增大相裕量角 γ，避免换相失败，提升设备运行可靠性。

参考文献

［1］　李浩良，孙华平. 抽水蓄能电站运行于管理［M］. 杭州：浙江大学出版社，2014.

［2］　吴红斌，丁明，刘波. 交、直流系统暂态仿真中换流器的换相过程分析. 电网技术，2004.

某抽水蓄能电站转子磁极线圈压板松动情况分析研究

王 毅

（调峰调频发电公司检修试验分公司，广东省广州市　511400）

【摘　要】 本文主要介绍了某抽水蓄能电站发电机转子磁极的结构和磁极端部线圈压板松动的缺陷情况，并从该磁极的结构特点、安装工艺方面研究了可能引起该电厂磁极端部线圈压板松动的原因，同时提出了修复处理建议，为今后类似缺陷的分析及处理提供参考。

【关键词】 磁极　压板　应力　缺陷分析

1　引言

抽水蓄能机组在电网中承担着调峰调频的重要任务，具有频繁启动、正反转高速旋转的特点。转子磁极为发电机发电提供磁场，是发电机的核心部件。转子磁极在高速旋转中受到离心力、电磁力、热应力等作用，当转子磁极线圈固定部件设计不合理或存在缺陷时，容易造成磁极线圈松动损坏等严重事故。本文将通过介绍某抽水蓄能机组转子磁极结构及其缺陷，分析缺陷原因，并提出改进建议，为今后新建电厂磁极结构设计选型及同类电站转子磁极端部线圈压板松动缺陷分析提供参考。

2　某抽水蓄能电站发电机转子磁极结构

某抽水蓄能电站电动发电机是由 Alstom 生产制造，其有关额定参数及定子有关参数见表 1。

表 1　　　　　　　　　　　　　　电动发电机有关额定参数表

型　号	SFD200－16/6550	形　式	立轴半伞式
额定容量	222.2MVA	额定电压	13.8kV
额定电流	10 713A	额定频率	50Hz
功率因数（发电机）	0.9（滞后）	功率因数（发电机）	0.975
额定转速	375r/min	飞逸转速	598.4r/min
磁极数	16		

该抽水蓄能电站转子磁极由钢冲片叠置并用两锻钢侧板夹制而成，磁极铁芯冲片为极身等宽的冲片，由 8 根拉紧螺杆固紧，磁极线圈绕组材料为冷拉铜排，绕组由铜排在端部经特殊焊接而成，磁极绕组匝间绝缘为 NOMEX 聚酯复合绝缘材料。磁极线圈装配采用热压处理。在磁极绕组和磁极铁芯之间加有玻璃纤维板填充，并由此获得绕组与铁芯之间的对中。在外侧（转子磁轭侧），从而留有足够的通风间隙。磁极线圈为弯制成形式，采用该形式的优点是消除绕组侧向分力，不需要极间额外增加了"V"形块，磁极线圈只有靠极靴侧有一层绝缘托板，绝缘托板设计为带有通风槽，用于冷却目的的情况下，在磁极线圈和磁极铁芯之间设置间隙以允许空气流通。

在磁极铁芯前部需要使用 T 形压板来固定磁极线圈，如图 1 所示，磁极线圈侧边各设 4 处撑块和 T 形压板，上下每端设一处撑块和开口形压板，压板固定在铁芯上，以防止磁极线圈径向串动。T 形压板主要目的是把磁极线圈固定在磁极的适当位置。T 形压板平时会受到因热效应位移所产生的力、在装配过程中绝缘框架的弯曲所产生的力以及在制动期间或在泵工况启动时施加在磁极线圈上的内向力。磁极线圈和铁芯之间的温差导致磁极线圈热效应，进而引起的沿径向（向内方向）膨胀。磁极线圈膨胀量大约为 0.2mm，具体取决于磁极铁芯和线圈的温度。在电制动和水泵工况启动期间，励磁电流为 920A，作用在磁极线圈上的内向力经计算为 13 200N，磁极线圈的质量为 1481kg，并且重力引起的力是 14 500N。这意味着，一旦离心力引起的加速度大于 1g（重力加速度），内向力就可以通过离心力得到补偿。绝缘框架由工业环氧玻璃纤维板制造，并在磁极线圈组装到磁极铁芯组装期间弯曲成最终形状，因此，当磁极处于垂直位置时，绝缘框架在磁极的前部就会产生一个残余的内向力，在绝缘框架的第一次弯曲到其最终形状期间，该力估计为 1600N，经验表明，绝缘框架在磁极固化或运行期间加热后保持其部分弯曲形状，因此，在磁极的固化和运行加热之后，该初始载荷减小。但是，一旦机组转速高于一定的速度以后，离心力就会高于向心力，此时，T 形压板就不会承受外力了。每个 T 形压板通过两个 M10—20 沉头螺钉固定在磁极铁芯上，可以减小磁极的高度，进而减小磁极的重量。T 形压板有一定的弹性，可以抵消磁极线圈因热膨胀而引起的形变。

3　发电机磁极缺陷情况

在进行该抽水蓄能电站 1 号机组 D 级检修期间，检查发现转子 1、2、3、4、5、8、10、13、14 号共 9 个磁极的下端部线圈 T 形压板存在不同程度松动情况，其中 1、4、5、8 号磁极下部绝缘压板存在明显松动（绝缘块明显晃动）。具体测量位置如图 2、图 3 所示，端部数据见表 2。

图 1　绝缘块周向位移测量　　　　　　　　图 2　绝缘块轴向位移测量

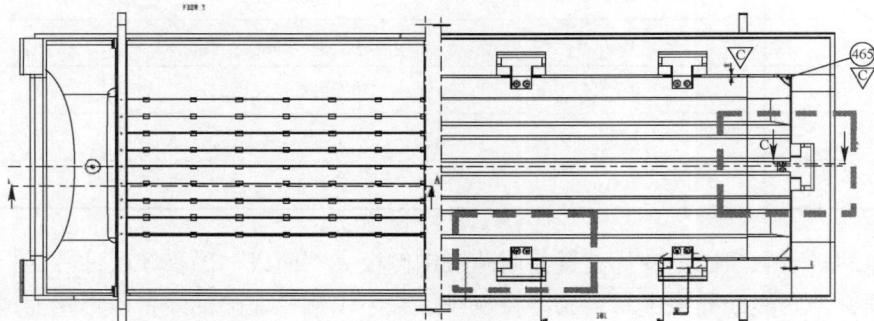

图 3　磁极线圈压板

表 2　　　　　　　　　　　　　　端 部 数 据

1 号机转子磁极下端部绝缘块检查记录				
磁极号	绝缘块是否松动	挡块是否松动	绝缘块径向位移（mm）	绝缘块轴向位移（mm）
1	是	明显松动	3.85	6
2	是	否	0.5	7
3	是	轻微松动	1.15	8
4	是	明显松动	2.07	7
5	是	明显松动	3.5	7

续表

磁极号	绝缘块是否松动	挡块是否松动	绝缘块径向位移（mm）	绝缘块轴向位移（mm）
6	是	否	0	5
7	否	否	0	0
8	是	明显松动	3.6	7
9	否	否	0	0
10	是	轻微松动	1.55	6
11	否	否	0	0
12	否	否	0	0
13	是	否	0.86	7
14	是	否	1.55	7
15	否	否	0	0
16	否	否	0	0

　　该磁极端部线圈 T 形压板通过两个沉头固定螺栓固定在磁极铁芯上，并使 T 形压板向线圈侧产生 0.5～1mm 的微变型量以压紧绝缘撑块，从而对磁极线圈进行压紧限位。如图 4 所示。

　　将 1、4、5 号和 8 号磁极吊出后，发现端部螺钉松动明显，并且发现部分螺栓未涂锁定胶。已用强度一致的新螺栓进行跟换，新螺栓涂抹 263 锁固胶后用 25N·m 力矩打紧，并对每个螺栓圆周方向均分 3 个位置打洋冲进行固定。

4　转子磁极线圈压板松动原因分析

　　1 号机组投产至今运行约 700h，根据现场检查情况、磁极结构，磁极压板缺陷的根本原因为：螺栓厂内安装时安装工艺不合格，T 形压板固定沉头螺钉未用锁定胶水良好固定。其他原因：转子磁极端部线圈仅通过一块 T 形压将磁极端部线圈进行压紧限位。在蓄能机组频繁启停、正反方向高速旋转产生的电磁力、离心力及应力的综合作用下，容易造成转子磁极各部件松动脱落。详细分析如下：

4.1　安装工艺分析

　　根据现场检查情况，发现 1 号发电机转子松动的磁极端部线圈压板部分固定螺栓未涂抹或仅涂抹极少量乐泰螺丝胶。具体原因有以下几点：① 车间安装时，未涂抹锁定胶或涂抹少量锁定胶。② 锁定胶涂抹在有油污的螺纹上，特别是螺孔有油污（钻孔时造成的油污）。③ 未打紧力矩或打紧力矩过小。压板安装图如图 5 和图 6 所示。

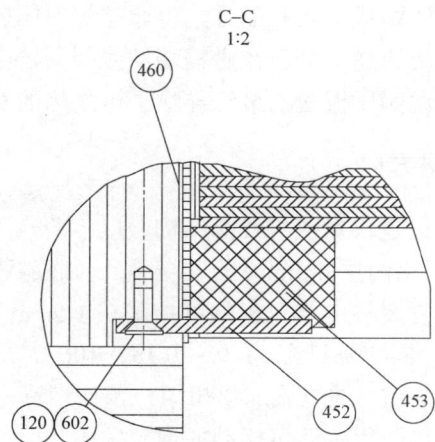

图 4　T 形压板结构图

120—沉头螺钉；602—乐泰胶；452—T 形压板；453—绝缘垫块

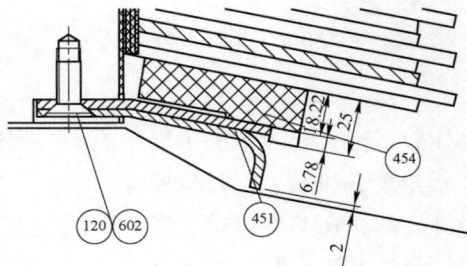

图 5　侧面压板安装图

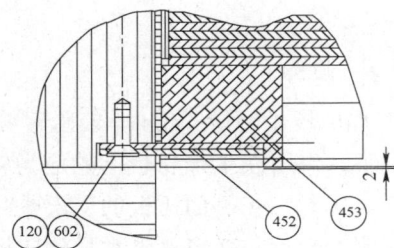

图 6　正面压板安装图

4.2 结构设计分析

线圈仅通过 10 个压板固定在磁极铁芯上，未通过磁轭对磁极线圈进行有效支撑，线圈、磁极与磁轭未能形成一个有效的整体。对比其他抽水蓄能电站，清远抽水蓄能电站转子磁极端部线圈在止动块支撑线圈的基础上，通过两个线圈撑块固定转子磁轭上，使线圈、磁轭形成一个有效整体。广州抽水蓄能电站 A 厂转子磁极则在线圈绝缘压板固定的基础上，通过阻尼绕组引出线固定在磁轭上，对磁极端部线圈进行有效的支撑。而此电厂转子磁极端部线圈仅通过一块 T 形压将磁极端部线圈进行压紧限位。T 形压板受力情况主要分为两部分：① 在装配过程中绝缘框块弯曲所产生的应力。② 在机组制动期间或泵工况启动期间，磁极的离心力不足以抵消励磁电流引起的内向力，此时 T 形压板将会受力。当该作用力大于 T 形压板的屈服应力时，会迫使 T 形压板产生向内的轻微形变，导致 T 形压板对绝缘撑块压紧力释放，最终使绝缘撑块松动。当该作用力过大时，沉头螺钉会产生疲劳效应，长时间运行后可能断裂。

此外，磁极线圈为塔形结构，该结构需要使磁极端部线圈有一定弧度，采用该结构的优点是消除绕组侧向分力。然而当磁极处于垂直位置时，绝缘框架会在磁极前部会存在一个残余内向力，约为 1600N。因此在安装磁极端部线圈压板及绝缘撑块时，需要对靠近线圈侧的绝缘撑块表面进行打磨，使之打磨成一定弧度与线圈弧度相互配合，再通过线圈压板进行压紧，将残余的内向力传递至沉头螺钉处。

综上所述，分析该磁极端部线圈固定结构根本原因是：现场安装工艺不当。而设计存在不足是导致磁极端部线圈压板松动最终导致了该缺陷的发生。

5 改进方向

（1）建议对磁极线圈结构做以下两点更改：

1）用两层 4mm 厚的磁轭叠片（屈服强度 600MPa）T 形压板代替原来 7mm 厚单层 T 形压板，并由新的装配方案将 T 形压板挠度控制在 1.5mm 以内。

2）固定螺钉由 M10−20 ISO 10642 8.8 级更换为 M10−25 ISO10642 10.9 级螺钉，并将打紧力矩更改为 50N·m。通过施加该扭矩，预计螺钉上可达到 15 000/20 000N 的载荷，进而绝缘垫块可以得到充分的压力，以防用手即可松动的现象发生。

（2）新压板形式及更换要求。

新型压板侧面和端部采用两种不同的设计，如图 7 所示。

图 7　新型 T 形压板

（a）侧面图；（b）端部

新型 T 形压板由两层 4mm 厚的磁轭叠片（屈服强度 600MPa）替换 7mm 厚的单层压板。在相同强制位移的情况下，作用在 T 形压板上的应力较低，减小了 T 形压板形变的机会，同时也使螺钉疲劳失效的可能大大降低。同时，在侧面压板的上层叠片增加了限位结构设计。防止在某些极端工况下，压板受到内向力后发生屈服变形后，变形量过大导致压板下方绝缘垫块脱离，导致发生扫膛事故。

（3）螺钉更换要求。按照 M10−25 ISO10642 10.9 级螺钉的规范更换新螺钉；清洁螺丝孔，清除污垢和油污；用供应商推荐的锁固胶锁紧（乐泰胶 242 或等效产品）；螺钉上打紧力矩为 50N·m。

6　结束语

本文介绍某抽水蓄能电站发电机转子磁极结构特点及磁极端部线圈压板松动缺陷情况。通过分析判断磁极线圈端部固定结构设计不足是造成该缺陷的主要原因，而安装工艺不当直接导致了该缺陷的发生。本文通过缺陷原因分析，提出了技术改造方案，即将 T 形压板结构通过受力计算后重新选型设计，并将压板螺栓更换为高等级强度螺栓。为新建电站磁极结构设计选型及抽水蓄能电站同类缺陷分析处理提供了参考。

参考文献

[1]　白延年. 水轮发电机设计与计算 [M]. 北京：机械工业出版社，1982.

[2]　汤蕴璆. 电机理论与运行 [M]. 北京：水利电力出版社，1983.

[3]　陈锡芳. 水轮发电机结构运行监测与维修 [M]. 北京：中国水利水电出版社，2008.

[4]　高镇同，熊峻江. 疲劳可靠性 [M]. 北京：北京航空航天大学出版社，2004.

深圳抽水蓄能发电电动机刚性磁轭转子热加垫工艺总结

孙　影　房道明

（哈尔滨电机厂有限责任公司，黑龙江省哈尔滨市　150040）

【摘　要】　深圳抽水蓄能发电电动机是国内首次采用刚性磁轭结构，为自主设计、制造及安装的单机容量为 300MW，总装机容量为 1200MW 的混流可逆式水泵水轮电动发电机组。转子为刚性磁轭且热加垫结构，设计紧量为 1mm。机组转子支架直径为 $\phi3350mm$，磁轭直径为 $\phi4630mm$。而且垫片位于凸键与磁轭段之间，与常规机组不同，这都造成了热加垫的困难。加热前测量记录磁轭外圆数据，通过制定合理的工艺方案，采取工艺措施对磁轭进行加热，加热过程中对转子支架中心体进行降温，形成温差，满足加热涨量要求，使得热加垫成功。加热后再次测量记录磁轭外圆数据，通过计算其各项数据均满足《水轮发电机组安装技术规范》（GB/T 8564—2003）及《水轮发电机转子现场装配工艺导则》（DL/T 5230—2009）的要求，为后续刚性磁轭结构转子热加垫积累经验。

【关键词】　刚性磁轭　热加垫　设计紧量　加热　降温

1　引言

深圳抽水蓄能发电电动机为我公司自主设计、制造及安装的单机容量为 300MW，总装机容量为 1200MW 的混流可逆式水泵水轮电动发电机组，是我公司抽水蓄能机组、转子首次采用刚性磁轭且热加垫结构，设计紧量为 1mm。机组转子支架直径为 $\phi3350mm$，磁轭直径为 $\phi4630mm$。

深圳抽水蓄能发电电动机磁轭采用整圆钢板结构，共 9 段，每段磁轭高度为 300mm。每段磁轭采用 60mm 的钢板通过拉紧螺杆和定位销固定，各段之间有通风沟，高度为 65mm。磁轭整体安装后，多段磁轭通过拉紧螺杆固定，并采用通风沟加工定位止口等方式，保证磁轭的整体性、强度和刚度，防止松散和变形。

2　刚性磁轭转子热加垫难点

2.1　转子结构特殊

深圳抽水蓄能发电电动机（简称深蓄项目）转子首次采用刚性磁轭且热加垫结构，转子支架高度高且直径小，导致其随着磁轭而膨胀，使间隙不容易满足热加垫条件。其转子主要结构参数与以往蓄能机组相对比，见表 1。

表 1　　　　　　　　　　常规抽水蓄能发电电动机转子主要结构参数

电站名称	容量	转子磁轭结构	转子支架高度	转子支架直径
响水涧	250MW	叠片磁轭	2685mm	$\phi5590mm$
蒲石河	300MW	叠片磁轭	2980mm	$\phi3790mm$
溧阳	250MW	叠片磁轭	2935mm	$\phi4250mm$
深蓄	300MW	刚性磁轭	3355mm	$\phi3350mm$

2.2　垫片特殊结构

常规机组垫片位于凸键与转子支架之间，且随着凸键一起放入；深蓄项目垫片位于凸键与磁轭段之间，与常规机组不同，且垫片需单独加入，且尺寸为 3320mm，操作时容易弯曲，造成加垫操作困难，具体如

图1和图2所示。

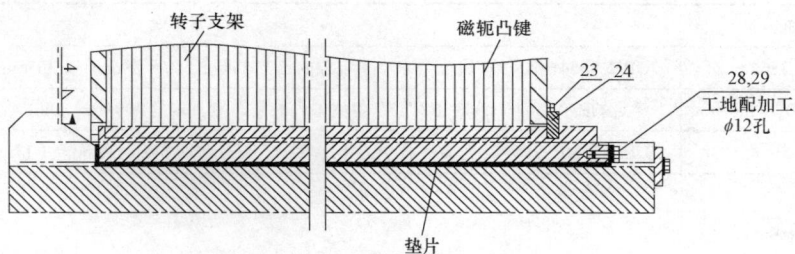

图1　机组垫片示意图

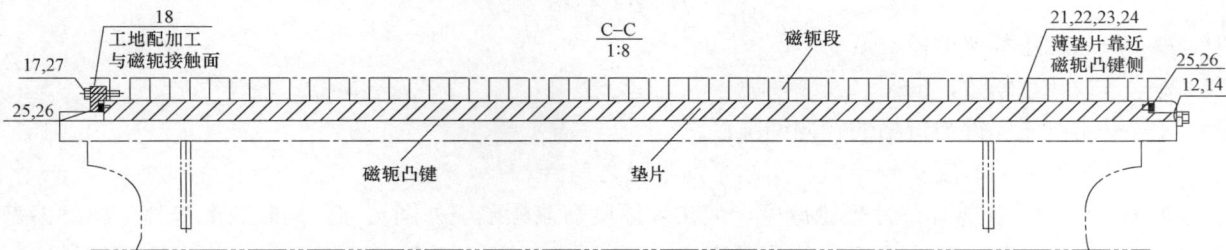

图2　深蓄项目垫片位置

3　刚性磁轭转子热加垫工艺过程

3.1　磁轭加热前测量、计算

1. 磁轭半径测量

磁轭加热前对装配完成的磁轭段进行拉紧，拉紧后进行数据测量计算见表 2。磁轭加热前其各项数据均满足 GB/T 8564—2003 及 DL/T 5230—2009，见表 3。

表2　　　　　　　　　　　　　　　磁轭加热前数据测量　　　　　　　　　　　　　　　mm

序号	第一段	第二段	第三段	第四段	第五段	第六段	第七段	第八段	第九段	垂直度
1	2315.52	2315.51	2315.49	2315.37	2315.32	2315.29	2315.22	2315.2	2315.17	0.35
1−2	2315.51	2315.46	2315.41	2315.31	2315.26	2315.17	2315.11	2315.13	2315.05	0.46
2	2315.39	2315.34	2315.29	2315.23	2315.16	2315.08	2315.05	2315.04	2314.95	0.44
2−3	2315.49	2315.43	2315.38	2315.33	2315.28	2315.24	2315.16	2315.11	2314.99	0.5
3	2315.33	2315.26	2315.24	2315.22	2315.21	2315.12	2315.1	2315.03	2314.92	0.41
3−4	2315.33	2315.27	2315.25	2315.2	2315.16	2315.11	2315.02	2314.96	2314.85	0.48
4	2315.24	2315.26	2315.22	2315.17	2315.19	2315.15	2315.08	2315.04	2315.01	0.25
4−5	2315.34	2315.29	2315.27	2315.16	2315.26	2315.24	2315.21	2315.17	2315.13	0.21
5	2315.33	2315.29	2315.27	2315.25	2315.21	2315.19	2315.19	2315.2	2315.14	0.19
5−6	2315.32	2315.29	2315.27	2315.23	2315.16	2315.14	2315.17	2315.18	2315.14	0.18
6	2315.4	2315.39	2315.35	2315.31	2315.28	2315.25	2315.29	2315.24	2315.24	0.16
6−7	2315.5	2315.49	2315.43	2315.39	2315.36	2315.34	2315.33	2315.27	2315.25	0.25
7	2315.31	2315.34	2315.28	2315.2	2315.21	2315.2	2315.21	2315.16	2315.16	0.18
7−1	2315.48	2315.52	2315.39	2315.27	2315.29	2315.26	2315.2	2315.17	2315.19	0.35
平均值	2315.39	2315.37	2315.32	2315.26	2315.24	2315.20	2315.17	2315.14	2315.09	

表 3　　　　　　　　　　　　　　　　　　磁轭加热前数据计算　　　　　　　　　　　　　　　　　　　mm

检查项目	加热前	标 准 要 求
圆度	0.32mm	GB/T 8564—2003 中圆度要求小于气隙的 ±3.5% 即 3.5% × 39mm = 1.365mm
偏心	0.078mm	满足 GB/T 8564—2003 中对转子整体偏心的允许值要求是 $300 \leqslant n < 500$，偏心小于 0.15mm
垂直度	0.50mm	DL/T 5230—2009 中垂直度要求为小于气隙的 ±3.5% 即 3% × 39mm = 1.17mm

2. 加垫片厚度计算

垫片厚度计算方法为

$$H = \delta + A - B$$

式中　H——应加垫片厚度，mm；

　　　δ——设计预紧量，mm；

　　　A——实测磁轭键与键槽的径向间隙；

　　　B——圆度或同心度实测半径与实测平均半径之差。

根据测量间隙，计算加垫片理论厚度，但实际厚度需兼顾磁轭外圆尺寸；同时选配垫片，厚度偏差应在 ±0.05mm 以内，综上确定实际加垫片厚度。应保证垫片表面及临边应无毛刺、凸点、漆膜等异物，加垫片厚度计算见表 4。

表 4　　　　　　　　　　　　　　　　加 垫 片 厚 度 计 算

位置	凸键与磁轭键槽间隙上端	凸键与磁轭键槽间隙下端	平均间隙 A	实测半径与平均半径之差 B	理论垫片厚度 H	圆度实测半径	加垫片后半径值	实际垫片厚度 H
1	4.05	3.85	3.95	0.10	4.85	2315.34	2320.19	4.90
2	4.1	3.8	3.95	−0.07	5.03	2315.17	2320.19	5.00
3	3.85	3.4	3.625	−0.08	4.71	2315.16	2319.87	4.70
4	3.85	3.65	3.75	−0.09	4.84	2315.15	2319.99	4.80
5	3.75	3.95	3.85	−0.01	4.86	2315.23	2320.09	4.80
6	4	4.25	4.125	0.06	5.06	2315.31	2320.37	5.10
7	3.85	3.9	3.875	−0.01	4.89	2315.23	2320.12	4.90

3.2　制定加热方案

1. 加热温度要求

深蓄项目刚性磁轭设计单边紧量为 1mm，根据公式 $\Delta t = \delta / aR$ 计算磁轭与转子支架轮臂需达到的温差，式中，δ：加热时磁轭与转子支架间需涨出间隙值；a：磁轭材料的线膨胀系数，取 $a = 1.1 \times 10^{-5} ℃^{-1}$；$R$：轮臂半径 1675mm；加热间隙至少比垫片厚度大 0.5mm，即需达到 1.5mm 涨量，对应温差需 80℃。出于安全考虑，磁轭加热最高温度不超过 120℃，所以转子支架支臂温度需控制在 40℃，加热时才可满足热加垫涨量要求。

2. 加热板及加热柜要求

深蓄项目共提制 180 片 × 4kW 履带式加热板，经计算可满足转子磁轭加热功率。加热器总容量在磁轭侧面与下端面的布置分配比宜为 4:1，并注意支架免受辐射。加热柜共 18 路 40kW 个支路，18 个支路可单独控制，总输出功率最大为 720kW。

3. 加热板及保温被布置

移走转子支墩，在磁轭的外圆、下方布置履带式加热器，接好电源线。加热板布置完成后，用 500V 绝缘电阻表检查，对地绝缘电阻应不小于 0.5MΩ，并设导线截面积不小于 50mm² 的接地保护。在磁轭上端面且并沿磁轭外表面至地面间，分别敷设玻璃纤维毡和悬挂石棉布等绝热阻燃材料，并在外敷设防火苫布，图 3 为加热示意图。试投加热电源，检查加热设施应无断线、断路、冒烟等异常现象。加热过程中，由机、电专业人员分工巡视检查，每 30min 记录磁轭加热电气参数、磁轭与转子支架的温差及膨胀量。控制磁轭温升速度小于 10K/h，并根据磁轭温升及上、下温差和膨胀情况，利用配电盘手动适时投、切磁轭相关部位的电热器。

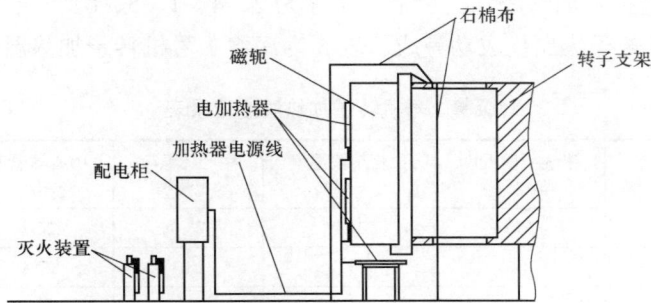

图 3　加热示意图

3.3　转子支架降温措施

因转子支架直径较小，其很容易受热，导致随磁轭而膨胀，故必须采取有效的降温措施。由空压机供风的 3 根风管向中心体吹风散热。制作冷却水循环管道，增加水冷却。分两根冷却水管：一根在环管加热时，投入工业冷却水冷却支臂及凸键键槽，另一根当磁轭轮毂达到 100°，浇淋支臂及中心体，图 4 为冷却水布置图。

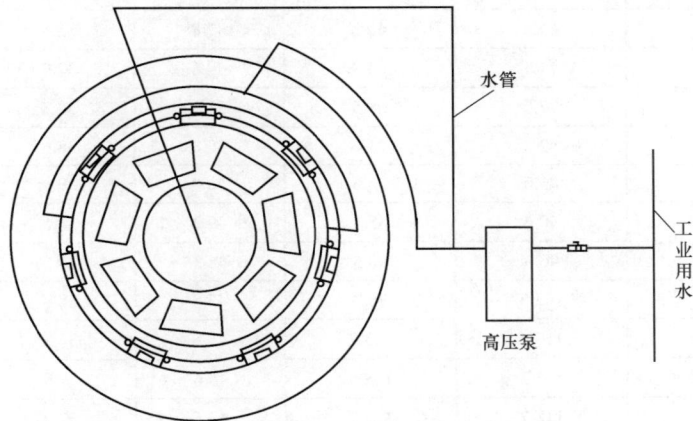

图 4　冷却水布置图

3.4　实施加热过程

1. 加热前布置及检查工作

转子中心体为浇水降温方式，在加热地面用砖砌 200mm 高挡水圈做防水层，通过水管将降温水引走。开始布置加热板，布置方式为：延转子磁轭外围上、中、下段分别布置 21、42、63 块 4kW 加热板，底部布置 13 块 10kW 加热板，共计 139 块、总功率为 634kW。加热板出线方式为外出线方式，离加热板比较近的电缆采用玻璃纤维套管进行保护。布置转子内外 4 组 RTD 温测，标记相应位置后检查并试开。合格后铺设防火毡、防火被、防火布。同时检查防火被等是否铺设严实、通水通电试验。准备好相应加垫塞块，标记相应加垫位置；准备灭火器等防火设备，进行漏电保护、配电保护、加热盘柜检查；检查排水管、排水地沟是否通畅；准备加热垫片，端部封焊并倒角去尖角毛刺。加热板布置图如图 5 所示。

图 5　加热板布置图

2. 热加垫过程

4月1日20点开始加热，磁轭温度达到70℃时，投入第2根冷却管冲淋支臂。加热期间使用提前准备的塞块，根据监测的温度，随时测量主立筋上下端间隙；4月2日8点测量各主立筋间隙基本满足要求，首先尝试3号主立筋对其进行热加垫成功。后依次顺序为2、4、1、5、6、7号，截至9点30分，所有主立筋全部加垫通过，1号机转子热加垫成功完成。表5为深蓄1号机转子加热温度记录表。

表5			深蓄1号机转子加热温度记录表					℃
序号	时间（h）	磁轭上段温度（上层）	磁轭中段温度（中层）	磁轭下段温度（下层）	中心体温度（上层）	中心体温度（中层）	中心体温度（下层）	间隔时间（h）
1	20:30	24.5	26.3	26.0	25.0	26.2	26.1	0
2	21:00	31.1	30.2	31.3	28.3	27.8	25.8	0.5
3	21:30	38.6	35.2	36.4	30.5	28.3	26.3	1
4	22:00	46.0	38.8	41.3	32.6	29.3	26.5	1.5
5	22:30	52.0	42.2	45.9	35.6	30.5	26.0	2
6	23:00	54.3	44.6	48.6	38.5	31.0	26.8	2.5
7	23:30	56.6	47.4	50.1	40.2	31.5	27.2	3
8	0:00	57.6	53.6	52.5	43.0	32.8	28.6	3.5
9	0:30	58.9	57.0	54.0	45.6	34.1	29.1	4
10	1:00	59.5	60.5	58.4	46.8	35.0	29.8	4.5
11	1:30	60.2	65.2	60.2	47.8	35.6	30.5	5
12	2:00	62.8	71.5	64.8	49.6	37.0	31.5	5.5
13	2:30	64.0	77.0	68.5	51.0	38.3	32.7	6
14	3:00	70.8	82.5	73.6	50.8	38.6	33.6	6.5
15	3:30	75.3	85.0	78.6	50.0	39.0	34.0	7
16	4:00	88.6	90.6	85.1	49.2	38.5	34.5	7.5
17	4:30	92.2	96.0	90.5	48.3	38.0	35.6	8
18	5:00	99.8	103.8	96.0	47.8	38.0	36.1	8.5
19	5:30	105.6	110.4	103.7	47.5	37.8	36.5	9
20	6:00	111.2	115.2	108.6	45.6	37.8	36.2	9.5
21	6:30	114.6	118.7	113.5	43.5	37.9	35.8	10
22	7:00	118.6	120.3	115.6	42.2	37.6	35.7	10.5
23	7:30	120.3	122.5	118.7	41.5	37.5	35.9	11
24	8:00	120.2	121.0	119.5	40.3	37.3	35.8	11.5

3.5 热加垫完成后降温

热加垫完成后对转子支架进行自然降温，首先将转子支架中心体处防火阻燃布拆掉，其次将转子支架中心体与轮毂处石棉布拆掉，最后将下端外圆石棉布防火阻燃布卷起来通风，降温后，对转子全面清理。

4 加热后测量计算

清理后进行测量计算，磁轭加热后其各项数据均满足 GB/T 8564—2003 及 DL/T 5230—2009。具体见表6、表7。

表6				磁轭加热后数据测量					mm
序号	第一段	第二段	第三段	第四段	第五段	第六段	第七段	第八段	第九段	垂直度
1	2315.85	2315.85	2315.68	2315.68	2315.64	2315.40	2315.34	2315.35	2315.31	0.54
1－2	2315.84	2315.78	2315.70	2315.67	2315.63	2315.47	2315.28	2315.36	2315.16	0.68

续表

序号	第一段	第二段	第三段	第四段	第五段	第六段	第七段	第八段	第九段	垂直度
2	2315.85	2315.70	2315.70	2315.67	2315.68	2315.60	2315.42	2315.46	2315.14	0.71
2−3	2315.82	2315.61	2315.74	2315.70	2315.69	2315.62	2315.39	2315.41	2315.16	0.66
3	2315.62	2315.33	2315.52	2315.51	2315.49	2315.50	2315.24	2315.35	2315.07	0.55
3−4	2315.59	2315.38	2315.51	2315.48	2315.42	2315.37	2315.25	2315.25	2315.14	0.45
4	2315.60	2315.44	2315.45	2315.39	2315.36	2315.47	2315.48	2315.49	2315.45	0.24
4−5	2315.48	2315.38	2315.32	2315.30	2315.25	2315.35	2315.46	2315.46	2315.54	0.29
5	2315.44	2315.43	2315.34	2315.25	2315.21	2315.19	2315.40	2315.42	2315.62	0.43
5−6	2315.28	2315.42	2315.30	2315.21	2315.19	2315.10	2315.23	2315.29	2315.56	0.46
6	2315.50	2315.60	2315.44	2315.43	2315.35	2315.22	2315.36	2315.33	2315.70	0.48
6−7	2315.56	2315.67	2315.44	2315.40	2315.37	2315.27	2315.33	2315.16	2315.51	0.51
7	2315.55	2315.60	2315.35	2315.43	2315.36	2315.27	2315.29	2315.15	2315.45	0.45
7−1	2315.69	2315.68	2315.47	2315.44	2315.40	2315.29	2315.23	2315.18	2315.28	0.51
平均值	2315.62	2315.56	2315.50	2315.47	2315.43	2315.37	2315.34	2315.33	2315.36	

表7　　　　　　　　　　　　　　**磁轭加热后数据计算**　　　　　　　　　　　　　　mm

检查项目	加热前	加热后	标 准 要 求
圆度	0.32mm	0.85mm	GB/T 8564—2003 中圆度要求小于气隙的±3.5%即 3.5%×39mm＝1.365mm
偏心	0.078mm	0.096mm	满足 GB/T 8564—2003 中对转子整体偏心的允许值要求是 300≤n<500，偏心小于 0.15mm
垂直度	0.50mm	0.71mm	DL/T 5230—2009 中垂直度要求为小于气隙的±3.5%即 3%×39mm＝1.17mm

5　结论

　　深蓄转子刚性磁轭结构，转子直径小，垫片结构与常规机组不同。通过工艺攻关，制定加热方案，规定磁轭加热温升速度，加热达到最高温度；详细要求加热板布置，电缆接线要求、保温被布置，使其达到最好加热效果及保温效果；采取有效的降温措施，以合理的方式和最快的速度完成热加垫工作；热加垫完成后，采取合理的降温速度，使转子支架及磁轭均匀降温，保证降温后磁轭圆度、偏心各项数据合格，为后续刚性磁轭结构积累了宝贵的经验。

输电线路同时跨越多个重要障碍物的技术方案研究

张振伟

（保定易县抽水蓄能有限公司，河北省保定市　074200）

【摘　要】　本文主要对施工供电线路大跨度孤立档在同时跨越多个障碍物，不影响其正常运行的技术方案进行研究分析。该方案能够为输电线路施工中越来越多的线路架设跨越方案提供借鉴。依靠该方案能够经济、集中、高效地完成线路跨越施工。

【关键词】　无人机　线路　带电跨越

1　工程概况

本工程为某抽水蓄能电站的施工供电线路。自出线线路 C1 铁塔起，至中心变电站止，全线按双回路架空架设，本工程使用杆塔共 47 基，其中直线角钢塔 21 基，耐张角钢塔 26 基，导线型号为 JL/G1A－240/30 钢芯铝绞线，O 缆采用 OPGW－1C1/48B1。

该 35kV 线路工程在架设导地线时需跨越 10kV 和 0.4kV 线路，国道及高速公路，加之跨越点地段全部山坳，在如此重要、复杂地段采用传统的搭设跨越架方案存在安全系数低、施工难度大、经济投入高等一系列不利因素。

2　方案制订

本次架设导线，跨越 10kV 线路 584 线的 48～49 号，跨越 10kV 805 线 58～59 号处，跨越 0.4kV　DZ102 线 12～13 号处，跨越国道 415～416km 处，跨越高速公路 358～359km 处。

为安全、经济、高效地完成跨越工作，同时确保被跨越线路及公路的安全，经过仔细研究，充分应用有力地形条件，借助先进的无人机操控技术，制订了采用无人机展放迪尼玛引绳，形成索桥杆封顶装置的跨越施工方案。该方案避免了繁琐的跨越手续办理，同时已考虑到施工时在临档断线、跑线的情况下，能够安全承载导地线，并使其安全地落在索桥杆上。跨越处上方全部绳索均为绝缘体，不会影响被跨越的线路正常供电，不影响道路通行，避免长时间跨越施工对已有设施的影响；且一次跨越成功，充分体现了经济、高效特性。

3　详细措施

施工装置设计实施前，先对跨越障碍物的技术数据进行调查。

3.1　跨越档障碍物数据

跨越点技术数据见表 1，跨越装置数据见表 2。

表 1　　　　　　　　　　　　　　跨 越 点 技 术 数 据

序号	障碍物名称	跨越点	跨越塔号	被跨越高度（m）	安全距离（m）
1	10kV 线 584	58～59 号之间	58～59	10	≥1
2	10kV 线 805	48～49 号之间	48～49	10	≥1
3	0.4kV 村台区 DZ102 线	12～13 号之间	12～13	10	≥1
4	高速公路	358～359km	—	—	≥8
5	国道	415～416km	—	—	≥8

表 2 　　　　　　　　　　　　　　　　跨 越 装 置 数 据

序号	项　　目	控制驰度（m）	单位重量（kg/m）	张力（N）	破断拉力（N）
1	φ3.5 迪尼玛绳展放 φ8 迪尼玛绳	12	0.014	383	11 400
2	φ8 迪尼玛绳展放 φ8φ12 迪尼玛绳	12	0.053	1283	58 800
3	φ18 主承力绳正常受力（干燥）	12	0.195	8385	211 000
4	φ18 主承力绳最大受力（潮湿）	12		15 093	
5	φ12 主承力绳最大受力	事故跑线 10	0.085	23 548	92 500

3.2　施工方案布置

在布置索桥杆前首先设置安全地锚。在 D21 小号、D22 大号侧铁塔各设置一组（四个）地锚。地锚埋深 2m（坑深 2.2m），确保主承力绳对地夹角不大于 30°。跨越装置布置示意图如图 1 所示。

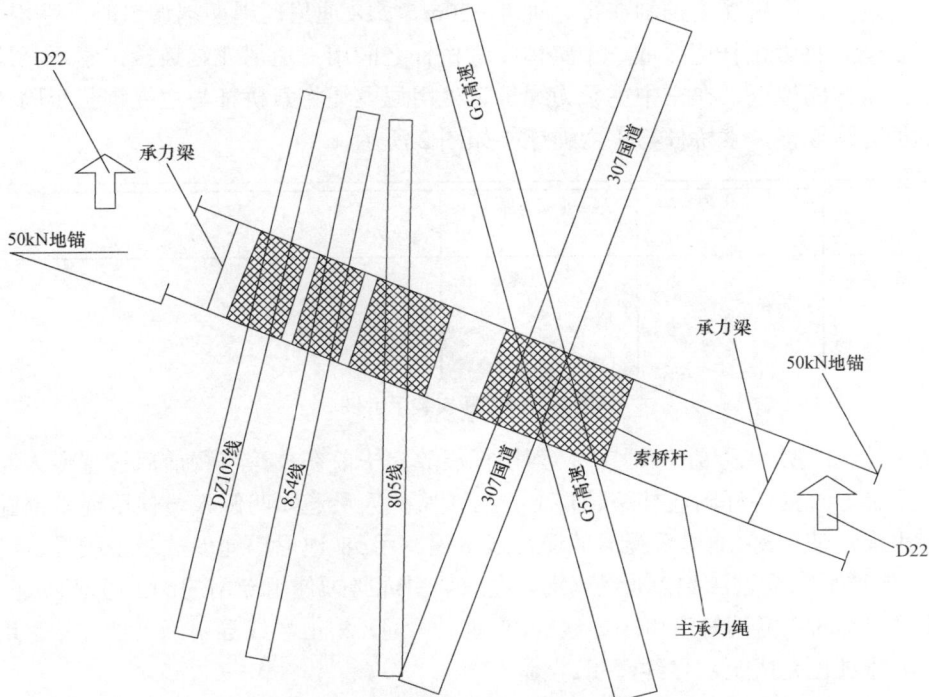

图 1　跨越装置布置示意图

索桥杆宽度为 13m；安全保护范围为 4m。跨 10kV 和 0.4kV 线路、国道和高速索桥杆长度 50m，索桥杆直接锚固在主承力绳上。索桥杆的保护范围需满足表 3 不同高度的可能坠落范围半径。

表 3　　　　　　　　　　　　　　　　不同高度坠落的保护半径

作业位置至其底部的垂直距离（m）	2～5	5～15	15～30	>30
其可能坠落的范围半径（m）	3	4	5	6

索桥杆与被跨越物的距离：展放导线时，索桥杆与 10kV 和 0.4kV 线路垂直距离不小于 5m，与国道及高速路垂直距离不小于 8m。牵引绳与索桥杆的垂直距离控制在 6m 以内。导线与索桥杆的垂直距离控制 3m 以内。索桥杆与跨越物距离使用仪器进行测量，测量后通知两侧指挥人员对索桥杆进行调整。

3.3　实施过程

（1）承力梁安装。将两根承力梁分别固定在距离 21 号塔 10m 处和 22 号塔 6m 处的地面上。同时将承力梁用 φ18 钢丝绳绑扎在跨越档侧的塔身上作二道保护。承力梁吊绳每点采用 φ15 钢丝绳，对抱不小于 70°，用 50kN 链条葫芦使其受力一致。在小号侧、大号侧承力梁上各设置两根临时拉线，拉线规格使用 φ12.5 钢丝绳，采用两联桩进行锚固，对地夹角不大于 30°。主承力绳由 ϕ18 迪尼玛绳、50kN 抗弯连接器、50kN 卸扣构成，直接锚固在 50kN 钢地锚上。

（2）迪尼玛置换。按照放线要求，需要先跨越 6 根迪尼玛绳，面向大号从左至右将线序排列命名为 1～6 号。根据跨越距离及迪尼玛绳特性，采用大疆六翼智能无人机设定好飞行路线，用无人机展放 1 号 ϕ3.5 迪尼玛绳，同时牵引 ϕ8 迪尼玛绳，使用 ϕ8 迪尼玛绳同时牵引 2 号的 ϕ8 迪尼玛绳，完成 2 号 ϕ8 迪尼玛绳的置换。尾部张力由两人通过滑车组松出，最大张力为 383N。使用 2 号 ϕ8 迪尼玛绳同时牵引 1、2 号的 ϕ12 迪尼玛绳同时牵引 3 号 ϕ8 迪尼玛绳，完成 1、2 号 ϕ12 迪尼玛绳的置换及 3 号 ϕ8 迪尼玛绳的置换。尾部张力由绞磨控制，最大张力为 1283N。重复操作将 3、4、5、6 号 ϕ12 迪尼玛绳置换。使用三台绞磨用三根 ϕ12 迪尼玛绳同时牵引三根 ϕ18 迪尼玛绳，尾部通过绞磨缓慢松出，最大张力为 8385N。

牵引过程中使用测绳测量 ϕ18 迪尼玛绳出线长度，标注跨越物的起始位置。在绳索牵引过程中，应设专人密切注视引绳对被跨越物的安全距离，及时通知牵、张两端人员，调整引绳的张力大小。各种绳索的牵引都由机动绞磨进行，牵引速度控制在每分钟 8～20m。ϕ18 迪尼玛绳两端调节时，采用专用码线器。

（3）索桥杆安装。将索桥杆连接成一个整体；索桥杆之间用三道尼龙绳连接；索桥杆地面组装完毕，用折叠法将其起吊至挂网位置，在空中主承力绳标记处用尼龙绳将索桥杆与主绳绑扎牢固，用安全挂钩将索桥杆主绳与主承力绳连接，索桥杆与承力绳连接如图 2 所示。

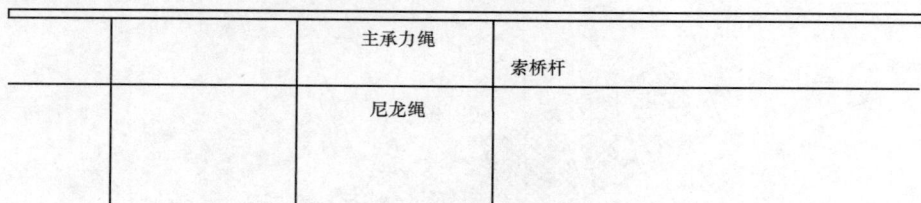

图 2　索桥杆安装示意图

索桥杆过被跨越物时必须设置专人监护，索桥杆展放完毕前在被跨越物前后设置专人监护，确保索桥杆在被跨越物的正上方。索桥杆到达被跨越物上方后，监护人员通知两侧人员使用绳索锚固。

（4）展放导引绳。使用 ϕ8 迪尼玛绳展放避雷线引绳。用 ϕ8 迪尼玛绳展放避雷线导引绳同时牵引上导线 ϕ8 迪尼玛绳，ϕ8 迪尼玛绳过渡 ϕ12 迪尼玛绳。展放导引绳必须使用专用的 ϕ12 迪尼玛绳。使用 ϕ12 迪尼玛绳牵引上导线导引绳时，需同时牵引中导线的 ϕ8 迪尼玛绳，将上导线导引绳展放完毕。用牵引绳完成导线的牵引。重复上述过程完成全部导线牵引。

使用一台绞磨张力展放牵引绳，牵引绳与索桥的距离控制在 6m 以内。设置专人监护导引绳是否处于索桥杆的有效保护范围以内（4m），如超出保护范围应立即停止牵引，使用临时拉线调整索桥杆的位置，满足要求后方可施工。导引绳用三联桩锚固，同时在铁塔主材上保险；临时锚线对地夹角不得大于 45°，不得与主承力绳地锚共锚。

施工完毕拆除索桥杆应按措施进行（其程序与展放相反）。绳网与线路之间应保持 8m 以上，严禁将索桥杆、绳直接从被跨越线路上相摩回收，最后一根 ϕ3.5 迪尼玛绳采用无人机回收。

4　问题及建议

（1）加强监控，保证材料及设施的正确使用：使导地线始终处于索桥杆的有效范围以内（4m），否则应立即停止牵引，调整索桥杆的位置。使用过程中保持迪尼玛绳干燥、清洁，不得接触各种绝缘性差的液体、固体颗粒等，以保证绝缘性能。避免迪尼玛绳与其他物体相对运动摩擦，从而产生高温导致迪尼玛绳熔断（摄氏 145℃左右）或损坏迪尼玛绳保护套。

（2）主承力绳弛度按要求调整一致，且主承力绳要与铁塔相连作为二道保护。天气变化时，应及时调整主承力绳受力，保持索桥杆对被跨越 10kV 和 0.4kV 线路、省道及高速公路的距离。浓雾、雨、雪以及风力在 4m/s（4 级）以上天气时，应停止作业。

（3）初次实施方案时，置换迪尼玛绳占用了较长时间。如对施工时间有要求的建议采用承载力更大的无人机，使用大直径迪尼玛绳一次就位。

参考文献

[1] 国家电网公司基建部. 国家电网公司输变电工艺标准：送电线路部分 [M]. 北京：中国电力出版社，2010.

泰山抽水蓄能电站机组因上库水位高误报警导致事故停机的分析与处理

陈 鑫 夏 鑫 王洪博 李新煜 刘小明 孙召辉

（山东泰山抽水蓄能电站有限责任公司，山东省泰安市 271000）

【摘 要】 2016 年 07 月 22 日 04:18，泰山电站 2、3、4 号机组抽水运行中水力机械事故停机，运维人员现场检查，发现上水库电缆沟内已经被水灌满，上水库水位高跳闸信号电缆长时间浸泡，导致信号误动，机组跳机。通过更换上水库水位高浮球至上水库水力测量盘之间电缆、将上水库水位高浮球电缆至上水库水力测量盘柜之间的电缆接头改成灌胶防水接头、拓宽路边挡墙排水孔、修改监控程序中上水库水位高跳闸逻辑等举措彻底解决此隐患。

【关键词】 上水库水位 抽水 水利机械事故停机

1 故障现象

2016 年 07 月 21 日 23:46，应省调令泰山电站 2 号机组转抽水。23:59，应省调令泰山电站 3 号机组转抽水。22 日 02:49，监控系统报出 "SENSOR1 UR WL SU" 上水库水位信号开关量信号 1 高 2 报警，03:14，应省调令泰山电站 4 号机组转抽水。

04:18:35，监控系统报出 "SENSOR2 UR WL SU" 上水库水位信号开关量信号 2 高 2 报警。

04:18:35，泰山电站 2、3、4 号机组抽水运行中水力机械事故停机，监控系统显示上水库水位模拟量信号为 405.8m，通过工业电视检查上水库水位与模拟量信号一致。

2 原因分析

泰山电站上水库水位信号配置有两套瑞特麦尔模拟量传感器，另外在上水库水位井设置两套水位高浮球开关，每套浮球开关包括高 1 和高 2 两级高程。

泰山电站抽水工况下上水库水位高跳闸逻辑如图 1 所示。

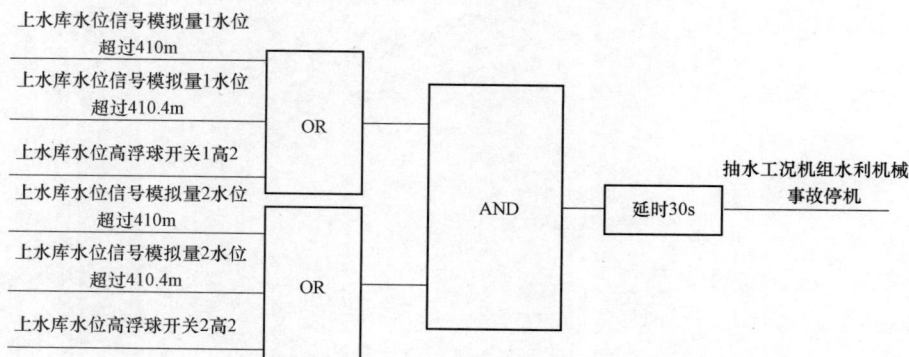

图 1 抽水工况下上水库水位高跳闸逻辑图

其跳闸逻辑为：上水库水位信号模拟量 1 水位超过 410m、上水库水位信号模拟量 1 水位超过 410.4m、上水库水位高浮球开关 1 高 2 的其中一个条件 "与" 上水库水位信号模拟量 2 水位超过 410m、上水库水位信号模拟量 2 水位超过 410.4m、上水库水位高浮球开关 2 高 2 的其中一个条件延时 30s 触发抽水工况机组水利机械事故停机。

在监控报警中查看可以看出，是因为水位高 2 报警导致机组抽水工况水力机械事故停机，初步分析原因为：

（1）下雨导致水位涨至抽水跳机水位。

（2）由于上水库遭遇短时强降雨天气，运维人员初步怀疑上水库水位井内排水不畅，使井内水位异常升高，导致水位浮子开关动作，触发机组水力机械事故停机。

（3）抽水跳机信号误动作。

通过摄像机观察水位标尺情况以及 2 套上水库水位传感器显示的水位，确认上水库水位正常，排除了下雨导致水位涨至机组抽水工况跳机水位的可能。

到达现地后检查发现，上水库 1 号水位井和 2 号水位井内水位均正常，两个浮子开关并未动作，排除了"上水库水位井内排水不畅，使井内水位异常升高，导致水位浮子开关动作，触发机组机械停机"的可能。

通过查看监控报警信息："SENSOR1 UR WL SU"上水库水位信号开关量信号 1 高 2 报警和"SENSOR2 UR WL SU" 上水库水位信号开关量信号 2 高 2 报警两个信号，判断应该是抽水跳机信号误动作。由于上水库水位井内水位未上涨，查看上水库水力测量盘柜显示屏时，发现上水库 1 号水位高 2 信号和 2 号水位高 2 信号均报警，判断该浮球至上水库水力测量盘柜之间的电缆异常。

同时发现上水库排水设计存在缺陷，路边挡墙排水孔截面较小，未考虑极端强降雨天气。同时电缆沟内部排水孔数量较少，排水能力相对不足，容易堵塞。当上水库区域出现强降雨天气时，积水极易漫过电缆沟，使电缆浸泡在水中。

沿着浮球至上水库水力测量盘柜之间的电缆线路进行检查，发现电缆沟内排水不畅，已经灌满水，将排水沟疏通将水排走后，检查发现上水库电缆沟内敷设两条四芯延长电缆与浮子开关自带的电缆相连，电缆接头放置在电缆沟最上层的电缆支架上，电缆接头被水浸泡导致信号误动。

3　处理过程

（1）将排水沟内垃圾进行清理，保证排水沟排水通畅。

（2）将上水库水位高 2 报警浮球至上水库水力测量盘柜之间的电缆进行更换，保证电缆足够长。

（3）将上水库水位高 2 报警浮球至上水库水力测量盘柜之间的电缆与浮子电缆之间的接头改成灌胶防水接头，放入水位浮子测量井旁的电缆沟内。图 2 为电缆接头治理后使用的灌胶绝缘接头。

（4）将拓宽路边挡墙排水孔列入整改计划，结合水毁项目进行整改。

（5）将监控程序中抽水工况上水库水位高跳闸逻辑进行修改，修改后逻辑如图 3 所示。

图 2　电缆接头治理后使用的灌胶绝缘接头

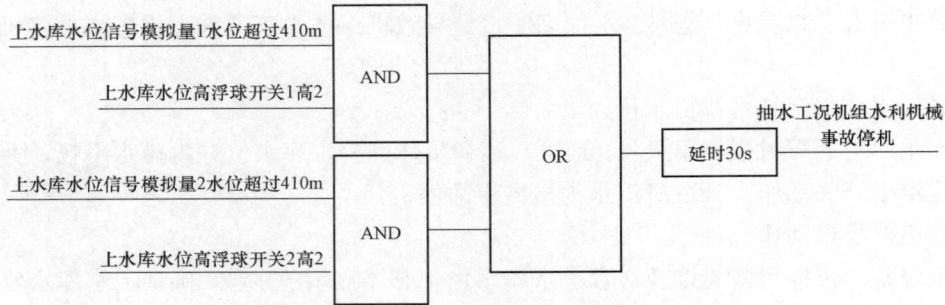

图 3   修改后监控程序中上水库水位高跳闸逻辑

上水库水位信号模拟量 1 水位超过 410m "与"上水库水位高浮球开关 1 高 2 或者上水库水位信号模拟量 2 水位超过 410m "与"上水库水位高浮球开关 2 高 2 延时 30s 触发抽水工况机组水利机械事故停机。

4 暴露问题（1 和 2 重复，4 和 5 重复，建议合并，共 3 条）

（1）没有重视恶劣天气情况，将特殊情况下的大风雷雨天气视同一般情况下的下雨天气，对于天气情况变化没有足够的敏感度。

（2）没有执行好大风暴雨等恶劣天气的应急预案，对于天气变化重视程度不够。

（3）排水设施不能满足特殊情况要求，基础设施不健全。

（4）值守人员发现不熟悉的报警情况，处理方法不健全，不成熟。

（5）值守人员对机组各报警情况及机组状态熟悉程度不足，平时知识积累不足，需进一步学习提升。

（6）设备主人对于设备的巡检不到位，对于特殊设备熟悉程度不够，排查不足，制度执行不到位。

5 整改措施

为预防和控制同类缺陷再次发生，采取的技术措施、管理措施，以及举一反三的排查和防控措施等，见表 1。

表 1   存在问题和采取的整改措施（合并 1 和 2）

序号	存在的问题	采 取 措 施
1	应对恶劣天气应急预案不健全	制定应急预案并按照执行
2	特殊天气下巡检不力	制定巡检措施并按照执行
3	排水设备不健全	完善上水库电缆沟排水等基础设备建设，保证足够的排水，同时对其他露天地段排水情况进行排查
4	上水库水位信号电缆接头不符合要求	将电缆接头进行更换，使其符合标准，并举一反三进行排查，检查其他露天电缆接头是否符合要求

参考文献

[1]   李小虎，郝佳圣. 泰安抽水蓄能电站上水库渗漏量观测数据分析. 水利水电技术，2010（6）.

天池抽水蓄能电站发电机出口电磁屏蔽仿真计算与设计

王　坤　靳国云　赵俊杰

（河南天池抽水蓄能有限公司，河南省南阳市　473000）

【摘　要】　发电机出口处导电铝排通过交流电时，由于感应涡流导致的发电机混凝土风罩内钢结构发热。本文主要介绍通过仿真计算无屏蔽层、铝屏蔽层以及铜屏蔽层3种情况下的电磁场和温升，并对5、8、10mm三种厚度的铝屏蔽层屏蔽效果进行计算与分析，确定了发电机出口电磁屏蔽设计方案。

【关键词】　发电机出口　仿真分析　电磁屏蔽设计

1　概述

河南天池抽水蓄能电站位于河南省南阳市南召县马市坪乡境内，属于长江流域唐白河水系。电站地理位置优越，距南召县城约33km，南阳市90km，距郑州市、洛阳市直线距离分别为182、116km，距南阳中500kV变电站60km，电站为一等大（1）型工程，调节性能为周调节，电站安装4台单机容量为300MW的单级立轴单转速混流可逆式水泵水轮电动发电机组。发电电动机由上海福伊特水电设备有限公司设计制造，离相封闭母线由江苏大全封闭母线有限公司设计制造。本文主要介绍通过仿真计算无屏蔽层、铝屏蔽层以及铜屏蔽层3种情况下的电磁场和温升，并对5、8、10mm三种厚度的铝屏蔽层屏蔽效果进行分析，确定了发电机出口电磁屏蔽设计方案。

2　仿真计算及仿真模型介绍

2.1　仿真计算介绍

发电机出口处采用不同材质及规格屏蔽层进行仿真分析，仿真采用ansoftmaxwell对电磁场进行分析，并将所得损耗结果作为边界条件，耦合热仿真软件icepak，在ansys—workbench平台下完成电磁热仿真分析。仿真模型通过三维软件建立，导入至仿真软件完成仿真计算分析。

2.2　仿真模型介绍

发电机混凝土风罩内钢结构三维模型如图1所示，主要包括导电铝排、屏蔽层以及钢筋3部分。仿真分析主要考虑导电铝排通过交流电时，由于感应涡流导致的钢结构发热，仿真分析时，忽略导电排间固定螺栓螺孔以及绝缘件、焊接等结构，刨切保留部分距离导电排较近的钢结构，完整屏蔽层以及铝排，仿真计算模型如图2所示。

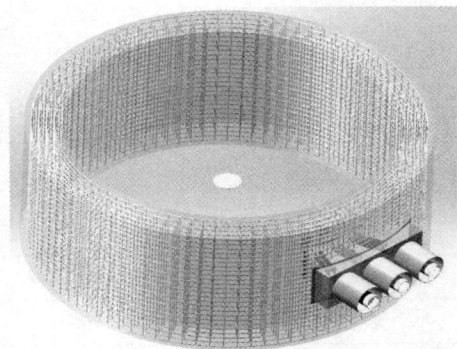

图1　发电机风罩三维模型

图2　仿真计算模型

3 仿真计算

3.1 仿真参数

仿真计算主要分为无屏蔽层、铝屏蔽层以及铜屏蔽层三种情况，见表 1。

表 1　　　　　　　　　　　　三 种 仿 真 分 析 情 况

序号	墙体材料	钢体结构材料	导电排材料	屏蔽层材料
1	混凝土	碳钢	铝	无
2	混凝土	碳钢	铝	铝
3	混凝土	碳钢	铝	铜

仿真计算所涉及的材料及具体参数见表 2。

表 2　　　　　　　　　　　　仿真所涉及的材料及具体

特性		铝	铜	碳钢	空气
电磁场特性：					
相对导磁率	各向同性	1	1	1	
电导率（20℃）		36×10^6S/m	57×10^6S/m	5.5×10^6S/m	
电阻变化率	常数	3.9×10^{-3}/K^{-1}	3.8×10^{-3}/K^{-1}	4.6×10^{-3}/K^{-1}	
温度场特性：					
导热率	各向同性	235W（m·K）	400W（m·K）	57W（m·K）	2W（m·K）
表面发射率	各向同性	0.25	0.4	0.4	

3.2 仿真环境

环境温度设置为 40℃，一个标准大气压 0.1MPa，气流流态设置为湍流，环境风速为 0m/s，传热方式为对流、辐射和传导，热量主要通过空气对流和热辐射向外散发。

实际工作环境中，A、B、C 三相将承载有效值为 12.5kA，频率为 50Hz 的交流电，各相相位角之差为 120°，各相导电排所受载荷见表 3。

表 3　　　　　　　　　　　　导 电 排 载 荷 值

A 项	11 250∠0°	A
B 项	11 250∠−120°	A
C 项	11 250∠120°	A

3.3 仿真计算结果

设置完边界条件后，完成该模型三种屏蔽层的电磁热仿真。

通过仿真计算分析，对比了无屏蔽层、铝屏蔽层以及铜屏蔽层三种情况的电磁场和温升，钢结构的仿真结果总结见表 4。

表 4　　　　　　　　　　　　钢结构的仿真结果总结

	最大磁感应强度（T）	最大电流密度（A/mm²）	最高温度（℃）
无屏蔽层	4.33	0.9	126.7
铝屏蔽层	3.53	0.84	102
铜屏蔽层	3.60	0.30	97

通过不同屏蔽材料的对比，相同条件下，铜屏蔽与铝屏蔽效果相近，相差不超过 5℃，综合考虑材料经济性，最后选择铝材料更合适作为发电机出口电磁屏蔽材料。

为进一步验证屏蔽层厚度对屏蔽效果的影响，分别对厚度为 5、8mm 及 10mm 3 种厚度的屏蔽层屏蔽效果展开分析，仿真分析时，考虑屏蔽层接地。

计算结果见表 5。

表 5   **仿 真 计 算 结 果**

不同厚度的铝屏蔽层	最大电流密度（A/mm²）	最高温度（℃）
5mm 铝屏蔽层	2.6	85
8mm 铝屏蔽层	2.36	73
10mm 铝屏蔽层	2.03	67

4 结论

仿真计算分析是对实际环境的模拟分析，由于无法完全复刻实际运行的边界条件，所以是存在一定误差的。通过仿真计算，可以对实际工程设计提供参考和改进意见。通过仿真分析，在环境温度为 40℃时，首先在屏蔽层不接地情况下，通过无屏蔽层、铝屏蔽层以及铜屏蔽层三种不同屏蔽层设计方案比较分析发现，不采用屏蔽时，所产生的感应磁场较强，磁感应强度达到 4.33T，感应涡流较大，温度较高，最高温度达到 126℃。采用铝屏蔽时，最高温度为 102℃，采用铜屏蔽时，最高温度为 97℃。采用铝和铜屏蔽时，温升结果相差不大，表明铝和铜屏蔽效果相当，但综合考虑材料价格因素，认为铝屏蔽层为该项目最优屏蔽层材料。

针对屏蔽层材料的厚度对屏蔽效果的影响，本次仿真设计了 5、8、10mm 三种屏蔽层厚度，并考虑了屏蔽层接地，通过仿真发现，采用 5mm 厚屏蔽层时，最大感应电流密度为 2.6A/mm²，最高温度达到 81℃；当屏蔽层厚度为 8mm 时，最大感应电流密度为 2.36A/mm²，最高温度为 73℃；当屏蔽层厚度为 10mm 时，最大感应电流密度为 2.03A/mm²，最高温度为 66℃。

分析认为随着屏蔽层厚度的增加，屏蔽效果越好，本项目屏蔽层厚度选择 10mm 时较合适，此时屏蔽层最高温度为 66℃，屏蔽层外钢构约 50℃，小于混凝土中钢筋发热的最高允许温度 80℃，符合《水电站机电设计手册》的要求。

参考文献

[1] 吴励坚. 大电流母线理论基础与设计手册. 北京：中国电力出版社，1985.

[2] 水利电力院西北电力设计院. 电力工程电气设计手册：电气一次部分. 北京：中国电力出版社，1989.

仙居抽水蓄能电站
发电电动机转子磁极线圈端部压块脱落故障分析与处理

肖凌云　郭晓敬　赵宏图

（浙江仙居抽水蓄能有限公司，浙江省台州市　317300）

【摘　要】　本文针对仙居抽水蓄能电站 1 号机组转子磁极线圈端部压块脱落故障，分析其发生的原因，提出可行的处置方案，并对类似结构设计的机组提出建议。

【关键词】　发电电动机　磁极线圈　绝缘垫块　脱落

1　引言

发电电动机是抽水蓄能电站的主要设备，是否正常运行对整个电站机组的安全有着重要的影响，而转子磁极是其重要组成部件，其结构设计直接影响机组的长期安全稳定运行。本文通过对仙居抽水蓄能电站转子磁极线圈压块脱落故障进行深入分析，并提出相应的改造方案，为抽水蓄能电站转子磁极线圈的类似故障处理提供一些借鉴。

2　概述

仙居抽水蓄能电站位于浙江省仙居县，安装 4 台单机容量 375MW 的抽水蓄能机组，发电电动机为空冷、三段轴、半伞式结构。2018 年 04 月 26 日 16 时 10 分，1 号机组在发电工况带 375MW 负荷运行过程中由于产生烧焦异味被迫紧急停机并转移负荷。待机组隔离完成后，进入风洞检查确定焦味确实为风洞内产生，进一步检查发现下风洞区域盖板上有很多残留的挡风胶皮碎屑、金属颗粒，多块下挡风板内外、表面有被异物撞击的痕迹。分析造成烧焦异味的可能原因为运行过程中异物脱落撞击产生。

3　原因分析

3.1　机械结构检查

（1）机组隔离完成后，拆出一块外表损伤较严重的下挡风板，发现对应及相邻的磁极线圈下部也存在异物撞击的痕迹，且其中一个磁极极靴上吸附了一颗沉头螺钉（该螺钉为磁极绝缘垫块固定用螺钉）。

（2）继续拆出上挡风板并盘车检查，发现上挡风板内部也有撞击痕迹，且多个磁极极间连接线有损伤，并在 7 号磁极下端发现其中一块绝缘垫块及其螺栓已脱落。

初步原因判断为 7 号磁极下端部内六角沉头螺钉断裂，造成一件绝缘垫块和一件金属压块脱落，将定、转子不同程度打伤。

下风洞区域盖板上的胶皮碎屑和金属如图 1 所示，被异物撞击后的磁极如图 2 所示，磁极极靴上吸附了一颗沉头螺钉如图 3 所示，螺钉、绝缘压块、金属压块示意图如图 4 所示。

机械结构检查发现：1 号发电机 7 号磁极下端部绝缘垫块压板脱落后随机组转动产生撞击，导致转子磁极、定子铁芯、上下挡风板设备受到不同程度损失。

3.2　电气检查

1. 保护方面

机组停稳后，检查人员到达现场检查发现：机组保护中转子接地电阻采样值为 300K（装置显示最大值），无转子接地异常。

图1 下风洞区域盖板上的胶皮碎屑和金属

图2 被异物撞击后的磁极

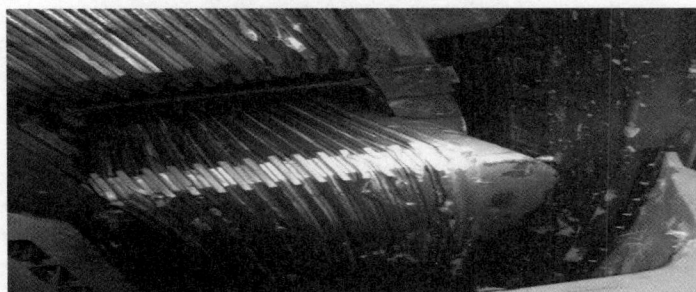

图3 磁极极靴上吸附了一颗沉头螺钉

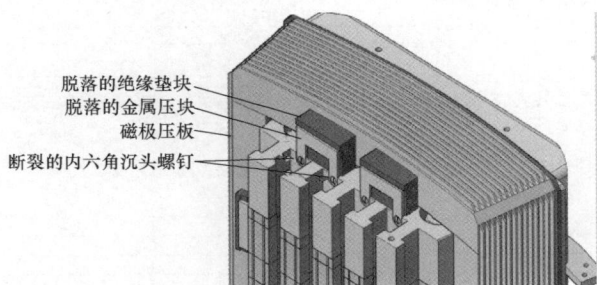

图4 螺钉、绝缘压块、金属压块示意图

检查保护动作记录，显示"16:15:50:982 发电机内部故障启动"，该保护动作记录前后均无其他异常保护记录。查看变位记录得知，在1号机组停机过程中出现"发电机内部故障启动"，2.9s后自动复归。

2018-04-26 15:34:54:250 机端断路器合闸位置 0→1。

2018-04-26 16:15:49:537 机端断路器合闸位置 1→0。

2018-04-26 16:15:50:982 发电机内部故障启动 0→1。

2018-04-26 16:15:53:064 发电机内部故障启动 1→0。

2018-04-26 16:16:09:325 开入监视 0→1。

2018-04-26 16:16:09:327 导水叶全关位置 0→1。

"发电机内部故障"可能由横差启动。查看录波文件，发现故障录波启动期间，定子横差电流值超出报警值（0.5A）。

2. 振摆情况方面

1 号机组当天上午启机期间振摆与下午缺陷发生期间振摆对比，如图 5～图 7 所示。

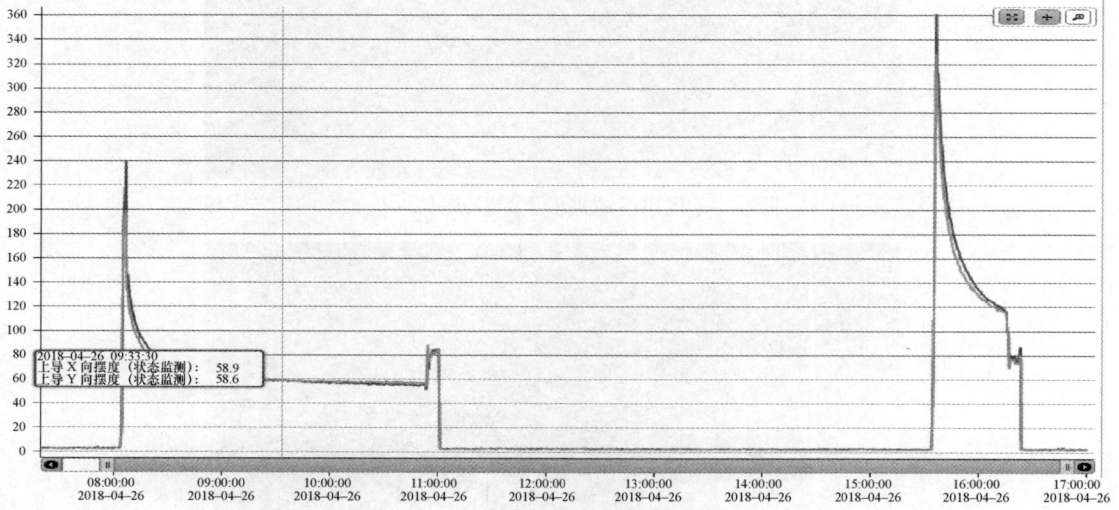

图 5　1 号机上导摆度对比

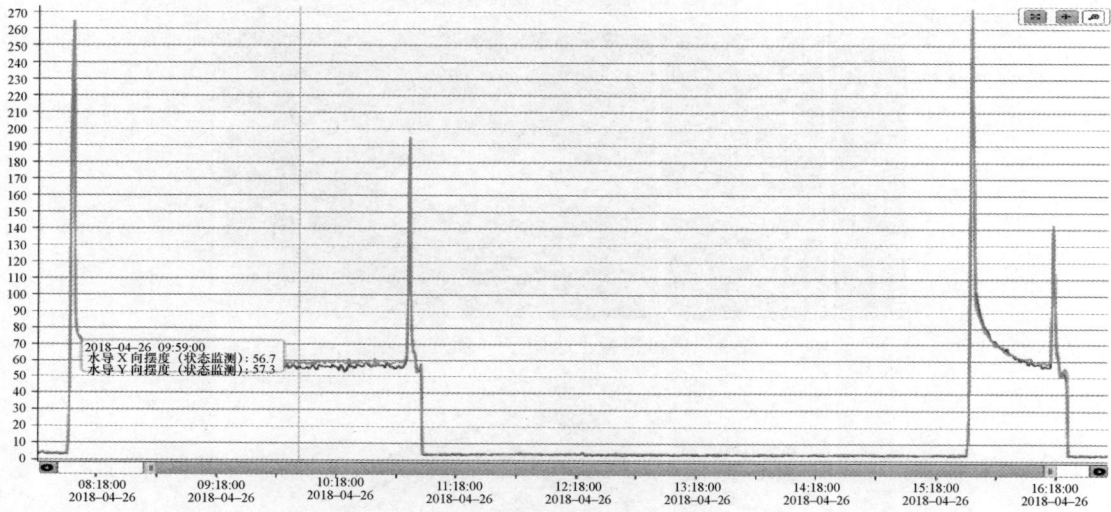

图 6　1 号机下导摆度对比

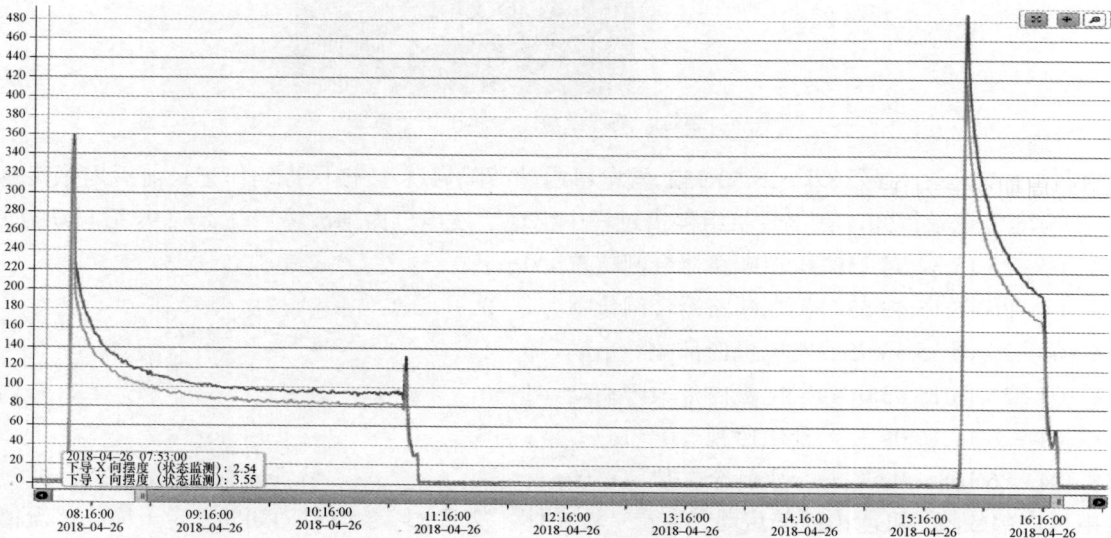

图 7　1 号机水导摆度对比

保护方面检查发现：1 号机缺陷发生期间上导、下导摆度在启机时比正常运行时高，但仍趋于收敛。水导摆度与正常运行时相比未见异常。从上下导摆度在启机时就比正常值高来看，缺陷可能发生在机组启动过程中。从水导未见异常而上下导摆度增加来看，其振摆异常可能是由发电机磁场畸变引起的磁拉力不平衡造成的。

3. 电气性能试验

对定转子进行电气性能试验：

（1）定子绝缘、吸收比及极化指数，与上一次试验记录对比，定子绝缘未见异常变化。

（2）定子直流耐压及泄漏电流试验，与上一次试验记录对比，验泄漏电流数据优于上次试验数据。

（3）转子绝缘电阻，与上一次试验记录对比，转子绝缘电阻有所下降，但仍高于标准值。

（4）转子直流阻抗，与初次试验记录对比，直流电阻值下降 2.87%，超出标准，可能出现转子匝间短路。

（5）转子交流阻抗，与上一次试验记录对比，交流电阻值下降 23%，超出标准。

电气性能试验：转子出现匝间短路，现场实际检查也发现转子绕组呈现匝间短路。

根据现场检查情况，故障直接原因判断为 7 号磁极下端绝缘垫块及其紧固螺钉脱落导致部分磁极线圈下部不同程度受损。

3.3 脱落原因分析

（1）螺栓材质或性能可能存在问题或缺陷。通过 Ansys－workbench 有限元结构分析对磁极及线圈等结构进行有限元应力及变形分析，并在此基础上对连接螺栓、压块以及围带等结构进行疲劳分析，通过分析，端头连接螺栓、侧边螺栓、围带螺栓、压块以及围带等疲劳寿命均可承受 182 500 次的启停机次数不发生疲劳破坏，同时具有较大的安全余量。对于抽水蓄能转动部件多工况组合的疲劳寿命计算的积累，甩负荷、飞逸等工况的疲劳损伤在结构总损伤中的占比较小，小于 5%。因此此类螺栓能承受抽水蓄能复杂反复的工况，而不发生疲劳破坏。

（2）金属压块和绝缘垫块之间适配时紧量过大，运行过程中螺钉受力过大导致断裂。磁极线圈垫块的作用：① 在正常工况下，防止停机过程中或停机后磁极线圈后窜；② 端部垫块的作用是在事故工况下磁极线圈受向心作用力的时候，将作用力传递到磁轭上，防止磁极线圈变形过大。2017 年 10 月仙居公司结合 1 号检修对磁极线圈进行更换，新磁极线圈主要对磁极引出线进行加高处理，并扩大了引出线 R 角，防止磁极线圈开匝。原安装时线圈绝缘垫块适配过盈量为 0.1mm，但在装配完成后个别绝缘垫块存在松动现象。为了防止松动，现场装配人员在工地实配时将 1 号机适配过盈量从 0.1mm 增加到 0.5mm。

1）初始状态下，存在 0.5mm 静止过盈量。

2）正常运行时，磁极线圈由于离心力作用，产生向外位移，会释放金属压块与绝缘块之间紧量，沉头螺钉预应力减小（甚至为 0）。

3）停机后，磁极线圈复位，导致压块和绝缘块之间紧量为适配过盈量，且在停机一段时间内，线圈仍保持一定温升，自身热膨胀使得压块和绝缘块之间紧量进一步增大，最终导致沉头螺钉承受较大应力。如此，在此周期交变力作用下会导致沉头螺钉断裂。

4 处理过程

（1）拆除发电机转子，更换全部磁极线圈及附件。

（2）对磁极线圈的端部及侧边绝缘垫块进行改进。具体方案如下所示：

1）取消原 U 形金属压块，更改为直接在磁极压板上攻钻 M12 轴向螺纹孔，将绝缘垫块直接把合在磁极压板上。更改后的端部绝缘垫块静止间隙为 0.4～0.6mm，用以适应线圈热膨胀，且绝缘垫块所开螺栓孔为腰形孔，使得绝缘垫块在径向运动时，螺栓不受剪切应力，仅起到固定连接作用。在事故工况下磁极线圈受较大向心力作用时，绝缘垫块与磁轭接触，将作用力传递到磁轭上。原端部压板结构及改进后压板结构如图 8 所示。

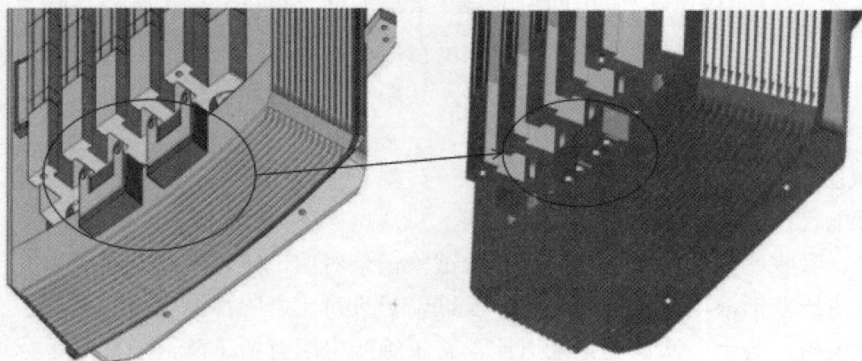

图 8　原端部压板结构及改进后压板结构

2）考虑到磁极侧边直线段绝缘垫块存在同样的脱落风险，对此也需进行处理改进。将其静止过盈量降低为 0～0.1mm，同时降低螺栓应力，保证螺栓可靠安全。在此基础上，为了防止任何不可控因素导致螺栓断裂，直线段金属压块尾部更改为楔形自锁结构。采用该结构后即使螺栓断裂，也不会掉出任何部件对定转子造成二次伤害。对 6、7、8mm 直线段楔形压块模型进行计算分析，综合比较静强度设计和抗疲劳设计要求，最终选用 7mm 厚的挡块。直线段原压板结构及改进后压板结构如图 9 所示。

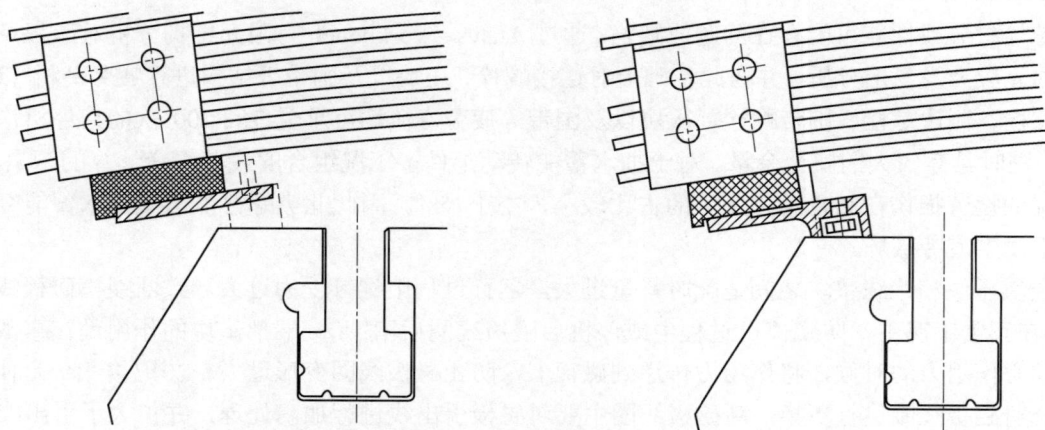

图 9　直线段原压板结构及改进后压板结构

为确保磁极线圈端部及直线段压板固定用的所有螺栓安全可靠，要求供货厂家在到货前对每件螺栓进行无损检测和机械性能分析。

5　对磁极线圈绝缘块的设计和运维建议

为保证发电电动机磁极线圈绝缘块能满足抽水蓄能机组各种运行工况的要求，根据现场实际经验提出以下几点建议：

（1）加强对设备结构和原理的学习、研究，不能放过任何一处细节上的更改，尤其是重要的转动部件，除要考虑结构改造后零部件正常运行情况下的受力情况及机械性能的变化，还要考虑可能的松动和防坠落自锁措施。热膨胀及冷却情况下受力部件的应力变化对适配过盈量有所要求。

（2）要求供货厂家提供每道工序详细的质量控制工艺要求及关键质量控制点（如外观、力矩、间隙、标记、TV 检测），并做好安装及验收记录。对于转动部件上的各种紧固件，到货时检查厂家是否提供完整的探伤报告、材质报告和机械性能分析报告，并在安装前进行抽检或全检。

6　结束语

由于抽水蓄能机组不同于常规水电机组运行特性，发电电动机及其转动部件运行时所处的环境更为苛刻，对结构工艺的把握和后续的检修质量控制就显得尤为重要。同时做好相应的技术分析，避免在运行阶段带来潜在的风险。

参考文献

［1］　徐灏. 疲劳强度设计. 北京：机械工业出版社，1981.

［2］　张波，盛和太. ANSYS 有限元数值分析原理与工程应用. 北京：清华大学出版社，2005.

［3］　濮良贵，纪名刚. 机械设计. 北京：高等教育出版社，2006.

一种抽水蓄能电站发电电动机转子在线检测系统设计

李立秋[1]　　王大坤[1]　　张　彤[2]　　徐　松[2]

（1. 国网新源安徽绩溪抽水蓄能有限公司，安徽省绩溪县　245300;

2. 江苏亚奥科技股份有限公司，江苏省南京市　210023）

【摘　要】 抽水蓄能电站发电电动机转子高速旋转，磁极线圈易出现开匝移位，现有检测技术手段存在缺点，针对现有检测技术缺点，详细分析发电电动机转子的结构特征、运行环境，提出合理解决方案，设计出一种在线全自动化视觉检测系统。用户可远程维护、远程检测。该系统具有可靠、易维护特性，还具有扩展性，可基于积累的检测样本引入深度学习机制，系统更智能。

【关键词】 发电电动机转子　磁极线圈　视觉检测　工业相机

1　引言

绩溪抽水蓄能机组额定转速为 500r/min 远高于常规机组，转子磁极对数 6 对，对称分布于转子中心体磁轭圆周。机组运行时，转子磁极线圈受离心力作用，有可能导致磁极线圈开匝移位、匝间绝缘纸脱落，给机组运行造成安全隐患。

目前检测方式是在定期停机检修期内，通过光纤内窥镜从外部伸入到转子磁极线圈处，从内窥镜上的液晶屏肉眼观察。该检测方式具有比较大的滞后性，不能及时发现问题，另外效率比较低，费时费力。因此，提出一种发电电动机转子在线检测系统，可在线检测、实时分析并预警。本文首先介绍被测对象发电电动机转子、目前使用的检测技术，然后详述在线检测系统设计。

2　发电电动机转子简介

发电电动机转子磁极对数 6 对，对称分布于转子中心体磁轭四周，额定转速为 500r/min，转子高度为 3610mm，转子半径为 2350mm，转子处于机壳体内部，机壳距离转子顶面或底面的高度为 152mm，转子结构示意如图 1 所示。转子高速运行时，周边环境温度达到 80℃，环境磁感应强度达到 0.8T，机组垂直方向振幅达到 200μm，水平方向振幅达到 150μm，分布于转子中心体四周的磁极之间的最大距离为 150mm，磁极间的俯视示意如图 2 所示。

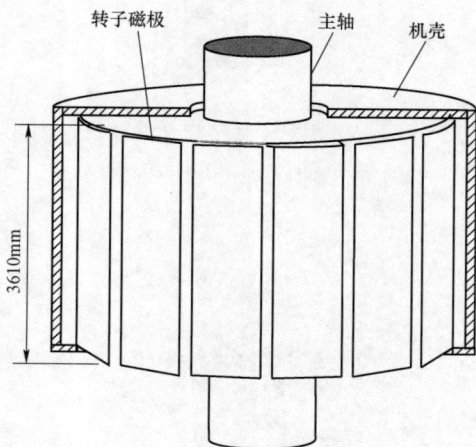

图 1　转子结构示意图

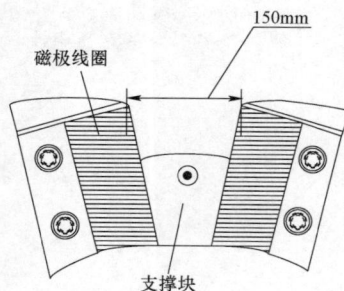

图 2　磁极间的俯视示意图

3 发电电动机转子现有检测技术

对于发电电动机转子故障检修，目前电站技术人员是通过光纤内窥镜的技术手段完成检测。光纤内窥镜，简称内镜或纤镜，该光学系统由照明系统、观察系统和照相记录系统组成。照明系统由凹透镜、光源、导光束组成，外部光源发出的光经导光束传至内窥镜先端部的一个凹透镜上，经凹透镜发散获得更宽的照明视场；观察系统由直角脊棱镜、成像物镜、传像束、目镜组成，成像光线进入观察系统。首先经直角脊棱镜将光线做 90°转向后射至成像物镜，由该物镜成像在传像束的一个端面上，再经光纤束传到其另一端，通过目镜即可看到清晰的物像了；照相记录系统，将观察系统中的目镜作为照相机的镜头，照相机自动调整焦距，按下快门即可将图像记录在照相底片上。

光纤内窥镜的优点：

（1）具有细软、弯曲灵活的特点，可以弯曲地通过通道，进入肉眼无法到达的区域进行检测。

（2）使用简单，数据可以记录和存储，后期可编辑。

光纤内窥镜的缺点：

（1）分辨力不够高，图像不够清晰。

（2）只能适用于停机检测的应用场合，而且必须人工手动操作，无法自动化，生产效率低，同时会错过故障发现的第一时间。

基于发电电动机转子的现有检测技术的缺点，结合发电电动机的结构特征和运行环境，本文设计出了一种基于机器视觉技术的自动化在线检测系统，用户可远程维护与检测。

4 系统设计

4.1 设计拟解决的问题

设计一套在线视觉检测系统，重点观察磁极线圈间隙，关键点在系统稳定运行的前提下，系统要看得清、看得准，但从上文发电电动机转子简介的章节描述已知：① 发电电动机转速高，额定转速为 500r/min，采用普通的 25fps 工业相机会出现曝光不充分、图像模糊。② 转子高度为 3610mm，磁极线圈间隙最大弧长为 150mm，那么间隙比较狭长，工业相机的景深无法兼顾近端和远端。③ 发电电动机转子处于机壳内部，光照环境为 0Lux，缺少光线条件。④ 发电电动机周边温度达到 80℃，检测设备长期处于该温度环境，设备易老化且工作出现异常。

4.2 设计分析

发电电动机转速 500r/min，即转一圈需要耗时 $T=120$ms，转子四周总共分布 12 只磁极，即 12 道磁极间隙，那么系统要能够在 120ms 之内完成 12 次抓拍，即每次抓拍耗时不得大于 10ms。根据 2 倍采样定理，系统要能达到每次抓拍不得大于 5ms，工业相机的帧率至少 200fps。

当前已知一圈耗时 $T=120$ms，根据转子半径 $r=2350$mm，计算得出转子周长 $C=14\,765.5$mm，每个磁极间隙最大弧长 $I=150$mm。若转子划分为 360 个点，每个点瞬时曝光 $t_1=T/360=120/360=0.333$ms，每个磁极间隙整体曝光 $t_2=(I/C)\times360\times t_1=(150/14\,765.5)\times360\times0.333=1.219$ms。由于对每个磁极线圈间隙监测使用抓拍方式，因此必须要采用感知触发传感器联动工业相机抓拍，触发传感器的响应时间小于 1.219ms，根据 2 倍采样定理，最终响应时间要求不大于 0.6ms。

转子磁极线圈间隙比较狭长，景深比较宽，选择合适的工业镜头很重要，景深与工业镜头的参数相关性很大，景深计算公式如下

$$\Delta L = \Delta L_1 + \Delta L_2 = 2f^2F\delta L^2/(f^4-F^2\delta^2L^2) \tag{1}$$

式中 ΔL——景深；

     ΔL_1——前景深；

     ΔL_2——后景深；

     δ——容许弥散圆直径；

    f——镜头焦距；

    F——镜头的拍摄光圈值；

    L——对焦距离。

由景深计算公式可以看出，景深与镜头的光圈值 F、焦距、拍摄距离和对图像质量的要求相关。这些因素对景深的影响表现为：① 镜头光圈越大，景深越小；光圈越小，景深越大。② 镜头焦距越长，景深越小；焦距越短，景深越大。③ 拍摄距离越远，景深越大；距离越近，景深越小。机壳离转子顶面或底面 $D_1=152\text{mm}$，由于受安装限制和成像曝光要充分的要求，工业相机近端拍摄距离 $D_1=152\text{mm}$，远端距离 $D_2=$ 近端拍摄距离 D_1+ 转子高度 $H=152+3610=3762\text{mm}$，近端的拍摄距离近，景深小，无法覆盖到远端，因此对于近端场景采用短焦镜头，对于远端场景选用中长焦镜头。根据拍摄距离、检测目标尺寸、工业相机图像传感器尺寸，可计算出工业镜头的焦距，计算公式如下

$$f=vD/V \tag{2}$$
$$f=hD/H \tag{3}$$

式中　f——镜头焦距；

    H——景物横向尺寸；

    V——景物纵向尺寸；

    D——镜头至景物距离；

    v——图像传感器垂直尺寸；

    h——图像传感器横向尺寸。

发电电动机转子处于机壳内部，在封闭空间内，无自然光条件，在这种黑暗环境下，由于磁极间隙为狭长型，远端也需要充足的照明，因此采用 810nm 波长的激光红外补光，具有亮度高、能力密度大，方向性好，使得工业相机抓拍的近端和远端的照片都清晰可见。

发电电动机周边温度达到 80℃，工业相机、触发传感器等检测设备长时间处于高温环境，易老化，因此采用风冷护罩，将检测设备放置于风冷护罩中对设备起到保护作用，气冷的原理采用压缩空气循环交换，适用于不高于 100℃ 的应用场合。

4.3　硬件设计

由上文设计分析章节得知了，在线检测系统关键组件的选型依据，为在线检测系统设计提供了理论基础。在线检测系统由网络高清高速工业相机、反射反馈型光电开关、激光红外灯、风冷护罩、工业控制计算机、网络 I/O 和安装支架组成，系统连接如图 3 所示。

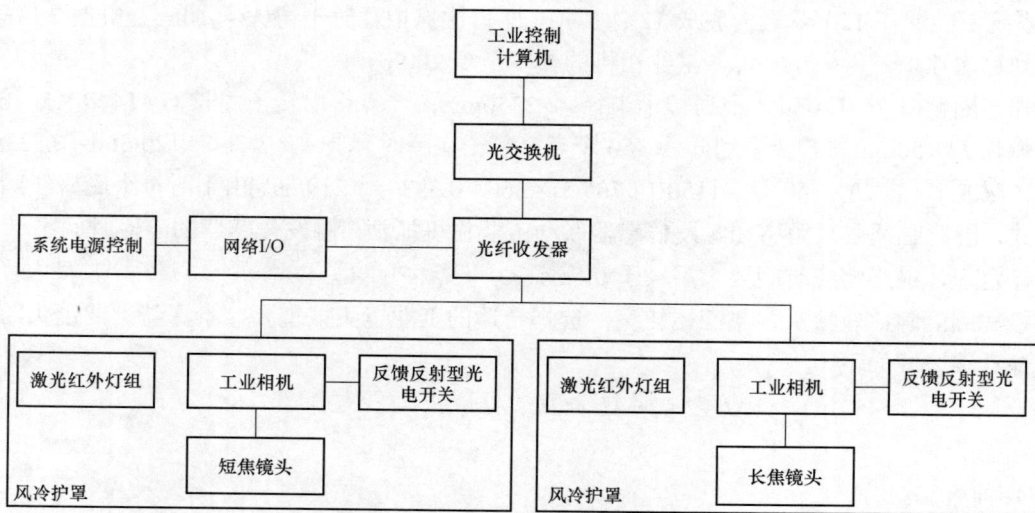

图 3　系统连接图

工业镜头通过 C-Mount 接口与网络高清高速工业相机搭配,反射反馈型光电开关的信号线接入工业相机报警输入口,工业相机千兆网口接入光纤收发器。通过光纤与中心光交换机连接,工业控制计算机的网口与光交换机连接,网络 I/O 的网口与光纤收发器连接,继电器输出与在线检测系统电源连接。为了兼顾磁极线圈间隙的近端和远端,需要搭配短焦和长焦两种工业镜头,由于工业相机为单目相机,因此对于一台发电电动机转子的在线检测,需要采用两套工业相机组件。网络 I/O 实现对在线检测系统的电源远程控制,用户可以通过工业控制计算机远程对系统上下电,系统上电后自动进入工作状态。在线检测系统各个组件的性能参数见表 1。

表 1 在线检测系统组件性能

组件名称	性能参数	组件名称	性能参数
工业相机	1/3"全局曝光图像传感器; 百万像素; 200fps; 1 路光耦隔离输入; 网络数据接口为 GigE; 镜头接口为 C-Mount	反馈反射型光电开关	检测距离 4m; 方向角 2°以上; 红色发光二极管(624nm); 响应时间:动作或复位 0.5ms 以下; 灵敏度单向调节; 集电极开路输出
短焦镜头	1/1.8" 1.8mm 6MP; 手动光圈; F2.8~F16; C-Mount 接口	激光红外灯组	激光波长 810nm; 光功率 2W; 自动/手动亮度设置; 照明灯组 2 组,一组照明角度 1.5°,一组照明角度 68°
长焦镜头	1/1.8" 35mm 6MP; 手动光圈; F2.8~F16; C-Mount 接口	风冷护罩	双层不锈钢和铸铝端盖; 压强空气温度不大于 35℃; 压强空气压力 0.1~0.2MPa

由于发电电动机高速运行,安全性要求极高,那么在线检测系统在设计时需要考虑安装部署可能带来的安全影响,本系统的安装示意如图 4 所示。在发电电动机下方机壳切割一个圆洞,工业相机、反馈反射型光电开关和激光红外灯组安装于发电电动机的下方,发电电动机转子可以被感知和可见,安装于下方可以避免杂物或者维护的工具掉入转子内部的情况。

4.4 软件设计

工业控制计算机是在线检测系统的管理中心,负责设备管理、数据通信、数据存储、智能分析和电源控制管理,软件系统分层如图 5 所示。

系统软件总共分三层,设备接入层、服务层、表现层,设备接入层主要包括网络 I/O 接入、工业相机接入,网络接入主要包括设备登录、开关量输出,工业相机接入主要包括设备登录、鉴权、设备配置、视频流获取、抓拍照片获取;核心层主

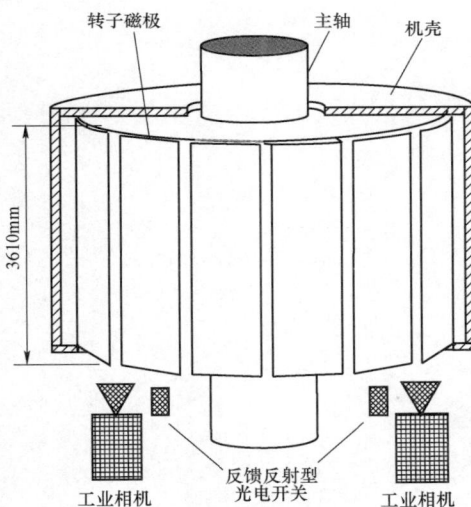

图 4 安装示意图

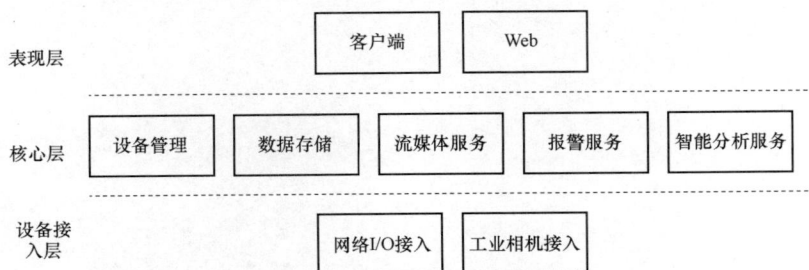

图 5 软件系统分层图

要包括设备管理、数据存储、流媒体服务、报警服务、智能分析服务，数据存储主要包括抓拍照片存储、报警数据存储，智能分析服务是指运行经过深度学习训练的神经网络模型，输入工业相机抓拍的照片由神经网络模型分类；表现层主要为 CS 客户端和 Web，用户通过其可预览视频和照片，查询智能分析结果、设备状态，远程上下电。

5　结束语

发电电动机转子高速旋转，磁极线圈易出现开匝移位，现有光纤内窥镜技术需停机检测，用户需手工操作，导致故障不能及时发现，生产效率比较低下。经过理论与实际分析，对系统组件合理选型，设计出的在线全自动化视觉检测系统，用户可在中心远程启动系统，监视发电电动机转子运行的情况，该系统解决了故障不能及时发现的问题，避免事故扩大化，解决了离线检测效率低的问题。将来随着转子磁极线圈样本积累越来越多，在线检测系统将该样本通过深度学习训练神经网络模型，然后再更新应用到在线检测系统，那么在线检测系统会越来越智能，不仅可以全自动化检测，而且可以全自动化判定故障。

参考文献

[1] 于文超. 天荒坪抽水蓄能电站发电电动机转子磁极变形原因分析及建议 [J]. 小水电，2013，4：86-90.

[2] 张隽. 工业内窥镜检测设备技术的发展 [J]. 航空维修与工程，2009，5，doi：10.193 02/j.cnki.167 2-0989.

[3] ANA BELEN GONZALEZ，JOSE POZO. The Industrial Camera Modules Market [J]. Photonics Views，2019，16（2）：24-26.

[4] 刘鑫. 新时代工业计算机技术的现状及未来发展趋势 [J]. 业界，2019，04：14-20.

[5] 李军锋. 基于深度学习的电力设备图像识别及应用研究 [D]. 广州：广东工业大学，2019.

施 工 实 践

瞬态面波法检测技术在丰宁抽水蓄能电站
上水库面板堆石坝中的应用

潘福营[1] 李 斌[2]

（1. 国网新源控股有限公司，北京市　100761；

2. 河北丰宁抽水蓄能有限公司，河北省丰宁县　068350）

【摘　要】目前面板堆石坝堆石料干密度的检测，主要采用挖坑灌水法，该方法存在检测周期较长、耗费人力较
大等问题，在河北丰宁抽水蓄能电站上水库面板堆石坝填筑施工中开展了瞬态面波法检测干密度技术研究和工程
应用，该方法具有快速、高效、无损、经济等优点，本文就瞬态面波法检测技术应用情况进行总结和交流。

【关键词】瞬态面波法　面板堆石坝　干密度　检测技术

1　引言

对面板堆石坝填筑碾压质量评判，干密度、孔隙率是两个重要物理力学指标，其基本原理是采用挖坑灌水法检测填筑料的干密度，然后计算孔隙率。实际操作过程中，挖坑灌水法存在取样时间长、投入人员多、坑壁不规则、检测点数量少等缺点。

目前已研究出的其他方法有压实沉降观测法、振动碾装加速度计法、控制碾压参数法、静弹模法、动弹模法、核子密度法及面波法等。其中压实沉降观测法、振动碾装加速度计法、控制碾压参数法、静弹模法、动弹模法这 5 种间接法均不能定量，只能定性的评价或控制堆石体的压实程度；核子密度法由于具有放射性，现场要求具有严格的防护措施，且其检测要求层厚度小于 40cm、粒径小于 4cm，实际应用具有很大局限性。

在河北丰宁抽水蓄能电站（简称丰宁抽水蓄能电站）上水库面板堆石坝填筑施工中，开展了瞬态面波法无损检测堆石料干密度技术的研究和实践工作，应用效果较好。

2　工程概况

丰宁抽水蓄能电站位于河北省丰宁满族自治县境内，工程规划装机容量 3600MW，安装 12 台单机容量为 300MW 的可逆式水泵水轮机组。枢纽工程建筑物主要由上水库、水道系统、地下厂房系统、下水库等组成。

上水库坝型为混凝土面板堆石坝，坝顶高程 1510.3m，坝顶长度 525m，最大坝高 120.3m，上、下游坡比均为 1:1.4，坝体从上游到下游依次为坝前盖重、黏土护坡、混凝土面板、垫层区、过渡区、主堆石区、次堆石区及下游干砌石护坡，总填筑量为 415 万 m³。

3　瞬态面波法检测原理介绍

3.1　层状介质中面波传播特性与面波勘探原理

面波是指在介质表面传播的波，但其传播速度却与地下构造有着密切的关系。所谓只在介质的表面传播，这个"表面"是有一定的厚度的，而且这个"厚度"与面波的波长有关。振幅从介质表面沿深度方向快速衰减，大约在半个波长以内约集中了全部能量的 70% 以上，所以瑞雷面波的传播速度主要由从介质的表面到半个波长的深度范围内的介质决定，而几乎与一个波长以外的介质无关。

面波在多层介质中传播时，其速度会随着频率的不同而有所变化，这种现象称为面波传播的频散，面波的频散特性是进行面波测试的基础及测试分析的主要依据。

显而易见，高频面波波长较短，只能穿透介质表面附近很浅的范围内的介质，因而其传播速度只反映浅层情况；低频面波波长较长，能穿透从表面到深处的介质，因而其传播速度能反映从表面到深部的介质的综合影响。如果我们能得到从高频到低频的瑞雷面波的传播速度，也就得到了反映整个介质情况的信息，用数学的方法按深度把这些信息分离开来，我们就掌握了整个的介质内部构造，这就是面波法的原理。

丰宁抽水蓄能电站主要采用瞬态法，瞬态法是利用重锤冲击地表，在激发点产生垂向脉冲振动，从而在介质中激发出具有一定频带宽度的混频瑞雷面波波动。利用频散分析技术提取各个单频成分的瑞雷面波相速度，即可得到瑞雷面波的频散曲线。

3.2 瞬态面波法检测压实干密度的基本原理与方法

瞬态面波的频散特性和在介质中的传播速度与堆石料的物理性质有关。瞬态面波沿地表传播影响深度约为一个波长，同一波长的瞬态面波传播特性反映堆石料密度在水平方向上的变化，不同波长的瞬态面波传播特性反映堆石料密度在竖直方向上的变化。堆石料介质在水平和竖直方向上存在着堆石含量等物性差异，这种差异将会引起密度的变化，从而使瞬态面波在传播过程中产生频散和速度的变化。通过采集各测点的面波频率和速度，处理后可获得频散和速度的变化，进而可以检测堆石料干密度，并确定面波加权速度值，再通过对干密度和面波速度的拟合确定两者之间的关系公式，从而可根据实测的面波速度确定堆石料压实干密度。

3.3 现场检测方法

结合现场挖坑灌水法测试干密度成果，在灌水法试验之前，在选定试验位置先进行瞬态面波法检测，保证瞬态面波法测试与挖坑灌水法试验位置基本一致。

瞬态面波法进行现场检测时采用多道检波器接收，以利于面波的对比和分析。多道瞬态面波采用单端激发的共炮点等道距排列，使排列至少能容纳半个预期的面波最大波长，丰宁抽水蓄能电站总检测道数布置了12道。偏移距为激振点距离第1个检波器的距离采用100～200cm，具体大小需结合现场检测波形数据而定偏移距，12个检波器之间的距离固定为10cm，如图1所示。检测时使用重锤敲击激振点的承压板，采集12道波形数据。

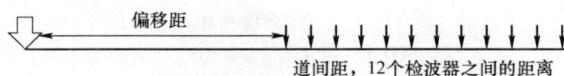

图1　激振点与检波器布置示意图

对采集到的波形进行处理，根据实测的频散曲线，建立正演模型，并通过正演方法计算出模型的频散曲线，对两者进行比较拟合，并反复不断调整用于正演计算的介质模型使得理论频散曲线与实测频散曲线达到满意的拟合程度，从而得到地下介质中的速度模型，剔除表面直达波后将每次挖坑灌水法测试干密度值与波速测试结果进行拟合，得出最接近的拟合公式。

4　瞬态面波法检测技术在丰宁抽水蓄能电站的应用

4.1 科研试验情况说明

自2015年5月～2016年9月，以丰宁抽水蓄能电站上水库面板堆石坝填筑为依托，开展瞬态面波法无损检测研究。为确保数据拟合精确性，挖坑灌水法施工前，在挖坑灌水法原位先进行瞬态面波法无损检测，期间共收集主、次堆石区1058个点位，过渡区1092点位，垫层区1836点位数据，通过波形处理、频散分析，得出挖坑灌水法干密度和面波的拟合曲线。

主、次堆石区采用幂函数拟合较线性函数拟合误差更小，拟合曲线如图2所示，得出幂函数拟合公式为

$$\rho_d = -32\,050 \times v_s^{-2.751} + 2.205 \tag{1}$$

式中　ρ_d——堆石料干密度，g/cm³；

$\quad\quad\ v_s$——面波波速，m/s。

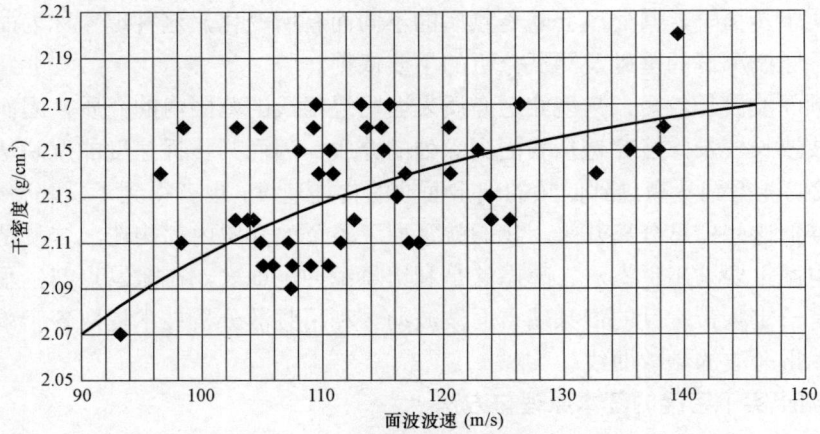

图 2 主、次堆石区拟合曲线

过渡区采用线性函数拟合，拟合曲线如图 3 所示，得出拟合公式为

$$\rho_d = 0.000\,2 \times v_s + 2.110\,43 \tag{2}$$

式中 ρ_d——堆石料干密度，g/cm^3；

v_s——面波波速，m/s。

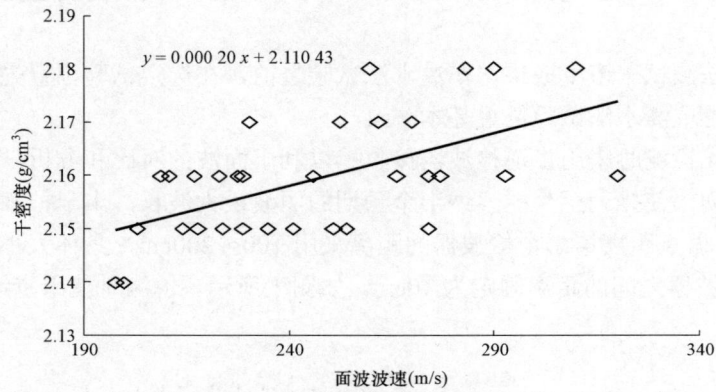

图 3 过渡区拟合曲线

垫层区采用线性函数拟合，拟合曲线如图 4 所示，得出拟合公式为

$$\rho_d = 0.000\,253 \times v_s + 2.156\,5 \tag{3}$$

式中 ρ_d——堆石料干密度，g/cm^3；

v_s——面波波速，m/s。

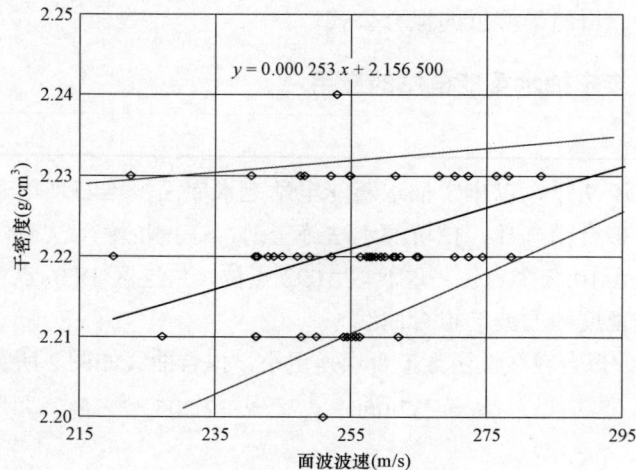

图 4 垫层区拟合曲线

得出全部拟合曲线后，立即开展了现场验证试验，各区料面波法与挖坑灌水法检测干密度验证结果对比情况见表1。

表1 各区料面波法与挖坑灌水法检测干密度验证结果对比表

起止高程	检测时间	面波法干密度（g/cm³）	挖坑灌水法干密度（g/cm³）	v_s（m/s）	误差（%）
垫层料					
EL1455.9~EL1456.2	2016.11.13	2.221	2.233	255.270	0.5
EL1456.8~EL1457.1	2016.11.17	2.224	2.214	267.694	0.5
EL1456.8~EL1457.1	2016.11.17	2.222	2.204	259.741	0.8
过渡料					
EL1455.9~EL1456.2	2016.11.13	2.193	2.184	251.538	0.4
EL1456.8~EL1457.1	2016.11.17	2.165	2.184	273.203	0.9
主堆料					
EL1456.8~EL1457.4	2016.11.13	2.150	2.098	176.176	1.9
EL1457.4~EL1458.0	2016.11.15	2.160	2.107	216.056	4.6
EL1456.8~EL1457.4	2016.11.14	2.190	2.137	199.719	1.8
EL1457.4~EL1458.0	2016.11.16	2.180	2.127	225.193	4.4

根据验证检测结果可知，主堆料检测最大误差为4.6%，均小于5%；垫层、特殊垫层料检测最大误差为0.8%；过渡料检测最大误差为0.9%，验证检测结果可基本满足现场检测要求。

4.2 施工过程管理

根据以上科研及现场验证成果，2016年11月，瞬态面波法检测技术开始正式应用于丰宁抽水蓄能电站上水库大坝填筑，根据挖坑法试验进度同步实施。其中主、次堆石区按照1:3原则进行，即1次挖坑法试验对应3次快速检测方法应用，过渡区、垫层区按照1:2原则进行，其探点的选择为随机抽取，且尽量抽取表观碾压质量不佳或数字化碾压系统中碾压遍数显示不足的区域。

4.3 挖坑法与瞬态面波法检测成果分析

2017年10月丰宁抽水蓄能电站上水库大坝填筑完成，共开展了686组（每组试验对应12道瞬态面波，即12个点位数据）瞬态面波法检测试验。瞬态面波法检测结果相对于挖坑灌水法检测结果误差统计见表2，各区料面波法与挖坑灌水法检测干密度成果统计结果对比见表3。

表2 瞬态面波检测结果相对于挖坑灌水法检测结果误差统计

区域	快速检测数量（组）	误差最大值（%）	误差最小值（%）	平均误差（%）
主、次堆石区	294	4.5	0	2.1
过渡区	196	1.7	0	0.7
垫层区	196	1.3	0	0.5

表3 面波法与挖坑灌水法对各区料检测干密度成果对比表

检测方法	检测组数	最大值（g/cm³）	最小值（g/cm³）	平均值（g/cm³）	标准差
次堆石区					
面波法	147	2.145	2.059	2.092	0.021
挖坑灌水法	49	2.080	2.050	2.067	0.010
主堆石区					
面波法	147	2.163	2.101	2.133	0.019
挖坑灌水法	49	2.130	2.110	2.120	0

续表

检测方法	检测组数	最大值（g/cm³）	最小值（g/cm³）	平均值（g/cm³）	标准差
过渡区					
面波法	196	2.152	2.140	2.144	0.002
挖坑灌水法	98	2.180	2.140	2.168	0.009
垫层区					
面波法	196	2.213	2.200	2.204	0.004
挖坑灌水法	98	2.250	2.200	2.221	0.015

由以上数据可以看出，在瞬态面波法检测数据中，相比挖坑灌水法试验结果，误差均在 5%以内，过渡区、垫层区均在 2%以内，呈现出最大粒径越小结果越精确的规律，说明堆石体碾压越密实，干密度越大，面波传播越稳定，这也符合面波检测的一般规律。

5　结论

通过丰宁抽水蓄能电站应用瞬态面波法检测堆石料密度，可以得出以下结论：

（1）采用瞬态面波法检测，获取不同密度的堆石料面波波速，并在面波检测面处进行挖坑取样，测得密度值后与实测面波波速进行拟合确定二者之间的关系公式，从而实现堆石料密度的快速检测。

（2）数值计算成果表明，堆石体密实度越高，传播范围越大，说明某一时刻的传播速度越大；相反，密度越小，传播速度也越低，即面波波速随堆石体密度的增大线性增加。数值模拟结果与实测数据对比可知，两者具有较好的一致性。

因此采用瞬态面波法检测堆石料密度的方式具有设备轻便、方法简单、效率高、可以对填筑料进行大面积检测等优点。希望在其他工程继续开展研究，技术成熟后可以推广应用。

参考文献

［1］　王千年. 瑞雷面波在堆石体结构中的传播特性及在密实度检测中的应用 ［D］. 上海：上海交通大学，2013.

［2］　应鉴钧. 强夯地基检测中多道瞬态瑞雷波法技术的应用 ［J］. 建筑工程技术与设计，2014（17）：159.

［3］　朱明新. 多道瞬态面波法在强夯地基处理检测中的应用 ［J］. 福建地质，2018（1）：75－81.

斜井扩挖机械扒渣技术在丰宁抽水蓄能电站的应用

马雨峰[1] 刘林元[2] 侯晓斌[2] 王 润[1] 韩昊男[1] 关景明[3]

（1. 河北丰宁抽水蓄能有限公司，河北省承德市 067000;

2. 中国水利水电第三工程局有限公司，陕西省西安市 710000;

3. 中国水利水电第一工程局有限公司，吉林省长春市 130000）

【摘 要】 水电站输水系统，特别是引水部分，多数采用斜井布置形式。在斜井导井形成后的扩挖施工中，一般采用人工扒渣方式，此种方式存在安全风险大、作业环境差、工作效率低等弊端。本文介绍了河北丰宁抽水蓄能电站引水 5 号上斜井扩挖施工采用机械扒渣的实际做法，对机械扒渣的设计思路、工装布置、运行管理、安全保障、应用效果等进行了总结，对类似工程具有借鉴与参考意义。

【关键词】 斜井扩挖 机械扒渣 安全 效率

1 引言

河北丰宁抽水蓄能电站设计安装 300MW 可逆式水轮发电机组 12 台，总装机容量 3600MW。电站分两期同步建设，一、二期各安装机组 6 台。

电站引水系统为一洞两机平行布置，每条引水道分别由引水隧洞、引水调压室、高压管道上平段、高压管道上斜井、高压管道中平段、高压管道下斜井、高压管道下平段、高压岔管、高压支管等构成。其中，上斜井和下斜井各 6 条。一期工程 1 号、2 号上斜井采用 ALIMAK 爬罐开挖形成导井，其余 10 条均采用反井钻机形成导井。

目前，已完成 6 条斜井扩挖，除 5 号上斜井外，其余 5 条均采用手风钻造孔、人工扒渣方法。除作业环境差、安全风险大、劳动强度高外，人工扒渣还存在占用时间过长、出渣效率很低的缺点。

为了改善作业环境和提高工作效率，在借鉴国网新源控股有限公司其他抽水蓄能电站经验的基础上，我们在河北丰宁抽水蓄能电站 5 号上斜井扩挖施工中，尝试使用机械（反铲）进行井下扒渣作业，并获得成功。

2 5 号上斜井设计参数及扩挖施工技术要求

5 号上斜井斜直段长 198.72m，倾角 53°，设计为马蹄形断面，开挖直径 7.4m，压力钢管衬砌直径 6.0m。支护锚杆 ϕ22，L = 300cm，@150×150cm，入岩深度 290cm；挂钢筋网@20×20cm；喷混凝土 C20，厚度 10cm。

该斜井由 DL450T 型定向钻机形成正导孔后，使用反井钻机提拉形成溜渣导井，导井直径 1.8m，扩挖单循环进尺 2.0m。

3 机械井下扒渣作业设计思路及原理

机械作业效率远高于人，这是毋庸置疑的，而且井下作业人员越少相对越安全。但如果反铲在斜井中上下时出现意外事故而顺斜井下滑，会发生严重的安全事故。受其他工程项目启发，我们采取反铲靠自身动力在斜井中自行上下，同时卷扬机同步牵引反铲，作为安全保障的做法，实现反铲在斜井中上下的安全保险。

为减少反铲运行对已喷混凝土表面的破坏，每一扩挖循环反铲扒渣结束后，不将反铲提至井上，而是提至距掌子面爆破安全距离以外，锁定在斜井轨道上。人员、材料、工器具等使用轨道运输台车下井。始终保持反铲在斜下、运输台车在斜上的状态，卷扬机同步牵引反铲时，运输台车同样锁在轨道上。

4 设备选型及系统布置形式

4.1 相关设备选型

（1）反铲。用于井下扒渣作业的反铲本着体积小、重量轻、操作灵活等特点进行选取。经市场调研、反复比较，最终选定山东某厂生产的 VTW−35 型履带式反铲，发动机功率 75kW，斗容 0.12m³，自重 35.48kN。

（2）卷扬机。根据反铲自重，结合轨道运输台车载荷以及斜井长度等，选择两台 JM8T 卷扬机。依据规范要求，相对于最大载荷，安全系数应满足 1.5 倍。

4.2 系统布置形式

沿斜井纵向卷扬机、运输台车、反铲等相互位置关系如图 1 所示。

（1）卷扬机布置。卷扬机布置于斜井的上平段合适位置。受洞径影响，两台卷扬机沿水流方向前后布置，靠近水流方向前方的卷扬机用型钢架空，以保证另一台卷扬机钢丝绳从其底部通过。考虑卷扬机及钢丝绳受力更加有利，卷扬机为卷筒下出绳。

两台卷扬机配有同步器，可同时启动或停止，始终保持运行速度相同。

（2）轨道布置。轨道主要用于运输台车行走。轨道沿着洞室平段、斜井上弯段、斜直段的底部已喷混凝土面双轨平行布置。轨道选用Ⅰ20A 型钢，间距 3.4m。轨道固定在锚杆上，每间隔 6m 设一组加强锚杆，并在此处用双色油漆做好标识，用于悬挂反铲或运输台车。

在斜井上弯段合适部位设置三组通轴导向滑轮组。为防止钢丝绳摩擦地面，在两条轨道之间每间隔 10m 设置一个托辊。

（3）运输台车布置。运输台车始终处于反铲的斜上方，担负斜井中的人员、材料、工器具等运输任务。除卷扬机牵引反铲工况外，运输台车始终与卷扬机钢丝绳相连，根据需要在斜井中运行。

在卷扬机牵引反铲时，运输台车同样被锁在轨道锚杆上（如图 2 所示）。此时，牵引反铲的卷扬机钢丝绳位于运输台车底部。为避免卷扬机钢丝绳与运输台车剐蹭，运输台车底部与轨道之间保持足够距离。

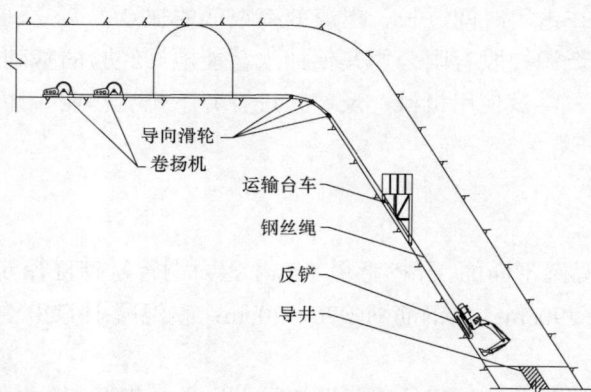

图 1 斜井纵向反铲、运输台车、卷扬机布置图   图 2 运输台车在斜井中锁定侧视图

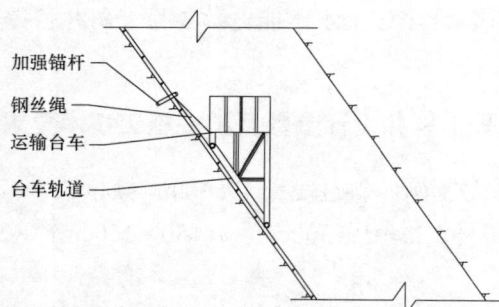

（4）反铲布置。最初，反铲在两台卷扬机同步牵引下，由斜井上弯段自行进入井下工作面。扒渣结束后，自行爬升至安全位置（卷扬机同步牵）进行锁定，需要扒渣作业时，重新返回掌子面。在斜井扩挖期间，反铲不再返回斜井井口（如图 3 所示）。扩挖结束后，反铲可经由斜井下弯段、高压管道中平段，从引水系统高压管道中平段施工支洞。

（5）爬梯布置。沿斜井底板靠边墙一侧布置人行爬梯，用于人员上下通行。一般情况下，人员上下斜井应乘坐运输台车。为避免客货混载，在运输材料、工器具、火工品等特殊情况下，人员需通过爬梯上下井。

（6）避车洞布置。爬梯靠近洞室边墙一侧，每间隔 70m 开挖一个避车洞。用于斜井中运输台车或反铲上下移动时的人员躲避洞，避车洞空间以容纳两人站立即可。

（7）视频监控布置。沿斜井洞壁，理想状态是与爬梯同侧，每间隔 50m 设置一个高清晰摄像头，上弯段和下弯段可适当加密。摄像头通过导线与提升系统操作室中的终端显示屏相连。

（8）风、水、电布置。井下风、水、电在斜井爬梯的另一侧洞壁布置。喷混凝土料由搅拌站拌和后运至斜井上平段，通过布置在上平段的供料系统、经软管输送到掌子面实施喷射。

5　钢丝绳选取、荷载计算及安全系数验证

选择钢丝绳型号为：6×37，直径 $\phi 28mm$；强度等级 $1870N/mm^2$，最小破断拉力 487kN。

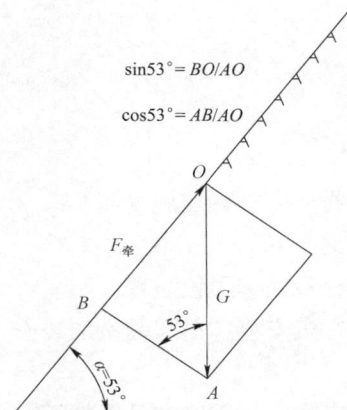

图 3　反铲在斜井中锁定侧视图

反铲沿斜井上下时有司机驾驶，台车有时需要乘坐人员。因此，安全系数按载人提升系统规范要求验算校核，安全系数应满足 14 倍；台车在运输货物工况下，安全系数应满足 6 倍。

运输台车采用型钢制作，自重 30kN；台车限载人员 8 人，每人按 0.75kN 计算，计 6.0kN；限载货物 15kN。

相关计算的已知条件如下：

台车自重：$G_1 = 30kN$；

台车载人（8）人重量：$G_2 = 0.75kN \times 8 = 6.0kN$；

台车载货重量：$G_3 = 15kN$；

台车阻力系数（滚动）：$f_1 = 0.015$；

钢丝绳阻力系数：$f_2 = 0.18$；

钢丝绳直径：$\phi 28mm$；

钢丝绳单位重量：$P = 0.027\ 5kN/m$；

斜井长度：$L \approx 200m$；

斜井倾角：$\alpha = 53°$；

JM8T 卷扬机提升拉力：$F_{卷} = 80kN$；

最小钢丝破断拉力：$Q_P = 487kN$；

反铲自重：$G = 35.48kN$；

反铲驾驶员重量：$G_0 = 0.75kN$；

反铲阻力系数（自行）：$f_3 = 0.015$。

反铲安装防护网等增加重量与驾驶室玻璃拆除重量大至相抵，在计算反铲自重时忽略不计。反铲、运输台车在斜井中受力分析如图 4 所示。

5.1　运输台车计算验证

（1）台车满载人员工况

$$F_人 = (G_1 + G_2)(\sin\alpha + f_1\cos\alpha) + PL(\sin\alpha + f_2\cos\alpha) = 34.08kN$$

安全系数验证：$Q_P/F_人 = 14.29 > 14$，满足规范要求。

（2）台车满载货物工况

$$F_货 = (G_1 + G_3)(\sin\alpha + f_1\cos\alpha) + PL(\sin\alpha + f_2\cos\alpha) = 41.35kN$$

安全系数验证：$Q_P/F_货 = 11.78 > 6$，满足规范要求。

5.2　反铲计算验证

$$F_铲 = (G + G_0)(\sin\alpha + f_3\cos\alpha) + PL(\sin\alpha + f_2\cos\alpha) = 34.26kN$$

安全系数验证：$Q_P/F_铲 = 14.21 > 14$，满足规范要求。

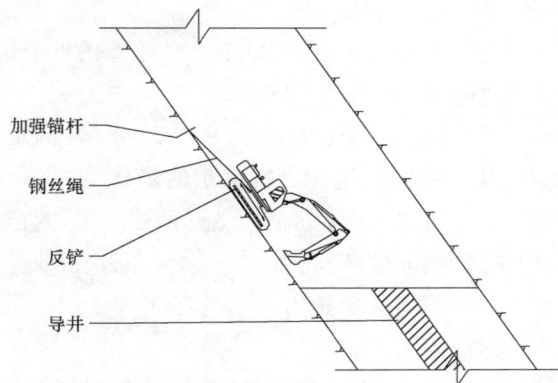

$\sin 53° = BO/AO$

$\cos 53° = AB/AO$

图 4　反铲、台车受力分析图

5.3　卷扬机计算验证

卷扬机额定牵引力 80kN。比较卷扬机牵引台车载人、载货及牵引反铲等不同工况，以牵引台车运输货物时载荷最大，即 41.35kN。

安全系数验证：$F_卷/F_货=1.93>1.5$，满足规范要求。

5.4　用于加固轨道和悬挂反铲的锚杆

结合轨道加固，每间隔 6m 设置一组加强锚杆，双轨共 4 根。锚杆用 $\phi 25$ 钢筋，长度 1.3m，入岩 1.15m。

（1）钢筋破坏拉力。

$\phi 25$ 钢筋破坏拉力：F_1

锚杆截面：S

Ⅲ级钢筋 $\phi 25$（HRB400 级），抗拉强度设计值为 $f_Y=360$MPa，屈服点 $\delta_s \geqslant 400$MPa，极限强度 $\delta_b \geqslant 540$MPa

$$F_1 = Sf_Y = S \times 360\text{N/mm}^2 = 176.63\text{kN}$$

式中　S——直径为 25mm 锚杆的截面积，即 $S = \pi r^2 = 3.14 \times (25/2)^2 = 490.625\text{mm}^2$。

（2）最小锚固长度

$$L_a = (f_Y \times d)/(4 \times \tau)$$

式中　d——锚杆直径；

　　　τ——钢筋与砂浆之间粘结力，查表可得 τ 为 2200kPa。

$$L_a = 1023\text{mm}$$

根据《水工混凝土钢筋施工规范》（DL/T 5169—2013）L_a 选取 $40d$，即 $L_a = 40 \times 25\text{mm} = 1000\text{mm}$，两者取最大值，最小锚固长度：$L_a = 1023\text{mm}$

（3）单根锚杆实际锚固力

$$F_2 = 0.8 \times 2\pi R L_b = 121.33\text{kN}$$

式中　0.8——中硬岩与砂浆粘结强度；

　　　R——钻孔半径；

　　　L_b——锚杆实际锚固长度（$L_b > L_a$，安全可靠）。

由以上计算所得，单根锚杆粘结力 $F_2 = 121.33$kN，小于 $F_1 = 176.63$kN；则锚杆设计锚固拉力取值 121.33kN，一组共 4 根锚杆，设计锚固拉力总和为 485.32kN。

（4）锚杆破坏剪力。根据材料手册可知，塑性材料允许抗剪强度 $\tau = 0.6 \sim 0.8\sigma$，为增加强度存储，取最小值 0.6σ，即：$e = 0.6\sigma = 216\text{N/mm}^2$

$$F_剪 = 4e \times 3.14 \times 12.5^2 = 423\,900\text{N} = 423.9\text{kN}$$

锁定装置受力状态属于剪力和拉力共同作用，按最不利工况，锁定装置能承受 423.9kN。比较被锁定物，反铲最重即 $F_铲 = 34.26$kN。

安全系数：423.9/34.26＝12.37＞3，满足《水电水利工程斜井竖井施工规范》（DL/T 5407—2009）锁定装置的设计承载能力要求。

6　安全保障措施及运行管理

6.1　设计阶段的安全措施

（1）在斜井上平段与上弯段交汇处设置开闭式安全护栏，待反铲下井后，将安全护栏实施封闭。

（2）在上平段合适位置，采用型钢设置跨钢丝绳架空过道，避免人员踩踏钢丝绳。

（3）两台卷扬机同时工作，始终处于一用一备状态。且在轨道及卷扬本体分设两套限位装置。

（4）为减少爆破对反铲的破坏，将驾驶室玻璃更换为金属防护网。为保证行车安全，在驾驶室加装安全带、安全扶手，反铲顶部加装安全警灯。

（5）为保持提升系统操作人员与井下作业人员的通信联络，配备对讲机、电话、视频监控及警灯等。

（6）沿斜井人行爬梯布设安全主绳，上下井人员佩戴防坠落器安全带与主安全绳连接使用。

（7）实施作业人员登记签字、井口挂牌的上下井信息跟踪制度。

6.2 运行阶段的安全措施

（1）斜井扩挖属四级风险作业。严格按照风险等级相关要求实施管控。

（2）加强提升系统设备的维护保养。实行确定责任人，日巡视检查，定期保养制度。

（3）配备具有相应资质的合格人员从事设备的操作和维护保养工作。

（4）按规定组织召开班前会和做好施工前的安全培训及技术交底工作。

（5）加强运输台车运行管理，严禁客货混载。在运输货物时，监护人员需通过爬梯行走，且人员始终保持在台车的上方。遇紧急情况，人员应进入避车洞。

（6）加强火工品管理，严格执行收发领验制度。严禁炸药与雷管混装，雷管需装入安全专用箱，单独由运输台车运至井下。

（7）加强台车与反铲运行工况转换期间的风险控制。因台车与反铲共用两台卷扬机，在工况转换时，需频繁拆解或连接台车、反铲、轨道锚杆、卷扬机钢丝绳卸扣，控制好这一环节尤为重要。

（8）加强钢丝绳的检查、维护保养，必要时更换。

（9）除扒渣作业外，溜渣导井按要求实施有效封闭。

7 对施工质量控制的影响及应对措施

在斜井爆破作业时，反铲锁定在距掌子面 30m 处轨道上，扒渣作业时重新返回掌子面。因反铲在斜井中反复行走，会对已喷混凝土造成一定程度损伤。为降低破坏程度，采取如下措施：

（1）反铲安装"挖掘机橡胶履带块"。

（2）尽可能减少反铲在斜井中的行走次数。

（3）必要时喷混凝土添加适量的早强剂。

（4）定期对已喷混凝土进行外观检查和实体检测。必要时用同标号混凝土补喷修复。

8 应用效果比较

5 号上斜井于 2018 年 6 月 20 日开始正式使用反铲扒渣，此时已通过人工扒渣和反铲试验扒渣完成扩挖 48.72m。自 2018 年 6 月 20 日开始正式使用反铲扒渣至 2018 年 8 月 27 日斜井扩挖结束，历时 69 天，完成斜井扩挖长度 150m。

8.1 效率比较

据统计，5 号上斜井在采用人工扒渣时，单班扒渣作业人数为 8 人，平均每循环扒渣作业时间约 14h（含换班时间）。采用人工扒渣形式，斜井扩挖月平均进尺 45m。

反铲扒渣作业每循环需要司机、指挥、监护人员共 3 人。更改为反铲作业后，扒渣时间缩短为 4h（含反铲进入和撤离工作面时间）。在其他条件相同的情况下，使用反铲扒渣，平均月进尺达到 65m。

由此可见，相对于人工扒渣作业，使用机械扒渣效率提高约 44%。而且，大幅减少了井下作业人数，从而降低了安全风险。

8.2 效益比较

计算所需已知条件如下：

人工扒渣单班作业人数：$A = 8$ 人

扒渣单人日工资：$B = 200$ 元

反铲日折旧费用：$C = 280$ 元（按 2 年期分摊费用）

反铲日耗油及维护费用：$D = 270$ 元

反铲司机日工资：$B_1 = 500$ 元

反铲指挥、监护人日工资：$B_2 = 200$ 元

人工扒渣平均月进尺：$E = 45$ m/月

反铲扒渣平均月进尺：$F = 65\text{m}/\text{月}$

每月平均天数：$G = 30$ 天

反铲工况加强锚杆、补喷混凝土费用：$H = 300$ 元/m

（1）人工扒渣费用计算

$$B_r = (A \times B)/(E/G) = 1066.67 \text{（元/m）}$$

（2）反铲扒渣费用计算

$$B_c = (B_1 + 2B_2 + C + D)/(F/G) + H \approx 969.20 \text{（元/m）}$$

$$B_c/B_r = 0.91$$

每延米斜井机械扒渣费用是人工扒渣费用的 91%，直接费用降低 9%，大幅度降低了施工成本。

9　结束语

斜井扩挖采用人工扒渣，作业环境差、安全风险高、工作效率低等问题始终困扰着人们。河北丰宁抽水蓄能电站引水 5 号上斜井扩挖使用机械扒渣，降低了施工安全风险、减轻了工人劳动强度、加快了施工进度、降低了施工成本。

随着国内外水电站，特别是抽水蓄能电站建设的进一步发展，我们相信，斜井扩挖采用机械扒渣将有着广阔的市场运用空间。

参考文献

[1] 黄文锋，龙方，夏露. 深圳抽水蓄能电站上斜井轨道工艺优化 [J]. 甘肃水利水电技术，2016（10）.

[2] 黄金林，苏相利，唐贵和. 高压引水隧洞斜井开挖施工技术 [J]. 铁道建筑，2009（6）.

[3] 张磊，崔阿丽，仲启波. 仙游抽水蓄能电站斜井开挖施工技术 [J]. 科技风，2011（1）.

[4] 傅自义，罗贤奎，刘吉祥，等. 柳洪水电站长斜井开挖施工技术研究与实践 [J]. 水力发电，2008（9）.

[5] 王仁强，李汉臣. 向家坝水电站大断面引水斜井开挖施工技术 [J]. 四川水利发电，2009（4）.

[6] 李伟，关志华. 抽水蓄能电站输水系统斜井开挖施工安全管理 [J]. 中国安全生产科学技术，2009（2）.

动态控制理论在沂蒙抽水蓄能电站
通风兼安全洞开挖施工中的应用

王轮祥[1]　孙　洁[2]

（1. 山东沂蒙抽水蓄能有限公司，山东省临沂市　273400;

2. 青岛理工大学（临沂）山东省临沂市　273400）

【摘　要】 山东沂蒙抽水蓄能电站通风兼安全洞是整个工程建设的关键线路之一，开挖地质条件较复杂，技术要求高，工期较紧。本文针对前期洞挖施工进度缓慢、工序衔接不密切的情况，通过运用动态控制原理，优化施工方式，合理安排各施工工序施工时间，有效地加快了施工进度，可为类似建设工程项目提供参考。

【关键词】 动态控制　隧洞开挖　施工优化

1 背景

近年来，为加大绿色环保能源开发，我国加快抽水蓄能电站建设，一大批新建项目开工建设。工程项目筹建期通风兼安全洞的开挖完成时间控制着主体工程地下厂房开工时间，一般情况下是控制工程发电工期的关键线路。在通风兼安全洞长度较长、地质条件复杂的情况下，通风兼安全洞施工进度极易因各种因素的影响而滞后，对工程建设整体进度造成困扰。陈国中等人通过数值模拟方法针对隧道围岩情况，对 CRD 法施工的合理工序进行了研究；朱正国、胡学兵等人也通过数值分析软件模拟实际隧洞开挖，使得实际隧道施工顺序得到优化；章勇武等人利用 PDCA 理论，对隧道施工进度进行了控制优化；曹宏新、张泽斌、袁永定及包叔平等人通过对现场机械设备及施工方法等调整配备，平衡各工序的衔接，最大限度缩短了开挖进尺循环时间；樊启雄等人阐述了施工总进度系统分析的基本理论与方法，并在三峡水利枢纽工程中得到实践。本文简要介绍了项目目标动态控制方法，以及在沂蒙抽水蓄能电站通风兼安全洞开挖施工过程应用情况。

2 工程概况

山东沂蒙抽水蓄能电站位于山东省费县境内，为大（1）型一等工程，规划装机容量 1200MW，装机 4 台，单机容量 300MW。枢纽工程建筑物主要由上水库、水道系统、地下厂房系统、下水库等部分组成。

地下厂房通风兼安全洞全长 1270.108m，平均坡比 6%，Ⅱ 类围岩长 353m，约占 28%；Ⅲ 类围岩长 442m，约占 35%；Ⅳ～Ⅴ 类围岩长 475m，占 37%。合同要求该洞 2015 年 10 月 1 日开始进洞施工，2016 年 8 月 15 日开挖与初期支护完成，工期为 10.5 个月，月平均开挖进尺 121m，工期较为紧迫。

3 动态控制的基本内涵

3.1 项目目标动态控制的方法及其应用

动态控制是指对建设工程项目在实施的过程中，在时间和空间上的主客观变化而进行项目管理的基本方法论。由于项目实施过程中主客观条件的变化是绝对的，不变则是相对的；在项目进展过程中平衡是暂时的，不平衡则是永恒的，因此，在项目实施过程中必须随着情况的变化进行项目目标的动态控制。

项目目标动态控制的工作程序如图 1 所示。

（1）第一步，项目目标动态控制的准备工作：将项目的目标进行分解，以确定用于目标控制的计划值。

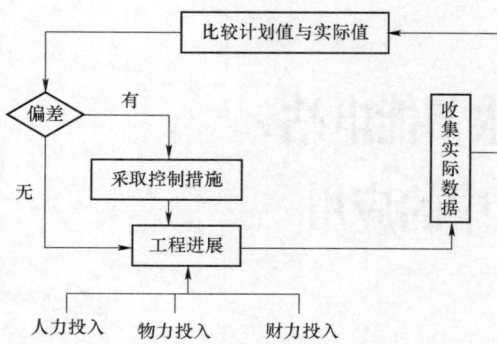

图 1　动态控制程序图

（2）第二步，在项目实施过程中项目目标的动态控制：① 收集项目目标的实际值，如实际投资、实际进度等；② 定期（如每周或每月）进行项目目标的计划值和实际值的比较；③ 进行项目目标计划值和实际值的比较，如有偏差，则采取纠偏措施进行纠偏。

（3）第三步，如有必要，则进行项目目标的调整，目标调整后再回复到第一步。

项目目标动态控制的核心，是在项目实施的过程中定期地进行项目目标的计划值和实际值的比较，当发现项目目标计划值与实际值偏离时采取纠偏措施。其中，纠偏措施包括组织措施、管理措施（包括合同措施）、经济措施和技术措施。

3.2　动态控制在进度控制中的应用

动态控制应用在进度控制中，应注意比较工程进度的计划值和实际值时，其对应的工程内容应一致，如以里程碑事件的进度目标值或再细化的进度目标值作为进度的计划值，则进度的实际值是相对于里程碑事件或再细化的分项工作的实际进度。进度的计划值和实际值的比较应是定量的数据比较，比较的成果是进度跟踪和控制报告，如编制进度控制的旬、月、季、半年和年度报告。

在施工进度出现偏差时，则应分析由于管理的原因而影响进度的问题，应采取调整进度管理的方法和手段、改变施工管理和强化合同管理、及时解决工程款支付和落实加快工程进度所需的资金、改进施工方法和改变施工机具等措施。如有必要，即发现原定的工程进度目标不合理，或原定的工程进度目标无法实现等，则应调整工程进度目标。

4　项目目标动态控制在沂蒙抽水蓄能电站通风兼安全洞开挖施工中的应用

4.1　施工方案进度计划

根据合同工期要求，通风兼安全洞施工方编制了洞身施工方案，拟定了洞室开挖作业循环时间。由于通风兼安全洞开挖断面积较小，为加快施工进度，拟采用全断面爆破开挖，Ⅳ类、Ⅴ类围岩洞身采取"短进尺、弱爆破、强支护"的开挖支护方法。钻孔采用手风钻钻孔，出碴采用 ZL50C 侧卸装载机装碴，15t 自卸汽车出碴。

根据总体工期目标、设计图纸及现场施工的实际情况，施工方案中制定了详细的进度计划，并细化到每次循环掘进所用时间及循环进尺。通风兼安全洞洞挖单循环进尺及时间安排如下：Ⅱ、Ⅲ类围岩循环进尺一般控制 3.2m，每天完成 2.5 个循环，日均进尺 8m；Ⅳ围岩循环进尺一般控制 1.6m，按每天能完成 2.0 个循环，日均进尺 3.2m；Ⅴ类围岩循环进尺一般控制 1.0m，一天完成 1 个循环，日进尺 1.0m。

Ⅱ、Ⅲ类围岩开挖与支护错开 30～50m，以便开挖与支护平行作业，Ⅳ类围岩必须先初喷封闭围岩。Ⅴ类围岩采用人工配合机械开挖，必要时采用爆破开挖，但要控制装药量，周边要采用光面爆破，每循环进尺应控制在 0.6～1.2m。同时还要考虑开挖围岩暴露时间。Ⅳ类围岩需要及时跟进支护，而Ⅴ类围岩需要超前支护施工。

4.2　问题的分析及提出

通风兼安全洞Ⅳ、Ⅴ类围岩洞身石方开挖一般流程为：爆破设计→测量放样布孔→造孔→装药起爆→排烟→危石处理→初喷→出碴→支护→转入下一循环。

正式进入洞身开挖施工阶段，围岩类型基本为Ⅲ类围岩，开挖设计断面为 7.7m×7.6m，初期支护为钢筋网与系统喷锚支护方式。通过一段时间的施工发现，实际开挖进尺滞后明显。经过对每天施工工序循环时间进行统计，把实际开挖循环所需时间值与计划值进行比较，具体见表 1。

表 1   初期洞挖进度与计划进度   min

循环工序时间	测量、钻孔	装药、爆破	排险、出碴	初期支护	其他	合计
计划用时	380	40	85	20	15	540
实际用时	360	80	400	720	220	1780
时差	−20	40	315	700	205	1240

根据表 1 可知，排险、出碴与初期支护用时过长，同时其他时间浪费较多。通过现场调查分析得出，主要原因如下：

（1）由于降雨较多，施工道路路面较为泥泞，运碴车辆行驶速度较慢，且为防止出现交通事故，每次运碴量较正常量偏小，造成排险、出碴用时过长。

（2）前期挂网支护没有及时跟进，施工队伍挂网支护人员较少，只有 6 人参与挂网支护工作，只有一台喷浆机工作，后期补喷用时较长。

（3）没有合理安排各道工序的施工顺序，且工序之间衔接时间过长。

综上分析得出以下结论：施工现场施工资源配置不合理，一部分资源配置短缺造成其他资源的浪费，进而引起进度滞后及成本增加。

针对以上主要原因，研究制定相对应的措施：一是增加运碴车辆数量，减少出碴装载机闲置时间，在确保运输安全的情况下，增大出碴能力；二是立即增加一台喷浆机，增加喷锚支护作业人员，整改后共有 12 名作业人员、两台喷浆机工作；三是细化施工工序，制定详细的日工作安排计划，最大程度减少工序衔接时间，从而提高隧洞开挖效率。根据制定的整改措施，在后几轮施工循环中逐步落实，同时根据新的问题不断改进，在开挖施工过程中动态解决关键性问题。经过几轮循环后，重新统计收集各新的施工工序循环时间，与计划时间进行对比，见表 2。

表 2   动态控制后洞挖进度与计划进度   min

循环工序时间	测量、钻孔	装药、爆破	排险、出碴	初期支护	其他	合计
计划用时	380	40	85	20	15	540
实际用时	360	80	100	30	20	590
时差	−20	40	15	10	5	50

由表 2 可知，经过几次动态控制循环施工后，洞身开挖速度大大提高，由之前的每循环耗时 1780min 缩减到 590min，与施工方案计划用时接近。其中，"排险、出碴"时间与"其他"时间减少最为显著，表明增加的车辆、机械与人工投入发挥了作用，施工进度明显加快，最高月掘进速度达到 150m/月，确保了工程按期完成。

初期每循环各工序耗时和动态控制后每循环各工序耗时的图形如图 2 所示。其中，P 表示计划进度，T_1 表示初期洞挖进度，T_2 表示动态控制后洞挖进度。通过图 2 可以明显看出，出渣与支护时间是初期进度缓慢的主要原因，经过动态控制后，各工序耗时基本与计划进度一致。

5 结论

通过动态控制在通风兼安全洞洞身开挖施工中的应用，得出以下几点结论：

（1）工程建设过程中，由于各种因素的影响，实际施工进度与计划进度有所差别，进而会导致工期紧张或无法按时完工，因此需要利用动态控制理论不断地采取纠偏措施进行纠偏，以加快施工进度。

（2）动态控制原理根据施工过程出现变化的客观条件，对比计划值与实际值的差异，能够迅速找出主要影响因素，进而制定出对应措施，改进实际施工情况；并通过多次循环，跟踪整改过程，确保实际值得到修正。

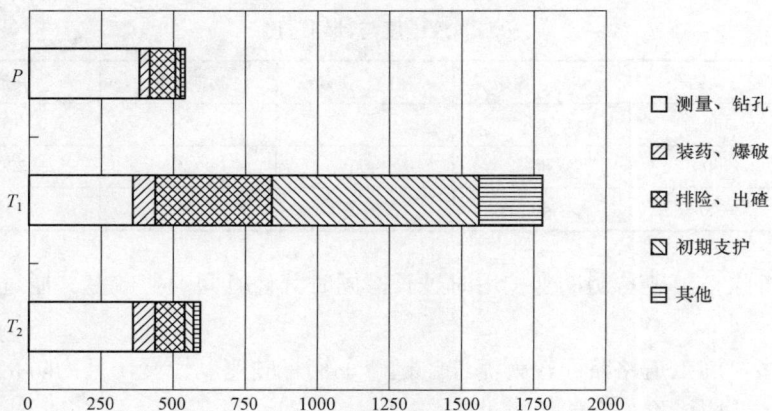

图 2　施工循环工序对比图

（3）动态控制原理重点在于施工全过程应用，循环运行，做到及时对比计划值与实际值是否存在差异，确保施工进度在可控范围内。

参考文献

［1］　陈国中，徐前卫，程盼盼，等. 红层软岩隧道 CRD 法进洞施工合理工序研究［J］. 铁道建筑，2016（8）：69−72.

［2］　朱正国，乔春生，高保彬. 浅埋偏压连拱隧道的施工优化及支护受力特征分析［J］. 岩土力学，2008，29（10）：2747−2752.

［3］　胡学兵，乔玉英. 偏压连拱隧道施工方法数值模拟研究［J］. 地下空间与工程学报，2005，1（3）：374−378.

［4］　章勇武，马国丰，尤建新. 基于 PDCA 的隧道施工进度柔性控制［J］. 地下空间与工程学报，2005，1（5）：733−736.

［5］　曹宏新. 小洞径洞室开挖的施工优化［J］. 人民长江，2007，38（3）：74−76.

［6］　张泽斌. 合理配备机械设备加快隧道施工进度［J］. 西部探矿工程，2006，18（10）：59−64.

［7］　袁永定. 天花板水电站引水隧洞施工技术［J］. 水力发电，2011，37（6）：74−76.

［8］　包叔平，王燕. 察汗乌苏水电站 C4 标隧洞开挖与支护施工［J］. 人民长江，2007，38（5）：31−33.

［9］　樊启雄. 水利水电工程施工总进度系统分析预控实践［J］. 人民长江，2004，35（3）：7−9.

浅析句容抽水蓄能电站施工供电工程
施工管理和典型问题处理

蒋程晟　殷焯炜　蒋明君

（江苏句容抽水有限公司，江苏省镇江市句容市　212400）

【摘　要】　本文简述了江苏句容抽水蓄能电站施工供电工程的主要施工管理方法，提出了在电站施工供电工程施工过程中常见的一些典型问题及处理方法。最后对国内抽水蓄能电站施工供电工程建设提出了工程管理建议。

【关键词】　抽水蓄能电站　施工供电工程　施工管理

1　引言

近年来，随着国内抽水蓄能事业快速发展，抽水蓄能电站建设规模越来越大，施工管理要求也越来越高，其中作为施工动力之源的施工供电系统对工程建设起着举足轻重的作用。因此，确保施工供电工程安全、质量、环保、进度、投资等各个环节满足工程建设需要，至关重要。江苏句容抽水蓄能电站（简称句容电站）施工供电工程施工过程中，克服了施工任务重、地质条件复杂、征地难度大等诸多困难，保质保量完成了施工供电工程建设任务，顺利地为各个施工工作面提供优质电能。

2　工程概况

句容电站位于江苏省镇江市句容市边城镇境内，安装六台单机容量为 225MW 可逆式抽水蓄能机组，总容量 1350MW，电站建成后主要服务于电网。施工区内建设 1 座 35kV 施工变电站，1 回 35kV 和 10kV 线路同塔双回进线线路，线路采用架空裸导线，总长约 10km，组装铁塔 50 基，线路涉及 5 处穿越段，采用阻燃铜芯交联聚乙烯绝缘电缆。6 回 10kV 出线线路，线路采用架空绝缘线，总长约 8km，树立水泥杆 135 根。施工供电系统在电站基建期间作为施工用电，电站运行期改造作为永久备用厂用电源。

3　工程建设管理

江苏句容抽水蓄能有限公司（简称句容公司）在工程开工伊始，以建设"三优工程"（优质工程、优美环境、优秀队伍）为目标，动员电站全体参建单位、参建人员，聚力电站工程建设，聚焦安全质量，积极稳妥地推进电站建设。施工供电工程作为句容电站工程的开局工程，句容公司严格开工管理，抓好安全质量管控体系，紧盯技术管理环节，加强施工方案和作业指导书管理，强化关键工序、重要部位和隐蔽工程的监督检查，推行安全培训流水席制度和安全质量综合责任区制度，确保了句容电站施工供电工程顺利投运。

3.1　严格开工管理

严格开工管理，打好工程建设首仗。句容公司在开工前会同监理对施工单位组织机构、首批开工工程施工方案、人员及资源配置等开工 13 项条件逐项检查，确保所有条件均满足后才开工。坚持组织机构不健全不开工、技术管理人员不到位不开工、技术方案审核不通过不开工。开工前涉及的施工方案主要有线路定位、线路基础施工、基坑上下作业爬梯实施等；涉及的设备、机具主要有小型挖掘机、GPS 定位仪、全站仪等；涉及的图纸主要有线路路径、塔基点位、变电站布置等；涉及的施工人员主要有测量员、土建技术员、安全管理人员等。

3.2 抓好安全质量管理体系

抓好安全质量管理体系，确保其有效运行与责任制落实。句容公司督促参建各方建立健全工程安全质量管理体系和工作机制，明确了各方管理职责，落实施工单位的主体责任、设计单位的设计责任、监理单位的监理责任、业主单位的监管责任。同时利用工作例会、现场检查等手段，使管理体系运转顺畅，能切实发挥作用，工程质量三检制落实到位。避免同一问题重复发生，确保"有制度、能执行，有要求、能落实"。

3.3 做好计划管理

做好计划管理，是控制施工进度的基础性工作。计划管理包括制定一份科学合理、内容完整的施工网络计划图，找出关键工序，明确各个阶段施工的重点和主次矛盾。因为进线线路施工、变电站施工和场内出线线路施工不存在必然联系，在制定计划表时，可制定三份网络计划，找出各自的关键线路，在施工中经常检查实际进度情况，与计划进度对比，若出现偏差，分析产生的原因和影响程度，制定调整措施，修改原计划，不断循环，直至完工。施工过程中，部分工序可以提前做好规划，做到有的放矢，如将所有塔基定位后，对不存在征地、不存在需移位的点位先施工；位于田地内的塔基在农作物收割后、新的农作物播种前施工。提前做好各工序施工准备是应对突发情况的有力保障，如提前完成场内线路定位、相关施工方案审批等准备工作后，在出现进场线路被阻工等情况，可将人员调配场内线路施工，避免人员窝工现象。

3.4 落实现场巡查制度

落实现场巡查制度，能有效保障施工质量和安全。开展日巡查、周检查、月度大检查，能够有效强化现场控制力度，同时可以有效地协调各方，使施工组织计划能得以贯彻落实。督促监理把好质量关，确保施工单位严格按批准的施工方案和验收标准认真做好每一道工序，杜绝偷工减料、消极怠工行为。在巡查中特别注意基坑周边堆土要满足安全要求，塔位中心桩位移、定位高差、微地形校核要满足图纸要求，混凝土浇筑前要注意钢筋间距、地脚螺栓丝扣露出样板的高度要合格，拆模前以及组塔前的混凝土养护时间要满足规范要求，铁塔组立要确保其按照安装顺序逐件施工，张力放线要确保其跨越架安装以及放线时的安全措施均满足批准的方案要求。

3.5 重视施工方案管理

句容公司特别重视施工方案管理工作，在施工前1个月，即要求施工单位准备好相关的施工方案，并严格按照国家电网有限公司（简称国网公司）和国网新源控股有限公司（简称新源公司）要求执行相应的审批流程。所有施工作业项目包括线路基础施工、基坑脚手架施工、基坑上下作业爬梯实施、变电站内土建施工、冬季施工等均编制了施工方案。涉及工程建设重大危险作业、重大安全技术措施的包括铁塔组立、张力放线、设备安装调试等施工方案，要求施工项目部上报其公司本部，由公司技术负责人组织审核；特别重要的施工如张力放线，邀请系统内相关专家把关，确保施工方案切实可行。

3.6 强化各方协调

强化各方协调，提前办理各项手续，是施工供电工程顺利送电的前提。句容公司高度重视与地方的沟通协调工作，公司领导负责、各部门具体实施。在线路施工前，将设计图纸提交给地方供电公司，由其组织审查，同时提交相关资料，办理用电申请；线路施工涉及到林场或水库用地，要提前与相关部门沟通，办理相关手续；在张力放线前，与地方公路管理部门和供电公司联系，办理公路跨越手续和线路跨越手续；提前与地方供电公司接洽，咨询办理电源接入所需手续，并准备好相关资料，待变电站验收合格且具备送电条件后，及时向地方供电公司办理接入手续。

3.7 规范设备材料管理

句容公司规范设备材料管理，确保物资供需总体平稳、质量在控，为施工供电工程顺利施工奠定了坚实基础。除盘柜、变压器、柴油发电机等少量设备为甲供设备外，其余的设备材料均为乙供。句容公司在国网公司和新源公司对物资管理要求的基础上，制订了《乙供物资管理执行手册》，实行全过程质量可追溯管理，强化管控力度，细化检查和考核，确保管控效果。所有设备、材料均建卡建档，确保可追溯性。施工单位计划采购的每种乙供物资均报送三家满足合同要求的潜在供应商报句容公司审批，句容公司严格按照合同要求对潜在供应商资质、业绩等进行审核。

3.8 坚持人员培训

人员能力素质的提高，是保证工程建设安全质量的基础，坚持人员培训是提高人员能力的有效手段。句容电站施工供电施工单位为外来单位，不熟悉句容当地的政策要求、地形环境和新源系统的规章制度，施工人员中农民工居多、文化和安全意识参差不齐、人员流动大。句容公司常态化开展安全教育培训"流水席"，确保施工单位新进场人员能够及时有效地接受安全培训。

4 典型问题处理

工程建设过程中，会出现各种各样的问题，总结分析这些问题，会对今后的工程建设提供有价值的参考和借鉴。句容电站施工供电工程施工过程中出现的一些典型问题和相应的处理措施介绍如下。

4.1 施工变电站独立基础埋深不足

句容电站施工变电站位于丘陵地带，地形坡度较大。清表后，现场测量发现变电站东西方向高差接近 5m，地表浮土开挖后发现，变电站内的原设计独立基础埋深较浅，达不到持力层。句容公司、设计、监理、施工方现场联合勘查后，召开联合讨论会，明确将达不到持力层的独立基础标高（不含垫层）调整至基础相应部位下原状土持力层，柱子相应加长。同时保证所有基础底部标高（不含垫层）均低于 −2.5m。联系梁顶面与基础顶面之间柱子箍筋，按原设计箍筋加密区配筋（如图 1 所示），独立基础处地基承载力应大于 200kPa，开挖后及时浇筑垫层混凝土，避免地基被雨水浸泡，场平压实系数不小于 0.94。

4.2 征地协调问题

原设计的施工供电 35kV 线路路径中，6～9 号共 4 基铁塔位于句容市仑山花木场。线路施工过程中，花木场对该设计方案存在异议，要求重新调整路径。经地方相关部门征地协调人、句容公司、设计单位、监理单位、施工单位、花木场联合现场勘查，确认原路径涉及的花木场地段主要为成熟苗木，影响花木场育苗工作。结合设计要求和现场实际，选定花木场幼苗育苗区为线路通过的新路径。最终，在不影响已完成的 5 号、12 号塔基基础上调整路径，并结合现场地形、线路穿越、公路河流跨越要求，确定最终的 5～12 号线路路线和各塔基定位如图 2 所示。

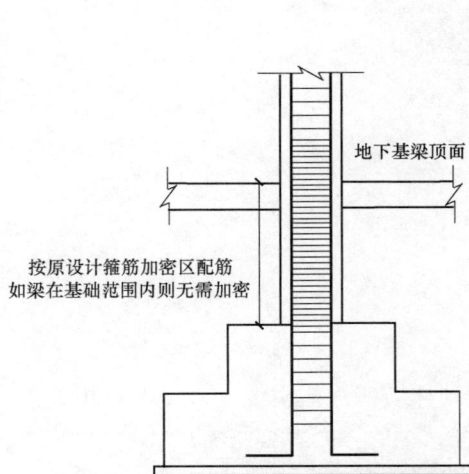

图 1 新增箍筋加密区示意图

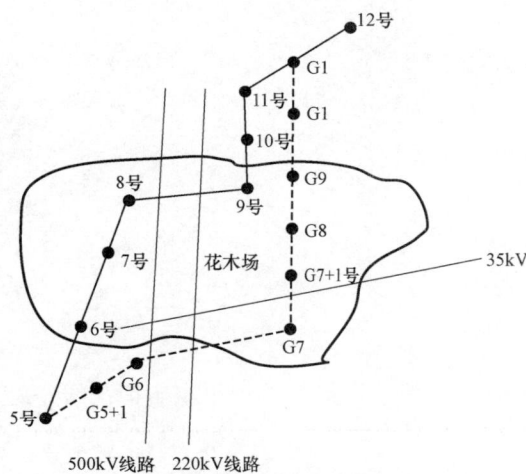

图 2 35kV 线路花木场段路径调整图

4.3 根据地形调整线路路径

句容电站场内线路位于林区，经过现场勘查，发现地形与设计图纸存在一定的差异，场内供电 2 号、5 号线部分水泥杆位地形较为陡峭，施工存在较大的安全风险。句容公司组织各方对线路路径进行勘查、研究、讨论，为保证安全，调整优化路径，降低施工难度，节约投资，同时将同通道线路同杆架设。优化后，节约工程成本 21 万元、工期 20 天，大大减少了树木砍伐，场内线路主要材料调整对比见表 1。

表 1   场内线路主要材料调整前后对比表

	水泥杆	10kV 支柱绝缘子
调整前	168	643
调整后	135	574
减少量	33	69

5 结束语

抽水蓄能电站施工供电工程建设好坏，直接影响后续工程施工，做好抽水蓄能电站开局工程的施工供电工程对做好抽水蓄能整个工程建设有着重大影响。本文简述了句容电站施工供电工程主要施工管理方法、关注点以及一些典型问题处理。针对目前国内抽水蓄能电站建设中施工供电工程建设现状，提出以下建议：

（1）严格开工条件，对照开工条件逐项检查，确保每项条件均满足要求。

（2）抓好安全质量管理体系有效运行与责任制落实，确保管理体系运转顺畅，能够切实发挥作用。

（3）做好计划管理，制定科学合理、内容全面的施工网络计划图，施工过程中严格执行，并按实际情况不断调整，直至完工。

（4）认真落实现场巡视检查制度，发现问题及时提出并解决，不让问题过夜。

（5）规范设备材料管理，确保物资供需总体平稳，质量在控。

（6）提前做好与地方沟通联系，做到事前心中有数，提前办理各项工程建设相关手续。

金寨抽水蓄能电站下水库大坝填筑碾压试验分析

文 臣 付 旋 王 波 叶惠军

（中国水利水电建设工程咨询北京有限公司，北京市 100024）

【摘 要】 抽水蓄能电站上下水库大多为面板堆石坝。现行规范规定，在坝体填筑前，需通过碾压试验来论证坝料设计填筑标准的合理性，并通过现场碾压试验，确定满足设计要求的施工碾压参数和填筑工艺。本文对金寨抽水蓄能电站下水库大坝坝料碾压试验进行了总结，对其他工程的碾压试验和碾压施工参数选取有一定的参考价值。

【关键词】 抽水蓄能电站 堆石料 碾压试验 施工参数

1 概述

1.1 工程概况

安徽金寨抽水蓄能电站下水库大坝坝址位于燕子河左岸支流小河湾沟尾部，坝型为钢筋混凝土面板堆石坝。坝顶高程 260.50m，坝顶宽 10.00m，上游设钢筋混凝土防浪墙，防浪墙顶高程 261.70m，最大坝高 98.50m，坝顶长 364.03m。坝体上游坝坡为 1:1.405，下游面坡比 1:1.5～1:2.0。坝体填筑材料分成特殊垫层区、垫层区、过渡区、主堆石区和次堆石区以及上游大坝辅助防渗区。

合同工程量垫层料 73 444m³，特殊垫层料 9806m³，过渡料 132 773m³，主堆石料 1 322 051m³，次堆石料 1 049 327m³。

1.2 碾压试验的目的

（1）核实填料设计填筑压实标准的合理性。能否达到设计要求的填料颗粒级配、压实干密度、相对密度等。

（2）在已选定的压实机具和施工机械条件下，确定达到设计压实标准时，经济、合理的压实参数，包括铺料厚度、洒水量、碾压遍数等，为大坝填筑现场质量控制提供依据。

（3）通过试验确定坝体填料施工工艺，包括铺料方式、碾压遍数、行车速度、洒水方式和洒水量等。

2 坝料性能与设计要求

2.1 下水库碾压试验坝料来源

堆石坝的主、次堆石料取自下水库石料场，出露的基岩主要为片麻岩和少量角闪岩。其物理力学指标见表 1。

表 1 主、次堆石料物理力学指标

岩性			颗粒密度（g/cm³）	干燥状态块体密度（g/cm³）	天然状态块体密度（g/cm³）	饱和状态块体密度（g/cm³）	孔隙率（%）	吸水率（%）	干抗压强度（MPa）	饱和抗压强度（MPa）	软化系数	弹性模量（GPa）	泊松比
Ar2y混合片麻岩	弱风化	范围值	2.66～2.71	2.59～2.64	2.60～2.66	2.61～2.67	1.49～2.63	0.21～0.58	101～146	76～134	0.67～0.95	38.2～40.9	0.25
		平均值	2.68	2.62	2.63	2.64	2.13	0.36	118.6	106.6	0.86	39.6	0.25
		变异系数	0.01	0.01	0.01	0.01	0.2	0.35	0.14	0.22	0.12	0.05	0.00
		组数	7	3	7	7	7	7	7	7	7	2	2
	微风化	范围值	2.65～2.80	2.59～2.75	2.60～2.75	2.61～2.76	1.49～2.57	0.18～0.47	102～152.5	89.8～134	0.86～0.92	38.2～41.3	0.24～0.26
		平均值	2.70	2.65	2.65	2.67	1.98	0.32	123.8	114.3	0.89	37.5	0.25
		变异系数	0.02	0.03	0.02	0.02	0.23	0.35	0.18	0.17	0.03	0.19	0.05
		组数	7	3	7	7	7	7	7	7	7	3	3

岩性			颗粒密度 (g/cm³)	干燥状态块体密度 (g/cm³)	天然状态块体密度 (g/cm³)	饱和状态块体密度 (g/cm³)	孔隙率 (%)	吸水率 (%)	干抗压强度 (MPa)	饱和抗压强度 (MPa)	软化系数	弹性模量 (GPa)	泊松比
ψ1o1–2 角闪岩	弱风化	范围值	3.04~3.24	3.08~3.18	3.08~3.20	3.09~3.21	0.93~1.91	0.12~0.27	101.8~134	91.3~124	0.90~0.94	41.4~64.4	0.23~0.28
		平均值	3.19	3.13	3.15	3.17	1.38	0.18	113	107.5	0.92	50	0.25
		变异系数	0.02	0.02	0.02	0.01	0.29	0.33	0.11	0.12	0.03	0.21	0.11
		组数	8	2	5	8	8	8	8	8	8	6	3
	微风化	范值	3.06~3.25	3.12	3.02~3.20	3.02~3.21	1.07~1.60	0.12~0.23	103.9~134	93.3~126	0.87~0.95	35.4~61.6	0.24~0.26
		平均值	3.20	3.15	3.16	3.19	1.32	0.17	117.5	108.7	0.92	54.6	0.25
		变异系数	0.02	0	0.03	0.02	0.14	0.26	0.08	0.11	0.03	0.24	0.06
		组数	7	2	7	7	7	7	7	7	7	4	2

2.2 坝体填筑设计指标

下水库大坝坝体填筑设计指标见表2。

表2 下水库坝体分区材料和设计压实指标

序号	分区	材料要求	施工参数			压实指标		
			最大粒径 (cm)	填筑厚度 (mm)	加水量 (%)	干密度 (g/cm³)	孔隙率 (%)	渗透系数 (cm/s)
1	垫层料	加工后微风化，新鲜石料	8	400	10~20	≥2.19	≤18	1.0×10⁻³~5.0×10⁻³
2	过渡料	加工后微风化，新鲜石料	30	400	10~20	≥2.16	≤19	—
3	主堆石料	弱、微风化石料	80	800	10~20	≥2.13	≤20	—
4	次堆石料	弱、微风化石料，包括小部分强风化料	80	800	10~20	≥2.11	≤21	—

3 坝料性能试验成果

3.1 坝料材质试验成果

碾压试验前，为了充分了解堆石料岩性，按《水利水电工程岩石试验规程》（DL/T 5368—2007）进行岩石单轴抗压强度、软化系数等试验，试验结果见表3。

表3 坝料材质试验成果表

填料产地	单轴抗压强度 (MPa)			软化系数		粗颗粒吸水率 (%)	
	组数	干燥	饱和	组数	结果	组数	结果
下水库料场	4	95.3	91.0	4	0.95	4	0.28

3.2 坝料颗粒级配试验成果

在进行坝料爆破后，从爆堆的不同部位分别挖取爆破料，进行全料颗粒级配试验，验证爆破堆石料和过渡料是否满足设计级配要求。现场颗粒级配试验采用木箱抬筛，抬筛尺寸为 45cm×60cm，筛孔孔径为20、30、40、50、60、80、100mm，大于 100mm 用直尺量测，分级称量。考虑筛分精度，现场仅进行 20mm 以上颗粒筛分，小于 20mm 试样，在现场称取不少于 4000g 送室内烘干后进行含水量和筛分试验，试验筛孔径为 10、5、2、1、0.5、0.25、0.075mm，并将细料筛分与现场粗料筛分连接成全料级配曲线。

垫层料和特殊垫层料由骨料加工系统生产，从料堆的不同部位挖取混合料，进行全料颗粒级配试验，验证由骨料加工系统生产的垫层料和特殊垫层料的颗粒级配是否满足设计级配要求。填筑料的筛分数据见表4。

表4   填 筑 料 筛 分 数 据

填筑分区名称	最大粒径（mm）	<5mm 含量（%）	<0.1mm 含量（%）	曲率系数 C_c	不均匀系数 C_u
主堆石料设计值	800	<15	—	—	—
主堆石实测值	700	4.4	0	0.614	16.67
次堆石料设计值	800	<15	—	—	—
次堆石实测值	700	11.7	0.0	2.25	58.9
过渡料设计值	300	300	5～20	—	—
过渡料实测值	200	300	14.5	—	0.31
垫层料设计值	80	33～47	0～9	—	—
垫层料实测值	60	37.6	0.6	2.52	67.4

主堆石料的颗粒筛分曲线如图1所示。

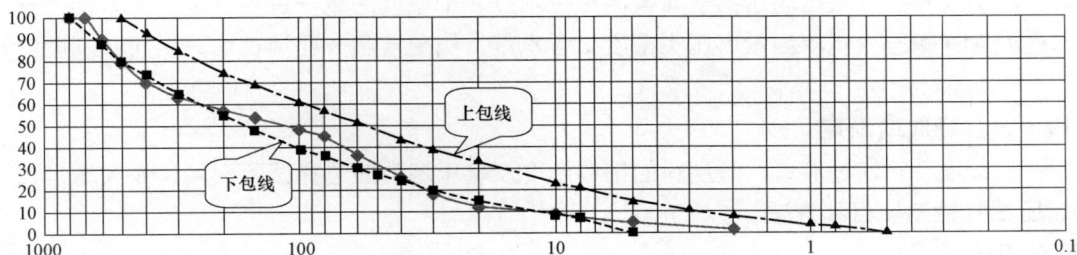

图1　主堆石料筛分颗粒级配曲线

从主堆石料全料筛分颗粒级配曲线看，级配曲线接近下包线，粒径在 200～600mm 及 8～40mm 范围内的颗粒含量偏少。从次堆石全料筛分颗粒级配曲线看，级配曲线基本在设计包络线范围内。从过渡料全料筛分颗粒级配曲线看，级配曲线基本在设计包络线范围内。

4　现场碾压试验

选定 1 号中转料场 EL213m 平台进行堆石料、过渡料、反滤料、特殊垫层料、垫层料的碾压试验。堆石料、过渡料按 2.0m×2.0m 方格网布置沉降点，反滤料、特殊垫层料、垫层料按 1.5m×1.5m 方格网布置沉降点，方格点处做好标记便于测量高程，并平整处理和振动压实，使基础的沉降量每压一遍不超过 2mm，每场试验预定的所有检测项目完成并经现场校核无误后，将挖出的堆石料均匀回填。振动碾压回填部位，恢复至挖坑前的状态。碾压后的场地作为下一场碾压试验的试验场地。

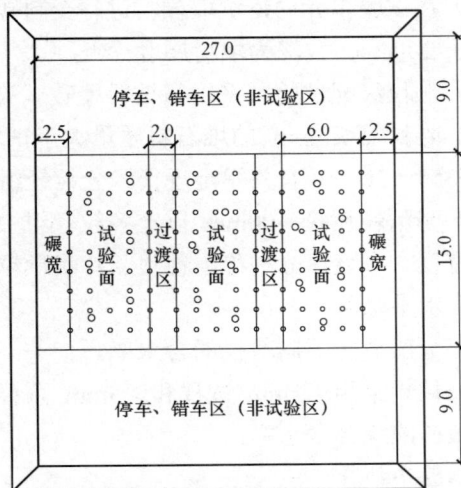

试验场地表面不平整度控制±10cm，沉降量保持稳定时，方可作为碾压试验场地使用。为同时满足试验面面积及错车、转向要求，大坝主堆石料等试验场地尺寸为 27m×33m，试验面场地尺寸为 6m×15m。试验场地 1.5m×1.5m 平面布置如图2所示。

根据现场实际情况选定碾压试验的碾压机具。此次试验碾压机械设备参数见表5。

图2　金寨下水库碾压试验场地及 1.5m×1.5m 沉降测点布置

表 5　　　　　　　　　　　　　　　　　碾压机械设备参数表

名　称	生产厂家	型号	碾压质量	激振力（kN）	振动频率	振幅（mm）
自行式振动碾	厦工	XG626MH	26t	420/280	28/32Hz	2/1
自行式振动碾	厦工	XG620MH	20t	350/210	28/32Hz	2.0/1.2

4.1　碾压参数与压实方法及基本流程

试验碾压参数执行上水库大坝坝体填筑工艺性碾压试验方案：

（1）铺料厚度：主、次堆石料松铺厚度为 90cm；垫层料松铺厚度为 45cm；过渡料松铺厚度为 45cm。

（2）碾压遍数：主、次堆石料，过渡料采用 6、8、10 三种碾压遍数；垫层料采用 4、6、8 三种碾压遍数。

（3）洒水量：主、次堆石料，过渡料固定为 15%；垫层料固定为 10%。

（4）铺料方法。主堆石、次堆石：采用进占法铺料，推土机整平；过渡料、垫层料：采用后退法铺料，推土机或反铲整平。

（5）碾压试验方法及基本流程。碾压方法采用进退错距法，前进、后退为两遍计，轮压重叠 15～20cm。基本流程是：碾压场开辟→碾压场压实→布设测量控制点、平整度测量→进料（进占法）推平→洒水→静碾→松铺高程测量→碾压→沉降测量、压实密度、含水量、级配检测→回填试坑→碾压→基面测量→下一场试验。

4.2　现场碾压试验场次的确定

完成了主、次堆石料，过渡料，垫层料的铺料厚度及碾压遍数的选择试验，共计 4 大场、12 小场。

4.3　现场碾压试验检测项目和方法

4.3.1　沉降量测量

主、次堆石料试验组合均按 2m×2m 布置网格测点，垫层料与过渡料试验组合均按 1.5m×1.5m 布置网格测点，用水准仪测量基面、铺填层面及不同压实遍数后，同一测点高程以计算松铺厚度和不同碾压遍数沉降率。

4.3.2　密度测定

主、次堆石料套环直径为 200cm，过渡料套环直径为 120cm，垫层料套环直径为 50cm。主、次堆石料，过渡料及垫层料采用灌水法检测密度。灌水法塑料薄膜厚度不大于 0.04mm 且有良好的柔性。按《碾压土石坝施工规范》（DL/T 5129—2013）进行塑料薄膜体积校正，体积校正系数为 1.03。

4.3.3　颗粒级配

（1）在试验单元内挖坑取样，进行全料颗粒分析试验及颗粒形状测定。坑径为最大粒径的 2～3 倍，且不大于 200cm。坑深为填料厚度。

（2）颗粒级配试验，采用与坝料爆破试验一致的方法。

（3）若粒径≤5mm 的堆石料质量大于试坑取试样总质量的 5% 时，按《水电水利工程土工试验规程》（DL/T 5355—2006）有关规定进行，分粒径组称石料质量。

（4）当颗粒粒径 100mm 以上各粒径组中针、片状颗粒较多时，进行颗粒形状测定。用尺量测颗粒的长度、宽度、厚度，分别称出针状、片状颗粒质量。

4.3.4　含水率试验

（1）分级测定不同粒径的含水率。

（2）填料采用＜5mm 试样和＞5mm 颗粒试样分级测定含水率，取各粒径组颗粒含水率的加权计算结果代表填料的综合含水率。

4.3.5　孔隙率计算

压实干密度相应的孔隙率由下式计算而得

$$n = 1 - (\rho_{d0}/G_s \times \rho_w)$$

式中 n——孔隙率，%；

ρ_{d0}——现场填筑干密度，g/cm³；

G_s——石料各粒径组加权比重；

ρ_w——水的密度，取值 1.0g/cm³。

4.3.6 原位渗透系数测试

原位渗透试验成果见表6。

表6　　　　　　　　　　　　　现场原位渗透检测成果统计表

填料名称	铺料厚度（cm）	设计渗透系数（cm/s）	设计<5mm 含量（%）	实测<5mm 含量（%）	实测干密度（g/cm³）	渗透系数平均值（cm/s）
垫层料	45	$1.0 \times 10^{-3} \sim$ 5.0×10^{-3}	33~47	33.8~46.9	2.24	1.08×10^{-3}

通过试验结果来看，渗透系数的影响因素主要是填料中<5mm 颗粒含量和压实干密度。碾压过程中 >5mm 含量较多时，粗料形成骨架则渗透系数较大，当碾压过程中<5mm 含量大于 30%时渗透系数主要决定于细料。现场检测<5mm 含量基本在设计范围内，渗透系数靠近设计范围下限且满足设计要求。

4.4 过渡料现场碾压试验检测成果

由于各种料的碾压试验参数较多，这里仅列出过渡料的试验结果。

经过在碾压试验场地进行密实度、颗粒级配等试验检测和室内试验数据处理，过渡料的碾压试验参数及不同工况参数时颗粒级配筛分成果和密度成果见表7。

表7　　　　　　　　　　　　　下水库过渡料碾压试验结果汇总表

铺筑层厚（cm）	洒水量（%）	碾压遍数	编号	坑深（mm）	最大粒径（mm）	<5mm 含量（%）	<0.1mm 含量（%）	曲率系数 C_c	不均匀系数 C_u	湿密度（g/cm³）	含水率（%）	干密度（g/cm³）	孔隙率（%）	表观密度（g/cm³）	设计干密度（g/cm³）	设计指标孔隙率（%）
40	10	6	6-1	370	260	13.9	2.4	1.7	18.4	2.20	3.8	2.12	21.2	2.690	≥2.16	≤19.0
			6-2	390	180	12.7	1.3	2.0	15.6	2.27	3.2	2.20	18.2			
			6-3	380	240	8.5	0.8	1.6	14.5	2.34	3.3	2.27	15.6			
			6-4	390	330	16.7	2.4	2.1	24.3	2.23	3.0	2.17	19.3			
			6-5	360	310	9.6	0.7	1.6	18.4	2.18	3.3	2.11	21.6			
			6-6	370	270	10.7	1.1	2.2	12.3	2.21	3.5	2.14	20.4			
			平均值	377	265	12.0	1.4	1.9	17.2	2.24	3.3	2.17	19.4			
		8	8-1	370	220	13.4	1.6	2.0	15.3	2.26	3.3	2.19	18.6			
			8-2	380	300	7.6	0.9	1.4	13.7	2.2	3.4	2.13	20.8			
			8-3	380	260	17.1	1.7	1.3	23.1	2.36	3.1	2.29	14.9			
			8-4	350	210	9.0	1.2	1.6	12.3	2.34	3.8	2.25	16.4			
			8-5	300	220	14.9	1.7	0.8	11.1	2.28	3.6	2.2	18.2			
			8-6	330	250	10.6	1.0	1.6	20.8	2.25	3.2	2.18	19			
			平均值	352	243	12.1	1.3	1.5	16.1	2.28	3.4	2.21	18.0			
		10	10-1	380	350	17.4	2.2	1.8	27.3	2.34	2.9	2.27	15.6			
			10-2	350	260	17.5	2.3	1.7	30.0	2.32	3.2	2.25	16.4			
			10-3	370	160	18.7	2.4	1.9	22.0	2.34	3.0	2.27	15.6			
			10-4	380	230	18.0	1.7	1.7	22.2	2.37	3.2	2.30	14.5			
			10-5	350	260	12.2	1.0	1.7	17.1	2.21	2.7	2.15	20.1			
			10-6	360	240	19.6	1.8	1.3	30.1	2.31	3.1	2.24	16.7			
			平均值	365	250	17.2	1.9	1.7	24.8	2.31	3.0	2.25	16.5			

4.5 填料不同碾压遍数、厚度与压实沉降率的关系

总体看，压实密度随碾压遍数增加而明显提高，随着碾压遍数的增加，干密度的增长率逐渐减小。碾压遍数与压实沉降率检测结果见表8。

表8   坝料不同碾压遍数与压实沉降率检测成果统计表

填料名称	碾压机具(t)	铺料厚度(cm)	洒水量(%)	压实沉降率（%）				
				2 遍	4 遍	6 遍	8 遍	10 遍
主堆石料	26	90	15	2.5	4.1	5.5	6.5	7.0
次堆石料	26	90	15	4.7	6.7	8.3	9.1	9.8
过渡料	20	45	15	5.1	7.2	8.7	9.5	10.0
垫层料	20	45	10	6.3	8.0	9.2	9.8	—

4.6 颗粒级配的影响

本次碾压试验坝料不均匀系数变化较大，主要与爆破料级配有关，从几次爆破试验结果看，改善爆破参数在一定程度上可以调整材料的级配，但很难使各种坝料都达到优良级配，从现场岩石节理裂隙看，岩体被裂隙切割成不同大小块体，因此裂隙对爆破颗粒级配影响超越了炸药单耗的影响。若进一步调整爆破参数，会导致坝料最大粒径减小，而细料也增加不多，很难获得理想的最佳级配坝料。施工时应根据经验对于不同岩石裂隙情况采用不同的爆破参数，以尽可能获得接近于最佳级配的坝料。

通过现场碾压试验确定达到设计孔隙率相应的碾压施工参数见表9。

表9   推荐填料施工碾压参数

填料类型	碾压机具	行车速度	松铺厚度	碾压遍数	设计干密度	设计孔隙率
主堆石料	26t 振动碾	2～3km/h	90cm	10	≥2.13g/cm³	≤20.0%
次堆石料	26t 振动碾	2～3km/h	90cm	10	≥2.11g/cm³	≤21.0%
垫层料	20t 振动碾	2～3km/h	45cm	8	≥2.19g/cm³	≤18.0%
过渡料	20t 振动碾	2～3km/h	45cm	10	≥2.16g/cm³	≤19.0%

5 总结

（1）从试验成果可以看出，堆石料粒径在 0.1～800mm 范围变化，施工过程中铲、运、卸料、摊铺引起颗粒分离是很难避免的。试验资料显示，级配变化造成同一单元压实干密度有一定的波动，这表明材料的不均匀性造成实测密度不均匀的实际情况是客观存在的，宜采用平均值来衡量其压实效果。保证进场填筑料级配的均匀性，避免分离，可提高压实密度。坝料级配是提高压实密度、降低坝体沉降变形的关键，施工中应尽最大努力给予保证。

（2）工程所采用的片麻岩填料，因变化程度不均匀以及风化程度变化，岩石密度差异较大，在施工过程中可能岩石密度还会有变化。在施工过程中应视岩性变化不定期进行岩石密度试验，以精确计算压实孔隙率。

（3）施工过程中尽最大努力控制坝料级配在设计范围内，并严格控制铺料厚度、碾压遍数。坚硬岩石吸水量较小，填筑料洒水量多少对压实效果提升不明显。

（4）主、次堆石爆破料由于填筑料的不均匀性，出现不合格取样点，施工过程应均匀装料、上料；从垫层料试验结果看，小于 5mm 含量偏小，不均匀系数较大，致出现不合格取样点，施工过程需严控 P5 含量，建议最小含量不低于 40%，建议实际施工中进行复核试验。

参考文献

［1］ 王波. 仙居抽水蓄能电站上水库面板堆石坝碾压试验参数合理选择 ［A］.《土石坝技术》2015 年论文集 ［C］. 2015：12.

抽水蓄能电站地下硐室掘进机开挖解决方案研究

吕永航

（中国水利水电建设工程咨询西北有限公司，陕西省西安市 710000）

【摘 要】 隧道掘进机在我国公路、铁路、城市交通和长引水水利水电项目建设中正越来越发挥重要的作用，但在抽水蓄能电站项目中还没有得到应用，本文试图从 TBM 技术的发展和抽水蓄能电站的特性方面，论述抽水蓄能电站 TBM 开挖解决方案。供设计、施工和投资方参考。

【关键词】 隧道掘进机 大坡度 设计断面 转弯半径 长缓斜井

1 掘进机发展概述

隧道掘进机（tunel boring machine，TBM）。是利用回转刀具破岩和掘进，开挖隧道断面的一种新型、先进的施工机械。1846 年，TBM 由意大利人 maus 发明，1851 年美国人威尔逊开发了一台 TBM，重 75t，在 hooac 花岗岩隧道开挖中试验，只挖了 10 英尺，机器就不动了。1881 年波蒙特开发了气压式 TBM，成功应用于英吉利海峡海底隧道直径为 2.1m 勘探洞的开挖。1952 年美国罗宾斯公司研制出了现代意义上的第一台软岩 TBM，1956 年又研制出中硬岩 TBM，应用于美国 oahe 大坝导流隧洞，标志着 TBM 从此应用于水电项目。20 世纪中期，欧洲水电建设蓬勃发展，促进了 TBM 的推广应用，针对工程中遇到的问题，TBM 技术不断得到创新。1972 年针对不良地质条件的，可以进行管片安装的 TBM 问世，1990 年罗宾斯公司开发了直径 0.48m 的刀盘，使得 TBM 可以在单轴抗压强度 100～300MPa 的硬岩掘进中成为可能，从而实现了掘进与衬砌不再是先后工序，产生了全新概念，即护盾 TBM。我国 20 世纪 60 年代开始研发掘进机，90 年代末，我国西康铁路秦岭隧道，开挖隧洞长度 18 460m，使用中铁隧道局研发的两台开敞式隧道掘进机，从两头掘进。掘进机主要参数，型号 tb880e，开挖直径 8.8m，掘进速度 3.5m/h，最高月/日进尺，574m/41.3m。掘进机设计制造的国产化，使得掘进机在我国公路、铁路、城市轨道交通和水利工程等领域得到广泛应用，已经为工程建设领域所熟知。

2 全断面掘进机工作特性

隧道掘进机一般分为两种，即全断面掘进机（简称 TBM）和壁式掘进机（boom－type roadheader），壁式掘进机又称部分断面掘进机，是一种集切削岩石、自动行走、装载石渣等多功能为一体的高效联合作业机械。如图 1 和图 2 所示。

掘进机技术名称在我国过去很不统一，各行业均以习惯称呼，1983 年国家标准《全断面岩石掘进机名词术语》（GB 4052—1983）将 TBM 统一称为全断面掘进机（full face rock tunneling boring machine－TBM）。全断面掘进机又分为开敞式掘进机和护盾式掘进机，开敞式掘进机一般称为 TBM，护盾式掘进机一般称为盾构机。开敞式掘进机分为单/双撑靴式，适应于硬岩，其轨道安装在仰拱块上，顶推反力与刀盘扭矩依靠围岩坚硬壁面提供。盾构机分为单/双护盾式，单护盾式适应于劣质地层，双护盾式软硬岩都适用，其轨道安装在管片上，顶推反力利用反力架和尾部安装的衬砌管片提供。全断面掘进机结构上一般分为主机、连接桥、后配套及附属设备，各部分分别由相应的液压系统、电气系统等控制系统完成相应的作业。主机由刀盘、刀盘护盾、内外机架、后支撑、通风管道、推进油缸、钢拱架安装器锚杆钻机及电器变速系统组成，完成掘进机的掘进、换步、支护、出渣作业。连接桥由主机、除尘、注浆、通风仰拱材料吊机钢拱架运输小车组成，链接主机与后配套，完成除尘、出渣、仰拱铺设、材料运输。后配套由后配套桥、液压、电器、供排水、通风、维护系统、空压机锚喷支护设备组成，完成向主机供电工期、锚喷支护、停放矿车、材料、渣土运输。附属设备有电缆、风管、进水阀、通风、出渣设备、翻车机，主要完成出渣、材料运输、通风及翻车作业。

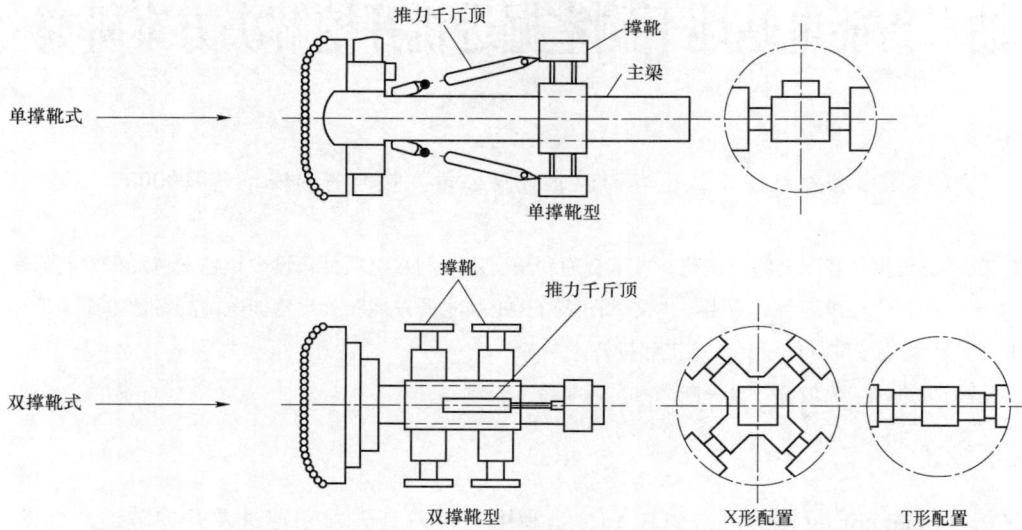

图 1 臂式掘进机开挖与知乎平行作业示意图

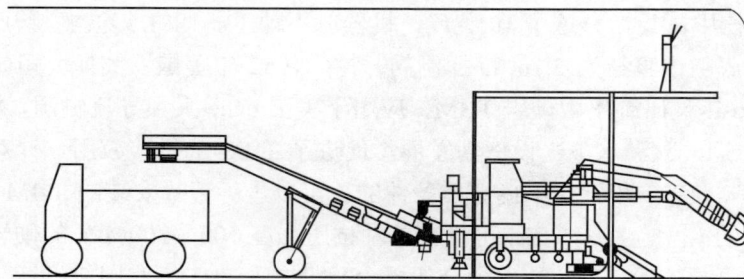

图 2 敞开式掘进机工作结构简图

全断面掘进机的主要优点，自动化程度高，开挖洞壁光滑美观，对围岩的扰动小，施工人员在局部或整体的护盾下工作较安全，是常规钻爆法开挖进度的 4～6 倍。其主要缺点是，一次性购置费用高，短距离不能发挥其优越性，不经济，对断面、围岩地质条件变化适应性差。

3 TBM 在抽水蓄能电站硐室开挖应用中的难题

3.1 隧洞开挖技术发展

隧洞开挖技术发展历经了钢钎大锤、手风钻、凿岩台车时代，现在已开始进入 TBM 开挖技术时代，长大隧洞 TBM 施工技术安全高效，而且经济，交通工程、即使在地质条件复杂的情况下 TBM 的应用也越来越广泛。抽水蓄能电站地质条件相对较好，一般以Ⅱ～Ⅲ类围岩为主，少量的Ⅳ～Ⅴ类及不良地质段，可以选用开敞式掘进机，进行初期支护，然后再进行二次衬砌，即用复合式衬砌结构。在开敞式 TBM 上，地质超前钻机安装在刀盘后部主机顶部平台上，可进行掌子面前方 30m 超前钻孔，预报前方地质情况，超前钻机还具备注浆和安装管棚的功能，使掘进机具有加固前方地层的能力。紧靠刀盘的后部设置有拱架安装器，安装钢拱架进度快，后配套的锚喷等辅助设备，支护效果及时，能较好地适应地质条件的变化，采取有效措施后也可应用于软岩隧道。

3.2 TBM 在抽水蓄能电站应用的难点

抽水蓄能电站发电水头高，输水发电系统硐室群深埋于地下，地下硐室总长度约 30km，引水系统多为竖斜井布置，还有调压井、通风竖井、闸门井，这些竖斜井的开挖施工条件差、环境恶劣、安全风险高。尾水系统、安全通风洞、进厂交通洞，各施工支洞等，数量甚至多达近百条，隧道长度相对较短一般在 1～2km，排水廊道系统一般分布在四个不同的高程上，洞泾小，转弯半径小，主厂房、主变压器室、尾水闸门室，三大硐室平行布置、断面巨大，处于发电关键线路上。同时受到 TBM 安装，运行条件的制约，如 tb880e 长 256m，总重 1500t，露天安装场地 260m×50m，TBM 安装工期 3～5 个月，国产现有 TBM 最小转弯半径 500m，即使大坡度 TBM 其爬坡能力达到 −25°～+18°，也满足不了斜井的施工条件。TBM 掘进机的这些特性表明，TBM 作业并不适合于抽水蓄能电站地下硐室这些已有的条件。

综上所述，竖井和地下厂房三大硐室目前还不适合于 TBM 作业。如江苏溧阳抽蓄电站，其额定水头 263m，装机容量 6×25MW，采用一洞三机布置方案，地下输水系统总长度 27km，除引水竖井、调压井等竖井开挖外，平硐开挖长度 20km 以上，开挖断面尺寸 3.5～12m，最长单一洞室开挖长度仅 1300m。根据我国以往 TBM 的应用，最初大于 10 000m 的硐室开挖是经济的，随着 TBM 设备国产化和施工人工费单价的提高，现在一般大于 5000m 的隧洞采用 TBM 施工法在经济上是可行的。

在采用传统的钻爆法施工时，竖井开挖虽然较容易，但抽蓄电站引水长斜井方案，相比较竖井由于洞线短，尤其是高压引水洞线缩短投资较省，因此，从经济方面长斜井得到广泛的应用。为了解决深长竖斜井施工安全和工期风险，现在采用爬罐、反井钻机，以及近年刚刚采用的定向钻＋反井钻机法（如黑龙江荒沟的 trc3000 和吉林敦化的 bmc500 型钻机），以及由此组合的各种正反井开挖方法。为了防止堵井，斜井倾角 55° 被认为是不堵井的临界角度，这样大倾角的 TBM 在我国还没有应用先例。抽水蓄能电站各地下硐室洞线短、断面尺寸大小多变，且有转弯半径较小（一般 50m）及大坡度或斜井隧洞，如何解决这些影响因素，发挥 TBM 技术优势，是 TBM 推广应用要面对的主要问题。

4 抽水蓄能电站掘进机开挖解决方案

机械化、智能化无疑是现代工业的发展方向，大型土建工程施工也正沿着这条路线飞速发展。我国抽水蓄能电站建设刚刚进入建设高峰，随着人工单价、环保要求和职业卫生健康需求的提高，及火工品管控、安全法规的颁布，传统的钻爆法施工暴露出许多问题，而推广 TBM 机械化施工，需要设计、设备制造厂和投资方、承包商的共同参与。

4.1 发挥工程设计单位的龙头作用

一是：硐室开挖断面设计，按照输水系统、交通通风、排水系统硐室进行分类，以就大不就小的原则，统一开挖断面，一个电站 TBM 设备选型控制不超过 3 台，达到经济可行性。二是：竖斜井设计，将输水、斜井竖井（主要是引水系统）改为长缓斜井，其最大倾角 25°，约等于 1:3 的坡比。统计分析已建抽水蓄能电站不难得出，除了超高水头和极小的距高比条件以外，采用长缓斜井在多数电站上是可行的。我们通常认为距高比在 10 以内的地形比较经济，距高比 3～5 则是最经济理想的地形，但很小的距高比带来上、下水库连接路的施工困难，投资剧增，对环境的破坏甚至是不可恢复的，环保压力日益增大，严重制约了抽水蓄能电站选点规划和工程建设。同时，竖斜井硐室不仅安全风险大、工期长，而且工程全生命周期运行维护困难，因此，采用长缓斜井可为 TBM 作业创造条件，也能解决长期困扰工程建设者的众多难题。三是：硐室平面布置包括转弯半径设计，从有利于 TBM 安装、转向、移动考虑，减少安拆次数，节约工期，如采用洞内或安装井安装，设计应考虑竖井和步进洞开挖尺寸、支护结构。

4.2 投资方或承包商与设备制造厂家联合

与厂家联合研制适合抽水蓄能电站工程特性的 TBM，这种做法在铁路隧道系统应用取得很好的效果，极大地促进了我国 TBM 的设计、制造、应用和机械化施工水平，锻炼培养了一大批专业人才队伍。如我国大坡度掘进机爬坡能力已提高到 −25°～+18°，该掘进机设计加强了行走部，增加了爬坡驱动力，顶支撑及后支撑两侧在大坡度隧洞工作时，能增加机体稳定性；行走部采用防滑履带板和后支撑腿的防滑处理，可以防止机体下滑；后支撑限位装置可以保证掘进机即使在行走路线偏移情况下，第一运输驱动装置也不会直接撞在隧洞上。我国已能制造最大直径达 14m 的掘进机，和可变断面掘进机。由此，可以相信，我国掘进机制造技术会随着技术进步和市场需求，也会生产出斜井掘进机，掘进机的运输、安拆也会更便利。

4.3 施工组织设计方面

围绕三大硐室的排水系统，过去为了满足人工开挖，断面尺寸一般不小于 2m，近年来，考虑到人工成本高，为便于装载机作业开挖断面多已增大至 3.5m，排水洞转弯半径很小，不适合于 TBM 作业，但却可以选用臂式掘进机开挖。臂式掘进机运行灵活，还可用于其他短小硐室，如主变压器交通洞、调压井通风洞、引水支管、母线洞的开挖，以提高设备利用率。

输水系统和其他平硐可选用 2 台不同开挖断面的开敞式 TBM，除 V 类围岩为主的极差地质条件下，开敞式 TBM 现在具备的能力应该是适用的。因筹建期项目安全兼通风洞处于关键线路上，洞脸开挖完成后，即可依次安装门机，TBM 的主机、连接桥、后配套及附属设备。抽蓄电站大多数位于高山峡谷，安全通风洞进口平台作为 TBM 安装场往往是不够的，洞内安装需要预先开挖一段隧洞，采用步进法安装。安全通风洞（洞长 1000～2000m）用 TBM 开挖支护工期约在 12 个月内完成，之后拆除、再次安装，进行进场交通洞开挖。满足交通需要的硐室底板二次开挖，一般用传统的钻爆法，也可以如文登抽水蓄能电站地下厂房采用电锯切割。需要进一步研究的是，与传统的钻爆法不同，TBM 作业进度快，通常专门为了施工进度需要的施工支洞，如引水上、中、下施工支洞，尾水管施工支洞，尾水施工支洞等，在 TBM 施工条件下可以进行优化，在没有压力钢管安装运输时甚至可以研究取消，大大节约投资。

输水系统开挖，按照机组投产发电先后顺序，从下水库进出水口开始，先尾水洞再引水洞，主要受到安装场地、安装次数及安装条件的制约。如何合理规划安装场地，选择先进的安装方法，使工期最省是施工组织设计研究的重点。尾水洞 TBM 可以选择尾水进出水口作为安装场，也可以尾水闸门井作为始发井。

抽水蓄能电站上下水库连接公路路线长、施工难度大，工期一般 24 个月左右，影响引水系统开工日期，是抽水蓄能电站较同等规模常规水电站工期长的原因之一。TBM 爬坡坡度较大，长缓斜井下坡开挖难度较大，若在上下水库连接公路完成后，从上水库进出水口开挖工期太长，而将尾水洞 TBM 安拆至引水下平段，在主厂房内上无法布置始发井，唯一可以考虑的是从尾水肘管起坡开挖施工支洞至引水下平段或引水岔管上游段，具备 TBM 继续引水洞开挖条件。TBM 从上水库进出水口出洞并拆除，经上下水库连接公路运输至尾水洞安装场，准备第二条尾水洞、引水洞作业，以此类推，直至完成。各引水支管钻爆开挖安排在 TBM 施工支洞封堵后进行。

5　结论

抽水蓄能电站设计布置相对于常规水电站标准化、规范化程度高，地下工程开挖关键线路从安全通风洞到主厂房考虑节日放假因素，总工期一般 54 个月左右。特高水头或寒冷地区时，如吉林敦化抽水蓄能电站开挖工期会有所延长，甚至引水系统会演变为关键线路。本文初步探讨了抽水蓄能电站地下硐室 TBM 开挖的可行性，抽水蓄能电站硐室开挖总长度与 TBM 一次设备购置费相比，在断面设计分类统一优化后经济上是可行的，与铁路隧道比较不足的是每条洞线路短，安拆次数较多，但现有的 TBM 安拆及作业工期与以往抽蓄工程总开挖工期比较，TBM 仍较传统钻爆法工期优势明显。TBM 在抽水蓄能电站有推广应用价值，希望引起相关专业人员的共同关注，尽早付诸实践，以便尽早积累总结经验，推进 TBM 设备研发、制造和抽水蓄能电站地下硐室群机械化施工水平。

TR3000大口径反井钻机在抽水蓄能电站引水斜井中的应用

马国栋　叶惠军　刘奇达

（中国水利水电建设工程咨询北京有限公司，北京市　100024）

【摘　要】 抽水蓄能电站的斜井开挖一直是安全施工的高风险区，目前斜井导井施工中，小口径（导井直径小于2m）反井钻机在钻孔长度超过300m后导孔偏斜不易控制，为防止堵井需人工爆破扩挖溜渣井；阿利玛克爬罐技术存在着作业环境差、不安全因素多等风险。黑龙江荒沟、安徽金寨两个抽水蓄能电站在斜井导井施工中率先使用大口径TR3000反井钻机，反拉出的导井直径大，不用对导井扩挖即可全断面扩挖，避免了扩挖时堵井和人员在狭窄井内作业的安全风险，打破国内超长引水压力斜井中一次成型导井直径的记录，提高了施工安全性，提高了导孔钻孔精度和效率。本文介绍了TR3000反井钻机在黑龙江荒沟、安徽金寨两个抽水蓄能电站长斜井开挖的应用情况。

【关键词】 TR3000反井钻机　引水斜井　导井精度　安全　效率

1　引言

抽水蓄能电站的斜井开挖一直是安全施工的高风险区，安全管理要求高，一般位于电站关键施工线路上。斜井导井施工具有工作面狭窄、劳动条件差、受围岩地质条件影响大等特点，特别容易发生安全事故。斜井导井能否安全顺利开挖，事关电站建设成败，意义重大。

20世纪90年代后我国引进的反井钻机采用液压传动控制，和其他导井施工方法相比，工作人员不需进入工作面进行造孔、装药和临时支护等作业，避免了安全事故的发生。但小口径反井钻机，适用于斜井导井长度一般不超过300m、导井偏斜不易控制，反拉导井直径最大不超过2m的斜井开挖，导井反拉完成后，为防止全断面扩挖时石渣堵井，需要对导井进行人工扩挖，扩挖成2.8~3m直径的溜渣井。

但2015年以后，更安全、高效的大口径反井钻机逐渐得到广泛应用，黑龙江荒沟、安徽金寨抽水蓄能电站在长斜井导井施工中率先使用大口径TR3000反井钻机。大直径反井钻机反拉出的导井直径大，不用扩挖溜渣井即可全断面正井扩挖，避免了对导井扩挖时堵井和人员在狭窄井内作业的安全风险，是斜井开挖方法的新发展，TR3000反井钻机在荒沟电站斜井开挖施工中的应用，打破了国内超长引水压力斜井中340m一次成型导井直径的记录，降低安全风险，提高了施工安全性，提高了精度和效率。反井钻机施工示意图如图1所示。

2　工程概况

黑龙江荒沟抽水蓄能电站引水系统采用一洞两机布置方案，每条斜井分成上斜井和下斜井两段，倾角均为50°。1号引水上斜井直线段长185.55m，下斜井直线段长341.12m；2号引水上斜井直线段长185.55m，下斜井直线段长 344.94m。围岩为新鲜白岗花岗岩，岩质坚硬、完整，围岩整体基本稳定，大部分属于Ⅱ类围岩，局部微风化白岗花岗岩，节理较发育，属Ⅲ类围岩，局部断层部位Ⅳ类围岩。

安徽金寨抽水蓄能电站引水系统同样采用一洞两机布置方案，每条斜井分成上斜井和下斜井两段，共4条斜井，倾角均为50°。1号引水上斜井直线段长162.5m，下斜井直线段长281.9m；2号引水上斜井直线段长160.0m，下斜井直线段长260.8m。

井身围岩为角闪斜长片麻岩夹二长片麻岩，属微风化~新鲜岩石，呈次块状~块状结构，岩体较完整~完整，局部完整断层下盘洞顶易产生掉块，性差或较破碎。地表和钻孔内揭露f_{112}、f_{312}断层，推测f_{112}在2号斜井中上部通过，与优势结构面组合，井壁围岩稳定性差；其他随机结构面组合在斜井顶部易产生掉块。

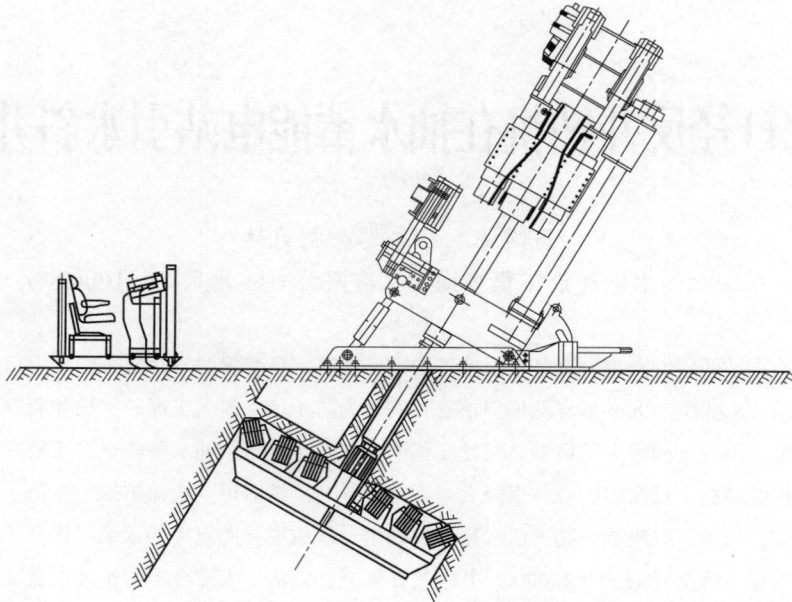

图 1 反井钻机施工示意图

3 TR3000 反井钻机简介

TR3000 反井钻机整机由澳大利亚特瑞特克生产，该钻机具有安全性好、导孔施工精度高、成井质量好等特点，200m 以内竖井导孔偏斜小于 0.5%，500m 以内长斜井导孔偏斜率可控制在 1% 以内，最大扩孔直径 3.1m，最大钻孔深度 600m，能满足矿山、交通、水电的深竖井、长斜井反导井施工。TR3000 反井钻机钻杆抓举使用液压动力站。整机采用模块化设计，便于主要部件的安装、拆卸、转运和日常维护。主驱动使用大功率径向液压马达驱动，同时提供全面防护，以便设备在最高工作压力工作。行星减速机采用双减速比设计，满足各个工况条件下正反 9 速调速需求。整机采用柴油机驱动的自行走底盘，方便设备转场。TR3000 反井钻机技术参数表见表 1。

表 1　　　　　　　　　　　　TR3000 反井钻机技术参数表

序号	技术参数类别		数值
1	直径	导孔直径	311mm
		扩孔直径	2.0～3.1m
2	扭矩	导孔施工扭矩	78kN·m
		扩孔施工扭矩	237kN·m
		最大扭矩	266kN·m
3	推（拉）力	导孔推力	1647kN
		扩孔拉力	4450kN
4	转速	导孔施工	0～57r/min
		扩孔施工	0～13r/min
5	角度	钻孔角度	45°～90°
6	钻杆	稳定钻杆	$\phi 311 \times 1524$mm
		标准钻杆	$\phi 286 \times 1524$mm
		抗拉强度	1150MPa
		屈服强度	1050MPa
7	主机重量		19t（履带底盘 12t）

4 TR3000反井钻机施工工艺

TR3000反井钻机斜井导井施工分四个阶段进行：准备阶段→ϕ311mm导孔钻进阶段→ϕ2400mm扩孔反拉阶段→收尾阶段，具体流程如图2所示。

4.1 准备阶段

（1）场地扩挖。TR3000反井钻机安装前需对引水斜井上弯段扩挖，以满足反井钻机布置空间。

（2）钻机基础及布置。反井钻机布置在斜井上弯段，为保证施工中钻机稳定及导井质量，对钻机基础做硬化处理，基础中部预留导流槽，用于将施工废水引排至沉淀池内。

（3）吊环锚杆。由于洞室高度限制无法使用起重设备，需在钻机基础正上方安装吊环锚杆，用于钻机的装卸、主机立放、刀盘悬挂等。吊环锚杆要求承载力20t以上。

（4）反井钻机安装调试。反井钻机安装调试主要为：基座安装→主机就位→主机校准→液压站及操作台安装→管线连接及设备调试运行。

反井钻机现场布置如图3所示。

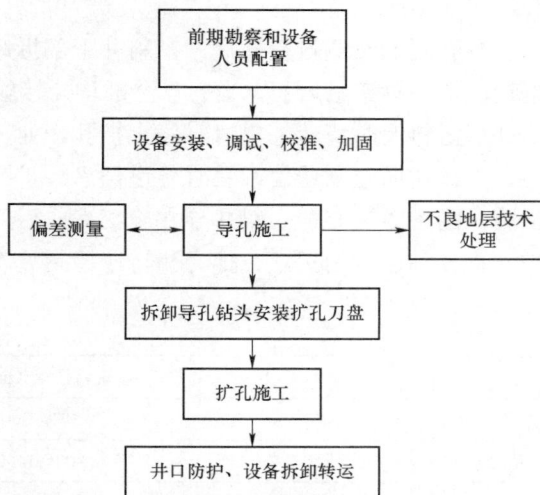

图2 导井开挖施工程序图

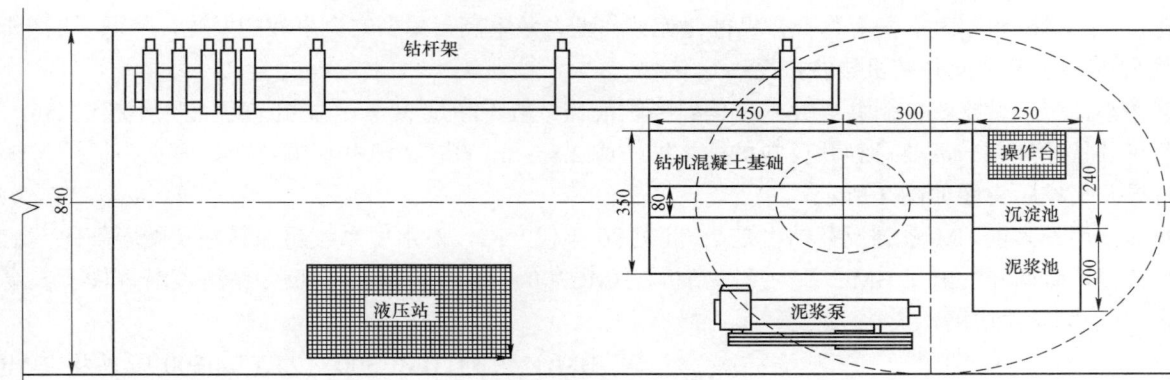

图3 反井钻机现场布置图

4.2 导孔施工

在基础浇筑及钻机就位时，适时测量放样、校准，确保导孔位置、孔向符合设计要求，导孔孔向应考虑钻孔偏差调整。钻机调试并试运行正常后开始钻孔，开孔前必须正确安装好开孔稳定器，用开孔钻杆低钻压、低钻速开孔，开孔深度为3m，开孔完成后，取出开孔钻杆，安装导向杆和稳定钻杆开始正常钻进。第1、2节设置稳定钻杆，然后每钻进20m增加1节。导孔钻孔中，提钻实施孔向测斜。导孔若偏斜，通过增加稳定钻杆数量纠偏。当导孔偏斜较大，采用砂浆或细石混凝土回填偏斜孔段，重新钻孔。钻进参数控制对于导孔偏差控制很关键，根据斜井的实际情况和施工经验，在抽水蓄能电站斜井施工过程中，一般采用表2中的扭矩、推力和转速控制。

表2　　　　　　　　　　　　　导 孔 钻 进 参 数 表

序号	施工阶段	扭矩范围（psi）	推力（psi）	转速（r/min）	备　　注
1	开孔	100~200	1000~1200	5.3~10.5	开孔深度为3m
2	正常钻进	500~1200	1500~1750	21~26.3	钻进速度控制在0.7m/h左右
3	终孔前5m	600~1300	1200~1400	15.7~21	钻进速度控制在0.5m/h左右

注　1psi=0.006 895MPa。

4.3 扩孔施工

导孔贯通经测量复核后，在斜井下部拆卸导孔钻头安装扩孔刀盘，自下而上的提拉扩孔。开始扩孔时慢速上提刀盘接触岩石，当刀盘全部均匀接触岩石后，实施正常扩孔作业。每提升 1 节钻杆，停机卸钻杆。下井口渣料及时清运，出渣时停止扩孔作业，出渣后人员撤离至安全区域并恢复警戒后，继续扩孔作业。上、下作业面建立通信，及时传递信息。扩孔施工中，下部平洞与施工支洞交叉口处设警戒，并竖安全标识牌，配备专人监护。斜井导井施工完成后，拆除 TR3000 反井钻机及辅助设施，对导井上口实施封闭防护。扩孔钻进时的扭矩、推力和转速控制见表 3。

表 3　　　　　　　　　　　　　　　　　扩孔反拉钻进参数表

序号	施工阶段	旋转扭矩（psi）	扩孔拉力（psi）	转速（r/min）	备注
1	开始扩孔	300～800	500～800	3.75	
2	正常扩孔	800～1400	700～2000	3.75～7.5	
3	终孔前 3m	300～500	500～600	3.75	

5　TR3000 反井钻机的优点

TR3000 反井钻机在斜井导井施工中，采用液压传动控制，操作简单，工人劳动强度低，反井钻机配备液压抓斗进行钻杆抓举更换，人员在平洞段工作平台操作，空气质量较好，工作人员不需进入工作面进行造孔、装药爆破和临时支护等作业，机械化连续作业，效率高，减少安全事故的发生，降低了安全风险。

5.1　免除普通小口径反井钻机导井扩挖

普通小口径反井钻机，斜井导井施工偏斜控制最长一般不超过 300m，扩孔直径最大不超过 2m，为防止斜井正井扩挖堵井，需要对导井反向扩挖，扩挖成 2.8～3m 直径溜渣井后方可全断面正井扩挖。普通反井钻机导井扩挖示意图如图 4 所示。

我国使用最多的 LM 系列反井钻机是 20 世纪 80 年代产品，对水电系统超深斜井及硬岩条件下施工导井适用较差，后期开发出了 BMC 系列反井钻机、BMC300（ZFY1.4/300）型反井钻机逐渐替代了普遍应用的 LM-200 型反井钻机。

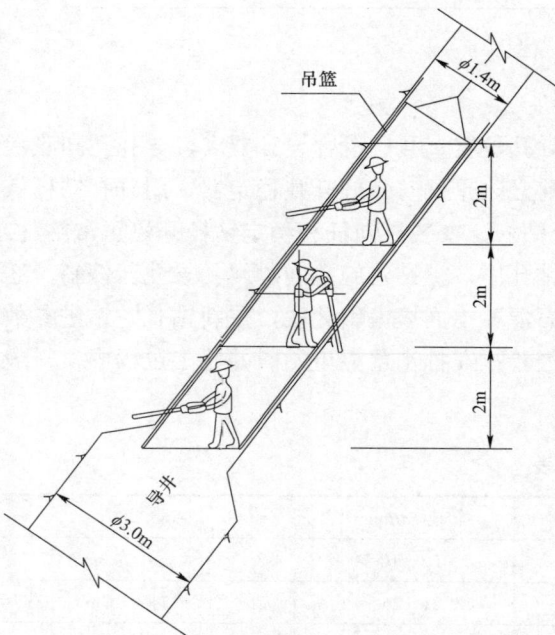

图 4　普通反井钻机导井扩挖示意图

BMC 系列 BMC300（ZFY1.4/300）型及 BMC400（ZFY2.0/400）型反井钻机导孔直径 ϕ244～270mm，反拉扩孔导井直径 ϕ1.4～2.0m。由于导井断面较小，扩孔完成后，为防止堵井，满足溜渣条件，需对导井进行扩挖，即安装提升系统及吊笼，人员乘坐吊笼进入导井内，持手风钻钻设辐射孔，将导井爆破扩挖至 ϕ2.8～3.0m 作为溜渣井，再自上而下全断面扩挖。导井扩挖增加工期，且作业人员井中作业安全风险高，须做好防护措施。

TR3000 反井钻机斜井导井施工，先钻设 ϕ311mm 导孔，导孔完成后，采用 2.4m 的钻头反拉导井，不需要再扩挖导井，直接进行斜井全断面扩挖。TR3000 反井钻机导孔反拉后一次形成直径 2.4m 的反导井，可以直接作为斜井扩挖的溜渣井使用，免去了小口径反井钻施工导井扩挖的程序，导井井壁光滑，溜渣条件好，虽然直径仅 2.4m，但比井壁凸凹不平的 2.8～3.0m 直径导井堵井风险更小。采用 TR3000 反井钻机进行斜井导井施工，可节省工期，降低扩挖过程中的堵井风险，免去了因导井扩挖过程中人员井内作业产生的安全风险。

5.2 施工工效高

荒沟抽水蓄能电站除 2 号引水下斜井扩孔受设备维修、更换配件及停工影响外，1 号引水上、下斜井和 2 号引水上斜井导孔日平均进尺 9.4m，扩孔月平均进尺 161m。

金寨抽水蓄能电站 1 号引水上、下斜井和 2 号引水上、下斜井导孔日平均进尺 11m，扩孔月平均进尺 206m。

与其他常规斜井施工相比，采用 TR3000 反井钻机，机械化连续作业，施工效率高，大大缩短了工期。

5.3 导孔孔斜偏差小

TR3000 反井钻机导孔施工过程中，合理配置稳定钻杆，稳定钻杆能紧贴孔壁，稳定住钻具组不摆动和不偏离轴线，确保钻孔精度。稳定钻杆安装位置和安装数量根据井深、设计角度、岩石情况确定。

TR3000 反井钻机配套 CX-6C 无线光纤陀螺测线仪进行导孔测斜，该测线仪测量精度高、稳定性好、抗干扰性强，能准确显示钻孔的顶角、方位角等参数，同时根据测量结果显示出三维图和平面图，形象直观，有效控制导孔偏差。荒沟及金寨电站引水斜井导孔测斜频率按开孔后 5m 测斜一次，之后每 20m 测斜一次。导孔施工完成后，偏斜率均小于 1%，满足设计及规范要求。引水斜井导孔偏斜率统计表见表 4。

斜井导孔贯通测量图如图 5 所示。

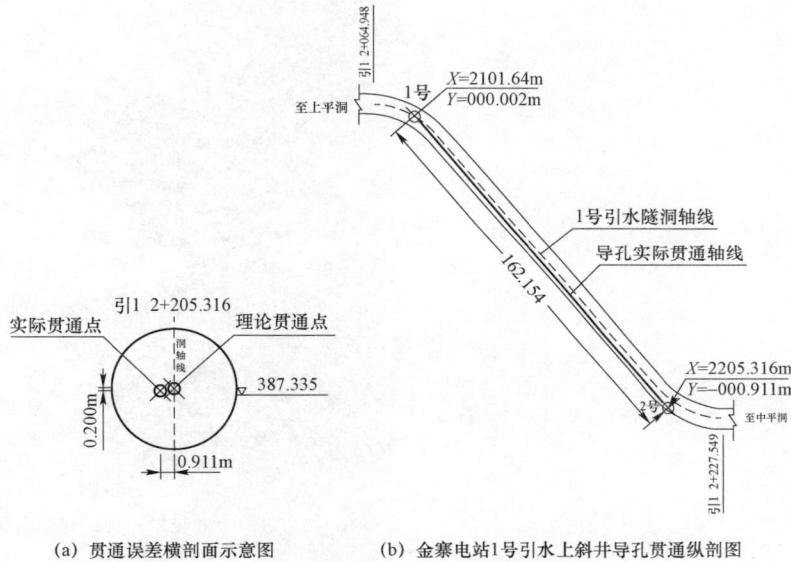

(a) 贯通误差横剖面示意图   (b) 金寨电站1号引水上斜井导孔贯通纵剖图

图 5　斜井导孔贯通测量图

表 4   引水斜井导孔偏斜率统计表

项目名称	偏斜率	
	荒沟电站	金寨电站
1 号引水上斜井	0.5%	0.58%
1 号引水下斜井	0.92%	0.45%
2 号引水上斜井	0.72%	0.77%
2 号引水下斜井	0.71%	0.46%

5.4 可进行孔内摄像

TR3000 反井钻机在施工过程中还可用孔内摄像对导孔的井壁岩石情况进行观察，能清晰地看到渗水量、水位，孔内是否有塌孔、裂隙、断层等地质缺陷，该设备采用了先进的 PLC 自动化控制系统，使设备在可靠性、可控性、操作性方面更优越，方便操作人员根据岩层变化及时调整导孔参数，有效地控制孔斜。

6　结束语

在引水斜井施工过程中，应用 TR3000 反井钻机，施工效率高，导孔偏斜误差小，导井井壁光滑降低了扩挖过程中的堵井风险，导井施工过程中无人员在井内作业，提高了施工安全性。

根据国内类似项目调研，从方案研讨、安全条件、施工工期、导孔精度、溜渣条件、作业环境、施工成本等方面进行比较，采用 TR3000 反井钻机虽然施工成本略有增高，但是施工过程中，安全可控，作业效率高，工期短，优于小口径反井钻机工艺和爬罐工艺，经济效益、社会效率较为明显，具有可推广性。

参考文献

[1]　刘忠华，禚伟. 超长斜井钻孔设备选型及施工工艺研究 [J]. 工程技术研究，2017（10）：65－67.

[2]　何万成，刘锦成，唐国峰，等. 浅谈大口径反井钻机在荒沟抽水蓄能电站长斜井、深竖井导井施工的应用 [J]. 抽水蓄能电站工程建设文集 2017，2017：340－349.

[3]　王彬彬. 深竖井反井法先导孔快速施工技术研究 [J]. 铁道建筑技术，2017（03）：93－97.

[4]　杜建国. 反井钻机在斜井导井开挖中的应用 [J]. 中国水利，2015（10）：39－40.

抽水蓄能电站库底引水管路封堵工艺改进

赵启超　杨志远

（山西西龙池抽水蓄能电站有限责任公司，山西省忻州市　035500）

【摘　要】 本文从实际问题出发，阐述了抽水蓄能电站库底引水管路封堵的难点及传统工艺的缺点，提出了一种新的封堵工艺。

【关键词】 水库　管道　封堵　阀门

1　概况

西龙池公司地下厂房渗漏排水出口总阀、两台公用供水取水管路总阀与下水库直接相连，上水库喷淋系统取水管路总阀与上水库直接相连，均为第一道阀门且与上、下水库无其他隔离措施。阀门材质为普通钢且密封垫为橡胶垫，在长达十年的运行时间里而出现了生锈老化、橡胶垫变形开裂的隐患，一旦出现跑水将造成水淹厂房或水淹上水库廊道的风险。现将阀门更换为不锈钢材质的阀门，密封垫片更换为金属缠绕垫，从而提升系统运行可靠性，降低水淹厂房和水淹上水库廊道的风险。阀门更换工作的前提是保证水下进出水口封堵工作的可靠性。如果水下封堵效果不好，在更换阀门的过程中，也有水淹厂房的风险。

2　项目难点

与普通管路封堵工作不同，此封堵口在水下且流道口为混凝土结构，混凝土出口存在一定弧度，表面参差不平，这给封堵工作带来很大困难（如图1所示）。

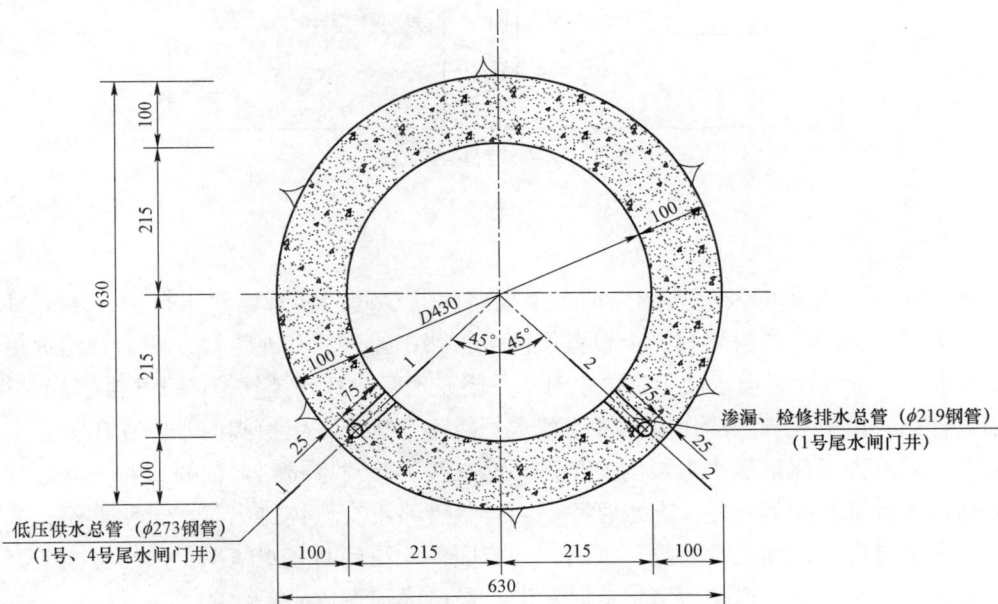

图1　取水口位置示意图（单位：cm）

3　传统工艺

传统方案为压板式封堵，经实践压板式封堵在封堵平整断面口时的效果良好，但在断面口有弧度且不平整的情况下，采用以上方式，不能完全密封。

图 2 所示为压板式封堵，需要将膨胀螺栓打入混凝土层，有可能将混凝土止水层损坏，如果封堵平面平整情况不理想，封堵不严，存在水淹厂房的风险。

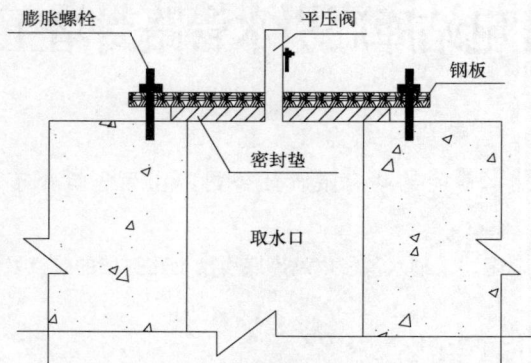

图 2 压板式封堵示意图

4 改进工艺

为解决该问题，发明了"法兰式"封堵工具进行封堵。相较于压板式封堵，法兰式封堵效果更好，且安装拆卸方便。图 3 所示为法兰式封堵。此封堵工具由环形钢板、圆形封堵钢板、排气管、充水管、密封垫、拦污栅六部分组成。其中环形钢板与封堵口的内衬钢管焊接相连；圆形封堵钢板与环形钢板通过螺栓连接，两者之间通过橡胶垫片密封。

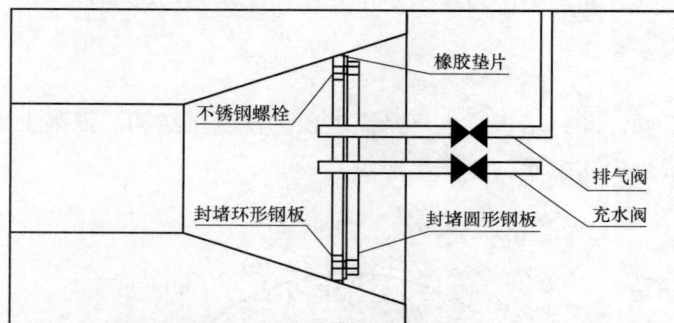

图 3 法兰式封堵示意图

5 实施方法

出水口完成封堵后，在拆卸及更换阀门前，需要将库盆至阀门间管路积水排空。水下封堵口高程为779m，排水口高程为 713m。在封堵材料上设置了两个管路：排气管和充水管，两个管路焊接在封堵材料上，充水管浸入水中，排气管引至水面上。排水时，关闭充水管，打开排气管，打开排水阀进行排空积水。如果不设置排气管路，由于大气压的作用，管路积水不能完全排空，更换阀门时，存在突然来水的可能。

阀门更换完毕后，为了保证潜水人员的安全，不能直接拆除封堵材料，需要先对管路进行充水。充水时，关闭排水阀，依次打开排气管路、充水管路，当排气管路没有气体排出时，说明管路完成充水，可以拆除封堵材料。充水过程中，如果没有排气管路，一方面，无法判断充水情况；另一方面，充水完成后，管路中很有可能存在大量气体，拆除封堵材料时对潜水员造成很大危险。

6 结束语

通过采用新型的法兰式封堵工具，有效避免了更换阀门时跑水，减小了水淹厂房的风险，且方便以后检修隔离。封堵方式简单可靠，应用范围广。

抽水蓄能电站地下洞室有毒有害气体预防措施

陆金琦　李怡婧　李延阳　张峻珲　梁 京　温雅卓

（辽宁清原抽水蓄能有限公司，辽宁省清原满族自治县　113300）

【摘　要】 本文介绍地下洞室主要有毒有害气体成分、产生原因，并介绍了主要预防措施。

【关键词】 抽水蓄能电站　地下洞室　有毒有害气体

1　概述

近年来，抽水蓄能电站建设高速发展，施工技术逐渐趋于成熟，施工管理更加规范化、流程化。在建设过程中也反映出一些细节问题需要进一步完善。地下洞室施工期气体质量保障就是问题之一。抽水蓄能电站厂房一般均布置于地下，埋设较深，需依赖通风洞、交通洞等长距离地下施工通道进行施工。抽水蓄能电站地下洞室多，洞室布置相对复杂，良好的洞室气体环境是保障施工安全、营造良好舒适的作业环境的前提。受施工期工况限制，抽水蓄能电站洞室内气体质量很难保证清新，爆破时生成的粉尘、岩体自身产生的有害气体释放，都会对施工环境产生极大影响，影响施工人员身体健康，严重时还会致人伤亡。1997年9月11日新疆天池抽水蓄能电站厂房长探洞发生有害气体致人死亡事故；2008～2009年，沙湾水电站引水隧洞多次发生有害气体致人伤亡事件。一个个鲜活的案例都是血的教训，施工期洞室空气质量需引起建设者高度重视。

2　影响地下洞室气体质量的原因

2.1　地下洞室多，洞室布置复杂，空气流动通道相对闭塞

抽水蓄能电站建设除了上、下水库大坝等部分建筑物为地面工程，其余大部分工程均为地下洞室工程，其中厂房结构最为复杂，但通风通道少、空气流通不畅，施工过程中产生的爆破烟尘、施工机械排放的尾气等不易排出，尤其是主要排风通道未形成之前，地下洞室整体空气质量较差。

2.2　施工过程产生废气

地下工程施工必然会使用炸药进行爆破开挖，在爆破过程中很容易产生有害气体。一方面，爆破引起的岩石碎裂会产生粉尘颗粒，由于作业空间相对密闭，造成气体浑浊，若不采取有效措施降尘，会对现场施工人员的身体健康造成极大的危害，长期吸入轻者产生咳嗽等不适反应，重者容易形成粉尘肺，造成肺癌等。另一方面，常用炸药由碳、氢、氧、氮四种元素组成，其中碳、氢为可燃元素，氧为助燃元素，氮通常为载氧体。在爆炸过程中，可燃元素在助燃元素的作用下，迅速反应，产生氧化燃烧反应，释放大量能量的同时，也产生许多气体。通常为以下三种情况：

（1）过氧反应。反应过程中氧气过剩，经过反应产生氮氧化物如：一氧化氮、二氧化氮等。

（2）负氧反应。反应过程中氧气不足，经过反应产生一氧化碳。

（3）零氧平衡。反应过程中，氧含量和碳、氢含量刚好平衡，经过反应产生二氧化碳、水。

其中过氧反应、负氧反应过程中均产生有毒有害气体。即使爆破为零氧平衡状况，考虑到周边介质的影响及反应过程的复杂性，也不能排除产生其他有害气体的可能性。

总之，施工期的爆破作业为影响地下洞室气体环境的主要因素之一。

2.3　地质原因

研究表明，许多岩体自带有害气体，不同的地层蕴藏的有害气体也不同。有些地层蕴含丰富的天然气；遇到煤层则存在瓦斯等烷类气体，同时也伴有二氧化碳、氢气、氮气等；遇放射性矿藏地区、构造破碎带

等，则极有可能有氡气的富集。目前在建的抽水蓄能电站中已经检测到部分地段氡气含量较高。氡是世界卫生组织（WHO）公布的 19 种主要致癌物质之一，是仅次于香烟引起人类肺癌的第二大元凶。所以氡气等放射性有害气体的防控值得抽水蓄能电站关注。由于岩体内存在断层和裂隙，使得地层内的气体也在这些裂隙通道中随时流动，施工过程让原本隐蔽的基岩面变为裸露状态，造成岩体内部气体释放，从而影响洞室气体质量。

3　主要防控措施

3.1　开展施工期洞室气体质量监测

随着技术的进步，洞室气体监测设备日趋先进，特别是监测手段的智能化和自动化程度越来越高，施工期气体质量监测理论上已不存在制约性因素。目前一般气体的检测有化学分析法、气量化学吸收法、红外线分析法、电化学分析法、气敏传感法、气相色谱分析法和质谱分析法等。施工期应建立定期监测制度，随时监测洞内气体指标，若有害气体含量超标及时采取通风措施，暂停该工作面施工等。通过监测设备辅助现场管理人员进行管理，可防止有害气体含量超标对施工人员的伤害。

3.2　编制、落实通风方案

地下厂房、主变压器洞、交通洞等洞室构成了复杂的地下洞室网络系统，随着施工的进行，不同工作面的测量、钻孔、爆破、出渣、支护等环节所需风量均为变量，因此对于地下洞室网络系统这样复杂的地下工程编制通风方案是必要的。通风方案应考虑不同时期的施工情况，配备满足施工要求的通风设备，规划合理的通风通道。

现有施工期通风方式根据其通风动力的不同大致分为自然通风、机械通风两类。自然通风指在不借助机械力的情况下，凭借洞室内外的气压差及温度差等自然因素，造成洞室内部与外界间的气体流动，从而达到通风效果。自然通风的主要优点在于节能，无需对周围环境造成扰动就能将洞内污浊气体排出，其缺点是受自然因素影响较大，排风效果不稳定，通风速度较缓慢。机械通风是地下洞室施工中采取的主要通风方式，其原理是借助风机及风管，强制在洞室内产生气体流动，造成空气循环，引入新鲜空气、排出污浊气体。机械通风分为压入式通风、抽出式通风、混合式通风等。

现阶段我国抽水蓄能电站建设中，两种通风形式均有涉及，通常分以下两个阶段进行地下洞室通风。第一阶段是初期洞挖阶段，此阶段由于工程刚刚开始施工，各洞室独头掘进，相互没有贯通，需要依靠机械通风。第二阶段是后期开挖阶段，此阶段从通风兼安全洞、进厂交通洞两条主要的施工通道通过厂房贯通开始，整个地下厂房系统形成空气循环通道，一定程度改善了施工工作面的通风条件；此后排风竖井贯通，主要排风通道形成，由于气压效应，施工工作面的空气得到自然交换。第二阶段自然通风与机械通风结合，能有效改善空气质量。

3.3　前期加强勘察调研，施工期及时进行基岩面封闭

在项目选点规划等前期阶段，岩体内有害气体含量就应引起关注，尽量避免选择有毒有害气体超标的岩体布置地下洞室，如躲避不开，应充分考虑引排封堵措施。

研究表明，天然岩体的裂隙及断层是岩体自身有害气体流通的主要通道，施工期的开挖，造成其中有害气体的释放，在开挖后及时进行挂网喷射混凝土支护，一方面保持围岩稳定性，防止新鲜基岩面外露时间过长，风化变质，引起岩体掉落塌方；另一方面也可对有害气体的流动通道进行封堵，降低有害气体的释放量，从而改善施工期洞内气体环境。

3.4　配备必要的防护用品等

3.1～3.4 均为主动从源头上消除或降低洞室气体中有害气体含量。但由于施工的特殊性，即便运用大功率风机进行强制性气体交换流通，地下洞室空气质量也不可能完全清新，这就需要电站建设管理人员提高对员工劳动安全防护的意识，配发必要的劳动防护用品，例如配发"3M 防尘口罩"和"猪鼻子"过滤面罩等，减少现场作业人员有害气体吸入量，最大限度的保护一线人员的身体健康。另外需建立职业健康防护制度，定期安排职工体检，及时发现呼吸系统的疾病；大力宣传职业健康知识，邀请专业老师向一线

人员讲解职业健康知识，能间接的起到防护作用。

4 结束语

洞室气体质量的保障依赖于前期勘测设计的精准查勘，有效勘测出地下岩层有害气体的含量，及时发现预警；依赖于施工期合理的通风设计、配备良好的通风设备、选择合适的炸药类型等，都能有效地降低施工期有害气体产生；依赖于施工人员的职业健康防护意识提升。实际经验表明，许多事故都是发生于疏忽大意之间，意识提升可以避免很多职业健康安全事件的发生。相信随着科学技术进步及泛在智能物联网的形成，抽水蓄能地下洞室气体质量的提升将日趋成熟、规范。

参考文献

[1] 彭运河. 水电工程地下洞室系统建造期通风研究. 水利水电施工，2017，12.

[2] 郑汝松，王红军，李飞. 地下洞室通风有害气体浓度变化分析. 云南水力发电，2008（3）.

强风化粗粒花岗岩地基基础防渗处理方案研究

周鹏涛

（中国水利水电建设工程咨询西北有限公司安徽绩溪监理中心，安徽省绩溪县　245300）

【摘　要】抽水蓄能电站下水库混凝土面板坝趾板地基以强风化为主，岩体破碎至较破碎，且风化程度较深，为满足功能要求，需进行坝基防渗处理。本文根据强风化粗粒花岗岩工程地质条件、岩层特性，进行分析和总结，探求适宜于该地层工况的方案、措施，以达到工程防渗目的。

【关键词】强风化　粗粒花岗岩　防渗处理　方案研究

1　工程概况

绩溪抽水蓄能电站位于安徽省绩溪县伏岭镇境内，地处皖南山区，靠近皖江城市带，地理位置优越，交通方便。枢纽建筑物主要由上水库、下水库、输水系统及地下厂房洞室群和地面开关站组成，总装机容量 1800MW（6×300MW）。本工程地震基本烈度小于 Ⅵ 度，属一等大（1）型工程。

下水库位于登源河的北支流赤石坑沟口的上岭前、下岭前村，控制流域集水面积 7.8km²，下水库大坝坝型为钢筋混凝土面板堆石坝，坝顶高程 345.10m，最大坝高 59.10m（趾板处），坝顶长 443.69m、宽 8.00m。下水库正常蓄水位为 340.00m，相应库容 1080.00 万 m³；死水位为 318.00m，死库容 177.00 万 m³；有效库容 903.00 万 m³。

2　工程地质

下水库坝址区出露的基岩为燕山晚期第二阶段侵入的粗粒花岗岩 $[\gamma_5^{3(2)}]$ 与同期侵入的花岗细岩脉，肉红色，块状构造（如图 1 所示），其矿物成分主要为钾长石、钠长石、石英，少量黄铜矿及磁铁矿等，分布于整个下水库（坝）区。岩脉走向为 NW 向，近直立，呈脉状分布于坝址右岸。第四系覆盖层为残坡积粉质黏土夹碎（块）石和冲洪积漂卵砾石夹中粗砂，前者主要分布于山坡处，厚度一般为 0.5～1.0m，局部大于 2.0m，稍密。坝趾区粗粒花岗岩，受北东向区域断裂的影响，岩体抗风化能力弱，风化程度深。全风化层一般厚 1～6m，强风化下限埋深：左岸为 4.00～33.10m，右岸为 3.20～48.50m；弱风化上段下限埋深：左岸为 16.10～39.90m，右岸为 12.50～60.00m。根据室内外岩石试验成果，强风化岩石饱和单轴抗压强度平均值仅为 5.07MPa，软化系数为 0.59，属软岩。

图 1　河床段趾板建基面出露的强风化粗粒花岗岩

3　趾板帷幕灌浆方案拟定

坝址（趾板）区强风化层厚度大，趾板建基面如置于弱风化岩体上，开挖深度局部将达 40.0m，存在边坡稳定问题，开挖及坝体填筑工程量大，投资增加。招标阶段，将大坝趾板置于强风化层中下部岩体上。技施初期，经论证对大坝趾板建基面做了优化，河床段趾板建基面抬高 6.0m，置于强风化层中上部岩体。趾板基础布置 1 排帷幕灌浆孔，孔深入岩 7.0～45.0m，孔距 2.0m，帷幕灌浆设计防渗标准 $q \leqslant 3$Lu。

3.1　帷幕灌浆试验

为论证和优化灌浆设计，探求适宜的帷幕灌浆施工工艺、参数，在大面施工前先选择具有代表性地层进行现场灌浆试验。本工程帷幕灌浆试验区选择在河床段趾板偏左岸（趾 0＋180m～趾 0＋200m），根据趾板前期固结灌浆试验成果和灌浆工程现场试验工作大纲，拟定了 2 组灌浆试验，其中第 1 组布置形式为直线单排式，孔距 1.0m，第 2 组布置形式为直线双排式，孔排距 1.0m×1.5m，梅花型布置。

3.2　试验效果分析

综合灌前压水试验、单位注入量、检查孔取芯及压水试验成果，分析认为在强风化粗粒花岗岩中层裂隙灌注，可灌性较差，从检查孔压水试验成果可知，第 2 组灌浆试验区灌后浅表层（0～12.0m）基岩透水率值远大于设计 3Lu 防渗标准，透水性难以满足设计要求，需要改进调整。

4　趾板区地基基础防渗处理设计变更

根据大坝固结、帷幕灌浆现场灌浆试验效果，2015 年 10 月 16 日，业主组织专家组、设计、施工、监理召开"下水库大坝灌浆试验成果专题研讨会"，经会议充分研究、论证后，认为强风化粗粒花岗岩地层可灌性较差，常规水泥灌浆无法达到设计要求，一致同意基础防渗由原帷幕灌浆方案变更为防渗墙＋帷幕灌浆方案。

4.1　趾板基础防渗墙处理方案

（1）防渗墙布置。防渗墙设置在趾板底部，坐落于强风化下限基岩面上，防渗墙设计轴线长 830.00m，墙体厚度 0.8m，墙深 1.0～20.0m，以截断强风化岩体，顶部与趾板混凝土接触部位设置两道止水，上游侧为 W 型铜止水，下游侧为橡胶止水，防渗墙钢筋笼中间预埋 DN100 帷幕灌浆管，以便后续进行帷幕灌浆施工（如图 2 所示）。

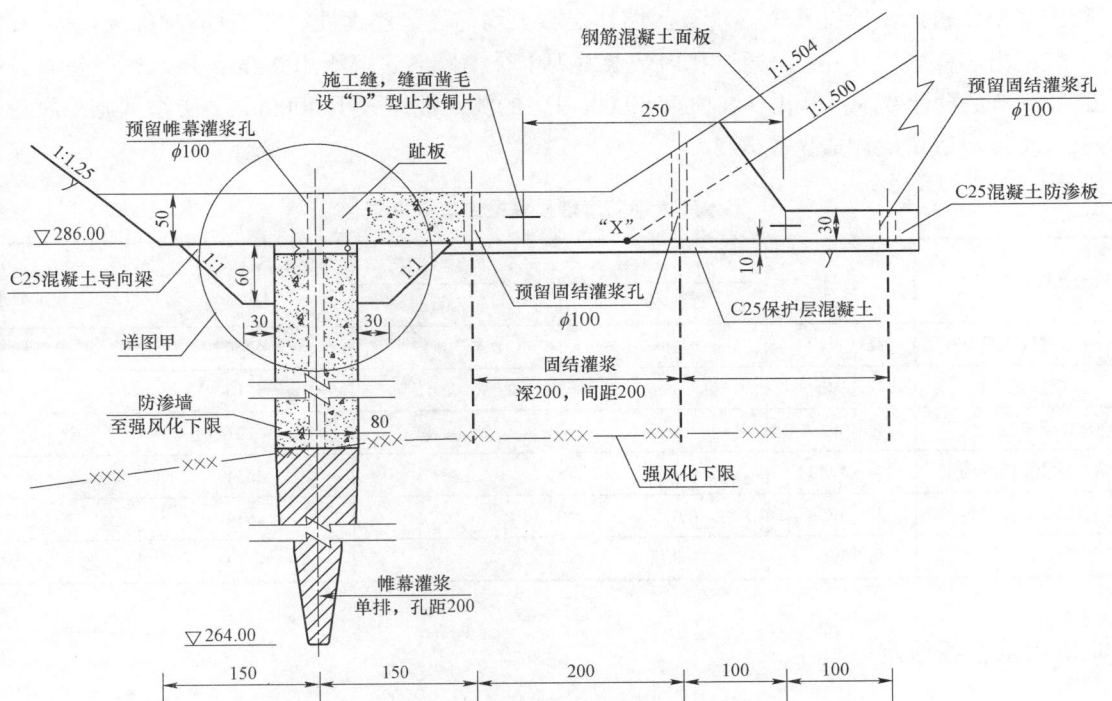

图 2　防渗墙典型横剖面图

（2）防渗墙施工主要技术要求。防渗墙成墙后 28 天进行墙体质量检查，具体检测方法、检测数量及相关要求，详见表 1。

表1　　　　　　　　　　　　　　　　　　防 渗 墙 检 测 表

检测项目	检测数量	备　　注
钻孔取芯	10孔	要求钻孔取芯取至防渗墙墙底以下1m，以查看墙底淤泥沉积情况；其中8孔布置在槽段接缝处。原则每15个槽孔布置一个检查孔
压水试验	10孔	压水试验压力0.35MPa，合格标准为透水率最大值不超过0.1Lu（墙体内）和1Lu（槽段接缝处）。原则每15个槽段布置一个检查孔
单孔声波	10孔	其中8个孔利用钻孔取芯孔，另外2个孔利用帷幕灌浆预埋孔，墙体波速应大于4000m/s。原则每15个槽段布置一个检查孔

注　防渗墙检测以本表为准，检查孔位置由监理、地质工程师指定。

4.2　防渗墙施工

（1）槽段建造。防渗墙槽段划分为Ⅰ期槽段和Ⅱ期槽段，槽段基本长度为8.0m，墙体全部为套接方式，长度0.8m。其中每个槽段按施工先后顺序可分为8个主孔和7道小墙，如图3所示。

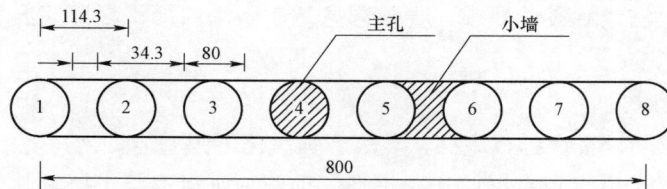

图3　防渗墙槽孔建造布置图

（2）防渗墙施工完成情况。下水库大坝防渗墙施工开始日期2016年1月9日，完成日期2016年10月24日，共计完成槽段建造及水下混凝土浇筑90个槽段，其中最大墙深21.4m，最浅墙深4.0m，成墙面积5927m²，理论方量4741.6m³，实际浇筑5519m³，充盈系数1.16。

（3）防渗墙质量检测。经钻孔取芯检查，墙体混凝土均匀性、连续性、完整性较好，但墙底有混浆，强度偏低，取不出芯样（约0.5m），通过孔内录像发现1个槽段墙底沉渣约0.2m；压水试验检查各槽段接缝、墙体透水率满足设计要求；单孔声波检查89.0%以上的测点波速大于4000m/s。防渗墙施工质量总体满足设计要求。防渗墙质量检测成果见表2。

表2　　　　　　　　　　　　下水库大坝防渗墙质量检测成果表

检测孔位置	孔号	压水试验（Lu）		单孔声波（m/s）	是否满足设计要求
		墙体	接缝		
29号、30号槽段接缝处	J1（W1）	—	0.47、0.17	4200	是
6号、7号槽段接缝处	J2（W2）	—	0.06、0.34、0	4210	是
17号、18号槽段接缝处	J3（W3）	—	0、0、0	4191	是
48号、49号槽段接缝处	J4（W4）	—	0.17	4634	是
64号槽段墙内	J5（W5）	0.07、0	—	4634	是
97号槽段墙内	J6（W6）	0.11	—	4279	是（设计同意）

5　墙下帷幕灌浆方案拟定

根据《碾压式土石坝设计规范》（DL/T 5395—2007），帷幕灌浆的设计标准应按灌浆后岩体的透水率控制，1级坝的透水率为3～5Lu。可研阶段帷幕灌浆深入相对隔水层顶板（$q \leq 3Lu$）以下5.0m。考虑到下水库年平均径流量较大及基岩灌浆试验的实际情况，帷幕灌浆的设计标准从3Lu调整为5Lu，即防渗墙以下基岩布置1排帷幕灌浆孔，孔距2.0m，深入相对隔水层顶板（$q \leq 5Lu$）以下5.0m。

5.1　墙下帷幕灌浆生产性试验

2017 年 3 月 29 日至 2017 年 4 月 26 日，完成第 1 组（位于下水库大坝河床段趾板 0+356.41m～0+372.41m，EL286m）墙下帷幕灌浆生产性试验，试验分 3 序施工，孔深 14.0～20.0m。从墙底起按 2.0、5.0m 及以下均 5.0m 段长划分，采用"自上而下"分段卡塞灌浆法，在实际灌浆过程中根据注入率大小调整灌浆压力，灌浆浆液遵循由稀到浓、逐级变换的原则，浆液水灰比 5:1、3:1、2:1、1:1、0.8:1、0.5:1 共 6 个比级，开灌水灰比 5:1；射浆管距离孔底不大于 0.5m；灌浆结束标准为：在设计压力下吸浆量小于 1L/min 时延续灌注 30min 结束，对于吸水不吸浆、回浆变浓且灌前有涌水的孔段纯灌时间不少于 120min；采用全孔灌浆封孔法，封孔灌浆时间不少于 60min，封孔压力采用Ⅲ序孔灌浆压力的平均值，封孔浆液水灰比置换成 0.5:1 的浓浆。试验区孔位布置如图 4 所示。

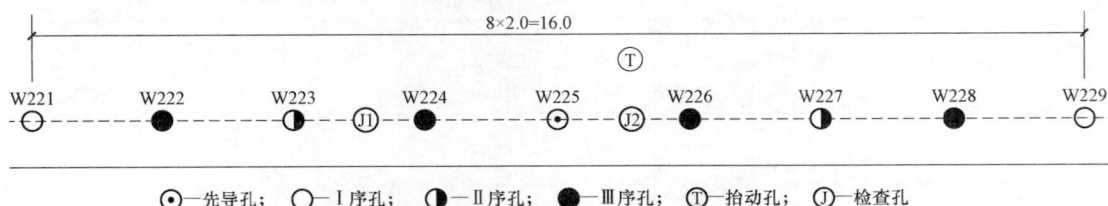

图 4　第 1 组墙下帷幕灌浆试验孔位布置（单位：m）

5.2　灌前透水率和单位注入量

灌前透水率和单位注入量见表 3。

表 3　　　　　　　　　　　　　　　　灌前透水率和单位注入量

部位	灌前透水率平均值（Lu）				单位注入量平均值（kg/m）			
	Ⅰ序孔	Ⅱ序孔	Ⅲ序孔	平均值	Ⅰ序孔	Ⅱ序孔	Ⅲ序孔	平均值
第 1 组墙下帷幕灌浆试验	25.66	61.40	118.33	73.72	32.09	15.02	29.68	27.11

由表 3 可以看出：随着孔序的递增，灌前透水率、单位注入量不符合灌浆一般规律，属灌浆异常情况。

5.3　灌后质量检查情况

（1）合格标准。帷幕灌浆透水率合格标准为 $q \leq 5Lu$，检查孔的第 1～2 段（基岩孔深 0～7m 范围内）合格率为 100%，其余各段的合格率应为 90.0% 以上；不合格孔段的透水率值不超过设计规定值的 150%，且分布不集中，则认为灌浆质量合格。

（2）第三方压水试验情况见表 4。

表 4　　　　　　　　　　　　　　　　第三方压水试验情况

部位	检查孔数	合格孔数	孔数合格率（%）	段数				段合格率（%）	透水率（Lu）	
				总段数	≤5Lu	5～10Lu	>10Lu		最大值	平均值
第 1 组墙下帷幕试验	2	0	0	6	1	1	4	16.6	77.32	24.16

由表 4 可以看出：第 1 组墙下帷幕灌浆试验质量检查不合格，检查孔压水试验段合格率为 16.6%（远小于设计及规范要求的试段合格率 90.0% 以上）。

针对第 1 组墙下帷幕灌浆试验效果检查不合格，现场又选取了 3 组具有代表性的地层进行墙下帷幕灌浆试验，经统计后续开展的 3 组墙下帷幕试验（具体数据见表 5 和表 6），共计 27 个灌浆孔，90 个灌浆段，51 个灌浆段出现回浆变浓，占灌浆总段数的 56.7%。其中，位于左岸的第 2 组墙下帷幕灌浆试验区布置在防渗墙设计最深处（21.4m），通过钻孔取芯发现下部岩体受风化程度较轻，芯样完整性较好，各灌浆段回浆变浓现象不明显，灌后检查孔压水各试段满足设计防渗标准；位于河床段和河床偏右库岸第 3、第 4 组墙下帷幕试验区防渗墙深度在 5.0～9.0m 之间，各灌浆段回浆变浓现象比较普遍且集中，钻孔取不出完整岩芯，灌后检查孔压水不合格。

表5 后续开展的 3 组墙下帷幕试验灌前透水率和单位注入量统计表

部位	灌前透水率平均值（Lu）				单位注入量平均值（kg/m）				备注
	Ⅰ序孔	Ⅱ序孔	Ⅲ序孔	平均值	Ⅰ序孔	Ⅱ序孔	Ⅲ序孔	平均值	
第 2 组墙下帷幕试验	10.25	6.98	6.41	7.91	21.17	4.86	19.57	16.97	墙深 21.4m
第 3 组墙下帷幕试验	15.55	16.68	11.85	14.19	42.24	28.68	19.12	29.44	墙深 7.3m
第 4 组墙下帷幕试验	8.24	8.31	3.67	6.68	52.48	13.17	7.21	29.99	墙深 5.5m

表6 第三方检查孔压水成果统计表

部位	检查孔数	合格孔数	孔数合格率（%）	段数				段合格率（%）	透水率（Lu）		备注
				总段数	≤5Lu	5～10Lu	>10Lu		最大值	平均值	
第 2 组墙下帷幕试验	2	2	100	4	4	0	0	100	3.21	2.19	墙深 21.4m
第 3 组墙下帷幕试验	2	0	0	5	1	2	2	20	32.68	14.74	墙深 7.3m
第 4 组墙下帷幕试验	2	0	0	9	2	5	2	22	18.75	7.82	墙深 5.5m

（3）检查孔取芯及孔内录像。通过检查孔取芯及钻孔录像判定防渗墙以下帷幕灌浆基岩仍残留有一定厚度的强风化岩体（基岩深度约 7.0m）。如图 5 和图 6 所示。

图 5 防渗墙以下基岩检查孔芯样为石英砂夹杂粉质砂

图 6 孔内录像

自防渗墙底部位置起（9.0m）进入基岩，9.0～15.6m 均为强风化花岗岩及砂质高岭土，推测灌浆不吃浆原因主要为 9.0～15.6m 处风化较为严重，砂质高岭土产生过多，高岭土遇水膨润，堵住水泥颗粒进入裂隙，同时吸收大量水分，表现为吃水不吃浆、回浆变浓，灌浆效果差。

综上所述，基岩大透水率主要为防渗墙与基岩的接触段及其下一段（基岩长度 7.0m）。防渗墙与基岩的结合面比较薄弱，墙底沉渣、混浆等（仅凭常规的孔内冲洗，难以将结合面沉渣清洗干净，须采取可行的处理措施），导致普通水泥灌浆达不到理想效果，加之强风化粗粒花岗岩地层吸水不吸浆的特性，细微裂隙发育，普通水泥浆颗粒难以进入岩石裂隙当中，灌浆效果不佳主要与地质条件有关。

6 墙下帷幕灌浆方案调整

根据墙下帷幕灌浆试验成果及效果分析认为试验区（河床段及偏右库岸）地质条件复杂，地层差异性大，透水性难以满足设计要求。设计要求河床段及右库岸帷幕轴线长 260m，原设计灌浆孔距 2.0m 调整为孔距 1.0m，若该区域采用水泥加密灌浆后岩体透水率仍达不到设计防渗标准（$q \leq 5Lu$），则采取化学补强灌浆处理措施，孔距 1.0～2.0m；左岸及右岸墙下帷幕灌浆施工暂维持原设计水泥灌浆方案不变，若检查孔压水不合格，则采取孔间加密灌浆措施，以便达到设计要求；鉴于防渗墙底部残留一定厚度的沉渣，常规水泥灌浆效果较差，墙下帷幕灌浆施工前，墙底及结合面处采取高压风水联合冲洗措施，每次冲洗以 5～6 孔为宜进行联通冲洗（冲洗压力 1.0～1.5MPa，钻孔穿结合面 0.5m），冲洗完成后采用浓浆（水灰比 0.5:1）回填密实、待凝，以阻断墙底结合面存在的渗漏通道，然后进行帷幕灌浆按序钻灌施工。

6.1 墙下帷幕水泥灌浆施工综述

（1）施工工艺及主要参数。墙下帷幕水泥灌浆施工顺序为：防渗墙混凝土浇筑→趾板混凝土浇筑→抬动观测孔施工→先导孔施工→一般灌浆孔分序灌浆→待凝 14 天→检查孔压水试验→封孔。各灌浆孔段长及灌浆压力关系按表 7 执行。

表 7 　　　　　　　　　　　下水库大坝帷幕水泥灌浆压力控制表　　　　　　　　　　　　MPa

孔段编号（自上而下分段灌浆法）		第 1 段	第 2 段	第 3 段	第 4 段	第 5 段及以下各段
段长（m）		2.0	5.0	5.0	5.0	5.0～7.0
墙下帷幕水泥灌浆	Ⅰ序孔	0.20	0.45	0.70	0.95	1.45
	Ⅱ序孔	0.25	0.50	0.75	1.05	1.45
	Ⅲ序孔	0.35	0.60	0.85	1.15	1.45

注　本表中段长均指进入基岩段中灌浆长度。

（2）水泥灌浆施工及质量检查情况。下水库大坝墙下帷幕水泥灌浆共划分 26 个单元工程（即 2～27 单元），其中左岸帷幕灌浆（2～8 单元）孔距 2m，水泥灌浆后质量检查均满足设计要求；河床段帷幕灌浆（9～14 单元）孔距 1m，水泥灌浆后质量检查均不满足设计要求；右岸帷幕灌浆（15～27 单元），其中 15～18、20～21 单元为水泥加密灌浆单元，孔距 1m，除 17～18、20～21 单元水泥灌浆后质量检查不满足设计要求，其余单元均满足设计要求。各部位灌浆成果、第三方检查孔压水试验成果见表 8 和表 9。

表 8 　　　　　　　　　　　　下水库大坝帷幕（水泥）灌浆成果统计表

部位	序次	孔数（个）	灌浆长度（m）	注入量（kg）	单位注入量（kg/m）	灌前透水率（Lu）
左岸（2～8 单元）	Ⅰ	41	439.95	2352.9	5.35	6.62
	Ⅱ	41	461.03	1079.6	2.34	3.94
	Ⅲ	82	1124.17	2240.5	1.99	2.76
	合计	164	2025.15	5673.0	2.80	—
河床段（9～14 单元）	Ⅰ	21	359.78	16 288.1	45.27	14.74
	Ⅱ	23	346.58	7791.7	22.48	18.84
	Ⅲ	120	1927.55	22 266.6	11.55	16.77
	合计	164	2633.91	46 346.4	17.60	—
右岸（15～27 单元）	Ⅰ	58	774.83	12 615.93	16.28	16.72
	Ⅱ	57	689.76	6230.33	9.03	24.94
	Ⅲ	161	2238.41	15 567.58	6.95	3.79
	合计	276	3703.00	34 413.84	9.29	—
总　计		604	8362.06	86 433.24	10.34	—

由表 8 可以看出：共计完成基岩帷幕灌浆 8362.06m，平均单位注入量 10.34kg/m，三个主要部位单位注入量依灌浆次序递减明显，灌前透水率依灌浆次序变化规律有反常现象。

表 9   下水库大坝帷幕灌浆第三方检查孔透水率情况统计表

项目	检查孔数	压水段数	合格标准	透水率（Lu）区间段次				合格率（%）
				$q \leqslant 1Lu$	$1 < q \leqslant 3Lu$	$3 < q \leqslant 5Lu$	$q > 5Lu$	
墙下帷幕水泥灌浆	76	212	≤5Lu	70	61	32	49	76.9

由表 9 可以看出：墙下帷幕水泥灌浆后检查孔各试段合格率仅为 76.9%不满足设计及规范要求（合格率应为 90.0%以上）。经统计检查孔压水试验成果，岩体透水率不合格段主要为防渗墙与基岩的接触段及其下一段。

6.2 墙下帷幕化学补强灌浆

（1）化学灌浆参数及工艺。

1）灌浆浆材：采用 HK-G-2 低黏度环氧灌浆材料（双组分 A、B 液）。

2）灌浆深度：化学补强灌浆单孔处理深度均为 7.0m（基岩接触段及其下一段）。

3）灌浆压力：化学灌浆压力遵循分段不分序原则，即接触段/第 1 段（段长 2m）灌浆压力为 0.35MPa，第 2 段（段长 5m）灌浆压力 0.60MPa。

4）布孔原则：化学补强灌浆孔为原水泥灌浆孔，根据现场实际地质条件，孔距按 1.0～2.0m 控制。

5）化学灌浆过程以"逐级升压、缓慢浸润"为原则，应根据注入率等情况动态调整浆液配比、胶凝时间。灌浆过程中应制定严格的工艺措施，严禁发生抬动劈裂。

6）化学补强灌浆采用"一次成孔，自下而上"分段卡塞灌浆法，采用（A、B 液）6:1、5:1、4:1 共 3 个比级，开灌（A:B）按 6:1 执行；化学灌浆结束标准为在最大设计压力下，注入率不大于 0.02L/（min·m）后，继续灌注 30min，即可结束，进行上一段灌注。

（2）化学补强灌浆施工及质量检查情况。化学补强灌浆成果、第三方检查孔压水试验成果、检查孔取芯情况分别见表 10、表 11 和图 7。

表 10   下水库大坝化学灌浆成果统计表

部位	序次	孔数	灌浆长度（m）	注入量（kg）	单耗（kg/m）	备注
9～14、17～18、20～21 单元	Ⅰ	32	224	22 677.97	101.24	
	Ⅱ	45	315	17 008.48	54.00	
	Ⅲ	54	376	11 338.98	30.16	
合计		131	915	51 025.43	55.77	

从表 10 可以看出：化学补强灌浆可灌性较好，各灌浆孔随着序次的变化单位注入量逐序递减明显，符合灌浆一般规律，说明化灌施工工艺及参数合理，灌浆施工过程质量受控。

表 11   下水库大坝化学灌浆第三方检查孔透水率情况统计表

项目	检查孔数	压水段数	合格标准	透水率（Lu）区间段次				合格率（%）
				$q \leqslant 1Lu$	$1 < q \leqslant 3Lu$	$3 < q \leqslant 5Lu$	$q > 5Lu$	
墙下帷幕化学补强灌浆	20	41	≤5Lu	19	12	9	1	97.6

从表 11 可以看出：化学补强灌浆后检查孔压水试验透水率满足设计及规范要求，说明所采用的施工工艺和灌浆参数适应于强风化粗粒花岗岩地层，施工质量优良。

图 7   化灌后检查孔取芯长度超过 1m，近距离观察环氧浆材裂隙填充密实

7   施工安全、质量及进度评价

在参建各方的精心组织和精细控制下，下水库大坝趾板墙下帷幕灌浆从 2017 年 3 月底开始至 2018 年 5 月初全部完成，施工期间未发生人员、设备及工程安全事故；灌后检查孔压水试验试段合格率 97.5%，墙下帷幕灌浆完成 26 个单元，合格单元数 26 个，合格率 100%，优良单元数 24 个，优良率 92.3%，说明灌浆施工质量优良；通过大胆尝试化学补强灌浆"一次成孔，自下而上"分段卡塞灌浆法工艺的可行性试验及成功实施，大大缩短了施工工期，为 2018 年 6 月底下水库大坝下闸蓄水奠定了坚实基础和创造了有利条件。

8   结束语

绩溪抽水蓄能电站下水库坝（趾板）区强风化层厚度大，趾板地基坐落在强风化中上部岩体，地质条件复杂，地层差异性大，灌浆试验及施工表明地层吸水不吸浆，可灌性差，防渗处理难度大，施工技术要求高。实践证明：通过及时调整防渗处理方案、制定适应于该地层工况的施工工艺、参数及措施；通过墙底及结合面沉渣逐孔联通高压风水冲洗、浓浆回填，水泥加密灌浆以及化学补强灌浆等工程措施的应用，保证了强风化粗粒花岗岩地基基础防渗处理的成功。该防渗处理方案及措施的成功应用，为今后类似工程的施工提供翔实的资料，具有参考和借鉴价值。

参考文献

[1]   周鹏涛，胡富航，沈维耘. 安徽某抽水蓄能电站下库面板坝趾板强风化基岩固结灌浆试验研究与探讨 [J]. 西北水电，2016（1）：83 - 87.

[2]   施建敏，刘海平. 安徽绩溪抽水蓄能电站招标设计报告 3·工程地质 [R]. 杭州：华东勘测设计研究院，2013.

[3]   尚晓威，秦志军. 绩溪抽水蓄能电站下水库钢筋混凝土面板堆石坝坝趾板强风化基岩灌浆研究 [J]. 水利水电技术，2016（S1）：77 - 80.

[4]   郭先强. 向家坝水电站坝基帷幕灌浆施工主要难题及解决措施 [J]. 水利水电技术，2013（4）：5 - 7.

[5]   李守华，廖军，张联刚. 向家坝水电站地下厂房帷幕灌浆质量控制 [J]. 四川水力发电，2009，28（4）：50 - 53.

[6]   魏守谦. 无混凝土盖重固结灌浆生产性试验与推广 [J]. 西北水电，2003（4）：22 - 25.

[7]   易志，温文森. 向家坝水电站右岸地下厂房施工帷幕灌浆与方案研究 [J]. 水利水电技术，2009，40（12）：87 - 90.

[8]   李霄，李守华，史惠秀. 向家坝水电站右岸地下厂房帷幕灌浆试验 [J]. 四川水力发电，2009，28（4）：45 - 49.

［9］　王惠娴. 莲花水电站坝基灌浆施工监理工作［J］. 西北水电，1999（1）：56－60.

［10］　卢元海，方伟. 小湾水电站坝基固结灌浆特点和施工质量控制［J］. 西北水电，2008（1）：33－35.

［11］　黄从前. 居甫渡水电站引水隧洞固结灌浆施工工艺［J］. 西北水电，2008（5）：36－37.

［12］　黄烨，胡克功. 柬埔寨甘再水电站大坝坝基固结灌浆实践与探讨［J］. 西北水电，2011（4）：26－30.

［13］　颜志恒，沈琦. 表面封闭式无盖重固结灌浆技术在大型地下电站引水隧洞中的应用［J］. 中国水运月刊，2013（10）：311－313.

岩溶地区地下厂房帷幕灌浆特殊情况的处理

梁睿斌 徐剑飞 段玉昌 徐 祥 戴 骏

（江苏句容抽水蓄能有限公司，江苏省镇江市 212416）

【摘 要】 本文对位于岩溶地区的句容抽水蓄能电站地下厂房帷幕灌浆施工中遇到的冒浆、漏浆、浓浆灌注不起压等特殊情况的处理措施进行了介绍。

【关键词】 地下厂房 岩溶地区 帷幕灌浆 特殊情况处理

1 引言

抽水蓄能电站地下厂房埋藏于上、下水库之间的山体内，在工程区地下水位较高、岩溶发育的情况下，做好地下厂房防渗帷幕对于防止厂房开挖施工期突发涌水、保障施工安全、减少施工期和生产运行期渗水、提高电站效益具有重要意义。帷幕灌浆施工受地质条件影响大，对冒浆、漏浆、浓浆灌注不起压等特殊情况的处理是保证工程质量、控制工程造价的关键。

2 句容电站地下厂房地质情况及防渗帷幕布置

江苏句容抽水蓄能电站（简称句容电站）地下厂房围岩主要为震旦系灯影组（Z2dn）厚层细晶白云岩、内碎屑白云岩和幕府山组上段（∈1m²）含磷硅质岩、含磷灰质白云岩、磷块岩，岩体结构以厚层状为主，局部为薄层状或块裂结构，岩体较完整为主。地下厂房位于地下水位以下，岩体透水率以小于3Lu为主，透水性小，属弱～微透水性，但存在与地表相通的岩溶通道、构造通道。前期探洞揭露3条断层穿过厂房区，外围多条断层发育，断层带均具溶蚀现象，黏土充填，局部存在涌泥现象，暴雨季节涌水量达300L/min以上。地下水活动受结构面、溶蚀裂隙控制，地下水排泄、补给条件复杂。

句容电站地下厂房洞室群防渗帷幕布置如图1所示，包括GJ1-1、GJ2-1、GJ2-2三条灌浆廊道及顶、上、中、下四层排水廊道部分洞段（GJ1-2、GJ1-3等），通过灌浆廊道下斜帷幕及排水廊道竖向帷幕构成一个完整的防渗体系。为保障地下厂房及主变压器洞顶拱层开挖施工安全，需要先完成上层排水廊道以上高程防渗帷幕灌浆施工。

3 帷幕灌浆施工情况分析

根据生产性灌浆试验，确定各灌浆廊道灌浆孔灌浆压力与分段长度，见表1。

表1　　　　　各灌浆廊道灌浆孔灌浆压力与分段长度表

灌浆廊道		灌浆孔									
		1段	2段	3段	4段	5段	6段	7段	8段	9段	10段
GJ1-1	段长（m）	2	3	5	5	5	5	5	4/6	—	—
	灌浆压力（MPa）	0.3	0.5	1	1.5	1.5	1	1	1.5	—	—
GJ1-2 GJ1-3	段长（m）	2	3	5	5	5	5	5	5	5	—
	灌浆压力（MPa）	0.3	0.5	1	1.5	2	2	2	2	2	—
GJ2-1 GJ2-2	段长（m）	2	3	5	5	5	5	5	5	5	4/5/6
	灌浆压力（MPa）	0.3	0.5	1	1.5	2	2	2	2	2	2

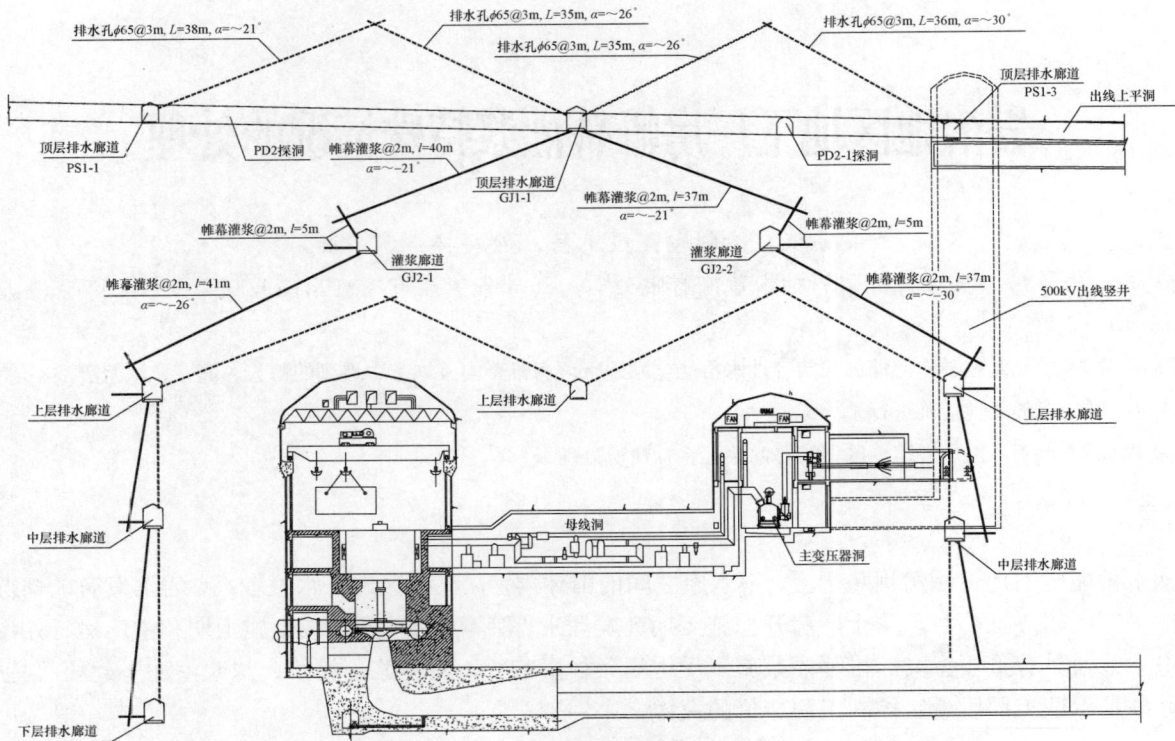

图 1　句容电站地下厂房防渗帷幕布置示意图

对各灌浆廊道已结束灌浆的孔段平均单耗进行统计，见表 2。可以看出，对于大多数单元，注灰量均不大，平均单耗在 20～100kg/m 之间，但是部分单元注灰量明显较大，其中 GJ1-2 廊道 1 单元平均单耗 320.1kg/m，GJ2-1 廊道 1～3 单元平均单耗 273.6kg/m。

表 2　　　　　　　　　　　　　已结束灌浆的孔段平均单耗统计表

灌浆单元	孔数	延米（m）	注灰量（kg）	平均单耗（kg/m）
GJ1-1 上游排（1～7 单元）	137	4855	222 504.7	45.8
GJ1-1 下游排（1～7 单元）	145	4930	279 030.3	56.6
GJ1-2（1 单元）	20	800	256 087.6	320.1
GJ1-2（2～4 单元）	80	2249	59 410.3	26.4
GJ1-3（1～4 单元）	84	3009	68 206.1	22.7
GJ2-1（1～3 单元）	60	2760	755 006.6	273.6
GJ2-1（4～8 单元）	88	4048	406 445.6	100.4

GJ1-2、GJ2-1 廊道部分孔段在钻孔过程中发生返黄泥、黄水或不返水、塌孔等情况，注浆过程中发生冒浆、漏浆、采用浓浆仍不起压等情况，部分孔段反复待凝、扫孔、复灌。例如 GJ1-2-8 号孔 8 段灌前透水率 35.2Lu，复灌 4 次，注灰量 14.7t；GJ2-1-1 号孔 8 段钻孔掉钻、无回水，复灌 6 次，注灰量 6.8t；GJ2-1-5 号孔 4 段灌前透水率 40.2Lu，复灌 5 次，注灰量 6.2t；GJ2-1-9 号孔 6 段灌前透水率 49.2Lu，复灌 8 次，注灰量 9.9t；GJ2-1-13 号孔 5 段灌前透水率 21.0Lu，复灌 8 次，注灰量 15.4t；GJ2-1-17 号孔 3 段灌前透水率 32.7Lu，复灌 10 次，注灰量 16.1t 等。上述情况影响了工程进度且不利于工程质量和造价控制。分析认为，GJ1-2、GJ2-1 廊道部分单元岩溶裂隙特别发育，是造成灌浆施工难以顺利进行的原因。

4　特殊情况处理

4.1　岩溶探测分析

采用地震波 TA、电磁波 TA 和钻孔声波法对厂房顶层排水廊道和灌浆廊道进行了探测排查，结合灌浆钻孔揭露的地质情况，经分析，在地下厂房上游侧桩号厂右 0＋140～0＋296 之间发育有 4 条充填黄泥的岩溶裂隙破碎带，与 GJ1－2 廊道 1 单元、GJ2－1 廊道 1～3 单元空间位置一致。

4.2　灌浆配比试验

针对充填黄泥岩溶裂隙发育的特殊地质情况，采取了浓浆、限流、限压、限量、待凝等技术措施，并进行了多种灌浆配比试验。

（1）水泥砂浆配比试验。选择 GJ2－1 廊道 4 个灌浆孔进行水泥砂浆配比试验，见表 3。这 4 个孔段在灌浆试验前处于待凝状态，试验过程中发现注浆量均不大，所灌砂浆仅充填了钻孔，试验结束待凝 36h 后，对试验孔段扫孔，采用水泥浓浆复灌发现灌浆压力无明显抬升。分析认为，水泥砂浆难以渗入充填黄泥的岩溶裂隙，可灌性差。

表 3　　　　　　　　　　　　　　　水泥砂浆配比试验统计表

孔号	段次	灌入水泥（kg）	灌入砂（kg）	试验灌浆压力（MPa）	配比（水:灰:砂）	试验前灌浆待凝压力（MPa）	试验后复灌待凝压力（MPa）
GJ2－1－1	8	122.4	49.2	2～3	0.5:1:0.4	0.13	0.26
GJ2－1－9	6	102.0	41.0	2～3	0.5:1:0.4	0.21	0.33
GJ2－1－24	8	157.1	54.3	2～3	0.5:1:0.35	0.21	0.47
GJ2－1－36	9	163.2	65.6	2～3	0.5:1:0.4	0.73	0.43

注　水泥砂浆配比试验灌浆压力为砂浆泵泵头压力，其他均为孔内灌浆压力。

（2）水泥掺膨润土配比试验。选择 GJ2－1 廊道 3 个灌浆孔段进行水泥掺膨润土配比试验，见表 4。这 3 个孔段在灌浆试验前同样处于待凝状态，试验过程中发现水泥掺膨润土浆液可灌性良好，但试验结束待凝 36h 后，对试验孔段扫孔，采用水泥浓浆复灌发现灌浆压力不增反降。分析认为，水泥掺膨润土强度不高，难以抵抗帷幕灌浆压力。

表 4　　　　　　　　　　　　　　　水泥掺膨润土配比试验统计表

孔号	段次	灌入水泥（kg）	灌入膨润土（kg）	试验灌浆压力（MPa）	配比（水:灰:土）	试验前灌浆待凝压力（MPa）	试验后复灌待凝压力（MPa）
GJ2－1－5	6	675.0	135.0	0.46	0.5:1:0.2	0.7	0.19
GJ2－1－13	4	1050.0	210.0	0.42	0.5:1:0.2	0.49	0.12
GJ2－1－17	2	700.0	140.0	0.36	0.5:1:0.2	0.01	0.12

（3）水泥掺水玻璃配比试验。选择 GJ2－1 廊道 3 个灌浆孔段进行水泥掺水玻璃配比试验，见表 5。GJ2－1－5 号孔 9 段在灌浆试验前处于待凝状态，灌浆试验开始时先采用纯水泥浆起灌，注灰量达到 2t，未达到灌浆结束条件，紧接着灌注掺水玻璃的水泥浓浆，总注灰量达到 4t 待凝，36h 后扫孔复灌，顺利结束灌浆；GJ2－1－9 号孔 8 段第一次灌浆，直接采用掺水玻璃的浓浆起灌，灌浆压力达到 2MPa，注入率低于 1L/min，顺利结束灌浆；GJ2－1－19 号孔 5 段灌浆过程与 GJ2－1－5 号孔 9 段一致。分析认为，水玻璃速凝效果显著，对水泥浆强度影响较小，充分待凝形成有效防渗体，可以有效减少冒浆、漏浆现象，适用于句容电站充填黄泥岩溶裂隙发育的特殊地质情况。水玻璃的掺量与管路长度、灌浆压力、灌浆流量等有关，根据试验情况，水泥质量 2% 的掺量即可起到显著的速凝效果，以避免堵管为限。

表5　　　　　　　　　　　　　　　　水泥掺水玻璃配比试验统计表

孔号	段次	灌入水泥（kg）	灌入水玻璃（kg）	试验灌浆压力（MPa）	配比（水:灰:水玻璃）	试验前灌浆待凝压力（MPa）	试验后复灌待凝压力（MPa）
GJ2－1－5	9	3963.1	86.0	0.16	0.5:1:0.044	0.2	2
GJ2－1－9	8	1954.9	25.0	2	0.5:1:0.013	—	—
GJ2－1－19	5	4009.1	28.5	0.81	0.5:1:0.014	0.81	2

4.3　特殊情况灌浆施工技术措施

根据灌浆配比试验及现场施工实际情况，制定了下述特殊地质情况下的灌浆施工措施。

（1）钻孔时若返黄泥、黄水或不返水，采用水灰比 0.5:1 的浓浆起灌，注灰量按 5t 控制，若能够起压，可将该段持续灌浆至结束；若不起压，采取限流（＜20L/min）、限压（＜0.5MPa）、限量（注灰量＜5t）、待凝（＞24h）措施。

（2）针对首次钻孔返黄泥、黄水情况，复灌先以水灰比 0.5:1 的浓浆起灌，注灰量按 2t 控制，若未达到灌浆结束条件，继续灌注掺加水玻璃的浓浆，注灰量仍按 2t 控制，若仍未达到灌浆结束条件，待凝 48h 后复灌。

（3）针对首次钻孔不返水的情况，复灌直接采用掺加水玻璃的浓浆起灌，注灰量按 2t 控制，其他参考上一条执行。

5　结束语

句容电站位于岩溶地区，地下厂房帷幕灌浆施工区存在充填黄泥的岩溶裂隙破碎带。灌浆施工中运用地震波 TA、电磁波 TA 和钻孔声波等物探手段进行地质排查，掌握了地下厂房上游侧充填黄泥岩溶裂隙破碎带的分布情况，开展了水泥砂浆、水泥掺膨润土、水泥掺水玻璃等多种浆液灌注试验。通过试验验证了掺水玻璃水泥浆液适用于句容电站充填黄泥岩溶裂隙发育地质情况的帷幕灌浆，并得到了配比参数、制定了相应技术措施，可供类似岩溶地质条件的工程参考。

参考文献

［1］　刘三虎，许厚材，乔润国. 乌江渡水电站扩机工程地下厂房防渗帷幕灌浆. 水力发电，2004.1.

［2］　易志，温文森. 向家坝水电站右岸地下厂房施工帷幕灌浆方案与技术研究. 水利水电技术，2009.12.

［3］　唐振许，程秀琴. 白鹤滩水电站左岸地下厂房防渗帷幕灌浆质量监理控制措施. 水利水电技术，2017.11.

句容抽水蓄能电站上水库堆石坝及库盆基础处理方式介绍

段玉昌　徐剑飞　梁睿斌　徐　祥　黄杨梁

（江苏句容抽水蓄能有限公司，江苏省镇江市　212416）

【摘　要】　句容抽水蓄能电站上水库大坝为堆石坝，上水库地处岩溶发育地区，主坝沟床坝基基岩面缓倾下游，地基中岩层层面与断层倾角均较陡。开挖揭露坝基表面石芽、溶槽发育，建基岩面起伏高差大；溶蚀夹泥且充填普遍、断层和岩脉规模较大，断层破碎带和全强风化脉体强度较低，存在不均匀变形等问题。库盆底部和库岸基础也存在类似的问题。对此，参建各方围绕坝基和库盆开挖揭露的石笋、溶槽、断层破碎带、岩脉、溶洞等现象进行深入研究，制定了针对性的处理方式，为岩溶发育地区堆石坝和库盆基础处理积累了相关经验。

【关键词】　句容抽水蓄能电站　堆石坝　基础处理　岩溶

1　引言

江苏句容抽水蓄能电站上水库主副坝为堆石坝，坝坡和库盆边坡采用沥青混凝土面板防渗，库底采用土工膜防渗。主坝坝高 182.3m，土石方填筑量 1900 万 m^3，库底回填 1000 万 m^3，为世界最高的抽水蓄能电站大坝、规模最大的库盆填筑工程、最高的沥青混凝土面板堆石坝。上水库地处岩溶发育地区，坝基和库盆表面石笋、溶槽、断层破碎带、岩脉、溶洞发育，建基岩面起伏高差大，溶蚀夹泥且充填普遍、断层和岩脉规模较大，断层破碎带和全强风化脉体强度较低，存在不均匀变形问题，需进行处理。

2　各类地质缺陷处理

2.1　断层、破碎带处理

上水库大坝坝基断层发育，总体以 NW～NNW 向陡倾角为主，主要由角砾岩、碎块岩及岩脉构成，少量碎粉岩、断层泥；其余则多为Ⅲ级结构面，带宽一般 0.5～1.5m，主要有碎块岩、角砾岩，少量碎粉岩、断层泥、岩脉充填。开挖揭露的 F_8 断层规模较大，宽 2～7m，沿断层带溶蚀强烈，方解石脉侵入充填，溶蚀孔隙较发育，孔隙内均充填棕红色黏土，呈可塑～硬塑状。断层与坝轴线大角度相交，由坝下游右侧坡脚斜穿沟底至坝上游左侧。

（1）主坝坝基、副坝坝轴线下游侧坝基断层、破碎带处理方式（如图 1 所示）：坝基清坡至基岩面，坝基揭露的断层、溶蚀裂隙及破碎带，在出露处及时喷 10cm 的 C25 素混凝土封闭，然后填筑 40cm 厚反滤料和过渡料保护，再填筑坝体上游堆石料。

（2）副坝坝轴线上游侧坝基断层、破碎带处理方式（如图 2 所示）：坝基清坡至基岩面，对揭露的断层、溶蚀裂隙及破碎带进行槽挖，回填 C15 混凝土，然后周边填筑厚 40cm 反滤料和厚 80cm 过渡料保护，再按要求填筑坝体上游堆石料。

（3）库底开挖区及库岸断层、破碎带、溶蚀裂隙处理方式（如图 3 所示）：对揭露的断层、溶蚀裂隙及破碎带进行槽挖，回填 C15 混凝土，在进行表面处理。

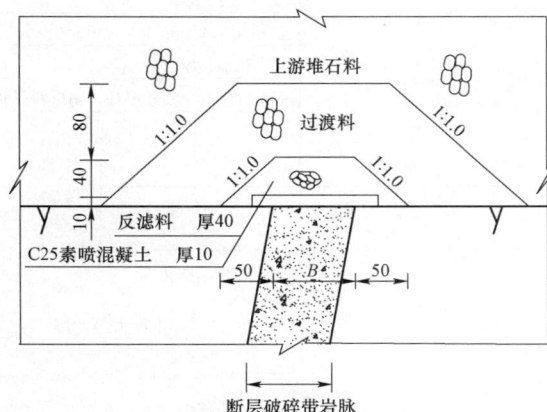

图 1　主坝坝基、副坝坝轴线下游侧坝基断层、破碎带，主副坝坝基宽度小于 2m 岩脉处理方式

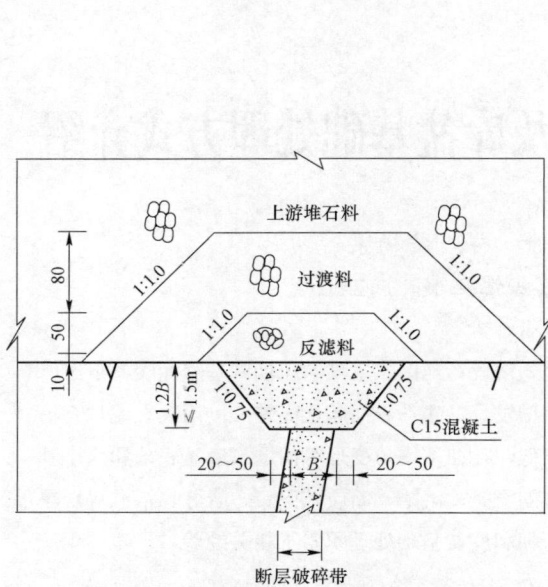

图 2 副坝坝轴线上游侧坝基断层、破碎带处理方式

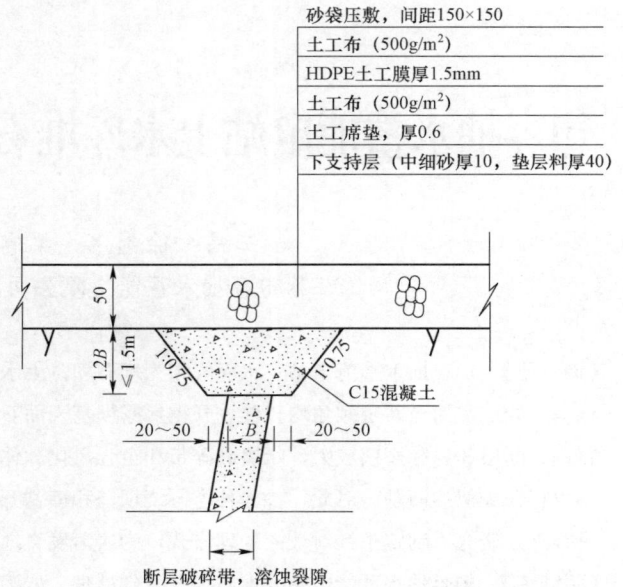

图 3 库底开挖区及库岸断层、破碎带、溶蚀裂隙处理方式

2.2 岩脉处理

上水库坝基和库盆开挖后揭示，基岩主要为弱风化的硅质白云岩、硅质条带白云岩与白云质灰岩，右岸可见 6 条宽度大于 5m 的闪长玢岩岩脉，以强风化为主，部分呈全风化状，脉体蚀变严重，暴露于地表后易崩解，软弱破碎，需及时进行封闭处理。

（1）主、副坝坝基宽度小于 2m 岩脉处理方式（如图 1 所示）：坝基清坡至基岩面，坝基揭露的宽度小于 2m 岩脉带，在出露处及时喷 10cm 的 C25 素混凝土封闭，然后填筑 40cm 厚反滤料和过渡料保护，再填筑坝体上游堆石料。

（2）库岸的岩脉、库底开挖区宽度小于 2m 的岩脉处理方式：对开挖揭露的岩脉槽挖 40cm 深，然后回填 C15 混凝土，再在表面进行处理，具体处理措施如图 4 所示。

（3）库底开挖区宽度大于等于 2m 的岩脉处理方式：对开挖面揭露的宽度大于等于 2m 的岩脉进行槽挖，开挖完成后表面素喷 15cm 厚 C25 混凝土，再回填 25cm 厚垫层料，再在表面进行处理，具体处理措施如图 5 所示。

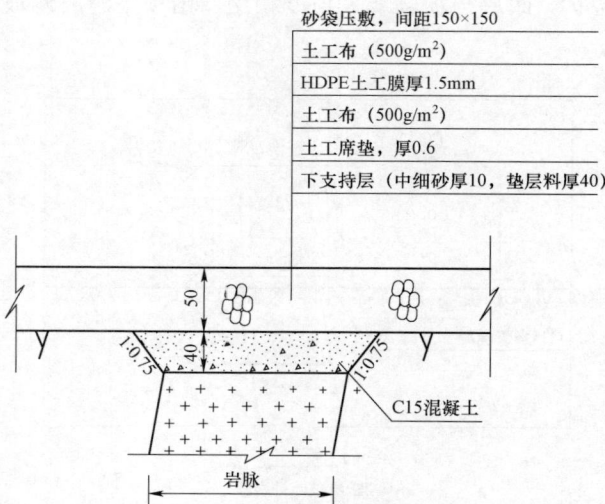

图 4 库岸岩脉、库底开挖区宽度小于 2m 岩脉处理方式

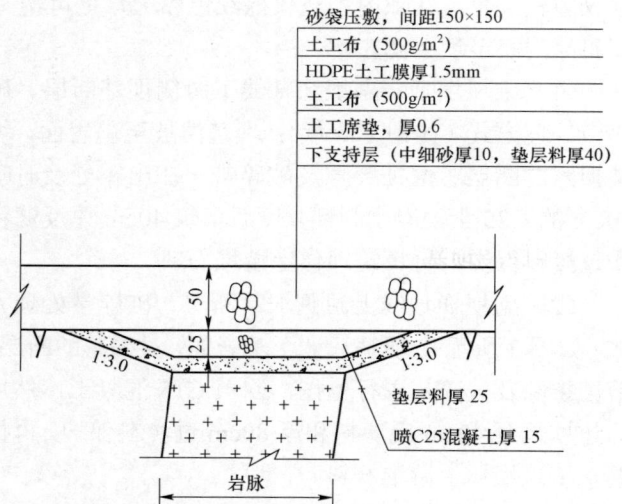

图 5 库底开挖区宽度大于等于 2m 岩脉处理方式

2.3 溶坑、溶洞处理

上水库冲沟内分布有规模较大、以不规则圆形为主、直径约 5～10m、深度 2～5m、充填灰黄色粉质

黏土（可塑状）、中密～密实的溶坑。表部溶洞分布少，且规模较小，洞径 0.5～2.0m，溶洞充填灰黄色、棕红色黏土，可塑状，中密～密实。

（1）库岸、库底开挖区溶洞及坝基、库底回填区直径小于等于 30cm 溶洞处理方式：挖槽后回填 C15 混凝土至基础表面，具体处理方式如图 6 所示。

（2）坝基、库底回填区直径大于 30cm 的溶坑、溶洞处理方式：挖槽后回填垫层料至基础面。具体处理方式如图 7 所示。

（3）距离开挖面 10m 深范围内的溶洞处理方式：采用钻孔＋回填灌浆处理（水泥灌浆掺膨润土或黏土），具体处理方式如图 8 所示。

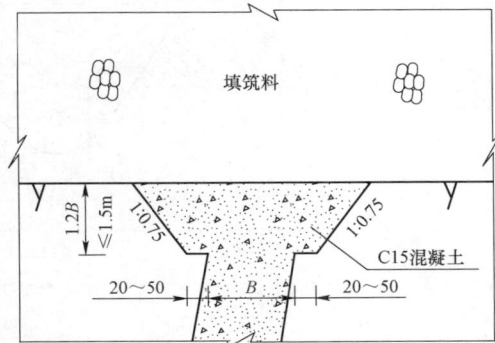

图 6 库岸、库底开挖区溶洞和坝基、库底回填区直径小于等于 30cm 溶洞处理方式

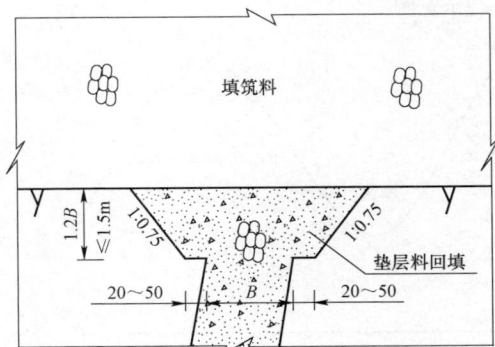

图 7 坝基、库底回填区直径大于 30cm 溶坑、溶洞处理

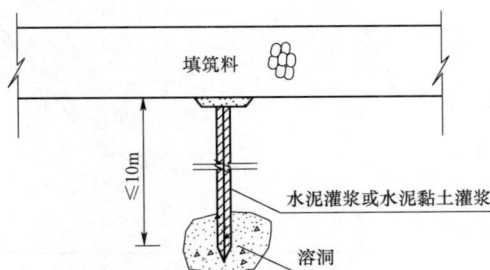

图 8 距开挖面 10m 深范围内溶洞处理方式

3 坝基溶槽、石芽表面形态处理

坝基覆盖层清理后，地表溶槽、石芽在各地层中均有发育，以仑山组灰质白云岩、白云质灰岩地层多见，规模不大，高度不超过 2m，多在 0.5～1.5m 之间，部分区域受构造影响岩溶发育，石芽高度 3～5m，间距 3～5m，地基溶槽、石芽遍布，溶蚀裂隙发育，裂隙内充填黄褐色黏土。溶槽、石芽突出部位若不进行处理，两岸岸坡部位坝体填筑碾压质量难以保证。

3.1 初步处理

首先对主坝坝基揭露的溶槽、石芽进行初步处理：将基础面溶槽内的表土、松散土层及孤石清除干净，溶蚀沟槽面积较大时，开挖难度不大，原则上充填土全部予以清除，局部溶槽狭窄难以清除的充填黏土，其表面填筑 30cm 反滤料并压实处理；将妨碍堆石碾压的反坡和陡于 1:0.3 的陡坡削缓。

初步处理完成后，将坝基表面形态处理分为河床段坝基处理和左右岸坝基处理两类。

3.2 河床段坝基处理

河床段（范围从基础面至左右岸 10m 高差内）坝基超过 100cm 以上凸起岩体削除处理，岩体坡度不超过 1:0.3；溶槽内底部先回填 30cm 厚反滤料，上部回填 40cm 厚过渡料，采用小型机械碾压或手持碾夯实；再填筑 80cm 厚上游堆石料（包括溶槽内 30cm 厚）。具体处理方式如图 9 所示。

坝基处理回填的反滤料、过渡料及上游堆石料碾压参数与坝体填筑各类料碾压参数一致。

3.3 左右岸坝基处理

（1）坝轴线上游左右岸坝基超过 100cm 以上凸起岩体削除处理，岩体坡度不超过 1:0.3，溶槽内回填两层 40cm 厚过渡料，采用小型机械碾压或手持碾夯实；再填筑 80cm 厚上游堆石料（包括溶槽内 20cm 厚）（如图 10 所示）。

坝基处理回填的过渡料及上游堆石料碾压参数与坝体填筑各类料碾压参数一致。

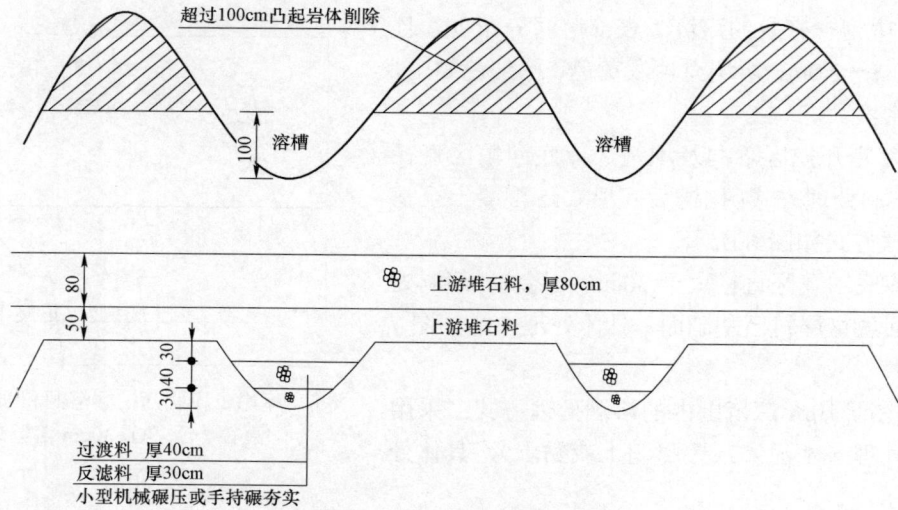

图 9　河床段坝基处理示意图

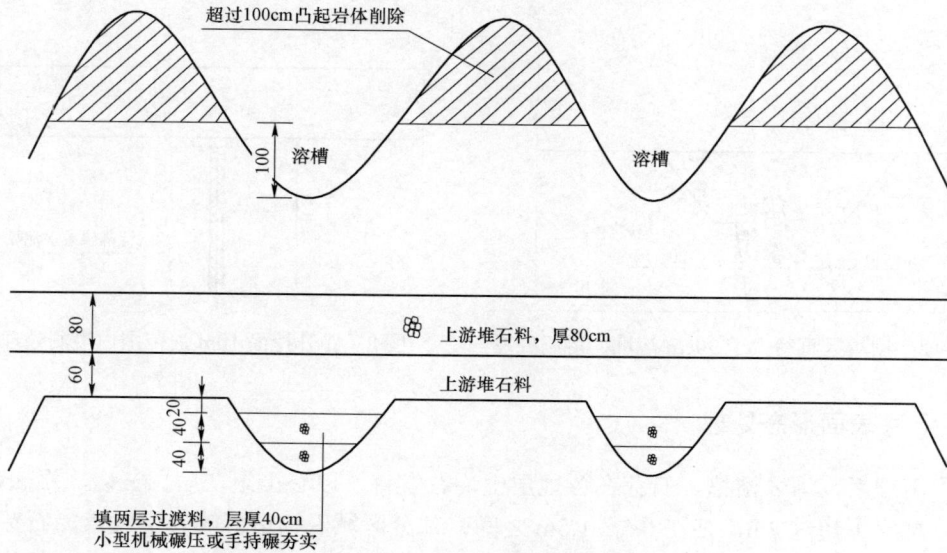

图 10　坝轴线上游左右岸坝基处理示意图

（2）坝轴线下游左右岸坝基溶槽底宽超过 150cm 时，溶槽内填筑上游堆石料，按照上游堆石区要求分层压实（如图 11 所示）。

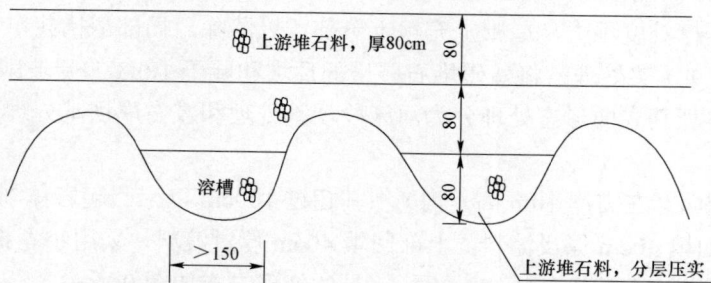

图 11　坝轴线下游左右岸溶槽底宽大于 150cm 坝基处理示意图

（3）坝轴线下游左右岸坝基溶槽底宽小于 150cm。其处理方式与坝轴线上游左右岸坝基处理方式相同（如图 10 所示）。

4　结束语

岩溶发育地区，特别是位于构造发育部位，受断层及溶蚀的影响，容易出现破碎带、岩脉、溶坑、溶洞、溶槽、石笋等问题。本文介绍了句容抽水蓄能电站上水库面板堆石坝坝基和库盆基础对上述地形地质现象的处理方式，在当前我国抽水蓄能电站快速发展的时期，对岩溶发育地区的面板堆石坝和库盆基础处理具有一定的借鉴意义。

参考文献

［1］ 吴基昌，杨泽艳. 洪家渡面板堆石坝基础开挖及处理设计. 贵州水利发电，2013.

大型地下洞室群施工安全控制措施初步探讨

邢志勇

（辽宁清原抽水蓄能电站有限公司，辽宁省清原满族自治县　113300）

【摘　要】　大型地下洞室群往往存在建设工期紧、工序复杂、安全问题突出等特点，尤其施工安全控制将直接影响工程建设的进度、质量和投资。本文通过安全责任体系、安全机构、施工安全措施、特殊洞段施工安全措施等方面，对大型地下洞室群施工安全控制措施进行初步探讨。

【关键词】　大型地下洞室群　施工安全控制措施

1　引言

由于抽水蓄能电站特点，引水发电系统多采用在地下布置，同时也往往处于关键线路。对于大型地下洞室群来说，往往存在建设工期紧、工序复杂、安全问题突出等特点，尤其施工安全控制将直接影响工程建设的进度、质量和投资。下面根据施工总承包工程管理经验，对大型地下洞室群施工安全控制措施进行初步探讨。

2　建立安全生产四个责任体系

"四个责任体系"即建立以项目总经理为主要责任人的安全生产责任体系；建立以项目副总经理（施工）为主要责任人的安全生产实施体系；建立以项目总工程师为主要责任人的安全技术体系；建立以项目安全总监为主要责任人的安全生产监督体系。各体系在安全生产过程中要自觉发挥本体系作用，确保安全生产工作在项目实施过程中"责任到人、实施到底、监督到位、保障有力"。

3　成立安全生产管理机构

（1）组建安全生产管理委员会。以项目总经理为主任，项目副总经理、总工程师、安全总监为副主任，同其他项目领导、各部门负责人和下属单位负责人组成安全生产管理委员会。

（2）安全生产管理委员会办公室设在安全生产管理部门，负责处理安全生产管理委员会日常事务。

（3）安全生产管理委员会主要职责：

1）建立健全安全管理体系，确定工程施工安全管理目标和工作机制；

2）定期召开安全生产会议，解决施工生产过程中存在的安全问题；

3）执行上级安全生产管理部门的规定、决议或指令；

4）协助上级部门组织的事故调查，落实事故处理意见；

5）决定安全生产、文明施工奖惩。

（4）对安全生产管理委员会成员实行动态管理，当人员发生变化时，在规定天数内做出相应调整并报发包人备案。

（5）项目安全总监分管安全工作，安全环保部是项目部安全管理职能部门，配备专职安全生产管理人员，建立健全施工安全生产管理保障体系。

1）安全环保部独立设置。

2）按照国家安全生产相关法律法规及发包人相关规定配备专职安全管理人员。

3）安全总监和专职安全管理人员具有符合国家规定的上岗资质。

4）施工区、作业队、车间设专（兼）职安全员。

5）班组设兼职安全员。

4 地下洞室施工安全措施

地下厂房系统地下洞室密集，洞室长度大，施工期间加强围岩变形监测，发现问题及时处理。施工期间，现场负责人会同有关人员对各部分支护进行定期检查，在不良地质段，每班责成专人检查，当发现支护变异或损坏时，立即修整加固。开挖不良地质段时，按照短进尺、弱爆破、先护顶、及时强支护的原则进行。洞内施工尤其是不良地质洞段的施工，作业人员要保持高度清醒和机动灵活的头脑，作业方法的变化要跟上地质条件的变化，善于应变才能有效地防止事故的发生。

（1）强化安全意识、制定全面合理的安全措施。建立健全隧洞施工安全管理制度、强化安全意识、制定全面合理的安全措施。加强施工安全管理，合理安排工序进度和关键工序的作业环节，组织均衡生产，及时解决生产中进度与安全的矛盾，统一指挥，避免忙乱中出差错，或因抢工程进度，忽视安全而发生事故。严格遵守有关施工规范、安全技术规范、安全规程等。

（2）确定特殊施工工序的安全过程控制措施。

1）地下洞室中，洞与洞之间的平交口和斜交口段进行洞中开洞施工时需等主洞开挖至设计要求的安全距离后，才能开岔洞口。岔洞口开挖前需对洞口进行长锚杆预支护，洞口开挖后及时进行锁口支护施工。

2）在进行进出口段洞身开挖之前，为保证施工安全，相应部位的洞脸系统支护及锁口支护必须施工完成。

3）对Ⅳ、Ⅴ类围岩段及不良地质段采用"超前预测、超前支护、短进尺、弱爆破、强支护"的原则施工。常用的施工方法有：超前砂浆锚杆、超前中空锚杆、超前小导管、管棚支护、喷钢纤维混凝土、挂网喷混凝土、锚喷支护等，必要时增设钢支撑或格栅拱架支护。

4）预裂及控制爆破后及时支护，合理安排工序衔接时间等措施，谨慎处理高边墙洞室开挖与支护工作。

5）合理应用光面爆破、预裂爆破等技术，确保开挖轮廓，减少开挖对围岩及相邻建筑物的影响。

6）重视地质超前预报及围岩原型观测，并用以指导施工。

7）对于卸荷严重地带，采用超前灌浆的方法进行施工。

8）发生塌方或遇较大溶隙、裂隙时，及时查明塌方原因及其规模、规律，提出措施迅速处理，防止塌方范围的延伸和扩大。

（3）针对施工现场制定安全控制措施。

1）施工场地做出详细的部署和安排，出渣、进料及材料堆放场地妥善布置，对风、水、电路等设施做出统一安排，并在主要的交通洞口设立施工场地总体布置一览图，各特大洞室设置该洞室施工场地布置图，供作业人员方便使用。

2）在交叉洞段较多的地段设置三维交通地图，该图标识出当前各工作面的通道情况，特别注明各工作面的当班有无爆破情况，进入各工作面须特别注意的事项等。

3）新开任何洞口前必须先作好锁口锚杆工作，洞口形成后必须及时做好锁口支护工作，并使相邻洞室做到错洞施工，爆破工作也错时段进行，以尽量减少对围岩的扰动。

4）由于洞室复杂，所有隧洞各工作面施工人员必须充分熟悉工作面的情况，作业人员未经允许不得进入不熟悉的工作面，夜班的施工作业人员必须熟悉所施工的工作面情况，新员工不得安排在夜间作业。

5）在开挖施工期，各隧洞施工技术人员必须随时掌握隧洞地质情况、施工技术要求及施工安全技术要求，并每班以书面的形式向作业人员交底。未完成安全处理的地段标识清楚。

6）地下洞室密集，爆破作业除按照规定的时间进行外，还必须统筹做出每天各洞室的爆破时间安排，尽量控制每班爆破的单响药量。

7）竖井、斜井段施工中由于工作面狭窄、垂直作业高差大，且多为人力施工，使得施工安全问题变得相对突出。对安全问题应引起足够重视并采取有效的保障措施，保证竖井施工的顺利进行和较高的施工质量。

8）遇有不良地质地段时，按照"先治水，短进尺，弱爆破，先护顶，强支护，早衬砌"的原则稳步前进。

9）地下洞室开挖在施工过程中，会随时出现新的安全情况，安全环保部门制定针对性的特殊规定，以适应安全生产在不同阶段的要求。

（4）针对施工期制定安全过程控制措施。

1）开挖作业人员到达工作地点时，首先了解相邻工作面的当前工序情况，并检查所施工的工作面是否处于安全状态，检查支护是否牢固，顶拱和边墙是否稳定，如有松动块体或裂缝时必须先予以清除或支护。

2）钻孔台车进入各洞工作面时要有专人指挥，认真检查道路状况和安全界限，台车在行走或避道时，将钻架和机具都收拢到放置位置，到位后不得倾斜，并刹住车轮，放下支柱，防止移动。

3）钻孔时严禁在残眼中继续钻眼，并禁止钻孔和装药平行作业。

4）装炮时使用木质炮棍装药，严禁火种。无关人员与机具等均撤离至安全地点。

5）进行爆破时，所有人员撤离现场。

6）爆破后必须经过 30min 以上通风排烟后，检查人员方可进入工作面，检查照明线路是否安全；检查有无"盲炮"及可疑现象；顶拱及边墙有无松动石块；支护有无损坏与变形。在进行安全处理并确认无误后，其他工作人员才可进入工作面。"盲炮"的处理具体使用什么方法必须由安全员或技术主管同意方可进行。

7）在埋设监控量测点的较远的地段，施工安全员必须注意观测围岩的变化情况，在施工过程中必须能够预见塌方，以避免塌方造成的损失。塌方前的预兆主要表现在以下几个方面：

a. 岩石风化和破碎程度加剧，有黏土、岩屑等断层充填物；

b. 当岩石节理密集且方向一致时，前方可能有与节理走向大致相同的断层；

c. 岩石强度降低，纯钻进度增大，但超钻困难甚至出现卡钻的现象；

d. 爆破后岩石多沿风化面破裂，块度相对减小，部分石块表面附有黄色或褐黄色含氧化铁等物质；

e. 供水沿节理、裂隙漏走，回水量相对减少，并逐渐浑浊；

f. 原来干燥的岩体突然出现地下水流，或渗水量突然增大，或产生渗流位置变换不定；

g. 裂隙面的岩块相继脱落，且其块度增大及频率逐渐增加；

h. 支护结构发生变形，出现扭断、弯曲，有时伴有响声。

安全员和施工技术人员根据地质超前预报资料和一些预兆的主要表现，及时采取措施，确保安全生产。

（5）运输安全保证措施。

1）各类进洞车辆必须处于完好状态，制动有效，严禁人料混载。

2）在洞口、交叉道口及施工狭窄地段设置"缓行"标志，必要时设专人指挥交通。

3）凡停放在接近车辆运行界限处的施工设备与机械，在其外缘设置低压红色闪光灯，组成显示界限，以防运输车辆碰撞。

4）运输线路配置专人维修养护，线路两侧的废渣和余料随时清理。

5）车辆在施工区域行驶，不得超速，洞内不得超过 8km/h，在会车、弯道、险坡段不得超过 3km/h。

（6）通风、防尘、照明及防火安全保证措施。

1）根据空气质量检测，在隧洞工程施工期加强通风，增加洞内氧气浓度，降低有毒、有害气体的当量浓度。隧洞内的通风设备及管路保持完好状态，并设专人管理，保证每人每分钟供给新鲜空气 $1.5\sim3m^3$。

2）无论通风机运转与否，严禁人员在风管的进出口附近停留，不得将任何物品放在通风管或管口上。

3）施工时采用湿式凿岩机钻孔，用水炮泥进行封堵爆破。

4）出渣前用水淋透渣堆和喷湿岩面。

5）隧洞内的照明灯光保证亮度充足、均匀，根据开挖断面的大小、施工工作面的位置选取不同的灯光及安设高度。

6）隧洞内用电线路，均使用防潮绝缘导线，并按规定的高度用磁瓶悬挂牢固。不得将电线挂在铁钉和其他铁件上，或捆扎在一起。开关外加木箱盖，采用封闭式保险盒。如使用电缆牢固悬挂在高处，不得放在地上。

7）隧洞内各部的照明电压为：开挖作业地段为 12～36V；成洞地段为 110～220V；手提作业灯为 12～36V。

8）隧洞内的用电线路和照明调节设备必须设专人负责检修管理。

9）各洞内机电洞室、料库等处均设置有效的消防器材，并设明显的标志，定期检查、补充和更换。

10）保证洞内照明充足，加强通风换气，以增加洞室的清晰度，便于围岩观察。

（7）供电与电气设备安全保证措施。

1）洞内配电变压器严禁采用中性点直接接地方式，严禁由地面上中性点接地的变压器或发动机直接向洞内供电。

2）洞内检修电气设备时，切断电源并悬挂"有人工作，不准送电"的警告牌。

3）非专职电气值班员，不得操作电气设备。

4）操作高压电气设备主回路时，必须戴绝缘手套，穿电工绝缘靴并站在绝缘板上。

5）手持式电气设备的操作手柄和工作中接触的部分，有良好绝缘，使用前进行绝缘检查。

6）低压电气设备宜加装触电检查防护。

7）电气设备外露的转动和传动部分，必须加装遮栏或防护罩。

8）36V 以上的电气设备和由于绝缘损坏可能带有危险电压的金属外壳、构架等，必须有接地保护。

9）电气设备的保护接地，每班均由当班人员进行一次外表检查。

10）电气设备的检查、维修和调整工作，必须由专职的电气维修工进行。

5 特殊洞段及不良地质条件洞段施工安全措施

（1）主厂房、主变压器洞顶拱开挖采取中导洞开挖支护完成后进行扩挖的方式施工；中下部采取先进行边墙预裂施工，然后再进行中部梯段爆破施工；与厂房相交洞室开挖，要求按照先洞后墙的步序施工，以保证厂房开挖形成的高边墙稳定与安全。岩壁吊车梁混凝土浇筑后，后续开挖必须对所有周边爆破的时间、爆破质点振速、药量等进行严格控制，减轻爆破对岩壁吊车梁的影响。

（2）不良地质条件下的安全施工措施是地下工程施工措施的重点，必须重视围岩稳定，地下水，开挖与衬砌的关系，褶曲，断层带开挖与支护，主、支洞洞口和主洞与支洞交叉口的开挖与支护问题，确保施工安全。

1）加强地质预报，当无法预测前方洞段的地质条件时，采用超前地质勘探钻孔，探明地质情况后再确定正确的开挖方案。

2）开挖过程中，除按照施工图纸进行支护外，根据围岩特性对局部不稳定部位增设随机锚杆；对控制稳定的软弱结构面，采取锚筋桩加固或预应力锚杆加固并伸到完整岩体中维护围岩稳定。

3）在松散、破碎岩体中开挖洞室，尽量减少对围岩的扰动，采用先护后挖，边挖边扩或对岩体加固后再开挖等方法。或者采取一掘一支护，稳步前进，即开挖一循环先喷混凝土，然后打锚杆、挂网，再喷混凝土至设计厚度，如此循环掘进。围岩稳定特别差时，爆破后立即封闭岩面，出渣后，再打锚杆、挂网、喷混凝土，必要时安设钢支撑。开挖遵循"预灌浆、分层分部、管超前、短进尺、多循环、弱爆破、强支护、勤观测"的原则进行施工。

4）对开挖面的不连续地质构造按施工图要求进行处理，对岩脉和接触带边界处均及时封闭、回填置换，具体处理部位和方法参照施工图或按监理人的指令进行。

5）施工过程中可能出现地下水活动严重的地段，在渗水严重及涌水段施工时采用"排、堵、截、引"相结合的方法进行处理。

6 结束语

总之，工程输水发电系统是一个完整的大型地下洞室群，各类洞室纵横交错，布置复杂，岩体采空率高，穿越不同围岩类别和断层裂隙等不良地质段，存在大跨度、高边墙、多洞室、多交叉、多层次施工带来的施工安全问题，施工安全控制措施是工程安全建设管控的基础。

浅谈抽水蓄能电站长斜井开挖反井钻机施工应用

杨 帆

（中国水利水电建设工程咨询西北有限公司安徽绩溪监理中心，安徽省绩溪县 245300）

【摘 要】 在抽水蓄能电站工程中，斜井布置较为普遍，且斜井的规模仍在不断扩大、加长，在施工中斜井的施工精度控制历来都是水电工程中的难题。安徽绩溪抽水蓄能电站引水系统中 3 条斜井轴线与水平夹角 55°，采用反井钻开挖的方法具有代表性。安徽绩溪抽水蓄能电站参建各方经过多次讨论分析后，决定对 3 条斜井局部采用反井钻机导井法进行施工，在施工中总结了宝贵的经验。本文从反井钻机导井法施工与精度控制两方面进行阐述。

【关键词】 抽水蓄能 长斜井 反井钻机 施工应用

1 引言

近年抽水蓄能电站的建设在我国水电站中的市场份额越加突出，随着市场工程规模的不断扩大。施工技术的进步成熟，安全、高效的前提要求，在降低施工风险、人身安全的同时，择优选择满足工程高质量、工期要求且降低工程投资的技术设备是贯穿整个电站建设的一项重要内容。

抽水蓄能电站引水系统常采用长斜井、坡度夹角大设计。在现场施工中常遇到开挖难度大、安全风险高、通风效率差等瓶颈限制。常规人工开挖方式逐渐被新技术替代应用，反井钻井技术设备简单、施工速度快、安全风险低，因此得到各单位的应用推广。

2 概述

2.1 工程概述

绩溪抽水蓄能电站位于安徽省绩溪县境内，总装机容量1800MW，由 6 台单机 300MW 机组组成。引水系统采型用三洞六机斜井式布置，主要建筑物包括引水隧洞、压力管道上平段、压力管道上斜井、压力管道中平洞、压力管道下斜井、压力管道下平洞等，其中上斜井长度387m，下斜井长度392m，斜井轴线与水平线夹角 55°，开挖断面为直径 6.0m 的马蹄形。

2.2 地质条件

根据地面地质测绘、SZK26 钻孔和 CPD1 探洞资料，井身围岩为（似）斑状花岗岩［γ53（3）］，局部为玄武玢岩脉（βμ–1），属微风化～新鲜岩石，前者呈块状～次块状结构，岩体完整～较完整，局部为完整性差或较破碎；玄武玢岩脉呈次块状结构，宽约 5～8m，总体产状为 N45～50°W，SW∠85°～88°，CPD1 探洞内其下盘面为断层接触（f234），带宽 0.15～0.3m，带内为碎裂岩、断层泥，性状差，剖面上与斜井同向但交角小，推测在 3 号下斜井上部出露；f223、f232断层宽度仅 1～5cm，倾角 72°～80°，推测出露于三条斜井的上部；另外还可能发育有 NNE～NNW 向及 NNE 向中、陡倾角小断层，因此，断层与其他结构面组合在断层下盘洞顶、断层上盘洞底部位易产生掉块、超挖。

参照 CPD1 平洞围岩分类，上斜井围岩为块状～次块状（似）斑状花岗岩和次块状玄武玢岩，岩体以完整～较完整为主，围岩类别Ⅲ～Ⅱ类为主，断层破碎带为Ⅳ～Ⅴ类；基本稳定，局部稳定性差，开挖时及时采取系统锚喷支护处理，岩脉接触带、断层破碎带应予以加强。

3 反井钻机工作原理

由电动机带动液压马达，利用液压动力将扭矩传递给钻具系统，带动钻具旋转，并向上、下升降采用镰齿盘形滚刀破岩，滚刀在钻压的作用下沿井底滚动，从而对岩石产生冲击，挤压和剪切作用，使其破碎。

反井钻机施工分两个步骤进行，先采用 216mm 小钻头从上至下钻进到斜井下部平洞，在钻进过程中采用泥浆泵或高压水泵从泥浆池抽至动力水龙头，高压水沿钻杆至钻头排水孔压出，将石渣从钻杆与孔壁间的环行空间排至排渣槽，最后进入沉渣池。导孔贯通后（停止泥浆泵或高压水泵运行）卸下小钻头，改换成 ϕ1.4m 镶齿盘形滚刀钻头，由下向上扩孔。再采用镶齿盘形滚刀在钻压的作用下沿井底滚动，从而对从下至上滚刀对岩石切削、挤压完成竖井及斜井开挖，扩孔时的石渣经过冷却水的冲刷和自重坠落到斜井下部平洞。

4 反井钻机在绩溪抽蓄电站施工应用

4.1 反井钻+爬罐技术应用结合

由于安徽绩溪抽水蓄能电站斜井长度为 387m，完全采用反井钻机施工，钻孔精度控制难度较高；完全采用爬罐施工，其通风问题又较为突出，后期施工效率较低。经方案比选后确定在引水上斜井 120m 处设置了一条上斜井施工支洞将上斜井分为上下两部分，其中上部长 120m，下部长 267m；上斜井的上半部分采用反井钻机开挖，下半部分采用爬罐开挖，反井钻机施工通气孔，辅助爬罐改善空气环境。

斜井上半段 120m 采用反井钻机自上弯段（上平洞施工支洞）钻取 ϕ216mm 导孔至上斜井施工支洞，该段导孔贯通后改换成 ϕ1.4m 镶齿盘形滚刀钻头，由下向上扩挖形成 ϕ1.4m 溜渣井，再进行全断面扩挖。

斜井下半段 267m 采用反井钻机开挖斜井轴线方向 120m 深 ϕ216mm 通气孔，同时爬罐自下弯段往上开挖反导井；待爬罐反导井开挖进尺约 147m 左右即可与上方 ϕ216mm 通气孔贯通，形成天窗烟囱效应，爆破后烟雾粉尘即可迅速通过 ϕ216 通气孔经上斜井施工支洞排出。该技术方案有效地解决了抽蓄电站长斜井反导井开挖进尺 150m 后由于通风散烟问题带来的工效低下等系列问题。

4.2 设备参数

根据引水隧洞（斜井）55°斜角的情况，反井钻选用的为 LM-180 型反井钻机进行施工，LM-180 型钻机主要的性能技术参数为：

导孔直径：216mm

设计钻孔深度：250m

钻机最大扭矩：45kN·m

钻机拉力：850kN

钻机推力：350kN

转速：0～43r/min

单根钻杆有效长度/重量：1000mm/180kg

钻机功率：86kW

TBW-850-7B 型泥浆泵：90kW

冷却水泵：3kW

该机型具有转速高、钻杆重量轻、施工时同心率较高的特点，用以来确定导孔偏斜率在控制范围内。

4.3 施工难点

上斜井反井钻机倾斜角度为 55°、反导井直径 216mm 导孔应与后续爬罐开挖断面为 2.4m×2.8m 相对接，斜井施工过程中偏斜率控制难点大。

4.4 钻机基础处理

反井钻机倾斜角度为 55°，采用的是素混凝土基础，对基础的技术要求如下：

由于爬罐反导井开挖断面为 2.4m×2.8m，考虑到后期全断面扩挖人工扒渣强度高，因此将反导井的中心线向下偏离引水上斜井中心线底板方向 1.0m。为保证反井钻钻孔中心线在反导井（开挖断面尺寸 2.4m×2.8m）范围内，反井钻钻孔中心线布置在距离引水上斜井中心线底板方向 60cm 处，因此，反井钻通风孔中心线距离开挖断面顶拱部位 1.6m，距离开挖断面底板部位 0.8m。如图 1 所示。

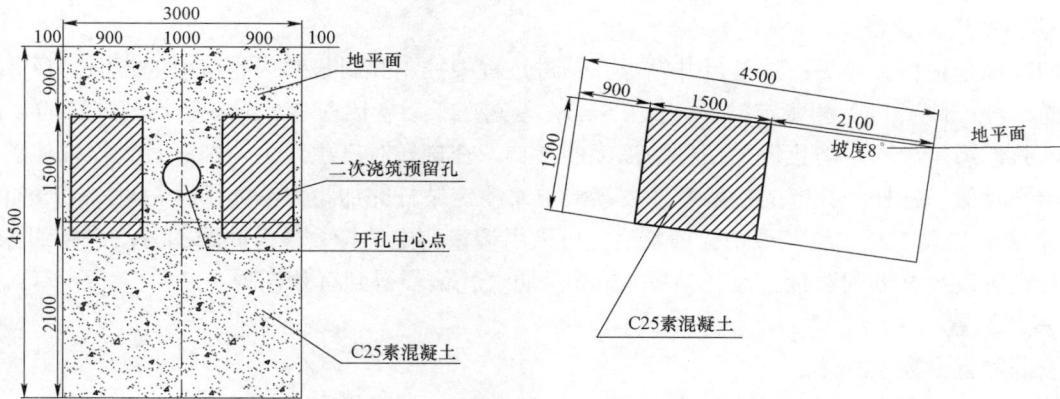

图 1　反井钻基础平面图

基础混凝土的标号为 C25，基础落在稳定的基岩上，基坑不小于 1.5m，同时预留出地脚螺孔的位置。为保证反井钻的倾斜角度，设备基础控制在 8° 范围，呈缓斜坡状。为防止反井钻下滑，在反井钻坡面上游靠近基岩面位置设置两根锚杆，锚杆规格 $\phi25$，$L=2.0$m 入岩 1.7m，入岩为保持中心孔定位准确，预留孔必须准确对称。如图 2 所示。

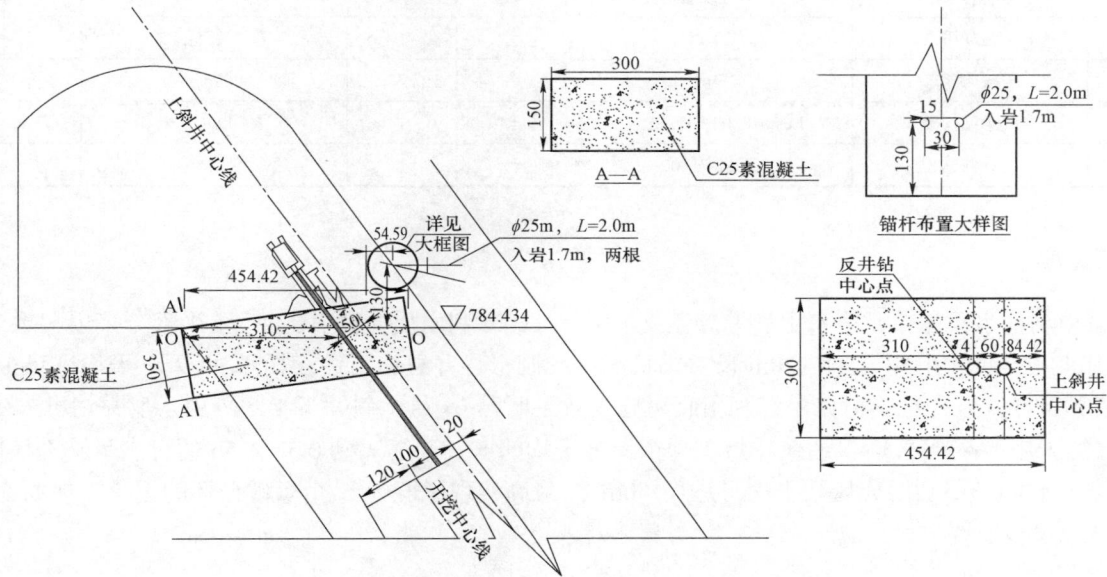

说明：本图标注以cm计。

图 2　反井钻基础位置示意图

4.5　钻机钻孔施工前准备

（1）依据导孔的长度和岩石的硬度计算钻杆自重，确定钻杆的下垂度。

（2）调好测斜仪，以便在钻导孔时全程使用。

（3）选择新的钻头及稳定钻杆，避免导孔过程中滑钻，降低钻杆与孔壁之间的间隙。

（4）检查卡瓦稳定器、扶正器等是否正常。

（5）钻机安装完成后，对钻机进行角度调整，保证开孔角度的精确度。二次浇筑混凝土，洞内条件应养护 3 天，待混凝土达到强度要求后开始导孔钻进。将 A216mm 导孔钻头与稳定钻杆以丝扣连接在一起进行开孔作业，采用低钻压、低扭矩稳定开孔，进一步保证开孔角度。

（6）系统调试并试运行，达到钻孔要求后，开始钻孔。开孔时依据地质情况采取由慢到快的方式，具体如下：1～5m，3h/m；5～15m，2.5h/m；15～70m，2h/m；70m 以下，导孔已成型，根据地质变化来调整进度。

4.6 钻机偏斜率控制调整

通过增减稳定钻杆来纠偏：这是反井钻导孔钻进过程中控制孔斜最常用且有效的方法。反井钻机的钻杆分为普通钻杆（长 1.0m）和稳定钻杆（长 0.5m），差别在于后者比前者外周多了均匀分布的 4 条 3cm 厚的钢肋板，其作用是导向，防止反井钻杆随深度的增加，在旋转时产生过大弯曲、过大摆幅偏差，起到稳定的作用，同时保护钻杆与孔壁的接触摩擦。绩溪电站稳定钻杆的加设方法如下：钻进 2m 时加设 1 根，然后每钻进 20m 加设 1 根。当发现钻孔偏斜后，可采用调整稳定钻杆数量及间距的方法进行纠偏，反井钻机通气孔与爬罐反导井顺利对接，反井钻机 120m 深通气孔偏斜得到有效控制。

4.7 施工资源配置

施工资源配置见表 1、表 2。

表 1   主 要 人 员 配 置 表

项目	操作工	司机	测量工	电工	混凝土浇筑工	普工	管服人员	合计
人数	12	4	2	2	4	6	4	34

表 2   主 要 施 工 机 械 设 备 配 置 表

序号	设备名称	型号或规格	单位	数量	制造厂名	备注
1	装载机	20GY	台	1	国产	
2	混凝土罐车	6m³	台	2	国产	
3	全站仪	Leica TS02POWER－2	套	1	瑞士	
4	反井钻	LM－180	台	1	国产	

5 施工进度

安徽绩溪抽水蓄能电站引水上斜井施工支洞以上 120m 利用反井钻机施工，下半部分采用爬罐开挖（反井钻机辅助施工通气孔）。上部 120m 反井钻机 φ1.4m 圆形导井总施工进度耗时 90 天，平均进尺 1.3m/d；下部 267m 反导井开挖施工对比单纯利用爬罐施工效果明显（1 号上斜井下半部分由于反井钻机未到位，实际 267m 均采用爬罐施工），仅通风排烟一项由原来平均的 5～6h 缩短到 0.5～1.5h 便可满足施工环境要求，平均月进尺 80m（不利用通风孔平均月进尺 60m），最高实现了两天 5 个爆破循环的记录。现场施工进度满足电站建设节点要求。

6 结束语

安徽绩溪抽水蓄能电站斜井开挖支护施工结合国内相关施工技术优点，根据现场实际情况设置施工支洞及利用反井钻井与爬罐结合的施工方案，在施工进度及施工安全等方面开创先河，为后续电站斜井施工提高良好借鉴。

某抽水蓄能电站水库土工膜防渗体系渗漏修复措施探讨

卢 力 贾 林

（中国水利水电建设工程咨询西北有限公司，陕西省西安市 710000）

【摘 要】 某抽水蓄能电站上水库工程采用全库盆土工膜防渗体系，水库初期运行阶段进行了土工膜防渗体系渗漏修复，保证了水库安全稳定运行。本文结合工程实例，从渗漏破坏机理和沉降变形原因进行分析，对修复效果进行研究。

【关键词】 水库 土工膜 渗漏分析 修复

1 引言

土工膜作为一种工程防渗材料，具有防渗效果好，施工速度快，工程造价低等优点。近年来，颇受工程设计人员的重视，在国内外水利水电工程中得到广泛应用和推广。某抽水蓄能电站上水库工程将土工膜防渗体系应用进一步创新，在超出现有工程经验范围的情况下，采用国内抽蓄电站工程中尚未使用的全库盆土工膜防渗体系，具有很强的开创性、实验性。

水库初期运行阶段遇到局部渗漏问题，进行了渗漏修复处理。为了研究和深入了解全库盆土工膜防渗体系渗漏修复效果，本文结合库盆渗漏修复的工程实例，对集中渗漏破坏部位进行原因分析和修复效果印证。分析土工膜防渗体系在运行过程中受动－静水力交替作用及结构物不均匀沉降引起的撕裂破坏，研究渗漏修复措施的有效性。

2 库盆工程概况

某抽水蓄能电站上水库库盆是目前国内唯一采用全库底土工膜防渗的工程。上水库利用 2 条较平缓的冲沟在东侧筑坝，坝顶高程 295.00m，库盆修挖填筑后形成上水库。

库底在高程 245.80m 部位开挖成一平台，地形低于高程 245.80m 部位利用石渣回填至高程 245.80m。为减少挖填结合部位不均匀沉降，在回填区内距库底开挖平台外边线水平距离 10m 处按 1:5 坡比开挖成一斜坡。平台开挖区和回填石渣区表面防渗体由上至下依次为：点状压护混凝土预制块（8.5kg/块）、土工布（500g/m²）、1.50mm 厚 HDPE 土工膜、三维复合排水网（1300g/m²）、5cm 厚砂垫层、0.4m 厚碎石下垫层、1.5m 厚过渡层。库底最高水头为 51.64m，库底基础开挖区占 1/4，回填区占 3/4，最大开挖高度约 80m，最大回填深度约 70m，防渗混凝土面板表面积约 19 万 m²，库底土工膜约 25 万 m²。

3 渗漏过程及放空检查

3.1 渗漏过程与应对措施

上水库在首台机组甩 50%负荷完成 12h 后，监控系统发现水库水位有异常消落现象。从巡视检查并结合分析监测数据，发现除主坝坝后量水堰流量变化较大外，上水库排水廊道、地下厂房排水廊道、进出水口竖井周边排水廊道、主副坝下游坝坡面、库外山坡等其他部位总体无异常情况。

针对上水库异常水位异常消落情况，采取立即关闭进出水口闸门，由此判断可能发生渗漏区域。闸门关后，监控数据反馈上水库水位仍存在继续异常下降，且进水球阀前压力表读数维持关门前后不变。根据监测数据和现场实际情况分析，初步判定引水系统未发生渗漏，渗漏区域可能发生在上水库库盆中。

3.2 放空检查

为确保大坝等水工建筑物/结构物的稳定安全，防止渗漏进一步扩大而引发次生灾害，立即采取放空水库措施，将上水库蓄水通过机组发电工况放至下水库。通过机组发电工况将上水库水位降低至死水位高程后，通过机组空转将水库水位继续降低至进出水塔闸门底槛高程，然后采用库底放空管放掉前池区域水量，具备进入库底检查条件。放空检查情况：

（1）发现 1 处集中渗漏点位于①塔周南侧边缘，土工膜被撕裂破口，长约 1.2m，原有护面预制块被冲走。库底积水继续沿此孔洞流入，孔洞下方约 3m 及孔洞周边沿线 3～7m 范围内垫层料基本已被掏空。其余片区未发现明显渗漏点。

（2）拆除表面防渗体后，集中渗漏处下方已被水流淘刷成深坑，在渗漏区左右两侧沿塔基座约 41m 长范围，均有不同程度的塌陷（水流淘刷引起），集中渗漏点处最大宽度约 120cm，最深处约 310cm，周边塌陷区宽度 30～75cm，深度 120cm，深坑内细颗粒基本流失至下部堆石体区。

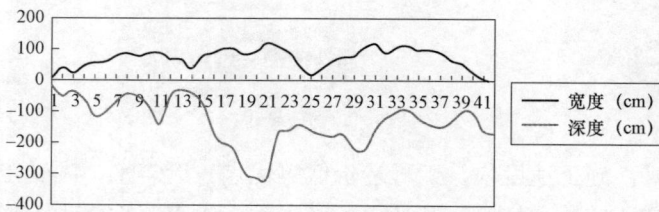

图 1　集中渗漏点及周边塌陷区测量成果图

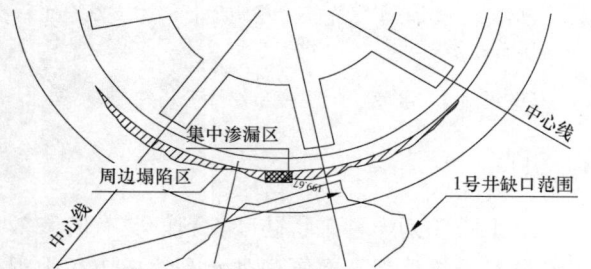

图 2　进出水口塔南侧集中渗漏点

（3）前池区域进出水塔周边库底沉降变形较为明显，且较大面积区存在不均匀沉降变形现象，局部最大变形达 30cm。因不均匀变形引起库底井周满铺预制块区域存在下陷、块间缝明显加大现象。

（4）坝后量水堰水质除刚开始渗量加大时局部有变浑浊现象外（主要为排水棱体坡脚处局部泥土带影响），后续稳定后水质清澈，无明显夹砂现象，堰池内也无明显堆积物，说明细颗粒料基本没有被水流带出坝体。

4　渗漏原因分析

4.1　总体情况

根据上水库初期蓄水和机组调试期间渗漏监测情况，上水库防渗体系总体运行正常，总体渗漏量均在规范允许范围。在上水库发生明显渗漏期间，除主坝下游量水堰流量有较大增长外，其他渗漏情况无异常变化，且量水堰渗流量与已查明的渗漏点渗漏情况基本相符，见图 3、图 4。

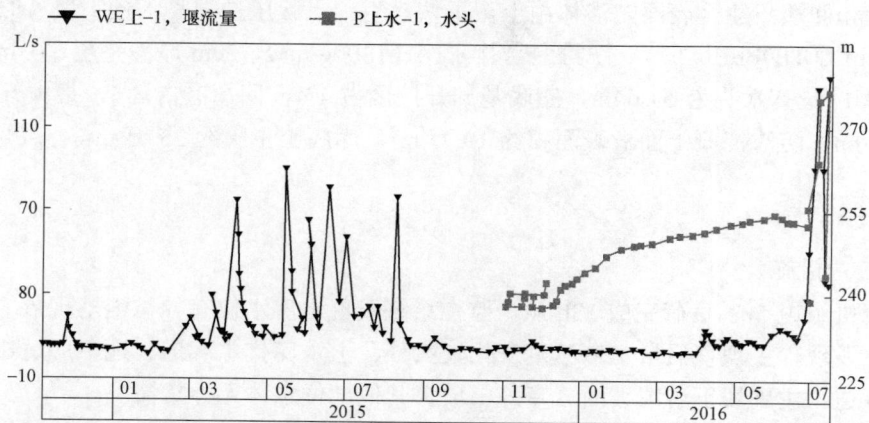

图 3　主坝坝后量水堰渗流量与库水位关系曲线（蓄水期）

因此，上水库防渗体系总体运行情况正常，渗漏主要为局部发生集中渗漏现象。

4.2　集中渗漏点破坏机理分析

从放空检查情况看，库底前池区域存在较大沉降变形和不均匀沉降变形现象，其中沉降变形和不均匀

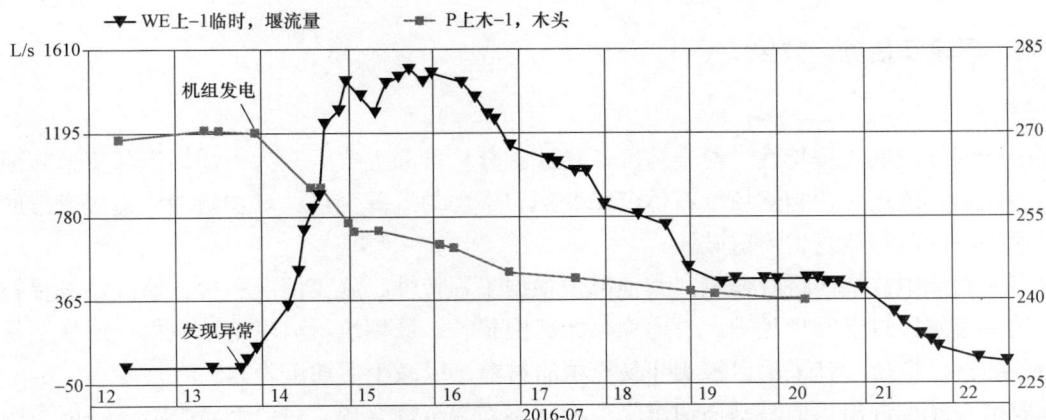

图 4   主坝坝后量水堰过程线图（渗漏期）

沉降变形较大部位主要存在于填筑区地形条件变化较大、开挖与填筑连接处、靠近建筑物部位、填筑分区、施工期道路及沉降周期较短等部位。因此集中渗漏点部位发生渗漏主要由不均匀沉降引起。推测分析破坏过程、破坏机理如下：

（1）土工膜下回填堆石体在水压作用下形成沉降变形和不均匀沉降变形；

（2）土工膜下形成局部空腔，受塔体约束影响，土工膜处于悬链胀拉受力状态；

（3）土工膜因各种原因（隐性缺陷、孔洞、碎石穿刺）形成局部穿孔，出现渗漏；

（4）库水外渗后加剧土工膜下堆渣体沉降变形和不均匀沉降变形；

（5）土工膜下部支撑层局部空腔增大；

（6）土工膜延伸率在超过母材屈服延伸率后呈现撕扯破坏，从而形成集中渗漏通道；

（7）土工膜出现"硬脊"是因机组运行引起水力振动和塔周边水流流态紊乱造成。

其中沉降变形与土工膜局部穿孔为交替过程，反复作用下形成集中破坏点。

形成过程：土工膜下部堆石体不均匀沉降→土工膜底部支撑层脱空→土工膜悬链胀拉受力→诱因撕裂破坏/拉伸屈服破坏→库底集中渗漏。

4.3   不均匀沉降变形原因分析

发生集中渗漏的原因主要是不均匀沉降作用导致的土工膜撕裂破坏。

进出水口塔体底座为下挖埋设式钢筋混凝土结构，下部与进出水口竖井段连接，库底前池挖平至设计高程后，塔基部位再进行环弧形漏斗状深挖至其建基面高程。受周边原始地形地势影响，塔体北侧地势较高均为开挖区，塔周回填后堆石体受外侧岩坡制约较大，难以往外侧方向变形，故沉降变形量值较小（3～12cm）；南侧地势较低为回填区，且外围为库底深厚回填区，对塔周堆石体向外侧变形的制约小，故沉降变形量值较大（15～22cm），因此南侧沉降变形普遍比北侧较大。在塔基南侧边缘，沉降梯度最大，故在此因沉降变形过大，存在土工膜下部脱空，在承受高水头作用后土工膜发生悬链胀拉破坏（图5）。

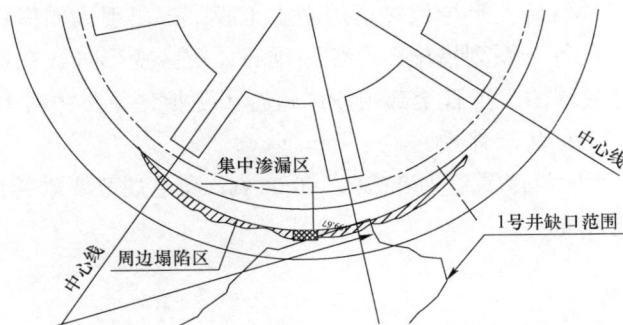

图 5   ①进出水口塔南侧集中渗漏点

5　修复原则、思路及措施、效果

5.1　原则与思路

根据集中渗漏部位的工程特性、检查情况，经原因分析渗漏主要因素为不均匀沉降变形，因此修复的总体原则为因地制宜地选择控制回填堆石体沉降变形和不均匀沉降变形，增加防渗体适应变形的能力，有序控制渗漏水流路径，避免发生渗透破坏。

（1）重点针对集中渗漏区进行修复，其他部位根据工程特性、施工情况和检查情况，进行补强处理。

（2）对集中渗漏区进行回填处理。考虑塌陷区范围狭长，原填筑材料填筑难度大、质量不易控制，塌陷区周边部分细料已带走，宜采用自密实和易充填的材料，以减少后期沉降。

（3）采取措施减少进出水口塔基周边沉降变形和不均匀沉降变形。主要为减少沿塔基周边倒悬体和肋板处沉降变形量、减少塔基外侧不均匀沉降变形量。

（4）土工膜需适应较大沉降变形。采用在塔基周边预留沉降超高、土工膜下增强保护措施。

（5）对已发生渗漏的通道进行充填处理。增加防止发生渗透变形破坏措施，主要通过灌浆进行修复处理。

（6）受上水库施工条件限制，至库底仅有两处人行检查阶梯可达，修复施工所需材料设备只能通过交通桥垂直运输；受场地限制，大重型机械设备不能进入施工区现场作业面。

（7）检查和处理工程考虑已有防渗区的保护。考虑汛期、高温和工期影响。

5.2　措施与效果

回填堆石体修复措施：上水库进出水塔基回填堆石包括库底堆石体、过渡料回填区（掺水泥 50kg/m³）、垫层料回填区（掺水泥 100kg/m³）3 种，且部分已受渗漏影响，其中特性差异较大，需对不同回填材料和影响有针对性处理措施。根据回填堆石区特性，结合工程特点，从保证修复处理的效果及可靠性，提高堆石体渗透稳定性，减少沉降变形和不均匀沉降变形方面考虑，选择对塔基周边中、深层堆石体采用可控充填灌浆、局部浅表层堆石体采用挖除置换方式处理。在防渗体系质量较好和有保障的条件下，对架空严重和孔隙率较大的堆石体进行水力灌砂充填是提高堆石体密实度，减小堆石体变形的方法。

对塔周圈堆石体的充填灌浆处理，有效提高了其均一性，通过浆液包裹堆石体固结作用，对减小堆石体沉降变形总量和控制不均匀沉降变形均有好处。灌浆成果显示，可控充填灌浆区堆石体孔隙率平均提高了 4%，渗透系数减少到小于等于（1～4）×10⁻²cm/s 量级水平；经灌浆前后物探检测，不密实区已大为减少，绝大多数已消除。

土工膜防渗体修复措施：考虑施工难度和预期效果，根据塔基周边变形情况，从适应沉降变形方面考虑，主要采用预留沉降超高方案进行处理，可取得适应双倍变形效果。但远距离预留沉降超高，在高水头作用下，土工膜适应变形的调整能力有限，在塔基周边一定范围（5～10m）内通过表面多填垫层料方式预留沉降超高，使最终沉降变形后砂垫层表面不低于塔基锚固基座台面，以消除土工膜下部脱空的可能性。

通过在塔周圈一定范围内预留沉降超高措施，留出的超高高度可确保沉降完成后永久表面不低于锚固基座台面高程，可避免因堆石体沉降变形导致在塔周圈土工膜下部出现大面积脱空的可能性。采取了塔井周圈预留超高和增加延长渗径膜等一系列措施，避免因堆石体沉降变形导致在塔周土工膜下出现大面积脱空的可能性；对渗漏修复处理区域的土工膜全部用新膜进行了更换，并在井周 10m 范围内防渗膜表层增了一层防冲刷膜，有效地保护了下层防渗体系。

蓄水后，监测数据反映，水库日渗漏量为 0.03‰～0.05‰，满足规范要求的日渗量不大于 0.2‰～0.5‰ 的总库容，证明水库运行安全稳定。

6　结束语

库盆防渗是水库工程的重点难点，其效果对工程安全稳定运行和经济效益有着重要影响。土工膜防渗体系能有效解决运行水头高、基础高挖深填、库底地形不规则、防渗大面积等诸多技术难题。该电站上水库前池区域回填区采取充填灌浆以控制基础的不均匀沉降变形。在塔周圈设置隆起、塔间设置砂梗以延长土工膜的方式增强其适应基础变形的能力,从而保证了下卧基础复杂、运行期水流流态复杂条件下的土工膜防渗效果。

同时,由于机组运行(水力作用)、库底结构物及回填基础不均匀沉降等综合影响,从设计、施工之初,需将相关技术因素考虑全面,一旦渗漏,造成的损失将会较大,且只能采取放空水库进行修复处理。因此,采用纯土工膜防渗体系,需进一步进行技术管理上的研究。

参考文献

[1] 吕永航,方志勇. 抽蓄蓄能电站施工技术 [M]. 北京:中国水利水电出版社,2014.

[2] DL/T 5267—2012《水电水利工程覆盖层灌浆技术规范》[S]. 北京:中国电力出版社,2012.

[3] DL/T 5208—2005《抽水蓄能电站设计导则》[S]. 北京:中国电力出版社,2005.

[4] NB/T 35027—2014《水电工程土工膜防渗技术规范》[S]. 北京:中国电力出版社,2014.

抽水蓄能电站面板堆石坝加高工程有限元分析

李 斌[1] 张 伟[2] 陈玉荣[1] 贾 涛[1] 孟宪磊[1]

（1. 河北丰宁抽水蓄能有限公司，河北省承德市 068350;

2. 浙江华东工程咨询有限公司，浙江省杭州市 311122）

【摘 要】 随着抽水蓄能电站工程的日益增多，对原有水库进行改扩建已经越来越成为抽水蓄能电站建设的发展趋势。本文以河北丰宁抽水蓄能电站下水库拦河坝的改扩建工程为基础，建立了土石坝改扩建工程的二维有限元模型，对抽水蓄能电站拦河的施工过程的应力变形进行了分析。计算结果表明：加高后坝体沉降并没有因为老坝沉降已经完成，而有所减小，反而有所增加；顺河向变形，在竣工后和蓄水后最大值的位置基本一致，均出现在坝高 1/4 处，且位于老坝填筑区；防渗墙作为坝体重要的防渗设施，在蓄水时应力值和变形都是最大的；坝体加高并蓄水后，顺坡向应力最大值 5.72MPa，均处于受压状态，周边缝呈闭合状态。在不考虑抗震的情况下，各项技术指标均在允许范围内，丰宁抽水蓄能电站下水库拦河坝的设计方案是可行的。

【关键词】 抽水蓄能电站 面板堆石坝 改扩建工程 有限元

1 研究背景

抽水蓄能电站是一种依托水能，将电力系统中处于低谷的电能转换成峰荷电能的水电站，主要为了解决电网高峰、低谷之间供需矛盾而产生的。抽水蓄能电站一般会在上游和下游建设两个水库，即通常说的上水库和下水库，以此完成抽蓄水到发电的循环。近些年来，部分抽水蓄能电站在选址时选择在一些已建好的水电站的基础上改建，具有减少工程投资，还可缩短建设时间的优点，例如：南岗抽水蓄能电站将下游已建好的反向调剂水库堤坝加高 2m，形成下水库；潘家口抽水蓄能电站利用滦河上已建好的潘家口水库作为上水库；十三陵抽水蓄能电站利用已建好的十三陵水库作为下水库；白山抽水蓄能电站利用白山水库和红石水库作为电站的上下水库；宜兴抽水蓄能电站利用原会坞水库挡水坝加高改建，形成了下水库。从以上实例可以看出，将原有水库拦河坝改建加高已经越来越成为抽水蓄能电站建设的发展趋势，因此，加强对已有面板堆石坝的改扩建工程的研究就显得尤为重要。

面板堆石坝是以堆石料作为受力支撑结构，以混凝土面板作为防渗结构的一种堆石坝。具有投资少、工期短、安全可靠、适应强等优点，得到了广泛应用。就受力特性而言，防渗系统是最容受到破坏的，主要表现在：趾板作为面板与周边缝的接触部位，容易出现应力集中破坏；面板作为上游坡面的薄板防渗结构，往往受坝体沉降影响，容易出现开裂破坏。当前对面板堆石坝的研究多集中在新建面板堆石坝上，而对面板堆石坝的改扩建加高工程的研究较少。

本文以丰宁抽水蓄能电站下水库的改扩建工程为例，建立了土石坝改扩建工程的二维有限元模型，对抽水蓄能电站拦河的施工过程应力变形进行分析。其研究结果对今后这种坝型的建设提供参考。

2 工程概况

丰宁抽水蓄能电站位于河北省丰宁满族自治县境内。南距北京市 180km，东南距承德市 170km。电站总装机容量 3600MW，采用分两期开发方式，每期装机容量 1800MW，为一等大（1）型工程。主要建筑物为 1 级建筑物，包括上水库、输水系统、地下厂房系统、下水库、拦沙坝，此外还有交通洞、通风洞、出线洞、调压井、对外交通等。

下水库拦河坝（简称拦河坝）在滦河干流上已建成的丰宁水电站水库拦河的基础上扩建而成，典型剖面如图 1 所示。原面板堆石坝坝顶高程 1054.50m，坝顶宽度 8m，最大坝高 39.8m。改扩建后坝顶高程 1065.0m，坝顶宽度 8m，最大坝高 50.3m。

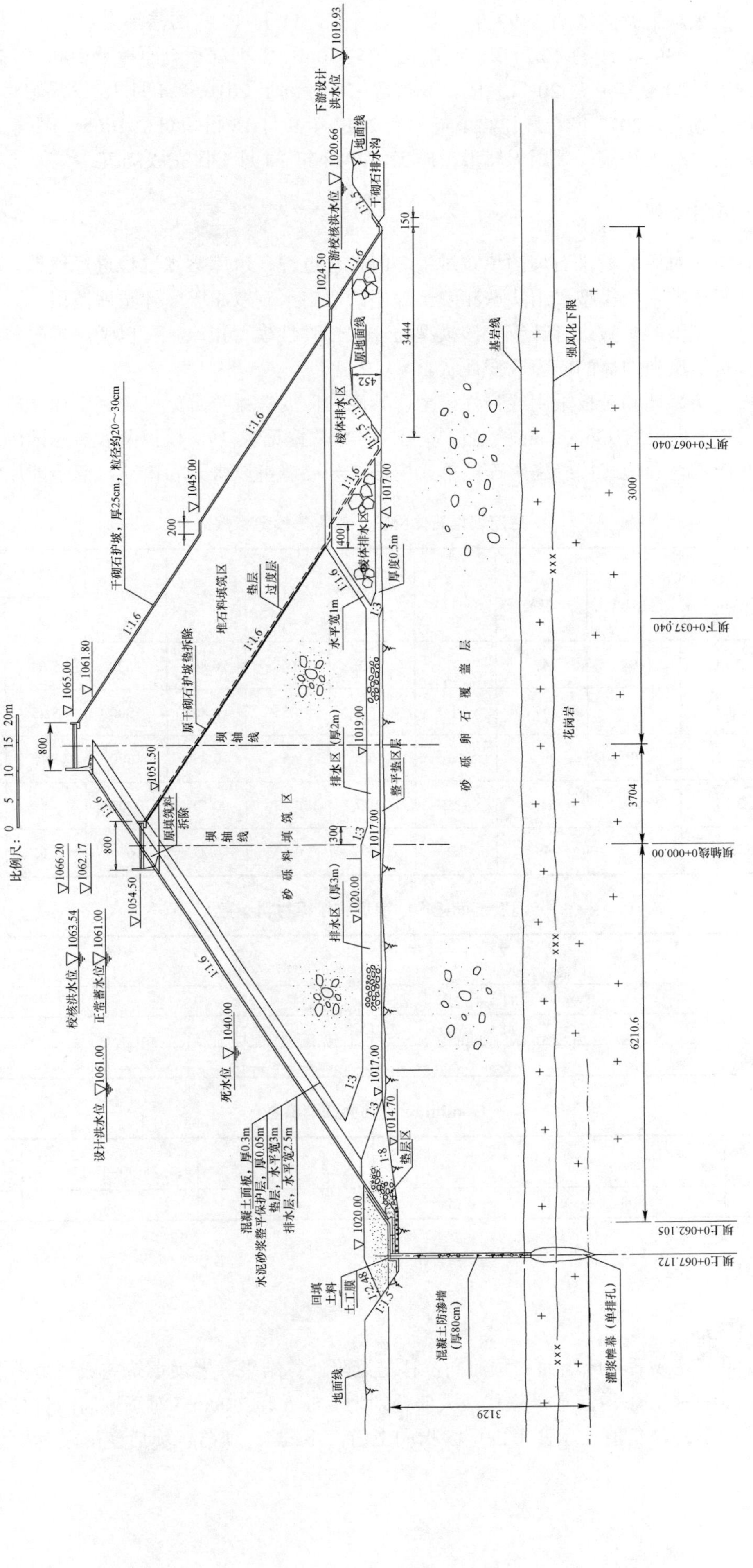
比例尺: 0 5 10 15 20m
校核洪水位 1063.54
正常蓄水位 1061.00
设计洪水位 1061.00
死水位 1040.00
1066.20
1062.17
1054.50
1065.00
1061.80
1051.50
1045.00
干砌石护坡，厚25cm，粒径约20～30cm
原干砌石护坡拆除
原填筑料拆除
坝轴线
堆石料填筑区
垫层
过度层
砂砾料填筑区
排水区（厚3m）
排水区（厚2m）
整平垫区层
砂砾卵石覆盖层
花岗岩
基岩线
强风化下限
混凝土面板，厚0.3m
水泥砂浆整平保护层，厚0.05m
垫层，水平宽3m
排水层，水平宽2.5m
回填土料
土工膜
地面线
混凝土防渗墙(厚80cm)
灌浆帷幕（单排孔）
坝上0+067.172
坝上0+062.105
坝轴线0+000.00
坝下0+037.040
坝下0+067.040
3129
6210.6
3704
3000
3444
452
150
200
800
300
400
1024.50
下游校核洪水位 1020.66
下游设计洪水位 1019.93
干砌石排水沟
原地面线
棱体排水区
水平宽1m
厚度0.5m
1017.00
1019.00
1020.00
1014.70
垫层区
1:1.6
1:1.5
1:3
1:8
1:2.48

图 1　拦河坝典型剖面图

原面堆石坝的大坝上游防渗墙 1999 年 4 月 5 日开工，11 月 14 日防渗墙全部完工；坝体填筑于 1999 年 5 月 14 日开工，1999 年 11 月 13 日填筑到高程 1051.50m；大坝混凝土面板于 2000 年 7 月 15 日开工，采用无轨滑模施工，2000 年 9 月 20 日完成。改扩建工程计划于 2016 年 4 月 15 日开始对加高堆石坝进行清基，拆除坝后干砌石，2017 年 5 月开始填筑，到 2017 年 9 月 15 日填筑至 1065m 高程，2018 年 4 月 15 日开始加高面板的混凝土浇筑，采用无轨滑模施工，2018 年 10 月 1 日完成浇筑。

3　计算模型和材料参数

采用二维有限元对原面板堆石坝的填筑过程、改扩建过程、水库蓄水过程进行模拟。在进行坝体应力变形分析时，堆石体的本构模型采用沈珠江院士提出的"南水"双屈服面弹塑性模型（具体数据见表 1），结合 Duncan E－ν 模型的参数进行计算。该模型与非线性弹性模型相比，可以考虑堆石体的剪胀和剪缩特性，能够较为真实地反映坝体的应力应变性状。

混凝土面板、防渗墙和趾板采用线弹性模型，其应力应变关系符合广义虎克定律（具体数据见表 2）。在混凝土和垫层料之间设置 Goodman 接触面单元（具体数据见表 3），模拟两者接触面因变形不协调会发生相对位移。在面板与周边缝接缝采用连接单元模拟，分离缝可以张开和错动，但不能压缩。

表 1　　　　　　　　　　　拦河坝堆石体材料"南水"模型参数

材料名称	ρ (g/cm³)	c (kPa)	ϕ_o (°)	$\Delta\phi$ (°)	K	n	R_f	K_{ur}	Duncan E－ν 模型		
									D	F	G
垫层料	2.15	0	47	4.1	760	0.55	0.80	1520	5.60	0.17	0.35
排水层	2.07	0	47	4	750	0.55	0.80	1500	5.25	0.19	0.36
砂砾料	2.14	0	46.2	4.1	750	0.55	0.83	1500	5.15	0.18	0.36
堆石料	2.16	0	54.7	11.2	1100	0.25	0.72	2200	5.88	0.19	0.35
覆盖层	2.29	0	49	7.2	820	0.69	0.75	1640	5.61	0.15	0.37

表 2　　　　　　　　　　混凝土面板、防渗墙和趾板材料参数

名称	γ (kN/m³)	E (GPa)	μ
面板	24.5	21	0.167
趾板	24.5	21	0.167
防渗墙	23	15	0.167

表 3　　　　　　　　　　　Goodman 接触面模型参数

接触面名称	K_1	n	R_f'	c (t/m²)	δ (°)
面板～垫层	6800	0.45	0.66	5	36

4　计算结果分析

4.1　堆石体应力变形

图 2 为老坝填筑完成后河床断面的顺河向位移与沉降计算结果。老坝填筑完成后最大沉降为 22.5cm，占坝高的 0.6%。指向上、下游向水平位移最大值分别为 8.5cm 和 7.0cm（对于顺河向位移，图 2 中正值表示变形由上游指向下游，负值表示变形由下游指向上游，下同）。坝前、坝后变形成对称分布，位于坝高 1/2 处。

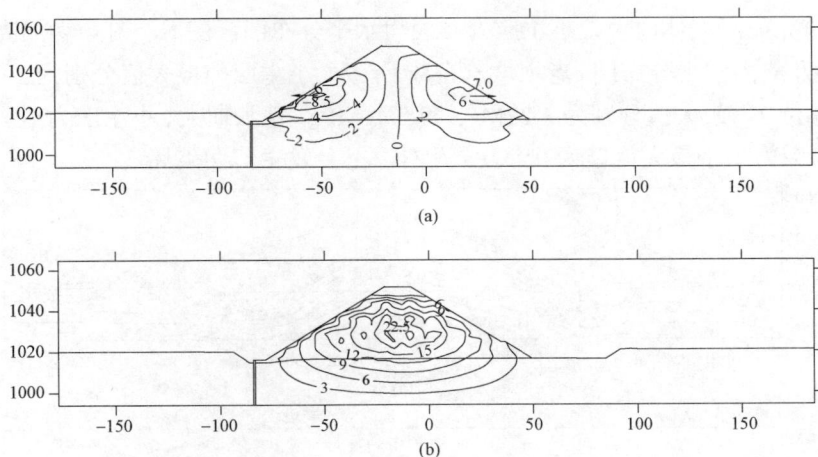

图 2 老坝填筑完成后河床断面变形分布图（单位：cm）
（a）顺河向位移；（b）沉降

图 3 和图 4 分别为加高后竣工期与蓄水至正常蓄水位时河床断面的顺河向位移与沉降计算结果。加高后竣工期和蓄水期该剖面最大沉降分别为 37.2cm 和 37.8cm，占加高后坝高的 0.78%。通过对比发现，坝体沉降分部的规律稍有不同，沉降位置偏下游，高度基本一致，均位于坝体 1/2 处。加高前后坝体沉降最大的说明蓄水对坝体沉降影响基本忽略不计。竣工期坝体上、下游向水平位移最大值分别为 11.4cm 和 11.2cm；水库蓄水后，坝体上游向水平位移最大值减小为 4.1cm，而下游向水平位移最大值增大为 14.5cm。加高后坝体位移较老坝填筑时沉降有所增加，相对于整体坝高而言增量不大。

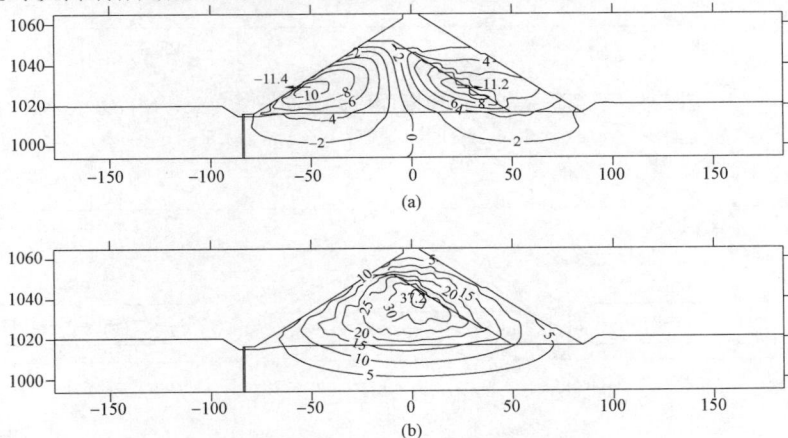

图 3 加高后竣工期河床断面变形分布图（单位：cm）
（a）顺河向位移；（b）沉降

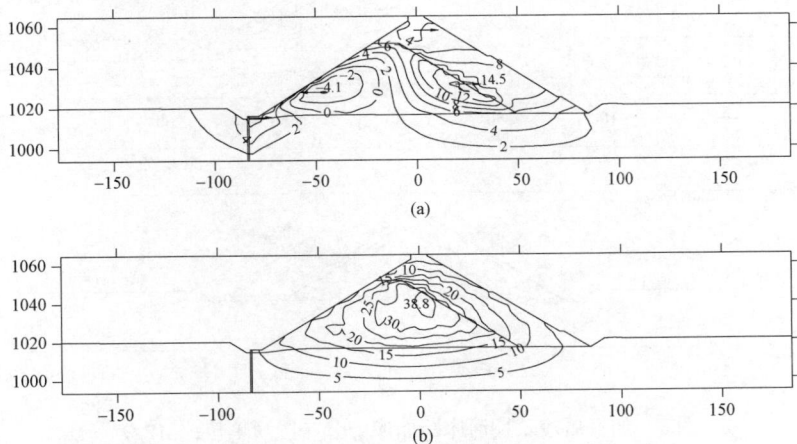

图 4 加高后蓄水期河床断面变形分布图（单位：cm）
（a）顺河向位移；（b）沉降

图 5 为老坝填筑完成后坝体内大、小主应力及应力水平分布图，图 6、图 7 为加高后竣工期和蓄水期坝体内大、小主应力及应力水平分布图。老坝填筑完成后，大、小主应力最大值分别为 1.02MPa 和 0.37MPa。加高后竣工期大、小主应力最大值分别为 1.22MPa 和 0.41MPa，蓄水期大、小主应力最大值分别为 1.29MPa 和 0.43MPa。坝体内应力水平最大值仅为 0.4MPa 左右，不会发生剪切破坏。

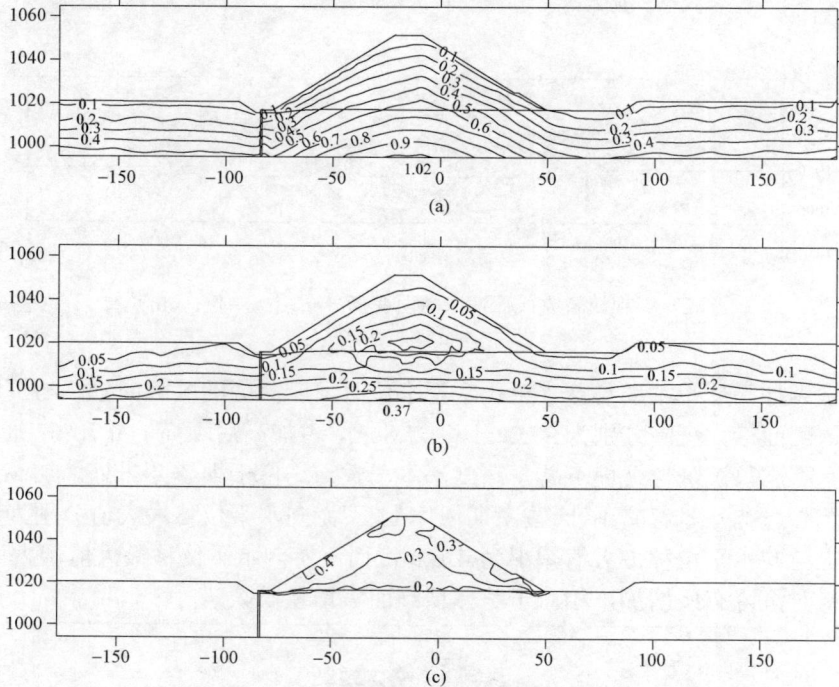

图 5　老坝填筑完成后河床断面应力分布图（单位：MPa）

（a）大主应力；（b）小主应力；（c）应力水平

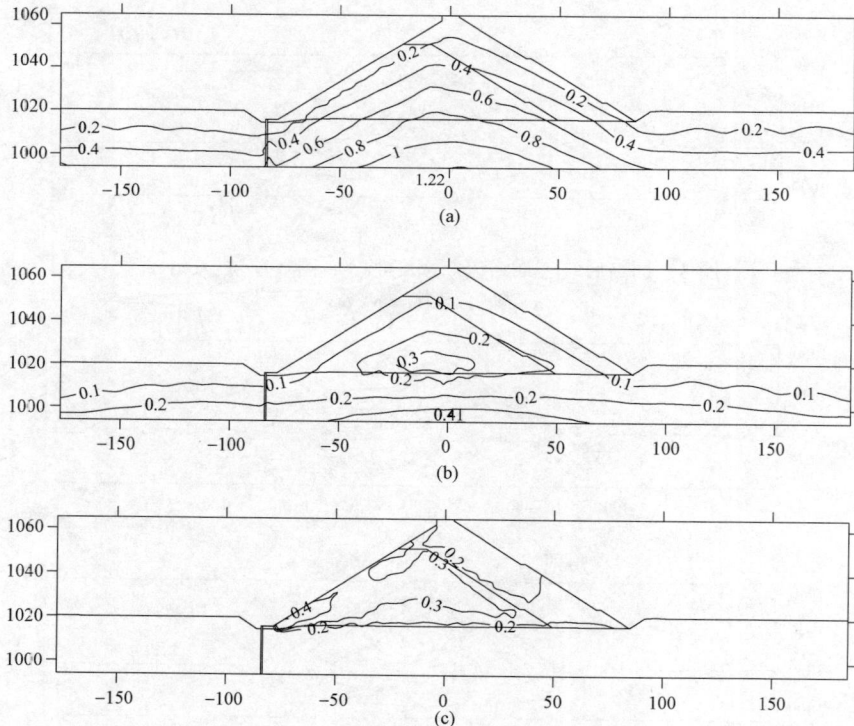

图 6　加高后竣工期河床断面应力分布图（单位：MPa）

（a）大主应力；（b）小主应力；（c）应力水平

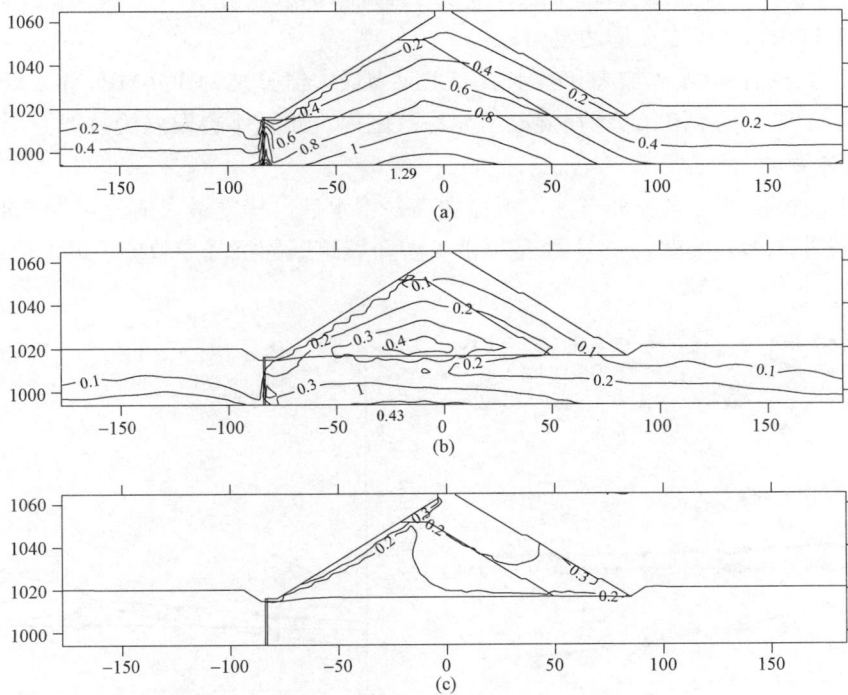

图 7　加高后蓄水期河床断面应力分布图（单位：MPa）
（a）大主应力；（b）小主应力；（c）应力水平

4.2　防渗墙应力变形

图 8 为防渗墙顺河向位移沿高程分布图，老坝填筑完成后，防渗墙位移指向上游，最大值为 1.02cm，坝体加高过程中，防渗墙指向上游侧的位移进一步加大，最大值为 2.13cm，蓄水后在水荷载作用下，防渗墙位移全部指向下游侧，最大值为 7.2cm。其变形从指向上游变为指向下游主要由于蓄水后，坝体收到水体压力作用，向下游变形的结果导致的。

图 9 为防渗墙大、小主应力计算结果，老坝填筑完成后、坝体加高后和蓄水后防渗墙的大主应力最大值分别为：1.08MPa、1.29MPa 和 3.18MPa，小主应力最小值分别为：−0.01MPa、−0.35MPa 和 −0.59MPa，均在混凝土的允许范围内，防渗墙不会发生受拉或受压破坏。

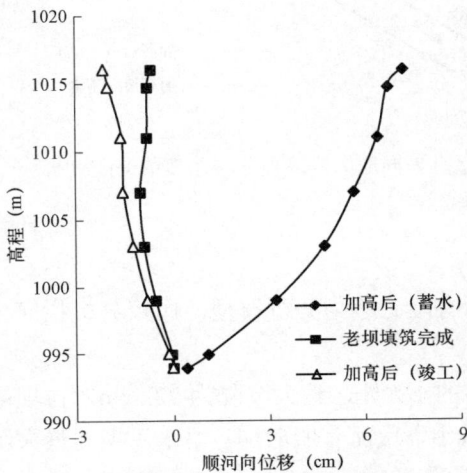

图 8　防渗墙顺河向位移沿高程分布图

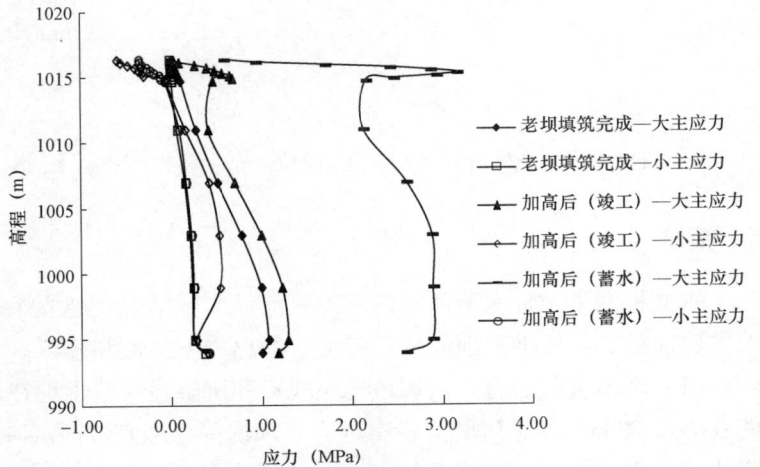

图 9　防渗墙大、小主应力沿高程分布图

4.3　趾板应力变形

趾板宽度为 5.6m，将趾板与基础接触面上的应力沉降提取后如图 10、图 11 所示。

图 10 为趾板变形分布图，坝体加高和蓄水后顺河向位移最大值分别为 −1.47cm 和 8.01cm；沉降最大值分别为 0.69cm 和 6.66cm，发生在周边缝附近。

图 11 为趾板应力分布图，坝体加高和蓄水后大主应力最大值分别为 3.76MPa 和 6.86MPa，小主应力最小值分别为 −0.19MPa 和 −0.74MPa，均在混凝土允许范围内，趾板不会发生受拉或受压破坏。

4.4 混凝土面板应力变形

图 12 为混凝土面板挠度沿高程分布图，坝体加高并蓄水后，挠度最大值分别为 5.86cm，位于老面板的顶部，面板最大挠曲率为 0.068%。这主要是由于下游新填筑区的沉降导致的。最大值出现在新老结合的位置。

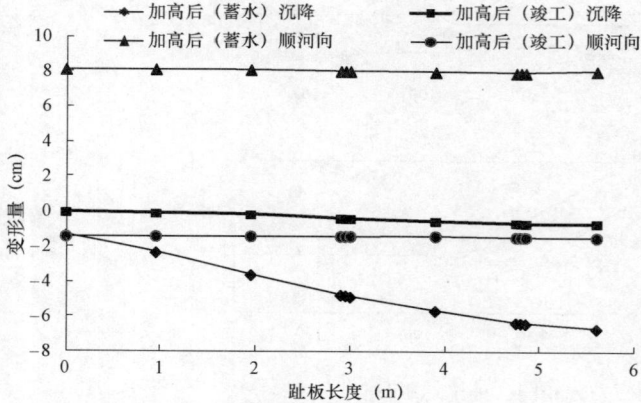

图 10 趾板变形分布图

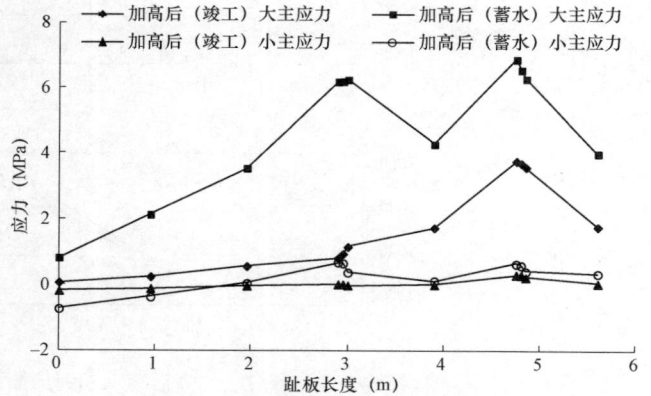

图 11 趾板应力分布图

图 13 为混凝土面板顺坡向应力沿高程分布图，坝体加高和蓄水后，顺坡向应力最大值分别为 2.56MPa 和 5.72MPa，在混凝土允许范围内，面板不会发生受压破坏。

周边缝在坝体加高和蓄水后均呈闭合状态，错动最大值在坝体加高和蓄水后分别为 0.79mm 和 2.54mm。

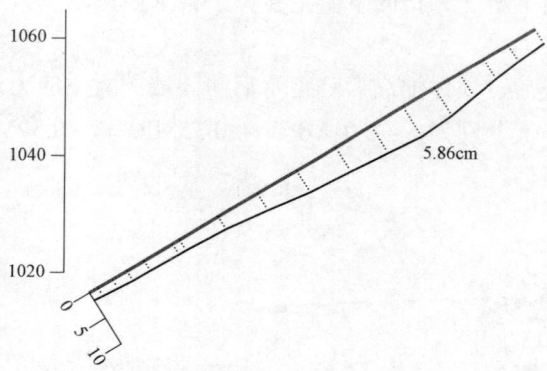

图 12 面板挠度沿高程分布图（单位：cm）

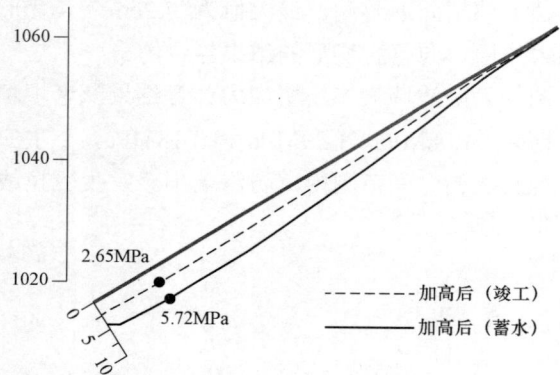

图 13 面板顺坡向应力沿高程分布图（单位：MPa）

5 结论

本文根据丰宁抽水蓄能电站下库拦河坝实际情况，建立了平面有限元静力分析模型，比较分析拦河坝改扩建前后的面板堆石坝的变形特征，得出如下结论和建议：

（1）坝体沉降而言，老坝填筑完成后和沉降最大值出现在坝高的 1/2 处，最大沉降为 22.5cm，占坝高的 0.6%。加高后坝体沉降并没有因为老坝沉降已经完成而沉降值减小，反而有所增加。蓄水后坝体最大沉降达到了 37.8cm，占加高后坝高的 0.78%。

（2）坝体顺河向变形，由于坝体加高完成后，顺河向变形值在竣工后和蓄水后最大值的位置基本一致，均出现在坝高 1/4 处，位于老坝填筑区的两侧。受蓄水影响，坝体上游坡面变形有所减小，下游坡面变形有所增大，且变形最大值均位于老坝填筑区内。

（3）防渗墙作为坝体重要的防渗设施，受到坝体堆填蓄水的影响较大，通过模型验算可知在蓄水时防渗墙所受的应力值和变形都是最大的，但都在混凝土允许的范围内，不会发生受拉或受压破坏。

（4）坝体加高和蓄水后，面板的挠度最大值均为 5.86cm，顺坡向应力最大值 5.72MPa，处于受压状态，周边缝呈闭合状态，说明整个坝体的防渗结构是安全的。

综上可见，在不考虑抗震的情况下，丰宁抽水蓄能电站下水库拦河坝的设计方案是可行的。

参考文献

[1]　王楠. 我国抽水蓄能电站发展现状与前景分析 [J]. 电力技术经济，2008，20（2）：18－20.

[2]　张利荣，严匡柠，张孟军. 大型抽水蓄能电站施工关键技术综述 [J]. 水电与抽水蓄能，2016（3）：49－59.

[3]　张瑞. 抽水蓄能电站面板堆石坝的地震永久变形分析 [D]. 大连理工大学，2014.

[4]　邱彬如，刘连希. 抽水蓄能电站工程技术 [M]. 北京：中国电力出版社，2008.

[5]　徐在民. 对混凝土面板堆石坝技术中几个关键问题的探讨 [J]. 水力发电，1996（10）：22－26.

[6]　赵增凯. 我国混凝土面板堆石坝技术特点——谈对《混凝土面板堆石坝设计规范》的认识 [J]. 水利规划设计，2000（1）：51－57.

[7]　冯新生，王正慧. 一重力式面板堆石坝加高工程的变形与稳定分析研究 [J]. 广东水利水电，2011（2）：52－55.

[8]　唐巨山，丁邦满. 横山水库扩建工程混凝土面板堆石坝设计 [J]. 水力发电，2002（7）：35－37.

[9]　屠立峰，包腾飞，陈波. 基于 MSC.Marc 软件的面板堆石坝加高的可行性研究 [J]. 三峡大学学报：自然科学版，2015，37（5）：9－13.

[10]　朱百里，沈珠江. 计算土力学 [M]. 上海：上海科学技术出版社，1990.

[11]　沈珠江. 理论土力学 [M]. 北京：中国水利水电出版社，2000.

[12]　钱家欢，殷宗泽. 土工原理与计算 [M]. 北京：中国水利水电出版社，1996.

仙居抽水蓄能电站地下厂房桥式起重机吊装方案分析

叶惠军　朱建国

（中国水利水电建设工程咨询北京有限公司，北京市　100024）

【摘　要】 在简要介绍浙江仙居抽水蓄能电站工程概况的基础上，给出了桥式起重机在安装过程中吊装时遇到的施工难点。对地下厂房桥式起重机吊装方案进行了分析，合理地对安装场进行布置、采用现代汽车起重机是桥机吊装顺利进行的关键，不仅能够节约工程成本、降低安全风险，而且能够优化厂房设计。

【关键词】 抽水蓄能电站　地下厂房　桥式起重机　现代汽车起重机　吊装方案

1　引言

近几年，国内抽水蓄能电站建设发展迅猛，在建或可研项目非常多。桥式起重机是抽水蓄能电站建设前期施工、机组安装过程中的一个重要的运输、起吊工具，为工程建设的开展提供了有力保障。

吊装方案的制定是桥式起重机能否顺利安装的前提。因此，对其吊装方案进行分析，显得十分必要。

2　工程概况

浙江仙居抽水蓄能电站位于浙江省仙居县湫山乡境内，为日调节纯抽水蓄能电站，电站总装机容量1500MW（4×375MW），电站由上水库、输水系统、地下厂房、地面开关站和下水库等建筑物组成。

电站地下厂房共安装 2 台 300/50/10t 桥式起重机，桥式起重机主要组成部件包括：机械梁（约 45t）、电气梁（约 40t）、300t 主起升机构、50t 副起升机构、10t 电动葫芦。

3　施工难点

两台桥式起重机跨度 23.5m，桥机大梁长度尺寸为 24.5m。地下厂房安装场布置在主厂房右侧，长 44m、宽 25m，在安装场上下游侧分布有电缆沟、电气埋管，对于桥机大梁的放置来说可利用的场地有限。

地下厂房为拱顶结构，最高点离安装场地面的高度为 25m，汽车起重机的拔杆长度和起升高度均受到限制。为了很好地完成安装任务，不仅要考虑桥式起重机钢梁的放置位置，汽车起重机的停放位置也必须提前布置好。

4　安装过程

4.1　桥式起重机大件卸车

桥式起重机大件主要包括机械梁、电气梁、小车钢梁及其附件等，考虑到二次运输存在的风险及费用问题，桥式起重机大件运到工地后直接用 130t 汽车吊在安装场卸车。在卸车前，对摆放位置进行了规划设计，如图 1 所示。

同时，对吊装过程中 130t 汽车吊的位置、旋转方向进行了现场分析与确认，如图 2 所示。

4.2　桥式起重机的拼装

按照预先规划好的布置方案完成起重机各大、小零部件的卸车后，分别将一些小的零部件提前安装到桥机大梁上。

机械梁上安装的部件有：检修吊笼、10t 电动葫芦轨道、小车轨道、大梁两端的大车车轮、护栏等。

电气梁上安装的部件有：司机室、斜梯、小车滑线支架、小车轨道、大梁两端的大车车轮、护栏等。

同时，在安装场完成小车的组合、拼装。

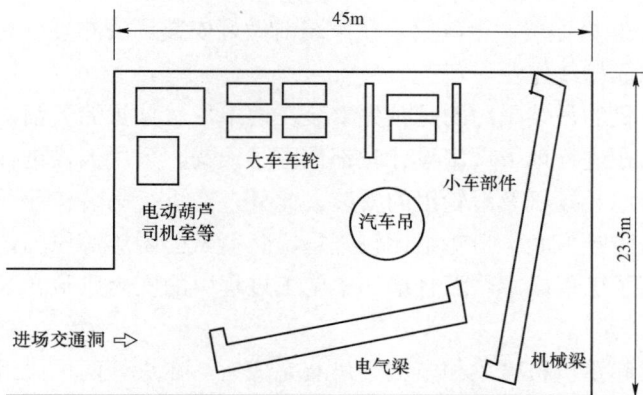

图 1　安装场卸车规划布置简图

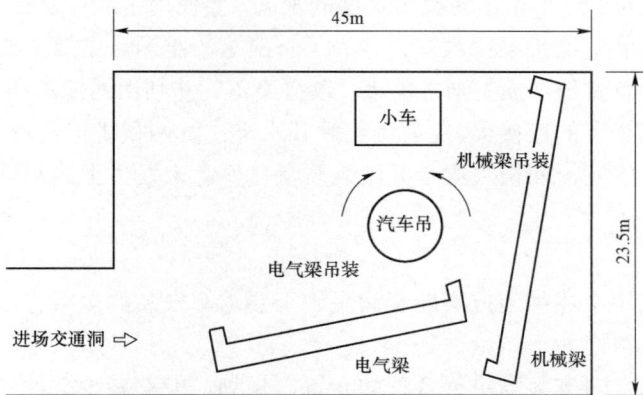

图 2　汽车吊位置及旋转方向

4.3　桥式起重机的吊装

上述主要部件安装完成后，就可以开始桥式起重机的吊装工作，其吊装顺序如图 3 所示。

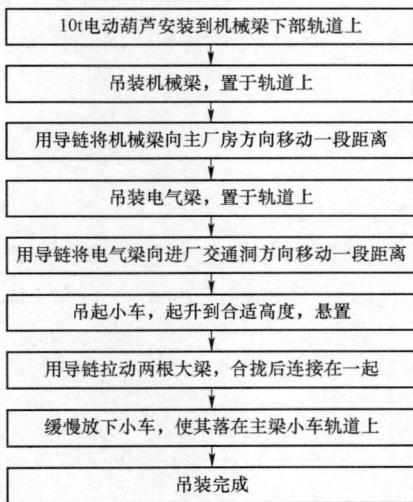

图 3　桥式起重机吊装顺序

在上述吊装过程中，小车的吊装是从两根主梁中间起吊到合适的高度的，其中用手动导链将两根主梁分别向不同的方向移动一段距离，主要的目的有两个：一是为吊车提供更大的旋转空间，便于吊装作业；二是为小车的吊装提供空间。

4.4　吊装方案分析

4.4.1　大车吊装方案

通过对起吊顺序的分析可以发现，大车的吊装过程是在有限的空间内使用现代汽车起重机进行吊装作业，使用 130t 汽车起重机吊装机械梁、电气梁。在吊装前做好安装场的布置，利用汽车起重机能够自由旋转的特点，能够很方便地完成吊装作业。

早期地下厂房桥式起重机的吊装采用的是预先安装在地下厂房顶拱的天锚，利用带有滑轮组的卷扬机进行起吊。因此，很多电站在进行地下厂房设计时都保留了天锚。采用天锚进行吊装，除了要在地下厂房开挖时安装天锚外，还要考虑卷扬机及滑轮组的安装。此外，在进行吊装作业前还要针对天锚的起吊重量进行负荷试验。由于天锚安装难度大、滑轮组比较笨重、负荷试验困难等原因，采用天锚吊装需要投入大量的人力、物力，不仅提高了工程成本，而且增加了施工过程中的安全风险。

4.4.2 小车吊装方案

通过分析可知，在桥式起重机机械梁和电气梁吊装完成后，在进行两根梁组装前预留合适的空间，待小车从中间吊装到一定高度后再合并组装两根梁。

此方案存在的问题是：为了给小车吊装提供足够的空间，要使用手动导链在轨道上来回拉动两根主梁，其端梁上的连接梁在合并组装时连接梁很难对正。为了解决这一难题，主要采取了以下措施：① 机械梁、电气梁吊装就位前利用全站仪定位，预先画出落点，缓慢下落，并利用两侧液压千斤顶进行调整；② 先安装其中一根主梁上下游侧端梁上的连接梁，提前调整好其水平；③ 两根主梁利用手拉葫芦合并拢及时调整，保证其同步。现场施工结果表明，两根主梁合并组装质量良好，未发生上述问题。

5 结论

结合现场工程实践，采用上述吊装方案能够满足施工要求，安装的效率也比较高。通过对上述桥式起重机吊装方案的分析，可以得出如下结论：

（1）在编制吊装方案前，对安装场进行合理的布置、规划，能够减少大件二次倒运的时间，不仅节约了工程建设的成本，而且能够很大程度上降低安全风险。

（2）提出了一种新的桥式起重机小车吊装的方案，在现场施工空间有限的情况下，降低了吊装作业的难度。

（3）随着现代汽车起重机技术的发展，大吨位的汽车吊不论是起重量还是起重技术，都能够满足地下厂房桥式起重机安装过程中对吊装的要求，可以取消地下厂房顶拱处天锚的设计，从而避免了天锚安装难度大、负荷试验复杂等一系列的问题。

参考文献

[1] 郏绍峰，张文勤. 地下厂房桥机安装技术探讨 [J]. 人民长江，2007，38（5）：36-39.

[2] 马进潮，林亚东. 响水涧抽水蓄能电站桥式起重机安装技术 [J]. 施工技术，2011，40（343）：59-61.

[3] 陈金德. 140/30t 桥式起重机的吊装设计 [J]. 天津冶金，2004（5）：33-34，54.

荒沟抽水蓄能电站地下厂房岩锚梁斜拉锚杆应力超限成因分析

彭立斌[1]　崔志刚[2]　鲁恩龙[2]　刘锦程[2]

（1. 中水东北勘测设计研究有限责任公司、水利部寒区工程技术研究中心，吉林省长春市　130061；

2. 黑龙江牡丹江抽水蓄能有限公司，黑龙江省牡丹江市　157000）

【摘　要】　荒沟地下厂房岩体地应力较高，开挖过程中多次出现岩锚梁斜拉锚杆应力超过钢筋屈服极限情况。通过围岩变形监测成果的同步性判断应力数据的可靠性，排除仪器及观测影响因素。结合地质条件、开挖过程、岩体检查成果，综合分析斜拉锚杆应力超限成因和发展过程，明确锚杆受力状态，提出深入研究岩锚梁施工时机的可行性。

【关键词】　地下厂房　安全监测　岩锚梁　斜拉锚杆　锚杆应力　超限

1 引言

岩锚梁是地下洞室内桥式起重机的支承结构，是通过锚杆锚固在地下洞室岩壁上的现浇混凝土结构，由锚钢筋混凝土梁、锚杆和围岩共同承受荷载和作用。岩锚梁结构的安全度是制约整个厂房发电工程施工的技术瓶颈，斜拉锚杆应力监测与分析是评价岩锚梁结构稳定的重要手段之一。

2 工程概况

黑龙江省荒沟抽水蓄能电站位于黑龙江省牡丹江市海林市三道河子镇，电站主要由上水库、输水系统、地下厂房系统、下水库等建筑物组成，属大（1）型一等工程，电站装机容量 1200MW，四台机组，单机容量为 300MW。工程任务为黑龙江省电网调峰、填谷、调频和紧急事故备用等。

电站按采用两洞四机方案，深埋式地下厂房，布置于输水隧洞中部的山体内，埋深 300～310m，厂房洞室系统布置以主厂房、主变压器洞、尾闸洞为核心，三大洞室从上游向下游依次平行布置，洞轴线方位均为 NW311°。主厂房开挖尺寸 143.70×25.00×53.80m（长×宽×高），主副厂房开挖尺寸 19.50×25.00×45.60m，主厂房洞开挖全长 163.20m，岩锚梁以上跨度为 26m，厂房布置两台 250t 桥机，厂房与主变压器室间岩体厚度 38.20m。

大地构造上，本区处于天山—兴安地槽褶皱区吉黑褶皱系张广岭隆起带，是一相对稳定地块。围岩为新鲜白岗花岗岩，岩质坚硬、完整，纵波波速达 5.0～5.3km/s，岩体变形模量 23.7～30.1GPa。岩体中节理不甚发育，多呈闭合状态，结构面无明显不利组合，岩体稳定条件较好岩体新鲜完整，实测最大主应力值 12.2～13.38MPa，方向 N71°W，为Ⅱ类围岩，开挖中有岩爆现象。

荒沟抽水蓄能电站地下厂房平面布置图如图 1 所示。

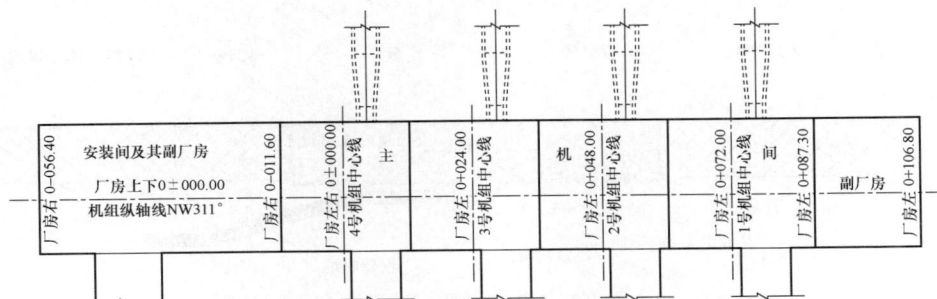

图 1　荒沟抽水蓄能电站地下厂房平面布置图

3 岩锚梁结构

岩锚梁结构主要包括梁体（高 2.83m、宽 1.75m）、上部两排斜拉锚杆、下部一排受压锚杆。岩壁夹角 $\alpha=30°$，两排斜拉锚杆倾斜角分别为 $\beta_1=25°$、$\beta_2=20°$，上部两排斜拉锚杆 $\phi 36@700mm$，锚杆长度为 9.0m，入岩深度 7.5m，沥青段长 1.5m，受压锚杆 $\phi 32@700mm$，锚杆长度为 9.0m，入岩深度 7.5m，均采用 HRB400 钢筋。岩锚梁结构及锚杆应力监测布置图如图 2 所示。

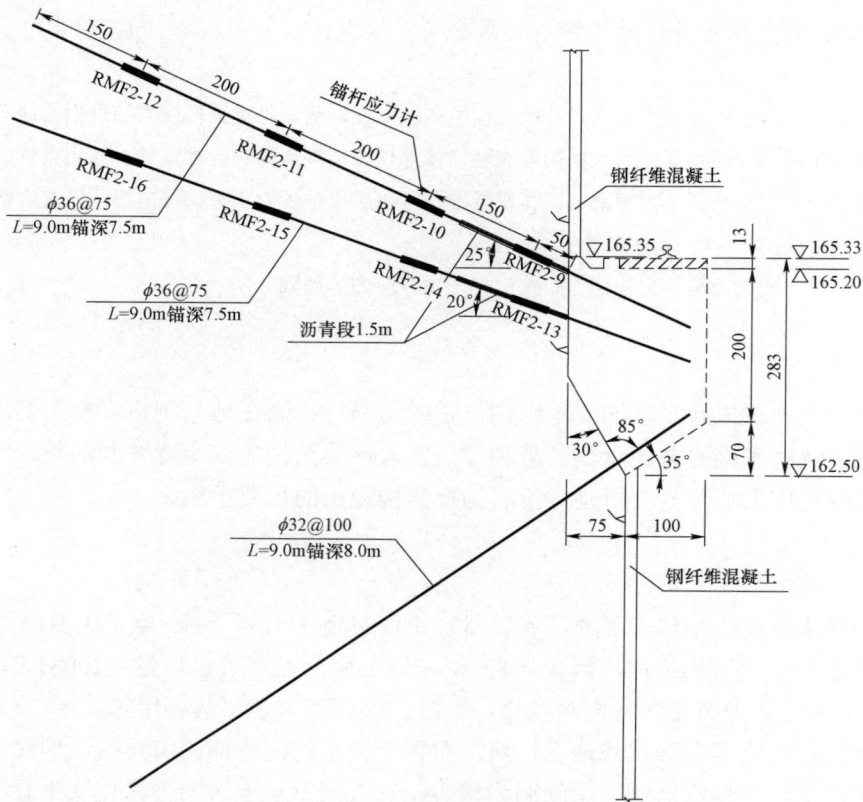

图 2 岩锚梁结构及锚杆应力监测布置图

4 斜拉锚杆监测布置

主厂房岩锚梁锚杆应力监测共布置 5 个监测断面，断面桩号为厂右 0-040m、厂左 0+000m、厂左 0+024m、厂左 0+048m、厂左 0+072m，每个断面上、下游边墙各布置 2 套 4 点式锚杆应力计，4 个测点孔内深度分别为 0.5m、2.0m、4.0m、6.0m，共布置锚杆应力计 20 套、80 个测点。锚杆应力计为基康仪器（北京）有限公司 BGK4911HP 型（如图 3 所示），量程上限为 400MPa（具备 20%的超量程能力，超过 480MPa 后应力测值仅供趋势性参考）。

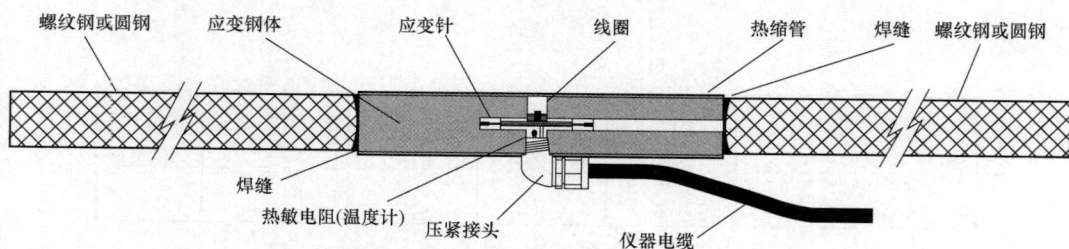

图 3 BGK4911HP 型锚杆应力计结构示意图

5 岩锚梁开挖施工过程

地下厂房开挖工程于 2016 年 6 月 25 日开工,分 7 层逐层进行开挖。岩锚梁位于第 Ⅱ 层(高程 159.50～168.60m),于 2017 年 3 月 16 日进行开挖,6 月 17 日完成开挖,7 月 15 日完成支护,8 月 6 日开始岩锚梁混凝土浇筑,8 月 30 日完成岩锚梁混凝土浇筑,10 月 11 日进行第 Ⅲ 层开挖。地下厂房开挖工程于 2018 年 10 月 10 日全部完成,地下厂房转入机电安装阶段。地下厂房分层开挖及施工进度图如图 4 所示。

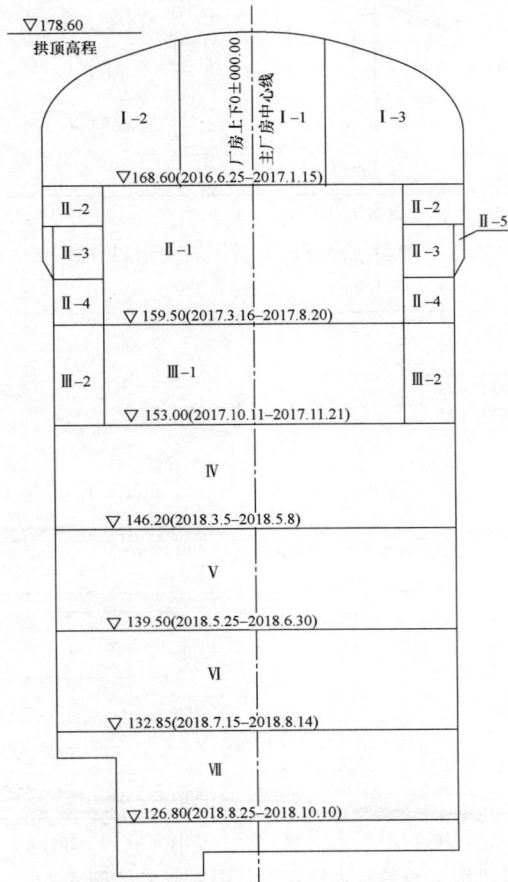

图 4 地下厂房分层开挖及施工进度图

6 锚杆应力监测成果

(1)地下厂房第 Ⅲ 层(高程 153.00～159.50m)开挖过程中,2 号机组下游侧岩锚梁斜拉锚杆应力锚杆应力计 RMF4 – 11、RMF4 – 15 于 2017 年 12 月 5 日锚杆应力快速增长,最大增速达 47MPa/天,于 2017 年 12 月 25 日超过 400MPa,超限测点均位于孔内 4.0m 深度位置,并分别于 2018 年 6 月 28 日、2018 年 8 月 24 日相继失效,锚杆应力发展过程与围岩变形发展趋势基本一致,如图 5 所示。

(2)地下厂房第 Ⅵ 层(高程 132.85～139.50m)开挖过程中,厂房 3 号机组下游边墙岩锚梁两套锚杆应力 RMF3 – 11、RMF3 – 15 于 2018 年 7 月 12 日同时超过 400MPa,应力突变时间与围岩变形突变时间一致,超限测点均位于孔内 4.0m 深度位置,并分别于 2018 年 9 月 21 日、2018 年 9 月 25 日锚杆应力相继回落,如图 6 所示。

(3)地下厂房第 Ⅶ 层(高程 126.80～132.85m)开挖过程中,厂房 3 号机组上游边墙岩锚梁两套锚杆应力 RMF3 – 2、RMF3 – 6 分别于 2018 年 8 月 31 日、2018 年 9 月 13 日超过 400MPa,应力突变时间与围岩变形突变时间一致,超限测点均位于孔内 2.0m 深度位置,并分别于 2018 年 9 月 21 日、2018 年 9 月 25 日锚杆应力相继回落,如图 7 所示。

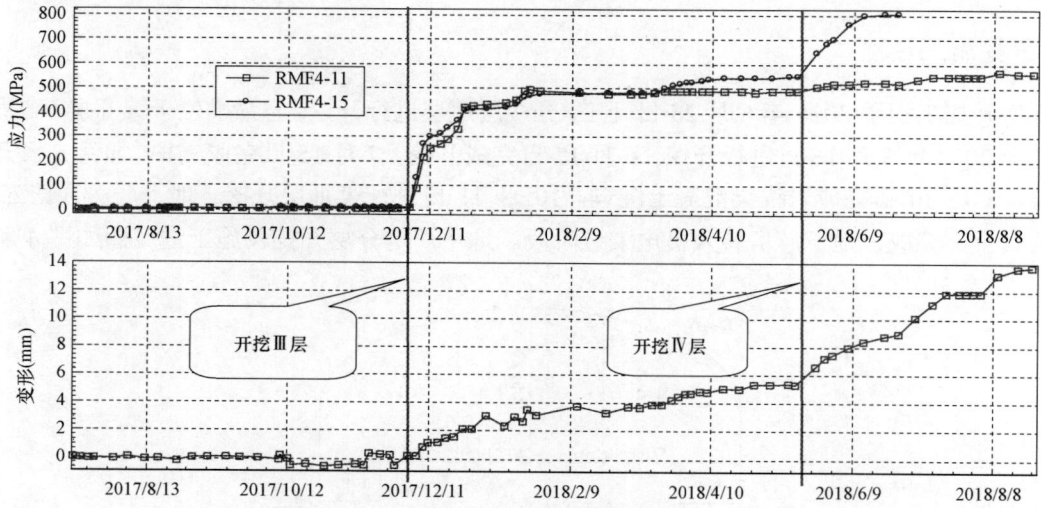

图5　2 号机组下游斜拉锚杆应力及围岩变形过程线（0+048m）

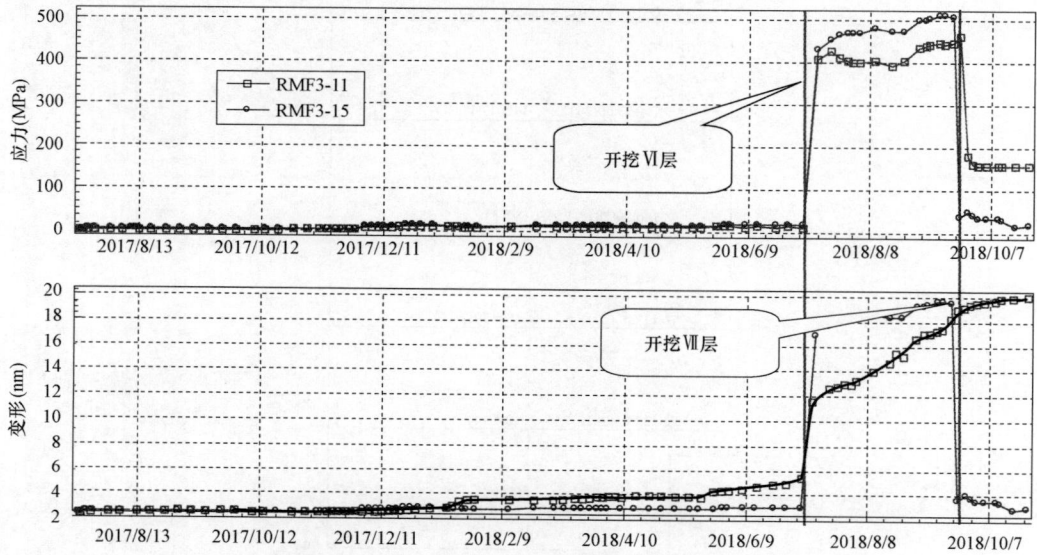

图6　3 号机组下游斜拉锚杆应力及围岩变形过程线（0+024m）

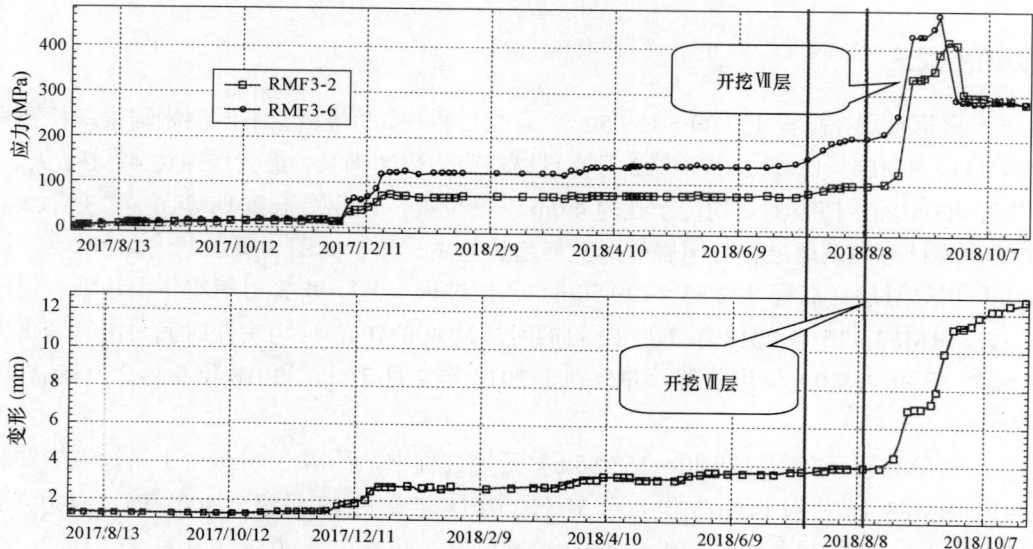

图7　3 号机组上游斜拉锚杆应力及围岩变形过程线（0+024m）

7 围岩检查成果

2018 年 9 月 5～7 日针对 2 号、3 号机组段岩锚梁锚杆应力测值超过 400MPa 的情况，有针对性地对其附近围岩进行检查，即在桩号厂房左 0＋023m、0＋025m、0＋047m 及 0＋049m 处布置检查孔，采用孔内数字成像技术检查该部位的围岩情况。

检查成果表明，桩号厂房左 0＋023m、0＋025m 孔内岩石图像显示 3.4～3.6m 深度位置岩石破碎，与超限锚杆应力计位置一致（应力计位置孔内 4m，相对于边墙深度为 3.5m），与该部位围岩变形较大及应力、变形突变吻合；桩号厂房左 0＋047m 及 0＋049m 孔内岩石图像显示该部位锚杆应力计所在位置围岩整体性较好，未见明显张开裂隙。如图 8 所示。

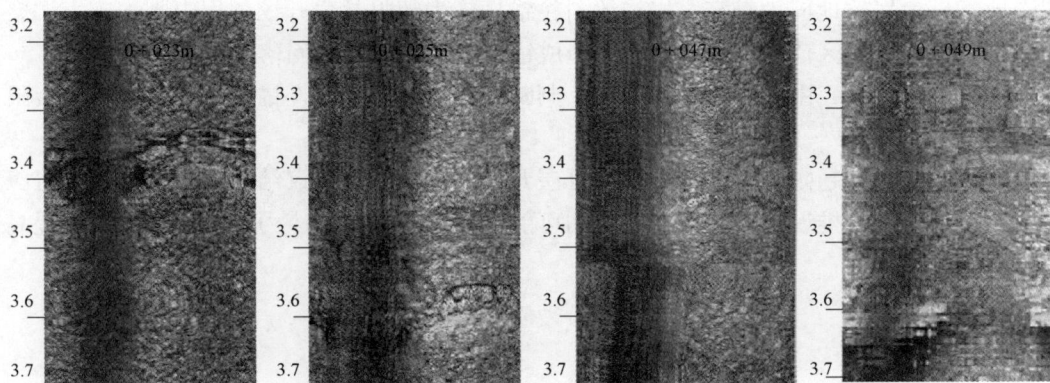

图 8　检查孔内岩石图像

8 锚杆应力成因分析

地下开挖洞室围岩的变形和破坏，主要是在开挖卸荷引起的回弹应力和重分布应力的作用下发生的，锚杆与围岩的协同变形机制是引起锚杆受力的主要内在因素。地下洞室开挖过程中，浅层围岩回弹应力释放，围岩表面形成塑性区，随着洞室边墙开挖深度的不断增加，塑性区范围逐渐增大向岩体内移动，进行应力重新调整，在围岩应力调整过程中，锚杆起到限制围岩变形的锚固支护作用，导致锚杆应力增加。

本工程岩锚梁处围岩地质条件为新鲜白岗花岗岩，岩质坚硬、较完整，节理不发育，属于 Ⅱ 类围岩，围岩条件较好，地应力较高，岩体变形模量 23.7～30.1GPa，在高应力区向岩体内调整过程中，受挤压围岩产生向厂房内的回弹变形，锚杆弹性模量 200GPa 远大于岩体变形模量，导致锚杆应力增长。根据钢筋弹性模量计算公式 $E = \sigma/\varepsilon$，当锚杆达到屈服极限 400MPa 时，锚杆应变 $\varepsilon = 2 \times 10^{-3}$，考虑岩体的不均匀性，基本与岩体应变量相当（见表 1）。

表 1　　　　　　　　　　　锚杆应力超限过程中围岩同步变形特征值统计表

机组段	部位	开始		截止		变形增量（mm）	变形区间（m）	岩体应变量
		时间	变形量（mm）	时间	变形量（mm）			
2 号	下游边墙	2017/12/5	0.25	2017/12/25	2.13	1.88	5	0.376×10^{-3}
3 号	下游边墙	2018/7/6	3.27	2018/7/12	9.35	6.08	5	1.216×10^{-3}
3 号	上游边墙	2018/8/24	4.45	2018/9/13	7.87	3.42	5	0.684×10^{-3}

9 锚杆应力发展过程分析

2 号机组下游边墙岩锚梁斜拉锚杆应力过程曲线显示，锚杆应力计后期已失效，分析其原因是监测仪器长期在超仪器量程限值条件下运行而造成仪器损坏。

3 号机组上、下游边墙岩锚梁斜拉锚杆应力过程曲线显示，锚杆应力过程曲线呈现先期上升后期回落现象。锚杆应力增加上升原因主要是随着洞室边墙开挖深度的不断增加，塑性区不断向岩体内移动，在围岩应力调整的过程中，锚杆发挥锚固支护作用限制围岩变形，锚杆应力上升，塑性区持续调整过程中，当锚杆应力计两端锚固段全部位于塑性区时锚杆应力降低。

锚杆应力计自由区（非锚固段）长度 20cm，锚杆断后伸长率取 15%，计算锚杆应力计自由区断后伸长量为 30mm，该部位围岩变形增量 6.08mm（见表 1），结合锚杆应力发展趋势及围岩岩体检查成果（检查孔内岩体较完整），判断锚杆伸长量有限，锚杆应力超过屈服极限，但未超过抗拉极限。

10 结论

（1）荒沟地下厂房岩体地应力较高，岩锚梁斜拉锚杆应力超限是由开挖过程中围岩应力调整引起的。同时，围岩应力调整，塑性区范围持续增大，是造成锚杆应力先升高后回落的主要原因。

（2）综合变形监测成果、围岩岩体检查情况，判断锚杆伸长量有限，锚杆应力超过屈服极限，但未超过抗拉极限。

（3）鉴于部分锚杆应力超限是在地下厂房第Ⅲ层开挖时出现的，建议结合地质条件、围岩应力计算成果及岩锚梁施工方案，研究推迟岩锚梁锚杆施工的可能性，以使得围岩应力得到充分释放，提高岩锚梁斜拉锚杆的抗拉效能。

参考文献

[1] 吴满路，廖椿庭. 黑龙江荒沟蓄能电站枢纽区地应力测量与研究 [J]. 地质力学学报，2001，7（1），61-68.

[2] 卢波，丁秀丽，邬爱清. 高应力硬岩地区岩体结构对地下洞室围岩稳定的控制效应研究 [J]. 岩石力学与工程学报，2012，31（增 2）：3831-3846.

[3] 周浩，肖明，陈俊涛，等. 地下厂房岩锚吊车梁长锚杆作用机制研究及数值模拟分析 [J]. 岩石力学与工程学报，2016，35（12）：2439-2451.

基于室内试验的岩爆倾向性评价指标及其分类

崔志刚

（黑龙江牡丹江抽水蓄能有限公司，黑龙江省牡丹江市　157005）

【摘　要】　岩爆现象直接威胁地下洞室施工人员、设备的安全，影响工程进度。目前，通常采用室内试验的方法对岩石的岩爆倾向性进行判断。针对目前岩爆倾向性评价指标繁多的现象，对现有岩爆倾向性评价指标按获取方法分为三类：① 应力－应变曲线；② 强度特性；③ 综合指标。同时，针对黑龙江荒沟抽水蓄能电站地下洞室开挖区可能存在岩爆现象的问题，采用岩爆倾向性指数 W_{et} 对地下厂房处岩石进行岩爆倾向性评价，结果表明该处岩石具有轻微岩爆倾向性。

【关键词】　岩石力学　室内试验　岩爆倾向性　评价指标　分类

1　概述

岩爆是深部工程开挖或开采过程中常见的一种地质灾害，直接威胁施工人员和设备的安全，影响工程进度，甚至摧毁整个工程诱发地震，造成地表建筑物损坏。随着埋深的增加或应力水平的增高，我国地下工程的岩爆呈频发趋势。

目前，通常采用室内试验的方法对岩石的岩爆倾向性进行评价。常用的评价指标有：岩爆倾向性指数 W_{et}、冲击能量指数 W_{cf}、动态破坏时间 D_t、强度脆性系数 B 等。这些指标均可以在一定程度上对岩石的岩爆倾向性进行评价。但是，现有岩爆倾向性指标繁多，必须对其进行分类才能使其更好地应用于实际工程之中。本文按照获取方法对众多指标进行分类，并利用岩爆倾向性指数对黑龙江荒沟抽水蓄能电站地下洞室处岩石进行了岩爆倾向性评价。

2　岩爆倾向性评价指标分类

2.1　应力－应变峰前曲线

（1）应力－应变峰前曲线。岩爆倾向性指数 W_{et} 是 Neyman 于 1972 年根据煤矿问题提出来的。由于其概念明确、方法简单，长期以来一直是国内外学者在岩爆倾向性判断中应用最多的一种方法。其定义为岩石卸载所恢复的弹性应变能 ϕ_{sp} 与损耗的塑性应变能 ϕ_{st} 的比值，即：$W_{et} = \phi_{sp}/\phi_{st}$。

Kidybinski 根据煤岩的试验结果给出的岩爆倾向性判别指标为 $W_{et} < 2.0$：无岩爆倾向；$2.0 \leqslant W_{et} < 3.5$：弱的岩爆倾向；$3.5 \leqslant W_{et} < 5.0$：中等的岩爆倾向；$W_{et} \geqslant 5.0$：强烈的岩爆倾向。Singh 根据加拿大硬岩金属矿山岩石的试验结果给出的岩爆倾向性判别指标为 $W_{et} < 10$：弱的岩爆倾向；$10 \leqslant W_{et} < 15$：中等的岩爆倾向；$W_{et} \geqslant 15$：强烈的岩爆倾向。岩石单轴加卸载应力－应变曲线如图 1 所示。

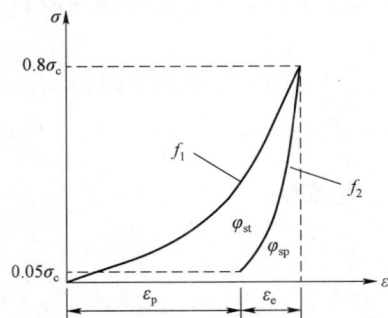

图 1　岩石单轴加卸载应力－应变曲线

（2）应力－应变峰后曲线。岩石峰值后的破坏过程可以反映岩石的破坏形式，也在一定程度上反映了岩石的岩爆倾向性。岩爆的动态破坏时间 D_t 是指岩石加载到峰值强度后到完全失去承载能力的持续时间。岩石单轴加载历时曲线如图 2 所示。

我国煤炭科学研究总院针对煤岩给出的评价指标为 $D_t > 500ms$：无岩爆；$50 < D_t \leqslant 500$：中等岩爆；$D_t \leqslant 50$：强烈岩爆。刘铁敏针对金属矿硬岩给出的修正评价指标为 $D_t > 2000ms$：无岩爆；$100ms < D_t \leqslant 2000ms$：中等岩爆；$D_t \leqslant 100ms$：强烈岩爆。

（3）应力–应变全曲线。冲击能量指数 W_{cf} 能够反映岩石破坏过程中剩余能量的大小。其定义为岩石峰前储存的变形能 E_1 与岩石破坏过程损耗的变形能 E_2 的比值，即：$W_{cf} = E_1/E_2$。

煤炭行业标准给出的评价标准为 $W_{cf} < 1.5$：无冲击倾向；$1.5 \leqslant W_{cf} < 5.0$：弱的冲击倾向；$W_{cf} \geqslant 5.0$：强烈的冲击倾向。岩石单轴加载应力–应变曲线如图 3 所示。

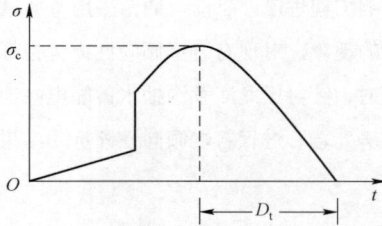

图 2　岩石单轴加载历时曲线　　　　　图 3　岩石单轴加载应力–应变曲线

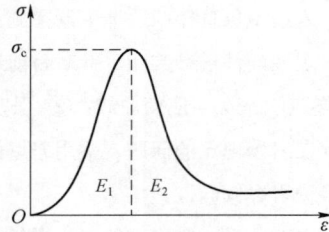

2.2　强度特性

研究表明，岩石越脆，其塑性就越小，岩石在变形中储存的弹性变形能就越大，则塑性变形能就越小。强度脆性指数 B 是指岩石的单轴抗压强度与单轴抗拉强度的比值，即：$B = \sigma_c/\sigma_t$。一般认为，强度脆性指数越高，岩石脆性越大，发生岩爆的倾向性也就越大。

李庶林等给出的分类标准为 $B < 10$：无岩爆；$10 \leqslant B < 18$：中等程度岩爆；$B \geqslant 18$：强烈岩爆。

此外，从成因来看，硐室围岩破坏大多是由于岩体开挖后硐室周围应力重分布，从而导致应力集中，造成围岩破坏。Barton 岩爆指标 α 是从围岩应力条件出发，利用围岩受力与围岩承载强度之间的关系进行岩石岩爆倾向性判断。其定义为岩石抗压强度 σ_c 与围岩应力 σ_1 的比值，即：$\alpha = \sigma_c/\sigma_1$。

其评价标准为 $\alpha < 0.2$：无岩爆倾向性；$0.2 \leqslant \alpha < 0.27$：弱岩爆倾向性；$0.27 \leqslant \alpha \leqslant 0.4$：中岩爆倾向性；$\alpha > 0.4$：强岩爆倾向性。

2.3　综合指标

实际工程中，采用单一评价指标可能会有评价结果不统一的问题，因此国内外学者尝试采用综合评价指标进行岩石岩爆倾向性评价。

能量储耗指数 k 能够表征岩石弹性变形能的储存能力和岩石破坏时能量耗散量之间的关系，综合利用强度和变形进行岩石岩爆倾向性的判断。其定义为强度脆性指数 B 与峰值前和峰值后总应变比值 β 的乘积，即 $k = B\beta$。

此外，还有学者将岩爆倾向性指数 W_{et}、冲击能量指数 W_{cf}、强度脆性指数 B 三者求和，得到综合性岩爆倾向性指标 K，即：$K = W_{et} + W_{cf} + B$，并以此进行岩石的岩爆倾向性判断。

3　工程实例

3.1　工程概况

黑龙江荒沟抽水蓄能电站位于黑龙江省牡丹江市海林市三道河子镇，站址距牡丹江市 145km，电站总装机容量 120 万 kW，主要建筑物由上水库、输水系统、地下厂房系统、地面开关站、下水库等组成。

经观测，地下洞室开挖区存在轻微岩爆现象。而随着地下厂房的开工建设，岩爆的威胁将进一步加大，直接威胁施工人员、设备的安全，影响工程进度。因此，拟采用岩爆倾向性指数 W_{et} 对地下厂房处岩石的岩爆倾向性进行判断。

3.2 试验准备

试验选取黑龙江荒沟抽水蓄能电站地下厂房处的新鲜花岗岩进行试验。岩样采用钻岩机进行钻取，并按规范要求将岩样在磨石机上打磨成$\phi 50 \times 100mm$ 的标准圆柱形试件，允许变化范围为$\pm 0.2cm$。岩样两端面的不平行度不超过 0.05mm，端面垂直于岩样轴线，最大偏差不超过 $0.25°$。

3.3 试验成果

试验所得的应力－应变曲线如图 4 所示，计算所得结果见表 1。

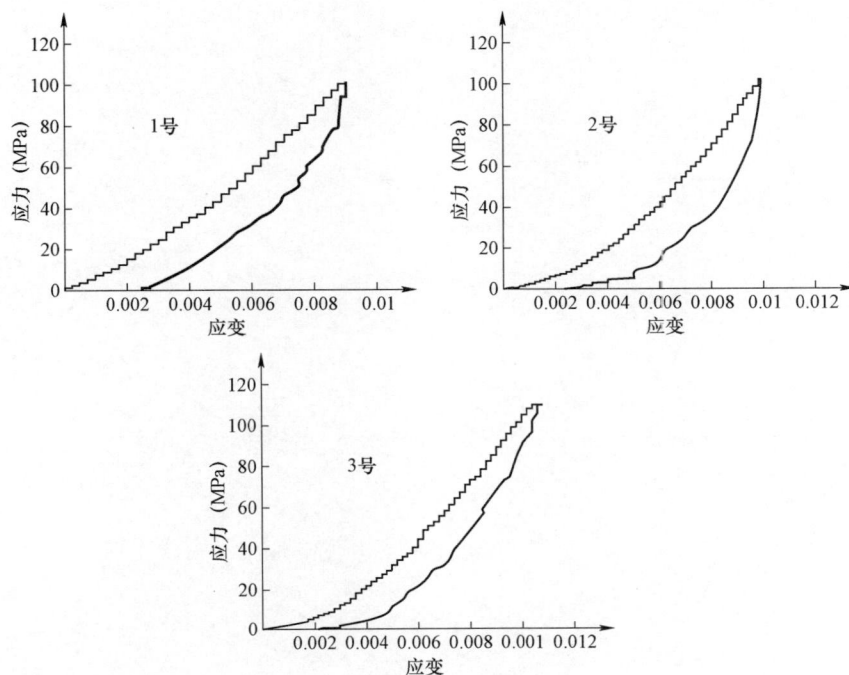

图 4 应力－应变曲线

由试验结果可知，该岩石的岩爆倾向性指数 W_{et} 均小于 3.5。按照 Kidybinski 判据和 Singh 判据均可判定岩样具有弱的岩爆倾向性。

表 1   岩爆倾向性指数 W_{et} 计算表

岩样编号	岩爆倾向性指数	岩爆倾向性	
		Kidybinski 判据	Singh 判据
1 号	2.48	弱的岩爆倾向	弱的岩爆倾向
2 号	2.15	弱的岩爆倾向	弱的岩爆倾向
3 号	2.83	弱的岩爆倾向	弱的岩爆倾向

4 结论

基于室内试验的岩爆倾向性评价指标种类繁多，按照获取方法可以分为应力－应变曲线、强度特性和综合指标三类，在实际工程中可以根据工程实际进行选取。同时，室内试验结果表明，黑龙江荒沟抽水蓄能电站地下厂房处的岩石具有弱的岩爆倾向性。

参考文献

［1］　李庶林. 岩爆倾向性的动态破坏试验研究. 辽宁工程技术大学学报（自然科学版），2001.

［2］　李庶林，冯夏庭，王泳嘉. 深井硬岩岩爆倾向性评价. 东北大学学报（自然科学版），2001.

［3］　刘树新，鲁思佐，陈阳. 基于多重判据的某深部矿区岩爆倾向性研究. 矿业研究与开发，2017.

［4］　唐礼忠，潘长良，王文星. 用于分析岩爆倾向性的剩余能量指数. 中南工业大学学报，2002.

［5］　王文星，潘长良，冯涛. 确定岩石岩爆倾向性的新方法及其应用. 有色金属设计，2001.

引水钢管外排水系统制造安装的质量控制

张忠和

（山东沂蒙抽水蓄能电站，山东省费县　273322）

【摘　要】 蓄能电站高水头引水系统，钢管外排水质量的优劣，关系到电站钢管能不能保证安全稳定运行的重要问题。设计常用直接排水和间接排水的方法，来解决钢管外排水问题，保证钢管安全稳定运行。本文就钢管外排水系统设计、施工、检验做一个小结，给从事及感兴趣的同仁以参考。

【关键词】 钢管外排水　施工质量　检验与鉴定

1　概述

抽水蓄能水电站一般都是高水头，静水头压力在 300m 以上，已建电站有广蓄 725m、西龙池 1015m、天荒坪等都达到 600m、沂蒙电站也达到 375m；对于蓄能电站地下引水系统钢管外排水设计，一般从这几方面考虑问题：

（1）对于埋藏于地下的压力钢管，考虑在有水运行时期的内水压力和外压。

（2）荷载组合，钢管内满水时的内水压力；钢管内无水时的外压力。

（3）钢管主要的环向压力及轴向应力。

（4）钢管满水时，各向应力不超过材料的抗力极限或许用应力值，并验算各种异形钢管的合成应力，须满足环向应力、轴向应力和垂直于轴向应力的剪应力等合成值。钢管内无水时，光面钢管在 2 倍外压力作用下，带加劲环钢管在 1.8 倍外力作用下，钢管管壁不得发生失稳现象。

目前在建的河北丰宁、吉林敦化、山东文登和沂蒙等，考虑水锤压力，较设计水头还要高。依据地下裂隙水源丰富，地形、地质条件以及电站特性，设计以间接排水系统为主；为了保障钢管安全稳定可靠地运行，在钢管周围设置的贴壁排水和岩壁排水组成的直接排水系统，对压力钢管采取了可靠安全措施。

地下钢管外排水系统直接排水和间接排水，主要采取如下几个方面措施：防渗和排水措施一般采用堵（衬砌、灌浆）、截（设置防渗帷幕）、排（排水廊道和排水孔）等综合措施。排水系统主要是针对钢板衬砌而言的，围岩和混凝土衬砌渗水形成的渗流场，使钢管外壁形成较高的外水压力，直接威胁钢管运行稳定。为了有效地降低外水压力，一般是在钢管衬砌段上方布置排水洞，并在排水洞内布置排水孔。排水孔连通贯穿着整个引水管道的间接排水系统。排水廊道考虑地质、水文、地形、地貌各种因素，将地质探洞、施工主洞和支洞、地下厂房联系在一起形成地下排水系统管网。

钢管直接排水系统是布置在钢管外壁，直接将钢管外壁侧渗水排出，降低钢管外水压力的有效措施，贴壁排水和岩壁排水组成了钢管排水系统。

钢管贴壁排水，在压力钢管周向 45°、135°、225°、315°，沿着引水道轴线，安装四根排水角钢，作为钢管贴壁排水管道。在每隔 20～24m 安装环形槽钢进行集水，再由集水槽钢下面引出，排入和钢管系统轴线相同的 φ150～φ200mm 的 PVC 管路，形成钢管外壁贴壁排水系统。问题是：安装钢管后，再续接排水角钢容易错位，在浇筑钢管外回填混凝土前，排水角钢断续焊接处，要涂抹工业肥皂。工业肥皂涂的过早，易干燥碎裂掉损，或者积水浸润，局部将工业肥皂过早地融化掉，而起不到保护钢管外壁和角钢间隙作用，被水泥浆液堵塞排水角钢通道，导致外排水通道因堵塞失效；工业肥皂涂得过晚，工业肥皂没有凝固而强度不够，水泥浆也可堵塞排水角钢通道，导致外排水通道失效。

岩壁排水系统，例如山西西龙池、印度尼西亚阿萨汉斜井布置情况下，在钢管纵轴腰线左右各 45°地面，安装两根 DN159mm 的钢管，间隔 3～4m 焊接一根 φ38mm 水管接头；在岩石侧壁钻孔约 1.5m 深（长），

埋设 ϕ45mm 的 PVC 管，在 PVC 管上面配钻梅花形孔洞用来接引岩壁渗水，PVC 管外包无纺布包裹作为反滤层，保护浇筑混凝土时孔洞不被堵塞，将引出岩壁的 ϕ45mm 的 PVC 管承插在 ϕ38mm 的钢管接头上，形成整个岩壁排水通道。

引水竖井还没有工程案例，因为排水管路无法安装固定在岩壁上，浇筑回填混凝土极易造成破坏，所以引水竖井没有设置岩壁排水装置。

2 钢管外排水系统制造和安装质量控制与检验

（1）钢管外排水系统制造和安装质量控制：在钢管制造过程中，在钢管厂内将钢管四个象限上的四根角钢，按照设计的方法，间断焊接安装在钢管外壁上。排水角钢安装与蹲浆孔、避缝孔等尽量避免干涉，要求角钢平直，贴紧钢管外壁，接头顺直圆滑，位置准确。钢管安装后，接头尽量少错位或不错位。

主要质量控制点在于钢管安装之后，焊接安装排水角钢断续部分，尽量安装的平顺圆滑。重要的是工业肥皂的涂抹时间和浇筑混凝土的配合上，工业肥皂涂抹过早，会引起工业肥皂干裂破碎而脱落，在浇筑回填混凝土时造成排水角钢堵塞；过晚，工业肥皂没有干燥，达到一定的强度而脱落，也会出现堵塞角钢通道的问题。施工经验告诉我们：最佳安装时间是在浇筑混凝土前 1～2 天，工业肥皂刚好达到强度而不开裂的情况下浇筑混凝土，在浇筑混凝土后渗水湿润工业肥皂后而融化，形成通道而不堵塞排水角钢，保证工业肥皂先封后通的质量。

岩壁排水安装质量控制问题，也存在安装时间控制问题和浇筑混凝土前成品保护的问题。安装排水管前，要按照间距钻孔 1.5m 深，再将钻好花孔的 PVC 管包裹好无纺布，插入岩壁孔洞内，外端承插在小钢管上面，这时需要保护好；花管不要从岩壁洞里滑脱，承插管也不要滑脱，浇筑混凝土下料方向避开有岩壁排水管的方向，由于钢管深洞内无人，质量无法有效地控制，稍有不慎，有一处管路滑脱，主排水管也容易堵塞。

（2）钢管外排水系统制造安装质量检验和鉴定：钢管外壁的贴壁排水和岩壁排水组成的排水系统，相互补充相互备用。因为钢管外壁排水系统浇筑在回填混凝土里面，观察不到又无法检测，只有观察其排水流量去推测判断其安装质量。

钢管贴壁排水，在西龙池引水系统中平段，上游段钢管外排水集中从廊道排出，对上游近 600m 长钢管外壁水流量测算，其结果和设计流量相吻合。

岩壁排水施工，在十三陵、西龙池都是采用了这种设计方法。2008 年春，西龙池电站经过集中充、排水试验检查，主机间上游侧排水流量明显，采用量水围堰测量排水量，排水量和水文资料验算，证明施工质量满足设计要求。

由于钢管外排水系统不易观测和修复，只能够利用观测排水量来测算钢管外排水系统安装质量的优劣。主要还是依靠钢管直接排水系统解决引水系统钢管外排水系统的排水问题。

（3）新工艺、新材料的运用。在引水系统压力钢管岩壁排水系统，采用特殊的软式透水管，对钢管管壁和岩壁排水系统收到良好的排水效果。

有的电站设计没有与压力钢管并行的排水总管，只有排水角钢。如江西洪屏电站，四根外壁贴壁排水角钢，任意一根角钢的任意一段堵塞，就可能导致单支全部堵塞。回填混凝土施工，极易破坏并堵塞压力钢管贴壁排水系统。再加上灌浆工序施工，增大压力后，也容易堵塞排水通道。不论何种形式的排水系统，都是深埋在混凝土中，检查排水通道是很困难的，只有充水检验。洪屏电站做充水检验时发现水流较小，有的角钢没有流水。检验结果差强人意，没有补救措施。因此施工质量一定要保证，要加强监督管理。

洪屏以间接排水为保证通畅，在下平洞（高程）设置排水廊道，加上主厂房上面三层环形排水廊道，和引水系统排水廊道高程（下层：81.00m；中层：106.5m；上层：122.4m；顶层：156.00m；高层：191.00m）相配合，组成的地下排水系统，从洞室结构总体考虑集中排水，增设各层各道排水廊道。但是，最主要的是钢管外排水通畅，保证钢管运行安全。我们强调钢管外排水的安全稳定，提高外排水质量。对于钢管来说，主要依靠两种排水方式，即钢管贴壁排水和钢管岩壁排水。

3　结束语

引水系统是蓄能电站的重要一环，钢管安全稳定运行，是电站运行关键，如何保障钢管安全稳定运行，钢管外排水系统是比较重要的，在建设期间一定要得到足够的重视，力求工程成活率，确保施工质量。且排水系统安装完成后，应做充水检验并备案。

参考文献

[1]　邱斌如，刘连希. 抽水蓄能电站工程技术. 北京：中国电力出版社，2008.

[2]　张建辉，顾一新，刘洋，等. 地下埋管外排水系统设计. 第八届全国水电站压力管道学术会议论文集，2014.09.

[3]　张忠和. 西龙池抽水蓄能电站引水钢管制造安装经验. 抽水蓄能电站工程建设论文集，2008，213－219.

应用于隧洞工程损伤识别的转角模态小波分析

董云涛　李宗华　陈雨生

（保定易县抽水蓄能有限公司，河北省保定市　074200）

【摘　要】 以含有损伤的水工隧洞结构为研究对象，在考虑地基对隧洞结构影响的基础上，提出了二维弹性地基隧洞模型，利用有限元法分析隧洞结构的振动特性，通过计算得到隧洞的转角模态。以 dbN 小波为母小波，并采用小波分析对模态参数进行连续小波变换，用单元的尺寸减小来模拟隧洞的局部损伤，进而对其进行识别，计算表明小波系数模极大值的突变位置与损伤位置相吻合。基于转角模态的小波分析方法可以较好识别出隧洞结构的损伤位置，对于单个或者多个结构损伤位置都具有较好的识别准确性。

【关键词】 水工隧洞　转角模态　小波分析　识别　结构损伤

1 引言

隧洞建设是水电工程施工建设的重要组成部分，隧洞结构的安全是抽水蓄能电站正常运转的前提。由于自然条件的影响，隧洞和其他地下结构的工程地质和水文地质等条件十分复杂，在实际工程应用中，由于隧洞设计、施工和自然灾害等原因，往往使得许多隧洞产生老化、裂缝、破损等损伤，可能使隧洞结构发生断裂、垮塌等严重后果，从而导致人们生命财产的重大损失。国内外调查研究显示，相当一部分的隧洞正处于病害发育的亚健康状态，存在着衬砌裂损、变形、掉块以及渗漏水等病害现象。隧洞病害的存在严重影响交通质量，威胁隧洞内行车的安全，同时缩短隧洞的维护周期及使用寿命。怎样对现役或新建隧洞及其他地下建筑进行健康诊断、灾害与病害的预防和监控就显得尤其重要。因此，通过对损伤隧洞动力特性的研究，准确识别隧洞损伤，防止隧洞发生重大灾害性事故，不仅可以丰富、完善结构损伤诊断理论，而且对于抽水蓄能电站隧洞建设实际具有重要的应用价值。

2 基本原理

损伤是指系统产生了不同于正常状态的一种状态，结构损伤中以出现裂纹或破坏作为判断准则。结构损伤识别方法研究即提出可准确判断结构存在的裂纹或损伤，为结构安全服役及结构修缮加固提供依据。

要进行损伤识别及定位，首先需要解决的就是损伤标识量的选取问题，即决定以哪些物理量为依据才能更好地识别及标定损伤程度和位置。一致认为：进行损伤识别的物理量可以是全局量（比如结构固有频率等），但是用于损伤直接定位（不以有限元计算模型为依托）的物理量取局域量为最好，并且需要满足四个基本的条件，即：

（1）对结构的局部损伤比较敏感。

（2）位置坐标的单调函数。

（3）损伤位置，损伤标识量应该有明显的峰值变化。

（4）非损伤位置，损伤标识量的变化幅度应该小于预先所设定的阀值。

损伤标识量可以是结构的物理参数（如刚度矩阵、阻尼矩阵、质量矩阵等）或者是模态函数（频率、振型等）。

相对频率而言，振型的变化对损伤较为敏感，可以用来确定结构模型误差和损伤的可能位置。然而振型的测量由于系统噪声和观测噪声的影响存在较大的测量误差，使得特征振型的变化常常被测量误差所掩盖，给基于振型的结构损伤识别方法在实际应用中造成很大的困难。另外，由于结构的测试受现场条件、测试仪器和测点布置的限制不可能太多，实际的观测振型数据是不完备的（包括自由度不完整和振型阶数不完备）。对于由结构损伤引起的局部刚度、变形等的变化，一般高阶模态会比较敏感，而高阶模态在桥梁结构中往往难以准确测量甚至根本无法测量。因此，基于振型的损伤识别方法一般需借助其他分析技术对计算模型数据和实测数据进行处理后进行损伤分析。

采用转角模态做小波变换，能由小波系数线中的模极大值寻找到对应的奇异信号，小波系数线平滑度高，尤其在靠近梁端和支座处不产生不规则的突起，损伤位置的判别准确，可以达到准确识别的目的。

结构的损伤可归结为结构在某个截面的刚度有所降低，即抗弯刚度 EI 降低。在刚度变化截面 v 的左右两侧有 $EI(v^+) \neq EI(v^-)$，v^+、v^- 分别表示损伤左右两侧位置，结构满足以下变形协调条件和内力平衡条件

$$\text{竖向位移：} w(v^+) = w(v^-) \tag{1}$$

$$\text{转角：} \frac{dw(v^+)}{dx} = \frac{dw(v^-)}{dx} \tag{2}$$

把式（2）用极坐标表示为

$$\frac{dw(v^+)}{dx} = \frac{dw(v^+)}{d\theta} \cdot \frac{d\theta}{dx} = -\frac{dw(v^+)}{d\theta}\frac{1}{r\sin\theta} \tag{3}$$

$$\frac{dw(v^-)}{dx} = \frac{dw(v^-)}{d\theta} \cdot \frac{d\theta}{dx} = -\frac{dw(v^-)}{d\theta}\frac{1}{r\sin\theta} \tag{4}$$

则由式（2）～式（4）联立得

$$\frac{dw(v^+)}{d\theta} = \frac{dw(v^-)}{d\theta} \tag{5}$$

$$\text{弯矩：} EI(v^+)\frac{d^2 w(v^+)}{dx^2} = EI(v^-)\frac{d^2 w(v^-)}{dx^2} \tag{6}$$

把式（6）用极坐标表示为

$$\frac{d^2 w(v^+)}{dx^2} = \frac{\left[\dfrac{dw(v^+)}{dx}\right]}{dx} = \frac{\left[-\dfrac{dw(v^+)}{d\theta}\dfrac{1}{r\sin\theta}\right]}{dx} = \frac{\left[\dfrac{dw(v^+)}{d\theta}\dfrac{1}{r\sin\theta}\right]}{d\theta} \cdot \frac{1}{r\sin\theta} \tag{7}$$

$$\frac{d^2 w(v-)}{dx^2} = \frac{\left[\dfrac{dw(v^-)}{dx}\right]}{dx} = \frac{\left[-\dfrac{dw(v^-)}{d\theta}\dfrac{1}{r\sin\theta}\right]}{dx} = \frac{\left[\dfrac{dw(v^-)}{d\theta}\dfrac{1}{r\sin\theta}\right]}{d\theta} \cdot \frac{1}{r\sin\theta} \tag{8}$$

则上式可得

$$EI(v^+)\frac{d^2 w(v^+)}{d\theta^2} = EI(v^-)\frac{d^2 w(v^-)}{d\theta^2} \tag{9}$$

$$\text{剪力：} EI(v^+)\frac{d^3 w(v^+)}{dx^3} = EI(v^-)\frac{d^3 w(v^-)}{dx^3} \tag{10}$$

把式（10）用极坐标表示为

$$\frac{d^3 w(v^+)}{dx^3} = \frac{\left[\dfrac{d^2 w(v^+)}{dx^2}\right]}{dx}\frac{\left[\dfrac{dw(v^+)}{d\theta}\dfrac{1}{r\sin\theta}\right]}{d\theta} \cdot \frac{1}{r\sin\theta} \cdot \frac{-1}{r\sin\theta} \tag{11}$$

$$\frac{d^3 w(v^-)}{dx^3} = \frac{\left[\dfrac{d^2 w(v^-)}{dx^2}\right]}{dx}\frac{\left[\dfrac{dw(v^-)}{d\theta}\dfrac{1}{r\sin\theta}\right]}{d\theta} \cdot \frac{1}{r\sin\theta} \cdot \frac{-1}{r\sin\theta} \tag{12}$$

则由上式可得

$$EI(v^+)\frac{d^3 w(v^+)}{d\theta^3} = EI(v^-)\frac{d^3 w(v^-)}{d\theta^3} \tag{13}$$

因为 $EI(v^+) \neq EI(v^-)$ ，由式（9）可知 $\dfrac{d^2w(v^+)}{d\theta^2} \neq \dfrac{d^2w(v^-)}{d\theta^2}$ ，说明转角可作为损伤指标进行识别。通过前面的分析可知，如果某一截面含有裂缝，那么该截面处的转角不连续，即该处小波系数会出现模极大值。因此，选用 dbN 小波作为小波函数对其进行连续小波变换，从而可以确定裂缝的位置。

3 数值算例

3.1 模型构建

本文基于小波分析方法，提出一种弹性地基隧洞模型，研究地基的弹性变形对隧洞结构损伤的影响，利用有限元计算分析，通过单元截面尺寸的减少来模拟隧洞结构的损伤情况。模型如图 1 所示，土体和衬砌均采用 plane42 单元进行模拟，围岩和衬砌之间采用共节点进行连接，其中隧洞洞口直径 6m，X 轴方向 65m，Y 轴方向 58m，厚度 0.5m，单元截面尺寸为 0.13m×0.16m，模型结构共划分 3414 个单元。

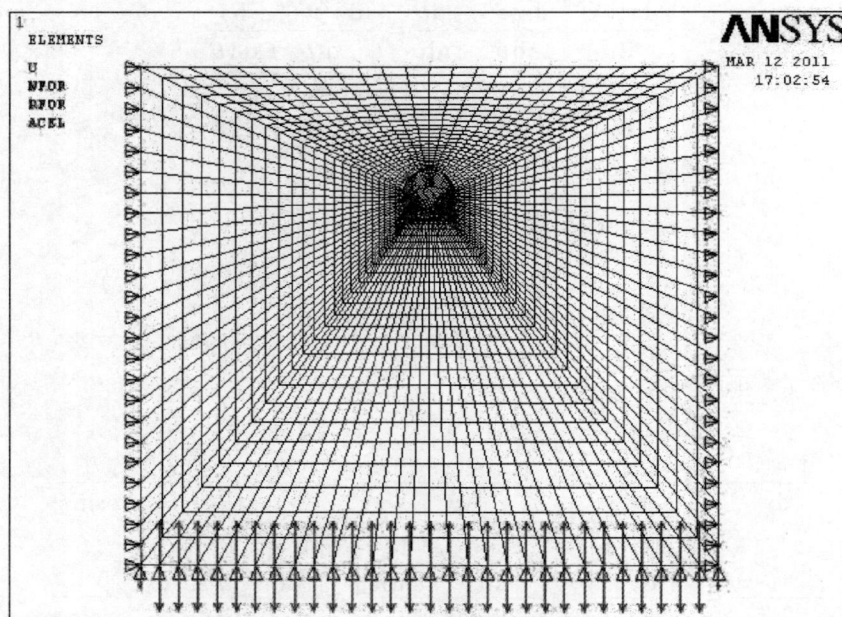

图 1 二维弹性地基隧洞的有限元模型

（1）边界条件。

1）应力边界条件：仅考虑土体自重应力对隧洞结构的影响。

2）位移边界条件：模型上表面自由，下表面采用 y 向约束，左右侧面施加 x 向约束。

（2）材料参数。

1）土体：弹性模量为 5×10^4MPa，泊松比为 0.3，密度为 2.5kg/m³。

2）衬砌：弹性模量为 2.06×10^5MPa，泊松比为 0.3，密度为 7800kg/m³。

3）地基：弹性模量为 5×10^4MPa，泊松比为 0.3，密度为 2.5kg/m³。

3.2 工况选择

一共考虑三种工况：工况一，拱顶损伤；工况二，拱腰损伤；工况三，拱顶和拱腰同时损伤。工况一和工况二的单元损伤程度均为 20%，改变其单元截面尺寸为 0.13m×0.13m；工况三的拱顶单元损伤 20%，拱腰单元损伤 10%，即拱顶改变其单元截面尺寸为 0.13m×0.13m，拱腰单元截面尺寸改为 0.13m×0.144m。采用 dbN 小波为母小波进行连续小波变换，得到小波系数图。其中横坐标代表单元节点数，纵坐标代表小波系数值。

3.3 转角模态的小波损伤识别

工况一，在拱顶 786 单元处损伤，得到如图 2 所示的小波系数图。发现此段节点的小波系数有一处明显的突变点（37），恰好对应损伤位置。

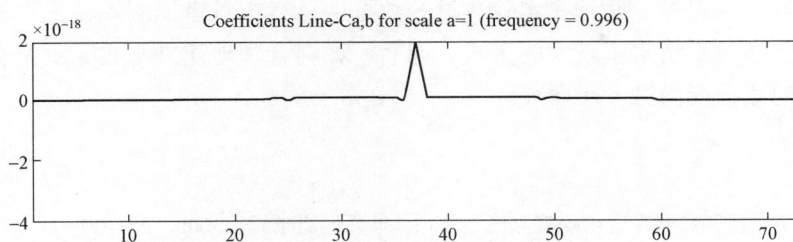

图 2   拱顶含一处损伤的小波系数

工况二，在拱腰 927 单元处损伤，得到如图 3 所示的小波系数图。发现此段节点的小波系数有一处明显的突变点（15），恰好对应损伤位置。

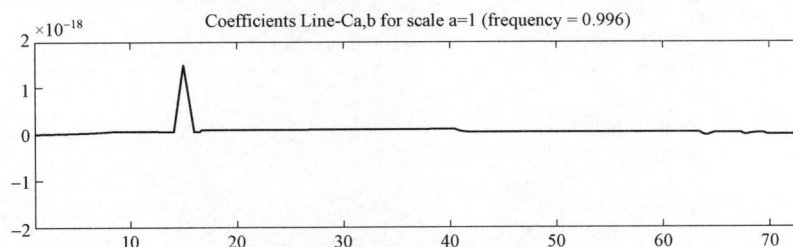

图 3   拱腰含一处损伤的小波系数

工况三，在拱顶 786 单元处和拱腰 933 单元处损伤，得到如图 4 所示的小波系数图。发现此段节点的小波系数有两处明显的突变点（37 和 9），恰好对应损伤位置。通过对不同损伤程度的模拟，拱顶 786 单元损伤 20%，拱腰 933 单元损伤 10%，可见小波系数曲线图中其突变有着不同程度的变化。

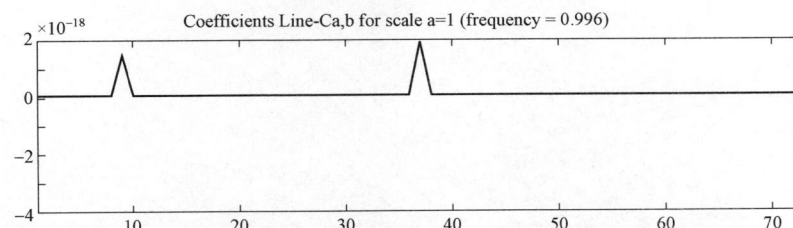

图 4   拱顶和拱腰各含一处损伤的小波系数

4 结束语

小波分析作为一种具有多分辨率的时 – 频分析方法，在特征提取、信号去噪、信号奇异性检测等方面有独特的优势，所以在结构损伤识别中的应用受到很多研究人员的关注。本文利用有限元法计算分析损伤结构的动力特性，并运用转角模态的小波分析方法对隧洞结构损伤进行识别，总结如下：

（1）在考虑地基对隧洞结构影响的基础上，本文提出了二维弹性地基隧洞模型，建立了相应的小波损伤识别方法。采用有限元方法研究隧洞结构的振动特性，得到隧洞模型转角模态，利用 dbN 小波对其模态参数进行连续小波变换，采用单元的尺寸减小来模拟隧洞的局部损伤，计算表明小波系数模极大值的突变位置与模拟损伤位置相吻合，由此可知基于曲率模态的小波分析方法可以较好识别出隧洞结构的损伤位置。

（2）基于小波分析的隧洞结构损伤识别方法对于单个或者多个损伤位置都具有较好的识别准确性，适合在隧洞结构的损伤识别中应用，而且对于抽水蓄能电站隧洞建设实际具有重要的应用价值。

本文基于小波分析的隧道结构损伤识别方法是通过对损伤结构有限元分析后得到的结果，由于隧道结构损伤识别原理本身的简化与假定，尤其是本文所采用的有限元模型不是三维的，没有考虑隧道纵向因素，而隧道在纵向开挖过程中的受力情况是相当复杂的，所以与实际情况还是有一定的差别，决定了这种方法的局限性。而在工程结构的损伤诊断中，结构受材料的本构关系、支承情况、荷载类型等影响，其力学性能比理想的结构模型要复杂得多，并且在实际测量的数据中总存在着诸如测量误差（噪声）、计算误差等，这就为准确有效地识别结构损伤来了较大的困难。因而，如何合理地建立与实际更符合的理论分析方法、如何精确处理检测到的数据尚需进一步研究。

参考文献

[1] 高怀涛，王君杰. 桥梁检测和状态评估研究与应用 [J]. 世界地震工程，2000（2）：57-64.

[2] West W M. Illustration of the use of modal assurance criterion to detect structural changes in an orbiter test specimen [J]. Proceedings of Air Force Conference on Aircraft Structural Integrity，1984：1-6.

[3] J-C Hong，Y Y Kim，H C Lee，et al. Damage detection using the lipschitz exponent estimated by the wavelet transform：Applications to vibration models of a beam [J]. International Journal of Solids and Structures，2002，（39）：1803-1816.

混凝土面板堆石坝止水材料及施工技术简要概述

张晓波　温占营

（河北抚宁抽水蓄能有限公司，河北省秦皇岛市　066000）

【摘　要】 本文从面板堆石坝止水结构形式、施工工艺、破坏形式、破坏原因分析等入手，结合寒冷地区气候特征及工程实际运行条件，优化面板接缝顶部止水结构，采取适当的止水防护措施，拓展橡胶盖板的使用功能，以提高寒冷区面板接缝顶部止水的防渗和耐久性能，具有一定的实际应用意义。

【关键词】 寒冷地区　面板堆石坝　止水破坏　材料　施工技术

1 引言

混凝土面板堆石坝是由堆石或砂砾石分层碾压填筑成坝体，在上游面采用混凝土面板作防渗体而形成的挡水坝。混凝土面板一般设有较多的分缝以适应坝体变形，避免面板开裂。与其他坝型不同，面板坝的接缝不仅位移较大，而且变化复杂。在水库建设及运行过程中，面板接缝将产生垂直缝面的张开位移、沿板厚方向的沉降位移、平行于缝面的纵向剪切位移等三向位移，因此，面板堆石坝的接缝止水是面板坝防渗体系中的重要组成部分，其止水效果对于面板坝的安全运行具有重要意义，若遭到破坏，整个面板防渗体系将失去防渗功能，影响大坝的正常运行。

寒冷地区面板坝冬季运行条件严酷，在冰拔、冰胀等因素影响下，接缝位移量更大，止水结构受损情况尤为突出。

2 已建面板坝止水结构破坏的形式和原因分析

2.1 已建面板坝顶部止水结构形式

在目前运行的面板坝中，伸缩缝止水通常采用如下结构形式：在伸缩缝底部设铜止水，中部设橡胶止水，伸缩缝顶部设置橡胶止水棒，表层嵌填柔性止水材料、外覆橡胶盖板以起到保护表层柔性嵌缝材料和橡胶止水棒的效果。橡胶盖板用角钢（扁钢）作为压板，通过膨胀螺栓与面板锚固成一体。某水电站面板接缝的顶部止水的结构图如图1所示。

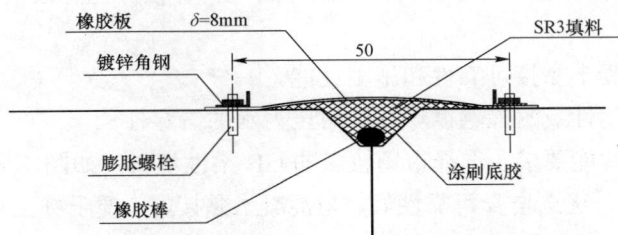

图1　某水电站面板接缝的顶部止水的结构图

2.2 面板坝止水破坏形式及原因分析

根据已统计面板顶部止水结构受损情况调查结果表明，止水破坏位置多在水位变化区的顶部止水结构（由橡胶止水棒、表层柔性嵌缝材料、外覆防护盖板组成）。止水结构的破坏均表现为膨胀螺栓拔出；部分压板（扁钢或角钢）扭曲甚或脱落；外覆防护橡胶盖板撕裂、柔性嵌缝材料与缝面剥离，面板接缝完全裸露等现象。

根据面板止水结构破坏情况并结合相关工程变形缝止水的设计形式进行分析，可知导致止水结构破坏的主要因素为：

（1）膨胀螺栓等锚固件锈蚀。

（2）冰拔和冰推等冰冻因素。

（3）橡胶防护盖板的抗撕裂、抗击穿性能和耐老化性能。

水库投入运行后，膨胀螺栓等锚固件在高湿度环境下，很快产生锈蚀并迅速劣化，使得膨胀螺栓与混凝土间的锚固力严重降低甚至失去作用；冬季结冰后，受冰推力和冰拔力反复作用的影响，膨胀螺栓被拔出，压条角钢（扁钢）脱落，外覆防护的橡胶盖板被撕裂，柔性嵌缝材料失去防护并在冰冻的持续作用下逐渐破坏，最终形成如图 2～图 3 所示破坏现象。

图 2　面板止水破坏状况典型图

图 3　面板止水破坏状况典型图

在止水结构受冰冻破坏过程中，膨胀螺栓上端头、角钢压板等凸起物，橡胶盖板与混凝土间存在的缝隙，橡胶盖板的耐老化性能低或力学性能差等诸多不利因素的共同作用加速了止水结构的破坏过程。

3　止水原材料性能研究

3.1　嵌缝密封材料

嵌缝密封材料工作原理是在均布水压力作用和各种气温条件下，密封混凝土伸缩缝之间的微小缝隙，并在橡胶止水棒的可靠支撑下，形成稳定可靠的止水结构，其顶部采用橡胶止水盖板覆盖保护。

根据国内外面板坝实践经验，嵌缝密封材料应具备如下三个方面特性：

（1）嵌缝密封材料自身的可靠性。主要包括材料的耐久性（是指在水、碱、酸盐等溶液浸泡下不能分散、分离、重量不能损失过大，经过一定数量的冻融循环后材料各项性能降低量在允许范围以内）、耐热性、耐寒性、抗拉性能等。

（2）嵌缝密封材料与混凝土黏接可靠性和施工性能。

（3）压力水作用下的流动性及耐冻融循环性和耐压力水的击穿性。

基于嵌缝止水材料上述性能要求，选择市场较多的 GB 柔性填料（如图 4 所示）和 SR3 塑性止水材料（如图 5 所示）进行性能对比，优选自身可靠性好、与混凝土黏接好、便于施工且在均布水压力作用下流动性和耐击穿性好的嵌缝密封材料。

GB 柔性填料和 SR3 塑性材料的性能指标见表 1。

GB 柔性填料和 SR3 塑性材料具备如下特性：

（1）具有优良的耐候性及耐久性。

（2）具有很强的抗击穿和抗渗能力。

（3）与干燥面和潮湿面混凝土均可以实现可靠黏结。

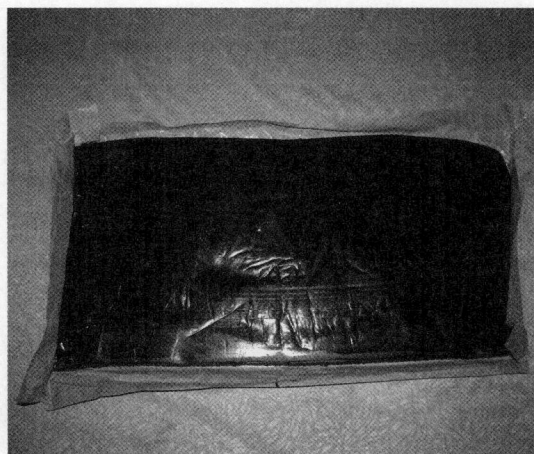

图 4　GB 柔性填料

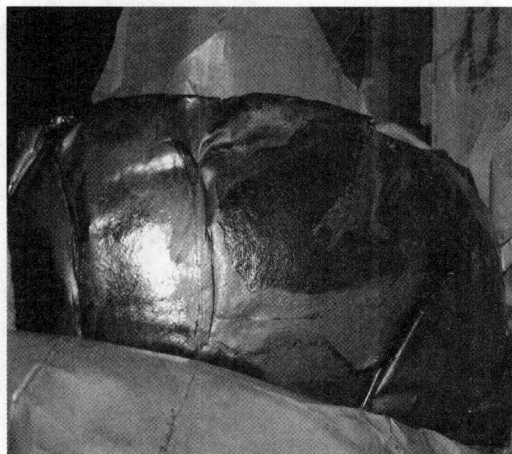

图 5　SR3 塑性止水材料

表 1 嵌缝密封材料性能试验结果

检测项目		GB 柔性填料	SR3 塑性材料	评定指标
浸泡质量损失率（%）（常温，3600h）	水	−1.72	−0.55	≤2
	饱和 Ca(OH)₂ 溶液	−1.83	−0.78	≤2
	10%NaCl 溶液	−1.70	−0.59	≤2
拉伸黏结性能	常温，干燥 断裂伸长率（%）	425	≥300	≥125
	常温，干燥 黏结性能	不破坏	不破坏	不破坏
	常温，浸泡 断裂伸长率（%）	190	155	≥125
	常温，浸泡 黏结性能	不破坏	不破坏	不破坏
	低温，干燥 断裂伸长率（%）	110	75	≥50
	低温，干燥 黏结性能	不破坏	不破坏	不破坏
	300 次冻融循环 断裂伸长率（%）	210	≥300	≥125
	300 次冻融循环 黏结性能	不破坏	不破坏	不破坏
流淌值（下垂度）		0.2	≤2	≤2
施工度（针入度）（0.1mm）		127	110	≥100
密度（g/cm³）		1.47	1.50	≥1.15
抗击穿性（厚 5cm，其下为 2.5～5mm 垫层料，64h 不渗水压力）（MPa）		≥2.7	≥2.7	≥2.7
流动止水长度（mm）		146	≥135	≥130

3.2　止水盖板

止水盖板作为整个止水结构的表面覆盖物，对其下面嵌缝密封材料、止水棒等止水材料起着重要保护作用，因此止水盖板不仅应具有良好的弹性，还应兼具耐老化、拉伸强度高、延伸率大、耐冻融、耐腐蚀、耐撕裂及耐冲击等性能。

常用橡胶盖板有如下几种：

（1）天然橡胶。具有优异的弹性和良好的加工性及温度适应性，但抗臭氧能力差，暴露在空气或经受阳光照射时易老化，适用温度范围为 −35～60℃。

（2）氯丁橡胶。性能优良，具有耐候、耐老化性、阻燃、耐化学腐蚀性，适用温度范围为 −25～60℃，成本较高。

（3）三元乙丙橡胶。为多孔弹性橡胶。耐臭氧、耐老化、耐低温性能和抗酸碱腐蚀、电绝缘性优异，适用温度范围为 −40～60℃，但自身为非极性材料，较难与混凝土表面牢固黏结，强度较低。

（4）丁腈橡胶。最大优点是耐油性较好、耐磨损。

（5）合成橡胶。强度略低于天然橡胶，抗老化、耐臭氧、耐低温性能均较好。缺点是价格高，同时接头处理困难，需用较高的温度和压力进行硫化连接。

上述几种橡胶是橡胶止水带常用基材，主要应用在渡槽、水坝、涵闸等水工建筑物。其防水机理是利用弹性密封止水，具有很好的弹性和延伸性。根据橡胶类止水材料的性能特点，面板顶部止水盖板采用表面三元乙丙并复合天然橡胶是较为的理想组合形式。

3.3　止水棒

在混凝土面板止水结构中，表层止水材料在混凝土接缝张开情况下承受高水压力作用，因此在混凝土接缝处设置了支撑橡胶棒。橡胶棒应确保在止水结构运行过程中能够滞留在接缝口，不被压入接缝以发挥其支撑作用。

楔形橡胶止水棒在水压力作用下，其楔形部分被紧密嵌入伸缩缝内，既不影响面板变形，同时又能保证橡胶棒顶部圆形部分滞留在接缝口处起到支撑顶部止水材料并阻止嵌缝材料流入缝中的作用。对于混凝土面板伸缩缝而言，由于施工工艺的影响造成面板伸缩缝不规则，且宽度大小不等，使得楔形止水棒的楔角很难准确嵌入伸缩缝。氯丁橡胶棒是以氯丁橡胶为主要原料，掺加各种助剂及填充料，经塑炼、混炼、挤出成型，高温硫化后制成，具有耐老化、耐油、耐磨作用，适用作面板坝止水材料。

4　施工工艺研究

在进行面板顶部接缝止水施工工艺的研究中，同样分别考虑了如下两种施工基础条件：

（1）正常浇筑面板混凝土。

（2）浇筑面板混凝土时预留止水盖板下卧槽并预埋锚固螺母。

4.1　正常浇筑情况下顶部接缝止水施工工艺

当面板顶部接缝止水施工基础条件为正常浇筑施工的混凝土面板时，其施工工序为：机械开槽→钻机打孔→螺母埋设→止水棒安装→嵌填密封材料→铺设止水盖板→螺栓锚固扁钢加压→边缝嵌填。现将各施工工序及相关注意事项详解如下：

（1）机械开槽。在切割混凝土前，于面板接缝中心线向两侧外延 300mm，用木工墨斗弹出混凝土切割位置线，采用岩石切割锯从上向下进行切割，切缝深度 20mm，切缝垂直向偏差不超过 5mm，切缝深度允许偏差为 0～5mm，然后用风铲凿除面板接缝与切割缝之间的面板混凝土，凿除深度为 20mm。

（2）钻机打孔。首先制作孔间距 250mm、孔径 30mm 的钻孔定位器，然后采用金刚石水钻或冲击电锤钻钻孔，孔深 120mm。钻好的混凝土孔要测量深度，封堵孔口，防止杂物进入。

（3）螺母埋设。在埋设螺母前，先将螺母预埋孔清洗干净，确保螺母预埋孔孔壁干净、孔内无积水，然后向孔内注入锚固胶黏剂（注入剂量达到孔内容积的 1/3 为宜），插入螺母并再将其左右旋转，以促进胶黏剂同混凝土壁之间的浸润、结合，最后用腻刀刮除溢出的胶黏剂，并使螺母居于预埋孔中心位置。待锚固胶黏剂凝结固化后方可进行下一道施工工序。

（4）止水棒安装。在完成上述施工工序后，清理止水缝顶部接缝止水预留槽，如接缝止水预留槽表面有水泥浮浆或松动的混凝土骨料，应用钢刷将其完全清除。确保止水缝两侧混凝土的新鲜、清洁、干燥，然后铺设氯丁橡胶止水棒并在止水缝上方采取覆盖保护措施，确保止水缝两侧混凝土处于干燥、清洁状态。

（5）嵌填密封材料。在嵌填密封材料前，检查混凝土两侧施工基面，确保其处于干燥、清洁状态，然后在混凝土施工基面涂刷密封材料专用界面剂，最后嵌填密封材料。建议采用挤出机进行密封材料嵌填。

需要特别说明的是：在进行密封材料嵌填施工时，混凝土施工基面的清洁、干燥尤为重要，这对混凝土基面与嵌缝密封材料的紧密黏结具有重要意义。在以往的面板止水修补工程中，拆除止水盖板后发现，接缝止水嵌缝密封材料与混凝土基面存在较多的薄弱黏结部位。

（6）铺设止水盖板。清除止水盖板下卧槽混凝土基面的杂物、浮尘及松动的骨料，确保混凝土基面清洁、干燥、结构完整，然后涂刷止水盖板黏结用胶黏剂专用基液，待基液表面状态达到使用要求后涂刮胶黏剂，然后铺设止水盖板。每次涂刮胶黏剂、铺设止水盖板的长度不宜过长，确保螺栓锚固扁钢加压工序能在胶黏剂凝结固化前完成。

胶黏剂基液涂于止水盖板下卧槽两边，从卧槽边缘开始涂刷，每边宽度不得低于120mm。胶黏剂涂刮宽度不应大于基液涂刷宽度，在涂刮时必须保持胶黏剂涂刮表面平整。

止水盖板在铺设前需预留螺钉安装孔并对其与混凝土黏结部位进行脱脂处理。预留螺钉安装孔位置与锚固螺母对应位置相对应，采用直径为20mm的圆孔；采用钢丝轮刷对止水盖板进行脱脂处理，沿胶板两侧打磨止水盖板下表面脱脂处理位置，脱脂宽度为150mm，上表面脱脂位置与加压扁钢位置相对应，脱脂宽度为80mm。脱脂后采用丙酮试剂擦拭清洗脱脂部位。

（7）螺栓锚固扁钢加压。在完成止水盖板铺设后，立即进行螺栓锚固扁钢加压工序，施工时首先在止水盖板上表面脱脂部位及加压扁钢下表面均匀涂刮一层胶黏剂，然后将扁钢置于止水盖板上并确保扁钢预留螺钉安装孔位置与锚固螺母位置一一对应，最后拧入锚固螺钉并确保螺帽下表面与扁钢上表面紧密结合。

在施工时，应特别注意扁钢预留螺钉安装孔与锚固螺母位置的对应关系，在实际工程中，由于锚固螺母埋设时存在一定的位置偏差，使得个别锚固螺母与扁钢预留螺钉安装孔的对应程度难以满足锚固螺钉的安装，当遇到上述问题时，结合实际情况上下左右轻微调整扁钢位置，确保每一个锚固螺钉均能顺利安装。

在安装锚固螺钉时，先在锚固螺钉的螺杆上均匀涂抹一层凡士林（其主要作用为防止锚固螺钉及螺母丝扣锈蚀，提高锚固螺栓结构耐久性），将螺钉拧入螺母2～3道丝扣，然后往扁钢预留螺钉安装孔内密实嵌填密封材料，嵌填厚度以高出扁钢上表面3～5mm为宜，拧紧锚固螺钉直至螺帽下表面与扁钢上表面紧密结合，最后用腻刀刮除被挤出的密封材料。

（8）边缝嵌填。在完成上述施工工序后，采用封边料将止水结构边缘嵌填密实。

4.2 预留槽并预埋锚固件情况下顶部接缝止水施工工艺

当预留止水盖板下卧槽并且预埋锚固螺母时，面板顶部接缝止水施工工序为：止水棒安装→嵌填密封材料→铺设止水盖板→螺栓锚固扁钢加压→边缝嵌填。与正常浇筑的混凝土面板相比，减省了机械开槽→钻机打孔→螺母埋设三道施工工序，其余的施工工序及相关注意事项与正常浇筑混凝土面板的顶部接缝止水施工完全相同。

在实际混凝土面板顶部接缝止水施工中，推荐使用预留止水盖板下卧槽并且预埋锚固螺母的顶部接缝止水施工工艺。和正常浇筑混凝土面板的顶部接缝止水施工工艺相比，预留止水盖板下卧槽并且预埋锚固螺母的顶部接缝止水施工工艺具有止水盖板下卧槽混凝土面平整度高、锚固螺母与混凝土结合紧密、锚固螺母抗拉拔性能好的优点。在实际施工时具有施工便利、易于保证施工质量等优势。

5 结束语

（1）采取适当的止水防护措施，提高面板接缝顶部止水的防渗和耐久性能，表层防护体系不被破坏是确保止水结构安全的关键。

（2）利用胶黏剂和嵌缝找平材料，可实现表层防护盖板与面板混凝土的无缝、高强黏合，使橡胶盖板保护嵌缝材料的同时还兼具优良的止水功能，换言之，即在不改变结构的前提下增加一道性能优异的止水层。

（3）推荐采用浇筑面板混凝土时预留止水盖板下卧槽并预埋锚固螺母的止水结构施工工艺。

（4）锚固螺栓推荐采用沉头螺栓，螺栓螺杆长60mm，螺母长105mm，丝扣长度80mm，其沉头最大直径为25mm。

（5）推荐采用镀锌扁钢或挂胶扁钢作为压板。

（6）推荐面板混凝土变形缝采用表面复合三元乙丙橡胶复合层（厚度大于2mm）抗老化层的加筋橡胶板作为止水盖板，以提高止水盖板的抗冲击性能。

（7）建议水位变化区止水结构两侧一定范围内面板混凝土表面涂刷防水憎冰涂层，以免混凝土劣化影响止水结构安全。

参考文献

［1］ DL/T 5115—2016 混凝土面板堆石坝接缝止水技术规范.

［2］ 贾金生，郝巨涛，陈肖蕾. 混凝土面板坝止水带设计与柔性填料. 水力发电，2002（4）.

清远抽水蓄能电站创建国家水土保持生态文明
工程的实践和经验

史云吏

（清远蓄能发电有限公司，广东省清远市 511500）

【摘 要】 清远抽水蓄能电站建设过程遵循绿色电站、生态电站的总体目标，建立完善的规章制度，落实水利部水土保持批复要求，严格执行"三同时"制度，统筹做好后续水土保持设计，应用创新技术工艺，最大程度利用开挖料，减少弃渣量，建成了一座水保指标优良、生态环保的绿色电站，探索出一条卓有成效的国家水土保持生态文明工程创建之路。

【关键词】 抽水蓄能电站 国家水土保持生态文明工程 水土保持

1 工程概况

清远抽水蓄能电站（简称清蓄电站）位于广东省清远市清新区境内，电站安装四台机组，总容量 1280MW，属一等大（1）型工程。电站年发电量 23.316 亿 kW·h，年抽水电量 30.283 亿 kW·h。枢纽工程由上水库、水道系统、下水库、地下厂房洞室群、开关站和永久公路等部分组成。

电站 2008 年获水利部水土保持方案批复，2009 年国家发展和改革委员会核准电站建设，2018 年完成建设项目水土保持专项验收，2019 年初评为"国家水土保持生态文明工程"。电站建设过程遵循绿色电站、生态电站的总体目标，建立完善的规章制度，落实水利部水土保持批复要求，严格执行"三同时"制度，统筹做好后续水保设计，应用创新技术工艺，最大程度利用开挖料，减少弃渣量，建成了一座水保指标优良、生态环保的绿色电站，探索出一条卓有成效的国家水土保持生态文明工程创建之路。

经统计，电站工程项目扰动土地整治率为 99.5%，水土流失总治理度达到 99.9%，土壤流失控制比为 1.0，拦渣率达 98% 以上，林草植被恢复率为 100%，林草覆盖率为 51.2%，各项指标均优于批复要求。

2 创建工作机遇与意义

2.1 生态文明建设空前的政治地位

党的十七大首次把生态文明写入党代会的政治报告，十八大将生态文明建设放在了更加突出的位置，进一步强调了生态文明建设的地位和作用。党的十九大报告中，创新性的将"树立和践行绿水青山就是金山银山的理念"写入了中国共产党的党代会报告，生态文明建设思想成为习近平新时代中国特色社会主义思想的一个重要组成部分，标志着中央把生态文明建设置于前所未有的重要地位。

2.2 国家水土保持生态文明工程的重要意义

2011 年，为全面贯彻落实建设生态文明社会的重大战略部署，积极探索具有水土保持特色的生态建设道路，充分发挥水土保持在生态文明社会中的重要引导带动作用，水利部在全国范围内开展水土保持生态文明工程创建活动。

至 2018 年，全国仅有长江三峡水利枢纽工程（坝区）等 30 多个项目获得该称号，获奖项目在行业内具有引领地位，生态文明建设具有良好成效。清蓄电站开展国家水土保持生态文明工程创建工作，具有以下几点意义：

2.2.1 自觉规范建设全过程水土保持工作

清蓄电站在项目可研阶段，委托水保资政甲级单位广东省水利电力勘测设计研究院开展水土保持方案编制，按法定程序递交水利部审查批准。电站在取得核准文件当年，即招标签订水土保持监测、环境保护监测、水土保持及环境保护监理专业合同，委托专业公司开展全过程环保水保监测和监理工作，监测报告按规定每季度送广东省水利厅备案备查。

电站机组试运行期间，按照《水利部关于加强事中事后监管规范生产建设项目水土保持设施自主验收的通知》（水保〔2017〕365 号）要求，委托具有相应水土保持技术条件的第三方机构编制水土保持设施验收报告，认真组织现场检查，验收会议，形成水土保持设施鉴定书。相关验收材料网站公示后，送广东省水利厅核查备案，并取得报备批复。

2.2.2 带动地区生态文明建设

电站申报前，广东省仅有梅州畲江 220kV 园区输变电项目获奖。清蓄电站荣获国家水土保持生态文明工程，是清远市迄今唯一获奖的项目。清远市政府及相关部门高度重视，地方新闻媒体专题报道宣传清蓄电站生态文明成果，一方面宣传了南方电网调峰调频电源项目的清洁、绿色、环保、高效的理念，正面树立了企业形象，提升了社会影响力；另一方面发挥政企协同，强化政府在生态文明建设中的领导作用，通过官方宣传推广，着力推行生态文明的现代理念，积极树立生态文明的先进典型，培养地方企业和民众生态文明意识，提高对生态文明的认识水平，掀起了开展生态文明的实践运动高潮。

3 水土保持生态文明管理经验

3.1 强化组织领导

电站建设之初，建设者们制定了合理可行的总体目标，即项目建设全生命周期采用成熟的先进技术，在国家批准的投资概算和建设工期内，努力把清蓄电站建设成国家优质工程，力争获评鲁班奖，向生产移交一个"规范达标、绿色可靠、文档齐全、零缺陷"的电厂。

电站高度重视工程水土保持设施的建设和管理工作，将水土保持工程的建设与管理纳入了主体工程的建设管理体系。建设之初设立环保水保领导机构并由董事长担任组长，对环保水保事项进行研究协调，加强高层管控和统筹规划。环保水保领导机构的主要责任是：① 确定工程环保水保方针；② 审查项目水土保持年度目标和指标；③ 审批水土保持项目立项和投资投入报告；④ 审批实施方案和管理方案；⑤ 检查水保管理业绩；⑥ 培养职工环保水保意识等工作。

3.2 健全规章制度及质量管理网络

为实现工程总体目标，清蓄公司严格贯彻执行《施工流程管理手册》《突发事件应急处理预案》《工程质量管理办法》《工程进度管理制度》《招投标管理办法》及招投标、合同、资金计划支付等规章制度和管理办法。结合针对水土保持生态文明建设，制定了《清远抽水蓄能电站环保水保管理办法》《清远抽水蓄能电站环保水保奖罚实施细则》等专项管理办法，规范工程建设的环保水保管理。

同时，对监理单位和施工单位提出明确的水土保持生态文明质量要求，监理单位做到"事前控制、过程跟踪、事后检查"，对水土保持设施实行全方位、全过程监理；施工单位建立以项目经理为第一质量责任人的水土保持生态文明质量保证体系，对挡墙、护坡等水土保持设施进行全面的质量管理，从而形成全方位的质量管理网络。

3.3 落实水土保持监理制度

按照 2003 年 3 月水利部印发的《关于加强大中型开发建设项目水土保持监理工作的通知》（水保〔2003〕89 号）的要求，电站依照规定全面实行水土保持监理制度，监理单位独立行使水土保持监理职能，监理人员严格按照水土保持实施细则的要求，围绕质量控制、进度控制、投资控制、合同管理、档案管理、监理工作制度等监理工作程序，全面实施工程建设监理，并按期提交季报、年报及总结报告等。

3.3.1 监督"三同时"制度落实

电站水土保持监理单位从 2009 年建设之初即及早介入，并且从专业的角度对其水土保持工作进行监督管理，从而督促建设、施工单位按照水土保持法的要求，落实"三同时"制度，提高水土保持设施建设质量，最大限度地遏制人为的水土流失发生。

3.3.2 落实水土保持方案后续设计

水土保持监理牢牢抓住已经批复的水土保持方案作为主要监理依据，有效地督促建设单位和施工单位真正重视水土保持工作，落实好水土保持方案。尽管水土保持方案是项目可行性研究阶段的重要技术文件，但部分措施尚不满足现场和施工要求，必须进行后续的施工图详细设计。而水土保持设施面大、线长、分散，设计单位需要参照水土保持监理的现场巡查和技术指导才能进行更为恰当和适合的后续设计。特别是蓄能电站设有两个水库，具有施工面积大，弃土弃渣多的特点，容易发生渣场滑坡和边坡垮塌等水土流失灾害，需要大量的永久和临时工程措施加以防护，这些都需要专业的水土保护监理人员根据工程特点和其自身经验，提出合理可行的意见，从而确保建设项目水土保持效果。

3.3.3 确保水土保持设施施工质量

施工质量控制是水土保持监理单位的重要职责和工作内容，监理根据各类水土保持设施的特点，运用专业的知识和手段督促施工单位保证工程施工质量，对存在的防护措施布设与实际不适用情况，及时向建设单位和施工单位提供更加合理的、符合专业特点的建议，能有效提升水土保持设施的防护性、针对性和有效性，确保水土保持设施的施工质量。

4 水土保持生态工程特色与典型做法

4.1 开展水土保持劳动竞赛

清蓄电站是广东省十项工程劳动竞赛"调峰调频发电工程赛区"的分赛区之一。劳动竞赛内容分为八个方面二十项内容，水土保持是其中的一项重要内容，包括水土保持三同时制度落实情况、边坡防护情况、水土流失情况等。电站主体工程开工时即启动劳动竞赛，劳动竞赛一月一次评比，一月一份月报，半年进行一次表彰，每月把评比结果与《清蓄电站劳动竞赛月报》上报至南方电网公司、调峰调频发电公司、省总工会以及各参建单位本部，对整个竞赛过程进行宣传报道，对亮点进行表扬，对不足进行曝光，同时对整个竞赛、评比过程的进行监督和检查。

实践证明，清蓄电站劳动竞赛不仅有效地推动了工程建设，提升了工程建设的整体质量水平，也为工程水土保持的建设管理上层次、上台阶发挥了很好的作用。

4.2 建立常态化政企联动协调机制

电站以水土保持监测单位为纽带，以水土保持监测实施方案、监测季报等监测成果为抓手，建立了常态化政企联动协调机制。委托水土保持监测机构，按照水土保持行政管理要求，按时向珠江委、广东省水利厅及属地水务局报送监测成果，报告工程水土保持及水土流失动态，自觉接受水行政主管部门的监督检查，及时解决工程建设过程中可能存在的水土流失问题。

施工期与地方水务部门密切协作，相互配合，邀请其对项目参建单位宣贯水土保持措施和政策，强化日常行政监督。自主验收后配合省水利厅对项目水土保持复查复检，确保项目水土保持设施合规合法。

4.3 因地制宜开展水土流失防治

电站的办公管理区建设中，将水土保持与工程景观绿化统筹考量、同步规划设计。以种植树木和草皮绿化为主进行水土保持整治，在满足水土保持功能前提下结合现有地形地貌，利用适当的借景等园林绿化手法，根据不同地理条件，创造出不同氛围的环境景观空间，营造园景小区、植被景观特色，使整个坝区内的环境既各具特色，又有机地衔接、融合，以创造出不同特色的环境景观氛围，提高整个建设区的绿化质量，使电站成为一个山美、水秀的花园式工程，体现坝区的整体环境美观。

弃渣场是工程水土流失防治的重点。坚持先拦后弃的原则，堆渣前在弃渣场上游周边修建截排水沟，在下游谷口处修建浆砌石挡墙。渣体坡面高程每上升一定高度设置平台，并设置排水沟。堆渣结束后对弃渣场表面覆土绿化。

对不同的公路边坡采取不同的防护措施。对于坡度在 1:1 以下坡高小于 8m 的，排水条件良好，土质较好的坡面，选用适合当地气候条件生长的 2～3 种草种及灌木通过液压喷播机进行喷播植草施工。高度在 8m 以上，坡体结构稳定，排水条件良好的坡面，选种适合当地气候条件生长的 3～4 种草种及灌木进行挂三维网施工。对于一些坡面较陡或岩质坡面，在坡面进行锚杆，固定铁丝网后喷射植生生态混凝土施工。对于局部边坡存在发生滑坡隐患的，采取混凝土挡墙护坡措施治理。

4.4 改造废弃场地发挥生态文明效果

电站碎石料加工场是加工和精细化处理开采石料的场所，其主要包括筛分系统、传输系统、破解系统、清洗系统、存储系统等建筑物，施工结束后遗留的废弃碎石料加工厂不仅会造成大面积裸露，造成水土流失，而且与整体的生态景观极不协调。在清蓄电站碎石料加工系统的治理时，以现有的遗留建筑物为基础，以减少拆解和废渣量为目标，以种植树木和草皮绿化为主进行水土保持整治，利用时尚的设计手法，以带状景观、线型景观为主，结合现状场地条件，营造点、线、面相结合的全方位、不同特色的环境景观，与永久生活区绿化、公路沿线绿化一脉相承，保证电站景观的整体性与系统性。

4.5 优化设计及创新以"减量化、资源化"弃渣

4.5.1 一洞四用优化设计

电站工程探洞采用"主探洞与厂房永久通风洞结合，开挖断面按纯探洞尺寸"的方案。除用作地下厂房及高压岔管区地质条件勘查外，还兼有永久通风洞施工导洞、开挖出渣洞导洞以及尾调通气洞施工通道等作用。"一洞四用"从预可研开始直到工程运行阶段一直在发挥其作用，形成了良好的循环通风系统，从节约时间、优化质量、减少弃渣等方面均具有重要意义，经计算该项优化减少弃渣量近 10 万 m^3，并且通过优化各阶段工作的进度计划，将清蓄电站工程关键路线工期缩短了半年，有效减少了扰动时间。

4.5.2 综合利用开挖渣料

电站上下库共有 2 座主坝、6 座副坝。通过多方案优化比选，所有大坝均采用黏土心墙堆石（渣）坝，该坝型很好地适应当地地质条件，既减少了坝基开挖，还可以充分利用坝基及洞室开挖渣料，减少征地和弃渣。

其次利用洞挖石料加工作为人工骨料，用于坝体分区填料包括反滤层、石渣、下游排水层以及粗砂碎石垫层等，综合利用开挖弃渣量约 50 万 m^3。

另外通过土石方调配和施工组织设计的工期合理安排，将开挖土方作为管理区场平填方料利用，减少弃渣 75 万 m^3。

4.5.3 专项弃渣管理合同

为加强弃渣的管理，建设之初，清蓄公司就与专业单位签订了"清蓄电站土石料转运场及渣场管理合同"。合同中明确规定，管理单位负责指挥、协调、督促土石料转运场、渣场的土石料堆放，严格按照指定区域进行有序堆放，督促土堆料必须符合防护排水的坡度要求，并及时设置排水设施和复合土工膜覆盖。同时，设置足够的安全警戒范围、设置标示牌，采用现场定期巡查。由于弃渣的管理到位，没有发生一起因弃渣引起的水土流失危害事件。

4.5.4 创新工艺应用

蓄能电站大多选用岸坡式溢洪道泄水。但岸坡式溢洪道占用流线长，占用大量土地，且有易造成水土流失等环境风险。本电站创新应用带潜水起旋墩的环形堰竖井旋流泄洪洞，在不同流量下使水流沿竖井井壁产生旋转，消除竖井的负压，避免产生空蚀，并达到消能效果，经济及技术指标明显优于溢洪道泄水。采用竖井结合导流隧洞泄洪，未占用表层土地，未破坏和扰动原有植被，此项优化直接减少占地 3 万 m^2，减少开挖形成渣料 30 万 m^3，减少投资费用 1224 万元。

电站地下厂房成功应用大体积光面混凝土工艺，主厂房蜗壳层底板▽37.54 以上至发电机层底板▽56.935 范围内的外露板梁柱混凝土和边墙混凝土等均按照光面混凝土工艺施工。光面混凝土一次成型免装修、耐久性好、无施工废材产生，减少装修面积超过 1 万 m^2，减少了渣料和装修建筑废材对土地的占用扰动面积约 1000m^2。

4.6 水土保持咨询单位的专业合力

水土保持是一项系统工程，需要各参建单位的共同努力。电站通过公开招投标，选择有实力、在行业内有一定影响力的专业技术咨询单位承担水土保持咨询工作，确保了水土保持方案及后续设计、水土保持

监测、水土保持验收咨询等工作高质量、高成效的完成，为建设生态文明电站提供了有力保障。

5 结束语

清蓄电站在生态文明建设过程中充分考虑蓄能电站长期性、复杂性、地域性的特点，通过采取组织管理、设计施工优化等举措实现绿色电站的建设目标。笔者在充分结合自身工作实践基础上，探讨了一些先进经验和典型做法，希望为同类项目提供有益借鉴，以期提高我国水电行业水土保持生态文明建设水平。

参考文献

[1] 刘震. 科学评估 精心打造 扎实推进国家水土保持生态文明工程建设 [J]. 中国水土保持，2013（5）：1-3.

[2] 史云吏. 清蓄电站环保水保工程管理与实践 [J]. 水电站机电技术，2018，208（04）：91-94＋99.

新疆哈密抽水蓄能电站移民安置前期工作管理

陈　忠　仝　帆

（新疆哈密抽水蓄能有限公司，新疆维吾尔自治区哈密市　839000）

【摘　要】　系统回顾了新疆哈密抽水蓄能电站建设征地移民安置前期工作，结合建设征地移民安置实施工作，思考水电工程尤其是抽水蓄能电站建设征地和移民安置前期工作的体制与机制，总结新疆哈密抽水蓄能电站建设征地和移民安置前期工作的经验和不足，对现行的抽水蓄能电站工程移民安置前期工作管理提出建议。

【关键词】　抽水蓄能电站　水电工程　移民安置　前期工作

1　引言

　　新疆哈密抽水蓄能电站是国家水电发展"十三五"规划和新疆"十三五"能源发展规划建设的重点项目，工程开发任务为承担电力系统调峰、填谷、储能、调频、调相、紧急事故备用等。为做好电站建设准备工作，新疆哈密抽水蓄能电站征地移民安置规划在编制前期准备充分，为移民安置实施工作的顺利开展奠定了坚实的基础。实践证明，新疆哈密抽水蓄能电站移民安置规划工作是较为成功的，为后续移民安置的实施创造了良好的条件，对新疆水电工程建设，尤其是抽水蓄能电站征地移民工作具有一定借鉴意义。

2　概述

2.1　工程概况

　　新疆哈密抽水蓄能电站项目（简称哈密抽蓄项目）位于哈密市伊州区东北约 54km 的天山乡境内，上水库位于三道沟左岸山顶，至天山乡直线距离约 6km，电站距乌鲁木齐市约 680km。下水库在天山乡以东约 3km 的三道沟上。上水库至下水库直线距离约 3.1km，上、下库有乡级简易碎石土路相通。下水库枢纽工程区有村村通柏油路及简易路相通，下水库对外交通相对较便利。

　　哈密抽蓄项目开发任务为承担电力系统调峰、填谷、储能、调频、调相、紧急事故备用等。新疆哈密抽水蓄能电站立足新疆电网，主要为哈密能源基地输电平台配套服务，平抑风电出力波动，提高风电开发、消纳能力，保障送出系统安全稳定运行，提高远距离输电系统的经济性。

　　电站总装机容量为 1200MW（4×300MW），主要由上水库、输水系统、地下厂房系统、地面开关站及下水库等建筑物组成。地下厂房采用中部开发方案，引水系统采用一洞二机布置，尾水系统采用一洞两机布置。本工程为一等大（1）型工程，其主要建筑物按 1 级建筑物设计，次要建筑物按 3 级建筑物设计。正常运用洪水重现期采用 200 年，设计流量 321m³/s。非常运用洪水重现期采用 1000 年，设计流量 488m³/s。电站上水库正常蓄水位 2247.00m，死水位 2221.00m，调节库容 724 万 m³。下水库正常蓄水位 1761.00m，死水位 1732.00m，调节库容 723 万 m³。设计年发电量 13.68 亿 kW·h，年抽水电量 18.23 亿 kW·h，综合效率 75%。工程总工期 78 个月，首台机组投运工期 69 个月，完建期 9 个月。

2.2　实物指标调查成果

　　哈密抽蓄项目建设征地征（占）用各类土地总面积共 6995.88 亩（1 亩 = 666.67m²），永久征收土地 4769.03 亩，其中耕地 132.85 亩、林地 502.08 亩、草地 4078.68 亩、交通运输用地 15.53 亩、水域及水利设施用地 39.89 亩；临时占用土地 2226.85 亩，其中耕地 42.36 亩、林地 89.23 亩、草地 2075.92 亩、交通运输用地 14.46 亩、水域及水利设施用地 4.87 亩；建设征（占）地涉及专业项目包括库周交通 7.55km、通信光缆 7.5km、10kV 输电线路 2.7km、水渠 2.09km；电站初期蓄水涉及影响水库 1 座及水文站 1 处。

　　建设征地区不涉及文物古迹；未压覆已查明的重要矿产资源（油、气除外）。至规划水平年，共需生产安置 64 人。根据哈密抽蓄项目建设征地区实际情况，结合地方政府意见及移民意愿调查成果，采取本村组内自主安置的生产安置方式。哈密抽蓄项目不涉及搬迁安置人口，因此无具体规划内容。

2.3 移民安置规划目标及安置标准

（1）移民安置规划目标。农村移民安置规划目标的制定，是按照工程建设进度计划对建设用地和移民搬迁的时间要求，以调查对象的现状结合伊州区经济发展计划目标和规划设计水平年当地发展规划为基础合理确定。

本着"使移民生活达到或者超过原有水平"的原则，使农村移民做到生产有出路，劳动力得到安排，实现移民"搬得出、稳得住、能发展、环境得到保护"的移民安置总体目标，并与当地政府制定的经济发展目标和非移民农户同期经济收入水平相适应。妥善安置新疆哈密抽水蓄能电站移民，带动地方经济发展。

（2）安置标准。根据建设征地区移民意愿调查及地方政府意见征询的结果，生产安置采取本村组内自主安置的生产安置方式。补偿标准依据国家和自治区主管部门公布的该区域的耕地年产值确定。由地方政府将土地补偿费和安置补助费兑付给村集体经济组织，村集体经济组织根据国家和自治区移民政策，按相关标准将补偿补助费发放给移民用于发展产业。

近年来，随着牧民环保意识的增强，当地牧业产业结构逐渐由粗放式的放养改为集约化的圈养，"禁牧""休牧"草地面积越来越大。同时，随着建设征地区旅游业的兴起，当地牧民餐饮、服务业收入也呈逐年递增趋势。

移民可根据自身实际情况，利用土地补偿资金自主进行牛羊育肥、结合当地旅游规划发展农（牧）家乐或其他方式进行恢复生产。

对于受本工程建设影响的库周交通、水利水电设施、电力设施、通信设施等专业项目，应根据影响程度，按"原规模、原标准（等级）、恢复原功能"的原则，并结合项目所在地的地形、地质条件等，尽可能在经济合理，技术可行的条件下，给予恢复或改建。因扩大规模、提高标准（等级）或改变功能需要增加的投资，由有关部门自行解决。不需要或难以恢复的项目，应研究提出合理的处理方案。

2.4 移民生产安置规划设计

在移民意愿调查的基础上，根据农村移民生产安置规划的原则、农村移民生产安置任务、移民环境容量分析成果和结论，并结合工程建设征地区特点和地方政府意见，采取本村组内自主安置的生产安置方式。由地方政府将土地补偿费和安置补助费兑付给村集体经济组织，村集体经济组织根据国家和自治区移民政策，按相关标准将补偿补助费发放给移民用于发展产业。

依据国家和自治区人民政府有关政策法规，结合伊州区及天山乡的实际情况，移民可根据自身实际情况，自主选择利用土地补偿资金自主进行牛羊育肥、结合当地旅游规划发展农（牧）家乐及其他方式进行恢复生产。

（1）牛羊育肥。天山乡以其独特的自然气候，无污染的饲养环境，紧紧围绕市场需求，积极调整养殖模式，大力发展标准化养殖。生产安置人口可利用土地补偿资金进行集约化经营、良种引进或牛羊育肥，在稳定增收的同时，也极大程度地保护了天山周边植被、改善了自然环境。

（2）第三产业。目前，天山乡已有十余户农牧民抓住机遇，开设了农（牧）家乐，在 6～9 月为进山游客提供餐饮、住宿等服务，其收入已经接近甚至超过了传统的畜牧业收入。在移民自愿的基础上伊州区人民政府优先考虑在电站旅游规划区安置工程移民发展第三产业。

（3）其他方式。地方政府应根据建设征地征收移民耕地的具体数量及移民生产生活的实际情况，针对特殊情况移民，应制定出合理的措施以保障其生产生活的可持续性。

3 前期工作管理

3.1 移民安置规划设计管理

受国网新源控股有限公司的委托，中国电建集团西北勘测设计研究院有限公司（简称西北院）承担哈密抽蓄项目前期勘测设计工作。2017 年 7 月，西北院编制完成了《新疆哈密抽水蓄能电站工程可行性研究阶段建设征地实物指标调查细则》（简称《调查细则》）。9 月 15 日，伊州区人民政府组织有关各方对《调查细则》进行评审，并形成审查意见。西北院根据会议精神和审查意见进行了修改完善，形成了《调查细则》（审定稿），作为本阶段建设征地实物指标调查工作的指导性文件。11 月 19 日，伊州区人民政府成立新疆哈密抽水蓄能电站建设征地实物指标调查领导小组及工作组。

2017 年 10 月 24 日，新疆维吾尔自治区人民政府办公厅下发了《关于禁止在哈密抽水蓄能电站建设征地范围内新增建设项目和迁入人口的通知》（新政办函〔2017〕277 号）；2017 年 11 月 15 日，伊州区人民政府下发了《关于禁止在新疆哈密抽水蓄能电站建设征地范围内新增建设项目和迁入人口的通告》（简称停建通告）。

2017 年 11 月 22 日，伊州区人民政府组织召开了新疆哈密抽水蓄能电站实物指标调查动员会及调查培训会，经认真研讨，与会各方就实物指标调查有关问题及组织达成共识，随后当地政府在建设征地范围内对停建通告进行张贴并进行了相关政策宣传工作。

2017 年 11 月 17～22 日，西北院测量专业完成了建设征地区临时界桩测设工作；11 月 23 日，实物指标调查工作组正式进场开始调查。2018 年 1 月 31 日，建设征地范围内实物指标的调查、公示、复核工作全部完成；在实物指标调查的同时，实物指标调查工作组通过走访、问卷调查等多种形式广泛征求了移民的生产安置意愿；2 月 28 日，伊州区人民政府对建设征地实物指标调查成果和移民安置方案进行了确认。

2018 年 4 月 27 日，新疆维吾尔自治区人民政府授权自治区扶贫开发办公室（移民管理局）以《关于新疆哈密抽水蓄能电站建设征地移民安置规划大纲的批复》（新扶贫综字〔2018〕33 号）对规划大纲进行了批复；6 月 26 日，以《关于新疆哈密抽水蓄能电站建设征地移民安置规划报告的批复》（新扶贫函〔2018〕58 号）对规划报告进行了批复。

3.2 征地移民前期节点工作控制管理

征地移民工作一般持续时间较长，阶段性工作繁琐，因而对每一个节点的把控至关重要。新疆哈密抽水蓄能电站在征地移民前期准备工作中，利用数字软件（visio）绘制了征地移民进度控制计划、组织机构架设和资金补偿计划流程图等资料，拟定了时间节点和控制目标，明确地方政府、移民综合设代、移民综合监理的职责范围，确定了责任主体和对口负责人。为后期的工作开展奠定了良好的基础。

4 前期工作管理经验

4.1 土地重合问题

在实物指标调查过程中，哈密抽蓄项目建设征地范围内存在多处地类重叠部分，争议面积共涉及 301.37 亩，其中：国家公益林地与耕地重合 123.22 亩；退耕还林地与耕地重合 125.63 亩；林地与河道水域面积重叠 52.52 亩。

尤其涉及退耕还林地部分，伊州区国土局称该部分土地已颁发（耕地）土地使用证，应认定为耕地（属性）；伊州区林业局称该部分土地虽未颁发林权证，自治区林业厅按照国家有关规定已连续十余年对所涉及村民进行了政策性补助，所以认定为林地（属性）。按照国家建设征地移民理的有关规定及规范要求，一块土地只有一种属性。土地重合问题如未能有效解决，将直接制约项目建设征地移民安置规划、林地可研、土地勘测定界报告的编制及后续用地手续办理等工作。

项目单位综合各方意见，统筹考虑，协调伊州区人民政府组织区林业局、国土局、草原站及西北院等相关单位召开专题论证会，由政府各相关部门就重合部分土地作出明确界定，最后伊州区人民政府统一各方思想，以《关于对新疆哈密抽水蓄能电站项目建设征地范围所涉及土地重合问题的复函》（2018 年 5 月 21 日）确认了重合部分土地的属性。

4.2 基本农田调整问题

2017 年，项目单位在与伊州区国土局对接工作中获悉，哈密抽蓄项目拟选址区域内涉及约 500 亩基本农田。项目单位立刻着手落实与论证工作，通过经与伊州区国土局反复沟通确认，最终确认哈密抽蓄项目拟选址区域涉及基本农田保护区域。后期项目用地预审、项目选址及建设用地报批工作将无法开展。

2012 年 2 月，国家能源局批复哈密抽蓄项目选点规划，项目列入国家《水电发展"十三五"规划》和《新疆"十三五"能源发展规划》。基于此，项目单位通过与伊州区人民政府商讨研究，并经伊州区国土局测绘科比对核实，确定哈密抽蓄项目选址规划符合国家及哈密地区相关规划等要求。2017 年 5 月，伊州区国土局在区土地调整规划中将该部分基本农田调整为一般耕地并逐级上报至国家国土部备案，同时以《关于新疆哈密抽水蓄能电站项目选址区域土地情况的说明》（伊区国土资函〔2017〕261 号）同意项目单位开展相关前期工作。2018 年 5 月，伊州区国土局以《关于新疆哈密抽水蓄能电站建设征地范围内是否存在基本农田、军事用地等限制用地的复函》（伊区国土资函〔2018〕302 号）明确哈密抽蓄项目用地范围内不涉及基本农田和军事用地。

4.3 地方政府及村民参与问题

（1）移民安置规划准备工作。由伊州区人民政府和西北院准备听取移民意见的相关材料，包括相关政策宣传、生产安置方案、补偿标准及后期扶持形式等内容。并与伊州区人民政府、国土局、林业局、畜牧局等有关领导和负责人员进行充分研究协商，确保"停建通告"顺利下发。

（2）提前掌握影响区域的村民思想动态。广泛进行宣传动员，调动广大移民群众参与意见调查的积极性。充分考虑到哈密抽蓄项目建设区域为少数民族乡（维吾尔族约占 99%），多数村民文化程度及汉语水平普遍不高，语言沟通困难。项目单位积极谋划，与天山乡政府及各村组建立良好的沟通协调机制，将国家有关建设征地和移民安置政策、法规、条例等，多次组织西北院有关人员进行宣传和讲解，并在问卷调查过程中采取维汉双语形式印刷，方便理解，同时协调乡政府有关民族干部担任翻译及宣传员。

（3）听取意见程序。首先，将征求意见的材料下发到哈密抽蓄项目所涉及的天山乡和各村组。其次，在准备工作结束之后，由天山乡及涉及村组干部、项目单位和西北院成立联合调查组进行入户调查、发放调查问卷，并组织召开座谈会。由西北院设计人员对调查内容进行耐心细致的讲解，调查表格主要对移民安置去向、安置方式等内容展开意见征求。最后，由各村组将资料下发到移民手中，并召开村民大会讨论移民安置规划相关内容，收集村民意见，并将意见反馈到天山乡政府，由乡政府工作人员整理汇总后再反馈到伊州区人民政府。

（4）意见分析。对于征求的移民意见，由伊州区人民政府和西北院组织人员进行分析，对于村民提出的合理要求，在移民安置规划中予以采纳。对于未被采纳的意见，区政府和西北院需进行详细解释，说明不予采纳的原因。

（5）征求地方政府的意见及移民安置方案认可。通过本阶段征求地方政府意见，听取移民群众意愿等工作，比较准确的了解了天山乡及涉及村民及地方政府对移民安置规划的意见和建议，为《新疆哈密抽水蓄能电站建设征地移民安置规划大纲》的进一步修改完善，同时为《新疆哈密抽水蓄能电站建设征地移民安置规划报告》及补偿费用概算的编制打下了坚实的基础。通过本阶段的调查工作，也使移民群众对国家现行移民方面法律法规和政策文件有了较为深入的理解，为下阶段移民安置工作的顺利实施和维护建设征地区的社会稳定起到了积极作用。

5 征地移民前期工作的几点思考

5.1 关于对征地移民前期工作体制的思考

移民前期设计工作参与单位较多，包括项目法人、设计单位、地方各级政府及其移民管理机构、相关专业项目的各级主管部门等。根据国务院令第 471 号有关规定及目前水电工程移民前期工作的实际情况，目前移民前期设计工作的组织形式是由项目法人牵头组织，在地方各级政府及其有关部门配合下开展的，设计单位受项目法人委托是参与的一方。但在实际工作中，由于项目法人是企业单位，难于有效组织地方政府及相关部门，也难于调动并发挥地方政府及相关部门的工作积极性和主动性，个别地方政府及相关部门甚至还提出一些不尽合理的要求作为配合开展工作的条件，使得前期设计工作推进十分艰难。为了确保有序并顺利推进前期设计工作，建议依据条例规定的"移民安置工作实行政府领导、分级负责、县为基础、项目法人参与的管理体制"，进一步完善并优化前期设计工作的组织形式，充分发挥政府资源优势，由省级移民管理机构负责本行政区域内水电工程移民前期设计工作的组织、管理和监督；项目法人委托主体设计单位开展移民前期设计，积极配合政府管理机构做好移民前期工作，严格履行有关申报程序。

5.2 关于对征地移民前期工作机制的思考

移民工作政策性强，前期工作复杂且难度大，还涉及征地移民影响的方方面面，相关程序不仅多而且较为复杂。因此，征地移民前期工作中的各参与方在工作过程中应形成科学的决策机制、广泛的公众参与机制以及有序的综合协调机制，明确了各项工作的程序，明晰了各方在移民安置工作中的职责和作用，保证了移民安置工作的有效运行。

通过管理体制和运行机制建立，理顺了各级地方政府、移民机构、项目法人等有关部门和单位的职责，规范利益相关主体间的关系，加强了各方的协作配合。这种分级负责、多方合作的体制机制发挥了政府机构的统一组织、项目法人的工程建设管控、设计咨询机构的技术把控、公众的参与和社会监督等各方优势，规范了争议处理程序，促进了工作效率，保障了移民安置规划和实施的顺利进行。

5.3 关于对哈密项目前期工作不足的思考及对现行抽水蓄能电站移民安置前期工作管理建议

哈密抽蓄项目在前期工作中推进较为困难，"停建公告"的办理受地方人民政府及其行政主管部门对大中型水利水电工程建设前期手续办理流程及报件材料不清晰的影响而下达较迟，从而导致移民安置规划设计时间较为紧张。同时电站处于少数民族地区，在实物指标调查工作中沟通交流方面不顺畅，不利于移民安置规划的顺利开展。

针对电站处于少数民族地区或从未开展过大中型水利水电工程建设的地区，项目单位应当提前谋划，主动靠前，积极与地方政府沟通协调，加大电站建设宣传力度，制定可行的建设管控方案，提高工作效率，紧抓规划设计单位，尽早完成《规划大纲》《规划报告》的编制，为项目核准及下一步工作奠定基础。

6 结束语

新疆哈密抽水蓄能电站移民安置规划确定的实物指标调查成果真实可靠，移民安置方案充分尊重移民和安置区居民意愿，移民接受程度较高，规划设计基本符合建设征地区实际情况。移民前期工作组织到位，充分调动了各方的积极性和主动性，同时提前排除了土地重合、军事用地、基本农田等制约建设征地和移民安置工作进程的因素，为后期移民安置实施工作的顺利开展扫清障碍，保障了移民安置实施工作的顺利进行。

参考文献

[1] 冯启林. 仙居抽水蓄能电站移民安置前期工作管理 [J]. 水力发电，2015.

[2] 冯启林. 浅谈浙江仙居抽水蓄能电站移民安置规划 [J]. 中国水能及电气化，2014（12）：64-67.

[3] 龚和平. 水电水利工程征地补偿安置政策解读 [C]. 中国水利水电出版社，2013：3-41.

某抽水蓄能工程建设施工期间智能化监控系统的应用

王路遥　　胡光平

（重庆蟠龙抽水蓄能电站有限公司，重庆市　401452）

【摘　要】　本文针对抽水蓄能工程建设安全管控目标，着重阐述某抽水蓄能电站智能化监控系统在安全管控中的作用，总结性的叙述管理过程中的建设应用情况。

【关键词】　抽水蓄能　工程建设　智能化监控

1　引言

大型抽水蓄能工程建设规模较大，施工期较长，洞室开挖工作面较多且复杂，为有效控制现场风险作业，推行智能化监控系统，提升工程安全分析和管控能力势在必行。本文从系统配置、建设、应用等方面介绍某抽水蓄能电站智能化监控系统的管理经验，包括洞室门禁管理系统、人员定位管理系统、视频与安保监控系统、应急广播和通信系统等内容。

2　智能化监控系统配置

智能化监控系统重点包括洞室门禁管理系统、人员定位管理系统、视频与安保监控系统、应急广播和通信系统。智能化监控系统组建统一的主干光纤以太环网，在各个监测区域组建二级星形网络。各现地设备通过光纤收发器使用光缆传输，接入交换机。智能化监控系统与外部系统通过硬件防火墙隔离。智能化监控系统部署安全监测（应急指挥）中心用于系统相关信息汇集、存储、处理，实现人机交互。

2.1　主干网络

主干网络由 4 台千兆主交换机、15 台百兆接入子交换机、140 对光纤收发器、1 台硬件防火墙、ADSS 架空光缆、GYTA53 室外敷设光缆、以太网线、通信电缆、交换机箱等构成。如图 1 所示。

系统组建统一的主干光纤以太环网，在各个监测区域组建二级星形网络。

各现地设备通过光纤收发器使用光缆传输，接入交换机。

系统与外部系统通过硬件防火墙隔离。

2.2　洞室门禁管理系统

洞室门禁管理系统采用基于以太网的数字式门禁系统，主要设备包括 1 套门禁系统服务器、门禁出入口控制计算机、相应车辆道闸设备、IC 发卡器、人员闸机、门禁控制器、扬声器和室外 LED 显示屏、不锈钢值班岗亭以及 2 套测量测速系统前端等设备。

洞室门禁系统复用智能化监控系统的主干网络，并在网络交换机上划分 VPN，不另外单独组建物理网络。

2.3　人员定位管理系统

人员定位系统采用基于超宽带无线技术和以太网技术的人员定位系统，主要设备包括 1 套人员定位系统服务器、1 套人员定位工作站、现地定位基站、电子标签等设备。

人员定位系统复用智能化监控系统的主干网络，并在网络交换机上划分 VPN，不另外单独组建物理网络。

2.4　视频与安保监控系统

视频与安保监控系统主要设备包括 1 套视频监控工作站、1 套视频管理服务器、1 套流媒体服务器、1 套网络存储服务器、计算机网络设备、网络摄像机等。视频与安保监控系统采用全数字式系统，从摄像机

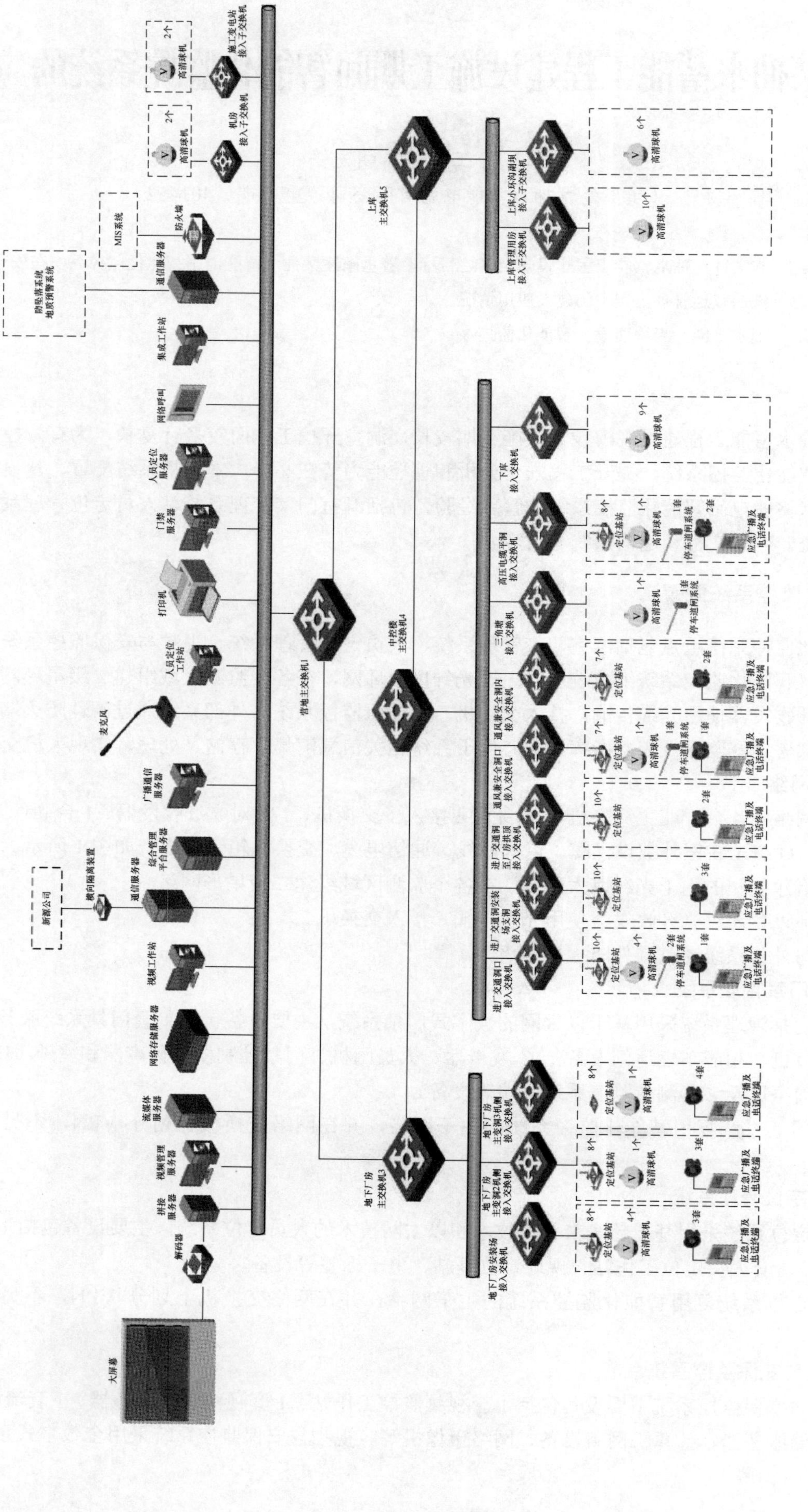
大屏幕
解码器
拼接服务器
视频管理服务器
流媒体服务器
网络存储服务器
视频工作站
通信服务器
横向隔离装置
新源公司
综合管理平台服务器
广播通信服务器
麦克风
人员定位工作站
打印机
门禁服务器
人员定位服务器
网络呼叫
集成工作站
通信服务器
MIS系统
防火墙
机房接入子交换机
施工变电站接入子交换机
高清球机
2个
营地主交换机1
中控楼主交换机4
上库主交换机5
地下厂房主交换机3
上库管理用房接入子交换机
下库接入交换机
高压电缆平洞接入交换机
三角塔接入交换机
定位基站
应急广播及电话终端
停车道闸系统

图1 系统网络结构图

输出信号、视频传输、视频存储、摄像机控制、视频及图像显示均采用数字信号。其中网络摄像机统一选用高清一体化球机。

视频与安保监控系统的传输网络采用分级式的以太网结构，视频与安保监控系统复用智能化监控系统的主干网络，并在网络交换机上划分 VPN，不另外单独组建物理网络。

2.5 应急广播和通信系统

应急广播和通信系统采用基于 IP 网络的数字广播对讲系统，主要设备包括 1 套 IP 网络广播通信服务器、1 套 IP 网络呼叫站以及 21 套现地的 IP 网络广播对讲终端。

应急广播和通信系统复用智能化监控系统的主干网络，并在网络交换机上划分 VPN，不另外单独组建物理网络。

3 智能化监控系统建设

根据"总体规划、分步实施"原则，智能化监控系统及时跟进项目建设进度，建设分期进行，充分了解掌握整套安全体系的共用资源，如骨干光纤、骨干桥架、软件硬件接口、数据接口等，以避免前期投入重复或者浪费。洞室门禁和人员定位系统建成后，能与安全监测（应急指挥）中心和其他系统有机整合在一起，将各环节的工况信息、环境信息、视频、语音在统一平台下进行有效集成，并有效与企业现有管理系统软件进行有机整合实现各子系统数据的深入挖掘、分析处理以及关联业务数据的综合评估，实现各环节的实时监测和控制及不同厂家系统的有机融合，从而达到"监、管、控一体化"。

4 智能化监控系统应用

4.1 洞室门禁管理系统

利用门禁系统，在进场道路入口、进场交通洞及通风兼安全洞洞口等部位对车辆和人员进出进行管控。洞室门禁系统准确记录人员、车辆的出入时间，识别出入人员所属单位、部门、职务，实时统计洞室内人员数量等功能。既可实现人员统计功能，又能进行精准考勤。

4.2 人员定位管理系统

利用人员定位系统，实现洞室内作业人员精准定位，动态掌握人员身份、位置信息，事故发时，通过双向信号呼叫、报警功能可以迅速确定相关遇险人员的数量，准确定位事故地点。

4.3 视频与安保监控系统

视频与安保监控系统可同时对进场道路入口、进场交通洞及通风兼安全洞洞口等部位进行视频监控，实时掌握现场施工情况。实现摄像机自动控制，图像采集、存储、监视及打印，录像采集、存储、检索、回放及管理等功能，如图 2 所示。

图 2 视频监控信息

4.4 应急广播和通信系统

在进场交通洞及通风兼安全洞中实现应急通信和应急广播功能，满足应急救援要求。在发生险情需要紧急撤离时，安全监测（应急指挥）中心可通过应急广播及通信系统，对洞室内所有作业人员进行应急广播和对讲通信。

5 智能化监控系统管理相关建议

（1）注重系统开发人员与工程建设实际的融合。系统建设过程中，厂家人员不熟悉工程建设实际，不能独立完成系统的调试，造成系统的专用名称信息与工程建设实际不整合，不能向工程建设提供精简有用的信息，影响系统使用效率。建议在系统详细设计过程中，开发人员需与工程建设专业人员加强沟通，保证系统功能设计与施工现场配套不脱节，重视系统报表、信息命名、检索的设计。

（2）针对抽水蓄能电站施工人员多为农民工，对电子新产品使用不熟悉的情况，建议厂家要加强人员定位系统中的定位器的使用设计，确保定位器能正常使用。功能上要求定位器电池电量维持时间不低于两周，电池告警的信息要明显，且充电操作简单，能与普通的手机充电器兼容；定位器的开关的操作要简单，能采用目前手机的开关操作方式最好，利于现场施工人员掌握。

（3）针对施工现场存在推车、渣车等工程车辆的车牌不容易识别，影响门禁系统的使用困难。一方面要求厂家提高识别装置的识别能力，根据车辆高度选择合适的安装高度；另一方面建议针对不容易识别的工程车辆制作专用的车辆识别装置，提高门禁系统的识别效率。

（4）抽水蓄能电站建设周期分为筹建期、主体工程准备期、主体工程建设期等阶段，智能化监控系统建设进度也要考虑这些阶段的功能设计，不能在短时间一次建成。建议加强阶段建设的设计管理，结合施工场地及进度的因素，既要进行总体功能设计，又要考虑工程建设不同阶段的功能设计，与工程建设专业人员沟通确认阶段功能建设任务。在抽水蓄能主体工程建设期间，一般能实现洞室门禁、辅助洞室人员定位和应急通信、视频监控等功能，随着工程建设施工作业面的增多，逐渐增加监控面积。

（5）针对抽水蓄能电站建设周期长，一般长达 6 年左右，存在边建设边运维的情况，建议在智能化监控系统管理招标设计中，将系统建设和运维单位委托一家单位进行，提高建设效率。

（6）智能化监控系统管理是数字化电站建设的一部分，在智能化监控系统管理设计中，要考虑与电站其他信息系统的接口，包括无线网络通信系统、智能安全帽、地质预报等系统建设，提供系统建设使用率。

6 结束语

抽水蓄能电站工程建设规模较大，施工期较长，洞室开挖工作面较多且复杂，洞室施工分开挖、支护、衬砌等多个施工工序，分阶段实施，因工作面变化、施工工序、局部永临结合等因素，智能化监控系统运行维护期也较长。随着工作面的不断推进，系统在施工现场根据工作面的施工进度需要不断进行调整，包括设备的维修、拆除、迁移、二次安装、运输、电缆（光纤）敷设、保管、试验、调试及安全监测（应急指挥）中心运行管理。某抽水蓄能电站智能化监控系统的上述管理经验可为其他抽水蓄能或常规水电站安全管控提供借鉴。

运行及维护

水淹厂房和火灾智慧预警系统初探

吴小锋 李 刚 刘鹏龙 栗庆龙

（河南国网宝泉抽水蓄能有限公司，河南省辉县市   453636）

【摘 要】 针对地下式水电站重点预防的水淹厂房、火灾重特大事故，搭建智能声光报警系统，与电厂水淹厂房保护系统、消防系统、应急广播系统、工业电视系统组网，实现不同系统之间数据共享，利用当前较成熟的图像识别技术，定制具有深度学习能力的摄像头，检测跑水、火灾事故。通过智能传感器现场感知，不同系统间数据共享，实现多维度事故预警。

【关键词】 水淹厂房 火灾 智慧预警

1 设计概况

对于地下式水电站来说，可能造成重特大人员伤亡事故的主要风险就是水淹厂房和火灾，因此，防范水淹厂房和火灾事故是电站管理者们永恒的任务，历来受到格外重视。

某抽蓄电站装有 4 台单机容量为 300MW 的立轴单级混流可逆式水泵水轮发电机机组，担负电网的调峰、调频和事故备用等任务。与大多数抽蓄电站一样，针对水淹厂房设有保护系统，保护告警主要是通过电站计算机监控系统上送至中控室监屏电脑，值守人员发现报警后电话通知现场工作人员，或通过应急广播人工喊话对现场工作人员发布告警信号；针对火灾有监测系统，保护通过硬布线跳开设备，重要部位告警信号通过电站计算机监控系统上送至中控室监屏电脑，其他部位火灾告警信号通过消防系统监测上送至消防值班室，最终火灾告警都是要依靠值班人员通知现场工作人员。然而，当发生水淹厂房或火灾事故时，现场人员逃生时间非常宝贵，在值班人员人为发布事故告警过程中就可能丧失逃生机会，因此第一时间通知在岗人员进行事故处置，并通知无关人员第一时间有序撤离显得尤为重要。由于地下厂房非常大，包括主厂房四层、副厂房八层、主变压器洞三层、尾闸洞、端副厂房等区域，当发生水淹厂房或火灾时，原有告警发布方式很难第一时间通知到所有区域工作人员。综上所述，原有水淹厂房和火灾事故告警方式单一，发布告警及时性不理想。

针对地下式水电站重点预防的水淹厂房、火灾重特大事故，搭建智能声光报警系统，并将其与电厂水淹厂房保护系统、消防系统、应急广播系统、工业电视系统组网，实现不同系统之间数据共享，系统综合研判后第一时间从多维度向现场工作人员发出预警，为现场工作人员事故处置或逃生争取时间。

2 总体设计

本项目设计水淹厂房和火灾智慧预警系统总体拓扑结构如图 1 所示。增设一套声光报警 PLC，一方面接收水淹厂房主跳继电器开出的保护动作硬信号，另一方面接收消防主机送出的火灾事故通信信号，声光报警 PLC 通过组态判断后分别开出硬信号，用以驱动声光报警器的对应启动模式（水淹厂房、火灾对应不同声光报警类型），实现水淹厂房和火灾事故下声光预警作用。增设智慧预警管理平台，通过网络交换机与消防主机、声光报警 PLC 通信，一方面接收消防主机送出的火灾事故通信信号，另一方面接收声光报警 PLC 送出的水淹厂房事故通信信号，信息交互应采用通信软件实现，智慧预警管理平台综合研判后启动预置的告警音频，通过主机耳机插孔输出对应声源（声源 1：水淹厂房告警预置音频；声源 2：火灾告警预置音频），从而驱动全厂应急广播系统自动播报事故险情，实现应急广播自动预警功能。同时，智慧预警管理平台还是水淹厂房和火灾报警信息的管理者，可以在线监视报警启动，查询报警区域、报警历史等。工业电视主机通过网络交换机与消防主机通信，间接获得全厂火灾探测器动作情况，同时接入具有深度学习能

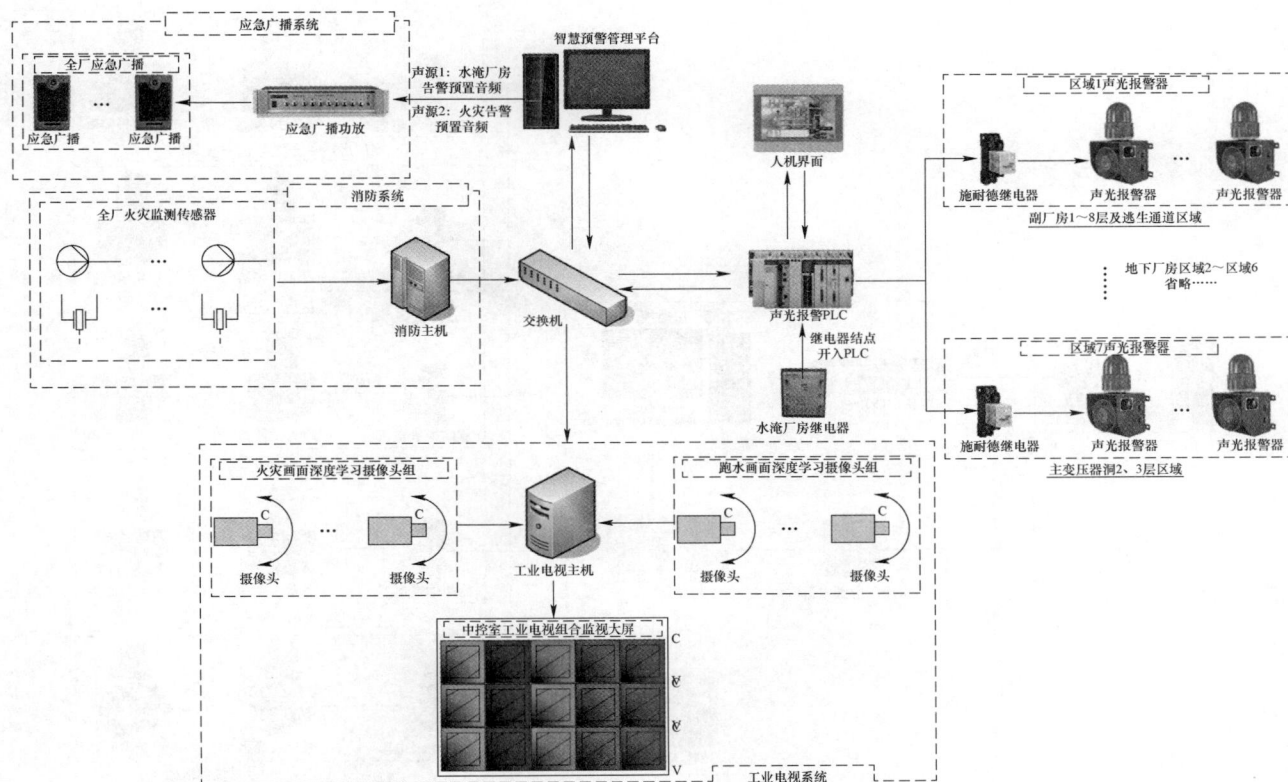

图 1　水淹厂房和火灾智慧预警系统拓扑图

力的跑水监测、着火监测摄像头，无论是火灾探测器还是摄像头组，监测到火情或跑水险情后将画面传回，主机后台程序对画面综合研判后，自动放大位于中控制室的工业电视组合监视大屏中的险情视频画面，并发出告警语音将险情通知值守人员，第一时间完成事故预警。

3　初期实现

3.1　系统结构

在上述总体设计的基础上，某抽蓄电站为提高水淹厂房保护本质安全，依据有关反措要求，设计了水淹厂房智能声光报警系统，现在已完成系统建设。水淹厂房智能声光报警系统结构如图 2 所示。

搭建一套声光报警 PLC 控制器，具有 CPU 和输入输出摸件，安装系统软件，具备开入、开出变量管理及编程功能；从原水淹厂房继电器（剩余 1 副空余节点）接入 DI 信号至 PLC 输入摸件，将水淹厂房告警信号送入 PLC 程序中；PLC 组态程序监测到告警信号后，通过输出模块开出 DO 信号，进而驱动继电器，继电器控制声光报警器启动；根据实际将地下厂房分为 7 个控制区域，分别为副厂房 1～8 层及逃生通道区域、主厂房 1 层区域（蜗壳层）、主厂房 2 层区域（水轮机层）、主厂房 3、4 层及端副厂房区域、1～4 号母线洞区域、主变压器洞 1 层及尾闸区域、主变压器洞 2、3 层区域，每个控制区域由 PLC 的一个开出信号单独控制，每个控制区域内的声光报警器采用并联工作方式；水淹厂房声光报警控制柜正面镶嵌一块人机交互触摸屏，与 PLC 控制器通信，用于显示报警器工作状态；部署一台水淹厂房预警主机，与 PLC 控制器通信，安装有专用软件，一方面用于水淹厂房信号及报警器监视控制，另一方面使用水淹厂房动作信号驱动预置告警语音发生声源信号，通过音频线将声源信号传至应急广播系统，启动全厂应急广播语音告警，实现水淹厂房与应急广播联动。

3.2　系统建设

某抽蓄电站现场安装水淹厂房声光报警控制柜，内部结构如图 3 所示。从上至下分别为：220V AC/

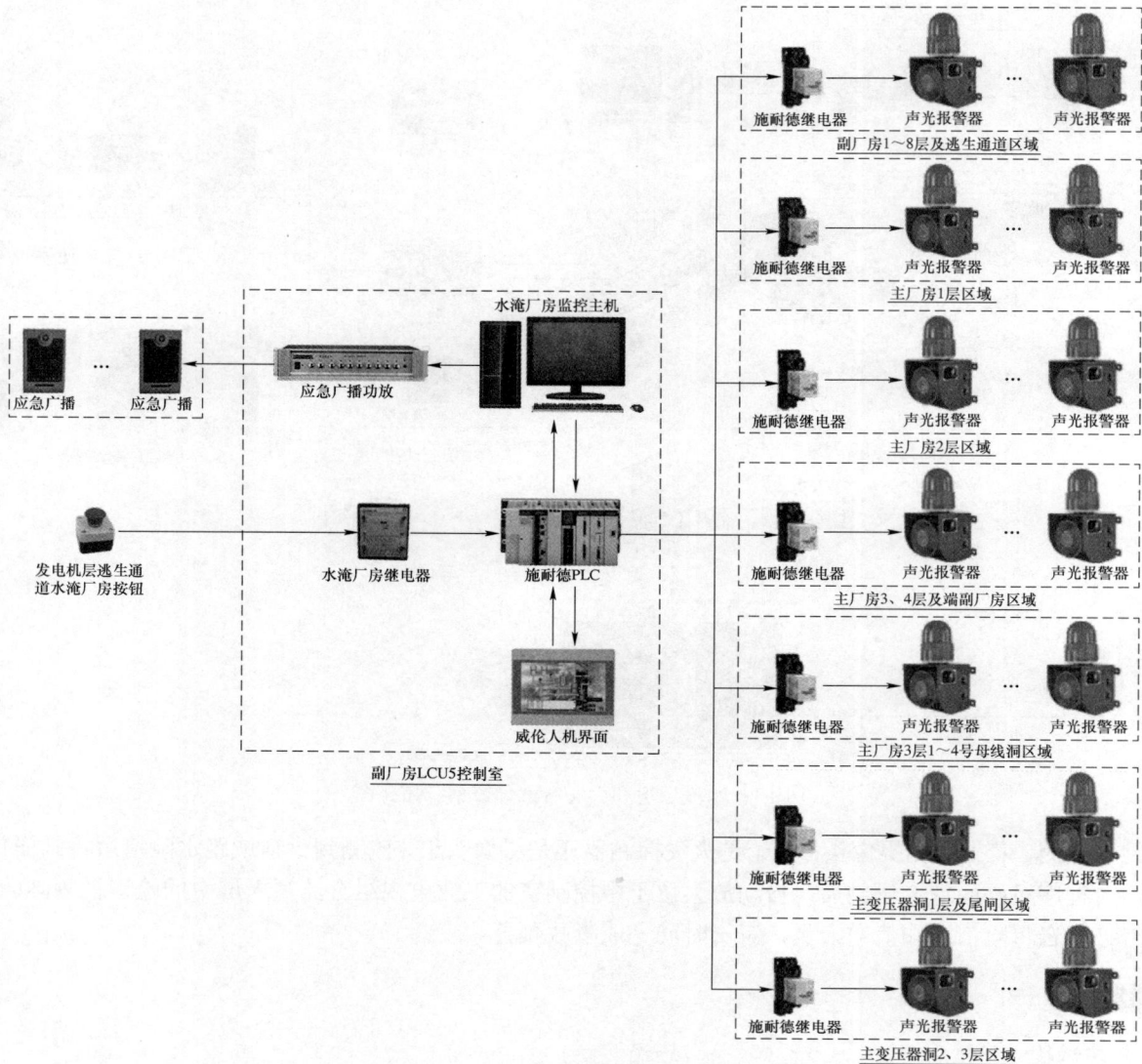

图 2　水淹厂房智能声光报警系统结构图

24V DC 电源转换模块，主要为 PLC I/O 模块、控制柜面板触摸屏供电；监控工作站，与 PLC 通信模块相连，安装有专用软件，一方面用于水淹厂房信号及报警器监视控制，另一方面控制水淹厂房动作信号驱动预置语音发生声源信号，通过音频线将声源信号传至应急广播系统，启动全厂应急广播语音告警，实现水淹厂房与应急广播联动；水淹厂房控制器 PLC，是整个水淹厂房声光报警系统的控制核心，具有电源模块、CPU 模块、通信模块、开入 DI 模块、开出 DO 模块，通过将厂内原有水淹厂房主继电器一副空余常开触点接至 PLC 开入 DI 模块，PLC 获得水淹厂房信号来源，PLC 通过预置的内部程序判断后，通过开出 DO 模块控制 7 个区域的声光报警器启停，同时将动作信号反应给触摸屏和监控工作站，PLC 是系统控制中枢；开出继电器，向上受控于 PLC 开出 DO 模块励磁或失磁，向下其触点控制声光报警器启停。水淹厂房声光报警器及应急广播见图 4。

4　结束语

　　综上所述，本项目通过搭建智能声光报警系统，与电厂水淹厂房保护系统、消防系统、应急广播系统、工业电视系统组网，实现不同系统之间数据共享。利用当前较成熟的图像识别技术，定制具有深度学习能力的摄像头，检测跑水、火灾事故。通过智能传感器现场感知，不同系统间数据共享，实现多维度事故预警，提高设备本质安全。本项目所描述的水淹厂房和火灾智慧预警系统，主要是将电厂现有 5 个设备系统组网通信，主要利用现有设备，新增硬件少，投资不大。该预警系统组网的设备系统主要为电厂附属系统，

图 3　控制柜内部结构图

图 4　声光报警器及应急广播

仅有的水淹厂房主跳继电器只用到其一副空余触点，均不会影响电厂主机设备运行，不存在网络安全隐患。该系统适用于所有地下式水电站，具有很强推广性。

当前，该电站已经完成声光报警系统建设，并实现了与应急广播系统联动，下一步将结合电站工业电视系统改造、消防系统改造等项目，按照上面智慧预警系统拓扑方案逐步实施升级改造。

基于有限元方法的抽水蓄能电站尾闸门叶 P 型
水封密封性能研究

邹明德 梁 啸 黄志峰

（南方电网调峰调频发电有限公司检修试验分公司，广东省广州市 511400）

【摘 要】 采用有限元分析方法研究了国内某抽水蓄能电站尾闸门叶 P 型水封的密封性能；重点分析了当尾闸上游无水压时，P 型水封在不同间隙或预压缩量下以及尾闸下游不同水压下的受力情况、密封效果及存在问题；然后针对存在的问题，对原结构的 P 型水封进行了改进，并验证了改进后的密封效果。

【关键词】 尾水闸门 P 型水封 有限元法 接触压力

1 引言

抽水蓄能电站每台机组尾水支管的适当位置均设置有一道尾水闸门（简称尾闸），当闸门下游（或上游）发生事故时，该闸门可在动水中关闭以截断水流，或者在水工建筑物及设备检修时，该闸门也可起到挡水的作用。由此看来，尾闸的止水性能直接影响了机组的安全稳定运行和水工建筑物及设备检修的安全性。通常为保证尾闸的止水性能，尾闸门叶的四周一般设置有由橡胶材料制成的止水装置，包括顶水封、侧水封及底水封等，其中闸门顶、侧水封可用圆头 P 形或 Ω 形断面型式，且一般预留 2～4mm 的压缩量；底水封宜采用刀型水封，且根据水头的不同，对底水封在底槛上的压应力具有一定的要求。

针对闸门水封的密封性能，很多学者都做了大量的研究工作。刘礼华等人采用试验方法研究了自封闭式高压闸门水封水密性的变化规律和封头间隙对此的影响。白绍学等人则基于某水电站高水头闸门水封止水试验，对高水头伸缩式水封的工作原理和止水效果进行了研究和探讨。然而试验研究往往存在成本高、周期长的缺点。如今，伴随着计算机运算速度和存储技术的迅速发展，数值模拟已成为一种重要的研究手段。陈五一等人则同时采用模型试验和非线性数值模拟计算相结合的方法对闸门水封进行了分析，对比与研究表明，非线性数值模拟计算不仅可用于优选水封断面结构型式，而且还可获得水封的水密性规律及封水判据；薛小香等人则运用数值模拟的手段，通过有限元方法分析了高水头平面闸门 P 型水封的变形特性及止水性能，同时还分析了水封垫板宽度对 P 型水封变形特性及止水性能的影响。众多学者的研究成果表明，采用数值模拟方法研究闸门水封的密封机理及性能是行之有效的，其结果可为实际工程中水封的设计与改进工作提供一定的参考。

本文的主要工作可分为两部分：一是重点分析了当尾闸门叶上游侧无水压时，P 型水封在不同间隙值或预压缩量下以及尾闸下游不同水压条件下的受力情况、密封效果；二是讨论了 P 型水封现有结构存在的问题，然后针对该问题提出了改进建议，并对改进后效果进行了验证分析。

2 尾闸门叶 P 型水封

国内某抽水蓄能电站一期厂房内安装有四台立式混流可逆式机组，每台机组尾水管内均装设了一道宽为 3.85m、高为 4m 的平板式尾闸（如图 1 所示），尾闸门叶上游侧面板的四周均布有止水密封。其中门叶侧水封采用的是 P 型水封，材料为氯丁橡胶，该 P 型水封的安装位置及具体结构、尺寸如图 2～图 4 所示。

　　P 型水封工作时，其圆头部分与尾闸门叶左右门槽处的密封面紧密贴合，以防止尾闸下游隧洞的来水从门叶侧边泄漏至尾闸上游侧的尾水管内。

图 1　尾闸门叶实物图

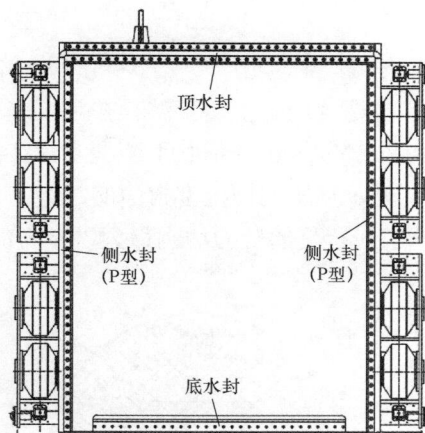

图 2　尾闸门叶及其水封

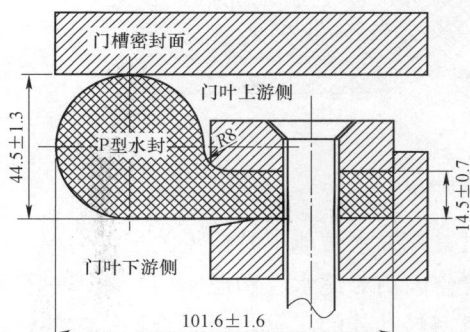

图 3　尾闸侧水封（P 水封）结构图

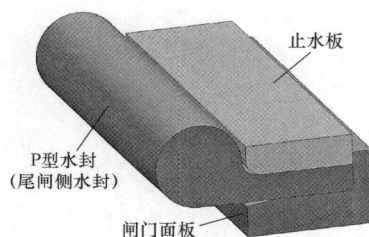

图 4　P 水封三维结构示意图

3　尾闸承压情况及 P 型水封受力分析

　　国内某抽水蓄能电厂一期各机组尾闸门叶承受水压的基本情况如图 5 所示，即整个门叶下游侧从顶部至底部承受了约 81～85m 的静水头压力，设尾闸门叶上游、下游侧压力分别为 P_1、P_2（通常情况 $P_1 < P_2$），则 P_2 约为 0.81～0.85MPa。

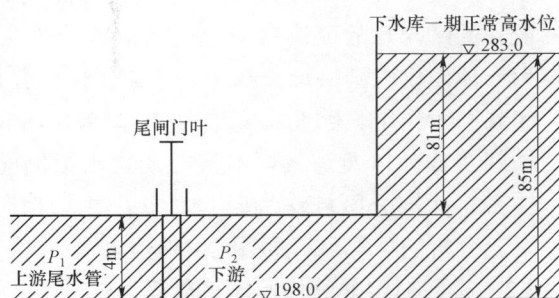

图 5　尾闸门叶承压的基本情况

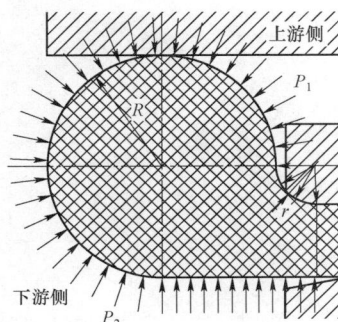

图 6　P 水封在静水中受力情况

　　P 型水封处于工作状态时受到尾闸门叶上、下游压力的作用，由于该水封从门叶顶部至底部任一位置的断面形状及其受压情形是一致的，因此为了简化计算，可将 P 型水封任一位置的断面作为研究对象，且重点研究 P 型水封的圆头部分，其受压情况如图 6 所示。

　　由于同一位置静水压分布具有各向同性的特点，为方便了解 P 型水封受力情况，可将水封的整体受力

简化并分解为 X、Y 方向分别进行分析（如图 7 所示）。

其中 $R = 22.25\text{mm}$，$r = 8\text{mm}$，通过分析易知，P 型水封圆头所受 X、Y 方向的合力分别为

$$\sum F_X = P_2 \times 2R - P_1 \times (R + r) = 44.5P_2 - 30.25P_1 \qquad (1)$$

$$\sum F_Y = P_2 \times (2R + r) - P_2 \times R - P_1 \times (R + r) = 30.25(P_2 - P_1) \qquad (2)$$

上式表明，当尾闸门叶上、下游存在水压差（$P_2 > P_1$）时，密封均有被压向密封面的趋势；当 $P_1 = P_2$ 时，$\Sigma F_X = 14.25P_2$、$\Sigma F_Y = 0$，即说明 P 型水封在门叶上、下游侧处于平压的情况下，其所受的合力为水平向右指向门叶，无垂直压向门槽密封面的趋势；当 $P_1 = 0$ 时，即当尾闸门叶上游无水压时，$\Sigma F_X = 44.5P_2$、$\Sigma F_Y = 30.25P_2$，水封所受的合力达到最大，合力值取决于下游水压 P_2。P 水封的受力分析如图 7 所示。

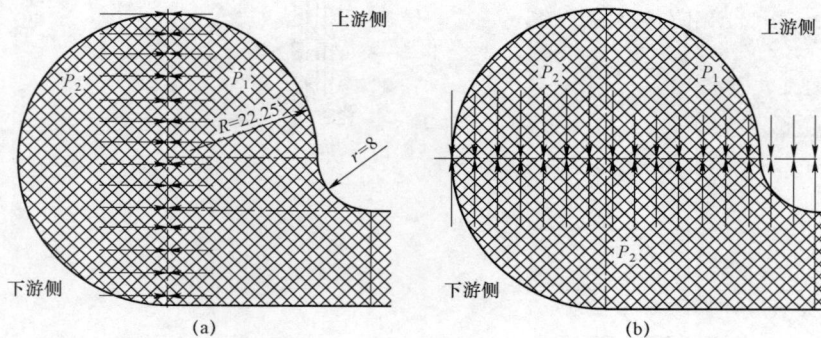

图 7　P 水封的受力分析
（a）X 方向受力；（b）Y 方向受力

尾闸门叶下游承受水压而上游无水压（即尾水管排空时）是抽水蓄能电站常见的一种情况，如机组停机检修期间，就需落下尾闸封住下游来水并排空尾水以便检修人员对尾水管和尾闸门叶本体进行检查及维护。从这一点来看，在机组停机检修时，尾闸门叶 P 型水封密封功能的正常与否将直接影响检修工作的安全性。因此，本研究重点分析 P 型水封在尾闸下游承压而上游无压情况下的密封效果。而单纯的受力分析未能直观、有效地揭示 P 型水封的密封机理及效果，故有必要对 P 型水封做进一步的研究。本文采用有限元分析方法对 P 型水封进行数值模拟研究。

4　P 型水封的有限元分析

4.1　研究对象及计算域

由于 P 型水封通过止水板及相应的固定螺栓安装在闸门面板上（如图 8 所示），即 P 型水封尾部矩形段（以图 8 中 S 边为分界线）与闸门面板及止水板紧密贴合，故可认为 P 型水封的尾部与闸门连为一体，仅有圆头部分在上、下游水压的作用下，起到密封作用。因此本文选取 P 型水封任一断面的圆头部分以及与其可能接触的止水板侧面、门槽密封面部分区域作为研究对象，并以此作为有限元分析的计算域（即图 8 中阴影区域）。

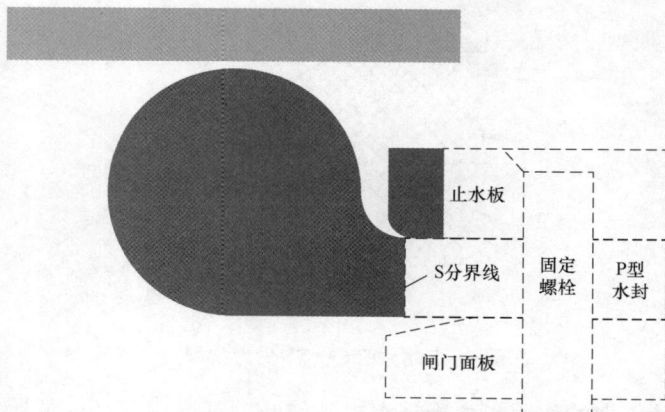

图 8　P 水封的计算域

4.2　橡胶材料非线性问题的处理

本研究所涉及的 P 型水封由氯丁橡胶制成，而橡胶材料可认为是一种超弹性近似不可压缩体，它的力学模型具有复杂的材料非线性、几何非线性及边界状态非线性。通常采用应变能函数来描述橡胶材料的本构关系，其中 Mooney - Revlin 函数是目前应用较为广泛的一种模型，其表达式为

$$W = C_1(I_1 - 3) + C_2(I_2 - 3) \tag{3}$$

$$\sigma = \partial W/\partial \varepsilon \tag{4}$$

式中 W、σ、ε——应变能密度、应力、应变;

       C_1、C_2——材料的 Mooney-Revlin 系数,一般取 $C_1 = 1.87$、$C_2 = 0.47$;

       I_1、I_2——第一、二应变张量不变量。

在本研究中,P 型水封与门槽密封面之间、P 型水封与止水板侧面之间的接触均属于刚体和柔体面—面接触的高度非线性问题。本文采用"罚单元"有限元算法来描述此类复杂的接触问题。密封结构的总势能 π 可表示为应变势能 W、外力势能 W_e 和接触力势能 Q 的总和,故可利用"罚单元"求得接触力势能 Q 的表达式从而解决接触面不被穿透的问题。

4.3 有限元分析模型的建立

本文基于 ANSYS 软件有限元分析模块,计算了 P 型水封在水压作用下的密封情况。首先对所选的计算域进行网格划分,其中对 P 型水封及止水板圆弧角等位置作了网格细化处理(如图 9 所示),以提高计算的精度;其次是边界条件的设置,结合实际情况,本研究将 P 型水封与门槽密封面之间、P 型水封与止水板侧面之间的接触均设为摩擦边界,摩擦系数 $\mu = 0.2$,而将门槽密封面、止水板及图 8 中所示的 S 分界线均设为固定约束条件;最后是载荷的给定,通过分析可知,P 型水封同时受到壁面接触压力和水压,因此在进行载荷施加时,分两步进行:第一步通过给定门槽密封面靠向水封的不同位移值来使密封产生一定压缩量;第二步在 P 型水封圆头的上游侧及下游侧分别施加一定大小的水压(如图 5 所示)。

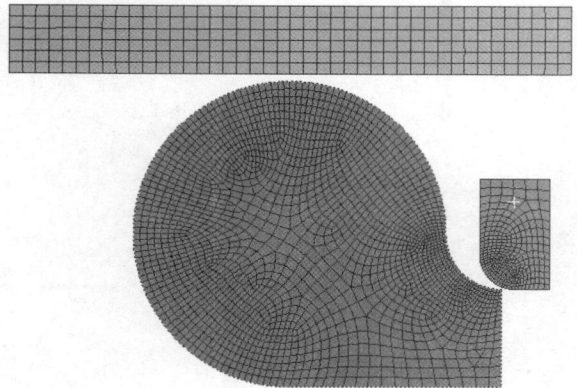

图 9   计算域的网格划分

5   计算结果及分析

本文采用有限元分析方法,重点分析了当尾闸门叶上游侧无水压(即 $P_1 = 0$)时,P 型水封在不同间隙值或预压缩量下以及不同尾闸下游水压下的受力情况和密封效果。

5.1   P 型水封密封界面的接触压力分布

密封的接触压力反映了其自身的密封能力,通常将密封界面处的最大接触压力大于或等于工作压力作为密封有效的必要条件。

图 10 给出了当尾闸下游处于正常最大水压条件(即 $P_2 = 0.85\text{MPa}$)时,P 型水封在不同间隙值或预压缩量下密封界面处最大接触压力分布情况。据图 10 可知,界面最大接触压力均分布于 P 型水封圆头的弧顶位置,密封界面从间隙值 1mm 到预压缩量 4mm(实际安装要求预压缩量为 3.5mm)变化时,其最大接触压力均能达到 1.39MPa 以上,均大于尾闸下游水压 P_2,该结果说明当尾闸门叶处于这种安装情况下,P 型水封可以起到密封效果。且从图 10 中还能看出,当密封界面从间隙值 1mm 变化至预压缩量 1mm 时,其最大接触压力逐渐增大,说明 P 型水封的密封功能在增强;而当预压缩量从 1mm 增至 4mm 时,其最大接触压力则呈现减小的趋势。

除了预压缩量外,P 型水封密封界面的最大接触压力的大小也受到了尾闸下游水压的影响。图 11 反映了 P 型水封界面最大接触压力值随尾闸下游水压的变化情况。据图 11 可知,当尾闸下游水压从 0 逐渐升高至正常最大水压 0.85MPa 时,P 型水封界面最大接触压力也逐渐增大,而增大趋势则逐步减缓;且在尾闸下游水压增大的过程中,密封界面最大接触压力值均大于对应的水压值,这实际上说明了在尾闸下游隧洞充水过程中,P 型水封均能发挥正常的密封功能。同时,从图 11 中也可以看出,密封界面从存在间隙到预压缩 2mm 的情况下,最大接触压力随下游水压的变化趋势基本一致,最大接触压力值也较为接近,只有在预压缩 2mm 的情况下,最大接触压力值略偏小;而当密封界面预压缩量达到 3.5mm 以上时,其最大接触压力的增大趋势发生了明显改变，且最大接触压力值普遍减小很多。

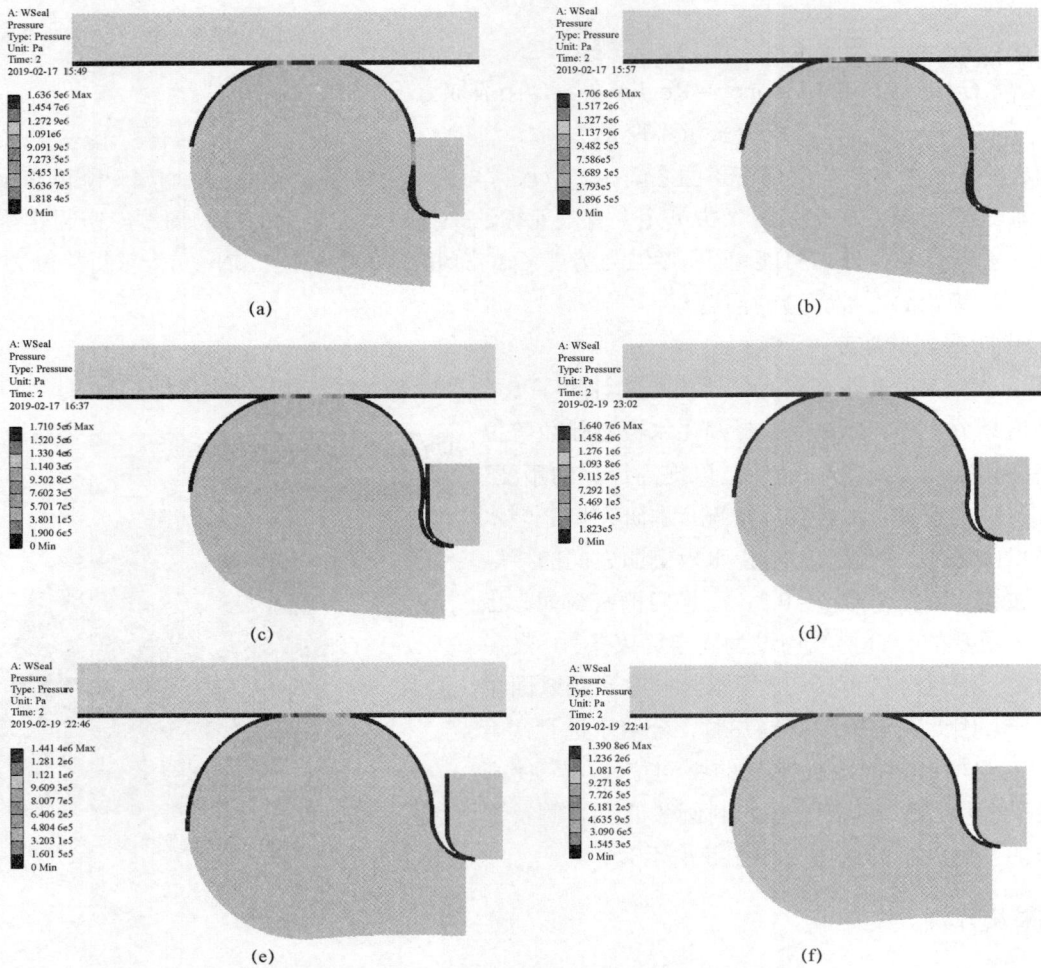

图 10　不同预压缩量下 P 型水封界面接触压力分布情况

（a）间隙 1mm，P_2=0.85MPa；（b）间隙 0mm，P_2=0.85MPa；（c）预压缩 1mm，P_2=0.85MPa；（d）预压缩 2mm，P_2=0.85MPa；
（e）预压缩 3.5mm，P_2=0.85MPa；（f）预压缩 4mm，P_2=0.85MPa

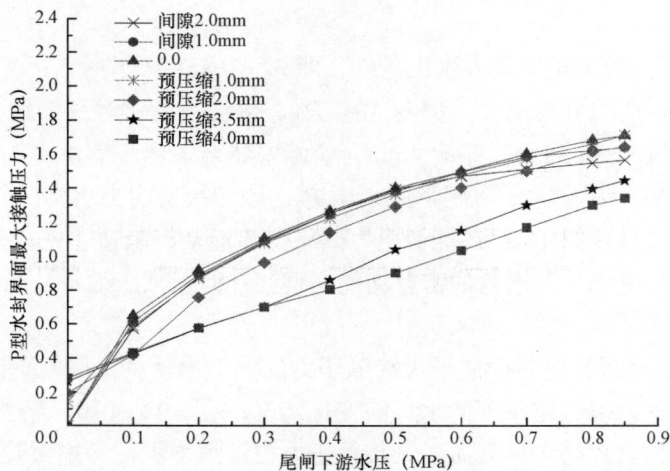

图 11　P 型水封界面最大接触压力随尾闸下游水压的变化情况

5.2　P 型水封在大预压缩量下的密封情况分析

　　图 10、图 11 说明了一定的预压缩量可以使 P 型水封的密封效果增强，而若预压缩量过大，密封效果

却反而有所下降。事实上，当 P 型水封处于大的预压缩量情况下，其圆头部分受密封壁面压力较大，而圆头底部又无支撑物，故整个水封圆头部分存在弯曲偏离密封壁面的趋势，且随着预压缩量的增大，这种趋势愈发明显，偏离量 Δ 也越大（如图 12 所示）。该现象将直接导致 P 型水封的实际预压缩量与给定预压缩量存在偏差（如图 13 所示），从而使 P 型水封实际无法达到期望的密封效果。

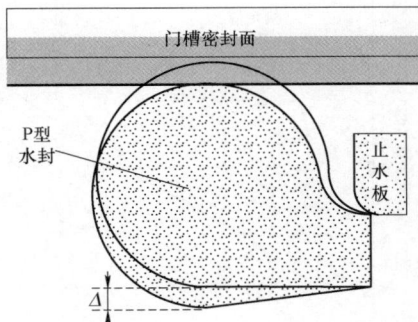

图 12　P 型水封圆头部分受压弯曲

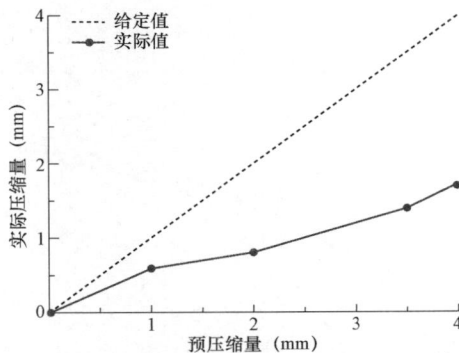

图 13　P 型水封实际压缩量情况

为改善 P 型水封的密封效果，本研究尝试对水封的结构进行了改进。如图 14 所示，在 P 型水封圆头底部加装一块合适的垫板，以减少水封圆头部分的变形弯曲，从而保证水封的预压缩量。同时，对结构改进后的 P 型水封作了有限元分析。

5.3　结构改进后的 P 型水封界面接触压力分布

图 15 给出了结构改进后的 P 型水封在大预压缩量及尾闸下游正常最大水压 $P_2 = 0.85\text{MPa}$ 情况下的界面接触压力分布情况。据图 15 可知，在预压缩量为 3.5、4mm 情况下，由于垫板的阻挡作用，P 型水封的圆头部分未出现弯曲变形；同时，相比于原结构，水封密封界面的最大接触压力均有显著提高，这说明水封的密封功能有所增强。

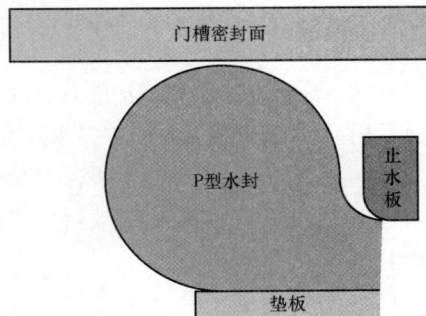

图 14　P 型水封的结构改进

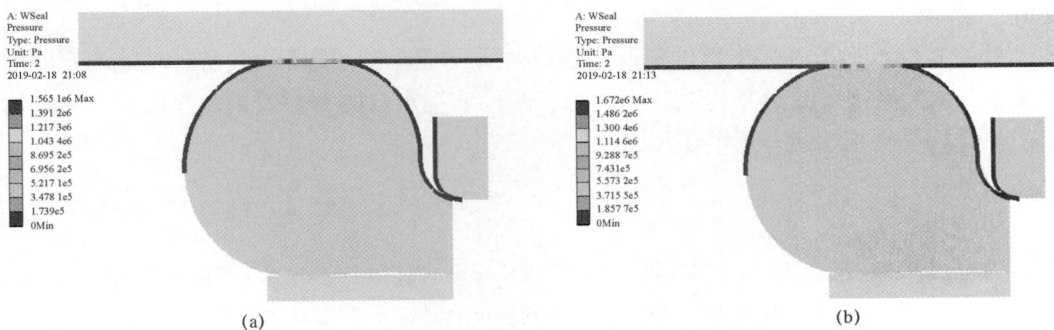

图 15　结构改进后的 P 型水封界面接触压力分布情况
（a）预压缩 3.5mm，$P_2 = 0.85\text{MPa}$；（b）预压缩 4mm，$P_2 = 0.85\text{MPa}$

图 16 反映了结构改进后的 P 型水封界面最大接触压力值随尾闸下游水压的变化情况。从图 16 中可以看出，结构改进后的 P 型水封在接触界面存在间隙的情况下，最大接触压力值及其变化趋势与原结构基本保持一致，这是因为此时缺少门槽密封面的压力，加之垫板未起到挤压作用，两种形式 P 型水封的受力情况是一致的。而当改进后的 P 型水封存在预压缩量时，不同下游水压所对应的密封界面最大接触压力值均有所增大；其中，当预压缩量为 1、2mm 时，界面最大接触压力值在下游低水压条件下有大幅度的升高，而随着下游水压的升高，最大接触压力值与原结构的情况基本是一致的。这是由于在低水压条件下，改进的 P 型水封与门槽密封面及垫板表面均有挤压接触，保证了预压缩量，故界面最大接触压力值相比原结构

有了大幅提升，而随着下游水压的升高，P 型水封的圆头部分在水压作用下将逐渐离开垫板表面，当完全脱离垫板表面后，两种形式 P 型水封的受力情况又趋于一致；当预压缩量达到 3.5mm 以上时，密封界面最大接触压力值普遍都大幅度升高，水封的密封功能得到了显著改善，这同样是因为在门槽密封面及垫板的双重挤压下，改进后的 P 型水封可近似达到给定的预压缩量（如图 17 所示）。

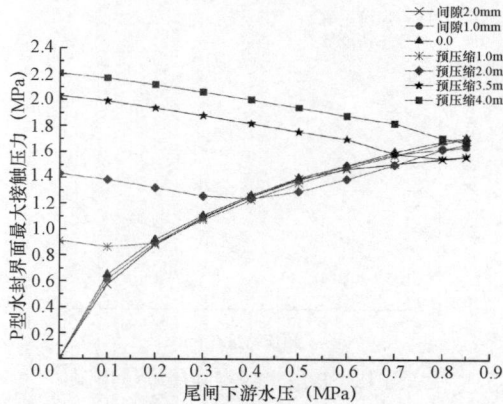

图 16　改进的 P 型水封界面最大接触压力随尾闸下游水压的变化情况　　　　图 17　改进的 P 型水封实际压缩量情况

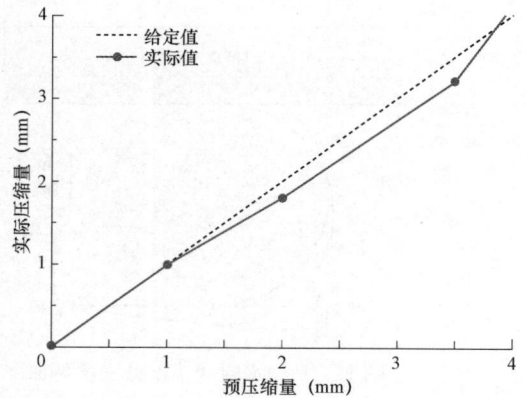

6　结论与建议

本文采用有限元方法研究了国内某抽水蓄能电厂尾闸门叶 P 型水封的密封原理。重点分析和探讨了当尾闸门叶上游侧无水压时，P 型水封在不同间隙值或预压缩量下以及尾闸下游不同水压条件下的受力情况、密封效果及存在问题，同时针对存在问题提出了改善建议。主要结论与建议如下：

（1）对于原结构的 P 型水封，相比于密封界面存在间隙或无压缩量情况，一定的小预压缩量可以增强其密封效果。

（2）对于原结构的 P 型水封，给定较大的预压缩量会使水封圆头部分产生弯曲变形，导致实际预压缩量无法达到给定值，从而导致密封界面最大接触压力变小，密封功能减弱。

（3）对于改进后的 P 型水封，在给定较大预压缩量情况下，水封圆头部分不出现变形弯曲，实际预压缩量与给定值几乎一致。

（4）改进后的 P 型水封无论在小预压缩量，还是大预压缩量的情况下，其密封功能均有所增强，尤其在大预压缩量下，水封密封效果显著提高；因此为了改善 P 型水封的密封效果，建议可对其结构进行适当的改进，即在水封圆头底部加装合适的垫板。

参考文献

［1］　刘礼华，雷艳，方寒梅，等. 自封闭式高压闸门水封的试验研究. 武汉大学学报（工学版），2010.

［2］　白绍学，张绍春，李一兵，等. 高水头弧形闸门伸缩式水封止水试验研究. 云南水力发电，2009.

［3］　陈五一，欧珠光. 闸门水封水密性规律及封水判据的探究. 水力发电学报，2010.

［4］　薛小香，吴一红. 高水头平面闸门 P 型水封变形特性及止水性能研究. 水力发电学报，2012.

［5］　李玉柱，苑明顺. 流体力学. 北京：高等教育出版社，1998.

［6］　谭晶，杨卫民，丁玉梅，等. O 形橡胶密封圈密封性能的有限元分析. 润滑与密封，2006.

［7］　易太连，翁雪涛，朱石坚. 不可压缩橡胶体的静态性能分析. 海军工程大学学报，2002.

［8］　陈宏. 发动机橡胶密封结构有限元分析研究. 北京：北京理工大学，1999.

［9］　左正兴，廖日东. 12150 柴油机橡胶密封圈的有限元分析. 内燃机工程，1996.

［10］　周志鸿，张康雷. O 形橡胶密封圈应力与接触压力的有限元分析. 润滑与密封，2006.

响水涧抽水蓄能电站下水库长围堤坝运行维护实践与启示

汪业林

（安徽响水涧抽水蓄能有限公司，安徽省芜湖市 241083）

【摘 要】 响水涧抽水蓄能电站下水库是国内第一个采用长围堤筑坝，这一特色设计既缩短了工期，又节省了投资。如何使工程安全平稳运行，项目管理单位在不断提升工程管理水平、加强运行管理的基础上，精心维护、精心管理，通过技术创新、完善运行维护措施、改进观测方法、注重过程控制等综合手段，为工程发挥更大的经济效益和社会效益创造了条件。本文记录了响水涧抽水蓄能电站下水库长围堤坝堤内护坡变形维护处理过程，并从中获得一些认识和启示。

【关键词】 抽水蓄能电站 水库 长围堤坝 运行维护

1 概况

安徽响水涧抽水蓄能电站（简称响水涧电站）位于安徽省芜湖市三山区峨桥镇境内，承担电力系统调峰、填谷、调频、调相、紧急事故备用等任务。工程枢纽主要由上水库、下水库、输水系统、地下厂房和地面开关站组成。电站属大（2）型二等工程，主要建筑物按 2 级建筑物设计。电站装机容量 1000MW（4×250MW），年发电量 17.62 亿 kW•h，年抽水电量 22.74 亿 kW•h。工程决算投资 34.54 亿元。

响水涧电站下水库在湖荡洼地上半挖半填，由围堤圈围而成，2007 年 12 月开工建设。下水库围坝是国内第一个采用长围堤筑坝的抽水蓄能电站，堤长 3787m，堤顶宽 7.5m，最大堤高 21.5m，下水库库容 1435 万 m^3，集水面积 1.11km^2。库内地势较平坦，库区地层主要为第四系全新统河湖相沉积物和上更新统河流相冲积物。围堤基础主要坐落在粉质黏土层（Q_3）上，堤基范围的夹泥炭层淤泥质黏土（Q_4）全部清除，堤身由粉质黏土（Q_3）填筑而成，堤内护坡采用水泥预制块衬砌。冲水闸连接库外泊口河与下水库，由进、出口段，洞身段，闸门控制段及消能防冲段组成，外侧出口段通过引水渠与泊口河连接，进、出口段底板高程分别为 3.0m 和 2.86m。

2 下水库围堤运行出现的问题

2.1 堤内护坡变形概况

响水涧电站 2010 年 6 月开始蓄水，至发现护坡变形时已运行 5 年 6 个月。2016 年 1～12 月，响水涧电站运行维护人员在观测和巡检过程中，发现下水库围堤共有 6 处堤段在迎水面高程 7.5m 马道部位，发生不同程度的内护坡预制块滑落或裂开情况，且呈扩大趋势。

（1）响水涧沟口堤段。内护坡预制块滑落，由外侧向内有渗水，主要范围为堤 3+550.00m～堤 3+784.23m 段，长度为 234.23m，需进行渗漏处理。其中堤 3+614.00m～堤 3+731.00m 段需进行内边坡修复，长度为 117m。

（2）响水涧沟口以外 5 个堤段。内护坡预制块滑落裂开，范围分别为堤 0+065.80m～堤 0+152.80m 段、堤 0+296.00m～堤 0+335.90m 段、堤 0+366.50m～堤 0+434.50m 段、堤 0+558.00m～堤 0+695.44m 段和堤 2+287.00m～堤 2+380.00m 段，长度总计为 425.34m，该 5 段需进行内边坡修复。

2.2 堤内护坡变形原因

下水库围堤响水涧沟口段护坡。主要是堤基土层中的细颗粒在渗透水流长期作用下被带走后产生的沉降。结合设计和施工资料分析表明，响水涧沟口段地基具备发生管涌的条件，并很可能已经产生了局部管涌，对下水库的正常运行存在较大的安全隐患。

响水涧沟以外的 5 个围堤段，其马道表面预制块已发生变形，都发生在有贴坡体的堤段，变形严重的是在半挖半填断面、在马道以下设置了下贴坡体的堤段。这些堤段变形可以归结为由贴坡土体本身或与地基界面间的流变所造成，对下水库的正常运行存在一定的安全隐患。

为保障电站正常运行，确保下水库围堤安全稳定，急需对下水库围堤进行渗漏处理和内边坡修复。2017 年 1 月，电站运行维护部门提供下水库围堤马道变形巡检情况材料，详细介绍了上述 6 处堤段存在的问题，响水涧公司此后邀请原设计和施工单位、相关专家到现场踏勘，形成初步处理意见：需要及时对 6 段围堤进行内边坡修复和渗漏处理。

3 修复与维护措施

3.1 修复思路

响水涧沟口段围堤存在发生管涌的风险，必须采取工程措施予以消除。可考虑设置混凝土防渗墙或水泥黏土灌浆帷幕，隔断来自库外响水涧沟的渗水，做到"一劳永逸"。也可考虑在堤身后部设置系列减压井，加上经常性的抽排，从而减小堤内外的水位差，使渗透坡降处于安全范围，不致产生管涌。在采取了上述措施后，对围堤内坡已经破坏的部分进行翻修，恢复原设计断面。

响水涧沟口以外堤段共 5 处需要修复，马道变形几乎都发生在有贴坡体的堤段，特别是在半挖半填断面、在马道以下设置了下贴坡体的堤段。这些堤段没有产生响水涧沟口段由疑似管涌而造成的较大沉降变形，而主要是贴坡黏土的下滑变形引起的马道混凝土格梗、混凝土预制块的张开（个别表现为挤压隆起）。由于变形量小，尚未构成失稳破坏（否则将表现为大面积的滑塌），也就是说贴坡在外界因素的作用下产生的内力没有超过其本身或界面的抗剪强度。因此这种变形可以归结为由贴坡土体本身或与地基界面间的流变所造成。流变在竣工投运后开始产生，并随时间推移而加大。

上述 5 段围堤的护坡变形属于贴坡体的流变变形引起马道附近拉开及下沉。从马道至库底，堤坡斜长约 20m，如果马道处张开变形 16cm，相当于变形率 0.8%。Q_{3-2} 贴坡体设计压实度 0.98，反推孔隙率为 0.40；流变变形在 1%以内并不算大，对堤坡的整体安全应无威胁。因此本 5 段围堤只要翻修破损部位，恢复原设计断面即可。

3.2 修复目标

根据前期对下水库围堤护坡变形原因分析及现场查勘成果，针对不同地质条件和发生护坡变形原因，结合安全性及治理的效能和运行成本，对下水库围堤 6 个堤段分别采取相应的工程措施，尽快处理渗漏和修复内边坡预制块滑落和张开等问题，消除稳定安全隐患，保障下水库围堤安全和电站正常运行。

3.3 修复方案与措施

修复设计方案由上海勘测设计院承担。在时间安排上，施工工程 2018 年 1 月底完成招标，3 月做施工准备，结合 4 月 1 号机组 B 修，5 月 4 号机组 C 修，抽空下水库完成施工任务。

设计人员在下水库现场查勘了有关堤段的变形情况，查阅了各堤段的竣工断面图以及设计阶段和蓄水安鉴阶段的有关文件，对这 6 段围堤产生裂缝和变形的原因及机理进行了初步分析。根据围堤变形发生的机理，可分为以下两类，第一类为响水涧沟口的围堤堤段，基础大部分坐落在洪积块石、碎石、砂砾石 Q_4^{pl} 层上，具备发生管涌的条件。第二类为除沟口段以外的其他堤段，是贴坡黏土的流变变形引起马道附近拉开及下沉。

由于第二类围堤变形的变形量小，尚未构成失稳破坏，只要翻修破损部位，相应库底抛石抗滑，恢复原设计断面即可。因此本次主要针对第一类即响水涧沟口段围堤变形提出处理方案，初步判断该段很可能已经产生了局部管涌。处理原则为"下截上翻"，即下游通过塑性混凝土防渗墙垂直防渗，对响水涧沟方向压来的渗水进行拦截，上游面对已经破坏的部分进行翻修，恢复原设计断面。

塑性混凝土防渗墙布置在围堤中心线上游处，利用堤顶作为施工平台，沿围堤轴线方向长度为 234.23m。由于堤基下部 Q_4^{pl} 层中存在直径 20cm～1m 的块石，且防渗墙为隐蔽工程，质量控制比较困难，考虑一定的安全储备并结合施工要求，墙身厚度取 0.45m。墙底深入不透水层地基，对墙底为砂岩的，要求最小入岩深度 0.5m；对墙底为 Q_{3-1-2} 黏土层的，要求深入 2.0m，墙顶深入围堤粉质黏土内 2.0m。最大墙高 24.50m。防渗墙墙体材料为塑性混凝土，$R_{28} \geqslant 2MPa$，弹性模量 $E < 1000MPa$，渗透系数 $K \leqslant 1 \times 10^{-6} cm/s$，塑性混凝土配合比应类比其他工程经验，经试验后确定（见表 1）。

防渗墙采用薄型液压抓斗加冲击钻施工的方案，防渗墙施工前，在施工段堤顶进行开槽，堤身粉质黏土采用薄型液压抓斗挖除，地基 Q_4^{pl} 开挖过程中遇到大块石采用冲击钻进行破碎，而后用薄型液压抓斗挖除，基岩经冲击钻破碎后采用薄型液压抓斗挖除，施工过程中墙壁采用泥浆护壁。墙身强度达到要求后，原状恢复路面结构。

表 1   塑 性 混 凝 土 配 比

项 目	水	水泥	膨润土	江砂	机制砂	石	减水剂
每立方米混凝土材料量（kg）	395	290	113	481	481	240	10.075
配合比	0.98	0.72	0.28	1.19	1.19	0.60	0.025
每 100kg 胶凝材料（kg）	98	72	28	119	119	60	2.5
砂率				80%			

注 本配合比以干燥剂状态材料为基础，现场材料应根据含水率调整配合比，并严格计量。

4 经验与启示

4.1 黏土筑坝关键环节必须严格把控

响水涧电站下水库围堤基础坐落在不同的地质基础之上，有沼泽地开挖和山岗开挖，前者居多，沼泽地最深处开挖达 4m 之多。由于坝体部分基础处在沼泽地中心，清理淤泥和排水增大施工难度，Q_4 土和 Q_3 土界面不易把控，因此围堤的基础开挖和填筑是下水库土建工程的关键环节。设计人员、监理人员、施工人员需要精心组织，抓住清基、基础回填等关键环节，特别是基础开挖过程的清理污泥和排水，以及填筑黏土土质必须满足设计要求，这是黏土坝稳定性的根本保证，必要时针对现场实际情况变更施工方案，确保工程质量。因为黏土坝一旦出现问题，需要排空水库进行修补，直接影响电站经济效益。

4.2 重视回访和维修

抽水蓄能电站下水库蓄水后一般会暴露一些缺陷和问题，这些缺陷问题会在水库水位较大变幅运行过程中逐步暴露出来，如常见的滑塌、裂缝、渗水等现象。所以，施工单位在水库蓄水运行后，应组织施工技术人员对工程进行定期回访，对施工过程中关键部位关键点重点查看，遇有问题必须查找质量问题原因，必要时请原设计人员到现场，指导处理缺陷。根据抽水蓄能水库运行特点，回访应分别选在夏季水库运行水位变幅频次多，以及冬季频次相对较少的期间进行，并通过现场查询、与运行维护人员座谈等方法，真心实意发现问题、解决问题，提高承建单位的信誉。同时，也有利于促进和提高运行维护人员的工作的主动性和针对性。

4.3 适时开展工程后评价

后评价是抽水蓄能电站建设程序的最后阶段，这一环节不能缺少。特别像响水涧电站下水库长围堤坝在国内属首例，在建成通过竣工验收并经过一段时间的运行后，需要对项目全过程进行评价，其目的是分析问题、总结经验、吸取教训。重点应注意收集评价资料的系统完整性、可靠性和实效性，对监测和观测资料要查明可靠性和精度，与原设计条件和实际运行情况对比验证，对表层变形、裂缝、渗漏等观测成果的合理性进行分析，判明是否在允许范围内，其发展趋势是否合乎规律，有异常的必须查明原因和后果，提出维修意见，以利于消除隐患。最后给出评价结论，提出改善运行方式建议，以便提高水库的运行维护管理水平。响水涧电站上、下水库没有及时开展后评价工作。

4.4 重视数字大坝建设

信息时代，水库大坝只有进行维护方式上的不断创新，才能适应信息化管理的发展趋势。首先是数字化基础，然后才能信息化。水库大坝建设和运行过程中所有的信息处理环节，如数据的采集、存储、加工、传递、利用等全面实现数字化，才能实现对水库坝系统的信息化管理，进而实现数据共享，以实现从水库运行的角度，保证水库每一个部分在运行的每个阶段都能够将正确的信息传递给运行管理人员。这正符合国网新源控股有限公司"两型两化"（建设数字化智能型电站和建设信息化智慧型企业）发展战略。虽然现在响水涧电站未达到完全数字化管理要求，仍需要重视过去数据的补充完善和现有数据的收集。只有实现数字化、信息化，才能提高运行管理效率和能力，为将来智慧型电站管理打下基础。

4.5　实践—认识—再实践—再认识

任何时代的工程建设都建立在特定的生产力水平和社会意识水平的基础之上，响水涧电站下水库长围堤坝在国内抽水蓄能工程中属第一，水库运行最大特点就是水位变化大，管理者对其运行规律的把握需要实践的沉淀。在建设过程中，参建单位和参建人员由于受过去实践范围、知识水平、认识能力、实践能力、立场、观点、方法等因素的制约，工程不可能是完美无缺的，管理者只有在工程建设与管理实践的推进中，不断打破传统观念的限制，不断总结经验和教训，其认识方可不断得到超越。现在的积累，就是不断推进和完善下一个长围堤坝的基础。

5　结束语

总的来说，响水涧下水库工程建设通过"设计方案优化、人员培训到位、施工精细管控"等必要的管理手段，针对工程分项分部施工技术和组织难点，重点逐一攻关，取得了显著的成效。"三分建，七分管"，抽水蓄能电站工程能否有效服务于电网，核心在于抓设备、设施的维护、检修和管养。响水涧电站下水库的运行维护管理，在充分分析工程特点与难点的基础上，做好施工过程管理定位，在运行维护过程中，严格实施观测标准化，落实巡检制度，重视信息化建设，管理能力不断提升，积攒了宝贵的经验，取得了良好的经济效益和社会效益，维护了抽水蓄能电站工程建设的良好形象，尤其为今后同类工程项目建设与管理打下了坚实基础。

参考文献

[1]　成卫中，朱爱莉，徐诚，等. 响水涧公司下水库围堤内边坡修复及渗漏处理. 上海勘测设计研究院，2017.
[2]　肖贡元，陆忠民，成卫中，等. 响水涧抽水蓄能电站可行性研究复核报告—工程布置及建筑物. 上海勘测设计研究院，2005.

红外热成像测温技术在张河湾蓄能电站的应用研究

卢 彬 黄 嘉

（河北张河湾蓄能发电有限责任公司，河北省石家庄市 050300）

【摘 要】 本文主要通过对红外热成像测温技术在张河湾蓄能电站的应用研究，开发一种基于图像分析与温度结合的精细化分析的红外热成像在线检测系统，实现对发电机的实时热成像监控，支持区域温度显示，历史曲线分析，超限阈值告警等系统功能，后台部署在监控中心，支持远程调阅监控。采用在线红外热像仪后，可以实时自动巡检运行设备的温度情况并按预先设定的预警值发出声音报警信号，及时把报警信号上传至运维中心，从而使运维人员"早发现、早处理"，用减少负荷或改变系统运行方式等手段，确保设备运行的安全，提高运行人员对设备缺陷的识别能力和预见性。红外热成像测温技术在发电设备的性能及故障诊断方面的研究和实践将得到很大提高。

【关键词】 热成像 图像分析 测温技术 自诊断 应用研究

1 绪论

1.1 应用需求分析

为实现我国提出的 2020 年、2030 年非化石能源消费比重分别达到 15%、20%的目标，保障电力安全供应，国家发展改革委、国家能源局印发《关于提升电力系统调节能力的指导意见》。

该指导意见强调推进各类灵活调节电源建设，其中包括"十三五"期间，开工建设 6000 万 kW 抽水蓄能电站。到 2020 年，抽水蓄能电站装机规模达到 4000 万 kW（其中"三北"地区 1140 万 kW），有效提升电力系统调节能力。

截至 2018 年 5 月，国网新源控股有限公司共拥有抽水蓄能电站 40 座，装机容量 4922 万 kW（已运行 1907 万 kW、在建 3015 万 kW）。其中，多数电站拥有 4 台以上的发电机组，且大都具有大容量、高水头、高转速、双向旋转、启停频繁的特点，较常规水轮发电机组结构复杂、运行工况恶劣，故障率较高。同时，因为水轮发电机体积庞大，运输不便，大都采用在施工现场组合安装的方式。该安装方式对运输保管、施工条件、安装工艺把控等要求很高；而水电施工现场往往条件有限，施工质量把控的难度因而加大。

近年来，随着机组运行强度的增大，发电机故障率逐渐呈升高趋势，而其中，定子绕组接头、汇流排及其引出线的过热又是较为常见故障类型，特别是对于技术改造后和运行年限较长的机组，其影响更加明显。

1.2 国内外红外热成像测温技术研究现状

随着红外热成像测温技术的不断发展，红外测温技术应用范围越来越广，并且通过实践证明该技术具有优良的检测特性。基于其非接触检测的特点，红外测温技术具有实时、准确、灵活、便捷等优点，备受国内外的电力行业重视。近几年的计算机技术和微电子技术的迅速发展，推进了红外测温技术的发展，测温诊断更加智能化。如今红外测温技术已经比较成熟，检测具有较高的准确度，检测灵活方便，加上先进的图像处理技术和科学的诊断算法，可更加智能化对电力系统中电气设备故障进行定性和定位分析，还可以建立设备状态数据库以及各种设备故障数据库，提高故障检测的可靠性和准确性。

20 世纪 60 年代美国、英国、欧洲、日本等国开始设备诊断技术的研究。1964 年，随着美国得克萨斯仪器公司（TI）首次研制成功第一代热红外成像装置，拉开了红外热成像发展的序幕。虽然国外红外检测技术的发展历史也仅有四十多年，但美国、英国、法国、日本、加拿大、瑞典和丹麦等国发展较快，主要应用于航空航天、电力、电子、冶金、石油化工、材料、建筑工业和医疗卫生等部门。

我国从 20 世纪 70 年代开始逐渐研究和应用红外测温技术进行电力设备的故障诊断，于 1975 年在 AGEMA 公司引进了第一套红外热像仪，并积极学习国外的应用经验，促进了带电检测技术的飞速发展。20 世纪 80 年代初期，500kV 平武工程项目又引进了三套 AGEMA 公司出品的红外热像仪，大幅提高了设备的诊断水平，这一事件也在国内电力系统造成了很大的影响。1992 年，中国的公司开始进军红外热像仪的研发，从此填补了国内该项技术的空白，随后以广州飒特为代表的一些公司逐步出现，中国制造的红外线成像产品逐步追赶着世界一流水平。1999 年，电力工业部根据多年应用经验颁布了《带电设备红外诊断技术应用导则》（DL/T 664—1999），内容包括多种电力设备异常情况的诊断依据，为基层检修单位提供了技术支持，推动了该项技术的普及和应用，该标准在 2008 年 6 月、2016 年 6 月分别进行了重新修订。

红外热成像测温技术是一项新型的设备故障诊断方法，通过非接触的方式，对水电厂站的电气设备进行无损检测，不仅节省了人力成本、提高了检测的精度，还确保了检测人员的人身安全，让技术人员能够及时发现电气设备隐患和故障，从而确保设备处于安全、正常的运行状况下，提高水电厂的运行管理水平。但目前在抽水蓄能电站的应用案例相对较少且主要以红外测温仪或者便携式红外热像仪为主，在线监测系统没有成型的案例可供参考，急需大力开发。

2　应用于张河湾抽水蓄能电站的红外热成像系统的研制与部署

2.1　热成像系统研制思路

本期研究项目，前端系统主要由红外热成像测温球形摄像机、红外热成像枪机组成，后期选型方面，可视情况采用球机、云台、枪机等多种形态产品：对于场景开阔、监测区域或对象较多的地点，可采用球机、云台型热成像测温摄像机，通过划定多预置位进行多位置监测；而对于单一目标的小范围监控，可采用枪型热成像测温摄像机进行固定区域进行监测。

本期项目主要利用红外热成像摄像机对发电机定子出槽口处、线棒并头焊接处、总出线软连接处等位置进行测温，并以此作为功能示范。后期可根据张河湾抽水蓄能电站需求进行系统扩容、扩建，对厂站内一次设备、线缆、触点等其他位置进行温度监测。

2.2　红外热成像系统拓扑结构与组成

本项目为张河湾抽水蓄能电站建设的红外热成像测温系统，在各监控点位部署对应功能的红外测温型热成像摄像机完成视频采集和温度检测，采用局域以太网完成视频等数据的传输，通过视频综合一体机和网络硬盘录像机完成视频和温度数据的存储等。视频综合一体机通过管理服务等对前端摄像机等设备进行联网管理、配置和分析等。客户端通过安装客户端软件，可以实现软件功能使用和展示，操作简单，实施方便，并且可以扩展。在线式红外热成像测温系统结构拓扑如图 1 所示。

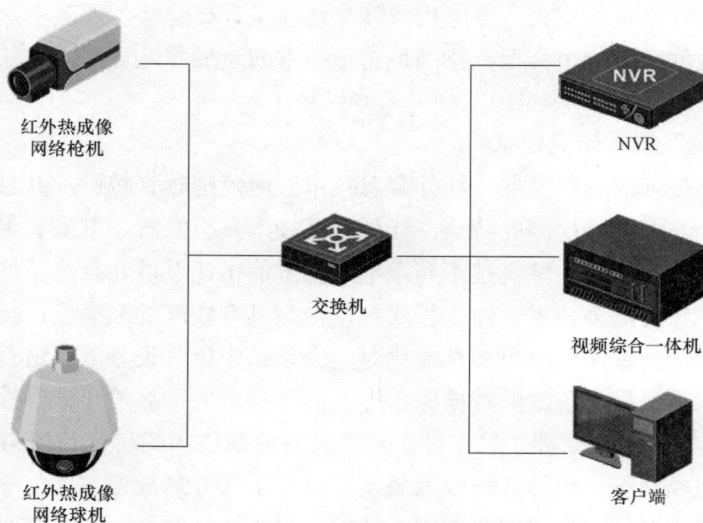

图 1　在线式红外热成像测温系统拓扑图

（1）下位机系统：下位机系统由红外热成像摄像机等组成。本测温系统前端图像采集设备由测温型红外热成像枪机、测温型红外热成像球机组成，视安装环境与监测要求进行选型，并确定安装数量和位置。下风洞由于安装环境限制，空间有限，且风洞墙壁距离主要监测位置约 60cm，故选择热成像枪机（定制镜头，分辨率：640×512，焦距 7mm，视场角约 90°×73°）。上风洞安装环境相对较好，空间较足，且需要监测的区域、位置较多，故选择安装热成像球机（定制镜头，分辨率：640×512，焦距 9mm，视场角约 62.3°×51.6°）。主要用于前端图像采集及测温等，所有设备通过风洞外配电箱进行汇聚和上传。

（2）传输网络：本测温系统考虑到网络、系统安全性等，采用独立建网的方式进行组网，与站内其他系统之间隔离。通过光纤、光网转发设备和网络交换机等设备传输风洞内红外热成像摄像机数据，并将数据传输到上位机的视频综合一体机和网络硬盘录像机（NVR）。

（3）上位机系统：上位机系统由视频综合一体机、客户端和网络硬盘录像机等组成。视频综合一体机，主要安装各种服务程序等，对前端设备进行配置操作，实现热成像测温应用等功能，如图像实时预览，温度展示，阈值超限联动告警等。网络硬盘录像机（NVR），主要用于对前端摄像机采集的图像数据信息进行存储，方便数据存储、调用。客户端电脑，主要安装系统客户端，方便用户日常使用热成像测温系统。

2.3 热成像系统安装部署

作为应用示范推广项目，2016 年度张河湾抽水蓄能电站 1 号机组上风洞已经安装有两台红外热成像球形摄像机（分辨率：384×288，镜头焦距 25mm，视场角约 21.7°×16.4°），分别安装于风洞进人门处与发电机出口附近，用于基本测温功能的测试等。已安装的两个热成像摄像机具备测温等基本功能，满足接入本期项目所建设测温系统的条件。

发电机组内主要发热部件为各触头、接线处等，转子由于在设备内部，不易监测。本次建设系统主要监测外部定子绕组、线包接头、发电机出线等位置发热情况。考虑与前期设备的一致性、实用性以及综合效益性价比，本期在 1 号发电机组风洞内新增三台红外热成像球机和一台红外热成像枪机。

2.4 张河湾红外热成像系统主要功能

本期研究项目为张河湾抽水蓄能电站建设的红外热成像在线检测系统，在通过红外热成像摄像机实时监测相关设备运行情况的基础上，结合相关分析算法和诊断技术，为电站发电机组的日常运维提供了有效的支持。相比于传统测量监控方式，具有如下诸多功能及优势：

（1）前端温度准确检测。测温热成像摄像机能够对前端的发电机组部件实时进行点测温、线测温、区域测温等，测温精度达到 0.1℃，测温误差控制在 ±1℃之内。热成像摄像机支持 100 个以上预置点可以用来配置测温。

（2）视频高清图像采集。测温摄像机分辨率为 640×512，可以对风洞内监控场景进行有效探测和成像，获取图像中的关键信息。选用的前端摄像机采用双光谱设计，既具有热成像镜头，同时又兼具普通摄像机的可见光镜头。其中，可见光镜头的分辨率达到 1080P，最低照度为 0.05Lx，具备红外补光功能，可以对发电机组风洞内进行高清图像采集和辨识，辅助日常运检工作。

（3）录像存储与本地显示。系统将视频信号和实时的测温数据存储到一起，在回放时，能够同时显示视频和温度值。可以设置录像计划、录像规则（包括定时录像、移动侦测录像、报警联动录像）等。通过本地视频输出功能，可连接显示设备进行图像预览。

（4）报警联动功能。系统可接入报警输入/输出设备，针对不同监控点的需求配置多样化的报警触发规则，如温度超阈值越限等，实现报警信号视频联动，自动弹出报警位置的视频图像，迅速定位报警位置，同时通过日志记录报警位置，对报警位置进行录像。除了常规越限告警外，系统还支持温度异常突变告警，若设备在设定的时间内出现异常温升或者温降，系统会自动发出告警。

（5）远程监控管理。任意授权用户均能通过本地局域网对发电机组内的摄像机进行浏览、控制、查询等操作。授权用户可通过客户端应用软件或者 IE 浏览器实现远程预览现场图像、回放和下载录像资料、配置系统参数等所有管理控制功能。

（6）多级权限分配管理。系统支持用户多级权限分配管理功能，通过服务端或者客户端应用软件等可以添加、修改和删除用户，并可对各级用户的控制权优先级进行管理。根据日常管理、运检需求，对于不同的用户，系统分配的不同权限，不同的用户享有不同的浏览、控制等权限。

（7）红外测温分析功能。红外热成像实时预览视频上可叠加测温信息 OSD，伪彩色调色板可调。红外温度热像图支持点、线、面等复杂的测温分析。实时预览界面可显示当前已划定的测温区域及其名称等信息，并可根据设置显示最高温、最低温等信息。

（8）温度曲线呈现功能。对于电站发电机组已划定测温规则的设备或者部件，测温系统可对其温度变化进行长时间、不间断的记录，并自动生成温度变化曲线。方便运检人员在日常维护工作中对设备的温升情况进行直观的判断。

（9）双光谱同屏显示功能。软件客户端界面支持同时显示红外以及可见光图像（并且不改变图像的原始分辨率），方便用户使用及比较。同时，也可以在两台显示器上对多台红外热像位与可见光摄像机的全分辨率图像进行实时显示、操作与温度数据分析。

由于温度越限报警联动为本红外热成像测温在线检测系统的一个重要功能，因此温度的门限阈值较为重要，需要根据不同的测温位置的设备类型等做进一步细化。《高压开关设备和控制设备标准的共用技术要求》（GB/T 11022—2011）中对此高压开关设备和控制设备部件、材料和绝缘材质的温升极限进行了规定。

2.5　张河湾红外热成像系统实际效果

张河湾红外热成像系统实际效果如图 2～图 8 所示，定期巡检报告见表 1。

图 2　温度越限报警联动

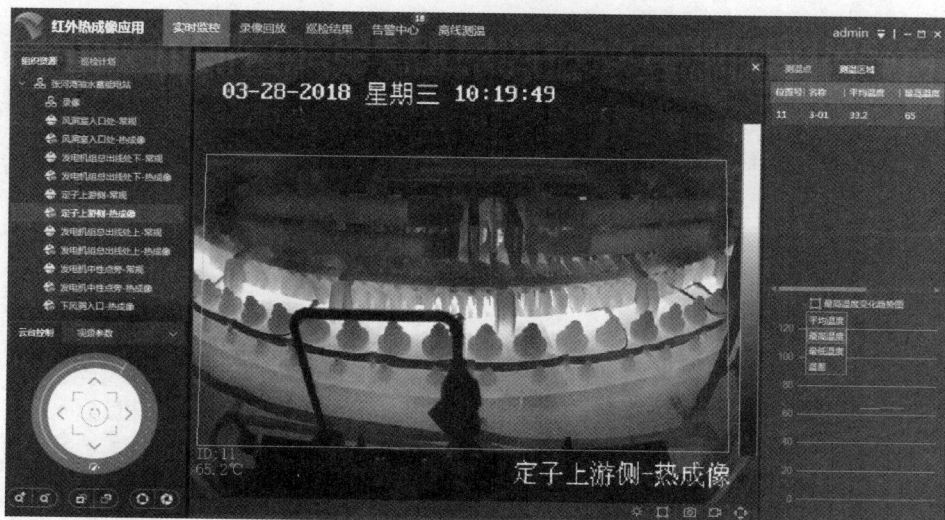

图 3　温度趋势变化 1：机组运行中

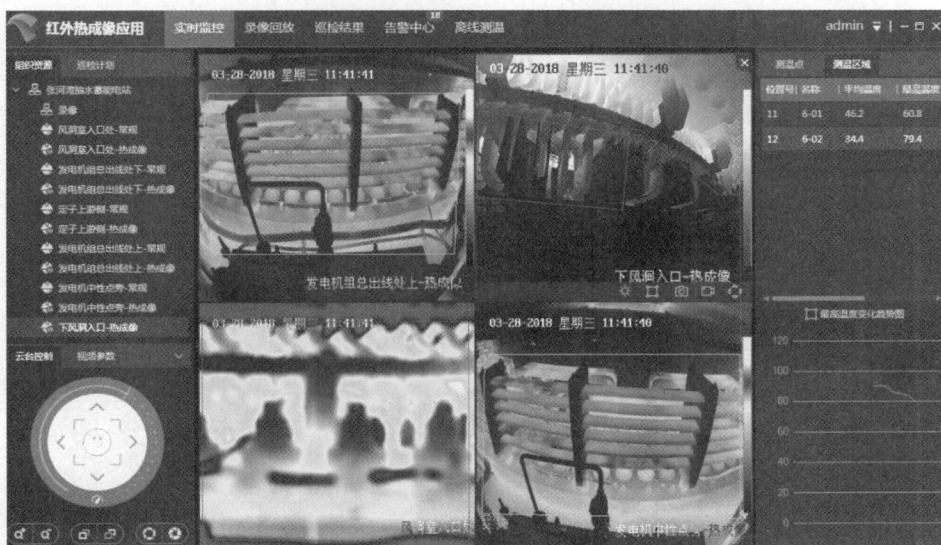

图 4　温度趋势变化 2：机组停机后

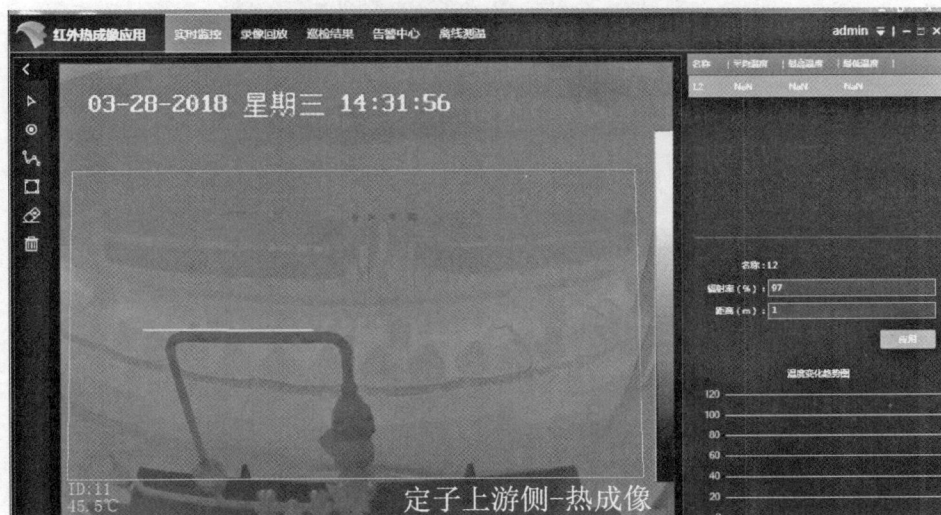

图 5　临时测温

图 6　系统抓拍图片

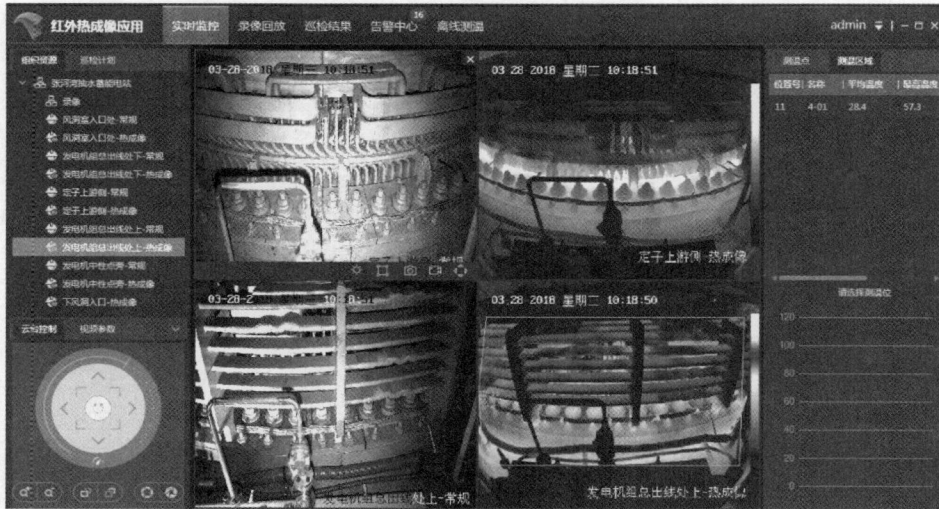

图 7　双光谱同屏展示

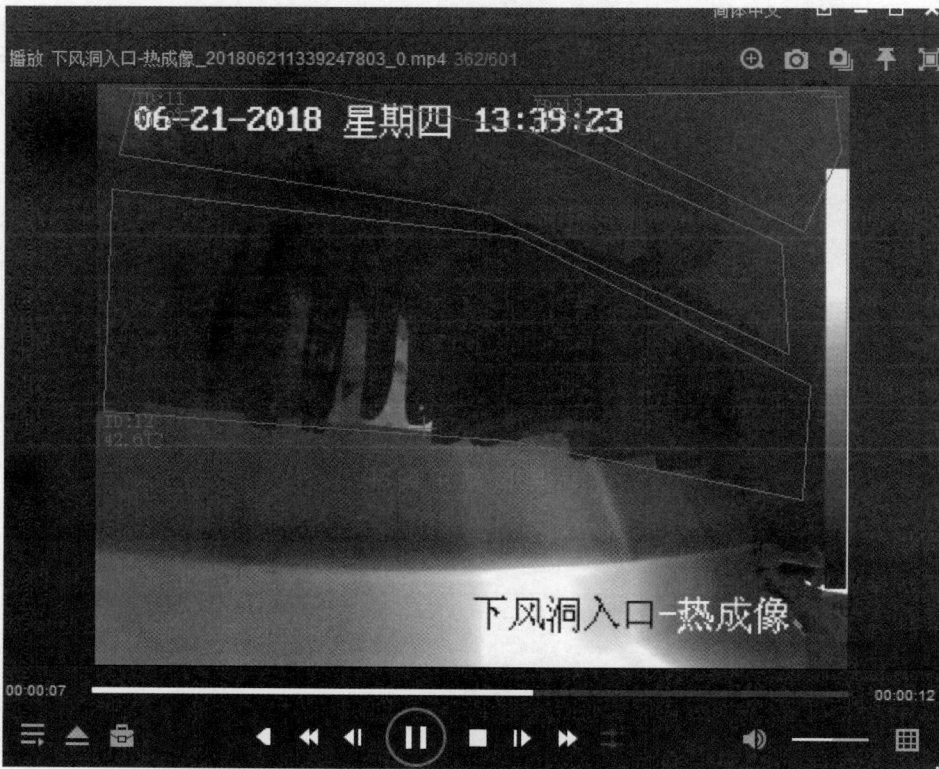

图 8　录像回放

表 1　　　　　　　　　　　　　　　　　　定 期 巡 检 报 告

序号	时间	监控点名称	预置位名称	图像	温度
1	2018-03-28 11:00:10	风洞室入口处-热成像	预置点 1		序号：1 名称：1-01 最高温：46.7 最低温：19.3 平均温度：35.4 温差 27.4

续表

序号	时间	监控点名称	预置位名称	图像	温度
2	2018-03-28 11:00:20	发电机组总出线处下-热成像	预置点1		序号：1 名称：2-01 最高温：44.6 最低温：9.0 平均温度：23.6 温差35.6
3	2018-03-28 11:00:30	定子上游侧-热成像	预置点2		序号：1 名称：3-01 最高温：64.7 最低温：8.8 平均温度：33.2 温差55.9
4	2018-03-28 11:00:40	发电机组总出线处上-热成像	预置点1		序号：1 名称：4-01 最高温：57.1 最低温：7.2 平均温度：28.1 温差49.9
5	2018-03-28 11:00:50	发电机中性点旁-热成像	预置点1		序号：1 名称：5-01 最高温：52.3 最低温：12.9 平均温度：28.7 温差39.4
6	2018-03-28 11:01:00	下风洞入口-热成像	预置点1		序号：1 名称：6-01 最高温：61.1 最低温：18.3 平均温度：44.9 温差42.8 序号：2 名称：6-02 最高温：70.8 最低温：16.4 平均温度：31.0 温差54.4

3 结论与建议

本次应用研究，是由张河湾抽水蓄能电站的应用需求触发，结合行业调研、技术论证，全面梳理、研究在线式红外热成像测温技术在水电站应用可行性及后续发展问题，相关研究成果直接服务于相关电站的红外热成像在线检测系统建设和完善，对提高热成像测温系统的实用性和规范性、指导后续项目建设投资、提升电站运行管理的整体支撑服务能力有重要借鉴意义，从而最终达到节约人力、物力、财力，提高电站运维管理水平的目的。

针对本次研究的结果，对后期的应用推广提出以下建议：

（1）在已有软件系统功能的基础上，可考虑进行二次开发，如对设备重要组件、零部件的受热位移情况进行智能分析；利用发电机组在不同运行工况下长期的数据积累，分析获取相关数据，以判断机组工作状况，提前预判故障隐患。

（2）针对风洞内遮挡情况比较严重，如汇流排、消防水管、空冷器等遮挡部分红外热成像摄像机视角，影响测温效果的问题，后期应用过程中需要进一步完善，利用新方法、新思路，避免或者减轻影响。可以参考以下方法将摄像机安装至靠近绕组的位置：

1）测量上机架的支臂的震动情况，在满足震动要求的情况下，从支臂上安装支撑支架和测点（图 9 中黑粗线）。

2）直接从混凝土基础面安装支架，采用三角支架等方式，延长支撑支架长度，在靠近绕组上端位置安装测点。

以上两种方式，摄像机支架应该与支撑支架形成稳固螺栓连接，避免震动导致设备脱落，且方便后期维护、拆卸。

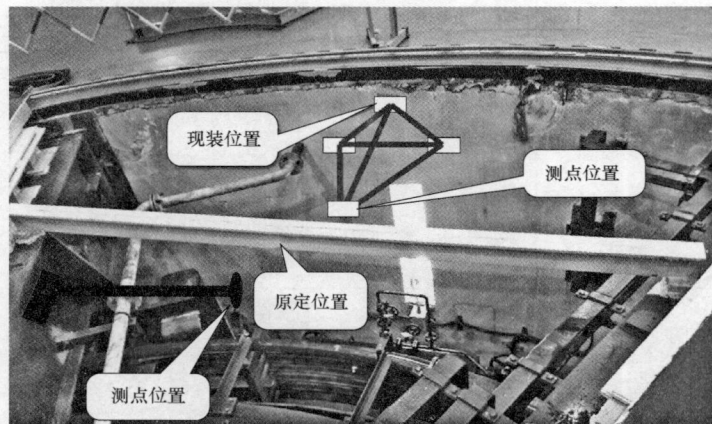

图 9　从支臂上安装支撑支架和测点示意图

（3）针对每个发电机组内部的测温，上风洞建议安装多个球形摄像机，通过设置多个预置位、定期巡检的方式，实现对上风洞设备设施较完全覆盖的温度检测。下风洞建议在 6 个进人口安装 12 个枪机，采用斜对射的方式进行安装，以达到对设备设施的较完全覆盖。

（4）由于上风洞设施设备较多、结构相对复杂，日常故障相对较多，需要较为频繁的巡检，因此上风洞建议采用双光谱摄像机，在测温的同时，可以充分使用红外热成像摄像机常规图像对风洞内设备设施进行观测检查。在不停机、不进人的情况即可对发电机组内漏水、漏油等情况进行检查。

（5）风洞内空间有限，后期建设过程中，在进行摄像机选型时，应优先选用镜头 7～9mm 镜头，以期在畸变可接受的情况下获得更大的视场角。同时尽量采用红外热成像分辨率较高的镜头，分辨率应不小于 640×512，以获得更好的成像和测温效果。镜头焦距与视场角的关系如图 10 所示。

（6）针对上风洞的遮挡问题，除了（3）建议的两种安装方式外，在条件允许的情况下，还可以考虑采用轨道机的方式来安装上风洞的热成像摄像机，从而减轻遮挡的影响，并减少风洞内摄像机的安装数量。轨道机分为绕风洞方向的圆弧形轨道和位于风洞墙壁上的垂直轨道。

1）垂直轨道：针对被汇流排遮挡的部位，可以在风洞墙壁上加装垂直轨道，将摄像机安装于轨道之上，从而可以上下滑动摄像机。该方法可以使摄像机从汇流排外缘面垂直方向（如图 11 所示）和较低角度（如图 12 所示）观测，在一定程度上减小汇流排对摄像机视角的遮挡，提升测温效果。

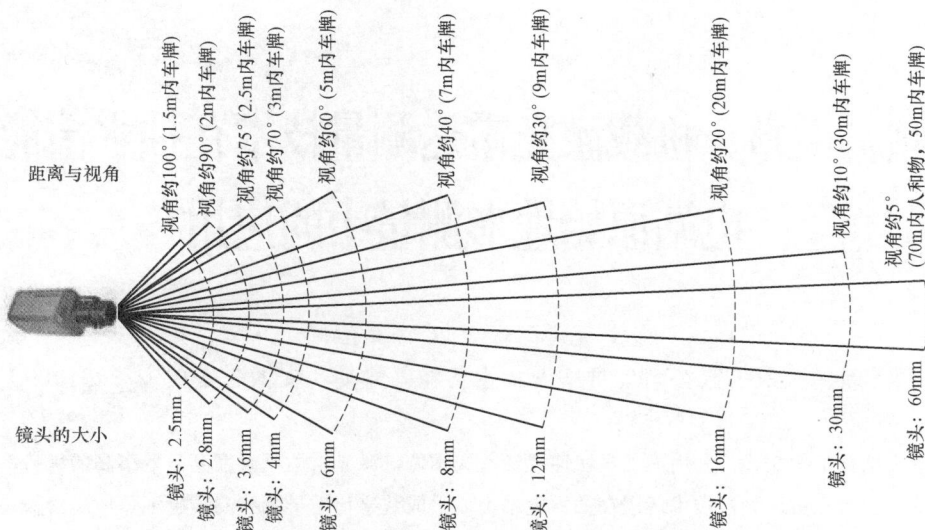

距离与视角

视角约100°（1.5m内车牌）
视角约90°（2m内车牌）
视角约75°（2.5m内车牌）
视角约70°（3m内车牌）
视角约60°（5m内车牌）
视角约40°（7m内车牌）
视角约30°（9m内车牌）
视角约20°（20m内车牌）
视角约10°（30m内车牌）
视角约5°（70m内人和物，50m内车牌）

镜头的大小

镜头：2.5mm
镜头：2.8mm
镜头：3.6mm
镜头：4mm
镜头：6mm
镜头：8mm
镜头：12mm
镜头：16mm
镜头：30mm
镜头：60mm

图 10　镜头与视场角的关系

图 11　汇流排外缘面垂直方向（可见光效果）

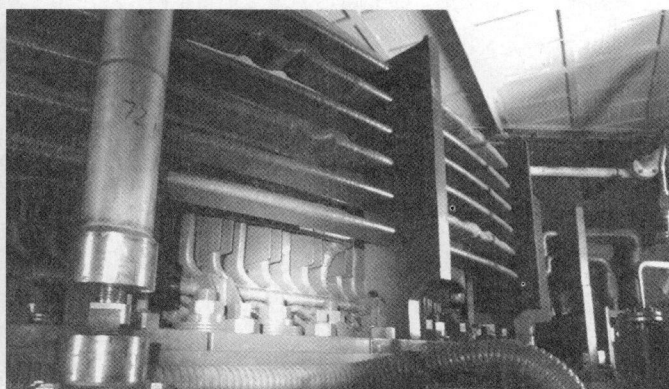

图 12　汇流排低角度（可见光效果）

2）圆弧形轨道：针对被空冷器等遮挡的部位，可以采用在风洞墙壁和发电机组之间的合适位置加装吊装形式的圆弧形轨道，轨道沿风洞内圆弧方向，并在轨道上安装热成像摄像机，从而达到避开障碍物和减少上风洞摄像机数量的效果。但由于发电机中性点和发电机总出线处之间（小于 90°部分）的高压电气组件等较多，不适宜安装轨道。

轨道机方式虽有优势，但需综合各发电机组风洞内的具体情况慎重选择，如轨道与线槽等其他组构件的冲突、轨道安装的稳固性等，充分论证相关安全性、可行性，防止对风洞内原有设备产生影响或者安全威胁。

参考文献

［1］　程路，章煜宸. 从能源"十二五"规划看中长期我国电力发展［J］. 中国能源，2013（09）.

［2］　晏志勇，翟国寿. 我国抽水蓄能电站发展历程及前景展望［J］. 水力发电，2004（12）.

［3］　王瑞凤，杨宪江，吴伟东. 发展中的红外热成像技术［J］. 红外与激光工程，2008，37S2：699－702.

［4］　林群武. 红外热成像技术在电力系统设备故障检测中的应用研究［D］. 安徽理工大学，2016.

［5］　于泽奇. 红外热成像技术在轮机故障诊断中的应用［D］. 大连海事大学，2013.

［6］　雷玉堂. 红外热成像技术及在智能视频监控中的应用［J］. 中国公共安全（市场版），2007，08：114－120.

［7］　何丽. 走向新世纪的红外热成像技术［J］. 激光与光电子学进展，2002，12：48－51.

［8］　王达，邓文杰，杨再平，刘恩元. 红外热成像技术与应用［J］. 中国公共安全，2015，23：112－126.

倾斜摄影、机载激光雷达测量技术在抽水蓄能电站原始地形测量中的应用

王亮春　杨志义　郭佑国

（国网新源控股有限公司安徽桐城抽水蓄能筹建处，安徽省安庆市　231400）

【摘　要】 本文结合工程实践，利用无人机快速灵活、成本低，激光雷达精确度高、效率高的优势，将无人机倾斜摄影、航空机载激光雷达测量技术运用在抽蓄电站中，生成数字化地形图和高精度地理信息资料。提高工效，节约生产成本，满足工程建设要求。

【关键词】 倾斜摄影　激光雷达测量　抽蓄电站　应用

1　引言

倾斜摄影技术是国际测绘领域近些年发展起来的一项高新技术，它颠覆了以往正射影像只能从垂直角度拍摄的局限，通过在同一飞行平台上搭载多台传感器，同时从一个垂直、四个倾斜等五个不同的角度采集影像，通过专业的建模软件生产三维实景模型，可以更加方便、直观展现地形与地貌。

机载激光雷达测量系统是集成了 GPS、IMU、激光扫描仪、数码相机等的光谱成像设备。其中主动传感系统（激光扫描仪）利用返回的脉冲可获取探测目标高分辨率的距离、坡度、粗糙度和反射率等信息，而被动光电成像技术可获取探测目标的数字成像信息，经过地面的信息处理而生成逐个地面采样点的三维坐标，最后经过综合处理而得到沿一定条带的地面区域三维定位与成像结果。

由于倾斜摄影测量技术能够为用户提供更为丰富的地理信息，更友好的用户体验，该技术在欧美发达国家已广泛应用于应急指挥、国土安全、城市管理等行业；在国内目前主要应用于国土资源管理、数字城市、应急指挥、灾害评估、工程建筑、实景导航、旅游规划等方面。

机载 LiDAR 测量技术由于其高精度、高自动化、高效率的优势，已经逐步成为世界各国进行大面积地表数据测制的主要手段和趋势，利用其多重反射的特性，可同时获取地面及地面覆盖物的精确三维坐标，其获取的高精度高分辨率 DEM，可作为国土空间规划、工程建设规划、数字城市管理、地质灾害监测、农业林业管理等数据采集及成果生产的重要手段。

2　无人机倾斜摄影测量

2.1　像控点布设

（1）像控点布设方法。像控点标志采用用油漆在地面喷绘，在测区每 500～1000m 做一个标志，标志一般选择在地势平坦、周围 15m 内空阔、坚固地面、航测采集时无其他东西遮盖的地方喷绘，如宽阔马路、篮球场、晒场、广场等。喷绘时选择与地面颜色对比度较大的颜色，如用白色的油漆在柏油路上喷、用红色的油漆在白色水泥路上喷。标志的规格：形状为"十"字状，交叉长度为 1.2m，宽度为 0.1m，详细规格图如图 1 所示。

（2）像控点测量。像控点平面坐标使采用 GNSS－RTK 方法进行测量，作业半径不超过 5km。像控点相对于邻近等级控制点的点位中误差不应大于图上 0.1mm，按照 CH/T 2009—2010《全球定位系统实时动态测量（RTK）

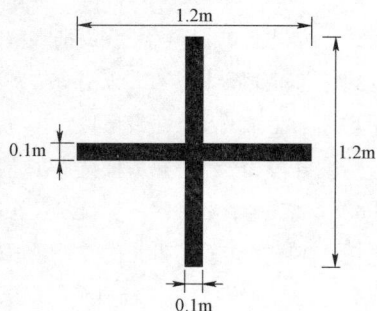

图 1　像控点示意图

技术规范》中的规定执行。

2.2 无人机测量作业

（1）航飞前准备。航飞作业前搜集测区的有关信息，地形地貌情况、天气情况、禁飞情况等，根据任务要求和测区特点预先设计航拍分区、航线走向、飞行高度等，同时还要预选定每个航摄分区的起降点、分区之间的交通线路等准备工作。部分航线如图 2 所示。

（2）航线布设。将飞行区域导入 eMotion 专业飞控软件，有效控制航摄区域，保证实际飞行时摄区覆盖范围满足要求。按照航向 75%、旁向不少于 75%的重叠度进行设计。在飞行的过程中，操作员实时监控飞机的飞行姿态，保障航拍完全覆盖所要求的数据获取区域；在数码航摄系统中，数码影像完全覆盖测区。具体航摄技术参数见表 1。

表 1　　　　　　　　　　　　　　　航摄设计技术参数表

焦距（mm）	4.39
像元大小（u）	6.61
幅面大小（像素）	4608（3456）
相对航高（m）	324
绝对航高（m）	不同航线绝对航高不同
设计航向重叠度（%）	75
设计旁向重叠度（%）	75
航线间距（m）	115
曝光点间距（m）	85

2.3 无人机摄影测量数据处理

（1）数据预处理。原始资料包括影像数据、POS 数据、相机文件以及像控点数据。

确认原始数据的完整性，检查获取的影像中有没有质量不合格的相片。同时查看 POS 数据文件，主要检查航带变化处的相片号，防止 POS 数据中的相片号与影像数据相片号不对应，出现不对应情况应手动调整。

POS 数据格式如图 3 所示，从左往右依次是相片号、纬度、经度、大地高、航高、相片方向角 κ、航向倾角 φ、旁向倾角 ω。

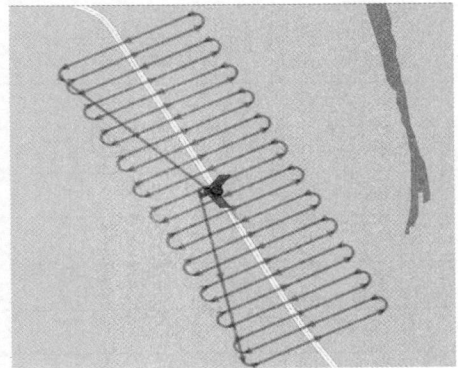

图 2　部分航线示意略图

IMG_3937.JPG	22.8404238892	113.8769617784	285.5260620117	281.8958435059	239.0266571045	1.7800263166	-5.1365289688
IMG_3938.JPG	22.8403301264	113.8764881000	286.0756835938	282.5121154785	257.8450012207	1.3354498148	-7.5505180359
IMG_3939.JPG	22.8401708482	113.8760077421	287.8092651367	284.0154113770	248.7764434814	7.4906964302	-3.1461889744
IMG_3940.JPG	22.8400602442	113.8755299339	282.9288330078	278.8288574219	254.4479827881	3.7800323963	-5.0871124268
IMG_3941.JPG	22.8399227567	113.8750556576	287.7843322754	283.5172729492	249.0233612061	3.3861067295	3.3272860050
IMG_3942.JPG	22.8397569495	113.8745797506	288.7208557129	284.9813537598	243.9300384521	12.0223960876	-4.9965491295
IMG_3943.JPG	22.8396066299	113.8740592722	290.9636535645	286.6023254395	244.2830657293	11.1741294861	-0.2635788023
IMG_3944.JPG	22.8394479944	113.8735735253	286.2958374023	282.4212341309	248.1480712891	4.4169359207	4.2978630066
IMG_3945.JPG	22.8393183469	113.8730768464	285.4909667969	281.8349914551	245.2958374023	2.4328925610	-10.2975254059
IMG_3946.JPG	22.8391753870	113.8725881558	281.8514099121	277.4376525879	251.5185699463	3.8631618023	-2.7166037560
IMG_3947.JPG	22.8390056732	113.8721038766	287.2518310547	282.6838684082	248.7271270752	5.6784205437	6.2892832756
IMG_3948.JPG	22.8389350832	113.8715959103	281.2244873047	277.3665466309	252.5602569580	2.6990442276	-9.1819639206
IMG_3949.JPG	22.8387562380	113.8711260887	282.1029968262	282.3552551270	243.5178375244	5.4398283958	4.9865932465
IMG_3950.JPG	22.8386111722	113.8706375246	282.6157226562	278.3022460938	253.5964813252	4.0122699738	0.2019656003
IMG_3951.JPG	22.8384657662	113.8701722362	288.1301269531	284.4383544922	244.7832641602	8.8165721893	1.2819597721

图 3　POS 数据格式

相机参数通过航拍照片自动检定，如图 4 所示。

CanonPowerShotELPH110HS_4.3_4608x3456 (RGB)(6). Sensor Dimensions: 6.172 [mm] x 4.629 [mm]

EXIF ID: CanonPowerShotELPH110HS_4.3_4608x3456

	Focal Length	Principal Point x	Principal Point y	R1	R2	R3	T1	T2
Initial Values	3263.368 [pixel] 4.371 [mm]	2324.386 [pixel] 3.113 [mm]	1793.153 [pixel] 2.402 [mm]	−0.049	0.056	−0.034	0.005	0.002
Optimized Values	3255.044 [pixel] 4.360 [mm]	2327.925 [pixel] 3.118 [mm]	1747.118 [pixel] 2.340 [mm]	−0.049	0.050	−0.028	0.001	0.001

图 4　相机检定参数

```
xk1,486272.102,2527138.882,55.5
xk2,486474.662,2526722.25,57.2
xk3,486950.594,2526495.09,36.25
xk4,486814.23,2525906.09,28.3
xk5,487874.254,2525797.28,56.3
xk6,492052.191,2524591.925,32
xk7,490085.261,2524655.354,39.78
xk8,490184.395,2524839.516,25
```

图 5　像控点文件

像控点数据文件如图 5 所示,从左往右依次是点名、东坐标、北坐标、高程。

(2)三维实景建模数据处理。采用 Bentley 公司的 Context Capture 软件进行三维实景建模数据处理。处理步骤如下:

1)将采集到的影像和飞行轨迹文件导入到 Emotion 飞控软件,利用该软件将照片和拍摄时位置和姿态关联。

2)将所有关联位置和姿态的照片导入到 Context Capture。同时导入像控点信息。

3)对所有像控点进行刺点,即把各相控点与其所在的照片的位置关联起来,在刺点的过程中保证选择那些像控点在照片中间部分的照片,每个像控点保证最少在三张照片上刺点。

4)提交空中三角处理,软件将自动进行空中三角测量,处理后各像控点的中误差见表 2。

表 2　　　　　　　　　　空中三角处理像控点中误差表

点名	平面中误差（m）	高程中误差（m）	点名	平面中误差（m）	高程中误差（m）
XK1A	0.007	0.002	XK15−1A	0.003	0.001
XK2A	0.004	−0.001	XK14A3	0.011	0.000
XK31A	0.003	−0.002	XK16A	0.001	−0.001
XK3A	0.003	0.000	XK17A	0.003	0.005
XK4A	0.002	0.000	XK18A	0.005	0.001
XK34A	0.002	0.001	XK21A	0.014	−0.006
XK5A	0.001	−0.001	XK34B	0.003	0.000
XK6A	0.005	0.003	XK35A	0.004	0.000
XK7A	0.007	−0.004	XK32A1	0.007	0.001
XK8A	0.001	−0.002	A1	0.002	−0.001
XK9A	0.000	−0.001	A2	0.001	−0.001
XK10A	0.004	0.002	A3	0.018	−0.001
XK11A3	0.006	−0.003	A4	0.018	0.002
XK12A	0.010	0.003	A5	0.003	−0.002
XK13A	0.006	−0.006	A6	0.005	0.002

由表 2 可知,各像控点中误差均控制在 0.05m 以内,精度可靠。

5)空中三角处理完成后即进行模型的建立和渲染。在处理前根据模型的大小、计算机内存大小来进行分瓦片,根据实际情况,将库区的模型每块瓦片设置为 400×400m 大,共 134 块,将进场公路区域的模型每块瓦片设置为 500×500m 大,共 82 块。模型的格式采用.3mx。

3 机载激光雷达与航空摄影测量

采用先进的机载激光雷达与航空摄影测量技术,特点是快速、高效、质优,打破传统的常规测量方法,可为电站三维设计的研发提供重要的基础数据。

3.1 技术路线及工作流程

(1)技术路线。开始前,准备测区的范围和控制点资料,向军事和航管相关部门申请航飞批文,按规程要求到相关接洽部门协调,地面控制测量组开始进场查找控制点、参考面数据采集和静态 GPS 联测等地面工作。

航飞得到许可后,安排飞机和 LiDAR 设备进场,安装调试最佳状态后,飞机起飞进行 LiDAR 数据采集,各项指标均应按照航飞设计指标进行,如果出现漏飞、数据质量差等问题,立即进行补飞,如果原航线满足补飞要求,可按原航线补飞,也可以按新航线补飞。

及时进行 LiDAR 数据和原始影像数据检查,确保无误后采用 POSPac 等软件进行 IMU 和 GPS 联合解算,将外业采集 LiDAR 数据、IMU 和 GPS 联合解算、控制联测七参数、参考面数据进行内业处理,最终得到 DEM、DSM、DOM、分类点云等成果数据,数字化部结合点云数据及 DOM 数据进行地形图制图。

(2)项目实施技术路线流程。项目实施技术路线流程如图 6 所示。

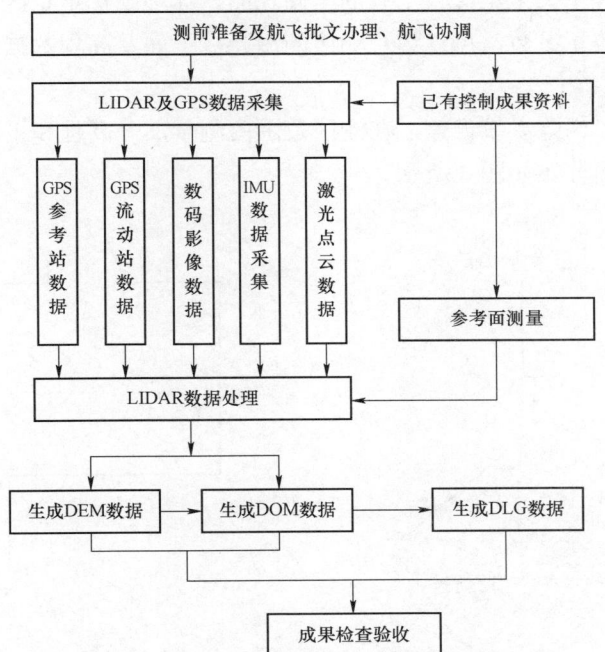

图 6 机载 LiDAR 摄影测量技术路线流程图

3.2 航飞执行情况

(1)地面基站布设(航飞地面基站位置图如图 7 所示)。

1)地面基站选取及布设。地面基站的选取满足以下设计要求:

a. 地面静态基站两点之间间隔不大于 20km,且使飞行时扫描站距最邻近基准站的距离不大于基准站间距的 2/3 倍。

b. 周围便于安置 GNSS 接收设备和操作,视野开阔,视场内障碍物的高度角不宜超过 15°。

c. 远离大功率无线电辐射源(如电视台、微波站等),其距离不小于 200m,远离高压输电线和微波无线电信号传送通道,其距离不小于 50m。

d. 附近没有强烈反射卫星信号的物件(如大型建筑物等)。

e. 地面基础稳定，易于点的保存。

由于测区面积相对较小，本项目数据采集过程中使用 G381、G383、G385、G253 共 4 个控制点作为航摄地面基站，分布基本均匀，地面基站 GNSS946 为拟合高程，其余四个均为水准高程。

2）地面 GNSS 基站观测。机载激光雷达扫测期间，地面 GNSS 基站观测严格按设计要求执行，保证了基站观测数据的准确性和精确性，执行情况如下：

a. 在 LiDAR 系统启动前开始采集数据，系统关闭后终止数据采集，准确记录开机时间和关机时间。

b. 观测人员按照 GPS 接收机操作手册的规定进行观测作业。

c. 天线安置在脚架上直接对中整平时，对中误差不得大于 1mm。

d. 观测时应防止人员或其他物体触动天线或遮挡信号。

e. 每时段观测在测前、测后分别量取天线高，2 次天线高之差不大于 3mm，并取平均值作为天线高。

f. 在现场应按规定作业顺序填写 GNSS 静态观测记录表，不得事后补记。

g. 点位 10m 以内不得使用对讲机。

h. 每日观测结束后，应将外业数据文件及时转存到存储介质上，不得做任何剔除或删改，必要时做双备份。

（2）参考面测量。

1）参考面选择。参考面测量是为了纠正激光点的平面和高程数据，平面主要采集公路斑马线或球场角等地面上的明显分界线，高程主要采集比较平整的坚硬地面、球场硬化平整区域等，通过面区域的平面和高程对比纠正，求出测区的改正参数，可以纠正测区的激光点平面及高程数据，从而保证测区的平面和高程精度。

为保证数据处理的精度，消除系统误差，在测区范围内测量部分高程和平面参考数据，本项目范围内共布测了 7 个参考面。参考面分布如图 8 所示。

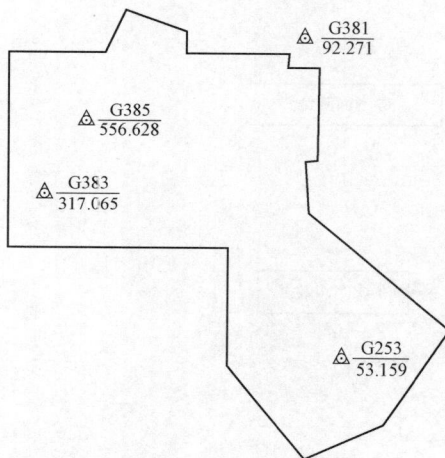

图 7　航飞地面基站位置图

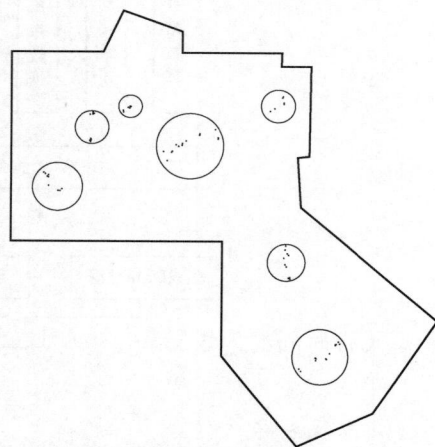

图 8　参考面分布略图

2）参考面测量。参考面坐标及高程测量采用 GNSS－RTK 方式测量，按照碎步测量方法进行。

平面位置每处参考面一般采集 5～20 个点。为保证精度，流动站与基准站的最大距离不超过 5km（网络 RTK 不受此限制）。平面测量范围是在航飞数据采集范围内，主要采集路边线、斑马线和球场拐角等。

高程点间距为 1～2m，每处参考面总点数不少于 20 个。

（3）机载 LiDAR 航飞。

1）航飞技术参数。根据技术要求，结合当地地理环境执行相应的航飞技术参数。基于工期计划，充分考虑地形要素，在满足技术要求的基础上采用 Harrier68 航摄仪进行航空摄影。实际飞行各架次参数配置与设计要求基本保持一致，详见表3。

表3　　　　　　　　　　　　　　　机载 LiDAR 航飞参数表

设备型号	Harrier68
激光扫描角（°）	60
激光脉冲频率（kHz）	300
相机航向扫描角（°）	43.99
相机旁向扫描角（°）	56.653
相对航高 H（m）	700
飞机地速（m/s）	42
影像地面分辨率（m）	0.084
影像数量（张）	478
LiDAR 数据点密度（点/m²）	5.89
像片一般航向重叠度（%）	60
像片一般旁向重叠度（%）	30
激光扫描重叠度（%）	35
航线间隔（m）	528
航线数（条）	20
航线总长度（km）	104
预计作业时间（h）	4.5
时速（km/h）	150

2）航线布置。基于飞行安全，几经选择，飞行起降场地最终选择在桐城临时起降点。

对测区进行扫测的航线与设计保持一致，共飞行了 21 条航线，航线长度约 104km。经检查，航线完全覆盖测区，满足成图要求。航线覆盖如图9所示。

3）数据采集。

a. 数据采集时间。机载 LiDAR 数据采集在一天内完成，在测区空域允许及气象条件允许的情况下进行数据采集，从起飞到最后飞机降落，作业时间是：2017 年 5 月 27 日～2017 年 5 月 28 日。总飞行时间约为 5.25h。

b. 飞行控制。数据采集过程严格执行了技术设计的要求，确保了采集的点云数据质量。设计对飞行的控制要求如下：

a）在一条航线内航高变化不应超过相对航高的 5%～10%；实际航高变化不应超过设计航高的 5%～10%；

b）航线弯曲度不大于 3%；

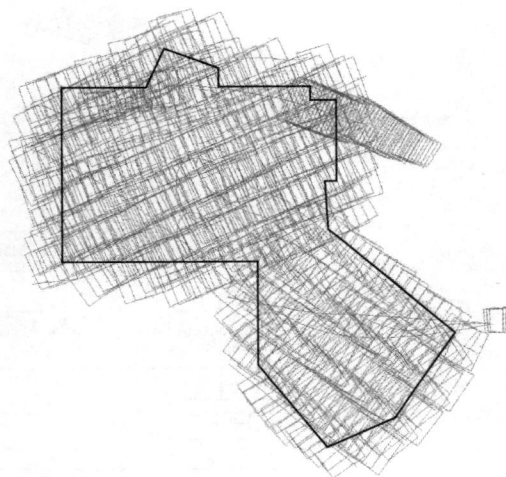

图 9　航线覆盖图

c）飞机起飞前和飞机降落后，都应对系统进行至少 15min 的静态观测，以便 IMU 及 GNSS 数据记录完整；对于可自动寻北的 IMU/GPS，可在静态观测后直接进入测区；对需要激活的 IMU/GPS，在进入测区前 5～10min 需飞行一个 "8" 字型航线完成寻北；作业完成后 5～10min 内再飞行一个 "8" 字型航线；

d）确保飞机的平稳运行，要求飞机提前 3km 摆正位置到设计航线方向，在飞出航线至少 500m 后才可以进行掉头；

e）为避免 IMU 的误差累积，飞行中转弯宜采用左右交替方式，禁止绕圈飞行，且每次直线飞行时间不宜大于 30min；

f）机载 GNSS 接收机的数据采样间隔不大于 1s；

g）飞行时出现 GNSS 信号短暂失锁时，应在信号正常 10min 后进入航线；若长时间信号失锁或卫星数少于 5 颗时，本架次航摄飞行应立即中止，并查明原因。

4）数据预处理。对于获取的数据，需要进行的航摄数据后处理，主要有以下几个部分：存档备份、影像处理、图件制作和资料整理等。

3.3 LiDAR 数据处理

（1）数据处理技术流程。LiDAR 数据处理步骤主要包括：导航文件制作、控制文件制作、三维激光点云坐标计算（预处理＋航带校正）、数字高程模型（DEM）制作、点云分类、正射影像（DOM）制作。LiDAR 数据处理技术流程如图 10 所示。

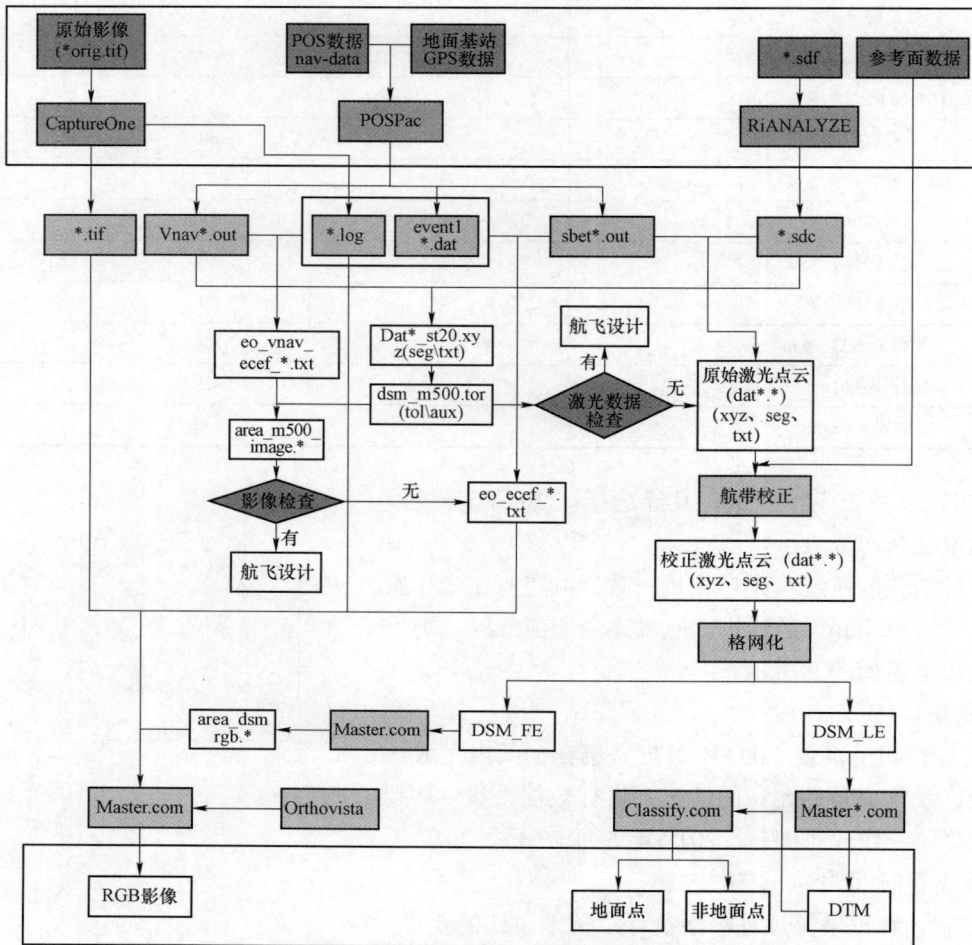

图 10 LiDAR 数据处理技术流程图

（2）激光点云分类。

1）分离地面点和非地面点。

利用 TerraSolid 软件滤波（分离地面点和非地面点）：该软件基于不规则三角网原理，通过设定参数阈值进行滤波。其主要的参数设置项为：Max building size、Terrian angle、Iteration angle 等，阈值大小设置取决于测区的地形以及植被的高低、密度等。

2）非地面点细分。将分离出来的非地面点进行细分：根据点的高度、分布的形状、密度、坡度等特征，对非地面点云进行分类。对于形状规则、空间特征明显的地物，可通过参数设置，利用软件自动提取，如建筑物、电力塔等。同时，采用人机交互方式辅助分类。也可利用基于反射强度、回波次数、地物形状等的算法或算法组合，对点云数据进行自动分类。

（3）DSM、DEM、DOM 制作。

1）DSM、DEM 制作。DSM 是用含有首次回波信息的激光数据拟合生成的地表模型，DSM 模型对地表的房屋和树木有很好的表现。DEM 是用激光数据的末次回波生成的，是在用末次回波制作的 DSM 的基础上过滤掉地表高于地面的物体（如树木、房屋等）后生成的起伏的地面模型。

2）DOM 制作。

a. 正射影像校正：将外业采集回来后的影像，用生成的 DEM 对影像进行微分纠正，生成经过校正的单幅正射影像。

b. 匀色：将单幅的正射影像导入到 inpho 软件中，用 inpho 软件对正射影像进行匀色，使影像的整体颜色匀称、协调。

c. 制作编辑镶嵌线：利用 inpho 软件对多幅影像进行镶嵌线生成并对其进行修改编辑，制作适当的影像镶嵌线。

d. 影像分幅制作：根据镶嵌线和匀色后的影像进行分幅处理，最终获取正射影像 DOM。

4 结束语

倾斜摄影、机载激光雷达测量技术在抽水蓄能电站原始地形中的应用，为电站建设单位提供了快速、高效、准确获取电站原始地形三维资料的方法，为后期电站三维设计提供了基础资料。该项技术也可为在建和已建抽水蓄能电站取得高精度实景三维模型，具备推广价值。

参考文献

［1］ 陈富强. 机载 LiDAR 技术的优势及应用前景研究［J］. 北京测绘，2013，2：12－14.

［2］ 肖雁峰. 机载激光雷达技术（LiDAR）在航测中的应用［J］. 铁道勘测与设计，2010，4：19－22.

［3］ 杨国东，王民水. 倾斜摄影测量技术应用及展望［J］. 测绘与空间地理信息，2016，1：13－15.

十三陵抽水蓄能电站上水库工程抗震安全性分析与评价

翟　洁　张　毅　尚　鑫

（国网新源控股有限公司北京十三陵蓄能电厂，北京市　102200）

【摘　要】 鉴于《中国地震动参数区划图》（GB 18306—2015）对十三陵上水库工程区 50 年超越概率 10%的地震动峰值加速度由 0.15g 调整为 0.20g，相应地震基本烈度由Ⅶ度升至Ⅷ度。本文按照现行抗震规范，在借鉴类似工程的坝料参数取值，结合筑坝材料的工程特性，并充分考虑大坝实际沉降情况下确定筑坝材料动力模型计算参数。采用拟静力法和非线性动力有限元法对上水库混凝土面板堆石坝进行了抗震复核，并采用三维有限元方法对上水库引水事故闸门启闭机室进行静力和动力计算分析。研究结果表明，上水库主坝、副坝、引水事故闸门启闭机室抗震安全性能良好，满足规范要求。

【关键词】 面板堆石坝　引水事故闸门启闭机室　非线性动力有限元　三维有限元法　抗震复核　稳定

1　引言

十三陵抽水蓄能电站是我国北方地区建成的第一座大型抽水蓄能电站，电站上水库工程等级为一等大（1）型，引水建筑物为 1 级建筑物，主要建筑物地震基本烈度为Ⅶ度。鉴于《中国地震动参数区划图》（GB 18306—2015）对十三陵上水库工程区 50 年超越概率 10%的地震动峰值加速度由 0.15g 调整为 0.20g，相应地震基本烈度由Ⅶ度升至Ⅷ度，需按照现行抗震规范规定对上水库混凝土面板堆石坝、引水事故闸门启闭机室进行抗震复核，从而为十三陵抽水蓄能电站上水库工程安全评价提供科学依据和技术支撑。

2　工程概况

十三陵抽水蓄能电站上水库工程位于上寺沟沟头，采用挖填结合方式兴建。根据地形条件，上水库修建主、副坝各一座，均为面板堆石坝。主坝位于库区东南侧沟口，坝基倾向下游，清基后纵坡在 1:4 左右，坝轴线处最大坝高 75m，填筑最大高差 118m，坝顶长度 550m，上游坡比为 1:1.5，下游坡比为 1:1.75～1:1.70。坝趾处地形狭窄，呈瓶口状，基岩完整，下游坝脚大部分支撑在两侧山梁上，对坝体向下游位移具有一定的约束作用，对坝体整体稳定有利。副坝位于池区西侧垭口处，坝高 12.82m，坝顶长度 187m，上游坡比为 1:1.5，下游坡比为 1:1.3。主、副坝坝体全部采用池盆开挖出的不同风化安山岩料进行分区填筑。上水库面板堆石坝（主坝、副坝）剖面图如图 1、图 2 所示。引水事故闸门井距上水库进/出水口约 100m，距引水调压井约 250m，由渐变段、井座、井身、启闭机排架和高程 572.0m 平台组成。上水库引水事故闸门启闭机室由四根排架柱架起，排架柱架设在井身顶部与井壁一体的牛腿上。高程 572.0m 平台由混凝土挡土墙和回填土石构成，平台面铺设 20cm 厚混凝土。

3　主坝、副坝抗震安全分析

3.1　坝料的静、动力本构模型

（1）静力计算模型。

1）堆石料。本次静力计算坝体堆石料采用邓肯－张 E－B 模型。

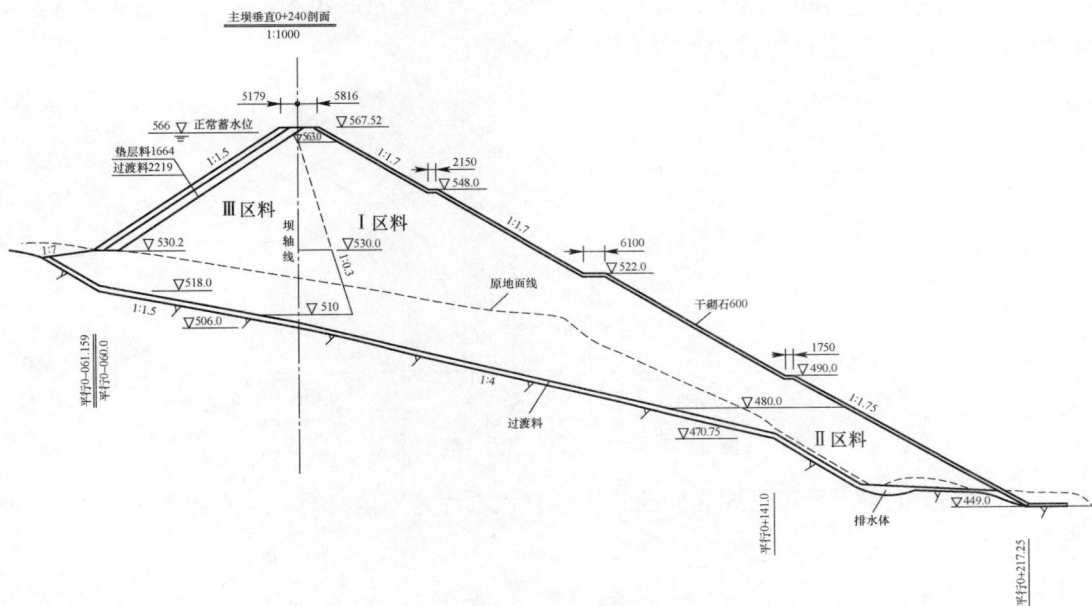

图1　主坝典型剖面图（0+240.00）

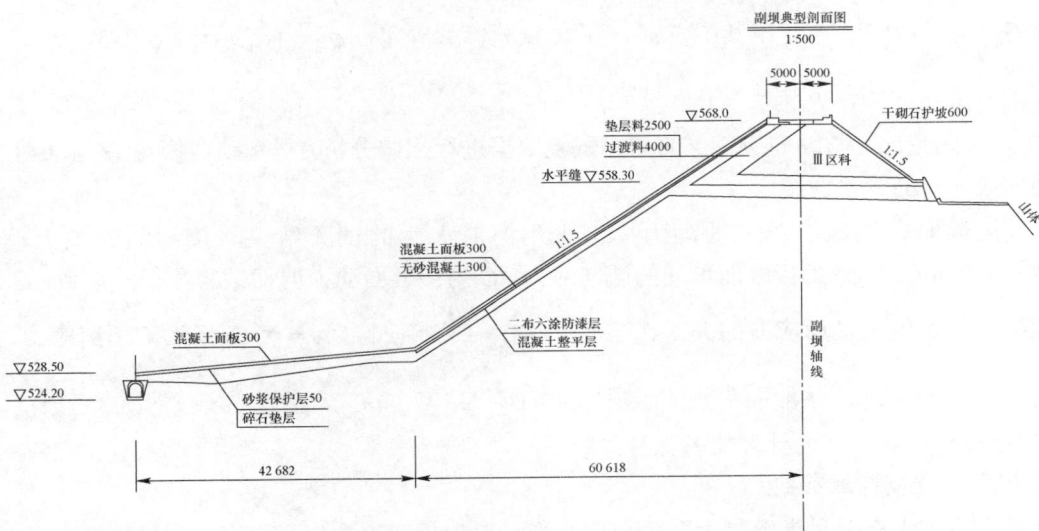

图2　副坝典型剖面图

切线弹性模量为 $E_t = \left[1 - R_f \dfrac{\sigma_1 - \sigma_3}{(\sigma_1 - \sigma_3)_f}\right]^2 \cdot k \cdot P_a \left(\dfrac{\sigma_3}{P_a}\right)^n$，其中：$(\sigma_1 - \sigma_3)_f = \dfrac{2 \cdot C \cdot \cos\varphi + 2 \cdot \sigma_3 \cdot \sin\varphi}{1 - \sin\varphi}$，

当堆石处于卸荷时，E_t 改用回弹模量表示：$E_{ur} = k_{ur} \cdot P_a \left(\dfrac{\sigma_3}{P_a}\right)^n$；切线体积模量为 $B_t = k_b \cdot P_a \left(\dfrac{\sigma_3}{P_a}\right)^m$。以上

各式中，P_a 为大气压力；R_f 为破坏比；φ 为内摩擦角；C 为凝聚力；k 为模量系数；n 为模量指数；k_b 为体积模量系数；m 为体积模量指数；k_{ur} 为回弹模量指数。

2）混凝土面板。面板堆石坝中混凝土单元一般处于三向受力状态，随受力不同所表现的变形性能不同，且混凝土面板变形较大，属大变形非线性，为计算方便，采用分段线性模型。面板混凝土拉伸及压缩的应力–应变关系曲线如图3所示。

3）静力接触面。在混凝土面板和堆石料之间设置无厚度古德曼（Goodman）接触面，两个切线方向刚度分别为：$K_{yx} = K_1 \gamma_w \left(\dfrac{\sigma_y}{P_a}\right)^{n'} \left(1 - \dfrac{R_f' \tau_{yx}}{\sigma_y \tan\delta}\right)^2$，$K_{yz} = K_1 \gamma_w \left(\dfrac{\sigma_y}{P_a}\right)^{n'} \left(1 - \dfrac{R_f' \tau_{yz}}{\sigma_y \tan\delta}\right)^2$，法向刚度 K_{yy}：当接触面受压时取较大

值 106t/m³，反之取较小值 10t/m³。其中，K_1 为无因次量，由直剪试验求得；γ_w 为水容重；δ 为两接触面材料间的摩擦角；n'、R_f' 为由直剪试验求得的指数与破坏比。

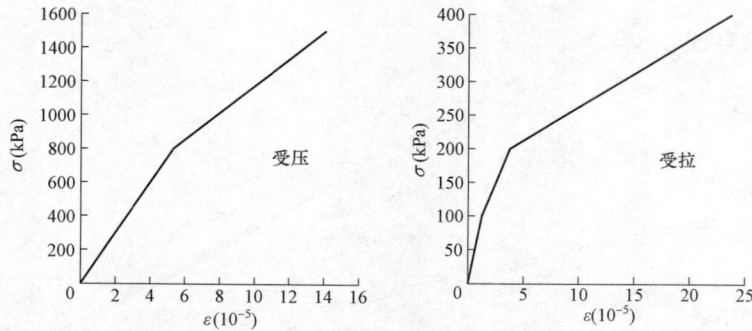

图 3　混凝土面板的应力-应变关系

4）缝间连接材料。混凝土面板与库底间的连接缝有止水片等连接材料，为模拟缝中止水连接材料的力学作用，设置连接单元。

（2）动力计算模型。

1）堆石料。考虑到堆石料的非线性特性，本次动力计算采用等效黏弹性模型进行分析。筑坝材料最大动剪切模量 $G_{max} = k' \cdot P_a \cdot \left(\dfrac{\sigma_m'}{P_a} \right)^{n'}$，其中，$k'$、$n'$ 由试验参数确定，$\sigma_m' = (\sigma_1' + \sigma_2' + \sigma_3')/3$，$\sigma_1'$、$\sigma_2'$、$\sigma_3'$ 为作用于试样的有效主应力，P_a 为大气压。

将 G/G_{max} 和阻尼比 λ 与动剪应变 γ 的动力试验数据进行回归分析，得到动剪模量 G 与动剪应变 γ、阻尼比 λ 与动剪应变 γ 的关系曲线。

2）动力接触面。接触面单元的动力模型采用河海大学的试验结果。接触面的最大动剪模量为 $K_{max} = C\sigma_n^{0.7}$（kPa/mm），$\sigma_n$ 为接触面单元的法向应力，C 为接触面动力剪切试验测得的系数，C 采用 22.0。接触面单元的剪切劲度与动剪应变的关系 $K = K_{max} / \left(1 + \dfrac{MK_{max}}{\tau_f} \gamma \right)$，$\tau_f = \sigma_n \tan\delta$ 为破坏剪应力，δ 为接触面的摩擦角，参数 $M = 2.0$。接触面单元的阻尼比 $\lambda = (1 - K / K_{max})\lambda_{max}$，$\lambda_{max}$ 为最大阻尼比，计算中取 0.2。

3）缝间连接材料。与静力计算模型保持一致。

3.2　有限元模型建立及计算参数

（1）计算网格。为充分考虑混凝土面板与坝体堆石料的静、动力相互作用，准确模拟和分析坝体和面板相互间的静、动力变形情况，对主坝、副坝典型横剖面划分二维有限元计算网格，面板和连接缝等都按照实际情况进行描绘，计算单元为四节点矩形单元和部分三角形单元，如图4、图5所示。

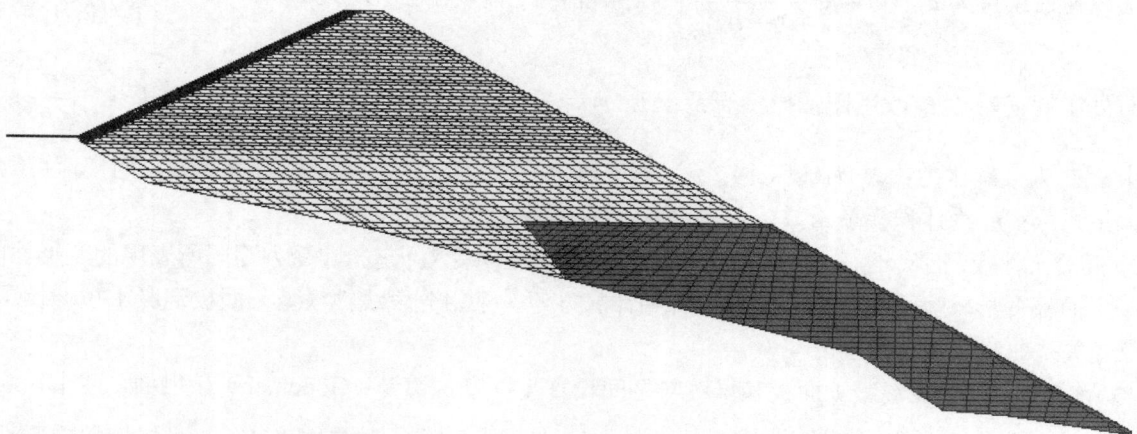

图 4　主坝典型剖面有限元计算网格（0+240.0）

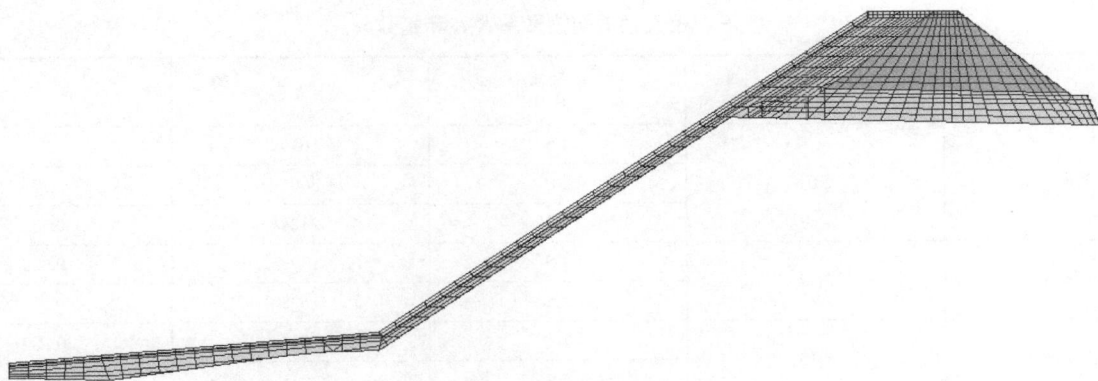

图 5　副坝典型剖面

（2）静力计算参数。采用原设计时筑坝料试验参数作为初始静力参数，首先进行坝体静力计算，然后根据当前实测坝体内部变形数据进行反馈分析，最后在初始静力参数基础上对计算所采用的参数进行优化调整，得出筑坝岩土材料物理特性和变形计算参数，见表 1。

计算中混凝土面板采用线弹性模型，C25 混凝土的杨氏弹性模量分别取 25GPa，泊松比均取 0.167。

表 1　　　　　　　　　　　　　　各坝区料的初始有限元计算参数

分区	φ_0（°）	$\Delta\varphi$（°）	R_f	K	n	F	G	d
Ⅰ区堆石	38.5	0	0.83	400	0.41	0.386	0.18	2.6
Ⅱ区堆石	45.6	6.8	0.83	600	0.41	0.386	0.18	2.6
Ⅲ区堆石	45.6	6.8	0.83	600	0.41	0.386	0.18	2.6
垫层、过渡料	52.0	7.0	0.83	800	0.41	0.386	0.18	2.6

（3）动力计算参数。

1）地震动参数。鉴于《中国地震动参数区划图》（GB 18306—2015）对十三陵上水库工程区 50 年超越概率 10%的地震动峰值加速度由 0.15g 调整为 0.20g，原设计场地基本烈度由Ⅶ度提高为Ⅷ度，根据《水电工程水工建筑物抗震设计规范》（NB 35047—2015），确定本工程水工建筑物 9 度设计地震动峰值加速度为 0.4g。地震加速度时程线如图 6 所示。

2）最大动剪切模量和永久变形计算参数。最大动剪切模量见表 2，筑坝材料残余体应变和轴向应变系数和指数见表 3。

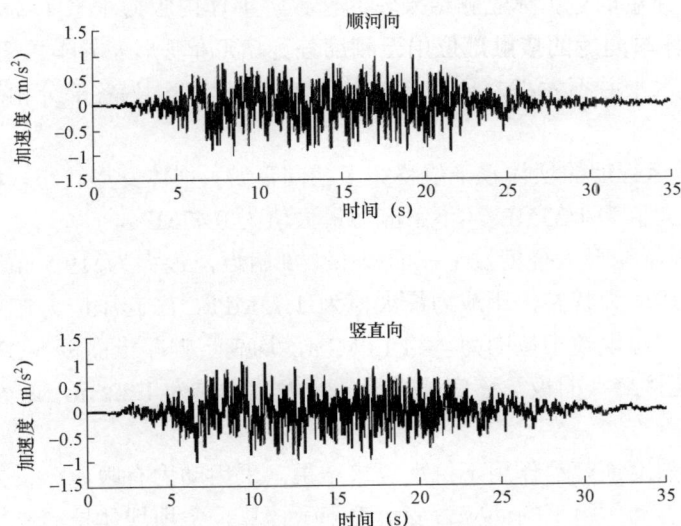

图 6　基岩地震动时程曲线

表 2　　　　　　　　　　　　　　　　　土石料最大动剪切模量系数 K 和指数 n

坝料	干密度（g/cm³）	固结比 K_c	K	n
堆石料 I	2.07	1.5	1649	0.347
		2.0	2001	0.335
		2.5	2324	0.332
堆石料 II	2.12	1.5	1392	0.329
		2.5	1698	0.333
过渡料	2.15	1.5	2141	0.302
		2.5	2825	0.299
垫层料	2.15	1.5	2399	0.301
		2.5	2811	0.310

表 3　　　　　　　　　　　　　　　　筑坝材料残余体应变和轴向应变系数和指数

土料	干密度（g/cm³）	固结比 K_c	σ_3'（kPa）	$N=30$ 次			
				K_v	n_v	K_p	n_p
堆石料 I	2.07	1.5	500	5.995	2.200	1.256	1.231
			1500	6.629	1.705	5.094	1.527
		2.5	500	3.501	1.705	9.138	2.134
			1500	4.699	1.499	9.619	1.628
堆石料 II	2.12	1.5	500	9.247	2.096	3.750	1.679
			1500	16.769	1.851	16.672	1.859
		2.5	500	3.473	1.219	7.487	1.526
			1500	4.311	1.099	13.518	1.576
过渡料和垫层料	2.15	2.0	500	3.431	1.879	4.464	2.052
			1500	9.606	1.911	5.199	1.307

3.3　静、动力计算分析结果

（1）静力计算结果。本文采用非线性有限元分析模型，对主坝、副坝坝体在正常运行期的应力变形进行了研究，分析结果如下：

1）主坝、副坝坝体应力变形分布符合常规面板堆石坝的应力变形规律，坝体竖向变形较大，最大沉降占坝高达 0.91%，幅值和分布均与实际监测结果较为一致，坝体内应力水平不高，在 0.5 左右，不具备整体剪切破坏应力条件。坝体与面板的接触部位由于刚度差异、沉降变形差异不可避免地存在一定相互作用，但这些区域土体剪切应力水平并不太高，且相互作用范围较小，可认为各部分相互作用对坝体安全没有太大影响。

2）主坝、副坝中正常运行期的坝体水平位移大多朝向下游。坝体变形较小，坝体具备较好的抵抗变形能力。坝体内大主应力最大值为 1.23MPa，小主应力最大值为 0.47MPa。

3）主坝、副坝中面板结构最大挠度发生在面板中上部附近，最大为 19.5cm。在库水作用下，面板呈在顺坡向和法向上双向受压应力状态，压应力最大值为 1.73MPa，法向压应力在靠近面板底部附近达到最大，面板与库底连接端局部出现较小拉应力，约 1.0MPa，均满足混凝土面板（C25）抗拉压要求。

4）正常运行期下，连接缝（面板与库底连接缝）最大沉降差为 1.22cm，最大拉伸 1.86cm，均在安全控制范围内。

（2）基本烈度、设计烈度地震动作用下抗震复核结果。采用动力有限元分析方法，对上水库主坝坝体在基本烈度和设计烈度地震动作用下的动应力变形进行了计算，主坝坝体抗震复核结果见表 4，设计烈度抗震复核结果见表 5。

表 4 　　　　　　　　　基本烈度和 9 度设计地震动作用下主坝坝体地震反应分析结果

主坝		基本烈度	9 度设计地震
最大加速度反应（m/s²）	顺河向	5.49/2.8	8.56/2.1
	竖向	3.66/2.8	6.62/2.5
最大动位移（cm）	顺河向	3.39	6.44
	竖向	1.59	3.07
面板最大动应力（MPa）	最大动压应力	2.67	4.69
	最大动拉应力	2.37	4.39
震后面板应力（MPa）	最大压应力	7.92	19.4
	最大拉应力	1.24	1.85
震后面板挠度（cm）		13.9	39.6
震后连接缝（cm）	拉伸变形	1.8	2.2
	沉陷变形	2.9	3.8
最大地震残余变形（cm）	顺河向 向下游	5.7	16.5
	顺河向 向上游	2.76	21.8
	竖向（沉降）	13.4	43.2
坝坡抗震稳定最小安全系数 下游坡	动力时程线法	0.96	0.74
		安全系数小于 1.0 持时 0.02s	安全系数小于 1.0 持时 0.89s
滑动位移（cm） 下游坡	Newmark 滑块位移法	1.0	22.3

表 5 　　　　　　　　　9 度设计地震动作用下主坝和副坝坝体地震反应分析与评价主要成果

9 度设计地震动		主坝	副坝
最大加速度反应（m/s²）	顺河向	8.56/2.1	8.64/2.2
	竖向	6.62/2.5	5.75/2.2
最大动位移（cm）	顺河向	6.44	0.74
	竖向	3.07	0.18
面板最大动应力（MPa）	最大动压应力	4.69	0.82
	最大动拉应力	4.39	0.89
震后面板应力（MPa）	最大压应力	19.4	3.54
	最大拉应力	1.85	0.29
震后面板挠度（cm）		39.6	12.3
震后连接缝（cm）	拉伸变形	2.2	0.85
	沉陷变形	3.8	1.1
最大地震残余变形（cm）	顺河向 向下游	16.5	4.35
	顺河向 向上游	21.8	5.12
	竖向（沉降）	43.2	13.0
坝坡抗震稳定最小安全系数 下游坡	动力时程线法	0.74	0.72
		安全系数小于 1.0 持时 0.89s	安全系数小于 1.0 持时 0.15s
滑动位移（cm） 下游坡	Newmark 滑块位移法	22.3	2.5

1）坝体地震动力反应加速度。上水库主坝坝体顺河向加速度反应较为强烈，顺河向加速度反应在坝顶达到最大。基本烈度和设计烈度时坝体顺河向最大响应加速度分别为 5.49m/s² 和 8.56m/s²，放大系数分别为 2.8 倍和 2.1 倍，加速度反应均沿坝体高程先有所降低再逐渐增大，在坝顶达到最大。坝体竖向最大加速度分别为 3.66m/s² 和 6.62m/s²，放大系数约为 2.8 倍和 2.5 倍，均位于坝顶附近。

2）面板动应力。基本烈度和设计烈度时主坝面板顺坡向最大动压应力分别为 2.67MPa、4.69MPa，最大动拉应力分别为 2.37MPa、4.39MPa，位于面板中部，叠加地震变形后，面板顺坡向最大压应力分别为 7.92MPa、19.4MPa，位于面板 2/3 高位置，最大拉应力分别达 1.24MPa、1.85MPa，出现在面板底部，均满足面板 C25 混凝土抗拉压要求，面板具备良好的抗震安全性。

3）震后连接缝变位。在基本烈度和设计烈度情况下震后连接缝最大沉陷量分别为 29mm、38mm，拉伸量分别为 18mm、22mm，各实体连接缝变形量均在工程可接受范围内。

4）坝体地震永久变形。在基本烈度、设计烈度地震动作用下竖向残余变形在坝顶达到最大，最大沉降量分别约 0.13m、0.43m，地震变形对坝体稳定性影响较小，震后坝体向下塌陷，两侧向内收缩，符合一般规律，最大震陷分别约占坝高的 0.12%、0.4%。震后变形分布规律符合面板坝一般规律。顺河向坝体残余变形较小。

5）坝体抗震安全系数。坝体中单元抗震安全系数大部分大于 1，但靠近坝体底部基岩的区域出现一些抗震安全系数小于 1 的单元，发生局部动力剪切破坏，但区域较小且未大面积联通，不影响坝体的整体抗震稳定性。

6）坝坡动力稳定分析。在基本烈度地震动作用下，地震过程中主坝坝坡按动力时程线法算得主坝下游坝坡抗震稳定安全系数最小值为 0.96，安全系数小于 1.0 持时为 0.02s（小于 1s），滑动位移为 1.0cm；在 9 度设计地震动作用下，地震过程中下游坝坡抗震稳定安全系数最小值为 0.74，安全系数小于 1.0 持时为 0.89s（小于 1s），滑动位移为 22.3cm，坝坡均未发生不可承受的深层塑性滑移破坏。坝坡具备良好的抗震稳定性。

（3）坝坡稳定拟静力计算结果。采用拟静力法计算的主坝、副坝正常运行期遭遇基本烈度 8 度和设计烈度 9 度地震，下游坝坡最小安全系数分别为 1.35 和 1.21，滑弧位置靠近下游坝坡表层；上游坝坡最小安全系数分别为 1.43 和 1.67，滑弧位置位于保护层。最小安全系数和滑弧均满足规范要求，坝坡具有较高的抗震稳定性。

4 引水事故闸门启闭机室抗震安全分析

4.1 计算模型

（1）有限元计算模型。对基岩、闸门井和启闭机室等均采用高质量六面体单元离散，闸门井水体、启闭设备和闸门重量对结构的影响及屋顶结构采用附加质量单元处理。所得有限元模型共计包括 270 703 个六面体单元、8296 个附加质量单元和 317 827 个节点，其中启闭机房包括 82 614 个六面体单元、5777 个附加质量单元和 119 287 个节点。所有梁柱的结合及楼板与梁柱的结合均按刚接考虑，地梁和地基的结合按接触考虑。有限元模型的坐标原点位于 572.0m 高程闸门中心。坐标轴 x 轴正向为顺水流方向，y 轴正向为启闭机室右侧指向左侧，z 轴正向为竖直向上，引水事故闸门启闭机室抗震分析有限元模型如图 7 所示。

（2）计算参数。根据《水电工程水工建筑物抗震设计规范》（NB 35047—2015），十三陵引水事故闸门启闭机室的抗震设防类别为乙类。鉴于《中国地震动参数区划图》（GB 18306—2015）对十三陵上水库工程区 50 年超越概率 10%的地震动峰值加速度由 0.15g 调整为 0.20g，相应地震基本烈度由Ⅶ度升至Ⅷ度，相应特征周期为 0.4s。闸门井和启闭机室所处场地为 I0 类场地，其设计水平向地震动峰值加速度代表值 a_h 调整为 0.152g，相应的反应谱特征周期为 0.25s。作为参考，本文也取Ⅱ类场地基本地震动峰值加速度分区的峰值加速度范围上限 0.28g，对启闭机室进行了补充抗震复核（简称参考地震）。进行参考地震抗震复核计算时水平向地震动峰值加速度按 0.212 8g 取值，反应谱特征周期 T_g 采用较设计水平向地震动峰值加速度代表值 a_h＝0.152g 对应的反应谱特征周期 0.25s 提高 0.05s，也即 0.3s。

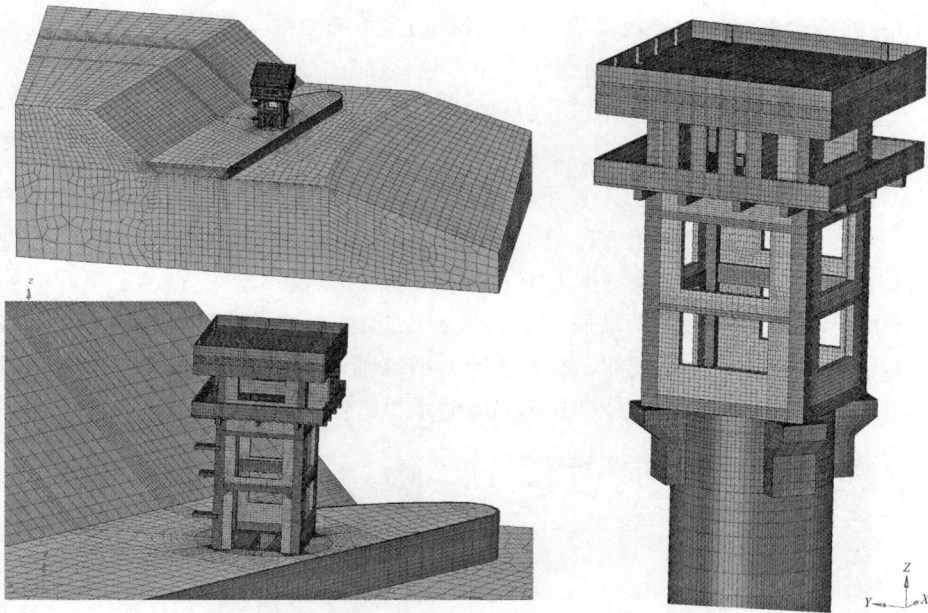

图 7　引水事故闸门启闭机室抗震分析有限元模型

本文采用振型分解反应谱法计算地震作用效应，反应谱采用标准设计反应谱，对于启闭机室，其标准设计反应谱最大值的代表值 β_{max} 参照《水电工程水工建筑物抗震设计规范》（NB 35047—2015）中对进水塔的规定，按 $\beta_{max}=2.25$ 取值。综上所述，十三陵上水库引水事故闸门启闭机室抗震复核地震参数见表 6。

表 6　　　　　　　　上水库引水事故闸门启闭机室抗震复核地震参数

工况	设计烈度	场地类型	水平向地震动峰值加速度	反应谱特征周期（s）
基本抗震复核（设计地震）	Ⅷ	I0	0.152g	0.25
补充抗震复核（参考地震）	Ⅷ	I0	0.211 8g	0.3

静力计算所需材料参数包括基础岩体、闸门井和启闭机房排架结构混凝土以及启闭机室普通砖和加气混凝土砖砌体的密度、弹性模量和泊松比，具体取值见表 7。静力计算中不考虑岩体自重，动力分析中不考虑岩体质量，动弹性模量按表 7 中所示数据提高 50%考虑。

表 7　　　　　　　　　　闸门井和启闭机室材料参数

材料名称	部位	密度（kg/m³）	弹性模量（GPa）	泊松比（－）
R28200 混凝土	闸门井、挡土墙	2500	25.5	0.167
R28250 混凝土	启闭机室排架	2500	28.0	0.167
Ⅲb 类安山岩	基岩	2600	6.0	0.35
砖墙	584.0m 高程以下护墙	2200	3.0	0.16
加气混凝土墙	584.0m 高程以上护墙	700	2.0	0.2
回填土石	568～572m 高程回填	2000	0.1	0.3

4.2　静、动力计算分析

（1）正常蓄水位下静力计算分析。静力计算结果表明，在静力荷载作用下，拉应力较大部位（超过 C25 混凝土 1 级建筑物限裂应力 1.38MPa）发生在预制梁端部、梁 L11 及 L10 的端部、地梁底部与立柱的结合部位、牛腿与闸门井的结合部、屋顶楼板支撑梁 L−3b 和 L−4 的中部。最大拉应力发生在屋顶楼板支撑梁 L−3b 的中部，其值为 1.74MPa。在静力荷载作用下，这些部位的混凝土具有开裂的风险，考虑到启闭机室为限裂设计，上述各构件的实际配筋可满足限裂要求。

（2）设计地震作用下动力计算分析。与仅考虑静力荷载作用的结果相比，在考虑设计地震的作用后，启闭机室排架中、下部，也即自圈梁 QL1 以下（包括圈梁 QL1）各梁和柱中的最大拉应力显著增加，尤其是梁 L10、L10′、L11、L11′ 和预制梁 YL−1 两端的顶部和底部。在梁 L11、L11′ 和预制梁 YL−1 上游端的底部、梁 L11 下游端的顶部和上游侧梁 L10 两端的顶部，以及预制梁 YL−1 下游端的顶部，第 1 主应力大范围超过 3.0MPa，在预制梁上游端底部最大达到 5.7MPa，在设计地震作用下，这些部位将会被拉裂。在圈梁 QL1 的东西两侧的上游端底部，第 1 主应力小范围达到 2.0MPa 以上，局部达到 2.5MPa 以上，有一定开裂风险。上述各部位第 1 主应力的方向都近似水平，与梁的水平纵轴线平行，如图 8 所示。

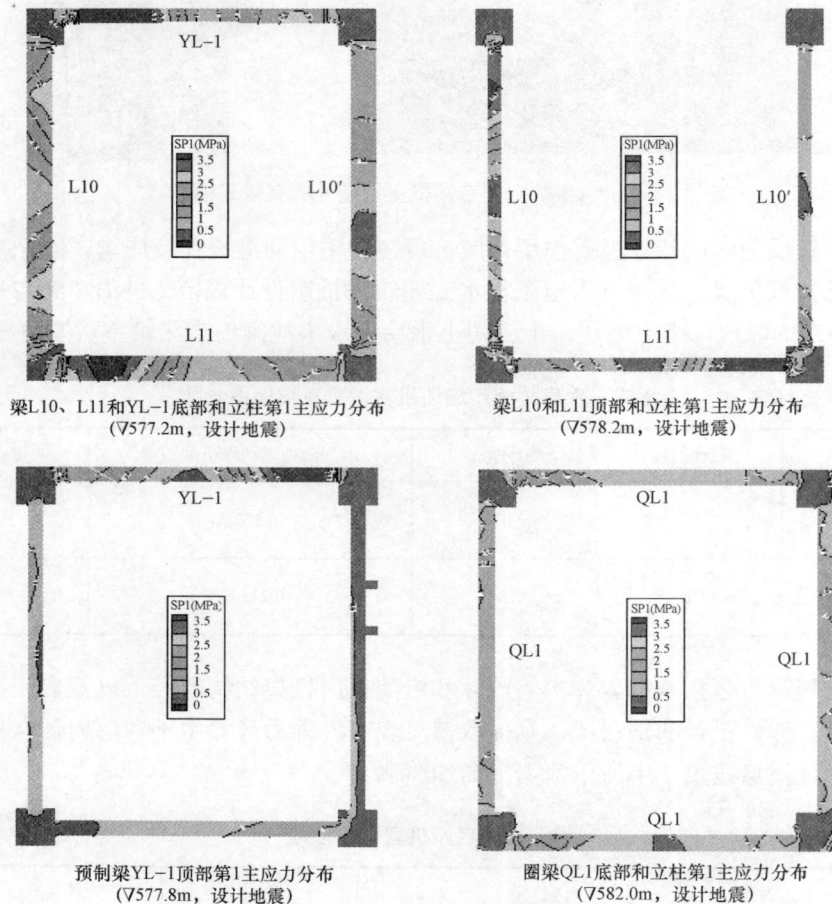

梁L10、L11和YL−1底部和立柱第1主应力分布（▽577.2m，设计地震）

梁L10和L11顶部和立柱第1主应力分布（▽578.2m，设计地震）

预制梁YL−1顶部第1主应力分布（▽577.8m，设计地震）

圈梁QL1底部和立柱第1主应力分布（▽582.0m，设计地震）

图 8　设计地震下典型部位第 1 主应力分布

在设计地震的作用后，启闭机排架上部（圈梁 QL1 顶部以上，尤其是 584.0m 高程楼面以上）各梁柱和楼板中的拉应力增加不明显，拉应力较大的部位依然位于屋顶楼板支撑梁 L−3b 和 L−4 底面的中部。

（3）参考地震作用下动力计算分析。与考虑设计地震作用后的结果相比，在考虑参考地震的作用后，启闭机排架中、下部，也即自圈梁 QL1 以下（包括圈梁 QL1）各梁和柱中的最大拉应力大幅增加，除上节提及的各部位外，上游侧立柱 Z2 底部、上游侧梁 L10 和 L10′ 东西两端的底部、预制梁 YL−1 下游端的底部、梁 L11 和 L11′ 下游端的底部、梁 L11 上游端的顶部、下游侧梁 L10 西侧顶部，第 1 主应力也大范围超过 3.0MPa，在预制梁上游端底部最大达到 8.3MPa。

在考虑参考地震作用后，与考虑设计地震作用的结果相比，梁 L10、L10′、L11、L11′、预制梁 YL−1 几乎全断面受拉，其顶部和底部的拉应力显著增加，且拉应力要远大于梁截面中心附近的拉应力。圈梁 QL1

底部的应力也显著增加，在圈梁 QL1 的东西两侧的上游端底部，第 1 主应力小范围达到 3.0MPa 以上，局部达到 3.5MPa 以上（最大达到 4.08MPa），开裂风险很大。启闭机排架上部（圈梁 QL1 顶部以上，尤其是 584.0m 高程楼面以上）各梁柱和楼板中的拉应力增加也不明显，拉应力较大的部位也位于屋顶楼板支撑梁 L–3b 和 L–4 底面的中部，如图 9 所示。

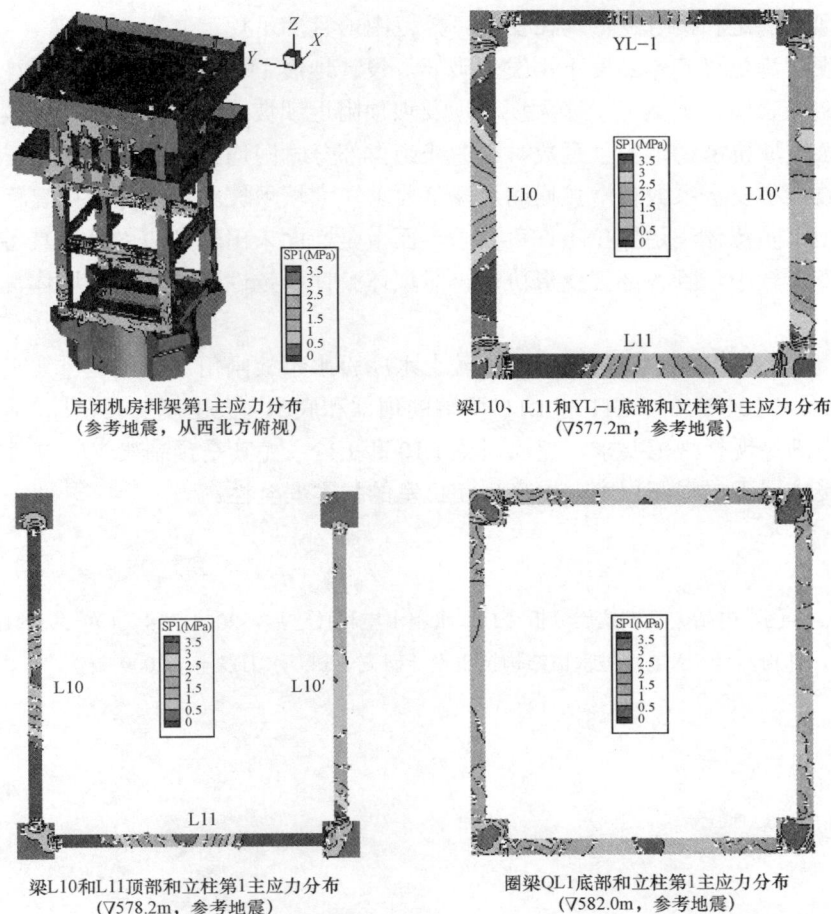

启闭机房排架第1主应力分布
（参考地震，从西北方俯视）

梁L10、L11和YL–1底部和立柱第1主应力分布
（▽577.2m，参考地震）

梁L10和L11顶部和立柱第1主应力分布
（▽578.2m，参考地震）

圈梁QL1底部和立柱第1主应力分布
（▽582.0m，参考地震）

图 9　参考地震下典型部位第 1 主应力分布

（4）承载力极限状态验算分析。根据启闭机室在设计地震和参考地震作用下的应力计算结果，按非杆件体系钢筋混凝土结构的线弹性应力图法对启闭机室排架拉应力较大的构件进行承载力极限状态配筋验算，其结果见表 8。

表8　　　　　　　　　　启闭机室结构承载力极限状态抗震复核配筋验算结果

构件编号	构件名称	实际配筋情况和折算Ⅱ级钢筋面积（mm²）	计算配筋面积（按Ⅱ级钢筋计）（mm²）	
			设计地震 ($a_h=0.152g$，$T_g=0.25s$)	参考地震 ($a_h=0.2118g$，$T_g=0.3s$)
1	立柱 Z2	16B25（7854.0）	812.3	1991.0
2	地梁 DL	8B25（3927.0）	985.9	1165.1
3	梁 L10	6B25、4B20、2A16、4A12（4599.5）	2229.9	3362.7
4	梁 L11	6B25、4B20、2A16、4A12（4599.5）	2236.5	3358.5
5	预制梁 YL–1	4B22、2A16（1802.0）	1562.3	2348.1
6	圈梁 QL1	6B20（1885.0）	820.0	1047.2

从表 8 可以看出，在设计地震作用下，启闭机室排架拉应力较大构件的实际配筋均满足规范要求。在参考地震作用下，除预制梁 YL-1 外，启闭机室排架其他各拉应力较大构件的实际配筋也满足规范要求。

5　结论

（1）上水库大坝在正常运行期、基本烈度和 9 度设计地震作用下坝体和防渗体均具备较好的抵抗变形能力，面板应力、坝坡稳定和接缝变形均在安全可控范围内且满足规范要求。

（2）上水库大坝可满足"基本烈度下不发生破坏，设计地震下可修复"的抗震设计要求。

（3）动力计算结果表明，虽然上水库大坝坝顶及坝顶附近坝坡区域的加速度反应较大，但按动力时程线法算得的大坝下游坝坡抗震稳定安全系数时程曲线绝大部分时间均大于 1.20，且采用拟静力法计算的主、副坝上游与下游坝坡最小安全系数和滑弧均满足规范要求，大坝坝坡具备良好的抗震稳定性。

（4）在地震作用下防渗体满足抗拉压许可要求，面板全断面未出现拉应力区，具备良好的抗震性能。

（5）坝体地震变形较小，且各部位变形协调，对坝体整体稳定性影响较小，坝体具备较高的抵制地震变形的能力。

（6）在设计地震和参考地震的作用下，十三陵上水库引水事故闸门启闭机室排架下部的部分梁柱（主要是预制梁 YL-1，梁 L10、L10′、L11 和 L11′两端的顶部和底部）会出现开裂损坏，除预制梁 YL-1 外，其他构件极限承载力满足现行规范要求。建议对梁 L10 和 L11，尤其是预制梁 YL-1 进行适当加固处理，以降低其在设防地震作用下的损坏程度，提高启闭机室的抗震安全性。

参考文献

［1］　张柏成，李同春. 百色水电站进水塔抗震分析 ［J］. 水利水电科技进展，2004，24（1）：29-31.

［2］　乐成军，任旭华，邵勇，等. 水电站进水塔结构抗震设计研究 ［J］. 水力发电，2009（5）.

抽水蓄能电站时钟同步装置测试方法简述

董兴顺[1] 张子龙[1] 张晓倩[2] 谢文祥[1] 慕少龙[1]

（1. 辽宁蒲石河抽水蓄能有限公司，辽宁省丹东市 118216；

2. 国网新源公司检修分公司，北京市 100068）

【摘 要】 抽水蓄能电站普遍配置了全站时钟同步装置，以实现全站自动化设备时钟的统一对时。为了保证自动装置数据采集时间一致性，提高电站事故分析能力和稳定控制水平，需要定期对全站时钟同步装置进行测试校验，以验证装置良好性。本文主要介绍了全站时钟同步装置授时精度、守时精度及切换精度三种测试项目及测试方法。

【关键词】 抽水蓄能电站 时钟同步装置 测试方法

1 引言

当今抽水蓄能电站正在向着"数字化、智能化"方向发展，新科技、新工艺的自动化控制设备层出不穷，为了保证各设备间的时间一致性，全站配置 1 套独立的时钟同步装置，由北斗和 GPS 双时钟组成，实现全站自动化设备的统一授时。时钟同步装置的授时精度影响电站事故分析能力和安全稳定控制，因此需要定期对全站时钟同步装置进行测试校验。

2 测试仪器

时钟同步装置测试需要配备的设备及仪器包括：时间同步系统综合测试仪（标准时钟）、卫星接收天线、多模光纤。

3 测试内容及方法

3.1 授时精度测试

授时精度测试是指对时钟同步装置输出的时间精度进行测试，按照要求，时钟同步装置输出的授时信号精度应优于 $1\mu s$。

测试方法：将 GPS 卫星接收天线接入时间同步系统综合测试仪，对装置进行调试，将检测到的卫星信号锁定并保持运行 1h。时钟同步装置由北斗及 GPS 双时钟组成，其中北斗时钟为主用时钟，GPS 时钟为备用，测试时首先将备用的 GPS 时钟卫星接收天线断开，保持北斗时钟运行 1h，后将时钟同步装置的光 B 码输出信号接入时间同步系统综合测试仪开始授时精度测试，如图 1 所示。

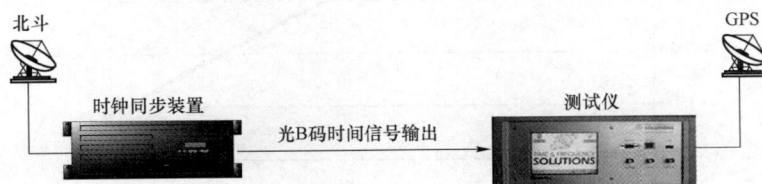

图 1 授时精度测试接线方式

综合测试仪测试采样频率为每秒一次，测试时间保持 30min 以上，测试结果如图 2 所示。测试备用 GPS 时钟授时精度与上述方法一致。

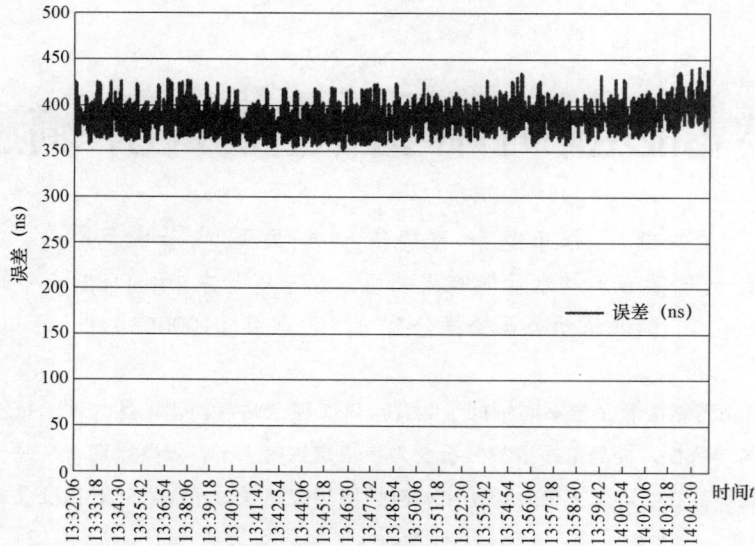

图2　授时精度测试结果

3.2　守时精度测试

　　守时精度测试是指时钟同步装置在失去全部天基授时信号后，由装置内部时钟进行时间的守时保持，对此状态下的装置输出时间精度进行测试。按照要求，在守时保持状态下的时间准确度应优于 0.92μs/min（55μs/h）。

　　测试方法：将 GPS 卫星接收天线接入时间同步系统综合测试仪，保持卫星信号锁定并运行 1h，时钟同步装置在主用北斗时钟下正常运行 1h，测试时断开时钟同步装置的所有卫星天线，将时钟同步装置的光 B 码输出信号接入时间同步系统综合测试仪开始守时精度测试，如图 3 所示。

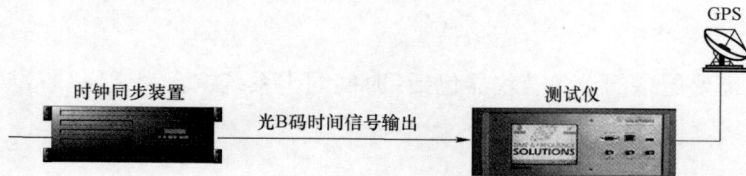

图3　守时精度测试接线方式

　　综合测试仪测试采样频率为每秒一次，测试时间保持 60min 以上，测试结果如图 4 所示。测试备用 GPS 时钟守时精度与上述方法一致。

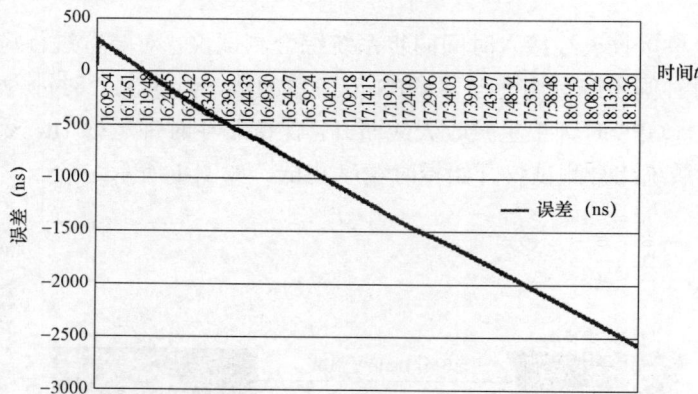

图4　守时精度测试结果

3.3　切换精度测试

　　切换精度测试是指对时钟同步装置主、备用时钟切换时的时间输出精度进行测试，按照要求，时钟同步装置主、备用切换后输出的时间信号精度应优于 1μs。

　　测试方法：将 GPS 卫星接收天线接入时间同步系统综合测试仪，保持卫星信号锁定并运行 1h，时钟同步装置在正常方式下运行 1h，主用为北斗时钟，备用为 GPS 时钟，两个时钟均投入。将时钟同步装置的光 B 码输出信号接入时间同步系统综合测试仪开始切换精度测试，如图 5 所示。

图 5　切换精度测试接线方式

　　测试时首先断开北斗时钟卫星天线，进行由主用到备用的切换精度测试，综合测试仪测试采样频率为每秒一次，测试时间保持 10min 以上，测试结果如图 6 所示。测试完毕后恢复北斗卫星天线，进行由备用到主用的切换精度测试，测试时间保持 10min 以上，测试结果如图 7 所示。

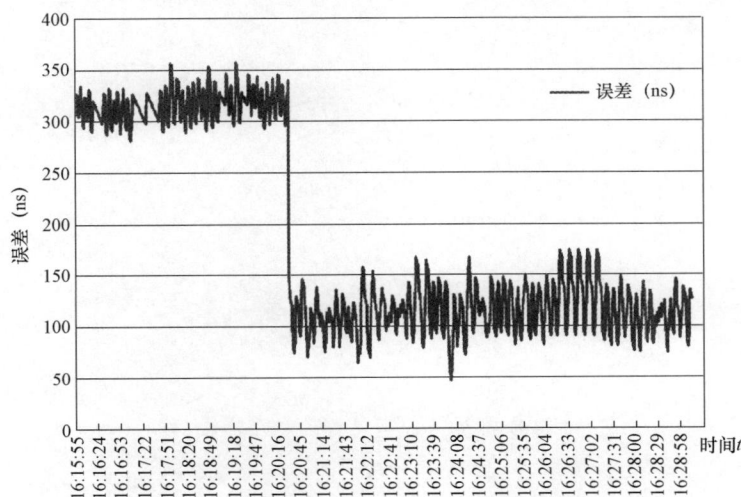

图 6　由主用到备用切换精度测试结果（北斗切 GPS）

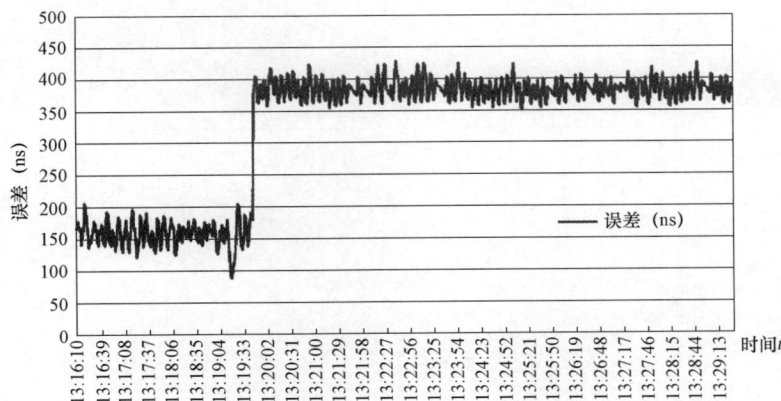

图 7　由备用到主用切换精度测试结果（GPS 切北斗）

4　结束语

　　抽水蓄能电站各系统自动化设备保持统一的时间，有助于快速判断系统故障点，查找缺陷根源并予以消除，提高设备可用率；同时可提高监测数据的有效性及真实性，便于统计分析工作的开展；对于受上级调度部门管辖的线路保护、故障录波等设备，其对设备时间一致性的要求更高。因此应定期开展全站时钟同步装置的测试检验工作，对不满足技术指标的装置及时进行升级改造，提高电站统一时钟的准确性。

参考文献

［1］　DL/T 1100.1—2018 电力系统的时间同步系统　第 1 部分：技术规范.

［2］　GB/T 26866—2011 电力系统的时间同步系统检测规范.

［3］　Q/GDW 11539—2016 电力系统时间同步及监测技术规范.

关于黑麋峰抽水蓄能电站油污水处理方案的探讨

彭耐梓 蒋君操 庞希斌 王 君 王 伟 孙 袁

（黑麋峰抽水蓄能有限公司，湖南省长沙市 410203）

【摘 要】 针对黑麋峰抽水蓄能电站日常生产过程中产生的油污水，开展油污水处理技术的探讨。讨论了盐析法、絮凝法、粗粒吸附法三种油污水处理方法。黑麋峰抽水蓄能电站生产过程中产生的油污水具有突发性、流量大等特点，结合其实际，选择粗粒吸附法具有无须外加化学药剂、无二次污染、设备占地面积小、基建费用较小、出水含量较高等优点，是较好的处理方法。

【关键词】 油污水处理 盐析法 絮凝法 粗粒吸附法 处理方案 选择

1 背景

油污水的来源很广，采油、储油、运油、用油和化学工业都会产生含油污水。油污水不合理的处理回收和排放都会造成环境污染，不仅影响农田灌溉，还影响地下水水质，在黑麋峰抽水蓄能电站生产过程中大量使用 TSA－46 透平油，透平油适合高速机械润滑用，主要起散热、冷却调速作用。随着球阀压油槽连接部件、调速器压油槽连接部件、机械转动需用油润滑的部件和通过油压控制的部件故障，可能存在各种漏油情况。根据厂房渗排原理可知，漏水、漏油均会集中到廊道内的渗漏集水井中，导致渗漏集水井长期存在油水混合状态。厂房生产中废水通过排水通道排至黑麋峰生活区排水道内。在水电站日常维护中，难免出现漏油、泄油现象，且具有突发性、油污水流量大等特点，大量溶解油、分散油、乳油、乳化油排入水体产生含油废水。为避免含油废水排入环境，造成污染，严格规定需将油水分离后才可将水排出。

含油污水处理常采用絮凝、浮选、过滤等方法。根据产生的含油污水水质特点和出水水质要求，污水处理工艺应采用生物处理来达到预期目的，可供选择的处理方法有：盐析法、絮凝法、粗粒吸附法。

2 油污水处理几种方法比较

2.1 盐析法

盐析法是当向废水中投加无机盐类电解质达一定浓度时，油珠扩散层中阳离子由于排斥作用被赶到吸附层中，导致双电层破坏，油珠变成中性而相互合并成更大油珠，从而达到破乳的目的。常用的电解质是钙、镁、铝的盐类，它既可中和电荷，又可置换表面活性剂的金属皂，处理效果较好。盐析法投盐量一般控制在 1%～5%之间，处理出水达不到排放标准，多用作初级处理。该法油水分离时间长，设备占地面积大，而且对由表面活性剂稳定的油/水乳状液的处理效果不理想。另外还有一些处于研发阶段的油水分离技术，例如加热、萃取、特种生物技术等。上述方法各有不同的适用范围，需要针对不同的情况进行研究，确定适合的工艺。同样，以上各种处理单元在含油废水处理中并不是单一出现的，因为废水中的油粒多数同时存在集中状态，很少以单一状态存在，所以含油废水处理采用多级处理工艺，经多级单元操作分别处理后方能达到排放或回用标准。含油废水处理时产生大量的含油污泥，必须进行无害化处理或综合利用，处理的方法有固化处理法、土地耕作法以及用作研制建筑防水油膏的原料等综合利用的方法。

盐析法基本原理是压缩油粒于水面界面处双电层的厚度，使油粒脱稳。由于操作简单，费用较低，所以使用较多，作为初级处理应用更为广泛，单纯盐析法投药量大（1%～5%），聚析的速度慢，沉降分离一般在 24h 以上，设备占地面积大，而且对由表面活性剂稳定的含油乳化液的处理效果不好。盐析法不能满足抽水蓄能电站油污水突发性的特点。

2.2　絮凝法

利用絮凝法对含油污水进行处理，使处理后的水有机物含量下降，出水浊度和油含量达到国家规定的排放标准，将无机絮凝剂和有机絮凝剂复合投用可明显提高浊水处理效果。由于有机絮凝剂中阳离子对废水中乳化油滴起到了电荷中和及压缩双电层的作用，促使乳化油滴进一步破析出，而且有机絮凝剂有很长的分子链，能在经凝聚作用形成的胶体晶粒进行架桥，形成大而坚韧的絮凝体，从而改善絮凝体性能。复合絮凝剂采用硫酸铝钾–壳聚糖复配絮凝剂处理油污水质量较好。

常用的无机絮凝剂是铝盐和铁盐，尤其近年出现的无机高分子凝聚剂，如聚硫酸铁和聚氯化铝等，以其用量少、效率高、最优 pH 值范围比较宽等优点，日益受到人们的关注。虽然无机絮凝剂的处理速度快，装置比盐析法小型化，但药剂较贵，污泥生成量多。在抽水蓄能电站生产过程中运维难度较大，成本较高。

2.3　粗粒吸附法

粗粒吸附法是分离含油废水的一种物理化学方法，粗粒吸附法处理的对象主要是水中的分散油和非表面活性剂稳定的乳化油。粗粒吸附法又称聚结法，是粗粒化及相应的沉降过程的总称。该法是利用油、水两相对聚结材料亲和力相差悬殊的特性，细小油粒被材料捕获而滞留于材料表面和空隙内形成油膜，油膜增大到一定程度后，在水力冲击和浮力等作用下油膜脱落合并聚结成较大的油粒。聚结后粒径较大的油珠则易于从水中被分离。

粗粒吸附法除油的效果与表面活性剂的存在和量多少有关。有微量表面活性剂的存在能抑制粗粒化床的效果，因而该法对含有表面活性剂的乳化含油污水的除油会失效。粗粒吸附法无需外加化学药剂、无二次污染、设备占地面积小、基建费用较低。含油污水处理粗粒化法能满足抽水蓄能电站含油污水突发性、流量大等特点。

3　基于两级分离处理技术（重力分离、粗粒吸附）油污水处理系统

我厂在下库生活营地渗漏水出水口处制作一围堰，将渗漏排水绕过排水沟引流至排水沟出口。

根据渗漏排水出水口的流速与流量，对下水库生活营地渗漏水排水沟进行拓宽挖深，修建油污水处理池，长 18.8m，宽 2.5m，深 1.85m，油污水处理池底坎距排水沟入出水口底坎 0.8m，在进水处设高 1.05m 的防回油挡墙。中间装设 5 道挡油板，挡油板底部距处理池底坎 0.5m，挡油板处过流能力高于进水口处过流能力，在 5 道挡油板中间设 4 道拦沙坎，拦沙坎高 0.6m。此设计可使水流经过处理池时平缓无浪涌，提高处理池的挡油收集能力，油污将集中悬浮于第一、二道挡油板前，通过在第一、二道挡油槽内放置适量的吸油枕、吸油棉，吸附水面的油污，并定期清理，可切实解决水中油污问题，且日常维护简便。处理池的拦沙坎可使泥沙在处理池沉积，通过定期清理，可有效避免出水口堵塞，确保流入当地灌溉水渠的水质清洁无油污。具体如图 1 所示。

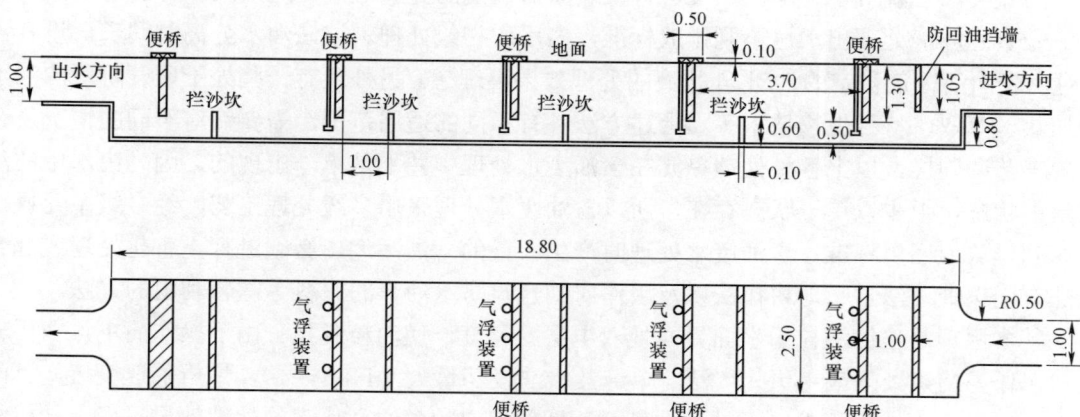

图 1　油污水处理池设计图

　　并在 5 道挡油板中间安装油污回收装置，通过利用油污水处理粗粒吸附法，将油污水中较大的油滴吸附在钢带上，通过刮油装置将油收集起来，从而实现油污水处理功能，不仅能保证水电站污油不流入江河污染环境，而且该系统还可以选配自动检测、自动启动、自动报警的功能，达到安全、可靠、彻底地回收污油。

　　这套油污水处理系统利用两级分离处理。第一级分离工艺普遍运用由挡油板组成的重力分离模块，第二级分离工艺则采用吸附工艺。在重力分离模块中，油污水停留一段时间，利用油水的密度差，密度比较小的油上浮至顶部，水从底部流出模块，从而实现油水分离。其停留时间主要是根据油滴的上浮速度决定的，即要使油滴可以被分离去除，必须保证油滴的上浮时间小于水在模块中的停留时间。根据浅池理论，当分离模块被自上而下分隔成若干个小模块时，其油滴上浮高度也就被分隔成了若干个区间，其上浮时间也就被缩短为若干分之一，当流量一定时，其模块尺寸就可以相应减小。在模块中设置多层挡油板，就是为了达到上述的效果。在分离工艺中采用油污水处理粗粒化法除油技术，利用油、水两相对聚结材料亲和力相差悬殊的特性，细小油粒被材料捕获而滞留于材料表面和空隙内形成油膜，再利用刮油器将油刮到收油盒中，从而提高油污水处理效果。该油污水处理系统具有以下优点：① 能完全实现自动报警、自动启动、自动停止的功能；② 有较好的节能降耗特点，每度电可回收污油 3m³；③ 使用奉命长，收油钢带可连续 5 年运行不需更换；④ 该项系统回收污油效果好，运行噪声小，安装简单；⑤ 投资少，能满足水电站环保要求。该油污水处理系统能较好地满足黑麋峰抽水蓄能电站油污水处理的需求。

4　结束语

　　两级分离处理技术（重力分离、粗粒吸附）油污水处理系统能够满足黑麋峰公司对油处理的要求，此方法具有无须外加化学药剂、无二次污染、设备占地面积小、基建费用较低、节能、吸油效率高等优点。含油污水处理粗粒化法能满足抽水蓄能电站含油污水突发性、流量大等特点，实用性很高，适合需要油处理的电站推广。

参考文献

[1]　任志坤. 絮凝法处理含油污水. 环保·安全，2014.
[2]　梁斌. 粗粒化技术在含油废水处理中的应用. 石油化工环境保护，1993.

抽水蓄能网站服务站点安全管理的研究

郝蕾蕾

（中国电建集团北京勘测设计研究院有限公司，北京市　100024）

【摘　要】　随着网络安全法的出台，网络安全已经上升到法律层面，如何做好互联网服务的同时做好网站自身防护，是一个综合性的问题，需要通过多种技术开展保障工作，才能达到最终效果。本文根据目前抽水蓄能网的运行现状，分析其可能存在的风险，并根据风险提出相应的解决方法和建议。

【关键词】　抽水蓄能网　网站服务　安全防护　纵深防御　风险

抽水蓄能网作为电网调峰与抽水蓄能专业委员会的门户，向广大群众展示中国抽水蓄能电站建设管理现状和目前抽水蓄能电站发展过程中遇到的诸多问题及解决办法，是中国抽水蓄能电站建设及发展的重要宣传窗口。为保障站点功能正常，防止安全风险的发生，保持中国抽水蓄能网的良好公众形象，须持续不断开展网络安全管理工作。

1　网络安全工作的背景

2014 年 2 月 27 日，习主席在中央网络安全和信息化领导小组第一次会议上发表讲话"没有网络安全就没有国家安全，没有信息化就没有现代化"，强调网络安全和信息化的协调发展是促进社会稳步前进的保障。2017 年 6 月 1 日，《中华人民共和国网络安全法》正式发布，首次明确了关键信息基础设施涉及的行业和领域，以及企业的安全义务和责任。

抽水蓄能网站点服务发布于互联网，可以被全球任意互联网接入点访问，同样，也面临被全球黑客攻击的风险。面对此类风险，如何通过纵深防御手段提供稳定、持续服务的同时，保障网站自身的安全性，是每一位信息技术工作者共同面临的问题。本文主要从互联网服务的风险、防御体系建设和结束语三方面进行探讨。

2　互联网服务的风险

随着 Internet 的发展，其便利、高效的特性，越发成为人们日常生活中不可或缺的一部分，但由于其开放的特性，也带来了诸多风险，如 DDoS（distributed denial of service）攻击导致服务不可用，系统和应用程序漏洞导致系统被入侵、被发布不良信息、数据泄露、沦为肉机等。

（1）DDoS 攻击。分布式拒绝服务攻击是黑客通过控制僵尸网络向目标服务发起大量请求，导致目标服务网络带宽或系统资源被异常使用，影响正常使用的一种攻击，其攻击成本高，防御难度大。

（2）系统漏洞。随着技术的进步与迭代，原有系统不可避免的存在漏洞，又由于互联网服务的开放特性，漏洞极易被利用，进而造成数据丢失或服务异常；如 Apache Struts2 的漏洞就层出不穷，且利用难度低、影响大。

（3）应用程序漏洞。开源 Web 应用安全项目在 2017 年发布了 Web 服务 10 大威胁，分别是：注入、失效的身份认证、敏感信息泄露、XML 外部实体、失效的访问控制、安全配置错误、跨站脚本、不安全的反序列化、使用含有已知漏洞的组件、不足的日志记录和监控。这些是系统安全建设应该考虑到的具体问题。

3　防御体系建设

针对互联网服务风险应对，有两种防护思路：一种是重边界防护，在网络边界部署安全设备，以"御敌于国门之外"为理念,该种方案简单有效,但缺点是一旦渗透至内网,将全盘皆输;另一种是采用纵深防御的方法,明确知道单一的防御措施是不能阻拦黑客的脚步,应构建多层次、立体式的防御体系。防御体系建设可遵循 PDR(protection 保护、detection 检测、response 响应)的安全模型,第一,要明确保护的信息资源,针对其特点,进行基础保护;第二,通过检测设备对异常行为进行发现;第三,通过防护设备对恶意攻击进行封堵或收敛脆弱点;第四,达到网站安全运行的目标。

下面对纵深防御体系进行简单的阐述。

(1)落实基线管控。

1)系统加固。信息系统是一个综合系统,在完成初始部署后,应第一时间进行系统加固,系统和软件应遵循各自的基线进行安全加固。如技术限制口令强度,操作日志设置只读并增加时间标签,Web 服务不以 root 权限启动,目录权限读写分离,限制远程访问等。

2)漏洞扫描。漏洞扫描主要包括系统和应用漏洞扫描、弱口令扫描。

系统漏洞除了操作系统外,还包括中间件、数据库等系统级工具的漏洞;应用漏洞主要包括 SQL 注入、XSS 攻击、文件上传下载、CSRF(cross-site request forgery)攻击、信息泄露等;弱口令包括简单密码、无认证、使用初始口令等。

针对这些漏洞要定期开展扫描工作,通过工具结合服务的方式不断发现。对于漏洞的处理,这几种场景应优先处置:发现互联网服务存在漏洞、可以通过网络利用的漏洞如永恒之蓝和 Struts2 等、重要业务和集中管控系统,这类系统的漏洞一旦被利用将造成重大损失。

3)网络侧防护。几乎所有的攻击都是源于网络进入,网络侧是防守的大门,是纵深防御的第一站。

DDoS 攻击极易造成服务不可用,一种情况是企业出口带宽被占满,另一种情况是造成服务器资源紧张。为应对该类攻击,针对第一种情况,应借助运营商的能力,进行紧急扩容或开启流量清洗服务应对攻击;针对第二种情况,应使用本地流量清洗设备,它启动更快,是运营商流量清洗服务的有效补充。

为保障核心数据安全,服务器应按照安全域进行逐层部署,不同安全域通过 FW 防火墙进行有效隔离,在互联网服务的最外侧部署隔离区,最好使用异构的防火墙进行隔离,防止单一品牌防火墙由于 0day 或者 bug 导致访问控制策略失效。将 Web 服务器、计算服务器、数据库服务器进行安全域隔离,保障重要数据在企业网络最内侧。

网络访问控制是安全保障的一道基石,拒绝配置 ANY 的策略是一条基本原则,此外在严格控制开放的服务端口的同时,更应严格控制出向的访问。原因是,一般漏洞被利用后,黑客通常会反弹 shell 或者病毒回连 C2 服务器,如果出向访问控制的严格,同样可以降低事件的影响。通过对这种异常访问的监测,也可以及时发现其他监测产品漏过的风险。

(2)开展多维度威胁监测。

1)网络侧检测。

a. 入侵检测防御系统。IDPS 入侵检测防御系统是工作在网络 4~7 层间的防护设备,能够检测病毒、木马、漏洞利用等攻击行为并按照策略对攻击 IP 进行封堵,由于其策略维度较为单一,存在误报高的情况。

b. 应用防火墙。WAF 应用防火墙与传统防火墙不同,它运行在应用层,针对 HTTP/HTTPS 提供保护,能够为互联网服务提供多种场景的保护,如 SQL 注入、XSS 跨站脚本攻击、远程命令执行、目录遍历等,能够及时发现威胁并按照策略对异常访问进行阻断;同时,由于其灵活的策略配置方式,在新漏洞爆发时,通过手工配置漏洞相关的策略达到及时防护的效果。

c. 高级威胁检测。随着网络安全行业的细分,针对网络攻击行为的分析成为一种较新的产品方向,通过对镜像的网络流量进行分析,结合行为特征以及返回码,能够识别 APT(advanced persistent threat)攻击、远控木马、蠕虫病毒等多种威胁,由于其对企业原有网络架构没有任何改变,是一种部署快速、效果好的安全监测利器,但由于其旁路部署的特点,不具备阻断功能,需要结合防火墙、WAF 和 IPS 使用才能真正降低威胁。

2）服务器侧监测。HIDS 服务器监测系统是部署于服务器的监测产品，相对于网络侧的监测产品，更为灵活，监测内容也更为丰富，但由于其侵入性的特点，一定对单机节点和双机节点做好监控。可以监控服务器上的各类安全日志外，还可以监测木马等异常行为，通过配置规则用例，是网络侧监测产品的有力补充。同时，他还可以识别服务器的各类配置，如用户、密码、服务、文件篡改、异常登录等功能，还是信息资源管理的有力工具。

3）数据库侧。数据是企业最为重要的资产，通常存储于数据库中，通常在安全域中靠内部的位置，数据库审计产品主要分为旁路型和代理型。旁路型的特点是对业务几乎透明，对业务没有影响，但针对数据库本地的操作行为，没有监测能力；代理型和服务器侧监测产品类似，靠近数据库本身部署监测产品，不管在流量上如何混淆，在到达数据库时都将被解析，同时能够记录本机和远程访问的数据库操作，通过对比操作行为与规则库，及时监测异常访问或者数据泄露事件。

4）日志审计。针对系统登录和访问日志进行集中收集和分析，例如非堡垒机登录、异常时间访问等异常场景，在日志集中收集后就可以快速分析和响应，减少事件的影响。

5）蜜罐系统。上面主要说的是被动监测类产品，而蜜罐是主动诱骗的一类监测技术，通过部署作为诱饵的服务，诱使攻击者对蜜罐展开攻击，从而保护了正常业务系统，并捕获了攻击者的攻击工具、行为等信息，从而推测攻击者的意图、动机等，开展攻击者画像。

蜜罐系统通常分为高低两种交互类型，低交互型通常伪装成默认端口或服务，在攻击者进行弱点扫描时，关注到这个蜜罐，在访问时触发蜜罐告警，防守人员可以开展溯源工作；高交互性通常为一个虚拟机，能够模拟出一个具有多个漏洞的系统，并有仿真的业务数据，从而拖住攻击者，持续分析其使用的工具和作案手法，并进行溯源分析。

此外，为了进行精准黑客画像，通常还会在 DMZ 区域部署业务蜜罐，在页面中嵌入一些常用站点的自动认证脚本，从而捕获攻击者的身份信息；在数据库中插入蜜表，正常业务不会访问，一旦数据库等检测系统发现蜜表被访问，将立即开展溯源工作。

（3）安全运营中心。在实际的防护工作中，按照纵深防御策略部署的各类基线管理、威胁检测产品目前来讲都是一个个割裂的系统，并且可能由不同部门的人员负责管理和运维，虽然都是一个企业内，但客观上存在着"信息孤岛"的现象。

为提高响应与处置效率，在纵深防御的基础上构建安全运营中心（security operations of center，SOC）是网络安全防护工作的一个趋势。SOC 将各类配置、监测、事件信息进行统一收集、存储并按照安全策略进行处理，横向贯通各类监测设备，针对同一事件在多个维度的告警进行聚合，提高事件定位准确性，从而减少分析时间。

4 结束语

综上所述，按照纵深防御的理念，从网络侧、服务器侧、应用侧、数据库侧、日志侧等方面加强监测，结合蜜罐进行主动防御，在"事中"阶段，加强监测；通过基线管控，加强"事前"加固，提高免疫力，降低易用脆弱性的暴露，通过安全策略补齐短板；由于这些防护措施由多部门、多人员、多设备负责，为加快响应效率，降低事件影响，企业有必要在合适的时间开展安全运营中心的建设工作。

防护设备确实可以提供可落地的防护效果，但网络安全工作不是简单的设备堆砌就可以实现的，本文主要是从技术方面对抽水蓄能网络安全工作做了探讨。此外制度建立、人员管理等都是网络安全工作的重要环节。应积极学习国家法律法规、行业规范、国际标准等要求，结合企业现状与行业最佳实践进行取舍，优先构建抽水蓄能网的网络安全管理体系，明确人员职责，确定工作流程，规范工作行为，对各类网络安全工作提出指导。最后，由于所有的工作的核心都是"人"，所以在加大技术、体系投入的同时，还要加大对"人"的投入，一方面是加大专有安全人员的能力培养，另一方面是加大普通员工的安全意识培训。

所以，抽水蓄能网服务站点安全管理工作是一个动态变化的过程，通过制度要求、人员管理、技术实践等手段才能构建较为全面的保护；但是，攻击者的水平也在不断提高，企业方也应对自身的防护手段采取 PDCA（P——plan，计划；D——do，执行；C——check，检查；A——act，处理）的演进方式，不断改进与完善。

参考文献

［1］　赵彦，江虎，胡乾威. 互联网企业安全高级指南［M］. 北京：机械工业出版社，2016.

［2］　聂君，李燕，何扬军. 企业安全建设指南：金融行业安全架构与技术实践［M］. 北京：机械工业出版社，2019.

［3］　刘焱. 企业安全建设入门：基于开元软件打造企业网络安全［M］. 北京：机械工业出版社，2018.

浅谈溪口抽水蓄能电站运行安全管理培训

臧海辉　张永健

（宁波溪口抽水蓄能电站有限公司，浙江省宁波市　315000）

【摘　要】本文针对宁波溪口抽水蓄能电站运行管理，浅谈运行班组安全培训，致力提升企业安全管理水平，促进安全态势平稳发展。

【关键词】运行　安全　管理班组　培训

1　宁波溪口抽水蓄能电站概况

宁波溪口抽水蓄能电站位于浙江省宁波市奉化区溪口镇境内。电站总装机规模为 80MW（2×40MW），主要承担电网调峰、填谷、调频、调相和事故紧急备用等任务，工程枢纽建筑物主要由上水库、下水库、输水系统、半地下式厂房及开关站等组成。电站额定水头 240m，设计年发电量 1.46 亿 kWh。公司下设运行部、生技部、财务部和办公室四个职能部门，其中运行部对电站安全生产负管理责任。

2　运行班组安全管理培训

2.1　层层压实安全生产主体责任

全面落实安全生产主体责任的关键在于领导。历年年初，公司领导召集各部门负责人签订年度安全生产责任状，运行部负责人结合公司生产形势召开部门安全例会，与每一位运行值班人员签署运行生产安全责任书，明确工作职责，下达安全目标，将安全主体责任延伸到运行生产第一线，保证安全生产主体责任层层落实。

2.2　牢固树立事故预防安全理念

安全是企业发展最根本的前提，运行班组是企业生产的前哨站、排头兵，唯有抓紧抓实班组安全建设，重点在于牢固树立事故预防安全理念。运行班组通过每月技术问答、事故预想、反事故演习等各种教育培训，重大操作预先做好危险点分析、安全技术交底等多种渠道，努力让安全第一、预防为主的思想深植于每一位运行值班员的脑中，努力让"三不伤害"的防范意识和防范技能传导到每一位运行值班员的心中。运行部设立专职安全员一名，每月主持开展安全学习，广泛收集业内兄弟电厂的事故报告，汲取他人经验教训，动员全员结合本厂实际进行举一反三，排查事故隐患，提出安全风险，向公司安全会报备并提出整改建议和要求。

2.3　强化运行班组人员安全意识

增强员工安全意识，是运行安全管理培训的主要目的。从"11·24 江西丰城电厂冷却塔施工平台坍塌事故"到"嘉兴富欣热电厂蒸汽管道爆裂事故"案例，运行班组组织集体观看视频教育片，提出观后感想，深化安全意识。"宁波众茂杭州湾热电有限公司 6·5 事故"就发生在我们身边，事故因有限空间安全措施不到位导致 4 人死亡，如此触目惊心的事故案例，对班组每一位运行值班员都有深刻触动，如何加强本厂有限空间作业规范，成为当前安全学习的重要命题。

2.4　积极创新运行班组安全教育

安全文化和安全价值观是安全生产的灵魂，也是软实力，通过开展多种形式的安全教育培训，推动每一位运行值班员实现从"要我安全"向"我要安全"的转变。本厂投产已有 20 年，设备老化问题日渐突出，运行期间已累计发生多起设备异常及故障，总结以往经验并加以提炼便是极好的培训素材，运行部安全员负责编写《历年事故安全培训材料》，印发课件，组织学习，效果良好。运行班组重视"历年大小修注意事项"的材料整理和反复学习，将实践所得汇成宝贵的知识财富，不断消化积累，温故知新，强调前车之鉴后事之师。运行班组坚持开展两年一届的"技能大比武"活动，推动全员参与，从应知到应会，培养岗位尖兵，并与班组考核、部门竞岗有机结合。

2.5 充分发挥员工主观能动性

安全工作不是一个人的事情，班组领导和安全员起的是引导作用，最终还是要依靠大家来共同把握安全关。安全关的把握离不开员工的安全意识，而提高安全意识最有效的方法就是充分发挥员工主观能动性。"安全建议征集活动"是运行班组安全学习的特色，也是公司安全月运行班组的安全活动之一。该活动针对厂房设备和安全隐患，要求每人提出一些建设性意见，每年都能收集安全建议二三十条，经部门讨论，其中优秀的建议上报公司安委会，其他建议也都进行逐一答复。"安全征文"在每年年底举办一次，让大家静下心来思考一年来工作生活中的安全问题，对其中优秀的征文发表在公司的网站，从而在全公司营造良好的安全氛围。"安规知识点座谈"注重理论联系实际，大家畅所欲言，先提出安规知识点，然后展开到工作生活的方方面面进行讨论。这些活动充分调动了每个员工的主人翁精神，变被动吸取为主动发现，及时消除各类安全隐患。

3 结束语

宁波溪口抽水蓄能电站涉及的油水风及电力系统均为高压设备，投运时间长，安全形势较为严峻，而运行班组是企业生产的一线岗位，必须始终坚持以人为本的安全发展理念，充分发挥全员主观能动性，不断加强班组安全管理培训，真正实现电站安全、稳定、可持续发展。

参考文献

[1]   何平. 抽水蓄能电站基建管理信息系统的设计与实施. 水电与抽水蓄能，2018.

[2]   彭硕群，庞希斌，王闻震. 基于插值算法的抽蓄电站振摆分析与运行优化. 水电站机电技术，2019.

绩溪抽水蓄能电站智能管理系统在工程监理工作中的应用

苏杰循

（中国水利水电建设工程咨询西北有限公司安徽绩溪监理中心，安徽省绩溪县　245300）

【摘　要】 随着工程监理监控质量要求的提升，对工程监理提出了越来越高的要求和标准，而谋求建设工程监理手段的更新和监理质量的提升成了必然的趋势，在这方面，智能管理在监理工作中应运而生，对于工程建设的现代化和高效化有着较大的推动作用。本文对安徽绩溪抽水蓄能电站智能管理系统在监理旁站、监理安全管理工作中的应用进行介绍。

【关键词】 智能管理　智能监理旁站　基建智能管控系统　监理　应用

1　概述

随着水利水电行业的快速发展，市场呈现出质量的精细化、规模的多样化、技术的高效化，面对这样的情形，工程监理的监控质量要求大幅度上升，对监理工程提出了越来越高的要求和标准，面对监理行业激烈的市场竞争，以最小的投入实现经济利益的最大化、监理监控质量的最优化成了监理行业发展的趋势。安徽绩溪抽水蓄能电站将智能管理应用到工程中，对建立工程的现代化和高效化起着较大的推动作用。

2　智能管理系统在监理工作中的应用

2.1　智能监理旁站在监理旁站施工中的应用

2.1.1　智能监理旁站概念

监理人员通过统一配发的平板电脑登入智能监理旁站系统对监理现场旁站内容进行实时登记、检查记录，形成统一文字、图片，并及时进行数据同步共享。

2.1.2　智能监理旁站系统主要构成及作用

智能监理旁站系统主要分为二维码查验、监理旁站资料、监理旁站登记、现场检查登记、数据同步五个主要板块。

（1）二维码查验可以通过扫描现场施工人员所佩戴安全帽上的二维码，从人员设备数据库中得到作业人员工种、进场时间、三级教育情况以及相关的操作证书等具体信息，从而做到对作业面内施工人员信息的动态管控，对作业人员是否进行了岗位教育以及是否持证上岗等问题检查提供信息支持。

（2）监理旁站资料内容包括施工方案、作业指导书、仓面设计、施工图纸等内容，以便现场监理人员参照以上资料更好地对现场施工质量、安全进行把控，严格按照相关要求进行现场施工旁站监理。

（3）监理旁站登记为监理人员在旁站过程中主要采用文字、图片、视频等形式对现场施工相关参数进行记录，如混凝土施工旁站过程中需就开仓部位、日期、仓面机械人员配置、混凝土入仓、浇筑温度、塌落度、入仓混凝土料质量、施工过程中存在问题及处理意见等内容进行记录，以便后期混凝土施工质量评定提供数据上的分析。

（4）现场检查登记主要为部门领导在监理人员旁站过程中对监理旁站质量进行实时检查，并起到监督作用；对监理人员旁站过程中未发现的问题进行补充完善。

（5）数据同步主要是监理旁站过程中的数据及时进行更新共享，以便部门领导或相关单位人员对现场施工质量、进度、安全进行实时掌控；对现场监理人员无法解决的施工难题及时商定解决方案，保证施工稳步、有序进行。

智能监理旁站系统能够帮助监理人员全面、深入地进行现场施工质量、安全、进度管控，能够全面的、直观地进行施工过程记录，从而使现场发现的问题及时有效地得到解决，辅助监理人员完成全方位的监理旁站任务。

2.2 基建智能管控系统在监理工作中的应用

2.2.1 基建智能管控系统构成

基建智能管控系统在监理工作中的应用主要由人员设备动态管理和安全管理两个方面构成。

人员设备动态管理主要通过对整个电站按照不同参建单位、同一个参建单位不同部门、相同部门不同班组的人员以及设备进行数据数字化集成，形成一个完成的数据库，通过对数据库实时更新、检查，从而达到对参建单位人员设备动态管理的目的。

安全管理是建设单位、监理单位通过使用手机上的基建智能管控系统将日常安全巡检发现的问题及时有效的发送给施工单位责任人，使问题及时、有效地得到解决。

2.2.2 基建智能管控系统各构成应用方法及操作步骤

（1）人员设备动态管理主要包括人员管理、车辆管理、特种设备管理三大板块，监理工程师现场巡视过程中若对现场施工人员、车辆、特种设备相关信息或使用产生怀疑，可以通过手机上的基建智能管控系统进入人员设备动态管理界面，通过输入人员姓名、车牌号、特种设备编号等任何一个相关信息可以立即搜索到查询的人员、车辆、设备的具体信息；如若查无相关信息，监理工程师可以通过人员管理搜索到该施工作业面直接负责人，就监理发现的问题进行即刻发送，保证及时得到问题反馈。

人员设备的动态管理不仅能够保证现场监理人员对施工作业人员、车辆、设备做到实时掌控，还可以就针对施工作业面人员、车辆、设备存在的问题及时得到直接负责人的反馈。

（2）安全管理主要包括安全巡检和统计分析两部分。其中安全巡检又分为日常检查、专项检查、施工自检、巡检复核、巡检复检五个板块。

日常检查板块主要是建设单位、监理单位现场管理人员日常巡视过程中将发现的安全文明施工问题通过手机以问题阐述、整改要求、整改期限以及现场照片的形式上传至基建管理系统，并选取相关责任人；建设单位可以将责任人选为相关监理工程师，监理工程师通过巡检复核板块了解到建设单位或监理单位领导发现的问题并确定无误后直接将问题转发给相关责任单位责任人，责任单位责任人在接到问题整改通知后立即组织整改，并在规定的整改期限内将整改结果提交至相关监理工程师，监理工程师通过巡检复检板块中收到的责任单位整改闭合情况积极组织现场巡检复检，复检合格后将整改结果以及监理复查结果提交建设单位闭合；若经监理工程师复查，未按要求整改到位，监理工程师将直接驳回责任单位的整改结果，同时将整改要求及监理复查结果再次下发至责任单位，直至按要求整改完成。

专项检查板块是建设单位、监理单位按照周、月、季度进行的消防、节能、环保、应急等专项检查，检查发现的问题处理程序与日常检查相同。

施工自检板块是施工单位负责人对现场安全管理存在问题的自检、整改、闭合程序。

统计分析主要是对施工单位在建设单位、监理单位以及自身的安全管理过程中检查出的问题、整改的时效及质量等内容进行周、月、季度的归类分析，主要分析工具有柱状图、折线图、饼状图等，从而分析出施工单位在安全管理的薄弱环节以及安全管理整体态势，从而更好的帮助监理对现场安全进行管控。

安全管理程序使现场安全管理透明化、及时化，对安全事故隐患做到早发现、早整改，很大限度地避免了安全事故的发生；同时对安全隐患进行归类分析，直观地反映出安全管理的薄弱环节以及漏洞，方便监理人员有针对性地进行施工现场安全管控。

3 智能化监理与人工监理的比较

工程监理的智能化，其核心在于工程智能配合传统的人工作业，实现工程信息的收集、分析、处理、发送和反馈，基于智能技术的特点，工程监理的智能化与传统的监理作业相比较，有以下优点：

3.1 工作效率更高

智能化技术强大的数据分析采集功能，能够帮助监理人员全面、深入地进行现场施工质量、安全、进度管控，辅助监理人员完成全方位的监理旁站任务，大大提高监理工作效率。

3.2 对现场进行实时把控

在大型项目之中，海量的资料和复杂的人员变动使得工程监理管理易于陷于混乱，智能数据库中的大量工程信息方便现场监理人员及时进行查阅，并对相关问题做出依据性的判定，从而提出准确处理措施，同时监理现场发现的问题可以第一时间以文字加图片的方式传递至相关负责人，第一时间得到解决。

3.3 便于工程建设目标管控

智能化系统可以通过采集到的数据对工程质量、安全、进度进行准确分析，对工程质量、安全相关薄弱点提前进行预警，让监理人员在现场管控中有的放矢，可以预防事故发生；通过对施工进度分析，对进度滞后可以提供合理的纠偏措施，保证施工进度管控。

4 推广智能化监理模式所带来的益处

在监理过程中推广数字化监理模式至少有以下三个方面的好处：

4.1 有利于改变管理模式

智能化监理模式的推广可以改变监理单位在施工现场的高负荷、高强度的"巡回式"管理模式，这使得监理人员可以将节省下来的精力用于对施工现场的施工过程进行提前预控，或者严格控制关键部位或关键工序的施工过程。这样做不仅提高了工作效率，而且还可以减少监理人员的配备数量。

4.2 有利于提高工作效率、精度和实时性

对于传统的施工现场而言，最为突出的现实问题是监理工作效率不高，许多的管理措施滞后。以质量控制为例，当质量事故发生时，一些错误的行为要在事故发生一段时间后才会被发现，有时为了纠正错误，需要利用一些其他的时间，从而导致工程延期。而利用智能化监理模式是可以通过智能分析在第一时间找到质量控制薄弱环节，并加以控制，防止质量事故的发生。

4.3 有利于提高监理工作的统一化、规范化和标准化

智能化系统里存贮了大量的验评资料以及各参建方之间往来函件的模板，使用者可以根据需求自行进行模板下载，这就保证整个工程验评资料及函件统一化；同时智能化系统可以对上传的基建资料填写内容、格式的标准化、规范进行自动审查，对未按照标准要求填写的资料进行筛选，这就保证资料填写的规范化和标准化。

5 结束语

监理工程的精确化和高效化的最有效的支撑手段是监理工程的智能化，这也是以后监理工程发展的必然趋势，只要我们充分借鉴传统监理工程的工程经验，并在此基础上加以合理的利用，相信我们的监理工程一定可以向更高的水平发展。

非同步导叶接力器端盖螺栓断裂分析及预防措施

王　伟[1]　王　君[1]　蒋君操[1]　孙　袁[1]　孙圣初[2]

（1. 湖南黑麋峰抽水蓄能有限公司，湖南省长沙市　410213；

2. 吉林敦化抽水蓄能有限公司，吉林省敦化市　133700）

【摘　要】　对非同步导叶接力器端盖螺栓的断裂进行了失效分析。通过受力分析以及金相试验、光谱分析、硬度检查、拉伸检测等，探讨了非同步导叶接力器端盖螺栓断裂的主要原因，并结合实际运行情况提出了相应的预防措施。

【关键词】　非同步导叶　接力器端盖　螺栓　断裂分析　预防措施

1　背景

某抽蓄电站安装 4 台单机容量 300MW 的单级立轴混流可逆式机组，机组额定转速为 300r/min，水轮机额定水头为 295m。机组在发电工况低水头并网过程中，导叶空载开度相对较大，机组转速升至额定转速时容易进入 "S" 不稳定区，导致转速波动很大无法保持稳定并实现并网。为解决该问题，该电站设置了一套非同步导叶装置（20 个导叶，其中 6 个为非同步导叶），当机组转速上升至 70% 额定转速时，非同步导叶开启，由于导叶在较小开度时避开了 "S" 不稳定区，转速能稳定上升至 100% 额定转速成功并网，但非同步导叶开启后导水机构及顶盖振动较大，多次发生非同步导叶接力器端盖螺栓断裂问题。

2　非同步导叶接力器布置简介

以某抽蓄电站非同步导叶接力器为例，如图 1 所示：4、5、6、14、15、16 号为非同步导叶，其中 4、14 号导叶非同步角为 10°，其余 4 片导叶非同步角为 22°，转速在 70% 额定转速之前，导叶一起动作；当机组转速上升至 70% 额定转速时，非同步导叶投入，非同步导叶的机械开度比其他导叶开度大相应的非同步角度，当导叶开度达到 36% 时，非同步导叶退出，20 片导叶开度一致。非同步导叶的操作源由两台油泵及三个 16MPa 蓄能罐提供，根据水头选择投入 4 片或者 6 片非同步导叶。

3　非同步导叶接力器端盖螺栓受力情况分析

如图 2 所示，非同步导叶投入时，控制环及连板相对不动，接力器有杆腔给油，无杆腔排油，接力器活塞杆收回缸体内，导叶形成非同步角。机组并网带负荷后，导叶开度大于 28% 时，接力器无杆腔给油，有杆腔排油，接力器活塞杆全部伸出，非同步导叶退出，此时接力器及活塞杆形成硬连接（相当于一个连板），使导叶保持在同步状态。导叶在水力作用下，导叶开度有形成非同步角的趋势，即活塞杆有来回动作的趋势，有杆腔缸盖螺栓频繁加载、卸载，造成螺栓疲劳断裂。

4　非同步导叶接力器端盖螺栓理化性能试验

（1）某抽蓄电站非同步导叶接力器端盖螺栓规格为 M30×2×200，材质锻钢 34CrNiMo，性能等级 10.9 级，对该端盖螺栓拆卸取样化验，其中未断裂螺栓两个，编号为 1、2 号样，已断裂螺栓三个，编号为 3、4、5 号样。

（2）非同步导叶接力器端盖螺栓宏观检查：对断口宏观外貌进行观察，螺栓断口形貌断口较平整、粗糙，可见闪亮小刻面，为典型的脆性断裂。在断裂螺栓边缘处发现有裂纹源如图 3 所示，裂纹源附近平滑，断口具有疲劳特征。从断口的宏观外貌判断，裂纹是从边缘处萌生并向内扩展，当裂纹扩展至一定尺寸后，单位面积承载的强度超过材料的抗拉极限，使得最后在终断区部位瞬间断裂。

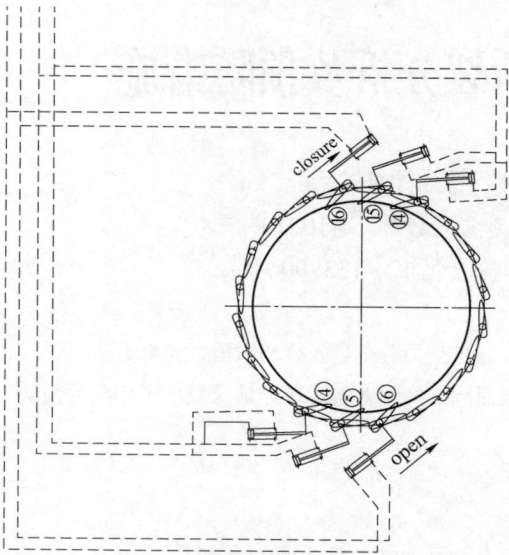

| 图 1 非同步导叶接力器布置图 | 图 2 非同步导叶接力器结构图 |

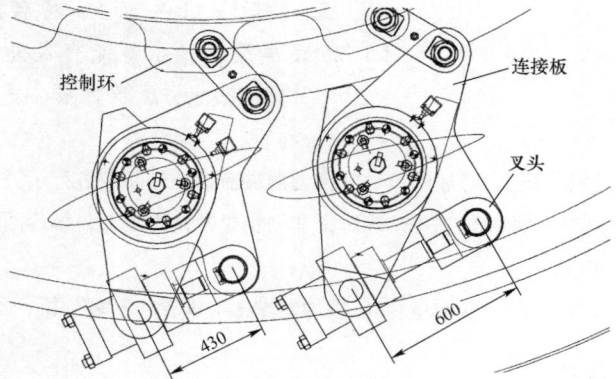

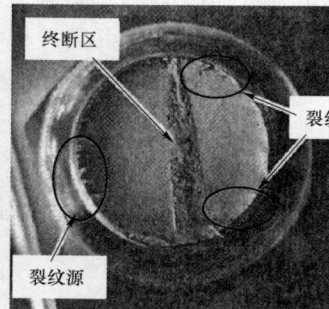

图 3 螺栓断口

（3）金相分析：对试样进行金相试验，金相组织为回火索氏体，组织正常（如图 4、图 5 所示）。

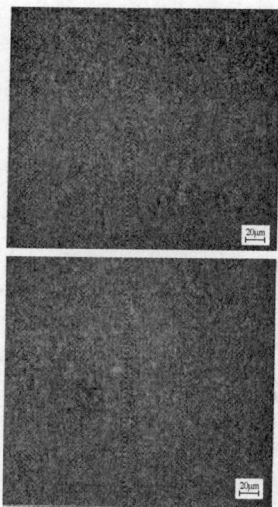

1号样：未断螺栓
金相组织：回火索氏体
腐蚀剂：4%硝酸酒精溶液
放大倍数：500×

2号样：未断螺栓
金相组织：回火索氏体
腐蚀剂：4%硝酸酒精溶液
放大倍数：500×

3号样：已断螺栓
金相组织：回火索氏体
腐蚀剂：4%硝酸酒精溶液
放大倍数：500×

4号样：已断螺栓
金相组织：回火索氏体
腐蚀剂：4%硝酸酒精溶液
放大倍数：500×

5号样：已断螺栓
金相组织：回火索氏体
腐蚀剂：4%硝酸酒精溶液
放大倍数：500×

| 图 4 未断螺栓金相组织 | 图 5 已断螺栓金相组织 |

（4）光谱分析：对试样进行光谱分析，材料成分中 C 和 Mn 元素含量不符合《合金结构锻件技术条件》（EZB 1184—2002）成分要求（见表 1）。材料的化学成分中 C 含量及各种合金元素含量的高低直接影响到零件热处理后的各项力学性能指标，其中 C 元素能提高零件强度，尤其是热处理性能，但随着 C 含量的增

加，塑性和韧性下降，Mn 元素能提高零件强度，并在一定程度上提高可淬性。即在淬火时增加了淬硬渗入的强度，Mn 元素还能改进零件表面质量，但太多的 Mn 对零件延展性不利。

表 1　　　　　　　　　　　　　　　　　　螺 栓 光 谱 分 析

元素	标准要求	1 号样	2 号样	3 号样	4 号样	5 号样
C	0.30～0.38	0.67	0.54	0.52	0.39	0.46
Si	0.17～0.37	0.20	0.27	0.36	0.29	0.28
Mn	0.50～0.70	0.73	0.77	0.73	0.72	0.72
P	<0.035	0.013	0.016	0.030	0.019	0.015
S	<0.035	0.082	0.004 8	0.009 8	0.010	0.012
Mo	0.15～0.30	0.18	0.27	0.24	0.21	0.20
Cr	1.40～1.70	1.55	1.60	1.57	1.50	1.49
Ni	1.40～1.70	1.47	1.44	1.40	1.42	1.42

（5）硬度检查：对试样进行硬度检查，所得硬度值符合《紧固件机械性能　螺栓、螺钉和螺柱》（GB/T 3098.1—2010）规定要求（见表 2）。

表 2　　　　　　　　　　　　　　　　　　螺 栓 硬 度 检 查

序号	样品编号	硬 度 值						检查部位
		数值 1	数值 2	数值 3	数值 4	数值 5	平均值	
1	1 号	323	326	326	323	326	325	端面
2	2 号	341	341	343	341	343	342	端面
3	3 号	323	321	323	321	321	322	端面
4	4 号	339	337	337	337	339	338	端面
5	5 号	341	343	343	341	343	342	端面

注　根据 GB/T 3098.1—2010《紧固件机械性能　螺栓、螺钉和螺柱》标准，性能等级为 10.9 级，硬度范围为 316≤HB≤375。

（6）拉伸试验：对试样进行拉伸试验，所得平均抗拉强度、平均屈服强度、断后伸长率符合《紧固件机械性能　螺栓、螺钉和螺柱》（GB/T 3098.1—2010）规定要求（见表 3）。

表 3　　　　　　　　　　　　　　　　　　螺 栓 拉 伸 试 验

编号	截面尺寸 ϕ（mm）	抗拉强度 R_m（MPa）	屈服强度 $R_{el}/R_{p0.2}$（MPa）	断后伸长率 A（%）	标准要求
1－1	8.02	1086	890	12	
1－2	8.00	1070	894	11	
1－3	7.96	1053	897	10	
2－1	7.98	1133	941	10	
2－2	7.94	1088	921	12	
2－3	7.98	1111	934	11	$R_m \geqslant 1000\text{MPa}$
3－1	8.00	1041	903	11	$R_{el}/R_{p0.2} \geqslant 800\text{MPa}$
3－2	8.02	1084	910	12	$A \geqslant 9\%$
3－3	7.96	1151	947	12	
4－1	8.00	1044	938	11	
4－2	8.02	1108	935	12	
4－3	8.00	1142	922	12	

（7）根据以上试验结果分析螺栓断裂的原因为：螺栓在长期运行过程中产生疲劳源，交变的水力因素导致疲劳源迅速扩展而断裂，螺栓材质不符合标准是断裂的主要原因。

5 预防措施

（1）根据机组运行强度，加强特巡及隐蔽部位巡视力度，确保机组缺陷消除于萌芽状态。

（2）螺栓存在超标缺陷或断裂时应进行试验分析，当缺陷是由原材料质量或制造工艺引发时，应对同批次螺栓抽样 10%且不少于 1 根进行全面检测，发现不合格应对该批次螺栓全部更换。同时建议列入技术监督项目，结合机组检修对螺栓进行无损检测，并结合螺栓使用时长及检测结果定期进行更换。

（3）对接力器结构优化，将接力器有杆腔缸盖与缸体设计为整体，取消螺栓连接，消除螺栓断裂隐患。非同步导叶接力器改进前后图如图 6 和图 7 所示。

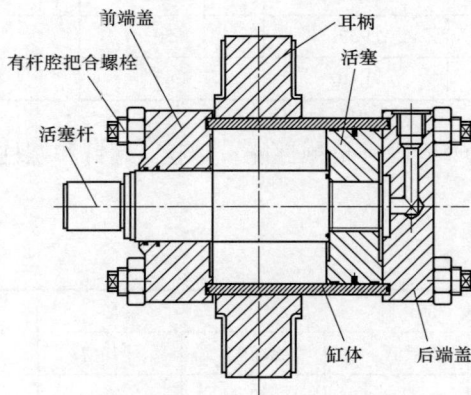

图 6 原非同步导叶接力器剖面图　　　　　图 7 改进后的非同步导叶接力器剖面图

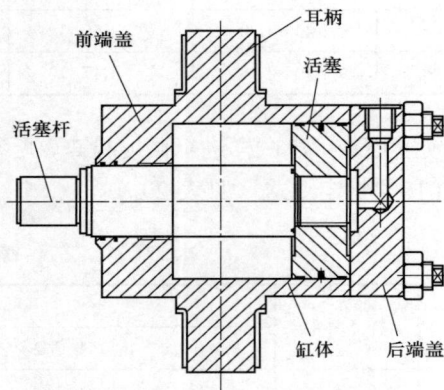

6 结论

非同步导叶接力器端盖螺栓作为机组高振区的重要监督部件若是合金材料时，在使用前应进行光谱分析、金相及硬度抽查等试验，证明与设计要求相符才能使用。同时在使用过程中应加强该部位受力分析及检查，做好螺栓预紧、防松等预防改进措施，从而确保非同步导叶接力器安全稳定运行。

参考文献

[1] 宋维锡. 金属学. 冶金工业出版社，2008.
[2] ［德］艾瑞克·杨·密特迈. 材料科学基础，2013.

潘家口蓄能电厂主变压器消防喷淋改造

孙 永 马锦彪

（国网新源控股有限公司潘家口蓄能电厂，河北省唐山市迁西县 064300）

【摘 要】 潘家口蓄能电厂主变压器消防喷淋系统于 1989 设计并于 1990 年正式投运，现如今已不满足相关规范的要求，且存在保护面积不足、主变压器灭火控制逻辑繁琐等隐患，影响设备的运行安全。针对上述设备的缺陷，我厂对主变压器消防系统进行了技术改造，本文将此次的主变压器消防改造的情况做了一个基本的介绍。

【关键词】 主变压器 消防 隐患 方案 改造

1 现主变压器喷淋基本情况

针对 2016 年生产单位消防安全专项督查，我厂旧主变压器消防喷淋系统存在 2 号主变压器灭火系统控制逻辑不符合要求，主变压器水喷雾灭火系统保护面积不足，保护面积未按扣除底面面积的变压器外表面面积及油枕、冷却器的外表面面积和集油坑的投影面积计算确定。未对油枕、散热器、集油坑应设水雾喷头保护，且喷雾强度低于设计标准：油浸式变压器 20L/（min·m²），集油坑上喷雾强度应为 6L/（min·m²）。

原主变压器喷淋通过在主变压器消防供水主管上设一雨淋阀，从雨淋阀出口后连接到主变压器地下一圈环管内，并在环管四个角处开口向上连接四根竖管，在竖管高处设四个喷头，主变压器出现火灾险情时，通过我厂监控系统判断各个保护的动作情况以及当时主变压器的各个温度量及出口开关的位置方会开出雨淋阀打开信号，对主变压器进行灭火。如图 1～图 3 所示。

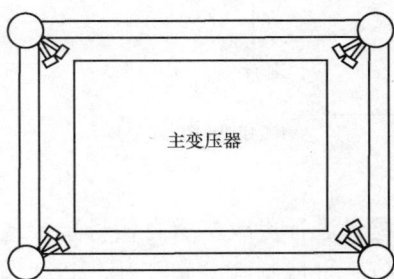

图 1 原主变压器喷淋俯视图

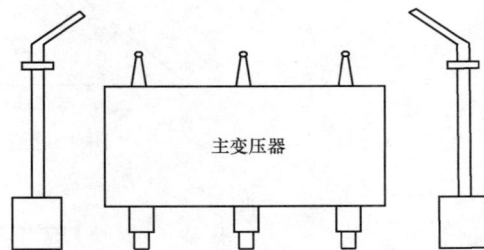

图 2 原主变压器喷淋主视图

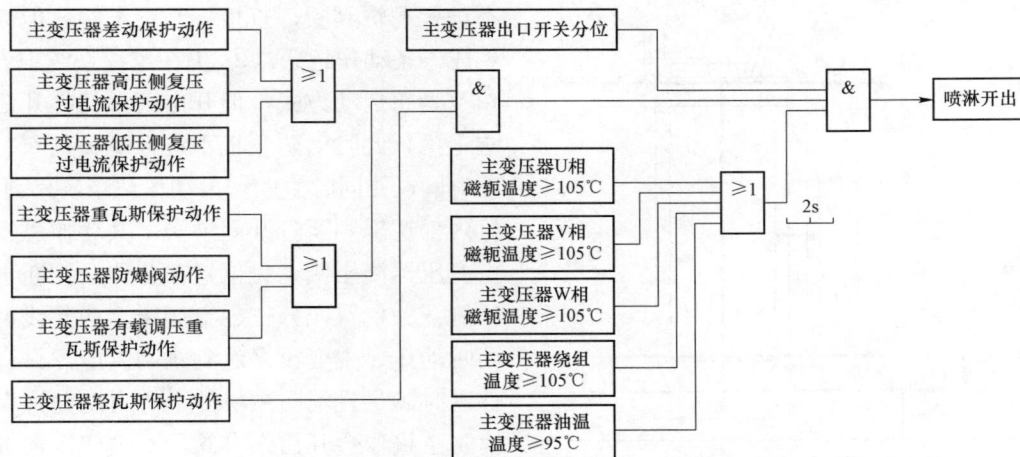

图 3 原主变压器喷淋逻辑判断图

2 存在问题

原主变压器喷淋面积只能覆盖主变压器上部，对主变压器本体、油池及油枕并未设置喷淋保护，无法有效地实现灭火功能，存在安全隐患。

原主变压器喷淋的逻辑过于繁琐，影响主变压器的喷淋的正常动作，且相关信号直接接入监控系统，监控系统死机或检修时，无法实现有效的灭火功能。

3 新主变压器水喷雾设计

新主变压器消防水喷雾系统水管采用两层环管组成，在变压器本体、绝缘子升高座孔口、油枕、散热器、集油坑均设置水雾喷头保护。水雾喷头之间的水平距离与垂直距离满足水雾锥相交的要求。主变压器本体及其上方部件喷雾强度为 25L/（min·m²），集油坑上所设的喷雾强度 7L/（min·m²）。如图 4、图 5 所示。

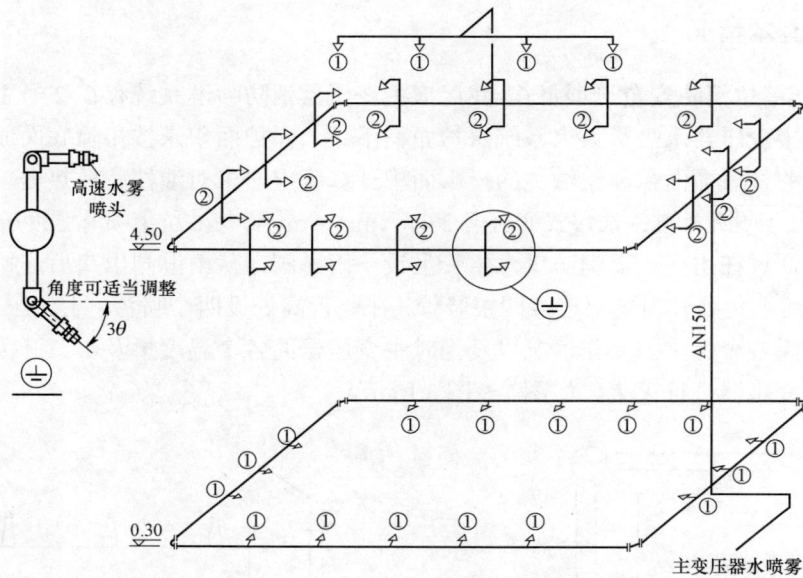

图 4　新主变压器水喷雾设计图

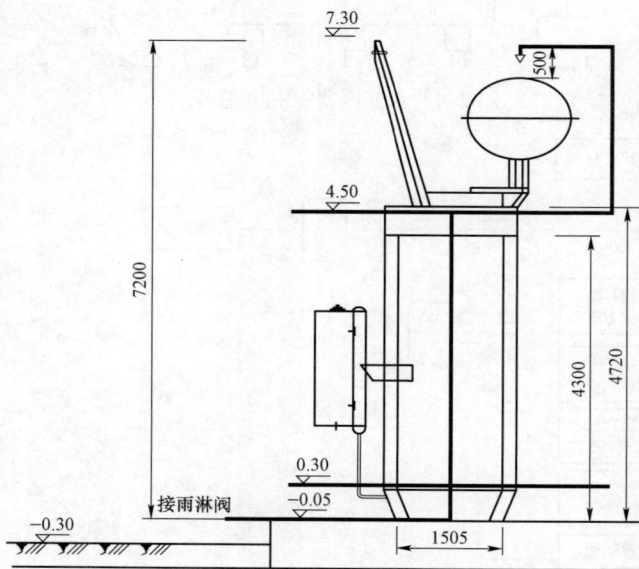

图 5　新主变压器水喷雾布置图

对控制逻辑进行更改，所有信号直接送入消防主机，由消防主机控制雨淋阀打开，其动作信号共三种：① 紧急启动按钮打开雨淋阀，此时消防主机不进行逻辑判断，直接打开雨淋阀，但消防主机会生成一条动作记录。② 仍在监控系统中设置逻辑判断及紧急启动方式，但开出雨淋阀打开信号送至消防主机，此时消防主机不进行逻辑判断，直接打开雨淋阀，并同时生成一条动作记录。③ 通过消防主机内部逻辑判断打开雨淋阀，其动作逻辑为：判断主变压器高压侧开关位置在分位、判断主变压器低压侧开关位置在分位、主变压器两条线型感温电缆同时动作、主变压器达到跳闸温度，只有这四个条件同时满足且消防主机处于"自动允许"状态时，消防主机便会开启雨淋阀，对主变压器进行灭火。即使在消防主机死机的情况也能通过紧急启动方式打开雨淋阀进行灭火。其逻辑判断图如图 6 所示。

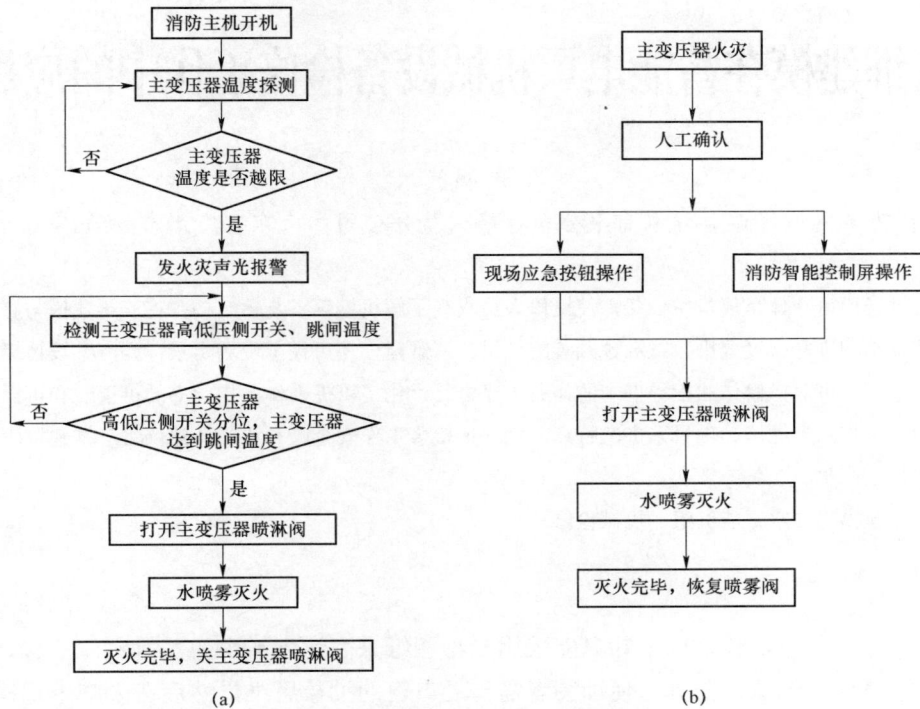

图 6 新主变压器喷淋逻辑判断图

（a）自动方式；（b）手动方式

　　其中由于主变压器高压侧开关位置及低压侧开关位置平时机组开停机及检修时分合频繁，故只用做逻辑判断，不用于发出火警信号，同时所有火警、故障以及动作信号接入了我厂监控系统并设语音报警，中控室 24h 值班人员可随时掌握全厂消防设备的状态，保证了火警火灾异常的 100%发现率。

4　结束语

　　主变压器消防水喷雾系统是保证防止主变压器火灾事故及火灾发生时重要应对措施，直接影响着主变压器的安全运行以及限制火灾事故发展的作用。水喷雾系统具有安全可靠、经济实用、灭火控火率高等一系列优点，在水电厂具有较高的实用性。希望通过本文给存在相关消防隐患的水电厂提供一个解决问题的方向。

参考文献

［1］　GB 50116—2013 火灾自动报警系统设计规范［S］. 北京：人民出版社，2013.

［2］　GB 50219—2014 水喷雾灭火系统技术规范［S］. 北京：中国计划出版社，2014.

三维建模在蓄能电厂机械设备检修工作中的应用

邹明德

（南方电网调峰调频发电有限公司检修试验分公司，广东省广州市　511400）

【摘　要】三维建模可立体呈现机械设备，使检修人员直观了解机械设备具体结构；将三维建模与有限元方法相结合，可对装配结构进行强度分析，直观预判装配效果；三维建模还可模拟现场实景，为方案设计提供指导；此外，借助三维建模，可对检修作业指导书中的作业工序进行优化，以提高作业指导书的可读性和可操作性。考虑到蓄能机组检修工作点多面广、项目繁多的特点，为保证检修工作安全顺利实施，建议将三维建模应用至机械设备检修工作中。

【关键词】三维建模　抽水蓄能机组　机械检修

1　引言

人类生活在三维世界里，长期以来却只能采用二维图纸来表达生活中的几何实体。这种方式虽能传递一些信息，但不够完整、形象、逼真，使读图者需借助自己的抽象思维，然后在人脑中重构物体的三维空间几何结构。如今伴随着计算机技术的发展，三维建模技术的日渐成熟和广泛应用已改变了这种现状，使得人们对几何实体的描述实现了从二维到三维的飞跃。目前的三维建模技术多指借助计算机三维绘图软件构建几何实体的三维模型，其逼真程度与实物几乎无异，给人一种真实的视觉感受，可帮助人们直观详细地了解几何实体结构。三维建模技术现已广泛应用于人类生活的各个领域，如在医疗领域中，用于制作精确的器官模型；在影视动漫设计领域中，用于模拟活动的人、物及真实环境；在建筑设计领域中，用于模拟并展示建筑物或风景；在工业设计领域中，用于各类机械零部件的设计及装配。

在电力生产行业中，实现能量转化的电厂发电机组是由大大小小各种机械零部件及各类辅助系统组成的，故电厂厂房及发电生产设备的设计和规划自然也少不了三维建模的应用。江苏电力设计院就利用国外开发的电厂三维模型设计管理软件（PDMS）完成了徐塘火电厂技术改造施工后期碰撞检查、江阴夏港火电厂二期主厂房初步设计等项目，清远抽水蓄能电厂则采用三维建模方法完成了厂房电缆敷设设计和管路桥架设计工作，成功实现了电缆敷设最短路径和管路桥架容积率的合理匹配。同时，三维建模也可作为前处理软件，与计算流体动力学分析（CFD）软件或有限元分析软件对接使用，实现对发电设备的性能分析和结构分析。杨琳等人构建了水泵水轮机全流道的三维模型，然后采用 CFD 方法对各过流部件的水力损失及转轮性能进行了预估，并实现了转轮设计的优化。李海亮等人将三维建模与有限元分析软件结合使用，对水轮机转轮在不同工况下的刚度、强度进行了分析，得到了转轮精确的结构应力和变形，为转轮使用寿命的准确评估提供了一定的参考。

目前的三维建模技术在电厂中的应用多集中于厂房及发电生产设备的设计、规划、安装、改造等方面，但在电厂建成投产后的机组检修维护方面应用较少。本文结合笔者工作实际情况，以抽水蓄能机组机械设备检修工作为例，用各种工作中的实例重点介绍了三维建模技术在机组机械设备检修工作中所发挥的作用。

2　抽水蓄能机组机械设备检修工作概况

检修是指为保障设备的健康运行，对其进行检查、检测、维护和修理的工作，设备的检修一般可分为A、B、C 三类。其中，A 类检修是指设备需要停电进行的整体检查、维修、更换、试验工作；　B 类检修是指设备需要停电进行的局部检查、维修、更换、试验工作，需要停电或不停电进行周期性的试验工作；C 类检修是指设备不需要停电进行的整体检查、维修、更换、试验工作。

　　国内某发电公司拥有多座抽水蓄能电站，每年检修人员都需对各电站的抽水蓄能机组开展 B 类检修工作，其中机组的机械设备检修工作内容包括了发电机系统、水泵水轮机系统、调速器系统、主进水阀系统、尾闸系统、技术供水系统等的机械设备检查与维护（如图 1 所示）。

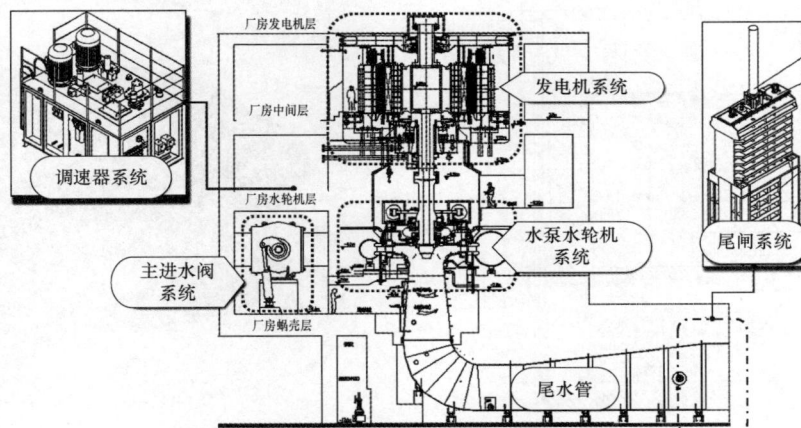

图 1　抽水蓄能机组机械设备基本结构

　　由此可以看出，抽水蓄能机组机械设备检修工作可谓点多面广、检修项目繁多，因此为保证机组检修工作能安全、顺利地进行，通常要求工作人员应具备合格的安全生产知识和必要的专业知识及岗位技能，同时规定须根据作业项目的危险性、复杂性和困难程度，制定具有针对性的组织措施、安全措施和技术措施。

3　构建三维模型，直观认识机械设备结构

　　对机械检修人员来说，熟悉机组的机械设备结构是每个人都应该掌握的最基本的专业技能。蓄能机组及其辅助系统的机械设备由各种各样的零部件装配而成，整体结构极为复杂。为充分认识并掌握机组的结构，机械图纸成了必不可少的学习工具。传统的机械制图借助 CAD 软件绘制二维图纸来表达机组各零部件的基本形状、定形尺寸、定位尺寸、加工精度、装配方式及配合公差等信息。因此，对于设计者来说，一张合格的二维图纸可较为详尽地表达出其所设计的机组零部件的基本情况和装配关系，也可帮助加工者加工制造出满足要求的零部件，但对于机械检修人员来说，二维图纸表达的信息仍然有限，它所给出的平面结构未能展现三维空间效果，使检修人员难以直观理解零部件及其附属管路在三维空间里的布置情况，因而也难以预估机组内检修部位预留的三维空间是否满足工作实施的需要。而若对机组零部件按照 1:1 的尺寸比例进行三维造型，则可立体化展现出机组零部件的三维结构，这种立体、直观的呈现方式，一方面可大大提高检修人员识读机组零部件的速度和效果，另一方面可帮助检修人员预估机组内部的检修空间，为工作方案的编制和检修工具的选择或设计提供一定的思路。

　　以某一具有上导轴承结构的伞式蓄能机组为例，其上导轴承位于发电机转子上部位置并固定于上机架上，该轴承主要结构包括油槽盖、上导油挡、上导瓦、托板、垫块、球面支柱、油冷却器等部件（如图 2 所示）。据图 2 可知，上导轴承的各个部件基本装配于上导油槽内部，若不拆卸整个油槽，检修人员根本无法看到油槽内上导轴承的具体结构情况，因而也难以事先制定具有针对性的检修工艺流程。虽然二维平面结构图纸可表达出上导轴承各零部件的尺寸、位置及其装配关系，但其表达效果不如图 3 所呈现的三维结构直观，通过三维绘图软件构造上导轴承的三维模型，不仅能使检修人员方便地观察轴承内各个部件的布置形式、装配关系等，还能使检修人员估算出油槽内检修空间大小情况，并据此制定出合理的上导轴承检修工艺流程或设计出符合现场实际的检修专用工具。

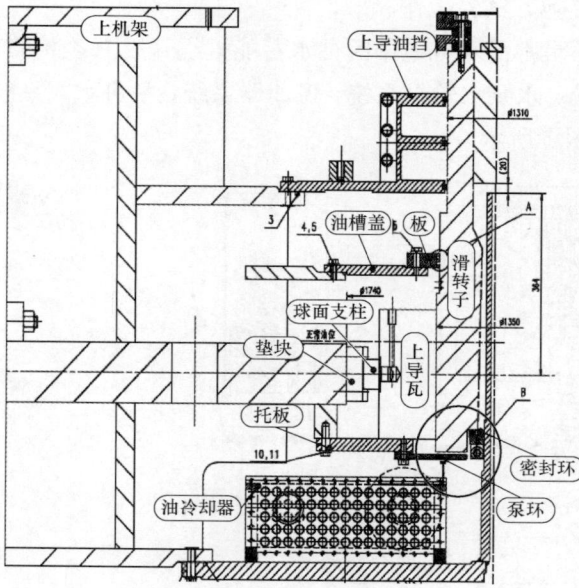

图 2　上导轴承二维结构图

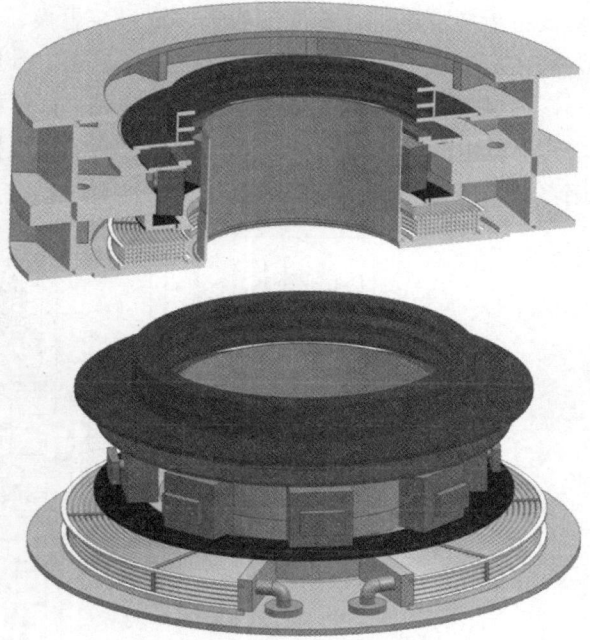

图 3　上导轴承三维结构图

4　与有限元方法相结合，实现装配结构强度分析

抽水蓄能机组及其辅助系统各零部件的装配采用了键连接、螺栓连接等方式，而这些装配方式可靠与否直接决定了机组运行的安全性和稳定性。现场检修过程经常涉及机组零部件的拆卸与安装工序，在对零部件进行回装时，检修人员虽按照相关要求及步骤对零部件进行装配，但对装配效果缺少直观、可量化的了解，无法对可能造成的缺陷进行预判。若对机组零部件进行三维造型及模拟装配，进而采用有限元方法对装配结构作强度分析，则可较为直观地展现装配效果，并为装配工作提供一定的指导。

图 4　管道连接法兰结构

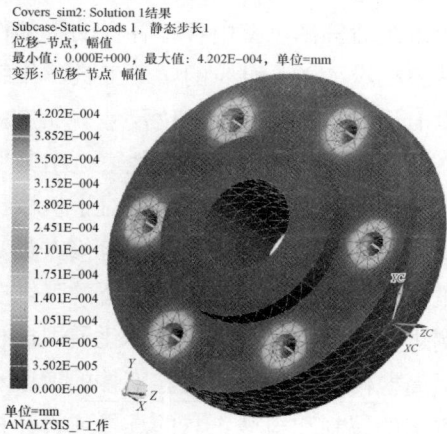

图 5　装配后法兰盘变形情况

以管道连接法兰为例，在机组的油、气、水系统管路中，法兰连接是管道之间或管道与阀门之间一种常用的连接方式，它包括左右两个相贴合的法兰盘、法兰密封及紧固螺栓等；法兰连接的有效性除了受法兰密封面及密封材料状态的影响，还取决于法兰螺栓紧固力的大小，合适的紧固力不仅能保证管道法兰连接处的密封性，还可确保法兰盘、密封件及连接螺栓本身不受损伤。本文对某管道法兰按 1:1 的尺寸比例进行三维建模和模拟装配（如图 4 所示），然后基于有限元方法，在给定一定大小的螺栓紧固力的情况下，可较直观地展现出法兰盘及其紧固螺栓的受力变形和应力分布情况（如图 5～图 7 所示），进而分析出紧固力过大或过小所造成的影响，以确定最佳的紧固力值。

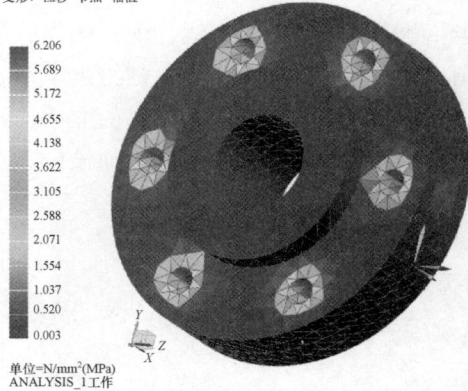

图 6 装配后法兰盘应力分布情况

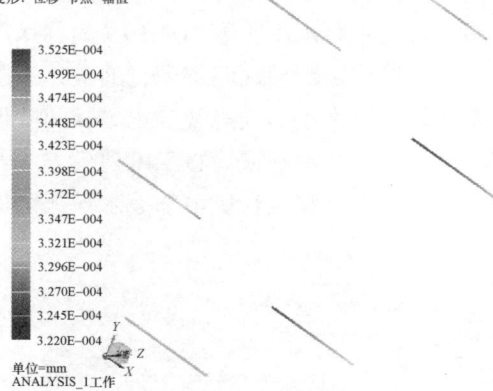

图 7 装配后紧固螺栓变形情况

5 模拟现场实景，为方案设计提供指导

蓄能机组作为生产设备，大多数时间里处于运行或备用状态，此时根据安全生产有关规定，任何人未经许可均不得靠近机组指定的运行区域。因此，在涉及机组设备技改方案或运行场所合理化建议编制工作时，除非机组处于停运检修状态，在其他时间里，工作人员均难以很方便地开展现场实地勘测或方案预试工作。若能对机组设备或机组运行区域按 1:1 的尺寸比例进行三维建模，模拟其现场实景，然后借助模拟场景进行方案设计和改进，则可大大提高我们工作的质量和效率。以某电厂发电机检修非固定式围栏设计项目为例，该电厂发电机层机组顶罩周围均布有十二块盖板，在每年进行发电机系统 C 级检修时，需对称吊出 ±X 方向两块盖板，使发电机层 X 方向形成了两个深度超过 8m 的扇形孔洞（如图 8 所示），故现场检修存在人员或物品坠落的风险。为了提升检修工作的安全性，检修人员决定设计出一种符合现场实际情况的非固定式检修专用围栏。由于该项目的现场测量和方案预试工作需在机组停运、盖板吊出情况下才可进行，这极大制约了设计工作的实施。为此，检修人员根据相关图纸按 1:1 的尺寸比例对发电机层机组运行区域进行了三维实景模拟（如图 9 所示），然后基于模拟场景，检修人员可方便地开展围栏结构形式、布局方式、连接方式、围栏尺寸及数量的设计和改进工作。

图 8 某机组发电机检修现场实景

图 9 某机组发电机检修现场实景模拟

6 融入作业工序，提升作业指导书的可读性和可操作性

作业指导书作为机组检修工作的依从性文件，是作业工序顺利进行的重要指南。目前的作业指导书普遍采用纯文字方式来表达作业工序，虽可详细描述作业步骤并详尽列出相关作业参数，但它无法直观易懂地展现各个作业工序，使机组检修人员，尤其是检修新手，难以快速将指导书内容中关于零部件的文字描述与现场实际设备对应起来，这极大影响了检修工作的效率和质量。若能使用三维建模方法，将相关零部

件的三维模型融入检修步骤里，以图文并茂的形式表达作业工序，则可有效提升作业指导书的可读性和可操作性，使检修人员方便快捷地掌握相关检修工艺及作业流程。

以某蓄能机组水泵水轮机导轴承瓦（简称水导瓦）的间隙测量与调整工序为例，现有的作业指导书以详细的文字形式描述了水导瓦间隙调整的具体步骤（如图 10 所示），而图 11、图 12 则给出了水导瓦及其附件三维模型和以三维图形式呈现的水导瓦间隙调整过程。通过对比发现，作业指导书的文字描述远不如三维模型的呈现方法直观易懂。将三维建模方法融入水导瓦间隙测量与调整工序中，可使检修人员无论是否具备相关检修经验，都能较快地掌握水导瓦结构和间隙调整方法。

图 10 现有作业指导书的内容形式

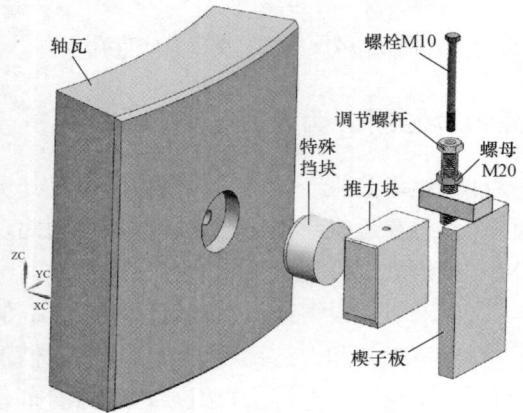

图 11 水导瓦及其附件三维模型

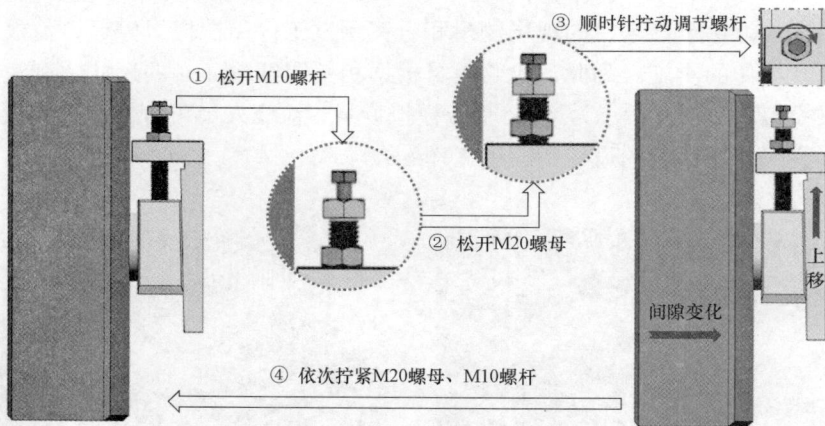

图 12 水导瓦间隙调整过程

7 结论与建议

三维建模方法可以立体化呈现机械设备，使检修人员直观地了解机械设备的具体结构及装配原理；将三维建模与有限元方法相结合，可对零部件装配结构进行强度分析，使检修人员能直观地预判装配效果；三维建模还可对检修现场进行实景模拟，为方案设计提供指导；此外，还可将三维建模思想融入至检修作业指导书中的作业工序，以提升作业指导书的可读性和可操作性。考虑到蓄能机组检修工作点多面广、项目繁多的特点，建议可有针对性地培训检修人员的三维建模技术与技能，然后将三维建模方法广泛应用于机械设备检修工作当中，以提高检修工作的安全、质量和效率。

参考文献

［1］ 任妙慧，陈韬. 浅析三维建模技术 – 以 Solid Works 软件建模为例. 计算机光盘软件与应用，2013.

［2］ 刘雪峰. 关于三维模型技术在电厂设计中应用的探讨. 国际电力，2002.

［3］ 汪志强，陈泓宇. 电缆敷设和管路桥架三维设计在抽水蓄能电站的应用. 水电与抽水蓄能，2017.

［4］ 王福军. 计算流体动力学分析 – CFD 软件原理与应用. 北京：清华大学出版社，2004.

［5］ 张洪信，管殿柱. 有限元基础理论与 ANSYS14.0 应用. 北京：机械工业出版社，2015.

［6］ 杨琳，陈乃祥，樊红刚. 水泵水轮机全流道双向流动三维数值模拟与性能预估. 工程力学，2006.

［7］ 李海亮，严锦丽，王旭峰. 基于 ANSYS 的水轮机转轮流固耦合分析. 机电工程，2013.

第三方巡查模式在抽水蓄能电站基建安全质量管理中的应用

潘福营　王　凯　王小军

（国网新源控股有限公司，北京市　100761）

【摘　要】　国网新源控股有限公司目前在建项目 26 个，分布地域广，安全、质量管理难度大，为了加强安全、质量管理，对基建项目安全质量管理开展了第三方巡查模式，通过一年多的实践，取得了较好的效果。

【关键词】　抽水蓄能电站　安全　质量　第三方　巡查

1　概述

国网新源控股有限公司（简称国网新源公司）成立十余年来，先后建成投产抽水蓄能电站 16 座，目前在建抽水蓄能电站和水电项目 26 个，分布在全国 15 个省、自治区、直辖市，根据电网发展规划，"十三五"期间国网新源公司计划开工建设抽水蓄能电站 20 余座，开工规模约 4000 万 kW。随着抽水蓄能电站在建数量的快速增加，参加现场工程建设有经验的专业技术人员和建筑工人相对缺乏，安全、质量管理的难度较大。为保障项目工程建设安全、质量得以有效控制，国网新源公司对在建项目安全、质量管理开展了第三方巡查模式的探索与实践，第三方巡查即通过公开招标选定第三方专业咨询服务机构，对基建项目开展安全质量反违章管理与隐患排查跟踪巡查，监督、指导基建项目单位制止违章作业、消除安全质量隐患，确保施工安全、施工质量和工程本质安全。

2　第三方巡查单位的确定和相关要求

2.1　片区划分原则

国网新源公司根据在建 26 个项目的地域分布特点和分布数量，将在建项目单位分成了南方、北方、中部 3 个片区，每个片区 8～9 家基建项目单位，每个片区选定一家第三方巡查单位。第三方巡查单位通过公开招标确定，合同签订有效期为两年。

2.2　第三方巡查单位资质业绩要求

第三方巡查单位为社会上专业的咨询机构，投标条件要求该单位近五年具有至少 2 项装机容量 50 万 kW 及以上水利水电工程项目（含抽水蓄能电站）或装机容量 60 万 kW 以上火电项目的技术咨询业绩（技术咨询业绩包括审查评估或专题技术咨询或建设期安全咨询或现场建设管理咨询或建设管理后评价）。

2.3　相关人员要求

（1）项目经理应具有：高级工程师及以上职称，具有不低于 10 年的水电或火电等电力行业建设经历。

（2）专家组长应具有：教授级高级工程师职称，具有 20 年以上水电或火电等电力行业建设工作经历，且近五年具有至少 2 项装机容量 50 万 kW 及以上水利水电工程（含抽水蓄能电站）或装机容量 60 万 kW 以上火电项目的施工或监理或技术咨询（含审查评估或专题技术咨询或现场建设管理咨询或建设管理后评价）业绩，或至少 1 项水电工程施工项目负责人或监理项目负责人或设计项目负责人工作业绩。

（3）专家组成员应具有：高级工程师及以上职称，具有不低于 10 年的水电、火电、送变电等电力行业建设经历。专家组成员包括水工、施工、安全、试验、地质、机电、金结等各专业，每次巡查前根据基建单位施工作业项目确定专家组成员组成。

3　第三方巡查单位工作主要内容

（1）对基建项目现场安全质量违章问题情况及反违章管理工作进行检查，检查内容包括查找现场管理违章、行为违章和装置设备违章问题，以及基建项目单位和参建各方的反违章管理工作开展情况。

（2）对基建项目现场安全质量隐患排查整治管理工作进行检查，检查内容包括查找现场安全质量隐患，以及基建项目单位和参建各方的隐患排查整治责任落实、制度执行、环境、人员、施工作业、设备设施和安全质量相关活动等。

（3）对政府职能部门的安全质量监督、检查、巡视等提出的问题整改情况进行跟踪检查。

（4）每半年对各项目检查出的所有问题进行分类汇总统计、分析问题原因、提出处理与预防措施，并提出改进的意见和建议，形成安全质量跟踪检查评价报告报送公司基建部。

4 第三方安全质量跟踪巡查实施

4.1 制定安全质量跟踪巡查计划

（1）合同签订后及年初，中标服务单位要及时向国网新源公司基建部报送年度安全质量跟踪检查计划。

（2）国网新源公司基建部研究确定后，行文发布年度安全质量跟踪巡查计划，并抄送第三方巡查单位。

4.2 安全质量跟踪巡查准备工作

（1）第三方巡查单位在每次检查前 10 天内，结合被检查工程项目特点和实施工作内容，编制跟踪巡查工作大纲，提交给国网新源公司基建部审查批准。

1）巡查工作大纲应以规程规范和国网新源公司管理要求为依据，全面了解分析工程特点和进度计划，根据项目实际情况进行编制。

2）巡查工作大纲须全面反映本项目安全质量检查的工作内容、工作方式方法、安全保障等内容。

（2）第三方巡查单位根据跟踪巡查工作大纲，拟定参加检查的专家名单及行程安排，在检查活动实施前 5 天报送国网新源公司基建部审定，经国网新源公司基建部审定确认后实施。

（3）初次实施基建项目安全质量跟踪检查前，国网新源公司基建部给基建项目单位发开展安全质量跟踪检查的通知，后续巡查时间按照计划开展。

（4）基建项目单位根据检查通知要求，做好检查配合和相关资料准备工作。

4.3 现场安全质量跟踪巡查

（1）第三方巡查单位根据巡查大纲，通过现场查勘、查阅相关文件、谈话、召开会议等方式开展现场安全质量巡查服务，并均应提交纸质检查报告及电子文档。

（2）每次跟踪巡查完成后，第三方巡查单位对现场亮点与存在问题向所有参建单位进行反馈；现场检查完成一周内形成巡查报告，并报送国网新源公司基建部和基建项目单位，巡查报告包括项目的形象面貌、亮点、上次检查问题（含政府监督检查）的整改落实情况、存在问题、整改建议等。

（3）安全质量跟踪巡查意见下达及整改。第三方巡查单位第一时间给基建项目单位发《安全质量跟踪巡查整改通知书》，并督促被巡查单位按巡查意见要求上报整改落实情况。

4.4 安全质量跟踪巡查问题整改

（1）基建项目单位要按照整改要求，认真核实，分清责任，采取措施进行限期整改和处理。

（2）基建项目单位对巡查揭示的问题进行认真地分析和研究，健全机制，完善制度，规范流程，加强管理，杜绝类似问题重复发生。

（3）基建项目单位要按时将整改落实情况报送国网新源公司基建部和第三方巡查单位，并对整改工作的真实性和全面性负责。

4.5 安全质量跟踪巡查考核评价

（1）国网新源公司基建部每季度汇总各片区跟踪检查中发现的亮点和存在的问题，在基建智能管控系统中进行通报，并纳入季度对企业负责人的考核。

（2）第三方巡查单位根据现场检查情况，每半年对片区内各基建项目单位的安全质量反违章管理和隐患排查工作进行评价，巡查报告中对半年内的每次检查发现的亮点和存在的问题进行分类汇总、统计分析，对存在问题进行深入分析，提出改进的意见和建议；对值得推广应用的亮点也进行推荐，最后形成完整的评价报告，报国网新源公司基建部。

5　结束语

国网新源公司基建部每半年对三家第三方巡查单位的评价报告进行汇总分析，再形成一个整体报告，对在建项目的安全质量管理情况进行全面系统分析，查找出产生问题的根源所在，研究确定处理措施，持续提升安全质量管控水平，确保在建项目安全质量可控、能控、在控，第三方巡查模式通过一年多的探索与实践，收到了较好的效果。

参考文献

[1]　常世杰. 建筑工程施工现场安全监督管理 [J]. 价值工程，2018（22）：54－56.

[2]　陈洪来，吕永航，胡育林. 溧阳抽水蓄能电站工程建设质量管理实践 [J]. 抽水蓄能电站工程建设文集，2015：81－85.

[3]　何张倩. 建筑工程施工现场质量控制与安全管理探讨 [J]. 江西建材，2017（07）：256＋255.

智慧化建管平台的架构研究

郑征凡　　沈惠良　　吕少蒙

（中国电建集团华东勘测设计研究院有限公司，浙江省杭州市　311122）

【摘　要】 随着信息化技术在工程建设应用中的不断深入，业务数据、业务流程标准化管理要求的不断提高，智慧化建管平台的研究和应用已然成为工程建设管理发展的必然趋势。本文提出一种基于 BIM＋WBS 的智慧化建管平台，并对其功能需求、业务架构、数据架构、技术架构及技术路线、物理架构进行研究和分析，包括从设计到开发的基本原则、比选思路、技术路线。并探讨基于此类架构平台的一体化解决方案，及在抽水蓄能电站建设中的应用：立体式数据集成、可视化精细管理、大场景三维展示、各参建方的信息化生态圈。

【关键词】 智慧化建管平台　功能需求　业务架构　数据架构　技术架构　物理架构

1　引言

2016 年 8 月，住建部在《2016－2020 年建筑业信息化发展纲要》中提出"十三五"发展目标："全面提高建筑业信息化水平，着力增强 BIM、大数据、智能化、移动通讯、云计算、物联网等信息技术集成应用能力，建筑业数字化、网络化、智能化取得突破性进展，初步建成一体化行业监管和服务平台"。2017 年 2 月，国务院办公厅发文《关于促进建筑业持续健康发展的意见》（国办发〔2017〕19 号），要求"加快推进建筑信息模型（BIM）技术在规划、勘察、设计、施工和运营维护全过程的集成应用，实现工程建设项目全寿命周期数据共享和信息化管理，为项目方案优化和科学决策提供依据，促进建筑业提质增效"。

在此背景下，设计开发一种智慧化建管平台，并探讨其应用于抽水蓄能电站建设的一体化解决方案，成为了很有意义的课题。

2　功能需求分析

结合工程建设，特别是抽水蓄能电站建设的实际情况，智慧化建管平台的功能需求主要包括综合展示、施工组织、设计管理、进度管理、质量管理、安全管理、物资管理、评价管理和系统管理等。其中，综合展示需求由 GIS 全景展示、模型展示和轻量化移动平台应用展示需求组成；施工组织需求由 WBS 管理、管控点管理、WBS 资源配置和施工模拟需求组成；设计管理需求由计划填报、成果交付、设计交底管理、设计变更管理、现场签证管理、模型管理等组成；进度管理需求由查询及统计、关键路线分析、进度偏差分析和进度预警需求组成；质量管理需求由统计分析、质量验评和质量巡检需求组成；安全管理需求由统计分析、安全制度管理、应急预案管理、隐患排查、安全事故管理、工程施工现场巡检和视频监控需求组成；物资管理需求由物资提醒、物料核对和智能辅助调配需求组成；评价管理需求由设计评价、施工评价、监理评价和供应商评价需求组成；系统管理需求由账户管理、角色管理、权限管理、用户信息查询、密码修改和计量单位管理需求组成。

3　业务与应用架构设计

综合需求分析的成果，可以设计出平台的业务架构和应用架构。

3.1　业务架构

业务架构反映平台所支撑的业务，包括设计管理、施工组织管理、进度管理、质量管理、安全管理、物资管理、资料管理、综合管理、评价管理、现场管理等。此外，平台还可对由其他业务系统支撑的业务提供接口与交互服务。

设计管理业务，可实现供图计划、设计交付、设计交底、设计变更和现场签证业务，实现基于智慧化建管平台的图纸和模型的交付管理。

施工组织管理业务，可实现节点管理、WBS 计划管理和施工方案演示管理业务，可完成工程施工组织信息化资源的组织。

进度管理业务，可实现工程进度管理、施工周报以及进度相关的查询及统计、关键路线展示、进度偏差展示、进度预警等业务。

质量管理业务，可实现质量验评、质量巡检、标准工艺应用业务的管理；安全管理业务，可实现安全风险点管理、安全巡查、现场安全员配置、安全资料管理和安全质量量化考核，能与基建管理系统、智慧工地管理系统相集成，可导入、整合相关数据。

物资管理业务，可实现物资核对、物资资料、物资供应计划、物资调配、物资监造、物资运输跟踪与供货商现场服务，配合有仓库管理、GPS 设备管理以及外部用户管理，能与业主已有的物资管理系统相集成，可导入、整合相关数据。

资料管理业务，可实现资料管理，能对制度规范和工程文档进行管理，可对工程文档进行自动归类；综合管理业务，可实现通知公告的新增、编辑、发布功能，通知公告发布后可在平台首页、APP 首页展示。

评价管理业务，可实现工程等级评价及业主项目部、设计单位、施工单位、监理单位和供应商等各参加方的评价管理，可反应参建单位素质水平和工程难度、项目实施过程中工地现场的管理情况以及各参建单位于本工程建设中的综合表现情况。

现场管理业务，可接入第三方智慧工地系统，对作业人员、作业车辆、作业机械、现场环境、现场安全、现场视频业务进行集成，基于 GIS 和轻量化技术对规划信息、项目信息、现场信息进行综合、多层次、链式的全景展示。

3.2　应用架构

应用架构反映本平台的应用方式，包括 PC 端应用、大屏展示应用和 APP 应用。智慧化建管平台的应用架构如图 1 所示。

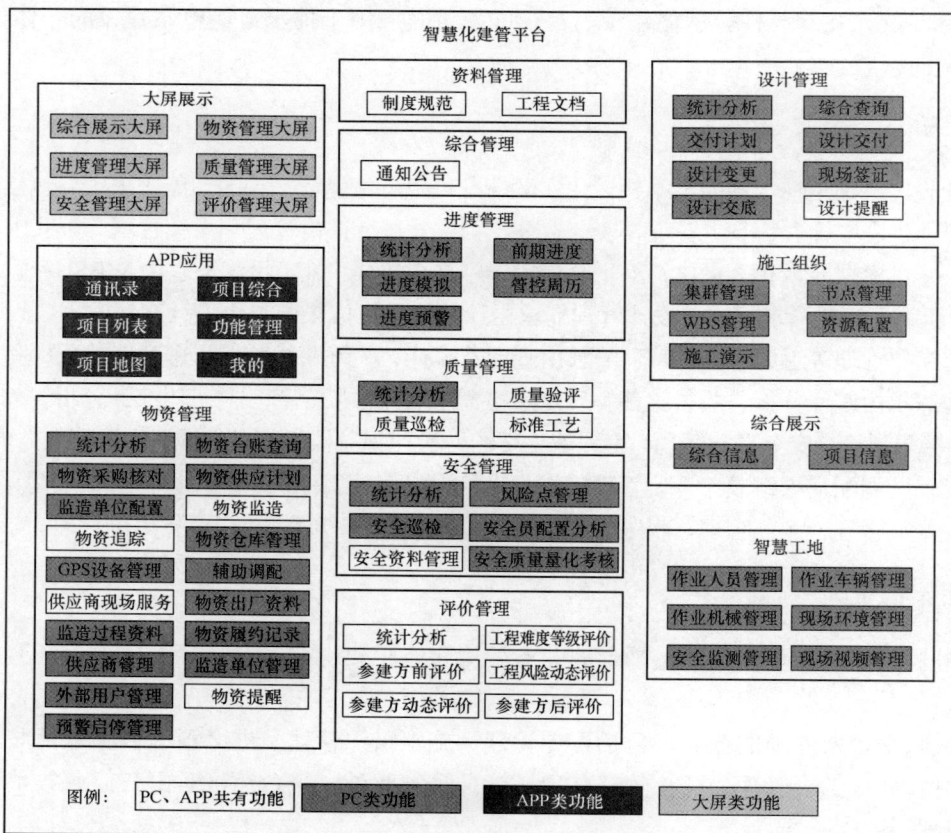

图 1　智慧化建管平台的应用架构

其中 PC 端应用可包括物资管理、资料管理、综合管理、进度管理、质量管理、安全管理、评价管理、设计管理、施工组织、综合展示、智慧工地的部分功能。

大屏展示应用可包括综合展示大屏、项目列表大屏、项目展示大屏、物资管理大屏、进度管理大屏、质量管理大屏、安全管理大屏、评价管理大屏的部分功能。

APP 应用可包括通知公告、质量验评、质量巡检、标准工艺、安全巡检，物资监造、物资追踪、供应商现场服务、资料管理、评价管理、通讯录、项目综合、项目列表、功能管理、项目地图、个人中心的部分功能。

4 数据架构设计

数据架构反映平台的数据模型和流向，包括本平台内部模块、数据存储设备之间，以及与外部系统、业主已有系统之间的数据交换内容。智慧化建管平台的数据架构如图 2 所示。

平台以 BIM 模型为核心基础数据，在 BIM 模型上挂接 WBS 编码，并在展示环节结合二维 GIS 数据，在各细分模块结合进度、质量、安全、物资等数据，进行立体式数据集成、可视化精细管理、大场景三维展示。

平台的安全管理模块、物资管理模块分别从基建管控、ERP 等业主已有系统调用相关数据，并向资料管理、进度管理、综合展示等模块输出数据。外部的智慧工地系统、物资定位系统也向平台推送工地现场情况、物资运输定位等数据。设计管理模块向资料管理模块推送由设计单位上传的图纸、模型等设计文件，资料管理模块将对各模块推送来的施工资料、设计资料、物资资料等进行自动归档。综合展示模块汇总进度、质量、安全等各方面信息，并进行融合展示。

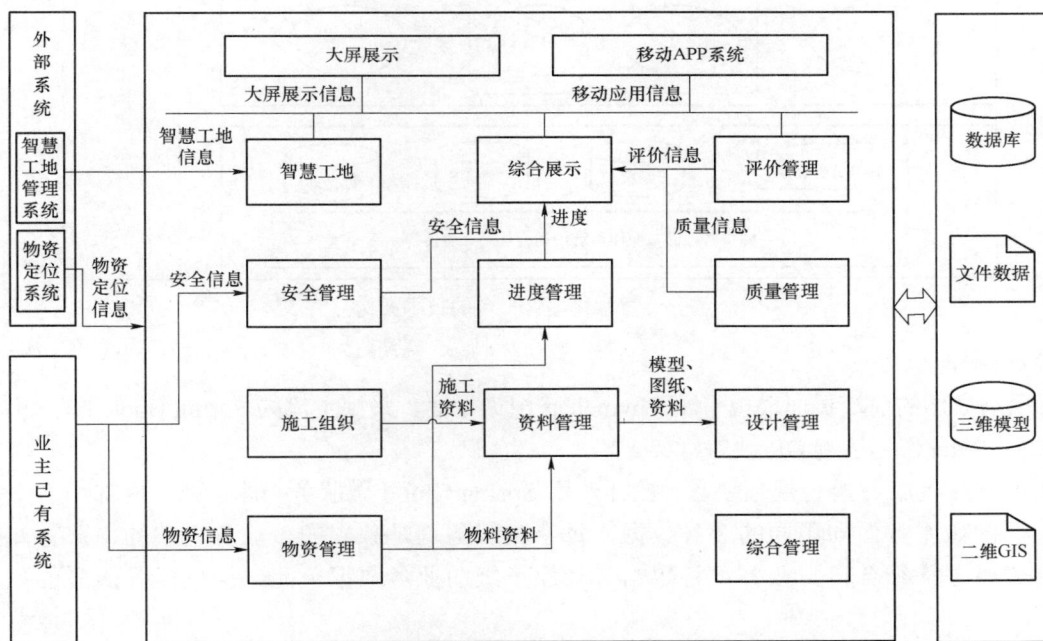

图 2　智慧化建管平台的数据架构

5 技术架构、技术路线与逻辑分层

基于功能需求分析、业务架构和数据架构的设计，可进一步进行技术架构及技术路线的选择，及系统逻辑分层设计。

5.1 技术架构设计

技术架构反映平台的层次和构成，包括访问层、业务应用层、应用服务层、基础服务层 4 层，以及与外部系统、业主已有系统的横向交互。智慧化建管平台的数据架构如图 3 所示。

（1）访问层：支持对功能应用的访问和使用，包括大屏展示、PC 终端、移动终端。

（2）业务应用层：实现具体的业务应用，包括综合展示、智慧工地、设计管理、物资管理、进度管理、质量管理、安全管理、施工组织、资料管理、评价管理、综合管理、个人中心、系统管理、系统设置、APP 应用。

（3）应用服务层：提供应用公共服务支撑的平台应用，包括调度服务、权限服务、业务服务、采集接口、三维 GIS 服务、APP 接口服务、监控平台。

（4）基础服务层：提供数据存储和运行环境，包括共享文件系统、三维模型、二维 GIS、数据库、网络、存储、操作系统、运行环境、容器。

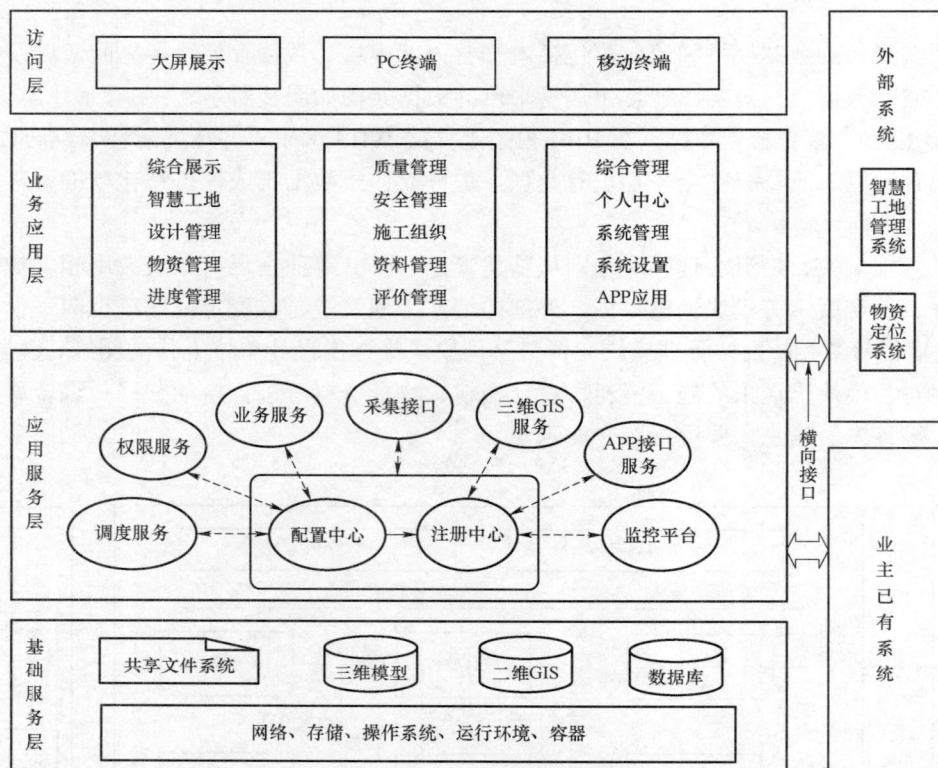

图 3　智慧化建管平台的技术架构

5.2　技术路线选择

平台可采用成熟的前端页面模板引擎 Thymeleaf 渲染页面，采用主流的 Spring Boot 作为控制层框架，采用灵活的 MyBatis 作为后端 OR 映射框架。

平台建议遵从微服务架构规范要求，推荐使用 Spring Cloud 微服务技术。平台内部由多个数据微服务构成，不同的微服务面向不同的业务数据，每个微服务均是独立的、业务完整的，服务间是松耦合的。各数据微服务均结合自身业务，将数据分为原子级的业务数据单元，提供业务服务的独立配置与管理操作。

相较于传统的单体应用架构，微服务架构具有易于开发和维护、单个模块启动较快、局部修改容易部署、技术栈不受限、可按需收缩等优点，但也存在运维要求较高、接口调整成本高、重复劳动等缺点，同时还面临分布式系统固有的复杂性，这对设计开发和部署实施的整体资源投入提出了更高的要求。智慧化建管平台的技术路线如图 4 所示。

对于智慧化建管平台而言，基于微服务架构，系统内部的每个数据微服务，都可以独立开发实现，彼此间的依赖性低，使系统易于扩展，稳定性高。微服务架构风格的接口以 RESTful API 的形式提供，以满足各平台、各终端上的各种业务系统对资源的使用，即以任何技术实现的业务系统，均可以无缝使用服务中心的接口服务，支持 PC 端业务系统、移动端业务系统及接口服务的集成。

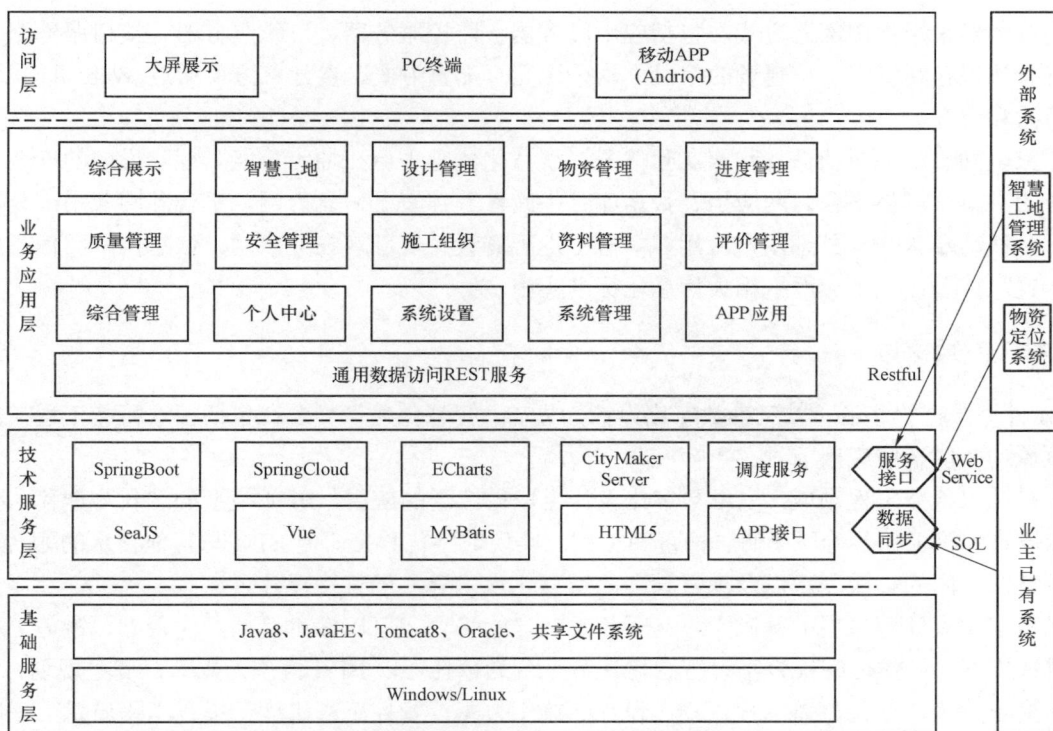

图 4　智慧化建管平台的技术路线

5.3　系统逻辑分层

从底层开始，系统按逻辑层次可依次分为基础架构服务层、基础业务服务层、应用逻辑层、展现层。详见表 1。

表 1　　　　　　　　　　　　　　　　智慧化建管平台各逻辑层次

逻辑层次	职责描述	技术实现	逻辑层次依赖	层间通信
展现层	1. 界面层：负责数据的展现，同时接收用户输入数据，并对输入的数据进行校验； 2. 验证层：封装界面层输入的数据，页面跳转控制，对异常进行处理	UI－Service 页面组件 layui JavaScript CityMaker Server CSS html	依赖应用逻辑层	消息在展现层与应用逻辑层通信，采用 http 通信协议进行数据传输
应用逻辑层	处理展现层请求 提供会话状态 提供视图状态 提供数据转换 实现业务规则 实现业务逻辑	Biz－service 组件 MyBatis SpringBoot SpringCloud XML	依赖于基础架构服务层	层间采用 API 接口进行通信
基础业务服务层	提供基础服务，把一些基础框架的功能进行统一接口封装，以一致的方式对上层提供服务	MyBatis SpringBoot SpringCloud XML	依赖于基础架构服务层	层间采用 API 接口进行通信
基础架构服务层	提供信息系统的基础支持	网络 IO 服务 中间件服务 关系数据库	无	层间采用 API 接口进行通信

6　部署与物理架构设计

平台可采用数据集中部署架构，由系统服务器统一存储整个平台运行相关数据信息、文件信息。各参建方通过不同的终端类型、不同网络方式访问系统，提交或报送工程业务数据，通过平台的业务系统实现信息查询、录入、统计、分析。

平台的服务器采用集中部署方式，包括应用服务器、监控服务器、三维服务器、接口服务服务器。这些服务器可有效保存和管理工程建设的信息，均采用冗余配置方式，参建各方可通过 Web 页面及 APP 的方式进行访问和交互。

根据国家电网有限公司的信息网络实际情况，智慧化建管平台在抽水蓄能工程建设中的部署，可采用内外网结合的方案。可将平台内网应用、数据库、中间件等部署于信息内网，平台外网应用部分部署在信息外网，平台移动端 APP、外部用户应用、智慧工地现场设备等部署在互联网。信息内网与信息外网间设置强隔离装置。部署过程中应严格相关信息化标准实施。

7　一体化解决方案探讨

以 BIM 模型数据为核心、以三维数字化设计为先导，智慧化建管平台在包括抽水蓄能工程在内的各个工程建设领域均有广阔的应用前景。

目前，在抽水蓄能工程领域，三维数字化设计已取得广泛的应用，BIM 模型的迭代与深化，贯穿了从可研、招标技施到竣工的各阶段，仙居抽蓄等工程已实现数字化移交。但 BIM 与其他技术的融合度、参建各方各业务条线之间的集成度，以及项目管理的智慧化水平等，仍有待提升。

在三维数字化设计等应用的基础上，基于智慧化建管平台，可以探讨囊括参建各方、覆盖工程各阶段的一体化解决方案。一体化解决方案以智慧化建管平台为依托、以 BIM 模型为媒介，贯穿规划、设计、施工、竣工移交各阶段，优化整体工程规划、设计、施工方案，管控工程进度，提升工程质量，保障工程安全，控制工程实际成本。

一体化解决方案基于网络平台（包括 B/S 架构和 C/S 架构）及专业软件，通过 BIM 建模、碰撞检查、进度模拟、轻量化发布及展示、模型挂接 WBS 计划、施工演示等技术，跨专业、跨标段、跨系统，实现技术应用和管理应用的数据一体化协同，从而实现立体式数据集成、可视化精细管理、大场景三维展示，构建各参建方的信息化生态圈。其核心技术流程的逻辑框架如图 5 所示。

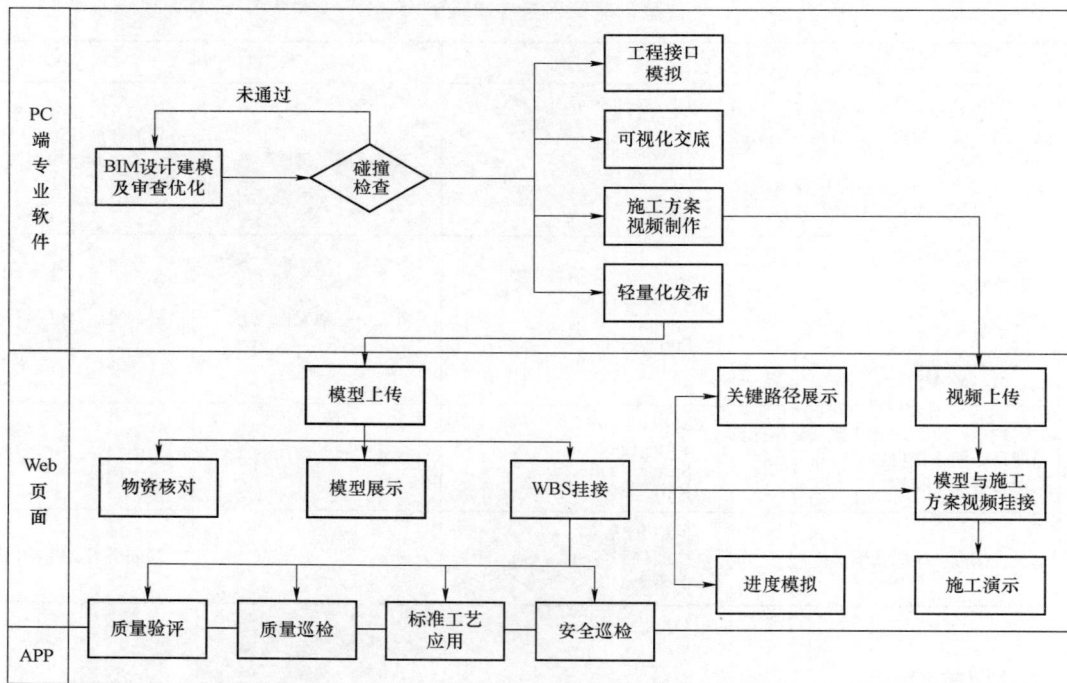

图 5　核心技术流程的逻辑框架

8　结束语

本文的研究内容基于华东院"智慧化建管平台关键技术研究"课题，详细介绍了一类智慧化建管平台的业务与应用架构、数据架构、技术架构、技术路线、系统逻辑分层、部署与物理架构，详细介绍了平台的微服务架构原理、功能及比选思路，并探讨了平台应用于抽水蓄能电站建设的一体化解决方案。目前，该研究课题已完成平台的技术选型与架构设计，硬件环境搭建完成并已投入试运行，各应用功能模块的研究开发正处于优化完善阶段。

长远来看，智慧化建管平台的架构方案和技术路线，将随着信息通信技术的发展进步、工程建设需求的演化变迁而不断迭代更新。同时，未来也将看到更多类型的智慧化平台在抽水蓄能工程及其他各类基础设施建设中的应用，以取得更好的管理效益、经济效益、社会效益。

加强抽水蓄能电站基建工程项目档案管理
促进工程建设质量提升

何颖珊[1]　龚　鸣[2]　万海军[1]　刘　颖[1]

（1. 河北丰宁抽水蓄能有限公司，河北省承德市　068350;

2. 浙江仙居抽水蓄能有限公司，浙江省仙居县　317300）

【摘　要】 抽水蓄能电站工程建设周期长，参建单位多，工程施工面广，质量控制是重点，项目档案是工程建设的有机组成部分，是工程质量的直接反映，其真实地记录了电站建设的全过程情况，项目档案质量的高低在一定程度上反映了工程建设的质量，是工程建设、管理的重要基础和依据。同时项目档案也是检验工程质量问题的法律凭证，因此加强工程项目档案管理可有效促进抽水蓄能电站工程建设质量的提升。

【关键词】 抽水蓄能工程　项目档案管理　促进　工程质量提升

1　引言

抽水蓄能电站正处于蓬勃发展的黄金时期，仅国网新源控股有限公司近三年来每年都开工 5～6 个项目，抽水蓄能电站存在项目投资大、建设周期长、参建单位多、工程施工面广的特点。档案是工程的"语言"，在工程竣工验收投运后，除了实体效果外，档案作为工程建设过程的直接记录也是工程建设的重要组成部分。在施工过程中工程现场是看得见、摸得着的"硬件"，而项目档案是"软件"，各参建单位更多的精力都放在前者上，抓进度、抓质量、抓关键节点的实现，但对项目档案的关注度较低，忽略了项目文件的质量，处于说着重要、干着次要的状态，从而导致档案准确性、真实性、完整性达不到规范要求。一些人认为，档案只是工程建设完工后的资料整理，是工程建设最末端的事项，认为在施工过程中不需要关注。因此，开展加强工程项目档案管理促进工程建设质量提升的研究非常重要，有利于引起抽水蓄能电站基建工程建设者对工程项目档案管理的重视程度，更有利于工程项目档案管理工作的有效开展。

2　工程项目档案在抽水蓄能电站基建工程建设中的地位和作用

工程项目档案质量是工程质量的重要组成部分，一流的工程要有一流的档案。工程项目档案管理是整个工程建设管理中一项重要的基础工作，是项目建设、管理中必不可少的环节和手段，是项目建设、管理的重要基础和依据。抽水蓄能电站工程完工后的八大专项验收、达标投产考核、质量评价、创优检查，包括在工程施工过程中各项审计、质量监督等专项活动都离不开项目档案，每项验收、检查时，专家在现场检查了工程实体面貌后，也是通过调阅审查项目档案来佐证工程内部质量和施工实际状况的。工程项目档案专项验收是工程建设项目八大专项验收之一，是工程竣工验收和创优验收的前提。

2.1　工程项目档案与工程建设是相互依存的整体

项目档案真实地反映和记录了电站建设的全过程情况，对电站建成投产后的管理、运行、维护、检修、改扩建等技术工作的决策、设计将起着重要的凭证和依据作用，对其他工程也会起着借鉴与参考作用。

在抽水蓄能电站工程开工之前，工程项目档案就开展形成并积累了，这是由工程项目档案所包含的内容所决定的，同时，工程项目档案与工程施工是同步进行的，并且在工程竣工后，项目运行档案仍在继续形成。在整个电站施工过程中，档案与工程是不可分割的整体，二者相互作用与制约。在工程开工之前，项目的所有前期工作记录与文件是积累工程项目档案的开始，比如项目选址、可研、决策、审批、立项，以及项目概算、勘察测量、工程设计等，这部分工程项目前期档案是建设项目顺利开展的前提条件。在施工进程中所形成的项目文件同样是工程项目档案的重要组成部分，包括各标段工程开工审批、施组文件、验评文件、试验文件、测量文件、验收文件、竣工图、声像文件等。

2.2 工程项目档案是工程建设质量的真实反映

抽水蓄能电站工程建设质量是指工程即要满足投资方的需要，又要符合国家法律、法规、规程规范、设计文件和合同规定的特性综合，包括安全、可行、经济、环保等方面。而随着工程建设越来越重视量化分析和精细化管理的要求，逐步对工程建设质量有了一系列精确的评价体系，当评价由经验模式上升到以数据分析为依据的体系化模式时，对工程建设质量的评价就不再是只看工程实体就行了，而是以工程项目档案为基础，以各类指标的量化统计分析为手段，进行综合测评。也就是说工程项目档案既是工程竣工验收、达标投产考核及工程创优被检查（考核）的内容，又是全面考核项目建设成果，检验项目设计、施工、管理等工程质量的见证和依据。优质的工程质量、先进技术、经济指标，应有相应的项目档案作支撑，二者密切相关，相辅相成，互相促进。

2.3 工程项目档案管理是工程建设质量控制的关键环节

从上述可知，工程项目档案是工程项目施工质量的重要佐证，因此在工程施工进程中，工程项目档案管理也成为工程建设质量控制的关键环节。工程项目档案是静态存在的，而档案管理则是动态存在的，并且这个动态存在的档案管理，其最终目的是实现项目档案的完整性、准确性、系统性。在工程施工过程中，有许多工序会被下一道工序所掩盖，也就是通常所说的隐蔽工程，对于这一部分，在工程完工后是看不到摸不着的，也难以监控检测的，只能通过掩盖前的声像、图纸以及现场各类记录对此部分工程质量进行评价，项目档案在此的作用就无可替代了。项目档案质量对工程施工质量的反促主要表现在对施工组织和施工现场质量的控制。通常来说，质量控制的内容包括"人、材料、机械、方法、环境"五大因素，工程项目档案管理通过对这些因素的控制，从而保证了工程施工质量，成为工程质量控制的关键环节。

2.4 工程项目档案管理是促进工程建设质量的重要手段

抽水蓄能电站项目从立项、招投标、勘测、设计、施工到竣工验收、达标投产，历时数年，工程项目档案不仅是这个过程的真实记录，而且能把这个过程完整地链接起来，也让这个过程作为历史记忆长久保存下来。工程项目档案管理是作为一种手段体现了对工程建设质量的控制，通过档案管理，有效监督和验证了工程施工的进展和质量，因此说工程项目档案管理是促进工程建设质量的重要手段。在工程施工过程中，通过档案检查发现项目文件中存在的问题，通过这些问题佐证了工程施工情况，将问题及时反馈给工程施工管理部门，采取针对性措施对工程施工过程中存在的问题加以改进、完善，从而提升了工程建设质量。

3 抽水蓄能电站工程项目档案管理措施

在抽水蓄能电站工程建设过程中"全方位、全过程、全周期"做好工程项目档案管理工作，采取"事前介入、事中控制、事后审核验收把关"的工程项目档案管控模式，使档案形成过程可控、内容真实准确、收集齐全完整、分类组卷规范，也有力的反促了工程建设质量的提升。

3.1 实施事前介入，提高项目文件形成质量

（1）建立档案管理体系。在抽水蓄能电站开工伊始，即按照"统一领导、分级管理"的原则，建立"一横两纵"档案管理体系。"一横"是指在项目公司内部建立有公司领导任档案领导小组组长，办公室为归口部门、各职能部门负责业务管理的档案管理网络，各部门均设立兼职档案员，实现部门立档。"两纵"一是指在电站开工伊始即建立了以建设单位牵头（其中办公室负责档案层面工作，工程部、安质部、计合部等职能部门负责档案中涉及的专业技术层面工作），监理单位辅助、覆盖设计、试验、施工等单位的档案管理网络；二是指各主要参建单位内部均设立有档案管理网络，专业人员对项目文件的形成质量负责，完成后及时向档案人员归集、预立卷。做到工程延伸到哪里，档案工作就管到哪里，层层负责，分级管控，使档案工作达到了系统化管理。

（2）加大制度建设。项目公司应根据档案法律法规、上级主管单位管理文件，结合电站建设实际情况，编制印发《项目档案管理执行手册》《工程管理往来函件编制规则执行手册》《工程项目档案过程管理考评执行手册》等执行手册，并在工程建设进程中，结合实际情况进行修订完善，形成行之有效的档案管理制度。制度贯穿整个工程建设全过程，明确各参建单位的职责、归档范围、竣工档案整编要求等内容，档案的形成、收集、整编、利用等各个环节均有章可循、有据可查，项目档案管理工作步入规范化、制度化轨道。

（3）规范合同条款。在招标文件中即设立档案条款，并落实到合同、协议中，明确档案整编归档责任和档案的质量、整编、份数、归档时间、违约考核等要求，档案人员参与合同谈判，从法律上为档案管理工作提供有力保障。

（4）规范项目文件格式。督促项目管理部门、监理单位规范统一单元验评文件、试验文件、日志等项目文件格式，制定各类项目文件填写模板，并开展交底培训，各参建单位只需按要求形成合格的项目文件，实时收集、整理即可，减化了工作程序，提高了工作效率，有效地保障了竣工档案质量。

（5）统一工程管理台账。结合各类项目文件内容，规范统一设计变更执行、原材料跟踪、验收评定、缺陷处理记录、检验和试验设备检定、工程往来函、试验、数码照片等台账，范围覆盖竣工档案归档范围。各参建单位在项目文件办理完毕后实时录入到台账，每一条目录信息中的题名、日期、责任者等均是按照档案案卷、卷内目录编目要求进行著录，在竣工档案整编时无需再重新著录档案目录。

（6）规范技术人员管理。项目文件来源于工程施工、测量、试验、计经等一线技术人员，要求各参建单位根据人员变化情况，实时填报《工程技术人员职务及签名确认表》，内容包括姓名、职务、可签署范围、本人签字等。在档案检查时认真核对项目文件签字，发现存在代签现象的，责令其重新编制整改，避免出现"一名多签"或"一人多签"现象，保证了档案真实性。

3.2　强化事中控制，实施过程管控

（1）纳入工作计划。项目档案管理工作计划要纳入各参建单位年度重点工作和月度计划，并按年度编制档案要点工作，严格遵照执行。

（2）开展档案交底、培训活动。结合各标段工程进展，编制有针对性的档案交底方案，适时对其档案人员和业务人员开展档案工作指导，实现工程项目档案与工程建设全过程同步管理。同时，定期组织档案共性知识培训工作，提升档案全员意识和档案管理水平。

（3）编制"档案目录树"。结合各标段单元工程项目划分表编制"档案目录树"，此目录树按照合同项目/单位/分部/单元工程四个层级，将档案的归档范围、分类号、保管期限、排列顺序与单元工程划分原则和代码逐一进行了分解对应。

（4）实施档案"预立卷"。各参建单位的项目文件在办理完毕后及时录入到统一的管理台账，并结合"档案目录树"按合同项目/单位/分部工程三个层级集中装盒保管，这样在整编竣工档案时只需稍加整理即可满足归档要求，最大程度保障了档案的齐全、完整，实现档案"预立卷"，提高归档效率。

（5）坚持档案月度检查、考核。坚持每个月对参建单位（包括监理单位、设计单位、施工单位、试验单位）进行档案检查，发现问题责令限期整改，在下个月检查时复核整改情况，未完成整改的，进行考核、扣分罚款，罚款直接在月度支付款中扣除，并将考核结果纳入承包商履约评价范畴。通过档案月查，有效管控了项目文件的质量，发现问题实时反馈给业务管理部门，使其可及时发现现场施工问题，从而提升工程建设质量。

（6）以分部工程为单位开展档案移交工作。明确了施工单位分部工程、单位工程、合同工程三个层级的归档范围，施工单位在各层级计划验收前，先期提请档案审核，若档案有缺项或大批量缺陷，则相关工程不予验收。档案移交与工程结算和质保金支付挂钩，做到档案不移交、工程不结算。

（7）强化声像文件管理。规范声像文件形成要求，明确采集要点范围，按月检查、收集，及时编制声像文件"六要素"，为做好工程声像档案奠定坚实基础，也为工程施工时的安全和质量控制提供了有利的佐证。

（8）充分发挥监理单位作用。明确监理单位的档案职责，严格履行其监督指导责任，按要求组织档案月查和协调会等。要求监理各专业工程师一是在施工过程中审核签署项目文件时，要考虑归档因素，发现问题及时整改；二是要负责档案月查和施工单位竣工档案技术层面的审核。

3.3　严把事后审核关，确保档案质量

执行竣工档案"三级多专业"审核验收制度，施工单位竣工档案经自检合格后，必须报经监理单位工程、测量、安全、试验、计经等专业监理工程师和档案人员分别对档案的规范性、齐全性及准确性进行审查，再报建设单位职能部门专工和档案人员审核，合格后方可进行档案整编工作，并在完成数字化处理后，办理移交手续。

4　结束语

综上所述，在抽水蓄能电站建设过程中通过"全方位、全过程、全周期"档案管控，有效提升档案质量。同时，进一步加强与专业技术人员沟通交流，提高专业技术人员对项目档案重要性的认识，厘清项目档案管理与工程建设管理之间的紧密关系，从而促进工程建设质量提升。

参考文献

[1]　李新民，张国强. 加强工程档案管理与促进建设工程质量的关系. 城建档案，2013.
[2]　王勋，何颖珊，王艳. 在丰宁抽水蓄能电站建设全过程开展"工程项目档案交底"的探索与实践. 抽水蓄能电站工程建设文集 2016，2016.
[3]　聂博仑. 工程档案的有效管理——建设工程质量的保障. 价值工程，2010.

抽水蓄能电站从数字化向智慧化转变进程中的
档案工作新思路

次　鹏　高　燕

（中国电建集团北京勘测设计研究院有限公司，北京市　100024）

【摘　要】　当今，抽水蓄能电站的设计、建造和运营技术得到了突飞猛进地发展，近些年更是提出了数字电站和智慧电站的理念，从数字电站到智慧电站，一大批新的技术将更加广泛地运用到抽水蓄能电站的运营管理中。伴随着智慧电站的提出，档案管理工作也发生了一系列的革命和创新，智慧档案理念孕育而生。智慧档案将以抽水蓄能电站多元化的信息资源为基础，将新一代物联网、云计算、大数据分析等管理技术充分运用到电站管理中，从而为抽水蓄能电站提供智慧化档案服务。

【关键词】　智慧档案　云计算　物联网　大数据　云存储

1　档案工作的新定位及相关概念

1.1　数字化抽水蓄能电站的概念

数字化抽水蓄能电站是基于现代网络技术、实时监控技术，实现大坝全寿命周期的信息实时、在线、全天候的管理与分析，并实施对大坝性能动态分析与控制的集成系统。

1.2　智慧化抽水蓄能电站的概念

智慧化抽水蓄能电站是以数字电站为基础，以物联网、智能技术、云计算与大数据等新一代信息技术为基本手段，以全面感知、实时传送和智能处理为基本运行方式，对大坝空间内包括人类社会与水工建筑物在内的物理空间与虚拟空间进行深度融合，建立动态精细化的可感知、可分析、可控制的智能化大坝建设与管理运行体系。

1.3　数字电站到智慧电站对档案工作赋予的新内涵

从数字电站到智慧电站，不仅是先进技术的开发与广泛应用，更是理念、要素的发展和质的跨越，档案工作要以电站多元化的信息资源为基础，将新一代物联网、云计算、大数据分析等智慧管理技术充分运用到电站管理之中，让档案管理工作更智慧，为电站提供智慧化服务的新模式。

1.4　伴随智慧电站产生的智慧档案理念

伴同知识社会的来临，无所不在的网络与无所不在的计算、数据和知识共同驱动了无所不在的创新。新一代信息技术发展孕育了创新 2.0，而创新 2.0 又反过来影响新一代信息技术形态，催生了物联网、云计算、大数据等技术。智慧档案也因此出现，它是档案信息化发展的高级形式，是基于"互联网＋"概念的信息技术，通过搭建智慧档案信息服务平台，以移动互联技术为核心的云计算、大数据、物联网、人工智能等新一代信息技术的应用来实现对信息资源的全面感知以及应用，从而对电站管理运行提供立体化的共享服务和智慧支持。

1.5　智慧档案国内现状

2011 年，南京市档案馆提出了"智慧档案"建设的实施方案，这是国内档案界首次在"智慧"的平台上探索档案信息化发展。2012 年，电力企业也开始着手打造智慧电站建设，国网新源控股有限公司（简称国网新源公司）在丰满大坝重建工程中，同步建设了两个"电站"。一个是实体工程，一个是数字虚拟工程，这些海量工程建设数据都将存储在"智慧丰满"管控系统中，迫切需要运用先进的档案管理模式来采集和整理，智慧档案管理应运而生。2013 年，青岛市档案局（馆）着手推进智慧档案馆建设，并成为业内智慧档案馆建设的典型。2017 年，国电宿迁热电有限公司搭建了智慧型、数字化、大数据分析的管控平台，实现建设数字化智慧型电站的发展理念。2017 年，国网新源公司建设的河北丰宁抽水蓄能电站实现了数字化档案建设，数字化电站工程管控系统中，在生成单元工程信息时，即将单元与档案项目代号、分类号逐一对应，在单元验评结束后，在档案预立卷模块中可自动生成案卷信息，为提高档案整编归档效率奠定扎实基础。数字化电站工程管控系统中已嵌入 65 类 430 张标准化单元工程验评表单，每张表单中都嵌入设计标准，根据需要设置有输入、选取、自动计算等填写方式，实现在线填报。系统设置了不同工序之间的施工逻辑关系和严格的审批流程，确保了档案的准确性和系统性。2018 年，嘉兴发电厂结合电厂实际情况，在发电企业档案信息化管理基础上，对企业智慧档案服务模式进行研究，旨在突破数字档案室档案信息收管存用的观念、范围、模式，建立"档案数字化管理与智慧服务一体"的智慧管理平台。

2 智慧档案采用的新技术

2.1 云计算的概念

云计算是一种按使用量付费的模式，这种模式提供可用的、便捷的、按需的网络访问，进入可配置的计算资源共享池（资源包括网络、服务器、存储、应用软件、服务），这些资源能够被快速提供，只需投入很少的管理工作，或与服务供应商进行很少的交互。用通俗的话说，云计算就是通过大量在云端的计算资源进行计算，如用户通过自己的电脑发送指令给提供云计算的服务商，通过服务商提供的大量服务器进行"核爆炸"的计算，再将结果返回给用户。

2.2 物联网的概念

物联网即"万物相连的互联网"，是互联网基础上的延伸和扩展的网络，将各种信息传感设备与互联网结合起来而形成的一个巨大网络，实现在任何时间、任何地点，人、机、物的互联互通。在物联网上，每个人都可以应用电子标签将真实的物体上网联结，在物联网上都可以查出它们的具体位置。通过物联网可以用中心计算机对机器、设备、人员进行集中管理、控制，也可以对机器、设备、工具进行遥控，以及搜索位置、防止物品被盗等，类似自动化操控系统。

2.3 大数据的概念

大数据指的是所涉及的资料量规模巨大（数据存储单位从过去的 GB 到 TB，乃至现在的 PB、EB 级别）到无法通过目前主流软件工具，在合理时间内达到撷取、管理、处理并整理成为帮助企业经营决策更积极目的的资讯。大数据最大的价值在于通过从大量不相关的各种类型的数据中，挖掘出对未来趋势与模式预测分析有价值的数据，并通过机器学习方法、人工智能方法或数据挖掘方法深度分析，发现新规律和新知识。

3 智慧档案在抽水蓄能电站建设运行管理中的应用展望

3.1 云计算对档案工作的创新应用

（1）实现档案信息资源共享。采用云计算模式，可以规避因档案软件多头开发所造成的"信息资源孤岛"，可以在抽水蓄能电站的广泛受众用户之间共同构筑档案信息资源共享平台，在统一的平台上共同进行开发和利用，实现档案资源的有效对接，受众用户可以随时获得共享平台上的数据，极大地满足用户的信息需求和服务体验。

（2）节省基础设施投资。能够分享由云计算平台提供的基础设施，以很低地成本投入获取很高效的运算处理速度。还能够解决服务器资源访问限制的瓶颈问题，不再担心每年花费大量经费用于升级和采购硬件设备，这势必极大地降低档案部门的运行成本，同时最大限度地提升档案信息化服务的效率和效能。

（3）提高数据可靠性。目前抽水蓄能电站的档案数据都集中在档案部门的服务器上，而一旦服务器出现问题，就无法为用户提供正常的利用，更为严重的后果是有可能出现数据丢失，并无法进行物理恢复。而在云计算模式中，"云"中有很多服务器，因此即使"云"中的某个服务器出现故障，其他任意一台服务器也可以在最短的时间内极速将全部数据完全拷贝出来，并实时启动新的服务器来提供档案服务，从而真正实现无间断安全档案信息服务。

（4）智能档案备份建设。云存储是在云计算概念上延伸和发展出来的一个新名词，是指经过集群技术、网格技术或分布式文件系统等功能，将网络中大量各种不同类型的存储设备通过应用软件集合起来协同工作，共同对外提供数据存储和业务访问功能的一个系统云存储。云存储为档案存储和管理方式带来很大变革，一方面可以降低档案保管费用，另一方面可为客户提供更多的档案查询方法和查询体验，此外还可以提高档案管理效率。由此可见，云存储比较理想地实现了安全有保障的档案异质异地存储，在将来抽水蓄能电站的档案保管中定会起到重大作用。

3.2　物联网对档案工作的创新应用

（1）档案安全保管。在档案的安全保管方面，综合利用射频识别（档案管理员和用户均配发 RFID 标签设备）和传感器（红外侦测、振动侦测）等技术，运用微动侦测技术，能够感应档案部门重要区域内是否存在非法授权的人员，在异常情况出现的位置，实时调取相关联的监控设备，进行影像捕获和轨迹跟踪，同时主动封锁事发及相邻区域内的全部门禁并通知警卫和安保人员。

（2）档案设备节能控制。在档案设备的节能控制方面，使用物联网智能感知系统，能够实时主动调节温湿度控制，在确保档案库房及档案管理场所重要区域温湿度始终达标的前提条件下，运用分区域精细化的自动控制技术，节约各类设施的能耗，并实现绿色环保。智能感知系统针对不同档案类型，分门别类设置温湿度参数，实时调整档案管理区域内的不同部位的环境参数，从而实现精细化管理，并极大地降低综合人力成本。

（3）提高档案管理工作效率。物联网能够做很多人类无法企及的事情。这带来了更高的效能和便利，在特定的情况下甚至是安全。设备处置数据的速度比人类快得多，人和人之间的互动通常存在效率损失，并导致明显地滞后。例如：当人们在互相发送与回复电子邮件时，很多时间过程是无法控制的。而计算机可以做到比人类更快捷地分析，并及时解读和反馈结果。计算机更善于管控数据，能够调取一切可用资源，并集中运用和处置分派的单一任务，而人类则是多任务行为，且容易出现遗忘、遗漏等现象。运用好物联网的自动化的优势必将大大提高档案综合管理效能。

3.3　大数据对档案工作的创新

在大数据时代，数据发掘包含两个角度，描述层面分析和预测层面分析。描述层面分析是对照档案原始数据，找出其通用性的规律，这是档案精准化服务的前提条件；预测层面分析是针对用户将来产生的需求，预判将来的趋向，这是智能档案服务效能的核心应用。经过大数据的整理、发掘、创造、筛选，使原本枯燥的档案的数据变成有价值的知识；使档案部门从单纯的信息资源的物理空间场所变成集成获取档案智能服务的知识和文化中心；从而更大限度地满足档案用户的"档案权益"，使档案服务更加地民主、科学和智能，实现档案智能检索，使其包括一站式检索服务和文档智能全文搜索引擎，在此基础上，能够根据用户需求感知，对用户进行个性化定制和喜好智能推荐。

3.4　新技术在抽水蓄能电站中的综合应用

习近平总书记指出，要构建以数据为关键要素的数字经济，引领带动实体经济创新，为传统产业注入新活力。在数字经济时代，实体经济与数字技术深度融合已成为经济发展的主流模式，传统能源行业的运营管理正经历着新的考验。不少能源企业主动适应时代发展要求，积极挖掘和利用大数据资源，以数据驱动企业转型。

国网新源公司已经开展了一些成功的数字化转型探索，创新性提出建设数字化智能型抽水蓄能电站的主张，实现了行业技术和数字技术的融合。目前在建的抽水蓄能电站有 20 多座，在各抽水蓄能电站设计之初，就全面引入数字化设计理念，实现勘测、设计、施工和安装从工程前期、工程建设期到电站运行期的整个生命周期内的信息数据移交。

通过对海量业务生产、运营、维护数据的分析挖掘，改变了原有的经验驱动的决策管理模式，依托多维度数据分析，极大地提升管理效率、压缩管理链条。智慧档案理念也运用到了抽水蓄能电站建设管理中，在传统档案服务基础上建立更加智能化的服务方式，逐步推动档案的应用模式改变和管理模式的创新。笔者为智慧档案在智慧抽水蓄能电站的应用做了一个前瞻，分为以下三个层次。

首先是建设信息感知网络，应用 RFID 技术完成物体的跟踪定位，利用无线射频技术识别并辨认，从而增强档案信息综合管控的有效性，将抽水蓄能电站中的资源、用户、设施和电站相连接，构成整体性的物联网，表现智慧性的档案管理。其次是应用云计算技术处置信息，综合分析电站信息资源，并合理调配，从而实现数据综合体和用户应用统一，实现电站信息交流，全方位地了解整个电站的情况。最后一个环节是运用大数据进行电站综合管理，多样化的终端设备产生了大批的数据，利用大数据收集、整合和贮存，从而挑选出有价值的信息，利用云储存为数据处置备份提供了重要保障，大大缩减了档案部门的数据储存压力，并且在云储存中的重要信息也可以完全实现大范围的搜集，越加深化地进行开发应用，施展出档案的价值。

4 结论

随着抽水蓄能电站从数字化向智慧化转变，智慧档案管理已近在咫尺。智慧档案的提出，开创了档案管理模式的新格局，有助于档案部门进一步提升档案治理能力，提高工作效率，是档案智能化发展的必然趋势。全面提升档案人员的综合素质，建立科学的档案管理工作用人晋升提拔机制，积极引进高学历、高素质人才，不断优化档案队伍，切实履行好运用新技术管理档案的责任，则是推动和保证智慧档案管理进程的重要因素。

参考文献

[1] 邢阳. "云技术"在档案管理中的应用. 档案天地，2014.

[2] 蔡亚军. "智慧渔政"管理平台建设的探索与实践. 中国农机化学报，2014.

[3] 刘越. 互联网：融合创新，迎接"互联网+"时代. 世界电信，2015.

[4] 张伟. 档案管理信息化技术应用. 管理学家：学术版，2015.

[5] 徐铁柱. 浅谈城建档案在城市建设中的地位和作用. 现代企业教育，2017.

[6] 张荣亮. 企业智慧档案服务模式研究. 兰台内外，2019.

[7] 许鹏. 大数据助力电站智慧运行——国网新源公司推进数字化智能型抽水蓄能电站建设. 国家电网报，2018.

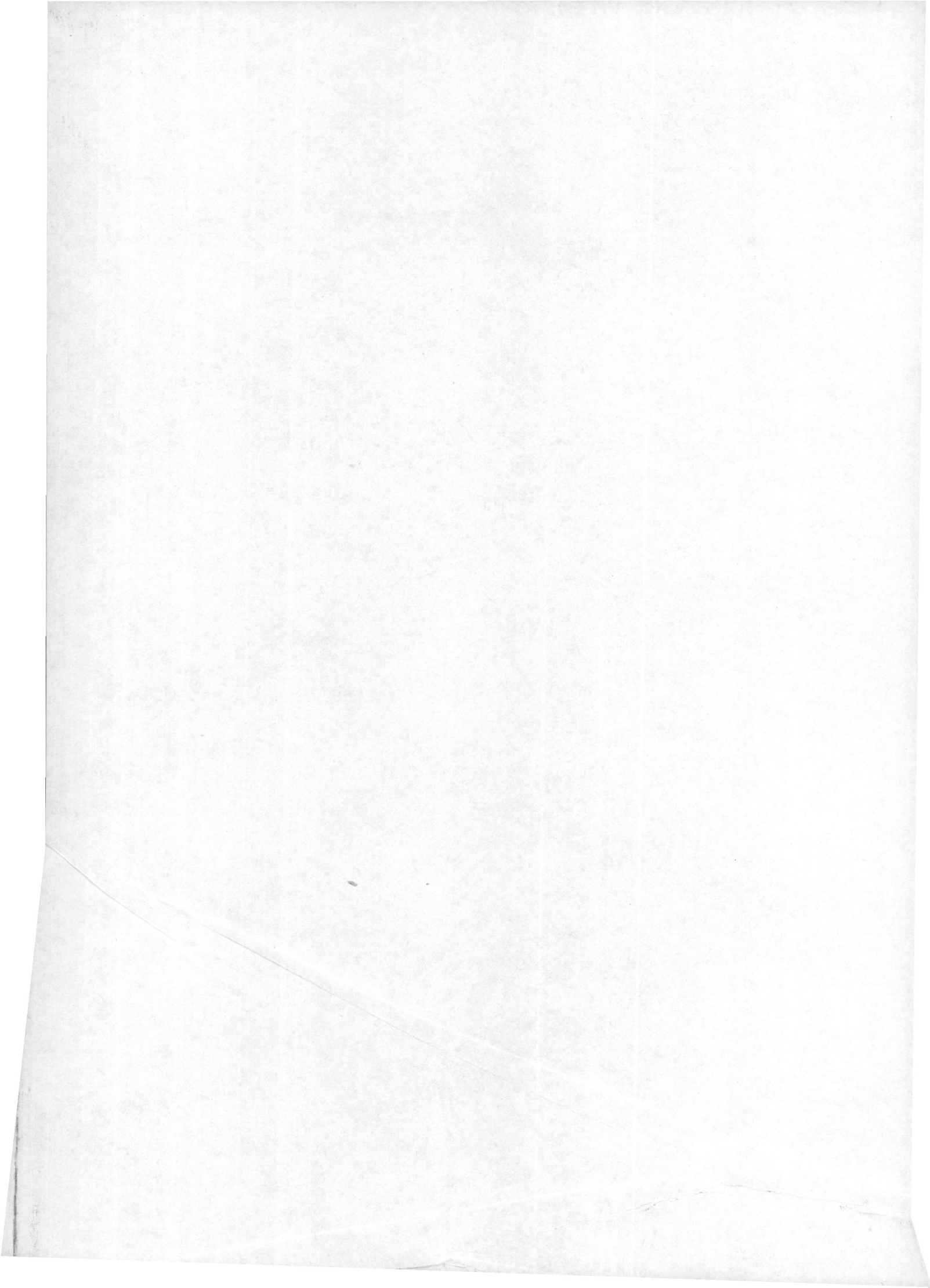